LES MERVEILLES
DE LA SCIENCE

CORBEIL. — TYP. ET STÉR CRÉTÉ.

LES MERVEILLES
DE LA SCIENCE

OU

DESCRIPTION POPULAIRE DES INVENTIONS MODERNES

PAR

LOUIS FIGUIER

MACHINE A VAPEUR — BATEAUX A VAPEUR
LOCOMOTIVE ET CHEMINS DE FER — LOCOMOBILES — MACHINE ÉLECTRIQUE
PARATONNERRES — PILE DE VOLTA — ÉLECTRO-MAGNÉTISME

PARIS
LIBRAIRIE FURNE
JOUVET ET Cie, ÉDITEURS
5, RUE PALATINE, 5

Droits de traduction réservés.

LES MERVEILLES DE LA SCIENCE

PAR Louis Figuier

PRÉFACE

J'entreprends de raconter quelques-unes des merveilles réalisées, dans l'ordre des sciences, par le génie moderne. Je me propose de faire connaître, avec quelque exactitude, les admirables inventions scientifiques qui caractérisent notre temps et qui feront sa gloire. La machine à vapeur et ses applications innombrables, l'électricité et ses mille emplois, les chemins de fer, la photographie, la pisciculture, le drainage, etc., etc.; en un mot, les grandes découvertes qui résultent de l'heureuse application des sciences physiques et naturelles, seront étudiées dans ce livre.

Un ouvrage en 4 volumes in-18, publié par nous il y a dix ans, et resté inachevé : *Exposition et histoire des principales découvertes scientifiques modernes*, formera la trame de la publication actuelle. Cet ouvrage, repris et singulièrement étendu, présentera le tableau à peu près complet des merveilles de la science contemporaine.

Depuis quelques années, des livres d'une grande importance, l'*Histoire de la Révolution française*, par M. Thiers; l'*Histoire du Consulat et de l'Empire*, par le même auteur; l'*Histoire des Girondins*, par M. de Lamartine, d'admirables romans nationaux, etc., ont été publiés par livraisons illustrées, au prix de 10 centimes la livraison. Tout le monde connaît le succès immense et la popularité qu'ont rencontrés ces ouvrages.

On n'avait pas encore songé à appliquer le même mode de publication aux ouvrages de science populaire. Cependant, s'il est un genre de livre qui prête à l'illustration, c'est celui qui s'occupe de mettre sous les yeux du lecteur des faits de l'ordre scientifique, en relevant l'aridité de ces faits par l'emploi des procédés littéraires.

Cette tentative, je la fais aujourd'hui. Si le public veut bien, dans cette occasion nouvelle, m'accorder le puissant et sympathique appui dont il m'a toujours honoré, j'aurai la satisfaction la plus douce à mon cœur : répandre dans les masses désireuses de s'instruire, les salutaires leçons de la science et de la vérité.

Les connaissances scientifiques n'étaient, il y a un demi-siècle, qu'une sorte de luxe intellectuel, le simple complément d'une éducation distinguée. Elles étaient le privilège d'un très-petit nombre d'hommes, car leurs applications étaient presque nulles dans les arts, dans l'industrie, dans la vie privée. Quel prodigieux changement depuis cette époque! La science est entrée, de nos jours, dans toutes les habitudes de la vie, comme dans les procédés de l'industrie et des arts. Nous voyageons par la vapeur; — tous les mécanismes de nos usines sont mus par la vapeur; — nous correspondons au moyen d'un courant électrique, de sorte que la pile de Volta a remplacé la poste aux lettres; — nous commandons notre portrait à la chimie, qui le fait exécuter par le soleil; — nous nous faisons éclairer par un gaz emprunté à la chimie; — c'est la chimie qui conserve nos légumes pour la saison de l'hiver; — nous demandons à l'électricité de remplacer nos sonnettes; — la houille, traitée par des procédés chimiques, nous fournit les couleurs brillantes et solides qui teignent nos étoffes, — et nos enfants jouent avec un ballon gonflé de gaz hydrogène, pendant que les pères s'amusent à voir se tordre et s'élancer un *serpent de Pharaon*, préparation physico-chimique.

Puisque la science nous touche par tant de côtés, puisqu'elle est constamment mêlée à notre vie, chacun est bien obligé de s'initier aux connaissances scientifiques. Grand ou petit, riche ou pauvre, personne ne peut rester étranger à ce genre de notion. La science est un soleil : il faut que tout le monde s'en approche, pour se réchauffer et s'éclairer.

C'est pour répondre à ce besoin universel que nous avons écrit la série des notices scientifiques que l'on va lire, et qui sont consacrées à la description et à l'histoire des grandes inventions de la science contemporaine. Rechercher l'origine de chacune des principales inventions scientifiques modernes, raconter ses progrès et ses développements successifs, exposer son état actuel et les principes sur lesquels elle est fondée : tel est le double objet que l'on se propose dans ce livre.

Les *Merveilles de la science* s'adressent spécialement à cette classe si nombreuse de personnes qui, ne possédant sur les sciences aucune notion positive, désirent cependant bien connaître les inventions modernes. Aussi la clarté a-t-elle été ma préoccupation constante. Instruire sans fatigue, dépouiller la science et son histoire des formes arides qu'elle présente dans nos traités classiques; tel est le but que je me suis efforcé d'atteindre. Il y a toujours, dans une question scientifique, même la plus complexe, une partie accessible à tous les esprits, un côté attrayant, pittoresque et curieux. C'est cette partie du sujet que je développe souvent, pour jeter quelques fleurs sur l'aridité du chemin.

L'histoire des progrès de l'esprit humain dans la voie scientifique est aussi riche en intérêt, aussi féconde en enseignements qu'aucune autre partie de l'histoire générale. Mais les documents qui consacrent le souvenir de ces faits, épars dans un grand nombre de recueils peu connus, ou disséminés dans des publications éphémères, sont difficiles à rassembler. Cette œuvre de recherches patientes, j'ai essayé de l'accomplir pour les sujets que j'ai abordés. Lorsque l'utilité des travaux de ce genre sera mieux appréciée qu'elle ne l'est encore, d'autres écrivains compléteront cette tâche en embrassant l'ensemble tout entier des conquêtes scientifiques de notre époque, et ainsi seront sauvés de l'oubli des monuments précieux qui seront un jour les vrais titres de gloire de l'humanité.

LA
MACHINE A VAPEUR

CHAPITRE PREMIER

NOTIONS CONCERNANT LA VAPEUR DANS L'ANTIQUITÉ ET LE MOYEN AGE.

La plupart des écrivains qui se sont occupés de l'histoire de la machine à vapeur, ont placé dans l'antiquité le berceau de cette invention. Cette opinion nous semble inadmissible. La machine à vapeur est d'origine moderne, et c'est vainement que l'on essayerait de chercher dans les traditions scientifiques de la Grèce et de Rome la trace des idées qui présidèrent à sa création.

La science que nous désignons aujourd'hui sous le nom de *physique*, n'existait pas chez les anciens. Quelques connaissances dues au hasard, ou introduites par la pratique des arts vulgaires, résument toute la physique des Grecs. C'est que l'art d'observer, le secret d'étudier un fait, en l'isolant, par une opération de l'esprit, de tout ce qui l'entoure, fut à peu près ignoré des anciens. La poétique imagination des philosophes de la Grèce avait entraîné la science naissante dans une voie opposée à celle de ses progrès. Au lieu d'observer les choses qui tombent sous les sens, on cherchait à pénétrer la nature intime des phénomènes, à remonter jusqu'à la secrète essence de leurs causes. L'importance et la grandeur des faits attiraient surtout l'attention. On s'attachait obstinément à poursuivre des problèmes destinés à rester à jamais insolubles; on construisait l'univers avant de l'avoir entrevu. Cette philosophie arrêta dès le début les sciences physiques.

Placer au sein d'une pareille époque l'origine de la découverte la plus importante des temps modernes, c'est donc fausser les traditions de l'histoire, et le rapide examen des faits montrera sur quelles bases futiles cette opinion s'était fondée.

C'est à un savant de l'École d'Alexandrie, Héron, qui vivait 120 ans avant l'ère chrétienne, que la plupart des auteurs modernes rapportent l'honneur d'avoir inventé et construit la première machine à vapeur connue.

Le petit traité de Héron, intitulé *Spiritalia*, renferme les quelques lignes qui ont mérité au philosophe d'Alexandrie d'être proclamé le premier inventeur d'une machine construite dix-huit siècles après lui. Ce livre était loin de prétendre à une destinée si brillante. Il renferme la description d'une série d'appareils destinés à manifester certains effets curieux de l'air et de l'eau. Les matières y sont exposées sans ordre et sans liaison logique : aucune explication, aucune théorie, ne s'y trouvent jamais invoquées. Pour que nos lecteurs puissent en juger par eux-mêmes, nous rapporterons les divers passages sur lesquels on s'appuie pour accorder à Héron la première idée de la machine à feu.

Le quarante-cinquième appareil décrit par le philosophe d'Alexandrie, se compose d'une marmite contenant de l'eau et fermée de toutes parts, à l'exception d'une ouverture donnant accès à un tube vertical ouvert. Dans l'intérieur de ce tube on place une petite boule; par l'action de la chaleur, cette boule est projetée au dehors. M. Léon Lalanne, dans un travail rempli d'érudition, publié, en 1852, dans l'*Encyclopédie moderne*, a donné à cet appareil de Héron, le nom de *marmite à vapeur chassant un projectile*. Nous l'appellerions, plus simplement, *marmite soulevant son couvercle*, et nous n'avons pas besoin d'ajouter que la découverte d'un tel fait n'appartient pas à Héron, mais bien au premier homme qui, assis au coin de son foyer, vit le couvercle de la marmite où cuisaient ses aliments se soulever par l'effort de la vapeur d'eau. Si les titres du philosophe grec à la découverte de la machine à vapeur ne reposaient pas sur des fondements plus sérieux, il aurait à soutenir avec quelque petit-fils d'Adam une discussion de priorité.

Dans les figures suivantes, Héron décrit divers mécanismes qui permettent, au moyen de l'air comprimé ou dilaté par l'action du feu, de faire sonner la trompette d'un automate, siffler un dragon de bois, ou tourner en rond de petits bonshommes. Nous ne dirons rien de tous ces appareils, qui ne sont que des viciations de l'instrument connu et expérimenté dans les cours publics sous le nom de *fontaine de Héron*. Nous arriverons tout de suite au passage où se trouve décrit le petit appareil que l'on considère aujourd'hui comme le premier modèle de la machine à vapeur. Voici, d'après la version latine, la traduction de ce passage de l'ouvrage de Héron, lequel est écrit en grec, comme tous les livres de l'École d'Alexandrie.

« *Faire tourner une petite sphère sur son axe au moyen d'une marmite chauffée.* — Soit AB (fig. 2) une marmite contenant de l'eau et soumise à l'action de la chaleur. On la ferme au moyen d'un couvercle CD que traverse le tube courbé EFG dont l'extrémité G pénètre dans la petite sphère creuse H suivant un diamètre. A l'autre extrémité du même diamètre est placé le pivot qui est fixé sur le couvercle CD au moyen de la tige pleine LM. De la sphère H sortent deux tubes placés suivant un diamètre (à angle droit sur le premier), et recourbés à angle droit en sens inverse l'un de l'autre. Lorsque la marmite sera échauffée, la vapeur passera par le tube EFG dans la sphère, et, sortant par les tubes infléchis à angle droit, fera tourner la sphère de la même manière que les automates qui dansent en rond (1). »

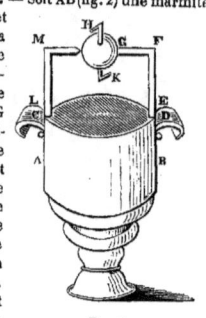

Fig. 2

Tel est l'appareil signalé par Arago comme « le premier exemple de l'emploi de la vapeur « comme force motrice (2). » Est-il nécessaire de dire qu'en décrivant ce joujou, qui tourne *comme des automates qui dansent en rond*, le philosophe d'Alexandrie ne le présentait nullement comme pouvant devenir l'origine d'une force motrice? Toutes les expériences exposées dans son traité ne sont que des tours de physique amusante, et l'auteur ne dit rien des causes des phénomènes qu'il décrit.

Si l'on voulait d'ailleurs rechercher quelle interprétation théorique Héron accordait à ce fait, on ne pourrait, d'après son texte même, le rapporter qu'à la seule action de la chaleur. Il dit, en effet, dans l'énoncé du problème, « faire « tourner une petite sphère au moyen d'une

(1) *Heronis Alexandri Spiritalia* (*Veterum mathematicorum Opera*, in-4°, p. 202).
(2) *Notice historique sur les machines à vapeur* (*Notices scientifiques*, t. II, p. 6).

Fig. 3. — Héron fait l'expérience de l'éolipyle devant les savants de l'École d'Alexandrie.

marmite chauffée, » et non « au moyen de la vapeur d'eau. » Héron ne pouvait ici faire jouer aucun rôle à la vapeur d'eau, par cette raison fort simple que l'existence même de la vapeur était inconnue de son temps. Avec tous les philosophes de son époque, Héron ne voyait dans la vaporisation d'un liquide que sa transformation en air, et dans son livre il ne fait jamais allusion qu'aux effets mécaniques produits par l'air comprimé ou dilaté par le feu.

Aussi les physiciens qui sont venus après lui n'ont-ils expliqué le phénomène de la rotation de sa petite sphère que par l'écoulement et la réaction de l'air chaud, qui provenait lui-même de la transformation de l'eau en air. On trouve, dans une autre partie de l'ouvrage de Héron, la description d'un petit appareil en tout semblable au précédent, et dans lequel seulement un courant d'air chaud remplace le courant de vapeur.

Le jouet décrit par Héron d'Alexandrie, ne nous semble donc mériter à aucun titre l'honneur de figurer dans l'histoire de la machine à vapeur. L'existence même de la vapeur d'eau étant ignorée des anciens, il est difficile d'admettre que l'on ait pu, à cette époque, imaginer une machine fondée sur la connaissance des propriétés de cet agent (1).

(1) Cette erreur de l'ancienne physique sur la transformation de l'eau en air par l'action de la chaleur, se prolonge, d'ailleurs, longtemps après le philosophe d'Alexandrie. Le célèbre architecte romain Vitruve, contemporain d'Auguste, dit, en parlant de l'*éolipyle*, appareil très-anciennement connu : « Les éolipyles sont des boules d'airain qui
« sont creuses et qui n'ont qu'un très-petit trou par lequel on
« les remplit d'eau. Ces boules ne poussent aucun air avant
« d'être échauffées ; mais, étant mises devant le feu, aussi-
« tôt qu'elles sentent la chaleur, elles envoient un vent im-
« pétueux vers le feu, et ainsi enseignent par cette petite ex-
« périence des vérités importantes sur la nature de l'air et

On ne sera pas surpris, d'après les idées inexactes qui ont régné si longtemps sur les phénomènes de la vaporisation des liquides, de voir des siècles entiers s'écouler sans apporter la moindre notion sur les effets mécaniques de la vapeur. Cette circonstance explique la pénurie d'arguments et de faits dans laquelle se sont trouvés les écrivains qui ont voulu placer à une époque reculée l'origine de l'invention qui nous occupe.

Pour montrer à quelles pauvres ressources on est réduit sous ce rapport, il nous suffira de rappeler l'anecdote de l'historien byzantin Agathias, que l'on a coutume d'invoquer à cette occasion. M. Léon Lalanne, dans le travail cité plus haut, donne, d'après M. Léon Rénier, la traduction suivante de ce passage de l'ouvrage d'Agathias :

« Il y avait à Byzance un homme appelé Zénon, inscrit sur la liste des avocats, distingué d'ailleurs et très-bien avec l'empereur. Il était voisin d'Anthémius (1), au point que leurs deux maisons paraissaient n'en faire qu'une et être comprises dans les mêmes limites. A la longue, une mésintelligence éclata entre eux, soit pour une fenêtre ouverte contrairement à l'usage, soit pour un bâtiment dont la hauteur excessive interceptait le jour, soit enfin pour quelqu'une de ces nombreuses causes qui ne manquent jamais d'amener des dissensions entre très-proches voisins.

« Anthémius, ayant eu le dessous devant les tribunaux, ainsi qu'il lui fallait s'y attendre, ayant pour adversaire un avocat et n'étant pas capable de lutter d'éloquence avec lui, imagina pour se venger le tour suivant, que lui fournit l'art qu'il cultivait.

« Zénon possédait un appartement très-élevé, très-large, très-beau et très-orné, où il avait l'habitude de recevoir ses amis et de traiter ceux qui lui étaient les plus chers. Le rez-de-chaussée de cet appartement appartenait à Anthémius, de sorte que le plancher intermédiaire servait de toit à l'un et de sol à l'autre. Anthémius fit placer dans ce rez-de-chaussée de grandes chaudières pleines d'eau, qu'il entoura extérieurement de tuyaux de cuir assez larges à leur base pour embrasser entièrement le bord des chaudières, mais diminuant ensuite de diamètre comme une trompette et se terminant dans des proportions convenables. Il fixa les bouts de ces tuyaux aux poutres et aux planches du plafond, et les y attacha avec soin ; de sorte que l'air qui y était introduit avait le passage libre pour s'élever dans l'intérieur vide des tuyaux et aller frapper le plafond à nu, dans l'endroit où il lui était permis d'arriver, et qui était entouré par le cuir, mais ne pouvait s'écouler ni s'échapper au dehors. Ayant donc fait secrètement ces préparatifs, Anthémius alluma un grand feu sous les chaudières et y produisit une grande flamme, et l'eau, s'échauffant bientôt et entrant en ébullition, il s'en éleva beaucoup de vapeur épaisse et fumeuse qui, ne pouvant s'échapper, monta dans les tuyaux et s'y élança avec d'autant plus de violence qu'elle était resserrée dans un plus étroit espace, jusqu'à ce que, frappant continuellement le plafond, elle l'ébranla tout entier, au point de faire légèrement trembler et crier les bois. Or, Zénon et ses amis furent troublés et épouvantés, et ils s'élancèrent dans la rue en criant et poussant des exclamations, et Zénon, s'étant rendu au palais de l'empereur, demandait aux personnes de sa connaissance ce qu'elles savaient du tremblement de terre, et s'il ne leur avait pas causé quelque dommage. »

D'après nos connaissances sur les propriétés de la vapeur d'eau, cette expérience, telle qu'elle est rapportée par Agathias, ne pouvait en aucune manière produire les résultats qui viennent d'être rapportés. Aussi M. de Montgéry, qui publia en 1823, dans les *Annales de l'industrie*, une série d'articles en vue de rechercher l'origine de la machine à vapeur dans l'antiquité, n'admet-il point que le mécanisme décrit par Agathias soit le même que celui qu'employa Anthémius :

« L'extrémité évasée des tuyaux, dit M. de Montgéry, devait être placée sous les poutres, et non au delà ; elle devait s'ouvrir tout à coup au moyen d'une soupape ou d'un robinet : alors seulement il y aurait eu une vive secousse (1). »

« des vents. » Ces vues erronées étaient encore professées au xvi⁰ siècle. Cardan, par exemple, s'exprimait ainsi :
« Vitruve apprend à faire des vases qui produisent du vent :
« ils sont ronds et fermés de toutes parts, à la réserve d'un
« seul trou qui est muni d'un tuyau très-étroit ; on les
« remplit d'eau et on les présente au feu ; le liquide se
« transforme en air, s'échappe par le tuyau, et augmente
« l'ardeur du brasier. » Au xviie siècle, Claude Perrault, dans sa traduction de Vitruve, reproduit cette théorie. A la même époque, l'illustre physicien anglais Boyle continuait à admettre la transformation de l'eau en air par l'action de la chaleur.

(1) Anthémius de Tralles, le plus habile architecte du temps de l'empereur Justinien, et qui construisit l'église de Sainte-Sophie

(1) *Annales de l'industrie nationale et étrangère*, t. IX, p. 704.

Par malheur, l'historien de Byzance ne fait mention ni de robinet ni de soupape ; il est donc plus simple de regarder comme apocryphe l'aventure romanesque d'Agathias.

C'est avec un sentiment semblable qu'il faut accueillir l'assertion émise par Robert Stuart, en ces termes laconiques :

« En 1563 un certain Mathésius, dans un volume de sermons intitulé *Sarepta*, parle de la possibilité de construire un appareil dont l'action et les propriétés paraissent semblables à celles de la machine à vapeur moderne (1). »

Ce Mathésius, d'après M. Léon Lalanne, était maître d'école à Joachimsthal, ville de Bohême, autrefois célèbre par ses mines d'argent, de cuivre et d'étain. Son ouvrage, imprimé à Nuremberg, en 1562 (*Sermonnaire des mines*), n'est qu'un livre de prières. Voici le passage auquel l'écrivain anglais fait allusion :

« Au moyen de l'eau, du vent et du feu, et moyennant de beaux mécanismes, que l'eau et le minerai s'élèvent et soient mis en mouvement des plus grandes profondeurs, afin que la dépense soit diminuée et que ces trésors cachés puissent être d'autant plus tôt percés et mis au jour... Vous, mineurs, glorifiez dans les chants des mines l'excellent homme qui fait monter aujourd'hui le minerai et l'eau sur le Platten au moyen du vent, et comment maintenant on élève l'eau au jour avec le feu. »

Il faut beaucoup de volonté pour trouver dans le texte de cette exhortation évangélique l'indication d'un appareil « dont l'action et les « propriétés paraissent semblables à celles de « la machine à vapeur moderne. » Il pouvait exister dans les mines diverses machines mues par le vent ou par l'air échauffé ; mais rien n'indique, dans la pieuse invocation de Mathésius, la moindre allusion à une machine agissant au moyen de l'eau réduite en vapeur.

Robert Stuart ajoute :

« Trente ans après, dans un livre imprimé à Leipsick en 1597, on trouve la description de ce qu'on appelle un éolipyle, que l'on peut, dit-on, utiliser en l'adaptant à un tournebroche. »

(1) *Histoire descriptive de la machine à vapeur*, traduit de l'anglais de Robert Stuart (Robert Mickelham), in-12, p. 32. Paris, 1827.

L'éolipyle, appareil connu, comme on vient de le voir, depuis une époque fort reculée, a beaucoup attiré l'attention des physiciens du moyen âge, qui ignoraient cependant la cause des effets curieux qu'il produit, et s'imaginaient que l'eau s'y transformait en air. Il n'est donc pas impossible que l'insignifiante et pauvre application dont parle Robert Stuart ait pu être réalisée, bien qu'il ne nous donne aucune indication positive sur l'ouvrage qui la mentionne.

Arago et tous les écrivains français qui, s'occupant, après lui, de l'histoire de la machine à vapeur, se sont bornés à reproduire ses opinions, admettent que la première expérience relative aux effets mécaniques de la vapeur d'eau a été faite au commencement du xviie siècle, par un gentilhomme de la chambre de Henri IV, nommé David Rivault, seigneur de Flurance, précepteur de Louis XIII.

« Pour rencontrer, dit Arago, après les premiers aperçus des philosophes grecs, quelques notions utiles sur les propriétés de la vapeur d'eau, on se voit obligé de franchir un intervalle de près de vingt siècles. Il est vrai qu'alors des expériences précises, concluantes, irrésistibles, succèdent à des conjectures dénuées de preuves.

« En 1605, Flurance Rivault, gentilhomme de la chambre de Henri IV et précepteur de Louis XIII, découvre, par exemple, qu'une bombe à parois épaisses, et contenant de l'eau, fait tôt ou tard explosion quand on la place sur le feu *après l'avoir bouchée*, c'est-à-dire lorsqu'on empêche la *vapeur d'eau* de se répandre librement dans l'air à mesure qu'elle s'engendre. La puissance de la vapeur d'eau se trouve ici caractérisée par une épreuve nette et susceptible jusqu'à un certain point d'appréciations numériques ; mais elle se présente encore à nous comme un terrible moyen de destruction (1). »

Arago nous dit encore, à propos de l'expérience du marquis de Worcester qui fit éclater un canon par l'action de la vapeur :

« Cette expérience était déjà connue en 1605, car Flurance Rivault dit expressément que les éolipyles crèvent avec fracas quand on empêche la vapeur de s'échapper. Il ajoute même : « L'effet de la raré-

(1) *Notice biographique sur James Watt* (*Notices biographiques*, t. I, p. 394).

« faction de l'eau a de quoi épouvanter les plus as-
« surés des hommes (1). »

La meilleure manière de reconnaître si
Arago a exactement traduit la pensée de l'auteur des *Éléments d'artillerie*, c'est évidemment de recourir à l'ouvrage lui-même. Le
passage auquel Arago fait allusion se trouve
au livre III, dans lequel Flurance Rivault
cherche à établir la nature des substances qui
peuvent entrer dans la composition de la poudre. Voici textuellement ce passage :

« *Conjecturer les ingrédiens de la bonne poudre à canon.* — Il est certain que, cherchant une prompte raréfaction, il faut l'avancer par la chaleur ; car il n'y a point en la nature de plus agissante qualité. Le froid agit ; mais il resserre. Les deux autres, sécheresse et humidité, n'ont que fort peu d'action ou nous doivent plutôt servir de matière et de patient en ce dessein que d'agent. Voyons du froid s'il nous est propre. *L'eau humide qui se convertit en air se raréfie*, et en est la raréfaction suivie de violence. Voyez-vous ces instruments d'airain globeux et creux, qui ont un trou par lequel on verse l'eau. Les Grecs les ont nommés *portes d'Éole*, parce que, si vous les approchez du feu, le métal en est eschauffé, et l'eau quand et quand, *laquelle peu à peu se convertit en air par l'action de la chaleur, et estant faicte rare et vent*, elle sort par le trou avec force, et après ravive le feu par son souffle, qui le premier luy avoit donné estre. Il y a quelque apparence que si ce nouvel aër ne trouvoit lors issue libre par la petite porte, qu'il briseroit le vaisseau pour se donner jour : *ainsi que l'humidité de la chastaigne aéréfiée par le feu, la faict esclater seulement pour se donner libre estendue*. Que si la *furie de cet esclat n'a d'estonnement que pour les enfans, l'effect de la raréfaction de l'eau a de quoy espouvanter les plus asseurés hommes en l'accident des tremblemens de terre*. L'eau coulée ès caverses de la terre au printemps principalement et en automne, y est eschauffée, soit par les feux qu'elle y rencontre souvent, soit par les chaudes exhalaisons qui sortent des soupiraux terrestres : tant que raréfiée et convertie en aër, le lieu qui la contenoit auparavant n'est plus capable d'embrasser si longues et si larges dimensions : tellement que, pressée de s'estendre et violentée par cet hoste devenu puissant, la terre s'entr'ouvre pour luy faire jour avec un desbriz espouvantable. Il y a un million d'autres effects de cette raréfaction d'humidité, qui nous pourroyent guider à l'exécution de quelque violence. Mais nous devons y considérer qu'elle ne se fait à coup, ainsi

(1) *Notice historique sur les machines à vapeur* (*Notices scientifiques*, t. II, p. 19).

avec le tems, et que la matière humide ne s'exhalle pas toute à la fois, mais peu à peu. Or nous cherchons de la promptitude et un effect momentané, principalement pour ce qui est de l'action du canon. Car ce n'est pas qu'èz autres artifices du feu nous ne nous servons quelques fois d'humides, quand nous en voulons faire durer la violence. Mais cela n'est pas de ce lieu. Il faut donc nous attacher à la sécheresse, et à un subject sec qui ait peu de résistance contre la chaleur, et soit amy du feu. Car l'humide lui résiste : au contraire le sec est de sa nature mesme.

Fig. 4. — F. Bacon.

Or ny l'air qui est humide et chaud, ny l'eau qui est froide et humide, ne nous peuvent donner ce corps sec que nous cherchons. L'eau en est la plus incapable, tellement que toutes choses humides et froides doivent être bannies de notre poudre ; etc. (1). »

Quand on a lu ce morceau confus, empreint des idées surannées de l'ancienne physique, et tout rempli des lieux communs et des divagations qu'elle affectionne, on se demande comment Arago a pu l'honorer d'une interprétation aussi large. Rivault ne parle nullement de vapeur d'eau, comme on le lui fait dire ; il parle seulement, d'après les opinions scientifiques de son époque, de la conversion de l'eau en air. Il ne fait aucune allusion à

(1) *Les Éléments de l'artillerie, concernant tant la théorie que la pratique du canon*, par le sieur de Flurance Rivault, 1658, p. 150.

Fig. 5. — Salomon de Caus dirige la création des jardins d'Heidelberg (page 12).

une expérience qu'il aurait exécutée, et il ne nous dit rien de cette « bombe à parois épais-« ses, et contenant de l'eau, qui fait tôt ou « tard explosion, quand on la place sur le feu « après l'avoir bouchée. » Il parle tout simplement de châtaignes « dont l'éclat n'a d'es-« tonnement que pour les enfans ; » et s'il nous dit que « l'effect de la raréfaction de « l'eau a de quoy espouvanter les plus asseu-« rés hommes, » il a soin d'ajouter « en l'ac-« cident des tremblemens de terre, » complément explicatif qui ramène le fait à sa véritable expression. Et convenez que cet *accident des tremblements de terre* et cette *furie des châtaignes* sont bien faits pour réduire à sa juste valeur la prétendue découverte du précepteur de Louis XIII et pour affaiblir ses droits à la reconnaissance de la postérité.

Ainsi, jusqu'à la fin du XVI° siècle, aucune notion ne fut acquise concernant l'application des effets mécaniques de la vapeur d'eau. Ce fait ne surprend point quand on se rappelle que toutes les connaissances que nous résumons aujourd'hui sous le nom de Physique, étaient enveloppées, à cette époque, de l'obscurité la plus profonde. La création de la physique pouvait seule apporter les faits précis qui devaient servir de point de départ à la découverte des effets mécaniques de la vapeur d'eau et déterminer son emploi comme force motrice.

CHAPITRE II

CRÉATION DE LA MÉTHODE SCIENTIFIQUE. — BACON, DESCARTES ET GALILÉE. — SALOMON DE CAUS, SA VIE ET SES ÉCRITS. SA PRÉTENDUE DÉCOUVERTE DE LA MACHINE A VAPEUR.

C'est de la fin du XVI° siècle que date la création de la physique moderne.

Les sciences, qui avaient brillé d'un vif éclat dans le vaste empire des Arabes, avaient disparu avec eux. Leur flambeau s'était éteint dans l'Europe du moyen âge. Après cette époque, quelques hommes de génie, Paracelse, Ramus, Cardan, Gessner, Agricola,

Fig. 6. — Descartes.

Tycho-Brahé, Copernic, avait fait briller, par leurs travaux, les vrais principes de la philosophie naturelle. Mais ces premiers efforts étaient restés stériles.

Cependant la réformation religieuse accomplie par Luther avait fondé la liberté de conscience ; les premières lueurs de l'émancipation politique commençaient à se lever sur les nations de l'Europe : une transformation semblable ne tarda pas à s'opérer dans les sciences, et compléta la révolution salutaire qui devait mettre l'humanité en possession de ses droits. C'est alors qu'apparaissent à la fois sur la scène du monde, trois hommes destinés à jeter les bases de l'édifice nouveau des connaissances humaines. Bacon en Angleterre, Descartes en France, et Galilée en Italie, sont les auteurs de cette révolution mémorable. Divers de pays, d'esprit et de caractère, ils attaquent, selon les formes et les aptitudes particulières de leur génie, l'échafaudage antique des doctrines scolastiques qui asservissaient l'esprit humain. Leurs hardis et salutaires efforts le renversent à jamais, et élèvent sur ses débris une philosophie nouvelle. Donnant le précepte et l'exemple, ils enseignent au monde la véritable méthode à suivre dans les recherches scientifiques, et marquent par leurs découvertes, les premiers pas de la science naissante.

La révolution scientifique accomplie par les préceptes de Bacon, les découvertes de Galilée et les écrits de Descartes, embrasse une période bien tranchée. Commencée dans les dernières années du XVI° siècle, à l'époque des premiers travaux de Galilée, elle se termine vers le milieu du siècle suivant, en 1642, à la mort de ce savant. C'est seulement alors que le triomphe de la philosophie nouvelle est définitivement établi, et que la science, fondée désormais sur une base inébranlable, peut marcher sans entraves dans les voies de la vérité. Mais, pendant l'intervalle d'un demi-siècle que cette période mesure, la science a péniblement à lutter contre les restes de l'esprit philosophique du passé, et elle n'est pas toujours victorieuse. Pendant longtemps encore l'ombre des vieilles erreurs enveloppe les conceptions des savants. Une métaphysique obscure embarrasse les théories de la science ; les idées religieuses et morales continuent à se mêler aux explications physiques. On raisonne sur le plein et le vide, sur les qualités essentielles et sur les qualités accidentelles des corps. On disserte sur le sec et l'humide, sur le nombre et les propriétés des éléments ; on s'obstine à discuter stérilement l'essence intime des phénomènes. On élève des hypothèses sans fin sur la nature du feu, sur la mixtion des éléments. On prête à la nature des affections morales; on se perd, en un mot, dans la vaine subtilité des théories de la scolastique. Aussi l'expérience est-elle à peine invoquée, et quand on essaye d'y recourir, c'est toujours sur des sujets puérils que va s'exercer l'imagination des physiciens. On entreprend des recherches mécaniques pour expliquer les sons de la statue de Memnon, le jeu mystérieux de l'orgue du pape Sylvestre, ou le vol de la colombe d'Architas ; on écrit des volumes pour découvrir les causes de la dissolution du veau d'or, ou pour savoir combien de milliers d'anges pourraient tenir, sans être pressés, sur la pointe d'une aiguille.

C'est au milieu de cette période de l'histoire des sciences, lorsque la physique n'existait pas encore, que tous les écrivains se sont accordés jusqu'ici à placer la découverte de la machine à vapeur.

En France, c'est à Salomon de Caus, architecte et ingénieur obscur, qui a écrit, en 1615, son livre *les Raisons des forces mouvantes*, que l'on a décerné l'honneur de cette invention. Il n'y a qu'une voix en Angleterre pour l'attribuer au marquis de Worcester, politique brouillon et mécanicien contestable, qui vivait sous les derniers Stuarts. Enfin les écrivains italiens revendiquent pour leur pays la première invention de la machine à feu, en invoquant, à ce sujet, les titres du physicien Porta, qui écrivait en 1605, ou ceux de l'architecte Giovanni Branca, qui a publié à Rome, en 1629, un ouvrage sur les machines.

Dans une histoire sérieuse de la machine à vapeur, tous ces noms devraient être écartés. On ne peut avoir songé à construire une machine ayant pour principe la force élastique de la vapeur d'eau, à une époque où l'on confondait avec l'air atmosphérique les fluides qui se dégagent des liquides en ébullition ; quand on ne possédait, sur les effets mécaniques de la vapeur, que ces notions confuses, acquises depuis des siècles par l'observation vulgaire, et ne se liant à aucune vue théorique ; lorsque les principales lois de l'hydrostatique étaient encore un mystère, lorsque les premiers linéaments de la physique générale étaient à peine tracés. Cependant, comme l'opinion contraire, établie sur l'autorité des noms les plus considérables de la science, a

Fig. 7. — Galilée.

joui longtemps d'un grand crédit, nous sommes tenu de l'examiner avec attention.

Les raisons des forces mouvantes avec diverses machines tant utiles que plaisantes, ausquelles sont adjoints plusieurs desseings de grotes et fontaines, par Salomon de Caus, *ingénieur et architecte de Son Altesse Palatine électorale,* tel est le titre de l'ouvrage qui renferme, dit-on, la description de la première machine à vapeur connue.

M. Baillet, inspecteur des mines, est le premier qui, au commencement de notre siècle, ait signalé, dans le livre, profondément inconnu jusque-là, de Salomon de Caus, un théorème relatif à l'action mécanique de l'eau échauffée, et qui ait prétendu trouver dans les dix lignes de ce théorème l'idée de la machine à vapeur (1). L'étrange procédé historique qui consiste à décerner à quelque écrivain obscur l'honneur de l'une des grandes inventions modernes, sans tenir aucun compte de l'état de la science à son époque, n'avait jamais été couronné d'un succès plus complet. Dans sa *Notice sur la machine à vapeur*, publiée pour la première fois en 1828, dans l'*Annuaire du Bureau des longitudes*, Arago adopta et développa l'opinion émise par Baillet. Appuyée sur l'autorité de l'illustre secrétaire de l'Académie des sciences, elle fut promptement admise, et le pauvre ingénieur normand, qui ne s'attendait guère à tant d'honneur, fut ainsi proclamé, d'un accord unanime, l'inventeur de la machine à feu.

Laubardemont disait, au XVIIe siècle, qu'avec dix lignes de l'écriture d'un homme, il se chargeait de le faire pendre. Notre siècle, plus généreux, avec dix lignes ramassées dans le livre inconnu d'un écrivain obscur, voue sa mémoire à l'immortalité. Cependant de tels arrêts sont susceptibles de révision, et, en ce qui concerne Salomon de Caus, c'est une tâche que nous essayerons de remplir.

Il est difficile de juger les écrits d'un savant sans connaître les principaux événements de sa vie. Donnons, en conséquence, quelques détails sur Salomon de Caus, autant qu'il est permis de fournir des renseignements positifs sur un modeste ingénieur du XVIIe siècle, à peu près ignoré de ses contemporains, et dont la gloire posthume ne devait briller que deux siècles après sa mort.

Le nom de Salomon de Caus n'est cité dans aucun des ouvrages biographiques de son temps, c'est à ses propres écrits qu'il faut emprunter les particularités qui le concernent. Salomon de Caus naquit en 1576. Il était sans doute originaire de Normandie, car un de ses parents, Isaac de Caus, qui publia, quelque

(1) *Notice historique sur les machines à vapeur, machines dont les Français peuvent être regardés comme les premiers inventeurs*, par M. Baillet, Inspecteur divisionnaire au corps impérial des mines (*Journal des mines*, mai 1813, p. 321).

temps après lui, un ouvrage d'hydraulique, prend le titre de *Dieppois*. Dans la préface de l'un de ses écrits, Salomon de Caus nous apprend lui-même que les sciences et les arts l'occupèrent dès sa jeunesse. Il étudiait la peinture, les langues anciennes et les mathématiques. Porté vers la mécanique par un goût particulier, il s'appliqua de bonne heure à cette science. Ensuite, comme tous les artistes de son époque, il voyagea pour perfectionner ses connaissances. Il se rendit d'abord en Italie, où il séjourna quelque temps. Il passa de là en Angleterre, et réussit à entrer dans la maison du prince de Galles ; il fut attaché comme maître de dessin à la princesse Élisabeth. Le prince de Galles ayant confié à l'artiste français le soin de décorer les jardins de son palais, Salomon de Caus peupla de groupes mythologiques les jardins de Richmond. Tout le personnel de l'Olympe figurait dans les décorations de cette résidence célèbre ; des machines hydrauliques faisaient jaillir les eaux au milieu de ces statues allégoriques.

Cependant la princesse Élisabeth, ayant épousé, en 1613, le duc de Bavière, Frédéric V, se disposait à partir pour l'Allemagne ; elle consentit à emmener avec elle son maître de dessin en qualité d'ingénieur et d'architecte.

Dès son arrivée en Allemagne, Salomon de Caus fut chargé de diriger la construction des bâtiments nouveaux que le duc de Bavière se proposait d'ajouter à son palais de Heidelberg. Il fallait entourer de jardins le nouveau palais ; on livra à l'architecte une sorte de fourré sauvage, le *Friesenberg*, montagne inculte, hérissée de rochers nus et creusée de profonds ravins. L'art changea promptement la face de ces lieux abandonnés. La montagne fut remuée de fond en comble, et bientôt, sur l'emplacement de ce site désert, on vit s'élever de beaux jardins tout remplis d'ombre et de fraîcheur, ornés de maisons de plaisance, décorés d'arcs de triomphe et de portiques, égayés, suivant l'heureux style de cette époque, de fontaines jaillissantes et de grottes rocailleuses. Les délicieux jardins du palais de Heidelberg, qui ont été décrits dans un volume in-folio publié à Francfort en 1620, sous le titre de *Hortus Palatinus*, ont fait l'admiration de l'Allemagne jusqu'à l'époque où ils furent détruits pendant l'un des siéges, suivis de pillage, qui désolèrent Heidelderg de 1622 à 1688.

C'est pendant le cours de ces derniers travaux, lorsqu'il dirigeait la construction des jardins de Heidelberg, que Salomon de Caus publia, chez Jean Norton, libraire anglais établi à Francfort, son ouvrage sur les *Forces mouvantes*. Après la dédicace, adressée *au roi très-chrétien* (Louis XIII), vient une poésie laudative, due à la plume d'un certain Jean Le Maire, peintre et bel esprit du temps. Un acrostiche du poëte sur le nom de Salomon de Caus nous apprend que l'auteur de cet ouvrage n'était encore qu'en son *printemps*.

Salomon de Caus fit paraître, la même année, un traité sur la musique, intitulé : *Institution harmonique divisée en deux parties : en la première sont montrées les proportions des intervalles harmoniques, et en la deuxième les compositions d'icelles*. Dans la préface de cet ouvrage, dédiée *à la très-illustre et vertueuse dame Anne, royne de la Grande-Bretagne*, l'auteur entreprend une dissertation historique pour prouver l'excellence de la musique, et il invoque l'histoire sacrée et l'histoire profane pour établir l'utilité de cet art, qui, selon lui, « doit être colloqué « au-dessus de toutes les sciences humai- « nes. » Entre autres preuves des bons effets de la musique, il nous apprend que « la « pudicité de Clitemnestre, femme d'Aga- « memnon, fut conservée aussi longtemps « qu'un certain musicien dorien demeura avec « elle. »

Cependant l'ingénieur normand en était arrivé à son automne. Il avait quarante-sept ans, et depuis dix ans il résidait chez le palatin de Bavière. Le désir de revoir son pays, abandonné depuis sa jeunesse, ou la mobilité de son humeur, le décida à se séparer du prince. Il revint en France en 1623 et y vécut de son double métier d'ingénieur et d'architecte.

Il paraît, d'après un document que nous aurons à citer plus loin, que Salomon de Caus

Fig. 8. — Salomon de Caus.

fut attaché par Louis XIII, aux travaux que le roi faisait exécuter dans sa capitale.

Salomon de Caus publia à Paris, en 1624, un ouvrage qui a pour titre : *la Practique et la démonstration des horloges solaires, avec un discours sur les proportions*. Ce dernier livre est dédié au cardinal de Richelieu.

A cela se bornent tous les renseignements que l'histoire a pu recueillir sur Salomon de Caus. La galerie d'antiquités de la ville de Heidelberg conserve son portrait peint sur bois, à la date de 1619. C'est un *fac-simile* de ce tableau que nous donnons dans la gravure qui représente le portrait de Salomon de

Caus. Sa vie est racontée succinctement à l'envers du panneau : on y fixe à l'année 1630 la date de sa mort.

Un document authentique nous permet de rectifier la date assignée ici à la mort de Salomon de Caus.

M. Ch. Read, chef de section à la Préfecture de la Seine, a trouvé dans un des *registres d'enterrement des protestants de Paris*, conservés au greffe du Palais de justice, l'acte d'inhumation de Salomon de Caus. Cet acte, qui prouve, en même temps, que Salomon de Caus était huguenot, a été communiqué à l'Académie des sciences de Paris, le 28 juillet 1862. Il est ainsi conçu : « *Salomon de Caulx, ingénieur du roy, a été enterré à la Trinité, le samedi, dernier jour de février 1626, assisté de deux archers du guet.* »

Ainsi Salomon de Caus est mort à Paris, dans l'exercice des fonctions d'ingénieur pour les travaux commandés par le roi. Il fut enterré au cimetière de la Trinité. Ce cimetière occupait l'emplacement actuel du passage Basfour, à l'endroit même où passe aujourd'hui la rue de Palestro (1).

Au milieu des simples événements de cette vie paisible, partagée entre la culture des beaux-arts et les devoirs d'une profession libérale, il est difficile de reconnaître le savant que l'on a coutume de nous représenter comme devançant son époque, et devinant, deux siècles avant nous, les applications mécaniques de la vapeur. L'obscur ingénieur qui passa ignoré de ses contemporains et de ses successeurs, est loin de répondre à ce personnage de génie dont le type convenu semble déjà être acquis à l'histoire. Examinons maintenant les passages de ses écrits que l'on a invoqués pour lui attribuer la découverte de la machine à vapeur.

---

(1) C'est en raison de cette circonstance qu'un décret impérial, du 2 mars 1864, a donné le nom de *rue Salomon de Caus*, à l'une des rues qui encadrent le square des Arts-et-Métiers, à quelques centaines de mètres de l'emplacement de l'ancien cimetière de la Trinité, où reposèrent les restes mortels de Salomon de Caus.

L'ouvrage de Salomon de Caus, *les Raisons des forces mouvantes*, se compose de trois livres, qui ont pour titres, le premier : *les Raisons des forces mouvantes*; le second : *Desseings des grottes et fontaines propres pour l'ornement des palais, maisons de plaisance et jardins*; et le troisième : *Fabrique des orgues*. C'est dans le premier livre, *les Raisons des forces mouvantes*, que se trouve l'article relatif à la vapeur d'eau.

Le titre de cet ouvrage pourrait faire croire qu'il est consacré tout entier à l'étude des forces qui mettent en jeu les machines. Cependant il ne renferme que six pages relatives à l'équilibre de la balance, du levier, de la poulie, des roues à pignons dentelés et de la vis; le reste est consacré à la description de diverses machines hydrauliques propres à l'élévation des eaux. Vient ensuite l'exposition des moyens à employer pour construire des grottes artificielles, des fontaines rustiques et des cabinets de verdure pour l'ornement des jardins. Le troisième livre est un traité pratique assez complet de la fabrication des orgues d'église.

Donnons une idée des matières contenues dans le premier livre.

Dans un court préambule, l'auteur, suivant les principes de la physique de son temps, annonce qu'il se propose de définir les quatre éléments des corps, parce que tous les effets des machines se rapportent à ces éléments. Comme la définition de l'air contient *une ligne* que l'on invoque quelquefois en faveur de Salomon de Caus, nous citerons textuellement le passage qui la renferme.

« *Définition première.* — Le feu, dit Salomon de Caus, est un élément lumineux, *chaud*, *très-sec* et *très-léger*, lequel par sa chaleur fait grande violence.

« Il y a deux espèces de feu, l'un *élémentaire*, lequel je crois être la chaleur du soleil, car tout autre feu ou la chaleur est sujet à nourriture; la seconde espèce de feu est le *matériel*, lequel est dit ainsi, à cause qu'il est nourri et maintenu de matière corporelle, laquelle matière venant à faillir, faut aussi la chaleur : quant à ce qu'il est dit lumineux, c'est à cause du soleil qui est la vraie lumière naturelle, et mesmement la lumière artificielle procède du feu matériel...; et quant à la violence du feu, la plus grande procède de feu matériel. Chacun sait le dommage qu'il fait où il se met; soit par accident ou entreprise délibérée. En Sicile, le feu s'est mis dans la cavité du mont Gibella, autrement dit Ætna, lequel brûle il y a fort longtemps; toutefois il y a apparence que ce feu prendra fin, quand toute la matière sulfurée qui l'entretient finira. La violence aussi de plusieurs inventions de machines de guerre est admirable, lesquelles se font avec la poudre à canon. Ainsi le feu matériel nous sert aussi bien à faire du mal comme du bien, et quant au feu élémentaire, il y a aucunes machines en ce livre, lesquelles ont mouvement par le moyen d'iceluy, comme l'élévation des eaux dormantes et autres machines suivantes icelles non démontrées par cy-devant. »

Après cette singulière définition du feu, qui peut donner une juste idée de la force de ses raisonnements et de ses vues, Salomon de Caus passe à la définition de l'air.

« L'air, dit-il, est un élément froid, sec et léger, lequel se peut presser et se rendre fort violent... L'air est aussi dit léger, car quelque quantité qu'il y ait d'air dans un vaisseau, il n'en sera plus pesant; et quant à ce qui est dit ici qu'il se peut presser, j'en donnerai ici un exemple : Soit un vaisseau de plomb ou cuivre bien clos et soudé tout à l'entour, marqué A, auquel il y aura un tuyau marqué BC duquel le bout C approchera près du fond dudit vaisseau d'environ un pouce, et au bout B, il y a un petit récipient (entonnoir) pour recevoir l'eau, laquelle verserez dans ledit récipient, et de là descendra au vaisseau, et d'autant que l'air qui est au dedans ledit vaisseau ne peut sortir, et qu'il faut qu'il y ait quelque place, on ne pourra emplir ledit vaisseau, et si le tuyau BC est haut de dix ou douze pieds, il y entrera environ jusqu'au tiers d'eau, tellement que l'air se pressant, causera une compression, et fera même enfler le vaisseau, s'il n'est fort épais, ce qui démontre que l'air se presse, et que cette compression fait violence, comme il se pourra voir en diverses machines en ce livre. Mais la violence sera grande quand l'eau s'exhale en air par le moyen du feu et que ledit air est enclos, comme par exemple,

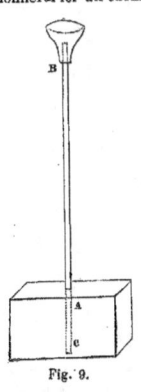

Fig. 9.

soit une balle (ballon) de cuivre d'un pied ou deux de diamètre, et épaisse d'un pouce, laquelle sera remplie d'eau par un petit trou, lequel sera bouché bien fort après avec un clou, en sorte que l'eau ni l'air n'en puissent sortir; il est certain que si l'on met ladite balle sur un gran feu, en sorte qu'elle devienne fort chaude, qu'il se fera une *compression si violente* que la balle crèvera en pièces, avec bruit semblable à un pétard. »

La lecture du texte original de Salomon de Caus suffit pour rectifier l'interprétation inexacte que l'on a faite de ce passage. On voit que la première expérience qu'il rapporte n'a d'autre but que de démontrer la compressibilité de l'air, et de manifester l'un des effets mécaniques auxquels donne naissance l'air comprimé. L'air condensé dans la partie supérieure du vase AC par l'eau que l'on verse dans ce vase, s'oppose, par sa pression, à ce que l'eau vienne occuper toute sa capacité. La seconde expérience n'est destinée qu'à montrer les effets de la compression de l'*air échauffé* et non de la vapeur, comme on l'a si souvent avancé. Salomon de Caus nous apprend que, par l'effet de la pression de l'eau *exhalée en air*, un ballon de cuivre peut éclater en mille pièces. Cette phrase : « *La violence sera grande quand l'eau s'exhale en air par le moyen du feu,* » si souvent invoquée en faveur de Salomon de Caus, prouve seulement qu'il connaissait le fait vulgaire d'un vase métallique rempli d'eau, hermétiquement bouché, et qui éclate par l'action de la chaleur. Mais ce fait était depuis longtemps connu; on trouve cité dans plusieurs écrits des alchimistes, et Salomon de Caus se borne à le reproduire, sans se douter de la véritable cause du phénomène; il n'y voit autre chose que l'effet de l'air engendré par la chaleur et agissant sur l'eau dans un espace fermé.

Après ces définitions, Salomon de Caus passe à l'exposition de divers théorèmes. Le premier est ainsi formulé : « *Les parties des éléments se mêlent ensemble pour un temps, puis chacun retourne à son lieu.* » L'auteur

rappelle d'abord que tous les corps de la nature sont « composés et mixtionnés d'élé-
« ments....., comme, par exemple, le bois et
« toute autre chose que la terre procure sont
« mixtionnés du sec et de l'humide. » Dans le
développement de ce théorème, qui est loin
d'être toujours intelligible, l'auteur se propose de montrer qu'après la décomposition
d'un corps par l'action de la chaleur, chacun
de ses éléments *retourne en son lieu*, « comme,
« par exemple, le bois se détruit par le moyen
« de la chaleur, l'humidité s'évapore en haut,
« par extraction que fait la chaleur. Laquelle
« vapeur, venant à monter avec la chaleur
« jusqu'à la moyenne région, se quittent l'un
« l'autre, puis chacun retourne en son lieu,
« l'humidité retombant sur la terre, qui est
« ce que nous appelons pluie (1). » Il donne
à l'appui de ce fait une expérience confusément exposée, qui ne saurait réussir telle qu'il
l'indique, et qui prouve qu'une certaine quantité d'eau évaporée par la chaleur *retourne en
eau* en produisant la même quantité de liquide.

Le théorème II des *Raisons des forces mouvantes* est consacré à discuter le principe du
plein universel, thème favori de la physique
du moyen âge. Il est ainsi conçu : « *Il n'y a
rien à nous cogneu de vide.* »

Dans les théorèmes suivants, l'auteur arrive
aux divers moyens pour « *élever l'eau plus haut
que son niveau.* »

---

(1) Il ne faudrait pas conclure de l'emploi du mot *vapeur*
par l'auteur des *Raisons des forces mouvantes*, qu'il possédât des notions exactes sur la vaporisation des liquides. Le
terme de vapeur existait dans le langage, parce qu'il représentait une forme de la matière depuis longtemps observée ;
mais la nature du phénomène qui donne naissance aux vapeurs était inconnue à cette époque. La théorie de la vaporisation, entièrement ignorée du temps de Salomon de
Caus, fut encore un mystère plus d'un siècle après lui.
Pendant tout le XVIIᵉ siècle, on continua de confondre avec
l'air atmosphérique les vapeurs qui se forment pendant
l'ébullition des liquides. Salomon de Caus avait des idées
si inexactes à cet égard, que, dans le théorème dont nous
parlons, il prétendit que la vapeur d'eau est plus légère que
la vapeur de mercure, d'après ce fait, que la vapeur du
mercure se condense sur la vaisselle dorée, tandis que la
vapeur d'eau continue de s'élever dans l'air.

Les quatre moyens que Salomon de Caus
indique comme propres à élever l'eau sont :
1° le siphon, dans lequel l'eau monte d'abord
au-dessus de son niveau dans la branche
ascendante, pour s'écouler plus bas que
son niveau dans la branche descendante ;
2° la capillarité des tissus de laine ou de
coton ; 3° la compression de l'air, comme
dans la fontaine de Héron, « laquelle, dit-il,
est une invention fort gentille et subtile ; »
4° la vis d'Archimède, « *de quoi parle Diodore, Sicilien, et dit qu'Égypte a été asséchée
par la vis d'Archimède. Vitruve aussi en fait
mention, comme aussi fait Cardan, et dit
qu'un de Rubeis, Milanais, pensant être le
premier inventeur de cette machine, en devint fou de joie.* »

Voici enfin le dernier moyen d'élever l'eau,
sur lequel on fait reposer la gloire de Salomon de Caus :

« L'eau montera, par aide du feu, plus haut que
son niveau.

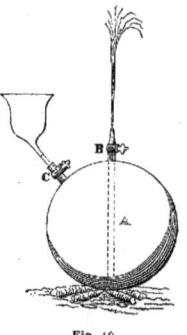

Fig. 10.

« Le troisième moyen de faire monter l'eau est par
l'aide du feu, dont il
peut faire diverses
machines; j'en donnerai ici la démonstration d'une.

« Soit une balle de
cuivre marquée A,
bien soudée tout à
l'entour, à laquelle il
y aura un soupirail
marqué C, par où l'on
mettra l'eau, et aussi
un tuyau marqué AB,
qui sera soudé en
haut de la balle, et
dont le bout approchera près du fond
sans y toucher ; après
faut emplir ladite
balle d'eau par le
soupirail, puis le bien reboucher et le mettre sur le
feu : alors la chaleur donnant contre ladite balle,
fera monter toute l'eau par le tuyau AB (1). »

Tel est l'appareil qui, selon Arago, « est
« une véritable machine à vapeur propre à

---

(1) *Les Raisons des forces mouvantes*, 1615, p. 4.

Fig. 11. — Salomon de Caus exerçant les fonctions d'ingénieur du roi dans la ville de Paris (page 20).

« opérer des épuisements (1). » Il nous est impossible de partager cette opinion.

L'appareil décrit par Salomon de Caus ne peut servir qu'à l'*épuisement* de l'eau contenue dans le ballon A. Pour en élever davantage, il faudrait qu'il existât un moyen d'introduire dans ce ballon une nouvelle quantité d'eau, après la sortie de la première. Salomon de Caus ne donne aucune indication sous ce rapport. Il dit formellement, au contraire, qu'il faut « remplir la-« dite balle par le soupirail C, puis le *bien* « reboucher. » Sans doute, si l'on ajoutait au robinet C un tube plongeant dans un réservoir d'eau froide, le vide, se faisant dans l'intérieur du ballon par l'effet de la sortie du liquide, appellerait, par aspiration,

(1) *Notice historique sur les machines à vapeur (Notices scientifiques,* t. II, p. 15).

une quantité d'eau à peu près égale à celle qui a disparu, et celle-ci s'élèverait à son tour après s'être échauffée. On obtiendrait de cette manière une sorte d'appareil intermittent, qui pourrait servir à opérer l'épuisement d'une certaine masse d'eau, à la condition toutefois d'élever l'eau chaude et de perdre par conséquent une quantité considérable de calorique. Mais Salomon de Caus ne propose rien de semblable, et la raison en est bien simple : il ne songeait nullement à construire une machine. Le petit appareil qu'il décrit est un objet de pure démonstration, une simple expérience de physique; c'est dans l'article consacré aux théorèmes et non dans le chapitre des machines, que se trouve sa description.

Aussi, lorsque Arago nous parle plus loin, d'un ouvrier qui, dans la machine de Salomon de Caus, est chargé de remplacer l'eau expulsée, à l'aide d'un orifice qui s'ouvre et se ferme à volonté (1), il prête à l'auteur une pensée qui n'entra jamais dans son esprit. Si Salomon de Caus avait voulu présenter cet appareil comme une machine de son invention, il n'eût pas manqué de donner à sa description tous les développements nécessaires. Salomon de Caus nous fait connaître, en effet, dans la suite de son ouvrage, diverses petites machines qu'il a inventées, entre autres, une *machine fort subtile par laquelle on pourra faire élever une eau dormante au moyen des rayons solaires;* il ne manque pas alors de décrire minutieusement le mécanisme de cet appareil, la situation des soupapes, la disposition des tubes, le nombre des bassins et des citernes; en un mot, tout ce qui intéresse le jeu de sa machine.

Arago, revenant, dans son *Éloge de Watt*, sur l'ouvrage de Salomon de Caus, a dit :

« Je ne saurais accorder que celui-là n'ait rien fait d'utile, qui, réfléchissant sur l'énorme ressort de la vapeur d'eau fortement échauffée, vit le premier qu'elle pourrait servir à élever de grandes masses de ce liquide à toutes les hauteurs imaginables. Je ne puis admettre qu'il ne soit dû aucun souvenir à l'ingénieur qui, le premier aussi, décrivit une machine propre à réaliser de pareils effets... L'appareil de Salomon de Caus, cette enveloppe métallique où l'on crée une force motrice presque indéfinie à l'aide d'un fagot et d'une allumette, figurera toujours noblement dans l'histoire de la machine à vapeur (2). »

Nous avons fait connaître les idées inexactes professées par Salomon de Caus et par tous les physiciens de son temps, sur le phénomène de la vaporisation des liquides. Il nous semble donc difficile qu'il ait jamais pu réfléchir sur l'énorme ressort de la « vapeur d'eau fortement chauffée. » Entre la phrase si simple de Salomon de Caus : « la chaleur donnant contre

(1) « Dans la machine de Salomon de Caus, dès que la « pression de la vapeur a produit son effet, un ouvrier rem-
« place l'eau expulsée à l'aide d'un orifice situé à la partie
« supérieure de la sphère métallique et qui s'ouvre ou se
« ferme à volonté. », *Notice historique sur les machines à vapeur* (*Notices scientifiques*, t. II, p. 34).
(2) *Notices biographiques*, t. I, p. 398.

ladite balle fait monter toute l'eau par le tuyau AB, » et cet « énorme ressort de la vapeur d'eau, » dont parle Arago, il y a un intervalle assez difficile à combler. Quant « à élever de grandes masses de liquide à toutes les hauteurs imaginables, » il nous semble que c'est encore ajouter beaucoup à la pensée de l'auteur, qui ne parle que de faire monter l'eau au-dessus de son niveau, hauteur que l'on peut imaginer sans trop de peine.

Il ne sera pas inutile de faire remarquer, en passant, que la découverte de ce nouveau moyen d'élever l'eau était loin d'appartenir à Salomon de Caus.

Dans une traduction italienne de l'ouvrage latin du physicien napolitain Porta, *Pneumaticorum libri tres*, publiée en 1601, on trouve la description d'un petit appareil qui a pour but de déterminer en combien de parties d'air peut se transformer une partie d'eau (*per sapere una parte di acqua in quanto di aria si risolve*). Porta détermine en combien de parties d'air se transforme une partie d'eau, en se servant de la pression qu'exerce de la vapeur d'eau sur de l'eau liquide contenue dans un petit réservoir. Or, ce moyen d'élever l'eau en exerçant sur elle une pression par l'effet de la chaleur, Porta est loin de le décrire comme une invention qui lui appartienne. Il était, en effet, connu bien longtemps avant lui, et dans l'ouvrage de Héron on trouve plus de vingt appareils fondés sur ce principe, dont la cause seulement échappait aux physiciens de cette époque. Aussi Porta est-il loin de s'attribuer la première observation de ce fait : il le prend dans le courant des opinions communes, et le présente avec simplicité, comme un moyen d'établir par l'expérience une vérité qu'il recherche.

On ne peut donc admettre, avec Arago, que Salomon de Caus ait fait le premier une observation de ce genre.

Nous ne pouvons reconnaître davantage que l'ingénieur normand ait eu la pensée de présenter son appareil comme créant « une force motrice presque indéfinie. » Salomon de Caus est bien loin d'élever des prétentions aussi hautes. Le petit appareil qu'il décrit, il le met sur la ligne du siphon, de la fontaine de Héron et même des tissus humectés. Que pensez-vous des effets d'une machine destinée à rivaliser avec la capillarité des tissus? Certes, si Salomon de Caus avait eu le projet qu'on lui prête, s'il avait voulu présenter son appareil comme susceptible de créer une force applicable aux travaux de l'industrie, le lieu était bien choisi de le déclarer nettement dans un livre sur les forces mouvantes. S'il avait eu quelque pensée de ce genre, il n'eût pas manqué de s'en exprimer clairement et formellement : il eût ainsi épargné aux historiens les épineux commentaires où il les a contraints de s'engager.

Ainsi Salomon de Caus trouva dans la science de son temps la notion vague, imparfaite et confuse, des effets mécaniques de la vapeur d'eau, effets que l'on n'avait pas encore réussi à distinguer de ceux de l'air échauffé. Il signala ce fait dans l'un de ses écrits, sans y ajouter plus d'importance qu'on ne le faisait à son époque, et sans songer un instant à l'appliquer à la construction d'une machine. Ce qui prouve qu'il n'ajoutait rien aux idées scientifiques de son temps, c'est que son ouvrage ne produisit aucune impression sur l'esprit de ses contemporains. Consulté seulement par quelques personnes de sa profession, le livre de l'architecte normand, qui traite, au même titre, des forces mouvantes, du dessin des grottes et fontaines et de la fabrication des orgues, occupa fort peu les physiciens. Le jésuite Gaspard Schott est le seul, qui, dans un ouvrage imprimé en 1657, sous le titre de *Mechanica hydraulico-pneumatica*, fasse mention du nom et de l'ouvrage de Salomon de Caus. Aucun autre auteur de son siècle n'a parlé de cet appareil, et son parent, Isaac de Caus, qui écrivit, quelques années après lui, un traité sur les moyens d'élever les eaux, ne cite pas même l'ouvrage de son homonyme.

Nous sommes donc contraint de rejeter l'opinion, universellement répandue, qui fait de Salomon de Caus un savant de premier ordre qui, par la force de son génie, devina, il y a deux siècles, la machine à vapeur moderne.

Nous sera-t-il permis d'ajouter, par forme de conclusion, qu'il serait bon, dans l'histoire des sciences, de se montrer sobre de ces types romanesques d'hommes de génie qui devancent leur époque, et qui, tout d'un coup, font briller la lumière aux yeux de leurs contemporains plongés dans la nuit de l'ignorance et des préjugés. Rarement un savant devance son époque. Appliquer les notions acquises de son temps, en déduire toutes les conséquences qu'elles renferment, cette tâche suffit à occuper son génie. Raisonner autrement, c'est introduire la fantaisie dans le domaine de l'histoire ; c'est donner une idée fausse de la marche ordinaire de l'esprit humain et des lois qui président à l'évolution de nos découvertes ; c'est enfin placer les esprits sur une pente dangereuse. En effet, quand un savant, raisonnant de bonne foi, a contribué à répandre dans le public un de ces préjugés, ce faux germe ne tarde pas à porter son fruit vicieux. On ne se fait pas scrupule de renchérir sur la donnée primitive, et sur la trame de cet épisode enjolivé de l'histoire scientifique, on se met à broder sans façon un chapitre de roman.

En ce qui touche Salomon de Caus, ce résultat ne s'est pas fait attendre.

Au mois de novembre 1834, quelques années après la publication de la Notice d'Arago sur la machine à vapeur, le *Musée des familles* publia une prétendue lettre, datée du 3 février 1641, adressée par Marion Delorme à Cinq-Mars. Cette femme trop célèbre, raconte, dans cette épître, les détails d'une visite qu'elle aurait faite à Bicêtre, en compagnie du marquis de Worcester. En traversant la cour des fous, Marion Delorme et le marquis de

Worcester aperçoivent, derrière les barreaux de sa prison, un homme réduit à l'état de folie furieuse, qui ne cesse de crier à tous les visiteurs qu'il a fait une découverte admirable, consistant à faire marcher les voitures et les manéges par la seule force de l'eau bouillante. Le marquis de Worcester s'extasie sur l'infortune et sur le génie de cet homme, et Marion écrit le tout à Cinq-Mars en style badin.

Cette lettre, que nous nous dispensons de citer, était apocryphe. Elle avait été composée par M. Henry Berthoud (Sam), alors l'un des rédacteurs du *Musée des familles*, dans des circonstances qu'il n'est pas inutile de faire connaître.

Gavarni, chargé d'exécuter un dessin qui devait accompagner une nouvelle dans le *Musée des familles*, avait livré ce dessin trop tard; de sorte que la nouvelle ayant paru, le dessin restait sans emploi. Pour l'utiliser, on pria M. Henry Berthoud de chercher un sujet littéraire, un texte explicatif applicable à cette gravure, et M. Henry Berthoud imagina alors la prétendue lettre de Marion Delorme dont nous parlons plus haut. Dans le dessin original de Gavarni, le fou n'était qu'un personnage de roman; il devint un personnage historique, il devint Salomon de Caus, grâce au document supposé dont il fut accompagné dans le *Musée des familles*.

L'intention de M. Henry Berthoud était sans doute fort innocente; mais elle devint funeste, grâce aux commentaires innombrables qu'elle suscita dans la foule des romanciers, des dramaturges et des peintres. C'était pour eux une bonne fortune inouïe, une veine inépuisable, que cette histoire d'un homme de génie mourant à l'hôpital, cet inventeur de la machine à vapeur enfermé, par ordre du roi, dans un cabanon de Bicêtre.

A l'exposition des Beaux-Arts tenue au Louvre, il y a trente ans, un tableau de Lecurieux attirait tous les regards. On y voyait Salomon de Caus, enfermé à Bicêtre, les yeux caves et la barbe hérissée, tendant ses mains suppliantes, à travers les barreaux de sa prison, au couple brillant de Marion Delorme et du marquis de Worcester.

Le peintre Auguste Glaize n'a pas manqué de faire figurer Salomon de Caus dans son tableau du *Pilori*, que l'on voyait à l'exposition universelle des Beaux-Arts en 1855, et qui a été reproduit par une lithographie remarquable.

En 1857, le théâtre de l'Ambigu a joué un drame intitulé *Salomon de Caus*, où l'absurde légende du fou de Bicêtre était longuement développée, et dans lequel l'acteur Bignon s'en donnait à cœur joie.

Dans un ouvrage ayant pour titre les *Artisans illustres*, publié, en 1841, par MM. Ch. Dupin et Blanqui aîné, la même fable est reproduite, avec gravures et illustrations à l'appui (pages 80-84).

Dans un discours prononcé le 30 septembre 1865, à l'issue d'un grand banquet donné à Limoges, aux représentants de l'industrie de la porcelaine, un sénateur de l'Empire, M. le vicomte de la Guéronnière ramenait encore sur la scène le prétendu fou de Bicêtre.

« Dernièrement, dit l'honorable sénateur, je lisais une lettre curieuse d'une femme célèbre, quoique sa célébrité ne soit pas de bien bon aloi : Marion Delorme. Cette grande courtisane du XVIIe siècle, écrivant à son illustre et malheureux amant, Cinq-Mars, qui devait payer de sa tête la haine du cardinal de Richelieu, raconte qu'un jour, en traversant Bicêtre, elle aperçut à travers les barreaux d'une cellule, un vieillard qui portait empreintes sur son visage toutes les douleurs de la captivité, et qui criait aux passants : « Je ne suis pas fou ! J'ai fait une « découverte qui doit changer le monde !... »

« Cette découverte, c'était l'emploi de la vapeur. Le cardinal de Richelieu, auquel il avait présenté son mémoire, n'avait pas voulu entendre parler de ce fou, et Salomon de Caus, raillé, torturé, mourait en effet dans les convulsions de la folie, coupable peut-être d'avoir devancé de deux siècles *la plus grande vérité de la science.* »

Le *Moniteur*, la *Presse* et les autres grands journaux ont reproduit, sans aucune remarque, ce passage du discours de M. de la Guéronnière.

Ainsi cette ridicule invention, chassée de l'histoire par les efforts d'écrivains sérieux, y rentrait par l'éloquence d'un discours sénatorial : *verbâ togata*. Il nous paraît utile de mettre en lumière cette erreur d'un de nos grands personnages, car elle montre quelles profondes racines a poussées dans tous les esprits la légende moderne de Salomon de Caus (1).

La croyance à cette légende a été longtemps si forte, si universelle, qu'en 1847, l'auteur lui-même de cette mystification, M. Henry Berthoud, eut à soutenir à ce sujet, une lutte fort plaisante avec le journal *la Démocratie pacifique*, qui prétendait défendre envers et contre tous l'authenticité de la lettre de Marion Delorme. Ce phalanstérien entêté soutenait avoir vu l'original de la lettre. C'est alors que le coupable crut devoir confesser sa faute. En d'autres termes, M. H. Berthoud, pour réduire au silence son adversaire, se déclara l'auteur de cette « mystification innocente ».

Nous ne saurions mieux terminer ce chapitre qu'en citant une lettre de M. Ch. Read, qui complétera ce qui précède. Voici cette lettre, qui a paru dans le journal *le Constitutionnel* du 3 juillet 1864 :

« Par suite d'une fable ridicule inventée, il y a trente ans, par M. Henry Berthoud, et que le pinceau, le burin, le drame ont accréditée, une foule de gens croient fermement que Salomon de Caus a été une des victimes du cardinal de Richelieu, et qu'il est mort fou dans un cabanon de Bicêtre, en 1641. Un heureux hasard m'a fait découvrir, il y a quelque temps, dans la poussière du greffe de l'état civil, la preuve palpable de ce mensonge historique. Salomon de Caus, qui était huguenot, est mort à Paris, en fonctions d'ingénieur du roi, en 1626, et a été enterré le 28 février, au cimetière de la Trinité, à l'issue du passage Basfour, à l'endroit même où passe aujourd'hui la rue de Palestro. Au lieu d'être per-

(1) On peut consulter sur ce qui précède les écrits et ouvrages suivants : *L'Esprit dans l'histoire*, par Ed. Fournier, page 263 ; — *Comptes rendus de l'Académie des sciences*, 1862, 2ᵉ semestre, page 134 (communication de M. Ch. Read) ; — *Bulletin de la Société d'histoire du protestantisme français*, 1862, pages 301-312 ; 1864, page 193 ; — enfin le journal *l'Intermédiaire des chercheurs et curieux*, 1865, pages 609 et 641.

sécuté par Richelieu jusqu'à en devenir fou, l'auteur des *Raisons des forces mouvantes* paraît avoir éprouvé sa bienveillance, et il lui a dédié, en 1624, son traité des *Horloges solaires*.

« Trois ans plus tôt, en 1621, il avait proposé au roi Louis XIII « de donner ordre au nettoyement des boues et immondices » de sa bonne ville de Paris et aux faubourgs, « afin de la tenir plus nette que par le passé, » et cela par un système d'élévation d'eau et de fontaines qu'il se chargeait d'établir sur différens points indiqués. Le roi en son conseil renvoya la proposition au prévôt des marchands, et voici la délibération qui fut prise à ce sujet par le conseil de ville, telle que je l'ai relevée sur la minute même aux archives de l'État :

DÉLIBÉRATIONS DU BUREAU DE LA VILLE DE PARIS POUR L'AN 1621.

« Le prévôt des marchans et eschevins de la ville de Paris, qui ont veu les mémoires et propositions présentés au Roy et à nos seigneurs de son Conseil par SALOMOM DE CAULX, ingénieur de Sa Majesté, affin de luy estre faict bail, pour quarante ans, du nettoyement des boues de cette ville, moyennant la somme de soixante mil livres tournoys par an, qui est le prix que l'on en donne à présent, et vingt mil livres, aussi par an, de récompense ; en quoy faysant, il s'oblige de faire à ses frais et despens une eslévation de quarante poulces d'eaue à prendre dans la rivière, et la faire conduire en plusieurs endroits de la ville, sçavoir dans trois mois au cimetière Saint Jehan, trois mois après dans la rue Saint-Martin, trois mois après dans la rue Saint-Denys, et dans trois autres mois après dans la rue Saint-Honoré ; les dicts mémoires à nous renvoyés par nos dits seigneurs du Conseil, pour en donner avis à Sa Majesté.

« Remontrent à Sa Majesté et à nos dits seigneurs du conseil, qu'il est très-nécessaire de donner ordre au nettoyement des boues et immondices de cette dite ville et faulx bourgs, et rechercher toutes sortes d'inventions pour la tenir plus nette que par le passé ; et à ceste fin sont d'avis, sauf le bon plaisir de Sa Majesté et de nosdits seigneurs du Conseil, d'entendre aux propositions dudit DE CAULX, à charge expresse de faire à ses frais et despens des fontaines publiques par voyes en certains lieux de ceste dite ville, par où il fera passer lesdits quarante poulces d'eaue, à sçavoir : à la rue Saint-Antoine, proche de la rue Sainte-Catherine, dans le cimetière Saint-Jehan, à la croix Saint-Jacques-de-la-Boucherie, à la rue aux Hours, à la rue de l'Homme-Armé, en haut de la rue Neuve-Saint-Médéricq, une près les Billettes, une près Saint-Jacques-de-l'Hôpital, à la place aux Chats, à la rue de Thelisy, au pont Alix, au coing de la rue du Coq et de Saint-Thomas, et trois dans la cousture du Temple et terres voisines commencées à bastir, et une près du Temple et Saint

Martin, le tout pour la commodité du publicq. Lesquelles fontaines ledit DE CAULX sera tenu de nettoyer bien et duement toutes les boues et immondices qui en pourront estre escoulées, tant de ceste ville, faulx bourgs, que esgouts, et à ceste fin avoir par luy une grande quantité de chevaulx et tombereaulx, pour enlever et transporter toutes lesdites boues et immondices, qui ne pourront estre escoulées par lesdites eaux ; que doresnavant en puisse recepvoir les deniers destinés au payement dudit nettoyement, qu'il en rapporte certifficat desdits Prevost des Marchands et Eschevins comme la ville sera nette et en bon estat. En quoy faysant, ils bailleront place audit DE CAULX proche la rivière, vers l'Arsenal ou ailleurs, qui sera jugé le plus proche pour faire le pavillon qu'il entend faire pour l'élévation desdits quarante poulces d'eaue.

Faict au bureau de la ville le mardy 31e jour de mars 1621. »

Signé à la minute : D'AMOURS, DU BUISSON, J. GOUJON.

« Ce document, que j'ai communiqué à M. Dumas, président du conseil municipal, et à M. le préfet, les a fort intéressés, et j'ai lieu d'espérer, qu'à défaut d'une fontaine, d'une statue, d'un buste, une inscription du moins sera bientôt placée à l'endroit où reposèrent les restes de Salomon de Caus.

« Agréez, etc.
« Charles READ. »

Après tous ces documents, après toutes ces explications, il faut espérer qu'une absurde légende cessera d'usurper le titre de fait historique, et que nous en aurons fini une fois pour toutes avec le roman de M. Henry Berthoud.

CHAPITRE III

LE PÈRE LEURECHON. — BRANCA. — L'ÉVÊQUE WILKINS. — LE PÈRE KIRCHER. — LE MARQUIS DE WORCESTER.

On a vu dans le précédent chapitre, que, pendant la période qui nous occupe, les physiciens ne possédaient sur la vaporisation des liquides, que quelques notions confuses, viciées par une interprétation théorique des plus inexactes, consistant à rapporter à l'air échauffé la plupart des phénomènes qui proviennent du ressort de la vapeur d'eau. Les faibles effets mécaniques que l'observation vulgaire avait révélés concernant la force élastique de la vapeur, n'étaient alors l'objet que d'applications insignifiantes ou ridicules. Si quelques doutes pouvaient subsister sur ce point, les faits qu'il nous reste à présenter seraient de nature à les dissiper.

Le Père Leurechon, jésuite lorrain, a publié en 1626, sous le titre de *Récréations mathématiques*, un ouvrage souvent réimprimé depuis, et qui donne un reflet fidèle de l'état des connaissances physiques et mécaniques au XVIIe siècle. Le petit appareil connu sous le nom d'*éolipyle* fixait beaucoup l'attention des physiciens de cette époque. Le Père Leurechon va nous montrer quelles applications on imaginait alors d'en tirer.

« Les éolipyles, dit le Père Leurechon (Problème 75), sont des vases d'airain ou autre semblable matière qui puisse endurer le feu ; ils ont un petit trou fort étroit par lequel on les emplit d'eau, puis on les met devant le feu, et jusqu'à ce qu'ils s'échauffent on n'en voit aucun effet ; mais aussitôt que le chaud les pénètre, l'eau, venant à se raréfier, sort avec un sifflement impétueux et puissant à merveille... Quelques-uns font mettre dans ces soufflets un tuyau courbé à divers plis et replis, afin que le vent, qui roule avec impétuosité par dedans, imite le bruit d'un tonnerre. D'autres se contentent d'un simple tuyau dressé à plomb, un peu évasé par le haut, pour y mettre une petite boule qui sautille par-dessus fait à fait que les vapeurs sont poussées dehors. Finalement, quelques-uns appliquent auprès du trou des moulinets ou choses semblables, qui tournevirent par le mouvement des vapeurs. ou bien, par le moyen de deux ou trois tuyaux recourbés en dehors, font tourner une boule. »

Ces moulinets ou choses semblables qui tournevirent par le mouvement des vapeurs, nous allons les retrouver chez d'autres physiciens du XVIIe siècle : les applications puériles que l'on faisait alors des propriétés de la vapeur d'eau montreront suffisamment quel rôle jouaient, dans la science de cette époque, les notions relatives à la vapeur.

Giovanni Branca, architecte de l'église de Lorette, savant très-peu connu et qui n'a laissé que quelques ouvrages sur l'architecture et la mécanique, a publié à Rome, en 1629, sous le titre de *le Machine*, un recueil des principales machines connues de son temps. Branca n'est point l'inventeur des machines qu'il décrit : c'est seulement à la prière de ses amis qu'il fait, dit-il, cette publication, car il ne connaît point les noms des auteurs des différents appareils dessinés dans son ouvrage. Nous représentons dans la figure 12, d'après l'ouvrage de Giovanni Branca, une des machines que l'on invoque pour attribuer à ce savant une part dans l'invention de la machine à vapeur. C'est un éolipyle ainsi composé : Le buste d'une statue métallique creuse B est placé sur un brasier ; un trou, qui se ferme à vis, sert à introduire de l'eau dans ce buste : un tube C, adapté à sa bouche, lance la vapeur contre les augets d'une roue horizontale D. Celle-ci, au moyen d'une roue dentée E et d'un pignon HG, met en action deux pilons MN,OP, au moyen de deux petites

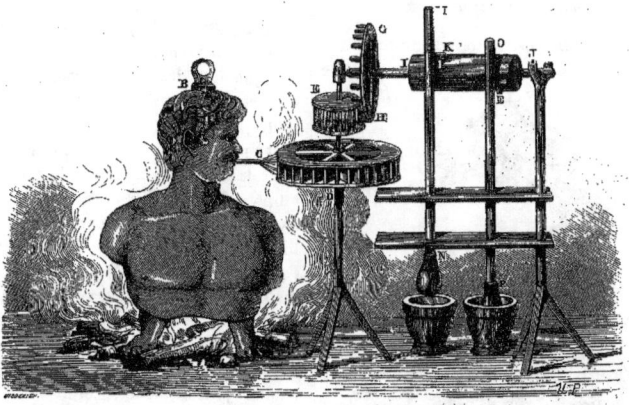

Fig. 12. — Éolipyle de Branca.

cames K, E : « Ces pilons, dit Branca, broie-
« ront de la *poudre* ou toute autre matière
« que l'on voudra (1). »

Il est à croire que cet appareil devait broyer *toute autre matière*, car l'existence d'un foyer à quelques pas de la poudre n'aurait pas été marquée au coin d'une prudence excessive.

« Je n'ai pas encore deviné, dit Arago, en parlant
« de l'appareil de Branca, d'après quelles analogies
« on a pu voir dans cet éolipyle le premier germe
« de la machine à vapeur employée de nos jours. »

La liaison serait en effet difficile à saisir. Le principe de la machine à vapeur mo-

(1) *Le Machine* del signor G. Branca, p. 24.

derne repose sur la force élastique de la vapeur d'eau contenue dans un espace fermé; ici il s'agit, au contraire, du simple effet d'impulsion que produit un courant de vapeur. Un courant d'air chassé par un soufflet, et dirigé contre les augets de la roue, aurait produit un effet tout semblable.

Cette assimilation est tellement fondée, que Branca décrit, dans une autre partie de son livre, une machine analogue à la précédente, dans laquelle seulement l'action de la vapeur est remplacée par celle de l'air chaud. Une roue à augets, placée au sommet du tuyau d'une cheminée en activité, tourne par l'effet du courant d'air échauffé qui s'élève du foyer; divers engrenages communiquent le mouvement de cette roue à un laminoir qui transforme des lames de métal en médailles ou en pièces de monnaie (1).

Cette insignifiante application de l'éolipyle, faite par l'architecte romain, est cependant revendiquée par Robert Stuart en faveur de l'un de ses compatriotes.

« L'ingénieux et savant évêque Wilkins est le pre-
« mier auteur anglais, dit Robert Stuart, qui parle
« de la possibilité de faire mouvoir des machines par
« la force élastique de la vapeur (2). »

Jean Wilkins, beau-frère de Cromwell et évêque de Chester, qui, malgré ses travaux de

Fig. 13. — Le Père Kircher.

théologie, s'était rendu habile dans les sciences physiques et mathématiques, a publié sous le titre de *Mathematical Magic*, un ouvrage où il est dit quelques mots de l'éolipyle.

(1) Au XVIe siècle, Cardan avait décrit une machine à peu près semblable sous le nom de *machine à fumée*. Elle était formée de feuilles de tôle taillées à peu près comme des ailes de moulin et disposées de la même manière autour d'un axe mobile on la plaçait horizontalement dans le tuyau d'une cheminée. On attribuait à la fumée le principe d'action de cette machine; mais Cardan remarque avec raison que la flamme semble plutôt contribuer à ces effets.

(2) *Histoire descriptive de la machine à vapeur*, p. 35.

« On peut, dit l'évêque de Chester, employer les
« éolipyles de diverses manières, soit comme amu-
« sement, soit pour enfler et pousser des voiles atta-
« chées à une roue placée dans le coin d'une che-
« minée, au moyen de laquelle on peut faire tourner
« un tournebroche. »

Robert Stuart nous a déjà parlé d'un éolipyle appliqué, au XVIe siècle, à faire marcher un tournebroche. Il paraît qu'à cette époque l'emploi mécanique de la vapeur d'eau ne pouvait s'élever encore au-dessus de cet engin de cuisine.

Ainsi, jusqu'à la période à laquelle nous sommes parvenus, on connaît vaguement quelques-uns des effets mécaniques que peut exercer la vapeur d'eau. Mais là s'arrêtent toutes les notions. Les applications de ce fait sont à peu près nulles, car on ne s'en sert que pour la démonstration de principes erronés, ou pour faire manœuvrer des jouets d'enfant. Quant à la théorie du phénomène, on continue de professer à cet égard l'erreur de l'ancienne physique, c'est-à-dire la transformation de l'eau en air, par le fait de la chaleur. Nous avons vu Porta, Salomon de Caus et le Père Leurechon admettre cette théorie; le Père Kircher va la formuler pour nous d'une manière plus explicite encore.

Le Père Kircher, dont l'esprit fécond et l'imagination active s'exerçaient sur toutes les branches de la science de son temps, a publié à Rome, en 1641, un ouvrage intitulé : *Magnes, sive de magneticâ arte*, dans lequel il décrit plusieurs de ces appareils curieux qu'il aime tant à faire connaître. L'un de ces appareils est un vase métallique allongé, contenant de l'eau à sa partie inférieure. Cette eau étant portée à l'ébullition, la vapeur s'introduit, à l'aide d'un tube, dans un vase supérieur, et par la pression qu'elle exerce sur de l'eau contenue dans ce vase, elle fait jaillir celle-ci par un ajutage. Rien de plus simple, on le voit, que le mécanisme de cet appareil. Or, voici comment le Père Kircher nous rend compte de ses effets :

Fig. 14. — Le marquis de Worcester fait éclater un canon par l'effet de la vapeur d'eau (page 26).

« L'appareil étant ainsi préparé, si vous voulez qu'il chasse le liquide à une grande hauteur *par la force du feu*, placez le vase sur le feu après l'avoir rempli d'eau. L'*air de ce vase*, comprimé par la raréfaction et ne trouvant d'issue que par le tube, y passera avec violence et tentera de s'échapper dans le vase supérieur. Mais comme une autre liqueur occupe ce vase supérieur, maintenu dans un espace qu'il ne peut franchir, il entreprend une lutte terrible avec l'eau : il faut donc, ou que le vase soit rompu, ou que l'eau cède. Et comme cela est plus facile, l'eau cédant enfin à l'*effort violent de l'air raréfié*, s'élancera dans l'air avec une grande impétuosité par le tube, et fournira un coup d'œil agréable aux spectateurs. »

Ainsi le jeu de ce petit appareil, qui ne fonctionne que par la pression de la vapeur d'eau, était rapporté par Kircher à la seule action de l'air dilaté par la chaleur. On peut juger par là de la nature des idées théoriques qui régnaient chez les physiciens du XVIIe siècle, touchant le phénomène de la vaporisation des liquides.

Nous ne nous sommes guère attaché, depuis le commencement de cette notice, qu'à combattre les opinions communément admises sur l'origine de la machine à vapeur. Cependant nous n'en avons pas fini sur ce point, car nous n'avons rien dit encore de l'opinion qui rapporte cette découverte au marquis de Worcester.

Ce n'est pas un fait médiocrement curieux que l'obstination avec laquelle l'Angleterre persiste, depuis plus d'un siècle, à attribuer au marquis de Worcester la première idée des applications mécaniques de la vapeur. Interrogez au hasard un citoyen de la Grande-Bretagne, dans l'atelier, dans la chaumière, dans le club, partout on vous dira que la machine à feu a été inventée par le marquis de Worcester, qui vivait au temps de Cromwell. Aucun auteur anglais ne saurait écrire dix lignes sur ce sujet, sans adresser, en passant, son hommage au noble inventeur. Les nombreux écrivains qui, dans des ouvrages spéciaux ou les encyclopédies, se sont occupés de cette question, tels que le docteur Robison, le docteur Rees, MM. Millington, Nicholson, Lardner, Alderson, Tredgold, Thomas Young, sont unanimes sur ce point. Presque tous prennent comme point de départ de l'histoire de la machine à vapeur les travaux de Worcester. M. Pardington, membre de l'*Institution royale de Londres*, dans une édition qu'il a donnée, en 1825, de l'ouvrage du marquis, décide « que Worcester est le premier qui ait dé- « couvert un moyen d'appliquer la vapeur « comme agent mécanique ; invention qui « suffirait seule pour immortaliser le siècle « dans lequel il vivait. » C'est en vain qu'Arago, dans sa *Notice historique sur les machines à vapeur*, publiée pour la première fois en 1828, a fait justice des prétendus droits de Worcester ; les ouvrages anglais écrits postérieurement au travail de l'illustre académicien, reproduisent imperturbablement la même assertion, et les auteurs d'un ouvrage important, publié vers 1850, par une société de mécaniciens anglais (*Artisan club*), répètent avec assurance : « C'est sans aucun « doute à la conception du marquis de Wor- « cester qu'il faut rapporter l'origine des « machines à vapeur susceptibles d'appli- « cation. »

Pour justifier tant de ténacité dans la défense d'une opinion historique, il faut que les témoignages qui l'appuient soient d'une force peu commune. Voyons sur quels documents on la fonde.

Le marquis de Worcester publia à Londres, en 1663, un ouvrage intitulé : *Century of Inventions*, etc. (*Catalogue descriptif des noms de toutes les inventions que je puis me rappeler avoir faites ou perfectionnées, ayant perdu mes premières notes*). Ce livre, d'un style des plus obscurs, contient de très-courtes descriptions, et quelquefois la simple annonce, de cent machines, inventions ou découvertes que l'auteur s'attribue. Il s'exprime ainsi, dans sa *soixante-huitième invention* :

« J'ai inventé un moyen aussi admirable que puissant pour élever l'eau par le moyen du feu, non pas avec les secours de la pompe, parce que celle-ci n'agit, selon l'expression des philosophes, que *intra sphæram activitatis*, qui a très-peu d'étendue ; au contraire, cette nouvelle puissance n'a pas de bornes, si le vase est assez fort. J'ai pris une pièce de canon dont le bout était brisé. J'en ai rempli les trois quarts d'eau, j'ai bouché ensuite, et fermé à l'aide de vis le bout cassé ainsi que la lumière, et fait continuellement du feu sous le canon : au bout de vingt-quatre heures il éclata avec un grand bruit. *De sorte* qu'ayant trouvé une manière de construire solidement mes vases et de les remplir l'un après l'autre, j'ai vu l'eau jaillir comme un jet continuel à quarante pieds de hauteur. Un vase d'eau raréfiée par le feu en fait monter quarante d'eau froide. L'homme qui surveille le jeu de la machine n'a qu'à tourner deux robinets, afin qu'un vase d'eau étant épuisé, l'autre commence à forcer et à se remplir d'eau froide, et ainsi de suite, le feu étant constamment alimenté et soutenu, ce qu'une même personne peut faire aisément dans l'intervalle de temps où elle n'est pas occupée à tourner les robinets. »

Le lecteur attend sans doute la suite de cet imbroglio ; mais cet imbroglio n'a pas de suite, et les lignes précédentes renferment tout ce que le marquis de Worcester a jamais écrit sur les applications de la vapeur. Maintenant, que l'on veuille bien peser avec soin tous les termes de cette description, et que l'on décide si l'on peut y trouver, nous ne disons pas l'idée d'une machine à vapeur, mais seulement un sens raisonnable. Tout ce qu'il est permis de comprendre à ce logogriphe, c'est que l'auteur a reconnu par expérience, qu'une pièce de canon remplie d'eau, et hermétiquement bouchée, peut éclater par l'action prolongée de la chaleur. Cette expérience est la seule que l'on puisse, l'histoire à la main, attribuer à Worcester, c'est pour cette raison que nous avons représenté dans la figure 14 qui accompagne cette partie de notre texte, le *marquis de Worcester faisant éclater une pièce de canon par l'effet de la vapeur d'eau*.

Il faut même nous empresser d'ajouter que le fait de l'explosion d'un vase quelle que soit la résistance qu'offrent ses parois, lorsqu'on le remplit d'eau et qu'on l'expose, après l'avoir bien bouché, à l'action de la chaleur, était depuis longtemps connu (1).

Quant à la description de la machine, que donne Worcester dans le passage que nous venons de citer, elle est de tous points inintelligible. Les savants et les mécaniciens anglais ont mis leur esprit à la torture pour représenter par le dessin, un appareil réunissant les conditions indiquées dans l'ouvrage de Worcester ; mais ils n'ont pu le faire qu'en y introduisant des éléments d'origine moderne. Toutes les machines que l'on a ainsi péniblement reconstruites, pour donner quelque vraisemblance aux assertions de Worcester, ont cela de fort curieux, que pas une ne ressemble à l'autre. Comment, en effet, tirer quelque chose de raisonnable d'une description faite en quatre lignes, et où tout se réduit à dire : « Un des vases étant épuisé, « l'autre commence à *forcer et à se remplir* « *d'eau froide.* » De tels documents ne se discutent pas : il suffit de les citer.

Malgré le parti pris des écrivains anglais, en ce qui touche les droits de leur compatriote, il s'est rencontré parmi eux, un savant assez ami de la vérité et du bon sens pour rendre à l'évidence un hommage d'autant plus louable qu'il n'a rencontré jusqu'ici que peu d'imitateurs. Robert Stuart, dans son *Histoire descriptive de la machine à vapeur*, s'exprime ainsi au sujet du marquis de Worcester :

« Le plus célèbre de tous ceux qui ont associé leurs noms à l'histoire de la machine à vapeur dans son enfance, est un marquis de Worcester, qui vivait sous le règne de Charles II. Cette célébrité paraîtra fort extraordinaire, si l'on se rappelle d'un côté le dédain avec lequel on accueillit de son vivant ses prétentions extravagantes à l'honneur de plusieurs découvertes, la brièveté étudiée, le vague et l'obscurité qu'il a mis dans les descriptions des machines sur lesquelles il fondait ses titres de gloire et ses demandes d'encouragement ; et de l'autre, en voyant cet hommage éclatant que notre siècle a décerné à son génie mécanique, hommage qui paraît être autant au-dessus de son mérite réel que l'injuste indifférence de ses contemporains était au-dessous de son talent.

« Ses droits, comme inventeur, ne reposent au reste que sur le compte qu'il rend lui-même de l'*utilité* et des *merveilleuses propriétés* de ses inventions ; c'est donc sur la réputation de loyauté et de sincérité du marquis que nous devons mesurer la confiance que méritent ses propres assertions. Mais cette réputation, si l'esquisse qu'un contemporain a tracée du marquis ressemble à l'original, ne nous permet pas de croire un seul mot des explications mensongères consignées dans l'ouvrage intitulé : *Century of Inventions.* « Le marquis de Worcester, dit Wal-
« pole, s'est montré sous deux caractères bien diffé-
« rents, savoir : comme homme public et comme
« auteur. Comme homme public, c'était un homme
« de parti ardent ; et comme auteur, c'était un mé-
« canicien original et fertile en projets chimériques ;
« mais il était de bonne foi dans ses erreurs. Ayant
« été envoyé par le roi en Irlande, pour négocier
« avec les catholiques révoltés, il dépassa ses instruc-
« tions et leur en substitua de son fait, que le roi dé-
« savoua, mais toutefois en le mettant à l'abri des
« conséquences fâcheuses que pouvait avoir son in-
« fidélité. Le roi, avec toute son affection pour le
« comte (il était alors comte de Glamorgan), rappelle
« dans deux de ses lettres son défaut de jugement.
« Peut-être Sa Majesté aimait-elle à se confier à son
« indiscrétion, car le comte en avait une forte dose.
« Nous le voyons prêter serment sur serment au
« nonce du pape, avec promesse d'une obéissance
« illimitée à Sa Sainteté et à son légat ; nous le
« voyons ensuite demander cinq cents livres sterling
« au clergé d'Irlande, pour qu'il puisse s'embarquer
« et aller chercher une somme de cinquante mille
« livres sterling, comme ferait un alchimiste qui de-
« mande une petite somme pour procurer le secret de
« faire de l'or. Dans une autre lettre, il promet deux
« cent mille couronnes, dix mille armements de fan-
« tassins, deux mille caisses de pistolets, huit cents ba-
« rils de poudre, et trente ou quarante bâtiments bien
« équipés ; et tout cela, au dire d'un contemporain,
« lorsqu'il n'avait pas un sou dans sa bourse, ni as-
« sez de poudre pour tirer un coup de fusil (1) »

---

(1) M. Delécluze a fait connaître, en 1841, dans le Journal *l'Artiste*, un croquis assez informe retrouvé dans les manuscrits de Léonard de Vinci, représentant un instrument que l'illustre peintre de la renaissance désigne sous le nom d'*architonnerre*. Cet appareil était fondé sur les propriétés explosives de la vapeur d'eau comprimée. On reconnaît, en effet, en examinant avec soin ses dispositions, que la vapeur n'y pouvait agir qu'en le faisant éclater en mille pièces. M. Delécluze a vu dans cet instrument un véritable *canon à vapeur* et l'a décrit comme tel. L'écrivain des *Débats* nous permettra de ne pas accepter son interprétation ; l'architonnerre ne pouvait servir à chasser un boulet, mais simplement à tuer, par suite de son explosion inévitable, l'imprudent qui aurait essayé de l'employer.

(1) Robert Stuart va jusqu'à mettre en doute la réalité des inventions du marquis. « S'il est vrai, dit cet historien,

Tel est le personnage auquel on veut faire jouer le rôle d'inventeur de la machine à feu. Il est difficile qu'au milieu des événements de sa carrière agitée, il ait trouvé des loisirs à consacrer à l'étude des sciences. Ses écrits concernant la mécanique se bornent à son petit livre *Century of Inventions*. Nous n'avons rien à dire, en effet, d'un autre ouvrage qu'il publia sous ce titre : *An exact and true Definition*, etc. (*Description vraie et exacte de la plus étonnante machine hydraulique inventée par le très-honorable Édouart Somerset, lord marquis de Worcester, digne d'être loué et admiré, présentée par Sa Seigneurie à Sa Majesté Charles II, notre très-gracieux souverain.*) Cette *Description vraie et exacte* n'est consacrée qu'à l'énumération des usages extraordinaires de son *admirable méthode d'élever l'eau par le moyen du feu*. L'ouvrage ne contient pas une ligne relative à la description de l'appareil ; tout se réduit à une exposition emphatique des services qu'il peut rendre. On y trouve ensuite un acte du parlement qui accorde au marquis le privilége de sa machine, quatre mauvais vers de sa façon en l'honneur de sa découverte, puis le *Exegi monumentum* d'Horace, le tout glorieusement terminé par quelques vers latins et anglais à la louange de l'inventeur, dus à la plume de James Rollock, vieil admirateur de Sa Seigneurie.

Il est assez curieux de savoir comment est venue aux savants anglais l'idée d'attribuer l'invention de la machine à feu au

« que le marquis ait jamais fait des expériences sur l'élas-
« ticité de la vapeur (car il est permis de mettre en doute
« l'expérience du canon), ou ait tenté de mettre à exécution
« son projet, en construisant une machine, il est vrai de
« dire qu'il ne reste aucune trace ni de ses expériences, ni
« de son appareil : aussi il est plus raisonnable de révoquer
« en doute les travaux dont il se glorifie. La clause de l'acte
« du parlement par laquelle on lui accorde le privilége de
« son monopole fortifie singulièrement notre soupçon, et
« lui donne presque un caractère de certitude : car il y est
« expressément dit (et cette clause prouve que le procédé
« était tout nouveau) que le brevet a été délivré au marquis
« sur sa *simple affirmation* qu'il était l'auteur de la décou-
« verte. Il n'est pas vraisemblable qu'on eût motivé ainsi
« son brevet, s'il eût eu une machine à montrer ou une ex-
« périence à rapporter. »

nébuleux auteur du *Century of Inventions*.

Au commencement du xviii° siècle, lorsque furent construites les premières machines à vapeur qui aient fonctionné en Europe, des discussions assez vives s'élevèrent entre plusieurs mécaniciens qui réclamaient la priorité de l'invention. Le capitaine Savery, qui, comme on le verra plus loin, a construit la première machine à vapeur employée dans l'industrie, voulait s'attribuer l'honneur tout entier de cette découverte. Denis Papin, informé de ses prétentions, écrivit aussitôt pour établir ses droits de priorité. L'illustre physicien vivait, à cette époque, en Allemagne ; son refus d'abjurer la religion réformée lui interdisait l'entrée de la France.

Il y avait alors à Orléans, un savant abbé, nommé Jean de Hautefeuille, grand amateur de mécanique, et qui nous est connu par quelques travaux sur lesquels nous reviendrons. Le pieux abbé ne put supporter la pensée de voir décerner à un hérétique l'honneur d'une si importante découverte, et dans un de ses opuscules (1), il contesta les droits de Papin. Ce fut alors que les Anglais, entrant dans la querelle, produisirent l'ouvrage, jusque-là inaperçu ou méprisé, du marquis de Worcester. Cette intervention, qui semblait mettre les parties d'accord, termina le débat, et la victoire resta acquise au génie britannique.

Mais, on le voit, le zèle de l'abbé de Hautefeuille avait été bien mal inspiré, car le marquis de Worcester, en sa qualité d'Anglais, était tout aussi hérétique que Papin. Ainsi l'abbé de Hautefeuille n'avait rien fait gagner à sa religion, et, du même coup, il avait dépossédé sa patrie de la gloire légitime qui lui revenait.

(1) *Lettre de M. Hautefeuille à M. Bourdelot, premier médecin de madame la duchesse de Bouillon, sur le moyen de perfectionner l'ouïe.* 1702, brochure, p. 14.

Fig. 15. — Galilée consulté par le duc de Florence (page 30).

CHAPITRE IV

NAISSANCE DE LA PHYSIQUE MODERNE. — DÉCOUVERTES DE TORRICELLI ET DE PASCAL. — EXPÉRIENCE DE PÉRIER SUR LE PUY-DE-DOME. — INVENTION DE LA MACHINE PNEUMATIQUE. — APPLICATION DE CES DÉCOUVERTES A LA CRÉATION D'UN MOTEUR UNIVERSEL.

Cependant le moment approchait où les vagues et confuses notions de la physique du moyen âge allaient faire place à une science positive. L'institution de la physique moderne date, avons-nous vu, de la mort de Galilée. On aurait dit que les sciences n'attendaient que la mort de l'illustre philosophe pour prendre l'essor qu'elles devaient à son génie. La découverte du baromètre par Torricelli et Pascal, marqua le premier pas de la physique naissante. Comme cette grande découverte se lie de la manière la plus étroite à celle de la machine à vapeur; ou plutôt comme la machine à feu proposée par Denis Papin, en 1690, n'est que la conséquence et l'application des faits mis en lumière par suite de l'invention du baromètre, nous devons rappeler la série des circonstances qui amenèrent les physiciens du XVII° siècle à découvrir les effets de la pression atmosphérique.

En 1630, le doux et modeste Torricelli, qui, comme Pascal, devait mourir à trente-neuf ans, étudiait les mathématiques à Rome, et manifestait les dispositions brillantes qui devaient le placer bientôt au rang des premiers géomètres de son époque. Il se lia intimement avec Castelli, le disciple chéri de Galilée. Castelli retira le plus grand profit, pour ses travaux, des conseils du jeune mathématicien romain, et en retour, il communiqua à son ami les découvertes et les vues scientifiques de Galilée. C'est ainsi que Torricelli fut amené à connaître le fait qui devait donner naissance entre ses mains à la découverte du baromètre.

Les fontainiers du grand-duc de Florence avaient construit, pour amener l'eau dans le palais ducal, des pompes aspirantes dont le tuyau dépassait quarante pieds (12^m,99) de hauteur. Quand on voulut les mettre en jeu, l'eau refusa de s'élever jusqu'à l'extrémité du

Fig. 16. — Torricelli.

tuyau. Galilée, consulté sur ce fait, mesura la hauteur à laquelle s'arrêtait la colonne d'eau, et la trouva d'environ trente-deux pieds (10^m,395). Il apprit alors des ouvriers employés à ce travail, que ce phénomène était constant, et que l'eau ne s'élevait jamais, dans les pompes aspirantes, à une hauteur supérieure à trente deux pieds.

L'ascension de l'eau dans les pompes s'expliquait alors par le principe de l'*horreur du vide*, axiome célèbre de la scolastique. La nature, disait-on, n'admettait que le plein, et comme elle ne pouvait souffrir le vide qui se serait trouvé entre le piston soulevé et le niveau de l'eau, celle-ci était forcée de suivre le piston dans son ascension.

Galilée ne sut pas s'affranchir de l'absurde opinion des physiciens de son temps. Il crut seulement pouvoir expliquer le fait de l'horreur du vide limitée à trente-deux pieds, en disant que la longueur d'une colonne d'eau de trente-deux pieds produisait un poids trop considérable pour que la base de la colonne liquide pût le supporter. Il comparait ce phénomène à celui que présente une corde horizontale tendue à ses deux extrémités, et qui, à une certaine longueur, finit par se rompre, parce qu'elle ne peut plus supporter son propre poids (1).

Cependant, Galilée savait déjà, par des expériences qu'il avait faites lui-même en 1638, et dont il parle dans ses *Dialogues*, que l'air est pesant. Il avait constaté qu'une sphère creuse augmente de poids quand on y fait entrer de l'air comprimé. Mais il manqua d'initiative dans cette circonstance, et ne recula pas devant l'absurdité de cette conception : que la nature a horreur du vide jusqu'à trente-deux pieds seulement. Ne dirait-on pas, en réfléchissant sur ces faits, que Galilée était fasciné par le charme du préjugé antique?

Ce fut Torricelli qui, méditant sur l'expérience des fontainiers florentins, en soupçonna la véritable explication.

Du reste, la découverte de la pesanteur de l'air était mûre. Avant même que Galilée eût exécuté son expérience de la boule pleine d'air comprimé, un pharmacien français, Jean Rey, avait démontré par la voie de la chimie, que l'air est un fluide pesant. Voici, en effet, ce que dit Jean Rey dans un opuscule publié à Bazas, en 1630, sous ce titre : *Essays sur la recherche de la cause pour laquelle l'estain et le plomb augmentent de poids quand on les calcine*.

« Adoncques, je soustiens glorieusement que ce surcroît de poids vient de l'air, qui dans le vase a été espessi, appesanti et rendu aucunement adhésif

(1) *Dialoghi di Galileo* (*Opere di Galileo Galilei*, t. II, p. 489).

par la véhémente et longuement continue chaleur du fourneau : lequel air se mesle avec la chaux et s'attache à ses menues parties. »

La *chaux* signifie ici l'oxyde de plomb ou d'étain. On ne peut se refuser à reconnaître que Rey exprime dans ce passage, l'idée que l'air est pesant. Malheureusement, il ne songea probablement pas à la portée de cette découverte, et comme Galilée, il la laissa échapper de ses mains.

Torricelli, avons-nous dit, soupçonna que le poids de l'atmosphère agissant sur la surface de l'eau, pouvait être la cause de l'ascension de ce liquide dans le tuyau des pompes. Pour vérifier cette conjecture par l'expérience, il eut l'heureuse idée de substituer à l'eau un liquide plus lourd : le mercure. Comme la densité du mercure est environ quatorze fois supérieure à celle de l'eau, la théorie faisait prévoir que la pression de l'air pourrait seulement tenir en équilibre une colonne de mercure à une hauteur quatorze fois moindre, c'est-à-dire à 28 pouces ($0^m,75$).

Torricelli parla de son projet à son condisciple, Vincent Viviani.

Ce fut ce dernier qui entreprit, en 1643, d'exécuter l'expérience proposée.

Viviani remplit de mercure un tube de verre de trois pieds ($0^m,97$) de long, fermé à l'une de ses extrémités; il boucha avec le doigt son extrémité inférieure, et plongea le tube ainsi préparé, dans une cuvette pleine de mercure. Retirant alors le doigt, il vit le mercure descendre en partie dans l'intérieur du tube, et, après quelques oscillations, rester suspendu en équilibre à la hauteur de 28 pouces au-dessus du niveau du mercure de la cuvette, c'est-à-dire précisément à la hauteur indiquée par la théorie.

Telle fut la célèbre expérience qui fut désignée depuis ce moment sous le nom d'*expérience de Torricelli*, ou bien encore *expérience du vide*.

Aux yeux de Torricelli, elle établissait clairement le phénomène de la pesanteur de l'air.

Cependant cette démonstration était trop indirecte pour convaincre des esprits trop peu familiarisés encore avec l'observation. Les physiciens s'occupèrent avec beaucoup de curiosité et d'intérêt de cet espace vide existant entre le sommet du tube et l'extrémité de la colonne de mercure; on désigna cet espace sous le nom de *vide de Torricelli*. Mais l'explication du fait de l'équilibre du mercure dans un tube, par la pesanteur de l'air, rencontra des résistances opiniâtres. Les esprits les plus éclairés de l'époque éprouvaient la plus vive répugnance à abandonner l'ancienne opinion des écoles touchant le plein universel.

Torricelli ne tarda pas à remarquer que la hauteur de la colonne mercurielle ne demeurait pas constante, et il pensa que ces oscillations devaient répondre à des changements dans le poids de l'atmosphère. Dès 1644, il annonça ce résultat à son ami Angelo Ricci, qui était alors à Rome. Il lui dit, dans l'une de ses lettres, qu'il s'est occupé de ces expériences moins dans le but de produire un espace vide, que dans celui d'obtenir un instrument propre à mesurer les variations de pesanteur survenues dans l'atmosphère. Le *tube de Torricelli* était donc le *baromètre* en germe.

Angelo Ricci correspondait à cette époque avec le Père Mersenne, religieux de l'ordre des Minimes, le condisciple et l'ami de Descartes. Ce savant religieux parcourait l'Europe vers 1646, pour rassembler, sur les sciences de son époque, des renseignements précis qu'il se hâtait de communiquer au reste des savants. Il eut connaissance, à Rome, de l'expérience de Torricelli, et il en apporta la nouvelle en France.

M. Petit, intendant des fortifications de Rouen, avait appris du Père Mersenne, les détails de l'expérience de Torricelli; il se hâta d'en informer Blaise Pascal, qui se trouvait alors auprès de son père, intendant des finances de la ville de Rouen.

Petit et Blaise Pascal répétèrent ensemble l'expérience du physicien romain, et c'est ainsi que Pascal fut amené à entreprendre les recherches dont il publia les résultats sous le titre de *Nouvelles Expériences touchant le vuide.*

La plus célèbre et la plus curieuse de

Fig. 17. — Le Père Mersenne

ces expériences est celle où Pascal, remplissant de vin rouge un tube de verre de quarante-six pieds (13^m,942) de longueur, fermé à l'un de ses bouts, le renverse dans un baquet plein d'eau, et voit le liquide coloré se maintenir en équilibre, à une hauteur de trente-deux pieds (10^m,395), variant ainsi l'expérience de Torricelli, et rendant en même temps, plus manifeste, le fait observé par les fontainiers de Florence.

Mais si l'on veut connaitre exactement l'état de la physique au milieu du xvII^e siècle, et apprécier sous son vrai jour, cette période de l'histoire des sciences, il faut savoir comment Pascal lui-même interprétait ce phénomène. Pascal, alors dans toute la force et dans tout l'éclat de son génie, n'hésite pas à expliquer par le vieil axiome de l'horreur du vide tous les faits que l'expérience lui révèle. Il admet, et il croit démontrer, que la nature a horreur du vide; il ajoute seulement, comme Galilée, que cette horreur a des limites, et qu'elle se mesure par le poids d'une colonne d'eau d'environ trente-deux pieds de hauteur (1).

L'agression de Pascal contre les principes de l'école était, comme on le voit, bien timide; cependant elle souleva des tempêtes dans le monde philosophique. Un jésuite, le Père Étienne Noël, crut devoir prendre en main la défense des saines doctrines. Il écrivit à ce sujet une longue lettre que l'on trouve dans le recueil des œuvres de Pascal, et dont nous recommandons la lecture aux personnes qui désirent se faire une juste idée de la nature des obstacles que la physique eut à combattre à ses débuts.

Pascal repoussa, par une *Réponse* accablante, les arguments de son antagoniste. Mais le jésuite ne se tint pas pour battu, et il répliqua par un traité en forme, sous ce singulier titre : *Le plein du vuide.* Dans la dédicace de ce lourd factum, adressé au prince de Conti, le Père Noël représente la nature comme injustement accusée d'un tort qui ne lui appartient pas, il se constitue son défenseur et porte la parole en son nom :

« La nature, dit-il, est aujourd'hui accusée de vuide et j'entreprends de l'en justifier en présence de *Votre Altesse* : elle en avoit bien été auparavant soupçonnée; mais personne n'avoit encore la hardiesse de mettre ses soupçons en fait, et de lui confronter les sens et l'expérience. Je fais voir ici son intégrité, et montre la fausseté des faits dont elle est chargée, et les impostures des témoins qu'on lui oppose. Si elle étoit connue de chacun comme elle l'est de Votre Altesse, à qui elle a découvert tous ses secrets, elle n'auroit été accusée de personne, et on se seroit bien gardé de lui faire un procès sur de fausses dépositions, et sur des expériences mal reconnues et encore plus mal avérées. Elle espère, Monseigneur, que vous lui

(1) « La force de cette inclination est limitée, et toujours
« égale à celle avec laquelle l'eau d'une certaine hauteur,
« qui est environ de trente et un pieds, tend à couler en
« bas. » (*Œuvres de Blaise Pascal*, édition de 1779, t. IV,
p. 67.)

Fig. 18. — Périer mesurant la hauteur du tube de Torricelli sur le haut du Puy-de-Dôme (page 36).

ferez justice de toutes ces calomnies. Et si, pour une plus entière justification, il est nécessaire qu'elle paie d'expérience et qu'elle rende témoin pour témoin, alléguant l'esprit de Votre Altesse, qui remplit toutes ses parties et qui pénètre les choses du monde les plus obscures et les plus cachées, il ne se trouvera personne, Monseigneur, qui ose affirmer qu'au moins à l'égard de Votre Altesse il y ait du vuide dans la nature. »

Après cette figure délicate, mais un peu prolongée, le Père Noël entre dans son sujet, où nous n'aurons garde de le suivre. Contentons-nous de dire qu'il attribue la suspension du mercure dans le tube de Torricelli à une qualité qu'il prête, de son chef, au mercure, et qu'il nomme la *légèreté mouvante* (1).

Par suite de ses discussions avec le Père Noël, Pascal avait été conduit à réfléchir plus profondément sur la cause de l'ascension et de

(1) Voyez, à ce sujet, la réponse de Pascal dans sa *Lettre à M. L. Pailleur* (Œuvres de Pascal, t. IV).

l'équilibre du mercure dans les tubes fermés. Sur ces entrefaites, il fut informé de l'opinion de Torricelli, qui n'hésitait pas à attribuer ce phénomène à la pression de l'air. Une expérience, qu'il désigne sous le nom du *vuide dans le vuide* et dans laquelle il vit le mercure, suspendu dans l'intérieur d'un tube, s'élever ou s'abaisser selon qu'il faisait varier la pression de l'air extérieur, donna à ses yeux une force nouvelle aux vues du physicien romain Enfin, un trait de son génie lui révéla le moyen de résoudre ce grand problème. Pascal pensa que, pour trancher sans retour la difficulté qui divisait les savants, il suffirait d'observer la hauteur du mercure dans le tube de Torricelli, au pied et sur le sommet d'une montagne (1). Si la hauteur de la colonne de mer-

(1) Descartes, dans une lettre adressée à Carcavi (en juin 1649), prétend qu'il a conseillé cette expérience à Pascal, et se plaint de ce que celui-ci ne l'ait pas tenu au

cure était moindre au sommet qu'au bas de la montagne, la pression de l'air serait positivement démontrée, car l'air diminue de masse dans les hautes régions, tandis que l'on ne peut admettre que la nature ait de l'horreur pour le vide au pied d'une montagne et qu'elle le souffre à son sommet.

Le Puy-de-Dôme, élevé de quatorze cent soixante-sept mètres et placé aux portes d'une grande ville, lui parut merveilleusement propre à cet important essai. Mais retenu à Paris par d'autres soins, il ne pouvait songer à l'exécuter lui-même. Heureusement, son beau-frère Périer, conseiller à la cour des aides d'Auvergne, se trouvait alors à Moulins. Il avait assisté aux expériences faites à Rouen, et il possédait assez de connaissances scientifiques pour que l'on pût se reposer sur lui du soin de procéder à cette vérification avec toute la précision nécessaire. Le 15 novembre 1647, Pascal écrivait donc à Périer, pour réclamer de lui ce service.

Nous rapporterons ici dans son entier la *Lettre de Pascal à son beau-frère Périer*, chef-d'œuvre de raisonnement, que l'on ne peut lire sans une admiration profonde pour la sagesse et la portée de ce grand esprit.

« Monsieur,

« Je n'interromprais pas le travail continuel où vos emplois vous engagent, pour vous entretenir de méditations physiques, si je ne savais qu'elles servent à vous délasser en vos heures de relâche, et qu'au lieu que d'autres en seraient embarrassés, vous en aurez du divertissement. J'en fais d'autant moins de difficulté que je sais le plaisir que vous recevez en cette sorte d'entretiens. Celui-ci ne sera qu'une continuation de ceux que nous avons eus ensemble touchant le vuide. Vous savez quels sentiments les philosophes ont eus sur ce sujet. Tous ont tenu pour maxime que la nature abhorre le vuide, et presque tous, passant plus avant, ont soutenu qu'elle ne peut l'admettre et qu'elle se détruirait elle-même plutôt que de le souffrir. Ainsi les opinions ont été divisées : les uns se sont contentés de dire qu'elle l'abhorrait seulement; les autres ont maintenu qu'elle ne pouvait le souffrir. J'ai travaillé dans mon *Abrégé du Traité du vuide*, à détruire cette dernière opinion ; et je crois que les expériences que j'y ai rapportées suffisent pour faire voir manifestement que la nature peut souffrir et souffre en effet un espace si grand que l'on voudra, vuide de toutes les matières qui sont à notre connaissance et qui tombent sous nos sens. Je travaille maintenant à examiner la vérité de la première, savoir, que la nature abhorre le vuide, et à chercher des expériences qui fassent voir si les effets que l'on attribue à l'horreur du vuide doivent être véritablement attribués à cette horreur du vuide, ou s'ils doivent l'être à la pesanteur et pression de l'air; car, pour vous ouvrir franchement ma pensée, j'ai peine à croire que la nature, qui n'est point animée ni sensible, soit susceptible d'horreur, puisque les passions supposent une âme capable de les ressentir; et j'incline bien plus à imputer tous ces effets à la pesanteur et pression de l'air, parce que je ne les considère que comme des cas particuliers d'une proposition universelle de l'équilibre des liqueurs, qui doit faire la plus grande partie du *Traité* que j'ai promis. Ce n'est pas que je n'eusse ces mêmes pensées lors de la production de mon *Abrégé* ; et toutefois, faute d'expériences convaincantes, je n'osai pas alors (et je n'ose pas encore) me départir de la maxime de l'horreur du vuide, et je l'ai même employée pour maxime dans mon *Abrégé*, n'ayant alors d'autre dessein que de combattre l'opinion de ceux qui soutiennent que le vuide est absolument impossible, et que la nature souffrirait plutôt sa destruction que le moindre espace vuide. En effet, je n'estime pas qu'il nous soit permis de nous départir légèrement des maximes que nous tenons de l'antiquité, si nous n'y sommes obligés par des preuves convaincantes et invincibles. Mais, dans ce cas, je tiens que ce serait une extrême faiblesse d'en faire le moindre scrupule, et qu'enfin nous devons avoir plus de vénération pour les vérités évidentes que d'obstination pour ces opinions reçues. Je ne saurais mieux vous témoigner la circonspection que j'apporte avant que de m'éloigner des anciennes maximes, que de vous remettre dans la mémoire l'expérience que je fis ces jours passés, en votre présence, avec deux tuyaux l'un dans l'autre, qui montre apparemment le vuide dans le vuide. Vous vites que le vif-argent du tuyau intérieur demeura suspendu à la hauteur où il se tient par l'expérience ordinaire, quand il était contre-balancé et pressé par la pesanteur de la masse entière de l'air; et qu'au contraire il tomba entièrement sans qu'il lui restât aucune hauteur ni suspension, lorsque, par le moyen du vuide dont il fut environné, il ne fut plus du tout pressé ni contre-balancé d'aucun air, en ayant été destitué de tous côtés. Vous vites ensuite que cette hauteur de suspension du vif-argent augmentait ou diminuait à mesure que la pression de l'air augmentait ou diminuait, et qu'enfin toutes ces diverses hauteurs de suspension du vif-argent se trouvaient toujours proportionnées à la pression de l'air.

---

courant de ce qui se faisait par son instigation. Que faut-il penser de ces insinuations? Peut-être Descartes s'exagérait-il à lui-même l'importance de quelques conseils, plus ou moins tardifs, adressés à son heureux émule.

MACHINE A VAPEUR.

« Certainement, après cette expérience, il y avait lieu de se persuader que ce n'est pas l'horreur du vuide, comme nous estimons, qui cause la suspension du vif-argent dans l'expérience ordinaire, mais bien la pesanteur et pression de l'air qui contre-balance la pesanteur du vif-argent. Mais parce que tous les effets de cette dernière expérience des deux tuyaux, qui s'expliquent si naturellement par la seule pression et pesanteur de l'air, peuvent encore être expliqués assez probablement par l'horreur du vuide, je me tiens dans cette ancienne maxime, résolu néanmoins de chercher l'éclaircissement entier de cette difficulté par une expérience décisive.

« J'en ai imaginé une qui pourra seule suffire pour nous donner la lumière que nous cherchons, si elle peut être exécutée avec justesse. C'est de faire l'expérience ordinaire du vuide plusieurs fois le même jour, dans un même tuyau, avec le même vif-argent, tantôt au bas et tantôt au sommet d'une montagne, élevée pour le moins de cinq ou six cents toises, pour éprouver si la hauteur du vif-argent suspendu dans le tuyau se trouvera pareille ou indifférente dans ces deux situations. Vous voyez déjà, sans doute, que cette expérience est décisive sur la question, et que s'il arrive que la hauteur du vif-argent soit moindre au haut qu'au bas de la montagne (comme j'ai beaucoup de raisons pour le croire, quoique tous ceux qui ont médité sur cette matière soient contraires à ce sentiment), il s'ensuivra nécessairement que la pesanteur et pression de l'air est la seule cause de cette suspension du vif-argent, et non pas l'horreur du vuide, puisqu'il est bien certain qu'il y a beaucoup plus d'air qui pèse sur le pied de la montagne que non pas sur le sommet; au lieu que l'on ne saurait dire que la nature abhorre le vuide au pied de la montagne plus que sur le sommet.

« Mais comme la difficulté se trouve d'ordinaire jointe aux grandes choses, j'en vois beaucoup dans l'exécution de ce dessein, puisqu'il faut pour cela choisir une montagne excessivement haute, proche d'une ville, dans laquelle se trouve une personne capable d'apporter à cette épreuve toute l'exactitude nécessaire. Car si la montagne était éloignée, il serait difficile d'y porter des vaisseaux, le vif-argent, les tuyaux et beaucoup d'autres choses nécessaires, et d'entreprendre ce voyage pénible autant de fois qu'il le faudrait pour rencontrer, au haut de ces montagnes, le temps serein et commode qui ne s'y voit que peu souvent; et comme c'est aussi rare de trouver des personnes hors de Paris qui aient ces qualités que les lieux qui aient ces conditions, j'ai beaucoup estimé mon bonheur d'avoir, en cette occasion, rencontré l'un et l'autre, puisque votre ville de Clermont est au pied de la haute montagne du Puy-de-Dôme, et que j'espère de votre bonté que vous m'accorderez la grâce de vouloir y faire vous-même cette expérience; et, sur cette assurance, je l'ai fait espérer à tous nos curieux de Paris, et entre autres au R. P. Mersenne, qui s'est déjà engagé, par des lettres qu'il en a écrites en Italie, en Pologne, en Suède, en Hollande, etc., d'en faire part aux amis qu'il s'y est acquis par son mérite. Je ne touche pas aux moyens de l'exécution, parce que je sais bien que vous n'omettrez aucune des circonstances nécessaires pour le faire avec précaution.

« Je vous prie seulement que ce soit le plus tôt qu'il vous sera possible, et d'excuser cette liberté où m'oblige l'impatience que j'ai d'en apprendre le succès, sans lequel je ne puis mettre la dernière main au *Traité* que j'ai promis au public, ni satisfaire au désir de tant de personnes qui l'attendent, et qui vous en seront infiniment obligées. Ce n'est pas que je veuille diminuer ma reconnaissance par le nombre de ceux qui la partageront avec moi, puisque je veux, au contraire, prendre part à celle qu'ils vous auront, et à demeurer d'autant plus, Monsieur, votre très-humble et très-obéissant serviteur.

PASCAL (1). »

15 novembre 1647.

Périer reçut à Moulins la lettre de Pascal. Ses occupations de conseiller à la cour des aides le retinrent longtemps dans cette ville. Il ne put se rendre à Clermont que dans l'hiver de l'année suivante. Mais, pendant toute la durée du printemps et de l'été, le sommet du Puy-de-Dôme resta enveloppé de brouillards ou couvert de neiges qui en empêchaient l'accès; il ne se dégagea entièrement que dans les premiers jours de septembre.

Le 20 septembre, à 5 heures du matin, le temps paraissait beau et la cime du Puy-de-Dôme se montrait à découvert : Périer résolut d'exécuter ce jour-là l'expérience depuis si longtemps méditée. Il fit avertir aussitôt les personnes qui devaient l'accompagner, et, à 8 heures du matin, tout le monde se trouvait réuni dans le jardin du couvent des Minimes. Le Père Bannier, ancien supérieur de l'ordre, le Père Mosnier, chanoine de l'église cathédrale de Clermont, La Ville et Begon, conseillers à la cour des aides, et Laporte, médecin de Clermont, furent les témoins et les acteurs de cette expédition mémorable.

Périer prit deux tubes de verre, longs de quatre pieds (1^m,299) et fermés par un bout;

(1) *Œuvres de Blaise Pascal*, t. IV, p. 346.

il les remplit de mercure et fit l'*expérience du vide*, c'est-à-dire les renversa sur un bain de mercure. Il marqua avec la pointe d'un diamant la hauteur occupée dans le tube par la colonne de mercure au-dessus du niveau du réservoir; cette hauteur, plusieurs fois vérifiée, était, dans les deux tubes, de vingt-six pouces trois lignes et demie ($0^m,711$). L'un de ces tubes fut

Fig. 19. — Blaise Pascal.

fixé à demeure et laissé en expérience; le Père Chastin, un des religieux de la maison, fut chargé de le surveiller et d'y observer la hauteur du mercure pendant toute la journée.

La compagnie quitta alors le couvent, emportant le second tube, et l'on commença, à 10 heures, à gravir la montagne. On atteignit son sommet au milieu de la journée. Arrivé là, Périer répéta l'*expérience du vide* telle qu'il l'avait exécutée le matin dans le jardin des Minimes, et il s'empressa de mesurer l'élévation du mercure au-dessus du réservoir.

Le liquide, qui, au pied de la montagne, s'élevait à vingt-six pouces trois lignes et demie ($0^m,711$), ne s'élevait plus qu'à vingt-trois pouces deux lignes ($0^m,626$); il y avait donc trois pouces une ligne et demie ($0^m,085$) de différence entre les deux mesures prises à la base et au sommet du Puy-de-Dôme.

Nous avons représenté dans la figure 18 ce grand fait qui marque, dans l'histoire de la physique et dans l'histoire de l'humanité, une date à jamais mémorable.

Quand ils furent revenus de la surprise et de la joie que leur faisait éprouver une si éclatante confirmation des prévisions de la théorie, nos expérimentateurs s'empressèrent de répéter l'observation, en variant les circonstances extérieures. On mesura cinq fois la hauteur du mercure : tantôt à découvert, dans un lieu exposé au vent; tantôt à l'abri, sous le toit d'une petite chapelle qui se trouvait au plus haut de la montagne; une fois par le beau temps, une autre fois pendant la pluie, ou au milieu des brouillards qui venaient de temps en temps visiter ces sommets déserts : le mercure marquait partout vingt-trois pouces deux lignes ($0^m,626$).

On se mit alors à redescendre. Arrivé vers le milieu de la montagne, Périer jugea utile de répéter l'observation, afin de reconnaître si la colonne de mercure décroissait proportionnellement avec la hauteur des lieux. L'expérience donna le résultat prévu : le mercure s'élevait à vingt-cinq pouces ($0^m,675$), mesure supérieure d'un pouce dix lignes ($0,045$) à celle qu'on avait prise sur la hauteur du Puy-de-Dôme, et inférieure d'un pouce trois lignes ($0^m,036$) à l'observation prise à Clermont-Ferrand. Périer fit deux fois la même épreuve, qui fut répétée une troisième fois par le Père Mosnier.

Ainsi le niveau du mercure s'abaissait selon les hauteurs.

Les heureux expérimentateurs étaient de retour au couvent avant la fin de la journée. Ils trouvèrent le Père Chastin continuant d'observer son appareil. Le patient religieux leur apprit que la colonne de mercure n'avait pas varié une seule fois depuis le matin. Comme dernière confirmation, Périer remit en expérience l'appareil même qu'il rapportait du Puy-de-Dôme : le mercure s'y éleva, comme le matin, à la hauteur de vingt-six pouces trois lignes et demie (0ᵐ,711).

Le lendemain, le Père de La Mare, théologal de l'église cathédrale, qui avait assisté la veille à tout ce qui s'était passé dans le couvent des Minimes, proposa à Périer de répéter l'expérience au pied et sur le faîte de la plus haute des tours de l'église Notre-Dame, à Clermont. On trouva une différence de deux lignes (0ᵐ,0045) entre les deux mesures prises à la base et au sommet de la tour.

Enfin, en déterminant comparativement la hauteur du mercure dans le jardin des Minimes, situé dans une des positions les plus basses de la ville et sur le point le plus élevé de la même tour, on constata une différence de deux lignes et demie (0ᵐ,0055).

Périer s'empressa d'informer son beau-frère du grand résultat que l'expérience venait de lui fournir ; Pascal en reçut la nouvelle avec une joie facile à comprendre.

D'après la relation de Périer, une différence de vingt toises (38ᵐ,980) d'élévation dans l'air, suffisait pour produire, dans la colonne de mercure, un abaissement de deux lignes (0ᵐ,0045). Pascal pensa, d'après cela, qu'il serait facile de répéter l'expérience à Paris. Il l'exécuta en effet sur la tour Saint-Jacques-la-Boucherie, haute de vingt-cinq toises (48ᵐ,725). Il trouva entre la hauteur du mercure, au bas et au sommet de cette tour, une différence de plus de deux lignes (1). Dans une maison particulière, dont l'escalier avait quatre-vingt-dix marches, il prit une même mesure dans la cave et sur les toits : il put reconnaître ainsi un abaissement d'une demi-ligne (0ᵐ,0011).

Ainsi, les prévisions de Pascal étaient confirmées dans toute leur étendue ; la maxime de l'horreur du vide n'était plus qu'une chimère condamnée par l'expérience, et un horizon nouveau s'offrait à l'avenir des sciences physiques. La découverte de la pesanteur de

(1) C'est pour consacrer le souvenir de ce grand fait, que la statue de Pascal a été placée, en 1856, au bas de la tour Saint-Jacques-la-Boucherie, dans la rue de Rivoli.

l'air et la mesure de ses variations à l'aide du tube de Torricelli devinrent, en effet, le point de départ et l'origine des grands travaux qui devaient élever la physique sur les bases positives où elle repose aujourd'hui. Le tube de Torricelli, dont Pascal venait de faire un admirable moyen de mesurer la pression atmosphérique, apporta aux observateurs un secours de la plus haute importance, en ce qu'il permit de soumettre au calcul et de ramener à des conditions comparables un grand nombre de phénomènes naturels restés jusque-là inexplicables.

Pascal ne manqua pas de saisir toute la portée du principe fondamental qu'il venait de mettre en lumière. Le fait de la pression que l'air atmosphérique exerce sur tous les corps qui nous environnent lui permit d'expliquer plusieurs phénomènes physiques dont la cause s'était dérobée jusque-là à toute interprétation. L'ascension de l'eau dans le tuyau des pompes, le jeu du syphon, de la seringue et divers autres faits physiques, reçurent de lui une explication complète.

La découverte de la pesanteur de l'air produisit parmi les savants l'impression la plus vive ; les partisans de l'opinion du plein universel furent réduits au silence. Cependant il manquait encore quelque chose à la démonstration complète de l'existence de la pesanteur de l'air. En montrant qu'une colonne de mercure est tenue en équilibre, dans un tube vide, par le poids de l'atmosphère, on ne prouvait la pesanteur de l'air que d'une manière indirecte, et ce moyen ne pouvait servir d'ailleurs à peser un volume d'air déterminé. Il fallait, pour achever la démonstration, donner aux physiciens les moyens de peser un vase tantôt plein, tantôt vide d'air. Aussi les savants s'occupèrent-ils, dès ce moment, avec beaucoup d'ardeur à combiner quelque instrument susceptible de produire le vide dans un espace clos.

C'est à un physicien de Magdebourg, Otto de Guericke, conseiller de l'électeur Frédéric Guillaume et bourgmestre de la ville de Magdebourg, qu'était réservée la gloire de découvrir l'important appareil que nous connaissons aujourd'hui sous le nom de *machine pneumatique*.

La machine pneumatique n'a été imaginée et construite par Otto de Guericke qu'après une série de tâtonnements et d'essais à peu

Fig. 20. — Otto de Guericke.

près ignorés de nos jours, et qu'il n'est pas cependant sans intérêt de connaître

Pour obtenir un espace entièrement vide d'air, le physicien de Magdebourg essaya d'abord de se servir d'un tonneau rempli d'eau et fermé de toutes parts. Après avoir appliqué à sa partie inférieure, le tuyau d'une pompe, il commença à faire jouer la pompe. Mais avant que l'eau fût entièrement évacuée, les cercles de fer qui reliaient les douves du tonneau, s'étaient rompus sous l'effort de la pression atmosphérique.

Otto de Guericke arma alors le tonneau de cercles beaucoup plus forts, et trois hommes vigoureux furent employés à faire agir la pompe. Mais à mesure que l'eau était expulsée, un léger sifflement se faisait entendre : l'air s'introduisait à travers les pores du bois. Force était donc de chercher un nouveau moyen.

Le physicien de Magdebourg eut alors une idée assez singulière. Il enferma un tonneau rempli d'eau et de petite dimension, dans un autre plus grand et également plein d'eau ; le tuyau de la pompe aspirante venait s'appliquer à l'orifice du petit tonneau intérieur en traversant le tonneau extérieur. On fit alors jouer la pompe. Aucun accident ne vint contrarier l'expérience ; mais à la fin de la journée, et lorsque l'eau se trouvait évacuée presque tout entière, on entendit un gargouillement qui annonçait le passage de l'air à travers le bois des deux tonneaux. Ce bruit persista trois jours, et lorsque, au bout de ce temps, on retira le tonneau intérieur pour l'examiner, on le trouva à moitié rempli du liquide qui s'était fait jour à travers ses parois.

L'insuffisance des vases de bois pour obtenir un espace vide d'air étant ainsi reconnue, Otto de Guericke eut recours à des vases métalliques.

Il fit préparer une sphère de cuivre d'une assez grande capacité, armée d'un robinet à sa partie supérieure et portant, à sa partie inférieure, un orifice destiné à recevoir le tuyau de la pompe. Il se dispensa pour cette fois, de remplir d'eau le vase, espérant que la pompe aspirerait l'air comme elle avait aspiré l'eau. Ce résultat ne manqua pas de se produire.

Dans les premiers moments, la pompe jouait avec facilité ; mais, à mesure que l'air était chassé, il fallait, pour soulever le piston, des efforts de plus en plus considérables, et c'est à peine si deux hommes vigoureux pouvaient suffire à ce travail.

L'opération était assez avancée et la plus grande partie de l'air se trouvait chassée du globe métallique, lorsque tout à coup, et au grand effroi des assistants, le vase éclata avec grand bruit, et se brisa, « comme si on l'eût jeté avec violence du haut d'une tour (1). »

Otto de Guericke saisit avec sagacité la cause de cet accident : l'ouvrier avait négligé de donner au vase de cuivre une forme parfaitement sphérique dans toutes ses parties ; or la forme sphérique est la seule qui puisse garantir un récipient vide d'air des effets de la pression considérable que le poids de l'air extérieur exerce sur lui dans tous les sens.

Un nouvel appareil ayant été construit avec les soins nécessaires, l'expérience, reprise, eut un succès complet, et l'air fut en totalité expulsé, sans autre accident, du récipient métallique.

Mais l'opacité du métal eût dérobé aux yeux les expériences auxquelles on destinait la machine. Otto remplaça donc la sphère de cuivre par un ballon de verre, qui s'ajustait à la pompe aspirante, au moyen d'une garniture de cuivre.

En définitive, la machine à laquelle il s'arrêta, et que l'on trouve encore dans quelques anciens cabinets de physique, se composait d'un ballon de verre, portant une tubulure et un robinet de cuivre, et vissé sur le tuyau d'une petite pompe aspirante placée verticalement au-dessous du ballon. Une manivelle à bras horizontal sert à faire jouer la pompe. Tout l'appareil est supporté par un montant formé de trois pieds de fer.

Cette machine était imparfaite à bien des égards. Elle suffit néanmoins à l'ingénieux physicien de Magdebourg pour démontrer une série de vérités qui jetèrent sur les faits physiques les plus utiles lumières.

Otto de Guericke démontra matériellement le poids de l'air atmosphérique, en pesant un vase dans lequel le vide avait été fait au moyen de sa machine, et le pesant de nouveau, après la rentrée de l'air.

Poursuivant la voie ouverte par Pascal, il

(1) « Vel ac si globus ab altissima turre, lapsu graviore, projectus fuisset. » (Ottonis de Guericke Experimenta nova Magdeburgica de vacuo spatio, Amstelodami, 1672, p. 75.)

expliqua, par le fait de la pression atmosphérique et par l'élasticité de l'air, un grand nombre de faits qui jusque-là avaient paru inexplicables. Il mit hors de doute, par exemple, l'influence de l'air sur la propagation du son, son rôle dans la translation de

Fig. 21. — Les hémisphères de Magdebourg.

la lumière, dans les phénomènes de la combustion, de la respiration et de la vie des animaux.

Mais de tous les faits remarquables dont le bourgmestre de Magdebourg enrichissait la physique naissante, aucun n'excita d'étonnement plus vif ni d'admiration plus méritée que la série d'effets mécaniques, véritablement extraordinaires, auxquels il donna naissance en mettant adroitement en jeu la pression atmosphérique. L'expérience qui fut désignée, à partir de cette époque, sous le nom d'*expérience des hémisphères de Magdebourg* attira l'attention de tout le monde savant, autant par l'originalité et la beauté du fait en lui-même, que par l'importance des

Expérience faite par Otto de Guericke en 1654, devant le prince de Auerberg.

résultats mécaniques qu'elle laissait entrevoir.

Cette expérience est si généralement connue, que c'est à peine s'il est nécessaire de la rappeler. On sait qu'Otto de Guericke ayant préparé deux demi-sphères de cuivre, réunies l'une à l'autre par l'interposition d'un cuir mouillé, opéra le vide dans l'intérieur de cette sphère, à l'aide de sa machine pneumatique. L'air une fois chassé de l'intérieur du globe, les deux demi-sphères se trouvaient pressées l'une contre l'autre par tout le poids de la colonne atmosphérique qu'elles supportaient ; et cette pression était si considérable, qu'elles résistaient à toutes les forces employées pour les désunir.

Le premier appareil de ce genre, construit par Otto de Guericke, avait un diamètre de trois quarts d'aune de Magdebourg. Cet appareil, suspendu à un poteau, supportait un poids de deux mille six cent quatre-vingt six livres (1315^k).

La figure 21 (page 39), qui est la reproduction exacte de l'une des gravures qui accompagnent l'ouvrage latin d'Otto de Guericke,

Experimenta nova Magdeburgica de vacuo. spatio, montre comment l'expérience était disposée. On voit la sphère vide d'air, suspendue par un crochet à un solide poteau.

A cette même sphère Otto de Guericke fit atteler seize chevaux qui, tirant horizontalement en sens contraires, ne purent vaincre la résistance que l'air opposait à la séparation de ses deux parties.

Otto de Guericke construisit ensuite une autre sphère d'une aune (1^m,19) de diamètre. L'effort de vingt-quatre chevaux ne put rompre l'adhérence de ses deux parties : les hémisphères supportaient sans se séparer, un poids de cinq mille quatre cents livres (2643^k).

On voit représentée dans la figure 23 (page 41), la célèbre expérience des *hémisphères de Magdebourg*, d'après la gravure qui accompagne le livre d'Otto de Guericke.

Otto de Guericke varia de cent manières cette curieuse démonstration de la pesanteur de l'air et de ses effets mécaniques.

En 1654, pendant son séjour à Ratisbonne. où l'appelait son emploi de conseiller de l'é-

Fig. 23. — Otto de Guericke fait l'expérience des *hémisphères de Magdebourg* avec 24 chevaux.

lecteur de Brandebourg, il exécuta devant le prince de Auerberg, envoyé de l'empereur, une expérience des plus remarquables sous ce rapport.

Otto de Guericke vissa à un cylindre métallique le récipient de verre de sa machine pneumatique, dans lequel on avait fait préalablement le vide. Dans l'intérieur de ce cylindre jouait un piston, auquel était attachée, par un anneau, une corde s'enroulant sur une poulie. Vingt personnes étaient employées à retenir la corde. Tout se trouvant ainsi disposé, Otto de Guericke ouvrit subitement le robinet du ballon : l'air contenu dans le cylindre se précipita dans l'intérieur du ballon vide pour en remplir la capacité, et dès lors la pression atmosphérique qui s'exerçait sur la tête du piston, n'étant plus contre-balancée sur sa face inférieure, abaissa aussitôt le piston jusqu'au fond du cylindre avec tant de violence, que les vingt personnes qui retenaient la corde se trouvèrent soulevées en l'air à plusieurs pieds de hauteur.

La figure 22 (page 40), tirée de l'ouvrage d'Otto de Guericke, montre comment l'expérience était disposée. Le cylindre métallique dans lequel on fait le vide, et le piston qui doit s'abaisser dans ce cylindre, par la pression de l'air extérieur, sont représentés à part, au haut de la figure.

Ce n'était pas sans raison que tous les savants de l'Europe suivaient avec un intérêt et une curiosité extraordinaires les expériences qui s'exécutaient en Allemagne, sur les étonnants effets de la pression atmosphérique; ce n'est pas sans motifs non plus que nous les avons rappelées avec détail. Par l'effet de la transformation sociale qui, depuis un siècle, était en train de s'accomplir, l'industrie commençait chez tous les peuples à prendre son essor. Cependant l'âme manquait au grand corps qui s'organisait : l'industrie n'avait point de moteur, ou n'avait que des moteurs insuffisants. La force des hommes et des chevaux, la puissance des vents, l'action des torrents et des cours d'eau, insuffisantes dans bien des cas, sous le rapport de l'intensité motrice, faisaient défaut dans beaucoup de localités, ou ne pouvaient s'appliquer commodément et avec économie aux besoins de l'industrie. Or, quand on se rappelait que, d'après les découvertes de Pascal, chaque décimètre carré (pour employer les mesures de nos jours) de la surface de tous les corps placés sur la terre, supporte, par l'effet de la pression atmosphérique, un poids équivalent à 100 kilogrammes, et quand on voyait Otto de Guericke apporter le moyen pratique d'anéantir, à un moment donné, la résistance qui s'oppose à la manifestation de cette force, on ne pouvait s'empêcher d'espérer une application prochaine de ce remarquable fait. Tous les physiciens de cette époque étaient frappés de la grandeur et de l'avenir de cette idée, et chacun pressentait qu'il y avait dans les expériences du bourgmestre de Magdebourg les préludes d'une révolution capitale dans les moyens de l'industrie.

Lorsque, par le progrès des temps, les sciences ont amassé un certain nombre de faits théoriques, susceptibles de s'appliquer utilement aux besoins des hommes, il est rare que quelque grand esprit n'apparaisse pas, au moment nécessaire, pour tirer de ces notions générales les conséquences qu'elles renferment, et pour hâter l'instant où l'humanité doit être mise en possession de ces biens nouveaux. L'homme de génie qui devait féconder, pour l'avenir, l'ensemble des belles découvertes dont le récit vient de nous occuper, ne se fit pas attendre. Il était Français et s'appelait Denis Papin.

CHAPITRE V

DENIS PAPIN. — SA VIE ET SES TRAVAUX.

Papin naquit à Blois, le 22 août 1647, d'une famille considérée dans le pays, et qui appartenait à la religion réformée. Il était fils d'un médecin et avait pour parent Nicolas Papin, autre médecin connu par quelques ouvrages scientifiques. On ne sait rien sur son enfance ni sur les événements de sa jeunesse ; il paraît seulement qu'il avait ressenti de bonne heure un goût très-vif pour les sciences mathématiques. L'éducation publique était alors, dans la ville de Blois, entre les mains des jésuites, qui accordaient, à cette époque, une assez grande part à l'étude des sciences. Les protestants fréquentaient quelquefois les écoles des jésuites : Papin dut recevoir chez eux ses premières leçons de mathématiques.

Il fit à Paris ses études médicales. Cependant ce n'est pas dans cette université qu'il reçut son grade de docteur, car son nom ne figure pas sur la liste des gradués de la Faculté de Paris, publiée en 1752, et qui comprend les noms de tous les docteurs, à partir de l'année 1539. Orléans possédait une université ; il est donc probable que ce fut dans la capitale de sa province que Denis Papin alla recevoir son grade.

Quoi qu'il en soit, on le trouve à l'âge de vingt-quatre ans établi à Paris pour y exercer sa profession. Mais son inclination naturelle pour les sciences physiques, lui rendait sans doute plus aride le pénible sentier de la carrière médicale. Il ne tarda pas à tourner exclusivement son esprit vers les travaux de la physique expérimentale et de la mécanique appliquée. Il avait rencontré quelques protecteurs puissants qui favorisaient son goût pour ce genre de recherches.

« J'avois alors, nous dit-il lui-même, l'honneur de vivre à la bibliothèque du roi et d'aider M. Huygens dans un grand nombre de ses expériences. J'avois beaucoup à faire touchant la machine pour appliquer la poudre à canon à lever des poids considérables, et j'en fis l'essai moi-même quand on la présenta à M. de Colbert (1). »

Le célèbre Huygens, l'inventeur des horloges à pendule, habitait alors notre capitale. Il avait consenti à se fixer en France, sur les instances de Colbert, qui, en fondant l'Académie des sciences, l'avait inscrit l'un des premiers sur la liste de ses membres. Pour décider le savant hollandais à résider en France, Colbert lui faisait une forte pension, et lui avait accordé un logement à la Bibliothèque royale.

Papin prêtait son aide à Huygens pour ses expériences de mécanique, et partageait son logement. Il avait dû cette position avantageuse à la protection de madame Colbert, femme d'un grand mérite, originaire de Blois, et à laquelle, selon Bernier, « une infinité de « gens de ce pays devaient leur fortune (2). »

Denis Papin publia son premier ouvrage à Paris, en 1674, sous ce titre : *Nouvelles Expériences du vuide, avec la description des machines qui servent à le faire*. Ce petit écrit, qui n'existe plus de nos jours, contenait la description de certaines modifications de faible importance apportées à la machine du bourgmestre de Magdebourg (3). Les *Nouvelles Expériences du vuide* furent accueillies avec faveur. M. Hublin, célèbre émailleur du roi, ami particulier de Papin, présenta l'ouvrage à l'Académie des sciences, et le *Journal des savants* le signala avec éloges.

La carrière s'ouvrait donc pour le jeune physicien, sous les plus heureux auspices. Le petit nombre d'hommes instruits qui se trouvaient alors dans la capitale, tenaient dans la

(1) *Acta eruditorum Lipsiæ*, septemb. 1688.
(2) *Histoire de Blois*, 1782. Épître-dédicace.
(3) Les modifications apportées par Denis Papin à la machine pneumatique d'Otto de Guericke se trouvent reproduites dans un article de Papin, imprimé dans les *Actes de Leipsick*, au mois de juin 1687, sous ce titre : *Augmenta quædam et experimenta nova circa antliam pneumaticam, facta partim in Anglia, partim in Italia.*

plus grande estime sa personne et ses talents, et le *Journal des savants*, dispensateur de la considération et de la fortune scientifiques, l'accueillait avec faveur. Cependant, une année après, nous voyons Papin quitter subitement la France, pour passer en Angleterre.

Quel motif pouvait le porter à abandonner sa patrie? Avait-il encouru la disgrâce de Colbert? Obéissait-il simplement à cette humeur un peu vagabonde qui le fit appeler par un de ses contemporains, *le philosophe cosmopolite*? On l'ignore. Les historiens et les auteurs de mémoires de la fin du XVII° siècle, tout entiers au récit des intrigues de cours, ou des événements de la guerre, n'ont pas une ligne à consacrer à ces esprits d'élite qui employaient tous les moments de leur laborieuse existence à préparer à l'humanité des destinées meilleures, et qui souvent ne recevaient, en retour, que la misère ou l'oubli. Le nom d'Amontons, l'un des physiciens français les plus remarquables du XVII° siècle, est à peine prononcé dans les écrits de l'époque, et le génie de Mariotte s'éteignit au milieu de l'indifférence de son temps. Papin n'a pas attiré davantage l'attention des historiens. C'est dans ses propres ouvrages, dans un petit nombre de recueils scientifiques, ou dans les lettres éparses de quelques savants dont la correspondance s'est conservée, qu'il faut aller puiser les rares documents qui nous restent sur les événements de sa vie.

Tous ces documents sont muets sur la cause de son départ pour Londres; le *Journal des savants* nous apprend seulement que c'est à la fin de l'année 1675 qu'il quitta Paris (1).

Peu de temps après son arrivée en Angleterre, Papin eut l'heureuse inspiration de se présenter à Robert Boyle, l'illustre fondateur de la *Société royale de Londres*. C'est ce que nous apprend Boyle lui-même : « Il arriva « heureusement, dit-il, qu'un certain traité « françois, petit de volume, mais très-in-

(1) *Journal des savants*, du 17 février 1676.

« génieux, contenant plusieurs expériences
« sur la conservation des fruits, et quelques
« autres points de différentes matières, me fut
« remis par M. Papin, qui avoit joint ses
« efforts à ceux de l'éminent Christian Huygens
« pour faire lesdites expériences (1). » Dans la
suite de l'entretien qu'il eut avec lui, apprenant « que le docteur Papin n'étoit arrivé de
« France en Angleterre que depuis peu de
« temps, dans l'espoir d'y trouver un lieu qui
« fût convenable à l'exercice de son talent, »
Boyle résolut de l'associer à ses travaux.

Aucune osition ne pouvait mieux convenir

Fig. 24. — Robert Boyle.

aux goûts et aux désirs de Papin. Issu d'une
grande famille de l'Irlande, Robert Boyle,
pour se vouer tout entier à l'étude des sciences,
avait renoncé aux avantages que lui assuraient
sa fortune et son rang. Il avait consacré six
années de sa jeunesse à voyager sur le continent, pour perfectionner ses connaissances et
fuir le spectacle des troubles civils qui déchiraient sa patrie. A son retour en Angleterre,

(1) *Roberti Boyle Opera varia.* Genève, 1682, t. II.

la lutte durait encore entre le parlement et la
royauté ; Boyle se retira dans sa terre de
Stuldbridge, et c'est là qu'au sein de la retraite
et de la paix, loin du tumulte des villes et de
l'agitation des partis, il poursuivait les beaux
travaux qui devaient le placer à un rang si
élevé dans la reconnaissance et l'admiration
de son pays.

Il réunissait autour de lui un certain nombre d'hommes distingués, qui cherchaient
dans la culture des sciences et des arts un
asile contre les dissensions du dehors. Cette
réunion, qui portait le nom de *Collége philosophique*, se rassemblait sous sa direction,
tantôt à Oxford, tantôt à Londres. Lorsqu'en 1660, Charles II monta sur le trône
d'Angleterre, il fonda, des débris de cette
réunion nomade, la *Société royale de Londres*,
que Boyle fut chargé d'organiser. L'illustre
savant refusa de présider cette société, il
rejeta même les honneurs de la pairie pour
reprendre le cours de ses travaux scientifiques.

Boyle s'était occupé avec succès de continuer les recherches d'Otto de Guericke sur le
vide et la pression atmosphérique ; il avait publié ses expériences sur ce sujet, laissant à
d'autres le soin de les poursuivre. Lorsque
Papin arriva en Angleterre, il pensait à les
reprendre, mais il ne trouvait personne pour
le seconder. L'habileté de Papin et ses études
spéciales sur la machine pneumatique, lui
rendaient son secours utile de toutes manières. Il admit donc dans son laboratoire,
le jeune physicien français.

Commencées le 11 juillet 1676, les expériences qu'ils exécutèrent ensemble, furent continuées jusqu'au 17 février 1679.
Parmi ces expériences, il faut citer leurs recherches relatives à la vapeur de l'eau bouillante, qui plus tard devaient porter leurs
fruits entre les mains de Papin.

Boyle reconnaît avec beaucoup de loyauté,
que les services de Papin lui furent d'une
grande utilité, et déclare qu'il était d'une

Fig. 25. — Arrivée de Papin à Venise (page 46).

grande habileté dans la construction et le maniement des appareils de physique.

« Plusieurs des machines dont nous faisions usage, « dit-il, particulièrement la machine pneumatique à « deux corps de pompe et le fusil à vent, étaient de « son invention, et en partie fabriqués de sa main. »

L'amitié de Robert Boyle et le mérite de ses travaux ouvrirent à Papin les portes de la *Société royale de Londres*. Il y fut admis le 16 décembre 1680, et ne tarda pas à se placer à un rang distingué parmi les membres de cette compagnie célèbre.

C'est peu de temps après, en 1681, qu'il fit connaître pour la première fois, dans un ouvrage écrit en anglais, sous le titre de *New Digester*, l'appareil qui a reçu en France le nom de *digesteur* ou de *marmite de Papin* (1).

(1) La traduction française du *New Digester* fut publiée à Paris, en 1682, par Comiers sous ce titre : *La manière*

Le *digesteur*, selon Papin, permettait de cuire les viandes en peu de temps et à peu de frais, tout en améliorant leur goût. Il donnait en même temps, le moyen de ramollir les os, c'est-à-dire de les transformer en une substance qui a reçu de nos jours le nom de *gélatine*, ce qui ajoutait à la quantité de matière nutritive contenue dans les diverses parties du corps des animaux.

Cet appareil, qui a été renouvelé de nos jours sous le nom d'*autoclave*, est loin cependant d'avoir réalisé les promesses de l'inventeur ; les viandes cuites par ce moyen contractent une saveur ammoniacale. Aussi, quoique Leibnitz ait dit dans une de ses lettres : « Un « de mes amis me mande avoir mangé un

d'amollir les os et de faire cuire toutes sortes de viandes en fort peu de temps et à peu de frais, avec une description de la machine dont il se faut servir pour cet effet, ses propriétés et ses usages, confirmés par plusieurs expériences, nouvellement inventée par M. Papin, docteur en médecine.

« pâté de pigeonneaux préparé de la sorte par « le digesteur, et qui s'est trouvé excel- « lent (1), » il est permis de contester l'utilité de ce procédé de cuisine économique.

La marmite de Papin était munie d'un appareil connu de nos jours sous le nom de *soupape de sûreté*, et qui constitue l'un des organes les plus importants de la machine à vapeur moderne. Tout le monde s'accorde à ajouter la plus haute importance à la découverte de cet appareil, que l'on regarde comme le prélude des travaux de Papin sur la vapeur. Au risque de paraître soutenir un paradoxe, nous oserons nous séparer encore sur ce point de l'opinion commune. Comme nous nous efforçons d'appuyer sur des textes authentiques les principaux faits exposés dans cette notice historique, nous citerons le passage original du livre de Papin sur le *digesteur*.

Fig. 26. — Marmite de Papin.

On verra que la soupape de sûreté a une origine beaucoup plus humble qu'on ne l'imagine.

Papin commence par donner la description

(1) *Opera*, in-4°, 1768, t. I, p. 165.

de son *digesteur*. L'appareil se compose de deux cylindres creux rentrant l'un dans l'autre : le premier, à parois métalliques très-épaisses, renferme l'eau que l'on doit convertir en vapeurs ; le second, plus petit, sert à contenir les viandes. Le tout est fermé par un épais couvercle métallique s'adaptant parfaitement aux contours du cylindre, auquel il est fixé par des écrous très-solides : quand on veut s'en servir, on le place sur un fourneau allumé.

La figure 26 représente la *marmite de Papin*, telle qu'on la construit aujourd'hui, pour démontrer dans le cours de physique, la pression considérable qu'exerce la vapeur d'eau. S est la soupape de sûreté, C, le corps du cylindre extérieur.

La marmite de Papin n'est donc qu'une sorte de bain-marie, dans lequel seulement la vapeur, renfermée dans un espace clos, ne peut se dégager au dehors. Après avoir donné la description de sa marmite, Papin ajoute :

« Cette machine est sans doute fort simple et peu sujette à se gâter, mais elle est incommode en ce qu'on ne regarde pas dedans aussi aisément que dans le pot ordinaire, et comme elle fait plus ou moins d'effet, selon que l'eau qui y est se trouve plus ou moins pressée, et aussi que la chaleur est plus ou moins grande, il pourrait arriver quelquefois que vous tireriez vos viandes avant qu'elles fussent cuites, et d'autres fois que vous les laisseriez brûler ; ainsi il a fallu chercher des moyens pour connaître et la quantité de pression qui est dans la machine, et le degré de chaleur.

« Il n'y a qu'à faire un petit tuyau ouvert des deux bouts, et, l'ayant soudé sur un trou fait au couvercle, il faut appliquer sur l'ouverture d'en haut de ce tuyau une petite soupape bien exacte et garnie de papier. »

Pour connaître le degré de la pression de la vapeur, Papin fermait cette soupape au moyen d'une petite verge de fer qui, fixée par une de ses extrémités à une charnière, portait, à l'autre bout, un poids mobile à la manière des romaines. Il avait déterminé la pression nécessaire pour soulever ce poids.

« De sorte, ajoute-t-il, que lorsque la soupape laisse échapper quelque chose, je conclus que la pression dans le bain-marie est environ huit fois plus forte que la pression de l'air, puisqu'elle peut soulever, non-seulement le poids qui résiste à six pressions, mais aussi la verge que j'ai éprouvée, qui résiste à deux, et ainsi, en augmentant ou diminuant le poids, ou en le changeant de place, je connais toujours à peu près combien la pression est forte dans la machine (1). »

Ainsi Papin n'avait imaginé son levier et sa soupape, que pour *savoir ce qui se passait dans le pot*, et pour veiller à l'exacte cuisson des viandes. En faisant varier la position occupée par le poids sur les bras de la romaine, il reconnaissait approximativement le degré de pression auquel se trouvaient soumises les viandes placées dans le bain-marie. A cette époque, en effet, il était loin encore de songer à construire une machine fondée sur la force élastique de la vapeur d'eau; et bien plus, lorsqu'il proposa cette machine, il ne pensa nullement à la munir de sa soupape. Dans son célèbre mémoire de 1690, où il donne la description de la première machine à vapeur, il n'est rien dit de la soupape de sûreté. L'idée d'appliquer un tel instrument à prévenir l'explosion de la chaudière d'une machine à vapeur, ne lui vint que vingt-sept ans plus tard, en 1707, c'est-à-dire quinze années après la publication de ce mémoire. C'est le physicien Désaguliers qui transporta le premier dans la pratique cette idée de Papin. En 1717, Désaguliers appliqua, en Angleterre, à une machine de Savery, la soupape du digesteur de Papin, que ce dernier avait proposée en 1707 comme un moyen de se mettre à l'abri des explosions auxquelles cette machine donnait lieu.

La construction du *digesteur* n'a donc exercé aucune influence sur la découverte de la machine à feu; si elle y contribua en quelque chose, ce ne fut guère qu'en familiarisant l'inventeur avec l'usage pratique de la vapeur d'eau.

Depuis la publication de son *New Digester*, Papin se trouvait à Londres dans une position plus avantageuse peut-être que celle qu'il avait occupée à Paris. Il appartenait à la *Société royale*, la première des Académies de l'Europe. En outre, la protection de Robert Boyle lui permettait d'espérer beaucoup, car ce savant illustre, successivement honoré de l'estime de Charles II, de Jacques II et de Guillaume, savait user en faveur de ses amis d'un crédit qu'il dédaignait pour lui-même. D'un autre côté, il continuait à entretenir avec son pays de bonnes relations; on insérait régulièrement dans le *Journal des savants* les communications qu'il lui adressait. Aussi ne peut-on se défendre d'un certain sentiment de dépit contre son humeur vagabonde, lorsqu'on le voit déserter tout à coup le sol hospitalier qui l'a reçu, et de même qu'il avait abandonné la France pour l'Angleterre, abandonner l'Angleterre pour l'Italie.

Le chevalier Sarroti, secrétaire du sénat de Venise, venait de fonder dans cette ville, par l'ordre du sénat, une nouvelle Académie, en vue du perfectionnement des sciences et des lettres, « avec une dépense et une générosité tout à « fait extraordinaires, » dit Papin (1). Sarroti offrit au physicien français une position dans cette Société, et Papin accepta, un peu à l'étourdie.

Il résulte d'une lettre de lui, datée d'Anvers le 1er mars 1684, et adressée au docteur Croune, que depuis peu de jours il avait quitté l'Angleterre. Dans cette lettre, il priait son ami de remettre sa machine à la *Société royale*, à laquelle il offrait en même temps ses services en quelque lieu qu'il se trouvât.

La *Société royale*, qui le vit partir avec regret, tint note de la promesse, et inscrivit son nom sur la liste de ses membres honoraires.

Papin séjourna plus de deux ans à Venise, occupé presque sans relâche à des expériences de physique. Ses travaux lui acquirent

---

(1) *La Manière d'amollir les os*, p. 10.

(1) *Journal des savants*, 1684, p. 82.

une grande réputation en Italie. La seule mention de son opposition aux idées du respectable Guglielmini, sur une question d'hydraulique, « faisait peur à ce savant, » et plusieurs années après sa mort, un physicien florentin parle de « la célèbre machine, le « *digesteur*, inventée par Papin, pour expliquer « la cause des volcans et des tremblements de « terre, débattue depuis des milliers d'années. »

Fig. 27. — Denis Papin.

Cependant Papin finit par s'apercevoir qu'il fallait beaucoup rabattre de la « gé- « nérosité tout à fait extraordinaire » du chevalier Sarroti. En même temps que sa renommée grandissait, il voyait chaque jour s'amoindrir ses ressources, et il vint un moment où, désespérant de trouver en Italie la position avantageuse sur laquelle il avait compté, il dut prendre le parti de laisser à leurs travaux le chevalier Sarroti et ses académiciens.

En quittant Venise, Papin revint directement en Angleterre. Il espérait y ramasser les lambeaux de son crédit et de sa fortune. Mais ses longues pérégrinations avaient refroidi le zèle de ses amis, et tout ce qu'il put obtenir, ce fut d'entrer en qualité de pensionnaire à la *Société royale*. Il fut chargé d'exécuter les expériences ordonnées par l'Académie, et de copier sa correspondance. Il recevait pour toute rétribution la somme de 62 francs par mois.

C'est pendant ce second séjour en Angleterre, qu'il conçut et exécuta la première machine qui devait le mettre sur la trace de sa découverte des applications de la vapeur.

Nous avons insisté sur l'importance que l'on attachait, à la fin du XVIIe siècle, à l'emploi mécanique de la pression de l'air. On y voyait le moyen de doter l'industrie du moteur qui lui manquait. Depuis les recherches qu'il avait effectuées avec Boyle sur la machine pneumatique, Papin nourrissait plus particulièrement cette grande pensée. Il crut avoir découvert le moyen de la réaliser, en employant comme moteur direct, la machine pneumatique exécutée en grand.

Tel était son dessein lorsqu'il présenta, en 1687, à la *Société royale de Londres*, le modèle d'une machine destinée à *transporter au loin la force des rivières*. Cette machine se composait de deux vastes corps de pompe, dont les pistons étaient mis en jeu par une chute d'eau, et qui servaient à faire le vide dans l'intérieur d'un long tuyau métallique. Une corde attachée à l'extrémité de la tige du piston, devait transmettre une force motrice considérable, lorsque, par l'effet de la pression atmosphérique, le piston, violemment chassé dans l'intérieur du tuyau, entraînerait avec lui les poids qui le retenaient (1). C'était, comme on le voit, le principe du chemin de fer atmosphérique, sur lequel nous aurons à appeler l'attention dans le cours de ce volume. Cependant les essais auxquels on soumit cette machine en 1687,

(1) La description de cette machine a été publiée par Papin dans les *Actes de Leipsick* (*Acta eruditorum Lipsiæ*), décemb. 1688, p. 644, sous ce titre : *De usu tuborum prægrandium ad propagandam in longinquum vim motricem fluviorum*. Elle a été reproduite dans un autre ouvrage de Papin : *Recueil de pièces diverses*, imprimé à Cassel, en 1695.

Fig. 27. — Papin fait l'expérience de sa machine à poudre devant les professeurs de l'Université de Marbourg (page 51).

devant la *Société royale de Londres*, ne donnèrent que de mauvais résultats, soit en raison de la difficulté de maintenir le vide dans un long tuyau métallique, soit en raison de la lenteur extrême avec laquelle le mouvement se communiquait du piston aux fardeaux qu'il devait entraîner.

Papin avait fondé beaucoup d'espérance sur le succès de son appareil; cet échec les détruisait sans retour. De tristes lueurs commençaient à assombrir l'horizon du philosophe. Son séjour en Italie avait absorbé les faibles ressources de son patrimoine, et la rémunération de 62 francs par mois qu'il recevait de la *Société royale* était par trop insuffisante pour ses besoins. Il reporta alors sa pensée vers la France; mais les portes de sa patrie lui étaient fermées. L'impolitique et inique révocation de l'édit de Nantes,

faite en 1685, frappait dans leur fortune et dans leurs droits les protestants français. Aux termes de cet arrêt, l'exercice de la médecine, de la chirurgie et de la pharmacie était interdit aux membres de la religion réformée.

Papin aurait pu faire tomber d'un seul mot les barrières qui le séparaient de son pays, entrer à l'Académie des sciences, où sa place était depuis longtemps marquée, et recevoir les traitements flatteurs que l'on prodiguait, trois ans après, à son cousin Isaac Papin, dont l'exil fit fléchir le courage et qui abjura le protestantisme, en 1690, entre les mains de Bossuet. Il préféra un exil éternel à la honte d'une abjuration. En 1687, le landgrave Charles, électeur de Hesse, lui offrit une chaire de mathématiques à Marbourg. Malgré les préoccupations de la politique et de la guerre, ce prince éclairé s'était

T. I. 7

toujours plu à suivre et à encourager ses travaux. Papin s'empressa d'accepter l'offre de l'électeur. Il écrivit au secrétaire de la *Société royale*, pour l'informer de la résolution qu'il avait prise, et le prier de lui compter l'arriéré de son traitement. Le trésorier reçut l'ordre de faire droit à cette demande. La Société décida en même temps, dans sa séance du 14 décembre 1687, que le docteur Papin recevrait en présent quatre exemplaires de l'*Histoire des poissons*, comme un témoignage des bons services qu'elle avait reçus de lui.

Papin emporta ses quatre exemplaires de l'*Histoire des poissons*; mais c'était la perle de la fable : il est à croire que le *grain de mil* eût mieux convenu à l'état de ses affaires.

Arrivé à Marbourg, Papin commença ses leçons publiques de mathématiques. Ce nouveau métier, auquel il était peu fait, ne fut pas sans lui causer quelques ennuis et quelques difficultés au début. Néanmoins, il reprit bientôt la suite de ses travaux accoutumés.

L'emploi du vide et de la pression atmosphérique, utilisés directement comme force motrice, avait mal réussi dans son appareil à double pompe pneumatique. Il espéra mieux remplir le grand dessein qu'il se proposait, en construisant une autre machine, également fondée sur l'emploi de la pression de l'air, mais dans laquelle le vide, au lieu d'être déterminé par le jeu d'une pompe pneumatique, serait obtenu en faisant détoner de la poudre à canon sous le piston de cette pompe. La poudre, brûlée dans un cylindre fermé par une soupape et parcouru par un piston, dilatait l'air, par l'effet de la chaleur dégagée pendant la combustion; cet air, s'échappant par la soupape, provoquait un vide dans le cylindre, et dès lors la pression atmosphérique, pesant sur la tête du piston, chassait celui-ci dans l'intérieur du corps de pompe. C'était, comme on le voit, le principe de la machine précédente; seulement le vide était produit par un artifice d'une autre nature.

La machine à poudre que Papin fit connaître en 1688 (1), n'était pas, à proprement parler, une invention de ce physicien. La première idée en avait été émise par l'abbé de Hautefeuille, dans un mémoire imprimé à Paris en 1678 (2). A cette époque, le projet d'appliquer la pression atmosphérique à la création d'un nouveau moteur, occupait tous les savants. L'abbé de Hautefeuille avait parlé, le premier, d'obtenir une force motrice empruntée à la pression atmosphérique, en faisant le vide dans un tuyau par suite de la combustion de la poudre. Le principe de cette machine avait été conçu par l'abbé de Hautefeuille à l'époque où Louis XIV voulait élever les eaux de la Seine pour les consacrer à l'embellissement des jardins de Versailles; les immenses difficultés de cette entreprise extravagante tenaient alors en haleine l'esprit de tous les mécaniciens français.

« Un si grand nombre d'inventions qui ont été proposées pour élever des eaux à Versailles m'engagea, dit Jean de Hautefeuille, à méditer sur les moyens de le faire avec facilité... Repassant ainsi dans mon imagination toutes les forces qui pouvaient être dans la nature, il s'en présenta une qui est infiniment plus grande que celle du vent, du courant des rivières et des torrents, et la plus violente qui ait jamais été : cette force est la poudre à canon, que l'on n'a point encore employée à l'élévation des eaux (3). »

Le principe était bon en lui-même, mais la machine proposée par l'abbé pour le mettre à exécution, était des plus grossières. Elle se composait d'une grande caisse disposée à trente pieds (9^m,745), au-dessus de la masse d'eau qu'il s'agissait d'élever; cette caisse était munie de quatre soupapes s'ouvrant de dedans en dehors, et se terminait par un tube plongeant dans l'eau. Quand on enflammait,

(1) *De novo pulveris pyrii usu* (*Acta eruditorum Lipsiæ*, septembre 1688, p. 496).
(2) *Pendule perpétuelle avec un nouveau balancier, et la manière d'élever l'eau par le moyen de la poudre à canon, et autres nouvelles inventions contenues dans une lettre adressée par M. de Hautefeuille à un de ses amis*. 1678, p. 16.
(3) *Pendule perpétuelle*, etc., p. 90.

dans la caisse, une certaine quantité de poudre à canon, on dilatait l'air contenu dans le tube, et cet air, s'échappant par les soupapes, provoquait, dans l'intérieur de cet espace, un vide partiel. Par suite de ce vide, l'eau, pressée par l'atmosphère extérieure, s'élançait dans l'intérieur de l'appareil.

L'abbé de Hautefeuille, doué d'un certain esprit d'invention et de recherche avait des habitudes scientifiques assez fâcheuses. Il abordait tous les sujets sans en approfondir un seul; il émettait, en termes laconiques, beaucoup d'idées vagues et mal formulées, et lorsque, plus tard, d'autres savants venaient à traiter sérieusement les questions qu'il n'avait fait qu'effleurer, il fatiguait le public du bruit de ses réclamations. C'est ainsi qu'il écrivait en 1682 :

« Il y a trois ou quatre ans que je proposai une force qui me semblait devoir être de quelque utilité; c'est la poudre à canon, qui produit l'effet de la pompe aspirante par la raréfaction de l'air, et celui de la pompe foulante par son effort. J'ai appris depuis ce temps-là que l'on avait fait une expérience à l'Académie royale des sciences, qui en approchait, et que l'on avait essayé ce principe pour l'élévation des corps solides... On m'a assuré qu'un gros de poudre à canon avait enlevé en l'air sept ou huit laquais qui retenaient le bout de la corde, et qu'ayant attaché des poids à son extrémité, ce gros de poudre avait enlevé mille ou mille deux cent livres (489^{kil},5 ou 587^{kil},4) pesant (1). »

Ce n'était point l'Académie qui avait exécuté l'expérience dont parle Jean de Hautefeuille, mais bien Huygens, qui avait substitué à ce grossier mécanisme un appareil perfectionné, consistant essentiellement dans l'emploi d'un corps de pompe parcouru par un piston. La machine n'était plus bornée au seul objet de l'élévation des eaux à une hauteur de trente pieds (9^m,745); elle devait constituer un moteur susceptible de recevoir toutes les applications industrielles.

La figure (fig. 28) que Huygens a donnée de son appareil, en fait comprendre le mécanisme.

A est un cylindre métallique, B un piston

(1) *Réflexions sur quelques machines à élever les eaux, avec la description d'une nouvelle pompe sans frottement et sans piston, adressées par M. de Hautefeuille à madame la duchesse de Bouillon*, p. 9.

mobile dans ce cylindre; une corde enroulée sur une poulie, et supportant le poids qu'il s'agit d'élever, est attachée à ce piston. Au bas du cylindre est une petite boîte H, destinée à recevoir la poudre. D, D, sont deux poches de cuir, garnies de soupapes jouant de dedans en dehors, et destinées à donner issue à l'air dilaté et aux produits gazeux de l'explosion de la poudre.

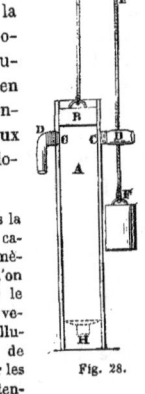

Fig. 28.

« On met, dit Huygens, dans la boîte H un peu de poudre à canon, avec un petit bout de mèche d'Allemagne allumée, et l'on serre bien cette boîte par le moyen de sa vis. La poudre, venant un moment après à s'allumer, remplit le cylindre de flamme et en chasse l'air par les tuyaux de cuir D, D, qui s'étendent et qui sont aussitôt refermés par l'air du dehors, de sorte que le cylindre demeure vide d'air, ou du moins pour la plus grande partie. Ensuite le piston B est forcé, par la pression de l'air qui pèse dessus, à descendre, et il tire avec lui la corde FF, et ce à quoi on l'a voulu attacher. La quantité de cette pression est connue et déterminée par la pesanteur de l'air et par la grandeur du diamètre du piston, qui, étant d'un pied, sera pressé autant que s'il portait le poids d'environ mille huit cent livres (871^{kil},1), supposé que le cylindre fût tout à fait vide d'air (1). »

Papin connaissait depuis longtemps cette machine, car il avait, comme nous l'avons dit, secondé Huygens dans sa construction, pendant qu'il logeait avec lui à la Bibliothèque du roi. Mais il avait reconnu dans ses dispositions divers inconvénients, et il voulait seulement, dans la construction nouvelle qu'il proposait et qu'il soumit à l'examen de ses collègues, les professeurs de l'Université de Marbourg, en perfectionner le mécanisme. Les changements qu'il apportait à l'appareil

(1) *Nouvelle force mouvante par le moyen de la poudre à canon et de l'air*, par Huygens de Zulichem (*Divers ouvrages de mathématiques et de physique*, par Messieurs de la Société royale des sciences, p. 320).

de Huygens, ont d'ailleurs trop peu d'importance pour les signaler ici.

Cependant il était facile de deviner que les effets mécaniques provoqués par ce moyen, ne présenteraient qu'une puissance médiocre, parce qu'il était impossible, par la seule détonation de la poudre, de chasser entièrement l'air contenu dans le cylindre. En outre, comme le démontra le physicien anglais Robert Hooke, l'air, en raison de sa compressibilité, pouvait rester en partie dans le tube. Par suite de cette circonstance, si le tube présentait une certaine longueur, le mouvement du piston devenait presque insensible.

Pour parer à cet inconvénient capital, Papin essaya de faire également le vide dans le tube. Mais l'expérience montra qu'il restait toujours dans l'appareil assez d'air pour annuler la plus grande partie des effets de la pression extérieure.

C'est alors que Papin, réfléchissant sur les agents qu'il serait permis d'employer pour remplacer la poudre à canon, comme moyen de faire le vide dans un corps de pompe, eut l'idée, hardie et profondément nouvelle, d'employer la vapeur d'eau à cet usage.

Dans l'histoire de la machine à vapeur, on ne peut accorder à Papin autre chose que l'idée d'employer la vapeur d'eau comme moyen de faire le vide ; mais cette pensée, véritable inspiration du génie, suffit à l'immortaliser. Elle honorera à jamais son nom, son siècle et sa patrie (1).

---

(1) Bien qu'il soit difficile de remonter, par la pensée, la suite d'idées qui amènent un homme de génie à la réalisation d'une grande découverte, il ne nous semble pas impossible de déterminer comment Papin fut conduit à reconnaître ce fait fondamental, que la condensation de la vapeur d'eau donne le moyen d'opérer le vide dans un espace fermé. Si nous ne nous trompons, il puisa cette idée dans une expérience faite en 1660 par Robert Boyle. Le physicien irlandais avait reconnu qu'en plongeant dans l'eau froide un éolipyle ou un tube de verre rempli de vapeurs, l'eau s'y élevait aussitôt et remplissait l'éolipyle comme par succion. Boyle, qui conservait encore les anciennes idées sur la transformation de l'eau en air par la chaleur, et qui parle ailleurs des moyens d'engendrer l'air artificiellement,

Le mémoire dans lequel Papin propose, pour la première fois, l'emploi d'une machine ayant pour principe moteur la force élastique de la vapeur d'eau, fut publié en latin dans les *Actes de Leipsick*, au mois d'août 1690, sous ce titre : *Nova Methodus ad vires motrices validissimas levi pretio comparandas*. (Nouvelle Méthode pour obtenir à bas prix des forces motrices considérables). Papin commence par rappeler les essais infructueux qu'il a faits antérieurement, pour perfectionner la machine à poudre.

« Jusqu'à ce moment, dit-il, toutes ces tentatives ont été inutiles, et après l'extinction de la poudre enflammée, il est toujours resté dans le cylindre environ la cinquième partie de l'air. J'ai donc essayé de parvenir, par une autre route, au même résultat ; et comme, par une propriété qui est naturelle à l'eau, une petite quantité de ce liquide, réduite en vapeurs par l'action de la chaleur, acquiert une force élastique semblable à celle de l'air et revient ensuite à l'état liquide par le refroidissement, sans conserver la moindre apparence de sa force élastique, j'ai cru qu'il serait facile de construire des machines où l'air, par le moyen d'une chaleur modérée, et sans frais considérables, produirait le vide parfait que l'on ne pouvait pas obtenir à l'aide de la poudre à canon. »

La figure 29 fera comprendre les éléments de la machine que Papin proposa pour utiliser les effets mécaniques de la vapeur d'eau.

A est un cylindre de cuivre fermé par le bas, ouvert par le haut et contenant un peu d'eau à sa partie inférieure. Ce cylindre est parcouru par un piston mobile B. Un orifice C traverse ce piston, et a pour effet de permettre d'abaisser celui-ci jusqu'à ce que sa face inférieure touche l'eau, en donnant issue à l'air qui existe au-dessous. Quand on a ainsi chassé l'air du cylindre, on bouche cet orifice C avec la tige M ; on échauffe

ment, ne put se rendre un compte exact de ce phénomène. Mais trente ans après, Papin, plus familiarisé avec l'usage et les propriétés de la vapeur, en reconnut la véritable nature, et il y trouva le moyen de faire le vide à volonté dans un espace clos. (Voyez le passage original dans l'ouvrage de Boyle : *New Experiments physico-mechanical touching the spring of the air and its effects*, p. 31-36. Oxford, 1660.)

ensuite le bas du cylindre, à l'aide d'un brasier. L'eau arrive à l'ébullition, et la vapeur acquiert assez de puissance pour soulever le piston et le pousser jusqu'au haut de sa course. Cet effet obtenu, on pousse le cliquet E, qui, s'enfonçant dans une rainure de la tige H, arrête et maintient le piston dans cette position. On éloigne alors le brasier, le cylindre se refroidit, la vapeur se condense, le vide se fait par conséquent au-dessous du piston. Si alors on retire le cliquet E, le piston, pressé par tout le poids de l'atmosphère extérieure, se précipite aussitôt au fond du cylindre et peut ainsi servir à élever des poids que l'on aurait attachés à l'extrémité de la corde L, fixée à la tige du piston et s'enroulant sur deux poulies T, T.

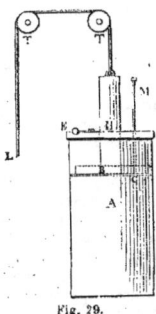

Fig. 29.

Mais le lecteur est sans doute désireux d'avoir connaissance du mémoire entier dans lequel Denis Papin a consigné ses idées. Nous allons donc mettre sous ses yeux la traduction de son mémoire original, lequel parut, comme nous l'avons dit, au mois d'août 1690, dans les *Actes des érudits de Leipsick*, sous ce titre : *Nouvelle Méthode pour obtenir à bas prix des forces considérables.*

« Dans la machine destinée au nouvel usage que l'on voulait faire de la poudre à canon, et dont la description se trouve dans les *Actes des érudits* du mois de septembre 1688, on désirait surtout, dit Papin, que la poudre allumée dans la partie inférieure du tube remplît de flamme sa capacité entière, pour que l'air en fût complétement chassé, et que le tube placé au-dessous du piston restât tout à fait vide d'air. On a dit alors que le résultat n'avait pas été satisfaisant, et que, malgré toutes les précautions dont on a parlé, il était toujours resté dans le tube environ la cinquième partie de l'air qu'il peut contenir. De là deux inconvénients : 1° on n'obtient que la moitié de l'effet désiré, et l'on n'élève à la hauteur d'un pied qu'un poids de cent cinquante livres (73^{kil},425), au lieu de trois cents (146^{kil},850) qui auraient dû être élevées si le tube avait été parfaitement vide, 2° à mesure que le piston descend, la force qui le presse du haut en bas diminue graduellement, comme on l'a observé au même endroit. Il est donc indispensable que nous tentions, par un moyen quelconque, de diminuer la résistance dans la même proportion que la force motrice diminue elle-même, pour que cette force motrice la surpasse jusqu'à la fin. C'est ainsi que dans les horloges portatives (les montres), on ménage avec art la force inégale du ressort qui meut tout le système, afin que pendant tout le temps il puisse vaincre avec une égale facilité la résistance des roues. Mais il serait bien plus commode encore d'avoir une force motrice toujours égale depuis le commencement jusqu'à la fin. On a donc fait dans ce but quelques essais pour obtenir un vide parfait à l'aide de la poudre à canon ; car, par ce moyen, comme il n'y aurait plus d'air pour résister au piston, toute la colonne atmosphérique supérieure pousserait ce piston jusqu'au fond du tube avec une force uniforme. Mais jusqu'à ce moment toutes les tentatives ont été infructueuses, et après l'extinction de la poudre enflammée il est toujours resté dans le tube environ la cinquième partie de l'air. J'ai donc essayé de parvenir par une autre route au même résultat, et comme, par une propriété qui est naturelle à l'eau, une petite quantité de ce liquide, réduite en vapeur par l'action de la chaleur, acquiert une force élastique semblable à celle de l'air, et revient ensuite à l'état liquide par le refroidissement, sans conserver la moindre apparence de sa force élastique, j'ai été porté à croire que l'on pourrait construire des machines où l'eau, par le moyen d'une chaleur modérée, et sans frais considérables, produirait le vide parfait que l'on ne pouvait pas obtenir à l'aide de la poudre à canon. Parmi les différentes constructions que l'on peut imaginer à cet effet, voici celle qui m'a paru la plus commode (1).

« A est un tube d'un diamètre partout égal, exactement fermé dans sa partie inférieure ; B est un piston adapté à ce tube ; H, un manche, ou tige, fixé au piston ; EH une verge de fer qui se meut horizontalement autour de son axe : un ressort presse la verge de fer EH, de manière à la pousser nécessairement dans l'ouverture H aussitôt que le piston et sa tige sont élevés à une hauteur telle que l'ouverture soit au-dessus du couvercle ; C est un petit trou pratiqué dans le piston, par lequel l'eau peut sortir du fond du tube A lorsqu'on enfonce, pour la première fois, le piston dans ce tube.

« Voici quel est l'usage de cet instrument : on verse dans le tube A une petite quantité d'eau, à la hauteur de trois ou quatre lignes (0^m,0067 ou 0^m,009), puis on introduit le piston, et on le pousse jusqu'au fond jusqu'à ce qu'une partie de l'eau versée sorte par le trou C ; alors ce trou est fortement bouché par la verge M ; on place ensuite le couvercle où sont pra-

(1) Voyez la figure 29.

tiquées les ouvertures nécessaires. Au moyen d'un feu modéré, le tube A qui est en métal très-mince, s'échauffe bientôt, et l'eau changée en vapeur exerce une pression assez forte pour vaincre le poids de l'atmosphère, et pousser en haut le piston B jusqu'au moment où le trou H de la tige du piston s'élève au-dessus du couvercle; alors on entend le bruit de la verge EH, poussée dans l'ouverture H par le ressort. Il faut, dans ce moment, ôter aussitôt le feu, et les vapeurs renfermées dans le tube à minces parois se résolvent bientôt en eau par l'action du froid, et laissent le tube parfaitement vide d'air. On retire ensuite la verge EH de l'ouverture H, ce qui permet à la tige de redescendre; aussitôt le piston B éprouve la pression de tout le poids de l'atmosphère, qui produit avec d'autant plus de force ce mouvement désiré que le diamètre du tube est plus grand. On ne peut douter que le poids de la colonne atmosphérique ne soit mis tout entier à profit dans des tubes de cette espèce. J'ai reconnu, par expérience, que le piston élevé par la chaleur au haut du tube redescendait peu après jusqu'au fond, et cela à plusieurs reprises, en sorte que l'on ne peut supposer l'existence de la plus petite quantité d'air qui resterait dans le fond du tube; or mon tube, dont le diamètre n'excède pas deux doigts, élève cependant un poids de soixante livres (29^{k11},370) avec la même vitesse que le piston descend dans le tube, et le tube lui-même pèse à peine cinq onces (152^{gr}). Je suis donc convaincu qu'on pourrait faire des tubes pesant au plus quarante livres chacun (19^{k11},580), et qui cependant pourraient à chaque mouvement élever à quatre pieds (1^m,299) de haut un poids de deux mille livres (979^{k11}). J'ai éprouvé, d'ailleurs, que l'espace d'une minute suffit pour qu'avec un feu modéré le piston soit porté jusqu'au haut de mon tube; et comme le feu doit être proportionné au diamètre des tubes, de très-grands tubes pourraient être échauffés presque aussi vite que des petits : on voit clairement par là quelles immenses forces motrices on peut obtenir au moyen d'un procédé si simple, et à quel bas prix. On sait en effet que la colonne d'air pesant sur un tube d'un pied (0^m,32) de diamètre égale à peu près deux mille livres ; que si le diamètre est de deux pieds (0^m,65), ce poids sera environ de huit mille livres (3916^{k11}), et que la pression augmentera, ainsi de suite, en raison des diamètres. Il suit de là que le feu d'un fourneau qui aurait un peu plus de deux pieds (0^m,65) de diamètre suffirait pour élever à chaque minute huit mille livres (3916^{k11}) pesant à une hauteur de quatre pieds (1^m,299) si l'on avait plusieurs tubes de cette hauteur, car le feu, renfermé dans un fourneau de fer un peu mince, pourrait être facilement transporté d'un tube à un autre; et ainsi le même feu procurerait continuellement, soit dans l'un, soit dans l'autre tube, ce vide dont les effets sont si puissants. Si l'on calcule maintenant la grandeur des forces que l'on peut obtenir par ce moyen, la modicité des frais nécessaires pour acquérir une quantité de bois suffisante, on avouera sans doute que notre méthode est de beaucoup supérieure à l'usage de la poudre à canon, dont on a parlé plus haut, surtout puisqu'on obtient ainsi un vide parfait, et qu'on obvie aux inconvénients que nous avons énumérés.

« Comment peut-on employer cette force pour tirer hors des mines l'eau et le minerai, pour lancer des globes de fer à de grandes distances, pour naviguer contre le vent et pour faire beaucoup d'autres applications ? C'est ce qu'il serait beaucoup trop long d'examiner. Mais chacun, dans l'occasion, doit imaginer un système de machines approprié au but qu'il se propose. Je dirai cependant ici en passant sous combien de rapports une force motrice de cette nature serait préférable à l'emploi des rameurs ordinaires pour imprimer le mouvement aux vaisseaux : 1° les rameurs ordinaires surchargent le vaisseau de tout leur poids, et le rendent moins propre au mouvement ; 2° ils occupent un grand espace, et par conséquent embarrassent beaucoup sur le vaisseau ; 3° on ne peut pas toujours trouver le nombre d'hommes nécessaires ; 4° les rameurs, soit qu'ils travaillent en mer, soit qu'ils se reposent dans le port, doivent toujours être nourris, ce qui n'est pas une petite augmentation de dépense. Nos tubes, au contraire, ne chargeraient, comme on l'a dit, le vaisseau que d'un poids très-faible ; ils occuperaient peu de place ; on pourrait se les procurer en quantité suffisante s'il existait une fois une fabrique pour les confectionner ; et enfin ces tubes ne consumeraient du bois qu'au moment de l'action, et n'entraîneraient aucune dépense dans le port. Mais comme des rames ordinaires seraient mues moins commodément par des tubes de cette espèce, il faudrait employer des roues à rames telles que je me souviens d'en avoir vu dans la machine construite à Londres par l'ordre du sérénissime prince palatin Rupert. Elle était mise en mouvement par des chevaux à l'aide de rames de cette espèce, et laissait de bien loin derrière elle la chaloupe royale, qui avait toutes ses rames. Il n'est pas douteux que nos tubes ne pussent imprimer un mouvement de rotation à des rames fixées à un axe, si les tiges des pistons étaient armées de dents qui s'engrèneraient nécessairement dans des roues également dentées et fixées à l'axe des rames. Il serait nécessaire que l'on adaptât trois ou quatre tubes au même axe, pour que son mouvement pût continuer sans interruption. En effet, tandis qu'un piston toucherait au fond de son tube, et ne pourrait plus, par conséquent, faire tourner l'axe avant que la force de la vapeur l'eût élevé au sommet du tube, on pourrait, au moment même, éloigner l'arrêt d'un autre piston qui, en descendant, continuerait le mouvement de l'axe. Un autre piston serait ensuite poussé de la même manière et exercerait sa force motrice sur le même axe, tandis que les pistons abaissés en premier lieu seraient de nouveau élevés par la chaleur, et se retrouveraient ainsi en état de mouvoir le même axe de la manière précédemment décrite. D'ailleurs, un seul fourneau et un peu de feu suffiraient pour élever successivement tous les pistons.

Mais on objectera peut-être que les dents des tiges engrenées dans les dents des roues exerceront sur l'axe des actions en sens inverse quand elles descendront et quand elles remonteront, et qu'ainsi les pistons montants contrarieront le mouvement des pistons descendants, et réciproquement. Cette objection est sans force. Tous les mécaniciens connaissent parfaitement un moyen par lequel on fixe à un axe des roues dentées qui, mues dans un sens, entraînent l'axe avec elles, et qui, dans l'autre sens, ne communiquent aucun mouvement, et le laissent obéir librement à la rotation opposée. La principale difficulté est donc d'avoir une fabrique où l'on forge facilement ces grands tubes, comme on l'a dit en détail dans les *Actes des érudits*, du mois de septembre 1688. Et cette nouvelle machine doit être un nouveau motif pour accélérer cet établissement ; car elle démontre clairement que ces grands tubes pourraient être appliqués très-commodément à plusieurs usages importants. »

Comme on vient de le voir par la lecture de ce document si remarquable à tous les titres, Papin croyait que son appareil était susceptible de recevoir dans l'industrie une application immédiate. En cela il tombait dans l'erreur commune des inventeurs, qui n'hésitent pas à considérer la première suggestion de leur esprit comme le dernier mot de la science et de l'art. On ne peut, en effet, voir dans la machine du physicien de Blois, qu'un moyen de démontrer, par l'expérience, le principe de la force élastique de la vapeur, et du parti que l'on peut en tirer comme force motrice. Quant à l'appliquer, telle qu'elle était conçue, aux usages de l'industrie, il était impossible d'y songer. La disposition grossière, qui consistait à placer une légère couche d'eau dans le cylindre lui-même et à produire la vapeur à l'aide d'un brasier placé par-dessous, de telle sorte que l'apppareil n'était alimenté que celte petite quantité d'eau qui ne se renouvelait jamais ; — le moyen, plus vicieux encore, qui faisait dépendre la chute du piston du refroidissement spontané de la vapeur, par suite du simple éloignement du brasier ; — ces tubes de métal mince, que l'action du feu aurait rapidement détruits et incapables de résister efficacement à la pression intérieure exercée sur leurs parois ; — l'absence d'un moyen propre à prévenir les explosions : tout nous montre que cet appareil ne présentait aucune des conditions que l'on voit communément réalisées dans la plus médiocre des machines industrielles.

Cette erreur devait durement peser sur la destinée de Papin. Les défauts de sa machine étaient d'une évidence à frapper tous les yeux. Aussi fut-elle accueillie avec une désapprobation marquée et placée, d'un accord unanime, au rang des appareils imparfaits qu'il avait antérieurement fait connaître. Sa grande conception concernant l'emploi de la vapeur, fut enveloppée dans la même défaveur qui avait accueilli sa machine à double pompe pneumatique et sa machine à poudre. Aucun recueil scientifique ne reproduisit le mémoire publié dans les *Actes de Leipsick*. Le physicien Hooke se borna à faire ressortir, dans quelques notes lues à la *Société royale* de Londres, les inconvénients de la nouvelle machine motrice proposée par le Dr Papin, et tout fut dit.

L'indifférence que rencontra sa découverte, eut pour lui une conséquence funeste. En présence du peu de succès de ses idées, il se prit à douter de lui-même ; il crut avoir fait fausse route, et abandonna entièrement le projet de sa machine à vapeur. Il y avait cependant bien peu de modifications à apporter à sa construction primitive pour la rendre applicable à l'industrie. L'emploi d'une chaudière servant à amener la vapeur dans l'intérieur du cylindre, et le refroidissement de la vapeur provoqué par une aspersion d'eau froide, auraient suffi pour en faire le moteur le plus puissant que l'industrie eût possédé jusqu'à cette époque. Par malheur, les critiques qu'il rencontra, découragèrent Papin, qui cessa entièrement de s'occuper de ce sujet, et lorsque, quinze ans après, il essaya d'y revenir, il fut conduit à proposer un appareil tout différent du premier, et dans lequel, abandonnant la grande idée dont l'honneur lui

Fig. 30. — Seconde machine à vapeur de Denis Papin.

revient, il avait recours à des dispositions vicieuses.

Dans un voyage qu'il avait fait en Angleterre, en 1705, Leibnitz avait vu fonctionner la machine à vapeur de Savery, première application pratique de la puissance motrice de la vapeur d'eau. Leibnitz envoya à Papin le dessin de cette machine, afin de connaître son opinion sur l'appareil du mécanicien anglais, et celui-ci montra la lettre et le dessin à l'électeur de Hesse. C'est à l'instigation de ce prince que Papin reprit l'examen de ce sujet, qu'il avait abandonné depuis quinze ans.

Le résultat de son travail fut la publication d'un petit livre imprimé à Francfort en 1707, sous le titre de *Nouvelle Manière d'élever l'eau par la force du feu*.

La nouvelle machine à vapeur que Papin décrit dans ce mémoire, n'est autre chose, bien qu'il essaye de s'en défendre, qu'une imitation de la machine de Savery, inférieure encore à celle de son rival. Il propose d'employer la force élastique de la vapeur à élever de l'eau dans l'intérieur d'un tube. Cette eau est ainsi amenée dans un réservoir supérieur, d'où on la fait tomber sur les augets d'une roue hydraulique, à laquelle elle imprime un mouvement de rotation.

La figure 30 fera comprendre tous les détails de la seconde machine à vapeur qui fut proposée par Denis Papin en 1707. Cette figure est la reproduction exacte d'un dessin mis par l'auteur en tête de son mémoire. On remarquera que la chaudière et le corps de pompe sont munis de la soupape de sûreté. C'est, en effet, dans ce mémoire que Papin fait connaître pour la première fois l'application de la soupape qu'il avait imaginée, vingt-sept ans auparavant, pour son *digesteur des viandes*.

Une chaudière A dirige sa vapeur, au moyen du tube L, dans l'intérieur d'un cylindre I, qui doit alternativement se remplir et se vider d'eau. La vapeur vient presser la face supérieure d'un piston, ou, pour mieux dire, d'un flotteur creux, qui se maintient, grâce à sa légèreté, à la surface de l'eau qui remplit le cylindre. Refoulée par cette pression, l'eau s'élève dans le tuyau ENQ. Quand le cylindre I est vide, et le robinet C ayant été

MACHINE A VAPEUR.

Fig. 31. — Les bateliers du Wéser mettent en pièces le bateau à vapeur de Papin (page 59).

fermé de manière à empêcher l'introduction de la vapeur de la chaudière dans le cylindre, on ouvre le robinet D, qui laisse échapper la vapeur dans l'air. Dès lors la pression de l'air extérieur précipite dans cet espace, grâce à des soupapes convenablement placées, une partie de l'eau tenue en réserve dans un vase EH. Si, alors, on ouvre le robinet C, de nouvelles vapeurs arrivant de la chaudière provoquent l'ascension de l'eau dans le tube ENQ, et le même mouvement continue sans interruption, pourvu que l'on ouvre et ferme aux moments convenables le robinet C qui donne accès à la vapeur et le robinet D, qui la laisse perdre au dehors.

Tel qu'il vient d'être décrit, cet appareil ne pouvait servir qu'à l'unique objet de l'élévation des eaux. Pour en faire un moteur applicable à toute destination mécanique Papin proposait de faire rendre l'eau ainsi élevée dans l'intérieur d'une caisse QR, fermée de toutes parts, hormis au point B, où se trouvait une ouverture munie d'un robinet, d'où l'eau retombait sur les augets d'une roue hydraulique P. Sortant de la caisse R avec une vitesse qui était encore augmentée par la compression de l'air situé au-dessus, l'eau, retombant sur la roue hydraulique, la faisait tourner, et pouvait ainsi remplir le rôle d'un moteur applicable à divers emplois.

Ainsi Papin abandonnait son idée capitale, d'employer la vapeur comme moyen d'opérer le vide dans un cylindre, pour adopter le procédé, bien moins avantageux, qui consiste à se servir de la pression de la vapeur pour élever une colonne d'eau. Il ne faisait en cela que copier, avec quelques modifications, la machine de Savery. C'est que cette machine, déjà en usage en Angleterre, avait obtenu un certain succès; Papin, égaré par l'apparence des résultats utiles qu'elle

T. I.

avait fournis, perdait ainsi de vue la grande conception qui perpétuera le souvenir de son génie.

On avait pensé jusqu'à ces derniers temps, que les idées de Papin sur cette seconde machine à vapeur, n'étaient jamais sorties du domaine de la théorie. Mais une correspondance de Papin avec Leibnitz, retrouvée en 1852, par M. Kuhlmann, professeur à l'Université de Hanovre, a jeté un jour tout nouveau sur cette question. Il résulte de ces lettres, qu'après avoir fait construire le modèle de la machine précédente, Papin la fit exécuter en grand, pour l'appliquer à un bateau, qui fut essayé par l'inventeur sur la Fulda. Mais des dissentiments ayant éclaté sur ces entrefaites entre lui et quelques personnages puissants de Marbourg, Papin prit la résolution de quitter l'Allemagne, et de faire transporter son bateau en Angleterre pour y continuer ses expériences.

C'est ce que démontre suffisamment la curieuse et importante lettre de Papin à Leibnitz que nous mettons sous les yeux de nos lecteurs.

Cassel, ce 7 juillet 1707.

« Monsieur,

« Vous savez qu'il y a longtemps que je me plains d'avoir ici beaucoup d'ennemis trop puissants. Je prenais pourtant patience ; mais depuis peu j'ai éprouvé leur animosité de telle manière qu'il y aurait eu trop de témérité à moi à oser vouloir demeurer plus longtemps exposé à de tels dangers. Je suis persuadé pourtant que j'aurais obtenu justice, si j'avais voulu faire un procès ; mais je n'ai déjà fait perdre que trop de temps à Son Altesse pour mes petites affaires, et il vaut bien mieux céder et quitter la place que d'être trop souvent obligé d'importuner un si grand prince. Je lui ai donc présenté une requête pour le supplier très-humblement de m'accorder la permission de me retirer en Angleterre, et Son Altesse y a consenti avec des circonstances qui font voir qu'elle a encore, comme elle a toujours eu, beaucoup plus de bonté pour moi que je ne mérite.

« Une des raisons que j'ai alléguées dans ma requête, c'est qu'il est important que ma nouvelle construction de bateau soit mise à l'épreuve dans un port de mer, comme Londres, où on pourra lui donner assez de profondeur pour y appliquer la nouvelle invention qui, par le moyen du feu, rendra un ou deux hommes capables de faire plus d'effet que plusieurs centaines de rameurs. En effet, mon dessein est de faire le voyage dans ce même bateau, dont j'ai déjà eu l'honneur de vous parler autrefois, et l'on verra d'abord que sur ce modèle il sera facile d'en faire d'autres où la machine à feu s'appliquera fort commodément. Mais s'il se trouve une difficulté, c'est que ce ne sont point les bateaux de Cassel qui vont à Brême, et quand les marchandises de Cassel sont arrivées à Münden, il faut les décharger pour les transporter dans les bateaux qui descendent à Brême. J'en ai été assuré par un batelier de Münden, qui m'a dit qu'il faut une permission expresse pour faire passer un bateau de la Fulda dans le Wéser. Cela m'a fait résoudre, Monsieur, de prendre la liberté d'avoir recours à vous pour cela. Comme ceci est une affaire particulière et sans conséquence pour le négoce, je suis persuadé que vous aurez la bonté de me procurer ce qu'il faut pour faire passer mon bateau à Münden, vu surtout que vous m'avez déjà fait connaître combien vous espériez de la machine à feu pour les voitures par eau. On m'a aussi averti qu'à Hamel, il y a un courant extrêmement rapide, et qu'il s'y perd des bateaux. Cela me ferait souhaiter de savoir à peu près combien de degrés ce canal est incliné sur l'horizon. Ainsi, Monsieur, si vous avez eu la curiosité de faire cette observation, je vous supplie d'avoir aussi la bonté de me dire ce qu'il en est. En tout cas, il vaudra toujours mieux prendre trop que pas assez de précautions pour garantir mon bateau de tout accident. Si j'étais assez heureux pour que vos affaires vous appelassent dans l'une ou l'autre des deux villes dans le temps que j'y passerai, je m'y ferais une extrême satisfaction d'y entendre et d'y profiter de vos bons avis en voyant notre bateau, et de vous supplier de bouche de me continuer la même bienveillance dont vous m'honorez depuis si longtemps, et de me permettre toujours de me dire avec respect, Monsieur, votre très-humble et très-obéissant serviteur.

« D. Papin. »

Dès la réception de cette lettre, Leibnitz écrivit au conseiller intime de l'électeur de Hanovre, pour obtenir l'autorisation de faire passer le bateau de Papin des eaux de la Fulda dans celles du Wéser. Mais cette autorisation fut refusée, ou du moins elle se fit attendre ; car, dans une seconde lettre, datée du 1ᵉʳ août 1707, Papin se plaint des retards qu'éprouve sa demande.

Pour mettre le temps à profit, il continua les essais de son bateau. La lettre suivante, adressée à Leibnitz et datée du 15 septembre, montre que les résultats qu'il obtenait étaient de nature à l'encourager.

« L'expérience de mon bateau a été faite, et elle a réussi de la manière que je l'espérais ; la force du courant de la rivière était si peu de chose en comparaison de la force de mes rames, qu'on avait de la peine à reconnaître qu'il allât plus vite en descendant qu'en montant. Monseigneur eut la bonté de me témoigner la satisfaction d'avoir vu un si bon effet, et je suis persuadé que si Dieu me fait la grâce d'arriver heureusement à Londres, et d'y faire des vaisseaux de cette construction qui aient assez de profondeur pour appliquer la machine à feu à donner le mouvement aux rames, je suis persuadé, dis-je, que nous pourrons produire des effets qui paraîtront incroyables à ceux qui ne les auront pas vus. »

Mais il n'était pas dans sa destinée de voir ce grand projet s'accomplir. La lettre que nous venons de citer contient le *post-scriptum* suivant, indice précurseur du mécompte qui l'attendait.

« Je viens de recevoir une lettre de Münden, d'une personne qui a parlé au bailli pour la permission de passer mon bateau dans le Wéser. Elle a eu pour réponse que c'est une chose impossible; que les bateliers ne le veulent plus, parce qu'ils ont payé une amende de cent écus, et que la permission de Son Altesse électorale est nécessaire pour cela. Il est vrai que quelques bateliers m'ont dit le contraire, mais d'autres aussi ont dit qu'il fallait une permission de Son Altesse. Je ne puis croire que ceux qui m'ont dit le contraire aient voulu me tromper. Enfin, je me vois en grand danger qu'après tant de peines et de dépenses qui m'ont été causées par ce bateau, il faudra que je l'abandonne, et que le public soit privé des avantages que j'aurais pu, Dieu aidant, lui procurer par ce moyen. Je m'en consolerai pourtant, voyant qu'il n'y a point de ma faute, car je ne pouvais jamais imaginer qu'un dessein comme celui-là dût échouer faute de permission. »

Il était en effet trop pénible de penser qu'un projet qui avait coûté toute une vie de travaux pût échouer devant un si misérable obstacle. C'est là cependant le triste dénoûment que sa mauvaise étoile réservait aux efforts de Papin.

Ne recevant pas la permission qu'il avait demandée à l'électeur de Hanovre pour entrer dans les eaux du Wéser, Papin crut pouvoir passer outre. Le 25 septembre 1707, il s'embarqua à Cassel sur la Fulda, et arriva à Münden le même jour.

Münden, ville du Hanovre, est située au confluent de la Fulda et de la Wera, qui, se réunissant en ce point, forment le Wéser. Papin comptait continuer sa route sur ce fleuve, et arriver ainsi à Brême, près de l'embouchure du Wéser dans la mer du Nord, où il se serait embarqué sur un vaisseau qui l'aurait conduit à Londres, en remorquant son petit bateau. Mais les mariniers lui refusèrent l'entrée du Wéser, et comme il insistait, sans doute, et réclamait avec force contre un procédé si rigoureux, ils mirent sa machine en pièces.

Quelque étonnant qu'il nous paraisse, ce fait est prouvé par le curieux document que l'on va lire. C'est une lettre adressée à Leibnitz par le bailli de Münden. Le bailli, honteux sans doute de la fâcheuse aventure arrivée au protégé du puissant Leibnitz, essaye de s'en excuser, et de se prémunir d'avance contre les plaintes du vieillard qu'il a laissé si inhumainement traiter. Cette lettre, rapportée par M. Kuhlmann, est écrite en français; nous la citons textuellement :

Münden, ce 27 septembre 1707.

« Monsieur,

« Ayant appris par le médecin Papin, qui, venant de Cassel, passa avant-hier par cette ville, que vous vous trouvez présentement en cette cour-là, je me donne l'honneur de vous avertir, Monsieur, que ce pauvre homme de médecin qui m'a montré votre lettre de recommandation pour Londres, a eu le malheur de perdre sa petite machine d'un vaisseau à roues que vous avez vue ; les bateliers de cette ville ayant eu l'insolence de l'arrêter et de le priver du fruit de ses peines, par lesquelles il pensait s'introduire auprès de la reine d'Angleterre. Comme l'on ne m'avertit de cette violence qu'après que le bonhomme fut parti, et qu'il ne s'était point adressé à nous, mais au magistrat de la ville pour s'en plaindre, quoique cette affaire fût de ma juridiction, vous voyez, Monsieur, qu'il n'était pas en mon pouvoir d'y remédier. C'est pourquoi je prends la liberté de vous informer de ce fait, en cas que si cet homme ne voulût faire de ses plaintes à Hanovre et à Cassel, vous soyez persuadé de la vérité et de la brutalité de ces gens-ci. Si, en repassant à Hanovre, je puis avoir l'honneur de vous voir, Monsieur, je me donnerai celui de vous assurer moi-même de la passion constante avec laquelle je suis, Monsieur, votre très-humble et très-obéissant serviteur.

« Zeuner. »

Le même fait est confirmé par une lettre, datée du 20 octobre 1707, adressée à Leibnitz par un certain Hattenbach, et qui contient ces deux lignes : « Le pauvre Papin a été « obligé de laisser son bateau à Münden, « n'ayant jamais pu obtenir de l'amener. »

On est saisi d'un profond sentiment de compassion quand on se représente l'infortuné vieillard, privé des moyens sur lesquels il avait fondé toutes ses espérances, sans ressources, presque sans asile, et ne sachant plus en quel coin de l'Europe il irait cacher ses derniers jours. Il n'osait revenir sur ses pas, et rentrer à Marbourg, dans cette université qu'il avait volontairement abandonnée. D'un autre côté, il ne pouvait songer à la France. Plus que jamais l'accès de sa patrie lui était fermé, car l'intolérance religieuse, dont les excès ont déshonoré les dernières années du règne de Louis XIV, continuait à y déployer ses fureurs.

Mais l'Angleterre avait été pour lui une autre patrie. C'est là que la fortune avait souri un moment aux efforts de sa jeunesse. Les encouragements et l'appui qu'il avait rencontrés auprès de l'illustre Robert Boyle, les relations qu'il avait formées avec les membres de la *Société royale de Londres*, vivaient au nombre des plus doux souvenirs de son cœur. Il prit donc la résolution de continuer sa route vers l'Angleterre. Il voulut mourir sur le sol hospitalier où avaient fleuri les quelques jours heureux de son existence.

Faible et malade, il s'achemina tristement vers ce dernier asile de sa vieillesse. Mais, dans le long intervalle de son absence, ses amis avaient eu le temps de l'oublier. Robert Boyle était mort, et le nom de Papin était presque inconnu des nouveaux membres de la compagnie. Pour subvenir à ses besoins, il fut contraint de se remettre à la solde de la *Société royale*. Le grand inventeur dont notre siècle glorifie la mémoire, se trouva dès ce moment, et jusqu'aux derniers jours de sa vie, réduit à un état voisin de la misère. Il fut contraint, faute de ressources suffisantes, de renoncer à poursuivre les expériences de son bateau à vapeur. « Je suis « maintenant obligé, dit-il dans une de ses « lettres, de mettre mes machines dans le « coin de ma pauvre cheminée. »

En effet, cette ardeur d'invention et de recherches, qui avait été comme l'aliment de son existence, persistait encore dans l'âme du noble vieillard ; c'était le dernier lien qui le rattachait à la vie. Il était sans cesse occupé à combiner de nouvelles machines, pour l'exécution desquelles il réclamait, trop souvent en vain, les secours de la *Société royale*.

Le secrétaire de la Société, M. Sloane, lui avait demandé compte d'une petite somme qu'on lui avait remise, et Papin lui écrivit pour indiquer l'emploi que cet argent avait reçu :

« Puisque vous désirez, très-honoré Monsieur, un compte rendu de ce que j'ai fait pour la *Société royale* depuis que j'ai reçu quelque argent, afin que vous puissiez mieux juger ce qu'il est convenable de me donner maintenant, j'ai déposé sur ce papier ce que j'estime le plus important. Mais, avant tout, je dois vous prier de vous souvenir que vous devez vous mettre à ma place sans restriction, afin que je sois payé selon ce que j'ai mérité, et ayant déjà dans la tête plus de travail de cette nature que je n'en pourrai faire dans le reste de ma vie, j'ai résolu de négliger tous les autres moyens de pourvoir à ma subsistance, étant persuadé qu'il ne peut y avoir de meilleure occupation que de travailler pour la Société royale, puisque c'est la même chose que de travailler pour le bien public. Je vous en prie, Monsieur, permettez-moi d'ajouter ici que, dans l'Académie royale de Paris, il y a trois pensionnaires pour la mécanique qui ont chacun un très-bon salaire annuel, et, en outre, qu'il y a d'habiles ouvriers de toutes sortes, payés par le roi, qui sont prêts en tout temps à exécuter tout ce que ces pensionnaires commandent. Prenez, s'il vous plaît, les Mémoires de l'Académie royale des sciences, et voyez ce que ces trois pensionnaires font chaque année, et comparez-le avec ce que j'ai fait depuis sept mois ; j'espère que vous trouverez que j'ai raison de dire que j'ai fait autant qu'on peut attendre du plus honnête homme avec ma petite capacité et ma pénurie d'argent (1). »

Il est triste de voir le pauvre proscrit contraint d'invoquer des secours étrangers pour

(1) *Lettres inédites de Papin*, publiées par M. Bunsen, professeur de physique à Marbourg.

Fig. 32. — Vieillesse et misère de Papin.

« Je suis maintenant obligé, écrit Papin, de mettre mes machines dans le coin de ma pauvre cheminée. »

perfectionner les inventions utiles qui ne cessaient d'occuper les loisirs de ses derniers jours.

« Je propose humblement à la *Société royale*, écrivait-il le 10 mai 1709, de faire un nouveau fourneau qui épargnera plus de la moitié des combustibles. Je ne puis encore dire précisément combien ; mais il est certain que l'économie sera si considérable qu'elle fera plus que compenser la dépense nécessaire pour l'acquérir... Je désire humblement que la *Société royale* me donne 250 francs, et après cela il sera facile d'essayer une chose qui peut être utile à la respiration, la végétation, la cuisine, etc. »

On lit encore dans une lettre adressée à M. Sloane :

« Certainement, Monsieur, je suis dans une triste position, puisque, même en faisant bien, je soulève des ennemis contre moi ; cependant, malgré tout cela, je ne crains rien, parce que je me confie au Dieu tout-puissant. »

La pauvreté et l'abandon dans lesquels le malheureux philosophe traîna le poids de ses derniers jours, devaient lui être d'autant plus douloureux qu'il était chargé de famille. C'est ce qui semble résulter d'une réponse qu'il adressa au comte de Sintzendorff, lorsque ce gentilhomme l'invitait à aller visiter, en Bohême, une de ses mines abandonnée à cause de l'envahissement des eaux.

« Je souhaiterais extrêmement, dit-il, de témoigner à Votre Excellence l'ardeur de mon zèle à lui rendre mes très-humbles services, n'était que les pays que nous voyons ruinés dans notre voisinage, et l'incertitude des événements de la guerre, m'avertissent que je ne dois pas abandonner ma famille de si loin dans un temps comme celui-ci (1). »

C'est par erreur que l'on fixe ordinairement à l'année 1710 l'époque de la mort de Papin. Il vivait encore en 1714, s'il faut s'en

Fig. 33. — Leibnitz.

rapporter à une dernière lettre de Leibnitz, où il est question de lui. Cette lettre est sans date, mais la mention qui s'y trouve faite du récent avénement de George Ier au trône d'Angleterre, et de la loi anglaise intitulée *l'Acte de succession*, en fixe l'époque vers l'année 1714.

« Il y avait dans votre cour, écrit Leibnitz, un savant mathématicien et machiniste français, nommé Papin, avec lequel j'échangeai des lettres de temps

(1) *Lettre touchant la manière de tirer l'eau des mines avec peu de peine, quand même les rivières sont trop éloignées pour y servir. A Son Ex^{ce} et ence monseigneur le comte de Sintzendorff* (Recueil de pièces diverses touchant quelques nouvelles machines, par le docteur Papin, imprimé à Cassel, par Jacob Étienne, 1695).

en temps. Mais il alla en Hollande, et peut-être plus loin, l'année passée. Je souhaite d'apprendre s'il est revenu ou s'il a quitté le service, et s'est transporté en Angleterre, comme il en avait le dessein... — Y a-t-il donc longtemps que M. Papin est de retour chez vous? J'avais pensé qu'il eût tout à fait quitté, car je le trouvais un peu chancelant; et encore à présent sa lettre me paraît être de ce caractère, quoiqu'elle soit extrêmement générale. Il a un mérite qui certainement n'est pas ordinaire; vous le trouverez, Monsieur, en le pratiquant; et ce ne serait peut-être pas mal de le faire, pour voir un peu à quoi il s'occupe, car il ne m'en dit mot

C'est là, d'ailleurs, le seul document qui permette d'éclairer les derniers temps de la vie de Papin. On ne peut préciser l'époque où il acheva de mourir. Il languit sans doute quelques années encore dans l'isolement et la pauvreté, et il est douloureux de penser que le besoin a pu abréger le terme de sa triste existence.

Quelques personnes ont voulu expliquer le mystère qui couvre les derniers temps de sa vie, par son secret retour aux bords de la Loire, où il aurait voulu mourir. Ainsi il ne nous est même pas donné de connaître le coin de terre où reposent les cendres de cet homme infortuné!

Quand on jette un regard d'ensemble sur les travaux de Papin, on ne peut s'empêcher de reconnaître qu'ils sont marqués au coin du génie. Cependant le mérite de notre compatriote a été contesté, et dans une notice sur la machine à vapeur, le docteur Robison n'a pas craint de dire : « Papin n'était ni physicien ni mécanicien (1). » La physique du XVIIe siècle se composait d'un trop petit nombre de principes pour qu'il soit permis de refuser à aucun savant de cette époque la connaissance des faits si simples qu'elle embrassait. De plus, quand on a eu la pensée de créer une force motrice par la seule action de l'eau bouillante, on n'est pas seulement mécanicien, on est mécanicien de génie.

Il est juste néanmoins de reconnaître que, dans ses travaux, Papin a souvent manqué d'es-

(1) « *He was neither philosopher nor mechanician* » (*Philosophical Magazine*, 1822, t. II, p. 49).

prit de suite. Il procédait par sauts et comme par boutades. Il découvrait des faits épars d'une haute importance, et ne savait pas trouver le lien propre à les rattacher en faisceau. Il établissait de grands principes, et se montrait inhabile à en déduire les conséquences même les plus rapprochées. C'est dans les premiers temps de sa vie scientifique, en s'occupant de l'insignifiant objet de la cuisson des viandes, qu'il invente la soupape de sûreté, et ce n'est qu'à la fin de sa carrière qu'il songe à l'appliquer à une machine dont les dispositions sont défectueuses. Pendant la construction d'un autre appareil imparfait, le moteur à double pompe pneumatique, il invente le robinet à quatre ouvertures, organe dont Leupold et James Watt ont tiré un si grand parti dans les machines à vapeur. Enfin, il découvre le principe fondamental de l'emploi de la vapeur pour faire le vide et soulever un piston; et bientôt, détourné par la critique, il perd de vue sa découverte, et meurt sans soupçonner l'importance extraordinaire qu'elle doit acquérir un jour. Il y a là un vice d'esprit que l'on essayerait en vain de dissimuler.

Hâtons-nous de le dire, les circonstances de la vie de Papin expliquent ce défaut. Si son existence se fût écoulée calme et honorée dans sa patrie; s'il eût vécu entouré d'aides intelligents, de constructeurs et d'ouvriers; s'il eût goûté quelque temps les loisirs et la liberté d'esprit qui sont nécessaires à l'exécution des longs travaux scientifiques, on n'aurait pas à défendre sa mémoire contre de tels reproches. La postérité, qui ne connaît qu'un coin de son génie, aurait alors possédé Papin tout entier. Mais éloigné dès sa jeunesse du ciel de sa patrie; obligé de promener à travers l'Europe le poids de ses ennuis et de sa pauvreté ; contraint de frapper, de son bâton de voyage, à la porte des Académies étrangères, le malheureux philosophe pouvait-il nous léguer autre chose que les ébauches de son génie?

Si imparfaites qu'elles soient, elles suffisent à faire comprendre ce que l'on pouvait attendre de lui dans des conditions plus favorables. Pendant qu'il végétait oublié en Allemagne, un simple serrurier du Devonshire, dépourvu de toutes connaissances scientifiques, exécutait la première machine à vapeur atmosphérique, en se bornant à rapprocher les découvertes éparses du mécanicien français. Papin n'eût-il pu suffire à la tâche accomplie par le serrurier Newcomen? Si donc la machine à vapeur n'est pas une invention exclusivement française, il ne faut l'attribuer qu'aux tristes circonstances qui, pendant quarante ans, fermèrent à Papin l'accès de sa patrie. Il y avait dans toutes les grandes villes de la France, et surtout dans celles des bords de la Loire, une nombreuse population de huguenots industrieux, qui possédaient des capitaux immenses et concentraient dans leurs mains l'exploitation des principaux arts mécaniques. Ces hommes, qui devaient transporter l'industrie française au delà du Rhin et en Amérique, étaient tous ses amis. Nul doute qu'ils ne lui eussent offert les ressources nécessaires pour perfectionner sa découverte, et qu'il n'eût trouvé dans le concours de ses compatriotes le moyen de doter son pays de l'honneur entier de cette invention impérissable. Ainsi la révocation de l'édit de Nantes ne fut pas seulement une offense aux lois éternelles de la morale et de la justice; elle n'eut pas uniquement pour effet l'exil d'un demi-million d'hommes et le transport à l'étranger d'une grande partie de l'industrie nationale; elle devait encore priver la France de l'invention de la vapeur, c'est-à-dire de la découverte qui a le plus activement contribué aux progrès de la civilisation moderne.

CHAPITRE VI

MACHINE DE SAVERY. — NEWCOMEN ET CAWLEY. — MACHINE A VAPEUR ATMOSPHÉRIQUE DE NEWCOMEN.

Papin vivait en Allemagne lorsqu'il publia la description de sa machine à vapeur atmosphérique. Mais l'Allemagne accordait alors une trop faible part à l'industrie, pour offrir un théâtre favorable au développement de ses idées. Ses projets ne pouvaient, à la même époque, trouver en France un accueil plus avantageux. Épuisée d'hommes et d'argent par trente années de guerre, la France voyait chaque jour dépérir son commerce. La révocation de l'édit de Nantes lui avait porté un coup irréparable, en la privant, suivant les termes du mémoire de d'Aguesseau, « dans toutes sortes d'arts, des plus habiles « ouvriers, ainsi que des plus riches négo-« ciants, qui étaient de la religion réformée. »

L'Angleterre se trouvait dans des conditions toutes différentes. Depuis la restauration de la maison des Stuarts, le commerce et l'industrie y recevaient un développement chaque jour plus rapide. A l'ombre de la paix et d'une administration intelligente, cette grande nation commençait à tirer parti des richesses accumulées sous son sol. Les mines de houille, répandues en Angleterre avec une profusion extraordinaire, forment, comme on le sait, l'une des sources les plus importantes des revenus du pays. Depuis plusieurs années, leur exploitation se poursuivait avec ardeur. Mais en raison des dispositions géologiques de la plupart des terrains houillers de la Grande-Bretagne, d'immenses courants d'eau viennent à chaque instant alterner avec les couches du minerai. Ces nappes d'eaux souterraines apportaient les obstacles les plus graves à l'extraction du combustible, et la profondeur croissante des mines ajoutait de jour en jour à ces inconvénients et à ces dangers. Les moyens, souvent insuffisants, mis en usage pour l'épuisement des eaux, occasionnaient partout des dépenses énormes, et ces difficultés commençaient à éveiller les inquiétudes de la nation toute entière.

L'annonce d'un moteur nouveau, puissant et économique, ne pouvait donc être accueillie avec indifférence au milieu d'un peuple qui voyait sa prospérité ou sa ruine suspendues à cette question.

Thomas Savery, ancien ouvrier des mines, devenu capitaine de marine et très-habile ingénieur, s'occupait depuis longtemps de l'étude des moyens mécaniques applicables au desséchement des houillères, lorsqu'il eut connaissance des travaux de Papin. Mais les idées de ce dernier étaient devenues, en Angleterre, l'objet de vives critiques. Robert Hooke, comme nous l'avons vu, avait fait ressortir tous les défauts de sa machine atmosphérique. Les attaques de Robert Hooke étaient d'ailleurs parfaitement justifiées par les grossières dispositions de l'appareil de Papin, considéré comme machine motrice : la nécessité d'approcher et de retirer le feu à chaque instant, l'action nuisible que la chaleur aurait exercée sur les parois extérieures du cylindre, la lenteur, presque ridicule, des mouvements du piston, qui ne pouvait fournir plus d'une oscillation par minute, étaient autant d'obstacles évidents à son application à l'industrie. Mais le critique anglais, égaré par ces objections de détail, méconnaissait la grande pensée de Papin, qui, en imaginant de faire le vide dans un cylindre par la condensation de la vapeur d'eau, dotait la mécanique de l'idée la plus grande et la plus neuve que l'histoire de cette science eût jamais enregistrée.

L'argumentation et les reproches de Robert Hooke donnèrent le change à Thomas Savery. Au lieu de se borner à faire subir à la machine de Papin quelques modifications très-simples qui auraient permis de la transporter immédiatement dans la pratique, il voulut construire une machine à vapeur fondée sur un principe tout différent. Laissant de côté le cylindre et le piston, il fabriqua un modèle de machine dans laquelle il combina le vide produit par la condensation de la vapeur, avec l'emploi direct de sa force élastique. Dans sa nouvelle machine, l'eau s'élevait d'abord par aspiration lorsqu'on produisait le vide au-dessus; ensuite elle était lancée dans un tube vertical par la pression directe d'un nouveau

MACHINE A VAPEUR.

Fig. 34. — Le capitaine Savery dans la taverne.

jet de vapeur qui, cet effet accompli, se condensait à son tour et servait à créer de nouveau le vide. Papin avait conçu un moteur universel, Savery proposait une machine qui ne pouvait servir qu'à l'élévation des eaux.

C'est en 1698 que Savery demanda un brevet pour la construction de sa machine à vapeur. Il la fit fonctionner la même année, à Hamptoncourt, en présence du roi Guillaume, qui s'y intéressa vivement, et le 14 juin 1699, on en fit l'essai devant la *Société royale de Londres*.

La machine de Savery reçut, à différentes époques, plusieurs perfectionnements de la part de l'inventeur. Les dernières modifications qu'il apporta à son appareil, et qui lui permirent de marcher avec régularité, furent consignées dans une brochure qui parut en 1702, sous le titre de *l'Ami du mineur* (*The miner's Friend*) (1).

Nous ne devons pas manquer de mentionner, avant de passer à la description de la machine de Savery, une prétention émise par l'auteur.

Cette prétention, c'est d'avoir imaginé à lui seul sa machine, c'est-à-dire sans avoir eu connaissance de celle de Papin, ni d'aucun appareil analogue.

Voici l'historiette que Savery raconte dans son ouvrage, en ajoutant que cette circonstance lui suggéra l'idée de sa machine à vapeur.

Un jour, dit-il, se trouvant dans une taverne, et ayant bu une bouteille de vin de Florence, il jeta, par hasard, la bouteille vide au milieu

---

(1) *L'Ami ou mineur*, ou *Description d'une machine pour élever l'eau par le feu, et la manière de la placer dans les mines, avec un exposé des différents usages auxquels elle est applicable, et une Réponse aux objections faites contre elle*, par Thomas Savery. Londres, 1702.

T. I.

du foyer de la cheminée. Ensuite, il appela la servante, et la pria de lui apporter une cuvette pleine d'eau, pour se laver les mains.

Il était resté dans la bouteille, quelques gouttes de vin. La chaleur du foyer ne tarda pas à convertir le liquide en vapeurs, qui s'échappèrent par le goulot. Savery fut alors frappé d'une idée! Il mit un de ses gants de buffleterie, afin de se garantir de la chaleur, retira la bouteille du foyer et la renversa dans la cuvette, pour voir l'effet que cela produirait. Au bout de quelques instants il vit, avec surprise, l'eau monter dans la bouteille, et la remplir peu à peu. La vapeur s'était condensée au contact de l'eau froide, et le vide s'étant fait dans la bouteille, la pression de l'air avait forcé l'eau de s'y introduire.

Tel est le petit événement qui aurait fourni à Savery, s'il faut l'en croire, l'idée de sa machine. Avait-il, à cette époque, connaissance des travaux de Papin, et n'a-t-il imaginé cette aventure que pour s'attribuer la gloire d'une découverte indépendante de celle du mécanicien français, quoique postérieure? Cela nous paraît fort probable; mais c'est un point qu'il serait fort difficile de décider aujourd'hui. Dans tous les cas, il est certain que la machine à vapeur de Papin n'était pas alors inconnue en Angleterre.

Mais arrivons à la description de la machine de Savery.

La figure 35 présente les éléments essentiels de la machine de Savery. Voici le jeu de ses différentes pièces.

La vapeur d'eau fournie par la chaudière B arrive, en traversant le tuyau D, dans l'intérieur du vase métallique S. Elle presse l'eau contenue dans ce vase, et par sa force élastique, la refoule dans le tube A, en soulevant la soupape a qui s'ouvre de haut en bas, et fermant la soupape b qui se ferme de bas en haut. L'eau jaillit ainsi par l'extrémité supérieure du tube A et s'écoule au dehors.

Lorsque le vase S s'est vidé de cette manière, on ferme le robinet c, pour intercepter la communication avec la chaudière; et ouvrant aussitôt le robinet e, on fait arriver un courant d'eau continu, du réservoir E. La vapeur contenue dans le vase S se trouve ainsi subitement condensée. Le vide se trouvant produit à l'intérieur de ce vase par suite de la condensation de la vapeur, la soupape b se soulève par l'afflux de

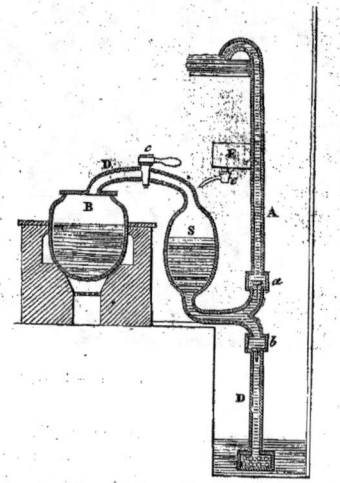

Fig. 35. — Coupe de la machine à vapeur de Savery.

l'eau, qui s'élance, par le tube D, dans l'intérieur de l'appareil, en vertu de la pression atmosphérique. Alors le robinet c, étant ouvert de nouveau, donne accès à de nouvelle vapeur dans le vase S, et cette vapeur, pressant le liquide, le refoule dans le tube A. La vapeur étant de nouveau condensée par une affusion d'eau froide, le vide produit dans le vase S appelle une nouvelle quantité d'eau dans ce récipient, et ainsi de suite.

Il suffit donc d'ouvrir successivement les robinets c et e pour élever, d'une manière à peu près continue, toute l'eau que l'on désire faire monter.

D'après Switzer, cette machine pouvait élever par minute, 52 gallons d'eau, c'est-à-dire quatre fois le contenu du récipient S, à la hauteur de cinquante-cinq pieds (17^m,264).

La machine de Savery présentait un défaut capital. Le récipient devait satisfaire à deux conditions incompatibles. Les parois de ce vase auraient dû être à la fois, très-épaisses pour supporter à l'intérieur, la pression considérable exercée par la vapeur d'eau, et très-minces, pour se refroidir rapidement. En outre, cette machine n'élevait l'eau qu'à la condition de l'échauffer en partie, car la vapeur, arrivant à l'intérieur du récipient S, s'y condensait en grande quantité; de telle manière que lorsque l'eau montait dans le tube, elle avait déjà acquis une température assez élevée, par suite de la chaleur abandonnée par la vapeur revenue à l'état liquide. Cet appareil reposait donc sur un principe vicieux.

Il y aurait cependant une profonde injustice à contester à Thomas Savery l'honneur qui lui revient pour avoir imaginé et construit la première machine à vapeur qui ait fonctionné en Europe. Si la postérité doit une haute reconnaissance au savant qui découvre de grandes vérités théoriques, elle doit le même tribut d'hommages à celui qui, transportant ces mêmes idées dans la pratique, leur fait porter leurs premiers fruits.

Lorsque Savery eut terminé la construction de sa machine, il se hâta de la présenter aux propriétaires des mines. Mais elle arrivait dans un mauvais moment. Depuis plusieurs années, les propriétaires des mines de houille étaient assiégés par les faiseurs de projets, qui les avaient entraînés, sans résultats, dans toute sorte d'essais dispendieux. Les échecs nombreux que l'on avait éprouvés en expérimentant des machines imparfaites, ou de prétendus perfectionnements d'anciens mécanismes, devaient naturellement jeter de la défaveur sur toute conception nouvelle. La machine de Savery porta la peine de toutes les tentatives infructueuses exécutées jusque-là. Comme elle arrivait à la suite d'une foule de projets qui avaient trompé l'attente générale, on ne prêta aucune attention aux promesses de son inventeur. Savery essaya inutilement de lutter contre ces fâcheuses préventions; les propriétaires des mines persistèrent à rejeter sa machine, qui ne servit guère que pour élever l'eau dans l'intérieur de palais ou quelques maisons de plaisance.

Savery n'assignait d'autres limites à la puissance de sa *pompe à feu* que l'impossibilité où l'on était de fabriquer des récipients et des tubes assez forts pour résister à la pression de la vapeur.

« Je ferai monter, disait-il, de l'eau à cinq cents ou
« mille pieds (152^m,39 ou 304^m,79) de hauteur, si vous
« pouvez m'indiquer le moyen d'avoir des vaisseaux
« d'une matière assez solide pour résister à un poids
« aussi énorme que celui d'une colonne d'eau de cette
« hauteur; mais, du moins, ma machine élève aisé-
« ment un plein tuyau d'eau à 60, 70 et 80 pieds (1). »

Comme la plupart des inventeurs, Savery s'exagérait ici la puissance de son appareil. Il oubliait le danger de l'explosion. La pensée ne lui était pas venue d'appliquer à sa chaudière la soupape que Papin avait imaginée. Aussi ne pouvait-on élever l'eau avec sécurité au delà de quarante pieds (12^m,992) Si l'on dépassait cette limite, on courait le risque de voir la chaudière éclater. Lorsque Savery établit une de ses pompes pour élever l'eau dans les bâtiments d'York, il produisait de la vapeur dont la pression atteignait huit ou dix atmosphères, et alors, selon Désaguliers, « la chaleur était si grande qu'elle
« fondait la soudure, et sa force telle qu'elle
« ouvrait la machine dans différentes join-
« tures. »

Les dangers que l'on redoutait, par suite du défaut de résistance des chaudières, furent la considération la plus grave qui s'opposa à l'emploi de la pompe à feu de Savery, pour l'épuisement de l'eau dans les mines.

(1) *The miner's Friend.*

Cependant l'introduction de ces premières machines à vapeur dans certains comtés de l'Angleterre, eut pour résultat d'attirer l'attention sur l'emploi mécanique de la vapeur d'eau. En même temps elle familiarisa avec son usage les populations des grands centres manufacturiers et les ouvriers des différentes professions.

En ce temps-là, vivaient dans la ville de Darmouth, deux honnêtes et industrieux artisans, unis, dès leur enfance, par une étroite amitié. C'était le serrurier Thomas Newcomen et le vitrier Jean Cawley. Une machine de Savery vint à être établie dans le voisinage de Darmouth. A leurs jours de loisir, Newcomen et Cawley aimaient à aller ensemble en considérer le mécanisme; et ils devisaient, au retour, sur les effets de cette machine nouvelle qui les frappait de l'admiration la plus vive. Les deux amis échangeaient entre eux les différentes pensées que cette vue faisait naître dans leur esprit.

Newcomen avait quelque instruction, il n'était pas sans lecture. Compatriote du physicien Robert Hooke, il avait coutume de lui écrire, pour lui soumettre divers projets relatifs à sa profession. Jean Cawley engagea donc son ami à communiquer au docteur les réflexions que leur avait suggérées l'examen de la pompe à feu de Savery. A la suite de la correspondance qui s'établit entre eux sur ce sujet, Robert Hooke fit connaître à Newcomen la machine atmosphérique que Papin avait proposée en 1690 dans les *Actes de Leipsick.*

Il ne parut pas impossible aux deux artisans de mettre à exécution le plan du mécanicien français, et la correspondance continua sur ce nouveau point entre le docteur et l'intelligent ouvrier. Robert Hooke renouvelait auprès de Newcomen les critiques qu'il avait dirigées, devant la *Société royale*, contre la machine de Papin. Cependant ces objections ne produisaient qu'une impression médiocre sur l'esprit de l'artisan; ses connaissances incomplètes en mécanique l'empêchaient sans doute d'apprécier toute la portée des critiques du savant.

On a trouvé dans les papiers de Robert Hooke le brouillon d'une lettre dans laquelle il essaye de dissuader Newcomen du projet de construire une machine d'après les idées du physicien français. Cette lettre renfermait ce passage significatif : « Si Papin pouvait « faire le vide *subitement* dans son cylindre, « votre affaire sera faite. »

Robert Hooke faisait allusion par là à l'excessive lenteur que présentaient les mouvements du piston dans la machine de Papin, par suite de l'absence de tout expédient propre à condenser rapidement la vapeur. C'est certainement en réfléchissant sur les moyens de produire plus promptement le vide dans le cylindre de Papin, que Newcomen et Cawley eurent l'idée, bien simple d'ailleurs et d'avance tout indiquée, de modifier la première machine à vapeur de Papin en condensant la vapeur par des affusions d'eau froide opérées à l'extérieur.

Quoi qu'il en soit, aidé de son ami le vitrier, Newcomen se mit à construire, au coin de sa forge, un modèle de machine, qu'il destinait à des expériences. Une chaudière servait à diriger un courant de vapeur dans l'intérieur d'un cylindre de cuivre muni d'un piston. Quand le piston était parvenu en haut de sa course, on condensait subitement la vapeur en faisant couler de l'eau froide sur la partie extérieure du cylindre. Dès lors, le poids de l'atmosphère, ne rencontrant plus de résistance au-dessous du piston, le faisait aussitôt redescendre.

Les deux artisans de Darmouth, se bornant à transporter dans la pratique les idées de Papin, venaient d'exécuter la première machine à vapeur atmosphérique, c'est-à-dire la machine la plus puissante et la plus simple qui eût été construite jusqu'à cette époque.

Newcomen et Cawley se mirent alors en campagne, pour obtenir du roi la délivrance d'un brevet qui leur assurât le privilége de leur machine. Mais le crédit d'un serrurier du Devonshire est chose assez mince, et il s'écoula un temps assez long avant que l'on songeât à examiner la demande des deux artisans.

Sur ces entrefaites, Savery fut instruit de leurs démarches. Le procédé de condensation de la vapeur par des aspersions d'eau froide, était mis en usage dans la machine de Newcomen et Cawley. Or la propriété de ce moyen, spécifié dans son brevet, était acquise à Savery aux termes de la loi anglaise. Savery s'opposa donc à l'autorisation sollicitée par Newcomen.

Un procès semblait inévitable pour vider cette question. Mais Newcomen et Cawley étaient quakers. En vertu des principes de leur secte, ils répugnaient à toute contestation, et surtout à un débat judiciaire. Ils proposèrent donc à Savery de le comprendre dans leur association, et au lieu de courir les chances d'un procès, de partager avec eux les bénéfices de l'exploitation future.

L'offre fut acceptée, et comme le capitaine Savery était sur un bon pied à la cour, il obtint aisément du roi George la délivrance du brevet.

C'est pour cela qu'en 1705 une *patente royale* fut délivrée aux trois associés, Newcomen, Cawley et Savery, pour la construction et l'exploitation d'une machine à vapeur.

En proposant à Savery de le comprendre dans leur association, Newcomen et Cawley avaient peut-être aussi quelque arrière-pensée d'intérêt. Ils étaient tous les deux dépourvus de connaissances théoriques, et comme leur machine n'avait jamais été construite que sur de petits modèles, le concours d'un ingénieur aussi habile et aussi instruit que Savery, ne pouvait leur être indifférent.

Il paraît cependant qu'ils furent trompés dans ce calcul, car peu de temps après, nous voyons les deux artisans livrés à leurs propres ressources.

Vers la fin de l'année 1711, Newcomen et Cawley firent des propositions aux propriétaires de l'une des mines de houille de Griff, dans le comté de Warwick, pour en épuiser les eaux, à l'aide de leur machine. Cinquante chevaux étaient employés, dans cette mine, aux travaux de desséchement, ce qui occasionnait pour ce seul objet, une dépense annuelle de plus de 22,000 francs.

Cette proposition ne fut point agréée ; mais les associés furent plus heureux, six mois après, car ils réussirent à passer un marché avec M. Back, de Wolverhampton, pour un travail analogue.

Il ne s'agissait donc plus que de construire la machine. Mais Newcomen et Cawley n'étaient ni assez physiciens pour se laisser guider par la théorie, ni assez mathématiciens pour calculer l'action des diverses pièces et les proportions à donner à chacune d'elles. Ils étaient donc embarrassés pour l'exécution de leur marché. Heureusement ils se trouvaient près de Birmingham, à la portée d'un grand nombre d'ouvriers ingénieux et adroits. Grâce à leur concours, ils parvinrent à fabriquer convenablement les pistons, les soupapes et les cliquets. La machine, définitivement construite, fut installée à l'entrée de la mine, et commença à fonctionner.

Elle marchait depuis quelques jours à peine, lorsque le hasard donna aux deux associés, l'occasion d'y apporter une amélioration capitale, qui en augmenta la puissance dans une proportion inattendue.

Un jour, la machine marchant comme à l'ordinaire, on la vit soudain accélérer ses mouvements, et les coups de piston se succéder avec une vitesse inusitée. Après bien des recherches, on découvrit la cause de cet heureux phénomène.

Dans les premiers temps de la fabrication des machines à vapeur, on ne possédait pas encore les moyens de construire des pistons et des cylindres assez bien ajustés pour qu'il n'existât aucun intervalle entre les parois intérieures du cylindre et celles du piston.

Pour empêcher la vapeur de s'échapper par les interstices qui pouvaient se trouver entre le piston et le cylindre, Newcomen avait pris le parti de recouvrir la tête du piston d'une légère couche d'eau, qui pénétrait dans tous les vides, les remplissait, et prévenait ainsi les fuites de vapeur. Or, en examinant le piston, un ouvrier reconnut que le métal était accidentellement percé d'un trou. C'était en tombant, goutte à goutte, par ce trou, dans l'intérieur du cylindre, que l'eau froide, condensant plus rapidement la vapeur, accélérait, comme on l'avait observé, les mouvements du piston.

Cette remarque porta ses fruits. On avait opéré jusque-là la condensation de la vapeur en dirigeant un courant d'eau froide dans une enveloppe métallique qui entourait extérieurement le cylindre. L'enveloppe fut supprimée, et l'on condensa la vapeur en injectant une pluie d'eau froide dans l'intérieur même du cylindre, à l'aide d'un tube se terminant en pomme d'arrosoir.

Grâce à ce perfectionnement, la machine put donner huit à dix coups de piston par minute.

Amenée à cet état, la machine de Savery, Newcomen et Cawley, qui fut désignée généralement sous le nom de *machine de Newcomen*, se répandit en Angleterre, et fut adoptée dans presque toutes les exploitations de mines. Elle y remplaça l'ancienne pompe de Savery.

La figure 36 fera comprendre les divers éléments qui composent la machine à vapeur de Newcomen.

Une chaudière A, munie d'une soupape de sûreté O, dirige sa vapeur dans l'intérieur du cylindre C qui la surmonte. Le piston H, qui parcourt ce cylindre, est fixé, par une chaîne de fer, à l'une des extrémités d'un lourd balancier BB qui oscille autour du point d'appui L. L'autre extrémité de ce balancier est munie d'une seconde chaîne supportant un contre-poids M et une longue tige N qui lui fait suite, et qui descend dans le puits de la mine, pour y faire mouvoir les pompes destinées à l'épuisement des eaux.

Quand la vapeur arrive dans l'intérieur du cylindre, elle soulève le piston de bas en haut, en surmontant l'effort de la pression atmosphérique. Dès lors le contre-poids M s'abaisse en vertu de la pesanteur ; il fait basculer le

Fig. 36 — Coupe de la machine à vapeur de Newcomen.

balancier, qui achève de soulever le piston jusqu'au bout de sa course. Si l'on ferme alors le robinet a, pour arrêter l'afflux de la vapeur venant de la chaudière, et qu'en même temps, on ouvre le robinet b, de manière à faire arriver dans l'intérieur du cylindre, un courant d'eau froide qui descend par un tuyau d, du réservoir G, on détermine la condensation subite de la vapeur qui remplissait le cylindre. La condensation de la vapeur opère le vide dans cet espace, et dès lors le poids de l'atmosphère au-dessus du piston, n'étant plus contre-balancé au-dessous, par la tension de la vapeur, précipite jusqu'au bas de sa course le piston, qui entraîne le balancier dans sa chute.

Il suffit donc d'ouvrir alternativement les

MACHINE A VAPEUR.

deux robinets *a* et *b* pour obtenir, d'une manière continue, les mouvements ascendant et descendant de la tige N.

L'eau qui a servi à la condensation s'écoule hors du cylindre à l'aide d'une ouverture F et d'un tuyau *c*, muni d'un robinet que l'on ouvre de temps en temps.

Comme l'effet de la machine dépend uniquement de la pression exercée par l'air atmosphérique sur la tête du piston, on comprend que l'on peut obtenir une puissance motrice aussi grande qu'on le désire, en donnant à la surface du piston les dimensions nécessaires.

Tel est le mécanisme de la pompe à feu de Newcomen, dont le principe moteur est, à proprement parler, le poids de l'atmosphère, et qu'il faudrait, d'après cela, désigner sous le nom de *machine atmosphérique*, ou si l'on veut, de *machine à vapeur atmosphérique*. Elle présente la plus remarquable application des travaux exécutés par les physiciens du XVIIe siècle sur la pesanteur de l'air et sur l'emploi de cette force motrice ; il était donc nécessaire de rappeler l'histoire de ces travaux, pour faire comprendre les dispositions primitives de la machine à vapeur.

La figure 37, qui est empruntée à un ouvrage du dernier siècle, la *Physique* de Désaguliers, fait voir, en perspective, la machine de Newcomen, telle qu'elle fonctionnait à Londres, vers le milieu du XVIIIe siècle, pour la distribution des eaux.

C représente le cylindre destiné à recevoir la vapeur provenant de la chaudière *oo*, qui est, en partie, recouverte à l'extérieur d'une enveloppe de maçonnerie. La vapeur s'introduit dans ce cylindre, par le robinet *d* qui peut être alternativement ouvert ou fermé. Un disque, manœuvré par une tige indiquée sur la figure par le chiffre 3 et qui est mue par la machine elle-même, permet de fermer ou d'ouvrir ce tuyau, pour introduire la vapeur dans le cylindre, ou suspendre son admission.

Quand la vapeur s'introduit dans le cylindre, elle pousse de bas en haut le piston, en surmontant l'effet de la pression atmosphérique. Le colossal balancier de la machine, dont une extrémité est attachée aux tiges qui

Fig. 37. — Machine à vapeur de Newcomen employée à Londres, au XVIIIe siècle, pour l'élévation des eaux.

doivent faire jouer les pompes pour l'ascension de l'eau qu'il s'agit d'élever, est parfaitement équilibré. Dès lors, le piston du cylindre, en s'élevant sous la pression inférieure de la vapeur, dérange cet équilibre, et le balancier se meut, c'est-à-dire qu'il oscille de haut en bas, et les tiges *i*, *k* des pompes descendant dans le puits à eau, le bras droit de ce balancier H s'abaisse, et le bras gauche *h* s'élève.

Quand le piston est arrivé au haut de sa course, la machine suspend elle-même l'admission de la vapeur dans le cylindre à vapeur, en fermant le tuyau d'admission *d*.

En même temps, la machine, au moyen d'un engrenage convenablement placé, et marqué sur la figure par les chiffres 1, 2, ouvre un robinet qui laisse couler dans le cylindre, sous forme d'une pluie fine, l'eau froide contenue dans le réservoir supérieur R, qui, descendant par le tuyau recourbé MN, s'introduit par l'effet de son poids, dans cette capacité. La condensation de la vapeur s'opère aussitôt dans le cylindre par cette injection d'eau froide. Lorsque le vide est ainsi produit dans le cylindre à vapeur, le piston de ce cylindre redescend, pressé par tout le poids de l'air atmosphérique s'exerçant sur sa tête; l'extrémité gauche du balancier h s'abaisse; l'extrémité droite H se relève, les tiges des pompes i, k remontent et élèvent de l'eau du puits par le jeu de leurs pistons.

Z est un tube par lequel une certaine quantité d'eau est amenée à la surface du piston, de manière à humecter constamment le cuir dont il est entouré. Le tube WI sert à alimenter la chaudière, au moyen de l'eau déjà échauffée qui a séjourné au-dessus du piston. L'eau d'injection est évacuée par le tube L, qui part du sommet du cylindre. Le tube TV est un vide-trop-plein pour l'eau qui recouvre le piston. On voit en X un petit tube, muni d'une soupape appelée *soupape reniflante*, par laquelle s'échappe, lorsque le piston arrive au bas de sa course, l'air provenant de la vapeur et de l'eau de condensation. Le peu d'eau qui sort par la soupape reniflante, va se dégorger dans le tube TV.

L'eau froide qui sert à condenser la vapeur dans le cylindre, est prise sur une partie de celle que la pompe i extrait de l'intérieur du puits. A cet effet, une partie de cette eau est refoulée par la tige k dans un tuyau de fer placé sous terre et qui, se recourbant, remonte le long du massif en maçonnerie qui supporte le balancier et dirige l'eau dans le réservoir R, d'où elle doit partir pour servir à la condensation de la vapeur.

QQ est une tringle verticale de bois attachée au balancier, et qui, pourvue d'une rainure et de diverses chevilles, est destinée à ouvrir et à fermer successivement le robinet d'admission de la vapeur dans le cylindre et le robinet d'injection d'eau froide dans le même cylindre. C est la tringle que l'on a désignée, en Angleterre, sous le nom de *plug-frame* et qui rend la machine à vapeur automatique, c'est-à-dire réglant elle-même ses propres mouvements.

Les tiges L, QQ, k, i restent constamment dans une ligne verticale, grâce aux arcs de cercle sur lesquels s'enroulent et se déroulent les chaînes d'attache, dans les mouvements oscillatoires du balancier. F indique une soupape de sûreté, chargée directement et non par l'intermédiaire d'une romaine, système fort inférieur à celui que Papin avait proposé et qui n'était pas encore en usage. Du reste, sur la proposition de Désaguliers, on ne tarda pas à adapter aux machines de Newcomen la soupape de sûreté, telle que Papin l'avait imaginée.

On voit en G deux robinets d'épreuve, qui sont en tout semblables aux deux robinets qui existent dans nos chaudières actuelles, et qui ont pour but de montrer à l'extérieur si le niveau de l'eau se maintient au niveau voulu à l'intérieur de la chaudière. A cet effet, ces robinets sont fixés sur des tubes dont les extrémités inférieures doivent plonger, l'une dans l'eau, l'autre dans la vapeur, lorsque le niveau de l'eau dans la chaudière est à la hauteur convenable. Pour que cette condition soit remplie, il faut que le robinet de gauche donne un jet d'eau liquide et celui de droite un jet de vapeur. Lorsqu'en les ouvrant on trouve que cette condition n'est pas remplie, on hâte ou l'on ralentit l'alimentation de la chaudière, suivant que l'eau y est descendue trop bas ou s'y est élevée trop haut.

Le dessinateur n'a pas manqué de représenter, sur la figure précédente, le mécanicien auquel est confiée la conduite de l'appareil. On voit qu'un seul homme suffit à gou-

MACHINE A VAPEUR.

Fig. 38. — Humphry Potter ou le paresseux de génie (page 74).

verner tout. Tranquillement assis, appuyé contre le massif du milieu, il n'a à accomplir aucun travail pénible. Il se borne à surveiller la marche de sa machine, à s'assurer que toutes les pièces marchent régulièrement, à ralentir ou à activer le feu du fourneau, car il ne s'agit que de fournir du combustible à cet appareil intelligent, qui exécute à lui seul, et sans que la force de l'homme ait jamais besoin d'intervenir, des ouvrages qui auraient exigé autrefois le concours d'un nombre immense de travailleurs.

Ainsi, dès le milieu du XVIIIᵉ siècle, l'immortelle conception de Papin était entrée définitivement dans le domaine de l'industrie. Les idées mises en avant par le génie du physicien de Blois, étaient toutes réalisées et portaient leurs fruits. La machine de Newcomen n'était autre chose, en effet, que la traduction pratique des idées nouvelles que Denis Papin avait jetées dans la science de la mécanique.

Le bel appareil que nous venons de décrire a été le point de départ de toutes les machines à vapeur modernes. Il nous reste à faire connaître les perfectionnements successifs qui en ont fait la machine à vapeur de notre siècle.

CHAPITRE VII

PERFECTIONNEMENTS APPORTÉS A LA MACHINE DE NEWCOMEN. — PROGRÈS DE LA PHYSIQUE TOUCHANT LA THÉORIE DE LA CHALEUR. — DÉCOUVERTE DU THERMOMÈTRE. — TRAVAUX DE BLACK SUR LA CHALEUR LATENTE ET LA VAPORISATION.

La pensée qui nous guide dans cette notice, c'est de montrer que la création des différents organes de la machine à vapeur, fut toujours la conséquence et l'application des découvertes théoriques successivement réalisées dans la science. On a vu qu'avant l'institution de la physique moderne, rien de ce qui ressemble à la machine à vapeur n'avait été ni n'avait pu être conçu. Mais dès que la physique commence à essayer ses premiers pas, dès le moment où les découvertes de Galilée, de Pascal et d'Otto de Guericke ont marqué ses brillants débuts, on voit ces faits passer immédiatement dans la pratique, et le génie de Papin s'en emparer, pour en tirer des applications mécaniques par la création d'un nouveau moteur.

Cette liaison étroite qui se fait remarquer entre la situation de la science et les progrès de la machine à vapeur, deviendra plus sensible et plus évidente encore à mesure que nous avancerons dans l'histoire de ses perfectionnements. Nous allons voir une période de plus de soixante ans s'écouler sans apporter aucune amélioration aux principes mécaniques concernant l'emploi de la vapeur d'eau. L'explication de ce fait paraîtra fort simple, si l'on considère que, dans ce long intervalle, la théorie de la chaleur resta complétement stationnaire. Les physiciens, tout entiers à l'étude nouvelle et si remplie d'attrait, des phénomènes électriques, n'avaient pas encore abordé l'examen des faits qui se rapportent à la chaleur. Ce n'est que vers l'année 1760 que les théories de la vaporisation, de la condensation et du changement d'état des corps, furent établies par Joseph Black. Aussi, durant cette suite d'années qui s'étend depuis la construction de la première machine atmosphérique par Newcomen, jusqu'aux travaux de Black, en 1760, l'histoire de la machine à vapeur n'offre-t-elle à signaler que des perfectionnements apportés à la partie exclusivement mécanique des appareils. Tout ce qui concerne le principe d'action de la machine reste entièrement en dehors de ces modifications secondaires, qu'il nous suffira dès lors de mentionner en quelques mots.

Le premier perfectionnement apporté au mécanisme de la pompe à feu, est dû à une circonstance qu'il est assez curieux de connaître. Dans la machine telle que Newcomen l'avait construite, les deux robinets destinés, l'un à donner accès à la vapeur, l'autre à introduire l'eau de condensation dans l'intérieur du cylindre, s'ouvraient et se fermaient à la main. Un ouvrier, et souvent un enfant, étaient chargés d'exécuter cette opération, et quelles que fussent leur habitude ou leur adresse, on ne pouvait ainsi obtenir plus de dix à douze coups de piston par minute; en outre, la moindre distraction de la part de l'apprenti, non-seulement retardait le jeu de la machine, mais pouvait compromettre son existence.

En 1713, un enfant chargé de ce soin, contrarié, dit-on, de ne pouvoir aller jouer avec ses camarades, imagina un moyen de se soustraire à cette sujétion forcée. Il avait remarqué que l'un des robinets devait être ouvert au moment où le balancier a terminé sa course descendante, pour se fermer au commencement de l'oscillation opposée : la manœuvre du second robinet était précisément l'inverse. Les positions du balancier et du robinet se trouvant ainsi dans une dépendance nécessaire, l'enfant reconnaît que le balancier lui-même pourrait servir à ouvrir et à fermer les robinets. Son plan est aussitôt conçu et mis à exécution. Il attache à chacun des robinets deux ficelles de longueur inégale, et après de longs tâtonnements, il fixe leur extrémité libre à des points convenablement choisis sur le balancier; de telle sorte qu'en s'élevant ou s'abaissant par l'action de la vapeur, le balancier ouvrait ou fermait lui-même les robinets au moment nécessaire. La machine put ainsi marcher sans surveillant, et l'apprenti s'en alla triomphalement rejoindre ses camarades.

La tradition nous a conservé le nom de cet utile paresseux, de ce paresseux de génie : il s'appelait Humphry Potter.

Le mécanicien Beighton substitua aux ficelles du jeune Potter une tringle de fer verticale; c'est la partie de la machine de Newcomen que l'on voit représentée sur la figure 37 (page 71), par les lettres QQ, c'est-à-dire le *plug-frame*. C'est en 1718 que Beighton établit à Newcastle une machine de Newcomen dans laquelle, pour la première fois, l'ouvrier chargé de faire manœuvrer les robinets fut remplacé par une tige métallique suspendue au balancier et qui exécutait cette opération à l'aide de chevilles disposées sur des points convenables de sa longueur. La machine put alors donner quinze coups par minute ; mais l'idée première de charger le balancier d'exécuter ces mouvements revient à l'apprenti dont le nom est acquis à la postérité.

En 1758, le mécanicien Fitz-Gerald fit connaître, dans les *Transactions philosophiques*, le moyen de transformer le mouvement vertical de la machine atmosphérique en un mouvement rotatoire, grâce à un système de roues dentées et par l'addition d'un volant destiné à régler le mouvement.

L'emploi d'un flotteur, imaginé par Brindley, vers 1760, pour régulariser l'entrée de l'eau d'alimentation dans les chaudières, est un utile perfectionnement qu'il est bon de signaler ici.

Nous aurons terminé la revue des principales modifications apportées aux différentes pièces de la pompe à feu, si nous ajoutons que, dans plusieurs machines qu'il fut chargé de construire, l'ingénieur Smeaton parvint à perfectionner beaucoup la fabrication des pistons et des cylindres, et qu'il réussit de cette manière à éviter les pertes considérables de vapeur qu'occasionnaient les machines antérieures. D'importantes modifications apportées à la construction des chaudières et à la disposition du foyer, permirent enfin d'économiser une certaine partie du combustible. Nous ne dirons rien des perfectionnements introduits par Smeaton dans la pompe de Savery, car cette dernière avait déjà presque partout cessé d'être en usage.

On le voit pourtant, de toutes ces utiles modifications apportées à la machine atmosphérique, aucune ne touchait au principe même de son action, c'est-à-dire à la manière de mettre en jeu la force élastique de la vapeur. La machine de Newcomen, avec son énorme balancier et l'excessive consommation de combustible qu'elle exigeait, continuait de fonctionner en conservant l'ensemble des dispositions imaginées soixante ans auparavant par le serrurier de Darmouth. C'est que la théorie générale de la chaleur et les théories particulières de la vaporisation et de la condensation, qui en sont la conséquence, étaient encore à créer tout entières. Les premiers linéaments de la théorie du calorique ne furent tracés que vers l'année 1694, par la main de Guillaume Amontons. Ce physicien ingénieux et modeste, qui eut, comme on le verra dans le cours de cet ouvrage, le mérite de découvrir le principe de la télégraphie aérienne, est, en effet, l'auteur des premières vues raisonnables que l'on ait conçues sur la nature et les effets de la chaleur ; c'est à lui que revient l'honneur d'avoir substitué une opinion sérieuse, fondée sur l'observation et l'expérience, aux divagations de l'ancienne physique concernant ces phénomènes.

Amontons émit le premier cette idée, vraie et profonde, que les divers états de la matière, solide, liquide et gazeux, sont dus à l'existence, dans les corps, d'un fluide impondérable, qu'il désigna sous le nom de *calorique*. Par diverses expériences, exécutées avec la précision que pouvaient comporter les moyens d'observation de son époque, il constata les effets de dilatation que provoque, dans les corps, l'accumulation du calorique. Il reconnut que l'air échauffé augmente de force élastique, et découvrit ce fait important, que l'eau se maintient à une température invariable quand elle a atteint le terme de son ébullition. En un mot, il procéda le premier, par la voie de l'expérience, à l'examen des phénomènes calorifiques.

Cependant un obstacle capital empêchait la théorie de la chaleur de s'établir sur des bases solides. Pour qu'une branche quelconque des sciences physiques puisse se constituer, se perfectionner ou s'étendre, il ne suffit pas qu'elle possède un certain nombre de faits; il faut encore que ces faits puissent être rapprochés et comparés entre eux; il faut que les actions, une fois produites, puissent être soumises à la mesure. Or, les phénomènes relatifs à la chaleur n'étaient alors susceptibles d'aucune comparaison, car les physiciens ne possédaient encore aucun instrument de mesure. A la vérité, il existait depuis un siècle, un petit appareil désigné sous le nom de *thermomètre;* mais c'est à tort qu'il portait ce nom, car il ne pouvait servir en aucune manière à mesurer et à comparer les différentes températures des corps. Il permettait seulement d'apprécier une différence de température entre deux corps inégalement échauffés.

Les instruments qui nous servent à rechercher les lois de la nature étaient entachés, à leur origine, d'imperfections que l'on a vues successivement disparaître devant les résultats de l'expérience. A l'exception du baromètre, qui conserve encore les dispositions que lui assigna Torricelli, tous les instruments d'observation ou de mesure physique, tels que le télescope, le microscope, la machine pneumatique, la machine électrique, la pile de Volta, etc., ont dû subir un très-grand nombre de transformations avant de recevoir la forme qu'ils présentent de nos jours. Le thermomètre offre particulièrement un exemple de ce fait. Il a fallu deux siècles de travaux pour porter cet instrument au degré de perfection qui le distingue aujourd'hui.

On a revendiqué en faveur d'un grand nombre de savants la découverte du thermomètre. François Bacon, Fludd, Drebbel, Sanctorius, Galilée, Van Helmont même, ont été successivement honorés du titre d'inventeurs de cet instrument. Les idées insuffisantes et vagues qui présidèrent à sa construction primitive, au xviie siècle, ne méritaient guère d'être disputées entre des savants d'un tel ordre. Rien ne ressemble moins à un appareil de mesure que le thermomètre dont les physiciens du xviie siècle ont fait usage.

Le premier de ces instruments, qui paraît avoir été construit par le Hollandais Cornélius Drebbel, se composait d'un simple tube de verre rempli d'air, fermé à son extrémité supérieure, et plongeant, par son extrémité ouverte, dans un petit flacon qui contenait de l'eau-forte étendue d'eau. Selon la température extérieure, et par l'effet de la dilatation de l'air enfermé dans le tube, le liquide montait ou s'abaissait dans le tube. L'instrument était muni d'une échelle divisée en parties égales. Mais sa graduation, qui n'était fondée sur aucun principe déterminé, ne fournissait aucune indication comparable.

Un membre de l'Académie *del Cimento*, de Florence, perfectionna, vers le milieu du xviie siècle, cet instrument grossier, sans réussir à rendre ses degrés comparables.

Le thermomètre de l'Académie *del Cimento* consistait simplement en un tube de verre purgé d'air et rempli d'alcool coloré. On le portait dans une cave et l'on marquait d'un trait le point où s'arrêtait le liquide; les portions du tube situées au-dessus et au-dessous de ce trait étaient ensuite divisées en 100 parties égales. Avec une division aussi arbitraire, ces instruments ne pouvaient s'accorder entre eux. Deux thermomètres construits suivant cette même méthode, parlaient, chacun, une langue différente. Cependant la physique se contenta, durant un demi-siècle, de cet instrument grossier (1).

(1) Dans ses expériences sur le *digesteur*, Papin ne se servit jamais du thermomètre. Pour évaluer la température de la vapeur qui remplissait l'appareil, il se contentait de laisser tomber une goutte d'eau sur le couvercle du *digesteur;* le nombre de secondes que cette goutte d'eau employait à s'évaporer lui servait d'indice comparatif et de moyen de mesure pour déterminer approximativement la température de la vapeur (Voyez *Manière d'amollir les os*, p. 12.)

Fig. 39. — Joseph Black fait l'expérience du *calorique latent* devant les élèves de l'université de Glascow (page 79).

C'est un physicien de Pise, Renaldini, professeur à Padoue, qui reconnut le premier la nécessité de bannir du thermomètre toutes les mesures vagues et arbitraires adoptées jusque-là, et qui proposa de choisir, pour établir la graduation de l'instrument, des *points fixes* que l'on pût retrouver en toute occasion.

Peu de temps après, Newton mit à exécution l'idée que le professeur de Padoue n'avait réalisée que d'une manière incomplète. L'illustre physicien donna, en 1701, dans les *Transactions philosophiques*, la description du premier thermomètre à indications comparables. Le liquide employé par Newton pour la mesure de la chaleur, était l'huile de lin. Les points fixes adoptés pour sa graduation étaient la température du corps humain pour le terme supérieur, et pour le point inférieur, le point où s'arrêtait l'huile au moment de sa congélation, que l'on provoquait en plongeant l'instrument dans de la neige. L'intervalle entre ces deux points fixes était divisé en douze parties, et la division prolongée au delà de ces deux limites. Le point d'ébullition de l'eau correspondait ainsi au degré 34, celui de la fusion de l'étain à 72, etc. Newton détermina, à l'aide de cet instrument, plusieurs termes de température dont la connaissance importait à la physique.

Cependant la faible dilatation de l'huile par l'action de la chaleur, et sa congélation à une température modérée, rendaient incertain et délicat l'emploi du thermomètre de Newton. C'est ce qui détermina Amontons à chercher un agent thermométrique plus sensible aux influences du calorique. Dans cette vue, le physicien français construisit un thermomètre à air. Le point fixe de cet instrument fut déterminé par la température de l'eau bouillante, qu'Amontons avait reconnue le premier comme un terme constant.

Mais cet instrument présentait, dans la pratique, toutes les difficultés qui se rattachent à l'emploi du thermomètre à gaz, et qui dépendent surtout de la dilatation trop considérable que les fluides élastiques éprouvent par l'action de la chaleur. Il exigeait la correction de la hauteur barométrique, et de plus, comme il avait au moins quatre pieds (1^m,299) de long, il était assez difficile à manier, à cause de son poids et de sa fragilité.

Le problème de la construction d'un thermomètre comparable, exact, sensible et commode, présentait, on le voit, des difficultés de plus d'un genre. Ce ne fut qu'en 1714 qu'il fut à peu près résolu par un fabricant d'instruments de Dantzig, nommé Gabriel Fahrenheit.

Dans ses premiers thermomètres, l'artiste allemand avait adopté l'alcool comme liquide thermométrique; mais il eut plus tard l'heureuse idée de choisir le mercure. Ce métal, employé comme agent de mesure pour la chaleur, réunit en effet toutes les conditions désirables. Il n'entre en ébullition qu'à une température très-élevée, et peut servir, par conséquent, à mesurer la chaleur dans des termes fort étendus; — il ne se congèle qu'à une température qui ne se présente jamais dans nos régions; — enfin, et c'est là le point capital pour son application comme agent thermométrique, il se dilate uniformément, c'est-à-dire que son augmentation de volume est exactement proportionnelle, au moins dans une échelle très-étendue, à la quantité de calorique qu'il reçoit. Les points fixes choisis par Fahrenheit étaient l'ébullition de l'eau pour le terme supérieur, et pour le terme inférieur, le point auquel l'instrument s'arrêtait quand il le plongeait dans un mélange de sel ammoniac et de neige, mélange dont il n'a jamais fait connaître, d'ailleurs, les proportions relatives. L'intervalle qui séparait ces deux points était divisé en 212 parties, de telle sorte que le point de la congélation de l'eau correspondait à 32 degrés, celui de la température du corps humain à 96 degrés, celui de l'ébullition de l'eau à 212 degrés. La plupart de ses thermomètres n'étaient pas gradués au delà de 96 degrés (1).

Le thermomètre de Fahrenheit fut immédiatement adopté en Angleterre et en Allemagne, où il est encore en usage aujourd'hui. En France, on se servit de préférence du thermomètre construit, vers 1730, par Réaumur, qui choisit pour les deux points fixes, le terme de la glace fondante et celui de l'ébullition de l'eau, et divisa l'entre-deux en 80 parties égales.

Enfin Celsius, professeur à Upsal, construisit, en 1741, le thermomètre que l'on connaît aujourd'hui sous le nom de *thermomètre centigrade* ou de *Celsius*. Il divisa en 100 parties égales l'intervalle entre les deux points fixes de la glace fondante et de l'ébullition de l'eau (2).

La physique possédait enfin un instrument qui permettait de mesurer les phénomènes calorifiques. On pouvait donc aborder l'étude

(1) Cette division en 212 parties, en apparence assez arbitraire, avait été adoptée par Fahrenheit parce qu'il avait trouvé par expérience que 11,124 parties de mercure, en volume, chauffées depuis le terme 0 jusqu'à l'eau bouillante, se dilatent au point d'en constituer alors 11,336, c'est-à-dire de présenter une dilatation de 212 parties en volume.

(2) C'est le physicien Celsius qui détermina les physiciens à abandonner, pour la graduation du thermomètre, la considération du volume de la liqueur enfermée dans l'instrument, et à s'en tenir aux points fixes sans avoir égard à la dilatation du liquide qu'il contient. Fahrenheit et Réaumur avaient, au contraire, établi la division de leur instrument en comparant la grandeur de chaque degré à la masse totale du liquide renfermé dans le réservoir. Ainsi, chaque degré de l'échelle du thermomètre à alcool de Réaumur indiquait que la liqueur s'était dilatée d'un millième de son volume à zéro, et chaque degré du thermomètre de Fahrenheit représentait une dilatation de 1/212. Un Genevois, nommé Ducrest, avait émis cette idée une année avant Celsius; mais le point fixe qu'il avait choisi était fautif, puisqu'il l'avait déterminé en plaçant simplement l'instrument dans les caves de l'Observatoire de Paris. En choisissant pour le terme 0 le point de la glace fondante, Celsius donnait à son thermomètre un point fixe qui réunissait tous les avantages possibles par la certitude de ce terme, par sa constance et par la facilité de le reproduire en toute occasion. C'est donc au physicien suédois qu'il convient de faire honneur de la perfection que le thermomètre présente de nos jours.

des lois de la chaleur avec des moyens rigoureux d'observation, et, grâce à leur emploi, la théorie du calorique ne tarda pas à se constituer.

C'est au physicien écossais Joseph Black, professeur à l'université de Glascow, que revient l'honneur d'avoir fondé la théorie générale de la chaleur. Après avoir confirmé par l'expérience la vérité de l'opinion d'Amontons touchant la cause de l'état physique des corps, Joseph Black créa, par une suite d'observations et de mesures précises, la théorie du *calorique latent* et celle du *calorique spécifique*. La première de ces théories était appelée à jeter la plus vive lumière sur les phénomènes qui accompagnent la vaporisation des liquides et la condensation des vapeurs. Elle se résume dans l'expérience suivante exécutée par Black en 1762.

Si l'on prend 1 kilogramme d'eau à la température de 79 degrés et 1 kilogramme d'eau à la température de zéro degré, et qu'on les mêle, le thermomètre, plongé dans ce mélange, indique 39°,5, c'est-à-dire la moyenne entre les températures des deux liquides mélangés à poids égaux. Mais le résultat sera tout autre si, au lieu d'employer de l'eau liquide à zéro degré, on emploie de la glace, c'est-à-dire de l'eau présentant toujours la température de zéro degré, mais offrant la forme solide.

Quand on mêle, en effet, 1 kilogramme de glace à zéro degré et 1 kilogramme d'eau chauffée à 79 degrés, on observe que la glace se fond et que le mélange tout entier devient liquide. Mais si l'on prend la température du mélange, on reconnaît qu'au lieu d'être, comme dans l'expérience précédente, la moyenne entre les deux températures, elle est seulement de zéro degré. Les 79 degrés de chaleur que renfermait le kilogramme d'eau ont ainsi disparu sans laisser de traces; seulement la glace s'est fondue, et le mélange a pris la forme liquide. Que conclure de ce fait remarquable? C'est que le kilogramme de glace a dû absorber, pour se fondre, les 79 degrés de chaleur qui ont disparu, et que cette quantité de calorique a été employée à déterminer sa fusion, puisque la température n'a pas varié. Ainsi 1 kilogramme d'eau solide a besoin pour se liquéfier, d'absorber 79 degrés de chaleur. En d'autres termes, 1 kilogramme d'eau liquide diffère d'un même poids d'eau solidifiée, en ce qu'elle contient 79 degrés de chaleur de plus que cette dernière.

Mais cette chaleur n'est pas appréciable à nos organes; elle n'est pas accusée par le thermomètre : elle est latente. C'est pour cela que Black, et avec lui tous les physiciens modernes, donnent le nom de *chaleur latente* à cette quantité de calorique qui n'affecte pas le thermomètre, et qui est nécessaire pour provoquer le changement d'état des corps (1).

Les phénomènes qui s'observent pendant le passage d'un corps de l'état solide à l'état liquide, se reproduisent quand un liquide passe à l'état de vapeur. Pour se vaporiser, tous les liquides ont besoin d'absorber une quantité déterminée de calorique. Aussi la vapeur d'eau à 100 degrés diffère-t-elle de l'eau liquide à la même température, en ce qu'elle renferme une quantité considérable de calorique dissimulé, ou latent, qui la maintient à l'état de fluide élastique. En effet, lorsque la vapeur d'eau se condense, elle rend subitement libre tout le calorique latent qu'elle contenait, et cette quantité est très-considérable, puisque l'on a reconnu que 1 kilogramme de vapeur d'eau à la température de 100 degrés met en liberté, en revenant à l'état liquide, une quantité de calorique suffisante pour porter à l'ébullition $5^{kil},35$ d'eau à zéro.

Telles sont les simples et grandes vérités mises en évidence par les expériences de Joseph

---

(1) Quand l'eau se congèle, elle met en liberté sa chaleur latente. On peut, en effet, constater par l'expérience, qu'en se solidifiant, 1 kilogramme d'eau à zéro degré, abandonne 79 degrés de chaleur.

Black, et entièrement ignorées avant lui. On comprend sans peine de quelle utilité était la connaissance de ces faits pour le perfectionnement des machines mises en jeu par la force élastique de la vapeur. C'est avec leur secours qu'il fut permis, dès ce moment, de calculer la quantité de chaleur mise en liberté par la condensation d'un volume donné de

Fig. 40. — Joseph Black.

vapeur dans le cylindre de la machine de Newcomen, d'expliquer les phénomènes qui accompagnent cette condensation, d'apprécier la force élastique de la vapeur à différentes températures; en un mot, d'étudier, par la voie de l'expérience, un grand nombre d'éléments pratiques qui jouent un rôle dans les effets de cette machine.

Les découvertes de Black concernant le *calorique spécifique*, c'est-à-dire la quantité de chaleur nécessaire pour élever d'un même nombre de degrés un poids donné des différents corps, apportèrent à l'étude théorique de la machine à vapeur des éléments d'un ordre nouveau et de la même importance.

Joseph Black, l'un des physiciens les plus remarquables du siècle dernier, n'a presque rien imprimé. Si l'on en excepte deux mémoires insérés dans les *Transactions philosophiques*, le seul témoignage écrit qu'il nous ait laissé de ses travaux se réduit à son traité intitulé : *Expériences sur la magnésie, la chaux vive et les substances alcalines*. Professeur depuis l'année 1754 à l'université de Glascow, Joseph Black se contentait d'exposer dans ses cours le résultat de ses recherches. C'est ainsi que sa théorie du calorique latent fut développée chaque année, à partir de 1763, devant les élèves qui se pressaient à ses cours.

Parmi les personnes qui suivaient à cette époque, les leçons de Joseph Black, se trouvait un jeune ouvrier mécanicien que la protection de l'Université venait de tirer d'une position embarrassante. Appartenant à une famille honorable d'Écosse, ruinée par de mauvaises spéculations commerciales, il avait été forcé de renoncer à la carrière des sciences pour laquelle il avait manifesté, dès son enfance, des dispositions extraordinaires. A l'âge de seize ans, ses parents l'avaient mis en apprentissage à Greenock, sa ville natale, dans un petit atelier où l'on exécutait des compas, des cadrans solaires, et quelques appareils de physique. Quatre années après, on l'avait envoyé à Londres, chez un constructeur d'instruments de navigation. Mais la faiblesse de sa santé et une grave maladie qu'il avait contractée en travaillant pendant toute une journée d'hiver près de la porte de l'atelier, l'avaient obligé de quitter Londres. Pour essayer les effets de l'air natal, il était revenu en Écosse, et s'était rendu à Glascow avec l'intention d'y exercer la profession de constructeur d'appareils de mathématiques. Mais la corporation d'arts et métiers de la ville, s'appuyant sur d'antiques priviléges, s'était obstinément opposée à ce qu'il ouvrît à Glascow le plus humble atelier. Le jeune artiste se trouvait donc dans une situation assez pénible, lorsque l'Université intervint en sa faveur, et, pour terminer la difficulté, lui accorda le titre de son constructeur d'appareils de physique. Elle lui permit d'ou-

MACHINE A VAPEUR.

Fig. 41. — James Watt dans sa petite boutique de Glascow.

vrir une petite boutique dans un local de ses bâtiments. Il fut convenu que, tout en s'occupant de réparer ou de construire les appareils de l'université, il pourrait travailler pour le public aux divers objets de sa profession. Le nom qui fut inscrit sur l'humble enseigne de sa pauvre boutique était alors profondément inconnu, mais il était destiné à traverser les siècles : c'était celui de *James Watt*.

CHAPITRE VIII

JAMES WATT. — SES DÉCOUVERTES CONCERNANT LA MACHINE A VAPEUR. — SES EXPÉRIENCES THÉORIQUES. — DÉCOUVERTE DU CONDENSEUR ISOLÉ. — MACHINE A SIMPLE EFFET. — JAMES WATT ET LE DOCTEUR ROEBUCK. — ASSOCIATION DE BOULTON ET DE WATT. — NOUVELLES DÉCOUVERTES DE WATT POUR L'APPLICATION DE LA MACHINE A VAPEUR AUX USAGES GÉNÉRAUX DE L'INDUSTRIE. — MACHINE A DOUBLE EFFET. — PARALLÉLOGRAMME AR-

TICULÉ. — APPLICATION DE LA MANIVELLE A LA TRANSFORMATION DU MOUVEMENT. — RÉGULATEUR A FORCE CENTRIFUGE. — DÉCOUVERTE DE LA DÉTENTE DE LA VAPEUR.

En arrachant James Watt aux tracasseries de ses confrères, les professeurs de Glascow croyaient seulement s'être attaché un ouvrier adroit et d'un commerce agréable ; mais ils ne tardèrent pas à reconnaître qu'ils avaient mis la main sur un homme supérieur. Les brillantes qualités intellectuelles du jeune fabricant de l'université furent promptement appréciées, et bientôt son étroite boutique devint le lieu préféré où se rencontrait chaque jour tout ce que Glascow pouvait réunir d'hommes instruits et d'élèves studieux. L'un de ses contemporains, le docteur Robison, va nous faire connaître le rôle que jouait le jeune ouvrier mécanicien dans ce cercle de talents distingués :

« Quoique élève encore, dit l'auteur du *Philosophical Magazine*, j'avais la vanité de me croire assez avancé dans mes études favorites de mécanique et de physique, lorsqu'on me présenta à Watt. Aussi, je l'avoue, je ne fus pas médiocrement mortifié en voyant à quel point le jeune ouvrier m'était supérieur. Dès que, dans l'université, une difficulté nous arrêtait, et cela quelle qu'en fût la nature, nous courions chez notre artiste. Une fois provoqué, chaque sujet devenait pour lui un texte d'études sérieuses et de découvertes. Jamais il ne lâchait prise qu'après avoir entièrement éclairci la question proposée, soit qu'il la réduisît à rien, soit qu'il en tirât quelque résultat net et substantiel. Un jour la solution désirée sembla exiger la lecture de l'ouvrage de Leupold sur les machines : Watt apprit aussitôt l'allemand. Dans une autre circonstance, et pour un motif semblable, il se rendit maître de la langue italienne... La simplicité naïve du jeune ingénieur lui conciliait sur-le-champ la bienveillance de tous ceux qui l'approchaient. Quoique j'aie assez vécu dans le monde, je suis obligé de déclarer qu'il me serait impossible de citer un second exemple d'un attachement aussi sincère et aussi général, accordé à quelque personne d'une supériorité incontestée. Il est vrai que cette supériorité était voilée par la plus aimable candeur, et qu'elle s'alliait à la ferme volonté de reconnaître libéralement le mérite de chacun. Watt se complaisait même à doter l'esprit inventif de ses amis de choses qui n'étaient souvent que ses propres idées présentées sous une autre forme (1). »

Les choses en étaient là, lorsque, dans l'hiver de l'année 1763, le professeur de physique de la classe de philosophie naturelle du collége de Glascow, envoya à James Watt un modèle de la machine de Newcomen, avec prière de le réparer. A cette époque, le développement considérable que l'industrie commençait à prendre en Angleterre avait répandu dans tous les esprits le goût des connaissances scientifiques, et dans la plupart des universités on avait eu la bonne pensée de seconder ces dispositions en adjoignant aux études littéraires l'exposition des éléments de la mécanique appliquée. Le collège de Glascow possédait, à cet effet, la collection des principales machines en usage dans l'industrie, et l'on voyait figurer dans ses galeries, un très-beau modèle de la machine de Newcomen. Mais, en raison de certains défauts de construction, ce modèle n'avait jamais pu bien fonctionner, et le professeur Anderson chargea le jeune constructeur de l'université de le mettre en état de servir aux démonstrations du cours. Telle fut la circonstance qui amena James Watt à s'occuper pour la première fois, de la machine à vapeur, dans laquelle, nouveau Christophe Colomb, il devait découvrir tout un monde.

Watt se mit à réparer la machine du collége de Glascow ; mais quand tout fut terminé et qu'il essaya de la faire fonctionner, il reconnut qu'elle pouvait à peine soulever le piston. En augmentant l'activité du feu, on obtenait quelques oscillations ; mais alors il fallait employer, pour condenser la vapeur, une énorme quantité d'eau froide. Ce défaut tenait à un vice de proportion entre les dimensions du cylindre et celles de la chaudière : celle-ci était trop petite relativement à la capacité du corps de pompe, et elle ne pouvait fournir qu'une quantité de vapeur insuffisante pour mettre le piston en jeu. Watt diminua la longueur du cylindre, et dès lors la machine put marcher avec une certaine régularité.

Mais il y avait dans cet appareil d'autres défauts beaucoup plus sérieux et qu'il était impossible de faire disparaître au moyen d'un raccommodage, parce qu'ils tenaient au principe même sur lequel reposait tout son mécanisme.

La pompe à feu de Newcomen présente un vice de la dernière gravité. Lorsque l'eau d'injection afflue dans le corps de pompe, elle condense immédiatement la vapeur qui le remplit, ce qui permet à l'atmosphère, pesant sur la tête du piston, de le précipiter jusqu'au bas de sa course. Mais l'eau froide, une fois en contact avec les parois du cylindre échauffées par la vapeur, les refroidit aussitôt, et lorsque ensuite, une nouvelle quantité de vapeur arrive sous le piston pour le soulever, cette vapeur est nécessairement ramenée en partie à l'état liquide en touchant les parois froides du cylindre. Une grande partie de la vapeur envoyée par la chaudière est donc

(1) Arago, *Éloge historique de James Watt*, p. 266.

perdue, puisqu'elle est uniquement employée à réchauffer le corps de pompe.

Watt constata que le modèle de Glascow usait, à chaque oscillation du piston, un volume de vapeur plusieurs fois supérieur au volume du cylindre, ce qui amenait la perte de la moitié du combustible employé.

Un second défaut inhérent à la machine de Newcomen, c'est que l'eau injectée dans le corps de pompe, pour y condenser la vapeur, s'échauffait elle-même en s'emparant du calorique latent de la vapeur condensée. Dès lors cette eau échauffée, fournissait des vapeurs, ce qui rendait le vide imparfait.

La résistance que le piston rencontrait dans la machine de Glascow, par suite de cette dernière circonstance, était équivalente, selon Watt, au quart de la pression atmosphérique.

Après avoir reconnu les vices de la machine de Newcomen, Watt pensa qu'il ne serait pas impossible de parer à ces défauts. Mais pour réaliser les perfectionnements dont cet appareil lui semblait susceptible, il fallait commencer par en fixer la théorie avec exactitude. C'est dans ce but que le jeune artiste se décida à entreprendre une série d'expériences relatives à la théorie des divers phénomènes sur lesquels repose l'emploi de la vapeur dans la pompe à feu. Il détermina donc, par expérience, la quantité de vapeur que fournit un poids donné de charbon, brûlé sous la chaudière d'une machine de Newcomen. Il rechercha ensuite, d'une manière générale, le volume de vapeur que produit un certain volume d'eau porté à l'ébullition, et il reconnut ainsi qu'un volume d'eau liquide fournit environ 1700 volumes de vapeur.

Ce fut en se servant de simples fioles à l'usage des pharmaciens, que Watt parvint à fixer ce chiffre important, que les expériences des physiciens modernes, exécutées avec toute la précision et la rigueur de nos méthodes actuelles, n'ont pu que légèrement modifier.

Watt détermina également la quantité de chaleur mise en liberté par la condensation d'un certain volume d'eau, et c'est ici que la théorie de Black sur la chaleur latente, lui devint d'une haute utilité. Étonné de la grande quantité d'eau froide qu'il fallait injecter dans le cylindre de Newcomen pour y condenser la vapeur, et frappé de la chaleur considérable que cette eau empruntait au faible volume de vapeur contenu dans le cylindre, il cherchait inutilement à s'expliquer la cause de ce phénomène :

« J'en parlai alors, a écrit Watt lui-même, à mon ami, le docteur Black, qui me développa à cette occasion sa doctrine du *calorique latent*, dont il avait conçu l'idée quelques années auparavant. Absorbé moi-même par mes travaux et mes propres recherches, j'avais pu entendre parler de cette nouvelle doctrine sans y donner toute l'attention qu'elle méritait, jusqu'au moment où je me vis ainsi arrêté devant l'un des principaux faits sur lesquels repose cette admirable théorie (1). »

Guidé par les vues de Joseph Black, Watt put déterminer la quantité d'eau froide qu'il fallait injecter dans le cylindre d'une pompe de Newcomen de dimensions connues, pour obtenir une condensation parfaite, et le volume de vapeur qu'une pareille machine dépense à chaque oscillation du piston. Enfin, comme la force élastique de la vapeur s'accroît avec la température, il essaya, sans prétendre cependant résoudre en entier une question si difficile, de déterminer la force élastique de la vapeur qui correspond à chaque degré du thermomètre.

Ainsi le jeune et pauvre fabricant d'instruments de l'université de Glascow se trouvait sérieusement engagé dans le grand problème du perfectionnement de la machine de Newcomen, question qui commençait alors à occuper un grand nombre d'ingénieurs distingués.

En effet, malgré tous ses défauts et la dépense énorme de combustible qu'elle entraî-

---

(1) Addition de Watt à l'article *Steam Engine* du *Philosophical Magazine* de Robison, t. II, p. 117.

nait, la pompe de Newcomen était déjà très-répandue en Angleterre. Employée, dans un grand nombre de mines de houille, à l'épuisement des eaux, elle y remplaçait les moteurs anciennement en usage, et elle avait contribué à faire sortir cette branche de l'industrie britannique de l'état précaire où elle avait longtemps langui. Il était donc facile de prévoir de quelle importance serait, pour l'avenir du pays, une modification de cette machine qui, tout en ajoutant à la puissance de ses effets, permettrait d'économiser une grande partie du combustible.

Watt embrassa d'un coup d'œil toute la portée de la tâche qu'il allait entreprendre. Mais les travaux de sa profession absorbaient la plus grande partie de ses moments et l'empêchaient de suivre ses expériences avec l'attention et les soins nécessaires. Il prit donc la résolution de se consacrer tout entier à l'étude expérimentale de la machine à vapeur.

Une circonstance nouvelle le décida à hâter l'exécution de ce projet. Il s'occupait avec ardeur des travaux de son atelier, pour venir en aide à sa famille, que de nouveaux revers venaient de réduire à un état voisin de la misère. La seule distraction qu'il se permettait, c'était de se rendre, le dimanche, dans une maison de campagne située aux environs de Glascow, et habitée, pendant la belle saison, par un de ses oncles, M. Miller. Or, M. Miller avait une fille de dix-huit ans. James Watt s'éprit de la jeunesse, des charmes et des qualités aimables de sa cousine, et sa demande ayant été aggréée, il épousa miss Miller en 1764.

Cette union, en lui assurant une certaine aisance, le détermina à fermer le petit atelier qu'il occupait dans les bâtiments de l'université de Glascow. Il s'établit dans l'intérieur de la ville, avec l'intention d'y exercer la profession d'ingénieur civil, et de s'occuper en même temps de ses recherches sur le perfectionnement de la machine de Newcomen.

Les heureuses qualités de miss Miller exercèrent sur la carrière de Watt, la plus heureuse influence. Quoique doué au suprême degré du génie de la mécanique, le célèbre constructeur avait dans le caractère une indolence assez marquée. Celui qui, sur la fin de sa vie, disait : « Je n'ai connu que deux plaisirs, la paresse et le sommeil, » avait besoin de ce doux et secret empire qu'exerce le cœur d'une femme aimée pour réveiller et tenir en haleine son insoucieux génie.

Cette influence ne tarda pas à se manifester, car ce fut en 1765, un an après son mariage, que Watt, donnant enfin un corps aux idées qui depuis longtemps flottaient dans son esprit, réalisa la première et peut-être la plus importante de ses découvertes, celle du *condenseur isolé*.

On a vu que le vice capital de la machine de Newcomen consistait dans la nécessité de refroidir et de réchauffer alternativement le cylindre, pour y opérer la condensation de la vapeur : le refroidissement du corps de pompe, par suite de l'injection d'eau froide, faisait perdre l'effet utile des trois quarts du combustible employé. Le problème, regardé jusque-là comme insoluble par tous les ingénieurs, de condenser la vapeur sans refroidir le corps de pompe, fut complétement résolu, grâce à l'idée admirable qui vint à l'esprit de James Watt, de condenser la vapeur dans un vase isolé, séparé du cylindre et ne communiquant avec lui que par un tube.

On conçoit en effet, que si, au moment où le corps de pompe est rempli de vapeur, on ouvre tout à coup une issue à cette vapeur, à l'aide d'un robinet qui lui donne accès dans un vase continuellement entretenu à une basse température par un courant d'eau froide, toute la vapeur se précipitera dans l'intérieur de ce vase en raison de son expansibilité. Le vide sera même obtenu de cette manière beaucoup plus promptement, car la condensation de la vapeur appellera presque instantanément dans le second vase toute la vapeur qui remplissait le corps de pompe. Ainsi la con-

Fig. 42. — James Watt étudiant le perfectionnement de la machine de Newcomen (page 87).

densation pourra s'opérer sans que jamais le cylindre soit refroidi; une économie considérable de vapeur, et par conséquent de combustible, sera du même coup réalisée.

L'appareil qui remplit cet important objet porte le nom de *condenseur*.

Mais il restait une autre difficulté, c'était de se débarrasser de la grande quantité d'eau employée pour refroidir le condenseur. Watt la surmonta en établissant dans l'intérieur de ce vase, une pompe à eau, mue par le balancier de la machine elle-même, et qui épuisait l'eau à mesure qu'elle avait servi à opérer la condensation. On perdait ainsi une notable partie de la force de la machine qui était employée à faire jouer la pompe; mais la perte était peu de chose relativement à celle que déterminait auparavant la condensation d'une grande partie de la vapeur sur les parois refroidies du cylindre.

Par l'addition du condenseur isolé, Watt apportait à la machine de Newcomen une modification capitale : il y diminuait de plus de moitié la dépense du combustible. Mais la machine ainsi modifiée reposait encore sur le même principe. C'était toujours la *machine atmosphérique*, dans laquelle la force motrice était fournie par le seul poids de l'air s'exerçant sur la tête du piston. Par une invention postérieure, Watt changea complétement le principe moteur de cette machine. Bannissant toute intervention de la pression atmosphérique, il fit dépendre uniquement ses effets de la force élastique de la vapeur.

Quelques détails sont nécessaires pour faire comprendre cette disposition nouvelle, qui diffère complétement du système de Newcomen. La figure 43 permettra d'expliquer comment la force élastique de la vapeur fut mise à profit dans ce nouveau système, qui a reçu de nos jours le nom de *machine à simple effet*.

Le cylindre B est fermé à sa partie supérieure, par un couvercle métallique percé d'une ouverture garnie d'étoupes grasses et bien pressées, de manière à laisser librement monter et descendre la tige d'un piston A, en interceptant tout passage à la vapeur et à l'air extérieur. La vapeur arrive de la chaudière par un large tuyau E et s'introduit dans le haut du cylindre par l'ouverture C, lorsque la *soupape d'admission* G est ouverte et la *soupape d'équilibre* H fermée. Elle exerce alors sa pression sur la face supérieure du piston et le fait descendre jusqu'au bas de sa course.

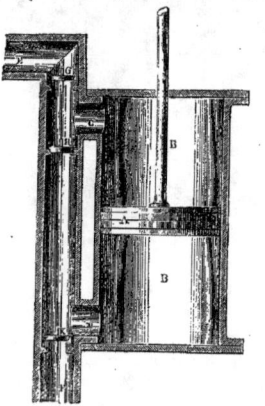

Fig. 43. — Cylindre à vapeur de la machine à simple effet.

Pendant ce temps, la *soupape d'exhaustion* K est également ouverte; elle permet à la vapeur qui s'était précédemment introduite au-dessous du piston, de s'écouler par le tube F dans le condenseur, où elle se liquéfie en produisant le vide. Rien ne s'oppose donc à l'abaissement du piston A, qui est chassé par la vapeur de haut en bas. Au moment où il arrive au bas du corps de pompe, on ferme les soupapes G et K et l'on ouvre la soupape d'équilibre H. Par ce moyen, on met en communication le haut et le bas du cylindre, et la vapeur qui en remplit la partie supérieure, se rend, par le tuyau HK et par l'ouverture D, dans la partie inférieure du cylindre. Le piston, qui tout à l'heure ne se trouvait pressé que par sa face supérieure, se trouve maintenant soumis sur ses deux faces, à des pressions égales et peut se mouvoir librement. Il remonte donc sans difficulté sous l'action de la tige de pompe, lestée d'un poids, qui se trouve suspendue à l'autre extrémité du balancier, comme dans la machine de Newcomen. Le piston revient ainsi jusqu'au haut de sa course.

On comprend que si l'on ouvre maintenant les deux soupapes G et K et qu'on ferme la soupape intermédiaire H, de manière à ne permettre à la vapeur que d'arriver à la partie supérieure du cylindre, tandis que la soupape K, ouverte, laisse écouler la vapeur dans le condenseur, la force élastique de la vapeur doit précipiter de nouveau le piston à la partie inférieure du corps de pompe. Si alors on fait de nouveau communiquer entre elles les capacités supérieure et inférieure du corps de pompe par l'action de la même cause, le même effet recommence, le piston remonte pour s'abaisser de nouveau, etc.

Ainsi le simple jeu de ces trois soupapes provoque le mouvement continu de la tige du piston.

Par ce nouvel et ingénieux emploi de la force élastique de la vapeur d'eau, Watt créa, on peut le dire, la véritable machine à vapeur. La machine de Newcomen ne méritait, à proprement parler, que le nom de *machine atmosphérique*; car la pesanteur de l'air était le seul élément auquel sa force fût empruntée. Pour la première fois on tirait la puissance motrice de la seule force élastique de la vapeur.

Les expériences multipliées auxquelles il devait se livrer pour arriver à de si importants résultats, Watt les exécutait dans un modeste atelier installé au rez-de-chaussée de sa maison, avec le secours d'un petit nombre d'ouvriers, confidents discrets de ses espérances et de ses travaux. Le modèle dont il se servit pour essayer le jeu des divers organes de sa machine, consistait en un cylindre de cuivre de moins de 2 pouces (0^m,051) de diamètre auquel une chaudière fournissait de la vapeur, qui s'introduisait, à l'aide d'un tube bifurqué, au-dessus et au-dessous de la tête du piston. Les robinets se tournaient à la main. Le condenseur était simplement formé de deux tuyaux d'étain de 10 pouces (0^m,254) de longueur, disposés verticalement, et venant aboutir à un tuyau d'un diamètre plus grand qui plongeait dans un bassin d'eau froide. Pour juger définitivement le jeu des divers organes de sa machine, Watt la fit exécuter en grand avec tous les éléments nouveaux qu'il avait imaginés.

C'est à cette occasion qu'il fit pour la première fois usage de l'enveloppe de bois entourant le cylindre, communément appelée *chemise du corps de pompe*, et qui a pour effet de prévenir les pertes de chaleur que le cylindre éprouve par suite de son rayonnement dans l'air. Par cet artifice, il parvint à diminuer encore très-sensiblement la dépense du combustible.

Ainsi la machine à vapeur était désormais complète. A la machine atmosphérique, dont les découvertes de Torricelli, de Pascal et d'Otto de Guericke avaient fait naître l'idée, que le génie de Papin et la sagacité de Newcomen avaient transportée dans la pratique, Watt substituait une machine infiniment supérieure par l'intensité de ses effets, et qui devait son principe à la seule force de la vapeur d'eau. Sous le rapport de la puissance et de l'économie, les avantages de ce nouveau moteur étaient de nature à dépasser toutes les espérances. Il ne restait donc plus qu'à le transporter dans la pratique industrielle. Mais Watt n'avait aucune des qualités nécessaires pour faire comprendre à des capitalistes, obligés par état à beaucoup de défiance, toute la portée d'une invention nouvelle. Assez insouciant par caractère, il détestait l'exagération de promesses qui sont familières aux inventeurs de tous les rangs. D'ailleurs, il n'était pas encore entièrement satisfait des résultats qu'il avait obtenus. Il rêvait des perfectionnements nouveaux, et répugnait à faire connaître ses idées avant d'avoir produit tout ce qu'il en espérait. Enfin, les périls des entreprises industrielles avaient de quoi effrayer la timidité de son esprit. Il hésitait à risquer ses faibles ressources sur cette mer trop fertile en naufrages.

Une circonstance fortuite put seule le décider à céder aux instances de ses amis.

Quoique voué tout entier aux travaux de son art, Watt était cependant assez répandu dans le monde, où le faisaient rechercher ses qualités agréables et la gaieté de son humeur. Nourri de bonne heure de toute espèce de lectures, doué d'une mémoire prodigieuse, d'une parole facile et d'une imagination intarissable, il n'avait pas tardé à acquérir à Glascow la réputation d'un causeur accompli. Aussi sa maison était-elle le rendez-vous de tous les personnages distingués de la cité. Outre son ami Joseph Black, on trouvait chez lui : Adam Smith, le célèbre auteur des *Recherches sur la cause de la richesse des nations*; Robert Simson, le patient restaurateur des ouvrages mathématiques des anciens, et divers littérateurs ou artistes qui aimaient à jouir des charmes et des profits de sa conversation. C'est par là que le docteur Roebuck fut amené à lier quelques relations avec James Watt.

Roebuck, fondateur de la célèbre usine de Carron, se distinguait du commun des financiers par son esprit et sa bonne humeur. Il fut présenté à Watt et fréquenta sa maison. Le hasard d'un entretien amena ce dernier à lui communiquer les modifications qu'il avait apportées à la machine de Newcomen. Le capitaliste anglais était lancé à cette époque dans des spéculations assez difficiles pour l'exploitation des mines de houille et des salines de Borrowstones, dans le comté de Linlithgow. Comprenant toute la portée de l'invention de Watt, il lui offrit immédiatement les capitaux nécessaires pour les exploiter. Il proposait de se charger de toutes les dépenses, à la condition d'obtenir les deux tiers des bénéfices de l'entreprise.

Le marché fut accepté. James Watt commença à construire à Kinneil, aux environs de Borrowstones, une pompe à feu, qui fut placée à l'entrée d'un puits de mine, pour y servir à l'épuisement des eaux. Comme cette machine n'était qu'une sorte de dernier essai, Watt lui fit subir différentes modifications, jusqu'à ce qu'elle eût atteint un haut degré de perfectionnement. Pour s'assurer alors la propriété exclusive de ses inventions, il s'occupa d'obtenir un brevet qui lui concédât le privilége de la construction des machines à vapeur modifiées. Ce brevet lui fut accordé en 1769.

James Watt se disposait à créer un vaste établissement pour la construction des machines à vapeur, lorsque, à la suite de spéculations manquées, la fortune de Roebuck vint à recevoir de graves atteintes qui l'obligèrent d'abandonner cette entreprise. Watt, envers qui il se trouvait débiteur d'une somme assez importante, eut la générosité de rompre l'association et de le libérer de tout engagement. Ensuite, avec une modestie, une sérénité admirables, ce dernier reprit paisiblement le cours de ses occupations d'ingénieur.

Pendant quatre ans il se consacra exclusivement aux travaux de cette profession. Il traça les plans et dirigea la construction d'un canal destiné à porter à Glascow le charbon des mines de Monkland. Il dressa les projets de divers autres canaux, et se livra à des études relatives à certaines améliorations des ports d'Ayr, de Glascow et de Greenock. Il construisit les ponts d'Hamilton et de Rutherglen, et s'occupa enfin de l'exploration des terrains à travers lesquels devait passer le canal Calédonien. L'homme de génie, à qui l'Angleterre allait devoir, dans un délai prochain, les plus brillantes créations de la mécanique moderne,
ne dédaignait pas de s'employer aux simples travaux d'un conducteur des ponts et chaussées.

Un coup terrible, qui vint le frapper à cette époque, contribua encore à éloigner de son esprit les grands projets qui l'avaient un instant séduit. Pendant qu'il se trouvait retenu dans le nord de l'Écosse, il eut la douleur de perdre sa douce et tendre compagne. Tout entier à ses regrets, Watt n'accordait plus une seule pensée à ses premiers travaux. Il semblait avoir oublié qu'il tenait dans ses mains la richesse future de son pays. Heureusement ses amis ne l'oubliaient pas.

En 1775, on réussit enfin à triompher de ses répugnances, et on le décida à se mettre en rapport avec le célèbre industriel Mathieu Boulton, de Birmingham.

Boulton possédait le génie de l'industrie autant peut-être que Watt celui de la mécanique. Il avait la réputation du plus riche, du plus habile et du plus entreprenant manufacturier de l'Angleterre. L'établissement qu'il avait fondé peu d'années auparavant à Soho, près de Birmingham, pour la fabrication de toutes sortes d'ouvrages de fer, d'acier, d'argenterie et de plaqué, était un des plus importants et des mieux tenus du royaume. A peine eut-il connaissance des modifications apportées à la machine à vapeur par l'ingénieur de Glascow, qu'il en devina tout l'avenir et n'hésita pas à mettre sa fortune entière à la disposition de l'inventeur. Il passa avec James Watt un acte d'association, et fit aussitôt construire une première machine de proportions considérables, qui fut établie dans son usine de Soho, afin que le public pût être témoin de ses effets.

Mais le brevet d'exploitation, pris en 1769 par James Watt, n'avait plus que quelques années à courir. On s'adressa donc au parlement, pour en obtenir la prolongation. Grâce au crédit et à l'activité de Boulton, le parlement consentit, non cependant sans de longues difficultés, à prolonger le privilége.

Fig. 44. — Ateliers de construction de machines à vapeur de Boulton et Watt, à Soho, près Birmingham.

En 1775, contrairement aux dispositions qui régissent les brevets, on accorda à Boulton et Watt un nouveau privilége de vingt-cinq ans de durée « en considération du mérite éminent des inventions de l'auteur, » attesté par les savants les plus recommandables de Londres. Boulton et Watt purent alors se lancer hardiment dans la carrière brillante qui s'ouvrait devant eux.

Par le genre particulier et surtout par la diversité de leur esprit, Boulton et Watt semblaient avoir été, chacun de son côté, créés tout exprès pour mener à bien une entreprise de cette nature.

« M. Watt, dit Playfair, était réservé, studieux et fuyant le monde ; au lieu que M. Boulton était un homme remuant, actif, intelligent, très-répandu dans la haute société, et cependant ennemi des façons et sachant se mettre à l'aise avec les hommes de toutes les classes. Quand M. Watt aurait cherché par toute l'Europe, il n'aurait pu trouver personne aussi propre à produire ses inventions d'une manière aussi digne de leur mérite et de leur importance. Quoique tous deux fussent de mœurs tout à fait différentes, il semblait que le ciel les eût faits l'un pour l'autre, car on ne vit jamais, dans le commerce ordinaire de la vie, plus d'harmonie qu'il n'en régnait entre ces deux hommes (1). »

Le brevet obtenu, Boulton convertit une partie de son établissement de Soho en ateliers consacrés à la fabrication des machines à vapeur. On fit constater par des expériences authentiques, exécutées sous les yeux des propriétaires et des actionnaires des mines, l'économie réalisée par la nouvelle pompe à feu installée à Soho. Il fut reconnu qu'à égalité d'effet, elle réduisait des trois quarts la dépense du combustible consommé par la ma-

(1) *Memoirs by Playfair* (*Monthly Magazine*, 1819).

chine de Newcomen. Bientôt, grâce au système établi par Boulton pour l'exécution des différentes pièces mécaniques, plusieurs machines à feu, destinées à l'épuisement des mines, se trouvèrent construites et prêtes à fonctionner.

C'est alors que l'on fut témoin, en Angleterre, d'un phénomène industriel qui probablement ne se reproduira jamais, et qui faisait également honneur à l'audace du spéculateur et au génie du mécanicien. Boulton et Watt ne vendaient pas leurs machines, ils les donnaient à qui voulait les prendre. Ils se chargeaient même de les monter et de les entretenir à leurs frais. Quant aux anciennes machines de Newcomen, on les reprenait à un prix bien au-dessus de leur valeur.

Boulton avança de cette manière jusqu'à 47,000 livres sterling (1,175,000 fr.) avant de songer à effectuer une seule rentrée. Toute la redevance qu'il réclamait des propriétaires des mines, c'était le *tiers de la somme annuellement économisée sur le combustible*.

Les propriétaires de mines ne pouvaient hésiter en présence de telles conditions. Les machines de Watt commencèrent à être adoptées dans le Cornouailles, où le prix du charbon les rendait doublement précieuses. Elles se répandirent de là dans la plupart des comtés houillers de l'Angleterre, et les associés commencèrent à réaliser d'importants bénéfices.

En effet, la combinaison imaginée par Boulton, avec toutes les apparences d'une générosité exemplaire, avait pour résultat de porter le prix des machines à un taux exorbitant. On en jugera par un exemple. Dans les mines de Chacewater, où l'on employait trois pompes à feu, les propriétaires payaient annuellement à Boulton et Watt, pour le tiers du combustible économisé, la somme de 60,000 francs (1).

Les propriétaires de mines, qui d'abord avaient accepté cette combinaison avec reconnaissance, ne purent se résigner longtemps à voir les associés toucher des droits si considérables. On mettait de jour en jour plus de répugnance à s'acquitter, et bientôt des procès nombreux vinrent menacer sérieusement le sort de l'entreprise de Boulton.

On s'appuyait sur de prétendus perfectionnements apportés aux appareils de Watt, pour se déclarer affranchis de toute redevance. On allait fouiller les bibliothèques pour y découvrir des titres d'antériorité contre lui et demander la déchéance de ses brevets.

Le grand argument consistait à prétendre que Watt avait été bien suffisamment rétribué de ses peines, pour un homme qui, en fin de compte, n'avait inventé que des idées. C'est ce qui amena devant le tribunal cette apostrophe d'un avocat : « Allez, Messieurs, allez vous frotter à ces prétendues idées abstraites, à ces combinaisons intangibles, ainsi qu'il vous plaît d'appeler nos machines; elles vous écraseront comme des mouches, elles vous lanceront dans les airs à perte de vue ! »

Cependant l'imperfection que présentait à cette époque la loi anglaise concernant les

---

(1) « Afin d'obtenir, dit Robert Stuart, des données positives pour l'évaluation de cette espèce de tribut, une série d'expériences fut entreprise par des hommes d'une habileté et d'une probité reconnues. Étant donnés la profondeur de la mine, le diamètre des corps de pompe et le nombre des coups de piston avec une machine quelconque, ordinaire ou perfectionnée, il ne leur restait plus qu'à apprécier l'économie de combustible pendant un certain nombre de coups de piston, et ce prix devenait la base sur laquelle ils établissaient leurs calculs. Pour compter le nombre des coups de piston, on adapta au balancier un petit appareil consistant en un système de roues enfermées dans une boîte disposée de façon que chacun des mouvements ascendants ou descendants du balancier faisait avancer d'un pas les petites roues, ainsi qu'un petit index qui indiquait cette progression. Ce petit appareil s'appelait le *compteur*. Deux clefs seulement pouvaient l'ouvrir, dont l'une restait entre les mains des propriétaires de la machine, l'autre dans celles de MM. Watt et Boulton, qui avaient un commis-voyageur chargé de reconnaître de temps à autre la situation des choses. On ouvrait en présence des deux parties les *compteurs*, et le tribut à prélever se trouvait déterminé par le nombre des coups de piston donnés. Ce prélèvement annuel, toutefois, pouvait être racheté par le payement d'une somme une fois donnée, égale au produit de dix années. Il y avait différentes manières de disposer le compteur et de le faire marcher. » (*Histoire descriptive de la machine à vapeur*, p. 190.)

brevets, laissait une large prise à la mauvaise foi et à la fraude. Il régnait, en outre, dans l'esprit des juges, beaucoup de préventions et de défiance contre les brevetés. Leurs Seigneuries déployaient un zèle et une ardeur infatigables pour découvrir des vices de forme dans les brevets de James Watt, et pour chercher dans le texte d'anciennes lois des dispositions opposées à son privilége.

Aussi, en dépit de l'évidence de leurs droits, Watt et Boulton furent-ils battus en cours de justice.

Cet échec était grave : il redoublait l'audace et les prétentions des plagiaires. Des capitalistes qui n'auraient pas osé enfreindre ouvertement les brevets de Watt, encouragés par ce premier succès, s'employaient activement à faire délivrer à des hommes sans crédit des brevets nouveaux spécifiant quelque modification insignifiante; puis, armés de ces pièces suspectes, ils venaient battre en brèche, devant le tribunal, les réclamations des associés.

De pareilles difficultés, chaque jour renaissantes, et qui devenaient de plus en plus compliquées, auraient été de nature à déconcerter un autre homme que Watt. Mais il était sorti vainqueur, durant sa vie, de combats plus difficiles; il ne recula pas devant ces luttes nouvelles. Il se décida à abandonner pour quelque temps la surveillance de ses ateliers, et se rendit à Londres, pour y mener, au milieu des gens d'affaires et des hommes de justice, l'existence agitée du plaideur. Pendant huit années consécutives, le génie du grand mécanicien fut détourné de sa voie naturelle, et dans ce long intervalle, il eut le temps de devenir un légiste accompli.

Le succès vint enfin couronner ses efforts, mais l'heure de la justice avait été longue à sonner. Ce ne fut qu'en 1799, trente-cinq ans après ses premières découvertes, que, libéré définitivement par une décision de la cour du roi, il fut remis en possession entière de son privilége. Seulement, comme le terme de son brevet expirait l'année suivante, cette satisfaction était presque dérisoire.

C'est ce qui faisait dire gaiement à James Watt, qu'il se félicitait d'habiter un pays dans lequel il ne faut que trente-cinq ans de discussion et une douzaine de procès pour assurer à un citoyen la récompense de son travail.

Vers l'année 1776, à peu près déchargé du trop long ennui des contestations judiciaires, Watt put revenir à ses travaux accoutumés; et dès lors il se voua sans réserve à la solution du problème capital qui depuis plusieurs années ne cessait de se poser dans son esprit.

La machine à vapeur n'avait jusque-là servi qu'à l'épuisement de l'eau dans les mines; il voulait transformer la puissance dont il s'était rendu maître, en un moteur susceptible de recevoir toutes les applications que peut exiger l'industrie. Il avait créé la *pompe à feu*, il fallait créer le moteur universel. Ce grand problème, son génie devait le résoudre de la manière la plus absolue, dans son principe général et dans ses détails les plus délicats, grâce à une série de découvertes dont il nous reste à exposer les éléments.

On a vu que dans la *machine à simple effet* (page 86), dans laquelle Watt substituait à la pression atmosphérique la seule puissance de la vapeur, l'action motrice ne s'exerce réellement que pendant l'abaissement du piston. L'oscillation ascendante est simplement déterminée par le contre-poids attaché au balancier, qui fait remonter le piston, lorsque la pression de la vapeur est rendue égale sur ses deux faces. Il y avait donc dans le jeu de cette machine, une interruption d'action manifeste. Cet inconvénient n'avait qu'une faible importance quand il s'agissait d'élever les eaux; l'exploitation des mines pouvait parfaitement se contenter d'une telle disposition. Mais pour l'application de la machine à vapeur à tous les usages de l'industrie, ce défaut n'était aucunement tolérable. Le travail égal et continu des manufactures exige que la force motrice puisse s'exercer aussi bien pendant l'ascension que pendant la chute du piston. Il fallait obtenir de la machine à vapeur une continuité d'effet.

Watt parvint à atteindre cet important résultat par le moyen suivant. Au lieu de se borner à faire agir la vapeur sur la tête du piston, il la dirigea alternativement au-dessus et au-dessous du piston de manière à provoquer par la seule action de la vapeur, son élévation et sa chute. Il établit les communications entre le cylindre et le condenseur, de telle sorte que la vapeur contenue dans la capacité située au-dessus du piston s'écoulait dans le condenseur au moment même où le piston était arrivé au bas de sa course. Dès lors la vapeur, arrivant au-dessous du piston pour le soulever, ne rencontrait aucune résistance capable de contrarier son effet, puisque par suite de la condensation de la vapeur qui remplissait naguère la partie supérieure du cylindre, un vide parfait existait dans cette capacité.

Cette nouvelle disposition de la machine à vapeur rendait son mécanisme parfait. Les contre-poids énormes que l'on avait employés jusque-là pour équilibrer le piston, devenaient ainsi inutiles, et pour la première fois, on put débarrasser la machine de ces lourdes masses qui formaient le balancier de Newcomen. On put également faire disparaître les quantités considérables de fer ou de bois que l'on employait dans la construction de certaines pièces de la machine pour adoucir ses mouvements.

La *machine à double effet* exécute dans le même temps, le double de travail de la machine à simple effet; mais elle dépense deux fois plus de vapeur. L'avantage réside donc seulement dans la succession plus rapide de ses effets, circonstance de la plus haute utilité, lorsque la machine est destinée à servir de moteur d'une application universelle.

Pour tirer parti de la force motrice développée par la machine à vapeur ainsi modifiée, il fallait, de toute nécessité, adopter une manière nouvelle de communiquer au balancier le mouvement du piston. Il est facile de comprendre, en effet, que le moyen employé dans la machine de Newcomen, dans laquelle la vapeur n'imprime qu'une impulsion de haut en bas, ne pouvait s'appliquer à la machine à double effet, qui fournit une impulsion de haut en bas et de bas en haut. Dans la machine de Newcomen, deux chaînes de fer fixées à ses deux extrémités, comme on le voit dans la figure 37 (page 71), suffisaient pour mettre le balancier en jeu. Dans l'oscillation descendante, le piston tirait le balancier par le secours de la chaîne; dans l'oscillation ascendante, c'était le balancier ou son contrepoids, qui, au moyen de la seconde chaîne, faisait remonter le piston. Mais dans la machine à double effet, la pression de l'air n'entre pour rien; c'est la pression de la vapeur qui fait monter et descendre le piston. Il fallait donc imaginer un autre procédé pour communiquer au balancier les deux mouvements ascendant et descendant; il fallait, pour cela, faire coïncider le mouvement de l'extrémité du balancier qui décrit un arc de cercle avec le mouvement rectiligne de la tige du piston.

Dans ses premières machines, Watt s'était contenté de garnir la partie de la tige du piston qui s'élève au dehors du corps de pompe, d'une série de dents qui engrenaient dans une roue dentée. Cette crémaillère était le moyen le plus simple pour transmettre le mouvement. Mais, indépendamment de son peu d'élégance, elle ne manœuvrait qu'avec grand bruit et était sujette à se déranger, surtout quand on voulait imprimer au mouvement une seconde direction. Watt remplaça ce mécanisme trop élémentaire, par un appareil plus compliqué, qui porte le nom de *parallélogramme articulé*.

Voici d'abord l'explication théorique de cet ingénieux appareil.

Soient AC (fig. 45) un levier mobile autour d'un centre C, et A'C' un levier, d'égale longueur, mobile autour de C'; supposons en outre qu'ils soient réunis par leurs bouts A et A', au moyen de la bielle articulée AA'. Le point A décrira un arc de cercle autour de C, le point A' un arc semblable autour de C'. La bielle AA' s'appuiera donc sans cesse sur deux circonférences de cercle. On peut démontrer

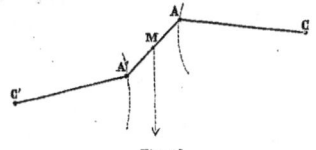

Fig. 45.

que dans ce cas, et pourvu que les excursions des points A, A' ne soient pas considérables, le milieu M de la barre AMA' décrit une courbe très-peu différente d'une ligne droite. Il suffit donc de suspendre la tige d'un piston au point M pour lui imprimer un mouvement sensiblement rectiligne.

L'appareil composé de deux leviers et d'une bielle s'appelle ordinairement le *parallélogramme simple de Watt*, quoiqu'il n'y ait pas de parallélogramme dans cette combinaison. La dénomination qu'il a reçue est destinée à rappeler le *parallélogramme articulé de Watt*, auquel cet appareil simplifié

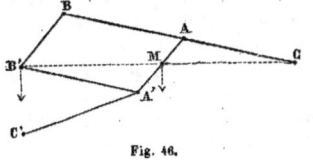

Fig. 46.

sert de base, et que nous allons maintenant expliquer.

Concevons que le levier AC (*fig.* 46) soit prolongé au delà du point d'attache A, d'une quantité AB, égale à AC, et que sa nouvelle extrémité B soit reliée avec le point A' par deux bras articulés BB' et B'A', de sorte que les quatre points A, A', B, B' forment un parallélogramme mobile, qui peut prendre toutes sortes d'inclinaisons à l'aide de charnières placées à ses quatre angles. Tirons une ligne CB', elle passera par le milieu M de la bielle AA', et sera elle-même partagée en deux moitiés égales par le point M. Il s'ensuit que le point B' décrira une courbe tout à fait semblable à celle que parcourt le point M ; c'est-à-dire que le point B' restera aussi sensiblement sur une ligne droite. Si l'on attache à ce point B' un deuxième piston, le premier étant fixé en M, on obtient pour les deux tiges, des mouvements parallèles et rectilignes.

La figure 47 représente le *parallélogramme articulé de Watt*, tel qu'il est employé dans les machines à vapeur. EB est un levier rigide, qui tourne autour d'un centre fixe E, et

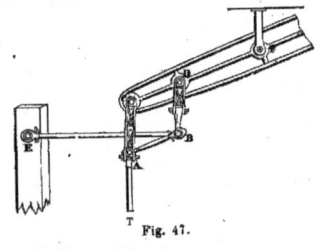

Fig. 47.

qui s'articule en B, avec le parallélogramme ABCD. L'extrémité de la tige du piston de la machine à vapeur AT, est fixée à l'angle A du parallélogramme. Quand la tige AT est poussée en haut par l'élévation du piston, auquel elle est attachée, l'extrémité C décrit un arc de cercle, mais les points A et C se meuvent en ligne droite, de bas en haut. Pendant la descente du piston, le même jeu se répète d'une manière inverse ; les points A et C descendent verticalement et en ligne droite.

Dans les machines à vapeur à condensation, on fixe ordinairement la tige de la pompe d'alimentation au point C du balancier, point qui se meut aussi verticalement en ligne droite, comme nous venons de l'expliquer.

Tel est le principe du curieux mécanisme imaginé par James Watt, en 1784, pour transmettre au balancier le mouvement du piston. Quelques dispositions différentes ont été adoptées plus tard pour la construction de cet appareil, mais elles n'ont rien changé au principe sur lequel repose son mécanisme.

La force une fois commodément transmise au balancier, il fallait s'occuper de transformer le mouvement de *va-et-vient* de ce balancier en un mouvement de rotation, propre à faire marcher une roue ou un volant fixé sur l'axe de la machine, et à s'adapter par conséquent à tous les usages auxquels un moteur peut être consacré. Le mécanicien Stewart avait tenté, sans y réussir, d'employer, dans cette vue, des roues à rochet. Watt résolut le problème d'une manière beaucoup plus heureuse, par une simple application de la manivelle du rémouleur.

« Des nombreux projets, dit Watt, qui me passèrent par la tête, aucun ne me parut si propre à me conduire au but que je me proposais d'atteindre, que l'application d'une simple manivelle dans le genre de celle dont se sert le rémouleur, et qu'il fait mouvoir avec le pied : invention de grand mérite et dont on ne connaît ni la date ni le modeste inventeur. »

L'appareil imaginé par Watt pour appliquer la manivelle du rémouleur à la transformation du mouvement rectiligne de la tige du piston en un mouvement rotatoire, donna les meilleurs résultats. Mais il arriva que l'un de ses concurrents, M. Wasbrough, en eut connaissance par suite de l'infidélité d'un ouvrier, et qu'il s'empressa de prendre un brevet spécifiant l'application de la manivelle au mécanisme de la machine à vapeur.

Watt avait jugé inutile de prendre un brevet pour un moyen connu depuis un temps immémorial et qui se trouve employé dans tous les rouets des fileuses et dans toutes les roues des rémouleurs. Il aurait sans peine prouvé judiciairement que l'on ne pouvait interdire à personne l'usage d'un artifice aussi banal. Il trouva plus simple d'arriver au même but par une autre voie, et il inventa l'appa-

reil connu en Angleterre sous le nom de *soleil et planète*. La figure 48 représente cet appareil.

CB est une roue dentée qui, conduite par la tige AB, du piston de la machine à vapeur, tourne autour de la roue D, en parcourant sa circonférence et engrenant avec elle. La roue

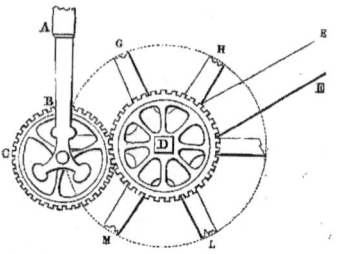

Fig. 48.

D est fixée elle-même à l'arbre de couche de la machine, et fait tourner cet arbre. EE est la courroie de transmission du mouvement, GHLM, la circonférence du volant.

On voit que la roue CB paraît tourner autour de la roue D, comme une planète autour du soleil. C'est ce qui a fait donner en Angleterre, à cet assemblage mécanique, le nom bizarre de *soleil* et *planète*. D se nomme la *roue solaire*, et CB la *roue planétaire*.

Mais cet appareil, délicat à construire, coûteux et sujet à se déranger, fut abandonné par Watt dès que l'expiration du brevet de M. Wasbrough lui permit de revenir à l'emploi de la manivelle.

La manivelle et le volant, qui, dans les machines actuelles, servent à transformer le mouvement rectiligne de la tige du piston en un mouvement circulaire, sont représentés dans la figure 49. B est la bielle ou tige qui descend de l'extrémité du balancier; elle s'articule avec la manivelle C, dont le bras est lié au centre E de la roue, ou volant, A, et peut tourner avec cette roue. Lorsque le balancier s'abaisse, par suite du mouvement du piston, il abaisse en même temps la manivelle, et fait tourner le volant, dont la vitesse acquise le fait élever au-dessus du centre E. Alors le balancier, en se relevant par le second coup de

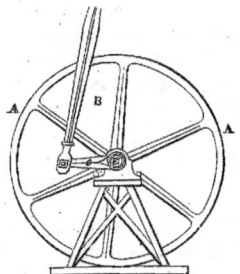

Fig. 49. — Manivelle pour la transformation du mouvement du piston.

piston, communique son mouvement au volant et lui fait achever de décrire le cercle : un mouvement de rotation continu est donc ainsi produit.

Une force considérable et une continuité d'effet ne sont pas les seules conditions que doit réunir une machine destinée à devenir d'un usage général comme moteur. Pour la plupart des industries auxquelles elle doit s'appliquer, la régularité, l'égalité d'action, sont tout aussi importantes que l'intensité de la force. Or, tout le monde voit que l'effet mécanique produit par la machine à vapeur doit être d'une irrégularité excessive. Le degré de sa puissance dynamique dépend en effet, du nombre de coups de piston qu'elle frappe dans un temps donné ; mais ceux-ci varient nécessairement selon que le feu est activé ou ralenti dans le foyer. Une force qui s'engendre par des pelletées de charbon jetées sous une chaudière, doit naturellement présenter dans son intensité les plus grandes variations. C'est à ce défaut si grave qu'il importait de parer. Voici la simple et admirable disposition que le génie de Watt imagina pour y porter remède.

Admettons que, dans l'intérieur du tuyau destiné à introduire dans le cylindre la vapeur fournie par la chaudière, on dispose une sorte de soupape ou plaque mobile, susceptible de fermer ce tuyau ou de le laisser ouvert, de manière à suspendre ou à rétablir à volonté la communication entre la chaudière et le cylindre ; selon que cette plaque mobile sera plus ou moins ouverte, une quantité de vapeur plus ou moins grande sera admise dans le corps de pompe. On pourra, grâce à ce moyen, régler le jeu de la machine, puisque, en augmentant ou en diminuant la quantité de vapeur qui arrive dans le cylindre, on pourra augmenter ou diminuer le nombre des coups de piston. Cette soupape ou plaque mobile, Watt est parvenu, par un artifice des plus ingénieux, à la faire manœuvrer par la machine elle-même ; de telle sorte que, lorsque les mouvements du piston sont trop précipités, la machine ferme en partie la soupape et réduit ainsi la quantité de vapeur introduite; si, au contraire, les coups de piston se ralentissent, elle dilate la soupape, et, admettant ainsi dans le cylindre une plus grande quantité de vapeur, elle augmente, dans la proportion nécessaire, l'intensité des effets mécaniques.

L'appareil qui sert à obtenir ce curieux et remarquable effet, était désigné par James Watt sous le nom de *gouverneur*. Il en trouva l'idée dans un petit mécanisme employé depuis longtemps dans les moulins à farine pour écarter ou rapprocher les meules et régulariser ainsi leur mouvement.

La figure 50 fera comprendre le jeu de cet appareil de Watt, que l'on désigne aujourd'hui sous le nom de *régulateur à force centrifuge*.

dd est une corde, ou une chaîne sans fin, qui embrasse une poulie D, tournant autour de la tringle verticale DF, qui est elle-même mobile et tourne autour des deux points fixes J, K. Deux boules métalliques E, E, sont fixées à l'extrémité de deux leviers brisés. Ces leviers sont coudés au point où ils touchent la tringle D, et, au moyen de deux articulations ou charnières f, f, ils se rattachent à deux autres leviers plus courts fh, attachés eux-mêmes à une espèce de tube F qui peut glisser librement de haut en bas sur la tringle verticale e.

Ce petit cylindre est lié lui-même à un levier horizontal HH' qui a son point d'appui en G, et qui porte à son extrémité une bielle ou tige verticale HL, qui fait mouvoir, à l'aide d'une manivelle V, la soupape ou plaque mobile Z, destinée elle-même à régler l'entrée de la vapeur dans le cylindre.

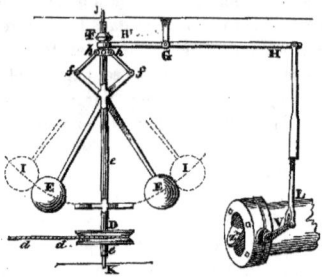

Fig. 50. — Régulateur de Watt à force centrifuge.

Voici maintenant le jeu de ces différentes pièces. Lorsque le balancier marche avec le degré de vitesse convenable, les boules de métal, par l'intermédiaire de la corde dd qui se trouve liée à l'arbre de la machine, tournent autour de la tringle, avec la position représentée dans la figure. Mais si le mouvement vient à s'accélérer, il se transmet à la tringle par la corde de la poulie, et dès lors, les globes, entraînés par la force centrifuge, s'écartent et prennent la position représentée par les circonférences pointées I, I. Cet écartement des boules a pour effet nécessaire l'abaissement des petits leviers fh, ainsi que du cylindre F et de l'extrémité du levier horizontal HH' qui vient y aboutir; par suite, l'extrémité H de ce dernier levier s'élève, elle entraîne alors dans son mouvement la tige HL qui, au moyen de la manivelle V, ferme en partie la soupape Z, et diminue ainsi la quantité de vapeur introduite dans le cylindre. Si, au contraire, le mouvement de la machine vient à se ralentir, il se produit dans le jeu des mêmes pièces, des effets inverses des précédents. Les boules, tournant avec moins de rapidité, se rapprochent l'une de l'autre, et, par suite du mouvement des leviers auxquels elles sont liées, la soupape Z s'ouvre davantage et laisse pénétrer dans le corps de pompe une plus grande quantité de vapeur, ce qui accélère aussitôt les mouvements du piston.

C'est donc à bon droit que cet ingénieux appareil est désigné sous le nom de *régulateur à force centrifuge*.

La dernière des découvertes de Watt est relative à l'emploi de la détente de la vapeur, conception des plus remarquables, dont l'honneur revient tout entier au célèbre mécanicien, bien qu'il n'en ait jamais tiré lui-même grand parti.

Quelques explications sont nécessaires pour bien comprendre en quoi consiste le phénomène de la détente de la vapeur, qui fournit dans les machines modernes les résultats les plus remarquables sous le rapport de l'économie du combustible.

Si le robinet qui sert à introduire la vapeur dans le cylindre, reste ouvert pendant toute la durée du mouvement ascendant ou descendant du piston, celui-ci arrivera à l'extrémité de sa course, avec une vitesse toujours croissante, et qui aura pour résultat d'imprimer à toutes les pièces de la machine un choc et un ébranlement fâcheux. Mais si, au lieu de laisser le robinet d'admission ouvert pendant toute la durée de l'oscillation du piston, on le ferme lorsque celui-ci est parvenu seulement au tiers ou à la moitié de sa course, la quantité de vapeur ainsi introduite suffira pour produire le refoulement du piston. En effet, la vapeur, se dilatant dans le vide à la manière d'un gaz, continuera de presser le piston, qui, en raison, d'ailleurs, de sa vitesse acquise, arrivera aisément à l'extrémité de sa course. Ainsi une moindre quantité de vapeur sera

Fig. 51. — Le cercle des lunatiques, ou les soirées intimes de Watt dans sa terre de Heathfield (page 99).

employée pour faire marcher le piston. En agissant de cette manière, la vapeur ne pourra pas évidemment produire un effet dynamique aussi puissant que si elle agissait à pleine pression, pendant toute la durée de la course du piston, mais aussi la quantité de vapeur dépensée ne sera que la moitié ou le tiers de celle qu'on aurait employée en opérant à pleine pression. Pour reconnaître si cette disposition présente des avantages, il suffit donc de savoir si, par ce moyen, la dépense du combustible est réduite dans un plus grand rapport que l'effet produit. Or, c'est ce que l'expérience a parfaitement établi.

L'emploi de la vapeur avec détente introduit aujourd'hui dans la plupart de nos machines, a permis de réaliser une économie considérable sur le combustible, et, selon Arago, « de très-bons juges placent la détente,

« quant à la dépense économique, sur la ligne « du condenseur. » Cependant Watt ne l'a mise en usage que vers 1782, dans un petit nombre de machines. Son but principal, dans l'emploi de ce moyen, était de modérer la vitesse de la chute du piston, et de rendre uniforme le mouvement accéléré qui lui est propre lorsque la vapeur agit à pleine pression. Ce n'est qu'à notre époque que la détente de la vapeur a été utilisée de manière à réaliser les avantages immenses qui résultent de son emploi.

Par cette belle série de découvertes, dont aucune n'avait été le produit du hasard, mais qui résultaient toutes de persévérantes recherches, Watt avait donc résolu le grand problème du moteur universel tant poursuivi depuis un siècle. Un simple ouvrier mécanicien, sans fortune et sans études, s'emparant d'une machine imparfaite, et qui depuis cinquante ans fonctionnait sans progrès notables, l'avait transformée en un agent moteur d'une force presque sans mesure et d'une application illimitée. En raison du principe sur lequel elle repose, sa puissance motrice était incalculable ; grâce aux artifices employés pour en modérer et en régulariser l'action, elle pouvait servir aux usages les plus variés et les plus délicats.

Aussi quelques années suffirent-elles pour répandre en Angleterre ce précieux appareil. Dans les grands centres manufacturiers, tels que Birmingham, Manchester, Liverpool, etc., la machine à vapeur fut appliquée au cardage de la laine et du coton, à la fabrication des draps et de tous les tissus de fil, de coton ou de soie. Par son secours, l'industrie de l'exploitation de la houille ne tarda pas à étendre ses bénéfices dans une proportion extraordinaire. La machine à vapeur fut aussi employée dans les usines métallurgiques, pour marteler, laminer le fer, le cuivre et le plomb, pour étirer en fil le fer et l'acier ; on l'appliqua à tous les travaux hydrauliques, au sciage mécanique du bois, à la fabrication du papier, de la porcelaine et de la faïence, à l'impression des livres, à la préparation et au broiement des couleurs destinées à la peinture ; en un mot, à presque toutes les branches de l'industrie britannique.

Un chiffre suffira pour faire connaître l'économie prodigieuse que l'emploi de la machine à vapeur a permis de réaliser dans les opérations industrielles. Selon Arago, un boisseau de charbon brûlé dans les machines à vapeur du Cornouailles produit l'ouvrage de vingt hommes travaillant dix heures. Or, dans les comtés houillers de l'Angleterre, un boisseau de charbon coûte environ 0^r,90. La machine de Watt a donc permis, en Angleterre, de réduire le prix d'une journée d'homme, de la durée de dix heures, à moins de 0^r,05 de notre monnaie.

Après un tel résultat, on est moins surpris d'apprendre que, suivant des relevés authentiques, les machines à vapeur qui existent aujourd'hui en Angleterre remplacent à elles seules le travail de trente millions d'hommes.

CHAPITRE IX

DERNIÈRES ANNÉES DE JAMES WATT.

Ces machines admirables qui devaient exercer une influence si extraordinaire sur la prospérité de la nation britannique, Watt les faisait exécuter sous ses yeux, dans l'immense établissement de Soho. C'est de là que partaient les puissants appareils qui allaient fonctionner dans les diverses parties des trois royaumes. La manufacture de Soho était pour les Anglais une sorte d'école des ponts et chaussées ; c'était comme un établissement d'instruction pour les ingénieurs et les mécaniciens de la Grande-Bretagne. Les étrangers s'y rendaient aussi pour étudier le mécanisme des nouvelles machines, et pour en transporter l'usage dans leur patrie. C'est ainsi que Bettancourt, envoyé par le gouvernement espagnol, put introduire dans son pays les premiers appareils de ce genre ; l'habile ingénieur avait deviné le mécanisme de la machine à double effet à la seule inspection de son jeu extérieur. C'est encore de la même manière que l'aîné des frères Perrier, qui fit, dans cette vue, jusqu'à cinq voyages en Angleterre, put installer à Paris une machine à vapeur qui n'était que la reproduction de la machine de Watt à simple effet. C'est la même machine qui a fonctionné jusqu'à l'année 1854 sur les rives de la Seine pour la distribution des eaux, et qui était connue sous le nom de *pompe à feu de Chaillot*.

Watt continua de résider à Birmingham ou à Soho, jusqu'au terme de son association avec Mathieu Boulton ; leur société devait durer jusqu'à l'expiration du premier brevet de Watt. Ce brevet, concédé en 1775, pour un espace de vingt-cinq années, expirait en 1800. A cette époque, Watt et Boulton se séparèrent de la société. Ils y furent remplacés chacun par son fils, et la nouvelle compagnie continue de diriger de nos jours, l'admirable établissement dû à la persévérance et au génie de ses fondateurs.

En se retirant des affaires, James Watt vint se fixer dans une terre voisine de Soho, nommée Heathfield, dont il avait fait l'acquisition en 1790. Il passa ses derniers jours dans cette heureuse retraite, pratiquant les maximes de sa douce philosophie, jouissant du repos et de la fortune acquis pendant le cours de sa glorieuse carrière, éprouvant le bonheur ineffable d'être témoin de l'extension prodigieuse que prenait, par suite de ses travaux, la prospérité de sa patrie.

Les plaisirs et les relations de la société l'occupèrent exclusivement jusqu'à la fin de sa vie. Pendant qu'il résidait à Birmingham ou à Soho, il avait pris l'habitude de réunir autour de lui un petit cercle d'amis, parmi lesquels se remarquaient l'illustre chimiste Priestley, le poëte Darwin, le botaniste Withering, le chimiste Keir, traducteur de Macquer, M. Edgeworth, père de miss Maria Edgeworth, et quelques artistes ou littérateurs en renom. Cette petite académie portait le nom de *Société lunaire* (*Lunar Society*), titre sur lequel il est bon de ne pas prendre le change, et qui signifiait seulement que les académiciens se réunissaient les soirs de pleine lune, afin d'y voir clair en rentrant chez eux. Watt rassembla à Heathfield les restes épars de sa petite académie, et c'est dans ce cercle distingué qu'il aimait à s'abandonner à sa verve de causeur et de conteur. Nul ne possédait ces talents à un plus haut degré. Il avait dévoré dans sa jeunesse tous les ouvrages de fiction et de poésie légère, et sa mémoire y retrouvait le texte d'inépuisables emprunts. A leur défaut, son imagination lui suggérait, pendant des soirées entières, toutes sortes de récits de fantaisie que son air de conviction et l'assurance de son débit faisaient accepter comme autant de faits incontestables.

Que d'anecdotes racontées dans les *Revues* anglaises et dans les *Magazines*, qui n'étaient que des jeux de l'imagination de Watt bénévolement transmis au public par ses auditeurs mystifiés! Un jour cependant, ayant étourdiment lancé les personnages de son récit dans une situation des plus compliquées, il éprouvait quelque embarras à les tirer de ce dédale. Darwin l'interrompant :

— Est-ce que par hasard, monsieur Watt, vous nous raconteriez une histoire de votre cru ?

Watt s'arrêta, et regardant son interlocuteur avec le plus grand sérieux :

— Votre question, monsieur Darwin, m'étonne au dernier point. Depuis vingt ans que j'ai le plaisir de passer mes soirées avec vous, est-ce que je fais autre chose ? Est-il donc possible qu'on ait voulu faire de moi un émule de Robertson ou de Hume, lorsque toutes mes prétentions se bornaient à marcher sur les traces de la princesse Schéhérazade (1)?

(1) Ce talent singulier de conteur d'histoires faites à plaisir s'était manifesté chez James Watt dès les premières années de son enfance. Arago, dans sa *Notice biographique*, en cite une preuve assez piquante :

« L'esprit anecdotique que notre confrère, dit Arago, répandit avec tant de grâce, pendant plus d'un demi-siècle, parmi tous ceux dont il était entouré, se développa de très-bonne heure. On en trouvera la preuve dans ces quelques lignes que j'extrais, en les traduisant, d'une note inédite rédigée en 1798 par madame Marion Campbell, cousine et compagne d'enfance du célèbre ingénieur :

« Dans un voyage à Glascow, madame Watt confia son « jeune fils James à une de ses amies. Peu de semaines « après, elle revint le voir, mais sans se douter assurément de la singulière réception qui l'attendait. — Madame, lui dit cette amie dès qu'elle l'aperçut, il faut vous « hâter de remmener James à Glascow, je ne puis endurer « l'état d'excitation dans lequel il me met ; je suis harassée « par le manque de sommeil. Chaque nuit, quand l'heure « ordinaire du coucher de ma famille approche, votre fils « parvient adroitement à soulever quelque discussion dans « laquelle il trouve toujours moyen d'introduire un conte « qui, au besoin, en enfante d'autres. Ces contes pathétiques ou burlesques ont tant de charme, tant d'intérêt, ma « famille tout entière les écoute avec une si grande attention, qu'on entendrait une mouche voler. Les heures ainsi « succèdent aux heures sans que nous nous en apercevions ; mais le lendemain je tombe de fatigue. Madame, « remmenez, remmenez votre fils chez vous. »

Ces heureuses réunions, sur lesquelles l'esprit aimable et les grâces enjouées du vieillard savaient répandre tant de charmes, étaient encore animées par la présence de la femme distinguée à laquelle il avait donné son nom. James Watt s'était décidé, après quelques années de veuvage, à épouser la fille d'un fabricant du comté. Les goûts éclairés, le jugement solide et les connaissances sérieuses de mademoiselle Mac-Gregor, avaient surtout contribué à fixer son choix. Les premières relations s'étaient établies autour d'une table à thé, dans l'une des soirées de Watt. On avait parlé de Shakespeare et de Racine, et Watt avait défendu l'auteur de *Macbeth* contre le poëte d'*Athalie* prôné par mademoiselle Mac-Gregor. La discussion amena un échange de lettres, et le mariage s'ensuivit. Les précieuses qualités de madame Watt rendaient sa maison doublement chère à ses amis : nulle part, en effet, la science du bon accueil n'était mieux entendue.

La littérature et les événements du jour n'étaient pas cependant la seule matière des entretiens. Comme on le pense, la science avait son tour, et la chère mécanique n'était pas oubliée. Le génie fertile de Watt y trouvait quelquefois de soudaines occasions de s'exercer avec profit. Un jour Darwin entrant chez lui :

— Je viens d'imaginer, dit-il, certaine plume à deux becs, à l'aide de laquelle on écrira chaque chose deux fois, et qui donnera ainsi d'un seul coup l'original et la copie d'une lettre.

— J'espère trouver une meilleure solution, répliqua James Watt. J'y penserai ce soir, et je vous communiquerai demain le résultat de mes réflexions.

Le lendemain la presse à copier les lettres était inventée.

C'est de cette manière qu'il imagina la curieuse machine qui permet d'obtenir, par des moyens très-simples, la reproduction d'une statue, d'un bas-relief ou d'un buste. Cette invention intéressante fut réalisée dans les dernières années de James Watt. Il en distribuait les produits à ses amis, en les priant d'accepter « cette œuvre d'un jeune artiste « qui ne fait que d'entrer dans sa quatre-vingt-« troisième année. »

Ainsi le feu de son heureux génie, qui s'était fait jour dès les premiers instants de sa jeunesse, brillait encore aux derniers temps de sa vie. Il faut connaître, pour ne point s'en étonner, le caractère et les qualités spéciales de l'esprit de James Watt. Le célèbre ingénieur avait reçu en partage le don rare et précieux de l'imagination. C'est par une vue très-fausse et très-mal justifiée, que l'on s'accorde généralement à resserrer le rôle de l'imagination dans le domaine exclusif des lettres et des beaux-arts. Cette heureuse faculté préside plus qu'on ne le pense aux créations scientifiques. Pour se lancer, dans les hautes régions de la science, à la recherche de l'inconnu ; pour marcher, par des sentiers nouveaux, vers ces horizons voilés que l'avenir nous dérobe, il faut souvent suivre des yeux l'étoile inspiratrice qui brille au firmament des poëtes. C'est en s'écartant des règles établies, en s'élançant, par une vue souveraine, hors du cercle étroit des opinions communes, qu'un homme supérieur s'élève aux grandes conceptions qui immortalisent son génie. Watt en fournirait au besoin un éclatant exemple. Il avait reçu de la nature la faculté de l'imagination, et il eut la fortune de préserver ce don brillant du dangereux contact de l'éducation des écoles. Son humble origine, les modestes occupations de sa jeunesse, eurent pour résultat d'éloigner de son esprit les règles absolues et les tranchantes formules de l'enseignement classique. S'il eût pris sa part de l'instruction banale qui se débitait à l'université d'Oxford, il serait devenu sans doute un professeur érudit ; livré à lui-même, il devint le premier mécanicien de son temps. Il est reconnu que Watt n'avait aucune de ces connaissances obligées et communes qui font le savant mathématicien. On assure qu'il n'avait

Fig. 52. — Statue de James Watt à Westminster. (page 103).

jamais résolu une équation d'algèbre. Comme Ferguson, il se contentait de l'emploi des procédés géométriques; et c'était même son amusement favori de représenter par des figures de géométrie les tables numériques qu'il avait besoin de consulter pour établir les proportions de ses machines. Les traités de mécanique étaient le seul genre d'ouvrages dont il se refusât la lecture : on aurait dit que son intelligence avait besoin d'être affranchie de tout joug étranger. Il ne communiquait ses idées à personne, et quand il avait imaginé quelque appareil nouveau, c'est à peine s'il s'occupait d'en surveiller l'exécution ou de prendre des avis, comme s'il avait eu la conviction secrète que son esprit n'avait jamais plus de puissance que quand il était entièrement livré à lui-même. Les idées sortaient de son esprit comme pousse l'herbe des champs sur un terrain vigoureux.

On lui demandait un jour si la découverte du parallélogramme articulé lui avait coûté beaucoup de calculs et d'efforts de tête : « Non, répondit-il, et j'ai même « été très-surpris de la perfection de son « jeu. En le voyant fonctionner pour la pre- « mière fois, j'éprouvais autant de plaisir que « si j'avais examiné l'invention d'une autre « personne. »

Il a dit, en donnant le récit de ses découvertes relatives au perfectionnement de la machine de Newcomen : « L'idée une fois « conçue d'opérer la condensation hors du « cylindre, toutes les autres améliorations « s'effectuèrent avec une incroyable rapidité; « tellement que, dans l'espace d'un ou deux « jours, mon plan fut parfaitement arrangé « dans ma tête, et que, pour en faire l'essai, « je le mis tout de suite à exécution. »

Aussi avait-il l'habitude de considérer toutes ses inventions comme le résultat de pensées tellement simples, qu'elles auraient pu se présenter à tout autre qu'à lui. Il ajoutait qu'il avait été seulement assez heureux pour les soumettre le premier à l'expérience. Et cette déclaration était sincère de tous points.

Grâce à cette organisation intellectuelle, James Watt pouvait s'occuper avec succès d'objets dont il n'avait aucune idée. Pendant qu'il résidait à Glasgow, Darwin vint un jour le prier de lui fabriquer un orgue.

— Comment voulez-vous que je vous construise un orgue? répondit Watt. J'ai la musique en horreur, et tous les instruments me sont étrangers. Je ne puis distinguer deux sons : l'une de mes oreilles est en *ut* et l'autre en *fa*.

— Bah! essayez. Vous pouvez tout ce que vous voulez : vous êtes le dieu de la mécanique.

Watt essaya. Il n'avait à sa disposition que l'ouvrage très-confus du docteur Robert Smith de Cambridge. Cependant l'orgue fut construit, et ses qualités harmoniques charmaient jusqu'aux musiciens de profession. Il réalisa le tempérament des diverses notes d'après la seule connaissance du phénomène physique des battements qu'il avait ignoré jusque-là, et dont il trouva l'exposition dans le traité obscur de Robert Smith.

Cette organisation extraordinaire de Watt, le développement vraiment prodigieux de ses facultés, pourraient nous sembler aujourd'hui douteux, si quelques-uns de ses contemporains n'avaient pris soin d'en fournir des témoignages irrécusables. Son élève Playfair a dit :

« L'esprit de James Watt pouvait être comparé à une encyclopédie qui, dans quelque endroit qu'on l'ouvrît, offrait à votre curiosité ou quelque fait nouveau, ou le développement d'une vérité, ou la découverte de quelque rapport. »

Walter Scott, dans sa préface du *Monastère*, s'exprime en ces termes au sujet du célèbre ingénieur :

« Watt n'était pas seulement le savant le plus profond, celui qui, avec le plus de succès, avait tiré de certaines combinaisons de nombres et de forces des applications nouvelles; il n'occupait pas seulement un des premiers rangs parmi ceux qui se font remarquer par la généralité de leur instruction; il était encore le meilleur, le plus aimable des hommes. La seule fois que je l'aie rencontré, il était entouré d'une petite réunion de littérateurs du Nord. Là je vis et j'entendis ce que je ne verrai et n'entendrai plus jamais. Dans la quatre-vingt-unième année de son âge, le vieillard, alerte, aimable, bienveillant, prenait un vif intérêt à toutes les questions : sa science était à la disposition de qui la réclamait. Il répandait les trésors de ses talents et de son imagination sur tous les objets. Parmi les *gentlemen* se trouvait un profond philologue; Watt discuta avec lui sur l'origine de l'alphabet comme s'il avait été le contemporain de Cadmus. Un célèbre critique s'étant mis de la partie, vous eussiez dit que le vieillard avait consacré sa vie tout entière à l'étude des belles-lettres et de l'économie politique. Il serait superflu de mentionner les sciences : c'était sa *carrière* brillante et spéciale. Cependant, quand il parla avec notre compatriote Jedediah Cleishbotham, vous auriez juré qu'il avait été le contemporain de Claverhouse et de Burley, des persécuteurs et des persécutés; il avait fait, en vérité, le dénombrement exact des coups de fusil que les dragons tirèrent sur les covenantaires fugitifs. Nous découvrîmes enfin qu'aucun roman du plus léger renom ne lui avait échappé, et que la passion de l'illustre savant pour ce genre d'ouvrages était aussi vive que celle qu'ils inspirent aux jeunes modistes de dix-huit ans. »

Enfin, Arago nous fournit ce curieux témoignage sur les facultés intellectuelles de James Watt.

« La santé de Watt s'était fortifiée avec l'âge. Ses facultés intellectuelles conservèrent toute leur puissance jusqu'au dernier moment. Notre confrère crut une fois qu'elles déclinaient, et, fidèle à la pensée qu'exprimait le cachet dont il avait fait choix (un œil entouré du mot *observare*), il se décida à éclaircir ses doutes en s'observant lui-même, et le voilà, plus que septuagénaire, cherchant sur quel genre d'étude il pourrait s'essayer, et se désolant de ne trouver aucun sujet sur lequel son esprit ne se fût déjà exercé. Il se rappelle enfin qu'il existe une langue anglo-saxonne, que cette langue est difficile ; et l'anglo-saxon devient le moyen expérimental désiré, et la facilité qu'il trouve à s'en rendre maître lui montre le peu de fondement de ses appréhensions (1). »

C'est ainsi que l'illustre mécanicien, conservant jusqu'à ses derniers jours l'entier

(1) *Notice biographique sur James Watt.*

usage de ses facultés, vieillissait entouré des affections de sa famille, jouissant d'un repos noblement acquis pendant le cours de sa vie laborieuse, recevant avec un orgueil légitime les hommages que ses concitoyens rendaient à ses vertus et à son génie. Dans l'été de l'année 1819, quelques symptômes alarmants annoncèrent sa fin prochaine. Il ne se méprit pas à la nature de son mal, et dès ce moment il ne fut occupé que du soin de consoler ses amis. Il remerciait la Providence de tous les bienfaits versés sur ses longs jours. Il exprimait sa gratitude profonde pour les services qu'il lui avait été donné de rendre à sa patrie, pour la sérénité et le calme qui avaient embelli le doux soir de sa vie. Le noble vieillard s'éteignit le 25 août 1819.

Watt fut enterré dans l'église paroissiale de Heathfield. Son fils, M. James Watt, fit ériger sur sa tombe un monument gothique au centre duquel s'élève une statue de marbre due au ciseau de Chantrey. Une seconde statue du même artiste a été placée par M. Watt fils, dans l'une des salles de l'université célèbre qui protégea l'illustre mécanicien aux jours difficiles de sa jeunesse.

Mais le peuple anglais sait trop dignement glorifier ses morts illustres pour avoir laissé à la piété filiale le soin d'honorer seule la mémoire de ce grand citoyen. Une statue de bronze, dressée sur un piédestal de granit, a été élevée à Watt sur l'une des places de Glascow. En outre, les habitants de Greenock, sa ville natale, ont placé, à leurs frais, une statue de marbre dans la bibliothèque de la ville.

La haute reconnaissance de la nation ne devait pas s'en tenir au tribut isolé des compatriotes de Watt. L'abbaye de Westminster possède aujourd'hui un monument digne de son génie.

L'inauguration du monument de Westminster eut lieu dans une séance solennelle, au milieu d'une réunion des plus imposantes, où se trouvaient un grand nombre de pairs d'Angleterre et les membres les plus éminents de la chambre des communes, sous la présidence du premier ministre, lord Liverpool. Ce monument consiste en une admirable statue de marbre, l'un des plus beaux ouvrages de Chantrey, qui reproduit avec une fidélité remarquable la physionomie calme et méditative du grand inventeur ; les ornements et les emblèmes qui le décorent sont du plus majestueux effet. L'Angleterre a voulu, par ce magnifique hommage, consacrer dignement la gloire de l'un des plus grands hommes qu'elle ait produits.

Mais que peuvent pour de tels génies ces somptueux témoignages de l'admiration du monde? Ni l'airain ni le marbre ne sont nécessaires pour consacrer leur mémoire. Les services que Watt a rendus à sa patrie, à l'Europe, à l'humanité tout entière, suffisent pour perpétuer son nom. La machine qu'il a créée a été l'origine du bien-être général dont jouit la société moderne. Multipliant dans une proportion extraordinaire la somme du travail public, elle a couvert le sol des nations libérales de ces milliers de travailleurs, dociles autant qu'infatigables, qui dorment à nos pieds sous la forme d'un bloc de charbon, et qui, sur un geste, sur un signe de nous, s'éveillent pour nous offrir leurs bras de fer et leurs muscles d'acier. C'est par le secours de ces légions paisibles que des améliorations incalculables ont été introduites en quelques années dans le sort et les conditions d'existence des classes pauvres. Les produits du luxe utile mis à la disposition de tous, l'existence rendue plus douce et plus facile, la vie intellectuelle agrandie dans tous les esprits ; tels sont les immortels résultats des travaux de James Watt. Les bienfaits que son génie a versés sur le monde, voilà la véritable, voilà l'impérissable statue qui perpétuera sa mémoire, et qui fera vivre à jamais son nom dans le cœur des générations présentes et de la postérité.

CHAPITRE X

PERFECTIONNEMENT ET PROGRÈS DE LA MACHINE A VAPEUR DEPUIS WATT JUSQU'A NOS JOURS. — MACHINE DE WOLF. — MACHINES A HAUTE PRESSION. — HISTORIQUE DE LA DÉCOUVERTE DES MACHINES A HAUTE PRESSION. — LEUPOLD. — OLIVIER EVANS. — MACHINE DU CORNOUAILLES, OU PERFECTIONNEMENT DE LA MACHINE A SIMPLE EFFET. — VULGARISATION DE LA MACHINE A VAPEUR. — SES PROGRÈS EN FRANCE.

Pendant une longue suite d'années on n'a fait usage que de la machine de Watt, ou *machine à basse pression et à condenseur* dont l'histoire descriptive vient de nous occuper. En Angleterre et dans les autres pays, elle fut longtemps conservée sans aucune modification, même dans le cas où elle perd une grande partie de ses avantages, c'est-à-dire pour la production de petites forces. Cependant la nécessité d'approprier l'action de la vapeur à différentes natures de travaux, et le désir de réduire la dépense assez considérable de combustible qu'elle entraîne, ont obligé, de nos jours, à modifier, dans presque toutes ses parties, la machine de Watt. C'est l'examen de ces dispositions nouvelles qui doit maintenant nous occuper et qui terminera l'histoire des machines à vapeur fixes.

En 1804, les brevets de Watt étant expirés, une modification de la plus haute importance fut apportée à la machine à vapeur, par la construction des *machines à double cylindre* ou *machines de Wolf*. Le constructeur Homblower avait le premier conçu, en 1798, l'idée de ce système, qui fut perfectionné et exécuté par Arthur Wolf, constructeur anglais, dont le nom est demeuré, à juste titre, attaché à ce nouveau type de machines.

L'objet de la *machine de Wolf*, c'est d'obtenir le plus grand avantage possible de la détente de la vapeur.

Nous avons vu que Watt n'avait retiré que peu de profit de l'expansion de la vapeur dans le vide. Il avait consigné ce fait dans ses brevets, plutôt comme une vue théorique que pour en faire l'objet d'une application sérieuse. Son but était surtout, en détendant la vapeur, d'éviter les chocs du piston contre le fond du cylindre.

La machine de Wolf a pour objet, disonsnous, de tirer le parti le plus efficace de la *détente de la vapeur*. Mais que faut-il entendre par la *détente de la vapeur*, et comment cet effet peut-il être mis à profit?

Si on laisse la vapeur arrivant de la chaudière exercer son action sur le piston pendant toute la durée de sa course; en d'autres termes, si on laisse libre la communication entre la chaudière et le cylindre à vapeur pendant toute la course ascendante ou descendante du piston, ce dernier, soumis à l'action d'une force constante, accélère son mouvement sous l'influence de cette impulsion continuelle, et il arrive à l'extrémité de sa course animé d'une très-grande vitesse. Cette vitesse a pour résultat de produire sur le fond du cylindre un choc nuisible à la solidité de l'appareil, et de faire perdre, en même temps, une partie de la force motrice.

C'est pour remédier à ce double inconvénient que Watt, comme nous l'avons déjà dit, imagina, en 1769, de suspendre la communication entre la chaudière et le cylindre à vapeur à un certain moment de la course du piston. Si l'on interrompt l'entrée de la vapeur dans le corps de pompe, en fermant le robinet d'accès lorsque le piston est parvenu, par exemple, au tiers ou au quart de sa course, le piston ne s'arrêtera pas pour cela dans son mouvement; il continuera de s'élever ou de s'abaisser, en vertu de sa vitesse acquise, et en même temps aussi en vertu de la force élastique très-considérable que possède la vapeur, bien qu'elle ne soit plus en communication avec la chaudière. En effet, en arrivant dans le vide qu'a provoqué dans le cylindre la marche du piston, la vapeur se dilate, *se détend*, comme le ferait un ressort comprimé, et elle exerce, par la force élastique qui lui est propre, une impulsion mécanique. L'effort produit par

Fig. 53. — Olivier Evans enfant fait partir un pétard de Noël (page 109).

l'expansion de la vapeur dans le vide suffit à pousser le piston, et à le faire parvenir à l'extrémité du cylindre, avec une vitesse moindre sans doute que si la vapeur agissait à pleine pression, mais toujours suffisante pour lui faire terminer sa course. Il résulte de là que, la vitesse du piston étant progressivement diminuée et devenant presque nulle au moment où il atteint le bas du cylindre, les chocs qui pouvaient compromettre le jeu de la machine se trouvent annulés. Il en résulte encore, et c'est là l'avantage principal, que la consommation du combustible est diminuée, puisque l'on envoie dans le cylindre une quantité de vapeur moindre que si l'on agissait à pleine pression.

Cette disposition, qui n'avait été adoptée par James Watt (en 1782) que pour adoucir les mouvements de la machine à vapeur, et remédier à des chocs trop violents, a été promptement généralisée après lui dans le but d'économiser le combustible. La détente fut d'abord produite en arrêtant l'entrée de la vapeur dans le cylindre à un certain moment de la course du piston, grâce au jeu du *tiroir*, c'est-à-dire d'une lame métallique qui vient fermer, à un moment donné, l'orifice d'entrée de la vapeur dans le corps de pompe. Mais le constructeur anglais Arthur Wolf, pour mettre plus largement en pratique l'emploi de la détente, changea complétement la disposition des cylindres à vapeur. A côté du cylindre ordinaire, il en disposa un second, plus petit. La vapeur arrive à pleine pression et avec une tension de 4 à 5 atmosphères dans ce premier corps de pompe, et elle agit sur le balancier avec cette intensité mécanique. Mais la partie inférieure du petit cylindre communique, par un tube, avec la partie supérieure du grand. Introduite dans cette seconde capacité, la vapeur s'y *détend*, c'est-à-dire pousse le piston en vertu de sa seule force élastique, et le chasse jusqu'à l'extrémité de sa course ; d'où il résulte une seconde impulsion communiquée au balancier et qui vient s'ajouter à la première. Ce n'est qu'après avoir produit ce dernier effet que la vapeur s'écoule dans le condenseur pour s'y liquéfier.

Telle est la disposition de la *machine de Wolf*, ou *machine à double cylindre*, qui, en raison des nombreux avantages qu'elle présente sous le rapport de la régularité d'action et de l'économie, est devenue, depuis quelques années, d'un usage général dans l'industrie.

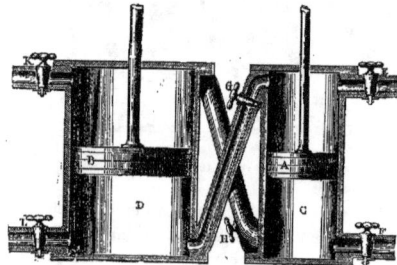

Fig. 54. — Double cylindre de la machine de Wolf.

La figure 54 fait comprendre la marche de la vapeur dans les deux cylindres de la machine de Wolf. Les robinets qui s'y trouvent indiqués n'ont pour but que de faciliter l'explication ; en réalité ce sont des *tiroirs* ou soupapes qui remplissent le même objet dans la pratique.

Les deux pistons A, B qui se meuvent dans les deux cylindres accouplés C, D, sont liés l'un à l'autre par les extrémités supérieures de leurs tiges, de sorte qu'ils restent toujours au même niveau, montant et s'abaissant avec un ensemble parfait. C'est dans le plus grand des deux cylindres, D, que s'effectue la détente de la vapeur qui vient d'agir à pleine pression dans le petit cylindre C. La communication a lieu par les deux tuyaux entre-croisés : la partie inférieure de C communique avec la partie supérieure de D, et réciproquement. Les robinets E, F permettent à la vapeur de la chaudière de pénétrer dans le cylindre C, soit au-dessus, soit au-dessous du piston A ; les robinets K, L ouvrent une issue à la vapeur, quand elle s'est détendue dans le cylindre D, et l'envoient au condenseur.

Supposons maintenant les robinets E, H, L ouverts, et les trois autres fermés. La vapeur arrive par E et agit à pleine pression sur le piston A, qu'elle précipite au bas de sa course. La vapeur qui s'était précédemment introduite sous le même piston, est chassée dans le haut du cylindre D ; elle agit donc simultanément sur la face inférieure du piston A et sur la face supérieure de B. Mais cette seconde pression l'emporte sur la première, parce que la surface de B est plus large que l'autre ; la différence des deux pressions agit donc de haut en bas et s'ajoute, par conséquent, à la force qui tend à abaisser l'ensemble des deux pistons. Quand les deux pistons sont arrivés au bas des corps de pompe, les robinets E, H, L se ferment, et les robinets F, G, K s'ouvrent. La vapeur arrive sous le piston A, le soulève, chasse la vapeur qui est au-dessus, dans la partie inférieure du cylindre D, où elle se détend et aide à soulever le piston B, et la vapeur qui existe au-dessus de B, s'écoule par le tuyau K dans le condenseur, où elle va se liquéfier. Les deux pistons remontent donc sous l'action d'une force égale à celle qui les avait fait descendre, et ainsi de suite. Ces mouvements répétés continuant par le jeu des mêmes moyens, l'effet combiné des deux pistons entretient l'oscillation du balancier.

La machine de Wolf, où l'on fait usage de la détente de la vapeur dans les conditions les plus étendues, a eu pour résultat de diminuer, dans une forte proportion, la quantité de combustible consommée par la machine, tout en ajoutant à la régularité de ses effets. Elle présente sur la machine de Watt une économie considérable. Selon MM. Grouvelle et Jaunez, elle consomme seulement 3 kilogrammes de bonne houille par force de cheval et par heure de travail dans les machines de la force de 8 à 12 ou 15 chevaux (1). On sait, d'après les résultats obtenus, tant en Angleterre qu'en Belgique et en France, que la machine à basse pression de Watt brûle ordinairement de 6 à 7 kilogrammes par force de cheval produite et par heure de travail.

La machine de Wolf n'a reçu depuis sa création que des modifications de très-peu d'importance.

L'économie qui résulte de l'emploi de la machine de Wolf, la fit accepter assez généralement en Angleterre, malgré la faveur dont jouissait dans ce pays la machine primitive de Watt. Son succès fut plus complet et plus rapide en France, où le mécanicien Edwards, qui l'avait perfectionnée dans quelques détails de son mécanisme, en fit adopter l'usage. Aujourd'hui la machine de Wolf est extrêmement répandue dans le nord de la France ; les filatures l'emploient presque exclusivement en raison de la régularité extrême et de la douceur de son mouvement.

C'est vers l'année 1815 que les *machines à haute pression*, ou mieux les *machines sans condenseur*, commencèrent à s'introduire sérieusement dans l'industrie européenne. Nous n'avons pu parler jusqu'ici que d'une manière incomplète de ce genre de machines, dont les applications sont toutes modernes. C'est ici le lieu de les examiner avec plus de détails.

Avant de présenter l'historique de la découverte et des progrès de la machine à haute pression, nous commencerons par donner l'exposé des principes sur lesquels repose son mécanisme.

Dans la machine de Watt, ou *machine à condenseur*, on emploie de la vapeur chauffée seulement à la température de l'ébullition de l'eau, sous une pression qui ne dépasse pas de

(1) *Guide du chauffeur.*

beaucoup celle de l'atmosphère. La condensation alternative de cette vapeur, sous les deux faces du piston, détermine un vide, qui permet à la vapeur de produire toute son action mécanique. Mais on peut aussi construire des machines réalisant de très-puissants effets, sans qu'il soit nécessaire d'y condenser la vapeur. Il suffit, pour obtenir ce résultat, de communiquer à la vapeur une tension supérieure à celle de l'atmosphère (1). En effet, si le piston est pressé sur ses deux faces par de la vapeur dont la force élastique dépasse de beaucoup la pression de l'atmosphère, il suffira de chasser dans l'air la vapeur qui se trouve au-dessous du piston, pour que celui-ci s'abaisse aussitôt dans le cylindre. Quand le cylindre est rempli de vapeur d'eau présentant une force élastique supérieure à celle de l'atmosphère, et que ses deux capacités, supérieure et inférieure, communiquent entre elles, le piston est soumis sur ses deux faces à la même pression ; il reste donc immobile. Mais si tout d'un coup on vient à donner issue à la vapeur qui remplissait, par exemple, la capacité inférieure du cylindre, en ouvrant un robinet qui la fasse écouler dans l'air, la pression qui s'exerce sur la tête du piston, n'étant plus exactement contre-balancée au-dessous, précipite nécessairement le piston jusqu'au bas de sa course. Admettons, par exemple, que le cylindre soit rempli de vapeur à la tension de trois atmosphères ; si l'on chasse dans l'air la vapeur qui se trouve au-dessous du piston, la capacité inférieure du cylindre, communiquant dès lors librement avec l'air extérieur, n'opposera plus à la vapeur une résistance capable de la main-

(1) Pour obtenir de la vapeur à haute pression, on chauffe très-fortement l'eau de la chaudière en retenant la vapeur dans la chaudière sans lui donner issue dans le cylindre. Le chauffeur reconnaît, en examinant le manomètre, le moment où la vapeur a atteint le degré de pression qu'il désire communiquer à la vapeur, et ce terme une fois atteint, il ouvre le robinet qui lui donne accès dans le cylindre ; la machine commence alors à fonctionner. Pendant la marche de la machine, le chauffeur observe toujours la hauteur du manomètre, et il règle la chaleur du foyer de manière à entretenir la vapeur au même degré de tension.

tenir en équilibre, et le piston sera poussé au bas de sa course en raison de la différence des pressions qu'il supporte sur ses deux faces. Le poids que supporte la tête du piston est représenté par trois atmosphères, la pression qui le sollicite au-dessous est seulement d'une atmosphère, attendu que ce n'est pas autre chose que la pression même de l'air; par conséquent le piston doit s'abaisser dans le cylindre en vertu de la différence des deux pressions, c'est-à-dire par une pression de deux atmosphères. Si maintenant on fait écouler dans l'air la vapeur à haute pression qui remplit la partie supérieure du cylindre, et qu'en même temps on dirige au-dessous du piston de nouvelle vapeur à trois atmosphères envoyée par la chaudière, le piston sera soulevé, puisque la vapeur qui se trouve contenue dans la partie supérieure du cylindre est en communication avec l'air extérieur. Ainsi, en dirigeant alternativement de la vapeur à haute pression au-dessus et au-dessous du piston, et mettant chaque fois l'une des extrémités du cylindre en communication avec l'air, on obtiendra un mouvement continu du piston et l'on pourra se passer de condenser la vapeur. Tel est le principe des machines à haute pression.

La première idée des machines à haute pression a été émise par Leupold, vers 1725. Dans son célèbre recueil(1), le physicien allemand donne la description de deux machines à feu propres à l'élévation des eaux, qui ne sont autre chose que des machines à haute pression. La première, qu'il annonce sous ce titre : *Double machine à feu pour élever l'eau par expansion, d'après le procédé de Papin*, ressemble beaucoup à la seconde machine à vapeur du physicien de Blois. A l'exemple de Savery et de Papin, Leupold se sert de la pression de la vapeur pour élever de l'eau dans un réservoir, et la faire retomber de là sur les augets d'une roue hydraulique ; seulement, après que la vapeur a exercé sa pres-

(1) *Theatri machinarum hydraulicarum*, t. II, oder Ge-/w.uplatz der Wasser-Künste, cap. IX, p. 92.

sion, il la rejette dans l'air. Sa seconde machine n'est plus consacrée à comprimer une colonne d'eau, mais, comme celle de Newcomen, à faire mouvoir directement la tige d'une pompe qui élève des eaux.

La figure 55, qui s'éloigne peu de celle que Leupold donne dans son ouvrage, représente les éléments de cette dernière machine.

A est la chaudière ; R, S, deux cylindres avec lesquels elle communique alternativement par le robinet B qui est pourvu de quatre ouvertures, de manière à donner successivement accès à la vapeur dans l'un

Fig. 55. — Machine de Leupold.

des deux cylindres ou dans l'atmosphère. Dans la situation indiquée par la figure, le cylindre R est rempli de vapeur qui soulève le piston C ; le cylindre S est vide de vapeur, celle qui le remplissait s'étant échappée dans l'air par le tuyau M, et grâce à l'ouverture pratiquée en un point convenable du robinet B. Les pistons C et D de ces deux cylindres agissent chacun sur un balancier particulier H, G, et ces balanciers font mouvoir les tiges K, L de deux pompes foulantes O, P, qui puisent l'eau dans un réservoir N et élèvent cette eau, par un tuyau O, dans un réservoir supérieur T. La machine décrite par Leupold était proposée en effet pour servir à l'élévation des eaux. Elle réalise complétement, comme on le voit, le principe de la machine à haute pression.

C'est donc à Leupold qu'il faut rapporter l'honneur de la découverte du principe théorique de la machine à haute pression. Contemporain de Papin, de Savery et de Newcomen, il avait eu l'occasion d'étudier leurs appareils, et il eut le mérite d'indiquer, dès l'apparition des premières machines de ce genre, un nouveau mode d'emploi de la vapeur qui devait plus tard jouer un si grand rôle dans l'industrie.

Leupold paraît avoir compris l'importance que devait acquérir plus tard la machine dont il propose l'usage. Après avoir décrit son second appareil, il ajoute :

« Cette machine peut être employée dans le même cas que la précédente... Tout peut être disposé de telle sorte que les robinets s'ouvrent et se ferment d'eux-mêmes, ce que j'omets entièrement à dessein, comme aussi la manière de remplacer l'eau dans la chaudière, parce qu'il ne s'agit ici que d'une esquisse, et qu'il faudrait une étude plus approfondie et des expériences. Je me suis proposé de faire un jour une expérience en grand et en essai, savoir : si l'on pourrait établir avantageusement de cette manière, une scierie dans une forêt où il y aurait assez de bois et d'eau. Mais comme le temps et l'occasion me manquent pour exécuter tout de suite cette machine, ainsi que d'autres expériences ou recherches coûteuses, j'ai l'espoir qu'il y aura peut-être des amateurs qui saisiront l'occasion que je leur offre pour faire quelques expériences à ce sujet (1). »

Cependant le principe découvert par Leupold passa sans exciter l'attention. Perdus dans son volumineux recueil, ses projets de machines restèrent inaperçus. Ajoutons qu'il eût été bien difficile, à cette époque, de mettre en pratique les idées du physicien allemand, en raison de la nature du métal

(1) Von Feuer-Maschinen, cap. IX, § 201, p. 94.

dont on faisait usage pour la construction des chaudières. La voûte des chaudières employées par Newcomen était ordinairement de plomb, et les parties inférieures de cuivre. La présence d'un métal aussi fusible et aussi peu résistant que le plomb, n'aurait pas permis de communiquer sans danger à la vapeur des tensions considérables.

Dans la série de ses recherches, James Watt ne manqua pas de reconnaître l'importance, du rôle que pourraient jouer, dans l'emploi mécanique de la vapeur, les moyens proposés par Leupold. Le célèbre constructeur parle, dans un de ses brevets, de son projet de construire des machines dans lesquelles la vapeur serait chassée au dehors après avoir produit son effet; cependant il n'exécuta jamais aucune machine fondée sur ce principe.

L'honneur d'avoir construit et répandu dans l'industrie les premières machines à haute pression revient à l'Américain Olivier Evans, homme doué d'un remarquable génie mécanique, et que ses compatriotes eurent le tort de longtemps méconnaître.

L'attention d'Olivier Evans fut dirigée pour la première fois, sur les effets de la vapeur par une sorte de jeu familier aux habitants de son pays. En Amérique, les enfants s'amusent, dit-on, à boucher avec une forte cheville la lumière d'un canon de fusil ; ils versent ensuite un peu d'eau dans le canon, et placent par-dessus une bourre fortement pressée. La culasse du canon étant exposée à l'action d'un feu de forge, la cheville finit par être chassée avec une violente détonation. On donne à ce jeu, qui n'est, comme on le voit, que l'expérience du marquis de Worcester, le nom de *pétards de Noël*. Le 2 décembre 1773, Olivier Evans, alors âgé de dix-huit ans et simple ouvrier charron à Philadelphie, fut témoin, dans une fête de village, des effets des pétards de Noël. Son esprit en était vivement frappé. Depuis ce moment il s'amusait souvent à placer dans sa forge, de vieux canons de fusil pleins d'eau, et il s'émerveillait de la puissance des effets explosifs qui se produisaient ainsi. Comme il avait longtemps réfléchi aux moyens de découvrir quelque force motrice autre que celle du vent, des ressorts ou des chevaux, sa jeune imagination s'enflamma à l'idée de créer un nouveau moteur avec la vapeur d'eau.

Cependant il ne tarda pas à apprendre que les mécaniciens avaient déjà tiré parti de cette force motrice. La description d'une machine de Newcomen qui lui tomba sous la main, et la lecture de quelques ouvrages abrégés sur les machines à condenseur, le mirent au courant de l'état de la science sur cette question.

Il s'étonna, à bon droit, que l'on n'eût encore employé que pour faire le vide un agent dont la puissance lui semblait sans limites, et, sur cette donnée, il s'appliqua à combiner des machines nouvelles dans lesquelles la vapeur agissait par sa seule élasticité, et se perdait dans l'air après avoir exercé sa pression. Il construisit divers modèles de ce nouveau genre de machines, dans lesquels la vapeur agissait jusqu'à la tension de dix atmosphères.

C'est en appliquant ses idées sur la haute pression, qu'Olivier Evans imagina, en 1782, ces admirables moulins à farine mus par la vapeur, dont les États-Unis ont retiré et retirent encore de si grands services. Il essaya bientôt après de construire, suivant les mêmes principes, une voiture marchant par l'effet de la vapeur.

Malgré des efforts laborieusement continués pendant plus de vingt ans, Evans ne put réussir à faire adopter ses idées. Il revint donc aux travaux ordinaires de sa profession de constructeur de machines à vapeur, et se consacra d'une manière spéciale à fabriquer des machines à haute pression. Il fonda à Philadelphie de grands ateliers pour leur confection ; son fils dirigeait à Pittsburg un établissement analogue. Les nombreux appareils qu'il répandit dans les États-Unis finirent par démontrer avec évidence la vérité, trop longtemps contestée, de ses assertions, et bien que cet enthousiaste inventeur s'exagérât beaucoup la puissance des effets dynamiques de la vapeur à haute pression, on peut dire que c'est à lui seul qu'il faut rapporter l'honneur des innombrables services que ce genre de machines rend de nos jours à l'industrie.

Cependant Olivier Evans ne devait pas être témoin de l'extension prodigieuse que ses idées ont reçue. Le 14 mars 1819, un incendie considérable réduisit en cendres son établissement de Pittsburg, et anéantit pour plus de 100,000 francs de machines. Ce désastre fut pour lui le coup de la mort. Il expira quatre jours après.

Les machines à haute pression ont eu beaucoup de peine à s'introduire en Europe, et la lutte a duré longtemps entre la machine à condenseur, sortie des ateliers anglais, et la machine à haute pression d'origine américaine. La machine de Watt, création éminemment nationale, s'était pour ainsi dire identifiée avec l'industrie de la Grande-Bretagne, qui avait engagé dans son exploitation des capitaux immenses. Elle était dès lors un obstacle naturel à l'adoption des machines américaines. Cependant il était difficile de méconnaître les avantages de ces appareils, qui ne demandent qu'un emplacement exigu, suppriment l'encombrement excessif qu'entraîne le condenseur, et, avec un mécanisme des plus simples, développent une puissance extraordinaire.

Les mécaniciens Trevithick et Vivian ont les premiers introduit en Angleterre l'usage des machines à haute pression. Ils commencèrent dès l'année 1804, à en construire quelques-unes ; mais ce n'est que dans les années 1825 à 1830 que ce genre d'appareil se répandit sérieusement en Angleterre. Le constructeur Maudslay leur ayant donné une forme élégante par l'adjonction d'une bielle articulée, qui remplaçait avantageusement l'énorme balancier de Watt, cette circonstance donna beaucoup de faveur aux machines à haute pression. Dans les *machines de Maudslay*, que l'on désigne aussi sous le nom de *machines à bielle articulée*, la tige du piston est maintenue en ligne droite par une traverse à articulation mobile roulant entre deux coulisses. Elles sont encore très-répandues aujourd'hui en Angleterre et en France, en raison de leur disposition aussi élégante que commode, par la faculté qu'elles donnent de marcher avec ou sans condenseur, et de graduer à volonté la détente. C'est sur ce modèle que sont construites un grand nombre de machines à haute pression fonctionnant aujourd'hui dans nos usines.

Après l'emploi général des machines à haute pression, le fait le plus important à signaler dans cet historique, c'est l'ensemble de perfectionnements vraiment extraordinaires qui fut apporté en 1830, aux pompes à feu du Cornouailles. Pendant que Wolf et ses successeurs modifiaient profondément la machine à balancier, en y introduisant la haute pression et la détente dans une large mesure, et pendant que les machines à haute pression commençaient à se répandre en Angleterre et sur le continent, les constructeurs du Cornouailles, et principalement Trevithick, s'occupaient à perfectionner la machine à simple effet de Watt, qui servait et qui sert encore, dans les mines du Cornouailles, à l'épuisement des eaux, et ils parvenaient, par une série d'inventions remarquables, et surtout grâce à l'emploi admirablement entendu de la détente, à la porter à un degré étonnant de perfection.

Les machines du Cornouailles sont à simple effet et à moyenne pression, c'est-à-dire à la pression de trois ou quatre atmosphères. Leurs dimensions sont colossales ; les cylindres ont de 2 à 3 mètres de diamètre, le piston une course de 3 à 4 mètres ; la détente s'y effectue sans l'emploi d'aucun cylindre additionnel, et elle s'y trouve portée néanmoins jusqu'à dix fois le volume de vapeur introduite à chaque oscillation. La soupape à double recouvrement, imaginée par les constructeurs du Cornouailles, permet d'ouvrir à la vapeur de larges orifices, et n'exige, pour être manœuvrée, qu'un très-faible effort. C'est par la réunion de ces divers perfectionnements que l'on est parvenu, dans les machines du Cornouailles, à faire descendre la consommation du charbon à 1 kilogramme par heure et par force de cheval. Ce résultat extraordinaire, des rapports fréquemment publiés sur le produit de ces machines, des expériences faites à ce sujet sur une échelle considérable, ont donné aux machines du Cornouailles une réputation immense et d'ailleurs méritée.

La figure 56 représente l'ensemble de l'une des machines du Cornouailles. A est le cylindre où la vapeur, agissant à simple effet, met en action le piston. Le tuyau H sert à mettre alternativement en communication la partie supérieure et l'inférieure du corps de pompe, pour donner accès à la vapeur, tantôt au-dessous, tantôt au-dessus du piston, tantôt enfin avec le condenseur, ainsi que nous l'avons expliqué en donnant la théorie de la machine à simple effet de Watt (voyez page 86). Une longue tige GG, liée au balancier, et que l'on nomme la *poutrelle*, sert à manœuvrer les soupapes hydrauliques qui servent à régler l'admission de la vapeur dans l'intérieur du cylindre. On voit, en P, ce régulateur hydraulique. K est le condenseur ; il consiste en une capacité fermée, placée au milieu d'une bâche contenant de l'eau froide, qui pénètre continuellement dans le condenseur par un jet. L est la *pompe à air* qui sert à retirer constamment l'eau qui s'accumule dans le condenseur. M est la pompe destinée à l'alimentation de la chaudière, c'est-à-dire au remplacement continuel de l'eau qui s'évapore dans le générateur.

Les machines du Cornouailles présentent dans leur mécanisme plusieurs particularités secondaires d'un grand intérêt, mais que nous passons ici sous silence, nous bornant à donner une vue d'ensemble de ce puissant appareil.

L'annonce des résultats économiques produits par les machines du Cornouailles, dans lesquelles on ne brûlait qu'un kilogramme de houille par force de cheval et par heure de travail, produisit en France une grande sensation. Ces résultats étaient dus : 1° à la manière de conduire le feu ; 2° à l'augmentation considérable des surfaces de la chaudière exposées à l'action de la chaleur ; 3° à l'emploi de la détente de la vapeur dans des limites jusque-là inconnues ; 4° à l'ingénieuse et utile disposition des soupapes. Toutes ces dispositions furent le point de départ de recherches nombreuses sur les perfectionnements des divers organes de la machine à vapeur.

C'est vers l'année 1832 que l'art de construire les machines à vapeur se répandit et se multiplia en France. Notre pays avait jusqu'alors emprunté à l'Angleterre la plus grande partie de ses appareils moteurs. En 1789, par exemple, il n'existait encore en France qu'une seule machine à vapeur : c'était la pompe à feu de Chaillot, destinée à la distribution de l'eau dans Paris, et que les frères Perrier avaient fait construire à Birmingham, en 1773, dans l'usine de Boulton et Watt. Elle demeura la seule en France longtemps encore après cette époque.

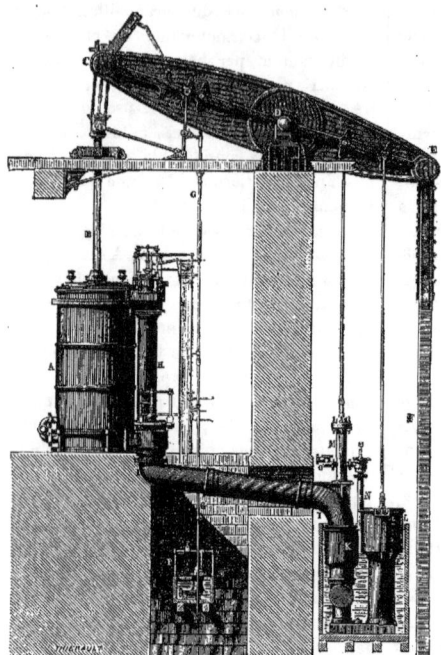

Fig. 56. — Machine du Cornouailles.

Sous le premier empire seulement, on commença à construire chez nous, quelques machines à vapeur ; mais ce ne fut qu'à la restauration des Bourbons, à l'époque du rétablissement de la paix, que l'on s'occupa de créer des usines pour la construction des machines à vapeur. En 1824, trois grands ateliers s'élevèrent dans ce but : les établissements de Cavé et Pihet, de Desrone et Cail, à Paris, et de Halette, à Arras ; enfin, la Société Manby et Wilson, qui eut ses ateliers d'abord au Creusot, ensuite à Charenton, près de Paris. En 1826, l'établissement du Creusot créa la pompe à feu de Marly, qui fut un tour de force pour cette époque. Dans la dernière période de la restauration, on construisait déjà en France une cinquantaine de machines à vapeur par an.

Vers 1832, l'art du fondeur devenait une industrie courante, et la machine à vapeur commençait à se vulgariser. Un grand nombre d'ateliers furent créés à Paris et dans les villes manufacturières du nord de la France, entre autres à Lille et à Rouen, pour la construction des machines à vapeur.

Dès lors, cette machine se modifia très-rapidement et avec beaucoup d'avantages dans ses divers organes. La disposition des

Fig. 57. — Foyer, bouilleurs et niveau d'eau de la chaudière d'une machine à vapeur.

cylindres fut changée de plusieurs manières; les bielles, le bâti, le volant et le balancier, reçurent des dispositions qui permirent d'appliquer l'action de la vapeur à tous les usages exigés par l'industrie. Par suite de l'émulation qui s'établit à ce sujet entre nos constructeurs, chacun voulut avoir ses formes et ses dispositions particulières, et l'on vit apparaître une série nombreuse de machines, plus ou moins bien conçues, en partie originales, en partie empruntées aux constructeurs anglais.

C'est dans la période de vingt années, qui s'étend de 1832 à 1852, que l'art de construire les machines à vapeur s'établit et se naturalisa, pour ainsi dire, dans notre pays.

Il a été longtemps de tradition, en France, d'accorder à l'Angleterre le monopole de la construction des machines à vapeur. Ce temps est passé, et pour ce qui concerne la construction des appareils à vapeur, la France est aujourd'hui parfaitement au niveau de toute nation de l'Europe, quelle qu'elle soit. En dépit de notre peu d'aptitude aux grandes entreprises industrielles, malgré le prix élevé du fer et la trop longue imperfection de notre outillage, le talent de nos constructeurs, l'intelligence de nos ouvriers, ont fini par triompher de tous les obstacles; et dès aujourd'hui, nos ateliers de construction n'ont plus rien à envier à ceux de nos voisins. Si l'Angleterre nous a depuis longtemps devancés dans cette voie; si elle a su, par son génie mécanique et grâce à des capitaux immenses, créer cet outillage merveilleux qui forme la base de toute l'industrie de la construction des machines à vapeur, et si nous avons dû commencer par lui emprunter ce premier et essentiel élément du travail, il faut reconnaître que nous en avons promptement tiré un parti admirable. On peut déclarer avec confiance que, pour la mécanique à vapeur, nous sommes désormais en mesure de nous passer de tout secours étranger. Quand on songe que ce n'est que depuis l'année 1832 que l'on a commencé à construire, parmi nous, de grandes machines à vapeur; qu'à l'exposition de 1834 on n'en vit figurer qu'une seule, et qu'en 1845 la France tirait encore presque toutes ses locomotives de l'Angleterre, on peut éprouver quelque orgueil de nos progrès dans une voie si importante.

Mais ce n'est pas seulement par fierté nationale qu'il faut s'applaudir de l'état florissant où se trouve, dans notre pays, la construction des machines à vapeur. Quelle confiance ne devons-nous pas puiser, pour l'avenir, dans la certitude de pouvoir, à un moment donné et quelles que soient les circonstances extérieures, trouver sur notre sol toutes les ressources nécessaires pour créer et répandre partout ces formidables machines, qui sont à la fois le signe et les agents de la puissance industrielle? Nos usines du Creusot, de Rouen, de Lille, de Mulhouse, et les ateliers si nombreux de Paris, sont aujourd'hui en mesure de suffire à une production établie sur la plus vaste échelle.

En 1852, nous possédions 6,080 machines d'une force totale de 75,518 chevaux-vapeur. En 1863, le nombre des machines à vapeur employées en France était de 22,513, représentant une force de 617,890 chevaux-vapeur. Depuis cette époque, les recensements officiels n'ont pas été publiés, mais si l'on calcule, avec un savant constructeur de Paris, M. Hermann-Lachapelle, d'après le mouvement progressif des années précédentes, on peut, sans crainte d'exagération, porter ce nombre pour l'année 1866, à 30,000.

Trente mille machines à vapeur représentent une force d'environ un million de chevaux-vapeur. Or, comme un cheval-vapeur est l'équivalent de 3 chevaux de trait, ou de 21 hommes de peine, il en résulte qu'en 1866, les machines à vapeur françaises exécutent le travail de plus de 3 millions de chevaux de trait, ou de 20 millions d'hommes. C'est à peu près deux fois le nombre d'hommes capables de travailler, qui existent en France.

CHAPITRE XI

DESCRIPTION DES PRINCIPAUX ORGANES DES MACHINES A VAPEUR EN GÉNÉRAL. — LES CHAUDIÈRES. — LES SOUPAPES DE SÛRETÉ. — LES MANOMÈTRES. — LE FLOTTEUR D'ALARME, ETC.

Dans l'exposition des découvertes scientifiques, la méthode historique nous semble constituer le mode qui permet le plus aisément d'atteindre à la clarté. Mais on ne peut prétendre à obtenir ainsi un résultat complet, qu'à la condition de présenter, après l'exposé historique, une description générale des appareils, résumant l'état actuel de la découverte que l'on étudie. Il nous reste donc à faire connaître les différentes dispositions qui sont en usage de nos jours, pour appliquer à l'industrie la puissance mécanique de la vapeur d'eau.

Nous décrirons dans ce chapitre, les différents organes qui sont communs à tous les genres de machines à vapeur. Nous nous occuperons d'abord, de la forme et des dispositions adoptées pour la construction des chaudières; nous passerons ensuite en revue, les appareils de sûreté qui servent à indiquer l'état de la pression et à prévenir l'explosion des chaudières.

Chaudières. — Dans les premières machines à vapeur, c'est-à-dire dans celles de Savery et de Newcomen, on donnait à la chaudière une forme demi-sphérique. Comme à cette époque la crainte de l'explosion préoccupait avant tout, cette forme avait été choisie comme offrant le plus de résistance à la pression de la vapeur. Mais plus tard, quand la crainte du danger s'affaiblit par l'habitude; lorsque l'expérience eut fait connaître la résistance précise offerte par un métal à une épaisseur donnée, on abandonna la forme sphérique, qui, à volume égal, offre le moins de surface. Les chaudières de Watt, communément appelées *chaudières prismatiques* ou *à tombeau*, étaient concaves par le fond, cylindriques à la partie supérieure, et verticales sur les côtés. Watt avait adopté la forme concave pour la partie inférieure de ses chaudières, parce qu'il pouvait ainsi augmenter l'étendue de la surface soumise à l'action du feu. Ces sortes de chaudières sont encore employées quelquefois aujourd'hui, lorsque la tension de la vapeur ne doit pas dépasser deux atmosphères.

Mais des dispositions toutes différentes sont adoptées pour la construction des générateurs qui doivent fournir de la vapeur d'une tension considérable. La quantité de vapeur fournie par une chaudière ne dépend ni de sa capacité, ni du volume d'eau qu'elle renferme ; elle dépend seulement de l'étendue de la surface offerte à l'action du feu. On admet que 1 mètre carré de surface chauffée peut donner moyennement, 40 kilogrammes de vapeur par heure. La forme de cette surface est d'ailleurs indifférente. D'après cela, pour produire rapidement une grande quantité de vapeur, il faudrait donner à la chaudière une longueur très-considérable, afin qu'elle présentât à l'action du feu toute la surface nécessaire. C'est pour obvier à cette difficulté que l'on construit aujourd'hui les chaudières dites *à bouilleurs*, connues à l'étranger sous le nom de *chaudières françaises*. Elles consistent en deux chaudières superposées, de grandeur inégale, et communiquant entre elles par de gros tubes. Comme les *bouilleurs*, c'est-à-dire l'ensemble de la chaudière inférieure, reçoivent la première action du feu qui altère particulièrement le métal, on les change à mesure qu'ils sont usés. La chaudière principale peut ainsi durer très-longtemps.

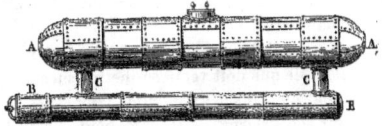

Fig. 58. — Chaudière à bouilleurs.

La figure 58 représente une chaudière de cette espèce. AA est le corps de la chaudière principale ; BB, l'un des deux bouilleurs ; C, C, les gros tubes qui établissent la communication entre l'un des bouilleurs et la chaudière principale. Il faut ajouter que la chaudière est munie d'un second bouilleur, qui n'est pas visible sur notre dessin.

La figure 59 représente une chaudière à bouilleurs établie dans son fourneau et munie de tous ses accessoires, tant pour la chaudière elle-même que pour le foyer. Une coupe longitudinale du fourneau permet de voir la chaudière dans le sens de sa longueur.

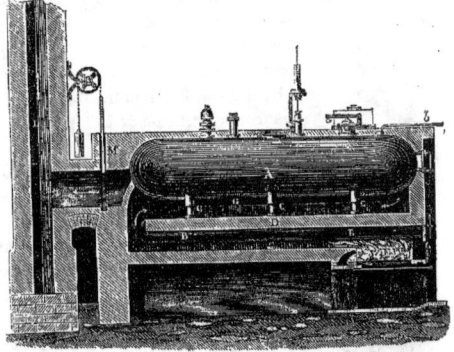

Fig. 59. — Chaudière à bouilleurs placée dans le fourneau.

A (*fig.* 59) est le corps de la chaudière ; BB, l'un des deux bouilleurs ; D, une cloison horizontale qui règne dans toute la longueur du fourneau à la hauteur des bouilleurs. Trois cloisons verticales, disposées contre les tubes C, divisent en trois compartiments l'espace qui reste libre entre cette cloison horizontale et la partie inférieure du corps de la chaudière.

Voici maintenant quelle est la marche de la flamme qui doit venir se mettre successivement en contact avec toutes les parties de la surface externe de la chaudière. Sortant du foyer E (*fig.* 59), la flamme se rend d'abord dans le conduit F, et se dirige du fond du fourneau à la partie postérieure de la chaudière; elle passe de là dans le compartiment G, c'est-à-dire au-dessous du corps principal de la chaudière. Arrivée à l'extrémité de ce conduit G, elle se divise en deux parties et retourne à la partie postérieure de la chaudière en passant par des conduits latéraux, qui portent le nom de *carneaux*. Enfin, à la sortie des carneaux, la flamme se rend dans la cheminée L. Un registre M, équilibré par un contre-poids, a pour fonction de fermer ou d'ouvrir plus ou moins complétement le tuyau de la cheminée, et, par conséquent, de modérer ou d'activer le tirage, c'est-à-dire l'appel de l'air pour l'entretien de la combustion.

La figure 60 montre une coupe verticale de la chaudière A et des bouilleurs BH, BH, placés dans le fourneau G, au-dessus du foyer F.

On donne aux chaudières une longueur qui est cinq à six, et quelquefois jusqu'à dix fois leur diamètre. L'expérience a montré que ce diamètre intérieur ne doit jamais dépasser 1 mètre. Lorsque la quantité de vapeur ainsi produite est insuffisante pour l'effet mécanique que l'on veut produire, au lieu d'augmenter le diamètre de la

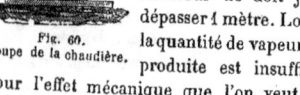
Fig. 60.
Coupe de la chaudière.

chaudière, on préfère en employer plusieurs. C'est, comme nous le verrons, le cas des bateaux à vapeur.

Les chaudières et les bouilleurs peuvent être construits en fonte, en cuivre ou en tôle. Appliquée à la construction des chaudières, la fonte ne donne que de mauvais résultats; aussi l'usage des chaudières de ce genre est-il interdit à bord des bateaux, et l'on n'en construit même qu'un très-petit nombre pour les machines destinées à fonctionner sur terre; car, par suite de la faible résistance de la fonte, on est obligé de leur donner beaucoup plus d'épaisseur qu'aux chaudières de tôle, et leur prix devient ainsi de fort peu inférieur à celui de ces dernières.

Les chaudières de cuivre ont été longtemps employées par nos constructeurs; mais l'épaisseur qu'il faut donner au cuivre laminé, et qui est égale à celle que devrait avoir la chaudière si elle était de tôle et de fer, augmente de beaucoup leur prix; aussi ne sont-elles guère employées que lorsque les eaux d'alimentation sont très-corrosives et détruiraient rapidement le fer.

La tôle est donc à peu près uniquement employée aujourd'hui pour la construction des chaudières. La grande ténacité du fer et le prix peu élevé de ce métal lui assurent, sous ce rapport, des avantages que rien ne peut contre-balancer, surtout lorsque les houilles sont peu sulfureuses, et ne sont pas, par conséquent, de nature à altérer le métal.

Lorsque l'eau a été entretenue pendant quelques semaines, en ébullition dans une chaudière, elle y dépose, par le fait de son évaporation, un sédiment terreux. Les eaux dont on se sert pour alimenter les chaudières, tiennent toujours en dissolution une quantité plus ou moins grande de sels formés d'un mélange de sulfate de chaux et de carbonate de chaux. Par l'effet de la concentration, ces sels finissent par se déposer contre les parois de la chaudière. Or, la présence de cette croûte terreuse à l'intérieur du générateur, offre des inconvénients de plus d'un genre. Comme, par son interposition, elle empêche le contact immédiat de l'eau et du métal, elle retarde la transmission de la chaleur, dont elle absorbe une partie à son profit. Elle peut, en outre, occasionner l'altération de la chaudière, parce que la partie qui se trouve ainsi recouverte s'échauffe à une température assez élevée pour déterminer l'oxydation du métal, et par conséquent sa destruction. Enfin, la présence de ces sédiments devient souvent la source d'un danger des plus graves, car elle peut aller au point de provoquer l'explosion de la machine. Lorsqu'en effet, cette sorte d'enveloppe pierreuse a fini par se former au fond d'une chaudière, il peut arriver que, par suite de la dilatation inégale que la croûte terreuse et le métal qu'elle recouvre, éprouvent par l'action de la chaleur, cette croûte vienne subitement à se déchirer. L'eau qui existe dans la chaudière se trouve dès lors mise subitement en contact avec une surface métallique chauffée à une température excessive ; et il se forme aussitôt une quantité de vapeur tellement considérable, qu'elle peut déterminer une explosion.

On était forcé autrefois de nettoyer le générateur tous les quinze à vingt jours, afin d'enlever ces dépôts terreux. Mais comme ils adhéraient très-fortement au métal, il fallait les attaquer avec des instruments d'acier ; ce qui n'était pas sans nuire à la chaudière. Aujourd'hui, au lieu d'enlever ce sédiment, une fois formé, on empêche sa production. Le moyen employé pour cela, consiste à placer dans la chaudière, différents corps étrangers, sur lesquels les sels calcaires viennent se déposer, au lieu de s'attacher aux parois du métal. Tel est l'effet que produisent les raclures de pommes de terre ou le son, que, dans beaucoup d'usines, on mêle à l'eau du générateur.

Cependant, comme ces corps ont l'inconvénient de faire mousser le liquide, qui quelquefois, passe jusque dans l'intérieur des tubes de vapeur, on se sert plus généralement aujourd'hui, d'argile délayée dans l'eau, qui s'oppose à l'agrégation des dépôts terreux.

Des fragments de verre, des rognures de fer-blanc, de tôle ou de zinc, par leur mouvement continuel au sein du liquide, et contre les parois du générateur, peuvent aussi prévenir les incrustations.

Grâce à l'emploi de ces divers moyens, on empêche les sels terreux de se précipiter en couches continues et adhérentes, et l'on obtient un dépôt boueux qui n'adhère point à la chaudière. Il suffit dès lors, de vider celle-ci tous les quinze à vingt jours, pour chasser l'eau vaseuse qui en occupe le fond.

Appareils de sûreté. — Les accidents nombreux et les malheurs auxquels ont donné lieu les explosions, autrefois trop fréquentes, des chaudières à vapeur, ont naturellement éveillé toute la sollicitude des mécaniciens. Les différents appareils de sûreté dont la loi impose sagement la nécessité à nos constructeurs, constituent un des systèmes les plus importants de ces machines. Nous les examinerons avec soin. Cependant, avant d'indiquer les moyens efficaces que l'on oppose à l'explosion des chaudières, il est nécessaire de signaler les causes principales de ce redoutable phénomène.

Si l'épaisseur des parois du métal est insuffisante pour supporter l'effort de la vapeur, on conçoit aisément que, cédant à la pression intérieure qu'elle éprouve, la chaudière se déchire dans une de ses parties, et donne tout d'un coup issue à la vapeur. De là une première cause d'explosion. Aussi l'ordonnance royale qui régit la construction et l'installation des machines à vapeur, fixe-t-elle avec soin l'épaisseur à donner au métal d'une chaudière, selon les pressions qu'elle doit subir.

Cependant l'explosion n'est presque jamais due à un défaut de résistance du métal. Dans le plus grand nombre des cas, elle provient de ce que certaines parties de la chaudière, accidentellement portées à une température excessive, se sont trouvées tout d'un coup en contact avec l'eau. Si, par exemple, le niveau intérieur du l'eau vient, par un défaut de surveillance, à baisser dans le générateur, de telle sorte que l'eau n'occupe que la moitié ou le tiers de la hauteur qu'elle doit y occuper, ces portions du métal, léchées par la flamme du foyer, peuvent s'échauffer au point de rougir ; et si, par un accident quelconque, une certaine quantité d'eau vient alors à être projetée contre ces parois rougies, l'explosion de la chaudière est inévitable.

Elle est inévitable pour deux motifs. Le premier tient à la formation subite d'une masse considérable de vapeur qui prend naissance par suite du contact de l'eau avec la partie surchauffée du métal. Cette masse de vapeur qui se forme brusquement, par la pression considérable qu'elle provoque tout d'un coup, produit sur la chaudière l'effet d'un violent coup de marteau et détermine sa rupture. En second lieu, le refroidissement presque instantané qu'éprouve le métal rougi, amène dans sa constitution physique, une modification moléculaire qui le rend beaucoup plus fragile et facilite sa déchirure.

L'explosion d'une machine à vapeur donne lieu à des phénomènes mécaniques extraordinaires, dont la puissance serait difficile à expliquer si l'on ne considérait que la seule action de la vapeur qui se trouve dans la chaudière au moment de sa rupture. Des murs renversés, des poutres énormes projetées à des distances considérables, la dévastation des usines, et toutes les scènes de destruction et de mort qui accompagnent ce terrible phénomène, ne pourraient être déterminées par la seule expansion de la vapeur contenue dans la chaudière. Ce qui ajoute à cette première cause, une source plus puissante et plus réelle de dangers, c'est la vaporisation subite de la majeure partie du liquide qui existe dans la chaudière au moment de l'explosion. Cette eau, chauffée à un degré bien supérieur à celui de l'ébullition, se trouvant tout d'un coup, en contact avec l'atmosphère, se vaporise en grande partie d'une manière instantanée, et la quantité énorme de vapeur qui se trouve ainsi brusquement engendrée, peut donner naissance à ces effets désastreux que l'on n'observait que trop souvent aux premiers temps de l'emploi des machines à vapeur.

Les appareils de sûreté qui servent à prévenir ces effrayants phénomènes, sont de deux sortes. Les premiers sont destinés à se mettre à l'abri des pressions trop considérables que la vapeur pourrait acquérir : la *soupape de sûreté*, les *plaques fusibles*, le *manomètre*, remplissent ce premier objet. Les seconds sont destinés à régulariser l'alimentation de la chaudière, de telle sorte que l'eau se trouve toujours maintenue dans son intérieur à un niveau convenable.

La *soupape de sûreté* que Papin imagina en 1688, pour son digesteur, et que Désaguliers appliqua en 1717, à la machine de Savery, d'après la proposition de Papin, est un appareil admirable pour la simplicité et l'efficacité de son action. Il a pour but de prévenir l'explosion de la chaudière, en offrant une issue à la vapeur dès que la pression de cette vapeur s'y élève au delà des limites auxquelles le métal pourrait résister.

Le principe sur lequel repose le rôle préservateur de cet instrument, est des plus simples. La vapeur contenue dans une chaudière, exerce une pression égale sur tous les points de ses parois. Si donc on pratique sur un point quelconque de sa surface une ouverture circulaire, et qu'on ferme exactement cet orifice avec une plaque métallique mobile, cette plaque pourra être repoussée de bas en haut par l'action de la vapeur intérieure. Or, si l'on place sur cette plaque mobile, un poids exactement équivalent à la pression que la chaudière éprouve lorsque la vapeur se trouve portée au degré de tension qu'elle ne doit jamais dépasser, cette plaque sera soulevée dès que la vapeur aura atteint ce degré de pression. Comme les poids employés pour comprimer la plaque, seraient trop lourds ou d'un ajustement difficile, au lieu de les déposer simplement sur l'ouverture, on presse la plaque par l'intermédiaire d'un levier du genre des romaines, qui permet, à l'aide d'un poids médiocre, de contre-balancer les plus fortes pressions.

La soupape de sûreté est représentée dans la figure 61. A est la soupape qui ferme un tuyau vertical communiquant avec la chaudière, et qui par conséquent ferme la chaudière elle-même. Cette soupape est maintenue au moyen d'un levier BC, qui repose sur

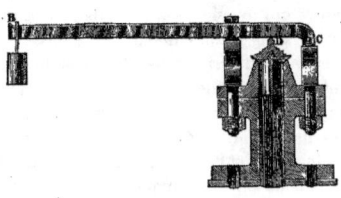

Fig. 61. — Soupape de sûreté.

elle au point D, et qui est mobile, grâce à une charnière, autour du point fixe C. Un poids est suspendu à l'extrémité B de ce levier. Ce poids a été calculé de manière à exercer sur la soupape une pression égale à celle qu'elle éprouverait de la part de la vapeur lorsque sa force élastique serait arrivée au terme qu'elle ne doit jamais dépasser.

Si la pression de la vapeur atteint accidentellement jusqu'à ce degré, elle soulève la soupape. Dès lors, une partie de la vapeur s'échappe dans l'air, et la pression intérieure se trouve ramenée, dans l'intérieur de la chaudière, à ses limites normales. Cette limite une fois atteinte, la soupape se referme et prévient ainsi une émission de vapeur devenue inutile.

La figure 62 montre la soupape de sûreté seule, c'est-à-dire débarrassée du levier de pression qui pèse sur elle, pour la maintenir en place sur l'orifice de la chaudière. On voit

Fig. 62.

qu'elle se compose de trois ailettes saillantes supportées par un chapiteau, lequel produit l'occlusion de la chaudière.

Les dimensions de la soupape de sûreté sont fixées avec beaucoup de soin par le règlement d'administration de 1843, qui exige que chaque chaudière à vapeur soit munie de deux appareils de ce genre, dont un doit se trouver constamment sous une clef et hors de la disposition du mécanicien (1).

La soupape à plaque mobile serait un appareil irréprochable par la commodité, la simplicité, la certitude de son action, si les ouvriers chargés de la conduite des machines ne pouvaient, avec une facilité désespérante, annuler ses avantages. On comprend, en effet, qu'il suffit d'augmenter le poids qui ferme la soupape, pour empêcher cette soupape de s'ouvrir sous la pression calculée par le constructeur. Si, au poids de 10 kilogrammes, par exemple, que porte le levier, on ajoute un poids de 1 ou 2 kilogrammes, la vapeur ne pourra soulever la plaque mobile que lorsqu'elle aura gagné en puissance dans une proportion correspondante.

C'est ce que font trop souvent les ouvriers chargés de diriger les machines. Tout le monde a vu, sur un bateau à vapeur, le mécanicien, quand il veut obtenir une plus grande vitesse, attacher à l'extrémité du levier un marteau, un morceau de fer ou un poids. Lorsque deux bateaux en concurrence se rencontrent faisant la même route sur une de nos rivières, c'est ainsi que débutent les mécaniciens en entamant la lutte. Pour mettre la soupape de sûreté à l'abri de la main des ouvriers, les règlements exigent, avons-nous dit, que l'une des deux soupapes dont la chaudière est munie soit placée dans une boîte fermant à clef; mais cette sage prescription n'est pas toujours suivie.

(1) Aucune chaudière ne peut être employée avant d'avoir été essayée à froid, au moyen d'une presse hydraulique, sous une pression triple de celle qu'elle doit supporter. Cet essai est vérifié par les soins de l'ingénieur du département.

Outre la soupape de Papin, les chaudières à vapeur sont quelquefois munies d'un appareil de sûreté fondé sur un principe tout différent : c'est la *plaque*, ou *rondelle fusible*.

La *plaque fusible* est un petit disque de métal qui bouche hermétiquement un trou pratiqué sur un point quelconque de la chaudière. Ce disque est composé d'un alliage d'étain, de bismuth et de plomb, dans des proportions telles qu'il puisse entrer en fusion dès qu'il se trouve soumis à un degré de température supérieur à celui que présente la vapeur quand elle a atteint la pression extrême que la chaudière peut supporter.

Le principe sur lequel repose l'emploi des rondelles fusibles, est important à connaître. La pression qu'exerce la vapeur d'eau, dépend de sa température ; et les pressions qui correspondent aux différentes températures de la vapeur, ont été déterminées expérimentalement de la manière la plus précise. D'après les tables de la force élastique de la vapeur d'eau, dressées par les soins de l'Académie des sciences de Paris, on sait qu'à la température de 100 degrés, la force élastique de la vapeur équivaut au poids d'une atmosphère ; — qu'une température de 112 degrés correspond à une force élastique d'une atmosphère et demie, — une température de 122 degrés à deux atmosphères, — une température de 145 degrés à quatre atmosphères, etc. D'après cela, la connaissance de la température de la vapeur contenue dans une chaudière, doit suffire pour indiquer la force élastique dont jouit cette vapeur, ces deux termes étant liés entre eux d'une manière invariable.

Si donc on prépare, par le mélange de certains métaux, un alliage tel qu'il entre en fusion à la température que la vapeur ne doit jamais dépasser, et que l'on ferme, avec une plaque composée de cet alliage, un orifice pratiqué sur la chaudière ; dès que la vapeur aura dépassé la pression normale assignée par le constructeur, la température de cette vapeur s'étant accrue d'une manière correspondante, déterminera la fusion de l'alliage : la chaudière se trouvera ainsi ouverte et offrira à la vapeur une libre issue.

Fondées sur des faits physiques d'une exactitude rigoureuse, les rondelles fusibles semblent offrir un moyen certain de prévenir l'explosion des chaudières. L'expérience a prouvé cependant qu'elles atteignent rarement le but proposé, et qu'elles présentent dans leur emploi de très-grands inconvénients. Comme l'alliage, avant de fondre et de couler, commence par se ramollir, il offre, à la limite de température qui avoisine son point de fusion, une résistance beaucoup moindre à l'effort de la vapeur, et il arrive souvent, par suite de ce fait, que la rondelle cède à la pression de la vapeur, lorsque cette vapeur est encore bien loin des limites prévues. On a obvié en partie à cet inconvénient en serrant la rondelle fusible entre deux toiles métalliques à mailles étroites, qui la maintiennent de manière à prévenir son affaissement.

Un autre inconvénient plus difficile à éviter, c'est que la rondelle fusible, quoique placée à la partie supérieure de la chaudière, finit par s'encroûter des dépôts qui proviennent de l'évaporation de l'eau. Ces dépôts s'attachent à sa surface, et la recouvrent d'une enveloppe terreuse qui retarde la transmission de la chaleur et l'empêche d'entrer en fusion au degré calculé.

Les rondelles fusibles présentent un dernier inconvénient, qui est de beaucoup le plus grave. Lorsque la vapeur ayant dépassé dans la chaudière, ses limites normales, la plaque métallique est entrée en fusion, toute la vapeur qui se trouvait contenue dans la chaudière s'échappe aussitôt dans l'air. L'explosion, il est vrai, est ainsi prévenue ; mais la marche de la machine est du même coup arrêtée, puisque la chaudière est ouverte et cesse d'envoyer sa vapeur dans le cylindre. Il faut, de toute nécessité, remplacer la plaque fusible, remplir de nouveau la chaudière d'eau et la chauffer. Dans bien des cas, ce n'est pas sans de graves inconvénients que l'action de la machine peut

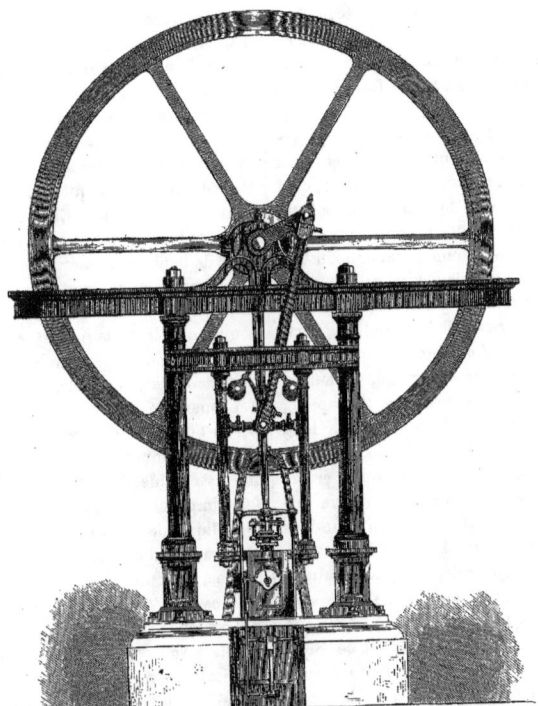

Fig. 63. — Machine à vapeur sans condenseur, à cylindre vertical.

être ainsi suspendue. Dans un bateau à vapeur, près des côtes et au moment d'entrer dans le port, l'absence subite du moteur constituerait un danger très-sérieux.

Là est le vice capital et tout à fait irrémédiable, des appareils de sûreté composés de métaux fusibles. La soupape de Papin est exempte de cet inconvénient ; car, dès qu'elle a donné issue à la vapeur dont l'excès de force élastique menaçait de compromettre l'appareil, elle retombe, ferme de nouveau la chaudière, et la vapeur, ainsi ramenée à la tension convenable, poursuit l'effet de son action motrice.

En raison de ces divers inconvénients, les plaques fusibles sont aujourd'hui abandonnées. En France, les règlements d'administration exigeaient autrefois, l'adjonction à toutes les chaudières à vapeur, de deux plaques fusibles de dimensions inégales ; depuis quelques années cette prescription a été levée.

Nous pouvons cependant signaler une excellente application des plaques fusibles pour empêcher les coups de feu, en cas de manque d'eau dans les chaudières. On place dans un orifice pratiqué au fond de la chaudière, au-dessus du foyer, un bouchon de plomb ou d'alliage fusible. Si, par un accident quelconque, ou par la négligence du mécanicien, la chaudière est à sec, le bouchon entre en fusion ; alors le peu d'eau qui reste au fond de la chaudière tombe dans le foyer et éteint le feu.

Manomètre. — Le moyen certain de prévenir les dangers résultant de l'augmentation accidentelle de la pression de la vapeur, c'est de pouvoir s'assurer à tout moment, de l'état exact de la tension que possède la vapeur. L'appareil destiné à donner à chaque instant au mécanicien l'indication et la mesure de la pression qui s'exerce à l'intérieur de la chaudière, porte le nom de *manomètre*.

Le manomètre employé dans la plupart des machines à vapeur, consiste simplement en un long tube de verre ouvert par ses deux bouts, plongeant dans un réservoir de mercure, qui communique lui-même avec la vapeur contenue dans la chaudière. Lorsque la pression intérieure ne dépasse pas une atmosphère, le mercure s'élève à la même hauteur dans le réservoir et dans le tube. Si elle est de deux atmosphères, le mercure s'élève à $0^m,76$ de hauteur, d'après les principes connus sur la mesure de la pesanteur de l'air ; si la pression est de trois atmosphères, il s'élève à deux fois $0^m,76$ de hauteur, c'est-à-dire à $1^m,52$, etc.

Employé sans autre artifice, ce manomètre, dont les indications sont d'ailleurs absolument rigoureuses, aurait un inconvénient pratique : l'excessive longueur que devrait présenter le tube, pour indiquer des pressions de cinq ou six atmosphères, porterait l'extrémité de la colonne de mercure à une hauteur telle que le mécanicien ne pourrait la voir commo-

Fig. 64.
Manomètre à air libre.

dément. C'est pour obvier à cette difficulté que l'on donne au manomètre à air libre une disposition particulière. Elle consiste à placer à la surface du mercure, un petit flotteur c, suspendu à un fil passant sur une poulie, et équilibré par un contre-poids e. Ce contre-poids se meut en sens contraire du mouvement du mercure ; il se trouve ainsi placé à une hauteur convenable pour que le mécanicien puisse aisément l'apercevoir. Une échelle graduée, disposée le long du tube d, exprime les variations de la pression intérieure de la vapeur en atmosphères et en fractions de cet élément. La figure 64 montre cette disposition, qui se comprend à la seule inspection : a est le tube qui met en communication le manomètre avec l'intérieur de la chaudière.

Le mercure du manomètre est exposé à être perdu ou sali. En outre, cet instrument devient d'une longueur excessive quand la pression est considérable, ce qui le rend quelquefois impossible à placer. Un manomètre métallique, découvert par M. Bourdon, remplace aujourd'hui avec avantage, le manomètre à mercure.

Le *manomètre à spirale métallique de Bourdon* est fondé sur ce fait, que l'expérience a établi, savoir, que quand on met en communication avec la vapeur remplissant une chaudière une spirale de cuivre, mince, creuse et à section ellipsoïdale, la vapeur, en agissant à l'intérieur de ce conduit métallique, tend, par son effort, à redresser ce conduit d'une quantité sensiblement proportionnelle à la pression. D'après cela, si l'on adapte une aiguille à l'extrémité libre de la spirale, cette aiguille indiquera sur un cadran, les degrés d'allongement du métal correspondant à cette pression.

La figure 65 représente le manomètre de Bourdon. Quand la vapeur de la chaudière pénètre dans l'intérieur de la spirale creuse B, la pression qu'elle exerce contre ses parois, gonfle ce tuyau creux, en diminuant l'aplatissement de sa section transversale. Ce léger gonflement entraîne un changement dans la courbure du tuyau, qui se redresse de plus en plus et d'une quantité sensiblement proportionnelle à la pression. Par suite de ce redressement, l'extrémité C de la spirale se déplace, et par l'intermédiaire de la tige CD, fait mouvoir l'aiguille DEF, qui parcourt le cadran, dont la graduation a été faite de manière à représenter la pression en atmosphères et en fractions d'atmosphère.

Fig. 65. — Manomètre métallique de Bourdon.

Comme par son expansion prolongée dans un milieu chaud, le métal du tuyau courbe peut subir des modifications moléculaires capables de fausser ses indications, il est important de s'assurer de temps en temps, du bon état et de l'exacte sensibilité de cet appareil indicateur.

Tels sont les moyens de sûreté employés pour prévenir les accidents qui pourraient résulter de l'accroissement accidentel de la pression de la vapeur. Examinons maintenant les appareils mis aujourd'hui en usage pour prévenir les dangers qui résulteraient d'une interruption dans l'alimentation de la chaudière. Ces appareils sont les *indicateurs du niveau de l'eau* et les *flotteurs*.

Le plus simple et le plus utile des *indicateurs du niveau de l'eau* est un tube de verre vertical nommé *tube-jauge*, qui communique avec l'intérieur de la chaudière, et qui se trouve fixé contre ses parois à l'aide de deux tubulures de cuivre. L'eau s'élève dans l'intérieur de ce tube transparent à la même hauteur que celle qu'elle occupe dans la chaudière. Le mécanicien a, de cette manière, constamment sous les yeux la hauteur que le liquide occupe dans le générateur. On voit cet appareil dans la figure 57 (page 113), qui représente le *foyer*, les *bouilleurs* et le *niveau d'eau de la chaudière d'une machine à vapeur*.

Cependant, comme il est de la dernière importance que le chauffeur connaisse à chaque instant la quantité d'eau qui existe dans la chaudière, on ne se contente pas de ce premier moyen, et l'on met à sa disposition d'autres appareils destinés à lui fournir la même indication. A cet effet, deux robinets, nommés *robinets-jauge*, sont adaptés à la chaudière en des points peu éloignés de la position que doit avoir constamment le niveau de l'eau. Ils sont situés, l'un au-dessus, l'autre au-dessous de ce niveau ; de telle sorte qu'en ouvrant successivement ces deux robinets, le chauffeur doit voir couler de l'eau par le robinet inférieur et de la vapeur s'échapper par l'autre. Comme nous l'avons fait remarquer dans un autre chapitre (page 72), ce moyen était déjà en usage au XVIII° siècle, dans la machine de Newcomen.

Le *flotteur*, dont l'emploi est obligatoire pour les chaudières à vapeur, est aussi d'invention ancienne. Il se compose d'un corps quelconque équilibré de manière à surnager l'eau, et qui, placé à la surface du liquide, s'élève ou s'abaisse avec lui. Le mouvement de ce flotteur est rendu sensible au dehors par une tige métallique déliée qui le surmonte verticalement, et qui traverse à frottement, la paroi supérieure de la chaudière. L'extrémité de cette tige se meut sur une échelle graduée, et permet à l'ouvrier de suivre à chaque instant le mouvement de l'eau dans l'intérieur de la chaudière.

L'exposition universelle de 1855 a fait connaître un perfectionnement ingénieux de ces flotteurs. Un aimant, fixé à l'extérieur de la chaudière sur une tige plongeant dans l'intérieur de cette chaudière et à travers ses parois, attire, selon les mouvements d'élévation ou d'abaissement de l'eau, une lame de fer qui sert de flotteur. Une échelle placée sur le trajet de ce corps mobile fait connaître la hauteur que l'eau occupe à l'intérieur du générateur.

Les moyens précédents ne peuvent servir à prévenir l'abaissement du niveau de l'eau dans le générateur que tout autant que l'ouvrier y porte attention. Ils deviennent nécessairement inefficaces par suite de sa distraction ou de sa négligence. Aussi les chaudières sont-elles toujours munies d'un appareil nommé *flotteur d'alarme*, qui a pour but de réveiller l'attention du mécanicien distrait. Cet ingénieux appareil est représenté dans la figure 66.

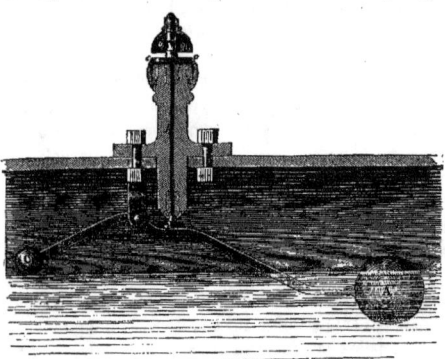

Fig. 66. — Flotteur et sifflet d'alarme.

Un flotteur A, se trouve fixé à l'extrémité d'un levier ABC, qui est muni, à son autre extrémité, d'un contre-poids C. Lorsque le niveau de l'eau se maintient dans la chaudière à une hauteur convenable, ce flotteur tient la petite pièce conique *a* pressée contre l'orifice du tube vertical *b*, et ferme ainsi, en ce point, le générateur. Mais si, par suite d'un défaut d'alimentation de la chaudière, l'eau vient à baisser, le flotteur la suit dans son mouvement, et l'orifice *a* se trouve ainsi débouché ; la vapeur s'échappe donc aussitôt par l'issue que lui présente le tuyau *ab*. Ce jet de vapeur s'élance par l'ouverture annulaire *cc*, et rencontrant le timbre métallique *d* par son contour aigu, il le met aussitôt en vibration et fait entendre un coup de sifflet qui trahit le défaut de surveillance du chauffeur.

Ces précautions si multipliées pour entretenir d'une manière régulière et constante, l'alimentation du générateur, peuvent paraître superflues, quand on se souvient que cette alimentation se fait d'une manière continue, au moyen d'une pompe mise en mouvement par la machine elle-même, et dont les dimensions sont calculées de telle sorte qu'elle refoule dans la chaudière une quantité d'eau à peu près correspondante à celle que l'évaporation fait disparaître. Mais le jeu de cette pompe peut être sujet à quelque dérangement, et c'est afin que l'ouvrier puisse reconnaître si elle fonctionne avec la régularité nécessaire, que l'on met à sa disposition les divers moyens qui viennent d'être énumérés pour apprécier la hauteur du niveau de l'eau. Quand le mécanicien s'aperçoit que le générateur renferme une trop grande quantité d'eau, il arrête le jeu de la pompe alimentaire, soit en décrochant la tige qui la rattache au balancier, soit en fermant un robinet adapté au tuyau d'aspiration.

Il rétablit le jeu de cette pompe dès que le niveau de l'eau commence à s'abaisser au-dessous de la ligne normale tracée à l'extérieur.

Nous dirons, pour terminer cette description générale de la machine à vapeur, que l'on a l'habitude d'évaluer en nombre de chevaux la puissance de ces machines. Ce moyen de mesure a été employé pour la première fois par Thomas Savery.

On a beaucoup varié sur la valeur de cette unité dynamométrique. Voici quelle est aujourd'hui, en France, sa signification précise. On dit qu'une machine à vapeur est de la force d'un cheval, lorsqu'elle est capable d'*élever un poids de* 75 *kilogrammes à* 1 *mètre de hauteur, dans une seconde de temps*. Une machine à vapeur de dix chevaux, par exemple, est donc celle qui, dans une seconde, peut élever 750 kilogrammes à 1 mètre de hauteur, ou 75 kilogrammes à 10 mètres de hauteur.

Il faut remarquer cependant que cette quantité de travail est bien supérieure à celle que peut produire un cheval. Aussi ce mode d'évaluation est-il plutôt une convention qu'une comparaison fondée sur une appréciation exacte des forces naturelles.

Voici l'étymologie, ou, si l'on veut, l'origine, de cette dénomination bizarre de *cheval-vapeur*, employée pour représenter l'unité dynamométrique des machines à vapeur. Une anecdote rapportée par Tom Richard, dans son *Aide-mémoire des ingénieurs*, l'explique comme il suit :

« Ce fut, dit M. Tom Richard, dans la brasserie de Whitebread, à Londres, que Watt fit la première application de sa machine à vapeur. Cette machine devait remplacer un manége destiné à monter de l'eau, et le brasseur, voulant obtenir de la vapeur le même effet que de ses chevaux, proposa à Watt de faire travailler un cheval pendant une journée de huit heures, et de baser le travail du *cheval-vapeur* sur le produit du poids de l'eau qui aurait été élevé à la fin de la journée par la différence du niveau des réservoirs inférieur et supérieur. Watt accepta le marché. Le brasseur prit alors son meilleur cheval (et les chevaux de brasseur, à Londres, sont des animaux d'une force prodigieuse), et le fit travailler huit heures, n'épargnant pas les coups de fouet, et s'embarrassant peu que son cheval pût soutenir plusieurs jours de suite un tel travail. Le produit mesuré se trouva être de 2,120,000 kilogrammes élevés à 1 mètre en huit heures, soit 73^{kil},6 élevés à 1 mètre par seconde. »

Ce travail se rapproche de celui du cheval-vapeur adopté en France ; mais il est de beaucoup supérieur à celui qu'on obtiendrait d'une manière suivie d'un cheval ordinaire. En effet, des expériences authentiques, faites dans les mines d'Anzin, sur le travail de 250 chevaux employés pendant un an, à faire mouvoir une machine très-simple, ont donné, pour le travail effectif d'un cheval ordinaire, pendant huit heures, ou sa journée entière, 800,000 kilogrammes élevés à 1 mètre de hauteur, ce qui représente 27^{kil},77 élevés à 1 mètre de hauteur par seconde.

D'après ce résultat, un cheval-vapeur serait l'équivalent du travail de près de trois chevaux pour le même temps. Afin d'éviter toute confusion, il est bon, d'après cela, d'employer toujours le terme de *cheval-vapeur* pour désigner l'unité dynamométrique des machines à vapeur.

CHAPITRE XII

CLASSIFICATION DES MACHINES A VAPEUR. — MACHINE A CONDENSEUR ET MACHINE SANS CONDENSEUR. — MACHINES A SIMPLE EFFET ET MACHINES A DOUBLE EFFET. — MACHINES FIXES, MACHINES DE NAVIGATION, LOCOMOTIVES ET LOCOMOBILES. — TYPES, OU PRINCIPAUX SYSTÈMES : MACHINE DE WATT. — MACHINE DE WOLF. — MACHINES A CYLINDRE VERTICAL. — MACHINES A CYLINDRE HORIZONTAL. — MACHINES OSCILLANTES. — MACHINES ROTATIVES. — PRINCIPES NOUVEAUX SUR L'EMPLOI DE LA VAPEUR COMME FORCE MOTRICE.

Nous passons à la *classification des machines à vapeur*, et à la description des différents *systèmes* ou *types*, qui sont aujourd'hui en usage pour tirer le meilleur parti de la force élastique de la vapeur.

CLASSIFICATION DES MACHINES A VAPEUR.

Rien n'est plus difficile que de donner une classification rigoureuse des machines à vapeur, en raison de la quantité innombrable de types différents qui sont en usage. Cette classification n'est possible qu'en considérant à part les différentes conditions de leur construction et de leur emploi.

Quand on considère la tension de la vapeur, ou le nombre d'atmosphères de pression que cette vapeur exerce, on distingue les machines à vapeur en *machines à basse pression* et *machines à haute pression*. Cependant il est plus conforme aux faits, de les désigner, dans ce cas, sous le nom de *machines à condenseur*, et de *machines sans condenseur*. Établissons la différence qui sépare ces deux systèmes.

Les *machines à condenseur*, les premières que l'on ait construites, et les seules dont Watt ait fait usage, sont ainsi nommées parce que la vapeur, quand elle a produit son effort mécanique, s'y trouve condensée par l'eau froide. On a continué de les désigner sous le nom de machines *à basse pression*, parce que la vapeur n'y est ordinairement employée qu'à une pression médiocre, qui va d'une atmosphère et demie à deux atmosphères.

La *machine sans condenseur* est celle dans laquelle la vapeur se trouve rejetée librement dans l'air dès qu'elle a produit son effet. Ces machines sont toujours nécessairement à haute pression.

Quelles sont les raisons qui peuvent motiver dans une usine, le choix d'une machine à vapeur à haute ou à basse pression? Si l'on dispose d'une quantité d'eau assez abondante pour fournir aux besoins de la condensation, il y a avantage à adopter la machine à condenseur. Il suffit de donner à la surface du piston des dimensions convenables, pour obtenir des machines réalisant tout l'effort nécessaire, et dans lesquelles la vapeur agit toujours à basse pression, c'est-à-dire à environ une atmosphère et demie. Mais si l'on ne peut se procurer facilement la quantité d'eau qui est nécessaire à la condensation, on est forcé d'employer des machines à haute pression, qui marchent sans condenseur. Ajoutons que la machine à basse pression occupe une place considérable; au contraire la machine à haute pression, qui ne se compose guère que d'un cylindre et d'une bielle, ne demande qu'un emplacement médiocre. Dans un grand nombre de cas, cette dernière circonstance détermine le choix de la machine à haute pression.

Examinons maintenant les détails du mécanisme de la machine à vapeur selon qu'elle marche avec ou sans condenseur.

Machine à condenseur. — La machine à vapeur à basse pression et à condenseur, c'est-à-dire la machine communément désignée sous le nom de *machine de Watt*, ne se compose que d'éléments qui ont été précédemment analysés. Il nous suffira donc d'une légende ajoutée à la figure 67, pour faire comprendre son mécanisme et la destination de chacun de ses organes.

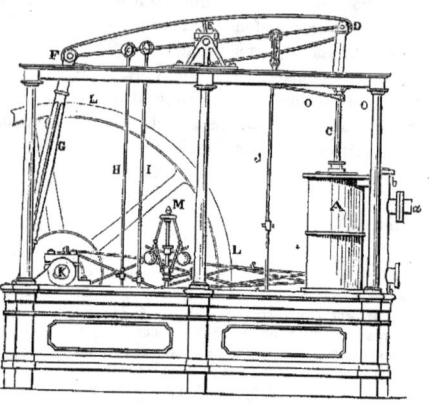

Fig. 67. — Machine à condenseur ou machine de Watt à basse pression.

A est le cylindre dans lequel joue le piston, par suite de l'effort de la vapeur qui s'y introduit à l'aide du tube *a*. L'appareil connu sous le nom de *tiroir*, est représenté par les lettres *b*, *b*. Il est destiné à faire passer la vapeur arrivant de la chaudière, tantôt au-dessus, tantôt au-dessous du piston; et en même temps, à faire communiquer le condenseur, tantôt avec la partie supérieure, tantôt avec la partie inférieure du cylindre. Ce tiroir se compose d'une plaque métallique mobile jouant à l'intérieur de la capacité *b*, et mise en mouvement par l'arbre K de la machine, à l'aide de deux tringles *s*, *s*, convergeant l'une vers l'autre, qui mettent en mouvement un petit mécanisme connu sous le nom d'*excentrique*.

En se déplaçant ainsi à l'intérieur de la capacité du corps de pompe, cette plaque a pour effet de fermer et d'ouvrir successivement une communication qui existe entre la partie supérieure et la partie inférieure du cylindre ; selon que cette ouverture est ouverte ou fermée, la vapeur peut s'introduire au-dessous ou au-dessus de la tête du piston.

C représente la tige du piston. Au moyen du parallélogramme articulé OO, cette tige transmet son mouvement au balancier, de manière à lui imprimer un mouvement de va-et-vient autour de son axe E. A l'extrémité F du balancier est attachée une bielle, ou tige, G, qui vient s'articuler avec le bouton de la manivelle fixée à l'extrémité de l'arbre K, pour communiquer à cet arbre un mouvement de rotation. LL est la roue, ou le volant, destinée à prévenir les irrégularités d'action du balancier, en répartissant les inégalités de son mouvement sur une grande masse placée à une certaine distance de l'axe de l'arbre. M est le *régulateur à force centrifuge ;* lié par une courroie à l'arbre de la machine, il est destiné à régler l'entrée de la vapeur dans le cylindre, et à imprimer au mouvement une marche uniforme.

Le condenseur, qui se trouve caché dans la figure 67, est disposé immédiatement au-dessous du cylindre. C'est une capacité communiquant, par un large tube, avec le cylindre, et qui se trouve incessamment parcourue par un courant d'eau froide, destinée à produire la condensation de la vapeur. L'eau qui doit servir aux besoins de cette condensation, est empruntée à une source ou à un cours d'eau voisin, à l'aide d'une pompe aspirante et foulante. Cette pompe est mise en action par une tige que l'on a représentée sur la figure 67 par la lettre I ; cette tige, reliée au balancier de la machine, lui emprunte son mouvement.

La capacité du condenseur se trouverait bientôt remplie d'eau, si une pompe ne l'extrayait à mesure qu'elle s'y accumule : tel est l'objet que remplit la pompe dont la tige est représentée, sur la figure 67, par la lettre J. On la désigne communément sous le nom de *pompe à air*, parce qu'en même temps qu'elle extrait l'eau qui remplit le condenseur, elle en retire aussi l'air qui se dégage de l'eau froide lorsqu'elle arrive dans la capacité du condenseur où le vide existe partiellement.

L'eau chaude extraite du condenseur par la pompe à air, se rend dans un réservoir d'où elle s'échappe hors de l'usine à l'aide d'un trop-plein. Cependant cette eau n'est pas rejetée tout entière ; une petite partie en est aspirée par une pompe, nommée *pompe alimentaire*, qui la refoule dans la chaudière, pour remplacer celle qui a disparu sous forme de vapeur. La tige de la pompe alimentaire est indiquée sur la figure 67 par la lettre H. Comme la pompe à air, on voit qu'elle est mise en action par le balancier de la machine auquel elle se trouve liée.

La figure 68 est une coupe de la même machine, faite à une plus grande échelle, et qui est destinée à montrer les dispositions intérieures et le jeu de l'appareil de condensation. En sortant du cylindre A, la vapeur s'échappe par le tuyau *d* dans le condenseur *e*. L'eau s'introduit dans ce condenseur, par un tube muni d'un robinet *g*, qui règle la quantité d'eau qui s'introduit dans le condenseur. Le piston *h* muni de deux soupapes *i, i* appartient à la *pompe à air*, c'est-à-dire à la pompe qui a pour fonction de retirer constamment l'eau qui s'accumule dans le condenseur, et qui s'est échauffée par suite de la liquéfaction de la vapeur. Ce piston est manœuvré par une tige P qui se rattache au balancier.

L'eau chaude extraite du condenseur se rend dans une bâche *l*. La plus grande partie de cette eau s'écoule au dehors par un trop-plein ; mais une certaine quantité en est aspirée par la *pompe alimentaire m*, pour aller remplacer dans la chaudière l'eau qui en a disparu à l'état de vapeur. Quand le piston *m* de cette pompe alimentaire s'élève par l'action de la tige R, l'eau de la bâche *l* est aspirée par le tuyau *nn*, et traverse la soupape *o* qui est ouverte; quand ce piston s'abaisse, la soupape *o* se ferme, la soupape *o'* s'ouvre, et l'eau se dirige vers l'intérieur de la chaudière en suivant le tuyau *p* qui l'amène dans cette capacité.

q représente le tuyau d'une pompe à eau aspirante et foulante qui mue par la tige S,

Fig. 68. — Coupe de la machine à condenseur, ou machine de Watt à basse pression.

approvisionne constamment d'eau froide le réservoir qui fournit de l'eau au condenseur *e*. Cette pompe puise de l'eau dans un puits, dans une rivière ou un cours d'eau quelconque, et la verse par l'orifice *r*, dans une bâche spéciale, d'où elle s'écoule dans le condenseur, par le tuyau et le robinet *g*. L'écoulement de cette eau est déterminé par l'excès de la pression atmosphérique, qui agit librement dans le réservoir, sur la très-faible pression qui existe dans le condenseur, par suite de la formation dans cet espace, d'un vide partiel résultant de la condensation de la vapeur.

Telle est la machine à basse pression et à condenseur, ou *machine de Watt*. Elle est surtout d'un grand usage en Angleterre; en France, elle est moins employée.

Dans les machines à basse pression, comme dans les machines à condenseur, on fait usage de l'artifice de la détente, qui, d'après les principes précédemment indiqués, diminue notablement la consommation du combustible. Comme l'addition de la détente ne change rien à l'ensemble du mécanisme, il serait inutile d'en donner une description particulière : toute la différence consiste dans la disposition du tiroir, qui ne laisse entrer la vapeur dans le cylindre que pendant la moitié, le tiers, le cinquième, etc., de la course du piston ; de telle sorte que la détente de la vapeur, c'est-à-dire sa dilatation dans le vide, agisse seule sur le piston pendant tout le reste de sa course.

La plupart des machines actuelles sont construites de manière que le mécanicien puisse à volonté établir ou suspendre la détente ; elles permettent même de donner à la vapeur le degré de détente que l'on juge nécessaire d'employer.

MACHINE A VAPEUR.

Fig. 69. — Machine à cylindre horizontal (page 134).

Machines sans condenseur. — Dans ce second ordre de machines, d'un mécanisme infiniment plus simple, la vapeur, après avoir agi sur le piston, s'échappe dans l'air.

La figure 70 (page 130) nous permettra d'expliquer la marche et l'effet de la vapeur dans la machine sans condenseur.

La vapeur s'introduit, par le déplacement de la lame du tiroir C, tantôt au-dessus, tantôt au-dessous du piston. Quand elle arrive au-dessous du piston, par exemple, dans l'espace B, elle soulève ce piston. Sous l'influence de cette force, qui agit de bas en haut, le piston monte dans l'intérieur du corps de pompe et parvient à sa partie supérieure, A. Si l'on interrompt à ce moment, l'arrivée de la vapeur au-dessous du piston, et que l'on donne au dehors une issue à la vapeur qui remplit le cylindre, en ouvrant un robinet placé sur le trajet du tuyau D, qui lui permette de s'échapper dans l'air extérieur, le piston s'arrêtera dans sa course ascendante. Mais si, en même temps, par le déplacement du tiroir C, on fait arriver de nouvelle vapeur au-dessus du piston, dans l'espace A, la pression de cette vapeur, s'exerçant de haut en bas, précipitera le piston jusqu'au bas de sa course, puisqu'il n'existera plus, au-dessous de lui, de résistance capable de contrarier l'effort de la vapeur. Si l'on renouvelle continuellement cette arrivée successive de la vapeur au-dessous et au-dessus du piston, en donnant à chaque fois issue à la vapeur contenue dans la partie opposée du cylindre, le piston, ainsi alternativement pressé sur ses deux faces, exécutera un mouvement continuel d'élévation et d'abaissement dans l'intérieur du corps de pompe. Or, si une tige attachée à ce piston par sa partie inférieure, est liée par sa partie supérieure à une manivelle qui fait tourner un arbre moteur, et que le jeu des tiroirs destinés à donner accès à la vapeur, s'exécute seul au moyen de leviers liés à l'arbre tournant, on aura ainsi une machine fonctionnant seule et qui imprimera un mouvement continuel à l'arbre moteur auquel elle est attachée.

Tel est le principe des machines à vapeur *sans condenseur*, ou *à haute pression*, parce que la vapeur agit ici avec une force de deux à plusieurs atmosphères.

Comme on rejette au dehors la totalité de la vapeur, après qu'elle a exercé son action sur le piston, ces machines, on le comprend, dépensent plus de combustible, à force égale, que les machines à basse pression. On les préfère pourtant, dans bien des cas, à la machine de Watt, en raison de la simplicité de leur mécanisme, qui permet aux constructeurs de les livrer à un prix inférieur.

La machine à vapeur à haute pression, ne comportant ni condenseur ni pompe à air, est adoptée dans un grand nombre d'industries; elle est d'une adoption forcée dans les lieux où il est impossible de se procurer la quantité d'eau nécessaire à la condensation, et quand on ne peut disposer que d'un emplacement exigu.

Dans la machine à haute pression, on supprime presque toujours le balancier. Pour transformer en mouvement circulaire, le mouvement vertical de la tige du piston, on se contente de réunir l'extrémité de la tige du piston à une bielle articulée, comme on le voit dans la figure 71. Seulement, comme la tige A du piston a besoin d'être guidée dans son

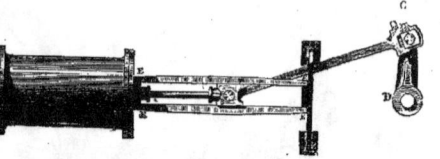

Fig. 71. — Transformation du mouvement vertical de la tige du piston d'une machine sans condenseur, en mouvement circulaire, au moyen d'une bielle articulée.

mouvement pour ne pas être faussée par la résistance oblique qu'elle éprouve de la part de la bielle, on fait rouler son extrémité B entre deux coulisses E, E, de manière à la maintenir constamment en ligne droite malgré les mouvements d'élévation et d'abaissement de la bielle. Par son libre mouvement dans l'espace EE, la tige BC met en action la manivelle CD, et imprime ainsi directement à l'arbre D un mouvement continu de rotation.

Les principes sur lesquels repose le jeu de la machine à haute pression ayant été exposés plus haut, la figure 72 permettra de saisir tous les détails de son mécanisme.

A est le cylindre, ou corps de pompe, de la machine. Amenée de la chaudière dans ce cylindre, à l'aide du tuyau P, la vapeur vient y exercer sa pression sur les deux faces du piston, et une fois l'effet produit, se dégage dans l'air, à l'aide d'un long tuyau de cuivre B, qui la fait perdre au dehors. C, C, sont deux montants verticaux qui servent à guider dans son mouvement la tige du piston. K est une tige, ou bielle, qui, pourvue d'une articulation mobile à chacune de ses extrémités, transmet à la manivelle adaptée à l'arbre de la machine le mouvement du piston, et imprime à cet arbre un mouvement de rotation continu. I est une tige métallique qui fait marcher le tiroir MM; par suite du déplacement de la plaque mobile qui parcourt l'intérieur de ce tiroir, la vapeur trouve ac-

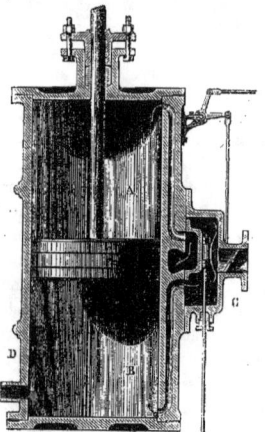

Fig. 70. — Cylindre et tiroir de la machine sans condenseur (page 129).

cès tantôt au-dessus, tantôt au-dessous de la tête du piston. Cette tige est mise en mouvement par l'arbre de la machine auquel elle est rattachée. D est le régulateur de Watt à force centrifuge ; à l'aide de la tige L et du levier coudé qui lui fait suite, il régularise l'entrée de la vapeur dans le cylindre en dilatant ou rétrécissant l'orifice qui donne accès à la vapeur. F est la tige qui met en action la pompe alimentaire E, destinée à remplacer l'eau de la chaudière à mesure que celle-ci disparaît en vapeurs. Cette tige, reliée à l'arbre de la machine, est mise en mouvement par cet arbre, et fait agir la pompe E, qui, puisant de l'eau froide dans un réservoir situé au-dessous, la dirige, à l'aide du tube G, dans l'intérieur de la chaudière. Cette pompe alimentaire peut fonctionner constamment ou seulement d'une manière intermittente. Si le chauffeur veut suspendre son action, il lui suffit d'enlever la clavette mobile qui rattache les deux parties de la tige, E,F ; le mouvement du piston de la pompe est ainsi suspendu, et la tige F fonctionne à vide, c'est-à-dire agit sans transmettre son mouvement à la pompe. Enfin, H est la roue ou le volant de la machine, qui a pour fonction de régulariser son mouvement, parce qu'il le répartit sur une masse considérable, éloignée de son centre d'action.

Tel est le type général de la machine à vapeur dite *sans condenseur*, ou *à haute pression*. Il faut ajouter seulement que l'on s'arrange toujours pour que la vapeur, avant de se perdre dans l'atmosphère, vienne traverser le réservoir d'eau froide destinée à l'alimentation de la chaudière, afin de profiter d'une partie de la chaleur emportée par cette vapeur. Le tuyau qui rejette la vapeur hors de l'usine, traverse donc l'eau d'alimentation, et l'échauffe. Lorsque cette dernière s'introduit dans la chaudière, elle possède déjà une température assez élevée, ce qui économise une partie du combustible. Cette disposition, fort simple à comprendre, n'a pas été représentée sur la figure, pour ne rien lui enlever de sa clarté.

On a cru longtemps, que les machines à haute pression étaient plus dangereuses que celles où la vapeur n'agit qu'à une ou deux atmosphères. Ce préjugé existe encore dans le public et chez quelques chefs d'usine. Mais le relevé des explosions de chaudières qui ont eu lieu en France et en Angleterre, a prouvé qu'il est arrivé plus de sinistres avec les machines à basse pression qu'avec les autres.

La machine à haute pression est employée avec grand avantage toutes les fois que l'on n'a besoin que d'une force motrice d'une intensité médiocre. La régularité de son action, sa simplicité extrême, son prix peu élevé, lui font bien souvent accorder la préférence sur la machine à condensation, d'un prix considérable, d'une installation souvent difficile ;

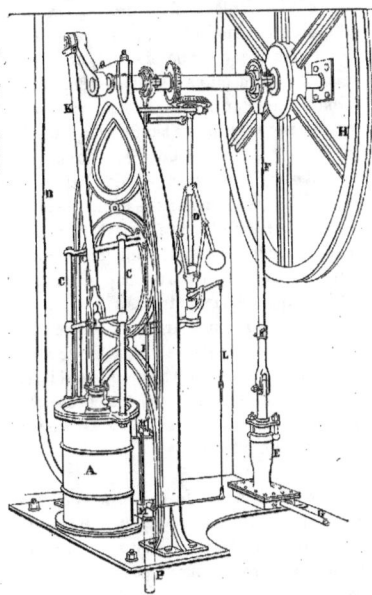

Fig. 72. — Machine sans condenseur ou machine à haute pression.

et qui exige un grand emplacement et une source d'eau abondante, pour suffire aux besoins de la condensation.

Ce genre de machine à vapeur n'est d'un emploi réellement économique, relativement à la machine à basse pression, que quand on y fait agir la vapeur avec détente. Employée sans détente, elle est d'un usage dispendieux. Aussi fait-on maintenant toujours usage dans les machines à haute pression, de la détente de la vapeur.

Les deux systèmes qui viennent d'être décrits, c'est-à-dire les machines à haute pression et à basse pression, sont loin de s'exclure l'un l'autre. On les combine en effet avec avantage. On construit aujourd'hui, un grand nombre de machines qui marchent à haute pression et qui sont néanmoins munies d'un condenseur. Beaucoup de machines fixes employées dans les manufactures, plusieurs des machines à vapeur qui fonctionnent à bord des bateaux de rivière, sont établies dans ce double système.

Si l'on considère le mode d'action de la vapeur, on doit diviser les machines à vapeur en *machines à simple effet* et *à double effet*.

Dans la *machine à simple effet*, la vapeur n'agit que sur l'une des faces du piston, pour produire son oscillation ascendante ; la chute du piston est déterminée par le poids de l'atmosphère s'exerçant sur la surface supérieure. Un balancier volumineux et lourd vient accélérer la descente et accroître l'effet mécanique.

Dans la *machine à double effet*, la vapeur vient agir successivement sur les deux faces du piston pour le soulever et l'abaisser alternativement.

Quand il ne s'agit que de produire un mouvement mécanique intermittent et non continu (tel est le cas des pompes pour l'élévation des eaux dans les mines, ou pour l'alimentation du réservoir d'eau des villes), c'est à la machine à simple effet que l'on a recours.

Les machines du Cornouailles, la pompe à feu de Chaillot (à Paris), qui a été reconstruite en 1854, à peu près avec les mêmes dispositions qu'on lui avait données en 1775, et celle du Creusot qui sert à l'épuisement des eaux dans les mines, sont établies dans le système à simple effet de Watt. Pour quelques outils employés dans les ateliers mécaniques, tels que les moutons à vapeur, les découpoirs à vapeur de M. Cavé, on se sert aussi d'une machine à simple effet. On a même fait quelques essais de nos jours, pour revenir aux machines à simple effet dans les appareils à vapeur destinés à la propulsion des bateaux. M. Seeward, de Londres, a appliqué à la navigation une machine à simple effet sur le navire à hélice *the Wander*, de la force de 1,000 chevaux, dont un modèle a figuré à l'Exposition universelle de Paris en 1855. L'appareil moteur était composé de trois cylindres réunis marchant à simple effet. Cependant cette tentative n'a pas eu de suite.

Sauf les cas que nous venons de considérer, et qui sont peu nombreux, toutes les machines à vapeur employées dans l'industrie, sont à double effet.

Pour terminer ce qui concerne la classification des machines à vapeur, nous dirons que quand on considère leur service, on les divise en *machines fixes*, pour l'usage des ateliers et des usines, en *machines de navigation*, en *locomotives* et *locomobiles*.

PRINCIPAUX SYSTÈMES, OU TYPES, DE MACHINES
A VAPEUR.

Après ce qui se rapporte à la classification générale des appareils mécaniques à vapeur, il nous reste à passer en revue les principaux systèmes adoptés aujourd'hui pour leur construction.

Bien que les formes que l'on donne aujourd'hui à la machine à vapeur varient à l'infini, on peut les rapporter à cinq types principaux :

1° La *machine à un seul cylindre vertical*, ou *machine de Watt*;
2° La *machine à double cylindre vertical*;
3° La *machine à cylindre unique horizontal*;
4° La *machine à cylindre oscillant*;
5° La *machine rotative*.

1° *Machine à un seul cylindre vertical*. — Cette machine, qui est tantôt à simple, tantôt à double effet, a été décrite avec assez de détails dans le chapitre précédent, pour que nous n'ayons pas à y revenir. C'est la machine encore adoptée de préférence en Angleterre, où elle est toujours le type à peu près exclusif dans les ateliers, bien qu'elle consomme beaucoup de combustible, c'est-à-dire environ 5 kilogrammes par heure et par force de cheval. A l'Exposition universelle de Paris en 1855, l'Angleterre n'avait envoyé qu'une seule machine à vapeur : c'était une machine verticale de Watt, due à M. Fairbairn, l'un des constructeurs les plus célèbres de la Grande-Bretagne, et elle ne présentait pas la plus légère innovation. En France, où l'esprit de progrès et de perfectionnement est beaucoup plus marqué que chez nos voisins, on abandonne de jour en jour ce monumental appareil, qui, sans doute, assure au mouvement une grande régularité, par le remarquable ensemble établi entre ses divers organes, qui peut marcher, à volonté, à basse, à moyenne ou à haute pression, avec ou sans détente, avec ou sans condensation, mais qui a l'inconvénient d'être extrêmement volumineux, d'exiger un grand emplacement en hauteur et en longueur, de renfermer beaucoup de matière, et d'être, par conséquent, lourd et d'un achat coûteux.

Les machines de Watt, ou *à un seul cylindre vertical*, transmettent le mouvement à un arbre disposé à la partie supérieure du bâti. Elles conviennent surtout aux ateliers, tels que filatures, ateliers de constructions mécaniques, etc., où l'on emploie des arbres de transmission fixés vers le plafond, et qui distribuent le mouvement aux différents établis répandus dans l'atelier. On a vu représenté figure 63 (page 121) un beau type de ces machines, qui a été dessiné sur place dans un atelier de Paris. On donne, à Paris, le nom de *machine Imbert*, à ce genre de machine, du nom du constructeur qui en a fabriqué un grand nombre sur ce modèle.

Quand, au lieu de placer le balancier de la machine de Watt à la partie supérieure du bâti, on place ce balancier, grâce à un renvoi de mouvement, près du sol, ou pour mieux dire, sur la plaque de fondation, on obtient la *machine à balancier latéral*, qui sert, dans un grand nombre de navires à vapeur, à mettre en action les roues motrices.

2° *Machine de Wolf, ou à deux cylindres*. — La machine de Wolf, dont nous avons donné page 106 (fig. 54), la description et la figure, est d'un grand usage en France. C'est l'appareil moteur de la plupart de nos filatures et ateliers de tissage. L'économie qui résulte de son système, si commode, de détente, opéré dans un cylindre auxiliaire, et la régularité de son mouvement, lui ont conquis une juste faveur dans l'industrie française. Elle a l'avantage remarquable d'utiliser la détente de la vapeur, tout en faisant disparaître les causes d'irrégularité de mouvement qu'entraîne l'emploi de la détente.

Un constructeur de Lille, M. Legavrian, a récemment perfectionné cette machine, en lui adjoignant un troisième cylindre, pour pousser plus loin la détente de la vapeur, et adoucir encore le mouvement. Une machine ainsi modifiée, et de la force de quarante chevaux, figura à l'Exposition universelle de 1855.

3° *Machines à cylindre unique horizontal*. — Les machines à cylindre unique disposé horizontalement, sont les plus employées dans notre industrie ; c'est la disposition aujourd'hui à la mode en France.

Avec les machines de Watt ou de Wolf, pourvues d'un lourd volant et d'un énorme balancier, oscillant autour de son point d'appui, on a un véritable monument métallique architectural, avec soubassement, colonnes, chapiteaux, entablement, etc. Mais cette masse, élevée en l'air, est exposée à entraîner le dérangement de l'appareil, par le bris d'un support, la flexion d'une tige, l'inégale compressibilité du terrain, etc. De là, la nécessité, outre le prix considérable de l'achat et du premier établissement de cette machine, d'un soin et d'une surveillance assidus.

C'est pour parer à ces divers inconvénients, que l'on a pris le parti, après plusieurs essais plus ou moins timides, de coucher horizontalement le cylindre, qui avait toujours conservé jusque-là sa position verticale. Cette disposition réalise un grand nombre d'avantages. Supérieure à la précédente sous le rapport de la stabilité, la machine horizontale s'applique plus immédiatement à une multitude d'industries. Elle supprime le mécanisme intermédiaire pour la transmission des mouvements, et permet de faire agir directement la puissance mécanique sur l'outil, ou la résistance à vaincre. Faciles à établir, les machines horizontales permettent à l'ouvrier de les visiter à chaque instant, et de s'assurer de l'état de leurs différentes pièces. Enfin, leur prix est peu élevé, et elles reçoivent avec beaucoup de facilité l'adjonction de la détente ; ce qui les rend très-économiques dans l'emploi journalier. Le seul reproche qu'on leur adresse, c'est d'occuper beaucoup d'espace en longueur, et de ne pouvoir se prêter à la condensation, c'est-à-dire de marcher toujours forcément à haute pression.

La figure 69 (page 129), représente une machine à cylindre horizontal. B et C sont les deux capacités intérieures du corps de pompe, A le tuyau d'arrivée de vapeur, D le tiroir, e la tige du piston, conduite par deux galets, entre deux tringles parallèles, E la bielle articulée qui met en action la manivelle, et par suite le volant V et l'arbre de la machine.

4° *Machines oscillantes*. — Dans ce genre de machines, qui diffèrent essentiellement des précédentes, on supprime la bielle, et l'on articule directement la tige du piston à la manivelle qui fait tourner l'arbre moteur. Pour rendre ce mécanisme applicable, il a fallu donner de la mobilité au cylindre à vapeur lui-même, afin que la tige de son piston pût toujours être dirigée suivant son axe, malgré les diverses positions de la manivelle. Voici comment on est parvenu à atteindre ce résultat, qu'il était assez difficile de réaliser.

On fait supporter le cylindre A (fig. 73) par deux tourillons E, autour desquels il oscille, en tournant tantôt à droite, tantôt à gauche. Pour que le piston puisse toujours donner au cylindre qu'il entraîne une position convenable, on munit sa tige de deux roulettes F, F, glissant entre deux tringles. Comme les tourillons E sont les seules parties du cylindre qui restent immobiles pendant le mouvement continuel de la machine, c'est par l'intérieur de l'un d'eux que s'introduit la vapeur arrivant de la chaudière ; la vapeur qui a cessé d'agir s'échappe par le tourillon opposé. Les tiroirs qui sont destinés à distribuer la vapeur, sont portés par le cylindre, et suivent ses mouvements.

Fig. 73.
Machine oscillante.

Les machines oscillantes, construites pour la première fois en Angleterre, en 1817, par Manby, ont été importées en France par M. Cavé. Leur disposition est en elle-même défectueuse, car tout l'effet de résistance s'y trouve supporté par deux tourillons mobiles, tandis que la condition première d'une bonne machine, c'est la solidité et l'inébranlable fixité des points d'appui. Aussi ce genre de machines à vapeur n'est-il pas propre à soutenir de longues années de travail; il nécessite de fréquentes réparations.

L'avantage principal des machines oscillantes réside dans leur peu de volume. Elles conviennent particulièrement quand on est limité par l'emplacement.

Depuis l'année 1840 jusqu'à l'année 1855, on a fait un assez grand emploi des machines oscillantes, particulièrement pour les navires à vapeur, dans la vue de réduire l'espace occupé à bord du navire, par le mécanisme moteur. Mais l'usure extrêmement prompte des tourillons mobiles qui donnent accès à la vapeur, c'est-à-dire de la partie fondamentale de l'appareil, la difficulté de réparer ces avaries, enfin les obstacles qu'éprouve la vapeur à circuler dans les coudes et flexions du tuyau distributeur, ont fait généralement abandonner aujourd'hui ce genre de machines.

5° *Machines rotatives.* — Ces machines sont fondées sur des principes très-différents de ceux que nous avons considérés jusqu'ici. Leur but, c'est de supprimer toute espèce de moyen de transmission entre la force de la vapeur et le point d'application de cette force. Pour cela, au lieu de faire agir la vapeur dans un cylindre pourvu d'un piston, lequel est muni d'une bielle, laquelle agit ensuite sur un balancier, etc., on a eu l'idée de placer tout l'appareil moteur sur l'arbre même de la machine, de manière à supprimer tout engrenage et tout organe mécanique intermédiaire. Voici comment on est parvenu à ce résultat.

Une sorte de tambour creux et divisé en plusieurs compartiments qui communiquent entre eux par des soupapes, est porté sur l'arbre même de la machine, et peut, par conséquent, faire tourner cet arbre, par suite de son propre mouvement de rotation. La vapeur s'introduit dans l'un des compartiments intérieurs de ce tambour et s'écoule dans le condenseur. De nouvelle vapeur, arrivant ensuite par le même compartiment, vient y exercer sa pression, et cette pression n'étant plus contre-balancée, puisque le vide existe dans le compartiment qui suit, le tambour reçoit un mouvement de progression. Comme des effets semblables s'opèrent au même instant sur plusieurs points du tambour, il résulte de ces impulsions réunies un mouvement rapide et continu de rotation imprimé au tambour, qui se transmet nécessairement à l'arbre de la machine auquel le tambour est fixé.

L'idée des machines rotatives appartient à James Watt, qui l'a nettement formulée dans l'article 5 de son premier brevet. Un des plus illustres mécaniciens français, Pecquœur, exécuta le premier, une machine rotative susceptible d'application.

Ce genre d'appareil a beaucoup frappé, à une certaine époque, l'attention des mécaniciens. On voulait y voir le germe d'une révolution dans le mode d'emploi de la vapeur. Ces espérances étaient exagérées. Bien que les machines rotatives n'aient jamais reçu de véritables applications en grand, on a pu constater qu'elles ont l'inconvénient très-grave, de nécessiter une dépense excessive de combustible. Elles consomment, en effet, de 8 à 10 kilogrammes de houille par heure et par force de cheval. Ce rapport excède de beaucoup les pertes qu'il est raisonnable de tolérer pour l'emploi d'une machine, quels que soient les avantages qu'elle puisse offrir sous le rapport de sa simplicité et de son utilité spéciale pour un travail déterminé.

Cependant la machine rotative repose sur un principe excellent, et il serait téméraire de la condamner d'une manière absolue. Quelques perfectionnements apportés à l'ensemble de ses dispositions, l'emploi de la détente, des moyens plus faciles de construire et d'ajuster les pièces qui la composent et qui exigent une grande précision, permettraient sans doute de tirer un parti sérieux de cet appareil.

Nous terminerons ce chapitre en jetant un coup d'œil rapide sur les principes qui, de nos jours, règlent, ou tendent de plus en plus à régler, la construction et l'installation des machines à vapeur.

Le principe le plus important, celui qui domine aujourd'hui dans la construction de ces appareils, c'est d'approprier chaque genre de machine à l'usage particulier qu'elle doit remplir. Nos constructeurs ne s'attachent plus à fabriquer, comme autrefois, la machine à vapeur d'après un type uniforme et commun; mais, au contraire, à varier ses dispositions et son mécanisme suivant le travail spécial auquel on la destine. Il y a peu de temps encore, on demandait à la même machine les applications les plus différentes, et quelquefois les plus hétérogènes. Quel que fût l'usage auquel elle était destinée, on la construisait toujours sur le même type. Il en est autrement aujourd'hui. Chaque branche d'industrie, et même chaque subdivision de l'une de ces branches, imprime à la machine à vapeur une disposition applicable au travail spécial qu'il s'agit d'effectuer. La vapeur n'est plus aujourd'hui qu'un instrument, qu'un outil, pour ainsi dire, auquel on s'applique à donner les formes les plus convenables à l'objet particulier qu'il doit remplir.

Un second principe auquel on tend de plus en plus à obéir aujourd'hui dans la construction des machines à vapeur, c'est de se passer, autant qu'on le peut, de ces organes intermédiaires, destinés à transmettre le mouvement, et que l'on employait autrefois sous tant de formes différentes. Les moyens de renvoi sont supprimés toutes les fois que cette suppression peut se faire sans nuire au jeu de la machine. Dans ce cas, c'est la tige même du piston sortant du cylindre à vapeur, qui est employée comme agent direct du mouvement.

Quelques exemples vont montrer l'application de ce principe. Dans la construction des machines destinées à l'élévation des eaux, on se contente souvent aujourd'hui de placer au-dessus de l'ouverture du puits, un cylindre à vapeur, le couvercle en bas; et c'est la tige même du piston qui imprime, sans aucun intermédiaire, le mouvement aux pompes qui opèrent l'élévation des eaux. Dans les grandes usines destinées à l'extraction et au travail des métaux, telles que fonderies, ateliers de laminage, etc., c'est la tringle même du piston du cylindre à vapeur, qui met en mouvement des marteaux pesant 5 à 6,000 kilog. On fait agir de la même manière, une tige à vapeur pour faire office de pilon et opérer la pulvérisation de diverses substances. Les machines soufflantes utilisent, suivant le même procédé, le mouvement direct de la vapeur sans aucun organe de transmission. C'est enfin par le même procédé que l'on peut, à l'aide de la tringle même du piston d'un cylindre à vapeur, percer, couper, emboutir le fer, le cuivre ou la tôle. En un mot, toutes les fois qu'il est possible de supprimer les moyens intermédiaires pour la communication du mouvement, on réalise cette importante et utile simplification de mécanisme, auquel la vapeur, mieux que tout autre agent moteur, se prête avec facilité.

Cette espèce de révolution qui s'est opérée depuis quelques années dans la distribution de la force motrice, cette intelligente modification apportée à l'emploi de la vapeur, frappent les yeux quand on entre dans un atelier de constructions mécaniques, dans une usine à fer, etc. Dans ces usines, on voyait autrefois la force motrice concentrée sur un seul point et produite par une seule machine à vapeur. Elle rayonnait ensuite de là, en diverses directions, au moyen de poulies, de courroies, de renvois de mouvement, etc. Cette disposition entraînait la perte de beaucoup de force, par les frottements multipliés, et obligeait souvent à faire mouvoir une machine très-considé-

Fig. 74. — Le mouton à vapeur.

rable pour ne produire qu'un effort très-faible, applicable à un travail particulier. Aujourd'hui, au lieu d'une seule machine imprimant, par des transmissions, le mouvement à tous les outils de l'atelier, on a autant de petites machines que d'établis ou de groupes d'outils. Une chaudière unique envoie la vapeur qui, se divisant dans un grand nombre de tubes secondaires, va porter à la fois le mouvement et la force en un grand nombre de points ; de telle sorte que l'ouvrier, en ouvrant seulement un robinet, a sous la main la puissance mécanique dont il a besoin, sans qu'il soit nécessaire de recourir aux courroies, aux embrayages, etc.

On a pu, grâce à ce nouveau système, appliquer à chaque travail le type de machine à vapeur qui lui est le mieux approprié.

Un simple cylindre avec son piston placé de haut en bas, suffit pour composer le *mouton à vapeur*. En tournant un robinet pour l'admission de la vapeur, l'ouvrier, comme on le voit dans la figure 74, qui représente le *mouton à vapeur*, élève à la hauteur nécessaire la lourde masse métallique qui doit faire office de marteau. Il la fait retomber en lâchant dans l'air, à l'aide d'un autre robinet, la vapeur qui remplissait le cylindre.

Le martelage, le cinglage, le laminage des fers, se font au moyen d'une machine spéciale appropriée à chacune de ces opérations. Le chariot qui dirige les grosses pièces sous le laminoir, fonctionne encore au moyen d'un simple cylindre à vapeur disposé particulièrement pour ce travail.

Tous ces faits caractérisent suffisamment et font comprendre l'espèce de révolution qui s'est opérée depuis quelque temps, dans le mode d'emploi de la vapeur.

Un autre principe nouveau, et qui tend à recevoir plus d'extension de jour en jour, consiste dans l'usage des *grandes vitesses*. La nécessité, qui se rencontre si souvent dans l'industrie, de réduire le poids et les dimensions des machines motrices, les avantages que procure cette réduction, ont amené à substituer aux machines d'un grand volume et d'une force considérable, des machines de dimensions plus faibles, mais produisant des mouvements infiniment plus rapides. Ainsi, dans les usines métallurgiques où l'on fond les métaux, en faisant usage de courants d'air puissants dirigés dans le foyer, au lieu d'employer des machines soufflantes marchant à un mètre par seconde, et qui exigent des cylindres à vapeur et des cylindres soufflants de très-grandes dimensions, on se sert de cylindres à vapeur plus petits, mais dans lesquels la vapeur, affluant par de larges orifices et agissant instantanément sur le piston, imprime à cet organe une vitesse quintuple et décuple du cas précédent.

Construites d'après ce principe, les machines à vapeur peuvent, avec des dimensions cinq ou six fois moindres, produire les mêmes effets mécaniques.

C'est le même principe qui a conduit à transmettre l'action du moteur principal à des arbres d'un petit volume, qui prennent dès lors des vitesses considérables. C'est parce qu'il permet de réaliser immédiatement les grandes vitesses, que le système des machines à vapeur rotatives nous paraît appelé à un certain avenir.

On a donné le nom, assez significatif, de *trotteuses* aux machines construites en vue de la production immédiate des grandes vitesses. M. Flaud construit, à Paris, des machines de ce genre, qui produisant la force de vingt chevaux, n'occupent pas plus de place qu'une machine de deux à trois chevaux. Elles impriment au volant une vitesse de deux cent cinquante tours par minute.

Les machines dites *trotteuses* ont l'inconvénient de s'user assez promptement et d'être peu économiques, parce qu'elles admettent très-difficilement la détente; mais elles rendent de grands services aux industries spéciales qui ont besoin de disposer d'un moteur puissant n'occupant qu'un très-petit espace et n'offrant que peu de masse, et par conséquent peu de poids.

CHAPITRE XIII

SYSTÈMES RÉCENTS AYANT POUR BUT DE MODIFIER L'EMPLOI DE LA VAPEUR COMME FORCE MOTRICE. — MACHINE A VAPEURS COMBINÉES OU MACHINE A ÉTHER.—MACHINE A AIR CHAUD OU MACHINE ÉRICSSON. — MACHINE A VAPEUR RÉGÉNÉRÉE. — MACHINE A VAPEUR SURCHAUFFÉE. — THÉORIE MÉCANIQUE DE LA CHALEUR.

Pour terminer cette notice, nous devons signaler des travaux tout à fait contemporains, qui tendent à opérer une véritable révolution dans le système général des machines à vapeur. L'Exposition universelle de 1862 a fait connaître les résultats de cette tendance de la science actuelle à produire des systèmes de machines fondés sur des principes tout nouveaux, et qui, dans un intervalle plus ou moins éloigné, amèneront peut-être un changement radical dans le mode d'emploi de la vapeur. Nous ne signalerons qu'en peu de mots ces dispositions nouvelles, qui sont aujourd'hui plutôt à l'état d'étude qu'à celui d'exécution.

Il est manifeste qu'une quantité énorme de calorique se perd dans les machines actuelles. Dans les machines à haute pression, la vapeur qui est rejetée dans l'air après avoir produit son effort mécanique, emporte une grande quantité de chaleur, qui, de cette manière, n'est point utilisée. La même perte existe dans les machines à condenseur, par la vapeur qui se liquéfie dans l'eau du condenseur, et cède à cette eau son calorique, lequel est ainsi perdu.

C'est pour remédier à ces pertes considérables de chaleur, et par conséquent, de combustible, que les physiciens et les constructeurs de nos jours ont imaginé différents systèmes, que l'on peut classer comme il suit :

1° Les *machines à vapeurs combinées*, c'est-à-dire celles dans lesquelles le calorique de la vapeur qui est perdue dans les machines actuelles, est employé à volatiliser un liquide, tel que l'éther sulfurique, ou le chloroforme, dont la vapeur, dirigée sous le piston d'un second cylindre, accolé au cylindre principal, vient exercer un effort mécanique, et ajouter ainsi son action à celle de la vapeur d'eau.

Dans la *machine à éther*, imaginée et construite par M. Du Tremblay, la vapeur à haute pression, en sortant d'un premier cylindre où elle a exercé, avec détente, son action sur le piston, traverse un grand nombre de petits tubes métalliques placés dans une boîte de métal, qui renferme une certaine quantité d'éther sulfurique. A l'intérieur de ces tubes, la vapeur d'eau se refroidit, se condense et retourne à la chaudière, qui se trouve ainsi alimentée, à partir de ce moment, avec de l'eau distillée. Cette circonstance, pour le dire en passant, est déjà fort avantageuse, puisqu'elle empêche les incrustations terreuses qui se font à l'intérieur des générateurs alimentés avec de l'eau ordinaire, et qu'elle diminue l'abondance des dépôts de sel qui se font dans les chaudières alimentées avec l'eau de la mer.

Échauffé par la condensation de la vapeur d'eau, l'éther contenu dans les petits tubes métalliques, entre en ébullition, et sa vapeur passe dans un second cylindre, dont elle met en mouvement le piston, à la manière ordinaire. La condensation de la vapeur d'éther s'opère en dirigeant cette vapeur à travers plusieurs petits tubes placés dans une boîte métallique, traversée incessamment par un courant d'eau froide. Revenu à l'état liquide, l'éther est ensuite repris par une pompe, qui le ramène au vaporisateur, d'où il doit être de nouveau volatilisé par la chaleur provenant de la condensation de la vapeur d'eau de la machine, et ainsi de suite.

On assure avoir constaté, avec la machine à éther, de M. Du Tremblay, une réduction de 50 pour 100 sur le combustible, pour produire le même effet qu'une machine ordinaire à haute pression et à condenseur.

La machine à *vapeur d'éther*, que l'on désigne quelquefois sous le nom impropre de *machine à vapeurs combinées*, est sortie du domaine de la théorie, pour entrer dans celui de la pratique. Quatre navires à vapeur, consacrés à un service régulier des transports de Marseille à Alger et Oran, ont été pourvus de machines à vapeur dans le système Du Tremblay. Ces quatre navires appartiennent à la société Armand Touache frères et compagnie. L'un, le *Du Tremblay*, est de la force de 70 chevaux. Le *Kabyle*, le *Brésil* et la *France* sont de 350 chevaux. — Il existe à Lyon, à la cristallerie de M. Billaz, une machine à vapeur d'éther, de la force de 50 chevaux. En Alsace, M. Stchélin, constructeur à Bittschwiller, a fait usage d'une machine du même genre, de la force de 50 chevaux. — A Blackwall, en Angleterre, on a construit un navire du port de 1200 tonneaux, l'*Orinocco*, dont les machines appartenaient au système à éther. — Enfin la compagnie franco-américaine Gauthier frères, de Lyon, a appliqué le même système au *Jacquart*, navire de la force de 600 chevaux, qui a fait, pendant quelque temps, le service du Havre à New-York.

La vapeur d'éther, employée comme force motrice, présente pourtant de graves dangers, en raison de son inflammabilité. Cette circonstance nous paraît de nature à empêcher son adoption définitive, surtout dans la navigation maritime. C'est donc avec raison que l'on a proposé de substituer à l'éther, le chloroforme, composé non inflammable, et qui jouit d'une force élastique supérieure encore à celle de l'éther.

M. Lafont, officier de notre marine impériale, a eu le mérite d'employer, dans une machine de ce genre, le chloroforme, que M. Du Tremblay avait d'ailleurs lui-même recommandé pour cet usage. La machine à chloroforme de M. Lafont, d'une force de 20 chevaux, a fonctionné pendant quatre ans, pour les travaux du port de Lorient. A la suite des résultats satisfaisants constatés pendant ce long service, le gouvernement a fait établir, à titre d'essai, un appareil tout semblable à bord du navire *le Galilée*, de la force de 125 chevaux.

Un mécanicien français, M. Tissot, a modifié les machines à vapeur d'éther, en supprimant la vapeur d'eau, et faisant uniquement usage d'éther sulfurique, additionné de 2 pour 100 d'une huile essentielle. Ce mélange paraît préférable à l'éther pur, en ce qu'il n'attaque pas, comme le fait l'éther, les pièces métalliques; ce qui finit, à la longue, par occasionner des fuites, toujours dangereuses avec un liquide aussi inflammable que l'éther.

M. Tissot a établi cette machine à vapeur d'éther dans une brasserie de Lyon, où elle a fonctionné, selon lui, avec avantage (1).

Nous sommes fort peu partisan de toute machine de ce genre, dans laquelle on fait usage, non loin d'un foyer, d'un liquide éminemment volatil et éminemment inflam-

_____
(1) Voir notre *Année scientifique et industrielle*, 3ᵉ année, page 97.

mable. Nous répétons avec le rat de la fable :

Ce bloc *éthérisé* ne me dit rien qui vaille !

Il est arrivé, du reste, qu'un des paquebots pourvus d'une *machine à vapeurs combinées*, c'est-à-dire à vapeur d'eau et d'éther, s'est embrasé en pleine mer, par suite de l'inflammation de l'éther. Cet accident, qu'il était facile de prévoir, en dit plus que tous les raisonnements du monde.

Il y a mieux à faire, il nous semble, pour éviter les pertes de calorique des machines à vapeur ordinaires, que d'avoir recours à une vapeur inflammable, comme l'éther sulfurique. Nous croyons que les machines à vapeur d'éther, ou *à vapeurs combinées*, ont fait leur temps.

2º *Les machines à air chaud*. C'est à cette catégorie qu'appartient la *machine Ericsson* dont il a été si souvent question depuis 1852, dans les journaux américains et français.

Dans l'appareil qu'il a construit, M. Ericsson supprime complètement la vapeur d'eau, qu'il remplace par de l'air, alternativement échauffé et refroidi. La dilatation et la contraction successive qu'éprouve une masse d'air, contenue dans un espace limité, par suite de l'addition et de la soustraction du calorique à cette masse d'air, telle est la source de la puissance mécanique qui se trouve mise en jeu dans la *machine Ericsson*, dont voici les dispositions générales.

Un grand nombre de toiles métalliques, à mailles très-serrées, sont chauffées jusqu'à la température de 250 degrés. Une masse d'air froid traversant rapidement ces toiles métalliques, s'y échauffe instantanément, et se dilate aussitôt. L'impulsion produite par la dilatation de cet air, est mise à profit pour agir sur un piston, lequel joue dans un corps de pompe. Après avoir produit ce premier effet, la même masse d'air repasse à travers les mêmes toiles métalliques. Dans ce retour, le métal reprend à l'air la chaleur qu'il lui avait un moment communiquée; de telle manière qu'en sortant de cette partie de l'appareil, l'air est presque aussi froid qu'à son premier départ. C'est la répétition de ces effets de dilatation et de contraction alternatives de l'air échauffé et refroidi qui détermine le jeu de l'appareil moteur.

On voit représentée (fig. 75) la première machine à air chaud que M. Ericsson ait construite, et qui a fonctionné dans plusieurs ateliers.

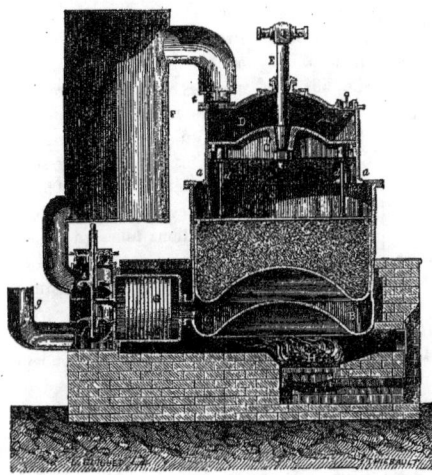

Fig. 75. — Machine à air chaud d'Ericsson.

A, est un large piston rempli, à l'intérieur, d'argile et de poudre de charbon, matières peu conductrices de la chaleur. Ce piston parcourt à frottement le cylindre B, lequel est en libre communication avec l'air extérieur grâce aux ouvertures a, a. C, est un second piston plus petit, rattaché au premier par les tiges de fer d, d. Ce second piston se meut dans le cylindre D, lequel communique, comme le premier, avec l'atmosphère par les ouvertures a, a. Le piston C, au moyen de la tige E, s'articule avec le balancier de la machine, qui n'est pas représenté sur la figure. F, est un vaste réservoir d'air comprimé. Le cylindre D communique d'une part avec l'atmosphère par la soupape c, qui s'ouvre de haut en bas, et d'autre part, avec le réservoir F, par la soupape e, qui s'ouvre de bas en haut. G est un assemblage de toiles métalliques serrées les unes contre les autres. L'air comprimé dans le réservoir F se rend dans le cylindre B, grâce à un large tube de communication, en passant au travers de ces toiles métalliques.

Quand la soupape b est fermée, et la soupape f ouverte, l'air contenu dans le cylindre B peut s'échapper dans l'atmosphère en traversant les toiles métalliques G, l'ouverture de la soupape f et le tuyau de dégagement g.

H est le foyer, placé sous le cylindre B. La flamme qui s'en échappe, circule dans un espace vide ménagé autour de la partie inférieure de ce cylindre, avant de se rendre dans la cheminée.

Expliquons maintenant la marche de l'air chaud et la manière dont se produit l'effet moteur.

La soupape b étant ouverte, et la soupape f fermée, l'air comprimé du réservoir F se rend dans le cylindre B, en traversant l'assemblage G de toiles métalliques, que la proximité du foyer maintient à une haute température. Il s'échauffe d'abord en traversant ces toiles métalliques, mais il s'échauffe surtout à l'intérieur du cylindre B, qui reçoit l'action du foyer. Par la dilatation de l'air, le piston A s'élève dans le cylindre BC, faisant monter en même temps que lui le piston C. L'air tenu au-dessus du second piston C, et qui s'y est précédemment introduit par la soupape c, est comprimé, et, soulevant la soupape e, passe dans le réservoir F. Ce réservoir F perd donc d'un côté une portion de l'air qu'il renfermait, et d'un autre côté en gagne une quantité égale, ce qui entretient à son intérieur une pression constante.

Lorsque les deux pistons A et C se sont ainsi élevés jusqu'à l'extrémité de leur course, la soupape *b* se ferme et la soupape *f* s'ouvre. L'air contenu au-dessous du piston A, peut donc s'échapper dans l'atmosphère, en traversant les toiles métalliques G, en sens opposé à celui dans lequel il les avait traversées précédemment. Alors les pistons A, C, redescendent, en vertu de leur propre poids, ou par l'action d'un contre-poids disposé dans ce but. En même temps la soupape *e* se ferme et la soupape *c* s'ouvre, de sorte que le haut du cylindre D se remplit d'air atmosphérique venant par cette dernière soupape. Lorsque les pistons A et C sont arrivés au bas de leur course, la soupape *f* se ferme, la soupape *b* s'ouvre, et le jeu de la machine recommence comme précédemment.

Cette machine est donc à simple effet. La force élastique de l'air ne sert qu'à pousser les pistons et la tige E de bas en haut ; elle ne contribue en aucune manière à les faire redescendre. Les pistons remontent par leur propre poids, comme dans l'ancienne machine de Newcomen ou dans la machine à vapeur à simple effet. Seulement, comme on dispose deux machines de ce genre, pour agir alternativement aux deux extrémités d'un même balancier, l'effet produit est le même que si l'on employait une machine à double effet agissant sur un seul balancier.

Voilà la première machine à air chaud que M. Ericsson ait construite. Elle ne réalisa pas l'économie de combustible qu'on en attendait. En outre les toiles métalliques destinées à reprendre à l'air sortant une partie de la chaleur qu'il renferme, ne donnèrent pas les résultats qu'on avait espérés. Aussi, M. Ericsson a-t-il supprimé ces toiles métalliques dans ses nouvelles machines à air chaud.

On a installé, de 1855 à 1860, sur des navires américains, quelques *machines Ericsson* ; mais leur usage n'ayant pas répondu à l'attente générale, la marine américaine n'a pas tardé à les abandonner.

La *machine Ericsson* a eu plus de succès dans les ateliers des manufactures, surtout pour ceux de la petite fabrication. Plusieurs de ces machines ont fonctionné, ou fonctionnent aujourd'hui, dans de petites manufactures d'Amérique, d'Angleterre et d'Allemagne ; mais on n'en a vu aucune en France jusqu'à ce jour.

Des constructeurs anglais, M. James Napier et MM. Tawcett et Preston, les fabriquent d'une manière courante. On les a simplifiées et agencées dans leurs organes de transmission d'une manière nouvelle et ingénieuse ; de sorte qu'elles peuvent rendre de bons services dans les petites usines, surtout dans celles qui n'ont pas besoin de force motrice d'une manière continue, ou qui sont établies dans des conditions telles que l'installation d'une machine à vapeur avec des chaudières, y serait impossible ou très-difficile.

La suppression de la chaudière et l'impossibilité absolue de toute explosion, rendent la machine Ericsson intéressante à plus d'un titre. Malheureusement, ses organes sont trop nombreux et trop délicats. Son entretien doit donc exiger des soins assidus et dispendieux.

A côté de la machine Ericsson vient se placer la *machine à air chaud* de M. Franchot, dont l'inventeur n'a encore exécuté aucun modèle de grande dimension, mais dont il a poursuivi l'idée pendant un très-grand nombre d'années, avec autant de persévérance que de talent.

Depuis l'année 1840, en effet, M. Franchot avait indiqué le parti avantageux que l'on peut retirer des toiles métalliques, pour la construction de machines motrices à air chaud. Voici quelles sont les dispositions principales de la *machine à air chaud* de M. Franchot, qui constitue une excellente expression pratique des moyens par lesquels on peut appliquer au travail mécanique les gaz ou les vapeurs alternativement échauffés ou refroidis.

Cette machine se compose de quatre cylindres dont le bas est chauffé par un foyer, et la partie supérieure maintenue à une température peu élevée. Les deux capacités, chaude et froide, sont séparées par un piston, qui joue en même temps le rôle de déplaceur. Les quatre cylindres forment une *série circulaire*, dans laquelle le bas de chacun est en communication permanente avec le haut du suivant, au moyen d'un canal qui renferme des toiles ou lames métalliques présentant une très-grande surface. Le système entier se compose donc de quatre masses d'air isolées par les pistons déplaceurs. Chacune de ces masses d'air va et vient entre les capacités chaude et froide, qui communiquent entre elles. Dans ces passages, l'air abandonne et reprend alternativement de la chaleur aux toiles métalliques, dont il touche la surface étendue, et dont la température décroît graduellement d'un bout du canal à l'autre.

Ces variations alternatives de température, qui provoquent nécessairement des contractions et des dilatations dans le volume de l'air emprisonné, donnent lieu à un travail moteur continu, lequel est transmis à un arbre tournant, par les tiges des pistons déplaceurs, par des bielles et des manivelles convenablement disposées. La puissance de cette machine, pour des dimensions d'ailleurs égales, est susceptible de varier, si l'on fait usage d'un air plus ou moins comprimé.

Une machine à air chaud, construite et très-patiemment perfectionnée, par M. Pascal de Lyon, et que l'on connaît sous le nom de *machine Pascal*, a donné d'excellents résultats économiques, à côté d'énormes embarras pratiques.

A l'Exposition universelle de Londres, en 1862, on remarqua une machine à air chaud de M. Wilcox, dans laquelle le régénérateur à toiles métalliques d'Ericsson était remplacé par une série de canaux, formés par des feuilles de tôle ondulée; et une autre machine, de M. Laubercau, exposée par M. Schwartzkopf, de Berlin, laquelle offrait aussi une construction particulière.

Nous représentons ici (fig. 76), mais seulement afin de donner une idée générale de la forme et de la disposition d'une machine à air chaud, un modèle, qui a fonctionné à titre d'essai, dans un atelier de Paris. A est le fourneau, B le cylindre, dans lequel l'air extérieur vient s'échauffer par le rayonnement du foyer; G, le petit cylindre dans lequel l'air échauffé s'introduit, et qui, par l'effet de soupapes convenablement placées, met en action la tige D du piston, et par suite le volant E, et l'arbre de la machine.

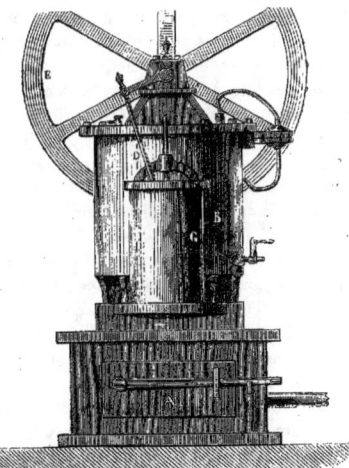

Fig. 76. — Modèle de machine à air chaud.

Il est assez difficile de prévoir l'avenir qui est réservé aux machines à air chaud. Il y a, en effet, dans l'emploi, comme moteur, d'un gaz échauffé, substitué à l'action de la vapeur d'eau, divers inconvénients spéciaux, différentes difficultés pratiques, que nous allons énumérer.

On ne peut communiquer à l'air chaud une pression considérable nécessaire pour produire un grand effet mécanique, sans porter cet air à une température extrêmement élevée. Or, à ces températures, aucune pièce métallique ne peut longtemps résister. Les surfaces métalliques s'oxydent et se détériorent; aucun frottement n'est plus possible à ces degrés extrêmes de température. Les tiroirs qui servent à l'introduction et à la distribution de l'air chaud, se déforment; les garnitures se brûlent; les segments du piston se soudent; les huiles qui lubrifient les rouages, distillent ou se décomposent. En un mot, ces températures élevées font une guerre incessante à tout organe mécanique.

La vapeur d'eau employée dans les machines ordinaires (qu'on le remarque bien, car c'est là un de ses plus précieux avantages) n'exerce aucune action destructive de ce genre sur les organes des machines. Sa température n'atteint jamais plus de 150 à 170°, dans les machines où elle agit avec les plus énergiques pressions. Bien plus, dans toutes les machines à vapeur, quelle que soit la tension de l'agent moteur, l'eau qui est entraînée avec la vapeur, à l'état globulaire ou par simple projection, vient sans cesse lubrifier les surfaces métalliques. Elle émulsionne les huiles qui graissent les rouages, et ne fait qu'adoucir leur jeu. En même temps, elle les refroidit constamment, par son évaporation, et laisse aux garnitures toute leur élasticité.

Le défaut que nous venons de signaler est fondamental, et sera toujours l'obstacle le plus sérieux, irrémédiable peut-être, au développement des machines à air chaud, quelles que soient leurs dispositions secondaires.

Voici maintenant des difficultés d'un autre ordre.

L'air, étant mauvais conducteur de la chaleur, est très-lent à s'échauffer, et très-lent à se refroidir, une fois chaud. Il est presque impossible de l'échauffer à travers les parois d'un récipient, et le meilleur parti à prendre, c'est de le chauffer, non à travers les parois d'un récipient, comme dans la machine Ericsson, mais en le faisant passer directement sur le combustible en ignition, ainsi qu'on le fait dans la *machine Pascal* de Lyon.

Mais, en raison de sa mauvaise conductibilité, l'air, une fois chaud, se refroidit lentement. La *condensation* nécessaire pour produire l'effet moteur, se fait donc avec lenteur et difficulté. De là naît ce que l'on a appelé l'*équilibre de température*, c'est-à-dire qu'après un certain temps de fonctionnement, les *régénérateurs*, les *toiles métalliques*, le *cylindre régénérateur*, et tous les autres organes qu'on tenterait d'introduire comme intermédiaires, tout arrive à la même température. Par suite, la pression étant égale à la contre-pression, le piston moteur s'arrête.

Disons enfin, que l'air chaud ne pourrait servir avec efficacité comme moteur dans les machines qui doivent alternativement s'arrêter et se mettre en action. Les machines à air chaud sont très-longues à mettre en train. Il faudrait, pour ainsi dire, pouvoir installer à côté d'une machine à air chaud, un moteur à eau, d'une puissance capable de mettre en mouvement par lui-même, la pompe à air de la machine à air chaud.

Ces considérations montrent qu'il existe des difficultés bien graves dans l'emploi de l'air chaud comme moteur. Nous ne voulons pas nier, assurément, que ce problème, si important au point de vue de l'économie et de la sécurité, soit jamais réalisé; nous avons seulement voulu mettre en relief les difficultés essentielles de la question, au double point de vue théorique et pratique.

3° *Les machines à vapeur régénérée.* — Au lieu d'échauffer et de refroidir alternativement une même masse d'air, on peut, abordant le problème par un autre moyen, réchauffer la vapeur qui sort du cylindre après avoir exercé son action sur le piston, et la

Fig. 77. — Modèle d'une machine à air chaud à cylindres moteurs horizontaux.

renvoyer ensuite dans ce même cylindre. Au lieu de laisser perdre la vapeur dans l'air ou dans le condenseur, on peut lui restituer, au moyen d'un foyer, la chaleur qu'elle a perdue, de manière à la ramener à la tension qu'elle possédait lorsqu'elle opérait dans le cylindre le refoulement du piston.

La force élastique de la vapeur d'eau croît rapidement avec la température; de telle sorte que lorsqu'elle est portée au-dessus de 100 degrés, elle n'a plus besoin que d'un petit nombre de degrés de chaleur pour acquérir une tension très-considérable. On réaliserait donc une grande économie si l'on pouvait conserver toujours dans une machine, la même vapeur, en lui restituant le calorique qu'elle a perdu après chaque coup de piston, c'est-à-dire en la rendant propre à recommencer continuellement le même effet. C'est en cela que réside le principe des nouvelles machines à vapeur dite *régénérée*.

La pensée de restituer à la vapeur le calorique qu'elle a perdu pendant qu'elle exerçait sur le piston son action mécanique, préoccupe depuis bien longtemps les physiciens. C'est sur un principe tout à fait analogue que Montgolfier, à la fin du dernier siècle, avait essayé de construire une machine qu'il désignait sous le nom de *pyrobélier*. Un volume d'air limité était dilaté par l'action de la chaleur. Par sa pression, cet air dilaté soulevait une colonne d'eau. On rendait ensuite à cette même masse d'air refroidie le calorique qu'elle avait perdu. De nouveau dilatée par la chaleur, elle soulevait encore la colonne d'eau, et ainsi indéfiniment.

En 1806, Joseph Niepce, le créateur de la photographie, avait construit, avec l'aide de son frère, un appareil qu'ils désignaient sous le nom de *pyréolophore*, et dans lequel l'air brusquement chauffé devait produire les effets de la vapeur.

L'illustre inventeur des chaudières tubulaires, M. Séguin aîné, neveu de Montgolfier, n'a jamais cessé de suivre la même pensée. Dès l'année 1838, M. Marc Séguin s'était occupé d'employer la vapeur dans ces conditions. Le 3 janvier 1855, il présenta à l'Académie des sciences son curieux projet de *machine à vapeur pulmonaire*, par laquelle il espère parvenir à restituer à la vapeur, avec d'immenses avantages, la chaleur qu'elle a perdue après chaque expansion périodique.

Enfin un ingénieur prussien établi en Angleterre, M. Siemens, a construit un appareil fondé sur le principe du réchauffement de la vapeur refroidie et détendue. Comme ce dernier système réalise une économie de près des deux tiers du combustible, le modèle de M. Siemens a été exécuté en Angleterre par MM. Fox et Henderson, sur une machine de la force de 100 chevaux.

La machine *à vapeur régénérée* de M. Siemens, figura à l'Exposition de 1855. Ce modèle était d'une force de 40 chevaux, et offrait les dispositions suivantes.

A côté du cylindre à vapeur se trouvent disposés deux autres cylindres plus petits. En sortant du grand cylindre où elle a exercé son action sur le piston, la vapeur est ramenée, en traversant des toiles métalliques, au fond des deux petits cylindres qui sont directement échauffés par la flamme de deux foyers. La vapeur, détendue dans le grand cylindre, dont le piston a un diamètre double de celui des pistons travailleurs, revient dans l'un ou l'autre des cylindres réchauffeurs, selon qu'elle a agi au-dessus ou au-dessous du grand piston. Dans cette machine, la vapeur passe successivement de 5 atmosphères, tension qu'elle atteint dans le fond des cylindres, à 1 atmosphère, tension à laquelle elle est réduite dans le grand cylindre, d'abord par son refroidissement à travers les toiles métalliques, ensuite par l'augmentation de volume due au diamètre du cylindre régénérateur. Les tiges des trois pistons viennent s'articuler sur une même manivelle.

On voit tout de suite l'extrême analogie qui existe entre la tentative de M. Siemens et celle de MM. Ericsson et Franchot. Ces derniers emploient toujours la même masse d'air alternativement échauffée et refroidie; M. Siemens emploie toujours la même vapeur alternativement réchauffée et refroidie. Dans ces deux genres de machines, on obtient donc le mouvement par le changement successif de température et de volume d'un même gaz, qu'on échauffe et qu'on refroidit tour à tour; et le moyen employé pour soustraire le calorique est le même dans les deux appareils, puisqu'il consiste dans l'interposition de toiles métalliques que traverse le gaz échauffé.

4° *Machine à vapeur surchauffée.* — Dans ces machines, la vapeur est dirigée, après sa formation, à travers un foyer, pour y acquérir une tension considérable par l'accumulation du calorique.

L'idée des machines *à vapeur surchauffée*, qui sont aujourd'hui tout à fait à leurs débuts, est venue pour la première fois, à la suite des belles expériences de M. Boutigny sur l'état sphéroïdal de l'eau. Ses idées furent développées et appliquées d'abord par M. Testud de Beauregard, qui n'obtint pourtant aucun succès pratique. Plus tard, MM. Galy-Cazalat et Isoard se sont surtout distingués dans cette voie. Ce dernier mécanicien a employé la vapeur d'eau à des tensions énormes. On peut encore citer comme s'étant occupés avec succès de la même question, MM. Séguin jeune, Belleville de Nancy, Hédiard et Clavière.

Deux Américains, MM. Wathered, avaient présenté à l'Exposition universelle de 1855, une machine à vapeur surchauffée, qui fut peu remarquée et qui méritait pourtant l'attention.

Dans la machine *à vapeur surchauffée* de MM. Wathered, la vapeur engendrée dans un générateur, qui est tubulaire comme celui des locomotives, mais placé verticalement, se divise en deux parties. L'une se rend directement, comme à l'ordinaire, dans une chambre à vapeur qui précède le cylindre; l'autre est dirigée par un tuyau, dans un serpentin installé dans le *carneau* et dans le dôme de la cheminée. En circulant à travers les spires du serpentin, cette vapeur s'échauffe considérablement et atteint une température de 300 à 400 degrés. Ainsi surchauffée, elle vient se réunir, dans la chambre à vapeur qui précède le cylindre, à la vapeur ordinaire qui est venue directement du générateur. Il résulte de ce mélange de deux vapeurs, que la vapeur surchauffée cède à la vapeur ordinaire une partie de son excès de température; qu'elle vaporise l'eau que cette dernière contenait à l'état liquide, et lui donne une grande tension. Le mélange de ces deux vapeurs entre alors dans le tiroir de distribution, et pénètre de là dans les cylindres, où elle produit son effet mécanique.

Les dispositions nouvelles que l'on tend aujourd'hui à donner à la machine à vapeur, et que nous avons exposées avec quelques détails, parce qu'elles représentent le côté véritablement neuf et original de cette question, résultent de vues théoriques d'un ordre élevé, auxquelles les physiciens ont été conduits dans ces derniers temps. D'après une théorie adoptée aujourd'hui par presque tous nos savants, la force mécanique propre à un fluide élastique ou à une vapeur, ne serait que la conséquence de la perte de calorique occasionnée par l'expansion de ce gaz ou de cette vapeur. Si un piston s'élève sous l'impulsion de la vapeur d'eau, cet effet mécanique est dû, selon la doctrine nouvelle, à la perte de calorique que la vapeur subit en se dilatant : de telle sorte que la chaleur semble se métamorphoser ici en travail mécanique.

Il est certain que quand la vapeur agit sur un piston pour le soulever, elle éprouve un refroidissement considérable, et qu'à sa sortie du cylindre, elle ne contient plus qu'une partie du calorique qu'elle y avait apporté. Le travail mécanique exécuté par la vapeur, peut donc être considéré comme la différence entre le calorique que la vapeur présentait à son entrée dans le cylindre et celui qu'elle conserve à sa sortie. Ainsi la chaleur paraît s'être métamorphosée en mouvement, au sein de la machine.

Rien ne se perd, rien ne se crée dans la nature; cette grande vérité, issue des découvertes de la chimie, semble trouver dans les faits empruntés à la physique, une confirmation nouvelle. En effet, dans le cas que nous considérons, le calorique de la vapeur n'a point péri, il a seulement changé de nature ; il s'est transformé en mouvement.

On remarquera, à l'appui de cette belle explication de l'action mécanique des gaz et des vapeurs, que, si l'on comprime vivement de l'air ou un gaz dans un tube, il se produit de la chaleur ou de la lumière. C'est l'effet inverse de ce qui se passe lorsqu'une vapeur échauffée exerce une action mécanique : la vapeur se dilate, et elle se refroidit. Dans le premier cas, le calorique prend naissance par la condensation du gaz ; dans le second, le calorique se perd par la dilatation de la vapeur.

La théorie mécanique de la chaleur a été établie par les calculs d'un grand nombre de physiciens éminents, en particulier par les travaux de MM. Victor Regnault, Hirn, Mayer, Joule, Thomson et Renkine. Cette théorie conduit à une conclusion véritablement désespérante en ce qui concerne la valeur pratique de nos machines à vapeur actuelles. Il résulterait, en effet, des calculs exécutés par M. Regnault, en partant de cette théorie de l'assimilation de la chaleur au travail mécanique, que nos meilleures machines à vapeur n'utiliseraient que le *quarantième* de la chaleur transmise à l'eau par le foyer, quand il s'agit de machines sans condenseur, et le *vingtième* quand il s'agit de machines à condenseur.

Fig. 78. — Victor Regnault.

Ainsi nos machines à vapeur actuelles ne représenteraient guère que l'enfance de l'art. Voici en quels termes M. Regnault exprime lui-même ces résultats :

« Dans une machine à détente sans condensation, où la vapeur pénètre à 5 atmosphères et sort sous la pression de 1 atmosphère, la quantité de chaleur utilisée par le travail mécanique est seulement *un quarantième de la chaleur donnée à la chaudière*..... Dans une machine à condensation, recevant de la vapeur à 5 atmosphères, et dont le condenseur présenterait une force élastique de 55 millimètres de mercure, l'action mécanique est un peu plus du *vingtième* de la chaleur donnée à la chaudière. »

Nous devons ajouter cependant que M. Siemens, dans son mémoire sur la *conversion de la chaleur en effet mécanique*, donne un chiffre beaucoup moins affligeant que celui de M. Regnault, puisqu'il admet que nos machines utilisent le *sixième* du calorique dégagé par le foyer.

Quoi qu'il en soit de ces divergences sur le chiffre, tous nos physiciens s'accordent aujourd'hui à reconnaître, en fait, que l'on n'utilise dans les machines à vapeur actuelles qu'une très-faible partie de la force vive produite par le combustible brûlant dans le foyer. Il y a donc de grands perfectionnements à réaliser, pour tirer un plus utile parti du calorique, et l'on ne peut qu'encourager à la tendance qui existe aujourd'hui à créer des machines nouvelles où la vapeur reprendrait, après chacune de ses impulsions périodiques, le calorique qu'elle a perdu.

Ainsi la théorie prouve que l'on n'utilise, dans nos machines à vapeur actuelles, qu'une bien faible partie de la force vive produite par le combustible qui brûle dans le foyer.

Mais, d'autre part, nous avons montré, en passant en revue les machines récemment proposées pour remplacer la vapeur par l'air chaud, ou par tout autre expédient, que ces divers moyens se sont montrés impuissants dans la pratique, et qu'ils ne justifient en rien, du moins quant à présent, leur prétention de remplacer la vapeur.

Il nous est donc permis, pour clore cette notice, de dire, en paraphrasant un mot célèbre dans notre histoire nationale :

« *Le boulet qui doit tuer la vapeur n'est pas encore fondu !* »

FIN DE LA MACHINE A VAPEUR.

LES
BATEAUX A VAPEUR

CHAPITRE PREMIER

ESSAIS DE NAVIGATION PAR LA VAPEUR EXÉCUTÉS EN FRANCE, PAR LE MARQUIS DE JOUFFROY. — TENTATIVES ANTÉRIEURES. — BLASCO DE GARAY. — PAPIN. — SAVERY. — J. DICKENS. — BERNOUILLI. — LE CHANOINE GAUTHIER DE NANCY. — PREMIÈRES ÉTUDES THÉORIQUES ET PRATIQUES FAITES EN FRANCE, PAR D'AUXIRON ET FOLLENAI, POUR APPLIQUER LA POMPE A FEU A LA NAVIGATION SUR LES RIVIÈRES. — LE MARQUIS DE JOUFFROY REPREND LES ESSAIS DE D'AUXIRON ET DE FOLLENAI. — EXPÉRIENCE FAITE SUR LE DOUBS, PAR LE MARQUIS DE JOUFFROY, AVEC L'APPAREIL PALMIPÈDE. — LES BATEAUX A ROUES. — LES ROUES APPLIQUÉES AUTREFOIS A LA NAVIGATION. — LEUR EMPLOI PROPOSÉ DE NOUVEAU, AU XVIII° SIÈCLE. — EXPÉRIENCE FAITE A LYON, AVEC LE BATEAU A ROUES DU MARQUIS DE JOUFFROY.

Vers la fin de l'année 1775, un jeune gentilhomme de la Franche-Comté, Claude-Dorothée, marquis de Jouffroy-d'Abbans, vint pour la première fois à Paris. Il arrivait de l'île Sainte-Marguerite, où l'avait exilé pendant deux ans, une lettre de cachet sollicitée par sa famille, à la suite d'un duel qu'il avait eu avec le colonel de son régiment.

Il y avait, comme on le sait, dans l'île Sainte-Marguerite, qui se trouve parmi les îles de Lérins, en face de Cannes, en Provence, une prison d'État célèbre, la même où fut enfermé l'*homme au masque de fer*.

Pendant son exil, le jeune officier n'avait guère d'autre distraction que le spectacle de la mer. En observant les manœuvres des galères, conduites à la rame, par les forçats, suivant l'usage de ce temps, il avait été frappé des inconvénients de ce mode de propulsion des navires. Depuis que l'Académie des sciences avait mis au concours, en 1753, la question des *moyens de suppléer à l'action du vent*, et couronné le mémoire présenté sur ce sujet par Daniel Bernouilli, on s'occupait en France, avec beaucoup d'ardeur, des perfectionnements à introduire dans les procédés de navigation. M. de Jouffroy préoccupé du même genre de recherches, conçut l'idée que la machine à vapeur pourrait remplacer l'action des rames.

Cette pensée n'avait rien d'ailleurs que de fort simple; elle s'était déjà présentée à l'esprit de la plupart des mécaniciens de cette époque. La machine de Watt, alors consacrée, en Angleterre, à l'épuisement de l'eau dans les mines, constituait un moteur d'une puissance extraordinaire, et tout le monde comprenait que ce nouvel agent était de nature à recevoir bientôt un grand nombre d'applications nouvelles. En étudiant avec attention les divers éléments théoriques et pratiques relatifs à la marche des vaisseaux, le marquis de Jouffroy n'avait pas tardé à se convaincre que l'application de la vapeur à la navigation était loin d'offrir des obstacles insurmontables. Mais l'élément essentiel manquait à ses calculs, car la machine à vapeur était encore fort peu connue parmi nous. Uniquement employée en Angleterre dans les mines de houille, surveillée d'ailleurs avec un soin jaloux chez cette nation, qui désirait jouir exclusivement de ses avantages, la merveilleuse machine n'avait pas encore passé le détroit.

Fig. 19. — Le marquis de Jouffroy.

Précisément à l'époque où le marquis de Jouffroy, revenant de son exil, entrait dans la capitale, impatient de recueillir sur la machine à vapeur les renseignements qui lui manquaient, les frères Périer s'occupaient d'établir la pompe à feu de Chaillot, qui consistait, comme on l'a vu dans l'histoire de la machine à vapeur, en une machine de Watt à simple effet. La pompe à feu des frères Périer était alors, pour les Parisiens, le sujet d'une vive et juste curiosité ; la foule ne se lassait pas d'aller contempler son jeu, si admirable et si simple.

A peine débarqué, le marquis de Jouffroy, sans donner un regard aux merveilles de la capitale qu'il voyait pour la première fois, courait à Chaillot, pour se mêler à la foule des visiteurs, et tandis que le mécanisme de l'appareil n'était pour le reste des assistants que l'objet d'une curiosité stérile, il devenait pour lui le texte des plus fructueuses études. Ayant obtenu des frères Périer la faveur d'une entrée particulière, il put observer tout à loisir les détails de la machine et le jeu de ses divers organes. L'examen approfondi auquel il se livra ainsi, lui montra toute la certitude de ses vues ; et dès lors, la possibilité de réaliser le projet qu'il avait conçu éclata avec évidence dans son esprit, et l'occupa tout entier.

Quelques explications vont faire comprendre comment la machine installée à Chaillot, ou la machine de Watt à simple effet, pouvait donner les moyens de créer la navigation par la vapeur, et permettre de triompher des obstacles qui, jusqu'à ce moment, avaient arrêté les mécaniciens dans l'exécution de cette grande entreprise.

L'idée d'appliquer la vapeur à la navigation, s'était présentée, disions-nous tout à l'heure, à l'esprit de la plupart des mécaniciens qui avaient été témoins de ses effets. C'est ce qui va résulter de la revue historique que nous allons faire des divers projets qui ont été proposés ou exécutés, pour appliquer la machine à vapeur à la navigation, au fur et à mesure que cette puissante machine prenait naissance et se perfectionnait entre les mains des constructeurs.

Mais avant d'entreprendre cette revue, il est peut-être bon de nous débarrasser d'un personnage que quelques historiens, et surtout les Espagnols, ont voulu mettre en avant, pour lui attribuer l'honneur d'avoir, le premier, créé un bâtiment à vapeur. Nous voulons parler de Blasco de Garay.

Arago, dans sa notice sur *la Machine à vapeur* (1), cite un rapport, qui a été publié

(1) Tome V, page 10 des *Œuvres complètes*.

en 1826 par M. de Navarette, dans la *Correspondance astronomique du baron de Zach*. D'après ce rapport, qui existe à l'état de manuscrit dans les archives royales de Simancas, un capitaine de la marine royale d'Espagne, Blasco de Garay, aurait expérimenté, en 1543, devant l'empereur Charles-Quint, une sorte de bateau à vapeur.

Malgré l'apparente impossibilité de ce projet, l'empereur, nous dit Navarette, ordonna d'en faire l'expérience dans le port de Barcelone. Il fixa, pour cet essai public, le 17 juin 1543. Une commission composée de don Henri de Tolède, de don Pedro de Cordoue, du trésorier Ravago, du vice-chancelier et intendant de Catalogne, et de quelques autres personnages, assista au spectacle annoncé. Le navire choisi pour l'application du nouveau moyen de propulsion, se nommait *Trinité*, du port de 200 tonneaux.

Blasco de Garay ne voulut révéler à personne le secret du mécanisme qu'il employait. Tout ce qu'on put remarquer, c'est que l'appareil avait pour éléments essentiels, une chaudière d'eau bouillante, et des roues, qui faisaient marcher le navire.

La commission fit son rapport à Charles-Quint. Elle déclare dans ce rapport, que la machine de Garay ne pourrait imprimer aux navires qu'une vitesse d'une lieue à l'heure. Le trésorier Ravago ajoute, comme opinion personnelle, que la machine lui paraît trop compliquée et trop coûteuse, et de plus, sujette au danger d'une explosion.

Après cette expérience publique, Garay enleva toute la machinerie de son bâtiment, et ne laissa dans l'arsenal de Barcelone qu'une partie des charpentes en bois. L'empereur lui remboursa les frais de son expérience, et l'éleva à un grade supérieur.

Tel est le récit donné par Navarette de l'expérience de Blasco de Garay, sur la foi d'un rapport manuscrit qui existe, comme nous l'avons dit, dans les archives de Simancas.

Les circonstances du récit que l'on vient de lire, sont de nature à le rendre suspect. L'état des sciences au xvie siècle nous empêche de croire que personne ait pu exécuter, à cette époque, une machine à vapeur. Si une telle machine eût apparu du temps de Charles-Quint, comment serait-elle tombée ensuite dans un complet oubli? « Une chaudière d'eau bouillante » ne suffit pas à constituer une machine à vapeur, et s'il entrait dans le système mécanique dont il s'agit un pareil élément, rien n'autorise à conclure que cette chaudière fût destinée à fournir de la vapeur fonctionnant comme agent mécanique. Le texte du document espagnol est muet sur ce point, car tout se réduit à la mention de l'existence de ce chaudron d'eau bouillante.

Ajoutons que si un essai d'application de la vapeur fut tenté à cette époque, il est certain qu'il resta sans influence, sans utilité, puisque le secret de cette machine ne fut point révélé par l'auteur.

Le document dont il s'agit étant purement manuscrit, n'ayant jamais été imprimé, il est impossible de lui accorder la confiance que mériterait une pièce livrée à l'impression, qui aurait pu être discutée et contrôlée par les contemporains.

Par toutes ces considérations, le nom de Blasco de Garay ne nous paraît point devoir figurer sérieusement dans l'histoire de la navigation par la vapeur.

Balzac a bâti sur cette histoire, son drame *les Ressources de Quinola*. C'est le droit de tout écrivain, de s'emparer des types qui parlent à l'imagination ou au cœur, et de les transporter dans le roman ou sur la scène. Mais l'historien a le devoir de se renfermer dans son rôle.

Arrivons donc aux faits positifs, c'est-à-dire aux travaux scientifiques contenus dans des publications sérieuses.

Lorsque Papin proposa sa première machine à vapeur, il insista particulièrement sur l'application que l'on pourrait en faire à la propulsion des bateaux. On a vu, par la lecture de son mémoire de 1690, que l'illustre physicien y parle surtout des avantages que l'on pourrait retirer de son appareil pour « naviguer contre le vent, » et qu'il propose un mécanisme ingénieux destiné à transmettre la puissance motice à deux roues placées sur les côtés du bâtiment. Ajoutons qu'en 1707, lorsqu'il eut construit le modèle de sa seconde machine à vapeur, Papin se hâta de l'appliquer, comme agent de propulsion, à un petit bateau muni de roues. On a vu dans l'histoire de sa vie, quel concours de circonstances l'empêcha de réussir dans cette tentative admirable.

Dès qu'il vit sa pompe à feu fonctionner avec succès pour l'épuisement de l'eau dans les mines de charbon, pour l'élévation et la distribution des eaux dans les villes, Savery annonça son intention de l'appliquer à la navigation. Mais la machine de Savery n'aurait pu, par aucune combinaison mécanique, s'approprier à un tel usage; et l'inventeur ne poussa pas plus loin ce projet.

En 1724, un autre mécanicien anglais, J. Dickens, obtint un brevet pour appliquer une machine à vapeur inventée par un certain Floats, à l'élévation des eaux et à la propulsion des navires; mais ce projet ne reçut non plus aucune exécution (1).

La machine à vapeur de Newcomen et Cawley commençait à peine à se répandre dans les comtés houillers de l'Angleterre, qu'un mécanicien de ce pays, nommé Jonathan Hulls, proposait de s'en servir pour remorquer les navires à l'entrée ou à la sortie des ports. En disposant une manivelle à l'extrémité du balancier de la machine de Newcomen, il transformait le mouvement de va-et-vient du piston en un mouvement de rotation qui se transmettait à la roue à palettes d'un bateau remorqueur (2).

(1) *A Sketch of the Origin and Progress of steam navigation*, by Woodcroft, p. 10.
(2) La description de l'appareil de Jonathan Hulls se trouve dans un ouvrage devenu fort rare en Angleterre, intitulé : *Description, avec planches, d'une nouvelle ma-*

Jonathan Hulls obtint un brevet pour cette application de la machine de Newcomen; mais l'amirauté anglaise repoussa son projet. En cela, l'amirauté faisait justice d'un plan inexécutable. Si l'on s'en rapporte aux dessins qui nous restent, le bateau de Jonathan Hulls était

Fig. 80. — Bernouilli

de la disposition la plus grossière: Il ne portait qu'une seule roue, qui, fixée à l'arrière, était mise en mouvement par une machine de Newcomen, à l'aide de cordes et de poulies. Il ne présentait ni mâts ni voiles; et l'on ne voyait sur le pont que le long tuyau de tôle servant de cheminée à sa chaudière. Ce n'était donc qu'un simple remorqueur dans lequel le navire à vapeur représentait la force motrice agissant sur le câble pour faire avancer l'embarcation. Mais la machine de Newcomen ne pouvait produire commodément un mouvement de rotation, et l'irrégularité de son action mécanique, autant que la quantité considérable de charbon qu'il aurait fallu prendre

chine servant à faire sortir les bateaux ou navires des ports et rivières, ou à les y faire entrer contre vent et marée comme en temps calme, par Jonathan Hulls, Londres, 1737.

Fig. 81. — Le marquis de Jouffroy étudiant la pompe à feu de Chaillot (page 150).

à bord du remorqueur pour alimenter la chaudière, rendaient impraticable le projet de Jonathan Hulls, qui ne tarda pas à tomber dans l'oubli.

En 1753, l'Académie des sciences de Paris ayant mis au concours la question *des moyens de suppléer à l'action des vents pour la marche des vaisseaux*, Bernouilli obtint le prix proposé. L'Académie reçut, avec le mémoire de ce mathématicien célèbre, quelques autres mémoires de divers physiciens, parmi lesquels figuraient Euler, Mathon de Lacour et l'abbé Gauthier, chanoine régulier de Nancy.

Bernouilli, passant en revue les forces mécaniques connues et employées à cette époque, rejeta la vapeur pour cette application. Il prouva que la force de la poudre à canon et celle de l'eau bouillante, au moins avec la machine à vapeur telle qu'elle existait alors, ne pouvaient l'emporter en rien sur les effets des rames mues par la main de l'homme. Il montra, par le calcul, qu'une machine à vapeur, telle que la grande machine de Newcomen, qui servait à Londres à la distribution des eaux, et qui était d'une force de 20 à 25 chevaux, ne pourrait faire parcourir à un vaisseau, quelque moyen que l'on mît en usage pour la transmission de la force, que la faible vitesse de 1ᵐ,2 par seconde, ou 4320 mètres par heure, c'est-à-dire un peu plus de deux nœuds. Sur cette considération, il proposait pour la propulsion des navires un système mécanique nouveau, immergé en partie dans l'eau, à la manière des rames, mais fonctionnant d'après le principe de l'hélice actuelle, et qui serait mis en action par des hommes ou par toute autre puissance mécanique (1).

Le mémoire de Bernouilli fut couronné par l'Académie des sciences, et il est hors de doute que ce savant mathématicien avait judicieusement traité la question, en déclarant que la machine de Newcomen, la seule machine à vapeur qui fût alors connue, ne présentait aucune supériorité, comme force, sur les autres agents moteurs.

Cependant nous ne devons pas négliger de dire que l'un des concurrents dans ce tournoi académique, s'était nettement prononcé en faveur de la machine à vapeur. L'abbé Gauthier proposa d'appliquer à la propulsion des navires la machine de Newcomen, qu'il rendait propre à donner un mouvement de rotation, et qu'il consacrait à faire mouvoir des roues à palettes placées sur les côtés du navire.

Les défauts de la machine de Newcomen, l'énorme quantité de combustible qu'elle nécessitait, et la difficulté extrême de transformer son mouvement intermittent en un mouvement de rotation continu, n'auraient pas permis de mettre en pratique avec succès le projet de l'abbé Gauthier. Cependant le mémoire dans lequel le chanoine de Nancy expose ses projets, contient un tableau très-remarquable des avantages de la vapeur employée

(1) Voyez l'important mémoire de Bernouilli dans le *Recueil des pièces qui ont remporté les prix de l'Académie*, t. VI, p. 94 et suivantes.

à remplacer sur les vaisseaux, le travail de l'homme. Comme il donne une idée frappante et fidèle de l'état de la science à cette époque, nous croyons être agréable à nos lecteurs en mettant sous leurs yeux la plus grande partie de ce travail, qui parut en 1754, dans les *Mémoires de la Société royale des sciences et lettres de Nancy*.

L'auteur commence par établir, par des résultats authentiques, le peu de vitesse des vaisseaux mus par la main des rameurs, c'est-à-dire des *galères* (1). Chacun sait qu'à cette époque, les hommes condamnés par la justice, étaient affectés à ce travail ; d'où le nom de *galériens*.

« M. de Chazelle, de l'Académie royale des sciences, s'est assuré, dit l'abbé Gauthier, par des expériences répétées avec exactitude, qu'une galère qui a vingt-six rames de chaque côté, et dont la chiourme est de 260 hommes, ne fait que 4320 toises par heure.

« On voit, par des expériences faites à Marseille le 12 février 1693, que la vitesse d'une galère à rames perpendiculaires ou tournantes, inventées par M. Duguet, ne l'emporte pas sur celle d'une galère ordinaire.

« Il résulte de ces faits, que la force d'un équipage fort coûteux ne peut faire avancer un grand vaisseau avec beaucoup de vitesse, et qu'il serait à souhaiter qu'on pût recourir en plein calme à un autre principe de mouvement.

« Les rames à feu que je propose procureront plusieurs grands avantages :

« 1° Elles joueront soir et matin, sans employer la force des hommes, au lieu que, de quelque manière qu'on applique des rames, soit celles de MM. de Camus, Martenot Limousin, ou quelque autre espèce, il faudra au moins une chiourme de 400 hom-

(1) Ces *galères* étaient des bâtiments plats, étroits, à bords très-bas, qui allaient à voiles et à rames. Les forçats, enchaînés sur les bancs, étaient condamnés à faire marcher ces navires, quelquefois très-chargés et toujours très-lourds. Le travail des galériens rendait des services réels. Une ordonnance de Charles IX, du mois de novembre 1564, enjoint aux parlements de ne pas prononcer la peine des galères pour un temps moindre de dix ans (voy. Guénois, p. 805) : « parce que trois années étant nécessaires pour enseigner aux forçats le métier de la vogue « et de la mer, il serait très-fâcheux de les renvoyer chez « eux au moment où ils deviennent utiles à l'État. » Le besoin qu'on avait de rameurs faisait même fléchir les règles de la justice. Colbert écrivit aux parlements, par ordre de Louis XIV, pour leur recommander de condamner aux galères *le plus qu'ils pourraient*, même pour les crimes qui mériteraient la peine de mort.

mes dont la moitié fera voguer le vaisseau, tandis que l'autre se reposera; encore ira-t-on lentement. Ajoutez que bien peu d'hommes sont en état de soutenir longtemps un travail continuel, surtout pendant les chaleurs. Dans les voyages de long cours, il arrive fréquemment que l'équipage est attaqué de scorbut ou d'autres maladies. D'ailleurs, il n'y a que des vaisseaux de guerre qui puissent avoir un équipage nombreux. En se servant des rames à feu, on ne sera pas obligé d'avoir tant de rameurs, dont la nourriture et les appointements monteraient fort haut.

« 2° La machine qui fera jouer les rames pourra servir à faire aller les pompes des vaisseaux, à lever l'ancre, etc., et son feu moteur à cuire les aliments, à renouveler l'air.

« 3° On donnera aux vaisseaux une vitesse proportionnelle à la grandeur de la machine qu'on emploiera.

« Après avoir donné une idée générale de mon objet, je passe aux développements qu'il demande. Je passerai ensuite au moyen d'appliquer avantageusement la force des hommes aux rames perpendiculaires.

« Comme le mécanisme et la théorie des machines à feu sont très-bien détaillés dans les ouvrages de MM. Bélidor et Désaguliers, il paraît inutile de les retracer ici. Je propose donc d'établir dans les vaisseaux des machines à feu telles à peu près que celles dont on se sert pour puiser l'eau des mines. Ces machines se procurant d'elles-mêmes tous les mouvements, deux hommes tour à tour suffisent pour les gouverner.

« Deux objections se présentent d'abord : la machine occupera beaucoup de place, et il faudra des provisions de bois ou de charbon de terre pour la faire jouer.

« Je réponds : 1° Que si l'on emploie des hommes pour faire aller des rames, ils occuperont beaucoup plus de place que la machine; 2° qu'on doit sacrifier de petits avantages à de plus grands; 3° que si l'on veut établir une machine dont la puissance motrice ait autant de force que celle de Frênes, c'est-à-dire 10828 livres, il ne faudra qu'un emplacement circulaire de 10 à 12 pieds de diamètre sur autant de hauteur, pour contenir l'alambic, son fourneau et la maçonnerie ; le cylindre, n'ayant que 33 pouces de diamètre, y compris son épaisseur, et 9 pieds de hauteur, ne sera pas bien embarrassant.

« A l'égard des provisions de bois ou de charbon de terre, elles occuperont moins de place que celles qui sont nécessaires pour la nourriture d'une chiourme, qui en occuperait beaucoup elle-même. En voici la preuve. La nourriture, tant liquide que solide, qui sera consommée par 500 hommes en un jour, à 5 livres pesant pour chacun, occupe environ 36 pieds cubes, au lieu que la machine établie à Frênes ne consomme au plus, en vingt-quatre heures, que 27 à 28 pieds cubes de charbon de terre. M. Désaguliers, en parlant d'une machine qui élève l'eau à 29 pieds au-dessus d'un puits, dit qu'autant de feu environ qu'on en use dans une cheminée suffit pour mouvoir cette machine et lui faire enlever 15 tonneaux par heure.

« Négligeons les petites différences, et supposons que les aliments pour 500 hommes n'occuperont pas plus de place que le charbon de terre. On aperçoit d'abord une disproportion énorme pendant une navigation un peu longue. Par exemple, qu'un vaisseau fasse un voyage de six mois, et que durant ce temps il manque de vent pendant trente jours : voilà 500 hommes nourris inutilement pendant cinq mois, et par conséquent 5400 pieds cubiques remplis en pure perte par les aliments liquides et solides. Il est superflu d'insister davantage sur ce sujet : il est évident que les rames à feu seront beaucoup plus avantageuses que celles des vogueurs.

« On objectera peut-être qu'il est à craindre que cette machine ne mette le feu au vaisseau. On répondra qu'il est facile de prendre des précautions qui éloignent le danger. 1° On peut se passer de maçonnerie et fortifier l'alambic contre la force de la vapeur avec des bandes de fer circulaires croisées par d'autres bandes et liées ensemble. 2° Le fourneau sera en fer, et ses pieds porteront dans un réservoir de même matière, en forme de caisse plate, qu'on remplira d'eau. 3° On pourra faire passer aussi dans des tubes pleins d'eau les contre-fiches, fourchettes et autres branches de fer nécessaires pour la solidité de la machine.

« Reste à développer la manière d'appliquer cette machine à feu à des rames perpendiculaires. Le cylindre sera placé dans l'entre-deux des ponts, entre le grand mât et le mât de misaine, et l'alambic à fond de cale, de manière pourtant qu'une partie de l'eau d'injection soit portée dans la mer par un tuyau dont l'issue sera au-dessus de la ligne de flottaison. On n'aura pas besoin d'un réservoir provisionnel pour fournir de l'eau à l'alambic; on la tirera de la mer à l'aide d'un tuyau garni d'un robinet. Un rameau du même tuyau fournira de l'eau à une bâche, d'où la pompe refoulante la portera dans la cuvette d'injection.

« Comme les jantes cannelées du balancier ont une courbure qui a pour centre le point d'appui, les chaînes auront toujours une direction verticale au même endroit. Pour appliquer le mouvement perpendiculaire de la chaîne qui répond aux pompes aspirantes dans les machines à feu, on pourra se servir d'une roue cannelée de l'épaisseur des jantes du balancier, laquelle sera mobile autour d'un arbre dont les extrémités porteront des rames tournantes. Cette roue sera garnie de cliquets qui permettront de la faire tourner vers l'arrière du vaisseau sans que l'autre tourne, et, quand elle sera mue vers l'avant, elle fera tourner l'arbre dans le même sens.

La chaîne deviendra la tangente de cette roue; elle y sera fixée par une de ses extrémités. Après lui avoir fait faire autour une ou plusieurs révolutions, elle ne pourra s'élever perpendiculairement sans faire tourner la roue, et, par conséquent, l'arbre et les rames d'une manière propre à faire avancer le vaisseau. Lorsque le balancier cessera de faire monter la chaîne, un poids suspendu à une corde mise autour de la roue la fera mouvoir en sens contraire, et la remettra dans son premier état à mesure que descendra la chaîne du balancier.

« La machine à feu donnant 15 impulsions dans une minute et le jeu du piston dans le cylindre étant de 6 pieds, on voit qu'une puissance motrice de près de 11 000 livres fera avancer le vaisseau avec une vitesse considérable, et qui deviendra d'autant plus grande que la roue à cliquets sera d'un plus petit diamètre, qu'on doit pourtant proportionner à la force de la machine..... »

Rien n'est oublié dans cet intéressant écrit, de ce qui pouvait assurer la réussite de ce projet, et confirmer les promesses d'une théorie séduisante. Malheureusement, répétons-le, la machine de Newcomen ne pouvait en aucune manière, se prêter à l'application que l'auteur avait en vue. Excellentes en principe, ses vues ne pouvaient donc, à cette époque, trouver leur réalisation.

Ce sont des idées à peu près semblables que mit en avant un ecclésiastique du canton de Berne, nommé Genevois, dans une brochure qui parut à Londres, en 1760, et qui avait pour titre : *Quelques découvertes pour l'amélioration de la navigation.* Cet opuscule est consacré à développer les applications de ce que l'auteur appelle « le grand principe ». Ce grand principe se réduisait à l'invention des rames articulées ou palmées, système moteur qui a reçu le nom de *palmipède*.

Cet appareil de navigation consiste en une sorte de palme qui s'ouvre, en s'appuyant sur l'eau, comme le pied des oiseaux aquatiques, pour imprimer un mouvement de progression en avant, et se referme quand cet effet a été produit. Des ressorts poussaient ces sortes de rames, en se détendant par leur élasticité.

Genevois, qui était surtout un homme à projets, proposait toutes sortes d'applications de ce mécanisme. Il voulait construire des chariots munis de voiles et marchant par l'impulsion de ces ressorts palmés, quand le vent viendrait à manquer. Pour appliquer le même système à la navigation, il proposait de produire, au moyen de la machine à vapeur de Newcomen, la tension des ressorts qui, en se débandant, devaient faire marcher les roues du navire.

Mais son projet favori était de mettre ces ressorts en action par la force expansive de la poudre à canon.

La poudre à canon était alors fort à la mode, comme puissance motrice. Nous avons vu Papin, Huygens et l'abbé de Hautefeuille, étudier cette force motrice avec une constante ardeur. Pendant le siècle suivant on s'en préoccupait beaucoup encore. Genevois nous dit, dans sa brochure, qu'il a grandement perfectionné l'usage de la poudre à canon comme force motrice. Il rappelle, pour faire juger des progrès qu'il a apportés à l'emploi de ce moyen, qu'avant lui on tirait un bien faible parti de la force de la poudre à canon, puisque, trente ans auparavant, un expérimentateur écossais, dont il cite le nom, avait été obligé de faire détoner trente barils de poudre, pour faire avancer un vaisseau de trois lieues.

Voilà, certes, un agent mécanique qui avait besoin d'être perfectionné !

Ce qu'il y avait de sérieux dans tout cela, c'était d'appliquer la machine à vapeur de Newcomen à la propulsion des navires, au moyen d'un mécanisme nouveau. Mais la machine de Newcomen, par ses imperfections, était hors d'état de rendre le moindre service comme agent de propulsion nautique économique et régulier.

Cependant, les défauts de la machine de Newcomen, qui avaient jusque-là rendu impossible son emploi à bord des navires, étaient destinés à être bientôt corrigés, et grâce aux changements qu'allait subir, par le progrès de la science, cette forme primitive de la

Fig. 82. — Réunion tenue chez le marquis Ducrest, pour l'examen des plans du marquis de Jouffroy (page 160).

machine à vapeur, les obstacles qui empêchaient d'approprier les forces de la vapeur aux besoins de la navigation, devaient, en même temps, disparaître. Lorsque Watt, créant, vers 1770, la machine à simple effet, parvint à ce résultat admirable de diminuer des trois quarts la dépense du combustible, tout en augmentant l'intensité de l'action motrice, l'illustre ingénieur fit avancer d'un pas immense la question de la navigation par la vapeur. En diminuant les dimensions de l'énorme machine de Newcomen, en rendant plus égal, plus régulier et plus doux, le jeu du balancier, il ajoutait autant d'éléments nouveaux à la solution du problème qui commençait alors à occuper un certain nombre de mécaniciens éclairés.

Telles sont les considérations qui durent frapper l'ardent et judicieux esprit du marquis de Jouffroy, lorsqu'il lui fut donné de connaître et d'étudier, dans les ateliers de Chaillot, la machine de Watt, que les frères Périer avaient importée de Birmingham.

Dès ce moment, ne conservant plus de doutes sur la possibilité pratique de la navigation par la vapeur, il ne s'occupa plus que des moyens de mettre ses idées à exécution.

Une circonstance imprévue vint lui en faciliter les moyens.

Le marquis de Jouffroy n'était pas le seul à qui fût venue, à cette époque, l'idée d'appliquer la pompe à feu à la navigation sur les rivières. Cette même idée s'était présentée à l'esprit de deux autres officiers, de deux autres gentilshommes ; car la noblesse de ce temps avait souvent, il faut le reconnaître, le sentiment des choses du progrès.

Ces deux gentilshommes étaient le comte Joseph d'Auxiron et le chevalier Charles Monnin de Follenai.

Compatriotes, voisins de campagne, tous deux capitaines de la légion de Lorraine et anciens camarades à l'école d'artillerie, d'Auxiron et Follenai avaient conçu ensemble le projet de faire remonter aux bateaux le cours des rivières, au moyen de la pompe à feu. Cette idée revenait sans cesse dans leurs entretiens.

Fig. 83. — Le maréchal-de-camp Follenai.

En 1770, décidé à mettre ce projet à exécution, d'Auxiron prend le parti d'abandonner son emploi dans l'armée. Il quitte le service, pour se consacrer tout entier à cette entreprise. Il rédige les plans et devis pour la construction d'un bateau porteur d'une pompe à feu; puis, muni de toutes ces pièces, il se rend à Paris, pour les soumettre au ministre du roi.

Ses plans trouvèrent faveur auprès du gouvernement. Le ministre Bertin lui fit la promesse formelle du privilége, en d'autres termes, du brevet exclusif d'exploitation de la force de la vapeur appliquée à la navigation sur les rivières.

Voici la lettre datée de Versailles, le 14 mai 1772, qui contenait cet engagement.

« MONSIEUR,

« J'ai rapporté au conseil, la demande que vous avez faite au roi d'un privilége exclusif pour appliquer la force de la pompe à feu à faire remonter les bateaux sur les rivières les plus rapides, et Sa Majesté m'a autorisé à vous donner de sa part l'assurance que ce privilége vous sera accordé pour quinze années, si, lorsque vous aurez mis en pratique cette méthode, elle est trouvée par l'Académie des sciences véritablement utile à la navigation. Je vous invite à vous mettre promptement en devoir de profiter de cette grâce. Je suis bien aise de vous apprendre en même temps, qu'ayant cru devoir, en cette occasion, rendre compte au roi des ouvrages que vous avez donnés au public, M. le marquis de Monteynard, de son côté, a très-avantageusement parlé de vos services; vous lui devez un remerciement.

« Je suis très-parfaitement, monsieur, votre, etc.

« Contrôlé à Paris, le 22 mai 1772 (1). »

Armé de cette promesse, le comte d'Auxiron s'empresse de réunir et d'organiser une compagnie qui lui fournirait les fonds nécessaires à la construction de la machine et du bateau.

Follenai, son associé, son compagnon fidèle, était devenu lieutenant-colonel dans la légion de Flandre. Il détermine son colonel, le vicomte d'Harambure, son ami d'enfance, le comte de Jouffroy-d'Uzelles, chanoine de l'église métropolitaine de Lyon, et un ancien employé supérieur des douanes, Bernard de Bellaire, à se réunir à lui, pour fournir à d'Auxiron les sommes nécessaires à l'exécution de ses plans.

Grâce aux efforts de Follenai, la petite société financière prit une forme définitive. L'acte d'association fut conclu le 21 mai 1772. Il n'est pas sans intérêt, au point de vue historique, de consigner ici le contenu de cet acte, resté aux minutes de Mᵉ Boulet, notaire au Châtelet de Paris.

« Par devant les conseillers du roi, notaires au Châtelet de Paris, soussignés, sont présents : M. Joseph d'Auxiron, écuyer et capitaine à la suite de la légion de Lorraine d'une part; M. Louis-Joseph de

(1) *Notice sur les premiers essais de navigation à vapeur* (1772-1774), par Ch. Paguelle, arrière-petit-fils maternel du général de Follenai. — *Extrait des Annales franc-comtoises*, livraison d'octobre 1865, in-8°, p 4-5.

Jouffroy, comte d'Uzelles ; M. Henri de Cordoue, comte de Lyon, comme procureur de M. René-Charles vicomte d'Harambure ; M. Frédéric marquis d'Yonne, au nom et comme procureur de M. Ch.-F. Monnin de Follenai, et M. Jean-Denis Bernard... en parlement seigneur de Bellaire, lesquels ont dit : que le sieur d'Auxiron avait proposé de s'obliger à faire construire, sous ses yeux et d'après les plans qu'il en donnerait, une pompe à feu pour servir à remonter, sur toutes les rivières du royaume, des bateaux chargés de marchandises jusqu'à concurrence du poids de cent mille livres, avec moins de frais et plus d'allécité qu'on ne le fait actuellement avec le secours des hommes et des chevaux ; que pour former un pareil établissement il convenait de faire des fonds considérables ; les choses étant en cet état, lesdits messieurs se sont associés entre eux, aux charges et conditions qui vont être énoncées : 1° M. d'Auxiron s'oblige de donner tous ses soins et attentions pour faire construire sous ses yeux les machines qui seront nécessaires au commerce des rivières de la Seine, du Rhône, de la Loire et de la Garonne, et les douze premiers bâtiments de mer au mouvement desquels la machine pourrait être appliquée utilement, etc. (1). »

Aussitôt d'Auxiron se met à l'œuvre. En décembre 1772, il fait construire le bateau, près de l'île des Cygnes, à Paris.

En janvier 1773, la chaudière de la machine à vapeur est installée à bord et soumise aux épreuves nécessaires pour constater sa résistance.

Au mois de février, on place, dans le bateau, les deux roues, fixées sur un arbre commun.

Cependant, les bateliers de la Seine voyaient de mauvais œil le travail des associés. Il fallut établir, pendant la nuit, une garde militaire dans l'île des Cygnes, pour défendre le bateau, et lui éviter le parti funeste que, dans des circonstances toutes semblables, moins d'un siècle auparavant, les bateliers du Wéser avaient fait subir au bateau à vapeur de Papin.

Au mois d'avril, on pose sur la chaudière les cylindres de la machine à vapeur, et le 21 du même mois, le célèbre mécanicien Périer vient visiter le bateau.

Comme les dispositions des riverains semblaient toujours aussi suspectes, et que la malveillance des compagnies de transport n'était pas dissimulée, d'Auxiron se décida à quitter l'île des Cygnes. Il fit conduire le bateau près de Meudon.

Malgré d'assez longs retards, qu'explique suffisamment la nouveauté de ce genre de travail pour des ouvriers parisiens, l'installation de la machine à vapeur à bord du bateau était terminée, et tout s'apprêtait pour une expérience décisive, lorsqu'un événement déplorable vint terminer brusquement et cruellement l'entreprise.

Pendant une nuit du mois de septembre 1774, le bateau disparut. Il avait sombré en pleine rivière.

Un certain Bellery, commis principal, ainsi que ses ouvriers, soit par connivence avec les adversaires de l'entreprise, soit par maladresse, avaient laissé tomber brusquement, au fond du bateau, l'énorme contre-poids de la pompe à feu, qui pesait 130 livres. C'était vers la fin du jour, et les ouvriers se retiraient, ne laissant personne à bord. Cette énorme masse ouvrit le fond du bateau ; une voie d'eau s'y forma, et le malheureux pyroscaphe coula à fond dans la nuit. Les appareils mécaniques, la chaudière, tout fut altéré ou détruit par cette submersion fatale.

Ce fut le coup de la mort pour l'entreprise, comme aussi pour l'inventeur.

La perte soudaine du bateau souleva, dans la Compagnie et au dehors, toutes sortes de suspicions, de contestations et de plaintes. On allait jusqu'à suspecter l'honneur et la probité du malheureux inventeur, qui repoussait ces reproches avec une indignation méritée. Les actionnaires, outrés de leur déconvenue, s'en prenaient même à Follenai. On parlait de le citer devant le conseil des maréchaux.

D'Auxiron et Follenai tenaient tête avec vigueur à cette opposition malveillante et cruelle. Le 17 juillet 1773, ils citaient devant les prévôts des marchands et échevins de

---

(1) *Notice sur les premiers essais de navigation à vapeur* (1772-1774), par Ch. **Paguelle**, p. 4-5.

Paris, les actionnaires récalcitrants, pour s'entendre condamner à fournir la somme de 15 000 francs, nécessaire pour relever le bateau et remettre la machine en état.

Conformément à ces conclusions, un jugement fut rendu, un mois après, condamnant les actionnaires à verser la somme demandée.

Mais toutes ces luttes, toutes ces déceptions, avaient épuisé les forces de Joseph d'Auxiron qui, à peine âgé de quarante-sept ans, succomba, en 1778, à une attaque d'apoplexie.

La Société fut dissoute, au moins de fait. La somme de 14 000 francs, due aux ouvriers, dut être payée par Follenai et Jouffroy d'Uzelles. La dépense, pour la construction du bateau et de la machine à vapeur, avait été de 15 200 francs.

Voilà donc ce qui se passait, au moment où le marquis Claude Jouffroy-d'Abbans se proposait d'essayer l'emploi de la pompe à feu pour la navigation sur les rivières. Le projet qui l'occupait, avait déjà été soumis à une expérience sérieuse. Ainsi l'entreprise n'était pas à créer ; il n'y avait qu'à la reprendre, pour la sauver du naufrage qu'elle venait littéralement d'éprouver.

C'est ce qui arriva. Le marquis de Jouffroy et les héritiers d'Auxiron ne se connaissaient pas à cette époque. Follenai les mit en rapport.

« A la suite de l'entente qui s'établit entre eux, le ministre écrivit que, d'après le désistement de MM. d'Auxiron, qui avaient droit au privilége, il serait accordé à M. de Jouffroy, si sa méthode était jugée utile par l'Académie des sciences.

« Il intervint alors entre MM. de Jouffroy, de Follenai et les héritiers d'Auxiron, une société composée de vingt parts, dont trois pour les héritiers d'Auxiron ; le surplus fut réparti entre MM. de Jouffroy et de Follenai, à charge de pourvoir aux dépenses. Ensuite de ce traité, les héritiers d'Auxiron remirent à M. de Jouffroy, sur récépissé, les plans et devis du capitaine concernant : 1° les calculs relatifs à la pompe à feu ; 2° la charge dont les bateaux sont susceptibles ; 3° la dépense et les produits probables (1). »

(1) *Notice sur les premiers essais de navigation à vapeur*, par Ch. Paguelle, p. 9.

C'est alors, d'après le témoignage que nous venons de citer, que le marquis de Jouffroy se mit à l'œuvre ; c'est alors qu'il s'occupa, avec le secours de Follenai, de construire un pyroscaphe, et d'organiser une compagnie financière, pour subvenir aux dépenses de l'entreprise.

Follenai et le marquis de Jouffroy trouvèrent un puissant appui dans le marquis Ducrest.

Frère de madame de Genlis, colonel en second du régiment d'Auvergne, Ducrest était un des hommes les plus répandus dans la société du temps de Louis XVI. Il tenait à tout et s'occupait de tout. Il s'était consacré avec succès à l'étude des sciences exactes ; car il a écrit, sur la mécanique appliquée, un ouvrage qui lui ouvrit les portes de l'Académie des sciences. Il était versé dans les questions de politique et de finance, et il a publié sur ce sujet divers mémoires, qui, pour avoir excité la verve satirique de Grimm, n'en ont peut-être pas moins de valeur.

M. de Jouffroy ne pouvait rencontrer de protecteur plus utile à ses desseins que cet actif et remuant personnage, dont l'imagination s'allumait au contact de chaque idée nouvelle. Grâce à son zèle et à ses démarches, le projet de navigation par la vapeur du gentilhomme franc-comtois, ne tarda pas à être connu de tout ce que Paris renfermait d'hommes distingués dans les sciences, et bientôt une société financière se montra disposée à le mettre en pratique.

Une réunion fut tenue chez le marquis Ducrest, à l'effet de s'entendre sur les moyens d'exécution (1).

Parmi les personnes qui figuraient dans cette petite assemblée, on remarquait Jacques Périer, le comte d'Auxiron et Follenai. On

(1) *Des bateaux à vapeur, précis historique de leur invention*, par Achille de Jouffroy, fils du marquis Claude de Jouffroy. Paris, 1841, in-8°, p. 12.

Fig. 81. — Le marquis de Jouffroy fait fabriquer au marteau, le cylindre de sa machine à vapeur, par le chaudronnier de Baume-les-Dames (page 162).

tomba d'accord sur l'idée d'essayer le nouveau mode de navigation; mais on se divisa lorsqu'il fut question des moyens de le mettre en œuvre. Périer présenta un projet qui différait de celui de M. de Jouffroy, tant par le mécanisme à adapter au bateau, que par la considération des résistances à vaincre et de la force à employer. Il avait calculé ces éléments d'après l'expérience d'un bateau remorqué par des chevaux, sur un chemin de halage. M. de Jouffroy prétendait qu'il fallait considérer la résistance comme trois fois plus forte, dès qu'on prenait le point d'appui sur l'eau, au lieu de le prendre sur la terre.

La meilleure appréciation était évidemment du côté de M. de Jouffroy, qui se plaçait encore au-dessous de la vérité. Aussi le comte d'Auxiron, plus familiarisé avec cette question par une expérience antérieure, se rallia-t-il à son projet. Follenai suivit cet exemple; mais Ducrest se prononça en faveur des idées de Périer.

Jeune et sans notabilité, M. de Jouffroy dut laisser le champ libre au célèbre mécanicien dont l'expérience et les talents faisaient autorité dans le monde des arts. Le plan de Périer obtint donc la préférence, et l'on décida que le bateau serait construit d'après ses vues.

Ce ne fut pas cependant sans une vive opposition de la part des dissidents. Le comte d'Auxiron, qui se mourait sur ces entrefaites, écrivait à M. de Jouffroy, à ses derniers moments : « Courage, mon ami! vous seul êtes dans le vrai. » Et Follenai, enthousiaste de l'invention, colportait partout la souscription qui devait fournir les moyens de mettre en pratique le plan du marquis de Jouffroy.

T. I. 21

L'exécution du projet de Périer ne tarda pas à justifier les craintes et les critiques qu'il avait suscitées dès le début. On en fit l'expérience sur la Seine, avec un petit bateau que Périer avait loué, et une machine de Watt à simple effet, qui n'était d'aucun usage dans ses ateliers. Par suite de ses calculs inexacts sur les résistances à vaincre, Périer avait été amené à donner au moteur la seule force d'un cheval; le cylindre de sa machine à vapeur n'avait que 21 centimètres de diamètre. Il en résulta que le bateau put à peine surmonter l'effort du faible courant de la Seine (1).

La compagnie aux frais de laquelle l'expérience s'exécutait, abandonna immédiatement l'entreprise.

Cependant le marquis de Jouffroy était retourné dans sa province, plein de confiance dans la certitude de ses idées, et impatient de mettre à exécution le plan qu'il avait conçu.

Il y a dans la Franche-Comté, à cent lieues de Paris, entre Montbéliard et Besançon, une petite ville nommée Baume-les-Dames, assise sur la rive droite du Doubs. C'est là que le hardi inventeur entreprit de réaliser le projet qui venait d'échouer entre les mains du plus riche et du plus habile manufacturier de la capitale.

Ce n'était pas une pensée sans courage que de tenter l'exécution d'un projet de ce genre, au fond d'une province reculée, et dans un lieu dénué de toute espèce de ressources de fabrication. A une époque où l'art de construire les machines à vapeur était encore à naître parmi nous, il était impossible de songer à se procurer, dans la Franche-Comté, un cylindre alésé et fondu. Il n'y avait à Baume-les-Dames, qu'un simple chaudronnier : c'est à lui que M. de Jouffroy s'adressa pour construire le cylindre de sa machine. Ce cylindre, ouvrage d'art et de grande patience, était fait de cuivre battu; il était poli au marteau

(1) Ducrest, *Essai sur les machines hydrauliques*, p. 131.

à l'intérieur; le dehors était soutenu par des bandes de fer reliées par des anneaux de même métal. Il ressemblait à ces canons de bois, fortifiés par des cercles métalliques, dont on fit usage dans les premiers temps de l'artillerie.

Le bateau qui fut construit sur les bords du Doubs, par le marquis de Jouffroy, n'avait pas de grandes dimensions; il n'était long que de quarante pieds, sur six de large. Quant à l'appareil moteur destiné à tenir lieu de rames, il ressemblait beaucoup à ces rames articulées, à ce système *palmipède*, que Genevois avait décrit dans sa brochure publiée à Londres, en 1760, et dont il a été question plus haut. Des deux côtés du bateau, sortaient deux tiges de huit pieds de longueur, portant à leur extrémité, une sorte de châssis, formé de deux volets mobiles, comme nos persiennes, et plongeant à dix-huit pouces dans l'eau; ce châssis décrivait un arc de trois pieds de corde et de huit pieds de rayon. Une machine de Watt à simple effet, installée au milieu du bateau, mettait en action ces rames articulées. Le mécanisme destiné à leur transmettre le mouvement, se composait d'une chaîne de fer attachée au piston et qui s'enroulait sur une poulie, pour venir se fixer à la tige du châssis. Lorsque la vapeur introduite dans le cylindre, soulevait le piston, un contre-poids placé à l'extrémité du châssis, ramenait celui-ci vers l'avant du bateau, et dans ces mouvements, les volets se refermaient d'eux-mêmes, par suite de la résistance du liquide. La condensation de la vapeur ayant opéré le vide dans l'intérieur du cylindre, la pression atmosphérique entraînait le piston jusqu'au bas de sa course, et par suite de la traction de la chaîne attachée au piston, la rame se trouvait ramenée avec force contre les flancs du bateau; tandis que les volets mobiles s'ouvraient, de manière à offrir toute leur surface à la résistance du fluide.

Il est bon de remarquer ici que le système palmipède adopté par M. de Jouffroy, était le seul qui pût permettre d'appliquer avec quelque avantage la machine à simple effet à la propulsion des bateaux, car ce genre de machine ne produit d'effet utile que pendant la chute du piston; aucune action mécanique n'a lieu, comme on le sait, lorsque le piston remonte. Le contre-poids attaché à l'extrémité du châssis plongeant dans l'eau, était l'analogue du contre-poids qui, comme on l'a vu (page 70), se trouve fixé à l'extrémité droite du balancier, pour faire basculer ce balancier. Le procédé adopté par M. de Jouffroy était donc le moyen le plus ingénieux et le plus simple de tirer parti de la machine à vapeur telle qu'elle existait à cette époque.

Le petit bateau du marquis de Jouffroy naviguasur le Doubs, pendant les mois de juin et de juillet de l'année 1776.

Ces expériences suffirent pour faire reconnaître le vice du système palmipède. Une fois ramenés à l'avant du bateau, les volets à charnières, tirés par la chaîne du piston, devaient s'ouvrir d'eux-mêmes, par suite de la résistance du liquide. Au départ, ou quand la vitesse était médiocre, ils s'ouvraient, en effet, sans difficulté; mais, lorsque le bateau avait acquis une certaine vitesse, la rapidité du courant les empêchait de se développer. Cet inconvénient était surtout prononcé quand on remontait le cours de la rivière; en descendant il ne se manifestait que plus tard.

Un tel défaut, il faut le dire, était loin d'être sans remède; et de nos jours, le plus médiocre mécanicien eût trouvé moyen de l'annuler, en armant les volets de quelque pièce mécanique, qui les aurait forcés de s'ouvrir au moment utile, et sans qu'il fût nécessaire de compter, pour réaliser cet effet, sur la résistance de l'eau. Mais des procédés d'exécution, qui ne seraient qu'un jeu pour les mécaniciens de notre époque, apparaissaient alors comme des problèmes insolubles. M. de Jouffroy recula devant cette difficulté insignifiante. Au lieu de chercher à perfectionner le mécanisme de ses rames palmées, il abandonna entièrement ce système, pour adopter celui des roues à aubes ou à palettes.

L'application des roues à aubes à la navigation, était loin de constituer une idée nouvelle. La pensée de réunir sur une roue un certain nombre de rames, afin d'obtenir un emploi plus commode de la force motrice, remonte jusqu'à l'antiquité.

Les roues à palettes sont au nombre des machines très-anciennes dont Vitruve ne connaissait pas l'inventeur (1).

Il existe des médailles romaines qui représentent des navires de guerre (*liburnes*) armés de trois paires de roues, mues par des bœufs, et Pancirole, professeur de Padoue, qui en parle en 1587, prétend qu'elles surpassaient en vitesse les meilleures trirèmes (2).

D'après un manuscrit cité par M. de Montgery (3), il y aurait eu des roues à aubes tournées par des bœufs, à bord des radeaux qui transportèrent les Romains en Sicile, pendant la première guerre punique.

Un écrivain militaire du xv° siècle, Robert Valturius, fait aussi mention de la substitution des roues à aubes aux rames ordinaires. Il donne, dans son ouvrage, les dessins, grossièrement exécutés, de deux bateaux munis de petites roues en forme d'étoiles, et composées de l'assemblage de quatre rayons placés en croix, réunis à un centre commun (4).

Enfin le petit bateau à vapeur que Papin construisit en 1707, pour essayer de descendre le Wéser, naviguait à l'aide de rames tournantes dont Papin avait emprunté l'idée à un petit bateau de plaisir appartenant au

---

(1) *Pollionis Vitruvii Architectura*, lib. X, cap. IX et X (*De organorum ad aquam hauriendam generibus*).

(2) « Vidi etiam effigiem navium quarumdam, quas Liburnas dicunt quæ ab utroque latere extrinsecus tres habebant rotas, aquam attingentes : quarum quælibet octo constabat radiis, manum palmo e rota prominentibus : intrinsecus vero sex boves machinam quamdam circumagendo, rotas illas incitabant : et radii aquam retrorsum pellentes. Liburnam tanto impetu ad cursum propellebant, ut nulla triremis ei posset resistere. » (*Guidonis Panciroti Res memorabiles, sive deperditæ, commentariis illustratæ ab Henrico Salmuth*; pars 1, p. 127.)

(3) *Annales de l'industrie*, t. VIII, p. 294.

(4) *Robertus Valturius, De re militari*, lib. XI, cap. XII.

prince Rupert, qu'il avait vu fonctionner à Londres.

Un mécanicien, nommé Duquet, avait fait à Marseille et au Havre, de 1687 à 1693, un grand nombre d'essais avec des rames tournantes, composées chacune de quatre rames courtes et larges, opposées deux à deux et placées en croix (1). Ces expériences avaient produit en France beaucoup d'impression, et cette idée ne tarda pas à y être poursuivie. En 1732, le comte de Saxe présenta à l'Académie des sciences de Paris, le plan très bien conçu, d'un bateau remorqueur ayant de chaque côté une roue à aubes, que faisait tourner un manége de quatre chevaux. « Ces « roues, dit le comte « de Saxe, faisant le même effet « que les rames perpendiculaires, « il s'ensuivra que la machine re- « montera contre un courant, et « tirera après elle le bateau pro- « posé (2). » C'est à la suite de ce travail du comte de Saxe que l'Académie des sciences avait été amenée à mettre au concours la question des moyens de suppléer à l'action du vent, sur les navires.

L'emploi des roues à palettes dans la navigation n'avait donc rien de neuf dans son principe ; mais la difficulté consistait à faire mouvoir ces roues par l'action de la machine à vapeur à simple effet. Cette difficulté était considérable, en ce que cette machine, n'agissant que d'une manière intermittente, ne se prêtait qu'avec beaucoup de peine à produire un mouvement de rotation. On peut même dire que cette transformation du mouvement n'était point réalisable avec les conditions de régularité qu'il importait d'atteindre, et ce fut l'erreur du marquis de Jouffroy, d'aban-

(1) *Machines et inventions approuvées par l'Académie royale des sciences*, t. I, p. 173 et suiv.
(2) *Ibidem*, t. VI, p. 41.

donner le système palmipède, qui s'accommodait assez bien de la machine à simple effet, pour y substituer les roues à aubes. Cependant les moyens qu'il mit en usage pour atteindre ce but étaient bien conçus, et l'ingénieuse disposition qu'il adopta mérite d'être connue.

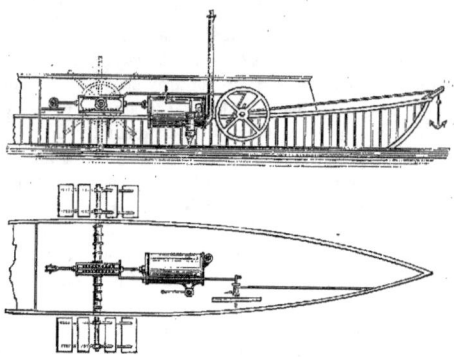

Fig. 85. — Mécanisme moteur du bateau à roues du marquis de Jouffroy (coupe et élévation).

La machine à vapeur du marquis de Jouffroy avait deux cylindres. Au piston de chacun d'eux était fixé un anneau qui portait une chaîne de fer flexible, et les deux chaînes partant de chaque piston venaient s'enrouler sur un arbre unique destiné à faire tourner les roues. Les deux cylindres étaient placés l'un près de l'autre, avec un certain degré d'inclinaison, et ils communiquaient entre eux, à l'aide d'un large tube qu'une lame métallique, ou, comme on le dit aujourd'hui, un *tiroir*, pouvait parcourir, de manière à introduire la vapeur, selon son déplacement, dans l'un ou l'autre des deux cylindres.

La figure 85 représente, en élévation et en coupe, cet appareil moteur, d'après le dessin qui en a été donné par M. Léon Lalanne, dans les figures qui accompagnent son article *Vapeur*, de l'*Encyclopédie moderne* (1).

(1) *Atlas*, t. III, planche 69.

Fig. 86. — Expérience du marquis de Jouffroy faite sur la Saône à Lyon, le 15 juillet 1783 (page 166).

La roue placée à gauche, est celle qui fait mouvoir le bateau. La roue, plus petite, qui se voit à droite, était destinée à tirer, au moyen de la machine à vapeur, sur une corde tenant à une ancre, que l'on aurait fixée solidement, en avant du bateau, dans le cas, dit M. de Jouffroy : « où un pont, ou tout autre « ouvrage, ou une cause naturelle, aurait « augmenté la vitesse du courant, à tel point « que le bateau n'eût pu la surmonter par le « moyen de la roue à aubes. »

Le procédé employé pour transmettre aux roues le mouvement des deux pistons, était presque identique avec celui que Papin avait proposé pour le même objet en 1690. M. de Jouffroy se servait d'une double crémaillère à rochets, qui agissait constamment sur une partie cannelée de l'arbre des roues ; les rochets supérieurs cédaient lorsque les rochets inférieurs poussaient, ce qui imprimait à l'arbre un mouvement de rotation, et empêchait l'action motrice de se produire autrement qu'en avant.

Fig. 87. — Roue à rochets ou encliquetage destiné à mettre en action l'arbre des roues.

Cet *encliquetage*, selon le terme consacré, se voit dans la figure précédente, à une échelle supérieure à celle de la figure 85.

La machine à vapeur qui mettait en jeu ce mécanisme, présentait des dimensions considérables, puisque le piston avait vingt et un pouces de diamètre et une course de cinq pieds. Elle avait été construite à Lyon en 1780, dans les ateliers de MM. Frères-Jean. Le bateau qui reçut cette machine à vapeur, offrait aussi de très-grandes proportions. Il avait quarante-six mètres de long, sur cinq de large ; il atteignait donc à peu près les dimensions ordinaires des bateaux à vapeur qui naviguent aujourd'hui sur le Rhône ou le Rhin. Les roues de ce bateau avaient quatorze pieds de diamètre, les aubes étaient de six pieds de longueur et plongeaient à deux pieds dans la rivière. Le tirant d'eau du bateau était de trois pieds et son poids total de 327 milliers, 27 pour le navire et 300 de charge.

C'est dans la ville même de Lyon, sur les eaux de la Saône, que le marquis de Jouffroy exécuta les intéressants essais de ce premier pyroscaphe. Le courant très-faible de cette rivière, que César nomme pour cette raison *lentissimus Arar*, convenait parfaitement pour des expériences de ce genre.

Le succès de ces expériences fut complet. De Lyon à l'île Barbe le courant fut remonté plusieurs fois, en présence de milliers de témoins, étonnés de voir cet énorme bateau se mouvoir sur la rivière sans qu'un seul homme apparût sur le pont, et grâce à l'action de l'invisible machine enfermée dans ses flancs.

Le 15 juillet 1783, en présence de dix mille spectateurs qui se pressaient sur les quais, et sous les yeux des membres de l'Académie de Lyon, le bateau du marquis de Jouffroy remonta le cours de la Saône, qui dépassait alors la hauteur des moyennes eaux (fig. 86). Un procès-verbal de l'événement et un acte de notoriété, furent dressés par les soins de l'Académie de Lyon (1).

Comment une expérience aussi solennelle, aussi décisive, demeura-t-elle sans fruit pour l'inventeur, et sans résultat pour le pays qui en avait été le théâtre? C'est ici qu'il faut exposer la fâcheuse série de circonstances qui eurent pour effet d'annuler, entre les mains du marquis de Jouffroy, sa belle découverte ; c'est ici qu'il faut montrer le triste revers de l'effigie brillante qui vient d'être présentée.

Le succès de son système de navigation une fois constaté par une expérience publique, le marquis de Jouffroy s'occupa de réunir une compagnie financière, dans la vue d'établir sur la Saône, un service de transports réguliers, et de continuer en même temps, les nouvelles expériences qu'il était nécessaire de poursuivre.

Pour atteindre ce double but, la première condition à remplir, c'était de construire un nouveau bateau, car celui qui venait de servir aux expériences, était entièrement hors de service. Les minces feuillets de sapin qui formaient sa coque et ses bordages, ne pouvaient être conservés pour un bateau destiné à un usage quotidien. Sa chaudière avait été fort mal exécutée, ce qui n'étonnera guère, si l'on réfléchit à ce que l'on pouvait faire en ce genre en 1780 et dans une ville de province. Depuis la dernière expérience, elle était percée sur divers points et ne retenait plus la vapeur.

Mais, avant de construire un bateau neuf et de commencer une exploitation sérieuse, la compagnie exigea d'être mise en possession d'un privilége de trente ans. L'autorité royale pouvait seule concéder cette faveur; on s'adressa donc à M. de Calonne.

L'inconstance et la légèreté de ce ministre apparurent ici dans tout leur jour. Pour accorder à M. de Jouffroy le privilége qu'il sollicitait, il suffisait de posséder la preuve authentique de la nouveauté de son invention. Or, les faits parlaient haut sous ce rapport. Personne n'ignorait que rien de semblable à ce qui s'était vu à Lyon, ne s'était encore produit sur aucun point du monde. L'importance extrême de la question, l'avenir et l'intérêt du pays, commandaient donc, autant que la justice, de faire droit sans retard à

---

(1) Voir cet *acte de notoriété* dans le mémoire déjà cité, du marquis de Jouffroy, fils de l'inventeur (*des Bateaux à vapeur*, page 57, Pièces justificatives). Il est dit dans cet acte notarié, que « le bateau remonta le cours de la Saône, sans le secours d'aucune force animale, et par l'effet de la pompe à feu, pendant un quart d'heure environ. »

la requête de l'inventeur. M. de Calonne en jugea autrement. Il voulut consulter l'Académie des sciences pour savoir s'il y avait invention.

De son côté, l'Académie outre-passa les vues du ministre, car elle prétendit décider, outre le fait de l'invention, la valeur même des procédés pratiques mis en usage.

L'abbé Bossut, Cousin et Périer furent nommés commissaires du *Mémoire sur les pompes à feu,* adressé par M. de Jouffroy. Périer et Borda furent spécialement désignés pour l'examen du pyroscaphe.

Ainsi M. de Jouffroy trouvait pour juge celui qui avait été son rival dans la question même qu'il s'agissait d'examiner.

L'Académie des sciences de Paris était fort loin, à cette époque, des habitudes de convenance et de mesure qui la distinguent aujourd'hui. Une discussion orageuse s'éleva dans son sein, à propos de la prétention d'un gentilhomme obscur, que peu de savants connaissaient et qui n'était d'aucune Académie. Le témoignage de dix mille personnes qui avaient assisté à l'expérience, le sentiment des académiciens de Lyon, les calculs et les assertions de l'auteur, tout cela fut compté pour rien. L'Académie répondit au ministre, qu'avant d'accorder le privilége sollicité par M. de Jouffroy, il fallait exiger que ce dernier vînt répéter ses expériences sur la Seine, en faisant marcher, sous les yeux des commissaires de l'Académie, un bateau du port de 300 milliers.

Ainsi la science ne voulait accueillir un résultat constaté à Lyon qu'après l'avoir vu se reproduire à Paris.

M. de Jouffroy, confiant dans le succès d'une expérience authentique, exécutée sous les yeux de dix mille spectateurs, avait jugé inutile d'aller suivre à Paris une affaire aussi simple. Il attendait donc, dans une tranquillité parfaite, la délivrance de son privilége, lorsqu'il reçut du ministre la lettre suivante :

VERSAILLES, le 31 janvier 1784.

« Je vous renvoie, Monsieur, l'attestation du succès qu'a eu à Lyon la pompe à feu par laquelle vous vous proposez de suppléer aux chevaux pour la navigation des rivières, ainsi que d'autres pièces que vous m'avez adressées, jointes à votre requête tendante à obtenir le privilége exclusif, pendant un certain nombre d'années, de l'usage des machines de ce genre. Il a paru que l'épreuve faite à Lyon ne remplissait pas suffisamment les conditions requises; mais si, au moyen de la pompe à feu, vous réussissez à faire remonter sur la Seine, l'espace de quelques lieues, un bateau chargé de 300 milliers, et que le succès de cette épreuve soit constaté à Paris d'une manière authentique, qui ne laisse aucun doute sur les avantages de vos procédés, vous pouvez compter qu'il vous sera accordé un privilége limité à quinze années, ainsi que vous l'a précédemment marqué M. Joly de Fleury.

Je suis bien sincèrement, Monsieur, votre très-humble et très-obéissant serviteur.

« DE CALONNE. »

Fig. 88. — Jacques-Constantin Périer.

En lisant cette lettre, M. de Jouffroy comprit qu'il devait abandonner tout espoir. Il avait consacré ses dernières ressources à la construction de son bateau de Lyon, et on lui demandait d'aller répéter à ses frais, les mêmes expériences à Paris. Il était évident qu'il n'avait plus rien à attendre, et que son antagoniste Périer venait, pour employer une expression du jour, d'enterrer sa découverte.

Il n'éleva ni récriminations ni plaintes, et se borna, pour toute réponse, à expédier à Périer un modèle au vingt-quatrième du bateau de Lyon.

Nul n'a jamais su ce que cette pièce est devenue.

D'après le marquis de Bausset-Roquefort, le bateau du marquis de Jouffroy « continua de naviguer sur la Saône pendant seize mois et fut ensuite abandonné (1). »

D'autres circonstances vinrent encore ajouter aux difficultés qui arrêtèrent M. de Jouffroy dans l'exécution de sa belle entreprise. Au siècle dernier, la noblesse provinciale faisait fort peu de cas des sciences, et surtout de l'industrie. Les préjugés de ce genre n'étaient nulle part plus enracinés que dans la Franche-Comté. Aussi M. de Jouffroy rencontrait-il dans sa famille et chez ses amis, une hostilité continuelle. L'ignorance, qui tenait alors le sceptre des salons, lançait contre lui les traits du ridicule, qui tue en France et blesse en tout pays. On ne le désignait dans sa province, que sous le sobriquet de *Jouffroy la Pompe*; et quand le bruit de ses essais parvint jusqu'à Versailles, on se disait à la cour, en s'abordant : « Connaissez-vous ce gentilhomme de la Franche-Comté qui embarque des pompes à feu sur des rivières; ce fou qui prétend faire accorder le feu et l'eau ? »

Survinrent les premiers événements de la Révolution française. Le marquis de Jouffroy nourrissait d'ardentes convictions royalistes; il fut des premiers à embrasser le parti de l'émigration. Il quitta la France en 1790.

Une fois à l'étranger, il se trouva jeté au milieu de circonstances qui le détournèrent forcément de ses travaux. Il entra dans l'armée de Condé, et fut placé dans la section d'artillerie de la légion du comte de Mirabeau; puis il commanda la 2me compagnie de chasseurs nobles. Il prit part aux vaines tentatives qui furent essayées, sous le Directoire et sous l'Empire, pour le rétablissement des Bourbons.

Finalement, la France, qui, au temps de Papin, avait laissé tomber de ses mains la découverte de la vapeur, perdit encore cette fois l'occasion et l'honneur de l'une des plus importantes applications de cette invention féconde (1).

L'abandon que le marquis de Jouffroy fit, vers 1789, de son projet de navigation par la vapeur, était d'autant plus regrettable, qu'au moment même où il renonçait à le poursuivre, les obstacles qu'il avait rencontrés jusqu'à cette époque, allaient s'évanouir devant le génie de Watt. Si l'on a bien compris les difficultés qui empêchaient d'appliquer la machine à vapeur à simple effet à la navigation, on sentira tout de suite que la découverte de la machine à double effet permettait d'en triompher. En créant cette machine, d'où il excluait toute intervention de la pression atmosphérique; en imaginant avec le parallélogramme, la manivelle, le régulateur à force centrifuge, etc., des moyens parfaits pour transmettre et régulariser l'impulsion de la vapeur, Watt était parvenu à donner au mouvement de rotation de l'axe moteur une égalité, une régularité admirables. La difficulté qui avait empêché jusque-là d'appliquer la vapeur à la navigation se trouvait ainsi aplanie, et il suffisait, pour tenter avec confiance

---

(1) *Notice historique sur l'invention des bateaux à vapeur* lue à la *Société littéraire de Lyon*, le 27 janvier 1864. Lyon, 1864, in-8°, page 26.

(1) C'est pour honorer le souvenir de ce savant que la municipalité de Paris a donné le nom de *rue Jouffroy* à une rue du 12e arrondissement, située entre les ponts d'Austerlitz et de Bercy, sur le quai d'Austerlitz. C'est ce qui résulte d'une lettre adressée le 1er août 1864 par M. Haussmann, préfet de la Seine, à M. le marquis Bausset-Roquefort, auteur de la *Notice historique* lue à la *Société littéraire de Lyon*, que nous venons de citer.

Fig. 89. — Expérience de Miller, Taylor et Symington faite, en 1789, sur la pièce d'eau de la terre de Dalswinton (page 171).

l'essai de ce nouveau système, d'installer à bord d'un bateau, une machine à condensation et à double effet, en l'accommodant, par des modifications et des dispositions spéciales, à l'objet nouveau qu'elle devait remplir.

Cette application si importante de la puissance de la vapeur, ne fut pourtant réalisée ni en Angleterre, où avaient pris naissance les plus remarquables perfectionnements de la machine à feu, ni en France, où s'étaient exécutés les premiers et les plus brillants essais de ce nouveau procédé de navigation. Elle devait s'accomplir sur le sol de la jeune Amérique, dans ces immenses et heureuses régions nouvellement écloses au soleil des sciences et de la liberté.

Mais avant de suivre dans le nouveau monde le développement et les progrès de la navigation par la vapeur, il est indispensable de faire connaître quelques tentatives intéressantes faites dans le même but en Écosse, à la fin du siècle dernier.

CHAPITRE II

ESSAIS DE NAVIGATION AU MOYEN DE LA VAPEUR FAITS EN ÉCOSSE, EN 1789, PAR PATRICK MILLER, JAMES TAYLOR ET WILLIAM SYMINGTON.

Patrick Miller était un gentilhomme anglais qui consacrait une grande fortune à des recherches et expériences sur les constructions maritimes. D'un esprit ingénieux et tourné aux découvertes, il avait réalisé quelques améliorations dans l'art de construire les vaisseaux, et lancé dans les chantiers de l'Écosse, plusieurs navires ou bateaux de formes nouvelles. Il s'était occupé aussi de recherches sur l'artillerie. En 1786, il avait imaginé un *double-vaisseau*, composé de deux bateaux accolés, qu'il destinait à la mer et aux fleuves. Il fondait sur cette dernière invention de grandes espérances.

A cette époque, James Taylor, jeune homme intelligent et instruit, fut appelé dans la famille de Patrick Miller, comme précepteur des enfants. Initié aux travaux et aux recherches de Miller, il les suivit, d'abord par simple curiosité ; mais il y prit bientôt un intérêt et un rôle plus actifs.

Patrick Miller, qui venait de construire, à titre d'essai, un de ses *doubles-bateaux* de petites dimensions, destiné à naviguer sur les rivières, avait fait, à cette occasion, un pari contre un M. Wedell, gentilhomme du voisinage, résidant à Leith, et qui possédait un bateau d'une grande vitesse. Le jour étant pris pour cet essai comparatif, James Taylor accompagna Patrick Miller, pour lui prêter son aide dans cette petite lutte d'expérience et de plaisir.

Le *double-bateau* de Patrick Miller avait soixante pieds de long ; il était mis en mouvement par deux roues placées à ses flancs et manœuvrées par quatre hommes.

M. Wedell, qui dirigeait son propre bateau, eut le dessous dans cette lutte de vitesse.

Jeune et vigoureux, James Taylor, pendant cette petite excursion, s'était mis à manœuvrer les roues, avec les quatre hommes du bord. La besogne lui parut rude ; et cette circonstance lui donna la conviction que si l'emploi des roues sur les bateaux avait des avantages manifestes, il fallait, de toute nécessité, pour en tirer un grand profit, disposer d'une force supérieure à celle du travail des hommes. Il essaya de faire partager cette opinion à Patrick Miller, assurant que les roues ne pourraient rendre de grands services pour remplacer les rames, que quand on les mettrait en action par une force mécanique considérable, et d'une intensité supérieure à celle du travail humain.

Patrick Miller ne partageait point l'avis du jeune précepteur. Il espérait qu'un cabestan, bien disposé et manœuvré par des hommes, suffirait pour employer avec succès, les roues sur les bateaux et les navires.

Cependant il n'était pas entièrement satisfait de ce moyen, et cherchait quelque autre puissance mécanique susceptible de fonctionner facilement à bord d'un bateau. Il engagea James Taylor à réfléchir à ce sujet.

« Si vous voulez, lui dit-il, me prêter le secours de votre tête, nous trouverons peut-être l'agent de force mécanique que je cherche et qui m'est nécessaire. »

Après avoir passé en revue tous les systèmes mécaniques connus à cette époque, James Taylor s'arrêta à l'idée d'employer la vapeur comme force motrice.

« C'est un moyen puissant, répondit Patrick Miller ; mais j'entrevois de grandes difficultés dans son installation sur un bateau de rivière, et de grands dangers pour son emploi à bord des navires. Songez à l'incendie que peut provoquer le foyer d'une telle machine ! Supposez que le feu vienne à s'éteindre, par un coup de mer, au moment d'entrer dans le port ; un navire, près de la côte et aux approches des écueils du rivage, serait exposé à périr, par l'absence de toute force motrice. »

Ces objections n'agissaient que faiblement sur l'esprit du jeune précepteur, qui en revenait toujours à son idée de faire usage de machine à feu, sinon peut-être à bord des navires, au moins sur les rivières et les canaux.

Patrick Miller finit par se rendre à ses raisons.

« Eh bien ! dit-il, la chose mérite un essai. Concevez et soumettez-moi quelque projet d'appareil mécanique propre à transmettre aux roues du bateau les mouvements du balancier d'une machine à vapeur. »

James Taylor traça alors le plan d'un appareil destiné à faire tourner les roues d'un bateau, au moyen d'une machine à vapeur. Miller s'en montra satisfait.

« A notre premier voyage à Édimbourg, dit-il, nous soumettrons ce projet à un constructeur d'appareils mécaniques, et si le prix de la machine n'est pas trop élevé, nous la ferons exécuter, pour l'essayer sur la pièce d'eau. »

Ceci se passait à Dalswinton, terre de Patrick Miller, pendant l'été de 1787. Miller concevait sans doute à cette époque, quelque espoir de la réussite de ce projet, car, ayant publié, en 1787, un mémoire relatif à une nouvelle disposition des navires, il fit mention, dans le cours de ce travail, de la possibilité d'employer la vapeur comme moyen de propulsion des vaisseaux.

Au mois de novembre 1787, Patrick Miller ayant quitté sa terre de Dalswinton, pour aller passer l'hiver à Édimbourg, dès son arrivée dans la capitale de l'Ecosse, de l'exécution de la machine proposée par James Taylor.

Un jeune ingénieur, nommé William Symington, attaché à l'exploitation des mines de plomb de Wanlockhead, venait tout récemment d'inventer une disposition nouvelle de la machine à vapeur, différant de celle de Watt par la situation du condenseur, qui se trouvait à la partie supérieure de l'appareil; cette modification avait été assez favorablement accueillie. La machine à vapeur de Symington parut à James Taylor très-convenable pour ce qu'il avait en vue.

Symington, qui était arrivé à Edimbourg, sur ces entrefaites, fut présenté par lui, à M. Miller, qui lui exposa son désir. L'ingénieur écossais prit aussitôt l'engagement de construire une machine à vapeur propre à être installée sur un bateau, et il fut convenu que l'essai en serait fait l'été suivant, sur la pièce d'eau de Dalswinton.

A l'époque fixée, la machine étant construite, James Taylor la fit transporter à Dalswinton, et bientôt, c'est-à-dire au mois d'octobre 1788, Symington arriva lui-même, pour assembler les pièces de la machine et l'installer sur un élégant petit bateau, destiné à l'expérience.

On procéda, peu de jours après, sur la pièce d'eau de Dalswinton, à cet intéressant essai. Le bateau qui reçut la machine, avait 27 pieds anglais de long sur 7 de large. Le cylindre de la machine à vapeur était de 4 pouces de diamètre, et d'environ deux chevaux de force.

L'expérience réussit. Le bateau avançait avec une vitesse de 5 milles à l'heure. On s'amusa pendant quelques jours, de ce bateau et de sa machine, qui fut ensuite séparée de l'embarcation, et transportée au logis de Patrick Miller (1).

Satisfait de ce premier essai, Miller se décida à faire construire la même machine sur un plus grand modèle, afin de l'essayer sur le canal de Forth et Clyde.

Au printemps de 1789, il se rendit donc, avec Symington, à l'usine de Carron, dirigée alors par Boulton et Watt, pour y commander une machine à vapeur destinée à cet usage. En même temps, on s'occupa de faire construire le bateau qui devait servir à l'expérience.

Le bateau et la machine étant terminés, on les amena de l'usine de Carron au canal de Forth et Clyde, où devait se faire l'expérience. James Taylor, qui fit transporter le bateau, était accompagné d'ingénieurs que les chefs de l'usine de Carron avaient envoyés, pour être renseignés exactement sur le résultat de cette tentative.

Voici quelle était la disposition de la machine que Symington avait fait construire pour le bateau de Miller. Deux cylindres à vapeur dont le piston avait 18 pouces de diamètre, étaient placés sur le pont même du bateau,

(1) Taylor consigna les résultats de cette expérience dans une lettre à l'éditeur du *Journal de Dumfries* et dans l'*Advertiser* d'Édimbourg. Le *Scot's Magazine* de novembre 1788, publia aussi, dans une lettre de James Taylor, la description de cette expérience.

et apparents à l'extérieur. Aux tiges verticales de ces pistons étaient attachées des chaînes de fer, qui, par le mouvement d'ascension et d'abaissement de ces tiges, s'enroulaient autour d'une large poulie, et, se réfléchissant sur la gorge de cette poulie, allaient faire tourner chacune, l'axe de l'une des roues du bateau.

La figure 90 montre ces dispositions. On y voit les deux cylindres à vapeur, la poulie qui les surmonte, et les deux chaînes qui vont faire tourner l'axe des deux roues.

Ce système était vicieux en raison de la difficulté pratique que présentent le déroulement continuel d'une chaîne de fer comme moyen de transmission de la force. Aussi les essais qui furent faits par Symington, en décembre 1789, en présence de Patrick Miller et des ingénieurs de l'usine de Carron, furent-ils de tous points défavorables.

Le premier jour, les palettes des roues du bateau se rompirent pendant la marche. On les construisit avec plus de solidité, et l'on reprit les mêmes essais, peu de jours après. Mais ce furent alors les chaînes qui se brisèrent, par l'action inégale et saccadée de la vapeur.

En résumé, cet essai échoua complétement.

A la suite de ces résultats défavorables, Miller, dégoûté de l'entreprise, ordonna de démonter le bateau, et de renvoyer la machine à l'usine de Carron, pour essayer de s'en défaire.

La lettre suivante adressée par Patrick Miller à James Taylor, le 7 décembre 1789, prouve suffisamment qu'il considérait son projet comme avorté.

« MON CHER MONSIEUR,

« Je suis de retour chez moi depuis la nuit dernière, et vous pouvez aisément vous imaginer que j'ai été bien préoccupé de ce qui s'est passé mercredi et jeudi à Carron. Je suis maintenant convaincu que la machine à vapeur de M. Symington serait la plus impropre de toutes les machines à vapeur pour imprimer le mouvement à un bateau, et que cet ingénieur n'a nullement su calculer le frottement, ni tenir compte de l'intensité de la force mécanique.

« Je ne doute pas qu'en construisant plus solidement les roues à palettes et avec un pignon d'un diamètre double, on n'augmentât la rapidité du bateau. Mais quoi qu'on fasse avec l'appareil de M. Symington, la plus grande partie de la force sera perdue par les frottements. Je me rappelle fort bien que lorsque la machine fut essayée à Dalswinton, sur notre petit bateau, j'avais eu les mêmes appréhensions sur la valeur de cette machine, et que je vous en fis la remarque; mais n'ayant pas étudié le sujet, je mis de côté mon propre sens commun et vous laissai agir.

« Maintenant le mal est sans remède. Comme cette machine ne peut à présent être d'aucun usage pour moi, j'espère qu'avec l'aide de M. Tibbets et de M. Stainton, vous trouverez à la vendre avant de quitter l'usine de Carron. Je désire apprendre bientôt ce qu'il en sera. Sachez bien que les chaînes de fer de la machine qui se brisèrent dans les deux expériences successives que nous en fîmes, se briseraient encore si on ne leur donnait pas plus de force, et que ce fut une folie extrême de ne pas comprendre tout de suite que leur résistance n'était pas suffisante pour soutenir l'effort des autres parties de la machine.

« P. MILLER. »

L'opinion de Patrick Miller lui-même sur la valeur de l'expérience que nous venons de rapporter, ne peut être mise en doute d'après cette lettre. Miller déclare la machine de Symington la plus impropre de toutes les machines à vapeur pour imprimer le mouvement à un bateau, et il s'accuse d'avoir mis de côté le « sens commun, » en consentant à l'essayer. Il est certain que l'emploi de chaînes de fer pour mettre en mouvement l'arbre des roues du bateau, était une conception très-vicieuse; et que la machine ainsi construite, n'aurait jamais pu fonctionner.

Après l'essai qu'il fit, en 1789, de la machine de Symington, Patrick Miller renonça complétement à s'occuper de la navigation par la vapeur. Il donna tous ses soins à de vastes entreprises d'exploitation agricole, qui l'absorbèrent jusqu'à la fin de sa vie.

Quant à James Taylor, ses fonctions de précepteur étant accomplies, il quitta, en 1791, la maison de Patrick Miller, qu'il ne revit, depuis cette époque, qu'en de rares occasions. De son côté, Taylor lui-même ne

Fig. 90. — Mécanisme moteur du bateau à vapeur de Miller, Taylor et Symington.

s'occupa pas davantage de cette question, bien qu'il eût formé, avec Symington et quelques particuliers, une société pour l'exploitation de cet appareil de navigation à vapeur.

S'il fallait fournir une autre preuve du peu de valeur que Patrick Miller reconnaissait à ses expériences sur la navigation par la vapeur, il nous suffirait de dire que, postérieurement aux essais que nous venons de rapporter, il prit un brevet pour un moyen nouveau d'imprimer une impulsion aux navires; et que dans ce brevet il ne spécifiait point l'emploi de la vapeur comme force motrice, mais bien un moteur d'une autre nature. Dans un brevet pris le 3 mai 1796, c'est-à-dire sept ans après son expérience à Dalswinton, il décrit avec beaucoup de détails « un bateau de construction nouvelle, tirant « moins d'eau qu'aucun autre de même di- « mension, ne pouvant sombrer en mer, et « qui est mis en mouvement dans les temps « calmes par un moyen mécanique qui n'a « jamais été employé. Ce vaisseau est à fond « plat... Il est mû par des roues; ces roues « sont manœuvrées par des cabestans; elles « ont huit aubes faites en planches, et sont « mues par la main des hommes ou tout « autre moyen mécanique. »

Ainsi, dans son brevet obtenu sept ans après l'expérience du bateau de Symington, Miller en revenait à l'emploi des roues mises en mouvement par le travail des hommes. Ce fait témoigne suffisamment qu'il n'ajoutait aucune confiance à l'idée de l'emploi de la vapeur à bord des navires. Il n'eût pas manqué, sans cela, de spécifier ce moyen, et de consigner, dans ce dernier brevet, les tentatives faites par lui dans cette direction.

Avec d'autant plus de raison, ajouterons-nous, qu'il était intéressé dans l'association que Taylor avait créée avec quelques particuliers, pour appliquer la machine de Symington à la propulsion des bateaux. Or, dans ce brevet, il ne fait pas même mention, nous le répétons, de l'existence de ce moyen de propulsion des navires, à la création duquel il avait pourtant lui-même activement contribué.

La machine de Symington, telle qu'elle fut imaginée et construite par cet ingénieur, en 1789, était essentiellement imparfaite. L'emploi des chaînes attachées à la tige du piston à vapeur était le principal de ses défauts. Il était impossible de l'employer dans la pratique. Mais Symington perfectionna plus tard son œuvre, et comme nous le dirons plus loin, douze ans après, il avait transformé avec bonheur ce premier et insuffisant appareil. En 1801, l'ingénieur écossais installait sur un bateau, une machine à vapeur de dispositions parfaites, et qui ne fut pas consultée sans profit par Fulton.

Mais avant d'entrer dans le récit de ces faits, nous devons nous transporter en Amérique, pour y assister aux débuts et aux premiers progrès de la grande ivnention que nous essayons de raconter.

CHAPITRE III

LES PRÉCURSEURS DE FULTON EN AMÉRIQUE. — JOHN FITCH ET JAMES RUMSEY.

Après huit ans de guerre, l'acte du 5 septembre 1783 venait de proclamer l'affranchissement de l'Amérique. La bravoure de Washington et la sagesse de Franklin avaient fondé l'indépendance des États de l'Union. Les arts de la paix, les bienfaits de l'industrie, devaient bientôt rendre fructueuse la grande tâche accomplie par le succès des armes américaines. Mais la situation topographique de ces contrées offrait de grands obstacles à l'établissement des relations du commerce. Les États-Unis, avec leur territoire immense, dont l'étendue dépasse de beaucoup la moitié de l'Europe, avec leur population très-faible encore et disséminée sur tous les points, dépourvus de tout système de bonnes routes, et sillonnés par de grands fleuves dont les rives, couvertes de forêts épaisses, sont inaccessibles au halage, ne pouvaient se contenter des moyens de transport usités dans l'ancien monde. L'essor du commerce menaçait donc de s'y trouver promptement arrêté par l'insuffisance des voies de communication entre l'intérieur et l'Océan.

Les fleuves qui traversent le pays, les lacs immenses qui le bornent au nord, les golfes et les baies qui dessinent ses côtes méridionales, auraient pu sans doute fournir des moyens peu coûteux de communication; mais enfermés dans les terres, et protégés ainsi contre l'action des vents, les golfes de l'Amérique n'offrent qu'un moyen assez lent de navigation, et les bords vaseux de ses fleuves, les forêts qui les hérissent, rendent impraticables les procédés du halage. En outre, le Mississipi et ses branches innombrables sont inaccessibles, dans une grande partie de leur cours, à toute espèce de navires à voiles ou à rames, en raison de la rapidité des courants. C'est ainsi que les bateaux plats qui descendaient ce grand fleuve, mettaient plus d'un mois à se rendre de l'ouest à la Nouvelle-Orléans, où ils étaient tous démolis, faute de pouvoir, même avec des voiles, retourner à leur point de départ.

Il est donc facile de comprendre de quelle importance devait être pour l'Amérique la navigation par la vapeur, qui, sur les fleuves, dispense de tout moyen de halage, et triomphe de la rapidité des cours d'eau, et qui, sur les mers, n'a point d'impulsion à demander aux vents, ni de retards à essuyer du calme ou des tempêtes. La vapeur eût-elle été inutile au reste du globe, il aurait fallu l'inventer tout exprès pour ces vastes contrées.

Aussi, dès que la machine à double effet fut inventée par James Watt en Angleterre, on essaya, aux États-Unis, de l'appliquer à la navigation.

La machine à vapeur à double effet fut

rendue publique en 1781, et ce fut en 1784 qu'elle reçut les perfectionnements qui la rendirent susceptible de transmettre un mouvement de rotation parfaitement régulier. Dans cette année même, en 1784, deux constructeurs américains, John Fitch et James Rumsey, exposaient au général Washington le résultat de leurs travaux.

Rumsey se présenta le premier ; mais Fitch se trouva avant lui, en état de faire l'essai de son système, sur une échelle d'une grandeur suffisante.

L'appareil moteur que Fitch mit en usage, et qu'il présenta dès l'année 1785, à la *Société philosophique de Philadelphie*, se composait de rames ordinaires mises en mouvement par la vapeur. Fitch avait fixé toutes les rames à une règle de bois horizontale, qui était poussée par l'arbre de la machine à vapeur. Ainsi mises en mouvement, elles agissaient à la manière des rames ordinaires ; seulement la force des hommes était remplacée par celle de la vapeur.

Fitch décrivait comme il suit, le 1ᵉʳ décembre 1786, dans un journal de Philadelphie, *le Columbian Magazine*, le mécanisme de son bateau :

« Le cylindre à vapeur, dit-il, est horizontal, et la vapeur agit avec une force égale alternativement à chaque bout. Le mode par lequel j'obtiens ce que l'on nomme le vide est, je crois, entièrement neuf, ainsi que la méthode d'y injecter de l'eau, et de la rejeter dans l'atmosphère sans aucun frottement. On compte que le cylindre qui aura 12 pouces de diamètre aura une force effective de onze à douze cents livres tout frottement déduit. Cette force sera dirigée contre une force de 18 pouces de diamètre. Le piston aura une course d'environ 3 pieds et chacune de ses vibrations donne à l'axe de la roue 40 révolutions. Chaque tour de la roue fait agir 12 rames (fig. 91) ou plutôt 12 pagaies, avec une course de 5 pieds 6 pouces. Elles agissent perpendiculairement et représentent le mouvement de la pagaie d'un canot. Lorsque six de ces pagaies quittent l'eau, six autres pagaies s'y plongent, et les deux jeux de ces pagaies ont une course d'environ 11 pieds pour chaque tour de la roue. La manivelle de l'axe de la roue agit sur les pagaies à environ un tiers de leur longueur à partir de leur bout inférieur, sur laquelle partie des pagaies, la force entière de l'axe est appliquée. La machine à vapeur est placée dans le fond de l'embarcation, à environ un tiers à partir de l'arrière, et son action et sa réaction tournent la roue du même côté. »

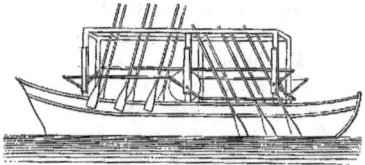

Fig. 91. — Bateau de Fitch.

La figure ci-dessus est la reproduction exacte du croquis qui accompagnait la lettre de Fitch publiée par *le Columbian Magazine*. La règle horizontale sur laquelle sont fixées les rames, était mue par la tige du piston de la machine à vapeur, qui se déplaçait horizontalement.

Ayant construit son bateau, Fitch s'occupa d'en faire l'expérience sous les yeux du public.

Cette expérience se fit avec quelque solennité, sur la Delaware, pendant l'été de 1787.

Washington et Franklin, les deux immortels fondateurs de la république américaine, étaient à bord du bateau, ainsi que plusieurs membres du Congrès. Ces deux grands hommes qui avaient rendu l'indépendance à leur patrie, ne perdaient aucune occasion de rechercher, d'encourager le progrès matériel et moral, moyen efficace de consolider l'œuvre de leur patriotisme et de leur génie.

Le bateau de Fitch remonta parfaitement le cours du fleuve, contre la marée. Il parcourut plus d'un mille en moins de quatre heures. En tenant compte de la vitesse contraire de la marée, on constata que le bateau avait marché à raison de cinq milles et demi par heure. Pour un début, ce résultat était remarquable.

Washington, Franklin et les autres membres du Congrès, qui avaient assisté à l'expérience, délivrèrent à Fitch des certificats et des témoignages de satisfaction les plus favorables.

Sur la foi de ce succès, une compagnie se forma à Philadelphie, pour mettre en pratique et perfectionner l'invention de Fitch.

Franklin était à la tête de cette compagnie, avec le docteur Rittenhouse. Ce Rittenhouse, alors savant astronome, avait commencé par labourer la terre. Il avait révélé sa vocation scientifique, en traçant sur sa charrue des figures géométriques, en exécutant les horloges de bois et un télescope à miroir, le premier qui ait été vu en Amérique.

En 1788, John Fitch obtint du gouvernement des États-Unis, un privilège pour l'exploitation exclusive, pendant quatorze ans, de la navigation à la vapeur, dans cinq États : la Virginie, le Maryland, la Pensylvanie, New-Jersey et New-York. En même temps, une souscription abondante vint encourager une invention que chacun accueillait avec la plus sympathique espérance. Les habitants de l'ouest, en particulier, offrirent à l'inventeur une somme considérable en tabac. Ceux du Mississipi et de l'Ohio s'associèrent aussi généreusement, à la même souscription.

Soutenu par ce concours général, comprenant les devoirs qui en résultaient pour lui, Fitch entreprit la construction d'une galiote à vapeur, qu'il voulait consacrer à un service de transports entre Philadelphie et Trenton, villes séparées l'une de l'autre par une distance de quatre à cinq milles.

Mais les difficultés commencèrent lorsqu'il fallut construire le mécanisme à vapeur destiné à la galiote.

La machine à vapeur dont on avait fait usage dans l'expérience sur la Delaware, était de petite dimension. Les embarras furent nombreux pour exécuter ce même modèle sur de grandes proportions. On eut beaucoup de peine, et il fallut beaucoup de temps, pour faire couler, dans les fonderies du pays, le cylindre à vapeur, qui était d'une grande capacité. Comme les ingénieurs étaient alors fort rares aux États-Unis, on fut obligé de prendre, à leur place, les forgerons de la contrée.

En fin de compte, on n'obtint, après de grandes dépenses, qu'une très-mauvaise machine à vapeur. Elle ne put faire avancer la galiote avec une vitesse de plus de trois milles à l'heure.

Dans la première expérience, faite en présence de Franklin, le petit bateau de la Delaware avait marché, avons-nous dit, avec la vitesse de cinq milles et demi par heure. Au lieu de progresser, l'invention avait donc reculé. Aussi plusieurs actionnaires commencèrent-ils à se dégoûter de l'entreprise.

Un homme intelligent et actif, le docteur Thornton, s'empressa de rassurer les timides et de réveiller la confiance première. Il s'engagea à faire marcher le bateau avec une vitesse de huit milles à l'heure, s'obligeant, en cas de non réussite, à payer lui-même toutes les dépenses de ce nouvel essai.

On procéda donc à une installation nouvelle de la machine à vapeur sur le même bateau, après avoir remédié aux mauvaises dispositions de ses principaux organes.

Au bout d'un an, tout était prêt pour une seconde expérience publique.

La galiote fut amenée dans la rue de l'Eau à Philadelphie. A partir d'un point de départ, on avait mesuré avec soin la longueur d'un mille. Les montres ayant été réglées publiquement, la galiote fournit sa course. Tous les témoins de cette première épreuve déclarèrent qu'elle était consciencieuse, et que le bateau avait marché avec la vitesse de huit milles à l'heure.

On procéda après ce premier essai, à une expérience publique.

Elle fut vraiment solennelle. Le conseil de Pensylvanie, avec son gouverneur en tête, Warner Miflin, se rendit en cérémonie, près de la galiote, et planta sur le bateau un pa-

Fig. 92. — Le premier bateau à vapeur américain. Expérience faite en 1789 par John Fitch, près de Philadelphie, sur la Delaware.

villon de soie fait pour la circonstance, et décoré des armes de la République des États-Unis. Alors le bateau de John Fitch se donna carrière et fournit une longue course sur les eaux de la Delaware, jusqu'à une grande distance de Philadelphie.

Il fut de nouveau démontré dans cette expérience, que le bateau marchait avec la vitesse de huit milles à l'heure.

Brissot de Warville, le futur conventionnel, qui vivait alors aux États-Unis, parmi les quakers, fut un des témoins de l'expérience de Fitch. Dans une lettre datée du 1ᵉʳ septembre 1788, il dit que la machine lui parut bien exécutée et remplir parfaitement son objet.

Cependant Brissot ne croyait pas beaucoup à l'avenir de cette invention. Il pensait qu'une machine à vapeur installée sur un bateau, exigerait un grand entretien et nécessiterait le concours incessant de plusieurs ouvriers; ce qui, joint aux réparations nécessaires, réduirait à peu de chose ses avantages.

La froideur du suffrage que Brissot accorde, dans cette lettre, à l'invention de Fitch, n'était que l'écho des impressions, à peu près unanimes, des habitants de Philadelphie. Les résultats obtenus n'ayant pas répondu à l'attente générale, un grand revirement s'était opéré dans l'esprit de la population. Tout le monde abandonnait Fitch, qu'on avait d'abord applaudi et soutenu avec tant de passion.

D'ailleurs le second constructeur qui s'était présenté pour résoudre le même problème commençait à fixer l'attention, et à détourner ainsi les sympathies que Fitch avait éveillées un moment.

James Rumsey, qui avait fait en 1786 et 1787, des expériences sur la rivière de Potomac, était, en effet, devenu le compétiteur de Fitch. Il sollicitait du Congrès des États-Unis la faveur de partager le priviléges qui avait été précédemment accordé à Fitch, pour l'exploitation des bateaux à vapeur dans l'État de Pensylvanie.

Cependant Rumsey perdit sa cause. L'État de Pensylvanie ne crut pas devoir dépouiller Fitch des avantages qu'il lui avait accordés pour perfectionner son invention. Obéissant à un sentiment de justice, et comprenant, sans doute, combien une entreprise aussi difficile avait besoin d'être soutenue dans ses droits, le Congrès des États-Unis refusa à James Rumsey, le priviléges qu'il sollicitait pour l'emploi des bateaux à vapeur.

Craignant de rencontrer de la part des autres États, la résistance qu'il avait trouvée dans celui de Pensylvanie, Rumsey s'embarqua pour l'Europe, pour y faire connaître ses projets. Il se rendit en Angleterre, où nous le rejoindrons bientôt.

Le triomphe que Fitch venait d'obtenir, ne lui fut pas, malheureusement, d'un grand secours. De concert avec son fidèle ami, le docteur Thornton, il ne cessait de perfectionner sa machine. C'est ainsi que le 11 mai 1790, son bateau à vapeur fit le voyage de Philadelphie à Barlington, en trois heures et un quart, poussé par la marée, mais avec un vent contraire. Le bateau avait fait sept milles à l'heure.

Mais les frais continuels des expériences, et la longueur du temps écoulé depuis le commencement de l'entreprise, avaient fatigué les associés de Fitch. On ne peut guère d'ailleurs s'en étonner. Un actionnaire n'est pas un inventeur ou un savant, qui se propose la découverte ou le triomphe d'une vérité et s'intéresse à son avenir. C'est un capitaliste, qui a besoin de tirer parti de ses fonds, et qui est pressé de rentrer dans ses avances, avec le bénéfice qu'il a le droit d'en espérer.

Voilà ce qui explique l'insuccès définitif de l'entreprise de Fitch. En 1792, il avait déjà sensiblement perfectionné son appareil moteur ; car sa galiote, dans une seule journée, avait pu parcourir quatre-vingts milles sur la Delaware ; cependant la compagnie se dégoûta de l'entreprise, et abandonna l'inventeur.

Fitch, désespéré, résolut de jouer toute sa fortune sur le succès de son invention. Le 20 juin 1792, il écrivit à Rittenhouse, l'ancien collègue de Franklin, alors directeur de la Monnaie, pour lui offrir en vente les terres qu'il possédait dans le Kentucky. Il excitait Rittenhouse à lui rendre ce service, en disant à ce savant qu'il aurait ainsi l'honneur de l'avoir secondé dans la grande entreprise, qui donnerait un jour, assurait-il, « le moyen de traverser l'Atlantique, qu'il réussît ou non. »

C'était là, en effet, une pensée dont il ne pouvait détacher son esprit. Certain que la navigation par la vapeur était praticable, que l'idée était mûre et qu'elle touchait au moment de sa réalisation, Fitch éprouvait un véritable désespoir de ne pouvoir faire partager ses convictions à personne. Sa persistance dans cette idée avait fini par détourner de lui ses amis, et même les étrangers, qui étaient fatigués de lui entendre répéter toujours les mêmes discours. Il était devenu un objet de raillerie pour les habitants de Philadelphie, quelquefois même un objet de pitié.

Un jour, se trouvant chez un forgeron qui

avait travaillé à son bateau, Fitch avait parlé pendant une heure, sur son sujet favori.

« Je suis trop vieux, disait-il, pour en être témoin, mais vous, chers amis, vous verrez un jour les bateaux à vapeur naviguer sur l'Atlantique, et créer, d'un monde à l'autre, des relations promptes et faciles. »

A cette dernière assertion, chacun se regarda en silence ; et comme Fitch se retirait, encore tout agité de sa longue discussion :

« Le digne et excellent homme! s'écria l'un des assistants ; et quel dommage qu'il soit maintenant complétement fou ! »

Quel était le fou, de Fitch, ou de son interlocuteur?

Ainsi méconnu et abandonné par ses compatriotes, Fitch suivit l'exemple que lui avait donné son rival James Rumsey. Il prit le parti de se rendre en Europe.

James Rumsey, avons-nous dit, était passé en Angleterre, c'est à la France que Fitch s'adressa.

Le consul de France à Philadelphie, Saint-Jean de Crèvecœur, auteur des *Lettres d'un cultivateur américain*, s'était beaucoup intéressé à Fitch. Il avait même écrit au gouvernement français, pour lui faire connaître et lui recommander son invention. « Inappréciable pour l'Amérique, écrivait-il à notre ministre de la marine, cette découverte sera également précieuse pour la France. » Saint-Jean de Crèvecœur faisait remarquer que les dépenses du halage sont si considérables en France, que l'on préférait souvent faire transporter les marchandises par la voie de terre, comme cela était arrivé du Havre à Paris, et de Paris à Rouen.

Saint-Jean de Crèvecœur demandait que le roi donnât une gratification de quelques centaines de louis à Fitch, qui, d'ailleurs, n'exigeait rien pour la communication de sa découverte.

« Cette générosité de la part du roi, ajoutait ce consul intelligent, aurait l'effet le plus heureux. Elle flatterait, elle honorerait cet honnête et simple Pensylvanien ; elle placerait Sa Majesté à la tête des rémunérateurs d'une invention qui peut devenir infiniment utile à son royaume. »

Par une lettre du 5 juin 1788, le ministre de la marine, duquel dépendaient alors les consuls, autorisa Saint-Jean de Crèvecœur à s'entendre avec M. de Laforest pour acquérir le secret de la découverte du constructeur américain (1).

Il est probable que des pourparlers s'établirent entre Fitch et le consul de France, et qu'une correspondance eut lieu, à ce propos, entre le gouvernement français et son agent à Philadelphie.

Ce qui est certain, c'est qu'en 1792, John Fitch faisait voile pour la France, et débarquait à Lorient. Il apportait avec lui la réalisation pratique de l'application de la vapeur à la navigation !

Ainsi, cette découverte, sortie de la tête d'un Français, Denis Papin ; étudiée et presque réalisée sur la Seine, par un autre Français, le marquis d'Auxiron ; inaugurée et expérimentée à Lyon, par un troisième Français, le marquis de Jouffroy, avait été repoussée, méconnue et déconsidérée en France ! D'un autre côté, la même invention, réalisée en Amérique, d'abord par John Fitch, ensuite par James Rumsey, avait été repoussée, méconnue, déconsidérée en Amérique. Maintenant, l'Amérique, par la main de l'un de ses enfants, venait offrir à la France cette même invention, qu'elles avaient méconnue l'une et l'autre ; et, dernière fatalité, dernière circonstance étrange de la destinée de cette invention, la France allait encore laisser tomber de ses mains cette même découverte !

En 1792, notre pays était un théâtre peu propre aux inventions scientifiques ou industrielles. Avant de s'occuper d'illustrer la France, il fallait songer à la défendre. Le

(1) Les renseignements qui précèdent concernant les travaux de Fitch à Philadelphie, sont tirés de deux articles publiés les 29 mars et 16 avril 1859, dans le *Moniteur universel*, par M. Pierre Margry, historiographe à notre ministère de la marine, sous ce titre : *la Navigation du Mississipi*.

consul Saint-Jean de Crèvecœur avait pu assurer à l'inventeur américain le meilleur accueil et un concours actif. Mais il avait compté sans la guerre extérieure, qui occupait toutes les forces de la France, et sans les déchirements intérieurs d'un pays qui se régénérait, qui s'arrachait violemment aux entraves d'une détestable organisation sociale. Au dehors la guerre était partout, au dedans éclataient sans cesse des mouvements terribles.

Fitch, comme on l'a vu plus haut, avait connu Brissot à Philadelphie. Il comptait sur lui comme député de la Convention, et, en effet, son concours ne lui fit pas défaut. Fitch se présenta dans une séance de la Convention nationale, sous les auspices de Brissot, tenant à la main, non sans quelque apparat, le pavillon de la République américaine, dont le gouverneur de l'État de Pensylvanie, James Miflin, avait décoré son bateau dans une circonstance solennelle.

La Convention accueillit avec faveur cette démarche. Elle salua de ses applaudissements l'inventeur américain et le drapeau de sa patrie. Mais Brissot périt sur l'échafaud le 31 octobre 1793, et avec lui Fitch perdit son unique appui.

Toutes ces complications, toutes ces circonstances défavorables, forcèrent l'inventeur américain à renoncer à son entreprise. Il revint à Lorient, et s'enquit d'un navire qui le ramenât en Amérique. Son dénuement était tel qu'il se trouvait hors d'état de payer son passage, et qu'il fut heureux d'obtenir de M. Wail, consul des États-Unis à Lorient, le prix de sa traversée.

De retour en Amérique, Fitch ne mena plus qu'une existence de misère et de chagrin. N'ayant vécu que pour une idée, il n'avait plus de raison d'exister, après avoir perdu toute espérance de la faire réussir. Une sombre tristesse absorbait son esprit.

Il voulut alors chercher dans l'ivresse du vin l'oubli de ses tourments. Mais l'ivresse n'est pas un remède. Le chagrin, un moment dissipé par une excitation passagère, renaît, au réveil, plus tenace et plus terrible. Cette excitation et cet affaissement successifs de l'âme, finissent par amener un dégoût universel, et jusqu'au dégoût de soi-même.

Le malheureux John Fitch, las de vivre, c'est-à-dire de souffrir, quitta, un soir, Philadelphie. Il suivit quelque temps les rives de la Delaware, et après avoir jeté un long regard de désespoir et de regret, sur ce beau fleuve qui avait été le théâtre de ses travaux, de ses triomphes et de ses espérances, puis de son désastre et de sa ruine, il se donna la mort en se précipitant dans ses flots, du haut d'une berge escarpée.

Dans son testament, Fitch léguait ses manuscrits, ses plans, et les croquis de ses machines, à la *Société philosophique de Pensylvanie*, afin que quelqu'un continuât son œuvre « s'il en a le courage, » ajoutait-il avec amertume dans cet acte suprême.

Revenons maintenant à James Rumsey, que nous avons laissé arrivant en Angleterre.

James Rumsey avait adopté un appareil moteur tout différent de celui de Fitch. Il se servait d'une pompe qui puisait l'eau à l'avant du bateau, et la refoulait sous la quille, pour la faire ressortir à l'arrière.

Ce système avait été proposé, en France, par Daniel Bernouilli. Franklin l'avait jugé avec faveur. On trouve ce sujet traité avec étendue dans l'une de ses lettres (1). Ne considérant que le cas extrême des roues à aubes immergées jusqu'à l'arbre, Franklin avait cru prouver que l'on perdrait beaucoup de force en employant les roues à aubes comme moyen de propulsion nautique. Le système de Bernouilli lui semblait donc supérieur, et il conseilla à Rumsey d'en faire l'application à son bateau. Ce dernier en fit l'essai en 1787 ; mais le bateau ne filait que deux nœuds et demi. Ayant reconnu toute l'insuffisance de ce moyen, Rumsey y substitua un système plus

(1) *Lettre à M. Leroy*, du 5 avril 1775 (Œuvres de Franklin), in-4.

Fig. 93. — John Fitch, premier inventeur des bateaux à vapeur en Amérique, se donne la mort, à Philadelphie.

mauvais encore : de longues perches qui poussaient le bateau en s'appuyant sur le fond de la rivière. Ces perches étaient mises en mouvement par des manivelles fixées sur l'axe du volant de la machine à vapeur.

James Rumsey en était revenu à l'emploi, comme moyen moteur, du refoulement de l'eau sous la quille, d'après le système de Bernouilli, système qui, pour le dire en passant, est peut-être appelé à rendre de nos jours de grands services dans la navigation à vapeur. Le brevet qu'il prit à Londres, en 1790, avait pour objet « une nouvelle mé-
« thode d'appliquer la force de la vapeur « pour le service des différentes machines, « des moulins et de la navigation. » Cette méthode consistait, comme nous venons de le dire, à refouler l'eau sous la quille à la partie antérieure du bateau, par une pompe mue de haut en bas. Le bateau avançait donc par l'effet de la réaction de l'eau contre le fond et les parois du bateau.

Le croquis que le lecteur a sous les yeux (fig. 94), et qui reproduit exactement l'un de ceux qui accompagnent le brevet pris en Amérique par James Rumsey en 1788, donnera une idée claire du principe moteur de ce bateau. CD est le fond du bateau muni d'une ouverture C et d'une soupape A. Le piston F, mis en action par la machine à vapeur, après avoir aspiré l'eau, dans le corps de pompe FM, par la soupape A qui se referme ensuite, refoule cette eau par la soupape DB, et pousse ainsi le bateau par la réaction du liquide.

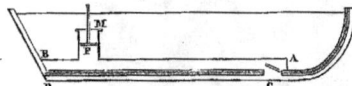

Fig. 94. — Croquis du bateau de James Rumsey, d'après le dessin qui accompagne sa demande de brevet.

Il existe une description assez complète de l'appareil moteur de James Rumsey. Elle a été faite sur les lieux, par M. de Laforest, le même qui s'était occupé, de concert avec Saint-Jean Crèvecœur, de transmettre au gouvernement français les indications relatives au bateau à vapeur de Fitch. Voici cette description, que nous empruntons au travail publié dans le *Moniteur universel* par M. Pierre Margry, sur la *Navigation du Mississipi*, travail qui nous a déjà fourni de précieux renseignements concernant les précurseurs de Fulton aux États-Unis :

« Au fond du bateau, où devait être la carlingue, se trouvait, dit M. de Laforest, une caisse plate longue de trente-six pieds ; une de ses extrémités allait jusqu'à l'étambot et était ouverte, l'autre était fermée, et toute la caisse occupait les trois quarts de la longueur du fond du bateau. A l'extrémité fermée de cette caisse il y avait un cylindre de deux pieds et demi de long, qui communiquait avec elle par le bas et y laissait entrer l'eau qui allait se décharger à la poupe. Une autre communication était établie au fond du cylindre par le moyen d'un tube avec la rivière sur laquelle flottait le bateau.

« A la tête du tube et dans le cylindre était une soupape pour y admettre l'eau de la rivière, appliquée de manière à empêcher que l'eau entrée ne pût sortir par la même ouverture. Sur le haut du cylindre, il s'en trouvait un autre de la même longueur qui y était fixé avec des écrous.

« Chacun de ces deux cylindres avait un piston rendu hermétique, qui haussait et baissait avec un peu de frottement.

« Les deux pistons étaient liés ensemble par une cheville très-unie fixée à vis aux extrémités correspondantes de chacun d'eux et passant à travers le fond du cylindre supérieur. Le cylindre inférieur recevait l'eau de la rivière à travers le tube et la soupape décrits plus haut, et le retour du piston la poussait fortement dans la caisse dont on a parlé jusqu'à la poupe du bateau.

« Le cylindre supérieur recevait la vapeur générée dans un tube ardent sous son piston, lequel était soulevé au haut du cylindre par la vapeur. Au même moment le piston du cylindre était aussi soulevé en raison du lien qui l'attachait à l'autre piston. Ils fermaient alors la communication avec le tube ardent et en ouvraient une autre par laquelle la vapeur s'échappait en se condensant. Par ce moyen l'atmosphère agissait sur le piston du cylindre inférieur, ce qui précipitait l'eau de ce dernier cylindre à travers la caisse avec une rapidité dont la réaction, à l'extrémité de cette caisse, chassait le bateau en avant.

« On sait, dit M. Laforest, qu'un corps pesant, tombant vers la terre, traversera environ quinze pieds dans la première seconde ; si ce corps est chassé horizontalement par une impulsion égale à son poids, il suivra cette direction dans un même espace de temps ; d'où, selon M. Rumsey, il devrait résulter que l'eau de la caisse aurait, proportionnellement à son poids, l'effet d'arrêter la trop prompte décharge de l'eau du cylindre, ce qui devait empêcher que l'eau qui, après l'impulsion donnée, courait rapidement à travers la caisse, ne retardât, par sa vélocité, le mouvement en avant du bateau.

« Enfin, il y avait une soupape près du cylindre, à la tête de la caisse, pour admettre l'air qui suivait l'eau mise en mouvement, et lui donnait le temps de s'élever graduellement dans la caisse à travers les soupapes qui étaient au bas. Cette eau avait peu ou point de mouvement, relativement au bateau, et, en conséquence, était capable d'opérer quelque résistance à chaque impulsion nouvelle. »

Rumsey était parvenu à intéresser à son entreprise un riche négociant américain, qui résidait à Londres. Avec le secours de ce compatriote et de quelques autres amis, il avait pu réunir la somme nécessaire pour entreprendre les essais de son système de navigation. Après avoir employé deux ans à ses préparatifs, il se disposait à mettre la dernière main à son œuvre, lorsqu'il mourut, à la veille d'atteindre le but qu'il poursuivait depuis si longtemps.

Cependant, en février 1793, ses associés lancèrent sur la Tamise le bateau de Rumsey.

Il marcha parfaitement contre le vent et la marée, filant quatre nœuds. La machine consistait en une pompe foulante, dont le piston avait 2 pieds anglais de diamètre, mise en mouvement par la vapeur et qui refoulait l'eau sous la quille. Au moment du retour de l'eau, la soupape qui avait donné issue à cette eau se refermait, et l'eau s'engageait dans un canal de 6 pouces de section, pour s'échapper à l'arrière du gouvernail.

Si Rumsey échoua dans ses efforts pour créer la navigation par la vapeur, il contribua par une autre voie, à ses succès futurs; car c'est à lui que revient l'honneur d'avoir dirigé sur ce sujet l'attention de l'ingénieur illustre auquel l'univers doit ce bienfait.

Rumsey avait eu l'occasion de rencontrer à Londres, son compatriote, Robert Fulton, alors âgé de vingt-quatre ans. La conformité de leurs goûts établit entre eux une grande intimité. C'est par les conseils et à l'instigation de Rumsey, que Fulton fut amené à s'occuper pour la première fois, de la navigation par la vapeur.

Robert Fulton, dont le nom vient d'apparaître à cette période de notre récit, était né en 1765, à Little-Britain, dans le comté de Lancastre, État de Pensylvanie (Amérique du Nord). Ses parents étaient de pauvres émigrés irlandais. Ayant perdu son père dès l'âge de trois ans, sa première instruction se réduisit à apprendre à lire et à écrire dans une école de village. Il fut envoyé très-jeune à Philadelphie, où il entra chez un joaillier, pour apprendre cette profession. Les occupations de son apprentissage ne l'empêchèrent pas de cultiver les dispositions remarquables qu'il avait pour le dessin, la peinture et la mécanique. Ses progrès dans la peinture furent tels, qu'avant l'âge de dix-sept ans, il était parvenu à se créer des ressources avec son pinceau. Il allait d'auberge en auberge, vendre des tableaux et faire des portraits, et finit par s'établir comme peintre en miniature, au coin de *Second* et *Walnut streets*, à Philadelphie. Étant parvenu à se procurer ainsi une petite somme, il acheta, dans le comté de Washington, une ferme où il plaça sa mère.

En revenant à Philadelphie, il s'arrêta aux eaux thermales de Pensylvanie, et s'y lia avec quelques personnes distinguées, entre autres avec M. Samuel Scorbitt.

Frappé des dispositions qu'il annonçait pour la peinture, M. Scorbitt l'engagea à se rendre à Londres, où son compatriote Benjamin West, qui avait acquis en Angleterre une certaine célébrité, serait fier d'encourager ses talents. Franklin, qui avait connu le jeune artiste à Philadelphie, lui avait déjà donné le même conseil. Fulton résolut donc de partir pour l'Angleterre, et M. Scorbitt lui ayant fourni les moyens d'entreprendre ce voyage, il s'embarqua à New-York, en 1786.

Ses espérances ne furent point trompées; West le reçut comme un ami. Il en fit son commensal et son disciple.

Cependant Fulton ne devait pas exercer longtemps la profession de peintre. Désespérant d'atteindre la perfection dans cet art, entraîné, d'ailleurs, par la prédominance de ses goûts, il jeta les pinceaux, pour s'adonner entièrement à l'étude de la mécanique.

Il séjourna quelque temps à Exeter, dans le Devonshire, et résida ensuite deux années dans la grande cité manufacturière de Birmingham, où il fut employé, pendant tout cet intervalle, comme dessinateur de machines dans une fabrique. Il s'y attira le patronage du duc de Bridgewater et du comte de Stanhope.

En 1788, décidé à tirer parti des connaissances mécaniques qu'il venait d'acquérir, il revint à Londres, et c'est là que le hasard le mit en rapport avec son compatriote James Rumsey. Ce dernier n'eut pas de peine à lui faire comprendre tous les avantages que devait amener en Amérique, la création de la navigation par la vapeur, et Fulton s'occupa aussitôt de corriger les vices manifestes du système mécanique adopté par Rumsey. Il était persuadé dès cette époque, de la supériorité que présentaient les roues à aubes sur tout autre système de propulsion, et voulait les faire adopter par son compatriote, lorsque la mort de ce dernier vint arrêter leurs projets communs.

Le comte de Stanhope, bien connu en Angleterre par son goût passionné pour les arts mécaniques, s'occupait, vers le même temps, de quelques essais sur la navigation par la vapeur. Il avait construit un bateau muni d'une machine assez puissante, et il employait comme moteur, un appareil palmipède analogue à celui qu'avait adopté le marquis de Jouffroy. Fulton n'hésita pas à lui écrire, pour le dissuader de conserver cet appareil, lui recommandant les roues à aubes, et se mettant, pour l'exécution de ce projet, à la disposition de Sa Seigneurie.

Mais ce bon conseil ne fut pas écouté, et la négligence de lord Stanhope à suivre les avis de Fulton amena un retard considérable dans la création de la navigation par la vapeur.

Cette circonstance détourna pour quelque temps, le jeune ingénieur de ses projets relatifs à la navigation, et l'ardeur de son esprit se porta vers d'autres sujets. Il présenta, en 1794, au gouvernement britannique, un nouveau système de canalisation. Ce système consistait à construire des canaux de petite section, et à substituer aux écluses des plans inclinés, sur lesquels des bateaux, jaugeant seulement de 8 à 10 tonnes, étaient élevés ou descendus avec leur chargement, au moyen de machines mises en mouvement par la vapeur ou par l'eau. Cette idée, déjà pratiquée en Chine depuis un temps immémorial, venait d'être reproduite en Angleterre par William Reynold. A ce système Fulton ajoutait la construction de routes, d'aqueducs et de ponts en fer.

Mais ni le gouvernement britannique, ni de riches sociétés auxquelles il s'adressa, ne voulurent consentir à examiner ses plans, et le public ne fit guère plus d'attention à un ouvrage qu'il publia sur cette question, pour répandre et faire connaître ses idées.

Il s'occupait en même temps, de l'exécution de beaucoup d'autres projets mécaniques. Il imaginait, pour creuser les canaux, des espèces de charrues qui sont maintenant en usage aux États-Unis. Il présentait à la *Société d'encouragement de l'industrie* un moulin de son invention, pour scier et polir le marbre. Il construisait une machine à filer le chanvre et le lin, et une autre pour fabriquer des cordages.

Quelques lettres de remerciement de certaines sociétés savantes, une médaille d'honneur, et trois ou quatre brevets d'invention, furent tout ce qu'il obtint dans la Grande-Bretagne. Espérant trouver plus d'encouragement en France, Fulton se rendit à Paris vers la fin de l'année 1796.

Arrivé en France, il se hâta de faire des démarches auprès des ministres et des gens de finance, dans la vue de les intéresser à son nouveau système de canalisation. Mais il reconnut bien vite que ses projets réussiraient encore moins à Paris qu'en Angleterre. Il tourna donc ses vues d'un autre côté.

Le commerce des États-Unis éprouvait les plus graves dommages des longues guerres qui agitaient l'Europe, depuis le commencement de la révolution française. Par les ressources immenses de sa marine, l'Angleterre exerçait sur le monde entier un empire tyrannique, en arrêtant les produits importés en France par les nations étrangères, et en s'arrogeant le droit de soumettre à une visite, malgré la protection de leur pavillon, tous les navires qui parcouraient l'Océan.

Les États-Unis souffraient particulièrement de ce long état d'asservissement, et Fulton, sorte de quaker, ou de philosophe humanitaire, était tourmenté du désir d'assurer, en faveur de son pays, la liberté des mers. *The liberty of the seas will be the happiness of the earth* : « La liberté des mers fera le bonheur

Fig. 95. — Fulton fait sauter une chaloupe avec sa machine infernale, dans la rade de Brest (page 187).

du monde, » telle était la sentence qui était souvent dans sa bouche.

Dans l'espoir de détruire le système de guerre maritime des Européens, il s'attacha à découvrir un moyen d'affranchir les nations plus faibles de la tyrannie britannique.

C'est cette considération qui lui suggéra, s'il faut l'en croire, l'idée de son système d'attaques sous-marines, qui, dès ce moment, ne cessa de l'occuper jusqu'à la fin de sa vie.

Au mois de décembre 1797, il commença, à Paris, une série d'expériences sur la manière de diriger entre deux eaux, et de faire éclater à un point donné, des boîtes remplies de poudres, destinées à faire sauter les vaisseaux. C'est là que s'étaient arrêtées, en 1777, les expériences d'un Américain nommé Bushnell, qui avait, le premier, imaginé les bateaux plongeurs.

Mais les ressources lui manquaient pour poursuivre ses expériences. Il s'adressa donc au Directoire, qui renvoya sa pétition au ministre de la guerre. Ses plans, après examen, furent jugés impraticables.

Sans se décourager, Fulton exécuta un très-beau modèle de son bateau sous-marin, et muni de cet argument qui parlait aux yeux, il se présenta de nouveau au Directoire.

Il fut mieux accueilli cette fois. Une commission fut nommée, pour examiner son bateau, et le rapport de cette commission se montra favorable.

Ce ne fut donc pas sans surprise, qu'après de très-longs délais, il reçut du ministère de la marine, l'avis que ses plans étaient définitivement rejetés.

Trois ans s'étaient passés dans ces travaux et ces sollicitations inutiles. Ne conservant plus d'espoir auprès du gouvernement français, Fulton s'était adressé à la Hollande. Mais la République batave n'avait pas mieux accueilli ses projets, et il se trouvait hors d'état de faire face aux dépenses que nécessitaient ses recherches.

Son talent de peintre vint lui fournir les moyens de les poursuivre. Pendant les sept années qu'il résida à Paris, Fulton habita l'hôtel de Joël Barlow, poëte et diplomate américain, qui avait conçu pour lui la plus vive amitié, et l'avait mis en relation avec les ingénieurs et les savants de la capitale. Joël Barlow ayant conçu, à cette époque, le projet d'importer à Paris la découverte des Panoramas, due à Robert Barker, peintre d'Édimbourg, chargea Fulton d'exécuter le premier tableau de ce genre qui ait été offert à la curiosité des Parisiens.

Cette spéculation obtint le plus grand succès, et resserra encore les liens d'amitié qui unissaient le premier des poëtes et le plus illustre des ingénieurs américains. Elle donna à Fulton les moyens de continuer ses expériences sur les moyens d'attaque sous-marine.

Bonaparte venait d'être élevé au consulat à vie. Fulton, espérant trouver près de lui des encouragements efficaces, lui écrivit, pour lui faire connaître ses travaux, et pour demander qu'une commission examinât son bateau plongeur et ses appareils sous-marins.

Sa requête eut un plein succès. Des fonds lui furent accordés, pour continuer ses expériences. Volney, Monge et Laplace, nommés commissaires, approuvèrent ses vues.

En 1800, sur l'invitation des commissaires du premier consul, et avec les fonds accordés par le ministère, Fulton construisit un grand bateau sous-marin, qui fut soumis, à Rouen et au Havre, à différents essais. Ils ne répondirent pas cependant aux promesses de l'inventeur.

Pendant l'été de 1801, Fulton se rendit à Brest avec le même bateau, et il exécuta dans ce port, plusieurs expériences remarquables. Il s'enfonça un jour jusqu'à 80 mètres sous l'eau, y demeura vingt minutes, et revint à la surface après avoir parcouru une assez grande distance ; puis, disparaissant de nouveau, il regagna son point de départ.

Le 17 août 1801, il resta plus de quatre heures sous l'eau, et ressortit à cinq lieues de son point d'immersion.

Il répéta dans la rade de Brest les expériences de ses appareils d'explosion sous-marine.

Les divers appareils de guerre sous-marine, auxquels Fulton ajoutait une importance extraordinaire, ont aujourd'hui perdu beaucoup de leur intérêt, soit que l'expérience n'ait pas confirmé tous les résultats promis, soit que les circonstances qui rendaient leur secours utile, aient maintenant disparu. Il serait donc hors de propos de beaucoup s'étendre sur leur description.

L'instrument destiné à produire les explosions sous-marines, et que Fulton désignait sous le nom de *torpedo*, ou *torpille*, était une sorte de machine infernale. Elle consistait en une boîte de cuivre, pouvant contenir de 80 à 100 livres de poudre. Cette boîte était armée d'une platine de fusil, qui pouvait faire feu à un moment donné. Le tout était attaché à l'extrémité d'une corde longue de 60 pieds, que l'on passait dans une poulie fixée sous l'eau, contre le flanc du petit bateau qui portait la torpille. Pour attaquer et faire sauter une embarcation ennemie, Fulton attachait une sorte de harpon à l'extrémité de la corde qui flottait sur l'eau. Quand on dirigeait le petit bateau contre un navire, le mouvement de l'eau suffisait pour attirer l'extrémité de la corde, et la fixer à la quille, par son harpon. Au bout d'un temps réglé par la fin d'un mouvement d'horlogerie qui communiquait à la platine du fusil, l'explosion se faisait, et en raison de l'incompressibilité de l'eau, tout l'effet explosif se portait contre le navire.

Quelquefois la torpille était lancée contre les bâtiments à l'ancre : le mouvement du courant devait alors suffire pour l'attirer contre eux. D'autres fois, enfin, on plongeait la torpille à 12 ou 14 pieds au-dessous de la surface de l'eau, en l'armant d'une détente qui devait partir et enflammer la poudre dès que le navire la toucherait légèrement.

Quant au bateau plongeur que Fulton désignait sous le nom de *Nautilus*, et qui lui servait à submerger ses torpilles, ou à s'enfoncer inopinément dans l'eau, pour échapper à l'observation de l'ennemi, il ressemblait assez aux différents bateaux de ce genre que l'on a vus, de nos jours, manœuvrer dans les ports.

Malgré la brièveté des descriptions qui précèdent, on peut s'assurer que les *torpilles* essayées par Fulton en 1801, ont donné l'idée et ne diffèrent que peu dans leur mécanisme, des appareils de destruction sous-marine qui ont été mis en usage avec un effroyable succès dans la rade de Toulon au mois de janvier 1866, par M. l'amiral Bouet Willaumez. Fulton employait la poudre comme agent explosif. De nos jours, on fait usage de la *nitro-glycérine*, substance liquide, d'invention récente et qui jouit de terribles propriétés détonantes. Mais le mécanisme qui a été employé à Toulon pour mettre en action la batterie sous-marine, ne diffère pas beaucoup de celui que Fulton avait adapté à ses *torpilles*. Aujourd'hui, comme en 1801, on fait partir la batterie par un simple rouage, ou effet mécanique, sans aucun emploi de l'électricité.

Avec l'espèce de machine infernale dont il vient d'être question, Fulton réussit à faire sauter, dans la rade de Brest, une chaloupe qui s'y trouvait à l'ancre. A la distance de 200 mètres, il lança son *torpedo* contre la chaloupe, qui, au bout d'un quart d'heure, sauta en l'air, au milieu d'une colonne d'eau soulevée à plus de 100 pieds.

Cette expérience, qui excita à Brest beaucoup de curiosité, eut lieu en présence de l'amiral Villaret et d'une multitude de spectateurs.

Fulton essaya alors de s'approcher de quelques-uns des navires anglais qui croisaient sur les côtes, et s'avançaient fréquemment dans les parages de Berthaume et de Camaret, près de Brest. Il fut sur le point, dans les parages du Havre, de joindre un vaisseau anglais de 74 canons, mais celui-ci changea tout à coup de direction et s'éloigna du *Nautilus*. Plusieurs mois s'écoulèrent ensuite sans qu'aucun bâtiment ennemi s'approchât assez du rivage pour permettre de renouveler la tentative.

Toutes ces lenteurs fatiguèrent le premier consul, qui cessa peu à peu d'ajouter de l'importance aux inventions sous-marines, et qui finit même par les déclarer impraticables. Les mémoires et les pétitions de Fulton commencèrent à demeurer sans réponse. Il fut enfin officiellement informé que le gouvernement français n'entendait plus donner suite à aucun essai de ce genre.

Forcé de renoncer aux projets qu'il poursuivait depuis six ans avec si une grande ardeur, Fulton se disposait à retourner en Amérique, lorsque, vers la fin de 1801, et au moment où il s'occupait des préparatifs de son départ, il rencontra à Paris Robert Livingston, ambassadeur des États-Unis.

Livingston, qui avait rempli pendant vingt-cinq ans, dans l'État de New-York, les fonctions de chancelier, et qui vint à bout de conclure avec la France le traité de cession de la Louisiane, si avantageux pour sa patrie, ne s'était pas seulement occupé à New-York de travaux diplomatiques. Versé dans la connaissance de l'industrie et des arts, il s'était consacré avec beaucoup de zèle, à l'étude de la question des bateaux à vapeur. En 1797, avec l'aide d'un Anglais nommé Nisbett et du Français Brunel (le célèbre ingénieur qui construisit plus tard à Londres le tunnel de la Tamise), il avait établi sur l'Hudson divers modèles de bateaux à vapeur, destinés à des expériences. On avait essayé, sous sa direction, les principaux mécanismes applicables à la progression des bateaux : des roues à aubes, des surfaces en hélice, des pattes d'oie, des chaînes sans fin, etc. Plein de confiance dans le succès, Livingston avait alors demandé au Congrès de l'État de New-York, un privilége exclusif de navigation par la vapeur sur les eaux de cet État. On s'était empressé de lui accorder cette faveur, à la condition, pour lui, de présenter dans le délai d'un an, un bateau marchant par l'effet de la vapeur, et faisant 4^{lil}, 8 à l'heure.

Cependant les expériences n'ayant pas fourni les résultats attendus, les conditions stipulées dans l'acte du Congrès n'avaient pu être remplies, et le projet en était resté là.

C'est inutilement que Livingston s'était associé, en 1800, avec un très-habile constructeur, John Stevens (de Hobocken). Tous les efforts de Stevens avaient échoué pour remplir les conditions imposées par le Congrès de New-York. Mais cet échec n'avait pas découragé Livingston, et lorsqu'il vint en France, chargé de représenter le gouvernement de son pays, il apportait en Europe le plus vif espoir de succès.

A peine eut-il établi quelques relations avec Fulton, qu'il comprit tout le parti qu'il pourrait tirer de l'activité, des talents et des études spéciales de cet éminent ingénieur. Aussi, lorsque, au moment de s'embarquer pour l'Amérique, Fulton se présenta à l'ambassade des États-Unis, pour y prendre congé du représentant de sa nation, Livingston fit-il tous ses efforts pour le dissuader de son projet. Il l'engagea à différer son départ, pour s'occuper avec lui, de la grande question des bateaux à vapeur, qui importait à un si haut degré à la prospérité et à l'avenir de leur commune patrie.

A la suite de leurs conférences un acte d'association fut passé entre eux. Livingston se chargeait de fournir tous les fonds nécessaires à l'entreprise ; les expériences à exécuter étaient confiées à Fulton.

Tous les systèmes essayés jusqu'à cette époque, pour la création de la navigation par la vapeur, avaient échoué sans aucune exception. Fulton attribuait ces échecs au vice des appareils de propulsion mis en usage. Il jugea donc nécessaire de recourir au calcul, pour comparer les effets produits par les divers mécanismes employés jusqu'à cette époque. Il s'occupa d'abord d'étudier par cette voie, le système du refoulement de l'eau sous la quille du bateau, procédé que James Rumsey avait mis en pratique dans ses expériences à Philadelphie, et plus tard à Londres, comme nous l'avons raconté. Fulton fut amené à conclure, mais à tort sans nul doute, que c'était là le plus imparfait de tous les modes de progression nautique. Il étudia ensuite le système palmipède, qu'il trouva insuffisant pour produire la vitesse exigée.

Le mécanisme qui lui parut réunir le plus d'avantages, consista dans l'emploi d'une chaîne sans fin, mise en action par la vapeur, et munie d'un certain nombre de palettes, faisant office de rames, ou ce qu'il nommait des *chapelets*. C'était une manière d'employer un plus grand nombre de palettes que celui que portent les roues à aubes, et d'augmenter ainsi le nombre des rames agissant sur l'eau.

Les bords de la Seine n'offraient pas à Fulton assez de tranquillité ni de solitude pour se livrer commodément aux expériences que nécessitait l'emploi de ce nouveau moteur. Madame Barlow ayant reçu le conseil de se rendre aux eaux de Plombières, il se décida à l'accompagner, et ce fut sur la petite rivière de l'Eaugronne, qui traverse Plombières dans toute son étendue, qu'il fit l'essai, avec un petit modèle, de ses *chapelets*, ou rames mises en action par une chaîne sans fin.

Cependant, de retour à Paris, en octobre 1802, il trouva déposé au Conservatoire des arts et métiers, le modèle, que l'on y voit encore, d'un bateau à vapeur pourvu d'un mécanisme analogue à celui qu'il venait d'expérimenter à Plombières. Ce bateau avait été construit et essayé sur la Saône, par un horloger de Trévoux, nommé Desblancs. Or, l'appareil de Desblancs avait complétement échoué quand on l'avait mis en pratique sur de plus grandes proportions. Heureusement renseigné par le résultat de cette expérience, Fulton abandonna ce système, pour en revenir à l'emploi des roues à aubes, qu'il avait proposées à lord Stanhope dès l'année 1793.

Après quelques expériences qui furent exécutées pendant l'hiver de 1802 à 1803, sur la Seine, à l'île des Cygnes, Fulton se mit à construire le grand bateau qui devait servir à juger définitivement la question pratique de la navigation par la vapeur.

Les échecs répétés que l'on avait éprouvés en France et aux États-Unis, tenaient à deux causes : au défaut du système moteur destiné à faire office de rames, et à l'insuffisance de la force donnée à la machine à vapeur. Par des calculs plus justes et par une appréciation plus rigoureuse des résistances à surmonter, Fulton parvint à éviter ces deux écueils. C'est donc par le secours de la théorie judicieusement transportée dans la pratique qu'il trouva les moyens de faire réussir la grande entreprise qui avait échoué jusque-là entre les mains d'un si grand nombre d'ingénieurs distingués (1).

(1) Il existe, au Conservatoire des arts et métiers, une lettre assez curieuse de Fulton, qui contient l'annonce et la description de la machine qu'il se proposait d'appliquer aux bateaux de rivière. Cette lettre, est adressée par Fulton, avec le dessin de son bateau, aux directeurs du

Le bateau de Livingston et Fulton fut terminé au commencement de l'année 1803. Tout se trouvait prêt pour l'essayer sur la Seine, au milieu de Paris, lorsqu'un matin

Fig. 96. — Fulton.

Fulton, sortant de son lit, où une anxiété et une impatience bien naturelles à la veille d'une épreuve aussi solennelle, l'avaient em-

Conservatoire, Molard, Bandel et Montgolfier, pour établir la priorité de son invention. Comme ce document établit d'une manière authentique la date des premiers travaux de Fulton, nous croyons utile de le rapporter ici. Voici donc le texte de cette lettre de Fulton, débarrassée de quelques fautes d'orthographe qui émaillent l'original.

Lettre de Robert Fulton aux citoyens Molard, Bandel et Montgolfier, amis des arts.

Paris, le 4 pluviôse an XI (1803).

« Je vous envoie ci-joints les dessins-esquisses d'une machine que je fais construire, avec laquelle je me propose de faire bientôt des expériences pour faire remonter des bateaux sur des rivières, à l'aide de pompes à feu. Mon premier but, en m'occupant de cet objet, était de le mettre en pratique sur les longs fleuves en Amérique, où il n'y a pas de chemins de halage, où ils ne sont guère praticables, et où, par conséquent, les frais de navigation à l'aide de la vapeur seront mis en comparaison avec celui du travail des hommes et non pas des chevaux, comme en France.

« Vous voyez bien qu'une telle découverte, si elle réussit, sera infiniment plus importante en Amérique qu'en France, où il existe partout des chemins de halage et des compagnies établies qui se char-

pêché de goûter le moindre repos, vit entrer dans sa chambre un de ses ouvriers, dont les traits bouleversés annonçaient un malheur.

Un grand malheur venait en effet de le frapper. Le bateau s'était trouvé trop faible pour supporter le poids de la machine à vapeur que l'on y avait installée quelques jours auparavant, et, par suite de l'agitation de la rivière provenant d'une bourrasque survenue dans la nuit, il s'était rompu en deux, et avait coulé.

Jamais homme ne ressentit un désespoir plus violent que celui qu'éprouva Fulton, en voyant ainsi s'anéantir en un clin d'œil le

gent du transport des marchandises à un taux si modéré, que je doute fort si jamais un bateau à vapeur, tout parfait qu'il puisse être, peut rien gagner sur ceux avec chevaux pour les marchandises. Mais, pour les passagers, il est possible de gagner quelque chose à cause de la vitesse.

« Dans ces dessins, vous ne trouverez rien de nouveau, puisque ce sont des rames à eau, moyen qui a été souvent essayé et toujours abandonné, parce qu'on croyait qu'il donnait une prise désavantageuse dans l'eau ; mais, d'après les expériences que j'ai déjà faites, je suis convaincu que la faute n'a pas été dans la roue, mais dans l'ignorance des proportions des vitesses des puissances et probablement des combinaisons mécaniques.

« J'ai pensé, par mes expériences très-exactes, que les roues à eau sont beaucoup préférables aux chapelets ; par conséquent, quoique les roues ne soient pas une nouvelle application, si, cependant, je les combine de manière qu'une bonne moitié de la puissance de la machine agisse en poussant le bateau, de même que si la prise était de la terre, la combinaison sera infiniment meilleure que tout ce qu'on ait fait jusqu'ici, et c'est, dans le fait, une nouvelle découverte.

« Pour transporter des marchandises, je propose un bateau à machine destiné à tirer un ou plusieurs autres bateaux à charge, chacun desquels sera si serré à son devancier que l'eau ne coule pas entre pour faire résistance. J'ai déjà fait ceci dans ma patente pour des petits canaux, et il est indispensable pour des bateaux marchands mus par la machine à feu.

« Par exemple.... (1).

« Supposez le bateau A présentant à l'eau une face de 20 pieds, mais peinté à un angle de 50 degrés ; il lui faudrait une machine de 420 livres de puissance faisant 3 pieds par seconde pour le mouvoir une lieue par heure dans l'eau stagnante. Si les bateaux B et C ont des faces pareilles à A, il leur faudra à chacun une égale puissance de 420 livres, c'est-à-dire 1,260 livres pour les trois, tandis que s'ils sont liés de la manière que j'ai indiquée, la force de 420 suffira pour tous. Cette grande économie de puissance est trop conséquente pour être négligée dans une telle entreprise.

« CITOYENS,

« Lorsque mes expériences seront faites, j'aurai le plaisir de vous inviter à les voir, et, si elles réussissent, je me réserve la faculté ou de faire présent de mes travaux à la République, ou d'en tirer les avantages que la loi m'autorise. Actuellement, je dépose ces notes entre vos mains, afin que si un projet semblable vous parvient avant que mes expériences soient terminées, il n'ait pas la préférence sur le mien.

« Salut et respect.

« ROBERT FULTON. »

(1) Ici se trouve dans la lettre un croquis de trois bateaux, se suivant dans cet ordre : C, B, A.

fruit de tant de travaux et de veilles, au moment même où il touchait au but si ardemment désiré.

Cependant il n'était pas homme à se laisser longtemps abattre. Il courut à l'île des Cygnes, pour essayer de réparer le désastre. Pendant vingt-quatre heures consécutives, sans prendre ni repos, ni nourriture, il travailla de ses propres mains, avec ses ouvriers, à retirer de la Seine la machine et les fragments submergés du bateau.

La machine n'avait point souffert, mais il fallait construire un bateau nouveau. Il s'établit donc à l'île des Cygnes, et à la fin du mois de juin 1803, un bateau, construit avec les soins et la solidité convenables, était prêt à naviguer. Il avait 33 mètres de long sur 2 mètres et demi de large.

Le 9 août 1803, ce bateau navigua sur la Seine, en présence d'un nombre considérable de spectateurs. Fulton avait écrit la veille à l'Académie des sciences, pour l'inviter à assister à l'expérience, et l'Académie avait envoyé dans ce but, Bougainville, Bossut, Carnot et Périer. Le bateau, mis en mouvement à diverses reprises, marcha contre le courant, avec une vitesse de $1^m,6$ par seconde, ce qui représente près d'une lieue et demie par heure.

Un témoin oculaire a consigné dans un recueil scientifique de l'époque, les détails, malheureusement incomplets, de cette expérience mémorable. Nous transcrivons ce document peu connu, le seul que nous ayons pu retrouver sur l'expérience faite par Fulton sur la Seine, en 1803.

« Le 21 thermidor, on a fait l'épreuve d'une invention nouvelle, dont le succès complet et brillant aura les suites les plus utiles pour le commerce et la navigation intérieure de la France. Depuis deux ou trois mois, on voyait au pied du quai de la pompe à feu, un bateau d'une apparence bizarre, puisqu'il était armé de deux grandes roues posées sur un essieu, comme pour un chariot, et que derrière ces roues était une espèce de grand poêle, avec un tuyau, que l'on disait être une petite pompe à feu destinée à mouvoir les roues et le bateau. Des malveillants avaient, il y a quelques semaines, fait couler bas cette construction. L'auteur, ayant réparé le dommage, obtint la plus flatteuse récompense de ses soins et de son talent.

« A 6 heures du soir, aidé seulement de trois personnes, il mit en mouvement son bateau et deux autres attachés derrière, et pendant une heure et demie, il procura aux curieux le spectacle étrange d'un bateau mû par des roues comme un chariot, ces roues armées de volants ou rames plates, mues elles-mêmes par une pompe à feu.

« En le suivant le long du quai, sa vitesse contre le courant de la Seine nous parut égale à celle d'un piéton pressé, c'est-à-dire de 2400 toises par heure : en descendant elle fut bien plus considérable. Il monta et descendit quatre fois depuis les Bons-Hommes jusque vers la pompe de Chaillot; il manœuvra à droite et à gauche avec facilité, s'établit à l'ancre, repartit et passa devant l'École de natation.

« L'un des batelets vint prendre au quai plusieurs savants et commissaires de l'Institut, parmi lesquels étaient les citoyens Bossut, Carnot, Prony, Volney, etc. Sans doute ils feront un rapport qui donnera à cette découverte tout l'éclat qu'elle mérite; car ce mécanisme, appliqué à nos rivières de Seine, de Loire et du Rhône, aurait les conséquences les plus avantageuses pour notre navigation intérieure. Les trains de bateaux qui emploient quatre mois à venir de Nantes à Paris, arriveraient exactement en dix à quinze jours. L'auteur de cette brillante invention est M. Fulton, Américain et célèbre mécanicien (1). »

Cette expérience ne manqua pas, comme on le voit, d'exciter l'attention des hommes spéciaux, mais le public s'y intéressa peu. La pensée suivait alors, en France, une autre direction. On était au milieu de l'enivrement causé par nos victoires militaires. En présence des bulletins qui arrivaient chaque jour de toutes les capitales de l'Europe, on se préoccupait médiocrement des progrès de la science ou de l'industrie. Les Parisiens qui traversaient le pont de la Concorde, regar-

(1) *Recueil polytechnique des Ponts et chaussées*, t. I, p. 82, 6e cahier de l'an XI.
Le *Recueil polytechnique des Ponts et chaussées* fait suivre cet article d'une lettre d'un habitant de Rouen, nommé Magnin, qui prétend avoir fait, de son côté, et en même temps que Fulton, la même découverte. Il ajoute qu'il serait possible, avec des bateaux mus par la vapeur, de transporter très-rapidement trois cent mille hommes en Angleterre. Mais tout se réduit à de simples affirmations de la part de notre Rouennais.

daient d'un œil indifférent le petit bateau de Fulton, qui resta assez longtemps amarré sur la Seine, en face du palais Bourbon.

Cependant l'inventeur demanda au premier consul que son bateau fût soumis à un examen attentif. Il désirait que l'Académie des sciences fût appelée à exprimer son avis sur sa découverte, offrant, si elle était favorablement jugée, d'en faire hommage à la France.

Bonaparte accueillit mal cette requête et refusa de saisir l'Académie de la question.

Fulton avait fini par lui déplaire. Ses longs essais sur les procédés d'attaque sous-marine, restés sans résultats, joints à ses continuelles demandes d'argent, avaient laissé une impression très-défavorable dans l'esprit du premier consul, qui portait un jugement sévère sur la conduite et les projets de cet étranger.

Ce fut Louis Costaz, alors président du Tribunat, qui se chargea de soumettre à Bonaparte, la demande de Fulton.

Louis Costaz avait été, pendant l'expédition d'Égypte, le compagnon du général en chef. Il avait longtemps partagé sa tente, et il était resté depuis ce moment, en possession de sa confiance et de son amitié. Homme éclairé, esprit pénétrant, il comprenait l'avenir de la navigation par la vapeur; et comme il avait assisté à l'expérience de Fulton exécutée sur la Seine, il consentit sans difficulté à transmettre au Premier Consul les désirs de l'ingénieur américain.

Mais il ne put réussir à triompher de ses préventions contre Fulton; et comme il insistait et s'efforçait de le persuader de la réalité et de l'importance de la découverte, Bonaparte l'interrompit :

« Il y a, lui dit-il, dans toutes les capitales
« de l'Europe, une foule d'aventuriers et
« d'hommes à projets qui courent le monde,
« offrant à tous les souverains de prétendues
« découvertes qui n'existent que dans leur
« imagination. Ce sont autant de charlatans
« ou d'imposteurs, qui n'ont d'autre but que

« d'attraper de l'argent. Cet Américain est « du nombre. Ne m'en parlez pas davan- « tage. »

Nous tenons ces derniers renseignements du frère de Louis Costaz, Anthelme Costaz, ancien directeur au ministère des travaux publics, auteur d'une excellente *Histoire de l'administration en France*. Interrogé par nous en 1851, sur ce point important de notre histoire nationale, M. Anthelme Costaz nous transmit ces détails, qui lui avaient été racontés cent fois par son frère Louis (1).

L'Académie des sciences de Paris n'entra donc pour rien dans le refus qu'éprouva la requête de Fulton. Elle ne fut point appelée à donner son avis sur ses travaux; par conséquent elle ne put, comme on le répète chaque jour, qualifier d'erreur grossière et d'absurdité, l'idée de la navigation par la vapeur. L'Académie comptait alors dans son sein des savants qui s'étaient particulièrement occupés de ce sujet, entre autres Périer, qui avait exécuté l'un des premiers des expériences de ce genre. Il est donc impossible qu'elle portât sur cette question le jugement ridicule qu'on n'a pas craint de lui imputer.

Le mauvais accueil que le premier consul fit à la demande de Fulton est d'autant plus difficile à comprendre, qu'il s'occupait précisément à cette époque, des préparatifs de l'expédition de Boulogne, et que, tout entier à son projet de jeter inopinément une armée en Angleterre, il étudiait avec la plus grande ardeur les divers moyens applicables aux rapides transports maritimes. Nous ne dirons pas, comme on l'a plus d'une fois avancé, que si Napoléon, prêtant une oreille favorable aux propositions de l'ingénieur américain, eût ordonné l'étude de son système de navigation, il aurait, par cela seul, assuré le succès de l'invasion en Angleterre. Des faits incontestables détruisent ce raisonnement fait après coup.

En premier lieu, la découverte de Fulton était encore trop récente pour pouvoir entrer immédiatement dans la pratique. Son succès définitif ne fut démontré que quatre années après, dans le dernier essai que Fulton fit à New-York, en 1807. En second lieu, l'art de construire les machines à vapeur ne s'était pas encore introduit dans notre pays, et l'on ne pouvait songer à improviser en France, dans l'espace de quelques mois, des usines pour ce genre de fabrication. L'Angleterre seule avait alors le privilége de fournir à l'Europe des machines à vapeur; celle que Fulton installa dans son premier bateau de New-York sortait des ateliers de Watt. Il est à croire que les Anglais n'auraient pas consenti à nous fournir des machines destinées à l'envahissement de leur pays. Enfin, et cette raison paraîtra décisive, Fulton lui-même, comme on a pu le voir par sa lettre aux directeurs du Conservatoire des arts et métiers, rapportée plus haut, ne croyait point,

---

(1) Dans ses *Mémoires* publiés en 1857, le maréchal Marmont a été amené à parler des rapports de Fulton avec Bonaparte, et il l'a fait presque dans les mêmes termes et tout à fait dans le même esprit que nous-même. « En ce « moment, dit M. de Raguse, Fulton, Américain, avait eu « la pensée (après plusieurs personnes, qui depuis cin- « quante ans l'avaient imaginé sans y donner suite) et vint « à proposer d'appliquer à la navigation la machine à « vapeur, comme puissance motrice. La machine à va- « peur, invention sublime qui donne la vie à la matière, et « dont la puissance équivaut à l'existence de millions « d'hommes, a déjà beaucoup changé l'état de la société, « et modifiera encore puissamment tous ses rapports ; « mais, appliquée à la navigation, ses conséquences étaient

« incalculables. Bonaparte, que ses préjugés rendaient op- « posé aux innovations, rejeta les propositions de Fulton. « Cette répugnance pour les choses nouvelles, il la devait « à son éducation de l'artillerie... Mais une sage réserve « n'est pas le dédain des améliorations et des perfectionne- « ments. Toutefois j'ai vu Fulton solliciter des expériences, « demander de prouver les effets de ce qu'il appelait son « invention. Le Premier Consul traita Fulton de charlatan « et ne voulut entendre à rien. J'intervins deux fois sans « pouvoir faire pénétrer le doute dans l'esprit de Bona- « parte. Il est impossible de calculer ce qui serait arrivé s'il « eût consenti à se laisser éclairer... C'était le bon génie « de la France qui nous envoyait Fulton. Le Premier « Consul, sourd à sa voix, manqua ainsi sa fortune. » (Tome II, pages 210-212.)

Ce passage des *Mémoires du maréchal Marmont* confirme pleinement, comme on le voit, la vérité de nos propres informations, puisées d'ailleurs à une tout autre source.

Fig. 97. — Fulton monte sur son bateau à vapeur, *le Clermont*, à New-York, pour son premier voyage, le 11 avril 1807 (page 199).

à cette époque, les bateaux à vapeur capables de s'aventurer sur les mers. La navigation sur les rivières et les fleuves était le seul objet qu'il eût en vue, et lorsque Louis Costaz se chargea d'entretenir le premier consul de sa requête, il ne fit aucune allusion à l'expédition de Boulogne.

Disons-le cependant, le propre du génie c'est de devancer l'avenir et de deviner la portée et le développement futur d'une idée, par-dessus les erreurs ou les préventions de son temps. On peut donc s'étonner que Bonaparte n'ait pas embrassé d'un coup d'œil toute l'importance future de la navigation par la vapeur.

Il faut ajouter, à sa décharge, que, ne pouvant se rendre compte de tout par lui-même, il était obligé de s'en rapporter pour beaucoup de choses, à ses ministres. Or, le ministre de la marine Decrès, homme ennemi de toute innovation, était particulièrement opposé aux idées de Fulton, et c'est lui que ce dernier a rendu responsable du refus qu'il éprouva.

Pendant le premier voyage du bateau à vapeur de Fulton, un seul passager, comme nous le raconterons bientôt, osa accompagner l'inventeur. C'était un Français, nommé Andrieux. Cet Andrieux a écrit que, pendant le voyage, Fulton lui faisant part des difficultés qu'il avait trouvées en France, rejetait sur le ministre de la marine Decrès, la responsabilité de l'échec qu'il avait éprouvé auprès du gouvernement français.

Le témoignage et les récits de Colden, biographe et ami de Fulton; ce que l'on peut recueillir encore aujourd'hui, de la bouche des derniers contemporains; les raisonnements que l'on peut faire quand on connaît l'histoire de la navigation par la vapeur ; tout se réunit pour mettre au compte du ministre de la marine Decrès et du premier consul, le refus que Fulton essuya quand il proposa au gouvernement français de lui faire hommage de la découverte de la navigation par la vapeur. Un seul document a pu être opposé à cet ensemble de preuves concordantes. C'est une lettre de quelques lignes qui aurait été écrite à M. de Champagny, ministre de l'intérieur, par Napoléon, de son camp de Boulogne, le 21 juillet 1804.

Nous avons prouvé ailleurs (1) que cette lettre n'a jamais été écrite ; que c'est un document fabriqué, et d'ailleurs, très-maladroitement fabriqué.

M. de Champagny, à qui cette lettre serait adressée en 1804, n'était pas ministre à cette époque. Le mot de *citoyen ministre*, qui figure dans cette épître, et qui n'était plus en usage depuis longtemps en 1804 ; l'ignorance de toutes choses qui éclate à chaque ligne, tout prouve que ce document, qui ne figure pas — et pour cause — dans la *Correspondance de Napoléon I*[er], est de pure invention et ne mérite pas de nous arrêter davantage.

Fulton, du reste, prit, sans trop de peine, son parti de l'échec qu'il venait d'éprouver en France. Au début de ses travaux, ce n'est pas à la France qu'il avait songé à offrir son invention ; c'était pour son pays qu'il avait travaillé et cherché. Il s'occupa donc de prendre les dispositions nécessaires pour faire adopter par l'Amérique le système de transports dont l'expérience venait de lui démontrer toute la valeur.

Livingston écrivit aux membres du Congrès de l'État de New-York, pour faire connaître les résultats qui venaient d'être obtenus à Paris. Le Congrès dressa alors un acte public, aux termes duquel le privilége exclusif de naviguer sur toutes les eaux de cet État, au moyen de la vapeur, concédé à Livingston, par le traité de 1797, était prolongé, en faveur de Livingston et Fulton, pour un espace de vingt ans, à partir de l'année 1803. On imposait seulement aux associés la condition de produire, dans l'espace de deux ans, un bateau à vapeur faisant quatre milles (7 kilomètres 400 mètres) à l'heure, contre le courant ordinaire de l'Hudson.

Dès la réception de cet acte, Livingston écrivit en Angleterre, à Boulton et Watt, pour commander une machine à vapeur, dont il donna les plans et la dimension, sans spécifier à quel objet il la destinait. On s'occupa aussitôt de construire cette machine dans les ateliers de Soho ; et Fulton, qui peu de temps après, se rendit en Angleterre, put en surveiller l'exécution.

Fulton se trouvait, en effet, sur le point de quitter la France. Son séjour à Paris, les expériences auxquelles il continuait de se livrer sur le bateau plongeur et ses divers appareils d'attaque sous-marine, excitaient à Londres, la plus vive sollicitude. On s'effrayait à l'idée de voir diriger contre la marine britannique les terribles agents de destruction que Fulton s'appliquait à perfectionner. Lord Stanhope en parla avec anxiété dans la chambre des pairs. A la suite de cette communication, il se forma à Londres une association de riches particuliers, qui se donnèrent pour mission de surveiller les travaux de Fulton.

Cette association adressa, quelques mois après, un long rapport au premier ministre, lord Sydmouth. Les faits qu'il contenait engagèrent ce ministre à attirer l'inventeur en Angleterre, afin de paralyser, s'il était possible, les effets funestes que l'on redoutait de l'emploi de ses machines infernales. On dépêcha de Londres un agent secret, qui se mit en rapport avec Fulton, et lui parla d'une récompense de 15 000 dollars en cas de succès.

---

(1) *Exposition et histoire des principales découvertes scientifiques modernes*, 6ᵉ édition, t. I, p. 290-294, in-18. Paris, 1862.

Fulton se laissa prendre à l'appât de cette offre avantageuse, et se décida à quitter Paris. Il partit pour l'Angleterre en 1804.

Il se trompait néanmoins sur les vues du gouvernement britannique. On ne pouvait s'intéresser, en Angleterre, au succès d'un genre d'inventions destiné, s'il pouvait réussir, à annuler toute suprématie maritime. Le but du ministère anglais était donc simplement, de juger d'une manière positive, la valeur des inventions de Fulton, et de lui en acheter le secret, pour l'anéantir.

C'est ce qu'il finit par comprendre, aux délais, aux obstacles, à la mauvaise volonté qu'il rencontra partout en Angleterre. La commission nommée pour examiner son bateau plongeur, en déclara l'usage impraticable. Quant à ses appareils d'explosion sous-marine, on exigea qu'il en démontrât l'efficacité, en les dirigeant contre des embarcations ennemies.

De nombreuses expéditions s'exécutaient, à cette époque, contre la flottille française et les bateaux plats enfermés dans la rade de Boulogne. Le 1ᵉʳ octobre 1805, Fulton s'embarqua sur un navire et vint joindre l'escadre anglaise en station devant ce port. Peut-être n'était-il pas fâché d'essayer contre nous ces machines de guerre dont nous avions dédaigné l'usage. A la faveur de la nuit, il lança deux canots munis de torpilles contre deux canonnières françaises ; mais l'explosion des torpilles ne fit aucun mal à ces embarcations. Seulement, au bruit de la détonation, les matelots français se crurent abordés par un vaisseau ennemi. Voyant que l'affaire en restait là, ils rentrèrent dans le port, sans pouvoir se rendre compte des moyens que l'on avait employés pour opérer cette attaque, au milieu de l'obscurité de la nuit.

Fulton se plaignit hautement que l'échec qu'il venait d'éprouver avait été concerté par les Anglais eux-mêmes, et il demanda à en fournir la preuve. Le 15 octobre 1805, en présence du ministre Pitt et de ses collègues, il fit sauter, à l'aide de ses torpilles, un vieux brick danois du port de 200 tonneaux, amarré, à cet effet, dans la rade de Walmer, près de Deal, à une petite distance du château de Walmer, résidence de Pitt. La torpille contenait 170 livres de poudre. Un quart d'heure après que l'on eut fixé le harpon, la charge éclata et partagea en deux le brick, dont il ne resta au bout d'une minute que quelques fragments flottants à la surface des eaux.

Malgré ce succès, ou peut-être à cause de ce succès, le ministère anglais refusa de s'occuper davantage des inventions de Fulton. On lui offrit seulement d'en acheter le secret, à condition qu'il s'engagerait à ne jamais les mettre en pratique. Mais l'ingénieur américain repoussa bien loin cette proposition : « Quels que soient vos desseins, répondit-il « aux agents du gouvernement chargés de « lui faire cette ouverture, sachez que « je ne consentirai jamais à anéantir une « découverte qui peut devenir utile à ma « patrie. »

Cependant, tout en s'occupant de ses inventions sous-marines, Fulton ne perdait pas de vue, pendant son séjour en Angleterre, le projet de son associé Livingston, relatif à l'établissement de la navigation par la vapeur aux États-Unis. Livingston, comme nous l'avons dit, avait commandé à l'usine de Boulton et Watt, à Soho, une machine à vapeur, sans spécifier l'objet auquel elle serait consacrée. Fulton s'occupa avec ardeur de la construction de l'appareil de navigation, qui devait servir à tenter à New-York, une entreprise qui avait déjà échoué dans un si grand nombre de pays.

Il s'inspira heureusement, pour le modèle de l'appareil moteur de son bateau, des essais qui venaient d'être faits en Écosse, par William Symington, pour établir sur les canaux la navigation par la vapeur, essais qui n'étaient que la suite et le développement des expériences que le même Symington avait exécutées douze années auparavant, de concert avec Patrick Miller et James Taylor, et que nous avons racontées avec détail, dans la première partie de cette Notice.

On se rappelle que, sur le refus de Patrick Miller, de continuer à s'occuper de la navigation par la vapeur, Symington avait dû renoncer à cette question. Il y fut ramené douze ans après, c'est-à-dire en 1801, par le désir de lord Dundas, l'un des principaux propriétaires du canal de Forth et Clyde. Lord Dundas connaissait les tentatives faites par Taylor et Symington, en 1789, à Dalswinton. Il chargea Symington de les reprendre, afin de parvenir à remplacer par la force de la vapeur les chevaux employés sur les bords du canal au travail du halage.

Les expériences de Symington embrassèrent tout l'intervalle depuis janvier 1801 jusqu'en avril 1803. Elles coûtèrent à lord Dundas des sommes considérables, car les dépenses s'élevèrent à 70 000 livres sterling (1 750 000 francs). Mais ni le temps ni les dépenses ne furent perdus, car Symington parvint à créer pour la navigation sur les canaux, une machine à vapeur de dispositions excellentes.

Le bateau construit par William Symington, reçut le nom de *Charlotte Dundas*, du nom de la fille de Sa Seigneurie, depuis lady Milton. Sa machine à vapeur, fort peu différente de celles d'aujourd'hui, était à double effet, et composée de deux cylindres, dont les tiges, venant agir sur un axe commun, faisaient tourner une roue à aubes unique, placée à la partie antérieure du bateau.

D'après la figure de cet appareil donnée dans l'ouvrage de M. Woodcroft, la chaudière, placée au milieu du bateau et faisant saillie sur le pont, envoyait sa vapeur dans deux cylindres, placés à droite et à gauche et un peu au-dessous de la chaudière. Ces cylindres étaient couchés horizontalement. Le piston de chacun d'eux venait agir alternativement sur l'un des rayons de la roue motrice du bateau. La machine à vapeur était à condenseur et à double effet.

Au mois de mars 1802, William Symington prit dans ce bateau, lord Dundas, George Dundas, son parent, officier de la marine royale, sir Archibald et plusieurs autres gentlemen. A ce bateau, on en attacha deux autres, du poids de 70 tonnes chacun, *l'Actif* et *le Phénix*. Symington conduisit cet équipage, dans un intervalle de six heures, à Glascow, distant de 20 milles, ce qui représentait une vitesse de 3 milles et quart par heure, bien que pendant tout ce voyage on eût à lutter contre un fort vent debout, qui se maintint continuellement et empêchait la navigation des autres barques du canal.

Cet essai dut paraître décisif aux propriétaires du canal de Forth et Clyde, et lord Dundas en jugea ainsi. Cependant, quand la proposition leur fut adressée d'adopter les machines à vapeur comme moyen de traction sur les canaux, les propriétaires redoutèrent, non sans raison, que l'agitation des eaux produite par le mouvement de la machine à vapeur, n'endommageât les berges, et n'amenât la nécessité de réparations continuelles; ce qui aurait entraîné, en définitive, plus de pertes que de profit.

Symington avait pourtant lieu d'espérer une solution plus favorable à ses intérêts, car lord Dundas, converti à son opinion, s'occupait activement de la faire prévaloir. Ce dernier se rendit auprès du duc de Bridgewater, créateur et propriétaire principal du canal de Forth et Clyde, et il décida Sa Seigneurie à entreprendre l'essai du nouveau système. Persuadé à son tour, le duc de Bridgewater commanda à Symington huit bateaux construits sur le modèle de la *Charlotte Dundas*, et destinés à faire le service du canal.

Symington partit aussitôt pour l'Écosse, afin de s'occuper de la construction de ces bateaux, heureux de la perspective brillante qui s'offrait à lui.

Mais une triste déception l'attendait. A

peine arrivé à Edimbourg, il reçut à la fois la nouvelle de la mort du duc de Bridgewater et la notification de la résolution définitive prise par l'assemblée des propriétaires du canal, de renoncer à tout emploi de la vapeur comme moyen de traction.

Incapable de lutter contre de tels obstacles, Symington renonça pour jamais à son projet favori. La *Charlotte Dundas* fut donc reléguée sur le canal, près du pont tournant de Braindfort, où elle demeura, pendant des années entières, tristement abandonnée aux regards des passants et des curieux (1).

D'après les écrivains anglais, c'est dans les circonstances que nous venons de rappeler, que Fulton prit une connaissance détaillée de ce bateau, et s'inspira avec profit, de l'examen de sa machine à vapeur. Ces écrivains ne s'accordent pas sur la date précise de la visite faite par Fulton à la *Charlotte Dundas*. On ne peut cependant mettre le fait en doute d'après les témoignages qui ont été produits à cette occasion.

Dans son ouvrage sur la *Navigation par la vapeur (On steam Navigation)*, M. Bovie rapporte, à ce propos, un document de la plus grande importance : c'est la déposition du chauffeur de la machine qui assistait à cette visite de Fulton, faite en juillet 1801 (1). Voici le texte de cette pièce :

« Il arriva un jour, en juillet 1801, pendant que Symington faisait ses expériences pour lord Dundas, qu'un étranger se présenta à bord du canal et demanda à visiter le bateau. Cet étranger se nommait Fulton, il s'annonçait comme de l'Amérique du Nord, pays vers lequel il allait bientôt retourner. Il dit qu'ayant entendu parler des expériences de notre bateau à vapeur, il n'avait pas voulu quitter l'Écosse sans faire une visite à Symington, espérant obtenir l'autorisation de visiter sa machine, et de recueillir quelques renseignements sur les principes de sa construction. Fulton fit observer que quelle que fût l'utilité de la navigation par la vapeur pour la Grande-Bretagne, son importance serait bien supérieure encore pour l'Amérique du Nord, en raison du grand nombre de lacs et de rivières navigables que l'on y trouve, de l'abondance des bois de construction et du bas prix du combustible. Il crut devoir dire, en outre, que si M. Symington pouvait faire construire en Amérique de semblables vaisseaux, ou seulement en autoriser la construction, il se chargerait de cette mission. M. Symington, cédant aux désirs et à l'insistance de l'étranger, fit allumer le fourneau et mettre le bateau en mouvement. Plusieurs personnes montèrent dans le bateau avec M. Fulton, et furent transportées depuis le loch n° 16 jusqu'à environ 4 milles à l'ouest, et le bateau revint à son point de départ dans l'espace d'une heure vingt minutes, ce qui correspond à une vitesse de 6 milles à l'heure, à la grande surprise de M. Fulton et des autres personnes présentes.

« M. Fulton demanda et obtint la permission de prendre des notes et une esquisse de la forme, des dimensions et du mode de construction du bateau, qui lui furent communiqués par M. Symington. »

Le même auteur cite encore le témoignage de deux des spectateurs du même fait, Robert Dundas et Robert Weir, qui assistaient à la visite de Fulton, et confirment par une déposition analogue, l'exactitude des assertions qui précèdent (2).

Nous ne mettons pas en doute la visite de Fulton à la *Charlotte Dundas*, ni les utiles renseignements que l'ingénieur américain

---

(1) William Symington obtint en 1825, sur la cassette du roi, une somme de 100 livres sterling ; et un an après, une somme de 50 livres, comme récompense de ses travaux sur la navigation par la vapeur. Il avait inutilement demandé une pension au gouvernement. Dénué de ressources, il fut soutenu pendant les dernières années de sa vie, par quelques amis, en particulier par lord Dundas, et les propriétaires du *bateau à vapeur de Londres*.

James Taylor, qui était l'un des premiers entré dans la même voie, mourut sans avoir ressenti les effets de la reconnaissance de son pays. Seulement, à sa mort, sa veuve obtint une pension viagère de 50 livres sterling, accordée par lord Liverpool. En 1837, chacune des filles de Taylor reçut une dot de 50 livres sterling par le crédit de lord Melbourne.

Quant à Patrick Miller, qui pouvait aussi faire valoir ses droits comme coopérateur dans l'œuvre de la navigation par la vapeur, il ne réclama jamais aucune récompense. Sa fortune, qui lui avait permis de consacrer plus de 30 000 livres sterling à la recherche d'inventions utiles à la marine, le dispensa de toute sollicitation auprès du gouvernement.

(1) Nous ferons remarquer que cette date de 1801 prêterait beaucoup à la discussion, car Fulton se trouvait en France à cette époque, et ne partit qu'en 1804 pour l'Angleterre. Aurait-il fait expressément le voyage ? C'est ce qu'il faut admettre pour donner toute créance à ce document.

(2) Ces dernières pièces sont rapportées dans l'ouvrage de M. Woodcroft, p. 64-67.

dut retirer de l'examen de l'appareil moteur de ce bateau. Le *Clermont* que Fulton construisit en Amérique, pour la réalisation définitive de la navigation par la vapeur, était le fruit de l'étude approfondie à laquelle il avait dû soumettre tout ce qu'il lui avait été donné d'examiner, en Amérique et en Europe, sur ce nouveau mode de constructions maritimes. Bien que l'appareil moteur du *Clermont* différât de celui de la *Charlotte Dundas*, car le bateau américain avait deux roues motrices, tandis que le bateau de Symington n'en avait qu'une seule, placée à l'avant, on ne peut contester que Fulton ait profité de tout ce qui avait été fait avant lui dans la même direction. C'était là d'ailleurs la seule manière d'atteindre le but qu'il se proposait. Il devait faire un choix éclairé entre toutes les idées qui s'étaient produites avant ses propres travaux. Tel est le droit, et souvent le mérite unique de l'inventeur. Nous ne ferons donc pas, à l'exemple des écrivains anglais, jaloux de la gloire de l'ingénieur américain, un reproche à Fulton de sa visite à la *Charlotte Dundas*. Nous n'y verrons point matière à une accusation de plagiat, mais seulement un fait très-naturel. Si Fulton emprunta quelque chose à l'ingénieur écossais, il faut convenir qu'il dépassa singulièrement son modèle et le fit bien vite oublier.

Quoi qu'il en soit, la machine à vapeur commandée par Livingston et Fulton, en 1804, à l'usine de Boulton et Watt, ne fut terminée qu'au mois d'octobre 1806. A cette date, Fulton s'embarqua à Falmouth, pour revenir en Amérique.

Il arriva le 13 décembre à New-York. A la même époque, la machine à vapeur était expédiée de l'usine de Soho à New-York, où elle fut rendue en même temps que Fulton. Quelques ouvriers de l'usine de Soho accompagnaient la machine, pour en assembler les pièces et l'installer sur le bateau qui devait la recevoir.

CHAPITRE IV

PREMIER BATEAU A VAPEUR CONSTRUIT PAR FULTON EN AMÉRIQUE. — PREMIER VOYAGE DU **CLERMONT**. — PROGRÈS DE LA MARINE A VAPEUR AUX ÉTATS-UNIS. — MORT DE FULTON.

Dès son arrivée à New-York, Fulton s'occupa, de concert avec son associé Livingston, de faire construire le bateau qui devait recevoir la machine à vapeur envoyée d'Angleterre, et leur assurer le privilége promis par le Congrès des États-Unis. Ce bateau fut appelé *le Clermont*, nom d'une maison de campagne que Livingston possédait sur les rives de l'Hudson.

Le *Clermont*, qui fut construit à New-York, dans les chantiers de Charles Brown, avait 50 mètres de long, sur 5 de large ; il jaugeait 150 tonneaux. Le diamètre de ses roues à aubes était de 5 mètres C'était donc un puissant bateau de rivière. Sa machine à vapeur était de la force de 18 chevaux. Elle était à double effet et à condenseur. Le piston avait vingt-quatre pouces anglais de diamètre et quatre pieds de course. La chaudière avait vingt pieds de longueur, sept pieds de profondeur et huit de largeur. Le *Clermont* était muni de deux roues de fonte, placées de chaque côté du bateau. Les aubes de chaque roue avaient quatre pieds de longueur, et plongeaient à deux pieds dans l'eau. Le balancier de la machine à vapeur, qui transmettait son mouvement à l'axe commun des deux roues, était placé à la partie inférieure du bâti de la machine, comme on le fait encore pour les machines de navigation pourvues du système de Watt, et qui font usage du *balancier latéral*. En un mot, l'appareil mécanique du *Clermont*, montrait réalisées la plupart des dispositions qui ont été employées plus tard pour les machines de navigation fluviale.

Il nous paraît intéressant de mettre sous les yeux du lecteur, le mécanisme à vapeur qui fut établi par Fulton sur ce bateau, aujourd'hui historique. On voit ce mécanisme représenté dans la figure 98, d'après le dessin qu'en a donné M. Woodcroft, dans l'ouvrage que nous avons plusieurs fois cité : *Origin and progress of steam navigation*.

Il est facile de voir que les dispositions de la machinerie à vapeur du *Clermont* sont presque en tout semblables à celles de nos bateaux à vapeur actuels. Le *balancier latéral*, les roues à aubes, les deux cylindres, qui sont les dispositions fondamentales du mécanisme des bateaux à vapeur de nos rivières, sont manifestement dus à Fulton, qui les avait établis sur son premier bateau, en 1807.

Cette considération suffit bien pour montrer toute la valeur de l'œuvre accomplie par l'ingénieur américain. Fulton profita sans doute de toutes les idées émises avant lui ; mais il sut en composer un ensemble harmonieux, qui avait, on peut le dire, tout le mérite d'une création originale.

Cependant, la belle entreprise de Fulton, qui avait été si mal appréciée en Europe, n'était pas accueillie dans son pays, avec plus de faveur. Toute la ville de New-York condamnait ouvertement une tentative si hardie, et blâmait les proportions considérables de son navire. Il n'y avait pas dix personnes croyant à son succès, et l'on ne désignait son bateau que sous le nom de la *Folie-Fulton*. Comme les dépenses de construction avaient excédé de beaucoup leurs calculs, Livingston et Fulton proposèrent de céder le tiers de leurs droits à ceux qui voudraient entrer pour une part proportionnelle dans les dépenses. Personne ne profita de cette offre, qui fut regardée comme l'aveu secret d'une prochaine défaite.

Au mois d'août 1807, le *Clermont* était terminé. Il sortit, le 10 de ce mois, des chantiers de Charles Brown, et le lendemain, à l'heure fixée pour son essai public, il fut lancé sur la rivière de l'Est.

Fulton monta sur le pont de son bateau,
au milieu des rires et des stupides huées d'une multitude ignorante. Mais les sentiments de la foule ne tardèrent pas à changer, et au signal du départ, lorsque le bateau se mit en marche, des acclamations d'enthousiasme vinrent venger l'illustre ingénieur des indignes outrages qu'il venait de recevoir. Le triomphe qu'il éprouva dans ce moment, dut le consoler des critiques, des dégoûts, des obstacles de tout genre qu'il avait rencontrés dans l'exécution de sa glorieuse entreprise.

« Rien ne saurait surpasser, dit Colden, son biographe et son ami, la surprise et l'admiration de tous ceux qui furent témoins de cette expérience. Les plus incrédules changèrent de façon de penser en peu de minutes, et furent totalement convertis, avant que le bateau eût fait un quart de mille. Tel qui, à la vue de cette coûteuse embarcation, avait remercié le ciel d'avoir été assez sage pour ne pas dépenser son argent à poursuivre un projet si fou, montrait une physionomie différente à mesure que le *Clermont* s'éloignait du quai et accélérait sa course ; un sourire d'approbation était sensiblement remplacé par une vive expression d'étonnement. Quelques hommes dépourvus de toute instruction et de tout sentiment des convenances, qui essayaient de lancer encore de grossières plaisanteries, finirent par tomber dans un abattement stupide, et ce triomphe du génie arracha à la multitude des acclamations et des applaudissements immodérés (1). »

Fulton, qui était demeuré insensible aux marques de mépris de ses compatriotes, ne se laissait pas détourner, en ce moment, par les témoignages de leur admiration. Il était tout entier à l'observation de son bateau, afin de reconnaître ses défauts et les moyens de les corriger. Il s'aperçut ainsi que les roues avaient un trop grand diamètre et que les aubes s'enfonçaient trop dans l'eau. En modifiant leurs dispositions, il obtint un accroissement de vitesse.

Cette réparation, qui dura quelques jours, étant terminée, Livingston et Fulton firent annoncer par les journaux, que leur bateau, destiné à établir un transport régulier de

(1) *The life of Robert Fulton*, by his friend, C.-N. Colden. New-York, 1817, in-8, p. 168.

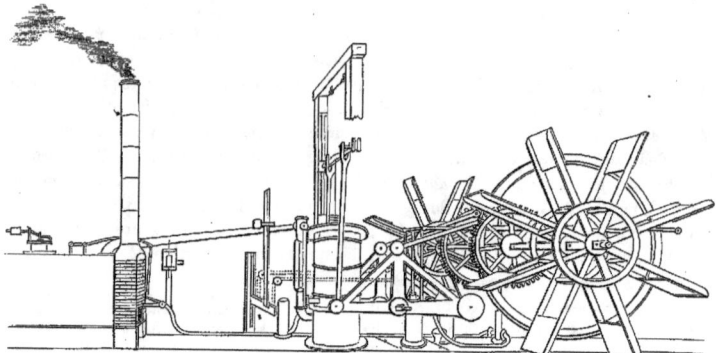

Fig. 98. — Élévation et perspective de la machine à vapeur et de l'arbre des roues du *Clermont*, construit par Fulton en 1807 (page 199).

New-York à Albany, partirait le lendemain, pour cette dernière ville.

Cette annonce causa beaucoup de surprise à New-York. Bien que tout le monde eût été témoin de l'essai sans réplique exécuté peu de jours auparavant, on ne pouvait croire encore à la possibilité d'appliquer un bateau à vapeur à un service de transports. Aucun passager ne se présenta, et Fulton dut faire le voyage seul avec les quelques hommes employés à bord.

La traversée de New-York à Albany, ne laissa aucun doute sur les avantages de la navigation par la vapeur. New-York et Albany, situés tous les deux sur les bords de l'Hudson, sont distants d'environ 60 lieues. Le *Clermont* fit la traversée en trente-deux heures et revint en trente heures. Il marcha le jour et la nuit, ayant constamment le vent contraire, et ne pouvant se servir une seule fois des voiles dont il était muni. Parti de New-York le lundi, à une heure de l'après-midi, il était arrivé le lendemain à la même heure à *Clermont*, maison de campagne du chancelier Livingston, située sur les bords du fleuve. Reparti de *Clermont* le mercredi à 9 heures du matin, il touchait à Albany à 5 heures de l'après-midi. Le trajet avait donc été accompli en trente-deux heures, ce qui donne une vitesse de deux lieues par heure. Ainsi la condition imposée par l'acte du Congrès avait été remplie.

Pendant son voyage nocturne, le *Clermont* répandit la terreur sur les bords solitaires de l'Hudson. Les journaux américains publièrent beaucoup de récits de sa première traversée. Ces relations étaient sans doute empreintes de quelque exagération, mais elles se rapportent à des sentiments trop naturels pour pouvoir être contestées. On se servait, sur le bateau de Fulton, pour alimenter la chaudière, de branches de pin ramassées sur les rives du fleuve, et la combustion de ce bois résineux produisait une fumée abondante et à demi embrasée, qui s'élevait de plusieurs pieds au-dessus de la cheminée du bateau. Cette lumière inaccoutumée, brillant sur les eaux au milieu de la nuit, attirait de loin les regards des marins qui naviguaient sur le fleuve. On voyait avec surprise marcher contre le vent, les courants et la marée, cette longue colonne de feu étincelant dans les airs. Lorsque les marins étaient assez rapprochés pour entendre le bruit de la machine et le choc des roues qui frappaient l'eau à coups redoublés, ils étaient

Fig. 99. — Le *Clermont*, premier bateau à vapeur de Fulton, naviguant sur l'Hudson, de New-York à Albany (page 200).

saisis de la plus vive terreur. Les uns, laissant aller leur vaisseau à la dérive, se précipitaient à fond de cale, pour échapper à cette effrayante apparition; tandis que d'autres se prosternaient sur le pont, implorant la Providence contre l'horrible monstre qui s'avançait en dévorant l'espace et vomissant le feu.

Nous avons dit qu'aucun passager n'avait osé accompagner Fulton dans son voyage de New-York à Albany. Il s'en présenta un pour le retour. C'était un Français, nommé Andrieux, qui alors habitait New-York. Il osa tenter l'aventure, et eut le courage de revenir chez lui sur le *Clermont*.

On raconte qu'étant entré dans le bateau, pour y régler le prix de son passage, Andrieux n'y trouva qu'un homme occupé à écrire dans la cabine. C'était Fulton.

« N'allez-vous pas, lui dit-il, redescendre à New-York avec votre bateau?

— Oui, répondit Fulton; je vais essayer d'y parvenir.

— Pouvez-vous me donner passage à votre bord?

— Assurément, si vous êtes décidé à courir les mêmes chances que moi. »

Andrieux demanda alors le prix du passage, et six dollars furent comptés pour ce prix.

Fulton demeurait immobile et silencieux, contemplant, comme absorbé dans ses pensées, l'argent déposé dans sa main. Le passager craignit d'avoir commis quelque méprise:

« Mais n'est-ce pas là ce que vous m'avez demandé? »

A ces mots, Fulton, sortant de sa rêverie, porta ses regards sur l'étranger, et laissa voir une grosse larme roulant dans ses yeux:

« Excusez-moi, dit-il d'une voix altérée, je songeais que ces six dollars sont le premier salaire qu'aient encore obtenu mes longs travaux sur la navigation par la vapeur. Je voudrais bien, ajouta-t-il en prenant la main du passager, consacrer le souvenir de ce moment, en vous priant de partager avec moi une bouteille de vin ; mais je suis trop pauvre pour vous l'offrir. J'espère cependant être en état de me dédommager la première fois que nous nous rencontrerons. »

Ils se rencontrèrent en effet quatre ans après, et cette fois le vin ne manqua pas pour célébrer un touchant souvenir.

Fulton fit connaître au public le succès de sa belle entreprise, par une note d'une remarquable simplicité, adressée par lui aux journaux de New-York. Elle était ainsi conçue :

« A l'Éditeur du *Citoyen américain.*

« Monsieur,

« Je suis arrivé cette après-midi à quatre heures, sur mon bateau à vapeur, parti d'Albany. Comme le succès de mes expériences me fait espérer que de semblables bateaux sont appelés à prendre une grande importance dans mon pays, afin de prévenir toute opinion erronée et donner aux amis des inventions utiles la satisfaction qu'ils désiraient, je vous prie de vouloir bien donner de la publicité aux résultats suivants :

« J'ai quitté New-York lundi à une heure, et suis arrivé à une heure le lendemain mardi, c'est-à-dire en vingt-quatre heures, à *Clermont*, habitation du chancelier Livingston : distance, 110 milles. J'ai quitté *Clermont* le mercredi à neuf heures du matin, et je suis arrivé à Albany à cinq heures de l'après-midi : temps, huit heures; distance, 40 milles, c'est-à-dire avec la vitesse de 5 milles à l'heure.

« Robert Fulton. »

Après ce premier voyage, le *Clermont* fut immédiatement consacré à un service régulier de New-York à Albany. Comme il se trouva bientôt encombré de passagers, on augmenta sa longueur de plusieurs mètres. Dès le commencement de l'année 1808, il faisait un service quotidien sur l'Hudson avec une vitesse constante de 5 milles à l'heure.

Le *Clermont* fut le premier bateau à vapeur qui indemnisa ses propriétaires des dépenses occasionnées pour sa construction.

Ce ne fut pas néanmoins sans difficultés que ce nouveau système de navigation parvint à s'établir sur l'Hudson. On prétendait qu'il serait préjudiciable aux intérêts du pays, en nuisant au développement des constructions navales. Les bâtiments à voiles qui naviguaient sur l'Hudson, endommagèrent souvent le *pyroscaphe*, en le heurtant, ou l'accostant volontairement, avec l'intention de le couler. Le Congrès de l'État de New-York fut obligé, pour mettre un terme à ces atteintes, de les considérer comme des offenses publiques, punissables d'amende et d'emprisonnement.

Malgré les obstacles inévitables que rencontre toute invention nouvelle, quand elle surgit au milieu d'intérêts contraires, depuis longtemps établis, l'entreprise de Fulton et Livingston acquit rapidement un haut degré de prospérité.

Le 11 février 1809, Fulton obtint du gouvernement américain, un brevet qui lui assurait le privilége de ses découvertes concernant la navigation par la vapeur. Pendant l'année 1811, il construisit quatre magnifiques bateaux. Le plus grand, qui prit le nom de *Chancelier Livingston*, était du port de 526 tonneaux ; il était destiné au service de New-York à Albany.

En 1812, Fulton établit deux bateaux-bacs mus par la vapeur, pour traverser l'Hudson et la rivière de l'Est. Il construisit, en même temps, divers autres bateaux, pour le compte de quelques compagnies, auxquelles il cédait les droits concédés dans son privilége. C'est ainsi que la navigation par la vapeur put s'établir en quelques années, sur les diverses branches du Mississipi et de l'Ohio.

La création, aux États-Unis, de la marine à vapeur, était l'événement le plus considérable qui se fût accompli depuis la guerre de l'indépendance. Les travaux de Fulton imprimèrent une activité nouvelle au génie américain. Les divers États virent bientôt se resserrer les liens qui les unissaient. Sur les bords de plusieurs fleuves, déserts jusqu'à cette époque, des nations entières allèrent s'établir, pour en défricher les terres et y fonder des villes. Les bateaux à vapeur portèrent ainsi la vie et le mouvement du commerce sur une foule de points où l'on comptait à peine quelques habitations disséminées. Il est reconnu que la culture des districts de l'Ohio, du Missouri, de l'Illinois et d'Indiana, fut, par cette invention, avancée de plus d'un siècle.

Jusqu'en 1815, Fulton, tout en s'occupant de quelques autres recherches qui ne pouvaient suffire encore à l'activité de son esprit, se consacra au perfectionnement de ses bateaux. Il parvint à faire entrer dans ses vues le gouvernement américain, et sa carrière se termina par la création d'un véritable monument en ce genre. En 1814, dans l'éventualité d'une guerre que pourraient provoquer les difficultés survenues entre l'Angleterre et les États-Unis, le Congrès fit construire, à New-York, d'après les plans de Fulton, une immense frégate, mue par la vapeur et destinée à la défense du port.

Ce bâtiment, dont la construction nécessita une dépense de 1 600 000 francs, et qui fut nommé *le Fulton Ier*, avait 145 pieds de long. Il était formé de deux bateaux, séparés par un espace de 66 pieds de long sur 55 de large ; c'est dans cet intervalle, et protégée ainsi contre le feu de l'ennemi, que se trouvait placée sa roue à aubes. Un bordage de 5 pieds garantissait la machine à vapeur. Plusieurs centaines d'hommes pouvaient manœuvrer sur le pont, à l'abri d'un fort rempart. Trente embrasures donnaient passage à autant de canons, qui devaient lancer des boulets rouges. Des faulx, mises en mouvement par la machine à vapeur, armaient les côtés du bâtiment, et devaient empêcher l'abordage ; tandis que de grosses colonnes d'eau, froide ou bouillante, vomies par divers tuyaux, alimentés par la machine à vapeur, devaient inonder ou brûler tout ce qui se trouverait sur le pont, dans les hunes et dans les sabords du navire ennemi qui s'approcherait pour l'attaquer.

Cependant Fulton ne devait pas être témoin des effets de cette forteresse flottante. Malgré le privilége exclusif de navigation que lui avait accordé le Congrès de New-York, il eut le chagrin de voir un grand nombre de bateaux à vapeur s'établir sur les eaux qui lui avaient été concédées (1). Il fut ainsi amené à soutenir beaucoup de procès pénibles. En revenant de Trenton, capitale de l'État de New-Jersey, où s'était plaidée une des causes de son associé Livingston, il se trouva surpris sur l'Hudson par des froids excessifs. Le fleuve était couvert de glaces qui arrêtèrent son bateau et l'obligèrent à demeurer exposé, pendant plusieurs heures, aux rigueurs de la saison. Sir Emmet, son avocat et son ami, ayant failli périr sous les glaces, il fit des efforts inouïs pour l'arracher à la mort.

Toutes ces causes réunies déterminèrent une fièvre grave, dont on réussit pourtant à se rendre maître. Mais, à peine en convalescence, il voulut aller surveiller les travaux de sa frégate à vapeur, et resta tout un jour exposé, sur le pont, au froid et au mauvais temps. La fièvre le reprit avec une nouvelle violence, et l'enleva, le 24 février 1815, âgé seulement de cinquante ans.

Jamais la mort d'un simple particulier n'avait provoqué, aux États-Unis, des témoignages aussi unanimes de respect et de douleur. Les journaux qui annoncèrent l'événement, parurent encadrés de noir. Les corporations et les sociétés littéraires de New-York, prirent

(1) Daniel Ood éleva la prétention de partager avec Fulton le privilége de la navigation par la vapeur, privilége concédé à ce dernier par l'acte du Congrès de Washington. Un comité nommé par la chambre législative, dans un rapport sur cette affaire, ne craignit pas de fouler aux pieds les droits de Fulton, en déclarant « que « les bateaux construits par Livingston et Fulton n'étaient, « en définitive, que l'invention de Fitch. » C'était là une décision fort injuste. L'appareil mécanique employé par Fitch était très-imparfait ; celui de Fulton était, au contraire, irréprochable. C'était, en outre, le premier qui eût réussi dans la pratique.

le deuil pour un certain temps, et le Congrès de l'État de New-York, qui siégeait alors à Albany, le porta pendant trente jours. C'est le seul exemple d'un témoignage de ce genre accordé, en Amérique, à un simple particulier qui n'occupa jamais aucune fonction publique, et ne se distingua du reste de ses concitoyens que par ses talents et ses vertus. Toutes les autorités de New-York assistèrent à son convoi, et la frégate à vapeur tira, en signe de deuil et d'honneur, pendant le passage du cortége.

Il faut pourtant ajouter, pour rester fidèle à la vérité, que les compatriotes de Fulton laissèrent, après sa mort, sa famille en proie à des embarras pécuniaires, qui résultaient de l'inexécution des conventions passées entre le Congrès des États-Unis et l'inventeur de la navigation par la vapeur.

CHAPITRE V

LA NAVIGATION PAR LA VAPEUR TRANSPORTÉE EN EUROPE. — SON ÉTABLISSEMENT EN ANGLETERRE. — LA **COMÈTE** DE HENRY BELL, EN ÉCOSSE. — SERVICE RÉGULIER DE BATEAUX A VAPEUR ÉTABLI EN ANGLETERRE. — LES BATEAUX A VAPEUR APPLIQUÉS AUX TRANSPORTS SUR MER. — PREMIERS ESSAIS DE NAVIGATION A VAPEUR EN FRANCE. — LE **CHARLES-PHILIPPE** LANCÉ A BERCY, PAR LE MARQUIS DE JOUFFROY. — LE PREMIER BATEAU A VAPEUR VENU A PARIS, A TRAVERS LA MANCHE. — LE PREMIER NAVIRE A VAPEUR EN AFRIQUE, RÉCIT DE M. LÉON GOZLAN.

L'Europe ne pouvait demeurer indifférente à ce qui venait de s'accomplir aux États-Unis. Si la marine à vapeur offrait à l'Amérique des avantages immenses, par suite de la configuration de son territoire, les nations européennes, en raison de l'activité, de l'importance et du nombre de leurs relations mutuelles, devaient en obtenir des services non moins étendus.

Ce n'est qu'en 1812, cinq ans après le succès de Fulton aux États-Unis, que les bateaux à vapeur commencèrent à s'introduire dans la Grande-Bretagne. Un mécanicien écossais,

Henry Bell, construisit, à cette époque, un bateau à vapeur, *la Comète*, qui fit un service de transports sur la Clyde, entre Glasgow et Greenock. Ce n'était guère là néanmoins qu'une sorte d'essai préliminaire, car la machine à vapeur de ce bateau n'avait que la force de trois chevaux.

La *Comète* de Henry Bell, qui fut lancée pour la première fois sur la Clyde, en Écosse, le 18 juin 1812, n'était du port que de 30 tonneaux. Ce bateau à vapeur, le premier qui fit en Europe un service régulier pour le transport des voyageurs, avait 40 pieds de longueur et 10 pieds 1/2 de largeur. Sa machine, qui différait peu par l'ensemble de ses dispositions de celle du célèbre bateau de Fulton, le *Clermont*, mettait en action deux roues, placées aux deux côtés du bateau. La figure 100 représente ce bateau d'après l'ouvrage de M. Woodcroft.

Les efforts de Henry Bell pour établir en Écosse la navigation par la vapeur dataient de plusieurs années. Déjà en 1800 et 1803, il avait adressé, sans succès, des demandes à l'amirauté anglaise, pour entreprendre d'après ses vues, et aux frais de l'amirauté, des essais de navigation par la vapeur. L'amirauté ayant fermé l'oreille à ses demandes, il adressa la description de ses appareils à plusieurs gouvernements de l'Europe et à celui des États-Unis d'Amérique.

Ce que Fulton et Livingston avaient fait en Amérique, pour y établir la navigation par la vapeur, Henry Bell essaya de le faire dans la Grande-Bretagne. Il fut le premier, en Europe, à faire accepter l'emploi de la vapeur dans la navigation fluviale et maritime.

D'après les lettres rapportées par M. Woodcroft [1], Henry Bell se serait trouvé en correspondance avec Fulton, qui, de retour en Amérique, l'aurait prié de lui transmettre des renseignements exacts sur le bateau à vapeur

---

[1] *A sketch of the origin and progress of steam navigation, from authentic documents*, by Bennet Woodcroft. In-8°, London, 1848, p. 83.

Fig. 100. — La *Comète*, premier bateau à vapeur anglais, construit par Henry Bell, en 1812.

qui fut essayé par Miller et Symington, en 1789, sur le canal de Forth et Clyde. Selon l'historien que nous venons de citer, Henry Bell trouvant qu'il y aurait de l'absurdité à s'occuper en faveur d'un étranger, d'un sujet si important, résolut de s'y consacrer pour son propre compte et pour son pays. Ayant construit différents *modèles* de bateaux à vapeur, et reconnu l'excellence de leurs dispositions, il fit exécuter, d'après ses plans, chez John Wood, un bateau, qu'il munit de roues à aubes et d'une machine à vapeur. C'était la *Comète*, qui empruntait son nom à l'astre chevelu qui, en 1811, c'est-à-dire pendant la construction de ce bateau, apparut à la partie nord-ouest du ciel de l'Écosse, et produisit en Europe une grande sensation.

Henry Bell fit connaître au public, par l'avis suivant, l'existence de ce nouveau moyen de transport sur les fleuves et rivières.

« *Avis aux voyageurs sur le paquebot* LA COMÈTE, *pour le service des passagers seulement, entre Glasgow, Greenock et Helensburg*.

« Le soussigné étant parvenu, après beaucoup de dépenses, à construire un élégant bateau destiné à la navigation sur la Clyde, entre Glasgow et Greenock, et qui peut être mis en mouvement à volonté par la puissance de la vapeur ou celle du vent, se propose de faire partir ce paquebot de Broomelau, les mardis, jeudis et samedis vers midi, ou un peu plus tard, selon l'heure de la marée, et de partir de Greenock les lundis, mercredis et vendredis matin, pour profiter de la marée. Par l'élégance, le comfort, la vitesse et la sécurité qu'il présente, ce bateau méritera toute l'approbation du public, et le propriétaire est disposé à faire tout ce qui dépendra de lui pour l'obtenir.

« Les prix sont pour le moment de 4 shillings pour les premières et de 3 shillings pour les secondes.

« Le soussigné dirige toujours le service pour les bains de Helensburg, et un bateau sera prêt pour transporter les passagers de la *Comète* qui veulent se rendre de Greenock à Helensburg.

« HENRY BELL.

« Helensburg-les-Bains, 5 août 1812. »

Cet appel aux voyageurs porta peu de fruits. Il régnait dans le public un préjugé si fort et des craintes si enracinées contre les dangers attachés à l'emploi de la vapeur sur les bateaux, que c'est à peine si quelques personnes osèrent s'aventurer sur le *pyroscaphe*. Les bateliers de la Clyde et les conducteurs des coches d'eau, poursuivaient de leurs cris et de leurs huées les rares passagers de la *Comète*.

Un an se passa dans ces dispositions défavorables. Aussi pendant cette première année, Henry Bell ne retira-t-il que des pertes de son entreprise. Cependant on finit par reconnaître que les passagers étaient transportés par la *Comète*, aussi rapidement sur les 24 milles de son parcours, que par le coche d'eau, et avec un tiers d'économie; ce qui commença à réconcilier le pays avec le nouveau mode de navigation.

Les bénéfices, toutefois, n'arrivaient pas plus vite pour le propriétaire de la *Comète*. Afin d'édifier complétement le public sur les avantages et la sécurité de son bateau, Henry Bell le fit naviguer sur toute la côte de l'Écosse, de l'Angleterre et de l'Irlande. Le public se montra dès lors moins timide, et les passagers finirent par affluer sur le bateau à vapeur.

Avant l'établissement de ce paquebot, le nombre moyen des voyageurs entre Greenock et Glasgow ne dépassait pas 80 par jour. Quatre années après, il n'était pas rare de compter chaque jour, 450 passagers, jouissant du plaisir d'une excursion sur l'eau, aux bords enchanteurs de la Clyde.

Pour satisfaire l'extension croissante de la circulation entre ces deux points, Henry Bell fit construire en 1815, un bateau plus puissant: c'était le *Rob-Roy*, nom tiré d'un roman de Walter Scott. Ce bateau, du port de 90 tonneaux, et pourvu d'une machine de 30 chevaux de force, fut employé à la traversée de la Clyde et de Belfast.

Pendant l'automne de la même année, plusieurs autres bateaux, construits par Henry Bell, furent envoyés sur divers points de l'Angleterre, et commencèrent à généraliser dans la Grande-Bretagne l'emploi des machines à vapeur dans la navigation sur les rivières.

D'après R. Stuart, pendant que Henry Bell préludait en Écosse à l'établissement de la navigation par la vapeur, c'est-à-dire pendant l'année 1811, un constructeur de l'Irlande, M. Dawson, qui s'occupait, de son côté, du même objet, fit construire un bateau d'essai, du port de 50 tonneaux, qui était mis en mouvement par une petite machine à vapeur marchant à haute pression. Par une coïncidence curieuse, ce bateau reçut le nom de *la Comète*, comme celui que Henry Bell, en Écosse, lançait, pendant la même année, sur les eaux de la Clyde (1).

La navigation à vapeur prenant peu à peu de l'extension dans la Grande-Bretagne, une ligne régulière, desservie par deux bateaux à vapeur, *l'Hibernia* et *la Britannia*, fut établie entre Holy-head et Dublin.

Holy-head et Dublin sont séparées par la partie de la mer d'Irlande connue sous le nom de *canal Saint-Georges*. C'était pour la première fois, en Europe, que les bateaux à vapeur osaient naviguer en mer, pour un service continu. La régularité et la sûreté parfaites avec lesquelles s'accomplirent les traversées, dans ces parages orageux, prouvèrent suffisamment les avantages des bateaux à vapeur pour les voyages sur mer, et leur résistance extraordinaire aux accidents de la navigation maritime. Aussi vit-on, après cette épreuve décisive, plusieurs compagnies se former en Angleterre, pour établir des services de paquebots sur les rivières, entre l'Angleterre et l'Irlande, et même sur quelques points entre la côte d'Angleterre et le continent.

En 1818, M. Dawson, qui, d'après R. Stuart, comme nous venons de le dire, avait débuté

(1) Stuart, édition anglaise, vol. II, p. 525.

dès l'année 1811 dans cette belle carrière, en même temps que Henry Bell, établit un paquebot à vapeur sur la Tamise, pour faire le service entre Gravesend et Londres. Ce fut le premier bateau à vapeur de la Tamise. En même temps, M. Lawrence, de Bristol, qui avait établi un paquebot à vapeur sur la Severn, excité par cet exemple, amena ce bateau à Londres pour le consacrer à un service régulier sur la Tamise. Mais l'opposition des bateliers et des matelots de Londres fut telle, que M. Lawrence fut contraint de renoncer à son entreprise, et de ramener son bateau sur la Severn. Plus tard, ce même bateau fut envoyé en Espagne, où il fit un service de transports de rivière entre Séville et San-Lucar.

Nous venons de voir la navigation par la vapeur débuter dans la Grande-Bretagne, marcher avec timidité, mais en définitive avec succès, dans sa voie, et triompher peu à peu des obstacles que toute invention nouvelle rencontre à son origine, obstacles qui résultent à la fois de son état d'imperfection et des résistances que lui opposent les intérêts divers qu'elle menace. Nous allons maintenant suivre dans notre pays les progrès de la navigation par la vapeur.

Ses progrès en France furent, comme on va le voir, beaucoup moins heureux dans la même période.

C'est en 1815 que l'on songea pour la première fois, parmi nous, à l'établissement de la navigation par la vapeur. La paix venait d'être conclue entre la France et les nations de l'Europe, coalisées contre sa puissance et son génie. L'industrie française profita de cette trêve de paix, pour essayer d'exploiter une invention dont la priorité, reconnue, constitue pour notre pays un titre de gloire nationale.

M. de Jouffroy, à qui revient l'honneur d'avoir le premier, dans le monde entier, fait naviguer un bateau à vapeur, avait, comme nous l'avons dit, émigré pendant la révolution et passé à l'étranger une existence obscure.

Il revint en France après la paix de Lunéville, et rassembla les débris d'une grande fortune, qu'avaient d'abord beaucoup réduite ses travaux scientifiques, et que les mesures révolutionnaires contre les émigrés, avaient fini par anéantir.

Le général de Follenai rentra en France en même temps que son ami. En 1792, il avait commandé la ville d'Avignon, alors ensanglantée par la guerre civile et les exploits de *Jourdan Coupe-tête*. Dénoncé pour incivisme, parce qu'il avait maintenu la discipline parmi ses soldats, auxquels on prêchait ouvertement l'insubordination, il avait été mis à la retraite. Contraint de fuir d'asile en asile, les délations des terroristes, il avait fini par émigrer. A peine rentré en France, il rejoignit M. de Jouffroy, et tous deux reprirent immédiatement leur entreprise, forcément abandonnée.

M. de Jouffroy demandait au gouvernement la délivrance, en sa faveur, d'un brevet d'invention, et Follenai cherchait à former une nouvelle compagnie financière.

Le 24 décembre 1801, M. de Jouffroy écrivait du château d'Abbans à M. de Follenai :

« Comme on me demande un petit modèle, je travaille fort à celui que j'ai commencé ; j'y mets tous mes soins ; j'espère qu'il satisfera tous ceux qui le verront. Je suis presque décidé à le porter moi-même à Paris. Je chargerais sur mon chariot deux muids de mon vin blanc vieux, et nous deux, mon fils Ferdinand et moi, nous le conduirions à Paris avec le reste de l'eau de cerise et le modèle. Cela ne retarderait pas de beaucoup la construction du grand bateau, parce que le petit modèle a mis M. Marion et même mon fils Achille, dans le cas de se passer de moi pour beaucoup de choses ; mais il faudrait dans le même temps conclure un arrangement avec des fournisseurs de fonds. Cette société ne pourrait faire moins de six cent mille livres de fonds ; il faut que vous vous occupiez sérieusement de cet objet. »

Le marquis de Jouffroy ne donna pas suite à son projet de porter à Paris le modèle de son bateau. Quel singulier et touchant spectacle n'eût pas offert notre gentilhomme franc-comtois, conduisant lui-même, durant ce long trajet, à petites et laborieuses journées, le modèle de son bateau à vapeur, sur la même charrette qui portait deux muids de son vin blanc!

Le 21 janvier 1802, M. de Jouffroy écrivait à son ami :

« Mon cher Follenai, je suis ici depuis quinze jours occupé à travailler ; ce que je préfère à rester à Abbans, parce que j'ai la ressource de Marmillon. Il faut que je dépose mon modèle cacheté, plus 900 francs, et que je souscrive en outre une obligation de 750 francs ; c'est ce que coûtera mon brevet pour quinze ans ; cette somme, avec mes matériaux, m'aurait suffi pour faire mon bateau, ainsi que la machine, et les mettre en état de recevoir la pompe à feu (1). »

A partir de 1802, de Jouffroy et Follenai se réunirent souvent, soit à Paris, soit en Franche-Comté, pour s'occuper de leur entreprise.

Mais les anciens actionnaires de leur société avaient été dispersés ou ruinés par la révolution. Aussi tous leurs efforts furent inutiles. Non-seulement on ne parvint pas à former une compagnie pour l'essai de la navigation à vapeur, mais M. de Jouffroy ne put trouver les fonds nécessaires pour se faire délivrer un brevet d'invention.

Ce ne fut qu'au retour des Bourbons que

(1) M. Paguelle, dans la notice que nous avons déjà citée plusieurs fois, essaye de donner quelques éclaircissements sur ce grand bateau que l'inventeur construisait en 1802, avec l'aide de son fils Achille et de M. Marion, en même temps qu'il travaillait à son petit modèle.

« Si j'en crois, dit M. Paguelle, les traditions du pays, il l'aurait
« fait naviguer, vers 1803 ou 1804, entre Abbans-Dessous et Osselle ;
« il resta quelque temps amarré au portail de Roche. Je tiens ces faits,
« non-seulement de mon père, intimement lié avec la famille de Claude
« de Jouffroy, mais encore d'autres témoins oculaires, parmi lesquels
« je citerai M. Domet, ancien inspecteur des eaux et forêts à Vesoul,
« M. Victor Grillet, ancien avocat et député du Doubs, M. Talbert
« de Nancray.

« On voyait encore, il y a près de trente ans, à quelque distance d'Ab-
« bans-Dessus, une petite construction élevée, m'a-t-on dit, de la main
« même des fils de M. Claude de Jouffroy pour abriter le travail de leur
« père ; des débris du petit modèle ont été conservés pendant longtemps
« au château d'Abbans-Dessus, où, l'automne dernier, dans la cour
« d'entrée, j'ai vu la forge qui a servi à l'inventeur pour établir de ses
« mains les pièces de la machine. » (Notice sur les premiers essais de la navigation par la vapeur, page 15.)

l'étoile de M. de Jouffroy commença à briller un peu. Son long dévouement à la famille royale trouva sa récompense. Il obtint les bonnes grâces de Louis XVIII, qui l'envoya comme commissaire du gouvernement dans les départements de l'Est.

Profitant de la faveur royale, le marquis de Jouffroy fit valoir ses droits comme créateur de la navigation par la vapeur, et il obtint enfin un brevet qui le déclarait l'auteur de cette découverte. Une société financière s'offrit pour exécuter les plans qu'il présentait. Le comte d'Artois se déclara son protecteur, et l'on donna le nom de *Charles-Philippe* à un bateau à vapeur qui fut construit au Petit-Bercy, et lancé avec une certaine solennité, le 20 août 1816, pendant les fêtes qui suivirent le mariage du duc de Berry.

On voit représentée (fig. 101) l'intéressante opération du lancement, fait à Bercy, du bateau à vapeur que le marquis de Jouffroy, après tant d'efforts et de luttes, avait enfin réussi à faire exécuter.

De Bercy, le bateau à vapeur fut dirigé jusqu'aux Tuileries. Les acclamations de la foule ne cessaient de l'accompagner. Quand il s'arrêta sous les fenêtres du palais des Tuileries, où se trouvaient Louis XVIII et le comte d'Artois, les acclamations redoublèrent, et durent vivement émouvoir l'âme du noble inventeur.

La fortune semblait donc sourire à la persévérance et aux talents du marquis de Jouffroy ; mais cette tardive lueur de prospérité ne fut qu'un éclair. Son privilège fut contesté judiciairement. Une compagnie nouvelle, la société Pajol, obtint un brevet et commença une exploitation rivale.

Cette concurrence fut fatale aux deux entreprises. Les dépenses considérables que nécessitait la construction des bateaux à vapeur, si nouvelle parmi nous à cette époque, absorbèrent tous les fonds des actionnaires. La compagnie de M. de Jouffroy fut ruinée, et ses concurrents ne furent guère

Fig. 101. — Le *Charles Philippe*, lancé sur la Seine, à Bercy, par le marquis de Jouffroy, le 20 août 1816.

plus heureux. M. de Jouffroy retomba dans l'obscurité d'où il était un moment sorti. L'auteur des premiers essais exécutés en France pour la navigation par la vapeur, fut contraint, après la révolution de juillet 1830, d'entrer aux Invalides, comme ancien capitaine d'infanterie. Il y est mort du choléra, en 1832, âgé de quatre-vingts ans, et ne laissant à ses fils d'autre héritage que son nom.

Les bateaux à vapeur qui furent construits par la compagnie du marquis de Jouffroy, étaient pourvus d'un mécanisme de roues palmées, s'ouvrant et se refermant par la résistance de l'eau, d'après le système *de la patte d'oie*, déjà employé dans le même cas, plus de trente années auparavant, par M. de Jouffroy. La compagnie Pajol, qui essayait en même temps d'introduire en France la navigation par la vapeur, dut adopter des dispositions différentes de celles dont faisait usage la compagnie rivale. Pour ne pas se mettre en frais d'invention, cette compagnie décida d'aller simplement acheter à Londres, un des bateaux à vapeur qui commençaient à naviguer sur la Tamise, et de consacrer ce bateau au service de transports que l'on voulait établir sur la Seine.

Un capitaine de marine, nommé Andriel, reçut, de la compagnie Pajol, la mission de se rendre à Londres, pour s'y procurer un bateau capable de donner aux Parisiens l'idée de la nouvelle navigation, et de conduire ce bateau de Londres à Paris.

La traversée de la Manche, faite sur ce bateau à vapeur, par le capitaine Andriel et le petit équipage qui l'accompagnait, fut semée d'incidents assez curieux pour être rapportés ici. Un vif intérêt se rattache, d'ailleurs, à cet épisode du premier bateau à vapeur venu à Paris, en traversant la Manche.

Arrivé à Londres au mois de janvier 1816, le capitaine Andriel, malgré plusieurs jours de recherches, ne put découvrir sur la Tamise ni dans les docks, que trois pauvres bateaux, dont le plus fort, le *Margery*, n'avait que 16 mètres de longueur sur 5 de largeur, et n'était pourvu que d'une machine de la force de 10 chevaux. N'ayant pas le choix, il dut se contenter de ce chétif modèle. Il le débaptisa de son nom britannique de *Margery*, pour lui donner le nom d'*Élise*; et le 9 mars 1816, il s'embarqua t sur ce bateau, avec dix hommes d'équipage, y compris le mécanicien et le chauffeur.

L'*Élise* était partie du pont de Londres à midi. A trois heures on était à Gravesend. On quitta cette ville, le lendemain dimanche.

Le bateau à vapeur ne tarda pas à rencontrer sur la Tamise, un *cutter* de la marine royale.

Le commandant de ce vaisseau pressentait sans doute dès ce moment, les grandes destinées qui attendaient la navigation par la vapeur, et la supériorité qu'elle devait manifester un jour sur la marine à voiles; car il essaya d'arrêter dans ses langes la jeune invention qui se montrait pour la première fois à ses regards. Il dirigea ses bordées vers l'*Élise*, qu'il mit plusieurs fois en danger de couler. C'est en vain que l'équipage protestait, au moyen du porte-voix, contre ses brutales attaques. Abusant de sa force, le navire courut de si près sa dernière bordée, que son mât de beaupré vint heurter la cheminée de tôle de la machine à vapeur de l'*Élise*.

Cependant, par un effort de vitesse, le bateau à vapeur parvint à se mettre hors de l'atteinte de son terrible ennemi, qui espérait sans doute, qu'en coulant l'*Élise* il aurait suffisamment établi, aux yeux de tous, les dangers du nouveau mode de navigation.

Le 10 mars, à onze heures du soir, l'*Élise* se trouvait à la hauteur de Douvres; et le 11, elle entrait dans la Manche, à 35 milles sud de Beachy-Head, dans la direction du Havre, lorsqu'un vent du sud-ouest des plus violents, la crainte des avaries, enfin quelques murmures de l'équipage, qui n'osait braver, avec la vapeur, les dangers de la haute navigation par une grosse mer, décidèrent le capitaine à rebrousser chemin. On ramena donc le bateau à vapeur sous Demgerness, où l'on jeta l'ancre, au milieu de beaucoup de bâtiments, qui étaient venus s'y abriter comme lui.

Le mauvais temps s'étant maintenu, ce ne fut que quatre jours après, c'est-à-dire le 15, à cinq heures du matin, que l'*Élise* put reprendre la mer, et se diriger vers le Havre. Mais à midi, un fort vent du sud souleva les vagues avec tant de violence qu'elles emportèrent quatre des palettes de fer des roues du bâtiment, ce qui le força d'entrer au port de New-Haven, pour réparer cette avarie.

L'accident réparé, l'*Élise* quitta New-Haven, à une heure de l'après-midi, en présence d'une foule nombreuse, accourue de tous les environs, pour assister au spectacle nouveau d'un bateau à vapeur prenant la mer.

A peine l'équipage de l'*Élise* avait-il perdu de vue la côte d'Angleterre, que la mer devint menaçante. Les lames étaient si fortes, que la coque du bateau sortait à moitié du liquide, dès lors l'une des roues tournait hors de l'eau. Vers minuit, la tempête devint furieuse. L'équipage était épouvanté, tant de l'inégalité du jeu de la machine, par suite de l'élévation de l'une des roues hors du liquide, que de la violence de la tempête, et de l'imprévu d'une navigation qui plaçait les passagers entre le feu et l'eau, sur une chétive embarcation, par une nuit noire et une pluie battante. L'équipage, entièrement composé de matelots anglais, demanda donc à grands cris, de retourner en Angleterre, car le vent était favorable au retour.

Sans tenir aucun compte des réclamations de ses matelots, le capitaine Andriel descendit dans la cale, pour observer soigneusement toutes les parties de la machine à vapeur. Satisfait de cet examen, il donna l'ordre de continuer d'avancer.

Les vents variaient à chaque instant, et souvent avec une violence telle, qu'un navire à voiles eût été forcé de mettre à la cape. Plusieurs fois la lame, couvrant le bateau tout entier, renversa le capitaine et les matelots qui se trouvaient sur le pont.

Vers deux heures du matin, le capitaine était descendu dans sa chambre, pour y faire sécher ses vêtements mouillés par la mer. Il avait fait allumer un grand feu dans un poêle de fonte, composé de plusieurs pièces superposées, lorsqu'un coup de vent terrible, renversant à demi le bateau, démonta le poêle, fit rouler sur le sol les pièces qui le composaient, et répandit la houille ardente sur le plancher, recouvert de toile cirée.

Si cet accident eût amené l'incendie du bateau, nul doute qu'on n'eût attribué ce malheur au foyer de la machine, ou à l'explosion de la chaudière. En l'absence de tous témoins, cette interprétation était inévitable, et la navigation à vapeur eût été discréditée, dès son berceau, en Angleterre et en France. Les compagnies d'assurances, qui, au départ, avaient obstinément refusé d'assurer l'*Élise* et la vie du capitaine, se seraient, dans ce cas, hautement applaudies de leur prudence.

Heureusement, rien de tout cela n'arriva. Le capitaine, sans invoquer le secours d'aucun homme de l'équipage, parvint à arrêter ce commencement d'incendie, avec la seule aide de son second, qui avait compris, comme lui, combien il importait, dans ce moment, de se hâter, et surtout de se taire.

Ce danger était à peine conjuré, que la mer devenant de plus en plus dangereuse, tout l'équipage fit entendre de nouveau ses réclamations, formulées très-haut, et son impérieux désir de regagner la côte anglaise. Le capitaine Andriel résista énergiquement à ces prétentions. Il fit servir aux hommes quelques verres de rhum, et promit trois bouteilles de cette liqueur à celui qui annoncerait le premier la terre de France. Un hourra d'assentiment accueillit cette promesse, et chacun reprit son poste.

A quatre heures trois quarts du matin, deux voix crièrent à la fois : « *French light!* » (fanal français). Aussitôt le capitaine s'élança sur le pont, et malgré une mer toujours furieuse, il put se convaincre de la vérité.

A six heures du matin, l'*Élise* était en vue du Havre, après une traversée de dix-sept heures, et par une mer violente, que l'on avait vue depuis la veille, couverte de débris de vaisseaux.

Le bateau-pilote du Havre se dirigeait vers le bateau, épuisé par sa pénible lutte contre les éléments; mais dès qu'il eut aperçu la fumée de la cheminée, qui signalait un bateau à vapeur, il vira de bord, et rentra au Havre, où l'*Élise* dut pénétrer sans guide. Malgré le mauvais temps, une foule immense remplissant les quais, attendait avec anxiété de connaître le sort du bateau à vapeur, attendu depuis plusieurs jours.

Lorsque le capitaine Andriel se présenta chez le correspondant de sa compagnie, chargé de recevoir l'*Élise*, ce dernier se refusa à croire que le capitaine eût effectué la traversée de la Manche par une mer qui avait été, pendant la nuit précédente, funeste à tant de navires. Il fallut, pour le convaincre entièrement, le conduire à bord de l'*Élise*.

Le lendemain, 20 mars, à trois heures de l'après-midi, et en présence de toute la population du Havre, l'*Élise* quitta ce port, pour se rendre à Paris, par la Seine, en traversant Rouen.

La nuit suivante fut très-obscure. Les villageois se rassemblaient sur les rives du fleuve, appelés par le bruit des roues, et effrayés à la vue des étincelles et des jets de flamme qui s'échappaient du bateau; car l'ardeur du foyer faisait souvent rougir le bas de la cheminée, jusqu'à un mètre au-dessus du pont. Cette espèce de torche sillonnant avec rapidité le cours du fleuve, attirait de loin tous les regards, et semait l'épouvante sur son parcours. Les cris sinistres : *Au feu ! au feu !* le tocsin et les aboiements des chiens, ne cessèrent qu'au point du jour, de poursuivre la fantastique apparition.

Mais la scène changea avec le lever du soleil. On parcourait les belles rives de la Seine, aux approches de Rouen, et l'on ne trouva plus que des paysans au visage gai et épanoui, qui saluaient les passagers, en jetant leurs chapeaux en l'air.

Il fallut s'arrêter à Rouen, pour munir la cheminée du bateau à vapeur d'une partie articulée, qui permit de l'abaisser au passage des ponts.

Le 25, à onze heures du matin, l'*Élise* quittait Rouen, ayant à son bord le prince Wolkonski, aide de camp de l'empereur de Russie, Alexandre, et quelques officiers de sa suite, venus de Paris, dans cette intention. Le bateau traversa Rouen, sous les doubles couleurs françaises et russes, aux acclamations des habitants de la ville et des campagnes d'alentour, qui encombraient les quais, les fenêtres, et jusqu'aux toits des maisons.

Les officiers russes embarqués sur l'*Élise*, ne se méprirent pas sans doute, sur l'objet et l'adresse de ces hommages. La cité rouennaise saluait de ses vivats sympathiques, l'inauguration d'un système nouveau qui devait renouveler la navigation ; elle oubliait pour un moment la douloureuse présence des alliés dans la capitale de la France !

Le 28 mars, l'*Élise* mouillait sur la Seine, au pont d'Iéna, et le lendemain, les Parisiens se pressaient sur les quais, depuis la barrière de la Conférence jusqu'au quai Voltaire, où devait s'arrêter le bateau.

On avait fait porter, la veille, deux canons à bord de l'*Élise*. Arrivé au pont de la Concorde, le capitaine commanda de tirer le premier coup de canon, auquel succéda toute une salve, dont le vingt et unième coup retentit sous les fenêtres du palais des Tuileries, aux acclamations de la multitude. Le roi Louis XVIII, qui assistait à cette scène, accoudé à une fenêtre du palais, ne put s'empêcher de partager l'enthousiasme public. Il applaudit, en élevant les mains.

Là se termina l'épopée du premier bateau à vapeur venu d'Angleterre en France. Le 10 avril, l'*Élise* repartit pour Rouen, et commença un service de transports réguliers entre cette ville et Elbeuf. Mais l'entreprise s'arrêta devant des embarras qui amenèrent bientôt sa dissolution. Le bateau à vapeur dut reprendre le chemin de l'Angleterre, où son premier soin fut de rentrer en possession de son titre britannique de *Margery*, répudiant ce doux et mélodieux nom d'*Élise*, qui aurait pourtant rappelé son triomphe et ses beaux jours.

Les temps n'étaient pas encore venus pour la France, d'inaugurer, avec éclat ou avec succès, le nouveau mode de navigation.

Après les essais que nous venons de rappeler, quatre années se passèrent sans que rien fût entrepris en ce genre. En 1820 seulement, un constructeur anglais, Steel, lança sur la Seine, entre Elbeuf et Rouen, un petit bateau à vapeur, ayant pour propulseur une rame articulée, ou *patte d'oie*.

En 1821, une compagnie anglaise amena en France, deux bateaux à vapeur en fer, l'*Aaron-Mamby* et *la Seine*, qui firent sur la Seine, un service de transports. Peu après, deux autres bateaux à vapeur, *le Commerce* et *l'Hirondelle*, semblables aux deux premiers, sortaient des ateliers que Mamby venait d'établir à Charenton. L'appareil moteur de ces bateaux, construit par M. Cavé, consistait en une machine à vapeur oscillante et à haute pression.

C'est de 1825 à 1830 que nos rivières et nos grands ports de mer ont commencé à recevoir presque tous, un service régulier de

Fig. 102. — L'*Élise*, premier bateau à vapeur venu d'Angleterre en France, est assailli, en mer, par la tempête (page 211).

bateaux à vapeur, pour le remorquage ou le transport des marchandises.

Les premiers bateaux à vapeur pour le service de la mer, qui aient été construits en France, sont, *le Courrier de Calais*, construit par M. Cavé, avec des *roues articulées* et une machine à vapeur de 60 chevaux, et le remorqueur du Havre, *le Vésuve*, construit en 1828 (1).

Mais en 1829, une catastrophe terrible, qui attrista le midi de la France, vint retarder l'essor que commençait à prendre parmi nous, la navigation à vapeur. La chaudière d'un grand bateau mis en service sur le Rhône, fit explosion à son premier voyage d'essai. Un grand nombre de victimes périrent dans ce désastre. Plusieurs personnages importants de Lyon, qui avaient pris place sur le bateau, furent au nombre des morts.

Ce malheur eut dans le midi de la France un triste retentissement. Nous avons encore présent à l'esprit, bien que dans l'enfance à cette époque, les élans de l'indignation publique, contre le constructeur de la machine, à qui l'on imputait l'événement. Ce constructeur, c'était l'Anglais Steel, l'auteur du bateau d'Elbeuf à Rouen. Dans un essai fait précédemment en Angleterre, il avait eu une jambe emportée par l'explosion d'une chaudière. Il fut au nombre des victimes du désastre du Rhône, et toute la population lyonnaise ne vit dans sa triste fin qu'un juste effet de la punition divine.

Cependant, le souvenir de cet événement douloureux finit par s'effacer; la confiance revint aux riverains de la Saône et du Rhône, par les récits continuels des succès qu'obte-

(1) *Traité élémentaire et pratique des machines à vapeur*, par M. Jules Gaudry, 2ᵉ édition, t. II, p. 514.

naît en Amérique et en Angleterre, le nouveau mode de navigation. Les deux fleuves lyonnais commencèrent alors à recevoir un service régulier de bateaux à vapeur. L'industrie riveraine conserve aujourd'hui avec reconnaissance les noms de MM. Clément Reyre, Brettmayer et Bourdon, dont les persévérants efforts ont créé les premiers services de bateaux à vapeur sur le Rhône et la Saône.

C'est vers 1830 que la Loire, la Garonne et la Seine, ont eu leurs premiers bateaux à vapeur, pour le transport des voyageurs. Les *Hirondelles* de la Saône et de la Loire, les *Bateaux-Parisiens*, la *Ville-de-Sens*, de M. Cochot, et les *Bateaux Cavé*, avec coque de fer, sont encore dans le souvenir des riverains.

Nous avons donné le récit de l'impression que produisit sur les habitants des bords des fleuves du Nouveau-Monde la vue du premier bateau à vapeur de Fulton. On vient de lire l'émouvant épisode du voyage du premier bateau à vapeur, venu d'Angleterre en France. Pour donner une idée de l'impression produite dans une autre contrée, par l'invention des bateaux à vapeur, nous croyons devoir rapporter, en terminant ce chapitre, un événement curieux, peu connu, et qui dépeint parfaitement l'effet moral que produisit la vue du premier bateau à vapeur sur les sauvages habitants de l'Afrique.

Un célèbre romancier français, M. Léon Gozlan, se trouvait, dans sa jeunesse, au fond de l'Afrique méridionale, où il se livrait au commerce de cabotage avec les Nègres du Sénégal. Il fut témoin, de l'impression prodigieuse que produisit le premier bateau à vapeur sur les Nègres et sur les Maures, rassemblés, en troupes innombrables, sur les rives du beau fleuve qui arrose l'île Saint-Louis.

Dans un de ses ouvrages, M. Léon Gozlan a rapporté, avec les plus intéressants détails, ce curieux épisode. Nous laisserons cet écrivain nous raconter lui-même les faits dont il fut témoin.

« Je me trouvais, dit M. Léon Gozlan, en Afrique, en 1826, dans le fleuve du Sénégal, à l'île Saint-Louis. Si je raconte en mon nom, ce n'est ni par vanité de voyageur, ni pour donner plus de garantie au récit de l'événement, dont je fus témoin ; c'est afin d'imposer à mes souvenirs, en les recueillant à quelques années de distance, la franchise d'un fait personnel.

« A mon arrivée au fort Saint-Louis, le commerce de cette capitale de la colonie avec l'intérieur de l'Afrique était interrompu. Les belles gommes blondes, les écailles transparentes fraîchement arrachées au dos des tortues, l'ivoire des éléphants, les plumes si blanches tombées des ailes de l'autruche, la cire jaune et parfumée de Gambie, toutes ces richesses ne traversaient plus le désert sur la bosse industrielle du dromadaire, et ne descendaient plus le fleuve dans des pirogues escortées de crocodiles.

« La cause de cette rupture d'échanges entre nous et les naturels provenait d'une dernière crise qui avait eu lieu entre les Maures et les Nègres, nations éternellement ennemies à nos dépens. Les Maures triomphaient, et, en haine des Nègres que nous protégions, ils nous interdisaient la libre navigation du fleuve. Ce moyen de vengeance leur était facile, si l'on songe que le Sénégal n'est navigable que pour les bâtiments de quelques tonneaux, ordinairement mal ou peu équipés, forcés de longer la côte quand la direction des vents nécessite le touage.....

« Vaincus, je l'ai dit, les naturels n'avaient d'autre refuge que les alentours de l'île Saint-Louis, où la protection française leur était à peine une garantie. Aussi la terreur était parmi eux. Il suffisait d'un cri poussé par un Maure au milieu de la nuit, à l'entrée d'un village, pour en faire sortir hommes, femmes, enfants, prêtres, bestiaux. Le village était ensuite pillé et la flamme le consumait en quelques heures.

« A force d'agrandir le cercle de leurs dévastations, les Maures étaient parvenus à cerner l'île Saint-Louis à la distance de deux lieues. Nous entendions souvent les cris des vainqueurs se mêler aux hurlements des hyènes. Une nuit, entre autres, l'épouvante s'empara des habitants de l'île. Achmet avait été vu à la *pointe du Nord* (1).

« Achmet, ce terrible chef des guerriers Maures, appartenait à la race des Ouladamins, la plus féroce de toutes, anthropophage même selon quelques-uns. Court mais robuste, il emportait sur ses épaules son petit cheval à tous crins, quand son cheval était las de le porter, se servant réciproquement de monture, le cheval et le cavalier. Capable de franchir un ruisseau de vingt pieds (6^m,67), lorsqu'il était

(1) Une extrémité de l'île, celle qui regarde le haut du fleuve, est appelée *Pointe du nord*; l'autre *Pointe du sud*.

poursuivi, Achmet ramassait, accroupi sur son cheval lancé au galop, un cheveu sur le sable. Toujours dans la même attitude, il chargeait son arme et la déchargeait en arrière, sans jamais manquer son but, fût-ce un homme ou un crocodile. Achmet pouvait encore, dans ses moments de gaieté, tuer un âne zébré d'un coup de poing, ou étouffer un chameau par la simple pression des genoux. Toutes ces belles qualités étaient alors tournées vers la guerre et le pillage.

« Achmet venait de remporter une éclatante victoire sur les Nègres; et ce coup de main l'avait encouragé à rapprocher ses ligues militaires, avec audace, autour du fort Saint-Louis.

« Si l'on demande ce que faisait le gouverneur français de la colonie pendant ces massacres exercés par les Maures, sur un territoire qu'après tout nous devions défendre, aussi bien que les naturels, la négligence de la métropole répondra. On n'imagine pas l'insouciance du gouvernement pour ce qui touche aux intérêts des colonies africaines. Jamais un bâtiment d'État français ne stationne en rade ou dans le fleuve. Si les Nègres brûlaient un beau jour l'île Saint-Louis, il s'écoulerait peut-être trois ans avant que le ministre de la marine et des colonies en reçût avis.

« Par une fatalité qui aurait pu avoir des résultats funestes, si les Maures avaient eu des émissaires mieux avisés, la garnison de l'île était morte. La dyssenterie n'avait pas plus épargné les chefs que les soldats.

« Dans leurs derniers triomphes, les Maures ayant fait peu de prisonniers, nous vîmes arriver au fort Saint-Louis les peuplades conquises, nues, traînant par une corde les vieillards qui traînaient leurs fétiches. Les mères portaient leurs enfants attachés à leur dos, rejetant leurs mamelles sous leurs aisselles pour allaiter les plus jeunes. Les petites filles balançaient sur la tête d'énormes calebasses, gigantesques citrouilles creuses, d'où sortaient, comme d'un nid de corbeaux, des négrillons nouveau-nés. A la suite venaient des vaches, des moutons, des bœufs, quelques autruches, et les jeunes hommes nègres qui formaient l'arrière-garde. Un tourbillon de poussière enveloppait cette caravane effrayée; hommes et bêtes remplissaient l'air de gémissements, de bêlements et de mille exclamations de douleur. Cette procession de blessés, de vaincus, de mourants, alla s'abattre dans la cour du gouverneur, vaste emplacement que mes souvenirs, bien affaiblis depuis, me représentent d'une étendue égale à la moitié du Carrousel . . . .

« Pour toute réponse aux doléances des Nègres, le gouverneur du Sénégal leur montra d'abord, du haut de la terrasse de son hôtel, un navire mouillé dans le fleuve. « Je lis dans vos yeux, leur dit-il en-
« suite, que ce bâtiment vous paraît parfaitement
« inutile, car il cale trop pour remonter seulement
« dix lieues dans le fleuve, et, d'ailleurs, le fleuve
« est presque à sec. Mais rassurez-vous; dans l'inté-
« rieur de ce bâtiment il y en a un autre d'une
« dimension trois fois plus grande, qui porte six
« pièces de canon de chaque côté, qui ne déplace pas
« plus d'eau que vos pirogues, et qui, sans voiles,
« sans mâts, sans avirons, remontera le fleuve contre
« le vent, contre le courant, en parcourant six
« lieues à l'heure. Ce navire, je vous le destine ; il
« sera monté par un équipage moitié jolof, moitié
« français. Je pense, mes amis, qu'avec un tel se-
« cours, vous exterminerez jusqu'au dernier des
« Maures, vos ennemis et les nôtres. »

« L'excès profond de leurs maux, joint à la vénération que leur inspirait le gouverneur, put seul défendre les pauvres Nègres contre le rire d'incrédulité, de pitié, et peut-être de mépris, que souleva dans leur esprit la proposition de les sauver avec un tel auxiliaire. Quelle confiance devaient-ils avoir dans la réalisation d'un événement qui, pour être conçu, contrariait toutes leurs idées, bouleversait leur intelligence? Forcer un Nègre à admettre qu'un navire peut être enfermé dans un autre, vouloir sans violence lui faire croire que le contenu est trois fois plus grand que le contenant, essayer de persuader à sa raison rétive qu'un vaisseau de guerre ne plongerait pas plus qu'une pirogue, et que cette merveille se lierait à une merveille plus grande encore, qu'on verrait ce vaisseau, privé de mâts et de voiles, dompter le courant du fleuve le plus rapide du monde, c'était en vérité une dérision. Ils protestèrent par leur silence contre cette incrédulité; ils se répandirent en pleurant dans l'île Saint-Louis, racontant de case en case l'insensibilité des blancs et l'inhumanité du gouverneur.

« Dès le lendemain même de cette entrevue des nègres avec le gouverneur, l'*Orient*, vaisseau venu de Nantes, je crois, débarqua, pièce à pièce, tous les membres du navire à vapeur. Des charpentiers et des mécaniciens français rapportèrent, avec une science digne d'admiration, chaque compartiment au compartiment correspondant; depuis l'étrave jusqu'à l'étambot, aucune pièce de bois ne se trouva égarée ou changée; il n'y eut pas une vis perdue dans ces formidables amas de fer, d'acier et de cuivre, de toute forme, de toute pesanteur, dans ces millions de rouages qui composent l'inextricable système de la machine à vapeur. On n'aurait pas mieux conservé dans sa boîte de drap et d'acajou une paire de pistolets de Lepage.

« Dix jours ne s'étaient pas écoulés, que le navire à vapeur destiné à protéger le commerce français sur le haut du fleuve était en pleine construction. Autour de sa carène circulaient jour et nuit des myriades de nègres qui ne jugeaient pas encore de l'excellence des résultats par l'importance des préparatifs. Cependant, ayant passé de l'absolue incrédulité au doute, ils se consultaient sur ce qu'il fallait espérer et croire. A leurs groupes inquiets se mêlaient des groupes de Maures qui, tolérés à cause de leur existence inoffensive dans l'île, raillaient malicieusement, en langue arabe, cette ridicule Babel qui ne devait pas plus remonter le fleuve que la Babel véritable n'avait atteint le ciel. Pourtant, le mépris philosophique ne les rassurait pas tous également, de plus superstitieux piquaient des *gris-gris* (1) maléfiques à la poupe du navire, pour l'entraîner au fond dès qu'il serait lancé dans le fleuve, précaution neutralisée par d'autres *gris-gris* qu'attachaient les nègres à la proue. Je pense que si Dieu exauçait également la prière de tous ceux qui l'invoquent, même avec sincérité, rien de ce qui doit arriver n'arriverait, et que le navire à vapeur serait resté à la même place.

« Lorsque Achmet apprit par ses espions que les blancs se disposaient à protéger les Nègres par le concours de ce vaisseau fabuleux, il fut gagné d'un fou rire, et il jura par sa tête, par son sabre et par ses amulettes, que, si un tel événement s'accomplissait, il prenait devant Dieu et ses guerriers l'engagement solennel de remonter le fleuve, à cheval, côte à côte avec le vaisseau . . . .

« C'est sous ce ciel brûlant, et au bord de ce fleuve, que déjà sont rassemblées les populations les plus lointaines, venues là pour assister au miracle qu'elles ont nié, pour être témoins de la naissance du Messie de la civilisation. On n'a pas oublié qu'un roi maure, conduit par une étoile, fut autrefois appelé pour que son témoignage révélât aux peuples de sa couleur la venue du Rédempteur. Il y a là aussi un roi maure : le miracle, c'est le navire à vapeur.

« Plaçons-nous dans l'île. La côte de Barbarie ou du désert est occupée par les Maures; la côte d'Afrique, par les Nègres. Aussi loin que l'œil peut se perdre, et rien ne l'arrête dans ces contrées, il ne rencontre d'un bout de l'horizon à l'autre que des Nègres et des Maures. Chaque grain de sable a fécondé un homme. Ici, c'est une ligne noire comme du charbon, là une ligne jaune de cuivre. Les blancs restés dans l'île ne font pas même tache entre ces deux sombres couleurs. Pourquoi ces hommes, se donnant la main, ne descendent-ils pas dans l'île et n'écrasent-ils pas, dans le choc de leur rencontre, cette poignée de dominateurs, frêle garnison de fiévreux et de soldats énervés ? Pourquoi ?

« C'est là, au milieu du fleuve, est un symbole de la force unie à l'intelligence ; là est l'arme formidable du progrès, là sont dix-huit siècles de puissance résumés dans une puissance.

« Sur les deux bords éclatent de bruyantes exclamations de haine et de raillerie. Les Maures narguent les Nègres de leur crédulité, et, par orgueil de vengeance plus encore que par conviction, ceux-ci leur désignent du doigt les douze bouches à feu luisant par les sabords. Les malédictions et les rires de cent mille sauvages se croisent : on dirait deux armées de crocodiles se disputant le droit de boire au fleuve.

« Les deux lignes rivales ne sont débordées que par Achmet, le chef maure. Son superbe cheval, admirablement posé sur une langue de terre, visible à tous par sa taille et par sa blancheur, était prêt à s'élancer dans le fleuve, si le prodige promis s'accomplissait.

« Ordre sévère avait été donné par le gouverneur pour qu'aucune pirogue ou embarcation quelconque ne traversât le fleuve dans la journée.

« Aucun Nègre ne devait se trouver à bord du bâtiment à vapeur sous peine de mort.

« Ces précautions avaient été prises afin qu'aucun accident ne mît obstacle à la libre navigation du vaisseau et aux évolutions des manœuvres.

« A trois heures de l'après-midi, le canon de la Place du Gouvernement tira : c'était le signal du départ.

« Le drapeau blanc flotte sur la terrasse.
« Le gouverneur y paraît en grand costume.
« Le navire à vapeur répond par un autre coup de canon.
« Et deux peuples se lèvent : cent mille hommes, se liant par la main, retiennent leur haleine.
« Il se fit un grand silence.
« On n'entendit bientôt plus que la voix du capitaine de vaisseau, qui, debout à l'arrière, la trompette marine à la bouche, commandait la manœuvre.
« Après ce dernier ordre sacramentel : *Adieu! va !* une petite fumée révéla un commencement d'exécution.

« Les roues bruirent sourdement. Plus dense, plus obscure, la fumée monte en colonne épaisse ; elle devient plus épaisse, plus noire, elle gronde. La poupe se déplace, la proue se remue ; mais voilà que le vaisseau, au lieu de vaincre le courant, se laisse aller en pleine dérive ! il est entraîné.

« Les gémissements des Nègres, la joie féroce des Maures, n'ont pas le temps d'aller de leur cœur à leurs lèvres. Noire et rougeâtre à la fois, la fumée s'abat comme un long panache sur la côte d'Afrique, au-dessus des arbres d'où partent des nuées de pélicans effrayés. Recevant tout à coup une direction opposée à celle qui avait déterminé le mouvement de recul, le navire s'élance comme un poisson volant au-dessus de l'eau, dompte le courant avec ses nageoires de fer, là où le courant est le plus rapide, dévore les distances, passe tout silencieux, tout noir, tout enflammé, au front des cent mille spectateurs qu'il baigne d'écume et qu'il enveloppe de fumée, et, pour combler leur étonnement, il lance de sa masse noire, dépouillée, et où pas un être vivant ne se montre, des fusées à la congrève qui brûlent à droite et à gauche des champs destinés d'avance à cette expérience incendiaire.

---

(1) Amulettes.

Fig. 103. — Le premier navire à vapeur en Afrique.

« La frénétique joie des Nègres ne peut pas plus se rendre que la douleur étouffée des Maures, qui s'enfoncèrent dans le désert comme des tigres blessés au front, l'écume aux lèvres. Les Nègres faisaient dans leur ivresse d'inexprimables contorsions, levaient les bras, se mordaient, se précipitaient à terre, où ils creusaient le sable avec leur tête, ce qui est chez eux le plus haut signe de bonheur ou de désespoir.

« Achmet fut fidèle à sa menace. Dès que le prodige fut réalisé, du tertre où il dominait les deux rives, il s'élança à cheval dans le fleuve, agitant son sabre, criant Allah ! courageusement décidé à lutter de miracle avec le miracle, qu'il avait nié. Après avoir maîtrisé le fil descendant de l'eau, là où le peu de profondeur le lui permettait, il fut irrésistiblement entraîné dans une ligne perpendiculaire à celle du navire à vapeur. . . . .

« Achmet continuait toujours à être emporté avec plus de vitesse. Déjà il est dans le bouillonnement du vaisseau ; il jette son sabre pour saisir à deux mains la bride de son cheval, mais son cheval étouffe dans cette écume que lui renvoient les roues dans les naseaux. Il plonge, reparaît, hennit, replonge. Achmet, pris dans les étriers, s'agite en vain ; il surnage, s'enfonce de nouveau, revient un instant, mais pour avoir la tête brisée par les rayons de la roue. Il y eut une nuance rouge dans le tourbillon ouvert derrière le vaisseau. Cette mort fut un nouveau triomphe pour les Nègres. . . . .

« Un mois après cet événement, nos relations commerciales étaient renouées avec toutes les escales du fleuve, jusqu'à Galam, extrême limite de nos possessions en Afrique (1). »

Tel est l'événement dramatique et curieux, qui s'accomplit en présence de M. Léon Gozlan.

Reprenons maintenant la suite de notre récit.

La navigation par la vapeur avait à prendre un dernier, et on peut le dire, un sublime essor. Il lui restait à accomplir les voyages de long cours, à essayer de faire, sans désemparer, la traversée de l'Atlantique. C'est en 1836 que s'opéra cette grande et nouvelle phase dans l'évolution de la découverte admirable dont nous racontons l'histoire.

CHAPITRE VI

LA NAVIGATION TRANSATLANTIQUE. — PREMIÈRES TENTATIVES : VOYAGE DU SAVANNAH EN 1819 ET DE L'ENTREPRISE EN 1825. — VOYAGE TRANSATLANTIQUE DU GREAT-WESTERN ET DU SIRIUS EN 1838. — DERNIERS PROGRÈS DE LA NAVIGATION A VAPEUR JUSQU'A NOTRE ÉPOQUE.

Quelques tentatives qui remontaient bien avant l'année 1836, avaient déjà fait entrevoir la possibilité d'étendre le mode de navigation par la vapeur, aux voyages de long cours. Déjà, en 1819, un navire américain, le *Savannah*, avait eu l'audace d'entreprendre un voyage entre l'ancien et le nouveau monde. Les circonstances qui accompagnèrent cette tentative méritent d'être brièvement racontées.

Vers l'année 1818, le capitaine Moses Rogers, de Savannah (ville et port de la Géorgie, l'un des États de l'Amérique du Nord), conçut le projet de faire construire un bateau à vapeur, destiné à un service régulier entre l'Amérique et l'Europe. Il s'adressa, à cet effet, à une société de capitalistes, qui résolurent de tenter l'épreuve. En conséquence, on acheta à New-York, un beau navire à

(1) *Contes et nouvelles*, in-18, Paris, 1851, chez V. Lecou, pages 256-269.

voiles, dont les proportions semblaient les plus convenables pour atteindre ce but. On lui conserva son gréement et ses accessoires de bâtiment à voiles, et l'on y installa une machine à vapeur horizontale et des roues à aubes. Ces roues étaient construites de manière à pouvoir se démonter et se replier sur le pont, comme un éventail fermé. Son arbre de couche était organisé dans les mêmes conditions. La cage des roues se composait de toiles goudronnées, étendues sur des branches de fer. On lui donna le nom de *Savannah*, pour rappeler la ville d'Amérique d'où il était parti pour la première fois, avec son outillage à vapeur.

Le *Savannah* était du port de 389 tonneaux, gréé en trois-mâts-barque. Il partit de Savannah, le 26 mai 1819, et arriva à Liverpool, en Angleterre, après une traversée de vingt-cinq jours, sur lesquels sa machine fonctionna dix-huit jours seulement.

D'après une autre version, et suivant le témoignage d'un des officiers du *Savannah*, il n'aurait mis que dix-huit jours à ce voyage et sa machine n'aurait fonctionné que pendant sept jours.

Ce qu'il y a de certain, c'est qu'au milieu de l'Atlantique, dans la crainte de manquer de combustible, on démonta les roues, pour épargner le charbon, et profiter d'une brise favorable. Seulement, aux approches de la côte d'Angleterre on replaça tout l'appareil de locomotion, afin de terminer le voyage comme il avait été commencé, c'est-à-dire à l'aide de la vapeur.

La vue de ce bâtiment, venant du large sans l'aide de la voile, excita la plus vive admiration sur la côte britannique. Comme le *Savannah* remontait le canal Saint-George, le commandant d'une division anglaise, voyant venir à lui un bâtiment à sec de toile et couronné d'une épaisse fumée, qui paraissait s'échapper de sa mâture, crut que le navire était en feu. Il se hâta, après s'être approché du navire, d'envoyer deux canots à son secours. Mais, dès qu'il eut reconnu son erreur, il se rendit lui-même le long du bord du steamer, pour examiner plus attentivement cette merveille.

A l'entrée des docks de Liverpool, le *Savannah* fut reçu avec des hourras d'enthousiasme. Le capitaine se vit fêté par tous les corps constitués de la ville (1).

Après ce succès, le *Savannah* se rendit dans la mer Baltique. Se trouvant dans le port de Cronstadt, il essuya une tempête des plus violentes, à laquelle toutefois il put échapper, grâce au secours de ses roues, au moment où un grand nombre de bâtiments à voiles se perdaient autour de lui. Pendant son séjour à Saint-Pétersbourg, l'empereur Alexandre fit à ce steamer une visite détaillée. Pour témoigner l'admiration que lui inspirait le nouveau paquebot transatlantique, il fit accepter au capitaine Rogers deux magnifiques chaînes en fer provenant des arsenaux de la Russie et dont une (la seule relique qui reste aujourd'hui de l'aventureux navire) est encore conservée dans le jardin de M. Dunning, à Savannah, en souvenir de cette entreprise audacieuse.

A son retour à Savannah, après sa tournée en Europe, ce steamer fut envoyé à Washington, où il fut vendu. On lui enleva alors sa machine, et il redevint paquebot à voiles. Il a terminé sa carrière aventureuse sur Long-Island, où il se perdit dans un dernier voyage.

Après le tour de force de navigation qui fut accompli par le *Savannah* en 1819, on cite encore, dans le même ordre de tentatives, le steamer anglais *l'Entreprise*, qui, en 1825, fit le voyage des Indes. Parti de Falmouth, ce navire, qui se servit alternativement du vent et de la vapeur, resta quarante-sept jours à aller du cap de Bonne-Espérance à Calcutta.

A la même époque, un bâtiment hollandais réussit à exécuter, en se servant alternativement de ces deux moyens, le voyage d'Amsterdam à Curaçao, dans les Antilles.

Le succès de ces deux derniers voyages fit concevoir l'espoir de traverser l'océan Atlantique par le seul secours de la vapeur. A l'Angleterre appartient l'honneur d'avoir accompli cette grande entreprise, et d'avoir réalisé le fait, longtemps regardé comme un rêve, d'exécuter le voyage d'Amérique avec des bâtiments à vapeur.

C'est en 1836 que l'on parla pour la première fois, en Angleterre, de ce projet hardi, qui rencontra dès le début de vives résistances de la part des marins et des savants. Des hommes du métier, d'une autorité incontestable, affirmaient qu'il serait impossible d'établir un service régulier de bateaux à vapeur pour la traversée de l'Océan. Tout ce que l'on pouvait espérer, disait-on, c'était de passer des ports les plus à l'ouest de l'Europe aux îles Açores ou à Terre-Neuve, pour y renouveler la provision de combustible.

Des raisons puissantes semblaient justifier cette prédiction décourageante. Il fallait franchir une distance d'environ 1 400 de nos lieues terrestres, sans trouver un seul point de relâche intermédiaire, qui pût fournir aux navires un secours ou un abri. En outre, l'Atlantique est souvent agité par de violentes tempêtes, et le trajet vers le Nouveau-Monde est coupé de nombreux courants contraires aux vaisseaux partis d'Europe; de telle sorte que le voyage, effectué par des navires à voiles, exige ordinairement trente-six jours.

La quantité de charbon à emporter pour suffire, pendant cette longue traversée, à l'alimentation de la chaudière, semblait donc, au dire des marins, devoir opposer à cette entreprise une difficulté insurmontable. L'exemple invoqué du steamer *l'Entreprise*, qui avait fait, en 1825, le voyage des Indes, était loin, ajoutait-on, d'être concluant, car ce navire avait relâché au cap de Bonne-Espérance. Il avait mis quarante-

---

(1) Les faits précédents, qui ont été rapportés en 1857 par le *Courrier des États-Unis*, sont consignés dans les annales de Liverpool, et les lettres commerciales de cette époque racontent avec détails le succès du bâtiment américain.

sept jours pour atteindre de ce port, à Calcutta, et avait fait alternativement usage de la vapeur et des voiles. On pouvait en dire autant du *Savannah*, qui avait accompli, en 1819, la traversée de New-York en Angleterre : ce navire avait employé, comme nous l'avons dit, la voile, en même temps que la vapeur, et avait mis un retard de six jours sur la marche des navires ordinaires.

Une autre question importante se débattait entre les gens d'affaires : c'était la cherté de ce moyen de transport. Le vent qui enfle les voiles d'un vaisseau, ne coûte rien ; tandis que l'alimentation d'une chaudière à vapeur occasionne une dépense considérable. De plus, une machine installée à bord d'un vaisseau, occupe un grand espace, qui est perdu pour les marchandises, et diminue par conséquent, les bénéfices du transport. La cherté du fret des bâtiments à vapeur pourrait donc difficilement, disait-on, soutenir la concurrence de la navigation à voiles.

Les savants ne se montraient pas plus favorables au nouveau projet. Un professeur de Londres, Dionysius Lardner, dans un ouvrage qu'il publia sur les effets de la vapeur, se livra à une série de calculs, pour démontrer l'impossibilité de réussir dans cette entreprise. Il se rendit même à Bristol, et dans une des conférences publiques qui furent tenues à cet effet, il déclara qu'essayer de traverser l'Atlantique avec les paquebots à vapeur, serait aussi insensé que de « prétendre aller dans la lune ».

Cependant l'industrie britannique discute peu. Il n'est point d'entreprise, si hardie, si téméraire qu'elle soit, qui ne trouve en Angleterre ses moyens d'exécution. Tandis que les savants dissertaient, tandis que les négociants calculaient, tandis que les hommes de mer critiquaient, des centaines d'ouvriers étaient occupés, dans les chantiers de Bristol, à construire un immense navire qui devait triompher de toutes les prophéties contraires.

Au commencement de 1838, le *Great-Western* était terminé. C'était un des plus élégants et des plus majestueux navires qui fussent encore sortis des chantiers de la marine britannique. Il jaugeait 1340 tonneaux, et sa longueur était de 240 pieds. Les deux machines à vapeur qu'il contenait, étaient de la force de 450 chevaux. On peut se faire une idée de ses dimensions, en se figurant un vaisseau de ligne de 80 canons. Outre son appareil à vapeur, il portait quatre mâts à voiles, destinés à suppléer, si cela était nécessaire, à l'action de la vapeur. Les roues avaient 8 mètres et demi de diamètre, et leurs palettes 3 mètres et demi de longueur. On avait épuisé dans les dispositions de l'intérieur, toutes les ressources du luxe.

Au mois de mars 1838, la construction du *Great-Western* était terminée, et peu de temps après, sur les murs de la salle même de Bristol où le professeur de Londres avait rendu ses oracles, on lisait une affiche ainsi conçue : « Le GREAT-WESTERN, *commandé par le lieutenant Hosken, partira de Bristol pour New-York, le 4 avril.* »

Sur cette annonce, une autre compagnie se décida à tenter la même entreprise. Le *Sirius*, navire à vapeur jaugeant 700 tonneaux, et muni d'une machine de la force de 320 chevaux, se disposa à essayer, en même temps que le *Great-Western*, le voyage transatlantique.

Le 5 avril 1838, le *Sirius* partit de la rade de Cork, en Irlande : c'est le port des Iles Britanniques le moins éloigné des États-Unis. Il emportait 453 tonneaux de charbon, et 53 barils de résine, destinés à servir de combustible.

Trois jours après, le *Great-Western* appareillait à Bristol, pour New-York, avec 660 tonneaux de charbon. Sept passagers seulement avaient osé braver les chances du voyage.

C'est alors que commença la lutte la plus étonnante dont l'Océan eût jamais été le théâtre, entre ces deux navires marchant par la seule puissance de la vapeur et cher-

Fig. 104. — Le *Great-Western* et le *Sirius* entrant dans le port de New-York, après la traversée de l'Atlantique.

chant à se dépasser l'un l'autre, sur la vaste carrière de l'Atlantique.

Le vent, qui ne cessait de souffler de l'ouest, leur opposa, pendant les premiers jours, des obstacles devant lesquels auraient reculé les plus forts navires à voiles : leur marche n'en fut pas un instant retardée.

Pendant la première semaine, le *Sirius* fit peu de chemin, parce que le combustible le surchargeait ; mais, à mesure qu'il s'allégea en brûlant sa houille, sa vitesse s'accrut rapidement. Le 22 avril, les deux vaisseaux couraient sous la même latitude, séparés seulement par la faible distance de 3 degrés en longitude. Enfin la victoire resta au *Sirius*, qui avait eu trois jours d'avance. Dans la matinée du 23, il se trouvait en vue de New-York.

On etait prévenu, dans ce port, de l'arrivée prochaine des deux bâtiments anglais. Chaque jour, une foule immense se pressait sur le rivage, interrogeant l'horizon. Parmi les spectateurs qui portaient avec anxiété leurs regards sur l'Océan, se trouvaient quelques vieillards, qui avaient été témoins autrefois du départ de la *Folie-Fulton*, et qui, racontant à leurs amis comment avaient été trompées à cette époque, toutes les prévisions et toute la sagesse des temps passés, annonçaient, avec un chaleureux espoir, la prochaine venue des envoyés de l'ancien monde.

Enfin, le 23, au matin, on vit poindre à l'extrémité de l'horizon, une légère colonne de fumée. Peu à peu elle se dessina plus nettement, et le corps tout entier du navire parut sortir des profondeurs de la mer.

C'était le *Sirius* qui arrivait d'Angleterre, après une traversée de dix-sept jours. Il franchit les passes, et entra dans la baie de New-York, faisant flotter sur ses mâts les pavillons réunis d'Angleterre et d'Amérique. Quand il pénétra dans la rade, les batteries de l'île Bradlow le saluèrent de vingt-six coups de canon ; et aussitôt les eaux se couvrirent de milliers de bateaux, partant à la fois de toutes les directions. Les navires du port se pavoisèrent de leurs pavillons aux mille couleurs ; le carillon des cloches se mêla au bruit retentissant de l'artillerie, et toute la population de New-York, rassemblée sur les quais, salua de ses acclamations d'enthousiasme le *Sirius*, laissant tomber au fond de l'Hudson, la même ancre qui avait mouillé, dix-sept jours auparavant, dans un port d'Angleterre.

L'émotion des habitants de New-York avait eu à peine le temps de se calmer, que le *Great-Western* se montrait à son tour. Arrivant avec toute la vitesse de sa vapeur, il vint se ranger dans le port, à côté de son heureux rival.

Le *Sirius* fit entendre trois hourras de victoire à l'entrée du *Great-Western*. Les batteries de la ville le saluèrent d'une salve d'artillerie, à laquelle il répondit par le salut de son pavillon ; tandis que tout son équipage, réuni sur le pont, portait la santé de la reine d'Angleterre et du président des États-Unis :

« Comme nous approchions du quai, rapporte le journal d'un des passagers du *Great-Western*, une foule de bateaux chargés de monde s'amassèrent autour de nous. La confusion était inexprimable ; les pavillons flottaient de toutes parts ; les canons tonnaient et toutes les cloches étaient en branle. Cette innombrable multitude fit retentir un long cri d'enthousiasme qui, répété de loin en loin sur la terre et sur les bateaux, s'éteignit enfin et fut suivi d'un intervalle de silence complet qui nous fit éprouver l'impression d'un rêve. »

Quelques jours après, les deux navires quittaient New-York, pour revenir en Europe. Cette seconde épreuve eut le même succès. Le *Sirius* arriva à Falmouth, après un voyage de dix-huit jours et sans aucune avarie. Le *Great-Western*, parti de New-York le 7 mai, arriva à Bristol, après quinze jours seulement de traversée. Il avait eu à supporter plusieurs jours de vents contraires, et dans le cours d'une violente tempête, il n'avait pu faire que deux lieues à l'heure.

Le problème de la navigation transatlantique par la vapeur, fut pleinement résolu par ces deux mémorables voyages. Peu de temps après, le gouvernement confiait au *Great-Western* le transport régulier de ses malles et des voyageurs. Le *Sirius*, qui fut trouvé trop faible pour le service de l'Atlantique, fut rendu à son ancienne navigation de Londres à Cork.

Le *Great-Western* continua avec le plus grand bonheur, son service à travers l'Océan. Depuis 1838 jusqu'à 1844, il fit trente-cinq voyages d'Angleterre aux États-Unis, et revint autant de fois à son point de départ. La durée moyenne de sa traversée était de quinze jours et demi pour arriver à New-York, et de treize jours et demi pour en revenir. Son voyage le plus rapide a été accompli en mai 1843 : il n'exigea que douze jours et dix-huit heures, c'est-à-dire un tiers à peu près de la durée moyenne de ce voyage par les navires à voiles. Son plus prompt retour en Europe eut lieu en mai 1842, il se fit en douze jours et sept heures.

Plusieurs autres bâtiments à vapeur, parmi lesquels il en était un d'un port supérieur à celui du *Great-Western*, furent consacrés, en Angleterre, à la navigation transatlantique. Le *Royal-William* fut le premier en date ; mais il reçut au bout de quelque temps, une autre destination. Vinrent ensuite, la *Reine-d'Angleterre*, le *Président* et le *Liverpool*. Chacun de ces trois navires, construit sur les plus grandes proportions, avait coûté 2,500,000 francs. Le premier, après plusieurs traversées, fut acheté par le gouvernement belge. Le *Président* périt en mer, corps et biens, en 1841. Quant au *Liverpool*, il fut brisé sur la côte d'Espagne, pendant son service de Southampton à Alexandrie.

L'un des plus grands navires à vapeur construits par la marine britannique, fut lancé, en 1843, dans les chantiers de Bristol. C'était le premier essai, au moins sur d'aussi grandes proportions, d'un bâtiment à vapeur dans lequel le fer était partout substitué au bois, et les roues à aubes remplacées par l'hélice Ce magnifique bâtiment, qui eut pour parrain le prince Albert, fut nommé le *Great-Britain*. Il avait 98 mètres de longueur, sur 15 et demi de largeur. Sa machine était de la force de 1000 chevaux. Il ne répondit pas cependant aux hautes espérances qu'il avait fait concevoir. Après avoir reçu sa machine, son tirant d'eau se trouva si considérable qu'il ne put franchir l'entrée du bassin de Liverpool, et il demeura longtemps prisonnier dans l'enceinte même où il avait été construit. Il fallut, pour l'en délivrer, toute l'habileté des meilleurs ingénieurs de l'Angleterre.

Le *Great-Britain* avait accompli plusieurs fois avec succès le voyage d'Amérique, lorsque sa carrière se trouva soudainement interrompue. Le capitaine par suite d'une erreur de navigation, le jeta sur la côte d'Irlande. Il demeura, pendant tout l'hiver de 1846, échoué dans la baie de Dundrum. Ce n'est qu'avec les plus grandes difficultés que l'on parvint à remorquer cet énorme navire, à travers la mer d'Irlande, jusqu'au bassin de Liverpool, où il a offert pendant plusieurs années un assez triste spectacle.

Le premier navire à vapeur qui ait fait le tour du monde, c'est le *Driver* (le *Chasseur*). Ce navire partit de l'Angleterre le 16 mars 1842, sous le commandement de M. Harmer, qui mourut en Chine. Le capitaine Hayes prit le commandement du navire, et le ramena en Angleterre. Reparti de Liverpool, le *Driver*, après avoir touché successivement à l'île Maurice, à Singapour et à Hong-Kong, séjourna dans les mers de la Chine de 1842 à 1845, et plus tard dans les parages des Indes.

La France ne devait pas longtemps rester en arrière du mouvement rapide imprimé en Europe à la navigation par la vapeur. On a vu que, dès l'année 1816, à l'époque où la marine à vapeur commençait à recevoir en Angleterre ses premiers développements, on avait essayé de l'établir parmi nous. Mais la route était alors à peine tracée, nos mécaniciens avaient échoué dans cette entreprise. Ces tentatives furent reprises six mois après.

Comme la marine à vapeur se trouvait, aux États-Unis, dans une situation florissante, on prit le sage parti d'aller chercher des leçons dans ces contrées. En 1822, le ministre de la marine envoya dans le Nouveau-Monde, un ingénieur de mérite, M. Marestier, avec mission de prendre sur les lieux, une connaissance détaillée et complète des travaux exécutés en ce genre dans les divers États de l'Union. Un savant capitaine de frégate, M. de Montgery, reçut, en même temps, l'ordre de se rendre, avec le bâtiment qu'il commandait, dans les divers ports de l'Amérique, et d'y étudier les bateaux à vapeur, sous le rapport de leur service nautique et militaire.

La mission confiée à M. Marestier porta tous les fruits que l'on attendait de l'expérience et des talents de cet ingénieur. Le travail remarquable qu'il présenta en 1823, à l'Académie des sciences de Paris, sous le titre de : *Mémoires sur les bateaux à vapeur des États-Unis d'Amérique*, fit connaître, avec les plus grands détails, l'état, à cette époque, de la marine à vapeur dans les diverses contrées du nouveau monde. L'auteur concluait que ce système de navigation offrait assez d'avantages pour que l'on en décidât l'adoption immédiate sur les mers et sur les rivières de l'Europe. Les formules pratiques et les renseignements contenus dans son ouvrage fournirent les moyens de construire dans nos usines, des bâtiments à vapeur offrant toutes les qualités de ceux qui naviguaient dans les parages de l'Amérique.

En 1835, les bateaux à vapeur de la Saône doublaient en nombre ; en même temps ils acquéraient une vitesse double de celle qu'ils avaient présentée précédemment. En 1837, M. Cavé construisait sur le haut Rhin, les *Aigles*, et sur la basse Seine, les *Dorades*, pour le service des voyageurs et des marchandises. La Seine recevait, à la même époque, d'une autre compagnie, de magnifiques bateaux de fer construits au Havre par M. Normand, et pourvus de machines à vapeur tirées des ateliers de Barnes en Angleterre.

C'est le bateau à vapeur la *Dorade* n° 3, qui transporta à Paris, en 1840, les cendres de l'Empereur.

La plupart de ces bateaux sont employés aujourd'hui sur le Rhône ou la Seine, à des services de remorquage.

A la même époque, tous les grands ports de mer de la France, et notamment le Havre, possédaient d'excellents bateaux à vapeur pour le voyage d'Angleterre ou pour divers points du continent européen.

En Angleterre, la marine militaire à vapeur avait pris peu à peu et sans bruit, un développement immense. Au contraire, on avait complétement négligé en France, cette partie si importante des constructions navales. Tandis que la Grande-Bretagne construisait dans ses ateliers des steamers de guerre d'une grande puissance, on ne possédait en France que quelques vapeurs militaires de 100 à 160 chevaux, construits en Angleterre, ou à l'usine d'Indret, en France, par M. Jingembre. Le gouvernement décida de donner une impulsion nouvelle à cette partie des constructions maritimes. Un ingénieur de la marine française, M. Hubert, fut donc envoyé à Liverpool, pour y faire construire une machine de 160 chevaux, destinée à servir de modèle à celles que le gouvernement se proposait d'établir sur les bâtiments de l'État.

Le navire à vapeur qui fut construit à Liverpool dans les ateliers de M. Fawcet, et amené en France, reçut le nom de *Sphinx*.

On voit ce navire représenté dans la figure 105.

L'étude de ses belles machines amena de très-importantes améliorations dans notre marine à vapeur. A partir de l'année 1830, les machines du *Sphinx* furent adoptées comme type dans les constructions de la marine militaire. Les usines royales d'Indret et celles de l'industrie privée permirent dès lors à la France, de se passer du secours des ateliers anglais, et les beaux navires à vapeur qui furent affectés, peu de temps après, au service entre la France et l'Algérie, montrèrent toute la perfection que l'on pouvait atteindre parmi nous, dans cette branche nouvelle de l'industrie.

On resta fidèle pendant longtemps, dans les ateliers de l'État, au type de la machine du *Sphinx*, dont le modèle existe en réduction dans les galeries du Conservatoire des Arts et Métiers de Paris, et au Musée de la marine, au Louvre.

En 1842, M. Mimerel, directeur des constructions navales en France, attacha son nom à la création de 12 frégates à vapeur de 450 chevaux, construites sur un autre modèle. La machine à basse pression de Watt était munie de balanciers latéraux. Ces machines furent exécutées avec le plus grand succès dans les établissements de MM. Cavé à Paris, Hallette à Arras, et dans les ateliers du Creusot, sur un plan étudié, dans ce dernier établissement, par M. Stéph. Bourdon. Jusque-là, la France avait fait venir ses machines à vapeur navales des ateliers anglais de Barnes, Miller, Napier, Maudslay, Rennie et Fawcet.

En 1840, on commença à construire, en Angleterre, de très-forts bâtiments à vapeur, pour les voyages transatlantiques et pour la marine militaire. On parvint à donner aux navires de mer, ou aux bateaux naviguant sur les rivières, une vitesse de 10 kilomètres à l'heure, qui atteignit bientôt celle de 20, 24 et même 30 kilomètres à l'heure, tout en allégeant le poids des machines motrices.

En 1843, la navigation à vapeur maritime et fluviale fit de nouveaux progrès : 1° par la

Fig. 105. — Le *Sphinx*, premier navire de guerre à vapeur de la marine française, construit en 1830.

substitution, qui devint alors générale, des chaudières tubulaires, à l'ancienne chaudière prismatique, ou à *tombeau*, de Watt, dont on avait fait usage jusque-là d'une manière exclusive ; 2° par les perfectionnements qui résultèrent de l'obligation imposée aux constructeurs d'alléger et de simplifier les machines de navigation ; 3° par l'adoption des machines oscillantes qu'avait heureusement perfectionnées Joseph Penn, constructeur à Greenwich.

En Angleterre, le succès des *bateaux à vapeur-omnibus* établis sur la Tamise par Penn et Spiller, et celui des bateaux faisant le service de Gravesend ; la vitesse extraordinaire que l'on parvint à donner en Amérique, à ces pyroscaphes, ajoutèrent encore à l'essor et à l'impulsion de la navigation par la vapeur.

Deux inventions importantes eurent lieu en France, vers 1843 : 1° le service des *bateaux-toueurs* de la Seine, qui a reçu le nom de *touage Arnoux*, et qui consiste à tirer les bateaux au moyen d'une machine à vapeur installée sur un bateau remorqueur, qui se hale par lui-même le long d'une chaîne de fer déposée au fond du fleuve, pour la traversée de Paris ; 2° les *bateaux à grappins* de M. Verpilleux, qui, dans les *rapides* du Rhône, remorquent jusqu'à 600 tonnes de marchandises, au moyen d'une roue mue par la vapeur, qui porte un certain nombre de crocs allongés, prenant leur point d'appui au fond du lit du fleuve.

Mais le fait capital que l'histoire de la navigation à vapeur doit consigner pour les années 1844 et 1845, c'est l'adoption dans la marine de toutes les nations, de l'*hélice* comme agent de propulsion nautique, et sa substitution aux roues à aubes. Nous donnerons plus loin, avec détails, l'histoire des perfectionnements successifs de l'hélice et de son emploi dans la navigation à vapeur.

Le grand mouvement industriel qui s'est produit dans toute l'Europe, à partir de l'année 1852, est devenu le point de départ d'un perfectionnement et d'un développement inouïs de la navigation à vapeur dans chaque contrée des deux mondes. Nous ne pourrons qu'indiquer ici en quelques lignes, les faits principaux qui ont été la conséquence de l'extension générale qu'a reçue à cette époque, ce mode de navigation. On peut les résumer comme il suit :

1° Emploi des bateaux à vapeur dans la navigation sur les canaux.

L'adoption des *steam-boats* sur les canaux avait été longtemps repoussée et non sans motifs, par suite de la détérioration qu'éprouvaient les bords et la berge des canaux, par l'effet de la forte agitation imprimée à l'eau. Les perfectionnements apportés aux machines et leur appropriation à ce cas spécial, ont permis d'employer sur les canaux, sans le moindre inconvénient, le nouveau mode de propulsion. Nous signalerons en particulier, sous ce rapport, les bateaux à deux hélices, placées à l'arrière, de MM. Cadiat, Baudu, Mazeline, Gauthier, Cavé ; les *mono-roues*, à roue placée à l'arrière, construits par M. Gâche (de Nantes).

2° Navires à vapeur construits en Angleterre et en Amérique, en 1840, pour le service régulier des voyages transatlantiques.

Ces *steamers*, de la force de 500 chevaux, furent construits aux États-Unis, par Hallen, à Glasgow par Napier, pour aller régulièrement d'Angleterre à New-York.

3° Construction en France, en 1855, de la *Bretagne*, vaisseau à hélice de 1200 chevaux, suivie de la mise en chantier de dix autres vaisseaux de 1000 chevaux chacun, sur le modèle de la *Bretagne*.

La *Bretagne* avait été elle-même construite sur le plan d'un vaisseau à hélice, le *Napoléon*, qui avait fait, à juste titre, l'admiration de toute la flotte française.

Le *Napoléon*, lancé au Havre en 1849, et dû à MM. Dupuy de Lôme et Mon, a donné le signal, en France, de ce mode de construction des navires de haut rang. C'est en raison de cette circonstance que nous donnons place (fig. 106, page 229) au *Napoléon* de M. Dupuy de Lôme, dans cette rapide revue historique des plus remarquables constructions de notre marine à vapeur.

4° Emploi de la vapeur, non-seulement comme moyen de propulsion du navire, mais pour opérer toutes les manœuvres du bord (1).

5° Solution du problème de la navigation directe et sans transbordement, de Paris à Londres; c'est-à-dire de la construction de navires à vapeur pouvant naviguer indifféremment, en mer et sur les rivières, par les basses eaux.

Après diverses tentatives plus ou moins heureuses, ce problème a été résolu par MM. Gâche et Guibert, de Nantes, avec les bateaux qui ont reçu le nom de *Paris-et-Londres*, et qui font un service régulier de transports de marchandises, sans arrêt ni transbordement, entre ces deux capitales.

6° Puissance énorme assignée aux machines des bateaux de rivières.

On trouve aujourd'hui sur le Rhône, des bateaux, dus aux ingénieurs du Creusot, et à divers armateurs, qui sont mus par des machines de 600 chevaux de force, et portent près de 600 tonnes dans leur coque, longue de 150 mètres et ne calant que 1 mètre d'eau. De 1853 à 1855, MM. Arnaud, Corrady et Carsenac, ont installé sur le Rhône, les bateaux *l'Avant-garde*, *le Belot* et *l'Express*, de 200 à 500 chevaux de force, qui rivalisent de vitesse avec les trains-omnibus du chemin de fer de Lyon à la Méditerranée. En Angleterre, Penn est même parvenu à donner au yacht *le Fairy*, la vitesse de 14 nœuds.

7° Apparition sur les fleuves de l'Amérique, de véritables palais flottants, calant moins de 2 mètres d'eau, élevés de trois ou quatre étages, contenant plus de 1200 personnes et 1000 tonnes de marchandises.

---

(1) Voyez un mémoire sur ce sujet publié dans le *Mechanic's Magazine* (juillet 1854), par le capitaine Shuldam.

Ces vaisseaux géants pourvus de machines de la force de 2000 chevaux, atteignent jusqu'à la vitesse de 40 kilomètres à l'heure.

8° Enfin, lancement fait au mois de février 1858, en Angleterre, du fameux navire *le Léviathan*, destiné au service des mers de l'Océanie, steamer-monstre, pourvu d'une machine de 3000 chevaux et du port de plus de 20000 tonnes.

Ce steamer colossal était destiné au service de l'Australie. Après avoir subi de nombreuses péripéties; après avoir été plusieurs fois modifié, corrigé, après avoir subi, en mer et dans les ports, plusieurs avaries graves, il a été enfin rendu propre à un service régulier. C'est avec ce bâtiment, qui a aujourd'hui changé son nom primitif de *Leviathan* pour celui de *Great-Eastern*, que l'on fit, au mois de juillet 1865, la tentative de la pose du câble télégraphique, qui devait relier l'Amérique et l'Europe, et qui échoua malheureusement, par suite de la rupture du câble à bord du *Great-Eastern*, pendant l'opération du déroulement. Le même bâtiment a servi à recommencer, au mois de juillet 1866, cette même et prodigieuse opération, bien digne de l'aventureuse audace du génie britannique.

En 1866, un navire tout aussi colossal que le *Great-Eastern*, a été lancé en Angleterre : c'est le *Northumberland*. Ce n'est pas un bâtiment destiné à de pacifiques usages, comme le *Great-Eastern*, mais bien un vaisseau cuirassé, armé dans des intentions de dévastations maritimes.

9° Création des grands services de transports de l'Angleterre aux Indes.

Les navires à vapeur consacrés à ces services, sont les plus riches et les plus admirablement aménagés du monde entier.

10° Établissement, en France, des paquebots transatlantiques.

Cette dernière question touche de trop près à l'honneur national et à nos intérêts maritimes, pour que nous ne l'examinions pas ici avec quelque attention.

Le succès des bâtiments transatlantiques anglais décida la France à tenter la même entreprise. Ses efforts dans cette direction ont été lents, ses tâtonnements nombreux et pénibles. Des compagnies puissantes, créées à différentes époques, ont été forcées de s'arrêter devant divers obstacles, et longtemps les bonnes intentions de nos Conseils généraux et du Corps Législatif, ont été paralysées. Cependant, un succès complet a fini par couronner ces efforts.

C'est de l'année 1840 que date la première tentative faite en France, pour l'établissement de la navigation transatlantique à vapeur.

L'Angleterre venait d'établir, avec le secours du Gouvernement, un service transatlantique bi-mensuel, ayant son point de départ à Liverpool ; et une seconde ligne partant de Southampton, venait de s'organiser. Il y avait donc intérêt pour la France, à ne pas laisser à l'Angleterre le monopole de la navigation par la vapeur à travers l'Océan.

C'est ce que M. de Salvandy faisait remarquer, avec autant de force que de raison, comme rapporteur, à la Chambre des députés, de la commission à laquelle ce projet avait été renvoyé. Il insistait sur ce point, que la pensée de ce projet était éminemment nationale, et qu'elle devait également servir nos intérêts politiques et commerciaux.

« A Liverpool, disait M. de Salvandy, dans son rapport, a dû s'ouvrir le 1ᵉʳ juin, avec le secours d'une subvention considérable du Gouvernement, un service bi-mensuel sur Halifax, que les lignes secondaires vont mettre en communication avec toutes les parties du Canada et des Etats-Unis.

« A Southampton, en face des côtes de France, à quelques heures du Havre, s'organise avec le même appui, sous le titre de *Compagnie royale des malles à vapeur*, une compagnie qui se charge de transporter deux fois par mois, les malles royales et les correspondances, ainsi que les passagers dans toutes les parties des Antilles anglaises, des colonies espagnoles, de la côte Ferme et de la Guyane anglaise. La Jamaïque sera son principal point d'arrivée et de ravitaillement. Des lignes inférieures rayonneront du nord sur Saint-Thomas, Porto Rico, la Havane, et de là sur Mobile, la Nouvelle-Orléans, sur Tampico, la

Vera-Cruz; d'autres, au midi, sur Chagres, Carthagène et les eaux de Cayenne.

« L'Amérique centrale sera donc exploitée tout entière, et déjà les lignes anglaises unissent Para, Fernambouc, Rio-Janeiro; d'autres s'établissent jusque dans l'océan Pacifique, reliant le Chili à Guatemala, au Mexique, et pressant de tous les efforts du génie britannique les deux flancs de l'isthme de Panama...

« Le marché des Etats-Unis est pour la France le plus important de tous; il y a là des intérêts considérables; ils sont communs à toutes les parties du territoire, et chaque jour doit continuer à les étendre en ajoutant au progrès et aux besoins des nations américaines.

« Le rivage de l'Atlantique, qui fait face au nôtre, a des rapports nombreux d'intérêts et d'idées avec nous. Toute l'Amérique espagnole aime notre génie, notre littérature, notre langue. La France appelle naturellement la confiance des peuples.

« Les Américains savent la part que nous avons eue sur leurs destinées, ne fût-ce que par la masse d'idées que nous avons jetées sur le monde. En dépit de quelques collisions accidentelles, leurs penchants, leurs rapports nous sont acquis. »

La loi fut votée à la Chambre des députés, le 16 juillet 1840, à une majorité immense.

D'après cette loi, vingt-huit millions étaient mis à la disposition du ministre de la marine, pour construire dix-huit bâtiments à vapeur, de la force de 450 chevaux.

Trois lignes principales devaient être desservies : l'une partant du Havre pour aboutir à New-York; une seconde devant partir alternativement de Bordeaux et de Marseille pour les Antilles; enfin une troisième ligne partait de Nantes ou de Saint-Nazaire, pour Rio-Janeiro.

Le ministre des finances fut autorisé à traiter avec une compagnie qui se chargerait de faire le service du Havre à New-York, grâce à une forte subvention de l'État.

Cinq années furent employées à l'étude des meilleures constructions et à l'essai des machines à vapeur les plus avantageuses.

On reconnut au bout de ce temps, que le type de paquebots exécutés par les ingénieurs de l'État, ne répondait nullement aux conditions du succès. Ces bâtiments étaient trop lourds et d'une marche trop lente. D'ailleurs, dans cet intervalle, tout avait changé dans les constructions de la mer. L'hélice employée comme propulseur, le fer substitué au bois, les chaudières tubulaires adoptées sur les bateaux, ces divers progrès dont il fallait évidemment profiter, étaient en disparate avec les conditions primitives du projet de 1840.

Tout cela décida le Gouvernement à faire appel à de nouvelles compagnies commerciales, pour l'exploitation de quatre lignes transatlantiques qui, partant du Havre, de Saint-Nazaire, de Bordeaux et de Marseille, aboutiraient à New-York, à Rio-Janeiro et à la Martinique.

En 1847, le Gouvernement présenta un projet de loi demandant l'approbation d'un traité passé entre le ministre des finances et la compagnie Hérout et de Handel, pour le service du Havre à New-York.

Ce projet fut adopté. La compagnie Hérout et de Handel commença même le service entre le Havre et New-York. Malheureusement, elle n'avait à sa disposition que des paquebots de construction médiocre, qui ne pouvaient soutenir la concurrence avec ceux d'Angleterre et d'Amérique. D'un autre côté, les événements de 1848 produisaient une perturbation commerciale qui diminuait considérablement les rapports mutuels entre les deux mondes. Aussi la compagnie Hérout et de Handel fut-elle contrainte de renoncer à son entreprise.

Ce n'est qu'en 1856 que l'on a pu reprendre, en France, la question des paquebots transatlantiques. Le gouvernement ayant fait appel, à cette époque, aux compagnies financières, trois compagnies sérieuses lui firent des propositions.

Le 7 juin 1857, le gouvernement soumit au Corps Législatif, un projet de loi accordant une subvention de quatorze millions pour l'exploitation de trois lignes de correspondance à vapeur entre la France et l'Amérique. Ces trois lignes devaient aboutir, la première

Fig. 106. — Le *Napoléon*, vaisseau mixte à hélice, lancé en 1849 (page 226).

à New-York, la seconde aux Antilles, la troisième au Brésil.

On pouvait espérer, grâce à l'organisation d'un service régulier sur ces trois lignes, que la France, qui était restée jusque-là tributaire des paquebots étrangers, pour le service de ses marchandises et de ses passagers, pourrait s'affranchir de cette tutelle. Il paraissait équitable d'accorder, comme en Angleterre, aux compagnies, une subvention qui leur permît de remplir toutes les conditions de ce service, véritablement très-onéreux.

Le 19 septembre 1857, parut un décret qui concédait à la compagnie des *Messageries Impériales* le service de Bordeaux et de Marseille au Brésil, moyennant une subvention annuelle de 4,700,000 francs.

Le service du Havre à New-York et celui de Saint-Nazaire aux Antilles, furent concédés le 27 février 1858, à la compagnie Marziou.

Diverses circonstances l'ayant empêchée d'exploiter son privilége, cette compagnie proposa de s'en désister en faveur d'une autre réunion de capitalistes, la *Compagnie générale maritime*, qui se présentait avec la garantie de la société Péreire.

Le 19 octobre 1860, le ministre des finances accepta cette substitution.

Sans entrer dans d'autres détails concernant les péripéties que la question des paquebots transatlantiques a pu traverser devant le Corps Législatif et le ministre des finances, nous dirons qu'une convention, en date du 19 février 1862, a arrêté d'une manière définitive, la concession faite par le gouvernement français à la *Compagnie générale transatlantique* représentée par M. Péreire, de l'exploitation d'un service postal entre la France, les États-Unis, les Antilles et Aspinwall, par les navires à vapeur.

Aux termes de cette convention, les paquebots transatlantiques font un voyage mensuel, aller et retour, de Saint-Nazaire à la Vera-Cruz, avec escale à la Martinique et à l'île de Cuba ; chaque voyage comprenant 1,881 lieues marines, pour l'aller et autant pour le retour, ensemble 3,762 lieues par voyage complet, soit 145,160 lieues. La compagnie s'engageait à affecter à ce service quatre bâtiments de 450 à 500 chevaux, et deux bâtiments de 250 à 300 chevaux, dont la vitesse moyenne est fixée à neuf nœuds.

A titre de rémunération et jusqu'à la mise en exploitation complète de toutes les lignes concédées, il est alloué à la compagnie une subvention de 310,000 francs par voyage complet, aller et retour, de Saint-Nazaire à la Vera-Cruz.

C'est le 14 avril 1862, que s'est effectué le premier voyage de la *Louisiane*, magnifique paquebot de fer, de la force de 500 chevaux. La *Louisiane* partait pour la Martinique, l'île de Cuba et le Mexique. En treize jours pour aller et quatorze pour revenir, ce navire franchit la distance de 3,560 milles qui sépare Saint-Nazaire de Fort de France.

Des réjouissances publiques eurent lieu le 14 avril 1862, à Nantes et à Saint-Nazaire, au moment du départ de la *Louisiane*, qui inaugurait une ère nouvelle de prospérité pour le commerce français.

Grâce à l'active circulation qui règne sur les lignes du Mexique et de New-York, la *Compagnie transatlantique* a pris une extension rapide. Elle fait flotter avec un véritable éclat le pavillon national dans les parages de l'Atlantique.

Son matériel, qui s'est augmenté assez rapidement, renferme aujourd'hui les plus forts steamers employés dans nos services postaux.

La première flottille transatlantique se composait de six paquebots de fer, jaugeant ensemble 30,000 tonneaux de déplacement. Une partie avait été construite en Ecosse dans les chantiers de la Clyde ; une autre provenait des chantiers de Penhouët, à Saint-Nazaire. La *Louisiane* fut lancée, comme nous l'avons dit, en 1862 ; les derniers paquebots, le *Saint-Laurent* et le *Darien*, ont été terminés en 1866.

Mais les deux merveilles de la *Compagnie transatlantique* française, qui n'égalent point sans doute encore les admirables steamers anglais consacrés au service des Indes, mais qui du moins s'en approchent, sont : le *Napoléon III*, paquebot à roues de 6,000 tonneaux, pourvu d'une machine à vapeur de la force de 1,500 chevaux ; et le *Péreire*, paquebot à hélice de 5,200 tonneaux, avec une machine à vapeur de la force de 1,250 chevaux.

Le *Napoléon III*, que l'on voit représenté dans la figure 107 (page 232) paraît venir, quant au tonnage, après le fameux *Great-Eastern*. Sa longueur est de 114 mètres, sur 14 mètres de large et 10 mètres de creux. Outre le nombreux personnel de l'équipage, des mécaniciens et chauffeurs, il peut recevoir 400 passagers. Sa machine à vapeur est un véritable monument de fer et d'acier. On s'en fera une idée quand nous dirons que le diamètre du cylindre à vapeur est de 2 mètres, 58. On peut juger par là ce que peut être le balancier. 32 foyers chauffent 8 chaudières, placées quatre de chaque bord, pour alimenter de vapeur ces énormes cylindres.

Nous ne parlons point des aménagements des différentes parties du paquebot formant l'habitation des passagers. Contentons-nous de dire que tout y est confortable et richement décoré.

Le *Napoléon III* a coûté 4,500,000 francs.

Le *Péreire* (figure 108, page 233), qui a été construit par Napier, de Glasgow (Ecosse), peut être assimilé au fameux *Scotia* de la compagnie Cunard. Il a 104 mètres de longueur à flottaison, sur 12 mètres, 50 de largeur, et 8 mètres, 73 de creux. Sa machine à vapeur, formée de deux cylindres verticaux, est de la force nominale de 1,250 chevaux. On assure pourtant qu'elle peut être portée au double, comme travail effectif. L'hélice est à quatre ailes, dans le système Griffit, qui a, dit-on, l'avantage de n'occasionner aucune trépidation sur le navire.

La première traversée du *Péreire* de Brest à New-York, s'est effectuée, au mois d'avril 1866, en neuf jours et demi, avec plein chargement, avec une vitesse moyenne de 13 nœuds et demi.

Son second voyage a été plus rapide encore. Parti de Brest, le 12 mai 1866, pour New-York, le *Péreire* y est arrivé, malgré un mauvais temps continuel, en 9 jours 15 heures de marche, battant de 36 et de 60 heures cinq paquebots sortis avant lui ou le même jour.

Reparti de New-York, le 2 juin pour Brest et le Havre, avec 287 passagers, le *Péreire* mouillait à Brest le 11, à 10 heures du soir, ayant franchi la distance de 3,000 milles en 9 jours et 4 heures, soit avec la vitesse moyenne de 13 nœuds, 60.

La moyenne des deux traversées, aller et retour, donne 13 nœuds, 20.

Celle du mois d'avril donnait 13 nœuds.

On ne cite en Angleterre que deux ou trois traversées du *Scotia*, comparables à celles du *Péreire*.

Les soins les plus minutieux ont été apportés à ce palais flottant, pour contribuer au bien-être des passagers. Le *Péreire* peut recevoir 284 voyageurs de première classe, et 134 de seconde classe. Outre le grand salon et le salon destiné au repas, autour duquel sont rangées les cabines, et qui sont tous deux très-richement décorés, il existe différentes pièces complémentaires, telles que salle de bain, café, fumoir, glacière, boucherie, boulangerie, pharmacie, etc. Toutes les pièces sont chauffées par le tuyau d'un calorifère à air. Chaque cabine est approvisionnée d'eau chaude et froide.

L'avant du paquebot est réservé à l'équipage.

Comme les ancres seraient difficiles à manœuvrer par la force des hommes, c'est la vapeur qui les fait agir. Les marchandises sont également amenées à bord par des treuils à vapeur.

Le *Péreire* a coûté 3,700,000 francs.

Nous devons ajouter que la Compagnie maritime des *Messageries impériales*, dont on connaît la belle et puissante organisation, exécute aussi, outre le service transatlantique de Marseille au Brésil, de nombreux transports dans les mers de l'extrême Orient, autour de la Chine et du Japon.

Ici se termine l'histoire de la création et des développements successifs de la vapeur appliquée à la navigation sur les rivières et les mers. Il nous a paru nécessaire d'exposer avec quelques développements les progrès et les perfectionnements successifs de cette invention admirable, qui a déjà rendu aux hommes de si importants services, qui est appelée à recevoir dans l'avenir une extension dont il est impossible aujourd'hui de prévoir les limites, et dont la découverte réunira dans l'admiration commune de la postérité les noms de Papin, de Watt et de Fulton.

CHAPITRE VII

DESCRIPTION DES MACHINES A VAPEUR EMPLOYÉES A BORD DES BATEAUX ET DES NAVIRES. — MOYENS DIVERS DE PROPULSION. — LES ROUES A AUBES. — L'HÉLICE. — HISTOIRE DES PERFECTIONNEMENTS SUCCESSIFS DE L'HÉLICE APPLIQUÉE A LA PROPULSION DES NAVIRES. — PAUCTON. — DELISLE. — BUSHNELL. — CHARLES DALLERY. — H. SMITH. — RESSEL. — FRÉDÉRIC SAUVAGE. — ÉRICSSON. — ADOPTION GÉNÉRALE DE L'HÉLICE.

Après l'historique qui précède, il nous reste à présenter le tableau des moyens qui servent aujourd'hui à appliquer la force motrice de la vapeur à la navigation. Nous considérerons successivement : 1° les moyens de propulsion ; 2° les machines à vapeur qui servent à mettre en action ces agents propulseurs.

MOYENS PROPULSEURS.

Depuis le jour où l'on s'est proposé de faire mouvoir un bateau par la force de la

Fig. 107. — Le *Napoléon III*, paquebot transatlantique français, lancé en 1866 (page 230).

vapeur, on a mis en usage, ou l'on a imaginé, un grand nombre de systèmes différents pour agir, au sein du liquide, par cette force motrice.

Le *système palmipède*, qui consiste à employer des rames s'ouvrant et se fermant d'une manière successive, par l'effort de résistance de l'eau, a été, comme nous l'avons vu, essayé l'un des premiers. A l'origine de la navigation par la vapeur, il était naturel que l'on cherchât à imiter le mécanisme des rames ordinaires, mises en mouvement par la main des hommes.

Le bateau palmipède du marquis de Jouffroy, fut la réalisation de cette idée. Elle a été reprise à notre époque par Achille de Jouffroy, fils du marquis Claude de Jouffroy. Mais l'expérience a montré, ce que la théorie permettait d'ailleurs de pressentir, que l'action mécanique intermittente qui résulte du mouvement alternatif des rames, ne peut l'emporter, dans aucun cas, sur l'effet continu que procurent les roues à aubes.

Le *système Bernouilli*, qui consiste à refouler à l'arrière des masses d'eau puisées à l'avant, et à faire avancer le bateau par la réaction résultant du refoulement de l'eau sous la quille, a été essayé plusieurs fois, aux États-Unis et en Angleterre. C'est avec ce système que James Rumsey, comme nous l'avons dit, expérimentait à Londres, en 1789, et les résultats obtenus par lui, en ce qui concerne l'agent propulseur, n'avaient rien de désavantageux.

Le même système a été soumis dans notre siècle, à différents essais, dont quelques-uns ont échoué. Mais la réussite de l'hélice, agent de propulsion analogue au précédent, les résultats avantageux tout récemment obtenus en appliquant la turbine comme

Fig. 108. — Le *Péreire*, paquebot transatlantique, lancé en 1866 (page 231).

moyen propulseur des bateaux à vapeur sur les rivières et les canaux, tous ces faits montrent suffisamment que le *système Bernouilli*, c'est-à-dire, le refoulement de l'eau sous la quille, par une pompe foulante, mue par la vapeur, mérite d'être soumis à de nouvelles tentatives, qui seraient peut-être couronnées d'un grand succès.

Les *chaînes sans fin* munies de palettes, et destinées à former comme une sorte de longue roue, occupant une grande partie de la longueur du bateau, furent essayées en France, par Desblancs et par Fulton. Mais l'expérience démontra toute l'insuffisance de ce moteur pour atteindre la vitesse exigée.

Les moyens de propulsion que nous venons d'énumérer, sont aujourd'hui abandonnés. Les seuls dont on ait tiré jusqu'ici un parti considérable dans la pratique, sont les *roues à aubes* et l'*hélice*. Étudions rapidement chacun de ces agents propulseurs.

Les roues dont on fait usage dans la navigation par la vapeur, sont toujours au nombre de deux. On les dispose de chaque côté, et un peu en avant du centre de gravité du bateau. Elles portent à leur circonférence, un certain nombre d'*aubes*, ou *palettes*, de bois, attachées par des crochets de fer, aux rayons de moyeux de fonte fixés sur l'arbre tournant de la machine à vapeur.

Le nombre de ces aubes varie suivant la circonférence de la roue; il doit être tel qu'il y en ait toujours trois d'immergées. Les aubes doivent plonger de 8 à 10 centimètres dans l'eau. Leur surface est d'autant moins grande que le bateau est destiné à une marche plus rapide.

La vitesse imprimée aux roues à aubes

T. I. 30

par la machine à vapeur, doit être supérieure à celle du bateau qu'elles font mouvoir, puisque, avançant elles-mêmes avec le bateau, elles ne peuvent agir qu'en vertu de la différence des deux vitesses. L'expérience a établi que, pour réaliser le maximum d'effet, la vitesse des aubes doit être d'un quart environ supérieure à celle du bateau.

Les roues des premiers *steamers* furent presque en tout semblables à celles que nous voyons fonctionner dans les usines hydrauliques. On les installait en différentes positions, mais presque toujours latéralement, à un tiers de la longueur du navire en partant de l'avant.

En Amérique et plus tard en France, sur la Saône et sur la Seine, on vit des bateaux à vapeur dont les roues se trouvaient placées soit à l'avant, soit à l'arrière. Cette disposition ne faisait rien perdre de l'effet utile du moteur, et le bateau diminué de toute la largeur des tambours qui environnent la roue, franchissait plus aisément les passages étroits et le chenal des rivières, souvent très-rétréci dans les basses eaux. La *Charlotte Dundas* de William Symington avait sa roue motrice unique placée à l'avant du bateau.

On s'est également servi d'une roue unique placée au milieu du bateau, qu'elle divisait ainsi en deux. A l'époque des premiers essais de navigation par la vapeur, ce mode d'installation de la roue fut adopté en Écosse, par Patrick Miller et Symington, comme nous l'avons rapporté. C'est encore de cette manière que se trouvait placée l'immense roue à aubes de la frégate de guerre *le Fulton I*[er], construite par Fulton, en 1814, pour la défense du port de New-York. Mais ce dernier système d'installation de la roue ne constitue aujourd'hui qu'une exception des plus rares. Il ne présente d'avantages que dans le cas où la voie navigable est d'une très-petite largeur, comme dans les canaux. Nous avons déjà parlé des *mono-roues* de M. Gâche (de Nantes) pour le service des canaux.

A mesure que les bâtiments à vapeur se multiplièrent, on reconnut divers inconvénients aux moyens trop simples que l'on avait adoptés pour la disposition des roues. Chaque palette d'une roue n'agit avec tout son effet utile, que lorsqu'elle est perpendiculaire au liquide qu'elle frappe. En entrant dans l'eau, et en se relevant pour en sortir, elle n'exerce son action que suivant une ligne oblique. Elle perd ainsi une partie de sa force, qui se trouve employée sans utilité, à pousser le liquide, en avant, quand elle s'enfonce, ou à le projeter en arrière, quand elle se relève. Ces pertes de force s'accroissent avec la vitesse imprimée aux roues.

Pour remédier à la perte de force qui résulte du soulèvement de l'eau au moment où la palette sort du liquide, on a imaginé différents systèmes, qui se réduisent à rendre les aubes mobiles sur leur axe, de manière à les obliger d'entrer dans l'eau et d'en sortir sous une inclinaison toujours avantageuse à l'effet moteur.

Un système de ce genre, imaginé par monsieur Cavé, a été adopté en France, sur plusieurs navires de la marine militaire. Des bielles et un excentrique font pivoter chacune des aubes, de manière à les maintenir dans une situation verticale, pendant toute la durée de leur immersion, et à leur donner, au moment de leur sortie du liquide, une position horizontale, afin qu'elles présentent à l'air le moins de résistance possible. Outre son avantage pour l'accroissement de l'effet moteur, cet ingénieux mécanisme permet d'éviter aux roues, et par suite aux machines, les violentes secousses que provoque le choc des lames lorsque celles-ci viennent frapper les roues du bateau à l'instant de leur sortie du liquide.

En Angleterre, on fait usage, pour atteindre le même but, d'un système particulier que l'on désigne sous le nom de *système Morgan*. Il est fondé sur les mêmes principes que celui

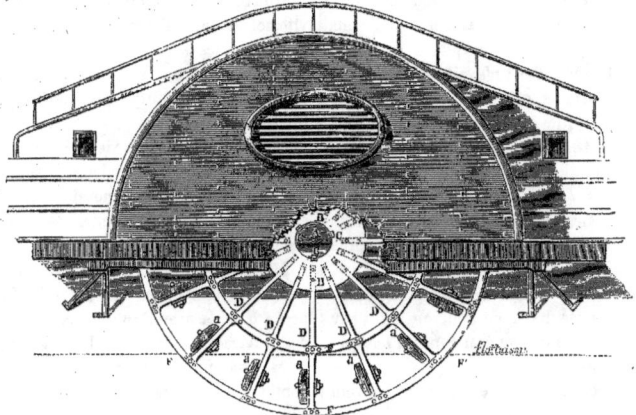

Fig. 109. — Roue à aubes d'un bateau à vapeur.

de M. Cavé; mais nécessitant un mécanisme très-compliqué, il est sujet à beaucoup de dérangements. Les frottements qui résultent du grand nombre d'engrenages qu'il exige, absorbent une force presque aussi considérable que celle dont on cherche à éviter la perte.

Nous donnons (fig. 109) un modèle exact de la manière dont les roues à aubes sont installées sur nos grands navires. Sur l'arbre A de la machine porteur de la roue, est fixé le disque B, au moyen des clavettes C, C. Sur les rayons de la roue, D, D, sont appliquées les aubes (a). Ces aubes sont fixées sur les rayons des roues par un taquet et un boulon. Le tout est maintenu par le cercle FF'.

Les roues à aubes constituent un moyen à peu près irréprochable pour appliquer la puissance de la vapeur à la navigation sur les fleuves ou les rivières; mais elles présentent des inconvénients très-graves dans la navigation sur mer. Le roulis du navire a souvent pour effet d'élever une des roues hors de l'eau en immergeant la roue opposée. Dès lors, la roue la plus élevée tourne à vide; ce qui produit des variations très-nuisibles à la machine.

Comme la résistance ne s'exerce plus que sur l'une des roues, on est obligé d'affaiblir l'intensité de la force motrice, en diminuant l'entrée de la vapeur dans les cylindres. La force de la machine se trouve ainsi atténuée au moment où, au contraire, son maximum d'effet serait souvent nécessaire. En outre, le tambour qui environne les roues, offre une large surface à l'action du vent; ce qui diminue la vitesse du navire. Sur les navires de guerre, les roues sont librement exposées à l'atteinte des boulets, et cette circonstance suffit pour leur ôter presque toute valeur au point de vue militaire. Enfin, les roues sont un obstacle à ce que l'on puisse se servir à la fois de la vapeur et des voiles; car l'emploi de la vapeur exige que le bâtiment se maintienne toujours à peu près dans une ligne verticale: or les voiles ont pour résultat de le faire incliner sur son axe, ce qui met un obstacle à l'action régulière de la machine.

La pratique mit promptement en évidence les inconvénients qui résultent de l'emploi des roues à aubes dans la navigation maritime. Aussi depuis l'adoption générale de la vapeur comme agent de propulsion nautique, un grand nombre de mécanismes différents furent-ils proposés pour remplacer les roues. Cependant aucun d'eux n'avait fourni des résultats satisfaisants, et la supériorité des roues semblait une question définitivement jugée, lorsque, en 1839, un constructeur anglais, M. Smith, appliqua à un navire à vapeur une *hélice*, ou *vis d'Archimède*, comme moyen de propulsion. Les résultats remarquables fournis par ce nouveau moteur, excitèrent au plus haut degré l'attention des hommes de l'art. Des expériences ultérieures ayant confirmé ces premiers résultats, ce système a fini par devenir d'un emploi général dans la navigation maritime.

En quoi consiste l'hélice employée comme agent moteur des navires, et comment peut-on, en théorie, se rendre compte de ses effets ?

L'hélice n'est autre chose que la vis ordinaire, et la théorie de son action est la même que celle de ce dernier instrument (1). Concevons que l'on dispose horizontalement, à l'avant d'un bateau, et dans le sens de sa longueur, une vis, pouvant tourner librement sur son axe. Si l'on engage l'extrémité de cette vis dans un écrou fixe, maintenu dans une position invariable par rapport au sol environnant, quand on viendra à imprimer à la vis un mouvement rapide de rotation, elle avancera dans l'écrou, et entraînera par conséquent, le bateau auquel elle est fixée. L'hélice de nos bateaux fonctionne de la même manière ; seulement l'écrou fixe est remplacé par l'eau. Quand on fait tourner une hélice au milieu de l'eau avec une grande rapidité, l'eau environnante se trouve mise en mouvement avec la même vitesse, et par suite de la réaction qu'elle exerce sur les faces inclinées de l'hélice, elle imprime au bateau un mouvement de progression, qui est d'autant plus rapide que l'hélice tourne plus vite.

L'idée d'appliquer la vis d'Archimède à la navigation est déjà ancienne. Nous allons résumer les tentatives nombreuses qui ont été faites jusqu'à nos jours dans cette direction.

L'hélice qui a été employée depuis l'antiquité à divers usages mécaniques, fut proposée pour la première fois, comme moteur des navires, en 1752, par Daniel Bernouilli. Dans son mémoire couronné par l'Académie des sciences, et dans son *Hydro-dynamique*, Bernouilli fit connaître, avec plusieurs autres procédés de navigation, un moyen de propulsion des navires, consistant à faire tourner rapidement au milieu de l'eau, une sorte d'aube de moulin à vent, dont la forme différait peu de celle de l'hélice employée de nos jours (1).

Pendant les nombreuses expériences que du Quet fit à Marseille et au Havre, de 1687 à 1693, sur les agents de propulsion propres à remplacer les rames, ce mécanicien ne manqua pas d'étudier l'hélice proposée par Bernouilli ; mais il ne put en retirer aucun résultat avantageux.

En 1768, un ingénieur français, nommé Paucton, proposa, dans un ouvrage sur la *théorie de la vis d'Archimède*, de remplacer

---

(1) L'invention de la vis est attribuée à Archytas, qui vivait environ 400 ans avant J.-C. ; il est cependant probable qu'elle est d'une origine plus ancienne. Plus tard, on revêtit la vis d'une enveloppe, et on la consacra à l'élévation des eaux. On sait que ce moyen fut employé en Égypte, pour le desséchement des terres, après les débordements du Nil. Archimède qui perfectionna, en Égypte, l'application de la vis au desséchement des terrains submergés, mérita d'appliquer son nom à cet appareil, perfectionné par lui.

(1) Voyez pour l'historique complet des essais très-divers et très-nombreux, faits pour appliquer l'hélice à la navigation, les ouvrages suivants : Mémoires de M. Léon Duparc (*Annales maritimes*, 1842, t. II, p. 885) ; — *Recueil de machines*, par Armengaud, — 23 ; *Mémoire sur les propulseurs*, par le capitaine Labrousse ; — *Traité des propulseurs*, de Galloway, traduit par Labrousse ; — *Mémoire sur la navigation aux États-Unis*, par Marestier ; — *Treatise on the Screw Propeller*, par Bourne ; — *Id.*, par Tredgold, nouvelle édition ; — *Rudimentary Treatise on the Marine Engine*, par R. Murray ; — Mémoire de MM. Moll et Bourgeois ; — enfin et surtout le *Traité de l'hélice propulsive*, par le capitaine Paris, qui a placé en tête de son livre, la traduction d'une notice historique sur l'hélice, tirée de l'ouvrage anglais de Bourne.

les rames par des hélices (1). Il voulait placer deux hélices, qu'il nommait *ptérophores*, à l'arrière et de chaque côté du navire, dans une situation horizontale et dans le sens de sa longueur.

Paucton fait ressortir, dans son livre, les pertes de force qui résultent du mouvement alternatif des rames, et il essaie de démontrer que des hélices disposées sous la quille d'un vaisseau, donneraient des résultats bien supérieurs. Cependant ses idées ne frappèrent que médiocrement l'attention.

En 1777, l'Américain David Bushnell avait adapté une hélice au bateau-plongeur dont il est l'inventeur. Ce bateau s'enfonçait en se remplissant d'eau ; quand il fallait remonter à la surface, on évacuait cette eau à l'aide d'une pompe aspirante. Pour diriger sous l'eau son embarcation, Bushnell employait un aviron en forme de vis, qu'il plaçait horizontalement sous la quille. Cette sorte d'hélice faisait marcher le bateau d'avant en arrière. Un second aviron placé verticalement, à la partie supérieure du bateau, régularisait son immersion, et le maintenait à la hauteur désirée, indépendamment de la quantité d'eau admise dans le réservoir. Ce moyen de direction fut plus tard, imité par Fulton, dans ses embarcations submersibles.

La découverte de la navigation par la vapeur vint donner beaucoup d'intérêt aux travaux exécutés jusqu'à cette époque, sur l'hélice. Un grand nombre d'essais nouveaux furent dès lors, entrepris dans cette direction. La plupart de ces recherches, restées sans résultat pratique, ont peu d'importance aujourd'hui, et nous les passerons sous silence.

Cependant, parmi ces tentatives demeurées sans résultat, et qui furent entreprises au commencement de notre siècle, pour appliquer l'hélice à la navigation, il en est une qui, à notre point de vue national, mérite d'être distinguée. Nous voulons parler des essais faits

(1) *Théorie de la vis d'Archimède, de laquelle on déduit celle des moulins, conçue d'une nouvelle manière*, par M. Paucton, in-18, Paris, 1778.

à Paris en 1803, par un mécanicien français, Charles Dallery.

L'histoire ne doit pas exclusivement ses hommages aux génies heureux que le succès couronne. Ceux qui ont préparé le triomphe d'une œuvre utile à l'humanité, ont droit aussi à notre reconnaissance. L'intérêt que leur souvenir éveille est même, en quelque sorte, plus tendre. Il nous appartient de consoler leur mémoire du triste concours de circonstances qui paralysa leurs efforts. Donnons un souvenir, le jour de la récolte, au laboureur ignoré qui traça le sillon pénible et ne vit point jaunir la moisson.

Entre ces inventeurs malheureux dont les efforts se sont brisés devant le hasard et l'inopportunité des temps, Charles Dallery, né à Amiens, le 4 septembre 1754, mort à Jouy, près de Versailles, en 1835, mérite d'occuper une place. Créateur de plusieurs inventions remarquables, il fut toujours méconnu pendant sa vie, et resta ignoré jusqu'à vingt années après sa mort. Ce ne fut point le génie qui lui manqua, mais cet assemblage fortuit de circonstances que Dieu tient en ses mains, et que nous appelons le bonheur.

Fils d'un constructeur d'orgues de la ville d'Amiens, Charles Dallery était, à dix ans, le meilleur apprenti de son père. A douze ans, il fabriquait des horloges de bois d'une précision admirable, et il possédait à fond l'art, compliqué, de la fabrication des orgues d'église. Son intelligence mécanique cherchait partout des occasions de s'exercer. Une harpe s'étant rencontrée sous sa main, il adapta à cet instrument un mécanisme propre à exécuter les demi-tons.

S'étant rendu à Paris, il soumit l'instrument ainsi modifié, au facteur le plus en vogue. Celui-ci accueille avec empressement la découverte, et place le jeune Dallery à la tête de ses ateliers. Ainsi perfectionnée, la harpe détrône bientôt l'antique clavecin, et fixe la mode pour longtemps. Un brevet d'invention fut pris ; mais ce fut au nom du fabricant, et le jeune mécanicien, éconduit, dut reprendre le chemin de sa province.

Là, il donna un libre cours à son ardeur créatrice. Il perfectionna la fabrication des orgues, et établit le système de soufflerie qui est aujourd'hui appliqué partout. Il apporta aussi d'utiles changements au clavecin. Quand la fièvre des ballons s'empara de la France, c'est lui qui donna à la ville d'Amiens le premier spectacle des ascensions aérostatiques.

Vers 1788, il construisit une machine à vapeur, et pour son premier essai, il employa la haute pression. Il ne se proposait rien moins que d'installer cette machine sur une voiture, et de l'appliquer à la locomotion sur les routes.

Cette pensée était trop hâtive; Dallery le comprit bientôt, et il consacra sa machine à servir de moteur dans ses ateliers.

Un orgue manquait à la cathédrale d'Amiens; ce travail lui fut confié. Les devis s'élevaient à 400,000 francs. Dallery se mit à l'œuvre. Mais la révolution éclate. Le temps des orgues était passé; il fallut changer de carrière.

Sans se décourager, Dallery propose à la ville d'Amiens de construire des moulins à vent sur un système nouveau : les ailes tournaient horizontalement.

Cette innovation choqua beaucoup la cité picarde. Voyant ces roues tourner comme les chevaux de bois à la foire, elle appela ce moulin, le *moulin de la Folie*.

L'inventeur était fier et digne : cette critique lui déplut. Il se brouilla avec sa ville natale et la quitta, pour n'y plus revenir. Il alla installer sa machine à vapeur chez un industriel de ses amis, fabricant de limes, qui possédait deux usines, l'une à Nevers, l'autre à Amboise.

Appropriée à ce nouvel usage, la machine à vapeur mettait en mouvement un martinet du poids de 500 livres et frappait 500 coups par minute, forgeant l'acier et le façonnant en limes ouvragées de toutes manières. Dallery dirigeait les deux usines.

Mais ce n'était là qu'une bien insuffisante occupation. Quand le travail fut organisé et la tâche terminée, Dallery et le maître de forges se regardèrent, en disant :

— Qu'allons-nous faire maintenant?

Il fut convenu que l'on se rendrait à Paris, pour y proposer au gouvernement le plan d'un moulin à farine, mû par la vapeur.

La machine à vapeur était une ressource puissante pour remplacer les bras de l'ouvrier, qui commençaient à manquer. Or, personne ne songeait encore, en France, à tirer sérieusement parti de la vapeur dans les usines. Les deux associés pouvaient donc compter sur un succès.

Leur calcul était juste, mais ils avaient compté sans la disette.

Le gouvernement avait, en effet, adopté leur plan sans difficulté, et l'on avait installé le moulin à farine dans les bâtiments de l'octroi de Bercy. On avait même promis une avance de 30,000 francs. Mais les 30,000 francs n'arrivèrent jamais. En revanche, la disette arriva. Notre mécanicien dut redescendre des hautes régions où l'avait élevé ce succès d'un jour.

Son courage, néanmoins, ne se démentit pas. Il venait d'appliquer son talent à des créations grandioses, il l'appliqua à des travaux microscopiques. Il se fit horloger, et fut le premier à construire en France, ces montres de la dimension d'une pièce de cinquante centimes, que l'on portait au doigt, sur une bague. Seulement, comme on n'avait jamais rien fait de semblable dans l'art de l'horlogerie, il n'existait point d'outil pour de tels ouvrages, et Dallery dut créer les instruments pour cette nouvelle fabrication : la boîte ovale et jusqu'au tour qui servait à obtenir cette forme.

Mais ces chefs-d'œuvre microscopiques se vendaient fort cher, et personne n'était riche en 1793. Toutes ces élégantes curiosités n'étaient pas plus de saison que les orgues d'église. Dallery dut chercher une autre manière d'arriver à la fortune.

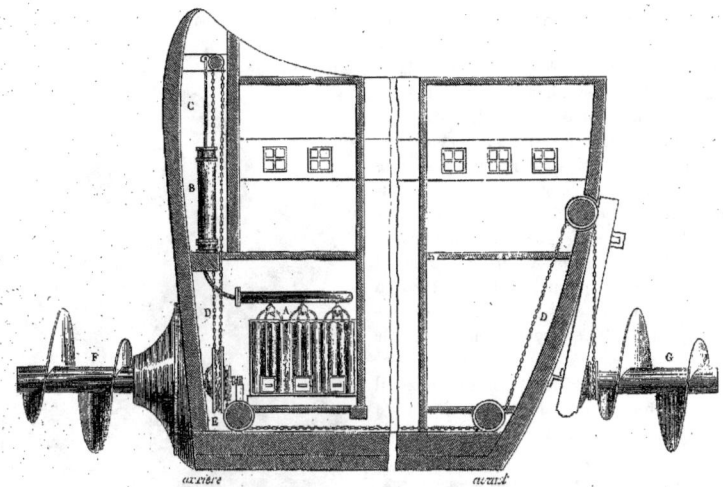

Fig. 110. — Coupe de l'arrière et de l'avant du bateau à hélice de Dallory.

Le conseil d'un ami vint le placer dans la bonne voie. Il s'agissait de perfectionner les premières façons de l'or employé par les bijoutiers. Dallery créa dans l'orfévrerie une industrie nouvelle, dont il avait le secret et le monopole. Pendant vingt-cinq ans toute la bijouterie d'or de Paris a travaillé avec le *moleté d'or*, le *grené*, le *découpé* de Charles Dallery.

Grâce aux bénéfices qu'il réalisait dans cette obscure existence d'artisan, Dallery put songer à mettre à exécution un projet dont le succès devait faire évanouir tous les ennuis passés, et le ramener aux sphères brillantes qu'il avait perdues. Il voulait appliquer l'hélice à la navigation.

Depuis que l'ingénieur Paucton avait proposé, comme on l'a vu plus haut, de remplacer les rames par des hélices, beaucoup d'efforts avaient été tentés pour approprier cet appareil mécanique à la propulsion des bâtiments; mais personne n'avait encore songé à combiner l'hélice comme agent propulseur, avec l'emploi de la vapeur comme force motrice. Telle était précisément la pensée de Dallery, et c'est pour cela que nous mentionnons ici le nom et les travaux de ce mécanicien. L'idée d'appliquer la vapeur à faire mouvoir les hélices d'un bateau, distingue, en effet, le projet de Dallery d'une foule de plans analogues, conçus et en partie exécutés à cette époque, mais dans lesquels la vapeur, alors à peine connue, n'était pas mise à profit.

Le brevet pris par Dallery porte la date du 29 mars 1803. Cette date est remarquable, puisqu'elle montre que Dallery exécutait son bateau à hélice, à l'époque et au moment même où Fulton s'occupait, de son côté, à construire sur la Seine, son bateau à roues. Ainsi ces deux tentatives sont tout à fait contemporaines, et Dallery n'avait pu rien emprunter à l'ingénieur américain.

L'appareil que Dallery se proposait d'employer comme agent propulseur de son bateau, consistait en une hélice à deux spires de révolution. Elle devait être placée à l'arrière du bateau. Une autre hélice, placée à l'avant, était mobile dans le sens de son axe, pour servir de gouvernail. Les deux hélices devaient être immergées au-dessous de la ligne de flottaison, et mises en mouvement par une machine à vapeur à deux cylindres.

La figure 110, empruntée au mémoire publié par M. Chopin-Dallery, représente le système moteur de ce bateau. A est la chaudière *à la Perkins*, qui sert à produire la vapeur; B, le cylindre à vapeur, parcouru par le piston; C, la tige du piston; DD, la chaîne qui se replie sur une poulie, et vient, au moyen d'une roue à rochets E, faire tourner l'hélice F, ou plutôt l'*escargot*, comme l'appelle l'inventeur.

Ch. Dallery décrivait ainsi cet appareil dans son brevet, dont M. Chopin-Dallery a publié, depuis, le texte.

« L'aviron est remplacé, aux approches de la mer, « par un arbre tournant posé dans la cale du vais-« seau, à trois pieds au-dessous du niveau de l'eau. « Cet arbre est mû par l'effet de deux rochets posés « sur lui-même, qui reçoivent leur force des pis-« tons, et de cet effet résulte un mouvement con-« tinu de rotation. L'arbre tournant est de fer, à pi-« vots, sur deux coussinets. Il fait sur l'arrière du « vaisseau une saillie de deux pieds. A cet arbre en « est adapté un autre de bois, de six pieds de long ; « ce dernier est garni de feuilles de cuivre un peu « bombées, qui forment l'*escargot*. Leur diamètre « est de six pieds et leur plan incliné (pas de vis) de « trois pieds de pourtour. »

Ce mécanisme était placé à l'arrière du navire, pour produire l'action motrice. A l'avant, une autre hélice, G, mobile de droite à gauche, devait servir de gouvernail.

Mais faisons tout de suite remarquer que les dispositions mécaniques adoptées par l'auteur de ce projet, pour transmettre aux hélices les mouvements des deux pistons de la machine à vapeur, étaient trop défectueuses pour que l'exécution pût répondre à ses espérances. Comme on vient de le voir, Dallery propose, dans son brevet, de transmettre ce mouvement à l'aide de cordes et de poulies. C'était se faire une idée bien inexacte des résistances à vaincre et de la manière de combattre ces résistances (1).

Disons en outre, que cet *escargot* composé d'une simple barre de bois environnée de

Fig. 111. — Charles Dallery.

feuilles de cuivre, est bien loin de l'idée que nous nous faisons d'une hélice. En fait d'hé-

(1) Il est difficile aujourd'hui de connaître exactement les détails du plan de Dallery. Le brevet d'invention qui lui fut accordé le 29 mars 1803, se trouve mentionné dans le IIe volume, p. 206, n° 138 de la *Collection des brevets d'Invention*, publiée en 1818, par ordre du ministre de l'Intérieur ; mais on se borne à rapporter le titre du brevet. Ce titre est le suivant :

Mobile perfectionné appliqué aux voies de transport par terre et par mer. Ce n'est que de nos jours que le texte de ce brevet a été connu comme nous l'avons déjà dit, par la publication qu'en a faite M. Chopin-Dallery, gendre de l'inventeur.

Si l'on cherche l'explication de ce laconisme dans la citation du recueil officiel, on la trouve dans une note placée en tête de l'ouvrage. Voici cette note :

« Nous n'avons fait qu'indiquer, dans ce recueil, le titre « des brevets dont l'objet est une conception chimérique que « l'expérience a jugée, ou une chose que tout le monde « connaît, ou que personne n'a envie de connaître. »

Le projet de Dallery a donc été jugé avec défaveur à l'époque où il s'est produit. On ne peut s'empêcher de reconnaître que cette défaveur était justifiée sur plus d'un point. Mais il ne faut pas oublier, d'un autre côté, que ce projet a été conçu en 1803, c'est-à-dire à une époque où la navigation par la vapeur en était à peine à ses débuts. La pratique aurait sans doute amené l'auteur à faire disparaître les défectuosités de son système.

Fig. 112. — Dallery fait mettre en pièces son bateau à vapeur à hélice.

lice, l'*escargot* de Dallery, n'était évidemment que la première enfance de l'art.

Quoi qu'il en soit, Dallery, confiant dans l'exactitude de ses vues, n'avait pas hésité à jeter toute sa fortune dans cette entreprise. Il avait ramassé 30,000 francs dans son industrie d'apprêteur d'or; il les consacra à la construction d'un bateau, qui fut exécuté à Bercy avec les plus grands soins.

Quant à la machine à vapeur et au système mécanique destiné à servir d'agent propulseur, ils ne furent montés qu'aux deux tiers, car les fonds manquèrent à l'inventeur pour terminer l'œuvre commencée.

Dans sa détresse, Dallery eut recours au ministre. Il montra ses plans, l'état où le travail en était resté, et le misérable obstacle qui le séparait du succès. Un léger secours lui aurait permis d'atteindre au but, et peut-être d'assurer à la France l'honneur que l'Amérique allait lui ravir.

Mais toutes ses démarches furent inutiles; livré à ses propres forces, Dallery fut contraint de s'arrêter.

Quelques jours après, le bateau de Fulton, armé de ses roues, passait, triomphant, devant son malheureux rival, et faisait son premier essai sur la Seine, de Bercy à Charenton, c'est-à-dire sur la partie même de ce fleuve où flottait inachevé le bateau de Dallery.

Lorsque Fulton, dédaigné de tous, eut transporté en Amérique l'invention que la vieille Europe avait repoussée, Charles Dallery poursuivit encore de ses inutiles sollicitations, le gouvernement et ses ministres. N'ayant rien obtenu, il se rendit un matin aux bords de la Seine, et donnant l'ordre et l'exemple à ses ouvriers, il prit un marteau, et mit son bateau en pièces.

Ensuite, il reprit son humble travail d'apprêteur d'or. Quant à son brevet, il le laissa expirer au ministère de la marine, où personne ne s'en inquiéta jamais.

Dallery est mort à l'âge de quatre-vingt-un ans, à Jouy, où tout le monde l'a connu. C'était un beau vieillard, aux grandes manières. Majestueux dans sa tenue, toujours poudré à blanc et en cravate blanche, il parlait peu, ne riait jamais, et était d'une dignité royale (1).

Après Dallery, beaucoup de mécaniciens ont essayé de mettre en mouvement, par l'action de la vapeur, une ou plusieurs hélices disposées de différentes manières, sous la ligne de flottaison d'un bâtiment ou d'un bateau de rivière. Mais aucune de ces tentatives ne réussit, et leur insuccès jeta beaucoup de défaveur sur ce système. Ce n'est qu'en 1823 que les préventions qui régnaient chez les constructeurs, contre l'emploi de l'hélice, furent en partie dissipées, par les remarquables travaux qu'exécuta en France, le capitaine du génie Delisle.

Nous devons dire pourtant, que l'on a inauguré à Vienne, le 18 janvier 1863, un monument élevé à la mémoire de Joseph Ressel, qui passe, à tort ou à raison, en Autriche, pour l'inventeur de l'hélice appliquée à la navigation à vapeur.

Ressel était né à Chrudim, ville de Bohême, en 1793. Encore étudiant à l'université de Vienne, il conçut, en 1812, le projet de diriger les ballons, au moyen d'une hélice. Le moteur devait être une machine électro-magnétique. C'est ainsi qu'il fut conduit à penser que la vis d'Archimède rendrait des services sérieux dans la navigation fluviale et maritime.

Ce n'est toutefois qu'en 1826, que Ressel put exécuter ses premiers essais. Il fit construire, à cette époque, à Trieste, une petite hélice propre à mettre en mouvement un bateau à vapeur. Deux négociants avaient consenti à en payer les frais. Ressel prit un brevet pour l'application de l'hélice à la navigation ; mais la police autrichienne, nous ne savons pourquoi, l'empêcha de répandre ses prospectus.

Ressel entreprit alors la construction d'un petit bateau à hélice, mû à bras d'homme, et destiné au vice-roi d'Égypte, Méhémet-Ali.

Il obtint, peu après, la permission de construire un bateau à vapeur à hélice, dans les chantiers de Trieste. Un commerçant, nommé Fontana, se chargea d'en faire les frais.

Pendant que cette construction se poursuivait lentement, Ressel vint à Paris, où il fit quelques expériences en public, et essaya de trouver des associés. Mais un certain Messonier, à qui il avait communiqué ses plans, prit le brevet en son propre nom. Si bien que Ressel put à grand'peine se procurer l'argent nécessaire pour retourner à Trieste, où il retrouva Fontana, fort mal disposé à son égard.

Cependant, dans l'été de 1829, son bateau à hélice, la *Civetta*, dont la machine n'avait qu'une force de six chevaux, fut en mesure d'entreprendre un voyage d'essai. Ressel partit, ayant à bord de la *Civetta*, quarante passagers.

Au bout de cinq minutes, un tuyau de la machine à vapeur s'étant brisé, le bateau s'arrêta net. La police intervint et défendit à Ressel toute expérience ultérieure. La *Civetta* fut mise au vieux bois et l'on n'en entendit plus parler.

---

(1) C'est grâce aux efforts persévérants de son gendre, M. Chopin-Dallery, que les travaux de Charles Dallery ont été préservés de l'oubli qui les menaçait. M. Chopin-Dallery a publié, en 1855, chez Firmin Didot, une brochure intitulée : *Origine de l'hélice propulso-directeur, précédée d'une notice sur Charles Dallery*. Il a fait aussi paraître une brochure de 20 pages in-8°, ayant pour titre : *L'hélice appliquée aux bateaux et aux voitures à vapeur, mémoire explicatif sur le brevet d'invention Dallery obtenu le 29 mars 1803*. Ce travail fut présenté à l'Académie des sciences le 25 mars 1844, et une commission composée de MM. Arago, Ch. Dupin, Pouillet et Morin, reconnut dans un rapport, les droits de Dallery aux inventions spécifiées dans ce mémoire. Mais combien n'y a-t-il pas, autour de nous, de ces Dallery ignorés, et qui le seront à jamais, faute d'un gendre !

Ressel est mort en 1848.

On jugera, par le court et fidèle exposé qui précède, si c'est avec raison que l'Autriche a essayé de revendiquer en sa faveur, l'invention de l'hélice appliquée à la navigation.

Revenons au capitaine Delisle, et au beau travail, à la fois expérimental et théorique, par lequel le savant français ramena l'attention et la faveur à l'hélice motrice.

Toutes les tentatives faites jusqu'à cette époque, pour appliquer l'hélice à la navigation, avaient complétement échoué; on s'accordait donc alors à condamner son usage d'une manière absolue. M. Delisle démontra, dans le beau travail qu'il entreprit à cette occasion, la vérité de la thèse contraire. Il s'efforça d'établir, par le calcul, la supériorité de ce système sur celui des roues à aubes, et proposa de disposer sous la quille des navires, deux hélices à trois pas de vis, placées l'une à l'avant, l'autre à l'arrière. Il fit même la proposition formelle de substituer des hélices aux roues à aubes sur les vaisseaux de guerre.

Le ministère de la marine rejeta le projet du capitaine Delisle, qui était cependant presque identique avec celui que M. Ericsson employait avec succès, huit années après, en Angleterre.

En 1843, un constructeur de Boulogne, Frédéric Sauvage, continua les recherches du capitaine Delisle. Les longs et persévérants travaux qu'il exécuta, mirent hors de doute les avantages de l'hélice comme propulseur sous-marin. C'est surtout à Sauvage qu'est due la démonstration de ce fait important, que, pour produire son maximum d'effet, la vis doit être réduite à la longueur d'une seule révolution. Cependant, malgré vingt années d'efforts, Frédéric Sauvage ne put parvenir à exécuter des essais sur une échelle suffisante pour établir d'une manière irrécusable la vérité de ses assertions.

Ruiné par ses recherches, vieux et malade, Sauvage fut arraché à la misère par le roi Louis-Philippe, qui, en 1846, lui accorda une pension. Il fut frappé d'aliénation mentale en 1854. Recueilli à cette époque, par l'ordre de l'Empereur, dans la Maison de santé de la rue Picpus, à Paris, il y passait son temps entre son violon et une volière d'oiseaux. Frédéric Sauvage est mort en 1857.

Fig. 113. — Frédéric Sauvage.

Pendant que Frédéric Sauvage poursuivait ses travaux en France, un grand nombre d'autres constructeurs exécutaient, en Angleterre et aux États-Unis, des recherches du même genre. MM. Ericsson, Beyre, Napier, Blaxman et Timothy, se distinguèrent particulièrement dans cette voie.

Pendant les années 1836 et 1837, M. Ericsson soumit à des essais très-variés, un système propulseur, composé de deux hélices, qui ne différait que très-peu de celui de notre compatriote Delisle.

Ces tentatives ayant été jugées, en Angleterre, avec beaucoup de faveur, le système de M. Éricsson fut définitivement appliqué à un petit bâtiment, le *Francis-Ogden*, qui fut soumis, comme remorqueur, à différents essais.

A la même époque, c'est-à-dire en 1838, parut le système de MM. Smith et Rennie, qui ne différait que fort peu de celui de Frédéric Sauvage.

Plus heureux que notre compatriote, les deux constructeurs anglais réussirent à obtenir la formation d'une société qui prit le titre de *Compagnie de propulsion par la vapeur.* Cette compagnie fit construire, pendant les années 1838 et 1839, un grand et beau navire, *l'Archimède,* qui fut consacré à étudier l'hélice d'une manière définitive, dans les conditions de la grande navigation. Des expériences comparatives, prolongées pendant plus d'une année, ayant fait reconnaître toute l'utilité de ce système, en 1842, la compagnie propriétaire du magnifique steamer *le Great-Britain,* dont nous avons plus haut rappelé l'origine, arma ce navire d'une hélice, d'après les plans de MM. Smith et Rennie.

En 1847, le *Ruttler,* navire construit par la même compagnie, pour étudier l'hélice se trouvait dans le port de Boulogne, et le commandant anglais se livrait dans ce port, à des essais comparatifs de vitesse avec des navires à roues du même tonnage. On assure que Frédéric Sauvage, en prison pour dettes à Boulogne, assistait, de l'une des fenêtres de sa prison, aux essais, faits par les ingénieurs anglais, du système qu'il avait tant étudié et qu'il n'avait pas été assez heureux pour voir mettre en pratique. On comprend qu'un pareil spectacle ait pu égarer la raison du malheureux mécanicien.

En 1842, Frédéric Sauvage avait adressé à l'Académie des sciences, un mémoire sur l'application de l'hélice à la navigation. Il demandait, dans ce mémoire, à être autorisé à répéter devant une commission de l'Académie, ses expériences sur la prééminence que l'hélice simple présente sur l'hélice à plusieurs filets. Un rapport fut fait sur ce mémoire, par MM. Séguier, Poncelet, Combes et Piobert. Le baron Séguier, rapporteur, s'exprimait en ces termes :

« La France, qui a vu naître en 1775, à Baume-les-Dames, l'invention de la navigation à vapeur, due au génie de l'un de ses enfants, le vieux marquis de Jouffroy qui, le premier, a fait naviguer avec succès un grand bateau, à l'aide de la vapeur, aura encore l'honneur de voir naître chez elle ses plus importantes modifications. Aujourd'hui, nous venons un instant réclamer votre bienveillante attention en faveur d'expériences tentées par un ex-constructeur français de Boulogne-sur-Mer, devenu mécanicien fort ingénieux. Vous trouverez, messieurs, quelque opportunité dans la demande que vous a adressée M. Sauvage, de répéter sous les yeux d'une commission, avec des modèles construits à l'échelle, les expériences auxquelles il s'est déjà livré plus en grand, si nous vous disons qu'en ce moment même des ingénieurs anglais importent en France les mêmes idées dont M. Sauvage a pris le soin de se garantir la propriété par un brevet pris à une époque déjà assez reculée. M. Sauvage trouve que la puissance de son hélice, comparée à celle des autres d'une construction différente, est plus grande dans le rapport de 20 ou 18 à 14. Il est jaloux d'assurer à la France la priorité d'une application qu'il a lui-même portée à un degré de perfectionnement supérieur à celui atteint par ses concurrents. »

Mais Frédéric Sauvage ne put obtenir de répéter sous les yeux d'une commission académique, les expériences que les ingénieurs anglais exécutaient dans le même moment et sur le même objet, au milieu d'un port français.

D'après M. Charles Dupin, qui a discuté ce point dans son *Rapport sur l'Exposition de Londres de 1851,* M. Smith, qui n'était qu'un simple fermier à Middlesex, aurait la priorité sur Frédéric Sauvage, dont il aurait devancé de quatre ans le projet ; car les expériences faites en 1842 avaient été précédées, comme nous l'avons dit plus haut, d'essais faits par M. Smith, en 1838 et 1839, sur la Tamise et le canal de Paddington.

Ce qui est certain, c'est que les Anglais regardent Smith comme l'inventeur de l'hélice appliquée à la navigation, et que ce dernier a reçu à ce titre une récompense nationale.

On peut dire, pour résumer cet exposé historique, que l'idée théorique de l'emploi de l'hélice dans la navigation appartient à Daniel Bernouilli, à Paucton et au capitaine français Delisle ; et que la première application *réussie* de l'hélice sur un navire, appartient à MM. Smith et Rennie. Ce sont les résultats obtenus par ces derniers constructeurs dans la grande navigation, qui ont décidé l'adoption générale de l'hélice.

En France, le premier paquebot à vapeur qui ait été muni d'une hélice, c'est le *Napoléon*, qui fut construit au Havre, en 1843, par M. Normand.

Ce bateau à vapeur, qui porte aujourd'hui le nom de *Corse*, était muni d'une machine à vapeur de 120 chevaux, fournie par M. Barnes, de Londres; l'hélice avait été construite par M. Nulls, du Havre. Il ne faut pas confondre le paquebot à vapeur de M. Normand avec le vaisseau de guerre, le vaisseau mixte de MM. Moll et Dupuy de Lôme, qui porte le même nom de *Napoléon*, dont nous avons parlé plus haut (figure 106, page 229), et qui, lancé en 1849, a fait époque dans l'histoire de la navigation, par sa puissance et la réunion de ces qualités nautiques.

C'est à partir de l'année 1843 que les avantages de la vis d'Archimède, comme moyen de propulsion maritime, mis entièrement hors de doute, ont rendu son emploi à peu près général dans les navires à vapeur destinés au service de la mer.

La simplicité extrême de l'hélice comme propulseur sous-marin, nous permettra d'abréger sa description.

On a beaucoup hésité sur les dimensions à donner à la vis d'Archimède, pour en obtenir le maximum d'effet. Après avoir fait usage de l'hélice triple, double, etc., on a reconnu que la vis formée d'une seule révolution, est celle qui réunit les conditions les plus avantageuses.

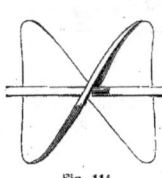

Fig. 114.
Hélice propulsive.

La figure 114 représente l'hélice telle qu'elle a été d'abord employée par nos constructeurs. Elle se compose, comme on le voit, d'une seule révolution de vis.

La figure 115 montre d'autres dispositions que l'on donne aujourd'hui à l'hélice.

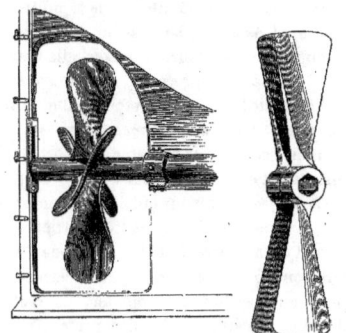

Fig. 115. — Autres formes d'hélices.

Les hélices sont habituellement en fer; cependant le cuivre convient mieux pour leur construction, parce qu'il résiste plus longtemps à l'action corrosive de l'eau de la mer.

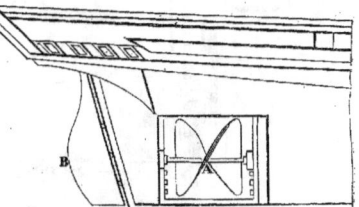

Fig. 116. — Installation de l'hélice sous la quille du navire.

L'hélice est toujours placée bien au-dessous de la ligne de flottaison du navire, afin que dans aucune circonstance, l'agent propulseur ne puisse se trouver élevé hors du liquide sur lequel il agit. On l'installe à l'arrière, dans un espace libre ménagé sous la quille et dans le plan vertical qui passe par l'axe du bateau. Elle se trouve ainsi à une petite distance en avant du gouvernail.

La figure 116 a pour but de montrer l'installation de l'hélice sous le bâtiment. A est l'hélice, vue dans la position où elle fonctionne ; B, le gouvernail du navire.

L'hélice est disposée, comme on le voit, dans un espace laissé libre sous la quille du navire, et dans le plan de son axe vertical. Tenue entre deux tourillons fixes, elle tourne dans cet espace, en recevant son mouvement de l'arbre de la machine à vapeur, auquel elle est liée par un *embrayage*. Sa vitesse de rotation est très-considérable : elle est habituellement de 240 tours par minute.

La figure 117 a pour but de faire comprendre, au moyen d'une coupe verticale de l'avant d'un navire à hélice, le mode d'installation de l'hélice, en d'autres termes, le *puits* qui permet de remonter, de visiter, de voir constamment l'hélice propulsive, et de surveiller son jeu, enfin son mode d'embrayage avec l'arbre de la machine à vapeur.

AA est la coupe des deux ailes de l'hélice. Installée dans son puits, l'hélice est entourée d'un cadre de fer BB qui sert à la hisser. Au moyen d'une chaîne de fer s'enroulant sur les poulies D,D et de la *haussière* E, on fait remonter ou descendre l'hélice dans son puits. G est l'arbre porteur de l'hélice, en rapport avec l'arbre de la machine à vapeur qui le fait tourner.

F est un *presse-étoupe*, fixé au manchon de l'arbre de la machine à vapeur, et destiné à fermer l'issue à l'eau qui s'introduirait dans le navire par le manchon de l'arbre.

Il est souvent nécessaire de suspendre l'action de l'hélice. Il faut donc un mécanisme qui permette d'établir ou d'interrompre son action motrice, c'est-à-dire, un *embrayage*.

I est l'*embrayeur* destiné à mettre en rapport l'arbre de la machine à vapeur avec l'arbre de l'hélice. Le levier J remplit cet office ;

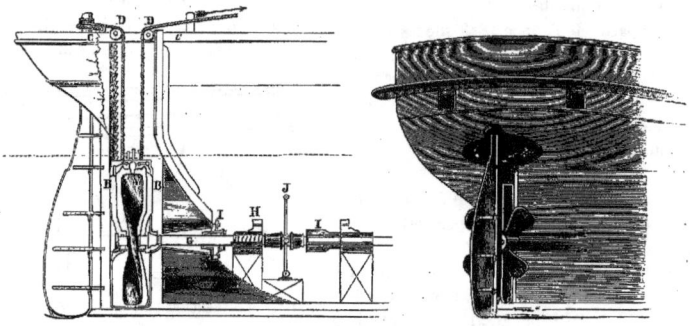

Fig. 117. — Le puits de l'hélice (coupe et élévation).

il écarte ou met en prise les deux arbres de l'hélice et de la machine à vapeur. H est le *palier de butée* sur lequel se fait la poussée de l'hélice contre le navire.

Quant aux dimensions de l'hélice, elles dépendent de celles du navire, et sont liées à ce dernier élément par des règles pratiques et des formules précises. Nous dirons, pour prendre un exemple, que l'hélice du *Napoléon*, avec une machine à vapeur de 500 chevaux, a une longueur de 5^m,80.

Indiquons rapidement les avantages qui se rattachent à l'emploi de l'hélice, dans la navigation par la vapeur. Ils peuvent se résumer ainsi :

1° L'agent propulseur du navire est à l'abri

de l'atteinte des boulets et des divers projectiles, de la chute des mâts et des diverses causes d'accidents de ce genre, de nature à l'endommager.

2° La suppression des roues, diminuant la largeur du bâtiment, lui donne plus de facilité pour entrer dans un port, dans un bassin, etc., ou pour y manœuvrer.

3° Le navire offre moins de prise au vent, par suite de l'absence des tambours qui environnent les roues.

4° La vis, toujours immergée, quel que soit le degré d'inclinaison que prenne le navire par l'action du vent ou le mouvement du roulis, communique à l'action motrice une remarquable égalité, précieuse dans bien des cas.

5° Sur un bâtiment de guerre, l'espace occupé par les roues devenant libre, on peut établir des batteries dans toute sa longueur.

6° Les navires à hélice, présentant la même forme que les navires à voiles, peuvent être plus rapidement convertis en bâtiments à voiles. Or, si l'on peut suspendre par intervalles l'action de la vapeur, et ne l'employer que par les temps de calme ou par les vents contraires, on réalise sur le combustible une économie considérable.

7° Enfin, comme l'hélice est mise en action par des machines à vapeur qui n'occupent qu'un faible espace, les bâtiments de commerce qui en sont pourvus, peuvent disposer, pour les marchandises, d'un emplacement plus considérable.

Ces avantages sont en partie contre-balancés par quelques inconvénients, qu'il nous reste à énumérer.

Le premier, et le plus grave, consiste dans l'infériorité de vitesse que présentent les navires à hélice sur les bâtiments à roues, dans les conditions de la navigation ordinaire.

Cette infériorité relative dans la vitesse, provient de ce que le mouvement de la vis au sein de l'eau, amène nécessairement une perte de force mécanique, perte plus grande que celle qui résulte de l'emploi des roues. L'hélice exerce sur l'eau un double mouvement : elle la pousse d'arrière en avant, et sur les côtés. Ce dernier effet est perdu pour la progression ; la force nécessaire pour le produire est donc dépensée en pure perte.

Aussi a-t-on reconnu que, dans un temps calme, la vitesse d'un navire à hélice est inférieure de douze centièmes environ, à celle d'un bateau à roues.

Il faut remarquer seulement que, dans les navires à hélice, la perte de force qui provient de l'agent moteur, est un élément constant, qui ne s'accroît dans aucune circonstance. Au contraire, celle qui résulte, dans les bâtiments à roues, de l'élévation de l'appareil moteur hors du liquide, par suite du mouvement de la mer, augmente souvent dans des proportions dont il est impossible de tenir compte. De telle sorte que, tout considéré, la vitesse devient presque la même avec l'un ou l'autre de ces propulseurs.

Il faut ajouter, comme inconvénients liés à l'emploi de l'hélice, le bruit continuel et désagréable causé par les engrenages, la crainte de voir l'appareil moteur brisé par la rencontre des rochers et des écueils, l'usure rapide des supports dans lesquels l'hélice tourne avec une rapidité extraordinaire, enfin la difficulté qu'on éprouve souvent à la retirer lorsqu'elle exige quelque réparation, et surtout à la remettre en place, en la fixant exactement dans la direction de l'axe du navire qu'elle doit toujours occuper pour fournir le maximum de son action motrice.

La conclusion des faits qui viennent d'être énumérés, est facile à déduire. L'hélice, manifestant surtout son utilité dans le cours d'une navigation accidentée et difficile convient parfaitement au service de la mer. Sur les rivières et sur les fleuves, elle présente beaucoup moins d'avantages. Il est de toute évidence qu'un navire de guerre ne peut employer que l'hélice comme moyen propulseur. Quant aux paquebots ou bâtiments de commerce, bien qu'ils semblent devoir en tirer des avantages moindres, on les voit cependant depuis quelques années, l'adopter de préférence. Presque tous les bâtiments à vapeur que l'on construit en Angleterre, pour le service du commerce, sont munis de l'hélice. En France, on tend de plus en plus à suivre cet exemple, et pour la plupart des constructions navales, on a recours aujourd'hui à l'hélice, de préférence aux roues.

Pour donner une idée exacte des nouveaux navires à hélice, et pour présenter, en même temps, des types intéressants de notre marine militaire actuelle, nous représentons (fig. 118) un des plus beaux *vaisseaux* de notre flotte cuirassée, le *Solférino*, lancé en 1863.

L'impression que produisit l'arrivée sur une rade, d'un vaisseau cuirassé, fut toute particulière. Lorsque le *Magenta* ou le *Solférino* apparurent aux yeux des marins, ils excitèrent une stupéfaction railleuse. Dans ces constructions insolites, tout différait d'aspect avec nos anciens vaisseaux, monuments grandioses, élégants, d'une hardiesse de lignes éminemment agréable à l'œil, ce qui a toujours fait dire qu'un vaisseau de haut bord est le chef-d'œuvre du génie humain.

Un vaisseau cuirassé, comme le *Magenta* ou le *Solférino*, présente, en effet, au premier aperçu, un aspect vraiment baroque. Son avant, incliné vers la flottaison, à l'encontre des constructions ordinaires; son arrière, qui rappelle celui d'une lourde galiote hollandaise ; sa mâture écourtée, tout cela ne ressemble en rien aux constructions habituelles de la marine militaire.

Cependant, en approchant plus près, l'œil exercé d'un marin découvre dans ces façons excentriques, une raison d'être au niveau des exigences de la guerre actuelle. Marche, aménagements, artillerie, tout répond victorieusement, dans nos vaisseaux cuirassés, au but que l'on s'est proposé.

Le *Solférino* a les dimensions d'un vaisseau de 90 canons. Comme tous nos vaisseaux cuirassés, il n'a que deux ponts ou deux batteries, au lieu des trois ponts de nos anciens vaisseaux de guerre. Le poids de la cuirasse nécessite ce retranchement. Les murailles des batteries sont recouvertes de plaques de fer de 15 centimètres d'épaisseur, qui, descendant en dessous de la flottaison et remontant de 4 mètres au-dessus, viennent se terminer à l'étrave et à l'étambot, à l'avant et à l'arrière des batteries. Ici se trouvent donc les parties vulnérables du navire. Mais une muraille de fer intérieure protège efficacement l'avant et l'arrière des batteries. En un mot, toutes les œuvres vives sont à l'abri des projectiles.

La mâture et le gréement sont ceux d'un trois-mâts goëlette, et lui permettent d'atteindre, à la voile, la marche d'un navire ordinaire. L'aération du bâtiment (chose très-importante) est dans les meilleures conditions de salubrité, conditions qui manquent aux frégates.

Tout fait croire que ces navires atteindront leur but de destruction, but, hélas ! peu philanthropique, que le génie moderne s'est proposé dans l'art naval, révolutionné par les découvertes récentes.

Une hélice de la dimension de 6 mètres donne au *Solférino* une vitesse de 12 à 13 nœuds.

L'étrave est garnie d'un *éperon* en bronze, lié au navire.

Nous laissons à l'imagination du lecteur le champ libre pour se faire une idée des dévastations que peut produire un éperon, un engin de guerre, de cette sorte.

La force de la machine à vapeur du *Solférino* est de mille chevaux. Sa longueur, de verticale en verticale, est de 86 mètres ; sa largeur de 16 mètres, son tirant d'eau, en charge, de $7^m,8$.

Un équipage ordinaire de vaisseau (800 hommes) donne la vie à ce monstre flottant. De vastes logements permettent à un amiral

BATEAUX A VAPEUR.

Fig. 118. — Le *Solférino*, vaisseau cuirassé à éperon, lancé en 1863.

et à son nombreux état-major, de s'y établir confortablement.

Le *Solférino* porte des canons rayés, du calibre de 30. La première batterie renferme 26 canons, la seconde 24. Les deux gaillards sont, en outre, munis, chacun, de deux canons du même calibre.

La mâture à voiles a les dimensions suivantes :

Grand mât,   36 mètres de hauteur, 0^m,75 de diam.
Mât de misaine, 34   —   0^m,75 —
Mât d'artimon, 26   —   0^m,59 —
Beaupré,   17   —   0^m,44 —

La voilure que le *Solférino* peut développer équivaut, prise en totalité, à 1500 mètres de surface de toile.

La destination particulière des vaisseaux de guerre cuirassés du type du *Solférino*, c'est de porter le pavillon du commandant en chef d'une escadre.

Pour donner une idée des dimensions d'un navire cuirassé et montrer dans sa nudité, hors du liquide, l'*éperon*, son arme offensive, c'est-à-dire le plus terrible engin de destruction que l'homme ait encore réalisé sur la mer, nous représentons à part (figure 119, page 251), l'*éperon du Solférino*, en d'autres termes, l'*avant d'un vaisseau cuirassé*.

Nous représentons aussi (figure 120, page 253) une *frégate cuirassée* de notre flotte de combat : l'*Héroïne*.

Personne n'ignore que la première frégate cuirassée, créée en France, fut *la Gloire*, construite dans les chantiers de Toulon, en 1858, sous la direction de M. Dupuy de Lôme. Le succès le plus complet couronna les efforts de cet éminent ingénieur. Des perfectionnements de détail ajoutés depuis, ont fait de ce genre de navire, un type original, qui est devenu réglementaire pour les frégates de guerre de cette espèce.

Nos frégates cuirassées actuellement à flot, réunissent à la fois l'élégance, la grâce des lignes, et l'aspect imposant et sévère des bâtiments de la marine militaire. D'une finesse excessive dans les œuvres vives, elles font voir au premier coup d'œil qu'elles sont destinées à réaliser une grande vitesse. Leur mâture proportionnée à leur coque, s'harmonise parfaitement, et rappelle les plus élégantes frégates d'autrefois.

La frégate *l'Héroïne* est revêtue de bout en bout, d'une cuirasse de fer de l'épaisseur de $0^m,12$ à $0^m,15$.

Le poids total du blindage représente 1000 tonneaux. La batterie armée de 36 canons se chargeant par la culasse, est assez élevée au-dessus de sa ligne d'eau, pour permettre de faire feu dans toutes les positions.

L'hélice, du diamètre de $5^m,90$ mise en mouvement par une machine à vapeur de 900 chevaux, donne au navire une vitesse moyenne de 12 à 13 nœuds.

L'avant de la frégate abaissé perpendiculairement, représente son éperon. Son inclinaison de haut en bas, peut produire le même résultat destructif que l'éperon des vaisseaux *le Solférino* et *le Magenta*.

L'*Héroïne* a 70 mètres de longueur et 17 de largeur. La force de sa machine à vapeur est de 900 chevaux. Elle porte 36 canons rayés du calibre de 30.

Ce type de bâtiment est une des gloires de nos constructions navales. Il réunit toutes les conditions indispensables à un bon croiseur : marche, solidité, etc. Au premier engagement naval sérieux, la France pourra prouver à son ennemi, d'une manière tout à fait concluante, qu'elle a le génie pratique des choses de la mer, et qu'elle n'a rien à envier, sous ce rapport, à aucune nation maritime.

Beaucoup de marines étrangères, l'Espagne, l'Italie, le Portugal, ont recherché les types de nos frégates cuirassées. Les essais auxquels on les a soumises en plusieurs occasions, ont donné raison aux principes qui ont présidé à leur construction.

En présence de ces divers changements que la machine à vapeur a permis d'apporter à notre marine de guerre, on se demande quelle influence exercera ce système nouveau, quand il sera généralisé et adopté par toutes les nations qui possèdent une marine de quelque importance. Nous avons traité avec quelque étendue, cette question, dans un de nos ouvrages. On nous permettra donc de rapporter ici ce que nous disions à ce propos, dans l'*Année scientifique* de 1863.

« La guerre maritime, disions-nous, s'exerce par trois moyens différents : 1° par l'attaque ou la défense des côtes et des points fortifiés ; 2° par les croiseurs et les corsaires ; 3° par les combats de navire à navire. Voyons les modifications que les bâtiments cuirassés ont apportées ou pourront introduire dans ces diverses opérations de la guerre maritime.

« *Attaque et défense des côtes ou des points fortifiés*. — La nouvelle découverte a révolutionné cette partie de l'art de la guerre. D'une part, les places réputées imprenables, telles que Cronstadt, Gibraltar et Malte, ne le sont plus. Les batteries, autrefois si redoutées, qui hérissent tous les abords de ces places, ne seront plus, en effet, que de faibles obstacles pour les nouveaux vaisseaux de guerre cuirassés, qui, bravant leurs canons, pourraient en quelques heures les réduire en un monceau de ruines.

« Mais s'il n'est plus désormais possible d'arrêter les opérations d'une flotte cuirassée par l'artillerie de terre, on pourra profiter, pour défendre les ports, de ces mêmes moyens; on pourra opposer à l'attaque les engins offensifs qu'elle possède elle-même, soit en construisant des batteries flottantes cuirassées, soit en recouvrant de fer les batteries fixes des côtes.

« Il n'est pas douteux que des forts revêtus de fer et munis d'une puissante artillerie ne soient invulnérables; mais, d'un autre côté, leur construction exigerait des dépenses telles, que les Anglais mêmes hésitent à user en grand de ce moyen de défense. Le nombre de ces constructions fixes sera, dans tous les cas, toujours limité à l'étendue de la côte, tandis qu'une flotte cuirassée multiplie les points d'attaque en se déplaçant à son gré, et peut ainsi rendre les défenses de terre inutiles.

« Si les batteries fixes ne sont pas d'une efficacité parfaite pour la protection des côtes, soit parce qu'elles ne résisteraient pas elles-mêmes au feu des navires cuirassés, soit parce que leur tir combiné n'embrasserait pas complétement l'espace qui les séparerait les unes des autres, elles peuvent être d'une très-grande utilité en couvrant de leurs feux les batteries flottantes cuirassées, en leur servant de point de ralliement et leur permettant d'agir contre l'ennemi à un moment donné. Les mêmes principes qui permettent à une force inférieure sur terre de résister à l'attaque d'un ennemi supérieur, permettront également à une force maritime inférieure, si elle est convenablement soutenue, de résister à l'attaque d'une force plus nombreuse.

« Opposer des batteries flottantes cuirassées aux navires cuirassés qui voudraient attaquer une côte, tel est donc le meilleur système que l'on puisse adopter. Les combats, au lieu de se livrer entre les constructions des côtes et les navires, deviendraient ainsi tout à fait navals, et nous étudierons plus loin ce que peut être maintenant une lutte semblable.

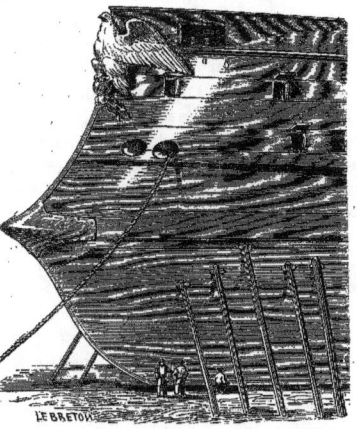

Fig. 119. — Avant d'un vaisseau cuirassé armé de son éperon.

« Les Anglais, que l'absurde panique d'une invasion française a longtemps tenus en éveil, l'ont si bien compris que, tout en construisant leurs premiers navires blindés, ils ont consacré une somme de 5,680,000 livres sterling (142 millions de francs) à la défense de leurs principales places maritimes. Ils y ont établi un système combiné de forts revêtus de fer et de batteries flottantes, auxquels ils se proposent d'ajouter des obstacles sous-marins ou flottants.

« *Croiseurs et corsaires*. — Un navire de bois ne saurait résister longtemps à un bâtiment cuirassé. S'il n'est pas immédiatement incendié par les fusées ennemies, si les obus et les boulets ne l'ont pas en quelques minutes mis en pièces et coulé, il sera inévitablement ouvert par le choc de l'énorme éperon de fer, ou de l'arête tranchante, qui est le complément ordinaire de la cuirasse, dans les nouvelles constructions navales. Ce sera donc désormais une terrible guerre que celle des croiseurs et des corsaires, qui monteront nécessairement des navires bardés de fer. Si une guerre internationale venait à éclater, les vaisseaux marchands n'auraient qu'à chercher un prompt salut au fond des ports, sous la protection des canons de la place.

« Les Anglais, dont les vaisseaux de bois sillonnent aujourd'hui les mers, auraient tout à redouter d'une guerre de ce genre. En six mois, cinq ou six de nos frégates cuirassées suffiraient pour ruiner le commerce de l'Angleterre, en anéantissant les milliers de bâtiments marchands qu'elle possède, ou bien en lui interdisant, par la terreur, toute navigation de longue haleine.

« Ajoutons qu'avec ces navires invulnérables, on peut transporter rapidement un corps de troupes dans des possessions lointaines, surprendre les colonies, les rançonner ou les ravager. Il y aurait là, pour la Grande-Bretagne, qui ne vit que par ses colonies, un danger immense. Elle serait attaquée dans les principes mêmes de son existence. Londres n'est pas, en effet, à l'Angleterre, ce que Paris est à la France : un cœur ou une tête, de l'intégrité desquels dépend l'existence du corps. Cette puissance tire sa sève et sa richesse de ses nombreuses et florissantes colonies, au moyen de nombreux vaisseaux qui vont explorer tous les points de la terre. Les frégates cuirassées détruisant les racines et les sources de la sève britannique, le tronc ne tarderait pas à périr.

« *Combats sur mer.* — Les combats navals seront probablement à l'avenir évités, comme inutiles, ou nuls dans leurs effets.

« Avant l'invention de la cuirasse, grâce aux progrès de l'artillerie et avec les moyens dont ils pouvaient disposer, deux vaisseaux de guerre ennemis, bien armés et montés par de courageux équipages, devaient s'entre-détruire inévitablement, en un bref intervalle de temps. L'application de la cuirasse de fer a tout changé, et produit un résultat contraire. Au lieu de s'entre-détruire en quelques minutes, deux frégates cuirassées seraient fort embarrassées pour se nuire sensiblement dans toute une journée. Les faits ont déjà prouvé la vérité de cette assertion. En 1862, pendant la guerre d'Amérique on vit durant cinq heures, les boulets ou les obus du *Monitor*, du poids de 184 livres, ricocher sur la cuirasse du *Merrimac*; en sorte que si le *Merrimac* eût continué son œuvre de destruction sur les navires en bois de l'escadre fédérale, sans s'occuper du nouveau venu, le *Monitor* eût été impuissant à l'en empêcher.

« Les Anglais n'avaient accepté qu'avec répugnance le blindage métallique des navires, dont l'invention leur venait de la France. Dans leur désir de rendre nuls les effets de cette armure défensive, appelée à réduire à l'impuissance leur immense matériel naval, ils ont cherché à créer des canons capables de les percer. Ils y sont parvenus, car le problème, consistant à briser par des boulets, des plaques métalliques d'une épaisseur donnée, n'était point au-dessus des ressources de l'art moderne. Il n'y avait qu'à prendre des canons d'une puissance considérable et capables de recevoir des charges extraordinaires de poudre. Nos voisins ont fait grand bruit des expériences de Schœburyness, exécutées pendant l'été de 1862 et reprises, avec un succès moins contestable, au mois de novembre de la même année. Là, en présence d'une réunion d'amiraux, d'ingénieurs et d'officiers, on a montré avec orgueil, l'effet destructeur d'un canon Withworth, qui est parvenu, à 800 mètres de distance, à traverser des plaques métalliques plus épaisses que celles du *Warrior*, c'est-à-dire de 4 et de 5 pouces d'épaisseur, reposant sur un revêtement de bois de 18 pouces. Les boulets lancés pesaient 150 livres et la charge de poudre était de 27 livres. Ce canon était d'un formidable poids. Il pesait 7 tonnes.

« Les expériences de Schœburyness, à tort

Fig. 120. — L'*Héroïne*, frégate cuirassée, lancée en 1864.

ou à raison, ne nous produisent l'effet que d'un fantôme sur lequel il suffit de marcher pour le voir s'évanouir. Ces résultats, dont nos voisins s'enorgueillissent, ne nous semblent pas faits pour modifier la confiance que doit inspirer la cuirasse défensive de nos vaisseaux. Sans doute, lorsqu'on tire tranquillement, à terre, sur des plaques métalliques, avec de formidables canons, dans des expériences attentives, calculées pour agir sur l'opinion publique, on peut parvenir à trouer les plaques les plus massives. Mais à quoi servirait tout cela dans la pratique de la mer? Où sont les bâtiments de guerre qui embarqueraient des canons du poids de 7 tonnes, avec tout leur approvisionnement pour une campagne? Le canon d'un navire ne tire forcément que sous un certain angle, et les boulets ne viennent jamais le frapper lui-même perpendiculairement, comme dans des expériences d'artillerie, faites à terre. Le mouvement de la mer suffirait pour s'opposer à la normalité de ce tir. Aussi les canons dont on s'est servi dans les expériences de Schœburyness, une fois arrimés à bord, seraient-ils plutôt capables de nuire à ceux qui les emploient, qu'à l'ennemi lui-même. La pratique a démontré qu'un vaisseau ne peut pas embarquer des canons de plus de 50; or ces pièces ne pourront jamais entamer une armure de fer comme celles de *la Gloire* ou du *Warrior*. Les canons Armstrong de gros calibre, de Horsfall, ou de Withworth, ne sont bons qu'à terre; on ne saurait ni les placer ni les charger à bord d'un vaisseau. Quelques-uns ont 4 mètres de long, ils pèsent, comme nous l'avons dit, 7000 kilogrammes et lancent des boulets de 150 livres! Ces chiffres effrayent l'imagination! Quel navire, nous le répétons, se chargera jamais de semblables masses, et peut-on sérieusement présenter de pareils engins comme propres aux manœuvres habituelles de la mer?

« Laissons donc les Anglais se tranquilliser en apparence ; laissons-les publier, pour satisfaire l'opinion publique, les résultats rassurants de leur monstrueux tir, et restons confiants dans nos cuirasses. Jamais les résultats obtenus en Angleterre ne justifieront les espérances dont on a bercé la nation britannique.

« D'ailleurs, une frégate cuirassée serait-elle réellement compromise parce qu'on aurait réussi à percer en quelques points, son blindage, avec des boulets? Les dispositions sont prises, à bord de tous ces navires, pour remplacer promptement par une autre, une partie avariée de la cuirasse.

« Nous sommes loin assurément de prétendre, d'une façon absolue, que les navires cuirassés soient complétement invulnérables. On sait fort bien, par exemple, qu'un obus entrant par un sabord dans une batterie, y ferait, en éclatant, plus de mal qu'un boulet massif de 150 livres qui passerait à travers sa cuirasse métallique. C'est là ce qui força *le Merrimac* à la retraite dans sa fameuse lutte avec *le Monitor*. Mais les navires cuirassés ont un degré d'invulnérabilité relative qui nous permet de dire que de tels faits ne sont qu'accidentels dans une lutte de navire à navire.

« Arrivons à l'abordage. Avec le nouveau système de revêtement métallique des vaisseaux de guerre, l'abordage sera, il nous semble, impraticable. Dans le cas, en effet, où les matelots pourraient réussir à mettre le pied sur le pont d'un navire ennemi, ils resteraient exposés, sans défense et sans abri, à l'éclat des bombes explosives qu'on lancerait sur le pont, et aux jets d'eau bouillante dont on les inonderait de l'intérieur de la machine.

« Le seul moyen offensif qui reste à employer sur mer, dans les conditions nouvelles que nous étudions, c'est la masse même du navire, que l'on précipitera sur le point le plus faible du bâtiment ennemi, c'est-à-dire par le *travers*. Le premier bâtiment devient alors lui-même un énorme projectile qui entr'ouvre les flancs de son adversaire, si sa vitesse est suffisante et si son avant est assez solidement constitué. Le contre-coup peut, toutefois, être fatal à l'agresseur, et l'on sait que la proue du *Merrimac* fut en partie brisée par un semblable choc contre *le Monitor*.

« Dans la prévision que cette manière de combattre sera peut-être un jour la seule efficace, on arme, aussi bien en France qu'en Angleterre, les bâtiments cuirassés, soit d'une proue tranchante comme dans la *Gloire*, et l'*Héroïne*, soit d'un éperon comme dans le *Solférino* et le *Warrior*. Cet éperon peut être à fleur d'eau ou sous-marin, afin d'aller atteindre les parties profondes du navire, là où cesse le revêtement de métal. Il est vrai que, pour éviter dans ce dernier cas l'effet désastreux de l'atteinte de l'éperon ennemi, on fait descendre la cuirasse jusqu'à une assez grande distance au-dessous de la ligne de flottaison. Toutefois, il est très-probable qu'on cherchera bientôt à percer la coque des navires avec des machines allant l'attaquer jusqu'à la cale, afin de chercher, soit dit sans figure, le défaut de la cuirasse. Il sera donc peut-être bientôt nécessaire de revêtir de fer la carcasse entière des vaisseaux.

« En résumé, l'invention des cuirasses métalliques a complétement bouleversé l'art de la guerre maritime. Elle est venue annuler tout à coup l'ancienne tactique navale, œuvre de tant de siècles, et par là, on peut le dire, ôter sa poésie au métier de soldat à la mer. Il n'y aura plus désormais de Duguay-Trouin ni de Nelson. Les historiens n'auront plus à nous dépeindre les sublimes horreurs de ces luttes navales où les voiles, labourées par la mitraille, laissaient flotter au vent leurs lambeaux déchirés; où les mâts, fracassés par les boulets, tombaient sur le pont, avec un horrible fracas, entraînant dans leur chute les haubans et les cordages, écrasant officiers et soldats. Plus de ces combats corps à corps, résultat d'un abordage désespéré, où le matelot défendait pied à pied, le pont de son navire, sa seconde patrie. Le mécanicien sera le véritable commandant du bord. La science, et non l'intrépidité individuelle, remportera les victoires. La puissance matérielle des nouveaux bâtiments prendra la place de l'intelligence des officiers et du courage des matelots. Le boulet et l'obus impuissants ne frapperont plus des agrès inutiles. Ils ne rencontreraient que le fer de la cuirasse, et rejailliraient inoffensifs, dans la mer. Le pavillon national, flottant au-dessus de la carapace noire et nue, fera seul comprendre qu'il existe dans cette masse sombre et silencieuse, des cœurs de soldats. On ne sentira les navires guidés par une volonté unique, qu'à leurs mouvements réguliers et aux bordées terribles lancées par leurs canons.

« Il y a dans tout cela quelque chose d'amer et de triste pour la dignité militaire et le courage d'un homme de cœur ; mais le devoir de tous est de s'incliner devant le progrès, quelles que soient les conséquences qu'il entraîne.

« Par l'emploi général de la cuirasse métallique, les forces maritimes seront à l'avenir égalisées, car les faibles navires ne deviendront pas aussi facilement qu'autrefois, la proie des grands. Ce sera dans l'épaisseur de la cuirasse, dans la rapidité des mouvements, dans la pente bien calculée du pont et des murailles, que résidera désormais la force, plutôt que dans la masse du navire ou la puissance de son artillerie. Une petite nation, comme le Danemark, sera forte avec une marine cuirassée relativement minime, si ses navires sont bien armés et bien construits. Une faible nation maritime, si elle peut s'imposer la dépense des 7 millions qu'a coûté *la Gloire*, pourra faire respecter son pavillon sur les mers. Si une flotte anglaise, par exemple, comme en 1807, bombardait Copenhague, les Danois pourraient promptement user de représailles contre leurs voisins. Il suffirait de deux batteries flottantes, pour faire subir le même sort à une riche et florissante cité anglaise, située en un point quelconque de ses côtes. La crainte de semblables représailles arrêterait d'injustes agresseurs dans l'exécution de leurs desseins meurtriers.

« Ainsi l'emploi de la cuirasse tendra à égaliser les forces maritimes des nations les plus disparates par leur importance. Ce ne sera plus tant la grandeur des États, mais leur degré d'industrie qui fera désormais la puissance navale.

Il y aura là un double progrès, puisqu'en même temps que les combats sur mer seront moins meurtriers, leur prévision entraînera un développement considérable des forces industrielles de chaque nation, développement qui profitera à l'industrie métallurgique et à la science de l'ingénieur (1). » Revenons pour terminer ce chapitre, à l'hélice propulsive.

Nous disions plus haut que l'hélice présente moins d'avantages pour le service des fleuves que pour celui de la mer. Cependant, on a commencé à construire des bateaux à hélice pour le service des fleuves et des rivières. On en voit quelques-uns sur les fleuves de l'Amérique. En France, les bateaux à hélice sont encore rares dans nos fleuves.

Un des bateaux à vapeur qui font le service d'*omnibus* sur la Seine, depuis l'Exposition universelle de 1867, est mû par une hélice. Nous représentons (figure 121, page 256) ce modèle intéressant d'un bateau à hélice, destiné à la navigation sur les fleuves et rivières.

La disposition extérieure de ce bateau à hélice, est la même que celle des grands bateaux à vapeur qui parcourent les grands fleuves de l'Amérique, ces véritables palais flottants à deux ou trois étages qui transportent cinq ou six cents personnes, dans trois galeries superposées. Ainsi le bateau-omnibus à hélice dont le lecteur a la figure sous les yeux, et qui parcourt les rives tranquilles de la Seine,

---

(1) *L'année scientifique et industrielle*, par Louis Figuier, 7ᵉ année, pages 227-236, in-18, Paris, 1863.

Fig. 121. — Bateau à vapeur faisant le service d'omnibus sur la Seine (Modèle à hélice).

peut donner aux Parisiens l'idée et l'image de ces bateaux énormes qui naviguent en Amérique sur l'Hudson ou l'Ohio.

Pour compléter le tableau, nous faisons suivre cette figure du modèle du même genre de bateau, qui est muni de roues à aubes, et qui sert, comme le précédent, à faire le service d'omnibus sur la Seine (figure 122, page 257).

CHAPITRE VIII

PRINCIPAUX TYPES DE MACHINES A VAPEUR EMPLOYÉES DANS LA NAVIGATION. — MACHINE DES BATEAUX A ROUES. — MACHINE DES BATEAUX A HÉLICE. — LES CHAUDIÈRES DES BATEAUX A VAPEUR.

Les détails dans lesquels nous sommes entré, dans la première Notice de ce volume, relativement aux divers systèmes de machines à vapeur employés pour les machines fixes, nous dispenseront de nous étendre beaucoup sur la description des machines de ce genre consacrées au service de la navigation. Aucune différence importante n'existe, en effet, entre les machines fixes établies dans les usines et celles qui fonctionnent à bord des navires ou des bateaux de rivière. La seule particularité à noter, c'est que, sur un bateau muni de roues, on emploie deux machines à vapeur, au lieu d'une seule. Dans l'espace étroit réservé au mécanisme, on ne pourrait facilement établir le volant, qui sert dans les machines fixes à régulariser le mouvement. On arrive au même résultat en faisant usage de deux machines à vapeur distinctes qui viennent agir, chacune, sur l'arbre tournant auquel sont fixées les roues. Les manivelles de l'arbre de chaque machine sont disposées à angle droit l'une sur l'autre, de telle sorte que lorsque l'une d'elles est au point le plus avantageux de sa course, l'autre se trouve au point le plus désavantageux, au *point mort*, comme on dit en mécanique, ce qui assure la continuité et la régularité de la rotation de l'arbre.

Les types de machines à vapeur employés dans la navigation, varient selon que le bateau est porteur de roues à aubes ou d'une

Fig. 122. — Bateau à vapeur faisant le service d'omnibus sur la Seine à Paris (Modèle à roues).

hélice. Pour les roues à aubes, il suffit d'imprimer à l'axe des roues une vitesse modérée; quand il s'agit de l'hélice, il faut, au contraire, transmettre à ce propulseur un mouvement excessivement rapide; dans ce dernier cas, on est obligé, pour ne pas trop multiplier les engrenages ayant pour effet d'augmenter la rapidité primitive de la machine, de faire usage de types particuliers de machines à vapeur.

Machines à vapeur des bateaux à roues. — Un type de machine fréquemment employé pour les bateaux ou navires à roues, est la *machine de Watt*. Ces machines, qui ont été les premières en usage dans la navigation, sont, à la vérité, lourdes et encombrantes; mais ce sont celles qui offrent la plus grande solidité, qui sont les moins sujettes aux avaries, qui peuvent supporter le travail le plus long et le plus soutenu.

T. I.

Les *machines du type Watt* employées à bord des bateaux et des navires, étant fort peu différentes dans toutes leurs dispositions, de celles qui sont en usage dans les usines, c'est-à-dire des machines fixes, nous n'aurons pas à nous étendre ici sur leur description. La seule différence à signaler entre les machines à basse pression de nos usines et celles des bateaux ou navires, se rapporte à la place occupée par le balancier. Dans les bateaux, où l'espace a besoin d'être ménagé, on ne pourrait établir sans beaucoup d'inconvénients le haut et volumineux balancier qui, dans la machine de Watt, s'élève au-dessus du cylindre; on le dispose donc au-dessous, à l'aide d'une tige articulée qui sert de moyen de renvoi. C'est, comme nous l'avons déjà dit, la disposition que Fulton avait employée sur le *Clermont*, son premier bateau à vapeur. Le ba-

33

lancier, ainsi placé à la partie inférieure du mécanisme, produit le même effet que produit, dans les machines fixes, le balancier situé à leur partie supérieure.

Si donc on se représente une machine à vapeur à condensation, telle qu'elle est figurée page 126, mais dans laquelle le balancier, au lieu de se trouver installé au-dessus du cylindre, soit disposé au-dessous, on aura une idée suffisamment exacte de la machine du type Watt qui sert à la navigation. Quelques différences peu importantes se remarquent seulement, selon les formes du bateau, dans les dispositions et l'installation des différentes pièces du mécanisme.

En Angleterre, en Hollande, en Belgique, dans une partie des États-Unis, en France, pour la marine de l'État, la machine de Watt à condenseur et à basse pression, c'est-à-dire à la pression d'une atmosphère ou d'une atmosphère et quart, est la seule en usage pour les bateaux à roues.

On comprend difficilement, au premier aperçu, les motifs qui pourraient dicter l'adoption, sur les bateaux, des machines à haute pression, sans condenseur. Les eaux affluentes fournissant toute la quantité d'eau nécessaire à la condensation de la vapeur, il paraît étrange de se servir, sur les fleuves ou les mers, de machines sans condenseur. Cependant on voit en Amérique, ainsi qu'en Europe, plusieurs bateaux mis en mouvement par ce genre de machines. Leur emploi s'explique par les nécessités spéciales du service de ces paquebots. Ils n'ont, en général, à accomplir qu'un trajet très-court; une grande vitesse est pour eux la condition du succès. La machine à haute pression offrant, sous un faible volume, une puissance motrice considérable, présente, dans ce cas, de véritables avantages, et dans de telles conditions on s'explique parfaitement l'emploi d'une machine qui fait perdre le bénéfice de la force motrice d'une atmosphère.

Si la machine à haute pression n'offre point d'avantages, sous le rapport économique, quand on laisse la vapeur se perdre librement dans l'air, elle présente, au contraire, des conditions très précieuses lorsque la vapeur à haute pression, au lieu d'être rejetée dans l'atmosphère, est soumise à la condensation. Nous avons vu que l'industrie a tiré un parti des plus heureux de la combinaison de ces deux systèmes, et que dans plusieurs machines fixes qui fonctionnent dans nos usines, on emploie de la vapeur à haute pression, que l'on condense, après qu'elle a produit son effet. On réunit ainsi le double bénéfice de la puissance motrice considérable dont jouit la vapeur à haute tension, et celui qui résulte de sa condensation. Cette alliance des deux systèmes, que l'on a réalisée avec tant de profit sur les machines fixes, est aussi adoptée pour la navigation. Une partie des bateaux à vapeur qui parcourent nos fleuves, portent des machines qui sont à la fois à haute pression et à condenseur. La vapeur y fonctionne avec une tension qui va de quatre à cinq atmosphères.

Cependant, ayons bien soin de remarquer que les navires ne font jamais usage de ce système combiné, et voici le motif de cette exclusion. Si le niveau de l'eau venait accidentellement à s'abaisser dans la chaudière, les parois du métal ne tarderaient pas à rougir, par suite de la température excessivement élevée que présente le foyer, lorsqu'il sert à produire de la vapeur à haute pression. Or, si dans ce moment, le roulis du navire projetait une partie de l'eau de la chaudière contre ces parois rougies, l'explosion serait à craindre. C'est pour ce motif que les machines à haute pression sont proscrites sur les navires, et réservées aux bateaux qui suivent le cours tranquille des rivières ou des fleuves.

Outre la machine de Watt, on fait quelquefois usage, pour mettre en action les roues à aubes, de machines d'un autre type, parmi lesquelles nous signalerons les *machines à cylindre horizontal*, dont le type est assez conforme à celui des locomotives, les *machines à cylindre vertical* et les *machines oscillantes*. Mais ces systèmes sont rarement consacrés à mettre en action les roues; dans l'immense généralité des cas, on s'en tient aujourd'hui à l'ancien type de Watt pour les navires à roues.

Machines à vapeur des bateaux à hélice. — La machine de Watt se prêterait mal à fournir la vitesse qu'il faut imprimer à l'hélice. On fait donc usage, dans ce cas, de machines portant directement l'effet moteur sur l'arbre à mettre en rotation. C'est pour ces motifs que l'on a fait usage successivement sur les bateaux et navires à hélice :

1° De machines à cylindre horizontal ;

2° De machines oscillantes ;

3° De machines à deux cylindres inclinés, agissant sur le même arbre, et conformes au type des locomotives.

De ces trois systèmes, le premier, c'est-à-dire la *machine à cylindre fixe horizontal*, a été jusqu'ici le plus usité. Le navire *le Charlemagne*, qui a servi de type à la plupart des machines des navires à hélice de la marine impériale française, est muni d'une machine de ce type, qui est aujourd'hui le plus généralement adopté. L'action motrice de la tige du piston se transmet directement et sans aucun intermédiaire, autre que l'embrayage que l'on a vu représenté (fig. 117, page 246), à l'arbre de l'hélice, auquel il imprime une vitesse très-considérable.

Les *machines oscillantes* qui ont été employées pendant une vingtaine d'années sur les remorqueurs des bateaux de rivière et sur les navires, sont aujourd'hui abandonnées, par suite des inconvénients qui sont inhérents à ce genre de machines, et qui résultent, d'une part, de l'usure trop rapide des tourillons supportant le cylindre mobile ; d'autre part, de l'imperfection du vide et de la perte de pression occasionnés par le long trajet de la vapeur dans les coudes et les circuits des tourillons.

Les *machines à cylindres inclinés*, selon le type des locomotives, constituent un système nouveau, qui tend à se généraliser beaucoup sur les navires, en raison du faible emplacement nécessité pour l'installation de cet appareil mécanique. MM. Gâche (de Nantes), Tompson et Wothert, en Angleterre, Carslund, en Suède, ont construit les machines les plus remarquables en ce genre. La seule machine de navigation qui obtint à l'Exposition universelle de 1855, la grande médaille d'honneur, était une machine de ce genre, c'est-à-dire à cylindres inclinés, selon le type des locomotives. Elle avait été construite par M. Carslund à l'usine de Motala, en Suède. Cette disposition paraît celle qui sera adoptée dans l'avenir, pour les navires à hélice.

La puissance des machines à vapeur, quel que soit le type de leur construction, varie selon le port des bateaux ou des navires. Ces deux termes sont assujettis au principe suivant généralement adopté : La force de la machine à vapeur doit être d'un cheval pour un port de deux tonneaux sur les bateaux de rivière, et sur les navires, d'un cheval pour un port de quatre tonneaux.

Chaudière et foyer de machines à vapeur appliqués à la navigation. — Si les machines à vapeur qui servent à la navigation, ressemblent beaucoup, sous le rapport du mécanisme, aux machines fixes de nos usines, elles en diffèrent en ce qui concerne la disposition de la chaudière et du foyer. On comprend, en effet, que l'agitation continuelle de la chaudière, par suite du roulis ou du mouvement des vagues, doit entraîner la nécessité de dispositions spéciales pour le générateur. Indiquons rapidement les formes principales adoptées aujourd'hui pour la construction des chaudières des bateaux.

Les chaudières des bateaux qui font usage de machines à basse pression, présentent une forme prismatique ; elles sont analogues, par leur aspect, aux chaudières de Watt, que l'on désigne sous le nom de *chaudières à tombeau*. Mais elles en diffèrent notablement en ce qu'elles sont partagées à l'intérieur en un certain nombre de compartiments, ou cloisons, qui ont pour effet d'arrêter et de maintenir la masse du liquide qui s'y trouve contenu, lorsque le bâtiment vient à s'incliner, par l'effet du mouvement de la mer. De plus, on les fait traverser par un certain nombre de larges conduits métalliques, par lesquels s'échappe l'air chaud qui sort du foyer. Par cet artifice, l'eau se trouve soumise par une plus grande surface à l'action du feu, et elle donne ainsi naissance, dans le même temps, à une quantité beaucoup plus considérable de vapeur.

Dans les machines à haute pression des bateaux, la vapeur est produite par des chaudières à bouilleurs, analogues à celles des machines fixes; seulement le nombre des bouilleurs est plus grand. Ajoutons que depuis plusieurs années on a adopté, pour le service des bateaux et des navires, les chaudières dites *tubulaires* qui, dans un espace de temps très-court, produisent une quantité de vapeur prodigieuse. Ces chaudières se composent d'une grande capacité à peu près prismatique, traversée par un nombre considérable de tubes étroits, dans l'intérieur desquels vient circuler l'air chaud ou la flamme arrivant du foyer, et qui donnent ainsi à la surface de chauffe une étendue extraordinaire. Nous aurons occasion de parler avec beaucoup de détails, dans l'histoire des chemins de fer, de ce genre de chaudière, dont l'emploi commence à se généraliser dans les machines de navigation.

Cependant la force qu'il faut développer pour mettre en mouvement sur les eaux, la masse énorme d'un navire, est si considérable, qu'une chaudière présentant les dispositions précédentes, serait encore insuffisante pour produire la quantité de vapeur nécessaire au jeu de la machine. Or, comme on ne peut étendre au delà de certaines limites les dimensions des chaudières, on est contraint d'en employer deux pour chacune des machines. Et comme, d'autre part, un bateau à roues est toujours mis en action par deux machines, on voit que l'on est conduit à employer sur un navire à vapeur porteur de roues, quatre générateurs de vapeur. Ces quatre chaudières sont adossées deux à deux, l'une contre l'autre, et installées dans la cale du navire, dont elles occupent la plus grande partie. Les deux machines à vapeur qu'elles alimentent, sont disposées par-dessus.

Les chaudières des navires présentent une particularité que n'offrent point celles des bateaux de rivière. Elles sont naturellement alimentées par l'eau de la mer. Or, cette eau tient en dissolution une quantité considérable de substances salines, et son évaporation dans le générateur, donne promptement naissance à un dépôt abondant de sel marin. Les moyens employés dans les machines fixes pour prévenir la formation des dépôts terreux, resteraient ici sans efficacité. On sait que dans les machines alimentées par de l'eau douce, certains corps étrangers, maintenus dans la chaudière, suffisent pour prévenir la formation des incrustations terreuses. Cette précaution serait complétement insuffisante avec l'eau de la mer, qui tient en dissolution une quantité de sels énorme (32 grammes par litre). Comme il serait impossible de s'opposer à la précipitation de ces substances, on est contraint de remplacer l'eau du générateur lorsqu'elle a atteint le degré de concentration auquel elle commence à fournir du sel.

C'est dans ce but que les chaudières des navires sont pourvues d'une pompe, dite *à saumure*, destinée à rejeter à la mer l'eau qui a subi un commencement de concentration. Cette pompe est mise en mouvement, terme moyen, une fois par heure. Elle vient puiser l'eau dans les parties inférieures de la chaudière, parce que c'est dans ce point que se réunit, en raison de sa pesanteur spécifique, l'eau la plus chargée de sels.

Il existe une pompe à saumure, dite de *Maudslay*, du nom du fabricant qui l'a imaginée. Son mécanisme et ses dimensions sont calculés de telle sorte qu'elle extrait de la chaudière un volume d'eau contenant précisément la quantité de sels existant dans le volume d'eau apporté, dans le même temps, au générateur, par le tuyau de la pompe alimentaire.

On appelle *faire l'extraction*, dans les bateaux de mer, l'opération qui consiste à évacuer ainsi, d'heure en heure, l'eau concentrée et chargée de sels qui existe dans le générateur. Pour utiliser une partie de la chaleur emportée par cette eau, on la dirige hors du navire, par un tuyau métallique, qui se trouve environné lui-même d'un second tube, par lequel arrive l'eau d'alimentation. Grâce à cette disposition, l'eau qui entre dans la chaudière, s'échauffe aux dépens de celle qui est rejetée; et lorsqu'elle s'introduit dans le générateur, elle se trouve déjà en partie échauffée, ce qui procure une certaine économie de combustible.

FIN DES BATEAUX A VAPEUR.

LA LOCOMOTIVE
ET
LES CHEMINS DE FER

CHAPITRE PREMIER

PREMIÈRES IDÉES CONCERNANT LA LOCOMOTION PAR LA VAPEUR. — JAMES WATT. — VOITURE A VAPEUR DE L'INGÉNIEUR FRANÇAIS CUGNOT. — CONSTRUCTION DES PREMIÈRES MACHINES A HAUTE PRESSION PAR OLIVIER ÉVANS. — APPLICATION DE CES MACHINES A LA LOCOMOTION SUR LES ROUTES ORDINAIRES. — VOITURE A VAPEUR D'OLIVIER ÉVANS. — DILIGENCE A VAPEUR DE TREVITHICK ET VIVIAN.

La machine à vapeur a eu cette heureuse destinée, que les diverses améliorations qu'elle a reçues depuis son origine, ont trouvé, dès l'instant de leur création, des applications de la plus haute importance. En 1690, le génie de Papin jette dans le monde scientifique sa grande conception concernant la force élastique de la vapeur d'eau, et dix ans se sont à peine écoulés, que cette pensée théorique, sortant du domaine spéculatif où elle a pris naissance, reçoit son application dans l'industrie. Savery et Newcomen, consacrant la machine atmosphérique à l'épuisement des eaux dans les mines de houille, arrachent à une imminente ruine la branche mère de l'industrie britannique. Dès que James Watt a accompli dans le système des machines à vapeur cette révolution admirable que nous avons fait connaître, on voit aussitôt les applications de ses découvertes se réaliser sur une échelle immense. Avec les forces nouvelles dont elle est armée, la machine à vapeur s'élance, par toutes les voies, dans le domaine de l'industrie, et vient offrir son utile concours aux innombrables travaux des manufactures et des usines. La persévérance et les talents de Fulton lui ouvrent ensuite l'empire des mers, et elle brave sur l'Océan, l'effort des vents et des flots. Enfin, de nouveaux perfectionnements apportés au mécanisme de ce puissant moteur, permettent de l'appliquer aux transports rapides sur les voies de la locomotion terrestre.

C'est cette nouvelle période des progrès de la machine à vapeur qu'il nous reste à aborder, et ce n'est ni la moins curieuse, ni la moins intéressante de son histoire.

Bien que les machines à vapeur *locomotives* soient beaucoup plus simples dans leur combinaison, que les machines fixes qui fonctionnent dans les usines ou sur les navires, leur invention est de beaucoup postérieure en date à ces dernières. Les bateaux à vapeur sillonnaient les fleuves dans les deux hémisphères, vingt ans avant que la circulation des voyageurs fût établie sur les chemins de fer.

Cette circonstance s'explique sans peine, si l'on considère les conditions spéciales auxquelles la machine à vapeur devait satisfaire pour servir à traîner sur la terre, les hommes et les fardeaux. Les seules machines à vapeur connues et employées dans l'industrie, jusqu'au commencement de notre siècle, furent les machines à condensation. Or, on ne pouvait songer à les appliquer aux transports sur les routes ; car l'énorme quantité d'eau employée au seul usage de la condensation de la vapeur, aurait surchargé la voiture au point de l'empêcher de se traîner elle même. Il fallait, pour résoudre ce problème, posséder un appareil moteur présentant tout à la fois un poids très-faible, un volume médiocre et une puissance considérable. Les machines à haute pression pouvaient donc seules donner moyen d'appliquer la puissance de la vapeur à la locomotion terrestre.

Cependant cette vérité ne s'est pas toujours montrée tellement évidente, que quelques mécaniciens n'aient essayé de faire usage de la machine à vapeur à condenseur pour la locomotion terrestre. Mais ces tentatives méritent à peine un souvenir.

C'est ainsi qu'en 1759, le docteur Robinson, alors élève à l'université de Glasgow, s'était proposé d'appliquer la vapeur à faire tourner les roues des voitures ; et que James Watt, en 1784, donna, dans un de ses brevets, la description d'une machine à condensation applicable au même objet. Mais ces deux savants avaient l'un et l'autre une connaissance trop approfondie de ces questions pour ajouter aucune importance à une idée de ce genre. Ils ne tardèrent pas à abandonner leur projet.

Le premier mécanicien qui ait eu l'idée d'employer la vapeur à haute pression pour la locomotion terrestre, et qui, par cela même, mérite le titre d'inventeur des *locomotives*, est un Français, nommé Cugnot.

Joseph Cugnot, né à Void, en Lorraine, le 25 septembre 1725, avait vécu pendant toute sa jeunesse en Allemagne, où il servait en qualité d'ingénieur. Il passa ensuite dans les Pays-Bas, pour entrer au service du prince Charles. Un ouvrage sur les *Fortifications de campagne*, et un nouveau modèle de fusil, qui fut accueilli par le maréchal de Saxe, et adopté pour l'armement des hulans, lui valurent une certaine notoriété dans son art.

Encouragé par ces premiers succès, il s'occupa, à Bruxelles, de construire des chariots à vapeur, qu'il désignait sous le nom de *fardiers à vapeur,* et qu'il destinait au transport des canons et du matériel de l'artillerie. Il est à croire que si le *chariot à vapeur* ou le *train d'artillerie à vapeur,* eût donné de bons résultats, l'inventeur n'eût pas tardé à appliquer le même mécanisme à la traction des voitures et véhicules de tout genre.

Quoi qu'il en soit, Cugnot se rendit à Paris en 1763, pour y continuer ses recherches. Au bout de plusieurs années de travaux, il réussit à construire un modèle de voiture à vapeur qui fut soumis en 1769, à l'examen de Gribeauval. Un ancien rapport, retrouvé par M. le général Morin aux Archives de l'artillerie, établit d'une manière authentique, l'origine de la voiture de Cugnot. Voici un extrait de ce rapport :

« En 1769, un officier suisse, nommé Planta, proposa au ministre Choiseul plusieurs inventions, lesquelles, en cas de réussite, promettaient beaucoup d'utilité.

« Parmi ces inventions, il s'agissait d'une voiture mue par l'effet de la vapeur d'eau produite par le feu.

« Le général Gribeauval ayant été appelé pour examiner le prospectus de cette invention, et ayant reconnu qu'un nommé Cugnot, ancien ingénieur chez l'étranger et auteur de l'ouvrage intitulé *Fortifications de campagne*, s'occupait alors d'exécuter à Paris, une invention semblable, détermina l'officier suisse Planta à en faire lui-même l'examen.

« Cet officier l'ayant trouvé de tous points semblable à la sienne, le ministre Choiseul chargea l'ingénieur Cugnot d'exécuter aux frais de l'État celle par lui commencée en petit.

« Mise en expérience en présence du ministre, du général Gribeauval et en celle de beaucoup d'autres spectateurs, et chargée de quatre personnes, elle marcha horizontalement, et j'ai vérifié qu'elle aurait parcouru environ 1 800 à 3 000 toises par heure, si elle n'avait pas éprouvé d'interruption.

« Mais la capacité de la chaudière n'ayant pas été assez justement proportionnée avec assez de précision à celle des pompes, elle ne pouvait marcher de suite que pendant la durée de douze à quinze minutes seulement, et il fallait la laisser reposer à peu près la même durée de temps, afin que la vapeur de l'eau reprit sa première force ; le four étant d'ailleurs mal fait, laissait échapper la chaleur ; la chaudière paraissait aussi trop faible pour soutenir dans tous les cas l'effort de la vapeur.

« Cette épreuve ayant fait juger que la machine exécutée en grand pourrait réussir, l'ingénieur Cugnot eut ordre d'en faire construire une nouvelle, qui fût proportionnée de manière à ce que, chargée d'un poids de huit à dix milliers, son mouvement pût être continu pour cheminer à raison d'environ 1 800 toises par heure.

« Elle a été construite vers la fin de 1770, et payée à peu près 20 000 livres.

« On attendait les ordres du ministre Choiseul pour en faire l'essai, et pour continuer ou abandonner toutes recherches sur cette nouvelle invention ; mais ce ministre ayant été exilé peu après, la voiture est restée là, et se trouve aujourd'hui dans un couvert de l'Arsenal (1). »

Ce rapport semble établir que les essais définitifs de la voiture de Cugnot ne furent point exécutés. Cependant Bachaumont nous apprend le contraire.

« On a parlé, il y a quelque temps, nous dit l'auteur des *Mémoires secrets*, à la date du 30 novembre 1770, d'une machine à feu pour le transport des voitures, et surtout de l'artillerie, dont M. Gribeauval, officier en cette partie, avait fait faire des expériences qu'on a perfectionnées depuis, au point que mardi dernier la même machine a traîné dans l'Arsenal une masse de cinq milliers servant de socle à un canon de 48, du même poids à peu près, et a parcouru en une heure cinq quarts de lieue.

« La même machine doit monter sur les hauteurs les plus escarpées et surmonter tous les obstacles de l'inégalité des terrains ou de leur abaissement. »

(1) Rapport adressé au ministre de la guerre, le 24 janvier 1801, par L. N. Rolland, commissaire général de l'artillerie.

Mais cet espoir fut déçu, car la tradition rapporte que, dans des essais postérieurs, la violence des mouvements de cette machine ayant empêché de la diriger, elle alla donner contre un pan de mur de l'Arsenal, qui fut renversé du choc.

Cugnot obtint du gouvernement français, sur la proposition du général Gribeauval, une pension de six cents livres. Il en jouit jusqu'au moment de la révolution, qui vint le priver de cette faible ressource. Le malheureux officier serait alors mort de misère, si une dame charitable de Bruxelles ne lui eût fourni quelques secours.

En 1793, un comité local de Salut public voulut démolir, pour en fabriquer des armes, la machine de Cugnot, qui se trouvait toujours à l'Arsenal. Mais des officiers d'artillerie s'opposèrent à ce projet.

Le général Bonaparte, à son retour d'Italie, eut connaissance de l'existence de la machine de Cugnot, et il exprima à l'Institut l'opinion qu'il serait possible d'en tirer parti.

Bonaparte fut nommé membre d'une Commission qui devait examiner l'appareil ; mais son départ pour l'Égypte empêcha de nouveaux essais.

En 1799, Molard, directeur du Conservatoire des Arts-et-Métiers, réclama le chariot à vapeur de Cugnot pour cet établissement. Mais ce ne fut que deux ans après que l'on donna suite à cette demande, par suite de l'opposition qu'elle rencontra auprès du ministre Roland et de quelques officiers. La machine de Cugnot fut donc transportée en 1801, au Conservatoire des Arts-et-Métiers.

Cugnot avait alors soixante-quinze ans. A la suite d'un rapport favorable sur ses travaux, fait par une commission académique, Bonaparte lui rendit sa pension, qui fut portée à mille livres. Il mourut en 1804, âgé de soixante-dix-neuf ans, au moment où les premières locomotives commençaient à marcher sur les voies ferrées de Newcastle.

La voiture à vapeur de Cugnot existe en-

Fig. 123. — La première voiture à vapeur essayée par l'inventeur Cugnot, à l'intérieur de l'Arsenal de Paris, en 1770.

core au Conservatoire des Arts-et-Métiers de Paris, où les curieux l'examinent toujours avec un vif intérêt.

La voiture de Cugnot était mise en mouvement par une machine à vapeur à simple effet. Cette machine se composait de deux cylindres de bronze, disposés verticalement, et dans lesquels la vapeur, introduite au moyen d'un tube, se trouvait mise en communication, tantôt avec la chaudière pour recevoir la vapeur, tantôt avec l'atmosphère, pour chasser dehors cette vapeur quand elle avait produit son effet. La chaudière, disposée à l'avant de la voiture, présentait la forme d'un sphéroïde aplati ; le foyer, à peu près concentrique à la chaudière, était disposé au-dessous. Le métal était enveloppé d'une couche de terre réfractaire pour l'isoler du foyer.

Tout ce système reposait sur trois roues : c'était un *tricycle*. Une roue unique formait l'avant-train ; deux très-fortes roues, montées sur un essieu ordinaire, composaient l'arrière-train. C'est à la roue de devant que s'appliquait la puissance motrice. La vapeur à haute pression, poussant le piston dans chacun des deux cylindres à simple effet, communiquait leur mouvement alternatif, à l'aide de rochets et de cliquets, à l'essieu de la première roue, ou roue motrice. Pour trouver plus d'adhérence sur le sol, cette même roue était cerclée d'un bandage de fer, rayé de stries profondes.

L'avant-train de la voiture pouvait tourner comme celui d'une voiture ordinaire ; il pouvait faire jusqu'à des angles de 90° avec l'arrière-train. Le *fardier* de Cugnot tournait donc sur le terrain aussi facilement que s'il eût été attelé à des chevaux.

Disons toutefois que Cugnot ne s'était pas inquiété des moyens de remplacer l'eau, à mesure qu'elle disparaissait en vapeur ; si bien, qu'au bout d'un quart d'heure tout mouvement se trouvait arrêté. Il fallait remplir de nouveau la chaudière, et la marche de la voiture n'était rétablie que lorsque la vapeur avait acquis une tension suffisante.

Cette circonstance suffisait à elle seule, pour empêcher toute application sérieuse de cet appareil, quelque remarquable que fût, d'ailleurs, sa conception.

Un essai avorté compromet toujours l'avenir d'une idée scientifique. Le mauvais effet que produisit l'échec de Cugnot retarda notablement la découverte de la locomotion par la vapeur, en détournant les mécaniciens de cette étude. Trente années s'écoulèrent, pendant lesquelles ce genre de recherches fut totalement abandonné. L'emploi général des machines à vapeur à haute pression put seul ramener l'attention sur ce problème, en raison des facilités évidentes que ce genre de machines apportait à la solution du problème des voitures à vapeur.

Nous avons donné, dans la Notice consacrée à la machine à vapeur (page 110), l'historique de la machine à vapeur à haute pression, inventée par Olivier Évans.

En 1786, Olivier Évans adressa au Congrès de l'État de Pensylvanie, la demande d'un double privilége pour ses moulins à farine et pour une voiture à vapeur ; chacun de ses mécanismes était mis en action par une machine à haute pression.

Sa première requête fut bien accueillie ; mais la pauvre chambre de Pensylvanie ne comprit rien à la seconde. Ne pouvant se décider à prendre au sérieux le projet d'une voiture qui marcherait sans chevaux, elle ne voulut pas même en faire mention dans son rapport. « Entre nous, disaient les membres de la commission, le cher Olivier n'a pas la tête saine. »

Il revint à la charge dix ans après. Mais mieux inspiré cette fois, il s'adressa au Congrès du Maryland, qui céda à ses sollicitations. Un privilége pour la construction de chariots à vapeur, lui fut concédé le 21 mai 1797, par la législature de cet État, non toutefois sans l'expression d'un doute très-prononcé, et « vu, disait le rapporteur, que cela ne peut nuire à personne. »

Cette approbation équivoque ne pouvait guère encourager les capitalistes à entrer dans l'entreprise d'Olivier Évans. Toutes les bourses se fermèrent devant le songe-creux qui rêvait des voitures sans chevaux.

Si mal accueilli par ses compatriotes, Évans se décida à envoyer à Londres les plans de sa machine et l'exposé des moyens qu'il comptait mettre en œuvre. Il désirait trouver en Angleterre, quelque capitaliste qui consentît à prendre un brevet, en partageant avec lui les bénéfices de l'exploitation. Mais on lui répondit de Londres, que personne n'ajoutait foi à ses idées.

Cependant, vers l'année 1800, ayant amassé une petite somme, Olivier Évans se détermina à commencer à ses frais, la construction de sa voiture à vapeur.

On s'occupait beaucoup à Philadelphie, de la machine qu'il était en train de construire ; mais ce n'était que pour la tourner en ridicule. La plupart des personnes instruites qui venaient visiter ses ateliers, traitaient ouvertement son projet de folie. Un ingénieur qui jouissait d'un certain renom, voulut donner à ce blâme public la sanction scientifique, et dans un mémoire qu'il présenta à la *Société philosophique de Philadelphie*, il essaya de prouver qu'il était impossible qu'une voiture « roulât jamais par l'action de la vapeur ».

Heureusement pour son crédit futur, la société ne laissa pas imprimer cette assertion, et biffa les parties de ce travail où elle se trouvait émise, « attendu, dit-elle avec beaucoup de sens, qu'on ne peut assigner de bornes au possible ».

En dépit de l'opposition et des critiques qu'il rencontrait, Olivier Évans s'occupa de terminer ses divers appareils, et vers la fin de 1800, ayant dépensé jusqu'à son dernier dollar en expériences, il eut le contentement de voir sa voiture à vapeur marcher dans les rues de Philadelphie.

Mais son contentement s'arrêta là. Lorsqu'il fut question de fonder une entreprise pour construire des voitures semblables, et les affecter à un service de roulage, personne ne se montra disposé à courir les chances d'une affaire si nouvelle.

Au bout de plusieurs années d'efforts et de sollicitations inutiles, Évans se vit contraint de renoncer sans retour, au projet qu'il poursuivait depuis si longtemps. Il revint donc aux travaux ordinaires de sa profession de constructeur de machines à vapeur, et se consacra surtout à fabriquer des machines à haute pression. Nous avons déjà dit qu'il créa à Philadelphie, de vastes ateliers pour la fabrication de ses machines, et qu'il mourut en 1819, du chagrin que lui fit éprouver l'incendie de ses ateliers de Pittsburg.

Cependant les idées d'Olivier Évans n'étaient pas demeurées absolument sans écho en Angleterre, où il avait envoyé ses plans.

Deux mécaniciens du Cornouailles, Trevithick et Vivian, construisirent, en 1801, des machines à vapeur à haute pression, d'après ses modèles. Frappés bientôt des avantages qu'elles offraient pour l'application de la vapeur à la locomotion, ils essayèrent de construire des voitures mises en mouvement par de la vapeur à haute pression. Ils ne faisaient en cela, qu'imiter l'exemple d'Olivier Évans, qui, en Amérique, comme on vient de le voir, avait fait de longs et sérieux efforts pour appliquer la machine à vapeur à haute pression à la traction des véhicules sur les routes ordinaires.

Ayant réussi à disposer une voiture mue par une machine à vapeur à haute pression, Trevithick et Vivian obtinrent un brevet pour exploiter, à leur profit, l'usage de ces voitures à vapeur sur les routes ordinaires.

La voiture à vapeur de Trevithick et Vivian (figure 124 page 268), présentait à peu près la forme de nos diligences. Entre les grandes roues, et par conséquent à l'arrière, se trouvait un large et solide châssis de fer, fixé sur l'essieu. Ce châssis supportait un foyer B, enveloppé de toutes parts par l'eau d'une chaudière A, qui, à l'aide d'un tube, envoyait sa vapeur dans le cylindre C, disposé horizontalement. Le piston de ce cylindre poussait une tige, ou bielle, qui imprimait, au moyen d'un galet, roulant dans une glissière D, un mouvement de rotation à un axe coudé, E, lequel mettait en action la petite roue dentée F, pourvue d'un volant G, et par suite, la roue dentée H, engrenant avec la première. Cette roue H étant fixée sur l'essieu des deux roues K de la voiture, faisait avancer la voiture. Au devant était une petite roue unique, L, qui pouvait se mouvoir en tous sens. Pour suivre les diverses inflexions de la route, pour aller à droite, à gauche, etc., le conducteur n'avait qu'à mettre en action au moyen d'un levier, cette petite roue directrice. Un frein disposé contre le volant de la machine à vapeur, modérait la vitesse, dans les descentes trop rapides.

Ce curieux appareil offrait diverses combinaisons très-ingénieuses. Cependant il était impossible qu'il triomphât des difficultés infinies que présente la progression des voitures à vapeur, sur les grandes routes. Le frottement énorme qui s'opère à la circonférence des roues, oppose un obstacle des plus graves à ce genre de locomotion. Il est reconnu que, sur les meilleures routes, la résistance à vaincre, par suite du frottement, représente les quatre centièmes du poids à transporter, et s'il s'agit de franchir une rampe de 3 centimètres, ce qui arrive fréquemment, elle s'élève aux sept centièmes de la charge. On peut sans doute, surmonter cette résistance en faisant usage de machines plus puissantes; mais chaque nouveau poids ajouté augmente encore le frottement, qui

Fig. 124. — Voiture à vapeur marchant sur les routes ordinaires, construite en 1801, par Trevithick et Vivian. (Coupe de l'appareil donnée par une gravure anglaise du temps.)

croît, dans ce cas, en proportion de la pesanteur. Cette difficulté n'existe pas sur les bateaux, dans lesquels on peut à volonté, augmenter la puissance des machines motrices, car les poids les plus lourds sont soutenus par l'eau, sans que la résistance que le frottement oppose à la marche du bâtiment, s'accroisse en proportion de ces poids. Enfin, la locomotion par la vapeur présente sur la terre, d'autres difficultés qui sont tout aussi graves. Les chocs inévitables qui résultent des inégalités du terrain, y compromettent à chaque instant, le jeu ou la conservation de la machine; et la difficulté de contenir et de régler la marche d'une semblable voiture, sur un chemin livré à tous les embarras de la circulation publique, vient encore ajouter à ces dangers.

Trevithick et Vivian ne tardèrent pas à reconnaître leur impuissance à triompher de tels obstacles. Après un grand nombre d'essais infructueux, ils se virent obligés de renoncer à leur projet de lancer des voitures à vapeur sur les routes.

Désireux, néanmoins, de ne pas perdre tout le fruit de leurs travaux, ils songèrent à établir leur machine sur les chemins à rails de fer, qui depuis fort longtemps étaient en usage dans plusieurs mines de l'Angleterre, soit pour transporter la houille dans l'intérieur des galeries, soit pour l'amener aux lieux de consommation.

Quelques essais leur suffirent pour reconnaître qu'une voiture à vapeur pourrait offrir, dans ce cas, quelques avantages, et au mois de mars 1802, ils obtinrent un brevet leur conférant le privilége de l'emploi de ces voitures sur les chemins à rails.

Ils n'ajoutaient cependant qu'une assez faible importance à ce projet, par suite de l'opinion, unanimement admise à cette époque, que les roues d'une voiture portant sur des rails de fer, ne pourraient y trouver assez de frottement ou de prise, pour marcher avec une certaine vitesse. La lenteur, qui semblait une condition forcée de ce système de locomotion, paraissait devoir restreindre beaucoup son emploi, et le réduire au service exclusif des mines.

L'emploi de la machine de Trevithick et Vivian sur les chemins à rails, ne fut donc qu'une sorte de pis aller, une manière de tirer quelque parti des résultats d'une tentative, évidemment avortée. On ne soupçonnait guère alors les prodiges que l'expérience et l'étude devaient faire sortir un jour de cette entreprise, à demi abandonnée. Personne ne pouvait prévoir que cet appareil imparfait, relégué, en ce moment, dans les mines de charbon, pour un service obscur et secondaire, révolutionnerait un jour tout notre système de locomotion.

CHAPITRE II

ORIGINE DES CHEMINS A RAILS. — CHEMINS A RAILS DE BOIS DES MINES DE NEWCASTLE. — CHEMINS A RAILS DE FER. — EMPLOI DE LA LOCOMOTIVE DE TREVITHICK ET VIVIAN SUR LE CHEMIN DE FER DE MERTHYR-TYDVIL. — ERREUR THÉORIQUE SUR LA PROGRESSION DES LOCOMOTIVES. — SYSTÈMES DE MM. BLENKINSOP, CHAPMAN ET BRUNTON. — EXPÉRIENCES DE M. BLACKETT. — PROGRÈS DANS LA CONSTRUCTION DES LOCOMOTIVES. — DÉCOUVERTE DE LA CHAUDIÈRE TUBULAIRE PAR M. SÉGUIN AÎNÉ. — LE TUYAU SOUFFLANT DES LOCOMOTIVES. — HISTOIRE DE LA DÉCOUVERTE DE CE MOYEN PUISSANT DE TIRAGE DES CHEMINÉES DES MACHINES A VAPEUR. — CRÉATION DES LOCOMOTIVES ACTUELLES.

Les routes à ornières artificielles, sur lesquelles Trevithick et Vivian crurent devoir reléguer leur voiture à vapeur, étaient en usage en Angleterre, depuis longues années. Pour diminuer les effets du frottement considérable que les roues éprouvent sur le sol, on eut, de bonne heure, l'idée de les assujettir à tourner sur des bandes de bois parallèles, disposées sur toute l'étendue de la distance à franchir.

On ignore l'époque précise du premier établissement de ces voies artificielles, qui furent employées pour la première fois, à Newcastle. On sait seulement qu'elles existaient vers la fin du XVIII° siècle. Un ouvrage publié en 1696, *Vie de lord Keepernorth*, nous fait connaître l'existence, à cette époque, de chemins à rails de bois dans les houillères de Newcastle.

« Les transports, dit l'auteur de cet ouvrage, s'effectuent sur des rails de bois parfaitement droits et parallèles, établis le long de la route, depuis la mine jusqu'à la rivière ; on emploie sur ce genre de chemin de grands chariots portés par quatre roues, qui reposent sur les rails. Il résulte de cette disposition tant de facilité dans le tirage, qu'un seul cheval peut descendre de quatre à cinq *chaldrons*, ce qui procure aux négociants un avantage immense. »

Cette observation de notre auteur était parfaitement fondée. On comprend sans peine tous les bénéfices que devait fournir, pour l'économie de la force motrice, la substitution d'une surface plane et polie, aux inégalités des routes ordinaires. Aussi l'emploi de ces ornières artificielles donna-t-il les meilleurs résultats dans les mines de Newcastle. Les immenses transports que l'on y faisait, de l'orifice du point de sortie des puits de mines au lieu de chargement, sur la Tyne, rendaient précieux, à divers titres, cet ingénieux système. Un cheval pouvait traîner, sur ces rails, une charge presque triple de celle qu'il transportait sur une route ordinaire.

Les rails employés à cette époque étaient en bois de chêne ou de sapin. Ils avaient ordinairement $1^m,8$ de longueur, et étaient fixés sur des traverses, placées à $0^m,60$ les unes des autres.

Les chemins à rails de bois employés à Newcastle, furent adoptés dans quelques gisements houillers des comtés de Durham et de Northumberland, et dans quelques autres provinces de l'Angleterre. Les frais d'établissement et d'entretien étaient considérables, sans doute, mais ils étaient bientôt couverts par l'économie des transports.

Ce genre de chemin offrait cependant divers inconvénients. Le frottement des roues usait les rails avec assez de rapidité. Il fallait les renouveler souvent, et comme la voie devait toujours conserver la même largeur, on était obligé de fixer les nouvelles pièces de bois aux mêmes points d'attache ; ce qui amenait une détérioration rapide des traverses. L'action des pieds des chevaux sur le milieu de la route, où les supports se trouvaient à découvert, hâtait encore cette détérioration. Enfin, par suite de la flexibilité du bois, les rails cédaient aisément au poids des chariots, et quand la pluie les avait pénétrés, ils offraient une résistance assez prononcée au tirage.

Le peu de résistance et de durée des rails de bois, fit naître l'idée de les revêtir de bandes de fer, dans les parties de la route qui présentaient des courbes ou des pentes trop prononcées.

Ainsi modifié, ce système de transport fut bientôt adopté dans la plupart des exploitations houillères de la Grande-Bretagne. Bien qu'imparfait à divers égards, il fut conservé pendant plus de soixante ans, sans modification notable.

On finit cependant par reconnaître les avantages que donnaient, pour la diminution du frottement, les plaques de fer appliquées sur les rails de bois, en certains points de la route. Cette observation suggéra l'idée de généraliser l'emploi du fer, et de remplacer, sur toute l'étendue du chemin, les rails de bois par des bandes métalliques.

Aux madriers ferrés on substitua donc des rails coulés en fonte. Cette amélioration fut essayée pour la première fois en 1738, et adoptée trente ans après, d'une manière définitive. C'est ce qui résulte du passage suivant d'un recueil scientifique anglais.

« En 1708, est-il dit dans ce recueil, les rails de fonte furent, pour la première fois, substitués aux rails de bois ; cet essai ne réussit pas complétement, parce que l'on continua à employer les chariots de forme ancienne, dont la charge était trop forte pour la fonte. Néanmoins, vers 1768, on eut recours à un moyen fort simple, on construisit un certain nombre de chariots de plus petite dimension, on les joignit ensemble, et en divisant ainsi la charge, on détruisit la cause principale du peu de succès de la première tentative (1). »

(1) *Transactions Highland Society*, vol. VI, p. 7.

Cette heureuse innovation de l'emploi de la fonte fut réalisée en 1768, par l'ingénieur William Reynolds, l'un des propriétaires de la grande fonderie de Colebrook-Dale, dans le Shropshire.

Les rails de fonte employés par Reynolds, présentaient à l'extérieur un rebord saillant destiné à fixer et à maintenir la roue du wagon de manière à l'empêcher de sortir de la voie. Mais la poussière ou la boue du chemin s'accumulaient entre ce rebord et le rail, et amenaient ainsi, sur les routes ferrées, une partie des inconvénients des routes ordinaires.

En 1789, sur le chemin de fer des mines de Loughborough, Jessop remplaça les rails à rebord par des rails droits, c'est-à-dire par une simple bande de fer. Seulement, pour assurer le maintien du wagon sur le rail, on arma les roues d'un rebord saillant d'un pouce de largeur, ce qui les retenait invariablement dans cette sorte d'ornière artificielle formée aux dépens de la roue même du wagon.

Depuis 1789 jusqu'à l'année 1811, tous les rails employés en Angleterre, pour le service des mines, furent construits d'après ce principe. Le seul perfectionnement que les voies ferrées présentèrent depuis cette époque, consista dans la substitution du fer à la fonte. La fabrication du fer ayant reçu dans cet intervalle, en Angleterre, des perfectionnements qui eurent pour effet d'abaisser de beaucoup le prix de ce métal, cette substitution importante put être enfin réalisée. La malléabilité et la ténacité du fer, comparées à celles de la fonte, offraient des conditions précieuses pour la résistance et la solidité des rails.

C'est George Stephenson qui adopta le premier les rails de fer.

Les chemins de fer ainsi construits, existaient en assez grand nombre en Angleterre, dans les mines de houille, lorsque Trevithick et Vivian obtinrent leur brevet pour l'emploi des voitures à vapeur sur les routes ferrées existant à l'intérieur et hors des mines de houille. Leur locomotive, qui fut adoptée en

1804, sur le chemin de fer des mines de Merthyr-Tydvil, ne différait que fort peu d'ailleurs, de la diligence à vapeur qu'ils avaient construite précédemment pour les routes ordinaires. Elle se composait d'un seul cylindre disposé horizontalement. Le piston transmettait son mouvement aux roues, à l'aide d'une bielle et de deux engrenages.

Trevithick et Vivian recommandaient, dans leur brevet, de garnir de quelques aspérités ou rainures transversales, la jante des roues de la locomotive, afin de provoquer plus de frottement, et de remédier ainsi au glissement de la roue sur la surface polie du rail. Ils proposaient même, quand la résistance serait considérable, de placer, sur la circonférence des roues, une sorte de cheville, ou de griffe, ayant prise sur le sol.

En effet, tous les savants admettaient à cette époque, que la principale difficulté qui devait s'opposer à l'emploi des locomotives sur les chemins de fer, consistait dans le défaut d'adhésion des roues sur le rail : on pensait que la surface unie de ces bandes métalliques n'offrait pas assez de frottement pour que la roue pût y trouver une prise suffisante, et l'on concluait que l'action de la vapeur aurait seulement pour effet de faire tourner les roues sur place sans entraîner leur progression : « Entre deux surfaces « planes, disent Trevithick et Vivian, dans un « mémoire sur ce sujet, l'adhésion est trop « faible ; les voitures sont exposées à glisser, « et la force d'impulsion est perdue. » C'est pour cela qu'ils recommandaient de rendre, autant que possible, inégale et raboteuse la jante des roues de leur locomotive.

Cette idée inexacte avait été émise par suite d'une simple vue de l'esprit, et sans aucune expérience préalable. Adoptée sans autre examen par tous les ingénieurs, elle constitua dès ce moment, l'obstacle devant lequel la science des chemins de fer resta stationnaire.

Cette aberration des savants fournit un exemple singulier des conséquences fâcheuses auxquelles peut conduire une opinion théorique formée hors du domaine de l'expérience. Depuis la construction de la première locomotive de Trevithick, tous les efforts des praticiens s'appliquèrent à triompher d'une difficulté imaginaire, et l'on fut ainsi amené à toute une série d'inventions malheureuses et de créations bizarres dont nous abrégerons la triste nomenclature.

Fig. 125. — Locomotive à crémaillère de Blenkinsop.

C'est ainsi qu'en 1811, M. Blenkinsop, directeur du chemin de fer des houillères de Middleton, imagina un système de locomotive dans lequel les roues n'avaient plus d'autre fonction que de supporter l'appareil moteur. L'un des rails AB (fig. 125), était pourvu de dents, et sur cette crémaillère venait engrener une roue dentée, mise en mouvement, à l'aide d'une tige articulée D, par le piston de la machine à vapeur.

Ces dentelures devaient, on le comprend sans peine, augmenter singulièrement les effets du frottement et de la résistance. Cependant le système Blenkinsop servit plus de douze années aux transports de la houille.

En 1812, William et Edward Chapman tentèrent de substituer à la crémaillère de Blenkinsop, un système nouveau. Ils placèrent au milieu de la voie, et de distance en distance, divers points fixes, sur lesquels le convoi était remorqué par une machine à vapeur, à l'aide d'une corde qui s'enroulait sur une espèce de tambour ; le câble était détaché aussitôt que le convoi était arrivé à chacun des points fixes échelonnés sur la route.

Ce procédé de remorquage fut quelque temps employé sur le chemin de fer de Heaton près Newcastle. C'est par ce système que fonctionna le premier chemin de fer établi en France, celui des mines de Saint-Étienne.

En 1813, un ingénieur, M. Brunton, alla même jusqu'à essayer de faire agir la puissance de la vapeur, non sur les roues de la locomotive, mais sur des espèces de béquilles mobiles, qui pressant contre le sol et se relevant ensuite comme la jambe d'un cheval, poussaient en avant la voiture.

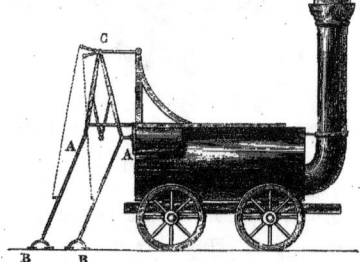

Fig. 126. — Locomotive à béquilles de Brunton.

La figure 126, représente ce que l'on a appelé la *locomotive à béquilles de Brunton* : du cylindre A de la machine à vapeur partait une tige AB, qui portait contre le sol, et à certains moments se relevait par le jeu du levier AC. Ce mécanisme poussait la locomotive en avant, comme un bateau est poussé, au moyen d'un levier que l'on appuie fortement sur le fond d'une rivière.

Il y avait dans cette étrange disposition de quoi briser en mille pièces, par suite des secousses, les plus robustes machines. Un accident arrivé à la chaudière empêcha de continuer les essais.

On aurait pu longtemps encore, tourner, sans de meilleurs résultats, dans le cercle de ces difficultés imaginaires. Heureusement on se décida à finir par où l'on aurait dû commencer. En 1813, un ingénieur, M. Blackett, mieux avisé que le reste de ses confrères, se proposa de rechercher quel était le degré d'adhérence des roues d'une locomotive sur la surface des rails, et de déterminer, par expérience, la quantité de force que faisait perdre le glissement de la roue.

Le hasard vint à son aide, car les rails du chemin de fer de Wigan, sur lequel il entreprit ses recherches, étaient plats et d'une grande largeur, au lieu d'offrir la section elliptique et la faible surface que présentaient alors la plupart des rails établis dans les mines de l'Angleterre. Grâce à cette particularité, et peut-être aussi par l'effet du poids considérable de la locomotive dont il faisait usage, M. Blackett fut amené à reconnaître qu'en raison des aspérités qui existent toujours sur la surface du fer, quelque unie qu'elle soit par le frottement, les roues de la locomotive peuvent mordre suffisamment sur le rail pour y prendre un point d'appui. Il constata par une série d'expériences, que le poids de la locomotive suffit pour déterminer l'adhésion des roues, s'opposer à leur rotation sur place, et provoquer ainsi la marche des plus lourds convois.

La légende qui représente Archimède s'élançant, à demi nu, dans les rues de Syracuse, en criant : *Eurêka !* est assurément controuvée ; mais on nous dirait qu'à la vue du résultat de ses expériences, l'honorable M. Blackett se livra à un pareil accès de joie et de folie, nous le croirions sans trop de peine. En effet, l'obstacle si grave, qui arrêtait depuis dix ans la science des chemins de fer, venait de disparaître en un moment, et les locomotives, qui n'avaient été admises sur les chemins à rails qu'à contre-cœur et comme pis aller, étaient en mesure de fournir, dans un intervalle prochain, des résultats devant lesquels l'imagination aurait reculé jusqu'à cette époque.

Fig. 127. — Une mine de charbon à Newcastle, avec des wagons traînés par des chevaux sur des rails de bois.

Moins d'une année après les expériences de M. Blackett, c'est-à-dire en 1814, la première locomotive qui ait fonctionné avec avantage sur des rails de fer, sortait des ateliers de Georges et Robert Stephenson, à Newcastle, pour servir au transport des houilles des mines de Killingworth jusqu'au lieu d'embarquement. Pour assurer l'adhérence des roues contre les rails, Georges Stephenson avait donné à la locomotive un poids considérable, et pour profiter de l'adhérence de ces trois roues, il les avait reliées entre elles au moyen d'une chaîne.

La figure 129, page 275, fera comprendre les dispositions essentielles de la locomotive de George et Robert Stephenson, que l'on a désigné sous le nom de *locomotive à chaîne sans fin*.

Les trois roues du véhicule sont accouplées par une chaîne sans fin ABCD, qui passe sur trois roues dentées E, F, G, montées sur le milieu de l'essieu de chaque roue. Ces trois roues dentées, entraînées par le mouvement de la chaîne, font tourner les roues elles-mêmes I, J, K de la locomotive, en produisant une forte adhérence, et par conséquent la progression. Au-dessus de la chaudière sont placés deux cylindres à vapeur H, H dont les pistons LM, qui se meuvent en ligne droite, venant agir, au moyen d'une traverse (que l'on a supprimée sur la figure 129, pour montrer l'intérieur de la chaudière), sur un levier fixé aux roues I, J, K, font tourner ces deux roues. Les manivelles de l'un des essieux étaient croisées par rapport à celles des autres essieux, pour éviter ce temps d'arrêt que l'on appelle en mécanique le *point mort*.

Dans cette locomotive, la chaudière était supportée d'une manière fort bizarre, et qui se voit très-bien sur la figure 129. Elle était suspendue sur trois petits pistons, qui étaient pressés de haut en bas, tout à la fois par le poids du liquide et la pression de la vapeur.

Stephenson ne tarda pas à abandonner ce mode étrange de suspension de la chaudière. Il la fit supporter par de simples ressorts d'acier semblables à ceux qui supportent les caisses de nos voitures.

Pour faire comprendre la disposition du foyer dans cette locomotive primitive de George Stephenson, nous représentons à part (fig. 128), cette chaudière et le foyer, vus en coupe. On

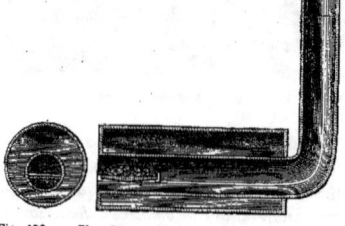

Fig. 128. — Chaudière de la locomotive de Stephenson.

voit que le foyer était placé à peu près aux deux tiers, et à l'intérieur de la chaudière. La forme de cette chaudière était cylindrique. Elle avait 2^m,44 de long sur 1^m,80 de diamètre, et le foyer cylindrique qui occupait une partie de sa capacité, avait 0^m,50 de diamètre.

Ces dispositions de la première locomotive qui ait circulé sur des rails de fer, étaient as- surément fort imparfaites. Peut-être s'étonnera-t-on de cette imperfection, si l'on considère qu'à cette époque, les machines à vapeur fixes, tant à haute qu'à basse pression, avaient reçu toute la puissance et la commodité désirables, et que l'on avait déjà fort heureusement réalisé l'application de la vapeur à la propulsion des bateaux. Mais il ne faut pas oublier combien était difficile l'application de la vapeur comme moyen de locomotion sur des rails. D'abord, on ne pouvait, comme sur les bateaux où les poids s'équilibrent par le déplacement de l'eau, ajouter des masses de fer ou d'autres métaux, destinés à consolider l'appareil, ou à supporter les ébranlements et les chocs résultant de la marche. En second lieu, la force mécanique dont on pouvait disposer, était très-limitée. Elle était limitée aux dimensions de la chaudière, qui ne pouvait fournir qu'une quantité de vapeur proportionnelle à la surface offerte à l'action du feu. En plaçant le foyer dans l'axe de la chaudière, enveloppée de toutes parts par l'eau, Stephenson avait augmenté, autant qu'il l'avait pu, cette surface; mais la quantité de vapeur ainsi produite, était encore médiocre, et par conséquent, la puissance mécanique de l'appareil très-peu considérable. Ajoutons que les rails dont on faisait usage alors étaient fort légers, ils ne pesaient que 12 à 15 kilogrammes par mètre courant, au lieu de 35 environ qu'ils pèsent aujourd'hui. Il résultait de là qu'on ne pouvait augmenter le poids et la solidité des locomotives sans s'exposer à dégrader ou écraser les rails. Par suite de leur défaut de solidité, les locomotives résistaient mal à l'ébranlement résultant de la progression et se détérioraient assez vite.

Il faut qu'une locomotive soit relativement *légère*, pour ne pas endommager les rails, *solide* pour n'exiger que les réparations d'entretien, et *puissante*, pour réaliser un effort considérable. A l'époque où fut construite la première locomotive de Stephenson, il était impossible de réaliser aucune de ces trois conditions.

Fig. 129. — Locomotive à chaîne sans fin de Stephenson.

En 1815, George Stephenson, avec le secours d'un ingénieur nommé Dodd, perfectionna sa locomotive, en supprimant, non-seulement le mode bizarre de suspension de la chaudière, comme nous l'avons déjà signalé, mais aussi en faisant disparaître la chaîne qui reliait les deux roues. Il remplaça cette chaîne par une barre horizontale, qui rattache l'une à l'autre les deux roues et les rend solidaires. L'*accouplement des roues* au moyen d'une barre horizontale, imaginé par George Stephenson, a toujours été adopté depuis cette époque, dans les locomotives. Enfin Stephenson et Dodd imaginèrent d'alimenter constamment la chaudière d'eau, au moyen d'une pompe foulante, mise en action par le mécanisme moteur de la locomotive, et qui puisait l'eau dans un réservoir placé sur le chariot d'approvisionnement (*tender*) attelé à la locomotive.

Ainsi perfectionnée par George Stephenson et Dodd, la locomotive prit la forme que représente la figure 130. DD est la barre d'accouplement qui attache les roues et les rend solidaires. A est la tige du piston qui se meut verticalement. Elle est munie d'une articulation au point E, d'où part une tige EC mobile dans le sens horizontal. Cette tige articulée agissant sur le levier CD de la roue F, met cette roue en action.

Fig. 130. — Locomotive à roues couplées de Stephenson.

Le même effet se produisant sur la roue opposée, et les deux leviers de l'une et de l'autre roue étant placés au *point mort*, on comprend que la progression du véhicule soit continue.

Ces locomotives furent employées de 1814 à 1825 environ, sur le chemin de fer des usines Killingworth. Elles servirent ensuite à traîner les convois de charbon sur le chemin de fer de Darlington à Stockton.

Ce chemin de fer avait 61 kilomètres de longueur, et était pourvu d'une double voie, sur les deux tiers de son parcours. Il avait nécessité une dépense de 430,000 francs par kilomètre. Autorisé en 1821, il fut ouvert en 1825. A l'origine, on employait les chevaux pour remorquer les wagons. Mais la locomotive récemment perfectionnée par Stephenson et Dodd, ne tarda pas à être substituée aux chevaux. En même temps, on fit servir au transport des voyageurs cette voie ferrée, qui n'avait été construite, dans l'origine, que pour le transport du charbon.

Cependant, par suite de la faiblesse de la machine, les convois ne marchaient qu'avec beaucoup de lenteur. Ils employaient ordinairement quatre heures à parcourir la distance de sept lieues qui sépare la plaine de Brusselton de la ville de Stockton. Au retour, les chariots vides mettaient cinq heures à faire le même trajet, en raison d'une faible pente qu'il fallait remonter.

Les chemins de fer commençaient donc à rendre quelques services à l'industrie : ils servaient à transporter la houille et certaines marchandises avec plus d'économie que le roulage. Mais ce système était encore dans l'enfance. Il ne pouvait fonctionner qu'avec une lenteur extrême, et rien n'annonçait les prodiges qu'il devait réaliser dans un délai peu éloigné.

Par quel coup de baguette magique cette invention, languissante depuis son origine, subit-elle la transformation inespérée dont nous admirons aujourd'hui les résultats? Comment les locomotives, qui n'avaient pu servir encore qu'au transport des marchandises, se trouvaient-elles, une année après, susceptibles de s'appliquer au transport des voyageurs, en réalisant une vitesse qui, jusqu'à ce moment, aurait paru fabuleuse?

Cette révolution fut opérée tout entière par une simple modification apportée à la forme des chaudières des locomotives. La découverte des *chaudières tubulaires* vint changer brusquement la face des chemins de fer, car son application permit d'obtenir immédiatement, sur ces voies artificielles, une vitesse de douze lieues à l'heure.

Ce ne sera pas pour notre pays un faible titre de gloire : cette découverte mémorable appartient à un ingénieur français, à Marc Séguin.

Le chemin de fer de Saint-Étienne à Lyon dont nous avons raconté plus haut, l'établissement et esquissé la physionomie, devait être desservi tout à la fois par des chevaux, par des machines à vapeur fixes remorquant les convois sur les pentes trop roides, enfin par des locomotives. L'art de construire les locomotives ne s'était pas encore introduit en France; la compagnie du chemin de fer de Saint-Étienne avait donc fait acheter, en 1829, deux locomotives à Manchester, dans les ateliers de Stephenson. L'une d'elles fut envoyée, comme objet d'étude, à M. Hallette, constructeur de machines à Arras; l'autre fut amenée à Lyon, pour servir de modèle à celles que devait y faire construire M. Séguin aîné (Marc Séguin), directeur du chemin de fer de Saint-Étienne, pour les appliquer au service de cette voie ferrée.

A la suite des différents essais auxquels ces machines furent soumises, on reconnut que leur vitesse moyenne ne dépassait pas six kilomètres à l'heure. C'est alors que M. Séguin, frappé de l'insuffisance de cette vitesse, fut amené à en rechercher la cause.

Le vice de la locomotive de Stephenson résidait, comme il le reconnut, dans la forme de la chaudière.

La force d'une machine à vapeur dépend de la quantité de vapeur qu'elle produit dans un temps donné. Or, comme nous l'avons vu, la quantité de vapeur fournie par une chaudière, est proportionnelle à l'étendue de la surface que celle-ci présente à l'action du feu. Dans la chaudière de Stephenson, cette surface était insuffisante, car le foyer, placé dans l'axe de la chaudière, ne pouvait agir que sur la partie cylindrique qui l'enveloppait. Le problème du perfectionnement des locomotives consistait donc à accroître la quantité de vapeur fournie par le générateur, sans augmenter ses dimensions au delà de certaines limites.

M. Séguin donna une solution des plus extraordinaires et des plus brillantes de cette grave difficulté. Il fit traverser la chaudière par une certaine quantité de tubes d'un petit diamètre, dans l'intérieur desquels venaient circuler l'air chaud et la fumée qui s'échappaient du foyer. La surface offerte à l'action du feu devenait ainsi infiniment considérable : avec un générateur de dimensions ordinaires, on pouvait offrir une surface de plus de 150 mètres à l'action de la chaleur. L'air chaud, traversant ces tubes, vaporisait rapidement l'eau qui remplissait leurs intervalles, et provoquait, dans un temps très-court, le développement d'une énorme quantité de vapeur.

Les chaudières des premières locomotives de M. Séguin contenaient quarante-trois de ces tubes; on ne tarda pas à les porter jusqu'à soixante-quinze, et plus tard jusqu'à cent, et même cent vingt-cinq.

Il restait cependant une autre difficulté à surmonter. On ne pouvait employer sur les locomotives, que des cheminées d'une hauteur médiocre, car les longues cheminées en usage dans nos usines, pour activer la combustion, auraient compromis la stabilité de tout le système, et obligé d'accroître au delà de toute proportion raisonnable, les dimensions des ponts et des souterrains traversés par les convois. Or, il était à craindre qu'avec de courtes cheminées, le tirage ne s'établît qu'avec beaucoup de peine au milieu de cette longue série de tubes étroits traversés par le courant d'air chaud. M. Séguin surmonta cette difficulté en disposant devant le foyer, un ventilateur, destiné à provoquer un tirage artificiel. Ce ventilateur, mis en mouvement par la machine elle-même, fut d'abord placé sous le foyer; on le transporta ensuite dans la cheminée.

« Le plus grand obstacle que j'entrevoyais, dit M. Séguin aîné (1), à l'accomplissement de mon projet, était la faculté de parvenir à obtenir, dans le foyer, un courant d'air assez fort pour déterminer les produits de la combustion à passer au travers des tubes qui remplaçaient la cheminée de la chaudière. Je craignais que la faiblesse de leur diamètre, en augmentant les surfaces, ne causât assez de retard dans la marche de l'air pour anéantir entièrement le tirage. Il fallait donc avoir recours à un moyen d'alimentation artificielle absolument indépendant du tirage de la cheminée. C'est ce que j'obtins au moyen des ventilateurs à force centrifuge; après quelques essais, je parvins à produire jusqu'à 1 200 kilogrammes de vapeur à l'heure, en employant des chaudières de 3 mètres de longueur sur $0^m,80$ de diamètre, renfermant 43 tuyaux de $0^m,04$ de diamètre. »

M. Marc Séguin obtint en France, au mois de février 1828, un brevet d'invention pour ses chaudières tubulaires, et en décembre 1829, un autre brevet pour son ventilateur mécanique. Mais ce ventilateur était peu commode et entraînait divers inconvénients.

L'important problème d'activer le tirage de la cheminée des locomotives, trouva bientôt une solution infiniment plus heureuse. Au lieu de provoquer le tirage par un ventilateur, on dirigea dans l'intérieur du tuyau de la cheminée, la vapeur à haute pression qui s'échappe des cylindres, après avoir produit son effet mécanique, vapeur que l'on avait jusque-là rejetée dans l'atmosphère.

Ce moyen active le tirage du foyer parce que l'air du tuyau, sans cesse entraîné par le jet de vapeur, est remplacé aussitôt, par l'air qui arrive du foyer. La vapeur qui s'échappe, exerce donc sur l'air du foyer une sorte d'aspiration, qui produit un tirage d'une très-grande énergie. On appelle *tuyau soufflant* le tube qui injecte dans les cheminées la vapeur sortant des cylindres.

Il est impossible de connaître exactement

(1) *De l'influence des chemins de fer, et de l'art de les tracer et de les construire*, in-8°, p. 429.

l'auteur de cette idée admirable, dont on a tiré un si grand parti de nos jours. Comme toutes les grandes inventions familières, telles que la charrue, la balance, le moulin à vent, le cadran solaire, le cabestan, la navette du tisserand, les lampes, les phares, le rouet, la manivelle du rémouleur, etc., cette idée se perd dans la nuit des âges écoulés. L'architecte romain Vitruve signale, dans son ouvrage, l'emploi d'un jet de vapeur, pour produire un courant d'air, et c'est d'après lui que Philibert Delorme, dans son *Architecture*, recommande, pour pousser la fumée dans les cheminées, de placer à quatre ou cinq pieds du foyer, un vase sphérique contenant de l'eau en ébullition, lequel, dit-il, « par l'évapora« tion de l'eau, causera un tel vent qu'il n'y « a si grande fumée qui n'en soit chassée par « le dessus (1). »

C'est à un ingénieur français, nommé Mannoury-Dectot, que sont dues les premières notions exactes que l'on ait eues, dans notre siècle, sur cet important objet. Après avoir reconnu les propriétés d'*entraînement* que possède un jet rapide d'un fluide quelconque, tel que de l'eau, de l'air ou de la vapeur, cet ingénieur construisit diverses machines qui devaient leur mouvement à un courant d'air rapide, déterminé lui-même par l'injection d'un jet de vapeur à haute pression dans un tube d'un plus grand diamètre.

Une de ces machines de Mannoury-Dectot

(1) Voici le texte de Philibert Delorme, au chapitre VIII du livre IX de son *Architecture* :

« *Autre remède et invention contre les fumées.* — Par une « autre invention, il serait très-bon de prendre une pomme « de cuivre ou deux, de la grosseur de 5 à 6 pouces de « diamètre, ou plus, et ayant fait un petit trou par le des« sus, les remplir d'eau, puis les mettre dans la cheminée, « à la hauteur de 4 à 5 pieds ou environ, afin qu'elles se « puissent échauffer quand la chaleur du foyer parviendra « jusqu'à elles, et par l'évaporation de l'eau causera un tel « vent qu'il n'y a si grande fumée qui n'en soit chassée par le « dessus. Ladite chose aidera aussi à faire flamber et allu« mer le bois étant au feu, ainsi que Vitruve le montre « au sixième chapitre de son premier livre. » (Page 270 bis de l'édition de 1597.) La petite *pomme de cuivre* dont parle ici Philibert Delorme, n'était autre chose que l'*éolipyle*, instrument de physique amusante, et qui n'a jamais reçu, sous cette forme, une application sérieuse.

consistait en une *danaïde*, ou sorte de turbine, dont les palettes étaient sollicitées par un rapide courant d'air, provoqué par l'injection d'un jet de vapeur à haute pression dans un tube d'un diamètre plus considérable.

Cet ingénieur décrit même un *soufflet à vapeur*, formé d'un faisceau de tubes soudés à l'extrémité extérieure d'une buse de forge, et dans chacun desquels s'engage, d'une petite quantité, un tube effilé, lançant un jet de vapeur très-rapide. Les jets de vapeur déterminent un courant d'air dans chaque tube, et font entrer une très-grande quantité d'air dans la buse.

« Avec sept ajutages à vapeur ayant un orifice « d'une demi-ligne de diamètre, correspondant à un « même nombre de tubes de six lignes de diamètre « et un pied de longueur, on formerait un appareil « qui fournirait abondamment le vent à un fourneau « capable de fondre deux mille livres de fonte de fer « par heure (1). »

Le physicien Pelletan, employa, en 1830, l'injection de la vapeur dans la cheminée, comme moyen d'activer le tirage, sur différentes machines à vapeur, et notamment sur le bateau à vapeur *la Ville-de-Sens*, qui faisait le service de la haute Seine.

L'emploi du jet de vapeur dans la cheminée, pour activer le tirage, était donc connu de temps presque immémorial. George Stephenson eut le mérite de l'appliquer aux locomotives.

Il faut ajouter que ce moyen fut employé, à peu près à la même époque, par le constructeur Hackworth, l'un des concurrents de Stephenson, dans le tournoi de locomotives de Liverpool, le même qui imagina de disposer les cylindres à vapeur non au-dessus de la chaudière, comme on le voit sur les dessins que nous avons donnés de la première locomotive, mais latéralement à cette chaudière, à peu de distance des roues. Bien plus, Hackworth avait établi *deux* jets de vapeur dans la cheminée, l'un qui provenait de la va-

(1) *Guide du mécanicien constructeur de machines locomotives*, par Lechâtellier, Flachat, Petiet et Polonceau, p. 12.

peur sortant des cylindres, l'autre emprunté directement à la chaudière.

Cette coïncidence prouve que l'emploi du jet de vapeur était dans le domaine public. Seulement, George Stephenson eut, nous le répétons, le très-grand mérite de le vulgariser et de le faire accepter partout.

La belle invention de Marc Séguin n'aurait peut-être porté que très-lentement ses fruits, si l'Angleterre, pressée par les besoins de son immense industrie, ne s'en fût emparée, et n'eût ainsi rendu son utilité évidente à tous les yeux. Les chaudières tubulaires furent adoptées en 1830 par Stephenson, en même temps que le *tuyau soufflant*; et ce sont ces deux moyens qui ont surtout contribué à donner à la machine locomotive la puissance extraordinaire et la vitesse qui la distinguent aujourd'hui.

On voit que George Stephenson composa la locomotive par une suite d'emprunts heureux. A la France, il avait demandé la chaudière tubulaire, qui seule pouvait rendre possible l'emploi d'une machine à vapeur sur les chemins de fer; dans le domaine public, il avait trouvé l'idée du *tuyau soufflant*, le seul mode de tirage qui pût rendre très-efficace l'emploi de la chaudière tubulaire; pour le reste des dispositions, il conserva les organes principaux qui figuraient dans le premier modèle connu de locomotive, que Dodd d'une part et Hackworth de l'autre avaient perfectionné avec quelques avantages. Comme Molière, George Stephenson prenait son bien où il le trouvait.

En disant que George Stephenson composa par une suite d'emprunts heureux, la machine locomotive, nous ne prétendons point diminuer sa gloire, ni porter atteinte à la juste reconnaissance que lui devra la postérité.

George Stephenson n'était, dans sa jeunesse, qu'un simple ouvrier chauffeur; mais sous la veste du chauffeur, il y avait un homme de génie.

Né en 1781, à Wigan, petit village situé à quelques lieues de *Newcastle-sur-Tyne*, au milieu des mines de houille qui abondent dans cette partie de l'Angleterre, il appartenait à une famille d'ouvriers très-misérables, qui travaillaient, comme mineurs, au fond des houillères de Newcastle.

Fig. 131. — George Stephenson.

A peu près abandonné à lui-même, par suite de l'extrême dénûment de ses parents, l'enfant se fit berger. Il allait garder dans les champs, les troupeaux que l'on voulait bien lui confier.

Dans ses nuits solitaires, le petit pâtre contemplait avec un ravissement secret, le déplacement des corps célestes. L'admirable régularité de leurs mouvements, éveillait dans sa jeune âme, de confuses aspirations de science, un vague désir de connaître l'univers et les forces qui le régissent.

A quatorze ans, George Stephenson échangea son métier de pâtre, contre le métier, plus dur et plus pénible encore, de chauffeur de machine à vapeur dans une usine.

Tout en jetant sous la chaudière ses pelletées de charbon, il s'inquiétait du mécanisme d'un appareil aussi puissant. Etant bientôt parvenu à en comprendre tous les organes, il demanda et il obtint la faveur de nettoyer la machine, c'est-à-dire de démonter et de remonter tous ses rouages.

Il se fit connaître ainsi, dans la contrée, comme l'ouvrier le plus expert et le plus adroit pour réparer les machines à vapeur; et bientôt les usines voisines lui fournirent une petite clientèle pour ce genre de travail.

A force de mérite et d'application, il finit par attirer sur lui l'attention de ses chefs; et sans aucune instruction première, par la seule puissance de son intelligence, il réussit à s'élever, dans la hiérarchie industrielle, à des positions de plus en plus importantes.

S'étant marié, il eut un fils, sur lequel se portèrent toutes les affections de son âme impressionnable.

George Stephenson avait compris, en se heurtant aux mille difficultés d'une carrière si épineuse, combien lui avait été nuisible le défaut de certaines connaissances scientifiques, qui sont la base de toute carrière industrielle; et pour aplanir à son jeune fils Robert, les obstacles qui avaient retardé et attristé son chemin, il passait les nuits à raccommoder des montres, pour payer les leçons qu'il faisait donner à son fils. Souvent, en se rendant à leur chantier, au lever du jour, les ouvriers de l'usine voyaient une lumière briller encore dans la petite chambre des deux Stephenson. L'aube matinale surprenait ce père tendre et dévoué, s'occupant encore avec ardeur à son pieux ouvrage.

C'est George Stephenson qui créa le chemin de fer de Darlington à Stockton, et construisit les locomotives qui servaient au transport de la houille sur cette première voie ferrée. Il adopta, le premier, le fer malléable, au lieu de la fonte, pour la confection des rails. Ingénieur de la compagnie du *railway* de Manchester à Liverpool, c'est à lui que revient la gloire d'avoir créé, à travers des difficultés sans nombre et des obstacles inouïs, le premier chemin de fer à grande vitesse, lequel servit ensuite de modèle pour l'exécution de tous les autres chemins de fer de l'Europe.

Fig. 132. — Robert Stephenson.

Parvenu, par ses immenses travaux, aux positions les plus élevées du royaume, George Stephenson obtint encore la plus douce des récompenses. Ces leçons qu'il faisait donner à son fils, grâce au travail de ses nuits, avaient porté tous leurs fruits. Robert Stephenson prit part aux travaux de son père, qui l'associa à ses entreprises.

Cette association devait produire d'excellents résultats. George Stephenson y apportait le tribut de sa longue expérience de praticien, et Robert ses vastes connaissances de théoricien. Robert Stephenson avait participé aux recherches de son père concernant les locomotives, et c'est lui-même qui construisit l'admirable locomotive *la Fusée*, qui obtint le prix au concours de Liverpool.

Robert Stephenson, mort en 1859, fut le premier des ingénieurs des chemins de fer,

Fig. 133. — George Stephenson, ouvrier chauffeur à Newcastle, démonte et répare sa machine à vapeur (page 280).

et le plus important constructeur de locomotives de l'Angleterre. Il a attaché son nom à la création d'un grand nombre de lignes de chemins de fer, non-seulement en Angleterre, mais dans divers pays étrangers, tant en Europe qu'en Asie et en Afrique. Membre du Parlement, placé parmi les sommités du pays, il disposa d'un crédit immense, dû à sa position et à son mérite. Mais au milieu des honneurs qui l'environnaient, ce dont il se glorifiait avant tout, c'était d'être fils de George Stephenson, le pauvre ouvrier chauffeur, qui passait ses journées dans le travail de l'usine, et consacrait ses nuits à réparer des montres, afin de pourvoir aux frais de l'instruction de son fils.

Honnêtes artisans, jeunes hommes de labeur manuel ou d'études libérales; — que votre main tienne la charrue, ou qu'elle porte le lourd fusil de la conscription; — qu'elle fasse manœuvrer l'outil fatigant de l'atelier, ou qu'elle dirige la plume, outil de la pensée; — qu'elle plie sous le joug de l'état, ou sous le joug d'un patron exigeant et sévère; — vous qui, débutant dans la carrière, légers de ressources, mais animés du vif désir d'apprendre et de perfectionner vos connaissances, vous imposez des sacrifices, pour lire et étudier cet ouvrage, espérant y trouver une instruction spéciale; dans vos jours de tristesse ou de fatigue, aux heures de découragement et d'anxiété, invoquez, pour relever votre âme abattue, le souvenir du misérable mineur, devenu le personnage le plus important de l'Angleterre, et ce qui vaut mieux encore, un bienfaiteur de l'humanité. Apprenez, par l'histoire de sa vie, à quoi peuvent conduire, dans la société moderne, l'application obstinée à l'étude et la continuité dans l'accomplissement du devoir. Ayez, en un mot, devant les yeux, comme modèle, comme guide et même comme espérance, le petit berger, le pauvre ouvrier chauffeur de *Newcastle-sur-Tyne!*

Moins brillante que celle de George Stephenson, la carrière de Séguin n'a pas été moins utile.

Né à Annonay, en 1786, Marc Séguin trouva dans son oncle Montgolfier, l'inventeur des aérostats, le meilleur et le plus dévoué des maîtres. Montgolfier s'attacha à développer ses heureuses dispositions.

Dès l'année 1820, Marc Séguin se distingua dans les constructions civiles, par l'exécution du pont suspendu de Tournon, construction en fil de fer, qui ne coûta que le tiers de ce qu'aurait coûté un pont en pierre. Plus de quatre cents ponts de cette espèce ont été construits, depuis cette époque, en des localités bien différentes. Les ponts en fil de fer inventés par Séguin aîné, sont le moyen le moins coûteux de traverser les rivières.

En 1825, Marc Séguin, associé avec ses frères et avec le fils de Montgolfier, fit les premières tentatives de navigation à vapeur sur le Rhône. C'est alors qu'il essaya, pour la première fois, sur un bateau à vapeur, sa chaudière tubulaire.

Les frères Séguin avaient obtenu, comme nous l'avons dit, la concession du chemin de fer de Saint-Etienne à Lyon. Marc Séguin y fit usage de sa chaudière tubulaire, qu'il avait fait breveter en 1828.

Nos bons voisins, les Anglais, qui veulent accaparer à leur profit toute invention et toute gloire, se sont plus d'une fois hasardés à attribuer l'invention des chaudières tubulaires à M. Booth, secrétaire de la compagnie du chemin de fer de Liverpool à Manchester. Cette prétention, qui n'est fondée sur aucune preuve, ne vaut pas la peine d'être réfutée.

On a voulu revendiquer, en France, l'honneur de cette invention capitale pour Charles Dallery, dont nous avons longuement raconté les travaux, dans la Notice sur les bateaux à vapeur, et qui prit en 1803, comme nous l'avons dit, un brevet pour une chaudière tubulaire, destinée aux bateaux à vapeur. Cette chaudière est décrite dans le mémoire de Dallery que la *Collection des brevets d'invention expirés* se borne à mentionner sous le titre vague de *Mobile perfectionné appliqué aux voies de transport*.

La chaudière de Charles Dallery ne fut jamais exécutée. Son invention, qui resta ignorée jusque dans ces derniers temps, ne put donc exercer aucune influence sur la découverte de la chaudière des locomotives, munie de tubes à feu.

Il ne faut pas oublier, d'ailleurs, qu'il existe deux espèces de chaudières tubulaires. Dans l'une, l'eau se trouve placée à l'intérieur des tubes, et le combustible en dehors; dans l'autre, l'eau est placée, au contraire, dans les interstices des tubes, et ces derniers sont traversés par le courant d'air chaud qui arrive du foyer. Les chaudières de la première espèce, qui sont connues en physique sous le nom de *chaudières de Perkins*, et dont l'invention revient peut-être à Dallery, donnent tout au plus 300 kilogrammes de vapeur par heure. Celles de la seconde espèce ont donné 1200 kilogrammes de vapeur, ce qui a permis de réaliser immédiatement des vitesses de dix lieues à l'heure.

Marc Séguin, en mettant le foyer là où l'on avait songé à placer le liquide, et l'eau à l'endroit où devait se trouver le combustible, a donc le premier résolu le problème pratique dont dépendaient l'existence et la possibilité des locomotives à grande vitesse. Il n'a jamais réclamé l'invention des chaudières tubulaires *en général*, puisqu'elles étaient déjà connues et désignées, en physique, comme

Fig. 134. — Marc Séguin.

nous venons de le dire, sous le nom de *chaudières de Perkins*, mais il les a transformées de manière à leur donner une puissance inouïe. Ce serait porter atteinte à l'une de nos gloires nationales, que de disputer au vénérable doyen de l'industrie française, l'invention de la véritable chaudière tubulaire, de la *chaudière* dite à *tubes à feu*.

L'exécution du chemin de fer de Saint-Étienne présentait de grandes difficultés. Séguin ne recula pas devant les travaux que nécessitait le tracé de ce chemin, qui fut considéré comme défectueux par beaucoup d'ingénieurs de cette époque, mais qui excita toute l'admiration des deux Stephenson.

En 1842, M. Séguin fut nommé correspondant de la section de mécanique de l'Académie des sciences de Paris. Riche, entouré d'une belle et nombreuse famille, il vit aujourd'hui dans sa retraite d'Annonay, où, malgré ses quatre-vingts ans, il étudie avec ardeur une nouvelle machine qui fonctionnerait toujours avec la même vapeur, à laquelle on restituerait, à chaque coup de piston, la chaleur dépensée pour produire son effet mécanique. En d'autres termes il étudie cette *machine à vapeur régénérée* dont nous avons parlé dans le dernier chapitre de la Notice sur les machines à vapeur.

CHAPITRE III

ORIGINE DU CHEMIN DE FER DE LIVERPOOL A MANCHESTER. — ADOPTION DES MACHINES LOCOMOTIVES POUR LE SERVICE DE CE CHEMIN. — CONCOURS DES LOCOMOTIVES A LIVERPOOL. — LA FUSÉE DE ROBERT STEPHENSON. — ÉTABLISSEMENT DÉFINITIF DES CHEMINS DE FER EN ANGLETERRE.

La création du chemin de Liverpool à Manchester forme la période la plus importante de l'histoire des chemins de fer. C'est à cette époque que la supériorité des locomotives, comme agent de traction sur les voies ferrées, fut constatée pour la première fois. L'établissement de ce premier chemin de fer provoqua la création successive de tous les autres railways en Belgique et aux États-Unis et amena finalement l'emploi de ce système de locomotion dans les diverses contrées des deux mondes. Il est donc indispensable de rappeler les circonstances qui firent naître le projet du chemin de fer de Manchester à Liverpool et qui déterminèrent son exécution.

Au commencement du XVIIIᵉ siècle, on lisait l'affiche suivante sur les murs de la Cité de Londres :

« *A partir du* 18 *avril* 1703, *ceux qui désirent aller de Londres à York, ou de York à*

Londres, sont priés de se rendre à l'hôtel du Cygne noir *dans Holburne, à Londres, ou dans Cockney-Street à York ; ils y trouveront une diligence qui part les lundi, mercredi et vendredi, et accomplit le voyage entier en quatre jours si Dieu le permet.* »

Il fallait donc quatre jours pour franchir la distance d'environ soixante lieues qui sépare Londres d'York.

En Écosse, à la même époque, toutes les marchandises étaient transportées à dos de cheval.

En 1750, la voiture publique qui faisait le service entre Édimbourg et Glasgow, distants seulement de seize lieues, employait un jour et demi à ce trajet.

En 1763, il n'y avait, entre Édimbourg et Londres, qu'une seule voiture, qui mettait quinze jours à faire le voyage.

L'importante route de Liverpool à Manchester, n'était pas placée dans de meilleures conditions, et les lignes suivantes du célèbre agronome, Arthur Young, l'auteur du *Voyageur en France*, du *Voyageur en Irlande*, etc., donneront une idée de son état de viabilité il y a seulement quatre-vingts ans.

« Je n'ai pas de termes, dit Arthur Young, pour décrire cette route infernale. J'engage très-sérieusement les voyageurs que leur mauvaise étoile pourrait conduire dans ce pays, à tout faire pour éviter cette maudite traverse, car il y a mille à parier contre un qu'ils s'y casseront le cou, ou pour le moins un bras ou une jambe. Ils y trouveront à chaque pas des ornières profondes de quatre pieds, et remplies de boue même en été. Je laisse à penser ce que ce doit être en hiver ! Le seul palliatif à un pareil état de choses consiste à jeter, dans ces trous, j'allais dire dans ces précipices, quelques pierres perdues dont l'effet est de secouer horriblement les voitures. Pour ma part, j'ai brisé trois fois la mienne sur ces dix-huit milles d'exécrable mémoire. »

Ce triste état des routes apportait les plus grands obstacles au commerce du pays. Le roulage était d'une lenteur insupportable, et il tenait ses tarifs à un taux si élevé, que l'on ne pouvait y avoir recours que pour des produits offrant beaucoup de valeur sous un faible volume. Le prix des transports de Liverpool à Manchester, par exemple, était de 50 francs par tonne, ce qui représente 90 centimes par kilomètre, ou quatre fois le prix actuel du roulage en France. Il résultait de là que les marchandises lourdes ou encombrantes, telles que le fer ou la houille, ne pouvaient être utilisées que sur les lieux de production, toutes les fois qu'elles ne se trouvaient pas à proximité d'une rivière navigable.

Aussi la plupart des gisements houillers restaient-ils improductifs par suite de ce défaut de voies de communication.

Telle était, par exemple, la condition où se trouvaient les vastes houillères que le duc de Bridgewater possédait à Worseley, à trois lieues de Manchester, et qui restaient inexploitées faute de voies praticables.

Dans ces circonstances, le duc de Bridgewater, homme de savoir et de résolution, entreprit de créer un nouveau système de transports. Secondé par l'habile ingénieur Brindley, il fit creuser le canal qui porte son nom, et qui constitue la première de ces voies de communication artificielles que l'Angleterre ait possédée.

Le plus grand succès couronna cette entreprise, et grâce aux nouveaux débouchés offerts aux produits de ses houillères, le jeune lord accrut considérablement sa fortune.

Excités par cet exemple, un grand nombre de propriétaires de mines firent appel aux capitalistes, pour de semblables entreprises, si bien qu'au bout de quelques années, le magnifique réseau fluvial qui couvre l'Angleterre était terminé dans presque toute son étendue : mille lieues de navigation artificielle étaient livrées à la circulation des marchandises.

L'état déplorable des routes de terre, encore aggravé par le système de péage que le gouvernement avait établi sur les routes améliorées par lui, rendait alors toute concurrence impossible contre la navigation des canaux. Les compagnies n'eurent donc pas de peine à monopoliser le transport des marchandises, et elles réalisèrent bientôt des bénéfices considérables. C'est en vain que dans l'espoir de maintenir dans de justes limites le tarif des transports, le gouvernement autorisa l'établissement de compagnies rivales, pour l'exploitation des canaux. L'intérêt commun fit réunir les anciennes et les nouvelles compagnies, toute concurrence fut détruite, et le commerce fut astreint à des prix exorbitants. On imaginait toutes sortes de moyens pour éluder les prescriptions légales, et c'est ainsi que les propriétaires du *Canal de Bridgewater* étaient parvenus à percevoir, de Liverpool à Manchester, un péage de 18 francs 75 centimes, malgré le bill qui leur assignait un tarif maximum de 7 francs 50 centimes.

Le commerce toléra longtemps ces exactions. On se rappelait la situation où se trouvait l'industrie manufacturière avant l'établissement des canaux, et l'on aimait encore mieux subir, pour les transports, des tarifs élevés, que de garder ses marchandises en magasin.

Mais ce que l'on ne put supporter avec la même longanimité, ce fut la négligence qui finit par s'introduire dans le service des canaux. Encouragées par les facilités qu'elles trouvaient à réaliser de gros bénéfices, les compagnies poussèrent plus loin les abus. Les transports n'atteignirent pas seulement à des prix extravagants, ils furent encore faits avec peu de soin et une lenteur excessive. De 1826 à 1830, de nombreuses pétitions furent adressées au parlement, pour dénoncer ces faits. L'un des pétitionnaires citait plusieurs cas dans lesquels des balles de coton, venues d'Amérique en vingt et un jours, avaient mis un mois et demi pour arriver de Liverpool à Manchester, c'est-à-dire pour faire un trajet de seize lieues.

Cet état de choses parut intolérable, et le mécontentement, longtemps comprimé, fit explosion. Plusieurs *meetings* furent tenus en diverses villes de l'Angleterre, pour aviser aux moyens de sortir de cette situation.

Une réunion de ce genre, composée d'un nombre prodigieux de personnes, eut lieu à Liverpool, le 20 mai 1826. A la suite de nombreux discours prononcés par divers orateurs, il fut décidé qu'une compagnie serait organisée pour établir, de Liverpool à Manchester, un chemin de fer, destiné à faire concurrence aux trois canaux qui aboutissent à cette dernière ville.

Les compagnies des canaux essayèrent de parer le coup qui les menaçait. Elles se réunirent pour abaisser les tarifs des transports, comme elles s'étaient réunies autrefois pour les élever. Mais il était trop tard. Tous leurs efforts, toutes leurs sollicitations auprès des membres des deux chambres, n'aboutirent qu'à retarder de deux ans la concession du chemin de fer, dont l'établissement fut autorisé par le Parlement, à la fin de 1828.

Dans la pensée des créateurs de l'entreprise, le chemin de fer de Liverpool à Manchester ne devait être consacré qu'au transport des marchandises.

Liverpool, situé sur la Mersey, près de son embouchure dans la mer d'Irlande, est le port d'Angleterre où viennent débarquer le plus grand nombre de bâtiments partis du Nouveau Monde, et Manchester est la grande cité manufacturière où se fabriquent les mille tissus formés des provenances de l'Amérique. Les convois innombrables de marchandises qui, en tout temps, sillonnent cette route, devaient fournir une ample ressource à l'exploitation du futur railway. Aussi l'idée n'était-elle venue à personne d'appliquer ce chemin au service des voyageurs. Il devait être desservi par des chevaux.

Au commencement de l'année 1829, le chemin de fer étant sur le point d'être terminé, les directeurs songèrent à fixer le genre de moteur qui serait adopté pour son service.

Déjà, une année auparavant, la compagnie avait envoyé dans les comtés de Northumberland et de Durham, une commission chargée d'étudier les divers systèmes de chemin de fer qui s'y trouvaient établis pour l'exploitation des mines ; mais la commission était revenue sans pouvoir désigner le moteur le plus avantageux. La seule opinion qu'elle avait émise, c'est que l'activité du mouvement commercial entre Manchester et Liverpool, devait rendre l'emploi des chevaux complétement impraticable.

Il ne restait donc plus qu'à choisir entre les locomotives et les machines fixes employées comme remorqueurs.

Deux ingénieurs, MM. Walker, de Limehouse, et Rastrick, de Stourbridge, furent chargés de visiter les chemins de fer de l'Angleterre où l'on faisait usage de locomotives, et ceux qui avaient adopté les machines fixes. Ils eurent pour mission de déterminer exactement la quantité de travail fournie par chacun de ces deux genres de moteurs. Comme résultat de leur examen, MM. Walker et Rastrick exposèrent que les avantages et les inconvénients des deux systèmes paraissaient se balancer ; mais qu'en somme, et sous le rapport des dépenses d'exploitation, les machines fixes semblaient préférables.

Les directeurs du chemin de fer de Liverpool ne se trouvèrent pas suffisamment renseignés par ce rapport. George Stephenson, l'ingénieur de la compagnie, déclarait les locomotives à la fois plus économiques et plus commodes pour le service, et l'on inclinait vers cette opinion.

L'un des directeurs, M. Harrison, eut alors la pensée de faire décider cette grave question par un concours public, dans lequel tous les constructeurs anglais seraient appelés à produire diverses machines applicables au transport sur une voie ferrée. Un prix de 500 livres sterling (12,500 fr.) et la fourniture du matériel pour le chemin, devaient être accordés au constructeur qui présenterait la machine réalisant le mieux les vues de la compagnie.

L'opinion de M. Harrison finit par prévaloir dans l'assemblée des directeurs, et le 20 avril 1829, les conditions du concours furent rendues publiques.

Voici les principales de ces conditions.

La machine, montée sur six roues, ne pourrait peser plus de six tonnes. Elle devait traîner, sur un plan horizontal, avec une vitesse de 16 kilomètres à l'heure, un poids de vingt tonnes, en comprenant dans ce poids l'approvisionnement d'eau et de combustible. — Si la machine ne pesait que cinq tonnes, le poids à remorquer serait réduit à quinze tonnes. — Le poids des locomotives portant sur quatre roues pourrait être réduit à quatre tonnes et demie. — Enfin, le prix de la machine agréée ne pourrait excéder 550 livres sterling (13,750 fr.).

Le jour de l'ouverture de ce tournoi d'un nouveau genre fut fixé au 6 octobre 1829. On choisit pour juges MM. Rastrick, de Stourbridge ; Kennedy, de Manchester ; et Nicolas Wood, de Killingworth.

Les constructeurs anglais se mirent aussitôt en devoir de prendre part à ce concours ; et six mois après, au jour fixé, cinq machines locomotives, destinées à entrer en lice, étaient réunies à Liverpool. C'étaient : la *Fusée*, la *Nouveauté*, la *Sans-Pareille*, la *Persévérance* et la *Cyclopède*.

La *Fusée* était présentée par Stephenson, de Manchester ; on avait adopté dans sa construction les chaudières tubulaires, inventées en France par M. Séguin. — La *Nouveauté* appartenait à MM. Braithwaite et Ericsson. La chaudière de cette locomotive était formée d'un bouilleur unique ; le constructeur avait cru pouvoir remédier à l'insuffisance de la surface de chauffe par divers moyens mécaniques destinés à provoquer artificiellement le tirage. La *Sans-Pareille* sortait des ateliers de M. Thimothy Backworth. La *Persévérance* appartenait à M. Burstall, et la *Cyclopède*, présentée par M. Brandreth, était destinée à être traînée sur les rails par des chevaux, ce qui prouve que ce dernier constructeur n'avait aucune foi dans l'avenir des locomotives.

Telles étaient donc les machines destinées à prendre part à cette lutte intéressante.

On choisit pour servir aux expériences le plateau de Rainhill, qui présente une ligne parfaitement horizontale, sur une longueur de deux milles (3,218 mètres).

Comme le texte des conditions du concours ne contenait aucune indication sur le genre d'épreuves auxquelles les machines seraient soumises, on arrêta les dispositions suivantes.

Au début de l'expérience, on constatera, pour chacune des locomotives, le poids total de la machine, avec sa chaudière pleine d'eau; la charge à traîner sera triple de son poids. — L'eau de la chaudière sera froide, et il n'y aura pas de combustible dans le foyer; on délivrera à chaque concurrent la quantité d'eau et de houille qu'il jugera nécessaire pour un voyage. — La machine sera traînée à bras jusqu'au point de départ. Elle partira dès que la vapeur aura acquis une tension de cinquante livres par pouce carré. — La locomotive devra faire dix fois l'aller et le retour de l'espace choisi, ce qui représente à peu près le trajet de Liverpool à Manchester. Pour constater le temps de chaque voyage, on établira à chaque extrémité, deux stations, occupées chacune par l'un des juges, qui constatera avec soin le moment du passage de la machine. Ces conditions furent communiquées aux concurrents et acceptées par eux.

Pendant les premiers jours, on se borna à essayer les locomotives; on les fit aller et venir sur les rails, pour les disposer à fonctionner. Le 6 octobre 1829, jour fixé pour le commencement des épreuves, la *Fusée*, de George et Robert Stephenson, entra la première dans l'arène.

Suivant le programme, elle était montée sur quatre roues et pesait quatre tonnes cinq quintaux (4,316 kilogrammes). Sa chaudière, de 1^m,73 de longueur, était traversée par vingt-cinq tubes de 7 centimètres de diamètre; la vapeur sortant des cylindres était dirigée, pour activer le tirage, dans l'intérieur de la cheminée. La figure 135 représente une coupe de la chaudière de la *Fusée* pour donner une idée de la disposition des tubes. A est la grille du foyer, B, la partie de la chaudière percée de 25 tubes qui donnent passage à la fumée et à l'air chaud venant du foyer.

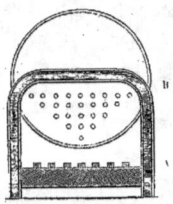

Fig. 135 — Coupe de la chaudière de la *Fusée*.

La figure 136 représente la *Fusée*, d'après l'ouvrage de Nicolas Wood sur les *chemins de fer* et le mémoire de MM. Coste et Perdonnet sur les *chemins à ornières de fer*. MN est le fourneau. Sa hauteur est de 1 mètre, sa largeur de 70 centimètres. La longueur de la chaudière, qui forme la plus grande partie de l'ensemble, est de 2 mètres, sur 1 mètre de diamètre. Les 25 tubes à fumée traversent la masse intérieure du liquide contenu dans cette vaste chaudière. Ils vont s'ouvrir aux deux tiers de la cheminée IJ, à l'aide du tube d'expulsion *ab*. Les soupapes de sûreté H,H, sont au nombre de deux. A est le cylindre à vapeur, incliné de telle sorte que la tige articulée B fixée à son extrémité, vienne agir sur un levier articulé BD, de manière à faire tourner la roue d'une demi-révolution. La force acquise achève de faire tourner la roue, et les deux mouvements s'exécutant en des temps opposés, sur les deux roues, la locomotion est facile. La provision de charbon est placée sur l'avant E du ten-

Fig. 136. — La *Fusée*, locomotive de George et Robert Stephenson.

der. C'est un tonneau contenant l'eau d'alimentation de la chaudière. Une pompe mue par la vapeur, introduit constamment une partie de cette eau dans la chaudière.

Sans entrer dans le détail des différentes épreuves auxquelles fut soumise la locomotive de Stephenson, nous dirons que, sur un plan horizontal, elle remorqua, avec une vitesse de près de six lieues à l'heure, un poids de douze tonnes quinze quintaux (12, 942 kilogrammes). Pour connaître son maximum de vélocité, on la débarrassa de toute charge, ainsi que de l'approvisionnement d'eau et de combustible ; dans ces conditions elle parcourut un trajet de deux lieues et un tiers en quatorze minutes quatorze secondes, ce qui représente une vitesse de dix lieues à l'heure. Dans une autre série d'épreuves, on attacha la *Fusée* à une voiture contenant trente-six voyageurs ; elle communiqua plusieurs fois à cette voiture, une vitesse de dix lieues par heure, sur un plan horizontal. En remontant sur un plan incliné, sa vitesse, dans les mêmes conditions, était de quatre lieues à l'heure. Cette dernière expérience établit ce fait important, que les locomotives pourraient s'élever le long de certaines pentes ; on avait supposé jusque-là qu'elles ne pourraient remorquer les convois que sur des terrains parfaitement de niveau.

La seconde machine essayée fut la *Sans-pareille*. Cette locomotive était portée sur quatre roues, et son poids s'élevait à quatre tonnes quinze tonneaux et demi (4,850 kilogrammes). Or, d'après une condition imposée aux concurrents, toute machine atteignant ce poids devait être montée sur six roues, la *Sans-pareille* se trouvait donc exclue du concours. On se détermina néanmoins à la soumettre aux épreuves, afin de reconnaître si les résultats obtenus seraient de nature à être pris en considération ; mais ils se montrèrent, sous tous les rapports, inférieurs à ceux de la *Fusée*.

Fig. 137. — Le concours des locomotives tenu à Liverpool, au mois d'octobre 1829.

La locomotive présentée par MM. Braithwaite et Ericsson, *la Nouveauté*, n'avait pu être terminée à temps pour être essayée. On reconnut à son arrivée à Liverpool, et quand on l'eut placée pour la première fois sur les rails, que la disposition de ses roues exigeait quelques modifications. Cette circonstance retarda de quelques jours le moment des expériences.

La *Nouveauté* différait de la machine de George et Robert Stephenson, en ce qu'elle n'avait point de tender, et qu'elle portait elle-même sa provision d'eau et de combustible.

Cette locomotive étant réparée et se trouvant prête à servir aux expériences, fut amenée au point de départ. La vapeur ayant acquis la tension nécessaire, elle partit aussitôt, pour fournir sa course. Mais, après son premier trajet, on reconnut que le tuyau d'alimentation de la chaudière s'était crevé. Quand on eut remédié à cet accident, il était trop tard pour continuer les expériences.

La machine fut essayée de nouveau, les jours suivants. En remorquant un convoi considérable, représentant le triple de son propre poids, elle fit d'abord douze milles à l'heure, et en continuant à marcher, vingt et un milles (sept lieues). On substitua ensuite aux chariots chargés de poids, une voiture contenant quarante-cinq voyageurs; la *Nouveauté* imprima à cette voiture une vitesse de sept lieues à l'heure, terme moyen. Enfin, pour connaître son maximum de vitesse, on la laissa partir sans autre fardeau que l'eau et le charbon qu'elle devait employer. En allant et revenant à diverses reprises, sur l'espace qu'elle avait à parcourir, elle présenta une vitesse moyenne de neuf lieues à l'heure; elle marcha même quelquefois avec une rapidité de treize lieues à l'heure.

A la suite des expériences qui furent exécutées le 14 octobre, on s'aperçut que la chaudière de la *Nouveauté* présentait des fuites et livrait passage à l'eau. Les essais se trouvèrent ainsi interrompus. MM. Braithwaite et Ericsson déclarèrent alors se retirer du concours (1).

La *Persévérance* avait éprouvé quelques accidents pendant son transport à Liverpool; elle ne satisfaisait pas d'ailleurs aux termes imposés par le programme. M. Burstall la retira.

Quant à la *Cyclopède*, elle était, comme nous l'avons dit, mue par des chevaux, et sortait, par conséquent, des conditions assignées.

En définitive, le prix fut décerné à la *Fusée* de George et Robert Stephenson, qui avait satisfait à toutes les conditions exigées par la compagnie. Elle avait dû la supériorité de sa vitesse à l'emploi des chaudières tubulaires de M. Séguin, et avait, de cette manière, servi à mettre dans tout son jour l'importante découverte de l'ingénieur français.

Tel fut le résultat de ce tournoi mémorable, qui vivra d'un long souvenir dans l'histoire de l'industrie et du progrès social.

La locomotive de Stephenson, qui permettait de réaliser sur les routes de fer, une vitesse de douze lieues à l'heure, changea complétement la face de l'entreprise du chemin de Liverpool à Manchester. Au lieu de se borner au transport des marchandises, la compagnie ouvrit aussitôt aux voyageurs cette nouvelle voie de communication.

Le service public, commencé en 1830, donna immédiatement des résultats inespé-

---

(1) On trouve une description détaillée de cette locomotive, ainsi que des autres machines qui furent présentées au concours de Liverpool, dans le *Mémoire sur les chemins à ornières*, de MM. Léon Coste et Perdonnet, que nous avons déjà cité, et dans le *Traité des chemins de fer* de Nicolas Wood.

rés. A peine la circulation fut-elle établie sur la voie ferrée, que, des trente voitures publiques qui desservaient chaque jour les deux villes, une seule put continuer son service.

La faculté, désormais offerte, de dévorer les distances, amena une révolution complète dans les conditions et les habitudes des voyages. On eut alors la démonstration la plus décisive de ce fait, que la facilité des moyens de transport augmente la circulation dans une proportion extraordinaire. Le nombre des voyageurs entre Liverpool et Manchester, qui, avant l'ouverture du chemin de fer, ne dépassait pas 500 par jour, s'éleva immédiatement à 1 500.

Le transport des marchandises ne subit pas la même progression, parce que les propriétaires des canaux, aiguillonnés par la concurrence, s'empressèrent d'abaisser leurs prix jusqu'au niveau des tarifs du chemin de fer, et accrurent, en même temps, la vitesse des transports. Le canal avait, en outre, l'avantage de communiquer des docks de Liverpool, avec Manchester, en baignant les murs mêmes des magasins des fabricants, ce qui économisait les frais de transbordement.

Cependant, malgré l'inégalité de ces conditions, le chemin de fer ne tarda pas à transporter un millier de tonnes de marchandises par jour. Aussi, deux ans après son ouverture, apportait-il un dividende de 10 pour 100, et les actions jouissaient-elles d'une prime de 120 pour 100. L'ère financière des chemins de fer était inaugurée en Europe, avec un éclat, qui, malheureusement, ne devait pas être durable.

Le double et remarquable succès qu'obtint le chemin de Liverpool, sous les rapports technique et financier, provoqua rapidement, en Angleterre, l'établissement de nouveaux railways. L'immense réseau qui relie à la métropole les divers centres de population, commença à s'organiser en 1832, et pendant la période de 1832 à 1836, la construction des voies nouvelles reçut une impulsion et un développement considérables. On vit terminer dans cet intervalle, 180 lieues de chemins de fer, et en commencer 160 lieues. En même temps, la science pratique des chemins de fer, qui avait trouvé dans la ligne de Liverpool un modèle admirable, alla se perfectionnant chaque jour. Profitant des améliorations successives introduites dans cet art nouveau, les grandes nations de l'Europe et du Nouveau Monde, entrèrent hardiment dans la même voie, et les chemins de fer ne tardèrent pas à prendre en Belgique, aux États-Unis, en Allemagne et en France, un développement plus ou moins rapide, qu'il nous reste à raconter pour terminer cet aperçu historique.

CHAPITRE IV

CRÉATION ET DÉVELOPPEMENT DES CHEMINS DE FER EN EUROPE ET AUX ÉTATS-UNIS D'AMÉRIQUE.

L'histoire des chemins de fer montre combien les inventions les plus merveilleuses, rencontrent de préventions, même chez les esprits éclairés ; mais elle nous apprend aussi que, tôt ou tard, le monde est forcé de subir leur empire et de se plier à la loi du progrès. Le système des chemins de fer actuels ne date que de 1830, et déjà, malgré la lenteur avec laquelle on s'y prit dans les premières années, vingt-deux milliards ont été dépensés en Europe, et plus de sept milliards aux États-Unis d'Amérique, pour l'établissement des routes ferrées. L'Asie, l'Afrique, l'Amérique méridionale et l'Océanie, ont emboîté le pas derrière les nations civilisées. Aujourd'hui, la vapeur mugit jusque dans les forêts vierges, dans les steppes et les déserts. Quand l'Europe sera sillonnée en tous sens par des voies ferrées, les capitaux chercheront un emploi sur les chemins étrangers, et bientôt il n'y aura plus un seul coin du globe assez écarté pour se soustraire aux bruyantes visites de la locomotive, qui apporte avec elle la civilisation et la paix.

On a déjà projeté de Moscou au fleuve Amour, dans la Mongolie et la Russie d'Asie, un chemin de fer, qui aura deux mille lieues de développement. C'est presque le quart du tour du monde. On étudie, aux États-Unis, le plan d'une route ferrée qui, de l'océan Pacifique, passera à travers les montagnes Rocheuses, pour aboutir à l'autre bord de l'Océan.

Les âmes poétiques se plaignent de cet envahissement de la civilisation par le mouvement et le bruit, qui, disent-elles, ôte leur charme aux sites sauvages. Ce sont les mêmes faux rêveurs qui préfèrent les ruelles tortueuses et malsaines des anciennes villes, aux larges boulevards qui s'ouvrent au soleil et aux grands mouvements de l'air. Laissons dire ces amants solitaires du passé, et réjouissons-nous de vivre à une époque où la prospérité et le bien-être s'établissent partout, à la suite des grandes inventions de la science et de l'industrie.

Nous allons rapidement retracer l'histoire de l'établissement successif des chemins de fer en Europe et dans les autres parties du monde.

On a déjà vu, par ce qui précède, que l'Angleterre est le berceau des chemins de fer, comme celui des locomotives. Les Anglais, peuple pratique par excellence, ont toujours saisi promptement la portée des découvertes industrielles, et les ont appliquées, sans aucune de ces hésitations timides, qui, chez nous, retardent si souvent les plus importants progrès. C'est vers l'année 1820 que l'on employa pour la première fois, comme nous l'avons dit, les locomotives sur le chemin de fer de Darlington à Stockton, et c'est en 1829, que parurent, grâce à l'invention de la chaudière tubulaire de Séguin et de son application à la *Fusée* de Stephenson, les premières locomotives destinées au transport des voyageurs à grande vitesse sur la route de Manchester à Liverpool, et sur celle de Lyon à Saint-Étienne.

George Stephenson eut à lutter dans les premiers temps de la création des chemins de fer, contre l'ignorance et la routine. On prétendait que les chaudières éclateraient et tueraient les voyageurs ; — que la fumée des locomotives détruirait la végétation ; — que leur bruit éloignerait les hommes à une grande distance des routes ferrées ; — que les étincelles du foyer donneraient lieu à des incendies sur la route de la voiture à vapeur ; — enfin que les chemins de fer seraient ruineux pour les actionnaires, car ils ne parviendraient jamais à soutenir la concurrence contre les voies navigables.

L'ouverture du chemin de fer de Liverpool à Manchester, en 1830, ne tarda pas à démontrer combien toutes ces objections étaient peu fondées.

Deux ans après, on procédait à l'inauguration du chemin de Londres à Birmingham, et dès 1834, Robert Peel insistait sur la nécessité d'établir des voies ferrées d'un bout à l'autre du Royaume-Uni.

Cependant, les propriétaires des canaux, les fermiers des routes ordinaires, et quelques membres du Parlement, se montrèrent, quelque temps encore, hostiles aux nouveaux chemins. Le duc de Wellington avait été fortement impressionné par la mort, arrivée en sa présence, d'un de ses collègues, l'honorable Huskisson, tué par une locomotive. Ce ne fut qu'en 1842 que le noble lord se décida à voyager sur un chemin de fer. En 1843 seulement, la reine Victoria osait tenter son premier voyage sur une route ferrée, et en 1858, le grand ministre piémontais, Cavour, venait encore de Turin à Paris en voiture, tant il redoutait de confier sa personne à un mode de transport si dangereux !

L'évidente supériorité de la locomotion par la vapeur, finit pourtant par triompher des oppositions qu'elle rencontra au début. En peu d'années, l'Angleterre fut sillonnée d'un réseau de lignes qui se croisent en tous sens, et qui font que la carte routière du Royaume-Uni ressemble aujourd'hui à une feuille de vigne sillonnée de ses nervures.

Robert Stephenson est l'ingénieur qui a construit les plus importantes de ces voies ferrées.

La longueur totale des chemins de fer exploités dans la Grande-Bretagne, est actuellement, d'environ 17 000 kilomètres. La totalité de ces lignes, mises bout à bout, suffirait presque pour établir une route ferrée d'un pôle à l'autre de la terre. En n'ayant égard qu'à la valeur d'émission des actions, ces voies ferrées représentent un capital de 7 milliards de francs. Si l'on ajoute à cette somme tous les chemins de fer dont la construction est autorisée en Angleterre, on arrivera à un total de 9 milliards.

Les chemins de fer anglais représentent le tiers du réseau européen; l'Allemagne, y compris l'Autriche et la Prusse, fournissent un autre tiers de cet imposant total.

En France, l'existence des voies ferrées dans les mines, était encore inconnue, lorsque, depuis bien longtemps déjà, on s'en servait dans les districts houillers de la Grande-Bretagne. En 1823 seulement, M. Beannier obtenait l'autorisation de construire une ligne de rails de fer pour le transport du charbon de Saint-Étienne au pont d'Andrézieux, sur la Loire. Le moyen de traction sur ces rails, c'était la force des chevaux, comme dans les mines de houille de la Grande-Bretagne. Arrivé à la Loire, le charbon était embarqué sur la rivière, et dirigé sur le Nivernais ou vers Paris.

En 1826, MM. Séguin commencèrent le chemin de fer de Saint-Étienne à Lyon, et deux ans plus tard, MM. Mellet et Henry, celui d'Andrézieux à Roanne, qui suivait le cours de la Loire, pour suppléer à la navigation imparfaite de cette rivière.

Le chemin de fer d'Andrézieux à Roanne

devait être desservi par des locomotives, à l'instar du chemin de fer de Darlington à Stockton, en Angleterre.

Quant au chemin de fer de Saint-Étienne à Lyon, c'était un chemin tout à fait *fantaisiste*, comme on dit aujourd'hui. C'était un mélange, une *olla podrida*, de tous les moyens de traction qui peuvent être mis en usage sur une route ferrée. L'imagination active des frères Séguin, leur esprit par trop inventif, s'était donné ici libre carrière. Aussi, rien n'était-il plus dangereux, surtout vers les premières années, qu'un voyage sur le chemin de fer de Saint-Étienne. Les constructeurs ne s'étaient guère occupés que du transport des houilles et des marchandises; c'est à peine s'ils avaient songé aux voyageurs. Les déraillements des convois étaient assez fréquents. Les voûtes des tunnels étaient si basses et si étroites, les piliers des ponts placés si près des rails, que la moindre imprudence pouvait devenir funeste au voyageur. Celui qui, pour admirer le paysage, mettait la tête hors de la portière, ou étendait le bras, pour désigner un point de vue à l'horizon, s'exposait à rentrer dans le wagon, comme la statue de l'Homme sans tête, du palais Saint-Pierre, à Lyon, ou comme Ducornet, le peintre, *né sans bras!*

Nous avons fait, en 1838, le voyage de Saint-Étienne à Lyon, sur ce chemin de fer primitif, et l'on nous permettra de rappeler ici, comme un témoignage certain, nos impressions particulières.

J'avais reçu de mon maître en chimie, M. Balard, professeur à la Faculté des sciences de Montpellier, le conseil d'aller visiter, pour mon instruction, les mines de houille de Saint-Étienne. Je me hissai donc dans la diligence de Montpellier à Lyon, et deux jours après, je débarquais à l'Hôtel-Dieu de Lyon, où mon bon camarade et condisciple, Amédée Bonnaric, aujourd'hui médecin de l'hospice de l'Antiquaille, et l'un des praticiens les plus répandus de Lyon, me reçut à bras ouverts. Élève, comme moi, de la Faculté de médecine de Montpellier, il venait d'être nommé, par concours, interne à l'Hôtel-Dieu de Lyon.

Je couchai dans la chambre d'un autre interne absent, et le matin, je pus assister à la visite du célèbre chirurgien en chef, ou, comme on l'appelle à Lyon, du *major* de l'Hôtel-Dieu, Amédée Bonnet, dont la statue se voit aujourd'hui sur une des places de la ville.

Amédée Bonnet s'occupait alors avec une ardeur extraordinaire, de l'opération de la ténotomie pour la cure du strabisme, en d'autres termes, pour le redressement des yeux louches, au moyen de la section des tendons du globe oculaire. L'opération du strabisme était alors à la mode et faisait grand bruit en France, d'après les résultats obtenus par MM. Phillips, à Liége, Jules Guérin, à Paris, et Dieffenbach à Berlin. Cette opération est aujourd'hui oubliée et surtout très-décriée.

On demandait à M. Double, célèbre médecin de Paris, s'il fallait faire usage d'un certain médicament : « Hâtez-vous de l'employer pendant qu'il guérit, » répondit ce médecin. La chirurgie a, sans doute, comme la médecine, de ces périodes pendant lesquelles les opérations réussissent, et dont il faut saisir le moment, car les opérations de strabisme se comptaient tous les jours par vingtaines à l'Hôtel-Dieu de Lyon. C'était un concours universel de tous les louches de France vers l'hospice lyonnais. L'opération en elle-même valait, d'ailleurs, la peine d'être vue. C'était un spectacle bien singulier que ce coup de bistouri qui, adroitement pratiqué sous la peau, remettait instantanément dans sa direction normale, un œil dévié. Seulement le chirurgien ne répondait pas des suites.

Après la matinée passée à l'Hôtel-Dieu, j'eus encore le temps de me rendre au chemin de fer de Saint-Étienne, et de monter dans l'une de ses voitures.

Les voitures qui faisaient le service du railway lyonnais, en 1838, étaient de simples diligences, c'est-à-dire des boîtes de sapin, trop basses, trop courtes, sans lumière et sans air. Mais les voyageurs de cette époque se montraient peu exigents. Ils n'étaient pas encore gâtés par l'usage des confortables et des coupés-lits.

Nous eûmes le bonheur d'arriver à Saint-Étienne sans encombre ; c'était tout ce que l'on pouvait demander à notre embryon de chemin de fer.

La visite attentive d'une mine de charbon, la vue des travaux des houilleurs, enterrés à une profondeur de 400 mètres, au milieu d'un noir dédale de galeries, de carrefours, de puits, d'échelles, etc., est assurément le spectacle le plus intéressant que l'on puisse présenter à l'imagination d'un jeune étudiant, avide d'observer et d'apprendre. Mais, après les surprises infinies et les vues saisissantes de l'exploitation de la houillère, il y avait un autre spectacle, aussi curieux. C'était le chemin de fer lui-même, que je ne pus bien observer qu'en revenant de Saint-Étienne à Lyon, car le retour se fit tout entier de jour, ce qui n'avait pas eu lieu pour l'aller.

Les diligences qui nous cahotaient sur les rails, étaient traînées par des moteurs, qui changeaient selon la disposition des lieux. Elles étaient remorquées, au moyen de cordes s'enroulant sur des poulies, par des machines à vapeur fixes, distribuées sur le parcours de la voie, quand il s'agissait de remonter une forte rampe ; — par des chevaux attelés en tête du convoi, si la rampe était modérée ; — par de véritables locomotives, quand la route était de niveau ; — enfin, par leur propre poids, dans les descentes continues. Sur le parcours de Saint-Étienne à Rive-de-Gier, par exemple, le train était lancé sur le flanc de la montagne, emporté par la force de la pesanteur. Quelquefois, quand deux pentes se rejoignaient sur un plateau étroit, avec des inclinaisons équivalentes, le poids du train descendant était utilisé pour hisser le train ascendant, ou réciproquement, comme on le fait dans l'intérieur des mines de charbon, quand on remorque les wagons vides, par le poids de quelques wagons pleins de houille.

On comprend toute l'étrangeté d'un voyage qui empruntait des modes de locomotion si divers. A chaque instant, le moteur changeait de nature. Aux portes de Saint-Étienne, c'était une locomotive qui entraînait le convoi ; plus tard, des chevaux remplaçaient la locomotive. Ailleurs, c'est-à-dire dans une forte montée, on se sentait hisser par des cordages, qu'enroulait sur un tambour, une machine à vapeur fixe. Le voyageur ne pouvait s'empêcher de frémir en songeant que sa vie était littéralement suspendue au bon état de cette corde. Il était évident, en effet, que si les cordes, usées par un service quotidien, venaient à se rompre, et que le conducteur n'eût pas le temps ou la présence d'esprit, de serrer les freins, disposés pour mordre les rails dans un cas pareil, le convoi aurait roulé au bas de la côte, avec une vitesse multipliée par sa masse, produit arithmétique capable de donner le frisson à l'homme le plus courageux.

On voit donc que rien n'était plus pittoresque qu'un voyage sur le chemin de fer construit par Séguin aîné.

Ces capricieux arrangements ont peu à peu disparu du chemin de fer de Saint-Étienne à Lyon. Les rectifications incessantes que l'on a apportées au tracé, et les changements introduits dans le matériel, depuis qu'il a été réuni à d'autres lignes, ont amené la suppression de toute machine fixe. Mais en 1838, le mélange hétéroclite dont nous venons de présenter le tableau abrégé, fonctionnait sur toute la ligne. Ce n'est qu'en 1832 que des locomotives construites à Lyon, dans un atelier du quai Louis XVIII, avaient remplacé les chevaux, sur certains points du parcours.

Le chemin de fer de Saint-Étienne à Lyon avait toutes sortes d'inconvénients. Il exposait les voyageurs à de véritables dangers, ou à de légitimes craintes. Mais il avait un avantage.

Il avait l'avantage d'être un chemin de fer, c'est-à-dire un moyen de locomotion des plus économiques, et susceptible de perfectionnements. Un chemin de fer existait et fonctionnait dans notre pays, c'était l'essentiel; le temps et la science ne pouvaient manquer de l'améliorer.

Malheureusement, de 1830 à 1835, les inquiétudes commerciales, résultant des émeutes de Paris, ou de la situation politique, vinrent détourner l'attention des affaires industrielles, et arrêter l'élan de nos ingénieurs et de nos capitalistes, dans le perfectionnement des chemins de fer.

La découverte des locomotives à foyer tubulaire, avait amené, en Angleterre, la création immédiate et l'extension assez rapide des chemins de fer. La France ne s'engagea dans la même voie qu'avec une lenteur extrême.

L'adoption des chemins de fer a rencontré de grandes difficultés parmi nous, par suite de deux préjugés, d'ordre différent. On ne crut pas d'abord, à la possibilité d'établir ces voies de communication avec assez d'économie et d'avantages pour notre pays; ensuite, on redouta les dangers qui semblaient inhérents à leur emploi.

En 1830, lorsque déjà le chemin de fer de Liverpool à Manchester, transportait, chaque jour, des centaines de voyageurs, et quand la pratique avait, par conséquent, prononcé sans réplique sur les avantages de ce système, un de nos plus savants ingénieurs, M. Auguste Perdonnet, ne pouvait, malgré les plus ardents efforts, parvenir à faire comprendre l'importance future de la question des chemins de fer en France. Lorsque le même ingénieur, dans le cours qu'il ouvrit à l'École centrale des arts et manufactures, sur la construction des railways, annonça que cette découverte était destinée à opérer une révolution semblable à celle qu'avait opérée l'invention de l'imprimerie, il fut traité d'insensé.

M. Auguste Perdonnet, ancien directeur de l'École centrale des Arts et Manufactures, administrateur des chemins de fer de l'Est, est né en 1801. Il fit ses études en partie à Paris, à l'école Sainte-Barbe, en partie en Suisse, chez le célèbre Pestalozzi, qui avait créé à Yverdun, cette institution modèle où les familles les plus distinguées de l'Europe envoyaient leurs enfants, et qui n'eut malheureusement qu'une trop courte durée.

Fig. 138. — Auguste Perdonnet.

Élève de l'École polytechnique, M. Perdonnet allait en sortir, avec le titre d'ingénieur de l'État, lorsqu'il fut victime d'une mesure qui atteignit toute une salle d'étude, accusée de carbonarisme.

Cet événement ne le découragea point. Il entra, comme élève, à l'École des mines. Pour compléter son instruction, il entreprit plusieurs voyages en Allemagne et en Angleterre.

Dans ce dernier pays, il fut surtout frappé de la vue du chemin de fer de Liverpool à Manchester, le premier chemin de fer à grande vitesse qui ait existé en Europe, et qui venait à peine d'être terminé. Il comprit tout de suite, l'importance et l'avenir des railways, et résolut de se dévouer à leur propagation dans sa patrie.

De retour à Paris, en 1829, M. Perdonnet publia, avec un ingénieur des mines, M. Léon Coste, un *Mémoire sur les chemins à ornières* (1), qui est, à notre connaissance, le premier ouvrage de quelque importance qui ait paru en France, sur les chemins de fer. Ce livre, qui faisait connaître les résultats obtenus en Angleterre, produisit une certaine sensation dans le monde des ingénieurs.

En 1830, l'École centrale des arts et manufactures venait d'être fondée, grâce à l'initiative et à l'association de quelques hommes instruits et pénétrés des besoins intellectuels de leur temps. M. Perdonnet, qui était au nombre des professeurs de la nouvelle école, ouvrit, en 1831, le premier cours qui ait été fait en France, sur les chemins de fer, cours qu'il a continué pendant trente-deux ans, c'est-à-dire jusqu'à l'année 1863.

M. Perdonnet dans son cours à l'École centrale, comme dans diverses publications qui datent de cette époque, plaidait chaudement la cause des voies ferrées, alors fort peu en faveur en France, même auprès de nos hommes d'État. C'est à cette occasion, comme nous l'avons dit plus haut, que son zèle excessif à défendre la cause des chemins de fer et à prédire l'avenir qui leur était réservé, le fit taxer de folie.

Le premier chemin de fer que l'on ait exécuté en France, après celui de Saint-Étienne à Lyon, et dans lequel furent mis en usage pour la première fois, le système de tracé et le matériel employés en Angleterre, entre Manchester et Liverpool, fut celui d'Alais à Beaucaire, ou plutôt d'Alais à Beaucaire et aux mines de houille de la Grand'Combe. Ce chemin de fer était plutôt destiné au transport du charbon qu'au service des voyageurs.

M. Talabot, qui alors débutait dans une carrière qu'il devait parcourir avec tant d'éclat, fut chargé de cette difficile entreprise. Il eut à triompher de mille obstacles, tant par la nature accidentée du terrain, que par l'imprévu d'une œuvre dans laquelle il fallait tout créer.

La ligne d'Alais à Beaucaire avait été concédée par une loi datée du 29 juin 1833.

Le chemin de fer de Paris à Saint-Germain, vint bientôt donner un admirable modèle de ces nouvelles voies de communication, tout à la fois aux ingénieurs chargés du tracé et de l'exécution de la voie, aux mécaniciens chargés d'établir le matériel roulant, et aux constructeurs de locomotives.

L'initiative de l'entreprise du chemin de fer de Paris à Saint-Germain, qui devint le signal d'une foule de projets analogues, appartient à M. Émile Péreire.

Issu d'une famille d'israélites du Portugal, que des persécutions religieuses avaient forcée de se réfugier en France, M. Émile Péreire est né à Bordeaux, le 3 décembre 1800. Le nom de son grand-père, Jacob Rodriguez Pereira, est resté attaché à la découverte d'une méthode d'instruction des sourds-muets, qui a précédé celle de l'abbé de L'Epée. Les résultats que Rodriguez Pereira avait obtenus en imaginant un langage par signes pour les sourds-muets, et une méthode destinée à donner à ces malheureux le moyen de comprendre la parole humaine, furent constatés dans un rapport présenté à l'Académie des sciences par Buffon et de Mairan, et qui attira l'attention et les éloges de Voltaire.

Le nom de Péreira a été francisé, de nos jours, par le changement d'une voyelle.

En 1822, M. Émile Péreire vint à Paris, comme tant d'autres, pour y tenter la fortune. Il s'établit courtier de change, ce qui le mit en relation avec les notabilités de la banque

---

(1) 1 vol. in-8. Paris, 1830, chez Bachelier.

et du commerce, et particulièrement avec le célèbre financier, James de Rothschild. Son imagination active le portait à s'occuper de toutes les grandes questions de commerce et d'industrie. Il consignait ses idées dans les journaux politiques du temps, et surtout dans le *Globe*.

Fig. 139. — Émile Péreire

L'école Saint-Simonienne ayant surgi après la révolution de 1830, M. Émile Péreire fut séduit par la hardiesse et la largeur des vues des nouveaux réformateurs. Devenu par son mariage, l'allié de M. Olindes Rodrigues, l'un des adeptes principaux de cette école, il fut initié par lui, aux doctrines de Saint-Simon, qui répondaient aux aspirations de beaucoup d'âmes agitées.

L'école politique et économique du *Globe* avait beaucoup préconisé les chemins de fer, comme moyen d'association et de pacification des peuples. C'est là ce qui préoccupait le directeur du *Globe*, jeune ingénieur des mines, sorti de l'École polytechnique, et qui, s'étant jeté avec ardeur parmi les Saint-Simoniens, mêlait aux brûlantes aspirations morales de leur école, les notions positives fournies par la science et l'industrie.

On voit que nous parlons de M. Michel Chevalier, aujourd'hui membre de l'Institut, professeur d'économie politique au Collége de France, sénateur et haut dignitaire de l'empire.

M. Michel Chevalier dans trois articles du *Globe* (1) qui ont été réunis plus tard en brochure, sous ce titre à trois têtes : *Religion Saint-Simonienne*, — *Politique industrielle*, — *Système de la Méditerranée* (2), s'élevait avec la noble conviction du philanthrope et du philosophe, contre le fléau de la guerre européenne, qu'il regardait, avec raison, comme une guerre civile. Il n'avait pas de peine à prouver l'impossibilité de fonder par la guerre, l'équilibre européen, et cherchait à établir ensuite, que « la paix définitive doit « être fondée par l'association de l'Orient et « de l'Occident. » L'invention, alors récente, des chemins de fer, donnait le moyen, disait l'auteur, de réaliser, par un procédé pratique, cette union générale des peuples de l'Orient et de l'Occident.

« La politique pacifique de l'avenir aura pour objet, disait M. Michel Chevalier, de constituer à l'état d'association, autour de la Méditerranée, les deux massifs de peuples qui, depuis trois mille ans, s'entre-choquent comme représentants de l'Orient et de l'Occident : c'est là le premier pas à faire vers *l'association universelle*. La Méditerranée, en y comprenant la mer Noire et même la Caspienne, qui n'en a probablement été séparée que dans une des dernières révolutions du globe, deviendra ainsi le centre d'un système politique qui ralliera tous les peuples de l'ancien continent, et leur permettra d'harmoniser leurs rapports entre eux et avec le nouveau monde (3). »

(1) 31 janvier, — 3 février, — 12 février 1832.
(2) Paris, in-8°, brochure de 56 pages, au bureau du *Globe*, 6, rue Monsigny, et chez Capelle, libraire, rue Soufflot, à Paris.
(3) *Système de la Méditerranée*, page 35.

C'est là ce que l'auteur appelle le *Système de la Méditerranée*. Les chemins de fer figuraient au premier rang, parmi les moyens de communication qui devaient relier les divers points du *Système de la Méditerranée*.

M. Michel Chevalier présentait ensuite tout un plan de communication par les chemins de fer, entre les pays situés autour du bassin de la Méditerranée.

Le tracé des lignes des chemins de fer appartenant à la France, est assez nettement indiqué dans cet opuscule, à cette différence près, que les rameaux de nos chemins de fer actuels convergent vers Paris infiniment plus que ne semblait l'entendre l'auteur. M. Michel Chevalier, parle d'établir une communication du Havre à Marseille, par Lyon et Paris; une autre de Paris à Mons et à Bruxelles; une autre vers l'Est sur l'Allemagne; une autre allant à Bordeaux par Orléans et se prolongeant vers Toulon, une autre enfin qui suivrait le cours de la Loire jusqu'à Nantes.

La plupart de ces projets ont été exécutés plus tard. L'auteur présentait des tracés analogues pour la Russie, et poussait audacieusement (dans sa brochure) les lignes ferrées jusqu'au fond de l'Asie.

Le *Système de la Méditerranée* est un opuscule curieux, dont on a souvent parlé sans le connaître : c'est pour cela que nous le signalons avec quelque soin, dans ce court historique. On ne peut y voir qu'une improvisation, pleine de verve, faite par un jeune talent, impatient de répandre au dehors le noble enthousiasme qui l'anime. Examiné de près, il perdrait tout au point de vue technique. On doit convenir seulement, que le fond des idées concernant les chemins de fer, est d'une justesse surprenante, pour une époque où cette question était encore si obscure (1).

Mais il ne suffisait pas de tracer dans un journal, les rameaux divers d'un réseau de communication embrassant tout un hémisphère. Il fallait écrire ce projet sur le sol ; il fallait mettre à exécution un tracé de chemin de fer.

C'est ce qu'entreprit de faire le premier Saint-Simonien, dont nous parlions tout à l'heure, M. Émile Péreire.

Le parcours de Paris à Saint-Germain, sembla à M. Péreire celui qu'il fallait choisir. Ce chemin avait l'avantage de n'exiger qu'un faible capital ; de pouvoir servir de tête à toutes les lignes qui devaient rayonner de Paris sur la Normandie et la Bretagne ; enfin de faire connaître les voies ferrées aux Parisiens, auxquels on devait demander plus tard, le principal concours financier pour l'exécution des grandes lignes.

Mais si l'on veut avoir une idée des préjugés et des répugnances qui existaient alors chez beaucoup d'hommes importants et éclairés de notre pays, contre les chemins de fer, il faut lire le compte rendu de la séance de la Chambre des députés, pendant laquelle fut présenté le projet de loi relatif à l'exécution du chemin de fer de Paris à Saint-Germain.

M. Thiers, alors ministre des travaux publics, bien qu'il revînt d'une tournée en Angleterre, où il avait vu fonctionner le chemin de fer de Liverpool à Manchester, déclarait, avec assurance, que les chemins de fer ne sauraient s'appliquer à de grandes lignes de communication; que jamais ils ne pourraient relier avec avantage des centres de population séparés par de grandes distances. Il accordait seulement que « *les chemins de fer présentent quelques avantages pour le transport des voyageurs, en tant que l'usage en est limité au service de certaines lignes fort courtes, aboutissant à de grandes villes, comme Paris.* »

---

(1) M. Michel Chevalier est revenu plus tard, en homme pratique, sur la question des chemins de fer. Son ouvrage sur les *Voies de communication aux États-Unis* a fait connaître à la France une foule de résultats techniques obtenus en Amérique, concernant la question des chemins de fer, et dans son livre *Des intérêts matériels en France*, publié en 1842, il a donné un plan exact et parfaitement étudié, du réseau français, tel à peu près qu'il existe de nos jours.

M. Thiers, ministre des travaux publics, et avec lui, l'administration des ponts et chaussées, repoussaient donc la pensée d'établir de grandes lignes, pour rattacher l'une à l'autre des villes séparées par d'assez grandes distances.

Associé avec MM. Mellet et Henry, M. Perdonnet sollicitait du gouvernement la concession du chemin de fer de Paris à Rouen. M. Thiers lui fit cette réponse : « *Moi, demander à la chambre de vous concéder le chemin de Rouen ; je m'en garderai bien ! On me jetterait en bas de la tribune.* » — « *Le fer est trop cher en France,* » disait le ministre des finances. — « *Le pays est trop accidenté,* » objectait un député. — « *Les souterrains seront nuisibles à la santé des voyageurs,* » affirmait Arago, qui, dans la question des chemins de fer, ne se montra pas à sa hauteur ordinaire, égaré par une vaine préoccupation politique.

Du reste, cette objection d'Arago, que les tunnels exposeraient les voyageurs à des pleurésies ou à des rhumes, est si singulière, venant d'un homme placé à la tête de la science, et parlant à la tribune de la Chambre des députés ; elle caractérise si bien les préventions de cette époque contre les nouvelles voies ferrées, que nous croyons devoir mettre textuellement sous les yeux de nos lecteurs, ce passage du discours d'Arago, prononcé le 14 juin 1836, à l'occasion du vote de la loi sur le chemin de fer de Paris à Versailles.

« Il y a relativement au tunnel, dit Arago, une circonstance capitale, dont je vais entretenir la Chambre.

« Messieurs, aussitôt qu'on descend à une certaine profondeur dans le sol, on a toute l'année une température constante. A Paris et dans ses environs, cette température est de 8 degrés Réaumur environ ; personne n'ignore d'autre part, qu'en été, à l'ombre et au nord, le thermomètre de Réaumur (je parle de ce thermomètre, parce que vous en avez peut-être une plus grande habitude que du thermomètre centigrade), le thermomètre de Réaumur est quelquefois à 30 degrés au-dessus de zéro ; au soleil, la température est de 10 degrés plus considérable. D'ailleurs, on n'arrivera pas d'emblée à l'embouchure du tunnel ; les approches sont formées par des tranchées profondes, comprises entre deux faces verticales fort rapprochées, où le renouvellement de l'air sera très-lent, où la chaleur ne pourra pas manquer d'être étouffante. Ainsi on rencontrera dans le tunnel, une température de 8 degrés Réaumur, en venant d'en subir une de 40 ou 45 degrés. J'affirme sans hésiter que dans ce passage subit les personnes sujettes à la transpiration seront incommodées, qu'elles gagneront des fluxions de poitrine, des pleurésies, des catarrhes (bruits divers).

« On a parlé tout à l'heure de toutes les merveilles du chemin de la rive droite ; permettez-moi de vous présenter l'ombre du tableau. (Parlez !) Je ne devine pas ce qui peut soulever des doutes. Quelqu'un conteste-t-il que dans l'intérieur de la terre, à la profondeur du souterrain, la température ne doive être à peu près constante, et de 10 degrés et demi centigrades, ou de 8 degrés et une fraction de Réaumur ? Veut-on nier qu'à l'ombre et au nord, la température sera quelquefois de 30 degrés ; que dans la tranchée qui précédera le tunnel, elle s'élèvera de 10 à 15 degrés de plus ? Ceci une fois admis, j'en appelle à tous les médecins pour décider si un abaissement subit de 45 à 8 degrés de température n'amènera pas des conséquences fatales ? Veut-on d'ailleurs des faits, j'en citerai un.

« Je traversais un matin, par un temps nébuleux, le tunnel de Lidesgool, situé sous la ville, et dans lequel les voyageurs ne vont plus. L'Allemand avec lequel je faisais route était transi, et me demanda en grâce de l'envelopper dans ma redingote. Cependant la différence de température n'était pas à beaucoup près aussi considérable que celle dont je viens de parler, et qui existera inévitablement pendant deux ou trois mois de l'année au tunnel de Saint-Cloud. »

Où donc Arago prenait-il les 45 degrés de chaleur en plein air ?

Et non content d'évoquer le fantôme de la pleurésie, Arago terminait le tableau en faisant apparaître au fond du tunnel, l'explosion d'une locomotive.

« Vous savez, Messieurs, puisque je les ai développées à cette tribune, quelles sont mes idées sur l'explosion des machines à vapeur ; vous savez que je ne crains pas beaucoup l'explosion des machines à haute pression ; j'ai même soutenu qu'avec les précautions que la loi prescrit, elles doivent être moins fréquentes que les explosions des machines ordinaires. Mais enfin la chose est possible ; il est possible qu'une machine locomotive éclate ; c'est alors un coup de mitraille ; mais à la distance où sont placés les voyageurs, le danger n'est pas énorme. Il n'en serait pas de même dans un tunnel ; là vous auriez à redouter les coups directs et les coups réfléchis ; là vous auriez à craindre que la voûte ne s'éboulât sur vos têtes.

« Je le répète, au surplus, je ne crois pas que le danger soit bien grand ; mais enfin, puisqu'on a cité en faveur de la rive droite une foule d'avantages qui ne m'avaient pas frappé, j'ai rempli un devoir en montrant que le long souterrain augmenterait considérablement les fâcheux effets d'une explosion (1). »

Dans le cours sur les chemins de fer qui fut ouvert en 1834, à l'École des Ponts et Chaussées, on préconisait encore l'emploi des chevaux comme moteur sur les voies ferrées !

M. Perdonnet, de concert avec MM. Mellet et Henry, et Alphonse Cerfberr, avait fondé une société au capital, de 500,000 francs, avec les principaux banquiers de Paris, pour étudier les grandes artères qui pouvaient être établies en France, lorsque l'administration des Ponts et chaussées, effrayée de se voir devancée par des ingénieurs civils, demanda aux Chambres et en obtint, un crédit égal, qui, selon l'administration des Ponts et Chaussées, serait mis gratuitement à la disposition du public.

Il avait donc fallu obéir à la force et à l'évidence des faits. En présence des vœux unanimement exprimés par les populations, on se décida à négliger les résistances et les prédictions contraires de l'administration des Ponts et Chaussées, et les grandes lignes furent entreprises.

Seulement, on affirmait, tout en les construisant, qu'elles ne pourraient jamais lutter contre les voies navigables, pour le transport des marchandises. Les faits sont heureusement venus détruire cette erreur, et montrer qu'au point de vue de l'économie, les chemins de fer ne sont nullement inférieurs aux anciens modes de transport.

(1) Arago, *Notices scientifiques*, tome II pages 244-246 (tome V des *Œuvres complètes*).

Le chemin de fer de Paris à Saint-Germain, qui avait été concédé en 1835, par le vote de la Chambre des députés, fut terminé en 1837. Il n'allait pas plus loin, que le bas de la colline de Saint-Germain. Les wagons s'arrêtaient au Pecq ; et le voyageur était forcé de gravir à pied la rampe interminable qui conduit du bord de la Seine à Saint-Germain.

L'inauguration de ce chemin de fer, le premier qui ait été établi aux portes de la capitale, se fit le 27 août 1837. Les hommes les plus distingués dans la politique, dans la presse et dans les lettres, avaient été conviés à cette solennité. Ce fut avec une émotion singulière que l'on sentit le train s'arrêter, après un trajet de 18 minutes, au bas de la côte de Saint-Germain, où les meilleures voitures publiques n'arrivaient qu'en deux heures et demie.

Les ingénieurs qui avaient exécuté ce premier railway, étaient ceux-là mêmes qui en avaient fait les études préalables, c'est-à-dire M. Eugène Flachat et M. Stéphane Flachat, son frère, ingénieurs civils, réunis à deux ingénieurs des mines, MM. Lamé et Clapeyron.

M. Eugène Flachat fut, peu de temps après, nommé directeur de ce chemin de fer.

M. Eugène Flachat est né en 1802. Après avoir construit avec les ingénieurs, dont nous venons de citer les noms, le chemin de fer de Paris à Saint-Germain, il a construit seul les chemins d'Auteuil et d'Argenteuil, et plus tard, le chemin du Pecq, à Saint-Germain, et dirigé, pendant plusieurs années, le service technique de ces chemins de banlieue. Tous ses travaux de construction ont un cachet particulier d'élégance et de légèreté.

Un grand nombre d'ingénieurs civils ont débuté dans le bureau de M. Eugène Flachat. Doué d'une érudition extraordinaire, M. Eugène Flachat a pris part à la rédaction de plusieurs ouvrages très-estimés : *Le Guide du mécanicien constructeur*, — *Le Nouveau Portefeuille de l'ingénieur*, — *La Métallurgie du fer*, — *La Traversée des Alpes par un chemin de fer*, etc. Il a fait partie du jury de toutes les expositions, et son rapport sur l'exposition de Londres en 1862, a été fort remarqué.

Fig. 140. — Eugène Flachat.

M. Eugène Flachat conserve encore toute la vivacité de la jeunesse. Aussi remarquable par son esprit que par son savoir, il se montre d'une bienveillance extrême envers tous ceux qui réclament son appui ou ses conseils.

Les travaux du chemin de fer de Montpellier à Cette furent commencés en 1836.

Je me souviendrai toujours du plaisir que j'éprouvais à suivre les travaux de la grande tranchée que nécessitait, sur le tracé de la ligne de Cette, une colline s'étendant aux portes mêmes de Montpellier. Pierre Dunal, frère de Félix Dunal, professeur de botanique à la Faculté des sciences de Montpellier, s'était chargé, à l'entreprise, du travail de cette tranchée, et il se plaisait à m'initier aux opérations diverses qu'il faisait exécuter par une vingtaine d'ouvriers, placés sous sa direction. Agé alors de 17 ans, je ne pouvais me détacher de la compagnie du bon Dunal, qui m'entretenait sans cesse des merveilles, encore inconnues, qu'allait révéler à la France l'établissement prochain des voies ferrées. Le chemin de fer de Montpellier à Cette, créé par l'ingénieur anglais Brunton, fut le précurseur de ces merveilles.

Le chemin de fer de Montpellier à Cette fut ouvert en 1839. D'une longueur de 27 kilomètres, il était à une seule voie, et d'une construction fort imparfaite, ce qui s'explique par la nouveauté de ce genre de travail en France. La voie établie par M. Brunton nécessita de fréquentes réparations et rectifications. Depuis qu'il a été compris dans la ligne de Bordeaux à Cette, ce chemin a été pourvu de deux voies, et placé dans les conditions de tous les autres.

En 1838, furent inaugurés les deux chemins de Paris à Versailles, dont l'un suivait la rive gauche et l'autre la rive droite de la Seine. Une ordonnance du 26 mai 1837, avait adjugé le chemin de la rive droite à MM. Rothschild et Cie, et celui de la rive gauche à MM. Fould et Cie.

Le chemin de la rive gauche fut une entreprise désastreuse pour les actionnaires. La fatale catastrophe du 8 mai 1842, dans laquelle périrent tant de personnes, et parmi elles, l'amiral Dumont d'Urville, qui trouva la mort dans les flammes, après s'être illustré par son voyage dans les glaces du pôle austral, hâta la ruine de cette entreprise. Elle a été relevée par la fusion de cette ligne avec celle de Chartres.

Le chemin de Paris à Versailles, par la rive droite, fut une opération financière satisfaisante, et une œuvre remarquable au point de vue technique. Ce chemin est aujourd'hui d'une grande importance, comme tête de ligne des chemins de l'Ouest, qui comprennent ceux de Paris à Cherbourg, d'Évreux à Caen, de Paris à Nantes, à Brest, etc.

Le directeur des chemins de fer de l'Ouest, est M. Jullien.

Né en 1803, M. Adolphe Jullien fit ses premières études en Suisse, chez Pestalozzi. En 1821, il entra, dans les premiers rangs, à l'École polytechnique, et devint ensuite l'un des élèves les plus distingués de l'École des ponts et Chaussées. Tout jeune encore, il se fit remarquer par un magnifique travail de construction : le pont-aqueduc du bec d'Allier, dont il dirigea l'exécution avec une supériorité incontestable.

La compagnie du chemin de fer d'Orléans, cherchait un ingénieur. Les chefs du corps des Ponts et Chaussées désignèrent M. Jullien comme le plus expérimenté et le plus capable. Il justifia bientôt leur recommandation.

Telle fut la réputation que M. Jullien s'était acquise, que la compagnie du chemin de fer de Lyon l'enleva à celle du chemin de fer d'Orléans, pour le faire directeur de ses travaux et de ses exploitations. Ce fut ensuite la compagnie de l'Ouest qui vint réclamer son concours.

M. Jullien s'est toujours fait remarquer, autant par la solidité de son jugement et sa fraternelle sollicitude pour ses employés, que par ses connaissances étendues. On lui a reproché, dans ses constructions, un excès de solidité, qui a pour conséquence un excès de dépense. Le temps seul prouvera si ses adversaires, en construisant plus légèrement, n'ont pas compromis l'avenir au profit du présent. Depuis que nous avons vu les chemins de fer de l'Italie, si légèrement établis, que l'on est souvent forcé de suspendre le service, à la suite de longues pluies, comme en Toscane, ou par les dégâts qu'occasionnent les torrents des Apennins, comme aux bords de l'Adriatique, nous sommes, en fait de construction de voies ferrées, de l'école de M. Jullien.

Le 3 mai 1843, fut ouverte la ligne ferrée de Paris à Orléans, sur une longueur de 122 kilomètres, avec embranchement de 12 kilomètres, de Juvisy à Corbeil, en tout 134 kilomètres.

M. Didion fut nommé directeur du chemin de fer de Paris à Orléans.

M. Didion, né en 1803, entra en 1820, à l'Ecole polytechnique, le premier de sa promotion, et en sortit également le premier.

Pendant plusieurs années après sa sortie de l'École des Ponts et Chaussées, M. Didion resta, pour ainsi dire, enterré, comme ingénieur ordinaire, dans le midi de la France. Toutefois il avait deviné l'importance des chemins de fer, lorsque tant d'autres la contestaient encore, et il avait su prédire leur avenir dans plusieurs articles du journal *l'Industriel et le Capitaliste*, publié alors par MM. Jules Burat et Perdonnet.

Comme associé de M. Talabot, M. Didion avait construit, dans des conditions difficiles deux des premiers chemins de fer qui aient été exécutés en France, ceux d'Alais à Beaucaire, et de Nîmes à Montpellier.

Une capacité de cet ordre devait se produire sur un plus grand théâtre. M. Talabot, si bon appréciateur du mérite, emmena M. Didion à Paris, où il fut bientôt estimé à sa véritable valeur.

Nommé directeur du chemin d'Orléans, M. Didion a rendu, dans cette position, d'éminents services à l'industrie des chemins de fer.

Dans le conseil des Ponts et Chaussées, dans les commissions gouvernementales, il a exercé une grande et légitime influence. Son ancien camarade, le général Cavaignac, voulut le nommer ministre des travaux publics; mais Didion déclina modestement cette proposition brillante.

La loi de 1842 inaugura en France une ère sociale nouvelle, en réunissant les forces de l'industrie et celles de l'État, pour la création d'un grand réseau embrassant toute l'étendue du territoire français. Ce n'est qu'à cette époque que l'on vit cesser la déplorable opposition, que l'administration supérieure avait faite pendant dix ans, à l'établissement de nos voies ferrées.

Fig. 141. — Didion.

Bientôt les grandes artères du réseau français purent être livrées au public, et un nouveau système de communication unissait par des voies rapides le Nord avec le Midi, l'Est avec l'Ouest, l'Océan avec la Méditerranée. Aux grands travaux qui ont doté la France du magnifique réseau de ses voies ferrées actuelles, se rattachent les noms d'ingénieurs éminents qui resteront comme des gloires nationales, dans les souvenirs de la génération nouvelle.

Le chemin de fer du Nord est une des plus importantes, parmi les grandes lignes construites conformément à la loi de 1842.

Le chemin de fer du Nord comprend la ligne de Paris à la frontière belge, par Lille et Valenciennes, la ligne de Lille à Calais et à Dunkerque, la ligne de Béthune à Hazebrouck et celle de Creil à Saint-Quentin. Les deux premières ont été adjugées le 16 septembre 1845, pour une durée de jouissance de 38 ans; la troisième, à la même date pour 37 ans, et la dernière pour 25 ans. La longueur totale de ces lignes est de 639 kilomètres. A ces divers chemins il faut ajouter celui de Vireux à la frontière de Belgique, et divers autres embranchements qui font que de tous les chemins français, le chemin de fer du Nord est celui où la circulation est la plus active.

M. Jules Pétiet est le directeur de l'exploitation et de la traction, au chemin de fer du Nord.

Né en 1813, M. Jules Pétiet entra à l'Ecole centrale des arts et manufactures, en 1830, au moment de la fondation de cette école. Il y fit de brillantes études dans deux spécialités, celle de mécanique et celle de métallurgie, et obtint le diplôme d'ingénieur dans l'une et dans l'autre. Peu de temps après sa sortie de l'Ecole centrale, il travailla à la construction du chemin de fer d'Alais à Beaucaire, sous les ordres de MM. Talabot et Didion. Plus tard, il fut placé à la tête du bureau de M. Eugène Flachat, et bientôt il fut désigné par M. Perdonnet, pour remplir le poste de directeur du chemin de Versailles, rive gauche.

Il fit preuve, dans cet emploi élevé, d'une telle capacité, d'une science si complète, et d'une si grande activité, que la compagnie du chemin du Nord l'appela, pour diriger l'exploitation et les ateliers de ce chemin. Cette double tâche était bien difficile à une époque, où l'on n'avait encore qu'une faible expérience de ces deux services sur la ligne la plus fréquentée de France. M. Pétiet l'accomplit avec une évidente supériorité.

Le chemin de fer de Strasbourg a été voté et adjugé en 1845. Les embranchements principaux sont ceux de Reims, Metz, Sarrebruck, Mulhouse, etc.

M. Perdonnet a attaché son nom aux travaux des chemins de l'Est, dont il est aujourd'hui administrateur.

Fig. 142. — Jules Pétiet.

M. Auguste Perdonnet avait été l'un des ingénieurs en chef du chemin de Paris à Versailles (rive gauche). Mais il se retira de la compagnie, un an avant la catastrophe du 8 mai 1842. Il étudia alors les projets de plusieurs lignes, telles que celles de Fontainebleau à Nemours, Angoulême à la Rochelle, Besançon à Belfort, etc., et fut directeur des travaux du chemin de Béthune à Hazebrouck, interrompus à la suite d'une crise financière.

En 1845, il devint administrateur-directeur de la grande ligne de l'Est, plus spécialement chargé de la haute surveillance des travaux de construction du matériel et de la traction, c'est-à-dire de tout le service technique. Il a participé, en cette qualité, à la rédaction des projets et à leur exécution, pendant quinze ans, sur ce vaste réseau.

M. Perdonnet a publié des ouvrages importants sur les chemins de fer. Il faut citer, en première ligne, son grand *Traité des chemins de fer*, ouvrage magistral, composé de quatre volumes, accompagnés de magnifiques planches, et qui fera toujours autorité dans la matière. On lui doit encore la publication d'un recueil précieux, le *Portefeuille de l'ingénieur*, publié en collaboration avec MM. Camille Polonceau et Eugène Flachat.

M. Perdonnet a créé, pour ainsi dire, un grand nombre d'ingénieurs de chemins de fer, devenus célèbres depuis, tels que MM. Pétiet, Camille Polonceau, Vuillemin, Forquenot, Meyer, etc., non-seulement par son enseignement oral, mais encore par l'aide qu'il leur a prêtée, en les plaçant dans les grandes compagnies, et en dirigeant leurs efforts dans celles de Versailles et de l'Est.

Il faut ajouter, que M. Perdonnet, animé d'un zèle ardent pour les progrès de l'instruction des masses populaires, dirige, depuis trente ans, cette admirable *Association polytechnique*, composée d'anciens élèves de l'École polytechnique, qui donne à des milliers d'ouvriers de la capitale, les bienfaits d'une instruction gratuite, par des cours confiés à nos plus éloquents et nos plus habiles professeurs dans les sciences pures et appliquées.

Le directeur du chemin de fer de l'Est est M. Sauvage.

Sorti le premier de l'École polytechnique, M. Sauvage s'est toujours distingué, non-seulement par son aptitude scientifique, mais encore par son aptitude administrative. Il s'est fait connaître par de beaux travaux de toute nature. En 1848, il fut désigné par le gouvernement, comme administrateur du séquestre de la compagnie d'Orléans, et s'acquitta parfaitement de sa mission.

D'abord ingénieur en chef du matériel et de la traction du chemin de fer de Lyon, puis, ingénieur en chef du chemin de l'Est, il a été nommé, en 1861, directeur général de cette compagnie, à laquelle il a rendu les

Fig. 143.
Sauvage, directeur du chemin de fer de l'Est.

plus grands services, notamment dans ses négociations avec l'État, pour la rédaction de ses conventions. Il a fait preuve, dans ces négociations, d'une très-grande supériorité, qu'il aura sans doute occasion d'appliquer sur un plus grand théâtre.

Le chemin de fer de Paris à Lyon, qui embrasse une longueur de 515 kilomètres, s'est fusionné plus tard avec celui de Lyon à Marseille, et ne forme aujourd'hui, qu'une seule ligne, sous le nom de *Paris-Lyon-Méditerranée*. M. Talabot est le directeur de cette importante ligne.

Né en 1799, M. Paulin Talabot est le doyen des directeurs des chemins de fer français. Il fait partie de cette brillante cohorte qui combattit avec succès pour introduire en France les chemins de fer, lorsqu'ils avaient à lutter contre les préventions du public et la résistance de l'État.

M. Talabot débuta dans la carrière des chemins de fer, en construisant avec M. Didion, le chemin d'Alais à Beaucaire. Il présida également aux difficiles travaux du chemin d'Avignon à Marseille, et ne tarda pas à diriger ceux du chemin de Lyon à la Méditerranée. Au moment de la fusion des chemins de Paris à Lyon et de Lyon à la Méditerranée, il devint le directeur du chemin de *Paris-Lyon-Méditerranée*. Il occupe encore ce poste aujourd'hui.

M. Talabot n'est pas seulement un ingénieur habile; c'est un homme d'affaires du premier ordre, un spéculateur d'une hardiesse extrême. La direction du chemin de Paris à la Méditerranée semblerait devoir absorber tous les moments de l'administrateur le plus actif. Cependant M. Talabot, tout en y consacrant ses soins, a trouvé le moyen d'organiser plusieurs grandes compagnies de

Fig. 144. — Paulin Talabot, directeur du chemin de Paris-Lyon-Méditerranée.

chemins de fer : celles du chemin Lombardo-Vénitien, des chemins Portugais, des chemins Sud de l'Italie, la grande compagnie pour l'exploitation industrielle de l'Algérie, etc. Quelle étonnante activité n'a-t-il pas dû déployer pour suffire à tant d'œuvres diverses!

M. Talabot a trouvé, pour la partie financière, un puissant appui dans la maison Rothschild, dont il possède toute la confiance.

Le chemin de Paris à Bordeaux, ou plutôt d'Orléans à Bordeaux, fut adjugé le 9 octobre 1844, à une compagnie anglaise. Les travaux furent terminés en 1850. Pour relier Bordeaux à la Méditerranée, il restait à construire les lignes de Bordeaux à Cette, et de Bordeaux à Bayonne. Par une loi du 26 juin 1846, MM. Péreire obtinrent la concession de cette dernière et importante voie.

Le chemin de fer de Bordeaux à Cette, d'une longueur de 526 kilomètres, est venu compléter l'œuvre commencée par le génie de Riquet, c'est-à-dire créer de l'Océan à la Méditerranée, de Bordeaux à Cette et à Marseille, une ligne non interrompue de communications, qui réalise cette jonction des deux mers, désirée depuis tant de siècles.

M. Surell a fait exécuter la plus grande partie des travaux du chemin de fer de Cette à Bordeaux, dont il est aujourd'hui directeur.

Né en 1813, M. Surell entra à l'École polytechnique. Il fut envoyé, en 1836, dans les Hautes-Alpes, comme ingénieur des Ponts et chaussées. Le travail qui révéla sa capacité et toutes les ressources de son esprit, fut une très-remarquable *Étude sur les torrents et déboisements*, qui fut couronnée par l'Institut, en 1842.

L'*Étude sur les torrents* de M. Surell, a été la base des nombreuses recherches auxquelles nos ingénieurs se sont livrés, dans ces dernières années, sur le reboisement des montagnes et le gazonnement, comme moyen d'arrêter les eaux pluviales sur les pentes des lieux déclives, et de prévenir ainsi les inondations. Ce moyen, généralisé par l'État, depuis les terribles inondations de la Loire et du Rhône, en 1856, a rendu, et rendra dans l'avenir, d'inestimables services, en mettant obstacle ou diminuant les dangers des débordements de nos fleuves et rivières.

En 1843, M. Surell fut nommé ingénieur des travaux qui s'exécutaient sur le Rhône et dans la Camargue. Le sol de la Camargue est d'une disposition toute particulière. En certains points, il est recouvert, par intervalles, d'eau salée, par son voisinage de la Méditerranée; en d'autres points, il est inondé par le Rhône; ailleurs, il est toujours sec. Cette singulière région du midi de la France, qui s'étend des portes d'Avignon jusqu'aux embouchures multiples du Rhône, et rappelle les maremmes de la Toscane ou les rives du Nil égyptien, a, de tout temps, fait appel aux lumières des ingénieurs, des agriculteurs et des industriels. Pendant son séjour en Provence, M. Surell se distingua par un grand nombre de travaux, ou projets, relatifs à l'endiguement des bouches du Rhône, au canal projeté sous le nom de *canal Saint-Louis*, aux irrigations de la Camargue, à l'assainissement du delta du Rhône, etc.

En 1852, la compagnie du chemin de fer du Midi (Bordeaux à Cette) appela M. Surell à Toulouse, comme ingénieur en chef de la construction. Il fut nommé, en 1854, directeur de l'exploitation, à Bordeaux. Enfin, il a été nommé, en 1859, directeur, à Paris, de la même compagnie, chargé des deux services de la construction et de l'exploitation.

Nous venons de tracer dans cette esquisse rapide, l'histoire de la création des principales lignes qui sont comme les branches et les rameaux de l'arbre des chemins de fer français. En résumé, on le voit, tous nos ports de premier ordre sont aujourd'hui desservis par des chemins de fer aboutissant à la capitale. Les bassins houillers, les contrées agricoles et les centres manufacturiers, sont reliés aux marchés qui offrent un débouché à leurs produits. Le réseau français, se rattachant à ceux des pays limitrophes, assure notre communication avec tous les points de l'Europe.

Au 31 décembre 1865, la longueur totale des chemins de fer français en exploitation,

Fig. 145. — Surell, directeur du chemin de fer du Midi.

était de 13,570 kilomètres. Quand toutes les lignes concédées auront été achevées, cette longueur atteindra plus de 20,000 kilomètres. Nous pourrons alors, sous ce rapport, nous comparer à l'Angleterre.

Les chemins de fer déjà construits en France, représentent un capital de 6 milliards; ceux qui vont l'être, coûteront encore 3 milliards. Mais la valeur des capitaux engagés dans ces sortes d'entreprises augmente chaque jour. Elles constituent donc un élément de prospérité certain et des plus puissants pour le pays. Toutes nos grandes industries en ont largement profité, et par suite, notre vie sociale a subi de profonds et utiles changements. Quand, un jour, les chemins de fer de l'Algérie seront terminés, ils consolideront notre puissance en Afrique, mieux encore que la présence de nos armées, dont ils permettront de diminuer considérablement l'effectif. Enfin, on arrivera peut-être à unir par un chemin de fer, nos colonies d'Algérie à nos possessions du Sénégal, à travers les déserts de l'Afrique. Ce ne serait pas une entreprise plus difficile que celle de bien d'autres routes, qui sont aujourd'hui en voie d'exécution en différents pays.

La Belgique, grâce au roi Léopold, a devancé, dans l'exécution d'un vaste réseau national, toutes les grandes monarchies européennes.

La loi qui décréta la création du réseau belge, fut promulguée dès 1834, et l'on peut dire que c'est à l'œuvre des chemins de fer que ce pays, alors nouvellement constitué, dut sa prospérité et peut-être sa nationalité même.

Les Belges, nos premiers maîtres dans l'art de construire les chemins de fer, sont ensuite devenus pour nous de très-utiles auxiliaires.

Le véritable créateur des chemins de fer en Belgique, c'est le roi Léopold, et l'ingénieur qui eut le mérite de mettre à exécution les idées du souverain, c'est Pierre Simons.

Né en 1797, à Bruxelles, dans la condition la plus modeste, Pierre Simons débuta dans la carrière des travaux publics, par l'emploi d'*aide temporaire*.

En Belgique, où les voies navigables jouent un si grand rôle, Simons eut d'abord à s'occuper de travaux de navigation, qui mirent ses talents en évidence.

A l'âge de trente ans, il était déjà ingénieur ordinaire de première classe. Le gouvernement des Pays-Bas, appréciant sa capacité, se proposait de l'attacher à une entreprise des plus considérables à l'étranger : il s'agissait du percement de l'isthme de Panama, pour la jonction de l'océan Atlantique au Pacifique. Mais la révolution de 1830 vint détourner la Belgique de cette idée.

Le roi Léopold et son ministre Charles Rogier, appréciaient parfaitement le rôle économique et le rôle politique destiné aux chemins de fer. Ils comprenaient tout le parti spécial qu'ils pourraient en tirer, pour fixer la position du peuple belge, petit par le nombre de ses habitants et l'étendue de son territoire, mais grand par son intelligence et l'excellence de ses institutions. Le ministre Charles Rogier, appela, dès l'année 1833, Pierre Simons, avec son beau-frère de Ridder, à faire les premières études du réseau des chemins de fer belges.

En peu de temps, le jeune ingénieur fut en état de présenter les plans des grandes voies de communication qui devaient unir les différentes parties de la Belgique entre elles et avec les pays voisins. Pierre Simons eut aussi la mission flatteuse, de défendre devant les chambres de la Belgique, comme commissaire du gouvernement, le projet de loi relatif à ces travaux.

Fig. 146. — Pierre Simons, créateur des chemins de fer belges.

La direction des travaux des chemins de fer lui fut confiée, par un arrêté royal du 31 juillet 1834.

Cinq ans après, le 6 mai 1839, la Belgique inaugurait le chemin de fer de Bruxelles à Malines. En 1836, avait été déjà inauguré le chemin de Malines à Anvers.

Pierre Simons était comblé d'honneurs, et jouissait d'une réputation européenne, lorsqu'il fut atteint d'une disgrâce imprévue.

M. Charles Rogier ayant quitté le ministère des travaux publics, son successeur n'eut pas pour Pierre Simons, tous les égards que ce savant méritait. Simons refusa d'accepter un emploi qui ne lui paraissait pas en rapport avec les services qu'il avait rendus, et le ministre crut devoir le mettre en disponibilité.

Cet acte d'ingratitude envers un homme qui s'était fait remarquer par son zèle, sa probité et ses rares talents, eut dans toute la Belgique un retentissement douloureux.

Les hommes qui vivent surtout par l'intelligence, ceux dont les travaux et l'étude exaltent encore la noblesse des sentiments naturels, sont éminemment sensibles à l'injustice. Pierre Simons, blessé au cœur, résolut de quitter la Belgique. Il avait accepté la mission de se rendre en Amérique, pour créer un réseau de chemins de fer dans l'État de Guatémala. Mais ses longs travaux et ses chagrins avaient ruiné sa santé. Quand vint le moment du départ pour l'Amérique, il fallut le porter à bord de la goëlette de l'État, *la Louise-Marie*, qui l'enlevait pour toujours à sa patrie.

Pierre Simons ne toucha pas même le sol de l'Amérique. Son voyage ne fut qu'une agonie. Il expira à bord de la goëlette, le 14 mai 1843, à l'âge de quarante-six ans.

Le buste de cet ingénieur éminent se voit aujourd'hui, dans la principale station du chemin de fer, à Bruxelles. Mais le plus beau monument qui consacre sa mémoire, c'est le réseau entier des chemins de fer belges, dont il avait arrêté les bases, et dont il posa le premier rail.

La Hollande, en raison des nombreux et admirables canaux qu'elle possède, ne s'est décidée à créer des lignes ferrées qu'après de longues hésitations. Une concession, accordée dès 1832, fut bientôt abandonnée, faute de capitaux. Mais alors le roi Guillaume Ier, mieux avisé que ses chambres, entreprit, à ses risques et périls, l'exécution de la ligne d'Amsterdam à Arnheim, au moyen d'un emprunt dont il garantit les intérêts. Cette ligne fut achevée en 1845.

Depuis cette époque, et malgré l'opposition incessante des chambres, la Hollande a été dotée d'un réseau national.

Le premier chemin de fer à locomotives qui ait été construit en Allemagne, est celui de Nuremberg à Fürth. Il fut exécuté par un ingénieur d'origine française, M. Denis ou Von Denis, avec la particule nobiliaire allemande. Le second fut celui de Berlin à Potsdam.

En 1840, tandis qu'en France on ne comptait encore que 440 kilomètres de chemin de fer exécutés, l'Allemagne en possédait déjà 800 kilomètres en exploitation, et 1,000 kilomètres de routes projetées. Aujourd'hui, l'Autriche a plus de 5,550 kilomètres de routes ferrées, la Prusse 6,000, le reste de l'Allemagne 5,600.

Né en 1804, dans la Bavière Rhénane, qui faisait alors partie de la France, Von Denis devint élève de notre École polytechnique. En 1826, la promotion de l'École polytechnique dont il faisait partie, ayant été licenciée, il entra au service du gouvernement de la Bavière, qui l'éleva successivement aux grades d'ingénieur civil ordinaire, d'ingénieur en chef et de conseiller supérieur au corps royal des Ponts et chaussées.

En 1833, l'Angleterre, la Belgique et les États-Unis d'Amérique, commençaient à créer des voies ferrées. Von Denis consacra plus d'une année à visiter les travaux de construction qui se faisaient dans ces divers pays. Il apprécia ainsi tous les avantages de la locomotion par la vapeur, à l'époque où la plupart des hommes de science les contestaient.

Fig. 147. — Von Denis, créateur des chemins de fer d'Allemagne.

C'est en 1835 que Von Denis créa le premier chemin à locomotives qui ait encore existé en Allemagne : celui de Nuremberg à Fürth.

De 1836 à 1840, il construisit ceux de Munich à Augsbourg, et de Francfort-sur-le-Mein à Mayence et à Wiesbaden.

En 1841, le gouvernement bavarois lui confia la haute direction des chemins de fer de l'État. Il la quitta bientôt, pour prendre celle des chemins de fer de la Bavière et de la Hesse Rhénane, qui fournissaient plus d'aliments à son activité.

De 1844 à 1853, Von Denis construisit les lignes de Ludwigshafen à la frontière de

Prusse, près Sarrebruck, de Ludwigshafen à Mayence, et de Neustadt à Wissembourg, avec embranchements sur Spire et sur Deux-Ponts.

En 1856, il fut appelé à la direction du réseau de l'Est, de la Bavière, comprenant les lignes suivantes :

1° De Munich par Ratisbonne à Eger en Bohême, dans la direction de Leipzig, avec embranchement de Vayden à Bayreuth, dans la direction de Cobourg, Hanovre et Brême; 2° de Nuremberg par Amburg et Schwandorf à la frontière de Bohême par Foorth, dans la direction de Prague; 3° de Ratisbonne à la frontière d'Autriche, près Passau, dans la direction de Vienne.

Ces trois lignes, d'une longueur totale de 612 kilomètres, sont aujourd'hui en exploitation.

C'est à Von Denis que l'on doit l'invention du *rail à patin*, qui a rendu de véritables services. Il s'est aussi beaucoup occupé de la fabrication de l'acier fondu, dont l'emploi est si précieux pour les locomotives.

M. Perdonnet, dans son *Traité des chemins de fer*, insiste sur l'économie, la solidité et l'élégance qui distinguent les constructions de Von Denis.

« Une des premières lignes qu'il ait établies, dit M. Perdonnet, celle de la frontière de Prusse à Ludwigshafen, traversant un pays très-accidenté, se trouvait dans des conditions d'exécution exceptionnellement difficiles, et l'on ne possédait pas encore l'expérience que l'on a acquise depuis lors, dans l'art de construire des chemins de fer. Von Denis cependant surmonta, en restant dans les limites de son devis, toutes les difficultés qu'il avait à combattre avec un rare bonheur ou plutôt avec un rare talent. Nous avons parcouru cette ligne dans toute sa longueur à pied, nous l'avons visitée dans tous ses détails, et nous croyons pouvoir affirmer qu'il en est bien peu plus dignes d'être étudiées par les ingénieurs (1). »

Un autre ingénieur éminent auquel l'Allemagne a dû l'établissement d'une partie de

(1) *Traité élémentaire des chemins de fer*, tome III, page ?.

ses voies ferrées, c'est Charles Etzel, le constructeur des lignes de Wurtemberg et d'une partie de celles de l'Autriche.

Fig. 148. — Charles Etzel, ingénieur des chemins de fer du Wurtemberg.

Charles Etzel naquit à Heilbronn, en 1812. Son père, ingénieur estimé, à qui le Wurtemberg doit ses excellentes routes, voulut d'abord en faire un théologien. Mais le fils avait une vocation irrésistible pour la profession d'architecte, et il fallut bien le laisser faire. Après avoir terminé ses humanités en Allemagne, le jeune Etzel se rendit, en 1835, à Paris, pour y achever ses études professionnelles. Au bout d'un an, il avait déjà trouvé l'occasion de se faire remarquer par un travail qui révélait ses aptitudes : c'était le projet de construction du pont d'Asnières. Ce projet fut adopté, et on lui en confia l'exécution.

En 1837, Charles Etzel publia à Paris, un ouvrage *sur les grands chantiers de terrassements*.

Deux ans plus tard, nous le trouvons à

Vienne, où il exécute des travaux d'architecture. C'est à cette époque que le gouvernement du Würtemberg songea sérieusement à construire un réseau de chemins de fer. On écrivit à Paris pour demander un homme capable de prendre la direction des travaux. « Adressez-vous à Charles Etzel », fut la réponse qui arriva de Paris.

Quelque temps après, en 1843, Etzel entra, en effet, au service du Würtemberg, en qualité de conseiller supérieur; et c'est lui qui a dirigé la construction des principales lignes ferrées de cet État.

Tous ses projets se distinguent par la hardiesse des ouvrages d'art et par la sage économie qui a présidé au tracé des lignes. Il a dirigé également la construction de plusieurs grandes lignes suisses et autrichiennes. Le passage du Brenner peut être considéré comme son ouvrage; c'est assurément ce qu'il a conçu de plus grand.

Etzel est mort le 2 mai 1865.

La Suisse, dont le sol accidenté semblait offrir les plus sérieux obstacles à la construction des routes ferrées, a longtemps hésité avant de participer au mouvement général. Ce n'est que depuis 1852 que la Confédération suisse songea à tirer parti du nouveau mode de transport.

En Espagne, au contraire, on avait songé, dès 1830, à ce genre de travaux publics. Mais une concession accordée à cette époque, resta sans effet. Cependant le *camino de hierro* de Reuss à Tarragone, était déjà exécuté en 1834.

Aujourd'hui, le réseau espagnol est relié au réseau français, par un tunnel qui traverse les Pyrénées; si bien que l'on va de Paris à Madrid, sans changer de wagon. Quand on aura amélioré les routes ordinaires en Espagne, de manière à rendre les chemins de fer accessibles aux populations de la campagne, ce pays, si fertile et si riche en produits minéraux comme en produits agricoles, pourra reconquérir sa prospérité primitive.

L'Italie est entrée fort tard dans le mouvement dont nous traçons les principaux résultats. Depuis l'affranchissement de ce grand pays, depuis la disparition des petites dynasties qui morcelaient son territoire, au grand détriment des intérêts généraux et de l'honneur national, les chemins de fer ont pris, en Italie, un essor qui ne fera que s'accroître. Tout le nord de l'Italie est sillonné de chemins de fer. Les lignes de rails vont sans interruption de Turin à Venise, de Turin à Gênes, à Bologne, à Parme, à Florence, à Livourne, etc. Quand la petite lacune qui existe d'Orbitello à Civita-Vecchia (États Romains), sera comblée, on ira de Livourne et de Florence à Rome, en chemin de fer. Une ligne ferrée joint, depuis plusieurs années, Rome et Naples, et la même ligne ne tardera pas à descendre jusqu'à la pointe qui envisage la Sicile.

D'un autre côté, une immense ligne ferrée sillonne déjà toutes les côtes de l'Adriatique depuis Ravenne et Rimini, jusqu'à Bari dans les Calabres. Ce chemin de fer des côtes de l'Adriatique ne tardera pas à parvenir à l'extrémité méridionale de l'Italie, et ainsi sera complétée cette ligne, unique au monde, qui, partant de Gênes, descendra à la pointe de l'Italie, puis suivant les côtes de l'Adriatique, remontera par Ancône jusqu'à Venise, enserrant l'Italie entière. Quel plaisir alors et quelles facilités pour les touristes qui voudront visiter ces contrées sans rivales !

La Russie est en retard pour les chemins de fer, comme pour le reste, sur les autres nations de l'Europe. Elle a cependant joui d'un des premiers chemins de fer à locomotive : c'est celui de Saint-Pétersbourg à Tsarskoeselo, sur une étendue de 27 kilomètres.

Les grands réseaux aujourd'hui en voie d'exécution dans l'Empire russe, exerceront une influence éminemment salutaire sur le développement du commerce intérieur. Ils permettront, de plus, d'expédier dans toute l'Europe, d'immenses quantités de blé, qui, jusqu'à ce jour, sont perdues pour les autres pays, faute de moyens de transport.

Quand les chemins de fer russes et la grande ligne qui doit aboutir au fleuve Amour, dans la Mongolie, seront achevés, on pourra presque aller de Paris à Pékin en chemin de fer!

En Amérique, les voies de communication par terre étaient à peine praticables avant l'établissement des chemins de fer. Aussi, nulle part, l'utilité et les avantages des nouveaux moyens de communication, n'ont-ils été aussi profondément sentis. On avait d'abord préféré construire des canaux; et l'on exécuta aux États-Unis 8,000 kilomètres de canaux. Ils complétaient la navigation intérieure des rivières et des grands lacs. Cependant les canaux ne tardèrent pas à baisser pavillon devant les chemins de fer.

Le premier railway fut construit en 1825 (1) entre Quincy et Boston. Il était destiné au service des carrières de granit. Vers 1828, l'ingénieur Wilson commença le chemin de fer de Philadelphie à Columbia; et vers la même époque, l'ingénieur Knight entreprit celui de Baltimore à l'Ohio, qui devait avoir une longueur de 96 kilomètres, et qui fut ouvert en 1832.

Après s'être mis à l'œuvre avec la hardiesse et l'âpreté qui sont leurs traits caractéristiques, les Américains poursuivirent leur tâche bien plus rapidement que les Anglais, qu'ils laissèrent bientôt en arrière. Les premiers projets conçus prirent aussitôt des proportions gigantesques. Dès 1828, l'ingénieur Redfield, dans une brochure publiée à New-York (2), développa le plan d'un chemin de fer qui devait

(1) D'après M. Audiganne (*Les chemins de fer aujourd'hui et dans cent ans*).
(2) *Sketch of a great railway beetween the atlantic states and the valley of Mississipi*, by M. Redfield. New-York, 1828.

réunir la côte de l'Atlantique à la vallée du Mississipi. Ce projet, réalisé depuis, parut à cette époque, aussi audacieux que nous paraît aujourd'hui celui du chemin de fer qui doit traverser les Montagnes Rocheuses, pour joindre les deux Océans, à travers tout le continent d'Amérique. Ce dernier projet deviendra peut-être, à son tour, une réalité dans quelques dizaines d'années; et ce résultat sera tout aussi important que le percement, toujours projeté et toujours retardé, de l'isthme de Panama.

M. Robinson, un des plus célèbres ingénieurs des États-Unis, a présidé à la construction de la plupart des chemins récemment établis dans l'Amérique du Nord.

Né en 1802, M. Robinson commença un peu tard ses études d'ingénieur. Il vint en France, à l'âge de vingt-trois ans, et fut admis à suivre les cours de l'École des Ponts et chaussées, à Paris. Il voyagea ensuite en Angleterre et en Hollande, pour perfectionner ses connaissances. De retour en Amérique, il ne tarda pas à se placer au premier rang des ingénieurs de son pays, et fut chargé de construire une des principales lignes ferrées de l'Amérique du Nord, celle de Philadelphie à Reading. Ce chemin de fer transporte à Philadelphie tous les charbons de la Pensylvanie.

M. Robinson a encore fait construire le chemin de fer de Acquia-Creek à Richmond, qui relie cette ville à celle de Washington, par les bateaux à vapeur du Potomac. Ce chemin de fer a joué un grand rôle dans la longue guerre qui a ensanglanté les États-Unis.

C'est à lui qu'on doit également la construction du chemin de fer de Pétersburg à Richmond, et celui de Norfolk à Weldon (Caroline du Nord), la ligne principale qui relie aux deux Caroline l'État de Virginie.

M. Robinson occupe aux États-Unis, tout à la fois comme ingénieur et comme savant, une des plus importantes situations.

A la fin de l'année 1852, on exploitait aux États-Unis, 20,000 kilomètres de chemin de fer; à la fin de 1857, 42,000 kilomètres. Aujourd'hui, ce chiffre a été bien dépassé.

Fig. 149. — Robinson, ingénieur des États-Unis d'Amérique.

Les frais moyens d'établissement ne sont que d'environ 120,000 fr. par kilomètre pour les chemins de fer américains, tandis qu'ils sont, en moyenne, de 400,000 fr. pour ceux de l'Europe. Cette différence tient peut-être à la construction moins solide, des voies américaines, et aux facilités laissées aux entrepreneurs pour le choix des matériaux.

Les États du Sud de l'Amérique, l'Égypte, l'Asie Mineure, l'Inde, l'Australie, ont aujourd'hui leurs chemins de fer en exploitation.

CHAPITRE V

DESCRIPTION DE LA MACHINE LOCOMOTIVE.

On vient de suivre les différentes phases que la construction des locomotives a parcourues jusqu'à notre époque. On a vu ses perfectionnements principaux, depuis le premier modèle de Trevithick et Vivian, jusqu'aux machines construites en 1830, par George et Robert Stephenson, pour le chemin de fer de Manchester à Liverpool. Nous avons maintenant à donner la description de la locomotive actuelle, et à expliquer le mécanisme à l'aide duquel la force élastique de la vapeur s'y trouve utilisée.

Par son aspect extérieur, une locomotive ressemble assez peu à une machine à vapeur. Il faut quelque science pour démêler les éléments d'une machine de ce genre, dans ce véhicule élégant où l'action d'une force étrangère ne se trahit que par quelques bouffées de vapeur lancées en l'air par intervalles. Cependant les connaissances que nos lecteurs ont acquises dans les Notices précédentes, doivent leur suffire pour reconnaître, à la première vue, qu'une locomotive renferme les parties essentielles d'une machine à vapeur.

Réduite à ses éléments les plus simples, une machine à vapeur se compose de trois parties : le foyer, la chaudière et l'appareil mécanique destiné à la transmission de la force. Or, ces trois éléments sont faciles à discerner à la simple inspection d'une locomotive. Le foyer s'aperçoit à sa partie postérieure. La chaudière, placée à sa partie moyenne, forme ce cylindre allongé, souvent revêtu d'une enveloppe de bois, et qui semble constituer la majeure partie de la locomotive. Enfin l'appareil moteur, formé de deux cylindres à vapeur, visibles au dehors, est installé en avant des roues.

L'examen des divers éléments qui viennent d'être énumérés, va nous permettre d'expliquer le mécanisme de la locomotive et la destination de ses principaux organes. Nous décrirons d'abord la chaudière et le foyer, nous passerons ensuite à l'appareil moteur qui imprime aux roues le mouvement de progression.

Chaudière et foyer de la locomotive. — La

figure 150 représente une coupe verticale faite à l'intérieur de la chaudière et du foyer d'une locomotive. L'espace indiqué par la lettre M est désigné sous le nom de *boîte à feu*, l'espace QQ est la *boîte à fumée*. La boîte à feu est divisée en deux parties inégales par une grille horizontale destinée à supporter le combustible, que le chauffeur y introduit par la porte C. Au-dessous de la grille est le cendrier, qui donne accès à l'air et reçoit les cendres du foyer. Les barreaux de cette grille sont tous mobiles et susceptibles d'être rapidement enlevés, ce qui permet au mécanicien d'éteindre en quelques instants le feu; il lui suffit de retirer les barreaux à l'aide d'une poignée attachée à un levier qui se trouve sous sa main, pour faire aussitôt tomber sur la voie le coke incandescent.

On voit, en examinant la coupe de la chaudière et du foyer, que ce dernier est entouré de toutes parts par l'eau de la chaudière, à l'exception de la partie qui correspond à la porte C; l'eau enveloppant de cette manière, presque toute la capacité de la boîte à feu, tout l'effet du combustible se trouve utilisé.

Suivons maintenant la route que doivent prendre, pour se dégager au dehors, l'air chaud et la fumée qui s'échappent du foyer. Cette particularité est des plus importantes à saisir; elle suffit presque à elle seule pour donner l'intelligence de la machine locomotive.

Les produits de la combustion ne passent point directement du foyer M, où ils ont pris naissance, dans la boîte à fumée QQ, pour s'échapper dans l'air. Ils doivent traverser, avant de se dégager au dehors, toute une longue série de tubes de cuivre, d'un petit diamètre, qui s'ouvrent d'une part dans le foyer, et d'autre part dans la boîte à fumée. Ces tubes, dont on n'a représenté qu'un petit nombre sur la figure 150, sont au nombre de cent à cent vingt. Ils sont disposés horizontalement à travers la chaudière, l'eau qui remplit celle-ci n'occupant, de cette manière, que l'espace qui les sépare. En traversant ces tubes, l'air chaud et la fumée échauffent l'eau qui se trouve logée entre leurs intervalles, et provoquent, dans un temps très-court, la formation d'une quantité prodigieuse de vapeur.

Cette disposition de la chaudière, dont l'invention est due, comme nous l'avons dit, à M. Séguin aîné, permet de donner à la surface chauffée une étendue de 50 mètres carrés. Elle rend compte de la quantité extraordinaire de vapeur, et par conséquent de la force mécanique, que développe la chaudière des locomotives dans l'espace étroit qui lui est réservé.

Que devient maintenant la vapeur engendrée dans la chaudière? Elle se réunit dans l'espace libre que la figure 150 nous montre au-dessus du niveau de l'eau NN. L'espèce de dôme indiqué par la lettre O, porte le nom de *réservoir de vapeur*. C'est de là que part le tuyau destiné à introduire la vapeur dans les deux cylindres. Dans toutes les machines à vapeur, la prise de vapeur se fait toujours à une certaine distance au-dessus du niveau de l'eau, afin d'empêcher des particules d'eau liquide, entraînées par le mouvement de l'ébullition, de passer dans l'intérieur des cylindres, dont elles altéreraient le jeu. Aussi la prise de vapeur se trouve-t-elle ici à la partie supérieure du dôme qui surmonte la chaudière. Partie de ce point, la vapeur passe dans un large tube UPE, qui la conduit dans l'intérieur des cylindres. Ce tube UPE traverse la chaudière dans toute son étendue. Arrivé à son extrémité, il se divise en deux pour conduire, à droite et à gauche, la vapeur dans chacun des cylindres.

Remarquons, avant de quitter cette figure, une pièce métallique OU, mise en mouvement par la manivelle T, placée sous la main du mécanicien; elle sert à ouvrir ou à fermer à volonté l'entrée U du tuyau UPE. Quand cet orifice est ouvert, la vapeur passe dans le tube UPE et vient presser les pistons; quand il est fermé, la vapeur n'a plus d'accès dans les cy-

Fig. 150. — Coupe d'une locomotive, montrant la distribution de la vapeur.

lindres, et, privée ainsi de toute action motrice, la locomotive ne tarde pas à s'arrêter. Cette pièce OU, qui permet de mettre la machine en train ou de suspendre sa marche, porte le nom de *régulateur*.

La locomotive est une machine à vapeur à haute pression. Dans les machines de ce genre, lorsque la vapeur a produit son effet mécanique, on la rejette dans l'air. On aurait pu dans les locomotives, lâcher directement au dehors la vapeur sortant des cylindres, comme on le fait dans les machines fixes à haute pression et sans condenseur. Mais nous avons dit plus haut que Robert Stephenson eut l'idée d'appliquer le courant de vapeur qui s'échappe des cylindres, à activer le tirage du foyer, en le dirigeant dans la cheminée. Grâce à cet artifice, on peut brûler cinq fois plus de combustible, et par conséquent produire cinq fois plus de force, que l'on n'en produirait en laissant simplement la vapeur se perdre dans l'atmosphère.

La disposition pratique adoptée pour mettre en œuvre cet important moyen, est parfaitement indiquée dans la figure 151, qui représente l'*avant d'une locomotive*, en d'autres termes qui donne une coupe transversale de la boîte à fumée.

En sortant des deux cylindres, que l'on a représentés sur cette figure par les lettres A, la vapeur suit deux tubes recourbés AB, qui vont en se rétrécissant, pour se réunir en un sommet commun G, au bas de la cheminée C, supportée par deux arcs-boutants QQ. La vapeur traverse avec une vitesse énorme, le tuyau de la cheminée ; elle se condense dans cet espace, d'une température inférieure à la sienne, et cette condensation produit un vide que vient aussitôt remplir l'air arrivant du foyer par les petits tubes. La succession rapide de ces deux phénomènes, détermine une aspiration d'air très-vigoureuse, et provoque un tirage extraordinairement actif.

La cheminée des locomotives sert donc

tout à la fois, à donner issue aux produits de la combustion provenant du foyer, et à la vapeur sortant des cylindres. Ainsi s'expliquent ces faits, dont on se rend difficilement compte d'ordinaire, que la cheminée d'une locomotive laisse échapper tantôt de la fumée, tantôt de la vapeur, et que la quantité de force développée par la machine est d'autant plus considérable qu'elle laisse perdre plus de vapeur par la cheminée.

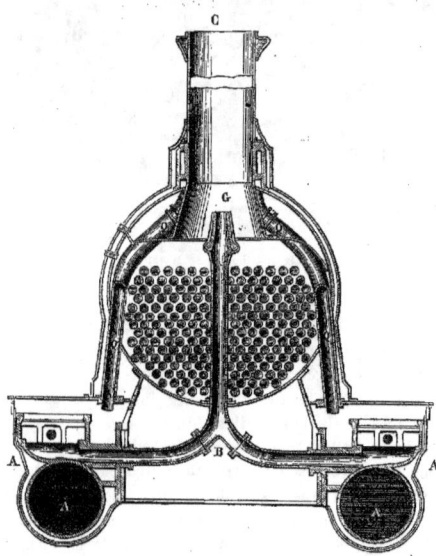

Fig. 151. — Avant d'une locomotive, ou boîte à fumée.

Comme toutes les chaudières de machines à vapeur, la chaudière d'une locomotive doit nécessairement être pourvue d'appareils de sûreté destinés à empêcher la vapeur de dépasser les limites normales assignées à sa pression, et en même temps à donner une issue à cette vapeur dès que ce terme se trouve atteint. La chaudière d'une locomotive est, en effet, toujours munie de deux soupapes de sûreté que l'on place à chacune de ses extrémités. Ces deux soupapes se trouvent représentées sur la figure 150 (page 315) par les lettres R, S. Elles ne sont autre chose, on le voit, que la soupape de Papin. Seulement, comme les mouvements brusques de la machine auraient rendu difficile l'usage de poids pour régler la pression, on les remplace par un ressort en spirale contenu dans une enveloppe métallique, S. Ce ressort, tendu au moyen d'un écrou adapté à la tige qui supporte le levier, et placé au-dessous de ce levier, sert à exercer sur la plaque qui ferme la chaudière, une traction, que l'on gradue à volonté à l'aide de cet écrou. Une aiguille adaptée à l'extrémité du ressort, indique les différentes tensions de la vapeur exprimées en atmosphères.

On remarque sur la même figure 150, le sifflet B. C'est une lame aiguë, de forme demi-sphérique, qui vibre et produit un bruit strident, quand le mécanicien, en ouvrant un robinet au moyen d'une manivelle, lance subitement, un jet de vapeur contre cette arête tranchante et sonore.

Pour mettre mieux en évidence ces deux derniers organes, c'est-à-dire la soupape de sûreté et le sifflet, nous les représentons à part (fig. 152).

A est le timbre sonore; B, la manivelle qui fait ouvrir le robinet donnant accès à la vapeur, en surmontant la résistance d'un petit ressort à boudin; D est une partie du tube qui amène la vapeur de la chaudière; C est la tige horizontale de la soupape de sûreté.

Pour que le mécanicien puisse connaître à chaque instant le degré de pression de la vapeur, la chaudière des locomotives est munie d'un *manomètre*, qui accuse continuellement le degré de cette pression.

Nous n'avons pas besoin de dire que le *manomètre à air libre* ne saurait être employé sur une locomotive, en raison de sa longueur et de sa fragilité. On se sert du

Fig. 152. — Soupape de sûreté et sifflet.

manomètre à air comprimé, qui n'occupe qu'un petit espace. Cet instrument indique les variations de pression de la vapeur, par suite de la hauteur qu'occupe une colonne de mercure, dans un tube à deux branches, fermé à l'une de ses extrémités, rempli d'air à son extrémité fermée et communiquant avec la vapeur par son extrémité ouverte. D'après une loi physique bien connue, l'air comprimé par une vapeur ou par un gaz, occupe un volume qui est toujours en raison inverse de la pression qu'il supporte. Ainsi la hauteur à laquelle s'élève la colonne de mercure dans la branche fermée du tube, fait connaître exactement la force élastique de la vapeur, exprimée en atmosphères, si l'on a gradué d'après ce principe, l'échelle qui accompagne le tube.

Les derniers organes qui viennent d'être décrits se voient sur la figure 153 qui représente l'*arrière d'une locomotive*. F est la porte du foyer, C le cendrier, B les trois *robinets d'épreuve*, qui servent au mécanicien, à s'assurer de la hauteur que l'eau occupe dans la chaudière. A est le *manomètre à air comprimé* indiquant le degré de pression de la

vapeur, S la soupape de sûreté ; D, la poignée qui sert à faire tomber instantanément le combustible sur la voie, en renversant à moitié la grille, grâce à un mécanisme de levier E, parfaitement indiqué sur cette figure. On voit que le mécanicien a sous la main tous les organes essentiels de la machine.

G, est le grand levier destiné à *renverser la vapeur*, c'est-à-dire à changer la direction de la locomotive d'après un mécanisme très-remarquable, que nous indiquerons plus loin, et qui porte le nom de *coulisse de Stephenson*.

Ajoutons que tout l'ensemble de la chaudière et du foyer, est fixé solidement sur un châssis de bois, au moyen d'arcs-boutants de fer boulonnés d'un côté contre la chaudière, et de l'autre sur le châssis.

Ce châssis porte sur les trois essieux des six roues de la locomotive, par l'intermédiaire d'un coussinet, d'une tringle et d'excellents ressorts.

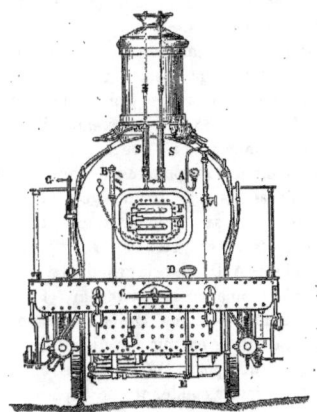

Fig. 153. — Arrière de la locomotive.

Tout ce système, construit avec beaucoup de soin et de délicatesse, adoucit les chocs et les ébranlements que l'appareil pourrait

318 MERVEILLES DE LA SCIENCE.

Fig. 154. — Locomotive en élévation, montrant le mécanisme moteur.

éprouver par suite de la marche de la locomotive sur les rails.

Appareil moteur. — Le mécanisme au moyen duquel on transmet aux roues l'action de la vapeur, se trouve clairement indiqué dans la figure 154, qui représente l'élévation d'une locomotive à six roues.

Les cylindres à vapeur, au nombre de deux, sont placés chacun, sur un des côtés de la locomotive, et à sa partie antérieure. L'un de ces cylindres est représenté sur la figure 154, par la lettre A. Derrière le cylindre est le tiroir destiné à donner accès à la vapeur, et à la diriger tantôt au-dessus, tantôt au-dessous du piston. Ce tiroir est mis en action par un excentrique que porte l'essieu de la roue motrice ; un levier coudé, qui se déplace horizontalement, ouvre successivement, à l'intérieur du tiroir, deux orifices qui donnent accès à la vapeur sous les deux faces du piston. La tige S du piston se meut entre deux glissières *a*. Cette tige est articulée à une longue bielle, ou tige D, qui vient agir sur un bouton fixé à la roue EB de la locomotive, à une certaine distance de son axe. La roue motrice de la locomotive fait ainsi elle-même fonction de volant.

L'action de la vapeur s'exerce donc uniquement sur les deux grandes roues ; les autres sont entraînées par le mouvement des roues motrices et ne servent qu'à l'équilibre et à la progression de la machine. Les deux bielles D, partant de chaque cylindre, sont disposées à angle droit l'une sur l'autre, de manière que leur mouvement contre chacune des deux roues motrices soit croisé, et que l'une des bielles se trouvant au point le plus avantageux de sa course, l'autre se trouve au point le plus faible, c'est-à-dire au *point mort*, ainsi qu'on l'a expliqué pour les bateaux à vapeur.

Le mouvement imprimé à la tige du piston est mis à profit pour faire agir une pompe alimentaire, qui va puiser de l'eau dans un réservoir porté par le tender. Cette pompe refoule de l'eau dans la chaudière, afin d'y remplacer, à chaque instant, celle qui disparaît constamment sous forme de vapeur. Toute la disposition mécanique de la pompe alimentaire est facile à reconnaître sur la figure 154. M représente le tuyau de cette petite pompe, qui est fixé à l'extrémité de la tige du piston, et en reçoit son mouvement de va-et-vient. Un petit piston placé dans l'intérieur du corps de pompe M, aspire, à l'aide du tuyau O, l'eau du tender. Refoulée dans le tuyau MP, cette eau s'introduit dans la chaudière, pour y remplacer celle qui s'échappe sans cesse dans l'atmosphère à l'état de vapeur.

Le tuyau OO, vient aboutir au tender, auquel il se trouve lié par un genou ou tuyau flexible.

Un niveau d'eau formé d'un tube de verre disposé verticalement et communiquant avec l'intérieur de la chaudière, se trouve sous les yeux du mécanicien, qui peut ainsi s'assurer à chaque instant de la quantité d'eau contenue dans le générateur. Lorsque ce niveau vient à baisser, le mécanicien ouvre un robinet placé sur le trajet du tube O ; l'eau du tender est aussitôt aspirée par les pompes. Si la quantité du liquide introduit est suffisante, il ferme le même robinet, et arrête ainsi l'entrée de l'eau dans la chaudière.

Passons à la description du tender (fig. 155).

Le tender n'est autre chose, qu'un wagon d'approvisionnement ; il porte l'eau et le coke nécessaires à l'alimentation de la machine pendant un certain temps. Monté, comme la locomotive, sur un châssis et sur des ressorts, il se divise en plusieurs compartiments. Un réservoir de tôle C, rempli d'eau, entoure en forme de fer de cheval, un espace intérieur, dans lequel le coke est accumulé, pour être à la disposition du chauffeur. De cette façon, le poids total se répartit aussi également que possible sur les essieux. La contenance de la caisse à eau varie de 5,000 à 8,000 litres.

La quantité de combustible que doit porter le tender complétement chargé, varie entre 1,000 et 3,000 kilogrammes de coke ou de houille. Comme cette charge diminue nécessairement pendant le voyage, on la renouvelle de temps à autre, aux stations.

Pour introduire l'eau dans la caisse, on emploie une sorte d'entonnoir conique, AB, percé de trous, qui plonge à l'arrière de la caisse. Cet entonnoir a pour but d'empêcher que les détritus et impuretés dont l'eau peut être chargée, ne pénètrent dans le réservoir, et de là dans les tuyaux d'aspiration, qui viennent aboutir vers l'avant de la caisse.

Le tender porte, en même temps, dans une boîte K, divers outils et pièces de rechange, les chiffons, la graisse, les effets du mécanicien, etc. Il est muni, comme d'autres wagons, d'un double frein GG, mû par la manivelle D, et qui est destiné à détruire progressivement la vitesse du train, lorsqu'il s'agit d'arrêter.

Le tender se relie ordinairement à la locomotive, par une *barre d'attelage*, L, et deux chaînes de sûreté, et au train qui le suit, par un simple crochet.

Certaines machines, que l'on appelle *locomotives-tenders*, portent elles-mêmes tous ces éléments. D'autres sont reliées à leurs tenders d'une façon invariable.

Sur la figure 154, dont nous donnions tout à l'heure l'explication, la lettre V représente le *chasse-pierre*, destiné à balayer les rails, et la lettre X, le tampon, qui doit amortir le choc des wagons.

Ajoutons, pour en finir avec cette figure 154, que le tuyau F est celui qui introduit la vapeur sortant des cylindres dans la boîte à fumée, et dans le tuyau de la cheminée H. La plaque horizontale qui surmonte la cheminée H, peut fermer plus ou moins, l'orifice de la cheminée, et diminuer à volonté le tirage. Une manivelle permet de manœuvrer cette espèce d'obturateur de la cheminée.

Nous venons d'examiner les différentes pièces qui composent une locomotive. Indi-

Fig. 155. — Tender.

quons maintenant, afin d'en résumer l'ensemble, les opérations successives qu'il faut exécuter, pour la gouverner et pour la faire agir.

Lorsque le mécanicien veut mettre la locomotive en marche, il commence par s'assurer, en examinant le manomètre, si la vapeur a atteint le degré suffisant de pression. La tension de la vapeur étant reconnue convenable, il pousse la manivelle du régulateur, qui donne aussitôt accès à la vapeur dans l'intérieur du tuyau destiné à l'introduire dans les tiroirs. La vapeur passe de là dans les cylindres, et vient exercer sa pression alternative sur les deux faces du piston. Celui-ci entraîne la bielle qui fait tourner les roues motrices de la locomotive, et la fait avancer sur les rails, en remorquant le tender et la série de wagons ou de voitures qui lui font suite, et qui sont solidement attachés les uns aux autres par un crochet et une chaîne de fer.

Mais pendant que la machine fonctionne, le combustible se consume sur la grille, l'eau de la chaudière disparaît en partie, par suite de la dépense continuelle de vapeur. Le chauffeur jette donc de nouveau combustible dans le foyer, et le mécanicien remplace l'eau évaporée en ouvrant le robinet du tuyau, qui, grâce à l'action des pompes foulantes, introduit dans la chaudière une partie de l'eau contenue dans le réservoir du tender. Si le tirage présente trop d'activité, ou si l'on veut ralentir la marche, le mécanicien, tirant une longue tige horizontale (page 318) qui s'étend sur l'un des côtés et vers la partie supérieure de la locomotive, déplace l'obturateur mobile, lequel, fermant l'issue aux produits de la combustion, ralentit le tirage de la cheminée, et modère ainsi la puissance de la vapeur.

Arrivé à une station, le mécanicien fait entendre un coup de sifflet, en dirigeant, comme nous l'avons expliqué, un jet de vapeur, empruntée à la chaudière, contre la tranche aiguë d'un timbre métallique ; il ferme ensuite le régulateur, à l'aide de la manivelle. Toute communication se trouve ainsi interrompue entre la chaudière et le cylindre ; le jeu des pistons s'arrête aussitôt, et le convoi ne marche plus qu'en vertu de sa vitesse acquise. Ne pouvant s'échapper au dehors, la vapeur, qui se forme toujours, par suite de l'action du foyer, continue à exercer sa pression à l'intérieur ; elle ne tarde pas à atteindre ainsi le degré de tension au terme duquel doivent s'ouvrir les soupapes de sûreté ; ces soupapes cèdent, en

Fig. 156. — Locomotive Crampton.

effet à la pression qu'elles éprouvent, et laissent la vapeur se dégager au dehors. En même temps, les conducteurs serrent les freins, la résistance devenant ainsi plus grande et la force motrice ne s'exerçant plus, la machine se trouve arrêtée.

Quand le mécanicien, arrivé au terme du voyage, veut éteindre le feu, il se débarrasse de tout le combustible en démontant les barreaux de la grille mobile par le mécanisme que l'on a vu représenté sur la figure 150, page 315 ; le coke incandescent tombe aussitôt sur la voie.

Il est nécessaire, pour les différentes manœuvres qui s'exécutent dans l'intérieur des gares, ou même sur la voie, de faire marcher la locomotive en arrière. Ce mouvement se produit à l'aide d'un long levier qui se trouve à la portée du mécanicien, et qui lui permet de *renverser la vapeur*, c'est-à-dire de modifier sa distribution dans les cylindres, de manière à déterminer tantôt la marche en avant, tantôt la marche en arrière. Ce levier fait entrer en action un nouveau tiroir, qui donne une distribution de vapeur précisément contraire à celle qui était en œuvre pendant la marche. La vapeur, qui avait commencé à agir, par exemple, sur la face antérieure du piston, se trouve dès lors dirigée vers sa face postérieure. Un mouvement opposé à celui qui existait, est la conséquence de ce renversement de la vapeur, et ce mouvement, une fois commencé, se continue de manière à entretenir la marche de la machine dans la direction nouvelle qu'elle vient de recevoir.

C'est à Stephenson qu'est due l'invention de cet important mécanisme, qui, en raison de cette circonstance, est souvent désigné, comme nous l'avons dit, sous le nom de *coulisse de Stephenson*. Le mécanicien peut, en maniant un simple levier, faire prendre à sa locomotive la direction en avant ou en arrière, avec la même facilité qu'un cavalier éprouve à gouverner son cheval.

Une locomotive bien construite dure quinze années, en fournissant son travail quotidien. Au bout de ce temps, toutes ses pièces, tous ses ressorts, tous ses organes mécaniques, sont absolument hors de service. Il ne reste plus, de cette machine merveilleuse et puissante, que d'informes débris.

Machine, en effet, bien puissante, car dans les quinze années de son service, on calcule qu'elle a parcouru 105,000 lieues (420,000 kilomètres), c'est-à-dire 7,000 lieues par an.

Machine bien merveilleuse, car, si au lieu d'être soumise à des alternatives de travail et de repos, elle était entretenue, nuit et jour, en service, sa durée augmenterait dans des proportions considérables. On a remarqué que les locomotives qui, dans des gares très-occupées, fonctionnent nuit et jour, pour le service, soit des marchandises, soit des mouvements du matériel, durent infiniment plus longtemps que celles qui, employées sur la ligne, sont successivement mises en feu et laissées en repos. Les alternatives de dilatation et de contraction, résultant de l'échauffement et du refroidissement, modifient ou altèrent le tissu du métal, et détruisent l'élasticité des ressorts. N'est-ce pas une véritable merveille que cette machine de fer et d'acier, qui dure d'autant plus qu'elle travaille davantage!

CHAPITRE V

CLASSIFICATION DES LOCOMOTIVES.

Depuis 1830, rien n'a été changé aux principes de construction des locomotives. Toutes les machines en usage aujourd'hui sur les chemins de fer, présentent l'ensemble général des dispositions que nous venons de décrire. Aujourd'hui, comme il y a trente ans, la chaudière est tubulaire, et le tirage est produit par le *tuyau soufflant*. Toutefois, les locomotives diffèrent entre elles, soit par des dispositions spéciales, soit par l'agencement des diverses parties dont elles sont composées, soit enfin par les dimensions de ces parties.

Les perfectionnements que les locomotives ont subis, par suite de l'immense développement des chemins de fer dans les deux continents, ont porté principalement sur l'augmentation de leur vitesse et de leur puissance. C'est ainsi que l'on a été conduit à créer plusieurs systèmes de locomotives appropriés à des usages différents, et s'éloignant plus ou moins, par la forme extérieure, de celle que représente la figure 154 (page 318). Nous décrirons brièvement les plus importants de ces systèmes, ceux qui constituent des types originaux et bien tranchés.

Les locomotives actuelles présentent, si on les compare aux types primitifs de 1830, un accroissement considérable de puissance, sans parler de l'incomparable supériorité de leurs détails d'exécution.

Dans la première locomotive à grande vitesse, de Stephenson, c'est-à-dire dans la *Fusée*, la surface de chauffe de la chaudière était de 11 mètres. Vers 1835, on porta cette surface à 40 ou 45 mètres carrés. Elle s'éleva, en 1845, à 70 mètres, et atteignit, en 1850, jusqu'à 100 et 130 mètres. Enfin, en 1855, on a pu, dans un autre système, atteindre le chiffre énorme de 200 mètres carrés de surface offerte à l'action du feu.

Dans le même intervalle de trente ans, la pression de la vapeur a été portée de trois à sept, à huit et jusqu'à dix atmosphères. Le poids de l'eau évaporée par heure, s'est élevé de 450 à 5000 et même jusqu'à 8000 kilogrammes. Le poids du combustible brûlé pour transporter une charge de 1 tonne à la distance de 1 kilomètre, est descendu, au contraire, de 450 grammes à 30 ou 80 grammes, selon le genre d'emachines qu'on emploie, ce qui constitue une économie qui varie des quatre cinquièmes aux quatorze quinzièmes du combustible. Le rendement de ces machines a donc augmenté dans une proportion énorme.

Le poids des locomotives, et par conséquent leur adhérence sur les rails et leur effort de traction, a subi une progression tout aussi rapide. La *Fusée* de Robert Stephenson, locomotive à quatre roues, ne pesait qu'un peu plus de 4 tonnes. Les premières locomotives construites de 1830 à 1835, pesaient 6 à 7 tonnes. En 1835, les locomotives pesaient déjà 12 à 13 tonnes, avec six roues. En 1845, elles pesaient 30 tonnes; en 1850, toujours avec six roues, 36 tonnes. Enfin, les locomotives du système Engerth, qui développent une puissance de traction très-considérable, ont atteint, en 1855, le poids énorme de 55 à 65 tonnes.

En même temps, la charge brute traînée sur un chemin dont la pente ne dépasse pas 5 millimètres, s'est élevée progressivement, de 40 à 100, à 200, à 300 et jusqu'à 700 tonnes!

La vitesse des locomotives, au début, n'était que de 25 kilomètres à l'heure, pour la *Fusée* de Stephenson. En 1834, la locomotive *Fire-Fly* parcourait 43 kilomètres à l'heure. Depuis 1855, la vitesse de ces machines varie, suivant leur destination, de 25 à 100 kilomètres à l'heure.

Ces chiffres témoignent d'un progrès considérable. Ajoutons que, tout en augmentant la puissance des locomotives, on en a réduit considérablement les frais d'entretien, et diminué la consommation de combustible. On peut admettre que les machines construites depuis une dizaine d'années, fournissent un parcours total de moitié plus grand que celui des anciennes machines, avant d'exiger des réparations essentielles. Les pièces sont mieux ajustées et mieux proportionnées. La fonte a été remplacée par le fer, le fer remplacé par l'acier corroyé, fondu ou puddlé. La puissance de vaporisation des machines s'est accrue, non-seulement par l'augmentation de la surface de chauffe, mais encore par l'emploi d'une meilleure qualité de combustible. On a, enfin, augmenté notablement la vitesse des locomotives, par les changements apportés à la construction des roues.

Le nombre des roues des locomotives, est de quatre, de six, ou de huit. Dans les machines employées actuellement, il est, en général, de six. Pour augmenter la vitesse des locomotives destinées à remorquer les trains de voyageurs, on donne un grand diamètre aux roues placées sur l'essieu moteur, et des diamètres plus petits aux autres roues.

On comprend facilement que cet accroissement du diamètre des roues motrices, doive augmenter la vitesse de marche. En effet, le chemin parcouru dans un temps donné, est égal au développement de la circonférence des roues motrices, multiplié par le nombre de tours que les roues ont fait dans le même temps. Pour accélérer la marche, il faut donc augmenter, soit le nombre des coups de piston de la machine à vapeur, soit le diamètre des roues. Mais les pistons de la machine à vapeur ne peuvent pas dépasser un certain nombre d'oscillations par minute sans qu'il en résulte une perte dans l'effet utile de la vapeur et une usure rapide des surfaces frottantes. Il ne reste donc, pour accélérer la vitesse, d'autre moyen que d'augmenter les dimensions des roues motrices.

On ne pouvait augmenter les dimensions des roues motrices sans changer ces roues de place. En effet, comme la chaudière repose sur les essieux de ces roues, quand on augmente leur diamètre, on porte nécessairement la chaudière plus haut. Or, on ne peut dépasser une certaine élévation de la chaudière, sans compromettre l'équilibre et la stabilité du véhicule sur les rails.

En 1848, on avait atteint les limites extrêmes d'élévation, et il paraissait impossible d'aller plus loin. On ne voyait donc aucun moyen d'augmenter davantage la vitesse imprimée aux convois des chemins de fer. C'est alors qu'une inspiration heureuse, venue à un ingénieur anglais, M. Crampton, permit de surmonter la difficulté.

M. Crampton eut l'idée de placer les roues motrices, non plus au-dessous, mais à l'arrière de la chaudière. Dès lors, les roues motrices n'étaient plus limitées dans leur développement, et on put leur donner les grandes dimensions qu'elles offrent aujourd'hui, sans porter plus haut la chaudière.

Fig. 157. — Crampton, ingénieur anglais.

Il est juste de rappeler, à propos de la locomotive Crampton, que le chemin de fer du Nord a eu le mérite de l'adopter le premier En 1848, l'achèvement des embranchements du littoral, en imprimant une accélération nouvelle aux communications avec l'Angleterre, nécessitait l'établissement de *trains express*, réclamés d'ailleurs par l'administration des postes. La compagnie du chemin de fer du Nord n'hésita pas, pour satisfaire à cette nécessité, à créer un matériel de traction spécial, et à remanier en entier le matériel qu'elle possédait alors. Elle commanda, sur les plans de M. Crampton, que personne n'avait encore adoptés pour un service régulier, des locomotives à grande vitesse. Le succès de ces locomotives, établies sur la ligne de Calais, détermina bientôt une accélération générale de la marche des voyageurs. C'est, en effet, de l'introduction de ces machines sur le chemin de fer du Nord que date, en France, l'établissement des *trains express*, qui parcourent les grandes distances de nos lignes de chemins de fer, et qui permettront bientôt, aux voyageurs partant de Paris en été, d'atteindre, entre le lever et le coucher du soleil, les points les plus reculés des frontières de la France.

Dès 1852, les locomotives Crampton étaient en usage sur les chemins de fer du Nord et de l'Est. Elles fournissent des vitesses normales de 60 à 80 kilomètres par heure, et qui peuvent atteindre 100 kilomètres.

Leur vitesse varie nécessairement, d'ailleurs, avec la charge. Une locomotive qui peut remorquer une file de quinze wagons, avec une vitesse régulière de 50 kilomètres, ne peut, dans les mêmes circonstances, traîner plus de huit ou neuf wagons, quand sa vitesse atteint le maximum de 100 kilomètres à l'heure.

Dans la locomotive Crampton, les roues motrices sont, comme on vient de le dire, placées à l'arrière, et leur diamètre varie de $1^m,68$ à $2^m,30$. On en construit même en Angleterre d'un diamètre de $2^m,60$.

La figure 156 (page 321) représente une des locomotives Crampton, ou à grande vitesse.

Cette machine se distingue par une grande stabilité, qui tient à l'abaissement du centre de gravité général, et à l'écartement des essieux; — par une haute puissance de vaporisation (la surface de chauffe de la chaudière est de plus de 100 mètres carrés); — enfin par une grande facilité de surveillance pendant la marche.

Mais il ne faut pas croire que ce soit là le seul type de locomotives à grande vitesse. On peut citer, parmi les types destinés au même usage, les locomotives Buddicom, remarquables par leur légèreté et la simplicité de leur construction, qui font le service des trains de voyageurs au chemin de fer de Rouen; — les locomotives Polonceau, construites pour les trains express de la ligne d'Orléans; — les machines anglaises de Mac Connell; — les machines du système Sturrock, etc.

Dans quelques-uns de ces types, les roues motrices sont intermédiaires entre les autres, c'est-à-dire qu'elles soutiennent la chaudière sans être placées, comme dans la locomotive Crampton, à l'arrière.

Après les locomotives réalisant les grandes vitesses, on distingue celles qui sont destinées à traîner, à des vitesses médiocres ou petites, des chargements très-considérables, et à remonter, au besoin, des pentes très-inclinées, en traînant de lourds convois. Ce sont les locomotives dites *à petite vitesse*, affectées au transport des marchandises.

Une grande vitesse n'est pas, en effet, la seule condition à laquelle doive satisfaire un chemin de fer. Le transport des marchandises est, pour ces exploitations, un élément de trafic plus important encore que celui des voyageurs. Or, ce service exige des locomotives d'une construction spéciale, c'est-à-dire assez puissantes pour traîner à elles seules, les nombreux wagons que l'on rassemble dans un convoi, très-considérable par sa longueur et son poids, afin de ne pas multiplier les trains, ce qui nuirait à la sécurité et à la facilité de la circulation sur la ligne.

Les *locomotives à marchandises* doivent donc réunir des qualités toutes particulières de puissance, pour développer, à une faible vitesse, un très-grand effort, et pour faire remonter les pentes à des convois pesamment chargés.

Sur le chemin de fer de Vienne à Trieste, le long de la montagne de Sömmering, il existe des pentes d'une inclinaison très-forte qu'il a été impossible d'éviter. Ce chemin de fer offre, en effet, une pente continue de 25 millimètres par mètre, et forme un lacet très-sinueux, dont le rayon de courbure descend fréquemment à 180 mètres. Avec le système de locomotives employé jusqu'en 1850, on ne pouvait parvenir à faire surmonter ces rampes par les convois de marchandises pesamment chargés. C'est pour parer à cette grave difficulté que le gouvernement autrichien ouvrit, en 1851, un concours pour la construction des locomotives à petite vitesse, pouvant remonter des pentes avec des convois très-pesants, et sur une voie offrant des courbes d'un assez petit rayon.

Le prix fut remporté par la *Bavaria*, locomotive construite à Munich, dans les ateliers de Maffei.

La modification apportée par le constructeur bavarois aux dispositions de la locomotive ordinaire, consistait à réunir la locomotive proprement dite avec le tender. Des chaînes sans fin, partant de l'essieu des roues de la locomotive, venaient agir sur un système de roues dentées, fixées sur l'un des essieux du tender. De cette manière, le tender, faisant corps avec la locomotive, deux de ses roues participent à la traction, et le tender ajoute une partie de son poids à celui de la machine, pour augmenter l'adhérence sur les rails, renforcer ainsi le point d'appui de la puissance de la vapeur, et par conséquent, accroître de beaucoup l'énergie totale de l'action motrice de l'appareil.

Bien qu'il eût obtenu le prix au concours ouvert par le gouvernement autrichien, le système adopté sur la *Bavaria*, ne répondait pas complètement aux conditions requises pour les locomotives à petite vitesse. On employait, pour ce mécanisme, les chaînes sans fin dont on avait fait usage à l'époque de la création des premières locomotives, avant la découverte des chaudières tubulaires. Mais les inconvénients qui étaient résultés, à cette époque, de l'emploi des chaînes, ne manquèrent pas de se reproduire. Ces chaînes se brisaient par les brusques variations dans l'intensité de la force motrice, ou dans la résistance à surmonter. Cette circonstance rendait très-difficile l'emploi des locomotives de Maffei.

Ce n'est qu'en 1853 que l'important problème de la construction des locomotives à petite vitesse, fut résolu par l'ingénieur Engerth, *conseiller technique* à la direction générale des chemins de fer autrichiens, qui a modifié d'une manière très heureuse le système de Maffei. M. Engerth construisit les locomotives qui portent son nom, et qui sont aujourd'hui employées sur la plupart des chemins de fer pour la traction des marchandises.

Fig. 158. — Engerth, ingénieur autrichien.

Dans la *machine Engerth*, le tender, avons-nous dit, fait corps avec la locomotive et se trouve porté par le même couplage de roues : c'est une *machine-tender*. Une partie de la chaudière vient reposer sur le tender, en portant sur l'essieu de ses premières roues. La locomotive, ou la machine proprement dite, repose sur quatre paires de roues. Trois sont *couplées* entre elles, c'est-à-dire reçoivent par des bielles le mouvement imprimé à l'une des roues par le piston des cylindres à vapeur; elles agissent donc, à leur tour, comme roues motrices pour opérer la traction. La première paire de roues du tender reçoit également un mouvement de rotation, qui lui est communiqué par la dernière roue de la locomotive. C'est au moyen de roues dentées, placées au-dessous de la chaudière, que s'exécute ce renvoi de mouvement, qui fait ainsi concourir une partie du tender à l'adhérence de tout le système.

D'après une disposition empruntée aux locomotives américaines, le tender est pourvu d'un système d'articulation, d'une sorte de cheville ouvrière, analogue à celle qui sert à rendre mobile l'avant-train de nos voitures. Cette articulation a pour résultat de permettre à la machine de se mouvoir indépendamment du tender, de pouvoir ainsi se plier jusqu'à un certain point aux sinuosités de la voie ferrée, et de pouvoir tourner avec les plus lourds convois, dans des courbes d'un médiocre rayon.

La puissance énorme de traction propre au système de machines qui vient d'être décrit, tient au poids total de la machine, qui augmente l'adhérence sur les rails, multiplie les points d'appui et permet d'appliquer une grande puissance de vapeur.

Après les détails qui précèdent sur les différents systèmes de locomotive, il sera facile de comprendre la division, ou la classification, que l'on peut établir entre les diverses locomotives qui sont employées dans les lignes ferrées, selon les différentes nécessités du service.

Les locomotives peuvent se diviser en trois classes, selon la forme et la nature de leur service : les *machines à grande vitesse* ou *machines à voyageurs*; — les *machines à petite vitesse* ou *machines à marchandises*, — et les *machines mixtes*.

Les *locomotives à voyageurs* marchent avec une vitesse moyenne de 45 kilomètres à l'heure, non compris les temps d'arrêt. Les *locomotives à marchandises* marchent seulement à la vitesse moyenne de 25 kilomètres à l'heure; mais elles remorquent des convois très-considérables. Sur des chemins d'une pente faible et moyennement accidentés, elles peuvent, en effet, traîner jusqu'à cinquante wagons chargés de 10 tonnes de marchandises ; ce qui revient, avec le poids de la machine, à 700 ou 720. Sur les chemins de niveau, le poids remorqué pourrait s'élever jusqu'à 1,500 tonnes. Enfin, les *locomotives mixtes*, consacrées à remorquer les trains mixtes et omnibus, c'est-à-dire ceux qui s'arrêtent à toutes les stations et peuvent traîner à la fois des voyageurs et des marchandises, doivent réaliser, en moyenne, la vitesse de 35 kilomètres à l'heure.

Les *locomotives à voyageurs*, que l'on construit souvent aujourd'hui dans le système Crampton, sont montées sur six roues, la roue motrice se trouvant placée à l'arrière. Destinées à réaliser de grandes vitesses, elles se reconnaissent à leurs formes sveltes et élancées, qui rappellent celles du cheval de course. Au contraire, les machines à marchandises, destinées seulement à développer une grande puissance de traction, rappellent les caractères du cheval de trait : elles sont basses et comme ramassées ; elles sont traînées par de petites roues, pour développer un effort puissant, plutôt que pour courir avec vitesse.

Dans les *locomotives à marchandises*, les roues sont, en général, presque toutes égales et *couplées*, c'est-à-dire liées l'une à l'autre, au moyen d'une tige de fer, pour se communiquer réciproquement leur mouvement de rotation. Le nombre de ces roues est de six à huit ; mais il est quelquefois de douze.

Les machines Engerth sont consacrées au service des marchandises, sur les chemins de fer autrichiens, et en France sur le chemin de fer du Nord. Cependant leur emploi devient de jour en jour, plus restreint. Ces masses énormes sont difficiles à manœuvrer dans une exploitation très-active.

Quant aux *locomotives mixtes*, elles participent, dans une proportion variable, des deux machines précédentes ; elles inclinent vers l'un ou l'autre de ces types, selon les circonstances et les effets à produire. Elles sont ordinairement portées sur six roues, dont quatre, c'est-à-dire les plus grandes, sont couplées.

Les machines mixtes sont aujourd'hui préférées en France pour le service des marchandises comme pour celui des voyageurs à petite vitesse.

La figure 159 (page 328) représente la locomotive mixte la plus généralement employée sur les chemins de fer français. On voit qu'elle participe du système Engerth en ce que le tender porte sur partie de la chaudière et s'avance de manière à ajouter son poids à celui de la locomotive pour augmenter l'adhérence, et que quatre roues sont couplées.

CHAPITRE VI

MATÉRIEL ROULANT. — WAGONS ET VOITURES.

La locomotive est la cheville ouvrière des chemins de fer. Nous en avons fait l'histoire, et nous l'avons expliquée dans ses détails. Mais il ne sera pas sans intérêt de consacrer aussi une courte description aux autres parties du matériel roulant, et notamment aux wagons et voitures.

On comprend que les wagons des chemins de fer doivent différer essentiellement, sous plusieurs rapports, des véhicules employés sur les routes ordinaires.

Quand on fit rouler, pour la première fois, une voiture sur un chemin de fer, on s'aperçut bien vite, qu'il ne suffisait pas, pour la maintenir sur les rails, de garnir ses roues d'un rebord. Tant que l'essieu des roues était mobile, et qu'il pouvait tourner d'une manière indépendante, les voitures à deux roues et même à quatre roues, déraillaient infailliblement, c'est-à-dire sortaient de la voie, toutes les fois qu'elles rencontraient

Fig. 159. — Locomotive mixte.

un obstacle. En effet, quand les roues étaient mobiles sur deux essieux parallèles, la roue jumelle de celle qui venait heurter un obstacle, continuait à tourner et entraînait le corps de la voiture. Quand les essieux pouvaient changer de direction, indépendamment l'un de l'autre, il se produisait un effet entièrement analogue. Les objets jetés sur la voie, les courbes un peu fortes, enfin toutes sortes d'obstacles accidentels, donnaient lieu à des déraillements. L'expérience amena donc bien vite à rendre les roues jumelles *solidaires*, en les fixant sur les essieux, qui tournent alors dans des boîtes fixées au bâti de la voiture ou aux ressorts ; enfin, à disposer les essieux de manière qu'ils restent toujours parallèles dans les wagons à quatre roues. De cette façon, l'essieu d'avant ne peut changer de direction sans que toute la voiture suive ce mouvement. Telle est la différence essentielle qui existe entre les wagons des chemins de fer et les voitures ordinaires.

Les wagons qui font le service des voies ferrées, présentent une grande diversité de formes, suivant les usages auxquels ils sont destinés. Cependant, ils ont tous une partie commune, c'est celle qu'on appelle le *train de voiture*, et sur laquelle est montée la caisse.

Le train se compose généralement d'un cadre, ou châssis, en charpente, formé de deux longerons, ou brancards, avec traverses et croix de Saint-André destinées à consolider le bâti. Ce cadre repose sur les extrémités des ressorts de suspension.

La figure 160 représente le *châssis* qui est comme le support commun des différents véhicules employés dans les chemins de fer, c'est-à-dire des voitures de voyageurs comme des wagons de marchandises.

On place entre les traverses, des ressorts d'acier destinés à amortir les secousses. Ils sont reliés aux *tampons de choc*, par lesquels se terminent les deux brancards.

Ces *tampons* sont des rondelles en caoutchouc vulcanisé, dont tout le monde a vu le fonctionnement. Ils se touchent d'une voiture à l'autre.

LOCOMOTIVE ET CHEMINS DE FER.

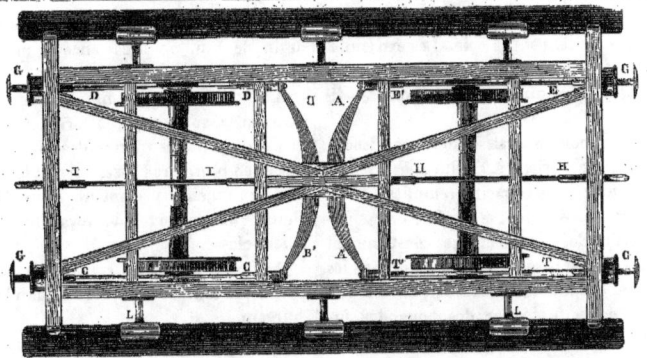

Fig. 160. — Châssis d'un wagon.

EDT, *croix de Saint-André*, G, G, *tampons de choc*; AA', BB', ressorts destinés à amortir les chocs, grâce aux tringles EE', TT'; IH, tige faisant suite à la barre d'attelage; DD, CC, roues du wagon, LL; marche-pied.

Les wagons à quatre roues sont les plus généralement usités en Europe; mais on en fait aussi à six et à huit roues.

Dans les wagons à six roues, les essieux sont d'ordinaire parallèles; dans ceux à huit roues, ils ne sont parallèles que deux à deux

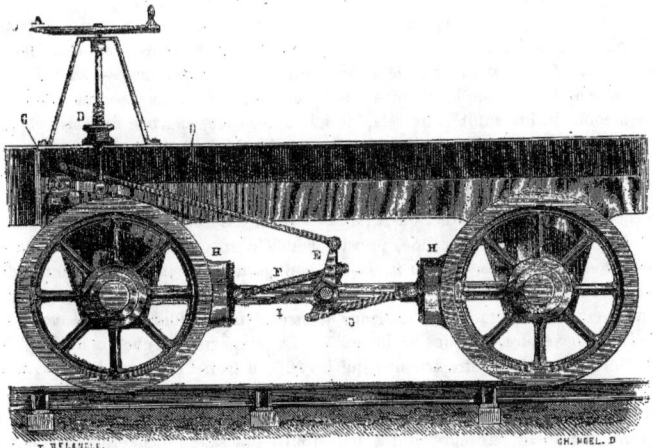

Fig. 161. — Frein d'un wagon.

A, manivelle que tourne le garde-frein; B, vis; C, pignon pour la transformation du mouvement verticale de la vis; E, levier oblique qui fait mouvoir à la fois, à droite et à gauche, les tiges F et G, lesquelles poussent contre la jante de la roue, les sabots H, H mobiles sur la barre I.

La caisse est alors portée sur deux trains distincts, à quatre roues chacun, qui peuvent tourner d'une manière indépendante, chacun, autour d'une cheville ouvrière.

Les roues sont en fer, munies d'un rebord qui les maintient sur la voie. Les extrémités des essieux, qu'on appelle *fusées*, portent les *boîtes à graisse*, qui ont des formes très-diverses.

Dans la boîte à graisse dont les dispositions ont été variées à l'infini, la fusée se trouve entre deux capacités remplies d'huile et de graisse. Elle repose sur une brosse alimentée d'huile, par des mèches constamment imbibées. La graisse n'intervient que dans les cas d'un échauffement excessif, car elle est séparée de la fusée par des bouchons fusibles.

Mentionnons maintenant les *freins*, qui ont pour effet d'arrêter les voitures dans leur marche, ou pour mieux dire d'en ralentir la vitesse jusqu'à l'amortir. Il va sans dire en effet, qu'on ne peut arrêter un train brusquement ; ce serait le vouer à une destruction certaine.

La figure 161 représente le mécanisme d'un système de frein qui est adopté sur beaucoup de chemins de fer français. L'employé nommé *garde-frein*, averti par le sifflet du mécanicien, le serre ou le desserre suivant le besoin. Il lui suffit pour cela, de tourner la manivelle d'un bras de levier, qui est à sa portée. Le mouvement est transmis, par l'intermédiaire des engrenages et des leviers coudés, à une tige oblique, qui, grâce à un second levier double et coudé, presse les sabots contre les roues, ou bien les éloigne, en suivant le sens du mouvement. Le même mouvement se communique au second frein de la même voiture, par une bielle qui ne peut être aperçu dans notre dessin, et qui vient s'articuler à un levier semblable à celui du premier frein.

Il y a ordinairement, sur sept voitures, un wagon pourvu d'un frein, indépendamment du frein du tender, lequel est confié au chauffeur.

On commence aujourd'hui à employer des freins, qui agissent sous l'action directe de celui du tender. Un appareil de ce genre permet d'arrêter, à moins de 200 mètres, un train de huit voitures lancé à une vitesse moyenne.

Les voitures de chemins de fer diffèrent entre elles, surtout par la forme des caisses. Il y a, d'abord, les voitures des voyageurs, divisées en plusieurs classes suivant le degré de comfort qu'elles présentent. Nous donnons figure 162 un wagon de voyageurs de première classe.

A côté de ces voitures, signalons les *wagons-poste*, qui sont disposés comme de véritables bureaux.

Viennent ensuite les *wagons-écuries*, destinés au transport des chevaux, bœufs, porcs, moutons, chiens, etc. Chaque cheval y occupe un compartiment séparé, dont les cloisons sont rembourrées. Les wagons destinés aux porcs et aux moutons présentent deux étages et ne sont pas divisés en stalles ; les bêtes y entrent par troupeaux.

Citons encore les wagons à bagages ou fourgons qui servent au transport des malles et effets des voyageurs ; — les wagons grossiers destinés à porter du combustible, houille, coke, charbon de bois, etc. ; — les wagons de ballast et de terrassement, et une foule d'autres véhicules, dont la description serait sans intérêt.

Il est des voitures de luxe, qui se composent d'un ou deux compartiments. Elles sont garnies de meubles, comme des salons, et quelquefois accompagnées de terrasses pour les fumeurs et de *water-closets*.

La compagnie du chemin de fer d'Orléans a fait construire un train, dit *impérial*, composé de cinq splendides voitures, dont chacune a coûté cent mille francs. On y trouve une salle à manger, le salon des aides-de-camp, un salon d'honneur, une chambre à coucher, et l'appartement du Prince impérial.

A côté de ces raffinements exceptionnels, le comfort général des voitures de chemins de fer laisse encore à désirer, surtout au point de vue du chauffage, qui n'est encore obtenu

Fig. 162. — Wagon de première classe.

que d'une manière bien incomplète, par les boules à eau chaude, offertes aux voyageurs de première classe seulement. Les voyageurs des autres classes sont donc condamnés à souffrir du froid, pendant que les voyageurs de première classe en sont garantis. Il y a dans cette règle, une inégalité, à la fois choquante et cruelle, qui, nous l'espérons, ne tardera pas à disparaître.

CHAPITRE VII

TRACÉ DE LA VOIE.

Dans ce merveilleux organisme qu'on nomme chemin de fer, tout se tient; tous les éléments sont dans une dépendance mutuelle. Dimensions de la machine, forme et grandeur des roues, largeur de la voie et forme des rails, courbure et pente de la route, hauteur et largeur des ponts, viaducs et tunnels, tout cela est solidaire, et s'enchaîne par des conditions qu'il faut scrupuleusement observer. L'étude de la voie ferrée et des constructions que nécessite son établissement, est donc tout aussi importante que celle de la locomotive.

La détermination du tracé à adopter est le premier problème que rencontre l'ingénieur chargé de l'exécution d'un chemin de fer.

Ce problème est d'une importance capitale. Il ne faut pas oublier, en effet, qu'un chemin de fer est, pour ainsi dire, un aimant qui attire à soi, dans un rayon très-étendu, toute l'activité commerciale du pays qu'il traverse. S'il enrichit les contrées situées sur son parcours, il doit nécessairement appauvrir et épuiser celles dont il s'éloigne, en leur enlevant les marchés et les facilités de transport. Quand un tracé a été mal combiné, le chemin de fer trouble la distribution de la fortune publique, et peut ruiner beaucoup plus de personnes qu'il n'en enrichit. D'un autre côté, le chemin de fer doit être accessible, non-seulement aux habitants les plus voisins, mais encore à toute la population des arrondissements qu'il traverse. Il doit être, par conséquent, en correspondance avec les routes ordinaires qui existent déjà, sous peine d'être hors de portée pour la majeure partie de la population.

La question du tracé des chemins de fer n'est pas, on le voit, exclusivement technique. Elle est, en même temps et surtout, commerciale, politique et quelquefois militaire.

L'ingénieur, chargé d'étudier un projet nouveau, devra, s'il comprend ses obligations, chercher, d'une part, à faire disparaître, autant que possible, les inégalités du sol, au moyen de tranchées, de souterrains, de remblais et de ponts ; d'autre part, à proportionner les dépenses occasionnées par les ouvrages d'art, aux produits futurs de la ligne, et à son importance probable sous les rapports politique, commercial et stratégique. S'il s'agit, par exemple, de construire une voie ferrée destinée à une circulation peu active et d'un avenir douteux, on n'aura pas recours aux *grands moyens* pour aplanir les obstacles de la route. On préférera alors gravir des pentes un peu raides, faire quelques circuits, et tourner les difficultés. Au contraire, pour une ligne de premier ordre, on ira droit devant soi perçant les montagnes, construisant d'immenses tunnels et des viaducs d'une hauteur à donner le vertige.

Les premières études d'un chemin de fer se font sur de bonnes cartes des localités qui seront traversées par la voie future. On discute alors, à première vue, les avantages que paraissent offrir différentes directions, et l'on forme plusieurs *avant-projets*. Une fois adoptés, ces avant-projets sont rectifiés ou confirmés par des voyages sur les lieux et par des mesures approximatives.

Ces *avant-projets* sont soumis à une réunion d'économistes, d'hommes d'État, d'ingénieurs et de commerçants, et à la Direction du futur chemin, qui se prononce sur les avantages ou inconvénients des différents tracés.

Le tracé étant arrêté dans son ensemble, on peut commencer l'étude du terrain pour le tracé définitif.

Cette étude se fait au moyen des instruments ordinaires d'arpentage : graphomètre, mire, niveau d'eau, chaîne d'arpenteur, etc. On détermine les positions des points les plus saillants au moyen d'une triangulation qui fait la base du canevas topographique, c'est-à-dire du réseau qu'on obtient en réunissant par des lignes droites les points dont les positions sont connues. Ce canevas doit être ensuite rempli, c'est-à-dire qu'on doit y inscrire tous les détails topographiques du terrain, comme on porte les détails d'un dessin sur un canevas de tapisserie.

Viennent ensuite les opérations du nivellement, par lesquelles on détermine l'élévation relative des différents points du sol, et qui permettent d'établir le *profil en long* et le *profil en travers* du tracé, c'est-à-dire la forme de la coupe longitudinale et de la coupe transversale du terrain, aux points où doit passer la voie ferrée.

Ces profils servent à étudier d'avance les travaux de terrassement, tranchées et ouvrages d'art, que la construction de la voie rendra nécessaires. On y indique les déblais et remblais, les viaducs, les ponts, les tunnels, enfin tout ce qui servira à diminuer les inégalités naturelles du terrain.

Il s'agit alors de savoir quelles sont les pentes et les courbures que l'on pourra adopter, sans avoir besoin, sur la voie future, de machines trop puissantes et trop coûteuses pour gravir les rampes et résister au glissement le long de ces pentes. Il est quelquefois difficile de passer entre ces écueils opposés.

Les pentes de la route augmentent toujours considérablement la résistance au transport des véhicules, aussi bien dans le cas des routes ordinaires que dans celui des chemins de fer. Un cheval qui pourrait traîner une charge de dix tonnes, sur un chemin de fer horizontal, ou *de niveau*, ne traîne plus que cinq tonnes sur la faible pente de 4 millièmes, ou de 4 mètres par kilomètre. Sur une pente de 5 centimètres, ou de 50 mètres par kilomètre, que l'on rencontre quelquefois, il ne traînerait pas une tonne (800 kilogrammes seulement).

Les pentes obligent donc à accroître la force des machines destinées à remorquer les trains, ou à diminuer la charge des convois et le nombre des voitures. Une locomotive qui remorque une charge de 570 tonnes avec une vitesse de 20 kilomètres par heure, sur une voie horizontale, ne traîne, avec la même vitesse, qu'une charge de 270 tonnes sur une pente de 5 millièmes ; de 120 tonnes sur une pente de 15 millièmes ; de 20 tonnes sur une pente de 50 millièmes.

Dans la construction des premiers chemins de fer, les ingénieurs n'osaient encore admettre que des pentes de 5 millièmes au *maximum*, et telle est encore aujourd'hui la limite adoptée pour les lignes qui ne traversent pas des pays très accidentés. Mais, dans quelques cas, on la dépasse aujourd'hui sans difficulté. Ainsi, le chemin de fer de Strasbourg offre deux rampes inclinées de 8 millimètres sur un parcours de 20 kilomètres. Sur quelques chemins de fer anglais, on rencontre des pentes qui dépassent 11 millimètres. Le chemin de fer de Paris à Orléans monte, au sortir d'Étampes, sur le plateau de la Beauce, par une rampe d'une longueur de 6 kilomètres, en s'élevant de 50 mètres sur ce parcours, ce qui donne une pente de 8 millièmes.

On redoute les pentes trop fortes non seulement à cause de la difficulté que la locomotive éprouve à les gravir, mais encore parce que, sur ces pentes, il est très difficile de contenir les convois dans la descente. Toutefois, il y a ici une circonstance qu'il ne faut pas oublier : c'est la résistance de l'air. Il est, en effet, reconnu aujourd'hui, que sur une pente de 10 millimètres par mètre, en ligne droite, la résistance de l'air devient telle, à la vitesse de 60 à 70 kilomètres à l'heure, que les convois abandonnés à eux-mêmes ne peuvent la dépasser. Cette énorme résistance de l'air aide les freins à arrêter les convois. Les accidents qui résultent de cette cause, n'arrivent donc guère que lorsque, par un hasard quelconque, un ou plusieurs wagons se trouvent préalablement poussés sur une pente un peu forte, puis abandonnés à eux-mêmes.

Sur le chemin de fer de Versailles à Paris, un train tout entier, chargé de voyageurs, fut, un jour, chassé par le vent, sur une pente de 10 millimètres, à la sortie de la gare de Versailles. Ce train se mit à descendre vers Paris, au grand effroi des voyageurs, avec une vitesse toujours croissante. Heureusement un habile mécanicien, M. Caillet, se mit aussitôt à faire la chasse au train échappé. Monté sur une locomotive, il courut après le train fugitif, et parvint à le rattraper. Alors il le suivit docilement, s'accrocha au dernier wagon, et arrêta le train, qu'il réussit à ramener à la gare.

Un autre jour, sur le chemin de Lausanne à Morges, un train de ballast s'échappa de la gare de Lausanne, et tombant, comme une bombe, dans la gare de Morges, y brisa tout ce qui se trouvait sur son passage.

Sur le chemin de fer du Sommering, un train chargé de matériaux, se détacha et roula en arrière. Il faillit tuer quarante ouvriers qui travaillaient dans le souterrain. Heureusement les travailleurs l'entendirent venir, et eurent le temps d'élever sur la voie une barricade, contre laquelle vint s'arrêter le monstre dans sa course effrénée.

Des désastres ont été occasionnés, sur le chemin de Prague et sur celui de Lyon, par la rencontre de trains de voyageurs avec des wagons chargés de matériaux qui s'étaient échappés de la gare le long d'une pente, et que leur poids poussait dans une direction opposée à celle des trains.

C'est un vrai miracle que les désastres de ce genre ne soient pas plus fréquents, car il arrive assez souvent que des wagons isolés s'échappent des gares, et descendent avec vitesse le long des pentes, entraînés par leur poids.

Les *circuits* ou les *courbes*, qu'on est obligé de décrire pour éviter des obstacles naturels, sont une cause de danger, car les wagons lancés le long de cette courbe sont chassés contre le rail, par la force centrifuge qui tend à les jeter hors de la voie.

Expliquons, sans interrompre notre exposé, ce que c'est, au juste, que la *force centrifuge*.

Tout le monde sait que tout mouvement circulaire développe une force qui tend à écarter le mobile du centre de l'orbite qu'il parcourt.

On peut s'assurer de cet effet en montant sur le cheval de bois d'un carrousel de foire. Quand la machine a été mise en mouvement, on est obligé de se pencher du côté intérieur, pour ne pas être lancé hors du cercle, par la poussée considérable qui s'exerce du centre vers la circonférence. C'est la même pression qui permet aux écuyers du cirque, de se tenir librement sur le flanc d'un cheval lancé ventre à terre, et qui fait le tour du manége : la force centrifuge les presse contre le cheval et les empêche de tomber, lorsque, bien entendu, ils se placent du côté du cheval qui répond à l'intérieur du cercle décrit.

C'est cette même force qui fait dérailler les wagons au tournant d'une courbe de trop petit rayon, ou, qui du moins, produit toujours une résistance nuisible. Cette résistance devient d'autant plus considérable que la courbure de la route est plus prononcée et la vitesse du train plus grande.

Nous avons déjà dit que, pour éviter les déraillements, on s'est vu obligé de rendre solidaires les roues jumelles des wagons de chemins de fer. Cette solidarité qui oblige les roues à faire toutes les deux le même nombre de tours, s'oppose à l'emploi de courbes très-prononcées. Il est clair, en effet, que, dans une voie courbe, le rail intérieur étant plus court que le rail extérieur, la roue intérieure tourne moins vite que la roue extérieure. Il en résulte que la roue extérieure *patine*, selon le terme technique, c'est-à-dire qu'elle est en partie traînée sur le rail, tandis que, sur les routes ordinaires, les deux paires de roues peuvent, sans inconvénient, tourner avec des vitesses inégales, puisqu'elles sont indépendantes.

Une route ordinaire peut tourner court, on peut lui donner des courbures de 30 mètres de rayon, tandis que les courbes des voies ferrées ne doivent pas offrir des rayons de moins de 500 mètres ; on va même volontiers à 800 et 1000 mètres. Les courbes de 200 à 300 mètres de rayon, ne sont, en général, tolérées que dans le voisinage des gares, où la vitesse des convois est toujours considérablement ralentie.

Sur plusieurs chemins d'une certaine importance, construits récemment en France et en Suisse, on a néanmoins adopté en quelques points, par des raisons d'économie, des rayons de 300 mètres. Mais alors on est forcé de ralentir le train au passage de ces courbes. La vitesse ne doit pas y dépasser 30 kilomètres par heure. Pour 200 mètres, il faudrait la réduire à 20 kilomètres par heure, pour 100 mètres, à 10 kilomètres par heure. On perdrait donc l'avantage le plus clair de la locomotion par la vapeur, et le service deviendrait, en même temps, fort dangereux.

Il est vrai, que la Compagnie du chemin de fer de Paris à Strasbourg a exploité, pendant quatre mois, sans accident, l'embranchement de Metz à Forbach, sur la voie exécutée provisoirement autour de la montagne du Heinberg, qui contenait une rampe de 6 millimètres et des courbes de 150 mètres de rayon seulement. Mais les machines marchaient au pas ; elles éprouvaient et elles faisaient éprouver à la voie, une fatigue excessive.

En Allemagne, on adopte aussi des courbes de très-faible rayon. C'est ainsi que sur la ligne rhénane, on rencontre des courbes d'un rayon compris entre 376 et 158 mètres sur un parcours de 32 kilomètres. Il y a même, sur l'embranchement de Cologne à Minden, une courbe de 150 mètres de rayon seulement. Enfin, des courbes d'un rayon moindre que 376 mètres et qui descend jusqu'à la limite inférieure de 188 mètres, se rencontrent sur la ligne du Sud-Autrichien, sur un parcours de 106 kilomètres. Ces courbes ne sauraient toutefois être adoptées qu'aux dépens de la sécurité des voyageurs, du moins avec le matériel actuel, qui n'a pas encore une flexibilité suffisante.

CHAPITRE VIII

TERRASSEMENTS. — TRANCHÉES. — SOUTERRAINS. — TUNNELS. — PONTS. — VIADUCS. — GARES.

Quand le tracé de la voie a été suffisamment étudié, et qu'il a été marqué sur le terrain, par des jalons à banderolles flottantes, arrive le moment de l'exécution. Les chantiers s'ouvrent sur toute la ligne du parcours ; la pioche et la pelle attaquent la surface du sol, et la poudre leur fraye un passage à travers les rochers.

Les travaux les plus simples qui appartiennent à cette phase de la construction d'un chemin de fer, sont les *terrassements*. Ils ont pour objet l'aplanissement du sol et les transports de terre. Ils précèdent les ouvrages d'art, où l'architecture doit jouer le grand rôle.

Les terrassements, nécessités par la construction des chemins de fer, exigent des moyens beaucoup plus puissants que ceux qui servent à l'établissement des routes ordinaires, qui tournent les obstacles, au lieu de les surmonter directement. Il s'agit ici de transporter des terres à des distances très-grandes, et de creuser des tranchées, souvent très-profondes.

Le chemin de fer devient ici son propre auxiliaire. Les déblais sont transportés sur des voies ferrées provisoires, par ces mêmes locomotives qui traîneront plus tard les convois de voyageurs. On a créé pour ce genre de travaux, en Angleterre, un matériel spécial, qui est entre les mains d'une classe d'entrepreneurs riches et habiles. Mais cet usage ne s'est pas encore répandu dans les autres pays.

Les travaux de terrassement sont de deux sortes. Si le sol est plus élevé que le niveau du futur chemin, il faut ouvrir des tranchées, et exécuter un *déblai*. S'il est plus bas que le niveau projeté, il faut combler le vide, c'est-à-dire élever un *remblai*.

Ces deux opérations se mènent souvent de front. Les terres provenant des tranchées, sont portées dans la direction du chemin, pour en élever le niveau aux points où il est trop bas. On opère alors *par compensation*.

Fig. 163. — Cunette d'une tranchée.

Quand on ne peut opérer ainsi, les matériaux enlevés sont déposés des deux côtés du chemin, et les remblais sont exécutés avec des terres que l'on va chercher dans le voisinage. Ce travail s'appelle opérer *par voie de dépôt et d'emprunt*. Le choix entre ces deux modes est déterminé par la nature du terrain ou les circonstances du travail.

Quand la profondeur d'une tranchée ne dépasse pas 5 à 6 mètres, on commence par ouvrir, au milieu de la section, une tranchée verticale plus étroite, appelée *cunette* ou

Fig. 164. — Ouverture d'une tranchée profonde.

goulet. Cette *cunette* est représentée par la lettre A de la figure 163. On enlève les terres des deux côtés, en faisant usage de brouettes et de tombereaux; puis l'on pose sur le fond de la *cunette*, une couple de rails, pour les wagons de terrassements. Pour faciliter le départ des wagons chargés, on donne à cette voie provisoire une légère inclinaison. Dès lors, on enlève les massifs B et C à la pioche et à la pelle, et les wagons transportent les déblais aux endroits où ils doivent être déposés.

Si la tranchée a une profondeur plus considérable, on l'exécute par étages successifs. Quand l'étage supérieur a été enlevé jusqu'à l'ouverture de la cunette, on attaque l'étage inférieur, par une seconde cunette que l'on munit, comme la première, d'une voie provisoire, pour faciliter le transport des terres, et ainsi de suite jusqu'à ce qu'on parvienne au fond de la tranchée (fig. 164).

Pour charrier les terres déposées sur le bord des tranchées, on se sert de brouettes. Les Anglais emploient dans ce cas, un mécanisme fort ingénieux, qui facilite beaucoup la tâche de l'ouvrier. L'appareil se compose de deux planchers à palier, sur chacun desquels roule une brouette. Au bout de chaque plancher est fixé un poteau muni de deux poulies, sur lesquelles passe une corde, dont une extrémité est attachée à la brouette. La corde descend le long du poteau, passe sur la poulie inférieure, se dirige vers le second poteau, le long duquel elle remonte, pour s'attacher ensuite à la seconde brouette. Quand l'une des deux brouettes est pleine, l'autre est vide. Des chevaux marchant d'un poteau vers l'autre, tirent la partie horizontale de la corde, et font monter la brouette pleine sur son plancher. Quand elle est arrivée au sommet, on la décharge, et l'ouvrier s'y assied pour se laisser redescendre.

Les plus grandes tranchées que l'on ait exécutées, sont d'abord, celle de Tring, sur le chemin de Birmingham, en Angleterre, et celle de la Loupe, sur les confins des départements d'Eure-et-Loir et de l'Orne en France, cubant, l'une et l'autre, onze cent mille mètres. Vient ensuite celle de Gadelbach, sur le chemin d'Ulm à Augsbourg, dont le volume

Fig. 165. — Coupe d'un tunnel avec le puits d'aérage.

est d'un million de mètres cubes. Ce volume représente un cube de 100 mètres de côté et un poids de 1 à 2 millions de tonnes.

Parmi les autres tranchées célèbres, nous citerons celle de Tabatsofen, qui a fourni 860,000 mètres cubes de déblai ; — celle de Cowran, sur le chemin de Carlisle, qui a donné 700,000 mètres ; — celle de Poincy (ligne de Strasbourg), qui a environ 2 kilomètres de longueur, 16 mètres de profondeur maximum, et dont on a extrait 500,000 mètres cubes ; — celle de Pont-sur-Yonne, au chemin de Lyon, cubant 470,000 mètres cubes, et qui fut ouverte, en quatre-cent quatre-vingts jours, par les entrepreneurs belges, Parent et Shaken ; sa profondeur maximum est de 20 mètres ; — enfin, la tranchée de Clamart, sur le chemin de Versailles (rive gauche), dont le cube était d'environ 400,000 mètres.

Les deux tranchées de la vallée de Malaunay, sur la ligne de Rouen au Havre, cubent chacune 250,000 mètres, tandis que le remblai intermédiaire est de 600,000 mètres, ce qui a permis de travailler par *voie de compensation*.

Le transport des terres ne suffit pas toujours pour l'achèvement d'une tranchée. Il faut encore prévenir les éboulements des parois latérales, par des travaux de consolidation, tels que murs de soutènement, revêtements en pierres sèches, gazonnements, tuyaux de drainage, rigoles, etc. Des travaux analogues sont souvent nécessaires pour consolider les remblais sur lesquels passe la chaussée.

Pour donner une idée des travaux considérables nécessités par l'ouverture d'une tranchée, nous prendrons comme exemple, celle de la Loupe, à peu de distance du bourg de Lehoy et de Nogent-le-Rotrou, sur le chemin de l'Ouest. Cette tranchée s'étend sur une longueur de 4 kilomètres. Elle est d'une profondeur maximum de 16 mètres. Pendant plusieurs années, elle occupa, en moyenne, onze cents ouvriers. Les couches de terre glaiseuse qui forment ses parois, sont retenues par d'épais murs de soutènement, hauts de 4 mètres, au-dessus desquels on a disposé des banquettes, pour garantir la voie contre les éboulements provenant des talus supérieurs. On avait eu l'intention, à l'origine, de percer un tunnel dans le monticule de la Loupe où cette tranchée a été ouverte ; on avait même déjà creusé des puits pour commencer le percement. Mais ce projet fut abandonné, et les puits servent aujourd'hui pour l'écoulement des eaux; ils réunissent les eaux de source et de pluie et les conduisent jusqu'aux couches absorbantes inférieures.

Malgré tant de précautions, des éboulements causés par l'infiltration des eaux et par la pesanteur des couches peu compactes, arrivent fréquemment. Ils nécessitent des réparations coûteuses et une surveillance des plus actives.

Quand l'élévation du terrain est trop considérable pour qu'on puisse songer à y établir une tranchée à ciel ouvert, on est forcé de construire une de ces galeries souterraines, auxquelles est resté attaché le nom anglais, de *tunnel*. Il y a peu d'années, les tunnels étaient encore une sorte de curiosité; on les citait comme des merveilles. Aujourd'hui, ils se rencontrent partout, et n'étonnent personne.

Les tunnels les plus remarquables sont : celui de la Nerthe, sur le chemin d'Avignon à Marseille, dont la longueur est de 4,600 mètres ; — celui de Blaisy, sur le chemin de Lyon, qui mesure 4,100 mètres ; — celui du Credo, au chemin de Lyon à Genève, dont la longueur est de 3,900 mètres ; — celui de Rilly, sur l'embranchement de Reims, long de 3,500 mètres ; — celui des Apennins (chemin de Turin à Gênes), qui a 3,100 mètres ; — enfin, ceux de Hommarting (chemin de Strasbourg) et du Hauenstein, sur le chemin de fer Central, en Suisse, qui ont, respectivement, 2,880 et 2,500 mètres.

Le souterrain qu'on sera obligé de percer sur le chemin de Roanne à Tarare, tronçon du chemin de Lyon par le Nivernais, aura même une longueur de 6 kilomètres. Enfin, celui qu'on a commencé d'ouvrir sous le Mont Cenis, pour relier sous le massif des Alpes, les chemins de fer de la France à ceux de l'Italie, offrira la longueur énorme, d'environ 13 kilomètres ! Nous reviendrons tout à l'heure sur ce travail colossal.

Voici comment s'opère le percement d'un tunnel.

On commence par en fixer la direction, à l'aide de jalons plantés sur les flancs du massif qu'il s'agit de traverser. Ensuite, on creuse une série de puits, à quelques mètres de l'axe du tunnel projeté. Ces puits sont plus ou moins espacés, suivant la rapidité avec laquelle le travail doit être achevé. Dans le tunnel de Saint-Cloud, ils ne sont distants l'un de l'autre que de 50 mètres ; à Blaisy, on les échelonna de 200 en 200 mètres.

Les puits descendent jusqu'au niveau de la voie projetée ; on détermine leur profondeur à l'aide du profil en long préparé d'avance.

Quand les puits sont creusés, des ouvriers, armés de pioches, y descendent, et s'ouvrent d'abord un passage transversal jusqu'à l'axe du tunnel. Ils se mettent ensuite à attaquer le terrain, dans les deux directions opposées que doit suivre la voie. Pour exécuter ce travail souterrain, ils s'éclairent avec des lampes, et n'ont d'autre guide qu'une boussole.

Cette méthode est préférable à celle qui consiste à creuser les puits dans l'axe même du futur tunnel; car les galeries transversales servent de dépôts pendant toute la durée des travaux, et le chemin une fois terminé, les puits peuvent être conservés pour l'aérage du souterrain.

Si l'on rencontre des sources, on donne aux puits une profondeur plus grande, afin de les utiliser comme collecteurs des eaux.

L'extraction des déblais se fait par les puits, à l'aide de treuils, ou bien par les

Fig. 166. — Galerie provisoire.

Fig. 167. — Établissement du cintre.

Fig. 168. — Établissement des pieds-droits.

Fig. 169. — Maçonnerie des pieds-droits.

portes du tunnel, si elles sont ouvertes à temps.

Les figures ci-dessus donneront une idée assez nette des différentes phases de la construction d'un tunnel. La première (fig. 166) représente un canal bas et étroit, qui est remplacé bientôt par une galerie semi-circulaire (fig. 167), murée et soutenue par des étais, qui porte le nom de *cintre*. Quand le cintre est achevé, on creuse en dessous; puis on commence la maçonnerie des pieds-droits Fig. 168 et 169). Enfin, on revêt d'une paroi en maçonnerie l'intérieur des puits que l'on veut conserver pour l'aérage du tunnel, et on les met en communication, par des rigoles, avec le canal par lequel s'écoulent les eaux au-dessous de la voie.

La figure 165 (page 337), montre comment les puits qui ont été creusés à l'époque du commencement des travaux du tunnel, se rattachent au tunnel après son exécution. Cette figure montre la galerie transversale qui a été creusée pendant les travaux, et qui fait communiquer le tunnel avec le puits. On voit en face, une des niches qui servent de refuge aux cantoniers, pendant le passage des trains. Sur la même figure on voit la *fosse d'assainissement* qui conduit, au moyen d'un canal incliné, les eaux dans une fosse souterraine, d'où elles se perdent dans le sol.

La longueur du tunnel de Blaisy, que nous prendrons pour exemple, afin de résumer, par une application spéciale, les données générales qui précèdent, est, avons-nous dit, de 4,100 mètres, la hauteur maximum du massif au-dessus de la voie, est de 200 mètres. Ce tunnel ouvre un passage du bassin de la Seine dans celui du Rhône, et relie ainsi les eaux de la Manche à celles de la Méditerranée. Vingt-un puits, espacés de 200 en 200 mètres, ont servi à le creuser, et on en a conservé quinze pour l'aérage. La galerie souterraine a une hauteur de $7^m,50$ sous clef, sa largeur est de 8 mètres, la pente de la voie est de 4 millimètres, ce qui donne une différence du niveau de 17 mètres entre l'entrée et la sortie.

Ce tunnel, qui a été achevé en trois ans et quatre mois, a occupé 2,500 ouvriers.

Arrivons au gigantesque souterrain qui doit relier la France à l'Italie, par le Mont-Cenis.

On pouvait songer, pour opérer la jonction des chemins de fer de la Savoie et de la Suisse avec ceux de la haute Italie, à établir le long des pentes du Simplon, une voie ferrée, à rampes convenablement ascendantes, à la condition de faire construire des locomotives d'une très-grande puissance. Ce projet fut mis en avant et bientôt abandonné, peut-être à tort; car les remarquables études que M. Eugène Flachat a entreprises à ce sujet, ont beaucoup fait avancer la question, et elle pouvait peut-être être résolue dans ce sens. Mais, en 1857, époque à laquelle le gouvernement sarde adopta le projet du percement du Mont-Cenis, l'idée de faire remonter les cimes alpestres aux convois d'une ligne ferrée, aurait semblé un trait de folie.

En matière de science et d'industrie, les folies de la veille sont les réalités du lendemain !

L'idée d'une voie ferrée à créer au sein des Alpes, une fois écartée, il ne restait plus que le percement de la montagne, par un tunnel d'une longueur suffisante et d'une pente raisonnable.

Pour mettre ce projet à exécution, il fallait commencer par chercher la moindre épaisseur des Alpes et la moins forte différence de niveau d'un versant à l'autre. Cette double condition parut remplie entre Modane, en France, et Bardonnèche, en Italie, c'est-à-dire au mont Tabor, à dix lieues environ, du Mont-Cenis proprement dit. L'épaisseur de la montagne est, sur ce parcours, d'environ 13 kilomètres, et sa hauteur, de 1,600 à 1,800 mètres.

L'homme à qui revient l'honneur d'avoir le premier indiqué le point le plus favorable pour le percement de ce passage et de ce tunnel colossal, n'était point un ingénieur : c'était un modeste habitant de ces montagnes, homme nullement savant, mais doué d'intelligence et d'une rare persévérance, il se nomme M. Médail.

Un ingénieur belge, M. Mauss, directeur des chemins de fer entre Turin et Gênes, se dévoua activement à l'étude de ce projet. Aidé du savant géologue Sismonda, M. Mauss parcourut toutes les vallées accessibles, fit étudier les tracés, et présenta, en 1849, au gouvernement sarde, un projet, avec pièces à l'appui, d'après lequel les frais d'exécution devaient s'élever à 35 ou 40 millions.

Les procédés imaginés par M. Mauss et essayés par lui, se composaient d'un système de perforateurs mécaniques mis en mouvement par une chute d'eau, et d'une méthode de transmission de la force motrice à l'aide de poulies et de câbles. Mais ce système laissait beaucoup à désirer.

Six ans plus tard, en 1855, un physicien suisse bien connu, M. Colladon, se rendit à Turin, et fit connaître un ensemble de moyens qu'il proposait d'appliquer au percement des Alpes.

Les procédés de M. Colladon avaient pour trait caractéristique l'emploi de l'air comprimé, devant servir, tout à la fois, à la transmission de la force mécanique et à l'aérage du souterrain.

A la même époque, un ingénieur du chemin de fer de Victor-Emmanuel, M. Bartlett, fit connaître une nouvelle machine à vapeur locomobile, destinée à pousser contre le roc, des fleurets de mineur. Mais la machine de M. Bartlett, excellente pour les travaux à ciel ouvert, ne pouvait s'appliquer aux travaux du mont Tabor, parce que la vapeur aurait bientôt rempli la galerie et rendu impossible la présence des ouvriers. Toutefois, on pouvait espérer d'arriver à un résultat satisfaisant, en combinant ensemble les deux moyens proposés par MM. Colladon et Bartlett, c'est-à-dire en substituant l'air comprimé à la vapeur dans la machine à perforer les roches.

La grande question était donc de se procurer facilement l'air comprimé dont on avait besoin pour faire marcher la machine.

Ce nouveau problème fut résolu par trois ingénieurs italiens, MM. Grandis, Grattone et Sommeiller, au moyen d'un appareil qui devait servir à la fois à la ventilation du tunnel, à la perforation du roc et au déblayement des débris produits par l'explosion des mines.

Le *compresseur hydraulique* imaginé par ces trois ingénieurs, consiste en une sorte de vaste siphon renversé qui, d'un côté, communique avec une chute d'eau de 26 mètres, et de l'autre, avec un réservoir d'air. L'eau est employée à comprimer l'air dans le réservoir, jusqu'à 6 atmosphères. Cet air, maintenu à la même pression, par une colonne d'eau en communication avec un réservoir élevé de 50 mètres, sert de force motrice pour enfoncer dans le roc, des fleurets horizontaux, qui y creusent des trous de mine. La poudre fait ensuite voler en éclats, la roche ainsi entamée ; et l'air comprimé est utilisé de nouveau pour opérer le déblayement des décombres.

Cet appareil fut essayé et étudié par une commission composée d'ingénieurs et de savants, qui déclarèrent qu'il creuserait les trous de mine douze fois plus vite que ne pourrait le faire le travail manuel ; — que, grâce à ce perforateur, on avancerait de 3 mètres par jour, au lieu de $0^m,45$; — et que, par conséquent, la durée totale du percement de la montagne serait réduite de trente-six ans à six années de travail seulement. Tout était donc pour le mieux.

Le 1er septembre 1857, eut lieu l'inauguration solennelle des travaux, avec une pompe digne de l'importance de cette œuvre gigantesque. Le roi Victor-Emmanuel et le prince Napoléon mirent le feu aux mèches des deux premières mines, à l'aide de deux fils électriques de 800 mètres de longueur, établis à Modane, au pied du mont Tabor du côté de la France. Les travaux commencèrent peu de jours après.

Cependant, on s'aperçut bientôt que les calculs de la commission étaient chimériques ; car, au lieu d'avancer, de chaque côté, de 3 mètres par jour, ce qui aurait donné une avance totale de 2,000 mètres par an et de 8 kilomètres en quatre ans, on n'était encore parvenu, au mois de septembre 1861, qu'à 750 mètres de l'extrémité de Modane, et à 950 mètres du côté de Bardonnèche ; total : 1,700 mètres seulement, en quatre années.

C'est que la difficulté de faire manœuvrer le perforateur mécanique au milieu des décombres et sur des surfaces irrégulières, compensait tous ses avantages, et retardait le travail dans une mesure extraordinaire. De plus, à mesure qu'on s'enfonçait dans les entrailles de la montagne, l'aérage devenait de plus en plus problématique.

On n'a donc pas tardé à reconnaître que le percement du tunnel des Alpes sera beaucoup plus long et plus difficile que ne le présentaient les prospectus de l'entreprise.

Quoi qu'il en soit, le tracé adopté pour cette voie souterraine, part de la commune des Fourneaux, près de Modane, en Savoie, court du N.-N.-O. au S.-S.-E., et va aboutir à Bardonnèche, petit village d'Italie, situé à environ 40 kilomètres de Suze. Il suit, à peu de distance, le col d'Arionda et le col de la Roue. Les deux points choisis pour les extrémités du tunnel, sont éloignés de 12,200 mètres. Ils correspondent à peu près à la partie la plus étroite de la chaîne des Alpes, à savoir, au faîte qui sépare les vallées de l'Aar et de la Doria, lesquelles suivent deux pentes parallèles et opposées. Le point culminant de la montagne à percer, s'élève à 2,950 mètres au-dessus du niveau de la mer.

L'entrée du tunnel à Modane, est située à une altitude de 1,200 mètres, celle de Bardonnèche à 1,330 mètres, ce qui fait une différence de niveau de 130 mètres. Pour racheter cette inégalité énorme, on donne à la voie, du côté italien, une pente de 5 millièmes, et du côté français, une inclinaison de 23 millièmes; de sorte que le milieu du tunnel est un peu plus élevé que l'entrée de Bardonnèche. La crête de la montagne se trouve au-dessus de ce point, à une hauteur de 1,600 mètres.

Le tunnel aura deux voies, 8 mètres de largeur, et 6 mètres d'élévation.

Les roches qu'il s'agit de traverser, sont beaucoup plus dures à Modane qu'à Bardonnèche. A Modane, on a trouvé des poudingues et des quartzites; puis viennent 3,000 mètres de calcaires compactes, et enfin, du côté de Bardonnèche, des calcaires schisteux assez tendres.

La dureté plus grande de la roche, jointe à l'absence de machines, a beaucoup retardé les travaux du côté français, pendant qu'ils avançaient assez vivement du côté italien, où les chutes d'eau de la Doria et de quelques autres torrents, permettaient d'installer les compresseurs hydrauliques de M. Sommeiller. Cependant M. Sommeiller a fait construire pour Modane, un autre appareil, approprié aux ressources naturelles dont on pouvait disposer à cette station. C'est un *compresseur à double effet* qui fonctionne sous l'action seule de la faible chute d'eau de 5^m,60 qui existe à Modane. L'emploi de cet appareil doit accélérer les travaux.

Les puissants compresseurs employés au percement du tunnel des Alpes, peuvent débiter, par heure, 25,000 mètres cubes d'air comprimé, quantité suffisante, dit-on, pour renouveler l'air intérieur, et dont une faible partie seulement est nécessaire pour faire mouvoir les pics qui labourent la roche. Chaque perforateur creuse une dizaine de trous de 0^m,90 en six heures. Pour faire sauter les mines et déblayer les décombres, résultant de l'explosion, il faut encore quatre heures. On avance donc, en moyenne, de 0^m,90 en dix heures, ou de 1^m,80 par jour. Deux mille ouvriers, mineurs, maçons, cantoniers, tailleurs de pierre ou mécaniciens, travaillent nuit et jour des deux côtés du tunnel, se relayant de huit en huit heures.

Il est difficile d'assigner d'avance une limite à la fin des travaux; mais s'il ne survient aucune difficulté imprévue, on espère que tout sera terminé en 1872.

Quand cette œuvre grandiose sera achevée, on se rendra de Paris à Turin en 22 heures, de Paris à Milan en 27 heures. On pourra dire alors qu'il n'y aura plus ni Pyrénées ni Alpes.

D'après un récent rapport de M. Sommeiller, à la fin de l'année 1863, on avait percé 2,322 mètres du côté de l'Italie et 1,763 mètres du côté de la France; ce qui donne un total de 4,085 mètres : juste un tiers de la longueur totale du tunnel. Depuis le 1er janvier 1865 jusqu'au 1er janvier 1866, on a percé 1,147 mètres en plus, ce qui fait en tout 5,232 mètres. Mais le travail est maintenant arrêté par une masse de granit où l'on n'avance qu'avec une vitesse inférieure d'un tiers à la vitesse ordinaire.

La présence de cette roche avait été très-exactement prédite par MM. Élie de Beaumont et Sismonda qui avaient annoncé du granit à une distance de 1,500 à 2,000 mètres de la bouche du tunnel, du côté de l'Italie.

On vient de voir que les conditions particulières aux chemins de fer et les difficultés inhérentes à leur établissement, ont été une occasion constante de triomphe pour la science de l'ingénieur. La construction des ponts et viaducs, que nous avons maintenant à examiner, va nous prouver que l'architecture n'a pas moins gagné que les autres arts, à la création des *railways*. Des proportions monumentales dans les édifices, une foule de types nouveaux créés pour les besoins de circonstances particulières, des procédés ingénieux, imaginés pour résoudre des problèmes qu'on n'avait pas encore osé aborder ; tout cela donne aux constructions architecturales qui dépendent des chemins de fer, un cachet spécial de grandeur, d'originalité et d'élégance.

Les ponts se classent d'après la nature des matériaux employés à leur construction. Il y a d'abord, les ponts en bois, ou *estacades*, ensuite les ponts en pierre, et ceux en fer.

Les ponts en bois sont les plus économiques, mais aussi les moins durables. Abandonnés en Europe, ils sont encore fréquemment employés aux États-Unis, où les convois franchissent les rivières et les marécages, sur des charpentes à peine terminées, sans parapets ni tabliers, au risque des accidents les plus horribles, qui n'arrivent, en effet, que trop souvent.

Les ponts en charpente sont très-communs en Angleterre, dans le Cornouailles, où ils ont donné lieu à des constructions d'une hardiesse et d'une légèreté admirables.

Le plus grand viaduc en bois qui existe, est celui de Haut-Portage, dont la longueur est de 267 mètres et la hauteur de 79 mètres.

Quelquefois, les *estacades* ne servent que d'une manière provisoire. On se hâte de construire à leur intérieur, des ponts définitifs ; puis on les démonte, sans que le service ait souffert un seul jour d'interruption.

C'est ainsi que le pont en tôle d'Asnières, sur le chemin de Paris à Saint-Germain, qui fut si stupidement détruit en 1848, fut reconstruit, la même année, sous une estacade provisoire, sans nécessiter la moindre interruption dans le service des lignes innombrables qui s'entre-croisent à chaque instant sur ce pont.

Les ponts de pierre qui atteignent une certaine longueur, se nomment *viaducs*.

Parmi les viaducs, l'un des plus remarquables et des plus connus, est celui du val Fleury, près Meudon, sur le chemin de fer de Versailles (rive gauche). Il fut construit par M. Doyen. Comme le fond de la vallée se compose d'un terrain argileux très-mou, il fallut pousser les fondations jusqu'à la couche de craie inférieure. Le volume de maçonnerie cachée sous terre, se trouve donc presque aussi considérable que la partie visible.

Les arches élancées de ce viaduc, remarquable par sa svelte élégance, sont pourtant moins élevées que celles du célèbre viaduc de Durham, en Angleterre, dont la hauteur est de 40 mètres. Les arches ont de 45 à 50 mètres d'ouverture.

Un des ouvrages de ce genre les plus hardis que nous puissions signaler, c'est le viaduc de la Goltsch, en Saxe, dont la hauteur maxima est de 80 mètres, et la longueur de près de 600 mètres. C'est la hauteur du sommet du Panthéon à Paris !

Le beau pont établi pour le passage de la Marne, à Nogent, près Paris, et les viaducs établis aux abords de ce pont, méritent aussi une mention spéciale. Pont et viaduc dessinent une courbe longue de 700 mètres. Les quatre arches qui s'élèvent sur la rivière, ont 20 mètres de haut et 50 mètres d'ouverture. Trente arcades, plus petites, les relient aux remblais des abords. La maçonnerie est faite en pierre meulière et ciment romain.

Fig. 170. — Viaduc de Morlaix, sur le chemin de fer de Paris à Brest.

Rien de plus élégant, rien de plus hardi que le *viaduc d'Auteuil* situé au Point du jour, sur le chemin de fer de ceinture de Paris.

Citons encore le viaduc de Chaumont (Haute-Marne) qui a été construit sur la Suize. Long de 600 mètres, haut de 50 mètres, cet ouvrage d'art fut exécuté en moins d'une année, en travaillant nuit et jour, et en se servant, la nuit, de la lumière électrique. Cette rapidité fut un vrai tour de force dont on n'avait pas encore eu d'exemple.

Le viaduc le plus léger qui ait été encore construit, est celui de Cornelle, près de Chantilly (chemin de fer du Nord). Il est entièrement en moellons, sauf les parements. Sa hauteur maxima est de 25 mètres ; les piles ne sont pas évidées.

Nous devons citer enfin parmi les beaux viaducs, celui qui traverse la vallée de l'Indre, entre Tours et Monts. sur le chemin de Paris à Bordeaux. Ses cinquante-neuf arches ont une hauteur moyenne de 22 mètres, et se développent sur un espace de 750 mètres. C'est un des plus beaux monuments auxquels ait donné naissance la construction de nos chemins de fer.

Le viaduc que nous avons choisi pour donner, par une figure précise, une idée de la construction de ce genre d'édifice, est celui de Morlaix, sur le chemin de fer de Paris à Brest (fig. 170). Ce viaduc passe à une hauteur considérable, au-dessus des maisons de la ville.

Le pont qui relie les deux rives du Rhône, entre Tarascon et Beaucaire, est en pierre et en fer. Ses piles et culées sont en pierre et le tablier en fer. Il a coûté six millions et demi.

Ce genre de ponts (pierre et fer ou fonte) est aujourd'hui très-répandu en Europe. Nous citerons, parmi ces sortes de ponts, celui

Fig. 171. — Pont sur le Rhin, entre Strasbourg et Kehl.

de Newcastle, bâti par Robert Stephenson, et celui d'Asnières.

Quand la portée des travées doit être très-considérable, on a recours aux *ponts tubulaires*, qui sont aux ponts et viaducs ordinaires, ce que les tunnels sont aux tranchées.

Les *ponts tubulaires* sont de vastes conduits rectangulaires, formés de quatre lames de tôle rivées ensemble et reposant, par leurs extrémités, sur des culées, ou sur des piles très-écartées, en maçonnerie. Les convois passent dans l'intérieur de ces immenses tuyaux suspendus, qui manquent assurément d'élégance, mais dont la forme est calculée pour offrir une grande stabilité, malgré leur légèreté relative.

Les *ponts tubulaires* les plus célèbres, sont les deux ponts de Conway et de Menai, construits par Robert Stephenson sur le chemin de fer de Chester à Holyhead. Le premier relie la petite île de Holyhead à l'île d'Anglesey; le second établit la communication entre Anglesey et le comté de Carnarwon (pays de Galles). On lui a donné le nom de *Britannia Bridge*.

Voici dans quelles circonstances Stephenson imagina l'audacieuse construction du pont de Menai.

Le chemin de fer avait à franchir le détroit qui sépare l'île d'Anglesey du pays de Galles, et qui offre une largeur minimum de 300 à 400 mètres. L'amirauté anglaise, à laquelle il fallut soumettre le projet du pont à construire, exigea d'abord que le niveau des rails fût porté à 30 mètres au moins au-dessus des plus hautes marées, afin de permettre aux navires de passer par-dessous avec toute leur mâture. Elle exigea ensuite, qu'il ne fût fait aucun usage de cintres ni d'échafaudages pour la construction du pont. C'était mettre les ingénieurs, littéralement, au pied du mur.

Robert Stephenson ne fut pas longtemps embarrassé par ces difficultés. Il commença par faire construire, sur un rocher situé au milieu du détroit, une tour élevée de 50 mètres; puis, sur chaque rive, une tour un peu moins élevée, distante de 140 mètres de la tour moyenne; enfin à 70 mètres en arrière de ces deux piles extrêmes, deux culées, adossées aux levées d'Anglesey et de Carnarwon. Alors quatre tubes de fer laminé, longs chacun de 144 mètres, hauts de 9 mètres et larges de 4^m,30, furent amenés sur des radeaux entre les trois piles, au-dessous de l'emplacement qu'ils devaient occuper, et hissés jusqu'au sommet des tours, au moyen de presses hydrauliques mues par la vapeur et placées sur les tours.

Chacun de ces tubes pèse 1,800 tonnes. C'est près de 2 millions de kilogrammes, qu'il fallut monter à plus de 30 mètres de hauteur!

La pile du milieu fut ainsi reliée, par deux tubes parallèles, offrant ensemble une largeur de 9 mètres, avec chacune des piles extrêmes. Les tubes de 70 mètres furent construits en place, sur des échafaudages, et réunis aux grands tubes, au moyen de tubes de raccord. De cette façon, chaque moitié du pont se compose d'une immense poutre creuse de 460 mètres de longueur, fixée sur la pile centrale, et reposant librement sur les deux piles de rive et sur les culées. Chacune de ces deux poutres pèse 5,400 tonnes. Leurs poids réunis donnent, par conséquent, près de 11 millions de kilogrammes. On a calculé que le poids seul des clous qui ont servi à assembler les feuilles de tôle, est de 900 tonnes.

Le pont de Menai a coûté 15 millions.

Quant au pont de Conway, qui relie l'île d'Anglesey à Holyhead, les deux poutres parallèles, longues de 122 mètres entre leurs deux culées, ne sont supportées en aucun point intermédiaire; elles pèsent chacune 1,130 tonnes.

Il y a quelques années, Stephenson et Ross ont construit, sur le fleuve Saint-Laurent, un immense pont tubulaire, qui donne passage au chemin de fer de New-York au Canada, et qui a reçu le nom de *Pont Victoria*. D'une longueur totale de 2,740 mètres, il offre vingt-cinq travées, d'une portée qui s'accroît depuis 74 jusqu'à 100 mètres, en allant des culées vers les piles du milieu. En même temps, les piles augmentent d'épaisseur, et la hauteur du tube s'accroît dans une proportion semblable; au centre, elle est d'un peu moins de 7 mètres. Le plancher du tube se trouve à 18 mètres au-dessus de l'étiage. Le poids total du fer employé à la construction de cet ouvrage cyclopéen, dépasse 10,000 tonnes.

Le passage des convois dans le *pont Victoria* a lieu ordinairement en quatre minutes, ce qui correspond à une vitesse moyenne de 40 kilomètres par heure. Mais les ingénieurs ne doutent pas qu'on ne puisse circuler dans ces tubes, sans aucun danger, à des vitesses beaucoup plus considérables. La confiance qu'inspire leur solidité est sans réserve.

De tous les ponts tubulaires construits en France, nous ne citerons que le pont de Mâcon, sur la Saône, dont les piles, entièrement en fonte, reposent sur des fondations de béton et de maçonnerie, qui ont été construites sous l'eau, à l'aide de l'air comprimé, d'après le système de *fondations tubulaires*, alors nouveau en France.

Quand les montants latéraux et le plafond sont évidés, le *pont tubulaire* devient un *pont treillissé*. Tels sont les célèbres ponts de Kehl sur le Rhin (fig. 171); de Bordeaux, sur la Gironde; de Dirschan, sur la Vistule; d'Offenbourg, sur la Kinzig (chemins de fer badois), etc.

Le grand pont qui relie, entre Kehl et Strasbourg, le réseau des chemins de fer de l'Est français aux chemins badois, et qui a été livré à la circulation en 1861, a une longueur totale de 235 mètres. Comme le tablier n'est qu'à 1ᵐ,50 au-dessus des plus hautes eaux du Rhin, on a rendu mobiles, comme il est facile de le reconnaître sur notre dessin, les deux travées contiguës aux rives allemande et française, d'abord dans l'intérêt de la navigation, mais aussi, il faut le dire, dans un but stratégique. L'Allemagne a voulu pouvoir, à volonté, se séparer de la France, sa voisine.

Ainsi, l'on va prévoir, en pleine paix, le cas sinistre de la guerre entre les deux peuples ! Les ingénieurs n'y auraient peut-être pas songé ; mais les hommes d'État n'ont eu garde de l'oublier.

Le pont de Kehl a deux voies, séparées par une troisième, d'environ 2 mètres, et bordées de passerelles pour les piétons. Il repose sur quatre piles, larges de 15 à 21 mètres, et épaisses de 3 mètres à 4ᵐ,5.

Les fondations présentaient des difficultés exceptionnelles. La vitesse du courant, la composition du lit du fleuve, lequel consiste en gravier d'une profondeur de 60 mètres, les affouillements continuels produits dans ce lit par les crues rapides, et une foule d'autres obstacles s'opposaient à l'emploi des procédés ordinaires.

On a donc eu recours, pour bâtir dans le lit du fleuve, les piles du pont, au *procédé des fondations tubulaires*, c'est-à-dire à l'emploi de grands caissons remplis d'air comprimé, qui refoule les eaux, et permet aux ouvriers de travailler à l'intérieur de ces caissons, ouverts par leur base inférieure, laquelle repose sur le fond du fleuve. Comme nous décrirons ce procédé dans une notice spéciale, nous nous bornons à le mentionner ici en un mot.

Le pont de Kehl a coûté 8 millions. Quand on le mit à l'essai, avant de le livrer à la circulation, quatorze locomotives et quatre-vingts wagons, formant ensemble un poids de 960 tonnes (8 tonnes par mètre courant), ne purent faire fléchir le tablier que de 12 millimètres, pendant une journée entière.

Le pont du Rhin à Cologne, construit de 1855 à 1859, qui offre une longueur de 400 mètres, et a coûté 10 millions ; — celui de Coblentz, de date plus récente ; — celui de la Gironde, à Bordeaux, dont la longueur totale, y compris les viaducs aux abords, est de 630 mètres ; — ceux de la Vistule, à Dirschan et à Varsovie ; — et quelques autres ponts célèbres, appartiennent, comme il a été dit plus haut, à la catégorie des *ponts à treillis*.

Les ponts de Bordeaux et de Varsovie, ont nécessité, comme celui de Mâcon et celui de Kehl, des fondations tubulaires.

Ce procédé a été suivi également pour la fondation de la pile unique du grand pont de Saltash, construit sur un bras de mer, à Plymouth, et pour la fondation des ponts de Rochester, d'Argenteuil, etc.

Le pont de Saltash est un *bowstring*, c'est-à-dire un pont dont le tablier est soutenu par des tirants verticaux attachés à un axe supérieur tubulaire, de section elliptique.

Les ponts sur l'Aar et sur la Sitter, longs chacun de 160 mètres, et celui de Fribourg, long de près de 400 mètres et haut de 86 mètres, reposent sur des colonnes en fonte portées sur des piles en pierre.

Pour terminer, nous devons mentionner les *ponts suspendus* qui ne sont toutefois employés qu'en Amérique, pour les chemins de fer. De ce nombre, sont les ponts sur la Harpes, au chemin de fer de Baltimore à l'Ohio ; enfin le fameux et magnifique pont du Niagara, qui fut commencé en 1852 et livré au public en 1856.

Le pont du Niagara, donne passage, en même temps, à un chemin de fer et à une route ordinaire. Il a une longueur de 246 mètres et passe à 74 mètres au-dessus du Niagara et de ses cataractes.

M. Rœbling, constructeur de ce pont, en a édifié depuis un autre sur le Kentucky, dont la portée est de 367 mètres.

Il est fort singulier que les ponts suspendus (auxquels nous consacrerons un chapitre, dans une notice spéciale) souffrent beaucoup plus des trépidations causées par les piétons, que par le passage d'un convoi de chemin de fer. Selon M. Rœbling, un train pesant, lancé à la vitesse de 36 kilomètres par heure, occasionne beaucoup moins d'ébranlement, que vingt grosses têtes de bétail passant au trot. Les cortéges publics, marchant au son de la musique, ou des compagnies de soldats, qui s'avancent au pas en cadence, produisent un effet pire encore. Aussi les troupeaux de bestiaux doivent-ils être divisés en groupes de vingt têtes au plus, et l'on n'admet pas au delà de trois groupes à la fois sur le pont. Quand un régiment en marche se présente pour franchir un pont suspendu, on fait rompre les rangs, et les hommes ne passent que par petits groupes séparés.

Les *ponts tournants* se rencontrent encore assez fréquemment sur les chemins de fer belges. On en voit quelques-uns en Amérique, en Angleterre et en France, mais ils sont dangereux, et constituent une grave cause d'accidents.

Nous ne terminerons pas ce chapitre relatif aux œuvres d'art sans dire un mot des *gares*, qui appartiennent à la catégorie des constructions accessoires.

La disposition, aussi bien que l'étendue des gares, exerce une grande influence sur les manœuvres, et rend, par suite, l'exploitation plus ou moins commode. On s'est aperçu trop tard, sur un grand nombre de nos lignes, que la construction des gares n'avait pas été suffisamment étudiée, parce que les architectes étaient alors étrangers aux besoins de l'exploitation. C'est, du reste, ce qui est arrivé pour bien d'autres édifices consacrés à la science ou à l'industrie, et en présence desquels nos architectes se trouvent dépourvus des lumières spéciales qu'exigeraient ces travaux.

Quant à la partie décorative et architecturale des gares, il est à remarquer que les gares françaises se distinguent par un style heureux et de bon goût. En Allemagne, au contraire, on rencontre un genre bâtard, où les ogives et les tours crénelées du moyen âge jouent le rôle principal, et en Angleterre l'œil est surpris par de lourdes imitations des portiques et colonnades de la Grèce. On a eu le bon goût en France, d'éviter cet inutile anachronisme de l'art.

CHAPITRE X
DISPOSITION DES VOIES DE FER.

Après avoir décrit, en détail, le tracé de la voie et les travaux préliminaires auxquels donne lieu la construction des chemins de fer, nous allons entrer dans quelques explications au sujet des voies ferrées elles-mêmes, dont l'établissement pratique soulève une foule de problèmes.

On sait que l'effort qu'il faut exercer pour traîner une voiture sur une route quelconque, est d'autant moindre que la surface de cette route est plus dure et plus unie. C'est pour cette raison que les anciens Romains attachaient une si grande importance à l'établissement de la chaussée de leurs routes. On trouve encore de nos jours, des portions de voies romaines, qui ont résisté aux injures du temps, et qui comptent une durée de dix-sept siècles. Ces routes, éternelles, pour ainsi dire, étaient formées d'amas de cailloux, cimentés avec de la chaux, jusqu'à la profondeur de 4 mètres. Ce mélange se transformait bientôt en une masse dure et aussi résistante que le marbre. Souvent on recouvrait la chaussée ainsi préparée, de grandes dalles de pierre de taille. Ainsi était disposée la *via Appiana* et la *via Flaminia*. D'autres fois, des dalles de lave volcanique recouvraient la voie, comme on le reconnaît encore dans plusieurs parties des restes du Forum de Rome.

Fait remarquable ! Les écrivains latins appelaient les routes ainsi préparées : *chemins de fer* (*viæ ferreæ*). Ce n'était là, assurément, qu'une métaphore ; mais la métaphore on en conviendra, est curieuse à signaler.

Les voies ferrées modernes, qui sont des chaussées garnies de bandes de fer parallèles, présentent, sur l'ancienne voie romaine, cimentée et dallée, un progrès immense : d'abord, parce qu'elles sont bien moins dispendieuses que les anciennes routes ferrées ; ensuite, et surtout, en raison du rail de fer, leur grande cause d'incontestable supériorité sur toute autre espèce de voie.

Le rail, — que le lecteur se pénètre bien de cette idée, — est l'âme du chemin de fer. En lui résident le principe et la puissance de la locomotion nouvelle, parce qu'il anéantit, pour ainsi dire, le frottement, difficulté fondamentale de tout système de locomotion.

On appelle *chemin à simple voie*, celui qui n'est garni que d'une couple de rails. On n'adopte les chemins à simple voie que dans les contrées où la circulation est peu active.

Quand on est parvenu, au moyen des terrassements et des travaux d'art, à adoucir convenablement l'inclinaison du terrain, et à faire disparaître les accidents du sol, sur toute la ligne que doit suivre le chemin de fer, on ne peut pas encore procéder à la pose des rails. En effet, la terre boueuse des tranchées et des remblais, n'offrant pas une base assez solide, la voie ne tarderait pas à se détériorer, sous l'influence des agents atmosphériques, et finirait par devenir impraticable. D'un autre côté, la maçonnerie des ponts présenterait une surface trop rigide, qui fatiguerait les voyageurs, aussi bien que le matériel roulant. Il faut donc, avant tout, recouvrir la voie nue et les maçonneries, d'une couche de matériaux perméables. On nomme ces matériaux le *ballast*.

Le sable est le *ballast* le plus généralement employé. Il ne doit pas être trop fin, pour ne pas être enlevé par le vent, mais aussi égal que possible.

Ce matelas de sable amortit les chocs et les trépidations, et contribue ainsi beaucoup à la conservation du matériel et des machines, tout en évitant aux voyageurs des secousses fatigantes et désagréables. Il est destiné, de plus, à mettre la voie, autant que possible, à l'abri de l'eau, dans l'intérêt de la conservation des rails. Les eaux de pluie traversent la couche de sable, et s'écoulent le long de la chaussée, qui présente une légère inclinaison de chaque côté, à partir de l'axe du chemin jusqu'aux fossés latéraux.

Comme les longues tranchées sont souvent difficiles à dessécher, on a la précaution d'y établir encore des puits absorbants, creusés de 300 en 300 mètres. On peut voir quelques-uns de ces puits dans la grande tranchée de Clamart, sur le chemin de Paris à Versailles (rive gauche).

Après avoir étendu sur la chaussée, une première couche de sable, ou *ballast*, de 20 à 30 centimètres d'épaisseur, on y fixe solidement les traverses, ou *longuerines*, sur lesquelles doivent reposer les rails. On remplit de sable bien pilonné, l'intervalle de ces supports, de manière à les enterrer complétement, afin de les préserver de la pourriture et de toute dégradation accidentelles ; et l'on arrive ainsi à une épaisseur totale de 45 à 60 centimètres.

Cet ensablement de la voie est une des opérations les plus importantes. La conservation de la route en dépend.

Sur les terrains humides, la couche de *ballast* doit être plus forte. Aussi faut-il encore creuser des rigoles dans le sous-sol.

Quand le chemin de fer traverse un marais, comme il arrive si souvent en Toscane, dans la campagne de Rome, en Hollande, et dans quelques parties du nord de la France, on est obligé d'enfoncer des pilotis dans la couche solide inférieure, de réunir les têtes des pilotis par des *longuerines*, sur lesquelles reposent les traverses, et sur ces traverses de nouvelles longuerines qui portent les rails.

Ces sortes de fondations sont employées sur tout le trajet de la voie, dans la Caroline du Sud, aux États-Unis, et dans le pays de

Galles (Angleterre). Dans le marais, très-profond, de Chatmess, sur la route de Liverpool à Manchester, on a été obligé d'établir la chaussée sur un lit de fascines d'une grande largeur. Le poids de la chaussée et des convois étant réparti, de cette manière, sur une surface considérable, le chemin semble flotter sur le marais, comme un radeau sur une rivière.

Les rails de fer reposent sur des pièces de bois, nommées *traverses*, placées en travers, c'est-à-dire perpendiculairement à l'axe de la route (fig. 172).

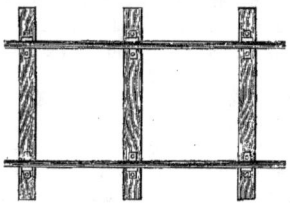

Fig. 172. — Voie sur traverse.

Dans l'origine des chemins de fer, on posait les rails sur des dés de pierre, de forme prismatique, enfoncés dans le sol.

C'est ainsi que fut établi le chemin de fer de Montpellier à Cette. Depuis bien des années, ce système a été réformé, et les dés de pierre ont été remplacés par des traverses de bois. Aussi, dans tous les chemins vicinaux qu'avoisine la voie ferrée de Montpellier à Cette, retrouve-t-on, souvent encore, de ces petits cubes de pierre, percés de trous. Ce sont les anciens dés du chemin de fer, qui ont été jetés et dispersés un peu partout. Il m'est souvent arrivé, dans nos herborisations ou nos excursions de géologie, avec les professeurs et les élèves de la Faculté des sciences de Montpellier, de soumettre ces objets, ramassés sur nos pas, le long de la route, à l'examen des élèves, et de m'amuser de l'embarras de nos géologues en herbe, sur l'origine de ces *pierres percées*.

Les rails ainsi fixés sur de simples pierres, offraient peu de stabilité, parce que le moindre tassement les brisait. Les traverses, en bois, sont d'ailleurs, bien plus faciles à relever lorsque la voie a fléchi et s'est abaissée.

C'est par ces diverses raisons, que l'on emploie aujourd'hui les traverses en bois, malgré leur cherté extrême.

Cette cherté n'est pas, en effet, un élément à négliger. On a calculé que les traverses sur lesquelles reposent les rails du réseau des chemins de fer français, représentent, à elles seules, un capital de 200 millions de francs, qu'il faut renouveler tous les douze ou quinze ans.

Les bois employés pour la fabrication des traverses, sont : le chêne, le hêtre, le sapin, le pin, le mélèze. Mais pour servir à former des traverses, tous ces bois, sauf le chêne, doivent subir une préparation préalable, destinée à assurer leur conservation et à les faire résister à la pourriture.

On les traite par des injections de sulfate de fer ou de sulfate de cuivre, de créosote ou de substances analogues, qui les préservent de l'altération dans le sol, et augmentent leur durée.

Le chemin de fer de l'isthme de Panama, au Mexique, est posé sur des traverses en bois de gaïac, la seule essence de bois qui ne pourrisse pas rapidement sous l'influence du climat tropical.

Quant à la forme des traverses, on a reconnu que les pièces équarries sont préférables aux pièces rondes ou triangulaires, qu'on avait d'abord essayées.

Le rail, que nous appelions plus haut, l'âme du chemin de fer, est une bande de fer dont la section peut offrir des formes très-diverses. C'est Georges Stephenson qui, le premier, remplaça le rail de fonte par le rail en fer forgé.

La forme préférée pour les rails a été, dès l'origine des chemins de fer, celle du *rail à champignon*.

Le *rail à champignon simple* (fig. 173) se termine inférieurement par un bourrelet. On lui préfère aujourd'hui le *rail à double champignon* (fig. 174) dont la forme parfaitement symétrique, permet de le retourner, quand le côté supérieur est usé. L'un et l'autre champignon sont logés dans un coussinet de fonte, fixé sur la traverse, au moyen de deux chevillettes en fer, et dans lequel ils sont maintenus par un coin en bois dur.

Fig. 173. — Rail à simple champignon. Fig. 174. — Rail à double champignon.

Une autre forme de rail est celle qu'on appelle *rail à patin* (fig. 175). C'est un rail à simple champignon, muni, à sa partie inférieure, d'une semelle, qui se fixe directement sur la traverse, sans coussinet.

Fig. 175. — Rail à patin. Fig. 176. — Rail Vignole.

Les *rails Vignole* (fig. 176) sont des rails à patins, d'une forme très-élancée, qui offrent une grande résistance à l'écrasement.

Voici encore deux autres modèles, le *rail Brunel* (fig. 177) et le *rail Barlow* (fig. 178), qui dispensent également de l'emploi des coussinets.

Le *rail Brunel* repose sur des longuerines, ou pièces de bois longitudinales. Il est employé sur le chemin de Londres à Bristol (Great-Western-Railway).

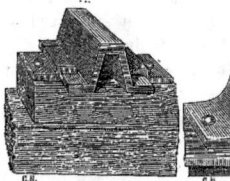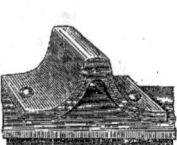

Fig. 177. — Rail Brunel. Fig. 178. — Rail Barlow.

Le *rail Barlow* dispense même des traverses en bois. Il repose directement sur le sol. Les joints des rails successifs sont formés par des doublures en fer, rivées sous les rails, et reliées par une barre d'écartement en fer.

La simplicité de ce système lui a conquis beaucoup de partisans, en Angleterre. On l'a essayé en France, sur le chemin de fer du Midi ; mais il est difficile de trouver du métal d'assez bonne qualité, pour le fabriquer, et il est sujet aux déformations. On l'a donc abandonné en France.

Quand les rails ont été fixés sur les traverses, on les pose sur la chaussée, à des distances de 90 centimètres. Il faut sept traverses pour supporter un rail, long de 6 mètres.

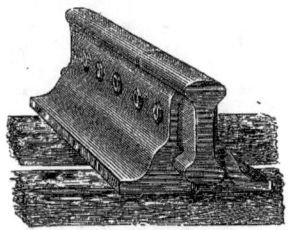

Fig. 179. — Eclisses.

Les bouts des rails sont réunis entre eux, au moyen d'*éclisses* (fig. 179).

Les *éclisses* sont de petites pièces de fonte,

fixées latéralement, contre les rails, et maintenues en place par des boulons.

Les rails ne doivent pas se toucher bout à bout. Il faut toujours laisser entre leurs extrémités, un vide, à cause de la dilatation ou de la contraction que leur fait éprouver l'alternative de la chaleur et du froid. La distance entre les bouts des rails qui est, en hiver, de 4 millimètres, n'est, en été, que de 2 millimètres. Si on ne laissait pas à la dilatation ce jeu indispensable, les rails se déformeraient, ce qui pourrait amener la destruction de la voie.

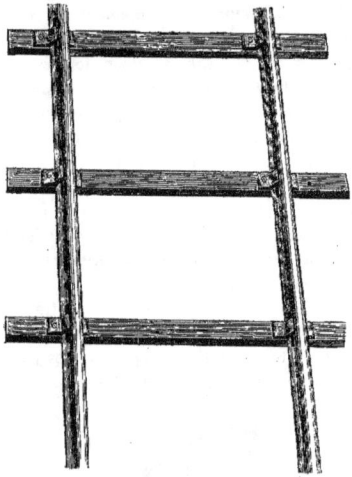

Fig. 180. — Disposition des rails sur les traverses.

La figure 180 donne une idée de la disposition ordinaire des rails sur les traverses.

Dans le *système Pouillet*, on emploie des traverses plus minces, qui reposent sur des tablettes en bois, dites *tables de pression*. Au chemin de fer de ceinture à Paris, la voie a été entièrement posée dans ce système.

Le *système Barberot*, où les rails sont maintenus sur les traverses par deux cales en bois, rend la voie très-douce et très-stable ; mais ce système n'a pas encore été éprouvé assez longtemps, pour pouvoir être apprécié d'une manière définitive.

Fig. 181. — Passage à niveau et barrière.

Les chemins de fer croisent, à chaque instant, les routes ordinaires. Ils passent au-dessus, au-dessous, et même au niveau de ces routes. Dans ce dernier cas, la partie du chemin de fer qui traverse la route, s'appelle *passage à niveau*. La figure 181 fait voir comment sont placés les rails sur un *passage à niveau*.

Si les voitures ont accès sur le *passage à niveau*, il est nécessaire de paver ce passage dans toute la largeur de la route. Les rails sont donc enterrés dans le pavé, si bien que les roues des voitures ne font qu'effleurer le champignon. Du côté de l'axe de la voie, on laisse une rainure dans laquelle se logent les rebords des roues des wagons.

Nous avons à parler maintenant des *accessoires* de la voie ferrée.

Les accessoires de la voie comprennent les changements, croisements et traversées de voie, — les aiguilles, — les plaques tour-

LOCOMOTIVE ET CHEMINS DE FER.

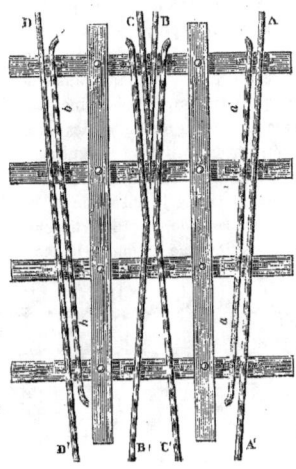

Fig. 182. — Appareil de croisement de voie.

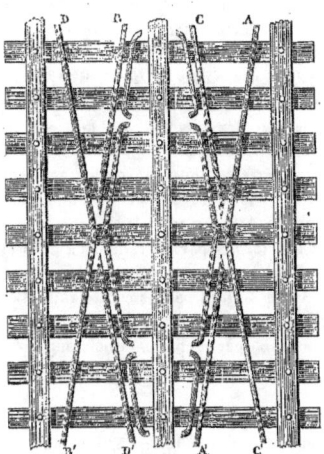

Fig. 183. — Appareil de coupement de voie.

nantes, — les chariots de service, les grues, — les signaux, etc.

Les *changements de voie* (fig. 184, D), ser-

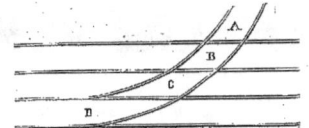

Fig. 184. — Figure géométrique des intersections des voies.

vent à faire passer un convoi tout entier, d'une voie sur une autre, sans interrompre sa marche. Le changement de voie est suivi d'un *croisement de voie* C, puisque l'une des branches rencontre nécessairement l'autre à une certaine distance du changement. Enfin, la *traversée de voie* B et A, est l'appareil mécanique qui permet à deux voies de se couper. C'est un croisement double, combiné avec une disposition analogue, dite *coupement de voie*.

L'inspection des figures 182 et 183 qui représentent les *croisements et coupement de voies*, fera comprendre le principe de ces dispositions.

Les rails sont interrompus aux points où ils viennent se couper, afin de donner passage aux rebords en saillie des roues, qui, sans cela, seraient forcées de monter sur les rails de la voie qu'elles traversent, ce qui amènerait infailliblement le déraillement du train. Comme garantie supplémentaire, on place encore vis-à-vis des points d'interrup-

Fig. 185. — Croisement des voies avec plaque de fonte fixe.

tion, des portions de rails, appelées *contre-rails*. Le croisement de voie (fig. 185), consiste alors dans une pointe formée par deux rails soudés ensemble, et qui s'engage entre deux coudes ; la pointe s'appelle *cœur*, et les coudes *pattes de lièvre*.

La figure 182 donne une idée de l'ensemble des dispositions qu'exige l'installation d'un croisement de voie. On y remarque le *cœur* BC, les *pattes de lièvre*, B′, C′ et des contre-rails *aa*, *bb* établis à droite et à gauche, vis-à-vis des rails DD′, AA′ qui, eux, ne sont pas interrompus.

La *traversée* se compose, comme nous l'avons dit, de deux croisements et d'un recoupement (fig. 183) qui consiste en deux coudes AC′ et BD′ formés par les rails extérieurs et vis-à-vis desquels sont placés intérieurement deux coudes formés par les contre-rails. Les traverses qui supportent ces appareils, sont reliées ensemble par des pièces de bois longitudinales, de manière à former un châssis très-solide.

Les *changements de voie* exigent des appareils plus complexes. Il ne s'agit plus ici de faire disparaître les obstacles qui pourraient s'opposer à la marche du train et le faire dérailler, mais de le pousser, à volonté, sur l'une ou l'autre branche d'une voie bifurquée.

Ce problème a été résolu de plusieurs manières différentes ; nous nous bornerons à décrire ici l'appareil le plus usité.

Deux bouts de rails (AA′, DD′, fig. 186) taillés en biseau, — ce qui leur fait donner le nom d'*aiguilles*,— peuvent se déplacer de manière que l'une des deux aiguilles s'applique contre le rail voisin quand l'autre s'éloigne du rail à côté duquel elle se trouve. Dans la figure 186, les aiguilles sont disposées pour le service de la voie oblique AA′ et BB′. Le train arrive par A, et s'engage sur A′C. Si l'aiguille DD′ s'appliquait contre BB′, le train resterait sur la voie, rectiligne, CC′ et DD′. Les deux aiguilles sont réunies par des barres transversales E, E′ qui les rendent solidaires. Un levier, FGH manœuvré par un employé spécial, nommé *aiguilleur*, sert à les amener dans l'une ou l'autre des deux positions qu'elles peuvent prendre.

La figure 186 indique le mouvement de ce levier par rapport à la voie, et pour plus de clarté, nous avons placé, au-dessous du plan de l'appareil, une coupe verticale qui fait mieux comprendre son fonctionnement. Le convoi qui arrive sur la voie principale, s'engage alors sur l'une ou l'autre des deux branches, suivant la position des aiguilles. Il suit la voie de gauche quand l'aiguille de droite est appliquée contre le rail voisin et l'aiguille de gauche séparée de son rail ; le levier occupe alors la position que lui donne le dessin. S'il

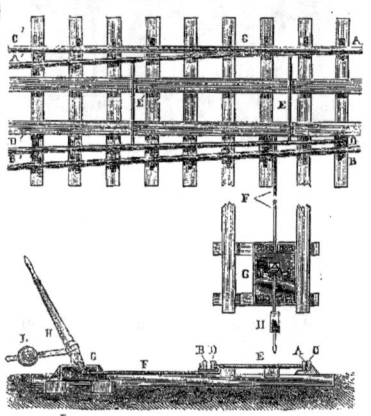

Fig. 186. — Aiguilles.

prend la position inverse, c'est-à-dire qu'il s'incline vers la droite, l'aiguille de gauche est ramenée sous le rail correspondant, celle de droite s'éloigne de l'autre rail, et la voie de droite devient libre, pendant que celle de gauche se ferme. L'*aiguilleur* n'a qu'à renverser le levier GH au moment voulu pour manœuvrer l'aiguille BDAC au moyen de la tige F : le contre-poids L qu'il porte, le maintient ensuite en position.

Pour un *changement de voie double*, il y a, de chaque côté, deux aiguilles qui peuvent s'appliquer toutes deux contre le rail pour en fermer l'accès, ou s'en éloigner toutes deux pour le laisser libre. Lorsque l'une d'elles

LOCOMOTIVE ET CHEMINS DE FER. 355

s'applique contre le rail pendant que l'autre s'en éloigne, c'est la voie intermédiaire, représentée par la première aiguille, qui devient libre.

Les appareils que nous venons de décrire, servent à faire changer de direction un convoi entier, lorsqu'il est en marche. Mais il arrive constamment qu'on a besoin de transporter d'une voie sur une autre voie parallèle, les locomotives ou les wagons isolés.

On emploie, dans ce but, des appareils qu'on désigne sous le nom de *plaques tournantes* et de *chariots de service*.

Les plaques tournantes sont de grands plateaux circulaires, posés au niveau de la voie, au point de croisement de deux ou de plusieurs voies, et mobiles autour d'un pivot central. Elles portent des bouts de rails placés d'une manière symétrique, et qui viennent

Fig. 187. — Système de plaques tournantes rectangulaires.

s'intercaler dans l'une ou l'autre des voies croisées, suivant la position de la plaque.

La figure 187 représente des plaques tournantes rectangulaires, c'est-à-dire garnies de rails formant un rectangle sur le disque de la plaque, et la figure 189 des plaques tournantes hexagonales, sur lesquelles les rails croisés forment un hexagone régulier ; les premières doivent desservir deux voies qui se rencontrent à angles droits, les secondes s'interposent entre trois voies qui se coupent sous des angles de soixante degrés.

Il est facile de comprendre comment ces plateaux peuvent servir à faire passer un véhicule d'une voie sur une autre. La voiture ayant été amenée jusqu'au milieu de la plaque, il suffit qu'on fasse tourner celle-ci d'un certain angle, pour que les rails occupés par la voiture, viennent se placer sur le prolongement de la voie auxiliaire. On n'a plus, dès lors, qu'à pousser la voiture tout droit sur cette voie, et de là, sur une autre plaque tournante insérée dans la voie parallèle.

La coupe de la fosse de la plaque tournante

que l'on voit sur la figure 188 fait bien saisir le mécanisme des plaques tournantes. La partie fixe de la plaque repose sur le fond d'une fosse circulaire, garnie à sa circonférence, d'un rail creux, sur lequel roulent des galets légèrement coniques, destinés à soutenir le bord du plateau mobile. Ce dernier repose sur un pivot en fer qui est constamment lubréfié par l'huile d'un godet, placé au centre de la plaque et abrité sous une cloche en fonte. L'appareil ainsi disposé présente une mobilité suffisante pour que trois ou quatre hommes puissent le

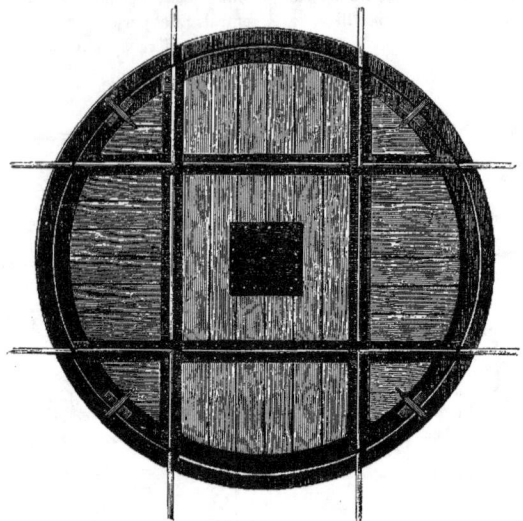

Fig. 188. — Plaque tournante rectangulaire et coupe de cette plaque.

faire tourner, avec le wagon qu'il supporte, en poussant le wagon par ses angles opposés.

Une série de plaques rectangulaires, disposée, sur des voies parallèles, permet aux véhicules de passer d'une de ces voies sur l'autre, à l'aide de deux manœuvres successives. C'est ce que fait comprendre suffisamment la figure 187.

Quand les voies parallèles sont trop rapprochées, de sorte qu'il n'y ait pas de place pour deux plaques à côté l'une de l'autre, on emploie les plaques hexagonales, dont la jonction se fait de biais, ce qui les éloigne l'une de l'autre. La figure 189 met en évidence cette dernière disposition.

Le diamètre des plaques tournantes varie de 5 à 12 mètres. Leur prix de evient peut aller jusqu'à 30,000 francs.

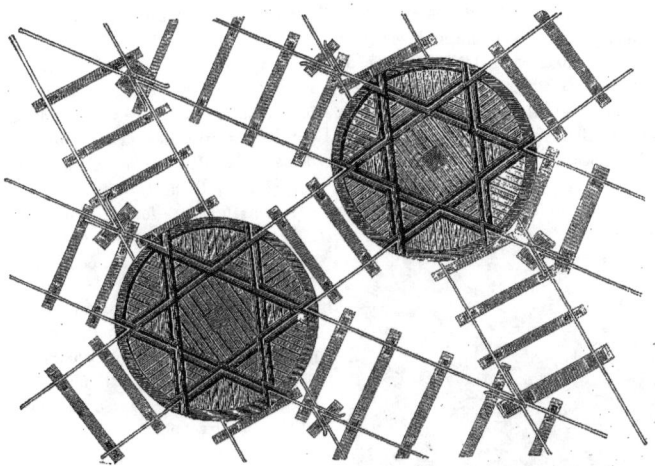

Fig. 189. — Système de plaques tournantes hexagonales pour voies parallèles et transversales.

Ce prix élevé fait souvent préférer aux plaques tournantes les *chariots de service* (figure 190) qui, portant sur leur plancher, une portion de voie, roulent sur un chemin de fer établi dans un véritable fossé, en contre-bas de la voie. Pour transporter un wagon d'une voie DD, sur l'autre EE, il suffit de l'amener sur le chariot A, et de pousser celui-ci jusqu'à ce que les rails de ce chariot se trouvent sur le prolongement exact des rails de la voie parallèle.

Ces appareils ont l'inconvénient d'interrompre les voies. On les remplace avantageusement par des chariots circulant sur un chemin transversal de même niveau, et sur lesquels on hisse les wagons, au moyen d'une espèce de pompe hydraulique. Quand le wagon a été soulevé à une hauteur qui lui permette de passer au-dessus des rails de la voie principale, on pousse le chariot jusqu'à l'amener vis-à-vis de la voie sur laquelle le wagon doit être transporté. On supprime alors le jeu de la pompe hydraulique, et le wagon se trouve déposé sur les rails de la nouvelle voie.

Fig. 190. — Chariot et fossé pour les changements de voie.

Nous nous dispenserons de décrire que foule d'autres appareils qu'on a imaginés dans un but analogue.

Nous terminerons ce chapitre en parlant des *signaux* employés sur les chemins de fer, pour avertir le mécanicien de l'état de la voie et de la nature des obstacles qui peuvent l'obstruer.

Les signaux les plus simples sont les signaux que les surveillants de la voie font à la main. Un petit drapeau, vert ou rouge, tantôt déployé, tantôt roulé, suffit pour les donner.

Le drapeau roulé (fig. 191) signifie que la voie est libre.

Fig. 191. — Cantonnier faisant le signal de la voie libre.

Un drapeau vert déployé, indique la nécessité de ralentir la marche du train.

Un drapeau rouge déployé, commande l'arrêt immédiat.

Ce sont là les signaux de jour. Les signaux de nuit se font avec une lanterne, dont la lumière est tour à tour, blanche, verte ou rouge.

Si, dans un cas imprévu, les garde-voies n'avaient pas leur drapeau ou leur lanterne sous la main, ils commanderaient l'arrêt, au convoi, en élevant, pendant le jour, les bras au-dessus de la tête, et pendant la nuit, en agitant vivement, une lanterne quelconque.

Il y a ensuite les *signaux fixes*. Ces signaux se composent ordinairement, d'un mât, surmonté d'un disque, peint en rouge, qui peut tourner autour d'un axe vertical, de manière à présenter aux trains, sa face rouge lorsqu'ils doivent s'arrêter, ou son champ lorsque la voie est libre. De nuit, le disque est remplacé par une lanterne à feu rouge ou blanc.

Le signal se compose aussi quelquefois d'un système d'ailettes, tantôt croisées, tantôt superposées.

Le mouvement de rotation de ces signaux fixes, s'obtient par une chaîne, qui court à peu de distance du sol. Cette chaîne s'enroule sur une poulie, et va aboutir à un levier, que l'employé de la voie manœuvre pour mettre les signaux en action.

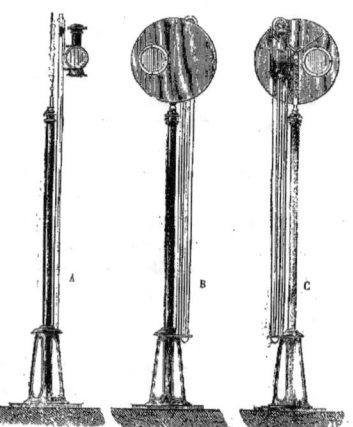

Fig. 192. — Disque signal

Autrefois, la lanterne était fixée au disque, et elle présentait aux trains un feu blanc, ou un feu rouge, suivant la position du disque. Mais il arrivait que le mouvement de rotation imprimé au disque, projetait l'huile, et que la lanterne s'éteignait. On a remédié à cet inconvénient en plaçant la lanterne sur un support indépendant et immobile.

La lanterne porte deux feux blancs parallèles à la voie. Le disque est percé d'un trou garni d'un verre rouge et muni d'un appendice à verre bleu. Lorsqu'il est parallèle à la voie, on aperçoit du côté des trains, un feu blanc, et du côté de la gare, un feu bleu ; lorsqu'il est perpendiculaire, le verre rouge couvre le feu tourné du côté des trains et le verre bleu a disparu, découvrant ainsi le feu blanc tourné du côté de la gare.

La figure 192 fait voir les disques-signaux dont nous venons de signaler l'usage et le mode d'emploi. A est le disque montrant sur la voie, sa tranche ; B, le disque laissant voir la lumière rouge, signe d'embarras sur la voie. C est la lanterne, avec son support.

Ces disques-signaux se placent à l'entrée des stations, à 800 mètres en avant de la gare, ainsi qu'aux points de bifurcation, à l'approche des souterrains ou même des passages à niveau très-fréquentés, en un mot, sur tous les points dangereux.

CHAPITRE XI

LES ACCIDENTS SUR LES CHEMINS DE FER. — LEURS CAUSES PRINCIPALES. — RARETÉ DES ACCIDENTS. — LA SONNETTE D'ALARME. — RÉSULTAT DE LA STATISTIQUE DES ACCIDENTS ARRIVÉS SUR LES CHEMINS DE FER.

Les adversaires des chemins de fer leur adressent le reproche d'exposer les voyageurs à des dangers certains. A l'appui de cette opinion, on ne manque jamais de citer le terrible événement du chemin de fer de Versailles (rive gauche), et celui de Fampoux, sur le chemin de fer du Nord. Ces craintes sont partagées par un grand nombre de personnes qui, par une connaissance imparfaite de la question, s'effrayent des dangers qu'elles courent en prenant place dans un wagon, sans réfléchir aux dangers, beaucoup plus sérieux, auxquels elles s'exposent, en montant dans une voiture ordinaire. Il est donc nécessaire d'examiner cette question avec quelque soin, c'est-à-dire de rechercher si les chemins de fer exposent les voyageurs à plus de dangers que les autres moyens de locomotion.

En écartant les accidents dus à la malveillance, on peut classer en quatre catégories, les accidents qui peuvent arriver pendant l'exploitation d'un chemin de fer :

1° Ceux qui sont le fait de la locomotive ;

2° Ceux qui proviennent de l'inobservation des règlements pour la marche des trains ;

3° Ceux qui résultent du mauvais état de la voie et du matériel roulant ;

4° Enfin, les accidents dus à l'imprudence des voyageurs et des employés.

Les sinistres qui proviennent de la locomotive, sont extrêmement rares, et ne peuvent jamais compromettre la sécurité des voyageurs, car l'expérience a prouvé que les explosions de chaudière n'ont lieu que quand la locomotive est au repos. Les explosions de chaudière sont d'ailleurs extrêmement rares, et les conséquences de ces accidents sans aucune gravité, par suite de la forme de la chaudière dans les locomotives.

La chaudière à vapeur d'une locomotive est formée, comme on l'a vu plus haut, d'un nombre considérable de tubes de cuivre, d'un petit diamètre. L'air chaud qui arrive du foyer, traverse ces petits tubes, et se dégage par la cheminée, en échauffant rapidement l'eau qui remplit les intervalles des tubes. Les parois de ces tuyaux métalliques ont une très-grande épaisseur, et par suite, une très-grande solidité, qui en rend la rupture presque impossible. Il peut arriver que la tension trop considérable de la vapeur, en fasse éclater un ou deux ; mais il n'y a pas pour cela explosion de la chaudière. L'eau, se répandant sur le combustible, éteint le feu, et le dommage ne va pas plus loin.

La manière dont le tirage est provoqué dans la cheminée des locomotives, contribue encore à prévenir les explosions pendant la marche. Nos lecteurs savent maintenant que le tirage s'obtient par la vapeur même, qui, sortant des cylindres, est projetée dans la cheminée. La brusque condensation de la vapeur dans cet espace, détermine un appel vigoureux de l'air du foyer, et par conséquent, un tirage énergique. Le tirage étant ainsi d'autant plus actif qu'il y a plus de vapeur consommée, l'explosion de la chaudière est peu à redouter, puisque la production et la consommation de la vapeur sont toujours proportionnelles entre elles.

Les accidents qui tiennent à la violation, faite par les employés, des règlements qui fixent la marche des trains, sont les plus graves, puisque des collisions entre deux convois peuvent en être la conséquence.

Les collisions peuvent avoir lieu entre deux trains marchant en sens contraire, ou bien entre deux trains dirigés dans le même sens, l'un des trains courant plus vite que l'autre. Il peut enfin, arriver une collision entre un train et des objets immobiles placés sur la voie, tels que des obstacles disposés sur les rails dans un but criminel, une voiture arrêtée sur un *passage à niveau*, ou des wagons stationnant sur la voie, au moment où un train arrive à toute vapeur.

Les collisions entre deux trains marchant en sens contraire, sont les plus terribles. Une bonne organisation du service, une surveillance assidue, un système certain de signaux, et surtout l'usage constant du télégraphe électrique, sont les seuls moyens de prévenir ces rencontres fatales, qui ont pour conséquence les plus graves malheurs.

Les collisions entre deux trains marchant dans la même direction, sont moins dangereuses que celles entre deux trains qui courent l'un sur l'autre, en sens contraire : le choc est beaucoup moins redoutable. Les seuls moyens de les éviter ne consistent encore, que dans une bonne organisation du service, et l'usage continuel du télégraphe électrique.

Après ceux qui résultent des collisions, les accidents provenant des déraillements, sont les plus sérieux. Ils sont occasionnés par la construction défectueuse de la voie, ou le mauvais état du matériel. Ici encore, le soin minutieux apporté par les directeurs de l'exploitation, pour maintenir le matériel et la voie en état parfait, sont les seuls moyens de prévenir les accidents.

Nous dirons seulement quelques mots des accidents inévitables qui peuvent résulter de l'imprudence des voyageurs ou des employés.

A l'époque où les transports par les chemins de fer n'étaient pas entrés dans les habitudes des populations, il se produisait fréquemment des accidents, qui tenaient à l'inexpérience des voyageurs ou des personnes étrangères au chemin de fer. On ne saurait, sans injustice, en faire un reproche à ce système de transport. Quelles mesures préventives pourrait-on, en effet, imaginer, pour les appliquer aux individus qui traversent la voie dans un moment inopportun, — qui s'engagent imprudemment sous un tunnel, — qui s'endorment sur les rails, — qui, sautant d'une voiture à l'autre, sont écrasés par le train, — ou qui, enfin, laissent tomber de lourds objets sur la voie, comme il arriva sur un chemin de fer anglais, près de Hall, où un gros outil de fer, échappé d'un wagon, tomba sur les rails, et occasionna à tout le convoi un déraillement qui coûta la vie à cinq personnes? Comment s'opposer à l'imprudence des individus qui se lèvent, sur l'impériale, juste au moment de l'entrée sous une voûte; — qui mettent la tête à la portière, en passant sous un pont; — qui étendent les bras hors de la voiture en entrant dans les gares? Comment garantir les ouvriers qui se blessent dans l'arrangement des trains, — ceux qui tombent dans les fossés, ou qui sont frappés par le tampon d'une voiture?

L'imprudence ou la simple négligence des employés, peut devenir la cause d'accidents

LOCOMOTIVE ET CHEMINS DE FER.

Fig. 193. — Cantonnier faisant le signal d'alarme, et courant au devant d'un train, pour prévenir un accident.

fort graves. Le moindre oubli, la moindre distraction de leur part, ont eu quelquefois des conséquences désastreuses. Les employés peuvent laisser des wagons stationner irrégulièrement sur la voie, ou bien y abandonner des outils, ou bien enfin, par une fausse manœuvre d'aiguille, changer les rails, en temps inopportun, à l'approche d'un train. C'est à une fausse manœuvre des aiguilles, qu'il faut attribuer une bonne partie des accidents qui sont arrivés sur les chemins de fer français.

Une surveillance active, exercée sur les employés de ce service, doit prévenir ce genre d'accidents. Mais, dans d'autres circonstances, la cause de l'événement tient à une négligence que rien ne pouvait permettre de prévoir. En 1838, un convoi spécial qui avait conduit le roi des Belges à Ostende, revenait de nuit. Sur la Sneppe se trouve un pont-levis. Or ce pont était resté ouvert. Le train spécial affecté au voyage du roi, n'ayant pas été signalé sur cette partie de la ligne, il en résulta que la locomotive, arrivée à la tête du pont, fut précipitée dans la rivière. Heureusement, elle fut retenue par le poids des voitures qui suivaient. Elle en brisa deux par son recul. Deux personnes furent tuées, et une autre grièvement blessée.

En 1847, sur le chemin du Great-Western, en Angleterre, un convoi de quarante wagons fut poussé sur une rampe, et abandonné à son impulsion. La chaîne de liaison de l'un des wagons s'étant détachée, vint à tomber sur une aiguille, qui se mit à manœuvrer, c'est-à-dire à faire mouvoir le rail mobile, ce qui amena le déraillement d'une partie du convoi. Les wagons furent lancés vers un mur, contre lequel ils furent tous écrasés, comme chair à pâté, avec tout ce qui s'y trouvait. Hâtons-nous d'ajouter que les wagons renfermaient uniquement des bestiaux, dont le trépas ne fut qu'anticipé.

Disons, en passant, qu'il faut porter une attention sévère sur la garde des bestiaux qui errent dans les environs des chemins de fer, ou qui sont placés dans les wagons. Sur le chemin de Hambourg, un cheval, mal attaché dans le wagon, tomba sur la voie, et fit dérailler le train.

Pour prévenir ou atténuer les accidents qui peuvent survenir au milieu du trajet, on a regretté pendant de longues années que les voyageurs fussent privés du moyen de donner eux-mêmes le signal d'arrêt, ou tout au moins de communiquer promptement avec le conducteur du train, pour l'informer de l'accident ou de l'obstacle survenu pendant la marche. Les compagnies s'étaient refusées, jusqu'à ces derniers temps, à accorder aux voyageurs ce bien simple avantage, qui, souvent, aurait suffi pour empêcher un accident.

Il a fallu toute une série d'événements fâcheux signalés par la presse, et surtout deux meurtres épouvantables commis en chemin de fer, l'un en France, l'autre en Angleterre, pour amener les compagnies à placer dans les voitures, une sonnette d'appel, véritable télégraphe électrique, qui permet aux voyageurs de prévenir le chef de train, et de lui apprendre que sa présence est réclamée dans un wagon désigné.

On sait que le juge Poinsot fut assassiné, en 1861, dans une voiture du chemin de fer de Paris à Mulhouse et que ce crime est resté impuni.

Tout le monde connaît aussi le meurtre de M. Bright, assassiné dans une voiture du chemin de fer de ceinture, aux portes de Londres, par un homme qui s'échappa, après le crime commis, en sautant sur la voie.

Ces deux événements prouvent que les compagnies de chemin de fer avaient tort de refuser aux voyageurs le moyen de communiquer, pendant la marche, soit entre eux, soit avec le conducteur.

Le moyen d'établir cette communication était, d'ailleurs, fort simple. Il suffisait de mettre, dans chaque voiture, une sonnette électrique à la disposition des voyageurs.

Cette idée était si naturelle, qu'elle était venue à tous les hommes de l'art. Un de mes amis, qui en avait jugé autrement, et qui avait pris cette idée pour un trait de génie personnel, fut victime de son erreur. Je m'explique.

Au moment où l'assassinat de M. Poinsot occupait et inquiétait tous les esprits en France, et où la question de mettre les voyageurs à l'abri d'un tel danger, en leur donnant le moyen de correspondre avec le chef de train, était partout à l'ordre du jour, je vis arriver chez moi un de mes amis, André de Goy.

André de Goy s'occupait de littérature, de traductions, de romans et de théâtre.

« J'ai une idée superbe, me dit-il, en entrant d'un air radieux, une idée qui va faire ma fortune !

— C'est sans doute, répondis-je, une idée de comédie ou de drame. »

André de Goy haussa les épaules.

« De roman, alors.

— Ni l'un ni l'autre, mon cher. Une idée de physique ! »

Je regardai avec étonnement mon visiteur. Je connaissais de lui de charmants vaudevilles, entre autres, *Monsieur va au cercle* ; des livres amusants comme les *Aventures sur terre et sur mer*, et d'excellentes traductions de romans anglais ; mais j'ignorais qu'il cultivât la physique, et marchât sur les traces des Gay-Lussac et des Regnault.

André de Goy m'expliqua alors son idée. Il avait imaginé d'appliquer les sonnettes électriques aux voitures de chemin de fer; c'est-à-dire qu'il lui était venu à l'esprit un projet que les hommes de l'art avaient déjà conçu, mais qu'il était plus facile de concevoir que de faire adopter par les compagnies.

Seulement, comme mon ami de Goy était plus familier avec les choses de la littérature qu'avec celles de la science; comme il était parfaitement au fait des habitudes du théâtre du Vaudeville ou du Palais-Royal, mais fort étranger, en revanche, aux usages de l'Académie des sciences et de l'administration des chemins de fer, il avait commis une imprudence énorme.

Il avait fait breveter son idée. Il s'était fait délivrer un brevet d'invention pour l'emploi des sonneries électriques dans les voitures de chemins de fer. Or, cette application pure et simple d'une donnée scientifique, tombée dans le domaine public, ne pouvait que difficilement être mise sous la sauvegarde d'un brevet d'invention. Aussi le brevet du pauvre de Goy n'était-il guère plus sérieux que le billet de Ninon de Lenclos à La Châtre.

Malheureusement, ce billet de La Châtre, ce brevet d'invention, avait coûté fort cher à mon ami !

Personne n'ignore que, dans notre bon pays de France, tout inventeur, comme l'a dit le spirituel Jobard, est mis à l'amende de 100 francs par an. En d'autres termes, tout le monde sait qu'un brevet d'invention se délivre, chez nous, moyennant une redevance annuelle de 100 francs, payée à l'État par l'inventeur. A la rigueur, on peut supporter cette amende annuelle de cent francs, bien qu'en général, un inventeur n'invente que parce qu'il n'a pas cent francs dans sa poche. Mais la chose devient plus grave lorsqu'on veut prendre un brevet, non en France seulement, mais dans tous les pays étrangers, en Angleterre, en Allemagne, en Italie, aux États-Unis, etc. L'amende s'élève alors à un taux exorbitant : il faut verser aux chancelleries de ces divers pays, près de 14,000 francs.

C'était là l'imprudence que mon ami avait commise, dans son ignorance des choses de la science et de l'industrie. Non-seulement il avait pris un brevet en France, mais il avait commencé à en prendre à l'étranger, en échange d'espèces sonnantes.

Voilà « l'idée superbe » qui devait faire la fortune d'André de Goy!

J'essayai de l'arrêter sur cette pente dangereuse. Je m'efforçai de lui faire comprendre que les compagnies de chemins de fer, ni en France, ni au dehors, ne consentiraient jamais à acheter son brevet. Plein de confiance, il me quitta, pour courir au ministère des travaux publics et dans tous les bureaux de chemins de fer.

Le Ministre des travaux publics et les administrateurs des chemins de fer ne durent pas faire un brillant accueil au littérateur dépaysé.

Je ne revis André de Goy que trois ans après.

Je le rencontrai par hasard, dans l'avenue des Champs-Élysées, au coin de la rue de Chaillot. Il avait horriblement vieilli. Les lignes de son visage étaient tirées, et ses mains agitées d'un tremblement continuel. En proie à une maladie nerveuse, il était entré dans une maison de santé de Chaillot.

Quand, après lui avoir demandé des nouvelles de sa santé, je lui demandai des nouvelles de son affaire des sonneries électriques, il me serra la main avec force, et me quitta sans rien dire.

Six mois après, je recevais une lettre de faire part, m'annonçant la mort de mon ami. André de Goy, le littérateur charmant, l'érudit aimable et de bon goût, était mort d'une idée de physique avortée.

Cette idée, comme nous l'avons déjà dit, était des plus simples; elle se présentait pour ainsi dire d'elle-même à l'esprit. La seule difficulté était de la faire adopter par les compagnies de chemins de fer.

Les compagnies objectaient qu'en mettant

sous la main du public, le moyen de faire arrêter le train à la volonté des voyageurs, ceux-ci abuseraient fréquemment d'une telle facilité; qu'ils donneraient le signal d'arrêt pour mille causes futiles, pour des craintes chimériques ou de simples caprices. Ces arrêts multipliés, et sans motifs, en apportant un trouble imprévu à la marche des trains, constitueraient, disaient les compagnies, un danger plus réel que celui que l'on voulait éviter.

On a heureusement trouvé le moyen de concilier les deux difficultés.

On a placé, dans chaque voiture, une sonnette aboutissant, grâce à un fil électrique, à la cabine où se tient le conducteur du train. Quand le voyageur tire l'anneau, la sonnette retentit dans la cabine. En même temps, une palette, peinte en blanc, se dresse sur le côté de la voiture dans laquelle l'appel a eu lieu, et signale très-distinctement cette voiture au conducteur. Le bouton de la sonnette est placé dans une ouverture pratiquée dans la cloison qui sépare deux compartiments, comme on le voit dans la figure 194 qui représente la *sonnette d'alarme* et la position des palettes, après que le voyageur a sonné.

Établi en 1866 dans les voitures du chemin de fer du Nord, et du chemin de Cette à Bordeaux, ce système d'appel ne tardera pas, sans doute, à être adopté sur nos autres lignes.

Nous disions plus haut, que les accidents sur les chemins de fer sont, relativement, infiniment rares, et que si l'on compare les dangers auxquels on se trouve exposé sur un chemin de fer, avec ceux que présentent tous les autres moyens de communication, tels que voitures, diligences, bateaux à vapeur, etc., la sécurité se trouve dans l'emploi de la voie ferrée, et le danger dans les autres systèmes. La statistique qui a été dressée avec grand soin, en Angleterre, en Allemagne et en France, des accidents survenus sur les voies ferrées, donne à cette assertion un appui irrécusable.

Le magnifique travail qui fut exécuté par la commission d'enquête, instituée par ordre du ministre des travaux publics, et publié en 1858, sous la direction de M. Prosper Tourneux, a fourni des résultats positifs, qu'il nous suffira de rapporter, pour trancher cette question.

Les comptes généraux de l'administration de la justice en France, en donnant le nombre des individus tués ou écrasés par des voitures, charrettes et chevaux, de l'année 1840 à l'année 1853, portaient ce chiffre à 10,324 personnes en quatorze ans, c'est-à-dire, en prenant 35 millions d'habitants pour la France, 1 individu tué sur 47,489 voyageurs.

On possède aussi le relevé des accidents arrivés pendant dix ans, aux voitures des Messageries impériales et des Messageries générales de France.

Depuis l'année 1846 jusqu'à l'année 1855, avec 3,679,866 places occupées, on a compté 11 personnes tuées et 124 blessées, dans les *Messageries impériales*. Dans les *Messageries générales*, avec 3,429,410 places occupées, on a compté 9 personnes tuées et 114 blessées. Si l'on eût pu se procurer des relevés semblables pour les diligences de second et de troisième ordre, qui dans le service des petites localités sont de beaucoup les plus nombreuses, nul doute qu'on n'eût constaté un nombre d'accidents bien supérieur.

Mais pour nous en tenir aux accidents constatés dans le service des diligences les mieux servies de France, les *Messageries impériales* et *générales*, disons que la moyenne résultant des chiffres précédents, donne :

Pour les *Messageries impériales* : 1 mort sur 324,533 voyageurs, 1 blessé sur 29,676 voyageurs.

Pour les *Messageries générales* : 1 mort sur 381,045 voyageurs, 1 blessé sur 30,082 voyageurs.

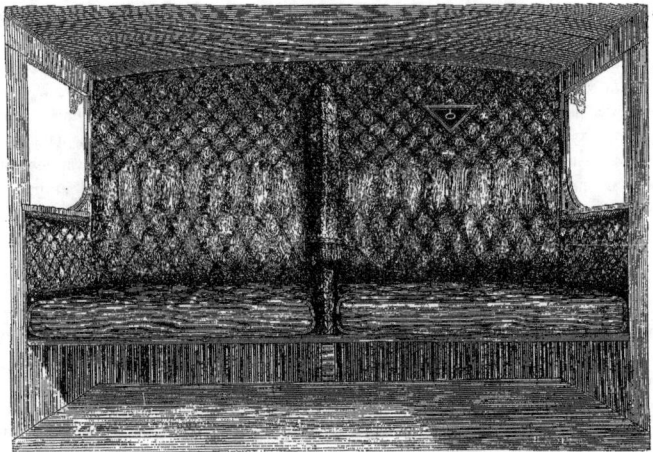

Fig. 194. — Sonnette d'alarme des voitures du chemin de fer du Nord.

En réunissant la circulation des deux entreprises, on a un chiffre de 20 morts et de 238 blessés sur 7,109,276 voyageurs, c'est-à-dire :

1 mort sur 355,453 voyageurs.

1 blessé sur 29,871 —

Voyons maintenant le nombre des accidents constatés sur les chemins de fer.

De l'année 1835 à l'année 1856, sur 224,345,769 voyageurs transportés, on a constaté que, par le fait de l'exploitation, il avait péri 111 voyageurs, et que 402 avaient été blessés. (On comprend dans ce chiffre les accidents de Fampoux et de la rive gauche de Versailles.) Ce qui conduit à ce résultat pour les voyageurs en chemin de fer :

1 mort sur 2,021,133 voyageurs.

1 blessé sur 558,071 —

Nous avons dit que, pour les voyages en diligence, le rapport était de :

1 blessé sur 29,871 voyageurs.

1 mort sur 335,453 —

D'où il résulte que l'on a 18 fois plus de chances d'être blessé et 5 fois plus de chances d'être tué en se confiant à la meilleure des diligences françaises, que si l'on monte dans l'un quelconque de nos chemins de fer.

Il est donc de toute évidence que, dans nos moyens de transport actuels, les dangers sont dans l'usage de voitures traînées par des chevaux, et que la véritable sécurité nous est garantie par les voies ferrées.

Une remarque importante à faire sur les résultats statistiques qui viennent d'être rapportés, et qui établissent qu'il n'y a en France qu'un voyageur de blessé sur plus de 2 millions de personnes transportées, c'est que cette statistique comprend les accidents de Versailles et de Fampoux. Ce sont ces deux accidents qui élèvent de beaucoup le chiffre de la mortalité. En effet, 64 voyageurs ont été tués dans ces deux accidents, ce qui charge considérablement le chiffre de cette mortalité. Si cette statistique partait d'une époque postérieure à ces deux funestes événements, ce rapport serait réduit de plus de moitié, et l'on trouverait à peine 1 voyageur mort sur 6 millions de voyageurs.

Les résultats constatés à l'étranger, dépassent même ce dernier chiffre. On a trouvé en Belgique, que, dans un espace de quatorze ans, il n'y a eu qu'un voyageur tué sur 8,861,804 voyageurs transportés, et un seul blessé sur près de 2 millions de voyageurs !

En Prusse, les résultats sont plus rassurants encore. Là on n'a compté, par un relevé embrassant quatre années d'exploitation, que 1 voyageur tué sur 21 millions de voyageurs et 1 blessé sur plus de 3 millions de voyageurs.

Dans la Grande-Bretagne, d'après des relevés qui remontent à 1840, on a reconnu 1 voyageur tué sur 5,256,290 voyageurs et 1 blessé sur 330,945 voyageurs.

Si, en France, les résultats paraissent moins satisfaisants qu'à l'étranger, cela tient à ce que la période considérée embrasse, comme nous l'avons dit, deux accidents qui ont entraîné un nombre considérable de victimes. Mais quand on fait abstraction de ces deux événements, on constatera pour la France un nombre d'accidents tout aussi insignifiant que ceux de l'étranger.

Le bureau de statistique des chemins de fer, au Ministère des travaux publics, a publié le relevé des accidents des chemins de fer arrivés pendant les douze mois de l'année 1865. Sur 71 millions de voyageurs qui ont circulé pendant cet intervalle, sur nos chemins de fer, on a compté seulement 5 voyageurs tués, en d'autres termes, 1 voyageur tué sur environ 15 millions de voyageurs. Les mêmes relevés ont fait reconnaître que sur 9 millions de voyageurs, un seul a été blessé.

Il faut ajouter que, par les précautions minutieuses qui sont prises, et par suite des améliorations qui sont apportées à la surveillance de la voie, ces accidents finiront par devenir presque entièrement nuls.

Nous ajouterons un dernier trait à ce tableau rassurant. Des renseignements qui ont été communiqués à M. Perdonnet, et qui sont rapportés dans son *Traité des chemins de fer*, il résulte que *chaque jour*, 5 personnes périssent dans les rues de Paris, par suite d'accidents de voiture. C'est juste le chiffre de morts par accidents survenues *dans un intervalle de 10 ans*, sur le chemin de fer de l'Est.

Ce dernier chiffre est, il nous semble, d'une éloquence sans égale.

L'insignifiance des accidents qui peuvent arriver sur les chemins de fer, le peu de dangers qu'il faut redouter de leur usage, sont démontrés jusqu'à l'évidence par les résultats que nous venons d'invoquer. D'où vient donc que le préjugé contraire règne dans toute sa force, et que l'on ait tout l'air d'avancer un paradoxe, quand on affirme que les chances d'accidents sont infiniment plus nombreuses en voiture ou en diligence, que sur un chemin de fer ? C'est que la presse périodique, sans mauvaise intention d'ailleurs, tend constamment à entretenir ces préventions fâcheuses. Qu'un bateau à vapeur vole en éclats, — qu'une diligence vienne à verser dans un ravin, tuant ou blessant une partie de sa cargaison ; — que les voitures demeurent des jours entiers enfouies sous les neiges, ou arrêtées sur des routes impraticables, — que des charrettes, conduites sans précaution, écrasent les passants ; — on trouve cela tout naturel, on n'y fait aucune attention, parce qu'on en a l'habitude, et c'est à peine si le journal de la localité inscrit le fait dans ses obscures colonnes. Mais qu'un convoi vienne à dérailler sur le chemin de fer de Lyon, et à faire une véritable hécatombe nocturne, une capilotade de bœufs, tous les journaux s'empresseront de composer de cet événement, un récit dramatique, qui fera rapidement le tour du monde, grâce aux cent bouches de la presse de tous les pays.

Malgré les défectuosités qui sont inhérentes à toute œuvre humaine, le chemin de fer est évidemment le plus sûr de tous nos moyens de transport. Il est, dans tous les pays, l'objet de l'étude d'ingénieurs éminents, qui s'appliquent sans cesse à l'améliorer. Chacun de nous est donc intéressé à voir disparaître les derniers préjugés que la routine ou l'ignorance opposent à ses progrès.

CHAPITRE XII

INCONVÉNIENTS DES CHEMINS DE FER. — SYSTÈMES NOUVEAUX PROPOSÉS POUR REMPLACER LES CHEMINS DE FER ACTUELS. — LE SYSTÈME JOUFFROY. — LE SYSTÈME DU RAIL CENTRAL. — CHEMIN D'ESSAI DU RAIL CENTRAL ÉTABLI SUR LES PENTES DU MONT CENIS. — LE MATÉRIEL ARTICULÉ DE M. ARNOUX. — LE SYSTÈME DE L'AIR COMPRIMÉ, DE M. PECQUEUR. — LE SYSTÈME ÉOLIQUE DE M. ANDRAUD. — LE SYSTÈME HYDRAULIQUE DE M. GIRARD.

Si l'on considère que nos chemins de fer n'existent encore que depuis un assez petit nombre d'années, il est permis de dire que cette invention n'en est encore qu'à ses débuts, et que l'avenir lui réserve peut-être des transformations importantes. Les tentatives que l'on fait pour améliorer ce mode de transport méritent donc de fixer notre attention.

Essayons de faire ressortir les inconvénients qui s'attachent encore, malgré tous leurs mérites, aux chemins de fer actuels.

Deux éléments sont à considérer ici : les rails et la locomotive, la voie ferrée et l'instrument de traction.

De ces deux éléments, l'un, le rail, paraît avoir atteint son terme de perfection, l'autre, la locomotive, est susceptible de modifications importantes.

L'emploi de bandes métalliques destinées à annuler les effets du frottement des roues, représente à nos yeux, le côté parfait de ce mode de locomotion. Ces humbles barres de fer couchées sur la poudre des chemins, constituent le plus avantageux et le plus utile des éléments de ce système. Quant à la machine destinée à traîner les convois sur ces voies artificielles, elle est susceptible de plusieurs reproches.

On peut classer sous deux titres, les inconvénients qui découlent de l'emploi des locomotives : 1° défaut de sécurité ; 2° cherté excessive dans le tracé du chemin et le service journalier de la voie.

Quelle que soit l'efficacité des moyens de surveillance établis sur les chemins de fer, quelle que soit la perfection actuellement apportée à la construction des locomotives, l'emploi de ces machines expose à diverses chances d'accidents, que l'on ne peut prévenir que dans de certaines limites. Quand on voit, sur un viaduc très-élevé, une série de wagons remplis de voyageurs, voler, avec la rapidité d'une flèche, sur des rails polis comme la glace, on ne peut se défendre d'un sentiment de terreur, en songeant aux catastrophes que peut provoquer le plus faible obstacle rencontré sur la voie. Des événements terribles ont assez démontré que tous les moyens mis en usage ne suffisent pas toujours pour écarter ces dangers. L'expérience a tristement établi, qu'il n'est point de surveillance capable d'empêcher, dans tous les cas, la rencontre et le choc de deux convois marchant en sens opposé. L'attention des employés d'une ligne peut être distraite ou relâchée un moment, jusqu'à laisser s'engloutir dans le Rhône un convoi de marchandises, et quelques jours après, un convoi de voyageurs dérailler à quelques pas du même abîme. Il est d'autres catastrophes qu'il n'appartient à aucune puissance humaine de prévoir, et, par conséquent, d'empêcher. On ne le sait que trop, des centaines de voyageurs peuvent se précipiter, par suite d'un déraillement, dans les marais de Fampoux. Rien ne peut prévenir encore la rupture de l'essieu d'une locomotive, accident dont l'événement du chemin de fer de Versailles offrit un exemple si déplorable.

Le défaut de sécurité inhérent à l'emploi des locomotives, frappe suffisamment l'esprit.

Mais les inconvénients, très-graves encore, résultant des dépenses qu'exigent l'établissement et l'entretien de la voie, attirent moins l'attention. Aussi insisterons-nous davantage sur cette dernière considération.

Les dépenses énormes que nécessite l'établissement des chemins de fer, reconnaissent deux causes : 1° le tracé du chemin ; 2° son exploitation.

D'après les principes mécaniques sur lesquels repose la construction des locomotives et leur progression sur les rails, il est impossible de franchir des pentes d'une certaine inclinaison. Les locomotives ordinaires ne peuvent faire remonter aux convois, des pentes de plus de 12 millimètres par mètre; pour surmonter une rampe plus forte, on est obligé d'employer une locomotive de renfort. Au delà de 30 millimètres, une locomotive ordinaire, placée à la tête d'un convoi, reculerait, au lieu d'avancer. Aussi la rampe habituellement admise sur les chemins de fer est-elle seulement de 7 millièmes.

En second lieu, le mode de construction adopté pour les locomotives et les wagons, impose la nécessité de donner au tracé de la voie une direction constamment en ligne droite. Le parallélisme et la fixité des essieux, dans la locomotive et les wagons, commandent un tracé entièrement rectiligne, et ce n'est que par une dérogation aux principes de la progression et de l'équilibre de ces véhicules, que certaines courbes sont adoptées. Ces courbes sont d'ailleurs d'un rayon tellement étendu, qu'elles présentent, sous le rapport pratique, autant d'inconvénients que d'avantages.

C'est cette double obligation de maintenir la ligne des rails sur un niveau toujours sensiblement horizontal, et d'adopter une direction rectiligne, qui entraîne tant de dépenses dans l'exécution de nos routes ferrées. C'est pour cela que l'ingénieur chargé d'exécuter le tracé d'un chemin de fer, est contraint d'aller droit devant lui, élevant par des remblais les niveaux des terrains trop abaissés, franchissant les vallées sur de longs viaducs, se frayant un passage à travers les montagnes, bouleversant le sol autour de lui, s'écartant des points qu'il aimerait à traverser, traversant ceux qu'il voudrait éviter, changeant les cités en déserts et les déserts en lieux habités.

Cette inflexibilité aveugle imposée à la direction de nos lignes, est la cause principale des dépenses excessives qu'entraîne leur exécution ; c'est aussi le point profondément vicieux, nous dirions presque le côté barbare, des chemins de fer actuels. Ces montagnes percées à jour, ces vallées comblées, ces longs viaducs joignant le sommet des collines, ces fleuves franchis sur un point forcé, ces étangs ou ces marais traversés sur des digues élevées à grands frais, ces longs trajets souterrains, ces sombres tunnels parcourant des lieues entières, et où le voyageur, enfoui dans les entrailles de la terre, est privé du spectacle de la nature et du ciel, tout cela rappelle singulièrement les débuts grossiers de l'art humain. Lorsque les générations futures viendront un jour contempler les débris et les vestiges abandonnés de ces travaux immenses, il est à croire qu'elles concevront quelque dédain de ces merveilles dont nous nous montrons si fiers !

L'emploi des locomotives introduit dans l'exécution des chemins de fer, une autre source de dépenses importantes. L'énorme poids de la locomotive et de son tender, oblige de faire usage de rails très-lourds, et d'établir des fondations d'une grande solidité. C'est pour résister au poids d'une machine pesant à elle seule vingt tonnes au moins (20,000 kilogrammes), que l'on est contraint d'employer ces larges rails, qui entrent pour une si grande part dans les frais d'établissement du chemin.

Le poids excessif de la locomotive offre un second inconvénient, c'est qu'il fait perdre la plus grande partie de la puissance développée par la vapeur. Dans un convoi

Fig. 195. — Chemin de fer à rail central, établi en 1866, sur le Mont-Cenis.

ordinaire, un quart de la force motrice est employée à traîner la locomotive et son tender. Cette perte, déjà si considérable, s'accroît encore quand le convoi remonte une pente ; et dans ce cas, la moitié de la puissance de la vapeur est uniquement employée à traîner la machine, et se trouve ainsi dépensée sans utilité pour le service.

L'exploitation quotidienne des chemins de fer, entraîne une dernière part de dépenses très-onéreuses : nous voulons parler des frais de traction et de combustible. Sur le railway de Liverpool à Manchester, la dépense annuelle pour la locomotive et le charbon se trouve portée, d'après un compte rendu de l'administration, à environ 1,500,000 francs pour un transport de 121,872 kilogrammes par jour. Sur celui du Great-Western, la dépense du coke représente à elle seule 25,250 francs par semaine (1).

(1) La considération des dépenses qui se lient à l'emploi des locomotives offre assez de gravité pour avoir autorisé quelques ingénieurs à conclure que les locomotives ne sont d'un usage avantageux, que sur les lignes d'une grande étendue. Sur les chemins de fer d'un petit par-

Frappés de l'évidence et de la gravité de ces faits, animés du désir de perfectionner une invention qui rend à la société de si éminents services, un grand nombre d'ingénieurs et de savants se sont appliqués, depuis plusieurs années, à la recherche de moyens nouveaux susceptibles de réaliser avec plus de sécurité et d'économie, les transports sur nos routes ferrées. De ces travaux est sortie toute une série de systèmes destinés, dans la pensée de leurs auteurs, à remplacer les moyens de locomotion actuellement en usage.

Nous allons rapidement passer en revue ceux qui se distinguent le plus par leur originalité. Il en est quelques-uns qui ont été expérimentés d'une manière sérieuse, et qui ont été reconnus applicables, au moins dans certains cas, et dans des conditions spéciales. D'autres ne paraissent pas susceptibles d'emploi. Aucun, d'ailleurs, de ces systèmes nouveaux ne saurait remplacer avec avantage la locomotive et la voie ferrée, telles que nous les avons décrites et qui répondent à tous les cas, à toutes les exigences qu'un long service a fait reconnaître.

Parmi ces nouveaux systèmes, nous citerons celui du marquis Achille de Jouffroy, fils du marquis Claude de Jouffroy, dont nous avons raconté les travaux sur la navigation à vapeur.

Achille de Jouffroy, qui était à 23 ans, mécanicien en chef du grand arsenal de Venise, et qui est mort en 1863, s'était proposé de construire une machine légère, ayant une grande adhérence, et pouvant passer dans des courbes de petit rayon.

L'inventeur place tout le mécanisme sur un train distinct de celui qui porte la chaudière, et les deux trains sont soutenus sur deux roues seulement. Au milieu du train d'avant, se trouve une roue motrice de grande dimension. Cette roue de fer, munie d'une jante en bois, repose sur un rail strié spécial, posé au milieu de la voie. C'est cette roue de bois qui détermine l'adhérence sur le rail strié. Le tender et les wagons sont tous pourvus de roues *libres* sur l'essieu ; ils sont reliés entre eux par des articulations. Les rails, pourvus d'un rebord, sont en fonte.

Ce système n'a point reçu d'application sur une grande échelle, de sorte qu'il est impossible de l'apprécier en dernier ressort. Ses dispositions ayant paru vicieuses à nos ingénieurs, il fut abandonné, après quelques essais. L'adhérence obtenue par une roue de bois, ne parut pas un moyen sérieux.

M. le baron Séguier, s'il n'est pas l'inventeur du *rail central*, a, du moins, beaucoup contribué à appeler l'attention sur ce système, d'abord en le perfectionnant, de manière à l'appliquer, non-seulement sur les pentes, mais encore sur les routes de niveau, ensuite en plaidant sa cause, à différentes reprises, devant l'Académie des sciences, avec la verve et l'originalité qui distinguent cet honorable savant.

Le système du *rail médian*, ou *central*, consiste à placer entre les deux rails ordinaires de la voie, une troisième bande de fer, portée à un niveau un peu plus élevé. Ce troisième rail est destiné à fournir l'adhérence nécessaire à la traction. Les rails latéraux n'ont plus dès lors, d'autre fonction que de supporter les wagons.

Contre le rail médian viennent presser deux petites roues, tantôt horizontales, tantôt obliques ou moyennement inclinées. Ces roues, ou *galets*, poussées par la vapeur, pressent avec force le rail, et déterminent l'adhérence nécessaire à la progression. Il est dès lors inutile de donner à la locomotive cet énorme poids, qui est le vice fondamental du

cours il y aurait, selon eux, économie à se servir de chevaux.

On donne, nous ne savons trop pourquoi, le nom de *chemin de fer américain*, à ces lignes ferrées qui commencent à se répandre en France pour les petits parcours, et sur lesquels la traction s'opère au moyen de chevaux. Un chemin de fer de ce genre est établi de Paris à Versailles. On en voit aussi quelques-uns dans d'autres localités de la France.

système actuel de nos chemins de fer ; car ce poids excessif de la locomotive exige une solidité extraordinaire dans les constructions de la voie, et conduit à ce résultat, anti-économique et anti-mécanique, de donner au moteur le quart, et quelquefois la moitié, du poids qu'il doit entraîner.

Il paraît que dès l'année 1830, ce système était breveté en Angleterre, au nom de MM. Ericsson, l'inventeur de la machine à air chaud, et Vignole, l'ingénieur anglais à qui l'on doit l'invention du rail qui porte son nom.

En 1840, un autre brevet fut accordé, pour la même application, à un autre ingénieur anglais, M. Pinkus.

Au mois de décembre 1843, M. le baron Séguier entretint, pour la première fois, notre Académie des sciences, du système du *rail central*, qu'il ne voulait point restreindre aux fortes pentes, mais qu'il proposait d'étendre aux grandes lignes ordinaires, même dans le cas des grandes vitesses.

M. Séguier fit breveter ce système en 1846, et il est revenu assez souvent, depuis cette époque, sur cette invention devant l'Académie des sciences.

M. le baron Séguier a raconté, dans une communication faite à l'Académie des sciences, le 26 mars 1866, que l'empereur Napoléon III, qui s'intéresse particulièrement à ce système, caractérisa « par une comparaison juste et spirituelle » les chemins de fer actuels comparés à la méthode du rail central.

« Permettez-moi, dit M. le baron Séguier, dans sa communication récente à l'Académie, de répéter dans cette enceinte, une comparaison juste et spirituelle, tombée dans notre oreille d'une bouche auguste :

« Les convois sur les chemins de fer, nous disait-elle dans un langage figuré, ressemblent au défilé d'un troupeau de moutons précédé d'un éléphant ; or, pour faire passer l'éléphant, il faut une solidité de voie qui serait inutile si un simple bélier marchait en tête. L'essieu moteur de la locomotive porte environ 18 tonnes, les essieux des wagons qui la suivent ne supportent que le tiers de cette charge ; le passage de la locomotive exige donc seul un échantillon de rail plus fort que celui nécessaire à la circulation des wagons, et tous les travaux d'art de la voie doivent satisfaire au passage de l'éléphant ! »

Il paraît que M. le baron Séguier répondit à l'Empereur :

« Sire ! il ne faudrait pas même un bélier en tête du troupeau ; il suffirait d'une modeste brebis. »

Cette modeste brebis, c'est une machine à vapeur serrant les petites roues motrices contre le rail médian.

Dans la même communication faite à l'Académie des sciences, M. le baron Séguier met parfaitement en lumière les avantages de ce système. Nous le laisserons donc parler.

« Avec notre système de traction par laminage, dit M. Séguier, nos roues motrices horizontales étant serrées contre le rail intermédiaire par la seule résistance du convoi, le poids de la locomotive ne joue plus aucun rôle pour l'adhérence ; il peut dès lors être strictement réduit à celui des organes indispensables à la production de la force motrice. C'est ainsi que, composant notre moteur d'une puissante chaudière à double foyer en tôle d'acier, du poids de 18 tonnes, portée sur une plate-forme à trois essieux, et d'un mécanisme à quatre cylindres pesant 12 tonnes, destinés à faire tourner nos roues motrices horizontales, installées elles-mêmes dans un bâti supporté par deux essieux, nous arrivons très-facilement à n'imposer à chacun des cinq essieux soutenant sur les rails la masse totale de 30 tonnes de notre moteur complet, qu'une charge de 6 tonnes, c'est-à-dire celle-là même qui pèse habituellement sur chacun des essieux des wagons de marchandises.

« La séparation sur les cinq essieux du moteur rendue possible par notre système, réalise sans exception, l'uniformité du chargement maximum de 6 tonnes ordinairement usitée pour les essieux des wagons des chemins de fer ; dès lors l'échantillon des rails, calculé aujourd'hui en vue du passage d'essieux moteurs chargés de 14 à 18 tonnes, pourrait être réduit sans inconvénient.

« Ce ne serait pas le seul avantage offert par cette installation séparée du générateur de vapeur et du mécanisme de traction sur des supports distincts ; ce genre de construction permet de désunir rapidement la chaudière et le moteur. Il apportera dans le matériel des locomotives une simplification et une économie de plus d'une sorte ; une même chaudière pourra faire le service de trois appareils de traction. Détachée d'un mécanisme qui vient de fonctionner, ayant besoin de nettoyage et de vérification, réattelée immédiatement à un autre en parfait état d'entretien, la même chaudière serait, par la continuité de son service, soustraite aux détériorations produites par les effets sur le métal des variations de température. Le charbon des allumages successifs et celui brûlé pendant les temps d'arrêt pour nettoyage et vérification se trouverait économisé ; une partie des dépôts qui se forment principalement au moment du refroidissement du liquide serait ainsi évitée. Le capital consacré à l'acquisition des locomotives et à leur entretien serait considérablement diminué.

« L'adhérence de nos roues motrices horizontales, puisée dans la seule résistance du convoi, permet aux essieux moteurs de tourner constamment sans un minimum de pression, par conséquent avec la moindre force perdue dans les frottements d'axe. Notre système jouit seul de cet avantage. Il en est tout autrement des essieux moteurs des locomotives actuelles ; ceux-ci tournent toujours sous un maximum de frottement, puisqu'ils supportent incessamment la partie du poids de la locomotive qui leur est affectée pour l'adhérence des roues sur les rails, soit que la locomotive chemine seule, soit qu'elle traîne un lourd convoi ! Par notre dispositif, emprunté à la pince du banc à étirer, les choses se passent autrement ; la résistance du convoi étant la cause unique du serrage de nos roues motrices contre le rail intermédiaire, elles tournent sous un frottement d'axe minimum, puisque l'effort de rapprochement reste constamment en équation avec la résistance même des wagons traînés qui le produit. Tous les progrès de l'art de la construction peuvent, par un tel système, être utilisés au profit de la légèreté du moteur.

« La locomotive, avant de rien remorquer, doit se transporter elle-même ; aussi notre intelligence souffre vivement lorsque nous voyons les fortes rampes admises dans les tracés nouveaux franchis par le seul poids de lourdes machines, dont la plus grande partie de la puissance est absorbée par leur propre ascension.

« Messieurs, les conditions économiques d'établissement et d'exploitation des chemins de fer du troisième réseau exigent évidemment des innovations capitales. Le mode de traction actuel, par le fait seul du poids des locomotives, doit être remplacé ; il entraîne trop de frais dans l'établissement et l'entretien de la voie ; il amoindrit les profits de la traction par le transport de poids morts trop considérables (1). »

Il y a dans le mécanisme adopté par M. le baron de Séguier, une disposition très-rationnelle. C'est que l'adhérence est toujours proportionnelle à la résistance ; en d'autres termes, que l'adhérence des roues contre le rail central, loin de rester constante, comme c'est le cas de nos chemins de fer actuels, s'accroît ou diminue, selon que le poids à traîner, c'est-à-dire le convoi, est plus ou moins considérable.

Ce résultat s'obtient par l'emploi du levier dit *funiculaire*. Les roues qui pressent le rail médian, sont fixées à l'extrémité d'une sorte de double pince, qui ressemble à une tenaille, avec ses deux longues branches et les petites branches de sa mâchoire. Les longues branches de la tenaille étant liées au convoi, plus le convoi est lourd, plus les roues motrices attachées à la mâchoire doivent mordre avec force sur le rail, et accroître l'adhérence.

Ainsi, plus la résistance à la traction s'accroît, plus s'accroît aussi l'adhérence.

Une autre disposition qui paraît également devoir être avantageuse dans la pratique, c'est la séparation que fait M. Séguier, de la chaudière à vapeur et du mécanisme. La chaudière et le système moteur, sont portés, chacun, sur un wagon différent.

Toutes ces particularités donnent au système de M. Séguier une excellente physionomie. Malheureusement il n'a pas encore obtenu la sanction de la pratique. Nous avons vu, dans le cabinet de l'honorable académicien, un modèle en bois, de 3 mètres de long, du châssis du wagon porteur de la pince, ou levier *funiculaire*. D'après ce qu'a bien voulu nous dire M. Séguier, un ingénieur éminent, M. Duméry, s'occuperait, depuis plusieurs années, de construire une locomotive destinée à mettre en évidence tous les bons résultats promis.

Voilà tout ce que nous pouvons communiquer à nos lecteurs sur ce chapitre.

Ce qui nous frappe dans les idées de M. le baron Séguier, c'est qu'il prétend appliquer le système du rail médian à toute ligne de chemin de fer, non-seulement pour remonter et descendre les pentes, mais pour courir sur

---

(1) *Comptes rendus de l'Académie des sciences*, séance du 26 mars 1866.

Fig. 196. — Locomotive de M. Fell pour le chemin de fer à rail central.

les rails de niveau. Son opinion s'écarte, en cela, de celle de la plupart des ingénieurs, qui, tout en reconnaissant l'incontestable utilité du système du rail central pour remonter les pentes, limitent son usage à ce cas particulier, et le déclarent fort inférieur, pour les cas ordinaires, à la locomotive actuelle.

C'est ainsi qu'a raisonné un ingénieur anglais, M. Fell, et c'est en conséquence de ce raisonnement qu'il a procédé.

Selon M. Fell, les machines à adhérence centrale, ne sont applicables que pour les cas de fortes rampes, et pour les petites vitesses. Dans ces conditions, elles permettent de développer un effort considérable de traction, avec un moteur d'un faible poids. M. Fell a donc combiné et exécuté une locomotive, destinée à réaliser l'application pratique du système du rail médian, dans les conditions que nous venons d'énoncer, c'est-à-dire pour remonter les rampes.

Vers la fin de l'année 1863, la locomotive de M. Fell fut essayée dans le Derbyshire, sur le chemin de Cromfort à High-Peak, lequel dessert une partie de ce district houiller près de la station de Whaley-Bridge.

Un plan incliné de 72 millimètres par mètre, de 146 mètres de longueur, part de cette station, et est desservi par des câbles, que commande une machine fixe. M. Fell obtint l'autorisation d'y établir ses trois rails, et de prolonger cette voie sur un coteau voisin, dont la longueur est de 137 mètres, dont l'inclinaison varie de 76 à 100 millimètres, et qui présente quatre courbes d'un rayon de 50 mètres seulement.

Le troisième rail de cette voie fut posé à plat, à 20 centimètres au-dessus du niveau des deux rails ordinaires. Il était du même modèle que ceux de la voie courante. La locomotive était une machine-tender, pesant, vide, 14 tonnes, et 16 tonnes et demie, approvisionnée. La surface de chauffe totale, était de 42 mètres.

Cette machine que l'on voit représentée ci-dessus, se compose, en réalité, comme mécanisme, de deux machines distinctes, ayant chacune sa chaudière à vapeur, ses cylindres et son régulateur. L'une agit par l'adhérence naturelle que produit le poids de la locomotive sur les rails latéraux ; l'autre, par l'adhérence supplémentaire obtenue par la pression des roues horizontales contre le rail central. La première est à deux cylindres extérieurs et à quatre roues couplées d'un diamètre de 0^m,60. La seconde, également à deux cylindres disposés entre les roues, parallèlement à la chaudière, agit sur quatre roues horizontales, du diamètre de 0^m,40, que des ressorts à boudin poussent contre le rail central. Des boîtes à sable permettent d'augmenter l'adhérence sur les rails.

Chaque wagon est muni en son milieu et sous les châssis, de quatre galets directeurs, destinés à agir également sur le rail central et à empêcher, dans les courbes, les bourrelets des roues de frotter contre les rails extérieurs.

Les figures 197 et 198 mettent en évidence le mode d'action et la disposition des roues qui viennent agir contre le rail médian.

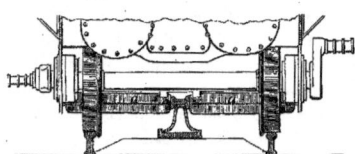

Fig. 197. — Coupe de la voie du chemin de fer du Mont-Cenis, vue des rails.

La figure 197 donne une coupe de la voie et montre la situation du rail médian b, serré entre les deux roues a, a, qui déterminent l'adhérence et la progression.

La figure 198 est une coupe horizontale des quatre roues du rail médian et du mécanisme pressant les roues contre ce rail. pr est une tige mue par le piston de la machine à vapeur, qdq le rail médian, a, a les roues. Les ressorts en spirale b, b, b, b, serrés par le sommier g, que le mécanicien peut mettre en mouvement du tablier de la machine, pressent les roues a, a, a, a contre le rail central.

Dans les expériences auxquelles a assisté un ingénieur français, M. Desbrière, cette machine remonta facilement le plan incliné, en remorquant quatre wagons du poids de sept tonnes. Le train parcourut ensuite le palier, et s'arrêta au pied du coteau où la pente dépasse 80 millimètres. On supprima les wagons, et la machine fut lancée seule sur la rampe, en faisant agir le mécanisme extérieur seulement. La locomotive ne put s'élever que de quelques mètres. Alors on débrida le mécanisme intérieur, et aussitôt, elle remonta la rampe, avec une vitesse de 20 kilomètres à l'heure. Attelée à un ou deux wagons, elle marcha encore avec une vitesse de 16 kilomètres ; avec quatre wagons dont le poids joint à celui de la locomotive elle-même s'élevait à 44 tonnes, la vitesse fut réduite à 8 kilomètres. La tension exercée sur chaque roue était de 2 tonnes, la pression de la vapeur de 8 atmosphères effectives.

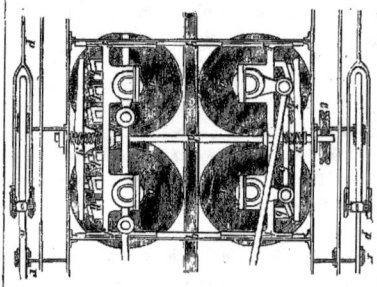

Fig. 198. — Roues horizontales et rail central de la locomotive du Mont-Cenis.

Ces résultats parurent tellement satisfaisants, quoique la locomotive ne fût encore qu'une machine d'essai, susceptible de perfectionnement, qu'il fut décidé que les expériences seraient répétées sur la route du Mont-Cenis, c'est-à-dire dans le massif des montagnes qui sépare la France de l'Italie.

Les gouvernements de France et d'Italie ne tardèrent pas à accorder l'autorisation nécessaire à cette grande expérience.

Le réseau des chemins de fer qui relient la France à l'Italie, présente une interruption de 77 kilomètres, entre Saint-Michel en France, et Suse en Piémont. Les diligences mettent 10 à 12 heures à faire ce trajet, sur une route de 10 mètres de largeur, qui offre une pente moyenne de 77 millimètres, et qui commence du côté de la France, à la hauteur de Lans-le-Bourg. Mais, outre l'inconvénient de l'interruption des voies ferrées, le passage de la montagne devient, dans l'hiver et au commencement du printemps, extrêmement difficile, à cause des neiges et de la glace qui s'accumulent sur la route. Les avalanches ajoutent encore aux dangers du passage. On est alors forcé de remplacer les diligences par des *traîneaux*, nom pompeux qui signifie seulement diligences sans roues, traînées sur la neige par des chevaux. La durée du passage de la montagne est alors livrée à tous les hasards des événements et du temps.

Au mois de mars 1865, nous avons passé le Mont-Cenis, pour revenir d'Italie en France. L'énorme accumulation des neiges, le voyage fait en pleine nuit, sur le faîte de précipices épouvantables, l'insouciance des postillons commis à la direction des prétendus *traîneaux*, tout cela a mis sous nos yeux avec une triste éloquence, les dangers du passage de cette montagne à l'époque des neiges, et la nécessité de supprimer, au plus vite, sur les sommets alpestres ce mode de transport périlleux et arriéré.

C'est pour éviter ce passage, que l'on est en train, comme nous l'avons dit, de creuser le fameux tunnel du Mont-Cenis, ou pour mieux dire du mont Tabor, dont nous avons parlé dans un chapitre précédent. Mais ce tunnel ne sera probablement pas terminé avant l'année 1872 environ.

Dans ces circonstances, on a pensé à devancer l'ouverture du tunnel des Alpes, par l'établissement d'une voie ferrée, sur les flancs mêmes du Mont-Cenis, et d'y essayer le système du rail central.

MM. Brassey et Fell, au nom d'une compagnie anglaise, ont proposé aux gouvernements français et italien, de construire un chemin de fer à rail central, entre Saint-Michel et Suse, en attendant l'achèvement de l'immense souterrain du chemin de fer. Ils ne demandaient, d'ailleurs, aucune subvention, car la compagnie qui se charge de la construction de cette route, compte en tirer des bénéfices suffisants, pendant le temps que prendra encore le percement des Alpes; peut-être même après l'ouverture du tunnel, car beaucoup de voyageurs préféreront le voyage en plein air, à la traversée du sombre et long corridor percé dans la masse de la montagne.

Nous n'avons pas besoin de dire que les locomotives ordinaires n'auraient jamais pu gravir ces pentes, qui atteignent quelquefois 80 millimètres et plus, ni tourner dans ses fortes courbures. La locomotion au moyen du rail central, s'appliquait donc admirablement dans ce cas.

La ligne d'essai, qui a été construite de 1864 à 1865, est située entre Lans-le-Bourg et le sommet du Mont-Cenis. Elle commence à la hauteur de 1622 mètres au-dessus du niveau de la mer, et se termine à une élévation de 1773 mètres, ce qui fait une différence de niveau de 151 mètres, pour une longueur d'environ 2 kilomètres, ou, comme on dit, de 75 millièmes. La voie tourne en angle aigu, et réunit les deux zig-zags de la rampe, par une courbe de 40 mètres de rayon seulement. Excepté en ce point, la voie ferrée est placée sur le côté extérieur de la grande route, occupant de 3 à 4 mètres de sa largeur, et laissant au moins 6 mètres libres, pour la circulation des voitures, charrettes et diligences, ce qui est parfaitement suffisant pour le trafic actuel. En outre, la clôture du chemin de fer s'interposant entre la route libre et le précipice, assure une sécurité plus grande aux diligences qui font le trajet. Les chevaux et les mulets s'habituent rapidement au passage des trains. On peut dire, du moins que, pendant six mois de circulation, aucun accident ne s'est encore produit. D'ailleurs le mouvement ne peut que diminuer sur la route ordinaire après l'ouverture du nouveau chemin de fer. Il est donc à prévoir que la largeur de la route libre sera plus que suffisante.

Comme on a choisi pour cette ligne d'essai, le point le plus difficile de la route du Mont-Cenis, les résultats seront tout à fait concluants pour l'avenir du nouveau système.

La voie a été éprouvée en ce qui concerne les mauvais temps, les neiges et les tourmentes atmosphériques.

Contre toute attente, l'adhérence des roues s'est trouvée meilleure en hiver qu'en été. Quand la neige a été enlevée des rails, elle les a nettoyés, elle les laisse secs et parfaitement propres, tandis que pendant la saison d'été la poussière et l'humidité les rendent gras.

La pente moyenne de la ligne entière, de Saint-Michel à Suse, n'est que d'environ 40 millièmes; la pente maximum est de 83 millièmes. On se propose d'appliquer le rail central partout où la pente dépasse la moyenne de 40 millièmes. Sur les 2 kilomètres de la ligne d'essai, il y a 850 mètres en courbe, dont la moitié à rayons inférieurs à 80 mètres; mais sur la ligne entière, la proportion des parties courbes sera beaucoup moindre.

Les neiges qui obstruent la route pendant l'hiver, ont forcé de couvrir une partie de la voie : environ 12 ou 15 kilomètres. Sur une longueur de 5 kilomètres, on s'est contenté d'une couverture en bois, parce que la neige n'y atteint ordinairement qu'une épaisseur peu considérable. Sur 7 kilomètres, on construira des couvertures en bois et en fer. Enfin les trois derniers kilomètres, qui sont exposés aux avalanches, seront abrités par de fortes voûtes, en maçonnerie.

La dépense de déblaiement de la route actuelle, est de 12,000 francs par an, elle est de 32,000 francs pour la route du Saint-Gothard. Ce chiffre d'entretien donne une idée de la quantité de neige qui, chaque hiver, tombe sur ces abrupts sommets. Mais, grâce aux couvertures établies dans les endroits difficiles, la neige gênera très-peu le service de la voie ferrée. Les locomotives pourront, d'ailleurs, pousser elles-mêmes, le cas échéant, des charrues à neige.

Pendant l'été de 1865, deux locomotives du système de M. Fell furent essayées sur la ligne du Mont-Cenis. L'une était celle qui avait été employée à Whaley-Bridge, l'autre une machine perfectionnée, du même poids que la première, et dans laquelle les mécanismes qui agissent sur les roues verticales et sur les roues horizontales, sont solidaires, ce qui simplifie beaucoup le jeu des organes.

Avec la première machine le capitaine Tyler constata qu'on remontait facilement la ligne de 2 kilomètres, en 8 minutes, avec un train composé de trois wagons, d'un poids total de 16 tonnes. La vitesse moyenne qui résulte de ces essais est de 13 kilomètres à l'heure, au lieu de 12 kilomètres, vitesse maximum prévue dans le projet d'établissement de cette voie.

Avec la seconde machine, on atteignit une vitesse de 11 kilomètres, en remorquant un train de cinq wagons, pesant, avec la machine, 42 tonnes, et on dépassa 14 kilomètres à l'heure, en réduisant le train à 3 wagons (poids total 33 tonnes). A la descente, grâce aux freins employés, la vitesse ne dépassa pas 10 kilomètres.

Ces expériences suffisaient pour démontrer l'excellence du système de M. Fell, et la possibilité d'adopter pour les lignes de montagnes, des pentes de 60 à 80 millièmes.

Sur le rapport d'une commission spéciale

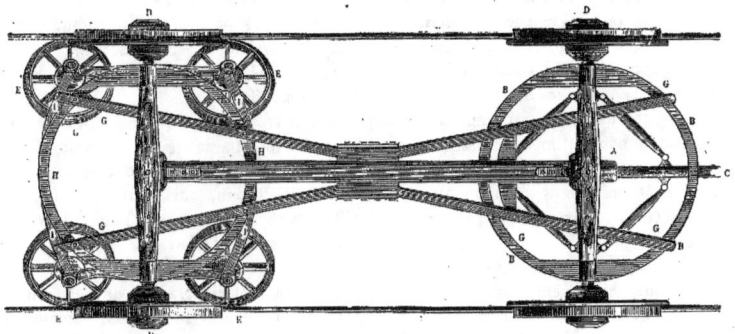

Fig. 199. — Châssis d'un wagon articulé du système Arnoux.

instituée par le gouvernement français, la concession du chemin de fer du Mont-Cenis fut accordée à MM. Brassey, Fell et Cⁱᵉ, par décret du 4 novembre 1865.

Le 6 juillet 1866, une expérience solennelle a eu lieu sur la partie terminée de la route ferrée du Mont-Cenis, en présence du Ministre des travaux publics de France, qu'accompagnaient le directeur général M. de Franqueville et plusieurs ingénieurs. La partie déjà achevée, du chemin de fer à rampes tournantes établie sur ce point, le long de la route carrossable, fut parcourue par un convoi composé de plusieurs voitures, avec une vitesse de 18 kilomètres à l'heure à la montée, et de 15 kilomètres à la descente. La pente atteint jusqu'à 8,50 pour 100, et certaines courbes n'ont pas plus de 40 mètres de rayon.

Les travaux sur le versant italien doivent être achevés en novembre 1866. On peut donc espérer voir l'Italie et la France bientôt reliées l'une à l'autre par une voie ferrée non interrompue.

Le système du rail central, s'il se généralise sur les parties des chemins de fer qui présentent de fortes rampes, constituera un progrès notable : 1° parce qu'on n'aura plus besoin de tranchées et de remblais aussi coûteux que ceux qu'on a été obligé d'exécuter jusqu'ici pour aplanir les routes ; 2° parce que les fortes rampes permettant de réduire à moitié le développement des lignes, en évitant les grands détours destinés à adoucir les pentes, il en résultera une économie considérable dans les frais de construction, d'entretien et d'exploitation de ces lignes. En diminuant de moitié, d'une part, la longueur du chemin, et d'autre part, la vitesse des locomotives, on fera le trajet toujours dans le même temps ; seulement, la charge utile des trains sera considérablement augmentée.

Parmi les avantages du système du rail central, nous devons encore mentionner les garanties de sécurité qui résultent de l'emploi du troisième rail. Ce rail ne sert pas seulement à augmenter l'adhérence de la machine, et par conséquent, sa puissance de traction ; il joue, en même temps, le rôle d'un frein des plus énergiques, pour modérer la vitesse, ou pour arrêter, à la descente, les véhicules qui se seraient détachés. Enfin, par le moyen des galets horizontaux que portent les wagons, et qui s'appliquent aussi contre le rail central, celui-ci guide, en quelque sorte, le train et l'empêche de dérailler. On peut dire, sans exagération, que les parties les moins dangereuses du chemin de fer du Mont-Cenis, seront celles où les fortes pentes nécessiteront l'usage du rail central. Cette considération pourrait même conseiller l'emploi du même système sur les pentes inférieures à 40 millièmes, afin d'y augmenter la sécurité, surtout au passage des courbes.

M. Desbrière, dans le savant mémoire auquel nous avons emprunté la plupart des indications qui précèdent (1), a démontré par des calculs rigoureux, que l'application du rail central au cas d'une exploitation par trains de 100 tonnes (charge maximum qui suffirait dans la plupart des cas) n'offre aucune difficulté sérieuse. Mais il ne faut pas oublier que le rail central doit toujours être considéré comme un moyen de locomotion exceptionnel, appelé à remplacer le système ordinaire dans les cas où celui-ci cesse d'être applicable, et incapable de lutter avec lui sur les grandes lignes à pentes faibles.

Le troisième système nouveau méritant une mention spéciale, est celui des *trains articulés* de M. Arnoux, qui fonctionne sur le chemin de fer de Paris à Sceaux et à Orsay, et qui a pour effet de donner une mobilité remarquable à tout un convoi.

Les trains de devant de la locomotive et des wagons, sont rendus mobiles, de manière à permettre au convoi de tourner dans les courbes les plus petites, de suivre toutes les sinuosités de la route la plus infléchie.

Les figures 199 et 200 feront comprendre le mécanisme du système de M. Arnoux.

La première représente le châssis d'un wagon, vu à plat.

(1) *Études sur la locomotion au moyen du rail central*, par M. Desbrière (extrait des mémoires de la Société des ingénieurs civils), in-8°, Paris, 1865.

On voit que le wagon se compose de deux trains. Le premier est mobile autour d'une cheville ouvrière, le second est fixe.

Examinons d'abord le train antérieur, ou le train mobile.

A, est la cheville ouvrière, autour de laquelle pivote l'avant-train. Un disque BB, maintenu par des barres de soutènement, qui aident à sa flexion, tourne autour de la cheville ouvrière, et entraîne l'essieu DD des roues du wagon. La barre C, est le timon de la voiture.

Le train postérieur, muni de deux autres roues D, D, posant sur le rail, comme les roues antérieures, est pourvu de quatre petites roues, ou galets, E, fixées autour d'un disque de bois GIH. Ces roues obliques, au moment où le train antérieur vient à tourner, pressent contre l'intérieur du rail, et empêchent le déraillement. Le déraillement ne manquerait pas, en effet, de se produire, au moment où l'avant-train vient à tourner, si une puissance contraire ne ramenait dans la direction normale les roues de derrière, qui tendent, soit à franchir le rail, soit à monter par-dessus.

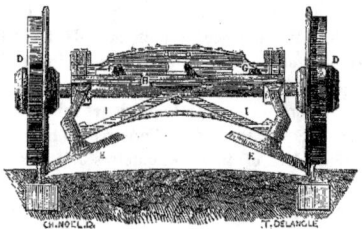

Fig. 200. — Disposition des roues obliques.

La figure 200 est destinée à montrer à part la disposition des roues, ou galets, obliques, contre l'intérieur du rail : D, D, sont les roues du wagon, E, E les roues obliques, I la projection du disque GIH, qui porte ces roues obliques.

Ce mécanisme donne un résultat irréprochable pour les convois qui ne dépassent pas un certain poids ; mais il ne peut s'appliquer pour les trains pesamment chargés, et tel est le défaut qui a empêché le système de M. Arnoux de se généraliser sur les lignes récemment construites.

Il nous reste à décrire un petit nombre de systèmes qui diffèrent essentiellement des précédents par les forces mises en jeu pour obtenir la locomotion, et par les dispositions résultant de l'emploi de ces forces.

Nous parlerons d'abord du système des machines fixes. Ici, les locomotives sont supprimées, et la traction s'opère au moyen de cordes ou de câbles, tirés par une ou plusieurs machines à vapeur fixes, établies au point de départ ou sur le trajet de route.

Le plus remarquable de ces systèmes est celui qu'a imaginé récemment, M. Agudio, ingénieur et député italien. Il a pour résultat de faire disparaître les inconvénients très-nombreux attachés jusqu'ici au système des plans inclinés sur lesquels la traction s'opère par une machine fixe agissant sur un câble.

Dans le système de M. Agudio, le convoi est poussé par un chariot placé à sa queue, et qui porte deux tambours à gorge, sur lesquels passe deux fois, un *câble de touage fixe*. Le mouvement de rotation est imprimé à ces tambours, par un câble sans fin, qui s'enroule sur deux couples de poulies, fixées sur le chariot à côté des tambours, de manière à entraîner ceux-ci dans leur mouvement. Deux machines à vapeur, installées à la station inférieure et à la station supérieure, tirent les deux brins du câble moteur en deux sens opposés.

Le système Agudio permet d'adopter sur de grandes longueurs, de fortes rampes et des courbes de petits rayons, tout en offrant une grande sécurité. Des expériences faites en présence d'hommes compétents, ont prouvé qu'il fonctionnait sans difficulté ; aussi est-il question de l'appliquer au passage du Simplon, qui a déjà donné lieu à tant de projets.

Sur le nouveau chemin de fer brésilien de Santes à Jundiahy, où il s'agissait de franchir la *Serra-do-Mar*, avec des rampes de 10 centimètres par mètre (la différence du niveau pour 8 kilomètres, est de 800 mètres), on emploie une machine fixe pourvue d'un câble de fil de fer, de 3 centimètres de diamètre, qui s'enroule sur une grande roue horizontale et s'attache, par un bout au train descendant, et par l'autre au train montant, ce qui est le principe ordinaire des *plans automoteurs*. La montée entière a été divisée en cinq étapes, dont chacune a près de 2 kilomètres de longueur. Chacun de ces tronçons se termine par une plate-forme où se trouve une machine à vapeur fixe pouvant remorquer 50 tonnes avec une vitesse de 16 kilomètres à l'heure.

Cette voie, qui a nécessité d'immenses ouvrages d'art, a été inaugurée en juillet 1864.

Un autre système de machine fixe, mais dont les avantages sont problématiques, est celui des *locomotives à air comprimé*.

M. Andraud, homme d'un esprit ingénieux, mort en 1863, avait cru pouvoir appliquer l'air comprimé comme agent moteur aux voies ferrées. Il essaya de substituer l'air comprimé à la vapeur, en faisant porter le réservoir d'air par le tender, et renouvelant la provision de fluide moteur au moyen de réservoirs fixes échelonnés sur la voie et alimentés par des moteurs naturels, tels que chutes d'eau, courants, rapides, etc.

Le mécanicien Pecqueur avait adopté le même principe ; mais au lieu de faire porter le réservoir d'air par le véhicule, il avait imaginé de puiser cet air comprimé dans un tube fermé, qui régnait sur toute la longueur de la voie. Pour faire arriver l'air comprimé dans les boîtes à distribution, la locomotive portait des tiroirs, ou glissières creuses, en communication avec des tubulures à soupape, dont le grand tuyau longitudinal était muni de distance en distance.

Ce système était beaucoup trop compliqué pour se prêter à aucun usage pratique.

M. Andraud est encore l'inventeur du *système éolique*, qui offre tous les inconvénients du système des machines fixes, et de plus, les défauts qui lui sont propres.

Dans ce nouveau système, on supprime la locomotive, et l'on imprime le mouvement aux voitures, par l'effet de la compression et du refoulement de l'air dans un tuyau flexible, couché au milieu de la voie. Un tube de cuir, rendu imperméable par plusieurs enveloppes de caoutchouc, est disposé tout le long de la voie, entre les deux rails. Une voiture placée sur les rails, repose sur ce tube, à l'aide d'une large roue de bois dont elle est munie. Quand on vient, en ouvrant un robinet, à introduire de l'air comprimé dans le tube, celui-ci, subitement gonflé, pousse en avant la voiture en faisant office de coin, et la lance sur les rails.

Le réservoir d'air comprimé, qui consiste en un canal enfoui sous le sol, est établi sur le bord de la voie. Des machines à vapeur, disposées en nombre convenable, sur toute l'étendue de la ligne, servent à condenser l'air dans ce réservoir (1).

Dans le système *éolique*, on supprime, avons-nous dit, la locomotive ; on se met par conséquent à l'abri des inconvénients qu'entraîne le poids considérable de cet appareil moteur, et des dépenses qu'absorbe son entretien. On peut tourner sans difficulté les courbes du plus petit rayon ; les pentes ordinaires sont franchies sans obstacle, et si les rampes sont trop considérables, rien de plus simple que d'accroître la puissance motrice : il suffit d'augmenter les dimensions du tube propulseur.

Cette faculté de tourner dans les courbes et de remonter certaines pentes, simplifierait dans une proportion extraordinaire, le tracé des chemins. Ces énormes remblais, ces nivellements de terrain, ces viaducs, ces tunnels, qui sont une source de dépenses incalculables dans le tracé des chemins de fer ordinaires, disparaîtraient à la fois : la terre, telle à peu près que Dieu l'a faite, suffirait aux modestes nécessités de ce système.

Malheureusement, il n'a rien de pratique et ne pourrait s'appliquer à des lignes étendues. Tout au plus donnerait-il de bons résultats pour des chemins d'un petit parcours, ou pour les embranchements des grandes lignes. Nous avons vu fonctionner, en 1856, dans un terrain vague des Champs-Élysées, le *système éolique* de M. Andraud. C'était un joli joujou, mais ce n'était qu'un joujou.

Le *système hydraulique*, imaginé et essayé sur le chemin de fer de Dublin à Cork, par un ingénieur anglais, M. Shuttleworth, et sur lequel un constructeur français, M. Girard, a plus tard appelé l'attention, offre une grande analogie avec le système de M. Andraud. En effet, au lieu d'un tube rempli d'air comprimé, M. Girard emploie un tube plein d'eau. Dans les deux systèmes, le train ouvre et ferme successivement, en passant, des robinets, à l'aide desquels on injecte le fluide moteur dans un appareil de locomotion.

L'appareil de locomotion, dans le système Girard, consiste en deux turbines placées sous les wagons, et qui impriment aux roues le mouvement de rotation. La conduite d'eau, disposée entre les rails, sur tout le parcours de la voie, est alimentée par des réservoirs distribués le long de la voie, de distance en distance.

---

(1) En raison de la faible intensité de la force motrice qui réside dans l'air comprimé, le système éolique ne pourrait servir à traîner de lourds convois composés d'une série de wagons : une seule voiture pourrait chaque fois être mise en marche. Cette disposition ne serait pas à la rigueur un désavantage. Il y aurait peut-être, au contraire, une utilité marquée à établir sur les chemins de fer, au lieu de convois composés d'une douzaine de voitures partant trois ou quatre fois par jour, un transport régulier, formé d'une seule voiture, partant chaque cinq ou six minutes.

M. Girard a imaginé récemment de faire porter les wagons sur des *patins* reposant sur le rail par deux surfaces cannelées sous lesquelles on introduit de l'eau, destinée à réduire considérablement le frottement.

Ce système paraît dépourvu de valeur pratique. La quantité d'eau nécessaire pour alimenter les conduites, constituerait un sérieux obstacle, car dans les temps de sécheresse, ou pendant les hivers très-rigoureux, on serait souvent forcé de suspendre le service de la voie hydraulique. Les passages au niveau des routes, les services de gares, etc. seraient impraticables.

L'idée de M. Girard de réduire la résistance de frottement par l'interposition de l'eau est fort peu applicable à la locomotion ; mais peut-être rendrait-elle des services dans la construction des turbines, paliers glissants, volants, hélices de bateau à vapeur, etc., où ce moyen servirait à diminuer le frottement par les axes.

Le dernier système dont nous nous occuperons, est le *système atmosphérique*, dans lequel la locomotive est supprimée. La traction s'opère à l'aide de machines aspirantes qui font le vide dans un tube de fonte couché entre les rails, au milieu de la voie, et dans lequel se meut le piston voyageur.

Ce système fut adopté, en 1847, par la compagnie du chemin de fer de l'Ouest, pour faire franchir aux convois, l'énorme rampe qui s'étend du bois du Vésinet à la ville de Saint-Germain.

Mais l'adoption faite, à titre d'essai, en 1847, du système atmosphérique, par la Compagnie de l'Ouest, avait été précédée de plusieurs tentatives, suivies en Angleterre, avec beaucoup d'attention, pour perfectionner ce système. Il ne sera pas sans intérêt, de présenter à nos lecteurs le récit détaillé des premières expériences du système atmosphérique, en remontant à son origine.

CHAPITRE XIII

LE CHEMIN DE FER ATMOSPHÉRIQUE. — ORIGINE DE SA DÉCOUVERTE. — EMPLOI DU VIDE POUR LE TRANSPORT DES LETTRES. — SYSTÈME DE M. MEDHURST. — M. VALLANCE. — TRAVAUX DE MM. CLEGG ET SAMUDA. — ÉTABLISSEMENT DU CHEMIN DE FER ATMOSPHÉRIQUE DE KINGSTOWN EN IRLANDE. — CHEMIN DE FER ATMOSPHÉRIQUE DE PARIS A SAINT-GERMAIN. — SON INSUCCÈS. — LE NOUVEAU CHEMIN DE FER PNEUMATIQUE DE LONDRES A SYDENHAM.

Nous n'apprendrons rien à nos lecteurs en disant que la première idée de la locomotion atmosphérique appartient à Denis Papin. La machine à *double pompe pneumatique*, proposée par l'illustre physicien en 1687, renferme l'idée, déjà réalisée en partie, de l'emploi de la pression atmosphérique comme agent moteur (1).

Cent vingt ans après, en 1810, un ingénieur danois, M. Medhurst, fit revivre cette idée, alors presque oubliée. Dans une brochure intitulée : *Nouvelle méthode pour transporter des effets et des lettres par l'air*, suivie, en 1812, d'un nouvel opuscule : *Quelques calculs et remarques tendant à prouver la possibilité de la nouvelle méthode*, etc., cet ingénieur proposa d'utiliser la pression de l'air pour le transport des lettres et des marchandises.

M. Medhurst parlait de construire une sorte de canal, muni d'une paire de rails de fer, sur lesquels on placerait un petit chariot, portant les lettres et les paquets. Une machine pneumatique installée à l'extrémité de ce canal, devait faire le vide dans cet espace. Un piston jouant librement à l'intérieur et dans toute l'étendue de ce tube, pressé par le poids de l'atmosphère extérieure, aurait été entraîné dans l'intérieur du canal, en poussant le chariot devant lui.

Cependant l'ingénieur danois ne put réussir à attirer sur ses idées l'attention du public. Ses brochures restèrent chez le libraire, et ses modèles n'eurent pas un visiteur.

Bien que le système de M. Medhurst fût

(1) Voir la notice sur la *Machine à vapeur*, p. 48.

évidemment très-raisonnable, il était demeuré inaperçu. En 1824, un autre inventeur, M. Vallance, reprit et étendit la même idée.

Ce que M. Medhurst avait imaginé pour les lettres et les paquets, M. Vallance l'appliquait aux voyageurs. Il proposait de construire un très-large tube de fer, susceptible de tenir le vide, et occupant toute l'étendue de la distance à franchir. Dans ce tube il plaçait des rails, sur ces rails des wagons, et dans ces wagons des voyageurs. On attachait les wagons au large piston qui parcourait ce long tube. Une machine pneumatique épuisait l'air du tube, et la pression de l'atmosphère poussait à grande vitesse le piston, ainsi que le train de wagons attaché au piston.

M. Vallance exécuta sur la route de Brighton, les essais de cette curieuse invention. Il fit construire en bois de sapin, un tunnel provisoire, qui n'avait pas moins de 2 mètres de diamètre, et dans lequel il faisait circuler ses voitures.

Les habitants de Brighton accoururent en foule sur les bords de la route, pour être témoins des essais de l'inventeur; mais personne ne consentit à servir de sujet à une expérience complète.

Le premier inventeur, enhardi par les essais de M. Vallance, s'occupa de perfectionner son premier projet, et il y réussit, car c'est à lui qu'appartient la découverte du système des chemins de fer atmosphériques.

M. Medhurst publia, en 1827, une courte brochure intitulée : *Nouveau système de transport et de véhicule par terre pour les bagages et les voyageurs.* L'ingénieur danois proposait deux procédés : le premier reproduisait son ancien projet d'un canal fermé de toutes parts, mais il ne l'appliquait qu'aux bagages. Le second, imité de celui de M. Vallance, était consacré au transport des voyageurs.

Ce nouveau système présentait les dispositions suivantes.

Un tube de fer était couché entre les deux rails, au milieu et dans toute l'étendue de la voie d'un chemin de fer ordinaire. Un piston parcourait toute la capacité intérieure de ce tube, et se trouvait rattaché, par une tige, aux wagons chargés de voyageurs. Pour livrer passage à cette tige de communication dans tout le trajet du tube, sans donner accès à l'air extérieur, M. Medhurst proposait de placer à la partie supérieure du tube, et sur toute son étendue, une rainure occupée par une couche d'eau, qui devait livrer passage à la tige de communication et se fermer derrière le convoi.

Ce genre de soupape était inapplicable, puisqu'il exigeait une horizontalité parfaite du sol. Cependant le principe était trouvé, et les conditions du problème nettement posées; il ne restait qu'à les remplir.

Plusieurs ingénieurs s'occupèrent aussitôt, de créer une nouvelle soupape qui pût répondre à cet important et difficile objet, de donner passage à la tige de communication, et de refermer aussitôt le tube, de manière à y maintenir le vide. Un grand nombre d'essais furent tentés dans cette direction. La soupape formée d'un assemblage de cordes, proposée en 1834 par l'ingénieur américain Pinkus, ne remplit qu'imparfaitement ces conditions. Enfin, en 1838, MM. Clegg et Samuda, constructeurs à Wormwood-Scrubs, près de Londres, trouvèrent une solution tellement satisfaisante du problème, qu'elle permit de transporter dans la pratique le nouveau procédé de locomotion de l'ingénieur danois.

La soupape de MM. Clegg et Samuda se composait d'une lanière de cuir, disposée à la partie supérieure et sur tout le trajet du tube propulseur; elle servait à boucher l'ouverture longitudinale ménagée sur toute l'étendue du tube. Fixée à ce tube par l'un de ses bords, elle était soulevée par la tige qui servait à lier le piston aux wagons. Après le passage de cette tige, elle se refermait par suite de son poids, augmenté de celui de deux lames de tôle flexibles fixées sur chacune de ses faces. Pour rendre l'occlusion plus complète, le bord libre de la lanière de cuir reposait sur une entaille creusée dans la rainure, et cette entaille était remplie elle-même d'un mastic résineux. Après le passage de la tige de communication, une roue de bois, adaptée au wagon directeur, comprimait fortement la lanière de cuir contre sa rainure, et la replaçait dans la position qu'elle occupait auparavant. La faible chaleur développée par cette compression avait pour effet de rendre le mastic plus fluide et de faciliter ainsi l'adhérence qu'il provoquait entre la bande de cuir et le métal. Dans l'origine, on avait même ajouté au rouleau compresseur un fourneau en grillage rempli de charbons incandescents, qui fluidifiaient le mastic sur leur passage; mais cet engin, assez ridicule, fut bientôt supprimé.

Cet ingénieux système fut essayé pour la première fois en France, en 1838. MM. Clegg et Samuda en firent exécuter les essais à Chaillot et au Havre, sur un petit chemin de fer d'épreuve.

L'invention, alors dans son enfance, fit peu de bruit et n'éveilla guère que des critiques. On ne croyait pas à la possibilité de maintenir le vide dans un tube de plusieurs kilomètres, incessamment ouvert et refermé par une tige qui le parcourait avec une vitesse excessive. Les hommes pratiques avaient de la peine à considérer d'un œil sérieux cet immense conduit, ce mastic fondu et ce réchaud voyageur. Mais les inventeurs ne perdirent pas courage. Après avoir avantageusement modifié la confection de leurs appareils, ils établirent aux portes de leurs ateliers, à Wormwood-Scrubs, non plus un modèle de petite dimension, mais un véritable chemin de fer de la longueur de près d'un kilomètre, offrant une pente sensible dans une partie de son parcours. Une pompe pneumatique, mise en action par une machine à vapeur de la force de seize chevaux, opérait le vide dans le tube. Les wagons étaient entraînés avec une vitesse de dix à douze lieues par heure.

Le public, qui fut admis à prendre place dans les voitures, accueillit avec faveur les essais de ce curieux système. Cependant quelques hommes de l'art se montrèrent plus difficiles, et déclarèrent que l'invention ne pouvait être prise au sérieux.

MM. Clegg et Samuda réclamèrent vainement contre la sévérité de cet arrêt. Ils ne purent réussir à trouver à Londres le plus faible appui. Mais l'Irlande, encore à peu près dénuée de chemins de fer, avait intérêt à accueillir les découvertes nouvelles : elle offrit aux inventeurs un théâtre favorable à l'expérimentation de leurs idées. En 1840, M. Pim, trésorier de la compagnie du chemin de fer de Dublin à Kingstown, sur la foi des expériences dont il avait été témoin, proposa aux actionnaires de sa compagnie d'établir, à titre d'essai, le système atmosphérique à l'une des extrémités du chemin de Dublin, entre Kingstown et Dalkey.

Pour encourager cet essai, le gouvernement anglais accorda aux inventeurs un prêt de 625,000 francs, destiné à faire face aux premiers frais de l'entreprise.

Le chemin de fer de Kingstown à Dalkey fut terminé le 19 août 1843. On se mit aussitôt en devoir de procéder au premier voyage d'essai. Un convoi composé de trois voitures chargées de plus de cent personnes, fut placé à la tête de la ligne, et le vide ayant été opéré par les machines, il fut abandonné à lui-même.

On lira peut-être avec intérêt le récit, donné par le *Morning-Advertiser*, de cette première expérience qui eut en Angleterre un grand retentissement.

« Trois voitures, dit ce journal, furent placées à la station de Kingstown. A la première étaient attachés le piston qui se meut dans le tube et une mécanique pour modérer la vitesse du train et s'arrêter à Dalkey ; une mécanique de cette sorte fut aussi attachée à la deuxième voiture, qui contenait un grand nombre d'ouvriers ; la troisième était réservée aux directeurs et à leurs amis : en tout, plus de cent personnes. Tout le monde était curieux de savoir le résultat du premier voyage.

« Tout étant prêt, vers six heures du soir, la machine à vapeur de Dalkey mit en mouvement la pompe pneumatique. Elle marcha si bien, qu'en une demi-minute le vide fut obtenu dans le tube. Les signaux nécessaires furent faits ; le train partit, et quatre minutes après il avait atteint Dalkey. On ne peut se faire une idée de la facilité avec laquelle marche la machine, même au milieu des courbes les plus roides que l'on trouve sur cette ligne. Le train glisse sur les rails presque sans qu'on s'en aperçoive ; point de fumée, point de bruit comme dans les chemins de fer à vapeur. Les mécaniques pour modérer le mouvement sont suffisantes ; on a arrêté à Dalkey avec la plus grande facilité. Le succès complet de cette expérience prouve que désormais la pression de l'air atmosphérique peut être appliquée aux chemins de fer. »

Les expériences subséquentes ayant confirmé ces premiers faits, le chemin de fer atmosphérique commença son service public de Kingstown à Dalkey.

Les résultats obtenus en Irlande frappèrent beaucoup l'attention. L'Angleterre et la France s'en émurent particulièrement. Deux années après, une compagnie anglaise décidait l'établissement d'un railway atmosphérique, de Londres à Croydon. Ce chemin atmosphérique, dont l'exécution rencontra beaucoup de difficultés, offrait une particularité intéressante. Entre Norwood et Croydon, il traversait, sur un viaduc gigantesque, les deux voies des chemins de fer ordinaires de Brighton et de Douvres.

C'est sous l'influence de ces faits que, pendant l'année 1844, le ministre des travaux publics en France, désireux de s'éclairer sur la valeur positive de ces nouveaux procédés, et de reconnaître leur influence sur l'avenir de nos chemins de fer, envoya en Irlande un inspecteur des ponts et chaussées, M. Mallet, avec mission d'y étudier les appareils de MM. Clegg et Samuda.

M. Mallet fit connaître, dans divers rapports, toutes les conditions du chemin fer atmosphérique de Kingstown. Il entra dans des développements étendus sur les frais de son établissement, et compara, sous ce double rapport, les deux systèmes rivaux. Cet ingénieur, à qui l'on a reproché d'avoir vu d'un œil trop indulgent le système irlandais, s'attacha à combattre les objections qu'il soulevait, et finalement, demanda que l'on en fît parmi nous, un essai sur une étendue suffisante.

Adoptant les vues de M. Mallet, le gouvernement décida que le système atmosphérique serait soumis à l'épreuve définitive de l'exécution pratique. Un projet de loi fut donc présenté aux chambres, demandant pour cet objet, une allocation de 1,800,000 francs.

La loi fut votée le 5 août 1844. Une ordonnance du 2 novembre de la même année, arrêta que l'expérience aurait lieu entre Nanterre et le plateau de Saint-Germain.

A cette époque, le chemin de fer de Paris à Saint-Germain s'arrêtait à la commune du Pecq, au pied de la colline. On vit, dans le choix de cet emplacement, un moyen décisif de juger le nouveau système dans les conditions où il peut offrir le plus d'avantages, c'est-à-dire lorsqu'il s'agit de faire remonter aux convois des pentes d'une inclinaison considérable. La ville de Saint-Germain y trouvait, d'ailleurs, l'avantage de faire arriver jusqu'à elle les convois qui s'arrêtaient forcément au bas du plateau. Elle ajouta donc une somme de 200,000 francs aux 1,800,000 francs alloués par l'État.

Le chemin de fer atmosphérique, qui devait être établi de Nanterre au plateau de Saint-Germain, sur une longueur de plus de huit kilomètres, n'a été en réalité, exécuté que dans l'intervalle de deux kilomètres et demi qui sépare Saint-Germain du pont de Montesson, dans le bois du Vésinet. Il fut terminé en 1847.

Tout le monde connaît les travaux d'art si remarquables que nos ingénieurs ont exécutés pour franchir la différence de 30 mètres de niveau, qui existe entre l'embarcadère et le pont de Montesson. Vus de la terrasse de Saint-Germain, ils présentent un aspect plein de hardiesse et d'élégance. Ces travaux consistent en un pont de dix arches jeté sur

Fig. 201. — Wagon directeur du chemin atmosphérique de Saint-Germain, supprimé en 1859.

la Seine, dans le point où l'île Corbière la divise en deux bras. Les arches de ce pont ont, chacune, une portée de 32 mètres. Vient ensuite, un magnifique viaduc, de vingt arches, de l'aspect le plus gracieux et le plus hardi, dont l'exécution présenta de grands obstacles, en raison de la nature du terrain sur lequel reposent ses fondations. A peu de distance de ce viaduc, le chemin s'engage dans un souterrain qui passe sous la terrasse de Saint-Germain. On entre ensuite dans une longue tranchée pratiquée dans la forêt; on pénètre de là dans un petit souterrain qui s'étend sous le parterre de la terrasse, et l'on arrive enfin à l'entrée de la gare, que quelques marches seulement séparent des salles d'attente situées de plain-pied avec la place du Château, dans l'intérieur de la ville.

Le chemin de fer atmosphérique établi du bois du Vésinet au plateau de Saint-Germain faisait suite au chemin de fer ordinaire partant de Paris. Jusqu'au pont de Montesson, le trajet s'accomplissait sur la voie ordinaire; le reste du trajet, jusqu'à Saint-Germain, se faisait sur le chemin atmosphérique. Ce changement de système s'effectuait très-rapidement, et pour ainsi dire, sans que les voyageurs eussent le temps de s'en apercevoir. Arrivé à la station de Montesson, le train s'arrêtait; la locomotive passait derrière lui et le poussait, au moyen d'un croisement de rails, sur la voie atmosphérique. On accrochait la première voiture du convoi au wagon directeur du chemin atmosphérique. Aussitôt, sur un signal donné par le télégraphe électrique, les machines pneumatiques installées à Saint-Germain, se mettaient à fonctionner. L'air du tube était aspiré en quelques instants, et le convoi se mettait en marche. Le trajet s'accomplissait en trois minutes.

Le retour de Saint-Germain au pont de Montesson, s'effectuait par le seul poids du convoi roulant sur la pente descendante. Le conducteur n'avait d'autre manœuvre à effectuer, que de serrer les freins, pour s'opposer à une trop grande accélération de vitesse. Arrivé à la station de Montesson, le convoi repassait sur la voie du chemin de fer ordinaire, et une locomotive, tenue prête, le ramenait à Paris.

Voici quelques détails sur le mécanisme des appareils moteurs du chemin atmosphérique de Saint-Germain.

Le tube propulseur couché entre les rails, et qui se trouve maintenu par de simples chevilles sur les traverses qui supportent ces derniers, était en fonte et résultait de l'assemblage de plusieurs cylindres semblables. Il présentait, sur son trajet, de larges cercles assez rapprochés, formant saillie, qui avaient pour objet de le renforcer et d'augmenter sa résistance. Son diamètre intérieur était de 63 centimètres. Il était formé de 830 portions, et pesait 490 kilogrammes le mètre courant.

La soupape était formée d'une longue bande de cuir, fortifiée par des lames de tôle mince et flexible. Un mastic formé d'huile de phoque, de cire, de caoutchouc et d'argile, maintenait son adhérence avec le tube. Le piston était muni, à sa partie antérieure, d'une sorte de long couteau. A mesure qu'il avançait dans le tube, ce couteau soulevait la soupape, de manière à laisser passer la tige de communication des wagons. Après le passage du convoi, la soupape retombait par l'effet de sa pesanteur, et un rouleau compresseur venait, en pesant sur elle, la replacer dans sa situation primitive.

Fig. 202. — Coupe de l'intérieur du tube atmosphérique.

La figure 202 met ces dispositions en évidence. D est le couteau, H la soupape, qui retombe par son poids, après le passage du couteau, G une roue, ou *galet* portée par le chassis C'C, et qui, roulant sur la face inférieure de la soupape H, permet au couteau D, de passer librement.

Quand la soupape était soulevée par le couteau, elle laissait forcément rentrer un peu d'air extérieur dans le tube; mais comme les machines pneumatiques continuaient de fonctionner pendant la marche du convoi, cette petite quantité d'air était expulsée à mesure qu'elle s'introduisait, et le vide était ainsi toujours à peu près maintenu.

Les machines pneumatiques installées à Saint-Germain, et destinées à faire le vide dans le tube propulseur, étaient la partie la plus curieuse et la plus remarquable du matériel atmosphérique. Leurs proportions étaient gigantesques. Des machines à vapeur les mettaient en action.

Les chaudières destinées à produire la vapeur, les cylindres et les pompes manœuvrées par les pistons de ces cylindres, pour faire le vide dans le tube de la voie, étaient disposés dans un immense bâtiment, construit en pierre de taille, vitré par le haut, supporté par une charpente de fer, et soutenu, en son milieu, par une colonne creuse, par laquelle s'écoulaient les eaux pluviales. Un escalier placé au centre du bâtiment conduisait à l'étage où étaient disposés les cylindres des machines à vapeur; les chaudières, au nombre de six, étaient placées au-dessous.

Les cylindres des machines à vapeur étaient couchés horizontalement, comme des pièces de canon. Le mouvement de leurs pistons se communiquait aux cylindres pneumatiques, par une bielle, qui agissait sur une roue dentée, de dimensions extraordinaires, puisque son diamètre n'avait pas moins de 5 mètres. C'est cette roue dentée qui faisait mouvoir les pompes pneumatiques.

Ces pompes, au nombre de deux, étaient placées au bas de l'édifice, et rangées de chaque côté de l'escalier. Elles pouvaient extraire 4 mètres cubes d'air par seconde. Les machines à vapeur, de la force de deux cents chevaux chacune, étaient à haute pression, à condenseur et à détente. Elles ne fonctionnaient pas d'une manière continue, et n'entraient en action, pour faire le vide, qu'au moment où le convoi se mettait en marche.

Rien n'était curieux à voir comme ces immenses machines, immobiles et silencieuses, qui tout d'un coup s'éveillaient pour agiter leurs gigantesques leviers. Trois minutes après, le convoi passait comme un éclair, puis tout retombait dans le silence.

Pour apprécier la valeur positive des nouveaux systèmes de chemins de fer, il faut invoquer les résultats de l'exécution pratique. Si cette vérité avait besoin de démonstration, ce qui s'est passé au chemin atmosphérique de Saint-Germain, en fournirait une preuve éclatante. Étudié au point de vue théorique et dans les conditions particulières où l'on avait pu l'observer, le système atmosphérique avait séduit beaucoup d'esprits, et fait concevoir d'assez hautes espérances. Or, il a été exécuté chez nous, avec tous les soins désirables, avec le concours des plus habiles ingénieurs du pays, et la pratique a démenti tristement les prévisions de la théorie. Les résultats de l'expérience quotidienne, faite depuis l'année 1847 jusqu'à l'année 1859, sur la rampe de Saint-Germain, ont établi que si le système atmosphérique est susceptible de donner de bons résultats sous le rapport mécanique, il est singulièrement désavantageux au point de vue financier. Les devis pour l'exécution de ce chemin, depuis Nanterre jusqu'à Saint-Germain, portaient la dépense totale au chiffre de 2 millions. Or, le chemin ne fut exécuté que sur une partie de cette distance, sur l'étendue de 2 kilomètres et demi qui sépare le pont de Montesson du plateau de Saint-Germain, et tout compte fait, l'ensemble des dépenses dépassa la somme de 6 millions. Le système atmosphérique, que l'on avait préconisé comme devant introduire une économie notable dans les frais d'établissement des chemins de fer, est donc infiniment plus coûteux que le système ordinaire.

Quelques personnes ont voulu expliquer ce résultat par les difficultés qu'offrait le parcours du Vésinet à Saint-Germain, en raison de la hauteur extraordinaire de la rampe à franchir. On pourrait répondre que le système atmosphérique étant présenté surtout comme propre à surmonter les plus fortes rampes, toute son utilité disparaît dès qu'il ne peut servir avec avantage dans ces conditions particulières. Mais là n'est pas la seule réponse à adresser aux partisans de ce mode de transport. L'expérience décisive à laquelle le chemin atmosphérique a été soumis au milieu de nous, a mis en lumière plusieurs inconvénients inhérents à son emploi, et dont la gravité suffirait à elle seule pour en prescrire l'abandon. Nous les résumerons en quelques mots.

Avec le système atmosphérique, on ne peut, sans de très-grandes difficultés, établir des embranchements. Il faudrait, pour changer de voie, installer à l'extrémité de la nouvelle ligne, une machine pneumatique, destinée à faire le vide dans le tuyau de ce nouveau parcours.

En second lieu, la rencontre et les intersections des grandes routes, y créent des obstacles presque insurmontables. En raison du gros tube couché entre les rails, les charrettes et les voitures ne peuvent traverser la voie, comme elles traversent celle de nos chemins de fer ordinaires, en passant par-dessus les rails. Il faut donc, à chaque croisement avec les grandes routes, élever un pont ou creuser un souterrain, de manière à donner passage aux voitures, au-dessus ou au-dessous de la voie.

Un autre vice du système atmosphérique, vice des plus graves, bien qu'il frappe moins l'esprit au premier aperçu, c'est la nécessité où l'on se trouve de conserver sur toute l'étendue de la route, la même intensité à la puissance motrice. En général, quand un chemin de fer rencontre une pente, la force à développer par la machine qui entraîne le convoi, doit s'accroître, pour surmonter cette résistance ; quand le terrain reprend ensuite le niveau, la force de traction doit diminuer. Ces variations nécessaires dans l'intensité des forces agissantes, nos locomotives les produisent sans trop de difficulté : il suffit, pour cela, d'augmenter ou de diminuer la puissance de la vapeur. Mais le système atmosphérique ne peut réaliser ces alternatives utiles dans l'intensité de l'agent moteur. La force qu'il développe, dépend, en effet, de l'étendue de la surface du piston qui se meut dans l'intérieur du tube, sous le poids de l'air extérieur. Or, la surface du piston est toujours la même. La force motrice doit donc conserver la même intensité sur toute l'étendue du trajet, soit que le convoi trouve une résistance en s'élevant le long d'une rampe, soit que cette résistance diminue, quand le chemin reprend le niveau. Pour augmenter ou diminuer l'intensité de l'action motrice, il faudrait pouvoir faire varier la surface du piston : cela étant impossible, il faut se contenter d'une égale intensité de force sur toute l'étendue de la ligne.

Nous ajouterons, comme dernière difficulté s'opposant à l'application du système atmosphérique, l'irrégularité du travail et les dépenses inutiles qui en résultent. L'immense appareil mécanique que l'on avait établi à Saint-Germain, ces gigantesques machines pneumatiques, ces six chaudières à vapeur, ne fonctionnaient guère que trois minutes par heure. Pendant tout le reste du temps, leur service était superflu, et l'on était contraint d'arrêter, comme on le pouvait, le tirage de la cheminée, pour le rétablir une heure après, au moment du travail. Au point de vue industriel, ce résultat était mauvais, et aurait suffi pour motiver l'abandon du système atmosphérique.

Aussi a-t-il été abandonné. En Angleterre, sur le chemin de fer de Croydon à Londres, on a supprimé ce matériel, en 1856. On en fit autant en 1859, pour le chemin de Saint-Germain. Tout le matériel atmosphérique établi du Vésinet à Saint-Germain, fut enlevé, les pompes aspirantes envoyées à la fonte, et le tube mis au vieux fer.

Le système atmosphérique a été remplacé, sur la rampe de Saint-Germain, par de puissantes locomotives, qui ont été construites d'après les données de la Compagnie de l'Ouest.

Ce genre de machine étant de nature à fournir des indications très-utiles, concernant les locomotives *dites de montagne*, c'est-à-dire destinées à remonter de fortes pentes, nous en donnons ici (fig. 203) la coupe verticale.

Les six roues de cette locomotive sont couplées. Un réservoir d'eau supplémentaire A, A, est placé le long des roues, pour augmenter le poids de toute la machine et accroître son adhérence sur les rails.

Voici le tableau des dimensions de ses principaux organes, que nous devons à l'obligeance de M. Ad. Jullien, directeur des chemins de fer de l'Ouest.

Principales dimensions de la machine à 6 roues couplées du chemin de fer de Saint-Germain.

Diamètre des cylindres à vapeur........		$0^m,420$
Course des pistons....................		$0^m,080$
Diamètre des roues...................		$1^m,170$
Écartement des essieux	d'arrière et d'avant à la machine................	$2^m,800$
	d'arrière et au milieu.....	$1^m,370$
	du milieu et d'avant......	$1^m,430$
Longueur de la machine de tampons en tampons.........................		$7^m,985$
Timbre de la chaudière : 9 atmosphères.		
Diamètre intérieur du corps cylindrique de la chaudière.....................		$1^m,080$
Longueur extérieure de la boîte à feu...		$1^m,265$
Largeur extérieure de la boîte à feu....		$1^m,190$
Longueur intérieure du foyer.	Haut.	$1^m,040$
	Bas...	$1^m,097$
Largeur intérieure du foyer...........		$1^m,022$
Longueur des tubes à feu.............		$3^m,730$
Diamètre extérieur des tubes..........		$0^m,045$
Nombre des tubes....................		147
Surface de chauffe	du foyer.	$6^{mq}.43$
	des tubes.	$77^{mq}.51$
	totale	$83^{mq}.94$
Surface de grille.....................		$1^{mq}.12$
Longueur de la boîte à fumée.........		$0^m,775$
Diamètre de la cheminée..............		$0^m,420$
Hauteur maxima de la cheminée au-dessus du rail.......................		$4^m,250$
Hauteur de l'axe de la chaudière au-dessus du rail.........................		$1^m,815$
Volume de l'eau dans les caisses........		$3^m,100$

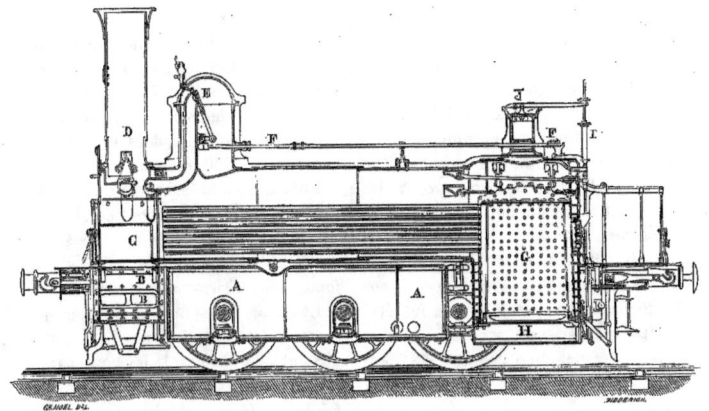

Fig. 203. — Coupe de la locomotive qui sert à remonter la rampe de Saint-Germain.

A, caisse à eau. — B, cylindre à vapeur. — B', tiroir. — D, tuyau soufflant et cheminée. — E, régulateur. — FF, tringle du régulateur. — IJ, soupape de sûreté. — G, tubes à feu et foyer. — H, cendrier.

Cette locomotive ne diffère pas beaucoup, on le voit, par ses dispositions générales. Toute sa puissance vient de ce que son poids total a été utilisé au point de vue de l'adhérence, ce qui lui donne un effort de traction considérable, et dans la masse énorme de vapeur, que fournit la grande surface de chauffe de sa chaudière.

Le poids de cette locomotive, avec sa charge d'eau, dépasse 33 tonnes.

Après le système atmosphérique, nous avons à signaler une autre invention plus récente, c'est-à-dire le *chemin de fer pneumatique*.

Le chemin de fer pneumatique, qui a été établi à titre d'essai en 1865, de Londres à Sydenham, avait été précédé de la création, faite à Londres, plusieurs années auparavant, de la *poste aux lettres pneumatique*. Ces deux inventions se rattachant ainsi étroitement l'une à l'autre, il est indispensable de dire quelques mots de la première, c'est-à-dire de la *poste aux lettres pneumatique*.

On a vu plus haut (page 382), qu'un inventeur, M. Medhurst, avait proposé, en 1810, d'utiliser la pression de l'air pour le transport des lettres et des bagages.

Un ingénieur anglais, M. Latimer Clarke, a de nos jours repris cette idée, et a fait à Londres, une application pratique de l'emploi de la pression de l'air pour le transport des lettres dans l'intérieur d'une ville.

Voici quelles étaient les dispositions essentielles du système que M. Latimer Clarke fit breveter en Angleterre, les 28 janvier 1854 et 11 juin 1857.

Les diverses stations de la poste étaient réunies par une série de tuyaux, dans l'intérieur desquels était placé un cylindre, ou piston, servant de boîte, et portant les lettres et les paquets. Quand on faisait le vide dans le tuyau, la pression atmosphérique agissant sur la partie extérieure du piston, qui jointait fort exactement au tube, grâce à des bandes de caoutchouc placées sur son contour, ce piston-boîte était chassé rapidement à l'intérieur du tuyau. Des *réservoirs de vide*, ou d'air comprimé, étaient distribués sur le trajet du tube, afin de profiter du travail des pompes, dans l'intervalle des envois. L'arrêt du piston-boîte se produisait au moyen d'une introduction d'air destiné à ralentir la marche, et d'un tampon, muni de ressorts, comme ceux des wagons des chemins de fer, pour produire l'arrêt complet.

Les essais faits à Londres du système de M. Latimer Clarke ayant justifié les prévisions de l'inventeur, une ligne de tuyaux fut établie, à titre d'expérience, par la *Compagnie des postes*, et fonctionne depuis 1858 dans cette ville, pour le transport des dépêches (1).

(1) En France, l'idée de la locomotion par la pression atmosphérique a été poursuivie, mais sans amener encore de résultats sérieux. Un inventeur fécond, mais qui ne put jamais réussir à attirer sur lui l'attention publique, Ador, mort il y a dix ans, eut l'idée d'appliquer à la télégraphie la vitesse de 300 mètres environ par seconde, que l'on peut imprimer par la compression ou la raréfaction de l'air, à un piston cheminant dans un tube souterrain. Selon M. l'abbé Moigno, l'expérience du système Ador aurait été faite avec succès dans le jardin des Tuileries. Mais on le voit, il ne s'agissait pas ici de transport d'objets matériels, mais seulement de signaux télégraphiques.

Un autre inventeur ingénieux, M. Galy-Cazalat, a étudié la même question en France. En 1855, M. Galy-Cazalat fit une expérience du système Ador, devant une commission de la *Société des inventeurs*, présidée par M. le baron Taylor.

Enfin, un ingénieur français aujourd'hui au Mexique, M. Kieffer, a développé le même projet et s'est occupé de faire adopter à Paris la *poste atmosphérique*. Dans une brochure publiée en 1862, sous ce titre : *Réforme du service de la poste dans l'intérieur de Paris et des grandes villes*, par M. Amédée Sébillot, ingénieur, ce projet a été décrit avec de grands détails. On trouvera dans notre *Année scientifique et industrielle* (6ᵉ année, pages 71-78), une analyse détaillée de ce projet, qui toutefois n'a pas eu de suite.

Nous ajouterons qu'il est regrettable que l'on n'ait pas continué, à Paris, les essais qui avaient été commencés, à la demande de M. Kieffer et avec le concours de l'administration des postes, du système pneumatique qui fonctionne à Londres, et que M. Kieffer voulait importer à Paris.

En supposant que la *poste pneumatique* (*pneumatic dispatch*, comme disent les Anglais) ne doive rencontrer, dans l'exécution pratique, aucun inconvénient, on ne saurait contester l'importance de la réforme qui serait ainsi réalisée dans le service des postes. Il existe, en effet, une différence choquante entre le progrès qu'a fait depuis trente ans le transport des lettres à grande distance, et leur expédition dans l'intérieur des villes. Une lettre qui mettait naguère six

La poste *pneumatique* ou *atmosphérique* existe aujourd'hui et fonctionne dans quelques quartiers de Londres. Quatre tuyaux atmosphériques relient le bureau central de la compagnie de la poste pneumatique, à quatre succursales voisines, dont la plus éloignée se trouve à 1,400 mètres.

Enfoncés dans le sol à 80 centimètres de profondeur, les tuyaux sont en alliage à base de plomb; leur diamètre est de 4 à 5 centimètres; ils sont enfermés dans des tuyaux en fonte, pour les traversées des rues.

Les dépêches sont placées dans des étuis en cuir, de 10 centimètres de longueur, qui glissent à frottement, le long des parois intérieures des tuyaux. Une machine à vapeur fait le vide dans ces tubes. Les communications entre le réservoir et les conducteurs sont établies à l'aide de petits tuyaux en plomb munis de robinets.

Voici comment se fait l'envoi des paquets, ou lettres, à travers ce système de tuyaux.

La succursale qui a une dépêche à trans-

jours à parvenir de Paris à Marseille, y arrive aujourd'hui en vingt heures, grâce aux chemins de fer. Mais le service postal de l'intérieur des villes est bien loin d'avoir suivi une impulsion correspondante à cet immense progrès. Dans les villes, le service de la petite poste est resté à peu près ce qu'il était il y a trente ans, et il est aujourd'hui insuffisant pour les exigences du public. La plus grande partie des lettres qui circulent dans l'intérieur des villes comme Paris, exigeraient une très-grande rapidité d'expédition. Souvent, un retard de deux ou trois heures rend une missive inutile, et l'on se décide à recourir à un exprès, dont on se dispenserait fort bien, si le service s'exécutait avec promptitude. Dans le service actuel, il faut, à Paris, environ quatre heures pour qu'une lettre, si pressante qu'elle soit, arrive à sa destination. L'adoption du système pneumatique pour l'expédition des lettres, ou paquets de petite dimension, réaliserait ici un avantage important : un quart d'heure au plus serait nécessaire pour l'échange d'une lettre et de sa réponse. Ce seraient les avantages de la télégraphie électrique, moins ses inconvénients. La télégraphie électrique ne transmet, en effet, qu'un très-petit nombre de mots, payés à un prix élevé, et livrés à découvert; en outre, tout envoi matériel lui est interdit. Aujourd'hui que la multiplicité des affaires réclame une extrême rapidité dans la réception des dépêches, le service postal de la capitale est devenu, nous le répétons, insuffisant, et demande une réforme. Les essais dus à divers inventeurs, l'expérience faite récemment en Angleterre, semblent prouver que la solution de ce problème se trouve dans l'adoption du système pneumatique.

mettre au bureau central, sonne l'employé de ce poste, à l'aide d'un fil télégraphique souterrain. Dès que la sonnerie fonctionne, l'étui porteur de la dépêche à expédier doit être mis dans le tuyau. Au moment où l'employé du poste central met ce tuyau en communication avec le réservoir, en ouvrant le robinet, la pression atmosphérique force l'étui porteur à s'acheminer vers le poste central, et l'y conduit lentement.

A l'aide d'une disposition très-simple, les dépêches sortent automatiquement des tuyaux, et tombent sur la table de l'employé. A cet effet, chaque tuyau est muni, à quelques centimètres de son extrémité, qui est hermétiquement fermée, d'une petite porte de la dimension de l'étui. Cette porte, maintenue ouverte par un ressort, se ferme sous l'action de la pression atmosphérique, quand on met le tuyau en communication avec le vide. Au moment où l'étui arrive au-dessus de la porte, la pression atmosphérique devient égale des deux côtés, le ressort fait ouvrir la petite porte, et l'étui tombe sur la table.

C'est par cette même porte qu'on introduit l'étui qui doit être envoyé à l'autre station.

Les ingénieurs anglais n'emploient pas l'air comprimé pour envoyer les dépêches du poste central dans les succursales. Ils ont préféré conduire jusque dans ces stations de petits tubes en plomb communiquant avec le réservoir du vide, dans l'hôtel de la compagnie. Ces tubes sont munis de robinets, semblables à ceux qui fonctionnent dans le poste central ; de sorte que la manœuvre, quand il s'agit d'envoyer dans une succursale une dépêche de l'administration centrale, est la même que celle que nous venons de décrire. L'employé de cette succursale, averti par la sonnerie du poste central, ouvre le robinet du vide et attend la dépêche.

Le poste central de la compagnie électrique est situé au troisième étage. Ce fait n'est pas sans intérêt, car il indique que les tuyaux peuvent être fortement coudés sans arrêter le passage de l'étui.

On conserve toujours à la station centrale un réservoir rempli d'eau, dont on peut faire usage lorsque, par accident, l'étui à dépêches se trouve arrêté au milieu de son trajet. L'eau, lancée d'une certaine hauteur, dans le tuyau, par sa pression, chasse l'étui, et le conduit à l'extrémité de son parcours.

Tel est l'ingénieux système de *poste pneumatique* qui fonctionne à Londres depuis 1860.

C'est en perfectionnant les dispositions de ce système, et en le simplifiant, que M. Rammel, ingénieur anglais, a créé en 1865, le *chemin de fer pneumatique* qui a été établi de Londres à Sydenham.

M. Rammel en agrandissant les dimensions du tube, y a placé des wagons à voyageurs. Son système diffère de celui de la poste pneumatique par la substitution d'une pression très-basse (10 à 12 centimètres d'eau seulement) au vide de 5 mètres d'eau, ou d'une demi-atmosphère, qui est nécessaire pour pousser les paquets dans les tuyaux de la poste pneumatique de Londres. Au lieu de 10,325 kilogrammes par mètre carré de surface, qui représentent la pression atmosphérique, M. Rammel n'emploie qu'une pression de 100 kilogrammes. Enfin, cette pression est produite par une seule machine aéromotrice, à rotation continue, qui aspire le train lorsqu'il arrive, et le chasse lorsqu'il doit partir.

Cette machine aéromotrice est tout simplement un grand *ventilateur*, à surface concave, d'environ 7 mètres, qui est mis en mouvement par une machine à vapeur. Le grand disque tourne dans une chambre en tôle, qui a la forme d'un tambour de bateau à vapeur. Vers son périmètre s'écoule, quand le ventilateur fonctionne, un courant d'air invisible, mais assez puissant pour agiter violemment les branches des arbres placés près du hangar des machines. Il arrive quelquefois que cet ouragan enlève le chapeau d'un spectateur ahuri, qui a lui-même de la peine à se tenir sur ses jambes.

Le tunnel, construit en maçonnerie, a une longueur de 600 mètres sur 2^m,75 de largeur et 3 mètres de hauteur, ce qui suffit pour l'admission des plus grandes voitures du chemin de fer du *Great-Western*.

La voiture ressemble à un très-long omnibus. Elle porte, à l'une de ses extrémités, un disque dont la forme s'adapte à celle de la section du tunnel. Sur le pourtour du disque est fixé un cordon en peluche de soie, formant brosse, qui, pendant le trajet, balaye la paroi du souterrain, et intercepte, d'une manière suffisante, le passage de l'air. La voiture destinée à recevoir les voyageurs est attachée à ce piston, et lui fait suite. Dans cette voiture-piston, les voyageurs entrent par deux portes de cristal, à coulisses, qui en ferment les deux extrémités. L'intérieur est garni de divans et éclairé par des lampes, qui illuminent le tunnel, au moment du passage de la voiture dans ces sombres lieux.

Au départ, on desserre simplement le frein qui retient la voiture au haut d'un plan assez fortement incliné. Tout aussitôt, le véhicule descend dans le tunnel, en vertu de son poids. Dès qu'il a dépassé l'ouverture grillée d'une galerie latérale, la bouche du tunnel se referme, par une porte en fer à deux battants, et le ventilateur envoie un courant d'air comprimé, qui agit sur le train, et le *souffle* vers la station d'arrivée.

Le retour s'effectue par l'aspiration de l'air, la pression atmosphérique ramène alors le train à la station de départ.

L'effet de cette pression, réduite à 9 grammes par centimètre carré, n'est pas brusque; mais il est plus que suffisant, car les 600 mètres qui représentent la longueur du tunnel, sont parcourus en 50 secondes.

Le mouvement de la voiture est très-doux et tout à fait exempt de secousses. Aucune fumée ne vient se mêler à l'atmosphère du souterrain. L'air y est, au contraire, sans cesse renouvelé par les deux courants alternants.

Comme deux trains ne peuvent se mouvoir simultanément dans le tunnel, les collisions y sont nécessairement impossibles. Le pire qui pourrait arriver, c'est un arrêt, au milieu du chemin. Dans ce cas, on ouvrirait simplement les portes et l'on ferait le reste du chemin à pied.

L'intérieur de la voiture étant parfaitement éclairé, le trajet n'a rien de désagréable ni d'effrayant. Seulement, le voyageur n'a d'autre vue que celle de l'intérieur de la voiture. Où est, hélas! la poésie du voyage! Pourrait-on décider un touriste à s'accommoder d'un tel système! Partir, arriver, voilà, disent bien des gens, les deux termes d'un voyage. A ceux-là, le système, qui a été essayé de Londres à Sydenham, ne laissera rien à désirer. Mais il ne peut s'attendre qu'aux justes malédictions des touristes.

La figure 204 représente l'ensemble du chemin de fer pneumatique de Londres. On y voit l'entrée du tunnel et la voiture attachée au piston, lequel est muni, sur tout son contour, d'une brosse de soie, qui, frottant exactement contre les parois circulaires du tunnel, empêche la rentrée de l'air extérieur dans ce long boyau.

Au-dessus de la voiture, on voit le tambour enveloppant le disque-ventilateur, qui, mis en action par une machine à vapeur située de l'autre côté du mur, produit la raréfaction de l'air ou sa condensation dans le tunnel. Le tuyau qui, sortant du tambour du ventilateur, aboutit à l'intérieur du tunnel, pour en extraire l'air, ou l'y condenser, se voit à la partie inférieure du tambour. De là, il passe sous terre, pour s'ouvrir à l'intérieur du tunnel.

On parle déjà d'importantes applications du système pneumatique, ainsi simplifié, au transport des voyageurs sur les pentes du Simplon, et même dans le tunnel sous-marin projeté pour relier l'Angleterre et la France par-dessous l'Océan, entre Douvres et Calais.

Fig. 204. — Entrée du chemin de fer pneumatique de Londres à Sydenham établi en 1865.

L'avenir montrera ce qu'il y a de réalisable dans tous ces projets.

Tel est à peu près l'ensemble des principaux moyens que l'on a proposés jusqu'à ce jour, pour remplacer l'usage des locomotives. Il nous serait impossible de porter un jugement assuré sur chacun de ces systèmes. La plupart sont encore à l'étude, et n'ont reçu que d'une manière très-incomplète la sanction de l'expérience. Or, on ne peut juger avec certitude la valeur d'une invention de ce genre, que lorsque, définitivement transportée dans la pratique, elle a permis d'apprécier, par le résultat d'une application quotidienne, ses avantages ou ses défauts.

La question des chemins de fer est aujourd'hui discutée, retournée sous toutes ses faces, soumise à des études constantes, qui tendent sinon à remplacer le système actuel, du moins à le perfectionner dans son ensemble ou dans ses détails. Mais ce système, qui trône dans le monde entier, supporte parfaitement ces attaques, triomphe de ces critiques, et se montre, en fin de compte, supérieur à toutes les méthodes nouvelles mises en avant par les inventeurs.

Cette solide contenance, ce triomphe incessant du système actuel de nos voies ferrées contre les objections dont il est continuellement l'objet, est peut-être la preuve la plus éclatante de ses mérites, la démonstration manifeste de sa supériorité. Espérons, néanmoins, que tous les travaux dont nous venons de présenter le tableau abrégé, ne resteront pas sans fruit, et qu'ils contribueront, par quelque modification heureuse introduite dans l'économie générale de nos chemins de fer, à porter à son plus haut degré de perfection l'invention admirable qui a déjà rendu au monde de si précieux services.

CHAPITRE XIV

LES CHEMINS DE FER DANS L'INTÉRIEUR DES VILLES.

Nous terminerons cette notice en signalant un côté tout nouveau de la question qui vient de nous occuper. Nous voulons parler de la proposition d'établir, au sein même des villes, ces chemins de fer dont les avantages ne se sont fait bien sentir encore que pour les transports à d'assez grandes distances.

Les chemins de fer *urbains* n'existent guère, et encore seulement dans des quartiers extérieurs, que dans quelques villes de l'Amérique, telles que Philadelphie et New-York, en Amérique, Manchester en Angleterre, Gênes en Italie, Nantes en France, etc. Cependant ce système a été l'objet d'un assez grand nombre d'études. Nous allons présenter un abrégé des projets qui ont été mis en avant sur cette question.

On a proposé successivement de faire pénétrer les chemins de fer dans l'intérieur des villes : 1° par des souterrains creusés à une profondeur plus ou moins grande ; 2° par des rails simplement placés à niveau du sol ; 3° par des arcades élevées à une certaine hauteur au-dessus de la voie publique.

Chacun de ces trois systèmes présente des avantages et des inconvénients que nous allons sommairement indiquer.

Chemins souterrains. — L'établissement des chemins de fer dans des tunnels creusés sous la voie publique, n'apporterait aucun trouble à la circulation qui s'opère dans les villes. Il n'exigerait aucune acquisition de terrains. Enfin, on pourrait mettre facilement la voie ferrée en communication avec les caves des maisons, transformées en magasins de dépôts de marchandises. Mais l'établissement de chemins de fer souterrains, rencontre une insurmontable difficulté dans l'existence, au-dessous du sol des grandes villes, des diverses conduites pour l'eau et le gaz, et surtout dans la présence des égouts.

C'est devant cet obstacle que se sont arrêtés les auteurs d'un projet conçu, il y a une dizaine d'années, de chemins de fer souterrains, à établir dans Paris. Dans un travail dû à M. Lacordaire, ingénieur des Ponts et Chaussées, et qui avait été entrepris sous les auspices de M. Le Hir, on avait songé, pour créer une voie ferrée sous les rues de Paris, à détourner les égouts actuels. Ce projet se trouva paralysé par le refus, de la part de l'autorité municipale, de laisser établir aucune galerie souterraine, soit au niveau, soit au-dessus des égouts actuels. Comme les plans de la ville, quant aux égouts futurs, étaient encore incertains, il leur fut même déclaré qu'aucune autorisation ne pourrait être donnée, si les galeries du chemin de fer ne descendaient à une profondeur assez grande pour ne contrarier ni les égouts présents ni les égouts futurs.

Cette déclaration de l'autorité municipale parut, pendant assez longtemps, devoir couper court à tout projet de ce genre. Cependant, à la suite d'une nouvelle étude de la question, due à M. Mondot de La Gorce, ancien ingénieur du département, on reconnut non-seulement la possibilité d'établir une voie ferrée à une grande profondeur sous le sol, c'est-à-dire au-dessous du niveau des égouts.

L'abaissement du niveau des galeries de la voie ferrée présentait l'avantage, sur les points de Paris où le sous-sol est inondé, d'arriver à la couche d'argile, au lieu d'avoir à creuser dans le sable mouvant. En se bornant à une seule voie dans toute la partie du réseau où la circulation ne serait pas extraordinairement active, en réduisant les galeries à la largeur strictement nécessaire, et en substituant le forage en tunnel au creusage à ciel ouvert, les auteurs de ce projet trouvaient, dans la condition même qu'on leur imposait, les moyens de faciliter l'exécution de leur entreprise.

Le premier projet fut donc remanié pour

entrer dans des conditions toutes nouvelles. Le plan qui fut soumis à la ville de Paris, a été exposé dans un mémoire imprimé, qui a pour titre : *Entreprise générale d'un transport de personnes et de choses dans Paris par un réseau de chemins de fer souterrains.* Ce mémoire est signé par M. Lacordaire, ancien ingénieur divisionnaire des Ponts et Chaussées, et par M. Le Hir, avocat à la Cour impériale de Paris.

Ce projet, toutefois, n'a pas eu de suite. Les fâcheuses conséquences qu'auraient entraînées les excavations du sol, font comprendre suffisamment qu'il ait été abandonné.

On a donc renoncé, à Paris, à l'idée des chemins de fer souterrains, qui, s'ils avaient pu être adoptés, auraient montré ce spectacle étonnant de personnes descendant à la cave pour monter en voiture.

Chemins de fer de niveau. — Les chemins de fer établis au sein des villes, sur les terrains de niveau, occasionneraient une gêne considérable à la circulation. Ils ne semblent donc admissibles que lorsqu'il s'agit de pénétrer dans une cité essentiellement industrielle, où toutes les convenances restent subordonnées aux besoins des usines. En effet, sur les chemins de niveau, les raccordements de la voie avec les usines sont facilités ; le transport économique des matières pondérantes, qui est, pour les cités industrielles, la plus importante des conditions, se trouve ainsi assuré.

Nous n'avons pas besoin de dire que, dans les villes non industrielles, on ne saurait songer sérieusement à lancer une locomotive sur des rails à niveau du sol, au milieu de l'embarras et de l'encombrement des rues livrées à la circulation publique. Mais dans les villes qui sont le siége d'une industrie active, on a pu, non seulement songer à ce projet, mais l'exécuter. A New-York, à Manchester, à Gênes, les voies ferrées pénètrent dans l'intérieur de la ville et du port.

En France, un chemin de fer existe au sein d'une ville : nous voulons parler de Nantes. La figure 205 (page 397) donne une vue de la partie de la ville et du port de Nantes qui sont traversés par la voie ferrée.

Chemins de fer sur arcades. — Il résulte de ce qui précède, que l'on ne peut songer à établir des voies ferrées au sein des villes non industrielles, qu'en plaçant la voie sur des arcades élevées au-dessus du sol.

On a mis en avant plusieurs projets pour construire, au milieu des cités, des chemins de fer portés sur des arcades.

Au mois de février 1855, M. Telle, savant instituteur, a publié, à Paris, une brochure de quelques pages, ayant pour titre : *Les chemins de fer dans l'intérieur de Paris et des autres grandes villes.* L'*Illustration* du 20 avril 1856 a donné une vue d'un chemin de fer de Paris, d'après la description contenue dans la brochure de M. Telle.

Ce système consistait à placer les rails sur des arcades élevées, placées au milieu des rues, et arrivant à peu près à la hauteur du premier étage. M. Telle proposait de faire usage des locomotives. Il ne paraissait pas se douter des inconvénients qu'auraient pour les habitants de la ville, la fumée et le foyer et l'ébranlement du sol, etc. Quand le terrain l'exige, ajoute tout simplement l'inventeur, on pratiquerait des tranchées !

Après cette imparfaite ébauche d'un projet, déjà étrangement difficile, un ingénieur en chef des Ponts et Chaussées, M. Jules Brame, a fait connaître des dispositions pratiques parfaitement étudiées, et qui auraient le double avantage de concourir à l'embellissement des villes et de se plier aux exigences de la circulation.

On pourrait comparer les chemins de fer urbains imaginés par M. Brame à l'un de nos boulevards, dont la chaussée, exclusivement consacrée à l'emplacement des deux voies de fer, et les larges trottoirs destinés aux piétons, seraient établis sur des arcades; le tout, de plain-pied avec le premier étage.

Que l'on imagine un tel boulevard compris entre deux voies parallèles, dont il serait séparé par des constructions. Ces dernières auraient deux façades : l'une sur le chemin de fer avec boutique correspondant au premier étage; l'autre, sur les rues latérales avec boutiques au rez-de-chaussée. Ces rues seraient, par conséquent, d'un étage en contre-bas du chemin de fer; elles communiqueraient entre elles au moyen de viaducs établis sous la voie de fer à la rencontre de toutes les rues transversales.

Aux têtes de ces viaducs seraient accolés des escaliers doubles, mettant en communication les trottoirs du boulevard avec ceux des voies latérales.

Ces viaducs seraient recouverts en dalles de verre, afin d'en éclairer la traversée, et leurs culées pourraient être appropriées pour l'installation de boutiques, qui se trouveraient ainsi dans les mêmes conditions que la plupart de nos galeries vitrées actuelles.

Le dessous du boulevard, distribué en caves et sous-sols, serait utilisé comme dépendances des boutiques attenantes. Il suffirait de recouvrir en dalles de verre épais les trottoirs du boulevard pour éclairer ces magasins.

La circulation des voitures, étant exclusivement reportée dans les rues latérales, s'effectuerait ainsi sans entraves et dans les conditions ordinaires. Celle des piétons, qui aurait lieu sur les trottoirs des boulevards, serait exempte de tous les inconvénients que l'on éprouve actuellement aux traversées des rues. Des marquises vitrées mettraient les promeneurs, auxquels l'étalage des boutiques offre un si grand attrait, à l'abri des intempéries de l'air. Une élégante balustrade, bordant le trottoir, interdirait l'accès sur la voie de fer, sans gêner la vue lorsqu'elle se reporterait sur le mouvement de va-et-vient des convois.

De légères passerelles en fer, convenablement espacées, faciliteraient les communications d'un trottoir à l'autre par-dessus le chemin de fer. Ces passerelles seraient supportées par leurs escaliers d'accès aboutissant au bord des trottoirs. Le dessous de ces escaliers pourrait être utilisé pour l'entrée et la sortie des voyageurs du chemin de fer : un bureau de contrôle y serait établi à cet effet.

Dans le projet qui nous occupe, M. Brame propose d'effectuer la traction sur la voie ferrée par des machines fixes, et non par des locomotives, afin d'éviter les secousses ou les ébranlements, et de préserver les habitations voisines du bruit et de la fumée des locomotives. Les trains seraient nombreux et les stations rapprochées, pour suffire aux besoins d'une circulation active.

A ce séduisant projet des *boulevards de fer*, selon l'expression de l'auteur, on ne peut guère objecter que les dépenses excessives qu'entraînerait son exécution. M. Brame fait remarquer, il est vrai, qu'en outre des recettes du chemin de fer, on réaliserait encore le produit de la location des constructions, qui toutes seraient disposées en façade. Il est certain pourtant que cette source de revenu serait insuffisante pour couvrir les dépenses énormes qu'exigerait l'établissement de ces charpentes continues de fer, élevées sur toute l'étendue de la voie.

Il est donc fort à croire que ce n'est pas sous cette forme que les chemins de fer urbains sont destinés à se réaliser. Le travail de M. Brame servira toutefois de point de départ à des projets analogues, qui, conçus dans d'autres conditions, pourront être d'une exécution moins dispendieuse.

Disons enfin qu'un ingénieur belge, M. Carton de Wiart, a composé, en 1856, un projet très-bien étudié, pour introduire les voies ferrées dans l'intérieur de Bruxelles.

Nous avons vu, avec le projet de M. Brame, un chemin de fer exigeant la construction d'une ville nouvelle, pour ainsi dire, puisqu'il nécessite la création de rues parti-

Fig. 205. — Un chemin de fer dans une ville : Chemin de fer dans l'intérieur de Nantes.

culières, destinées à recevoir les arcades de la voie ferrée. Le plan proposé par M. Carton de Wiart, pour la ville de Bruxelles, est plus facile à réaliser. L'auteur de ce projet ne demande pas la construction d'une ville nouvelle pour y approprier son système. Il se plie, au contraire, à tous les accidents de terrain, à toutes les sinuosités, passablement nombreuses, d'une ville déjà existante, et qui est renommée par les difficultés qu'elle présente à la simple circulation des voitures.

M. Carton de Wiart propose de raccorder les stations du Nord et du Midi du railway de l'État, à Bruxelles, par une rue de fer, dont il fait connaître les moyens d'exécution et le but, sous le titre d'*avant-projet*.

L'auteur s'exprime ainsi, dans sa brochure, publiée en 1856.

« Cette rue de fer comprend quatre voies, dont deux sont destinées à la circulation des convois, et les deux autres à la remise des marchandises à domicile sur toute la longueur de la rue.

« Les deux voies du milieu sont établies à ciel ouvert, tandis que les deux autres passent sous une galerie recouverte par une terrasse. Cette terrasse forme un large trottoir vis-à-vis des maisons de la rue de fer. Elle est établie de manière à se raccorder avec les rues sous lesquelles passe la voie ferrée, et sa largeur est suffisante pour permettre le passage des voitures.

« De cette façon, la circulation des convois est rendue tout à fait indépendante de la circulation des voitures et des piétons.

« La rue de fer aura 19 mètres de largeur, 8^m,50 à ciel ouvert et 5^m,25 de chaque côté pour la partie ouverte. La partie de la terrasse destinée au passage des voitures aura 3 mètres de largeur, il restera ainsi 2^m,25 pour établir un trottoir devant les maisons. La circulation des voitures aura lieu dans une direction différente sur chaque terrasse. L'impossibilité pour les voitures de circuler dans les deux sens présentera peu d'inconvénients à cause du peu de distance qui sépare les rues croisées par la rue de fer. Il suffira toujours, lorsque l'on voudra changer la direction, d'aller tourner à quelques pas à l'angle de la première rue, et rien ne serait plus facile, du reste, si la distance était trop forte, que d'établir un pont reliant les deux terrasses.

« Une rue dans des conditions pareilles présentera de sérieux avantages. Elle formera sur toute sa longueur un vaste entrepôt où les marchandises s'arrêteront directement en écartant les chargements et déchargements nécessaires aujourd'hui pour conduire ou chercher les marchandises à la station. »

Le projet de M. Carton, soit dit sans jeu de mot, est resté dans les cartons. Il ne manquait pas cependant d'un certain caractère pratique, et pourrait donner un enseignement utile pour la solution du même problème dans l'avenir.

Si l'on rapprochait, si l'on combinait entre eux, les deux projets que nous venons d'exposer, on arriverait peut-être à un résultat pratique. L'*avant-projet* de M. Carton de Wiart, pour une rue de fer à Bruxelles, s'appliquerait encore mieux à Paris que dans la capitale de la Belgique. D'un autre côté, il y a dans le plan proposé par M. Jules Brame, des solutions très-remarquables de différentes difficultés, pour l'établissement des chemins de fer urbains. La fusion de ces deux projets pourrait donc offrir de réels avantages. En prenant à chacun d'eux ce qu'il y a de réalisable, en les modifiant l'un l'autre par d'habiles combinaisons, on pourrait peut-être doter Paris, ou toute autre grande ville, d'un réseau de voies ferrées intérieures, sans creuser des tunnels au-dessous des rues. Le système de l'ingénieur belge représente, en effet, une sorte de terme moyen entre le tunnel et le viaduc.

Inter utrumque tene : medio tutissimus ibis.

FIN DE LA LOCOMOTIVE ET DES CHEMINS DE FER.

LES LOCOMOBILES

Une exploitation rurale ne diffère en rien, par son objet essentiel, d'un établissement d'industrie. Dans une ferme, comme dans une manufacture, on se propose de faire subir à la matière, grâce au concours des forces naturelles, certaines transformations, qui ont pour résultat d'augmenter la valeur première des produits mis en œuvre. Fabriquer ou tisser les étoffes, les teindre de couleurs variées ; — extraire de leurs gisements les produits métallurgiques ; — façonner, sous mille formes, le bois, la pierre et les métaux ; — — préparer ou décorer le verre, les poteries, les porcelaines et les cristaux ; — fabriquer les machines et les outils employés dans les ateliers ; — en un mot, créer les innombrables produits de l'industrie manufacturière, ou bien diriger avec intelligence les forces naturelles du sol, des eaux, des amendements et des engrais, pour multiplier la semence confiée à la terre, tout cela revient, en définitive, à accroître la valeur primitive des matériaux employés. On a de bonne heure compris, dans l'industrie, tous les avantages que présente la substitution des machines au travail manuel ; et l'introduction des appareils mécaniques dans les ateliers et les manufactures, a imprimé à leur production une activité prodigieuse, qui a centuplé les forces, les ressouces et les richesses de la société. Mais ces machines, qui ont amené dans l'industrie une telle transformation, ne peuvent-elles s'appliquer, avec les mêmes avantages, aux travaux des campagnes ; et puisque ces deux exploitations ne diffèrent point dans leur objet essentiel, ne peut-on consacrer le même genre d'instrument à leur service ?

Le raisonnement conduit à admettre que les bons résultats qui ont été obtenus, dans l'industrie, de l'emploi des machines, doivent se reproduire dans l'agriculture, si l'on tient compte, avec discernement, des conditions spéciales de ce dernier genre de travail.

Le peuple américain a été le premier frappé de la justesse de ces vues. Dans ces régions immenses, des espaces sans limites s'offraient à l'exploitation agricole. La population était peu nombreuse et disséminée sur un territoire étendu, ce qui élevait le prix de la main-d'œuvre et rendait les moyens de transport difficiles et coûteux. Ainsi, tout concourait à prescrire l'emploi des machines pour les travaux de l'agriculture. Grâce à son esprit industrieux et actif, la population des États-Unis a mis promptement cette idée à exécution, et dès le début de notre siècle, la grande culture commença de s'exercer sur le sol américain, au moyen de divers appareils mécaniques, qui ne laissaient au labeur de l'homme qu'une très-faible part.

La machine à vapeur, le plus puissant et le plus économique de tous les moteurs connus, fut donc consacrée, dans les principaux États de l'Union américaine, aux opérations agricoles, et elle y rendit de très-importants services.

L'Angleterre n'a pas tardé à suivre les États-Unis dans cette voie nouvelle, poussée d'ailleurs, dans cette direction, par les conditions toutes particulières de sa division territoriale. La propriété agricole est concentrée, en Angleterre, en un petit nombre de mains, et elle dispose de capitaux considérables. Cette double circonstance rendait facile et avantageux à la fois, l'emploi des machines pour le travail des champs. Aussi, dans ces vastes fermes, apanage héréditaire des grandes familles du pays, les instruments mécaniques ont-ils été appliqués de bonne heure, aux travaux de l'agriculture. Dans les riches plaines des principaux comtés de la Grande-Bretagne, on voit, depuis un assez grand nombre d'années, les appareils mécaniques remplacer le travail de l'homme et des animaux, pour semer, moissonner et même labourer les champs, pour battre les gerbes à grains, exécuter les irrigations, distribuer les engrais, confectionner les tuyaux de drainage, etc.

L'emploi des machines agricoles, qui a produit de si importants résultats aux États-Unis et en Angleterre, ne saurait-il offrir les mêmes avantages à la France ? Cette opinion a été longtemps soutenue par les hommes les plus instruits, et par les partisans les plus éclairés du progrès. Avec cette infinie division du sol, qui constitue une des forces de notre pays, avec le prix, relativement peu élevé, de la main-d'œuvre, comparé surtout à la cherté des appareils mécaniques, on a pu jusqu'à ces derniers temps, rejeter, par des motifs plausibles, l'usage des machines dans le travail agricole. Mais ces motifs ont perdu une partie de leur valeur, par suite des nouveaux traités de commerce. L'abaissement du prix des appareils mécaniques, a fait disparaître la plus sérieuse de ces difficultés. Dès lors quelques machines ont pu être essayées dans la grande culture, et l'on a déterminé, par l'expérience, dans quelles conditions on pourrait appliquer à notre agriculture les procédés et les instruments mécaniques empruntés aux nations étrangères.

A la suite de ces premières tentatives, dont le résultat s'est montré satisfaisant, le rôle des machines agricoles a pris, dans quelques départements du nord de la France, une certaine extension.

Parmi les appareils mécaniques qui tendent à se répandre dans l'agriculture française, la machine à vapeur se place au premier rang, grâce à l'universalité de ses emplois. On est parvenu, aux États-Unis et en Angleterre, à la réduire à une forme extrêmement simple et commode, pour son emploi dans l'agriculture. On désigne cette variété particulière de la machine à vapeur, sous le nom de *machine locomobile*, pour rappeler qu'elle a pour caractère essentiel de pouvoir être transportée d'un lieu à un autre.

Une *locomobile* est donc une machine à vapeur *ambulante*, susceptible d'exécuter diverses opérations mécaniques qui sont nécessitées par les besoins de l'industrie et de l'agriculture. Elle peut servir à battre les gerbes à grains, à manœuvrer des pompes, à faire marcher un moulin, un crible, un pressoir, un hache-paille, un coupe-racines ; à fabriquer des tuyaux de drainage, à faire marcher une distillerie, à broyer les os, à traîner le rouleau destiné à égaliser une chaussée, enfin à exécuter toute action qui demande un moteur, et à remplacer un manége. Son emploi s'est beaucoup généralisé pour remplacer les moteurs hydrauliques, en temps de sécheresse.

Depuis que l'usage des locomobiles s'est vulgarisé, on les emploie un peu partout, non-seulement dans l'agriculture, mais encore dans les usines et dans les travaux publics, jusque dans les rues les plus fréquentées des villes.

Les entrepreneurs de travaux publics trouvent dans ces moteurs un secours précieux pour effectuer rapidement le broyage des mortiers, la construction des tunnels, l'épui-

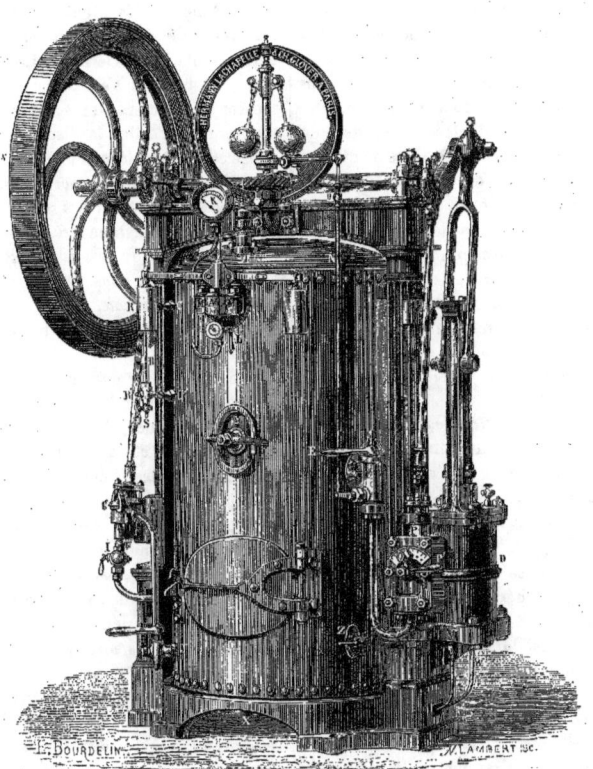

Fig. 206. — Machine à vapeur transportable, ou locomobile industrielle de M. Hermann-Lachapelle.

sement des eaux, l'élévation des matériaux, le battage des pilotis, le dragage des canaux sans interrompre la navigation, etc., etc.

Il nous suffira, pour montrer la multiplicité des services qu'elles sont destinées à rendre, de citer, avec M. Calla, l'exemple suivant.

Une locomobile de la force de 6 chevaux, a permis d'effectuer, sur trois points différents, et distants de 1 à 2 kilomètres, les ouvrages suivants : dans une fonderie, elle a fait mouvoir la soufflerie ; sur un quai, elle a manœuvré des pompes d'épuisement ; dans un atelier de construction de machines, et pendant la nuit, elle a fait marcher les outils d'ajustage.

De tels exemples abondent, et suffisent pour faire entrevoir le grand rôle que ces moteurs portatifs sont appelés à jouer dans toutes les exploitations et dans les travaux publics, lorsque leur construction sera devenue moins délicate et moins coûteuse. On pourra alors songer à les louer à l'heure, comme on loue des chevaux ou des hommes de peine, et à les mettre ainsi, dans les villes et dans les campagnes, à la portée de tous, en confiant leur direction à un conducteur expérimenté.

On peut construire des locomobiles de toute puissance et pour tout usage. Elles n'ont d'ordinaire qu'une force de 4 à 8 chevaux, cependant on en vit une, au concours agricole tenu à Paris en 1860, qui était d'une force de 20 chevaux. Une autre, exposée par M. Calla, était de la force nominale de 45 chevaux.

Il est donc nécessaire de distinguer la *locomobile industrielle*, ou locomobile des usines, de la *locomobile agricole* ou *rurale*, que l'on nomme en Angleterre, *portable farm-engine*.

La *locomobile industrielle*, placée sous la direction d'un ingénieur, comporte les agencements perfectionnés et économiques des machines d'usine, qu'elle doit égaler en régularité et en précision. La faculté d'être ambulante n'est plus, dans ce cas, essentielle. La machine ne se déplace guère qu'entre des lieux rapprochés, ou qui jouissent d'excellentes routes.

Aussi, pour faciliter la traction de ces grosses locomobiles, les rend-on, depuis quelque temps, automotrices, au lieu de les faire simplement traîner sur un chariot par des chevaux. La machine, préalablement chauffée et mise en pression, vient mettre elle-même en action les roues du véhicule, à l'aide d'une bielle, qu'on enlève ensuite, ou bien à l'aide d'une chaîne sans fin engrenant avec un pignon, monté sur l'arbre du moteur. La machine peut alors marcher sur les routes, comme une locomotive sur les rails.

Dans le plus grand nombre de cas pourtant, on attelle un ou deux chevaux à la locomobile pour la transporter. On fait voyager ainsi sur de bonnes routes, des machines qui pèsent jusqu'à 10 tonnes.

Parmi les *locomobiles industrielles*, ou *locomobiles d'usine*, nous citerons, en raison de son élégance et des avantages de son usage pratique, celle que construit depuis quelques années, à Paris, M. Hermann-Lachapelle.

Ce constructeur s'est proposé surtout de séparer la chaudière du mécanisme, en d'autres termes, d'éviter la disposition vicieuse que présentent les locomobiles agricoles, dans lesquelles la chaudière porte tout le poids du mécanisme moteur. Il a réalisé ces conditions dans une machine qui est aujourd'hui très-répandue dans les usines de Paris, et que l'on connaît sous le nom de *machine à vapeur transportable*.

La figure 206 (page 401) représente cette machine.

Elle se compose d'un large cylindre, ou *socle-bâti*, contenant la chaudière, et de deux colonnes verticales, dont l'une porte le cylindre à vapeur, et l'autre la pompe alimentaire. Les chapiteaux des deux colonnes sont surmontés de paliers, dans lesquels fonctionne l'arbre moteur. Un large volant termine, à gauche, l'arbre moteur.

La chaudière n'est pas tubulaire : elle est à bouilleurs. Ces bouilleurs, au nombre de deux, se croisent à l'intérieur du foyer. Le feu est ainsi renfermé dans un foyer dont les parois sont baignées par l'eau.

Une explication sera nécessaire pour faire comprendre l'objet des principaux organes de cette machine, qui diffère, par sa forme, de toutes les machines à vapeur que nous avons fait passer sous les yeux de nos lecteurs.

Dans le *socle-bâti* qui forme la partie inférieure de la machine, se trouvent logés le foyer et la chaudière à bouilleurs. (Nous donnerons plus loin la coupe intérieure de cette chaudière.) Au milieu est le *trou d'homme*, Y, gros tampon *auto-clave*, qui ferme la chaudière. Au bas est un autre tampon *auto-clave*, Z, qui sert à vider ou à visiter le fond de la chaudière et les bouilleurs.

La colonne de droite porte le cylindre à vapeur D, et le tiroir à vapeur PQ. La vapeur venant de la chaudière, s'introduit dans ce cylindre, par le tube F. Un robinet E, permet de suspendre à volonté, l'entrée de la vapeur dans le cylindre. Le tuyau d'échappement de la vapeur débouche dans la cheminée, pour activer le tirage, après avoir traversé l'eau d'alimentation de la chaudière, et avoir chauffé cette eau.

Dans la colonne de gauche, se voient, d'abord la pompe alimentaire G. Un *robinet d'aspiration* I, aspire l'eau contenue dans un réservoir, préalablement échauffé, comme nous l'avons dit, par la vapeur qui sort des cylindres, pour s'échapper dans la cheminée. B est le *niveau d'eau* ou *tube-jauge* en cristal, indiquant la hauteur de l'eau dans la chaudière. Il est pourvu d'un robinet inférieur S, destiné à s'assurer que le tube fonctionne bien.

M A M, sont les poids qui pressent la soupape de sûreté T ; K, le manomètre, pourvu de son cadran.

grâce à la valvule d'admission contenue dans le tube F, ainsi que nous l'avons expliqué en décrivant les organes des machines à vapeur fixes.

La disposition intérieure du foyer et de la chaudière ne saurait se comprendre sans une coupe verticale. La figure 208 représente cette coupe. La légende qui l'accompagne fait parfaitement comprendre la situation respective de l'eau et du combustible, c'est-à-dire le rapport des *bouilleurs* avec le foyer.

Fig. 208. — Coupe du foyer et de la chaudière à bouilleurs croisés de la locomobile industrielle de M. Hermann-Lachapelle.

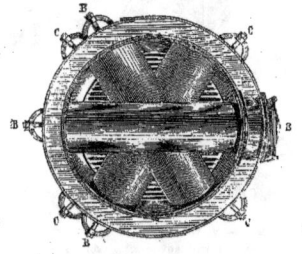

Fig. 207. — Coupe horizontale de la chaudière à bouilleur croisés de M. Hermann-Lachapelle.

B, autoclaves des bouilleurs. — C, autoclaves du bas de la chaudière. — E, cadre et porte du foyer.

Sur l'entablement qui relie les deux colonnes, se voit l'arbre moteur, qui tourne entre deux coussinets de bronze. La bielle motrice articulée avec la tige du piston à vapeur, est pourvue d'une manivelle qui fait tourner l'arbre moteur et le volant V, placé à gauche.

Le *régulateur à boules* ou *régulateur de Watt*, est placé au milieu de l'entablement des deux colonnes. Par la tige ON, cet appareil règle l'entrée de la vapeur dans le cylindre D,

A, grand autoclave du haut de la chaudière. — B, autoclave des bouilleurs. — C, C, autoclaves du bas de la chaudière. — D, tuyau de prise de vapeur. — E, porte du foyer. — F, socle du bâti servant d'assise à la chaudière et formant le corps du cendrier. — G, grille sur laquelle brûle le combustible. — N, niveau de l'eau dans la chaudière. — O, cheminée. — V, V, V, bouilleurs. — X X, corps de la chaudière. — Y, Y parois intérieures de la chaudière formant le corps du foyer.

La seconde catégorie de locomobiles, est la *locomobile agricole*, ou *rurale*, qui présente bien moins de complication dans sa structure.

Dans les *locomobiles rurales*, l'appareil à

Fig. 209. — Locomobile de M. Calla.

A, cylindre à vapeur. — B, bielle ou tige du piston. — C, arbre moteur. — V, volant. — D, pompe alimentaire. — I, régulateur à boules de Watt. — E, tube aspirateur. — F, pomme d'arrosoir terminant le tube aspirateur et plongeant dans un seau d'eau. — G, tuyau de la cheminée. — H, brancard d'attelage pour un cheval.

vapeur est réduit à sa plus grande simplicité.

Cette condition était, en effet, essentielle. Destinée à être traînée partout, même dans les mauvais chemins de traverse des campagnes; devant être mise en œuvre par des personnes peu expérimentées et d'une intelligence ordinaire; enfin ne fonctionnant que par intervalles, et non d'une manière continue, la locomobile rurale demande une construction peu compliquée. Il faut lui donner une grande légèreté, et ne pas dépasser le poids de deux tonnes (2000 kilogrammes), ou même s'il est possible, de 1600 kilogrammes seulement. Il faut pouvoir, à chaque instant, la démonter, la remonter sans peine, la visiter pièce par pièce. Ses organes doivent être assez simples pour que le charron du village ou un serrurier intelligent, puissent exécuter presque toutes les réparations qu'elle demande. Il faut donc éviter les pièces de fonte, et n'employer que des dispositions mécaniques se comprenant à première vue. La locomobile rurale doit être, en un mot, parmi les machines à vapeur, ce qu'un *coucou* de la forêt

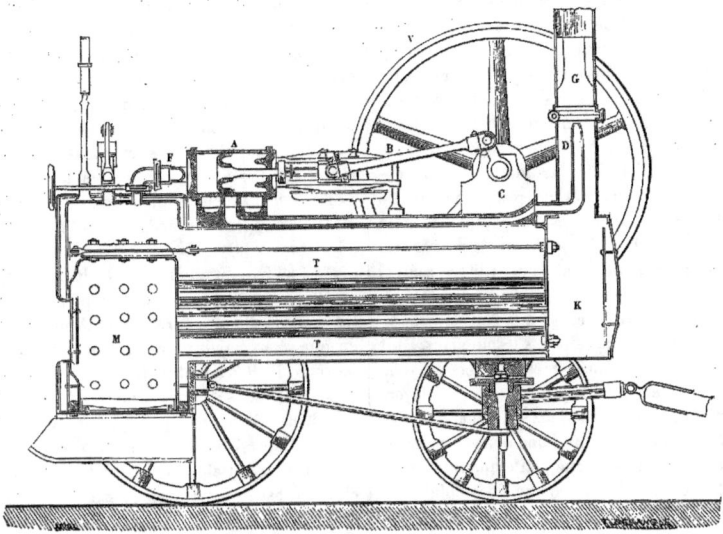

Fig. 210. — Coupe de la locomobile de M. Calla.

A, cylindre à vapeur. — M, foyer et ouverture des tubes à feu. — TT, tubes à feu baignés par l'eau de la chaudière. — K, boîte à fumée. — D, tuyau d'échappement de la vapeur dans la cheminée. — G, cheminée. — F, tube d'admission de la vapeur dans le cylindre. — B, bielle articulée transmettant l'action de la tige du piston, au moyen d'une manivelle, à l'arbre moteur. — C, arbre moteur. — V, volant.

Noire, est aux chronomètres : un outil grossier, mais commode. Elle ne doit pas avoir cette tendance à s'emporter que l'on rencontre dans beaucoup de machines fixes, et qui tient à la trop grande facilité de production de la vapeur. Une locomobile que le conducteur ne pourrait jamais abandonner des yeux, manquerait son but. L'économie d'eau et de combustible n'est ici qu'une question secondaire, à côté de la simplicité des organes.

La dernière condition que doit remplir la *locomobile rurale*, c'est d'être assez bien couverte, pour que son mécanisme soit à l'abri de la pluie, et protégé contre les avaries qui pourraient résulter de la malveillance ou de la curiosité des passants. Elle doit enfin, être assez solide, pour que l'on n'ait jamais à redouter un accident. Un seul malheur de ce genre suffirait peut-être, pour ôter aux locomobiles la confiance de tout un pays, grâce à ces bonnes gens, si nombreux, que la plus simple innovation étonne ou inquiète, et qui répugnent à faire ce que leurs pères n'ont jamais fait.

Toutes ces conditions sont réalisées dans les locomobiles qui sortent, aujourd'hui, des ateliers d'un grand nombre de constructeurs de Paris, de Lyon, de Nantes, de Clermont-Ferrand, etc.

Nous prendrons comme exemple, entre bien d'autres, pour décrire son mécanisme, le modèle de la locomobile que construit à Paris, M. Calla, et que l'on voit représentée dans la figure 209.

Une locomobile est une machine à vapeur

à haute pression. La vapeur est rejetée dans l'air après qu'elle a produit son effet sur le piston. C'est là une première et importante simplification, puisque la vapeur n'étant point condensée, on se débarrasse des divers organes qui servent, dans un grand nombre de machines fixes, à liquéfier la vapeur. Tout se réduit donc ici à une chaudière et à un cylindre, parcouru par un piston moteur. Le cylindre à vapeur est apparent dans la figure 209. On voit qu'il est disposé horizontalement, au-dessus du cylindre renfermant la chaudière.

La chaudière est construite dans le système tubulaire, comme celle des locomotives. Huit à dix tubes, destinés à être traversés par le courant d'air chaud qui s'échappe du foyer, sont disposés à l'intérieur du générateur, ce qui permet de produire une masse considérable de vapeur avec une petite quantité d'eau.

La coupe de la même locomobile de M. Calla, que représente la figure 210 (page 405), permet de saisir parfaitement, grâce à la légende qui accompagne cette figure, la disposition intérieure du foyer et des tubes à fumée.

D'une forme cylindrique et allongée, comme celle des locomotives, cette chaudière est portée sur une paire de roues ordinaires. Elle est munie d'un brancard, ce qui permet d'y atteler un cheval, pour la transporter d'un lieu à un autre.

Le cylindre à vapeur est placé horizontalement, comme on vient de le dire, au-dessus de la chaudière. A l'aide d'une tige et d'une manivelle, le piston de ce cylindre, imprime un mouvement rotatoire à un arbre horizontal placé en travers de la locomobile. Cet arbre fait tourner une large roue, ou volant, qui s'y trouve fixé. Une courroie qui s'enroule autour de ce volant, permet d'exécuter toute espèce de travail mécanique.

On peut donc, en adaptant cette courroie à la machine qu'on veut faire travailler, battre les gerbes à grain, manœuvrer des pompes, exécuter enfin toute action qui demande l'emploi d'un moteur.

L'eau, réduite en vapeur par le travail de la machine, est remplacée, quand cela est nécessaire, au moyen d'une pompe alimentaire et du tube aspirateur. Ce tube, plongeant dans un seau d'eau, vient puiser et refoule dans la chaudière, l'eau destinée à l'alimentation.

Telles sont les dispositions essentielles de la machine à vapeur destinée au travail agricole.

C'est à l'Exposition universelle de Londres, en 1851, que les locomobiles firent leur entrée dans l'industrie européenne. Avant cette époque, deux habiles constructeurs de Nantes, MM. P. Renaud et A. Lotz, avaient déjà, il est vrai, construit des machines à vapeur portatives. Mais les constructeurs nantais avaient limité l'emploi de leurs machines à vapeur transportables au travail des machines à battre les grains. C'est l'Exposition de Londres, avec ses dix-huit locomobiles, de types variés, qui vint, pour la première fois, attirer sur ce genre d'appareil l'attention des visiteurs de toutes les nations.

Dans le but de faire connaître en France ce *moteur à toute fin*, M. le général Morin, directeur du Conservatoire des arts et métiers, acheta, pour cet établissement public, la locomobile de Tuxford; et le Ministre des travaux publics fit venir en France, pour les travaux du chemin de fer de Tours à Bordeaux, une des locomobiles que construisaient, à Londres, MM. Clayton et Shuttleworth.

Un constructeur de Paris, M. Calla, comprit, le premier, en France, l'avenir réservé à ce genre de moteurs transportables. En 1852, sur l'invitation de M. Lechâtellier, ingénieur en chef des mines, il installait dans ses ateliers, la fabrication des locomobiles.

M. Calla est parti de la locomobile Clayton, telle qu'elle était en 1851; mais il y a apporté quelques modifications. Il a augmenté la pression et donné plus d'étendue à la surface de chauffe, qui est portée à 1^m,40 et jusqu'à 1ᵐ,80 par cheval. Il a, de plus, beaucoup agrandi les passages de vapeur dans la distribution.

C'est avec ces dispositions que M. Calla entreprit, sur une grande échelle, la construction des locomobiles. C'est donc à cet habile constructeur que revient le mérite d'avoir répandu, en France, l'usage des machines à vapeur appliquées à l'agriculture.

L'Exposition universelle tenue à Paris en 1855, exerça une très-grande influence pour vulgariser en France, les machines agricoles, et notamment les locomobiles, en présentant au public intéressé à ces questions, les résultats de l'expérience et de la pratique des différentes nations. Il était impossible qu'à la suite d'un examen attentif des nouveaux appareils exposés par les constructeurs anglais, français, allemands et américains, l'agriculteur ne demeurât pas convaincu de leur utilité pratique, et de l'importance que doit offrir leur usage bien entendu.

Signalons quelques-unes des machines qui furent présentées à l'Exposition universelle de 1855, et qui se distinguaient par des dispositions utiles.

M. Calla, était parvenu à diminuer le poids total des locomobiles sans rien ôter de leur solidité ; il avait pu porter la pression de la vapeur jusqu'à 5 atmosphères, tout en diminuant l'espace occupé par le moteur. L'une de ses machines, de la force de 3 chevaux, consommant 150 kilogrammes de houille par journée de dix heures, ne pesait que 1600 kilogrammes, et n'occupait qu'un espace de 2 mètres sur 1ᵐ,50.

MM. Flaud et Durenne, de Paris, avaient appliqué aux locomobiles le principe des grandes vitesses, qui, dans ce cas, offre quelques avantages.

MM. Renaud et Lotz, de Nantes, présentaient une locomobile dans laquelle le cylindre était vertical et muni d'une enveloppe de tôle, afin de diminuer la perte de chaleur par le rayonnement des parois.

M. Nepveu, constructeur de Paris, avait exposé une petite miniature de locomobile, transportable à l'aide d'une seule roue, comme une brouette. Par la simplicité de son mécanisme, par la facilité de réparation et d'entretien de ses divers organes, cette locomobile reproduisait le type de rusticité qu'il convient de donner à une machine consacrée aux travaux des champs, et montrait bien tous les avantages que l'agriculture peut attendre de l'emploi de la vapeur.

Les locomobiles anglaises qui figuraient à l'Exposition de 1855, paraissaient, au contraire, trop élégantes, trop délicates, pour l'usage auquel on les destinait. En France, le mauvais état des chemins vicinaux les exposerait à trop de chances de dérangement et d'altération. Les belles locomobiles à quatre roues de Clayton ou d'Hornsby, conviendraient peu à nos chemins de petite communication, et aux terres fortes et argileuses de certains de nos départements.

Les locomobiles de MM. Clayton et Shuttleworth se distinguaient aussi de la locomobile Calla par une particularité digne d'être notée. Le cylindre à vapeur et les tiroirs pour la distribution de la vapeur, sont placés dans la boîte à fumée, c'est-à-dire dans la partie de l'appareil où se dégagent à la fois la vapeur qui sort des cylindres et les gaz qui s'échappent du foyer. La chaleur de cet espace entretient les cylindres à une température constamment élevée, prévient la déperdition de calorique, et maintient la vapeur à une tension constante.

L'installation des cylindres à vapeur dans la boîte à fumée, sur les locomobiles Clayton, est faite de la manière suivante. Le cylindre à vapeur est entouré d'une enveloppe métallique, qu'échauffent les produits de la combustion venant du foyer, pendant que la vapeur, sortie du cylindre, circule entre la paroi extérieure et les surfaces externes du cylindre et de la boîte. Le reste des dispositions mécaniques, dans la locomobile Clayton,

Fig. 211. — Locomobile de M. Durenne.

est le même que dans les locomobiles ordinaires.

Dans la locomobile de M. Hornsby, de Grantham, le cylindre est renfermé dans le réservoir de vapeur, au lieu d'être dans la boîte à fumée.

Ce perfectionnement n'a pas été adopté par les constructeurs français, qui ne trouvent pas l'économie de combustible, dans les locomobiles, assez importante pour lui sacrifier la simplicité de l'ensemble de la machine. D'autres constructeurs anglais, MM. Ransomes et Sim, par exemple, ont d'ailleurs rejeté aussi, le système des cylindres enfermés dans un espace chauffé.

Un autre perfectionnement, concernant l'abritement des machines, a été imaginé par M. le marquis de Salves, qui exposa, au concours régional de Versailles, des locomobiles installées dans l'intérieur d'une voiture, de la forme connue sous le nom de *tapissière*, couvertes par un ciel fixe et fermées par des rideaux goudronnés. La machine se trouve ainsi abritée contre le mauvais temps, et contre les atteintes malveillantes.

L'Exposition universelle de Londres, en 1862, ne nous apprit rien de nouveau sur les locomobiles proprement dites. Plusieurs des machines exposées étaient agencées pour se transporter elles-mêmes sur le terrain, et pour servir à traîner même sur les routes ordinaires, des charges pouvant aller jusqu'à 25 tonnes. On emploie des machines locomobiles de ce genre en Angleterre, pour le transport du combustible aux usines dépourvues de voies de fer. On les voit aussi fonctionner, pendant la nuit, dans les rues de Londres.

L'exposition de Londres en 1862 permit néanmoins de constater le développement extraordinaire que la mécanique agricole,

Fig. 212. — Locomobile de MM. Cail et C¹ᵉ.

en général, avait pris en Europe dans l'intervalle de dix ans.

Depuis 1862, jusqu'au moment présent, l'usage des locomobiles s'est encore singulièrement répandu dans les campagnes. On a vu construire et appliquer des locomobiles pour la plupart des opérations agricoles. On a exécuté des *faucheuses*, des *piocheuses* et même des *moissonneuses* à vapeur. Quelques-uns de ces appareils peuvent, à l'aide de pièces de rechange, fonctionner successivement comme faucheuses et comme moissonneuses.

Nous citerons comme exemple, la *faucheuse-moissonneuse* de M. le docteur Mazier, remarquable par la simplicité de sa construction et par son faible volume.

Les *machines à battre* construites en France depuis peu d'années, et actionnées par des locomobiles, peuvent, sous tous les rapports, rivaliser avec les machines anglaises. Enfin on a construit, en France et en Angleterre, des *charrues à vapeur*, qui constituent une application très-importante des locomobiles.

Nous décrirons ces machines nouvelles, qui permettent de remplacer par la vapeur, les anciens appareils à battre les grains, mis en action par des chevaux, les charrues mêmes, et d'exécuter ainsi, au milieu des champs, par un appareil à vapeur, les plus importantes opérations agricoles.

Mais avant de décrire ces nouveaux appareils, c'est-à-dire les locomobiles appliquées au battage des grains, les *charrues à vapeur* et les *piocheuses à vapeur*, il sera utile de dire quelques mots de la *force effective* que doivent posséder les locomobiles destinées à ces divers usages. Cette force effective dépasse souvent la force nominale des machines vendues par les constructeurs, et il importe de ne pas confondre ces deux données.

MM. Clayton et Shuttleworth, dans une

notice qu'ils distribuaient aux Expositions de Paris et de Londres, déterminaient comme il suit, la puissance des diverses locomobiles selon leurs destinations.

La machine de la force de 4 chevaux convient aux petites localités. Elle pèse 2000 kilogrammes, et coûte environ 4000 francs ; elle consomme 1450 litres d'eau et 176 kilogrammes de houille par journée de dix heures, et fait battre de 65 à 75 hectolitres par jour. Un seul cheval suffit pour la traîner.

La machine de 5 chevaux fait battre de 75 à 95 hectolitres de blé fauché, par journée de dix heures ; c'est la locomobile rurale proprement dite. Deux chevaux la traînent aisément sur une route tolérable, car son poids n'est que de 2500 kilogrammes ; son prix s'élève à 4750 francs. Sa consommation journalière est de 1820 litres d'eau et de 225 kilogrammes de combustible. Cette machine est propre à être prise en location, les fermiers l'envoient chercher et la renvoient.

Les machines de 6 à 10 chevaux, dont le poids varie de 2700 à 3750 kilogrammes et le prix de 5000 à 7000, francs battent de 75 à 195 hectolitres de blé fauché par jour ; mais elles sont applicables à une foule d'autres travaux, et les constructeurs les recommandent aux propriétaires fonciers et aux cultivateurs qui ont des moulins, des instruments de grange, des pompes, des scieries de bois, etc., à faire mouvoir. Elles consomment de 2000 à 3600 litres d'eau et de 275 à 475 kilogrammes de houille par dix heures. Ces machines, dont la force est déjà plus grande que celle dont les agriculteurs ont généralement besoin, conviennent aux grandes fermes où il y a beaucoup

Fig. 213. — Locomobile de M. Anjubault.

de bois à scier, de vastes greniers à ranger, un grand nombre d'instruments d'exploitation à mettre en mouvement.

Nous terminerons ces considérations générales sur les locomobiles agricoles, en mettant sous les yeux de nos lecteurs, comme application de ce qui précède, les modèles de locomobiles qu'exécutent aujourd'hui les principaux constructeurs de Paris.

Nous avons déjà donné le modèle de la locomobile de M. Calla (page 404). La figure 211 (page 408), représente la locomobile construite par M. Durenne ; la figure 212 (page 409), la locomobile qui sort des ateliers de MM. Cail et Cie ; la figure 213, celle de

M. Anjubault. Chaque constructeur a adopté une disposition particulière de la locomobile, qui répond aux indications spéciales de ses clients, ou qui lui paraît présenter, dans la pratique, de grands avantages.

Passons maintenant à l'examen spécial des locomobiles appliquées :

1° Au battage des grains ;
2° Au labourage ;
3° Au piochage.

La *machine à battre les grains* représente la plus générale, on pourrait dire, peut-être, l'unique application de la locomobile dans nos campagnes. La figure 214 (page 412), qui montre une machine à battre les gerbes, ou *machine batteuse*, permet de saisir le mécanisme de cet appareil.

La locomobile n'est pas représentée sur cette figure. On y voit seulement la courroie A, qui mise en action par la locomobile, et s'enroulant sur le système de poulies B, met tout l'appareil en marche. L'arbre moteur de la machine à battre tournant par l'action de la vapeur, fait avancer le palier, porteur des gerbes, pendant qu'à l'intérieur, une pièce de fer vient battre les gerbes et en extraire les grains. La gerbe une fois égrenée, la machine même rejette la paille sur le sol.

Nous pensons que nos lecteurs trouveront ici avec intérêt quelques renseignements pratiques sur le fonctionnement des *machines à battre* mues par la vapeur, sur la manière de les employer, les soins à leur donner, etc. Nous emprunterons ces indications à un ouvrage récent, à la *Culture économique par l'emploi des instruments et machines*, par M. Ed. Vianne.

Ce savant agriculteur s'exprime ainsi au sujet des machines à battre :

« Les batteuses mécaniques sont aujourd'hui complétement acceptées et les avantages qu'elles procurent sont reconnus par tous les agriculteurs sans exception. Nous ne pouvons que répéter ce que tous les cultivateurs savent, c'est que : les batteuses font le battage *plus économiquement, mieux* et *plus promptement*. Mais si tout le monde est d'accord sur l'utilité des batteuses, on est loin de l'être sur la valeur respective des différents systèmes de machines employées, particulièrement en ce qui concerne la conservation de la paille ; cette divergence d'opinions nous engage à dire quelques mots sur la valeur respective des différents systèmes.

« Les machines à battre peuvent se diviser en deux classes : 1° celles qui conservent la paille intacte, 2° celles qui la brisent plus ou moins. On désigne les premières sous le nom de machines en travers, elles sont fixes ou locomobiles, et les secondes sous celui de machines en bout, elles sont ordinairement fixes, mais leur petit volume les rend facilement transportables.

« Généralement les batteuses en travers secouent la paille et nettoient plus ou moins le grain, quelques-unes le rendent même assez propre pour qu'il puisse être livré à la vente sans autre manipulation. Jusqu'en ces derniers temps, ces machines étaient commandées par des manèges attelés de deux ou de trois chevaux et ne rendaient que 12 à 20 hectolitres de grain par journée de travail, mais depuis que l'usage de la vapeur a pris de l'extension on a senti le besoin d'employer des machines beaucoup plus puissantes, afin de mieux utiliser la force de la vapeur, et plus expéditives, afin de pouvoir terminer tout le travail en quelques jours ; ainsi, avec les nouvelles machines à battre, telles que les fabriquent MM. Albaret, Bodin, Cumming et Gérard, on fait un travail énorme, qui atteint souvent de 120 à 140 hectolitres de blé par journée de travail.

« La seconde classe se subdivise en machines simples, c'est-à-dire battant seulement, et en machines avec secouage et nettoyage. La plupart de ces machines sont accompagnées d'un manége spécial fixe ou placé sur un bâti à quatre roues ; c'est derrière ce bâti que l'on place la batteuse pour la transporter d'une exploitation à une autre. Ces machines conviennent tout particulièrement pour les petites et les moyennes exploitations ; elles sont simples, d'un prix peu élevé, et, à emploi égal de force, font plus de travail que les batteuses en travers ; mais elles ne secouent pas la paille et ne nettoient pas le grain ; cette dernière opération nécessite, non-seulement une augmentation de personnel, surtout lorsque le battage se fait rapidement, mais encore elle se fait mal et occasionne toujours une perte plus ou moins grande de grains. C'est pour obvier à cet inconvénient très-grave, que quelques constructeurs munissent maintenant leurs batteuses d'un secoueur, qui ne complique pas beaucoup la machine et qui facilite notablement le travail.

« Les batteuses en bout qui secouent la paille et nettoient le grain, ne diffèrent de celles en travers, qui font les mêmes opérations, qu'en ce qu'elles sont moins larges.

Fig. 214. — Machine à battre les gerbes à grains.

« Dans ces dernières années, il s'est monté beaucoup d'entreprises de battage à façon qui rendent de grands services ; mais, à côté des avantages, il y a le chapitre des inconvénients, dont le principal est d'avoir immédiatement beaucoup de paille à loger, d'autant plus que dans un grand nombre de contrées, on ne sait faire que des meulons informes, qui en laissent perdre une grande quantité.

« La paille battue doit se mettre en meules régulières, longitudinales ou circulaires ; lorsque les céréales sont battues par une machine en travers qui laisse la paille entière, nous regardons comme une excellente pratique de la faire botteler immédiatement.

« Nous préférons aussi les meules longitudinales, parce qu'elles permettent de prendre l'approvisionnement journalier sans être obligé de rentrer le reste ou de le couvrir, comme il est indispensable de le faire avec les meules circulaires.

« Pour établir une meule longitudinale, on trace d'abord sur le sol un parallélogramme ou carré long, auquel on donne de 4 à 6 mètres de largeur sur une longueur proportionnée à la quantité de paille que l'on a à emmeuler.

« Lorsque cette figure est tracée sur le sol, on la garnit d'un lit de fagots, ou mieux d'ajoncs épineux ; et on pose dessus des couches successives de paille, en ayant soin de les bien tasser. On peut monter les côtés d'aplomb, ou leur donner un peu de largeur à mesure que l'on monte, afin de laisser moins de prise à la pluie. Lorsqu'on arrive à 3 ou 4 mètres de hauteur, on commence la toiture, pour cela on continue d'élever en diminuant successivement de largeur, jusqu'à ce que l'on arrive à rien.

« On doit commencer sur une longueur telle, que la partie entamée puisse se terminer dans la journée, afin que s'il survient un arrêt dans le battage, cette partie de la meule puisse complétement se terminer.

« Les deux extrémités, qui forment comme les deux pignons, peuvent se monter d'aplomb, cependant il vaut mieux, à partir du carré, donner une pente, de manière à former une croupe.

« Quand la meule est terminée, on assujettit la partie supérieure qui forme la toiture au moyen de liens en paille, auxquels on attache des pierres ou mieux des pièces de bois ; on peut aussi, pour en augmenter la solidité et laisser moins de prise au vent, glisser sous les liens des perches que l'on place horizontalement.

« Autant que possible, on oriente les meules longitudinales de manière qu'une des extrémités se présente du côté de la pluie, et on entame la meule, par le côté opposé.

« Le prix de revient du battage mécanique peut varier de 1 franc à 45 centimes l'hectolitre, selon qu'on se servira de la force animale ou de la vapeur, qu'on emploiera une machine à petit ou à grand travail, et aussi selon que l'on battra en *long* ou en *travers*.

Fig. 215. — Locomobile Fowler pour le labourage à vapeur.

« Dans l'achat d'une machine à battre, on doit considérer la construction générale, la simplicité, la solidité, la stabilité, la facilité de placement, l'effort de traction qu'elle exige, la quantité et la perfection du travail qu'elle fait, et le prix de la machine. »

Les machines à battre, pour donner un bon service, doivent être entretenues avec quelque soin. M. Vianne donne à cet égard, les indications qui suivent :

« Pour obtenir un bon et long service de ces machines, il faut les soigner et les tenir proprement, les graisser suffisamment en ayant soin de vérifier si l'huile arrive jusque sur l'axe ; il faut aussi enlever de temps en temps le chapeau des coussinets, vérifier et nettoyer les tourillons et avoir soin d'arrêter immédiatement lorsqu'une pièce s'échauffe.

« Avant de mettre en marche, on doit toujours s'assurer que la machine fonctionne librement, que les coussinets ne sont pas trop serrés, et qu'il n'y a pas non plus de ballottements. On ne doit commencer à charger que lorsque la machine a acquis sa pleine vitesse, et lorsque l'on arrête, il ne faut jamais y laisser de paille. Il faut aussi avoir soin de vérifier l'écartement entre le batteur et le contre-batteur ; car s'il était trop grand il resterait du grain dans la paille et s'il était trop petit on écraserait le grain. Une bonne machine bien réglée, ne doit ni casser le grain, ni en laisser dans l'épi.

« La marche d'une machine à battre dépend en grande partie de la manière dont elle est alimentée. Un bon *engreneur* fera beaucoup de travail sans fatiguer le moteur, tandis qu'un autre le fatiguera outre mesure sans avancer le travail. Pour engrener, il est bon d'avoir un ouvrier spécial, et de faire faire ce travail toujours par le même.

« La gerbe doit être étendue sur la table, et l'alimentation doit se faire de manière à pourvoir le batteur sur toute sa largeur ; elle doit être activée ou ralentie, selon la *vitesse de marche de la machine*, c'est-à-dire que, lorsque la machine marchera avec vitesse, l'alimentation se fera plus abondamment, et qu'elle diminuera si la vitesse se ralentit. En observant cette condition d'engrenage, on obtiendra un travail plus parfait et plus rapide, sans fatiguer le moteur (1). »

C'est en Angleterre que l'on a construit les *charrues à vapeur* reconnues les plus avan-

(1) *La culture économique.* Paris, 1856, in-18, p. 205 et suivantes.

tageuses. La *charrue à vapeur* de M. Fowler et celle de M. Howard, fixèrent particulièrement l'attention, à l'Exposition universelle de 1862.

Dans un rapport qui a été imprimé au mois de mai 1863, dans les *Bulletins de la Société d'encouragement pour l'industrie nationale*, M. Hervé Mangon a donné sur la charrue Fowler et la charrue Howard, des renseignements descriptifs que nous allons résumer.

La figure 218 (page 417) donne d'abord une idée d'ensemble de la manière dont s'effectue le labourage au moyen de la vapeur.

Une locomobile, portant une poulie motrice horizontale, qui constitue le véritable *treuil* moteur de l'appareil, étant placée au point A, par exemple, peut se déplacer à volonté le long de l'un des côtés du champ à labourer.

Sur le côté opposé de ce champ, on installe une poulie horizontale de renvoi, appelée *ancre* (B). Elle est portée par un chariot, qui peut avancer parallèlement à la locomobile. Un câble sans fin qui s'enroule sur la poulie motrice et sur la poulie de renvoi, peut entraîner tour à tour la charrue à bascule, attelée à l'un de ses brins, de la machine vers l'ancre et de l'ancre vers la machine, dans toutes les positions que ces deux appareils occupent parallèlement sur la longueur du champ.

On peut, de cette façon ouvrir une série de sillons entre la machine et l'ancre dans toute la largeur de la pièce de terre, à chaque allée et venue de la charrue, qui est dirigée par un laboureur assis à l'arrière. Le déplacement simultané de la locomobile et de l'ancre, permet ensuite de continuer le travail jusqu'à l'autre extrémité du champ.

Les figures suivantes feront comprendre la disposition générale des appareils de culture à la vapeur.

La locomobile Fowler (page 413) est de la

Fig. 216. — Ancre pour le labourage à vapeur.

force de 12 à 14 chevaux, sa machine à vapeur est à deux cylindres conjugués, avec coulisse de Stephenson. Elle peut se mouvoir elle-même sur le sol plus ou moins inégal d'une terre arable. Sous le corps cylindrique de la chaudière, et à une faible hauteur au-dessus du sol, se trouve la poulie horizontale, d'un diamètre de 1^m,50, qui peut recevoir de la machine un mouvement de rotation de droite à gauche ou de gauche à droite.

Voici comment s'exécute le labourage à vapeur, au moyen de la locomobile et de la charrue Fowler. La figure 218 (page 417) montre le travail en action.

La locomobile (A) est placée à gauche, à droite, du côté opposé (B), est disposé l'appareil appelé *ancre*, et dont la figure 216 montre les détails. C'est une poulie horizontale, portée sur un chariot garni de disques tranchants, qui s'enfoncent dans le sol, pour assurer la stabilité de l'appareil. Un câble en fil d'acier, va de l'ancre à la locomobile ; ses deux extrémités s'enroulent sur les tambours fixés au bâti de la charrue (fig. 217) que l'on amène préalablement sur la ligne qui joint l'ancre à la locomobile. En imprimant alors à la poulie motrice de l'ancre, un mouvement de rotation, dans un sens ou dans l'autre, on fait aller à volonté la charrue de la locomobile à l'ancre ou de l'ancre à la locomobile.

Mais il faut ensuite déplacer l'ancre en même temps que la locomobile. A cet effet, M. Fowler a muni l'arbre de la poulie de renvoi (fig. 216) d'un pignon *b* qui commande à volonté un treuil A, sur lequel s'enroule un petit câble, dont l'autre extrémité est attachée à un obstacle fixé au bout de la ligne que l'ancre doit parcourir. L'appareil peut donc se remorquer lui-même sur le câble, et avancer d'une quantité réglée par l'embrayage du petit treuil et du pignon qui le conduit.

La charrue elle-même (fig. 217) est à bascule. Elle se compose d'un fort bâti, formé de deux pièces symétriques inclinées l'une par rapport à l'autre, de sorte que l'une est soulevée en l'air, quand l'autre laboure le sol. L'angle de ces deux branches repose

Fig. 217. — Charrue à vapeur de M. Fowler.

sur un essieu porté par deux grandes et fortes roues à large jante. Chaque côté du bâti, à droite et à gauche de l'essieu, porte quatre corps complets de charrues, dont les coutres et les socs sont tournés du côté des grandes roues de l'appareil. Il en résulte que si l'on abaisse un des côtés du bâti, les charrues de ce côté entameront le sol, celles du côté opposé étant soulevées momentanément. Une fois parvenu à l'extrémité du sillon, le laboureur, qui dirige la charrue, fait basculer le bâti sur l'essieu, et les socs soulevés précédemment prennent la place des premiers pendant le voyage de retour.

A l'aide de cette disposition ingénieuse, la charrue fonctionne aussi bien en allant qu'en revenant, toujours en versant la terre à droite et en faisant un labour à plat. Un mécanisme fort simple permet au conducteur de la charrue, en agissant sur le gouvernail *a* (fig. 217), d'incliner plus ou moins l'essieu sur la *ligne de foi*, c'est-à-dire sur la direction du sillon.

L'entrure des charrues se règle aussi avec facilité, en soulevant plus ou moins le bâti sur l'essieu des grandes roues, à l'aide des vis tournées par des manivelles *b*. Les tambours *c* reçoivent le câble moteur. On peut à volonté, enlever les versoirs et les coutres, et remplacer les socs par des pièces de formes variées qui transforment l'appareil en charrue sous-sol, en scarificateur ou en extirpateur.

La locomobile de la charrue Fowler peut servir comme locomobile ordinaire ; mais comme son prix d'achat s'élève à environ 20,000 francs, on comprend qu'il serait important de pouvoir appliquer le même système de labourage à la vapeur à l'aide d'une locomobile ordinaire, de dimensions moindres et d'un prix moins considérable.

M. Fowler lui-même a donné successivement plusieurs solutions de ce problème. Par exemple, il fait mouvoir par une locomobile ordinaire, au moyen d'une courroie, une poulie motrice horizontale, montée sur un chariot. Une disposition mécanique spéciale permet de changer le sens de rotation de cette poulie, sans agir sur la locomobile. Cet appareil moteur est installé sur un des côtés du champ à labourer ; deux ancres se meuvent parallèlement le long des deux côtés adjacents de la pièce de terre, et la charrue voyage d'une ancre à l'autre. Un câble de fil d'acier, qui enveloppe la poulie motrice, passe sur les poulies de renvoi des ancres, et vient enrouler ses deux extrémités sur les tambours de la charrue, et imprime à celle-ci son mouvement de translation. A chaque voyage les deux ancres se déplacent d'une quantité égale à la largeur labourée pendant ce voyage, et c'est ainsi que toute la surface du champ se trouve successivement labourée. Le câble est soutenu de distance en distance par de petites poulies à chariot.

Enfin dans ces derniers temps, M. Fowler a imaginé de relier une locomobile ordinaire à une ancre portant une poulie motrice, et de disposer, du côté opposé, une ancre à poulie de renvoi. La première ancre se remorquant elle-même et entraînant la locomobile avec elle, on se trouve ramené aux conditions d'installation primitives de la locomobile Fowler.

La dépense journalière occasionnée par une charrue à vapeur du système Fowler, s'élève, en moyenne, à 60 francs, y compris les intérêts du capital d'achat. Elle laboure, dans sa journée, de 3 à 4 hectares, ce qui porte à 20 francs environ par hectare, le prix du labour, sans compter l'approvisionnement d'eau.

Ce prix est notablement inférieur à celui du labour par les moyens ordinaires. De plus, les machines permettent de profiter des meilleurs temps pour le labour, et leur travail est plus égal, que celui des chevaux. Enfin, la locomobile peut encore être utilisée dans la ferme, quand elle ne laboure pas, ce qui diminue encore le prix estimé ci-dessus.

Passons à la *charrue à vapeur* de M. Howard.

M. Howard emploie pour labourer, une locomobile placée dans l'un des angles, ou un peu en dehors de la pièce à labourer. Ce moteur commande alternativement, à l'aide d'une courroie, l'un ou l'autre de deux tambours indépendants, montés sur un chariot, qui constituent le treuil moteur de l'appareil de labourage. Le câble, en fil d'acier, part de l'un des tambours, passe sur des poulies de renvoi placées aux angles de la pièce, et revient au second tambour. Quand le câble s'enroule sur l'un de ces tambours, il se déroule de l'autre, qui tourne en sens contraire. Un débrayage convenable permet de changer les rôles des deux tambours au moment voulu. La charrue est attachée à un point du câble tendu entre deux poulies de renvoi, et reçoit de celui-ci un mouvement de va-et-vient, comme dans le système précédent. On déplace ensuite les poulies de renvoi, parallèlement à elles-mêmes, d'une quantité égale à la largeur labourée ; mais ce déplacement se fait à bras d'homme, ce qui exige pour chaque ancre, un ouvrier très-robuste et soigneux.

La charrue de M. Howard est un scarificateur très-puissant. Il est monté sur quatre roues, et peut travailler en deux sens.

Ce système est moins commode que celui de M. Fowler, qui lui-même a encore besoin d'être simplifié et perfectionné. Ainsi, par

Fig. 218. — Le labourage au moyen de la vapeur.

exemple, dans les divers systèmes de culture à vapeur, le laboureur élève un drapeau, pour avertir le mécanicien qu'il faut arrêter la machine, ou la remettre en marche. Or, par un temps de brouillard, ce signal peut ne pas être aperçu, et même dans les circonstances ordinaires, le mécanicien peut avoir une distraction qui lui fasse apercevoir ce signal trop tard, ce qui peut occasionner de graves avaries.

On remédierait à cet inconvénient en faisant entrer dans l'âme du câble, un fil électrique isolé, en communication avec une sonnerie, ou avec un frein du système de M. Achard. Le laboureur n'aurait plus qu'à presser un bouton, pour donner un signal, ou agir directement sur la machine; et le mécanicien serait ainsi débarrassé d'une préoccupation assujettissante.

On voit par ce qui précède, que la culture à la vapeur n'est encore qu'à son début, mais que les plus grandes difficultés sont surmontées. Dès aujourd'hui, elle réalise une économie directe, que permettront de pousser bien plus loin les perfectionnements dont elle est susceptible.

Le *piochage* au moyen d'une machine mise en action par une locomobile à vapeur, a été plusieurs fois expérimenté en Angleterre, avec plus ou moins de succès. En France, une *piocheuse à vapeur* a beaucoup attiré l'attention, et pourtant a fini par être à peu près oubliée. Nous voulons parler de la machine de MM. Barrat frères.

Ces mécaniciens ont consacré un temps considérable et de grandes dépenses à doter l'agriculture du piochage par la vapeur. Un modèle de leur appareil, qu'ils ont plusieurs fois perfectionné et modifié, a été construit, et mis à l'essai dans plusieurs domaines appartenant à l'Empereur. Il paraît que les résultats de ces expériences, qui ont duré dix ans, se sont montrés avantageux, et que, dans la grande culture, la piocheuse de MM. Barrat frères pourrait rendre des services, pour le défonçage prompt et économique des terres.

Quoi qu'il en soit, nos lecteurs trouveront ici avec intérêt, le dessin de la *piocheuse à vapeur* de MM. Barrat frères que représente la figure 219, et dont le mécanisme et le fonctionnement se comprennent à la simple inspection. On voit que les pioches sont alternativement soulevées et relevées, par le jeu d'une roue dentée, que met en action le piston de la machine à vapeur de la locomobile.

Nous ajouterons que l'on a essayé de faire marcher par des locomobiles à vapeur, des *moissonneuses* ou des *faneuses*. Le succès n'a pas couronné ces tentatives, qui exigent de nouvelles études pratiques.

Nous ne terminerons pas ce qui concerne la *locomobile rurale*, sans répondre brièvement aux principaux arguments que la résistance de la routine objecte encore à leur emploi.

Contre l'introduction des locomobiles dans nos campagnes, on oppose, en premier lieu, le prix de ces machines. Le prix d'une locomobile est d'environ 1000 francs par force de cheval, soit 4000 francs pour une machine de la force de 4 chevaux. Mais l'économie du travail quotidien, doit promptement couvrir cette avance. On est parvenu, en effet, à réduire dans une proportion remarquable, la quantité de combustible brûlé dans le foyer des locomobiles. Dans plusieurs locomobiles de nos constructeurs, on ne brûle que 2 kilogrammes de bonne houille pour produire, pendant une heure, la force d'un cheval-vapeur. On sait que l'unité dynamométrique que l'on désigne sous le nom de *cheval-vapeur*, équivaut à plus de 2 chevaux. Si l'on part du prix de 3 francs les 100 kilogrammes de houille, ce n'est donc pour l'agriculteur qu'une dépense de moins de 10 centimes par heure de travail, pour produire la force que développeraient, dans le même temps, deux chevaux de son écurie. Mais il ne faut pas perdre de vue que la locomobile ne consomme de combustible et n'occasionne de dépense, que tout autant qu'elle produit un travail mécanique. Au contraire, le cheval de ferme exige toujours sa dépense d'entretien, qu'il soit au travail ou au repos.

L'objection des petits propriétaires, c'est que l'usage des machines à vapeur ne convient qu'aux grandes cultures, tandis que pour l'exploitation d'un champ ou d'une parcelle de terre, le travail manuel d'un petit nombre d'ouvriers est suffisant. On n'a pas besoin, disent-ils, d'une batteuse à vapeur pour quelques centaines de gerbes; d'une moissonneuse, d'une faneuse, d'une charrue à vapeur, pour quelques hectares de terre.

A cela, on peut répondre qu'il y a plusieurs moyens de faire jouir tout le monde des avantages que comportent les machines à vapeur. D'abord, il serait naturel que chaque commune eût sa locomobile, comme elle a sa pompe à incendie; on affecterait à ces machines un personnel chargé de les conduire. Ensuite, rien n'empêche qu'un industriel, possesseur d'une locomobile, la transporte de ferme en ferme, et la loue au cultivateur, pour un temps fixé, ou bien la fasse travailler à forfait. Par cette combinaison, la locomobile serait mise à la portée des petits fermiers, absolument comme les ouvriers et les chevaux qu'ils prennent à leur service. Aujourd'hui que la locomobile rurale réunit les conditions indispensables à son emploi général, on devrait la trouver dans toutes les communes, entre les mains d'entrepreneurs, qui en loueraient le travail à l'heure ou à la journée. Ils en feraient profiter, tantôt le petit métayer, ayant à mouvoir une batteuse, un moulin, un crible, un pressoir; tantôt le tuilier, le fabricant de plâtre, ou le meunier dont le cours d'eau serait à sec.

La location des locomobiles pourrait avantageusement compléter l'industrie du charron et du serrurier du village, qui n'auraient pas de peine à l'entretenir en bon état. Les anciens mécaniciens ou chauffeurs des chemins de fer et des bateaux à vapeur, pourraient de même trouver, soit dans la location, soit dans la conduite des locomobiles rurales, le moyen d'existence le plus en harmonie avec leur ancien métier. Ce serait leur retraite toute trouvée. Enfin, les petits propriétaires pourraient fort bien se mettre plusieurs pour tirer parti de la journée d'une locomobile.

Ces considérations suffisent pour faire comprendre que les locomobiles pourraient être facilement mises à la portée de tous les cultivateurs, si l'on y mettait un peu de bonne volonté. Mais, dans nos campagnes, le nom seul de *machine* effraye toujours; c'est, pour les vieux routiniers, le synonyme d'innovation ruineuse. Ils oublient que les herses, les charrues, et tant d'autres instruments qui leur sont familiers, ne sont autre chose que des machines, contre lesquelles on éleva autrefois des objections tout aussi vives. Le progrès entraîne le progrès : la consommation s'accroît sans cesse, et la production doit se mettre au même niveau. Les méthodes de culture qui suffisaient à nos pères, ne sont plus aujourd'hui à la hauteur des besoins de la population. Il faut donc qu'on en vienne à l'usage des machines, qui économisent le temps et la main-d'œuvre, et par suite, abaissent le prix de revient des produits agricoles.

On élève certaines craintes, dans les campagnes, relativement à l'incendie, en considérant que les locomobiles doivent fonctionner près de bâtiments couverts de chaume, ou en présence de matières susceptibles de s'embraser aisément, telles que des gerbes de céréales, des foins, du bois sec, etc. Mais il suffit de faire remarquer, pour dissiper ces appréhensions, que les chaudières des locomobiles sont disposées de manière à éviter tout accident. Les cendres et les résidus de la combustion qui tombent du foyer, sont reçus dans une boîte pleine d'eau, fermée de toutes parts; et, d'autre part, la cheminée est assez élevée pour qu'aucune étincelle ne puisse se faire jour à l'extérieur. Aucun incendie n'a été signalé jusqu'ici, comme conséquence de l'emploi des locomobiles, ni en France ni en Angleterre.

Le regrettable argument qui, au commencement de notre siècle, retarda l'adoption des machines dans les ateliers de l'industrie manufacturière, est également invoqué aujourd'hui, contre l'introduction des mêmes appareils dans l'industrie agricole. Les locomobiles, dit-on, exécutent le travail de l'homme; elles auront donc pour résultat de nuire à l'ouvrier des champs, en diminuant le nombre des travailleurs employés dans chaque contrée. L'expérience a tranché depuis longtemps cette question en faveur de l'outillage mécanique, qui, loin d'avoir diminué le nombre des ouvriers employés dans les manufactures, a, au contraire, augmenté ce nombre dans une proportion considérable. Or, le travail industriel ne différant point, dans ses conditions et dans les lois générales qui le régissent, du travail agricole, le même résultat doit nécessairement se produire ici. En créant aux produits du sol des débouchés nouveaux, l'économie qui résultera de l'emploi des machines, permettra d'occuper un nombre d'ouvriers tout aussi considérable que par le passé.

N'oublions pas, au reste, que par diverses causes que nous n'avons pas à examiner ici, les bras manquent trop souvent dans nos campagnes. Il n'est donc pas indifférent,

Fig. 719. — Piocheuse à vapeur de MM. Barrat frères.

dans une telle circonstance, de pouvoir suppléer par un agent moteur économique, au travail de l'ouvrier qui déserte les occupations paisibles des champs, pour le séjour des cités.

La répugnance des ouvriers journaliers contre ces machines, dans lesquelles ils voient, à tort, des rivales qui leur ôteront leurs moyens d'existence, va si loin que, dans quelques pays, les premières batteuses mécaniques furent détruites par la populace ameutée. Il est vrai que les locomobiles dispenseront les fermiers de se mettre à la merci de ces ouvriers nomades, sur lesquels on ne peut jamais compter, et qu'on n'emploie que lorsqu'on y est forcé.

Les fermiers, en possession de bonnes machines agricoles, emploieront moins de ces ouvriers de rebut, mais ils seront obligés d'augmenter leur personnel fixe. C'est donc surtout la partie intelligente de la population ouvrière qui y gagnera, parce que les machines feront ce qui ne demande que de la force physique et de la fatigue, mais elles auront toujours besoin d'être dirigées et surveillées par des ouvriers attentifs.

L'agriculture n'est pas seulement la plus ancienne de toutes les industries des peuples; elle est encore aujourd'hui la plus importante, et partout elle constitue la base fondamentale de la richesse publique. En France, comme dans la plupart des autres contrées de l'Europe, la question agricole est la question souveraine. Quel que soit, en effet, le développement de la production manufacturière, quelle que puisse être son extension future, elle n'égalera jamais en étendue la production agricole. C'est le sol qui fournit aux arts et aux manufactures les matières premières qui leur sont indispensables, et le travail de la terre occupe, dans notre pays, un nombre d'hommes infiniment au-dessus de celui que réclame la confection des produits industriels. Il est incontestable pourtant, que les procédés de l'agriculture sont aujourd'hui dans un état d'infériorité frappante, relativement à ceux de l'industrie manufacturière, qui a réalisé dans notre siècle les prodiges que tout le monde connaît. C'est en empruntant à l'industrie elle-même les moyens et les procédés qui ont déterminé ses progrès rapides, que l'agriculture pourra entrer, à son tour, dans la voie du perfectionnement. L'accomplissement de cette grande tâche appartient à la génération qui s'élève, et nul ne saurait prévoir les résultats qu'amènerait dans la destinée des nations modernes, la solution de ce grand problème.

Les locomobiles dont nous venons de passer en revue les principaux emplois dans les campagnes, commencent aussi à être appliquées dans les villes, à différents usages mécaniques. Nous terminerons cette Notice par l'examen de ces dernières applications du *moteur à toute fin*.

Les habitants de Paris connaissent bien, car ils le voient fonctionner depuis quelque temps, dans beaucoup de rues, pour la construction des égouts ou autres travaux de ce genre, la *machine à préparer le béton ou le mortier*. Pour mettre en action cet appareil, qui exige un emploi de force considérable, on a remplacé le travail de l'homme ou des chevaux par une locomobile.

Une locomobile construite dans le système ordinaire, avec cylindre à vapeur apparent au dehors, et placé au-dessus de la chaudière, fait tourner un arbre de couche, pourvu d'une large poulie. Une courroie établie sur cette poulie, met en action le mécanisme au moyen duquel l'eau d'une part, la chaux ou le ciment de l'autre, versés en proportions convenables, dans des vases d'un volume déterminé, viennent se mêler dans un baquet, et sont ensuite agités pour former le mortier ou le ciment.

Cet ingénieux appareil a rendu de grands services pour accélérer, dans Paris, les travaux de construction.

Un autre appareil qui présente une application nouvelle et extrêmement intéressante, de la locomobile, c'est le *compresseur du macadam*, que l'on voit depuis 1865, circuler et fonctionner sur les grandes voies de la capitale.

On sait que le mode d'entretien le plus économique des voies empierrées de Paris, consiste à écraser, par des cylindres d'un poids énorme, les matériaux destinés à la réparation et à l'entretien de la chaussée.

Les *rouleaux compresseurs* étaient traînés d'ordinaire, par des chevaux. Mais ces lourdes machines, attelées de 8 à 10 chevaux, mettaient souvent de grandes entraves à la circulation, et menaçaient de provoquer des accidents, soit par elles-mêmes, soit par les embarras de voitures qu'elles déterminaient. Ces longs attelages mettaient plus de temps à se retourner au bout de leur parcours, qu'ils n'en employaient au parcours lui-même. Enfin les chevaux, tant que l'empierrement n'était pas fixé, faisaient jaillir les cailloux sous leurs pieds, et détruisaient ainsi, en partie, le travail du cailloutage déjà opéré.

Afin d'obvier à ces inconvénients, l'administration municipale de Paris, décida de substituer la vapeur aux chevaux employés à traîner les *rouleaux compresseurs du macadam*.

Des divers appareils qui furent imaginés dans ce but, et soumis à l'administration municipale, deux parurent répondre d'une manière satisfaisante, à l'objet proposé : le compresseur de M. Ballaison, qui fait usage de deux cylindres compresseurs, et celui de M. Lemoine, qui n'emploie qu'un seul rouleau compresseur, d'un diamètre considérable.

Le dernier de ces appareils était volumineux, trapu, et s'éloignait trop des formes des véhicules ordinaires. Il avait l'inconvé-

Fig. 220. — Compresseur du macadam.

nient d'effrayer les chevaux, même au repos. En outre, par son poids énorme, il avait pour résultat de creuser des espèces de fosses sur les terrains peu résistants.

L'appareil à deux rouleaux compresseurs de M. Ballaison fut donc adopté par l'administration municipale de Paris.

La figure 220 représente ce compresseur.

La vapeur produite dans la chaudière tubulaire de la locomobile, s'introduit dans deux cylindres à vapeur. Ces cylindres sont oscillants. La tige du piston de chaque cylindre se dirige de haut en bas, et vient mettre en action l'axe d'une petite roue dentée. Sur cette roue est fixée une chaîne de fer, à maillons articulés, qui va s'enrouler autour d'une large roue dentée, faisant elle-même corps avec le rouleau. Elle fait ainsi tourner le rouleau sur le sol. Chacun des deux rouleaux est mis en action séparément, par un cylindre à vapeur. Le foyer de la locomobile est caché entre les deux rouleaux, ce qui fait qu'il cause peu de frayeur aux chevaux.

Comment peut-on faire tourner à volonté cet énorme appareil? Le mécanicien presse un levier, lequel, faisant agir une longue vis, déplace un peu le rouleau, et lui fait faire un angle de quelques degrés, par rapport à sa position première. La même vis produit un effet tout semblable sur le second rouleau compresseur ; ce qui, en définitive, change la direction normale de la marche.

Le poids total du *compresseur* est de 13 tonnes, avec un approvisionnement moyen d'eau et de combustible. La force de la machine à vapeur est de 10 chevaux. Elle consomme 7 à 8 kilogrammes de charbon, par heure et par force de cheval.

Plus puissant que l'appareil traîné par des chevaux, le cylindre à vapeur opère plus rapidement. Le travail est plus facile à diriger, encombre moins la rue, et n'exige pas de *retournement*, car, semblable en cela, aux locomotives de chemins de fer, il peut aller en avant ou en arrière, grâce au simple renversement de la vapeur. Il est donc sous tous les rapports, supérieur au cylindre traîné par des chevaux.

Parlons enfin des tentatives toutes récentes, qui ont été faites pour appliquer la vapeur à la traction des voitures, sur les routes ordinaires.

Le *compresseur du macadam*, que nous venons de signaler, se transporte avec facilité, et sans trop de bruit, à l'intérieur des villes. Il était donc naturel de songer à appliquer à la locomotion sur les routes, ce même appareil, allégé et modifié. C'est ce qui a été fait, par la construction de nouvelles *voitures à vapeur*.

Nous disons de *nouvelles voitures à vapeur*, car l'idée d'appliquer la vapeur à la locomotion sur les routes ordinaires, est déjà bien ancienne.

L'emploi d'une machine vapeur pour tirer les voitures sur les routes ordinaires, fut essayé, dès les premiers temps de la découverte du puissant moteur dont l'histoire vient de nous occuper. Au commencement de ce siècle, Olivier Evans, en Amérique, d'une part; Trevithick et Vivian, en Angleterre, d'autre part, construisaient des machines à vapeur à haute pression, qu'ils adaptaient à des voitures destinées à rouler sur les grands chemins. Ainsi se trouvèrent créées les *voitures à vapeur*.

Jusqu'en 1830, on s'efforça de perfectionner ces scabreux et difficiles engins. On y était parvenu dans une certaine mesure, puisque des services publics furent établis pour le transport des voyageurs par des voitures à vapeur, tant en Angleterre qu'en Belgique.

Dès l'année 1826, on voyait circuler de Londres à Paddington, un landau, mû par la vapeur.

Cette machine fut perfectionnée en 1834, et présenta une forme plus appropriée encore au service des voyageurs. C'était une assez grande voiture à quatre roues. On y entrait par une portière située sur le devant. Le conducteur dirigeait l'avant-train au moyen d'une manivelle. Le mécanisme et la chaudière à vapeur étaient cachés sous la caisse de la voiture.

M. Stéphane Flachat, dans son ouvrage sur l'*Exposition de 1834*, qui a pour titre l'*Industrie* (1), a donné une gravure représentant cette locomobile précoce.

En 1832, un véritable service de voitures à vapeur fut établi aux portes de Bruxelles.

En 1834, Paris s'occupa beaucoup d'une *diligence à vapeur*, qui parcourut à plusieurs reprises la route de Paris à Versailles. L'inventeur, appelé Dietz, s'inspirait des lumières d'un physicien habile, M. Galy Cazalat.

La voiture partait du milieu de la place du Carrousel, de ce fameux *Hôtel de Nantes*, qui se dressait isolé, au milieu de cette vaste place, en face du palais des Tuileries.

La voiture de Dietz était lourde et bruyante. La fumée qu'elle jetait, incommodait les passants et effrayait les chevaux. Les fortes rampes de la route de Versailles, l'essoufflaient. Bref, après bien des péripéties, l'inventeur fut ruiné. A bout de ressources, il disparut, et l'on n'entendit plus parler de lui.

Bien d'autres essais ont été faits depuis Dietz, pour créer des voitures à vapeur. Nous citerons seulement le plan d'une voiture de ce genre, qui fut conçu par M. le baron Séguier, et exécuté par lui, de concert avec le mécanicien Pecqueur.

La voiture à vapeur de M. le baron Séguier reproduisait une disposition rationnelle : celle que Cugnot avait mise en usage (1). M. Séguier plaçait le moteur, non pas à l'arrière, comme on le fait trop souvent, mais au devant, comme sont placés les chevaux, dans nos voitures ordinaires. Par un luxe de dispositions mécaniques, il y avait deux appareils moteurs pour chacune des deux roues directrices.

Le moteur se composait donc de quatre cylindres, groupés deux à deux, et agissant sur les roues de devant. Le conducteur avait à sa disposition, des pédales, mues par les pieds ou la main, pour changer la direction du mouvement. La chaudière pesait surtout sur l'avant-train. Les tuyaux pour l'entrée et la sortie de la vapeur, passaient à travers la cheville ouvrière de la voiture.

---

(1) Grand in-8. Paris, 1834, page 131.

(1) Voir *la Notice sur les Chemins de fer*, page 265.

Ainsi la voiture à vapeur de M. le baron Séguier reproduisait, autant que possible, les dispositions de nos véhicules ordinaires. Chaque côté de la voiture avait son moteur, comme une voiture à deux chevaux ; et l'une et l'autre machine pouvaient accroître, ou réduire, à volonté, leur puissance « absolument, dit M. Séguier, comme si deux chevaux la traînaient, et que, pour tourner, le cocher ralentît l'allure de l'un, et accélérât l'allure de l'autre. »

Si les idées avaient continué de se porter sur les voitures à vapeur, elles auraient certainement conduit à la création définitive, et à l'emploi général de ce moteur sur les grandes routes. Mais en 1830, le grand coup de théâtre de la découverte des locomotives, vint subitement couper court à ce genre d'études. La question de la locomotion par la vapeur, fut résolue avec tant d'éclat, d'une si éblouissante manière, par la découverte des locomotives destinées à glisser sur des rails de fer, que la question des voitures à vapeur destinées aux grandes routes, se trouva d'un coup, pour ainsi dire, supprimée.

Elle n'a reparu au jour que depuis peu d'années, par suite de la vulgarisation des locomobiles. En voyant les machines à vapeur agricoles se transporter aisément sur les routes des campagnes et les chemins vicinaux, malgré les inégalités et le frottement excessif de ces routes, on est revenu, peu à peu, à l'idée des voitures à vapeur.

La singulière facilité avec laquelle les *rouleaux compresseurs* circulent sur le macadam de la capitale, sans entraver la circulation, sans effrayer les chevaux, sans produire autre chose qu'un profond étonnement et une admiration naïve dans l'esprit des passants, ont aussi contribué, comme nous le disions plus haut, à tourner de nouveau les idées vers les voitures à vapeur.

Un habile constructeur de Nantes, M. Lotz aîné, a construit une *voiture à vapeur*, qui, soumise à différents essais, a donné d'assez bons résultats.

Les premières expériences de la *voiture à vapeur* de M. Lotz, eurent lieu à Nantes, en 1864.

De nouvelles expériences furent faites, à Paris, sur le quai d'Orsay, au mois d'août 1865, dans la partie comprise entre le palais du Corps législatif et le Champ-de-Mars. La locomobile de M. Lotz traînait une voiture contenant des voyageurs. Elle pouvait s'arrêter instantanément, tourner à volonté, et se diriger à travers les voitures et les passants.

Le 25 novembre 1865, la même expérience fut répétée, mais sur une plus grande échelle. Il s'agissait d'un véritable voyage. L'administration municipale de Paris avait chargé une commission de procéder à un essai attentif de la voiture à vapeur de M. Lotz. Le résultat de ce voyage a été consigné dans un journal de Paris. M. Bouchery rapportait comme il suit, dans ce journal, cette expérience intéressante.

« La machine, attelée d'un omnibus, devait partir du pont de l'Alma, pour se rendre à Saint-Cloud, en traversant le bois de Boulogne, monter la côte de Montretout, et revenir à Paris par Ville-d'Avray et le Point-du-Jour. Cet itinéraire, sans parler de son étendue (28 kilomètres à peu près), comportait, on le voit, tous les éléments de déclivité et d'obliquité indispensables pour constituer une expérience sérieuse. Celle d'hier a eu lieu en présence de MM. Tresca, sous-directeur du Conservatoire des arts et métiers ; Combes, directeur de l'École des mines ; Vallès, ingénieur en chef des Ponts et chaussées ; Jacquot, ingénieur en chef des Mines ; ces trois derniers membres de la commission nommée par M. le préfet de la Seine pour faire un rapport sur les résultats donnés par la machine, et aussi en présence de plusieurs autres personnes appartenant au monde savant ou industriel.

L'appareil qu'il s'agissait de voir fonctionner est une machine de la force de 12 chevaux, et dont la chaudière est timbrée à 8 atmosphères. Le poids total de la machine, son chargement d'eau et de charbon compris, est de 8,000 kilos ; les jantes des roues ont une largeur de 20 centimètres ; la cheminée, articulée afin d'être baissée, s'il y a lieu, au passage des voûtes, a une hauteur de 4 mètres 22 centimètres.

Fig. 221. — Voiture à vapeur de M. Lotz, de Nantes.

La vitesse ordinaire de la machine est de 8 kilomètres à l'heure, et sa plus grande vitesse de 18 kilomètres environ. A petite vitesse, elle entraîne un poids de 18 à 20,000 kilos, et à grande vitesse, un poids de 5,000. La machine, si elle n'est pas attelée, peut tourner dans un rayon de 5 mètres, et attelée, dans un rayon de 8 à 9 mètres ; il faut, pour la conduire, trois hommes : deux mécaniciens, l'un à l'avant, l'autre à l'arrière, plus le chauffeur ; enfin, par force de cheval et par heure, elle use 3 kilog. et demi de charbon.

Maintenant, voici comment s'est effectué le voyage. Départ du pont de l'Alma à 11 heures 45 minutes, avec une vitesse moyenne ; la machine entraîne un long omnibus dans lequel ont pris place, soit à l'intérieur soit sur l'impériale, une vingtaine de personnes. On traverse le pont, on gagne l'Arc-de-Triomphe, on prend l'avenue de l'Impératrice. Les chevaux des véhicules ordinaires que l'on rencontre et ceux que montent des cavaliers dressent quelque peu l'oreille au passage de la machine, mais généralement sont maintenus ; les courbes du chemin sont décrites avec la plus grande facilité, les portes (quelques-unes ont quatre mètres au plus de largeur) sont aisément franchies. On arrive au bois de Boulogne en face de l'hippodrome de Longchamps ; on prend de l'eau.

Le voyage se poursuit à peu près dans les mêmes conditions jusqu'à Saint-Cloud. Là se présente le premier obstacle sérieux : il s'agit de monter l'escarpement de la route impériale nº 185, ou route de Montretout, c'est-à-dire un plan incliné ayant 6 centimètres de pente par mètre : difficulté nouvelle, sur ce point la route est pavée. C'est après de pénibles efforts que la machine franchit les premiers pas de la rampe. En ce moment, elle marque 8 atmosphères ; mais enfin l'obstacle est vaincu, et, quoique usant toute sa force, la machine n'en dépense pas plus, ce nous semble, qu'il n'en faudrait à une grosse voiture de roulier pour accomplir le même travail.

Le reste du voyage s'effectue dans les meilleures conditions possibles. La côte de Montretout une fois dépassée, de Saint-Cloud à Ville-d'Avray, par le parc réservé, bon parcours, vitesse moyenne, 6 atmosphères. A Ville-d'Avray, nouvelle prise d'eau. Descente de la route de Sèvres, très-belle. A Sèvres, dernière prise d'eau. Sur la route de Sèvres, jusqu'à la barrière du Point-du-Jour, grande vitesse, 7 atmosphères. Arrivée au pont de l'Alma à 4 heures 7 minutes. Durée totale du voyage, temps d'arrêt compris (et ils ont été fréquents et longs), 4 heures 22 minutes. Voilà le récit fidèle, quoique abrégé, de l'excursion. »

Il nous reste à ajouter que la voiture à vapeur de M. Lotz a fait, sans encombre, au mois de septembre 1866, le voyage de Nantes à Paris.

Arrivée à Paris le 5 septembre, la voiture à vapeur de M. Lotz avait fait, en huit jours environ, la distance de 400 kilomètres qui sépare Nantes de Paris.

Elle alla se remiser près du Champ de Mars, rue Desaix, à côté de l'usine de machines à vapeur de M. Flaud. Elle remorquait trois fourgons à deux roues, chargés des principales pièces d'un atelier et d'une maison de dépôt que M. Lotz fonde à Paris. Huit ouvriers accompagnaient ce convoi.

Après quelques jours passés à Paris, la locomobile de M. Lotz se rendit à Chelles, près de Versailles, pour commencer le service de transport auquel elle était destinée, dans les plâtrières de M. Parquin, situées non loin des ruines de la célèbre abbaye de Chelles.

La figure 221 représente, d'après nature, la voiture à vapeur de M. Lotz. Elle est de la force de 15 chevaux et pèse 10 tonnes. On voit qu'elle consiste en une locomobile ordinaire, dans laquelle l'appareil moteur est placé par-dessus la chaudière. Le piston du cylindre à vapeur, au moyen de la tige A, fait tourner une petite roue B, autour de laquelle s'enroule une chaîne à maillons, dont l'autre extrémité vient embrasser un tambour, qui fait tourner la roue motrice C. Le foyer est placé en D, entre les deux roues de derrière. E, est le réservoir d'eau qui doit alimenter la chaudière.

La direction de la voiture se fait par un levier placé en avant, et qui est mis en action par la main d'un conducteur.

Au moyen d'une barre d'attelage F, semblable à celles des wagons de nos chemins de fer, cette locomobile peut traîner des voitures pleines de marchandises, des wagons à voyageurs, etc.

Sur une route droite, n'ayant pas de pente au-dessus de 3 à 4 p. 100, sa vitesse de marche peut atteindre 20 kilomètres à l'heure, en remorquant une charge réelle de 4500 kilogrammes. Sa vitesse moyenne est de 16 kilomètres à l'heure.

En petite vitesse, pour des transports de marchandises, sa marche est de 6 kilomètres à l'heure, en remorquant de 12,000 à 16,000 kilogrammes.

Cette machine peut franchir des rampes s'élevant jusqu'à 8 p. 100; mais alors en diminuant la charge, ou en réduisant la vitesse de la marche.

Un juge compétent, M. Tresca, sous-directeur du Conservatoire des arts et métiers, a été appelé à exprimer son avis sur la voiture à vapeur de M. Lotz. Nous trouvons son opinion sur cet appareil, formulée dans le *Bulletin de la Société d'encouragement* du mois de juin 1866.

M. Tresca apprécie, comme il suit, les avantages et les inconvénients de cette voiture à vapeur.

« La machine de M. Lotz, dit le sous-directeur du Conservatoire des arts et métiers ; ne se recommande par aucune invention bien précise. Elle est, d'une manière générale, douée d'une extrême rusticité, et c'est seulement en comparant sa construction générale avec celle des machines employées antérieurement, que l'on peut se rendre compte des efforts de persévérance qu'il a fallu dépenser pour vaincre, sous ce rapport, toutes les difficultés de la question. Il n'y a pas à craindre d'accidents en route de ce côté. Les roues sont larges, elles n'endommagent point le sol ; au contraire, en certains points elle a fonctionné comme un rouleau à vapeur en l'affermissant.

De petites difficultés se sont cependant produites. Elle ne tourne pas toujours avec la précision désirable ; il faut perdre quelquefois du temps pour la manœuvrer dans les courbes.

Elle fait un bruit incommode, par l'échappement de la vapeur. M. Lotz a essayé d'y remédier, en entourant la cheminée d'une double enveloppe remplie de sable, mais le résultat a été presque nul.

Hors des tournants, la manœuvre est facile ; elle arrête, elle dévie sans difficulté.

L'arrêt et le démarrage se font certainement avec plus de facilité que pour les voitures chargées, traînées par des chevaux. Il n'est pas impossible qu'on s'en serve bientôt, sans accidents, sur toutes les routes, sinon dans les rues les plus fréquentées.

La terreur causée aux chevaux, et qui a motivé la réglementation anglaise, n'a pas été aussi grande qu'on aurait pu le penser.

Nous avons pris note de tous les chevaux rencontrés. Un sur cent s'est effrayé ; et encore, il faut bien le remarquer, c'étaient toujours des chevaux mal conduits ou qui n'étaient pas conduits du tout. Ce n'est pas là une difficulté sérieuse, et ce n'est pas ce qui arrêtera l'application des machines de traction.

Les cavaliers que nous avons rencontrés, et qui savaient manier leur cheval, n'ont eu aucune peine à surmonter la surprise de leur monture ; beaucoup d'entre eux nous ont suivis pour habituer leurs chevaux au bruit, et ils y ont toujours réussi. Il y a bien quelque bête qui s'est effrayée au premier abord, qui a regimbé, s'est jetée dans des écarts, mais, sous la main d'un écuyer habile, expérimenté, la frayeur du cheval a été bien vite domptée.

Il faudra dire de la machine à traction employée sur les routes ce qu'on a dit des carrosses ; on s'en est effrayé d'abord, et au bout de peu de temps, ils sont devenus de l'usage le plus ordinaire.

Il s'agit de savoir maintenant quel peut être l'emploi de la machine de traction sur les routes ordinaires, au point de vue économique.

Le domaine des machines de traction ne peut s'établir que par comparaison avec les chemins de fer et avec le service des attelages.

Sur le chemin de fer, la traction est réduite à 1/250ᵉ du poids à transporter, au lieu de 1/20ᵉ sur route ordinaire ; par conséquent, la voie de fer est dix fois plus économique que la route ordinaire, sous ce rapport.

Pour le matériel roulant, l'entretien est le même dans les machines employées sur les routes ordinaires que dans celles qui roulent sur les chemins de fer.

Mais voici où est le grand avantage. Les frais d'établissement de la voie sont réduits à zéro pour les machines de traction, tandis que c'est la dépense capitale pour un chemin de fer. Il en résulte que les chemins de fer ne peuvent s'établir qu'en vue des grands trafics, dont les bénéfices qu'on a droit d'en attendre sont nécessaires pour payer les intérêts du capital considérable employé à l'établissement de la voie.

C'est le contraire qui a lieu pour les machines de traction. Ici on peut avoir en vue le service de trafics peu considérables ou intermittents, et c'est même là qu'est l'avenir de ces nouvelles machines. Cependant voici qu'une compagnie se propose de traverser le mont Cenis sur des rails posés sur le bord de la route de terre et qu'elle compte sur la diminution, ainsi obtenue dans les frais de traction, pour se rembourser utilement de toutes ses avances, avant même que le grand tunnel ne soit terminé.

Si nous comparons maintenant la machine avec le cheval de roulage, voici ce que nous trouvons.

Il faut dire d'abord que le plus fort cheval de roulage n'a pas la force d'un cheval de vapeur. Quand Watt eut à fixer l'unité de comparaison nécessaire pour déterminer la puissance de sa machine, il choisit dans l'écurie de Boulton le meilleur cheval, et il mesura sa puissance ; il la trouva de 75 kilogrammètres, et c'est le chiffre qu'il adopta ; mais le cheval de Boulton est une exception, et il se rencontre peu de chevaux qui développent une pareille puissance.

La machine de M. Lotz pèse 9,000 kilogrammes, et elle peut développer 25 chevaux de 75 kilogrammètres. Chaque cheval produit a donc à se traîner lui-même à raison de 360 kilogrammes, ce qui donne lieu à un effort de traction de 18 à 20 kilogrammes ; le poids utile vient après.

Mais le cheval de chair mange et consomme, lors même qu'il ne travaille pas. La machine de traction ne consomme qu'en raison du travail qu'on lui demande, et c'est là un grand avantage, on en doit convenir.

Un autre avantage est celui-ci :

Les routes ordinaires ne sont pas de niveau ; il y a des côtes fréquentes. Quand on les rencontre, il faut des chevaux de renfort ; cette dépense n'a pas lieu pour la machine de traction, qui donne des coups de collier à volonté, sans fatigue disproportionnée pour ses organes.

Les machines de traction ont ainsi une place intermédiaire marquée entre la voie de fer et le roulage ; elle s'adresse aux cas dans lesquels elle peut mieux satisfaire, sous le rapport de la moindre installation ou du moindre prix de revient. Cette place sera mieux définie par les résultats mêmes d'une expérience suivie. »

Au mois de juillet 1866 le *Journal de l'Aisne* parlait d'une autre voiture à vapeur qu'il nommait « locomobile routière, » et qui aurait été expérimentée avec avantage sur la rampe de Laon.

« Une locomobile routière, construite par la maison Albaret et Cⁱᵉ, de Liancourt, a descendu, disait le *Journal de l'Aisne*, la rampe de Laon à la gare avec une vitesse moyenne de 8 kilomètres à l'heure. Cette rampe a été gravie ensuite en huit minutes, avec 5,000 kilogrammes de charge, et 5 atmosphères de pression seulement.

Cette expérience s'est faite plusieurs fois dans les mêmes conditions ; elle fait supposer, après calculs faits, que cette machine a une puissance de traction pour remorquer, à Laon, 30,000 kilog. environ, avec une vitesse de 4 à 6 kilomètres à l'heure.

Sans aucun doute, il y a encore bien des améliorations, bien des perfectionnements à apporter à ce genre de transport ; mais on peut affirmer que le jour n'est pas éloigné où les transports seront exécutés sur les routes au moyen de ces machines seules. »

Un arrêté ministériel du mois de mai 1866, a autorisé la circulation des voitures à vapeur sur les routes ordinaires, et fixé les conditions auxquelles doit satisfaire tout entrepreneur qui voudra établir un service de transport public, avec un appareil de ce genre.

Nous ne savons pas si l'on profitera beaucoup de cette autorisation ministérielle, et si le service public des voitures à vapeur est appelé à quelque réalité sérieuse. Quoi qu'il en soit, nous constatons l'état présent des choses.

On voit que, sans faire, à proprement parler, un pas en arrière, la question de la locomotion par la vapeur, revient, en ce moment, à son point de départ. Elle finit par où elle avait commencé. Nous avons vu, dans l'histoire des chemins de fer, que dès la découverte de la machine à vapeur à haute pression, les efforts des savants se portèrent sur la création des voitures mises en action par cet agent. Nous retrouvons, de nos jours, les tentatives faites entièrement dans le même sens. Ainsi la science paraît se retourner et comme revenir sur elle-même. Olivier Évans donne la main à M. Lotz; Trevithick et Vivian à M. Albaret. C'est le serpent qui se mord la queue, suivant le symbole profond des prêtres et des savants de l'ancienne Égypte.

Nous ne saurions mieux terminer qu'en rappelant les signes mystérieux de la science des premiers âges du monde, cette histoire descriptive de la machine à vapeur.

FIN DES LOCOMOBILES.

LA MACHINE ÉLECTRIQUE

CHAPITRE PREMIER

L'ÉLECTRICITÉ DANS L'ANTIQUITÉ ET LE MOYEN AGE. — L'ÉLECTRICITÉ PENDANT LE XVIIe SIÈCLE. — TRAVAUX DE GILBERT ET D'OTTO DE GUERICKE. — PREMIÈRE MACHINE ÉLECTRIQUE, CONSTRUITE PAR OTTO DE GUERICKE. — MACHINE ÉLECTRIQUE DE HAUKSBÉE.

L'histoire des sciences ressemble à celle des nations. Si les annales des peuples nous montrent quelques-unes de ces périodes brillantes, dans lesquelles les événements semblent se réunir et se presser, comme pour ajouter à la gloire, à la renommée d'un empire, on trouve aussi dans les fastes des sciences quelques-unes de ces époques privilégiées où le nombre, l'importance et la grandeur des découvertes, jettent le plus vif éclat sur le temps qui les vit naître.

C'est une période de ce genre que parcourait la physique naissante au milieu du siècle dernier. En 1746, un physicien de la Hollande avait découvert l'appareil célèbre connu sous le nom de *bouteille de Leyde*, et les merveilleux effets de cet instrument produisaient en Europe une impression extraordinaire. Toutes les académies, toutes les sociétés savantes, suspendirent leurs travaux habituels, pour s'adonner à l'étude des phénomènes électriques, à peine connus jusque-là. Les nouvelles découvertes sur l'électricité, n'avaient pas tardé à pénétrer jusqu'au vulgaire, dont elles frappaient l'imagination, et les personnes les plus étrangères aux sciences étaient aussi les plus empressées à rechercher le spectacle de ces curieux phénomènes. Des démonstrateurs ambulants allaient de ville en ville, colportant dans tous les pays l'*expérience du choc électrique*, et trouvaient leur bénéfice à cette propagande banale de la nouveauté scientifique. Les princes et les grands, si peu soucieux d'ordinaire de ce genre de faits, en avaient été les premiers témoins ; car c'est dans le palais du roi de France et en présence de toute sa cour que l'on avait vu répéter, pour la première fois, l'expérience de la *chaîne électrique*.

Par quelle série de circonstances, l'étude de l'électricité, languissante jusqu'à cette époque, avait-elle conduit les physiciens à la découverte qui agitait tant d'esprits ? Quels travaux précurseurs l'avaient préparée ou annoncée ? Quelle devait être son influence sur les progrès généraux des sciences ? C'est ce que nous allons exposer, en remontant à l'origine des premiers travaux sur l'électricité, pour suivre jusqu'à des temps voisins de notre époque, la série des découvertes postérieures qui ont révélé dans le fluide électrique tant de propriétés remarquables, et qui, de nos jours, sont devenues la source d'un nombre infini d'applications.

On dit, et l'on répète depuis bien longtemps, que la découverte des premiers phénomènes électriques appartient aux anciens. Ce fait, que l'ambre jaune, après avoir été frotté, attire vivement tous les corps légers et secs, était connu dans l'antiquité. Personne n'ignore que c'est du mot grec ἤλεκτρον (ambre jaune) que la science de l'électricité a tiré son nom. Mais toutes les connaissances des anciens sur l'électricité, se sont réduites à la simple notion de ce fait. Thalès, philosophe grec, qui vivait environ 600 ans avant Jésus-Christ, signala l'existence de ce phénomène dont il donna une explication à la manière antique. Selon ce philosophe, l'ambre était doué d'une âme, et il attirait à soi les corps légers « comme par un souffle (1). »

Venu 600 ans après Thalès, le naturaliste Pline n'en dit pas davantage sur le même sujet : « Quand le frottement a donné à ce corps « *la chaleur et la vie*, il attire les pailles et « les feuilles d'arbre d'un faible poids. » Avant lui, Théophraste, dans son *Traité des pierres précieuses*, s'était borné également, à une simple mention de cette propriété attractive, qu'il avait reconnue, pourtant, à quelques autres corps, tels que le *lyncurium*, substance que l'on croit identique avec notre tourmaline.

Voilà, en ce qui concerne les phénomènes électriques, tout l'héritage que l'antiquité nous a laissé. On avait reconnu le phénomène fort simple, que présente l'ambre frotté; on déclara que l'ambre avait une âme, et tout fut dit (2).

Chez les anciens, la philosophie, l'éducation et les mœurs, éloignaient l'idée des sciences, telles que nous les comprenons aujourd'hui. Il serait donc impossible d'aller placer dans l'antiquité, l'origine de nos connaissances physiques. Au lieu de se consacrer à l'étude, à l'observation de la nature, afin de s'éclairer sur les lois qui régissent l'univers, les anciens préféraient se perdre dans la contemplation de l'idéal. Ils fermaient volontairement les yeux au spectacle admirable du monde extérieur, pour débattre compendieusement des questions abstraites et souvent oiseuses. Quant à observer le plus simple des phénomènes naturels, pour essayer de remonter à sa cause, cette idée ne pouvait se présenter à l'esprit d'un peuple qui allait apprendre, le plus sérieusement du monde, dans les vers de ses poëtes ou de la bouche des personnages du théâtre, que les abeilles naissent du corps putréfié d'un bœuf, et que l'ambre provient de l'incrustation des larmes d'un oiseau de l'Inde, pleurant la mort du roi Méléagre !

L'esprit scientifique ne pouvait pas beaucoup plus facilement prendre naissance et se développer à l'époque du Moyen âge. La scolastique, trônant dans les écoles, courbait toutes les intelligences sous le joug d'Aristote, c'est-à-dire sous l'empire de l'antiquité. Au lieu de porter les esprits vers l'étude des choses, elle renfermait la science entière dans l'étude et le stérile commentaire des mots.

Les principes du christianisme tendaient, dans un certain sens, au même résultat, car le mépris des choses terrestres, prêché par l'Église chrétienne, avait engendré une philosophie qui détournait les hommes de l'étude minutieuse des faits physiques.

---

(1) Diogène Laërce. *Vies des plus illustres philosophes de l'antiquité traduites du grec*. Tome Ier, page 15 (Thalès), in-18, Amsterdam, 1761.

(2) Pour connaître les très-vagues et très-imparfaites connaissances des anciens sur les phénomènes d'attraction qu'exercent certains corps quand ils sont frottés, il faut consulter une collection de mémoires très-érudits de M. Th. H. Martin, doyen de la faculté des lettres de Rennes, publiés en 1866, sous ce titre général : *La foudre, l'électricité et le magnétisme chez les anciens*. Le mémoire sur le *succin* (pages 94-138), et celui sur les *attractions électriques* (pages 138-151), contiennent tous les textes des auteurs anciens qui peuvent être invoqués sur cette question.

Aussi peut-on remarquer que les premières lueurs scientifiques qui, en Europe, apparaissent au milieu des ténèbres de l'ignorance universelle, se lèvent du côté des peuples non chrétiens. Elles arrivent par les Égyptiens, par les Arabes et les Maures d'Espagne. Si, en plein moyen âge, un physicien, le moine Gerbert, ceignit la tiare pontificale; si quelques hommes de génie se révélèrent dans le silence des cloîtres, et apparurent sous le froc de quelques moines studieux, ce ne furent là, pour ainsi dire, que des inconséquences du siècle, et leurs contemporains le firent bien sentir au pape Sylvestre II, à Albert le Grand, à Roger Bacon, à Raymond Lulle, en accusant ces grands hommes du crime de magie, et dénonçant au monde leur pacte secret consenti avec le prince des ténèbres.

On ne sera donc pas surpris de voir la science de l'électricité n'apparaître que dans les dernières années du XVIe siècle.

C'est en Angleterre que la science de l'électricité naquit, vers les dernières années du XVIe siècle. Elle eut pour père Guillaume Gilbert, de Colchester, médecin de la reine Élisabeth d'Angleterre, mort en 1603. Comme, à cette époque, tous les phénomènes de la nature sollicitaient à la fois les recherches, la curiosité des observateurs devait particulièrement se diriger vers les faits qui se distinguaient le plus par leur singularité.

Parmi ces derniers, apparaissait au premier rang, le phénomène de l'attraction du fer par l'aimant.

Guillaume Gilbert publia sous le titre *De arte magneticâ*, un livre, vraiment admirable, où les phénomènes magnétiques sont soumis, pour la première fois, à un examen approfondi. Après les nombreuses expériences qu'il avait faites sur la *pierre d'aimant*, Guillaume Gilbert dut naturellement s'occuper du phénomène d'attraction qui est particulier à l'ambre jaune. Cette substance, quand elle a été frottée, attirant les corps légers à la manière des substances magnétiques, parut à Gilbert une variété d'aimant naturel. L'étude de l'ambre jaune rentrait, d'après cela, dans l'ordre des recherches qu'il avait entreprises.

Quand le médecin de Colchester commença ses expériences sur l'ambre jaune, tout ce que l'on savait encore, c'est que cette substance attirait les corps légers. Seulement, Pline avait annoncé que le jayet jouit de la même propriété. Or, l'ambre jaune était mis alors au nombre des corps les plus précieux; il servait à l'ornement des autels et entrait dans les parures de luxe. Le jayet était aussi considéré comme un objet de prix : on l'employait à faire des miroirs avant l'invention des glaces.

La rareté de ces deux matières fossiles, et leur propriété commune d'attirer les corps légers, avaient fait naître, au Moyen âge, diverses opinions scientifiques, que l'on avait formulées plus ou moins clairement.

Gilbert poursuivant ses études, présuma, avec sagacité, que, quel que fût le prix accordé par les hommes à l'ambre et au jayet, la nature n'avait pas départi exclusivement à ces deux substances, le privilége de l'attraction magnétique. Cette pensée le conduisit à des expériences et à des découvertes, qui jetèrent les premiers fondements de la science de l'électricité.

Dans ses recherches sur l'aimant, Gilbert avait remarqué qu'il faut une moindre force pour mettre en mouvement une aiguille mince et légère, posée en équilibre sur un pivot bien poli, comme l'est, par exemple, l'aiguille aimantée d'une boussole, que pour déplacer et élever d'une seule ligne le même corps, ou un corps beaucoup plus léger. Il mit habilement à profit cette disposition, pour constater le phénomène de l'attraction électrique, dans les substances où elle est trop faible pour se manifester d'une autre manière.

Gilbert prit donc une aiguille, semblable à celle dont on se sert pour les boussoles, et la posa en équilibre sur un pivot. Ainsi soutenue, elle était beaucoup plus mobile que tout corps léger appuyé sur une table ou sur un plan quelconque. Il approchait alors de cette aiguille le corps préalablement frotté, dans lequel il voulait constater la propriété électrique. Pour peu que le corps frotté fût doué de cette vertu, elle devenait immédiatement sensible par le mouvement de l'aiguille (1).

En opérant de cette manière, Gilbert reconnut que la propriété d'attirer les corps légers, après des frictions préalables, n'est pas exclusivement propre à l'ambre et au jayet, mais qu'elle est commune à la plupart des pierres précieuses, telles que le diamant, le saphir, le rubis, l'opale, l'améthyste, l'aigue-marine, le cristal de roche. Il la trouva aussi dans le verre, les bélemnites, le soufre, le mastic, la cire d'Espagne, la résine, l'arsenic, le sel gemme, le talc, l'alun de roche.

Toutes ces matières, quoique avec différents degrés de force, lui parurent attirer, non-seulement les brins de paille, mais tous les corps légers, comme le bois, les feuilles, les métaux en limaille ou en feuille, les pierres, les terres et même les liquides, tels que l'eau et l'huile.

Gilbert a fait encore une foule d'observations de détail, sur les circonstances qui accompagnent l'attraction électrique, dans les substances où il l'avait reconnue.

Ces diverses observations sont éparses sans doute, et le lien qui doit les rattacher ne se montre pas encore; mais l'impulsion était donnée, et la carrière ouverte par ce physicien ne devait pas tarder à se remplir.

Gilbert, qui fut le père de la science électrique, l'avait laissée dans l'enfance. Ce qui arrêtait ses premiers pas, c'était le manque d'un appareil à l'aide duquel elle pût s'exercer et procéder à des investigations précises. A cette science nouvelle il fallait son instrument, il fallait à l'électricité sa machine.

Ce fut l'illustre Otto de Guericke, bourgmestre ou consul de Magdebourg, le même qui a construit la première machine pneumatique et dont nous avons parlé dans les premières pages de ce livre, qui dota la science électrique de sa première machine.

Un simple tube de verre que l'on frottait avec une étoffe de laine, avait suffi à Gilbert pour ses expériences. Otto de Guericke forma avec un globe de soufre, une machine plus commode et plus puissante.

Le soufre est une substance qui s'électrise beaucoup par le frottement. En lui donnant la forme d'une sphère, et disposant cette sphère de soufre de manière à pouvoir lui imprimer un mouvement de rotation rapide, Otto de Guericke obtint une machine propre à servir aux expériences électriques. L'opérateur tournait d'une main la manivelle qui imprimait au globe de soufre son mouvement de rotation; de l'autre main, il tenait un morceau de drap qui servait à opérer le frottement.

Telle est la première machine électrique que la physique ait possédée, comme nous venons de le rappeler. Otto de Guericke est aussi l'inventeur de la machine pneumatique. Ces deux découvertes, d'une importance égale, assurent, dans l'histoire des sciences, une place hors ligne au physicien de Magdebourg.

La figure 223, page 434, représente la machine électrique telle qu'elle se trouve dans l'ouvrage latin d'Otto de Guericke : *Experimenta nova Magdeburgica*.

L'auteur expose dans les termes suivants la manière de se procurer cette machine :

« Prenez une sphère de verre, ou, comme on l'appelle, une fiole de la grosseur d'une tête d'enfant; placez-y du soufre concassé en morceaux dans un mortier, et approchez-la du feu, de manière à faire fondre le soufre. Le tout étant refroidi, cassez le

---

(1) « Faites, dit Guillaume Gilbert, une aiguille de quelque métal que ce soit, de la longueur de deux ou trois pouces, légère et très-mobile sur un pivot, à la manière des aiguilles aimantées; approchez d'une des extrémités de cette aiguille, de l'ambre jaune ou une pierre précieuse légèrement frottée, luisante et polie, l'aiguille se tournera sur-le-champ. » (*De arte magnetica*).

Fig. 222. — Guillaume Gilbert écrivant son traité *De arte magnetica*.

« globe de verre pour en retirer la sphère de soufre,
« que vous conserverez dans un lieu sec; il faut ensuite
« percer ce globe de manière à faire traverser son axe
« d'une tige de fer. Le globe sera alors préparé (1). »

Le phénomène lumineux qui accompagne le frottement du globe de soufre, c'est-à-dire l'étincelle électrique, avait particulièrement occupé le bourgmestre de Magdebourg : c'est là surtout ce qu'il avait pu constater au moyen de la machine élémentaire dont nous venons de donner la description. Mais Otto de Guericke fit en même temps quelques observations qui, plus tard, développées et variées, devaient servir de base à la science de l'électricité.

Le physicien de Magdebourg remarqua, le premier, ce fait capital, qu'un corps léger attiré par le globe de soufre électrisé, dès qu'il a touché ce globe, est aussitôt repoussé.

(1) « Si cuidam placuerit, ille sphæram vitri, quod
« vocant phialam, sumat magnitudine ut caput infan-
« tis; in eam sulphur in mortario contusum injiciat, ac
« igni admotum liquefaciat satis; eoque refrigerato sphæ-
« ram frangat ac globum eximat, locoque sicco non humido
« conservet: si lubeat, illum quoque foramine quodam per-
« foret, ut radio ferreo seu axe quodam circumagi queat :
« atque hoc modo præparatus erit hic globus. » (Otto de Guericke, *Experimenta nova*, lib. quartus, cap. xv, p. 147.)

Il avait reconnu encore, qu'aucun de ces corps légers, ainsi repoussés, ne pouvait être de nouveau attiré par le globe que lorsque le hasard lui avait ménagé le contact d'un corps non électrisé. Enfin, il avait cru observer que les duvets de plume et autres corps légers, en s'éloignant du globe, lui présentaient constamment la même face.

De ces divers faits, dont le dernier ne provenait que d'une observation inexacte, Otto de Guericke tira des conclusions, sans doute, mal fondées, mais qu'il n'est pas sans intérêt de connaître, pour apprécier la hardiesse, l'activité impatiente qui distinguaient le génie de ce physicien.

Dans les phénomènes successifs de l'attraction et de la répulsion que le globe de soufre électrisé exerçait sur les corps légers placés dans son voisinage, Otto de Guericke crut voir une imitation parfaite des attractions et des répulsions que le globe terrestre exerce sur les corps situés dans sa sphère d'action. Il pensait que la même cause détermine les plumes repoussées par le globe à lui présenter constamment la même face, et la lune à montrer toujours le même hémisphère à la terre.

L'analogie entre les attractions électriques et les attractions planétaires était inexacte,

Fig. 223. — Machine électrique d'Otto de Guericke.

car l'attraction planétaire est proportionnelle à la masse des corps, tandis que l'attraction électrique n'est proportionnelle qu'à leur surface. Mais si le rapprochement hardi essayé par le physicien de Magdebourg, était inadmissible, le fait de la répulsion des corps après leur attraction, par le corps électrisé, était certain. L'explication fut mise de côté, et le fait demeura acquis à la science pour recevoir bientôt son éclaircissement théorique.

La machine du consul de Magdebourg ne donnait que de bien faibles manifestations électriques. Les étincelles étaient si peu visibles que leur clarté surpassait à peine l'espèce de lueur phosphorescente qu'émet le sucre frappé ou cassé dans l'obscurité. Pour apercevoir cette faible lueur, il fallait frotter le globe dans un lieu obscur, et pour entendre le bruit et le pétillement de l'étincelle, tenir l'oreille tout près du globe. Un physicien anglais, nommé Hauksbee, qui écrivait en 1709, obtint des effets électriques beaucoup plus considérables, en remplaçant le globe de soufre d'Otto de Guericke, par un cylindre de verre, auquel il imprimait mécaniquement un mouvement de rotation pendant qu'on le frottait avec la main.

Ainsi modifiée, la machine électrique présente la figure suivante, que nous empruntons à l'ouvrage de Hauksbee (fig. 225).

Cette machine constituait un grand perfectionnement sur celle d'Otto de Guericke. Elle permit d'observer de curieux phénomènes. Remarquons néanmoins, que, dans les expériences dont il nous a transmis le récit, Hauksbee ne nous parle des effets de sa machine, que sous le rapport de la production de la lumière. Il s'était surtout proposé de répéter et d'étendre les expériences faites précédemment par Robert Boyle, qui avait reproduit, sans y ajouter beaucoup, les observations d'Otto de Guericke sur les effets lumineux du globe électrisé. Hauksbee s'occupa donc particulièrement d'observer les

MACHINE ÉLECTRIQUE.

Fig. 224. — Expériences d'Otto de Guericke.

diverses manifestations de la lumière électrique quand on excitait l'étincelle dans l'air, dans le vide ou dans différents milieux.

La machine électrique de Hauksbee, se compose, comme on le voit, de deux cylindres de verre rentrant l'un dans l'autre, et que l'on peut mettre en mouvement, séparément ou à la fois, à l'aide d'une roue mue par une manivelle. Le cylindre intérieur était pourvu d'un robinet, parce qu'on le plaçait préalablement sur la machine pneumatique, afin d'aspirer l'air contenu dans son intérieur, quand on voulait observer les effets de l'étincelle électrique excitée dans le vide.

La citation suivante donnera une idée juste de l'objet et du but des expériences entreprises par Hauksbee avec cet appareil, la première machine électrique proprement dite, que la science ait possédée.

M. de Brémont, de l'Académie des sciences, s'exprime comme il suit, à propos des expériences d'Hauksbee sur l'électricité, dans le *Discours historique et raisonné* qu'il a mis en tête de la traduction des œuvres de ce physicien :

Fig. 225. — Première machine électrique de Hauksbee.

« C'est à M. Hauksbee que nous sommes redevables de la première application des globes ou des cylindres de verre, aux expériences électriques. A peine avant lui savait-on d'une manière bien décidée que le verre fût un corps électrique. Les académiciens de Florence le relèguent parmi les corps dont la vertu s'annonce par des effets peu sensibles. Quoiqu'il n'ait pas tiré un meilleur parti du globe que du tube qui nous vient du même physicien, cependant les expériences qu'il a faites par son secours avaient ouvert avantageusement la route, et ses succès en annonçaient de plus brillants encore. Mais MM. Grey et Dufay abandonnèrent trop légèrement le globe pour se borner au tube. C'est de nos jours, que les physiciens d'Allemagne l'ont repris ; ils en ont augmenté et multiplié considérablement les effets.

« Avec cet appareil que nous venons de décrire, M. Hauksbee fit des découvertes très-intéressantes. Lorsqu'il appliquait sa main sur le récipient extérieur, tandis qu'il avait reçu un mouvement rapide, la lumière exprimée par le frottement s'élançait par des ramifications surprenantes sur la surface du récipient intérieur. Elle avait plus d'éclat et de force lorsque le mouvement était imprimé aux deux récipients en même temps ; soit que ce fût du même sens, soit que ce fût en sens contraire, soit que l'un des deux fût plein ou vide d'air. Lorsque les deux récipients, après avoir été frottés quelque temps, étaient en repos, et qu'on approchait la main du verre extérieur, des éclats de lumière se répandaient sur la surface du récipient intérieur.

L'appareil fut changé : on ajusta sur la machine de rotation un globe épuisé d'air ; et auprès de ce premier globe, sur une semblable machine, à la distance d'un peu moins d'un pouce, on fixa un autre globe plein d'air. Dès qu'on eut communiqué le mouvement à ces deux globes, et appliqué la main sur celui qui était plein d'air, les émanations lumineuses excitées par le frottement se portèrent sur le globe en mouvement, vide d'air, et qui n'avait reçu aucun frottement. M. Hauksbee remarqua que le mouvement du globe non frotté était une circonstance favorable, et même, jusqu'à un certain point, nécessaire pour que la lumière parût se répandre dans l'hémisphère, qui touchait presque le globe frotté. Cependant il vint à bout d'exciter des traits éclatants dans un vaisseau de verre, dont l'air avait été pompé, lorsqu'il le présentait à quelque distance du globe frotté et en mouvement. Alors il paraissait que la lumière électrique, en se propageant dans les globes vides d'air, s'y enflammait par le choc de ses propres parties.

Un globe vide d'air, adapté sur la machine de rotation, devint très-lumineux dans l'intérieur, lorsqu'on appliqua la main sur la surface extérieure et qu'on lui communiqua un mouvement rapide ; mais à mesure qu'on remplissait d'air la capacité du globe, en tournant un robinet pratiqué, comme nous l'avons vu, dans un des pivots, l'intensité de la lumière s'altérait de plus en plus. M. Hauksbee remarqua avec beaucoup de sagacité que la différence des nuances de la lumière, dans le vaisseau plein d'air et vide d'air, était la même que celle qu'il avait observée entre les lumières produites par le mercure quand il le secouait dans un ballon vide d'air ou plein d'air.

« L'air étant rentré dans le globe, des taches lumineuses, sans un éclat bien vif, s'attachaient aux doigts des observateurs, ou s'élançaient à un pouce de distance sur une bande de mousseline effilée par une de ses extrémités. A mesure qu'on faisait rentrer l'air, les faisceaux des ramifications, qui paraissaient dans l'intérieur, étaient plus déliés et prenaient mille formes différentes : au lieu que dans le vide ces rayons étaient plus uniformes et moins éparpillés. On aperçoit aisément la cause de ces effets. »

S'Gravesande dans ses *Éléments de physique* et Priestley, dans son *Histoire de l'électricité*, donnent la description et la figure d'une machine électrique construite, disent les auteurs, sur le modèle de celle d'Hauksbee. Cet appareil se compose d'un globe de cristal, monté sur deux douilles de cuivre. Une large roue imprime un mouvement de rotation très-rapide au globe de cristal, que l'on frotte au moyen de la main appuyée contre sa surface. Le globe de cristal est monté sur une table de bois, à la hauteur de la main de l'opérateur.

La figure 226 représente cette machine électrique d'Hauksbee, d'après l'ouvrage de S'Gravesande (1).

Il est bien à regretter que la machine imaginée par Hauksbée ait été abandonnée après lui. Soit que le savant anglais n'eût pas suffisamment insisté sur les avantages qu'il devait offrir pour l'étude des phénomènes électriques, soit qu'on le trouvât embarrassant ou difficile à transporter, cet excellent appareil ne fut pas adopté par les physiciens, qui continuèrent de se servir, comme l'avait fait Gilbert, d'un simple tube tenu à la main et frotté avec un morceau d'étoffe de laine. Ce fut là une circonstance fâcheuse pour les progrès de l'électricité. Si la machine de Hauksbee était devenue alors d'un emploi général, elle aurait bientôt conduit à beau-

(1) *Éléments de physique démontrés mathématiquement et confirmés par des expériences, ou Introduction à la philosophie newtonienne*, ouvrage traduit du latin de Guillaume Jacob S'Gravesande. In-4. Leyde, 1746, t. II, p. 87.

MACHINE ÉLECTRIQUE.

coup d'observations importantes, que l'on ne fit que trente années plus tard, lorsqu'on reprit cet appareil, à l'instigation et d'après l'exemple des physiciens allemands.

Fig. 226. — Deuxième machine électrique de Hauksbee.

CHAPITRE II

DÉCOUVERTE DU TRANSPORT DE L'ÉLECTRICITÉ A DISTANCE. — EXPÉRIENCES DE GREY ET WEHLER. — DÉCOUVERTE DE LA CONDUCTIBILITÉ DES CORPS POUR L'ÉLECTRICITÉ ET DISTINCTION DES CORPS EN ÉLECTRIQUES ET NON ÉLECTRIQUES.

Tout le monde connaît aujourd'hui la vitesse prodigieuse avec laquelle le fluide électrique se transmet d'un point à un autre: personne n'ignore, grâce au télégraphe électrique, que ce fluide franchit les plus énormes distances avec la rapidité de la pensée. Mais tout le monde ne sait pas que cette étonnante propriété fut découverte, au siècle dernier, à la suite d'un simple hasard d'expérience.

Deux physiciens anglais, Grey et Wehler, eurent les honneurs de cette découverte, qui conduisit presque aussitôt à une autre observation, tout aussi importante, c'est-à-dire à la distinction des corps en conducteurs et non conducteurs de l'électricité, ou si l'on veut, en *corps électrisables* et *non électrisables* par le frottement.

L'instrument qui servait, en 1729, aux expériences sur l'électricité, était, comme nous l'avons dit plus haut, un simple tube de verre, que l'on tenait d'une main, pendant qu'on le frottait, de l'autre main, avec un morceau de drap. Voulant procéder à quelques expériences électriques, Étienne Grey s'était procuré un tube de verre de trois pieds et demi de long et d'un pouce un quart de diamètre, ouvert à ses deux extrémités. Afin d'empêcher l'introduction de la poussière dans l'intérieur de ce tube, il l'avait fermé à ses deux extrémités, avec deux bouchons de liége.

Grey voulut d'abord s'assurer si les phénomènes électriques resteraient les mêmes selon que ce tube serait ouvert ou fermé. En frottant le tube alternativement ouvert ou fermé, notre expérimentateur ne put constater aucune différence dans l'intensité de l'attraction exercée sur les corps légers.

C'est dans le cours de ce petit essai, que Grey observa le fait qui le mit sur la voie de sa découverte. Il s'aperçut qu'un duvet de plume, qui se trouvait par hasard dans le voisinage du tube électrisé, fermé par ses bouchons, courut vers l'un des bouchons, qui l'attira et le repoussa ensuite, absolument comme faisait le tube lui-même.

Ainsi, l'électricité s'était transmise du tube au bouchon, c'est-à-dire du verre au liége, et la vertu électrique se communiquait au bouchon de liége, par son contact avec le tube électrisé.

Cette observation fut pour Étienne Grey un trait de lumière. Généralisant le fait, il comprit que l'électricité pouvait, comme la chaleur, se communiquer d'un corps à l'autre, par le simple contact. Pour vérifier cette conjecture, il se mit aussitôt en devoir de rechercher si des substances autres que le liége, pourraient acquérir aussi l'attraction électrique, par leur contact avec le tube de verre électrisé.

Grey prit donc une baguette de bois de sapin, longue de quatre pouces, et il fixa à l'une de ses extrémités une petite boule d'ivoire. L'autre extrémité de la baguette fut enfoncée dans le bouchon de liége qui servait à fermer le tube.

Le petit appareil ainsi disposé, Grey frotta le tube de verre, et approcha quelques corps légers de l'extrémité de la baguette de sapin : les petits corps furent aussitôt vigoureusement attirés. L'électricité s'était donc transmise du verre au bouchon de liége, et du bouchon de liége à la baguette de sapin.

Ravi de ce résultat, Grey s'empressa de substituer à sa baguette de sapin de quatre pouces seulement de long, des baguettes plus longues, qui produisirent le même effet.

Des fils de cuivre, de petites tiges de fer, plantés dans le même bouchon, et mis de cette manière, en communication avec le tube électrisé, remplacèrent ensuite les baguettes de bois, et transmirent tout aussi bien le fluide électrique.

Notre physicien voulut alors continuer l'expérience avec des tiges d'une plus grande longueur. Il se procura donc de minces et longs roseaux qui atteignaient d'un bout à l'autre de l'appartement où il se trouvait. Malgré la longueur de ces roseaux, le fluide se transporta à leur extrémité, et l'attraction électrique se montra tout aussi prononcée qu'auparavant.

L'expérience, comme on le voit, prenait beaucoup d'intérêt. Grey voulut la pousser aussi loin que possible. Limité par l'étendue de son appartement, il prit le parti de suspendre ses roseaux du haut du balcon de sa fenêtre, jusque dans la cour.

Il attacha donc à son tube de verre une petite corde de chanvre, qui servit à suspendre de longs roseaux placés bout à bout. Il termina l'extrémité du dernier roseau par une petite boule d'ivoire, et se plaça sur le balcon du premier étage de sa maison, à une hauteur de vingt-six pieds au-dessus du pavé. Il frotta vivement son tube de verre ; et la personne qui se tenait dans la cour, pour présenter les corps légers à la petite boule d'ivoire terminant ce long système, constata que la boule d'ivoire attirait les corps légers avec énergie.

Grey monta alors, du premier étage, au second : les phénomènes furent encore les mêmes.

Il se plaça enfin sur les toits de la maison, l'extrémité inférieure des roseaux descendant jusqu'au sol, sans toucher au mur. L'attraction électrique persista toujours.

On n'avait pas encore inventé les ballons aérostatiques ; il est probable, sans cela, que notre physicien se serait élevé dans les airs, afin de continuer, dans les limites les plus étendues, une expérience dont le succès le remplissait de joie.

Il y avait pourtant une manière de pousser plus loin le même essai, sans être obligé de s'élever en ligne perpendiculaire. Il suffisait de replier le conducteur plusieurs fois sur lui-même, dans l'intérieur de l'appartement. C'est ce que fit Étienne Grey. Il attacha à son tube de verre une longue corde de chanvre, et pour la soutenir en l'air, il tendit horizontalement des ficelles qui furent attachées à des clous plantés dans les deux faces opposées du mur. Ces ficelles donnaient un appui suffisant à la corde de chanvre qui devait servir de conducteur électrique ; avec un certain nombre de ces ficelles, on pouvait soutenir en l'air une corde assez pesante, et même, si on le voulait, la replier deux ou trois fois sur elle-même dans l'intérieur de l'appartement.

Les choses ainsi disposées, Grey frotta le

tube de verre, pour y développer la vertu électrique, et il s'empressa de reconnaître si l'extrémité de la corde attirait les corps légers, comme il l'avait observé précédemment avec ses roseaux tendus du haut du balcon.

Mais, ô surprise ! aucun phénomène électrique ne se manifesta : les corps légers ne furent point attirés. Ainsi l'électricité ne se transmettait point jusqu'à l'extrémité du conducteur soutenu de cette façon ; elle se perdait par les ficelles qui supportaient la corde (1).

Ce dernier résultat donna beaucoup à réfléchir à notre expérimentateur. Il eut heureusement le bon esprit de ne pas imaginer de théorie pour se tirer d'embarras, et résolut d'aller conférer de cette difficulté avec un sien ami, nommé Wehler, physicien de mérite, et spécialement versé dans les expériences électriques.

Le 30 juin 1729, Grey alla donc trouver Wehler.

Il commença à répéter avec son ami toutes ses expériences, qui réussirent parfaitement. Du sommet des toits de la maison de Wehler, une corde de chanvre, attachée à un tube de verre électrisé, attira très-bien les corps légers par son extrémité pendante au-dessus du sol. Mais quand on la disposait horizontalement, sur des ficelles de chanvre fixées par des clous contre le mur de l'appartement, tout effet électrique disparaissait.

Au moment de répéter une fois de plus cette dernière expérience, Grey proposa à son ami de remplacer par un cordonnet de soie, la ficelle de chanvre qui servait à soutenir la corde. Le motif qui le guidait dans cette substitution était d'ailleurs fort simple. La corde qu'il s'agissait de soutenir était très-lourde, car elle n'avait pas moins de quatre-vingts pieds de longueur. Grey, présumant que de simples ficelles ne supporteraient pas un tel poids, voulait leur substituer un cordon de soie, en raison de la plus grande solidité de cette matière. Ce fut l'emploi de ce cordon de soie, choisi par une circonstance bien fortuite, qui amena l'importante découverte de la distinction des corps en *conducteurs* et *non conducteurs de l'électricité*.

Le 2 juillet 1729, Grey et Wehler procédèrent ensemble à cette expérience. Ils opéraient dans une longue galerie, tapissée de nattes. On tendit au milieu et au travers de cette galerie, un cordonnet de soie, sur lequel on fit porter une corde de chanvre, de quatre-vingts pieds de longueur. L'une des extrémités de cette corde venait s'attacher au tube de verre ; l'autre extrémité, qui atteignait au bout de la galerie, se terminait par une petite boule d'ivoire.

Tout se trouvant ainsi disposé, Grey frotta le tube de verre, pendant que Wehler approchait de l'extrémité libre de la corde de chanvre quelques menus corps, tels que des plumes ou de minces feuilles de métal. Les corps légers furent vivement attirés.

Ainsi l'électricité se transmettait d'un bout à l'autre de la corde, et la même expérience, qui avait échoué quand on supportait la corde au moyen de ficelles de chanvre, réussissait parfaitement quand on remplaçait ces dernières par un cordon de soie.

Assez surpris d'un résultat si contraire à celui qu'ils avaient observé la veille, nos deux physiciens s'empressèrent de varier cette expérience, et de lui donner toute l'extension possible.

La galerie dans laquelle on se trouvait ne permettait pas d'opérer sur une plus grande longueur en ligne droite. On ramena donc la corde sur elle-même, en lui faisant parcourir deux fois la galerie, c'est-à-dire une étendue

---

(1) Le lecteur s'explique facilement les résultats obtenus par Grey dans ces deux expériences. Dans la première, la corde de chanvre étant attachée au tube de verre et ne touchant ni le sol ni les murs de l'appartement, se trouvait *isolée* par le manche de verre auquel elle était fixée. L'électricité transmise à la corde ainsi isolée devait donc s'y maintenir. Mais quand la corde était placée sur des ficelles tendues au travers de l'appartement, l'électricité pouvait s'échapper dans le sol par l'intermédiaire de ces supports et des clous fixés dans le mur.

de cent quarante-sept pieds. L'expérience réussit encore très-bien.

On se transporta ensuite dans une grange, pour répéter le même essai sans replier la corde sur elle-même. On tendit en ligne droite une corde de cent vingt-quatre pieds de long, supportée par un cordon de soie placé transversalement : le fluide électrique se transporta parfaitement d'un bout à l'autre de ce long conducteur.

Le lendemain, 3 juillet, Grey et Wehler se disposèrent à répéter ces expériences, dans la même grange, en repliant une ou deux fois la corde de manière à doubler ou à tripler sa longueur. Mais un accident vint les contrarier. Le cordonnet de soie qui supportait cette longue corde se rompit. N'ayant pas en ce moment sous la main de cordonnet de soie plus fort, Wehler, qui ne considérait toujours dans ce support que le plus ou le moins de solidité qu'il pouvait offrir, va prendre un gros fil de laiton, et remplace par ce fil métallique, le cordon de soie qui s'était rompu. L'expérience est alors reprise.

Mais, résultat inattendu ! l'expérience échoue complétement. Le fluide électrique cessa d'être transporté à l'extrémité de la corde ; les corps légers n'étaient plus attirés.

Ainsi l'électricité se perdait par le fil de laiton servant de support, comme il s'était perdu par les ficelles de chanvre et les clous, dans la première expérience de Grey.

Le chanvre et les métaux offraient donc un passage facile au fluide électrique, tandis que la soie mettait obstacle à sa propagation.

Nos expérimentateurs, en effet, ne furent pas longs à se convaincre que c'était bien la nature de la soie, et non toute autre circonstance, qui empêchait la perte de l'électricité. Un fil métallique, quelle que fût sa grosseur, laissait toujours écouler le fluide électrique, tandis qu'un cordonnet de soie, quelque mince qu'il fût, le retenait toujours.

Poursuivant les mêmes recherches, Grey et Wehler reconnurent que le verre, la résine, le soufre, le diamant, les huiles, les oxydes métalliques, etc., ne livrent point passage à l'électricité, tandis que les métaux, les liqueurs acides ou alcalines, l'eau, le corps des animaux, etc., lui offrent une circulation facile. Il fut ainsi reconnu que les corps dans lesquels le frottement développe de l'électricité, sont mauvais conducteurs de ce fluide ; tandis que ceux qui ne s'électrisent pas par ce moyen sont bons conducteurs. Les physiciens comprirent dès lors, que si les corps bons conducteurs ne s'électrisent point par le frottement, cela tient à ce que le fluide électrique, à mesure qu'il est dégagé par le frottement, s'écoule immédiatement dans le sol, en raison de la conductibilité de ces mêmes corps.

Voilà par quelle suite de hasards singuliers Grey fut amené à découvrir le fait du transport à distance de l'électricité, et comment bientôt après, Grey et Wehler reconnurent que tous les corps peuvent être distingués en *électriques* et *non électriques*, c'est-à-dire en mauvais conducteurs et bons conducteurs. Ces observations marquèrent les premiers pas importants faits par la science de l'électricité.

Une remarque à faire en ce qui concerne le transport du fluide électrique découvert par Grey et Wehler, c'est que ces deux physiciens ne poussèrent pas cette importante observation aussi loin qu'il leur était permis et qu'il était facile de le faire. Grey et Wehler n'allèrent pas jusqu'à reconnaître ce grand fait, que le transport de l'électricité à distance n'admet aucunes limites. Ils annoncèrent avoir transporté les effets électriques jusqu'à sept cent soixante-cinq pieds, et ils n'allèrent pas plus loin.

Otto de Guericke avait vu l'électricité franchir seulement la longueur d'une aune ; Grey et Wehler constatèrent sa propagation jusqu'à sept cent soixante-cinq pieds. Il fallait de nouvelles expériences pour constater que le transport de l'électricité n'admet point de limites. Telle est la marche

Fig. 227. — Le 2 juillet 1729, Grey et Wehler découvrent la propagation de l'électricité le long des corps conducteurs (page 439).

lente et progressive de l'esprit humain dans la recherche des vérités physiques. Il ne s'élève que par degrés à la connaissance des grandes lois de la nature, et le complément d'une découverte qui nous apparaît d'une réalisation facile, exige quelquefois des siècles pour s'accomplir.

Étienne Grey, l'auteur des belles expériences que nous venons d'exposer, s'était fait remarquer par des observations moins importantes sans doute, mais qui avaient pourtant leur degré d'utilité. Il fit plusieurs remarques particulières, qui offrent aujourd'hui peu d'intérêt, parce qu'elles sont devenues banales, elles qui avaient une véritable valeur à l'origine de la science, lorsqu'on ignorait les moyens de développer l'électricité dans les corps animés et dans les liquides.

Grey fit le premier l'expérience de la bulle d'eau de savon électrisée par l'intermédiaire d'une pipe à fumer et attirant à elle des corps légers à la distance de quatre pouces (1). Il multiplia beaucoup les expériences sur l'élec-

(1) *Philosophical Transactions*, vol. II, p. 19 (abridg.).

trisation des liquides. Il fit voir qu'une goutte d'eau, électrisée et isolée sur un plateau de verre, attire et repousse ensuite les corps légers qu'on lui présente ; et qu'une masse liquide, telle que du mercure ou de l'eau, se soulève, sous la forme d'un cône, quand on en approche un gros tube de verre électrisé (1).

Il découvrit encore que le corps de l'homme peut s'électriser. Il prouvait ce dernier fait en plaçant, sur un gâteau de résine, destiné à l'isoler, un enfant, qu'il mettait en communication avec un tube de verre électrisé.

Il eut aussi l'idée de suspendre un enfant sur des cordons de crin dans une position horizontale, et constata que, lorsqu'il avait mis en contact avec l'enfant son tube de verre frotté, la tête et les pieds attiraient les corps légers (2).

Après avoir énuméré les découvertes d'Étienne Grey, notons une opinion de cet observateur, erronée sans nul doute, mais bien digne d'être signalée par son analogie avec les vues qu'avait précédemment émises sur le même sujet, Otto de Guericke.

Grey avait cru reconnaître que les corps légers suspendus par un fil et attirés par l'action électrique, exécutent leur révolution d'occident en orient, dans des ellipses dont il détermina les foyers. Il s'était flatté de parvenir, par cette analogie de mouvement, à dévoiler le mécanisme du système de l'univers et l'essence de l'attraction planétaire. Cette pensée le suivit jusqu'au tombeau. Il la communiqua, la veille de sa mort, au secrétaire de la *Société royale* de Londres, le docteur Mortimer, à qui il laissa le plan des expériences à exécuter pour la confirmer.

Voulant se convaincre par lui-même de l'existence du phénomène, Mortimer exécuta les expériences, et partagea l'erreur de son ami. Il fallut, pour la détruire, que Wehler, répétant les mêmes essais, en présence des

(1) *Philosophical Transactions*, vol. VII, p. 23 (abridg.).
(2) *Ibid.*, vol. VII, p. 20 (abridg.).

membres de la *Société royale* de Londres, et dans le lieu consacré à ses séances, obtint un résultat différent de celui que Mortimer avait annoncé.

L'erreur dans laquelle Grey et Mortimer étaient tombés avait sa source dans le même phénomène physico-mental qui rend compte des effets du *pendule explorateur* et des *tables tournantes*. C'est le désir secret, chez l'opérateur, de produire le mouvement d'occident en orient, dans les corps électrisés, qui avait provoqué les corps suspendus, à se mouvoir suivant cette direction, au moyen d'une impulsion légère, et d'ailleurs tout à fait involontaire, donnée par la main qui tenait le corps suspendu.

Ce qui prouve la vérité de notre explication, c'est que Grey recommande, comme condition indispensable au succès de l'expérience, de faire soutenir le fil, non par un point fixe quelconque, mais par l'expérimentateur lui-même. Les phénomènes qu'il décrit ne se reproduisaient plus quand on remplaçait la main de l'expérimentateur par un support matériel.

Dans son *Histoire de l'électricité*, Priestley donne, à propos des faits qui précèdent, les détails intéressants qui vont suivre.

« La plus grande erreur que M. Grey paraît avoir adoptée, dit Priestley, fut occasionnée par des expériences qu'il fit avec des balles de fer, pour observer la révolution des corps légers autour d'elles. L'article qui regarde ces expériences étant le dernier que M. Grey ait écrit, je le rapporterai tout au long, comme une chose curieuse :

« J'ai fait dernièrement, dit Grey, plusieurs expé-
« riences nouvelles sur le mouvement projectile et
« d'oscillation des petits corps par l'électricité, au
« moyen desquelles on peut faire mouvoir de petits
« corps autour des grands, soit en cercles ou en el-
« lipses, qui seront concentriques ou excentriques
« au centre du plus grand corps, autour duquel ils
« se meuvent, de façon qu'ils fassent plusieurs révo-
« lutions autour d'eux. Ce mouvement se fera con-
« stamment du même sens que celui dans lequel les
« planètes se meuvent autour du soleil, c'est-à-dire
« de droite à gauche ou d'occident en orient ; mais
« ces petites planètes, si je puis les nommer ainsi, se
« meuvent beaucoup plus vite dans les parties de

« l'apogée, que dans celles du périgée de leurs or-
« bites ; ce qui est directement contraire au mouve-
« ment des planètes autour du soleil. »

« M. Grey n'a songé à ces expériences que fort peu de temps avant sa dernière maladie, et n'a pu les achever ; mais, la veille de sa mort, il fit part des progrès qu'il avait déjà faits au docteur Mortimer, alors secrétaire à la Société royale. Il dit que, chaque fois qu'il les répétait, elles lui causaient une nouvelle surprise, et qu'il espérait, si Dieu lui conservait encore la vie quelque temps, pouvoir, d'après ce que promettaient ces phénomènes, porter ses expériences électriques à la plus grande perfection. Il ne doutait pas qu'il ne fût en état, dans fort peu de temps, d'étonner le monde avec une nouvelle sorte de planétaire, auquel on n'avait jamais pensé jusqu'alors, et que d'après ces expériences il pourrait établir une théorie certaine pour expliquer les mouvements des corps célestes. Ces expériences, toutes trompeuses qu'elles sont, méritent d'être rapportées, ainsi que celles que l'on fit en conséquence après la mort de M. Grey. Je les rapporterai, dans les propres termes de M. Grey, telles qu'il les donna à M. Mortimer au lit de la mort.

« Placez, dit-il, un petit globe de fer d'un pouce
« ou un pouce et demi de diamètre, faiblement élec-
« trisé, sur le milieu d'un gâteau circulaire de ré-
« sine, de sept ou huit pouces de diamètre, et alors
« un corps léger suspendu par un fil très-fin, de cinq
« ou six pouces de long, tenu dans la main au-des-
« sus du centre de la table, commencera de lui-
« même à se mouvoir en cercle autour du globe de
« fer, et constamment d'occident en orient. Si le
« globe est placé à quelque distance du centre du
« gâteau circulaire, le petit corps décrira une el-
« lipse qui aura pour excentricité la distance du
« globe au centre du gâteau.

« Si le gâteau de résine est d'une forme elliptique
« et que le globe de fer soit placé à son centre, le
« corps léger décrira une orbite elliptique de la
« même excentricité que celle de la forme du gâteau.

« Si le globe de fer est placé auprès ou dans un
« des foyers du gâteau elliptique, le corps léger aura
« un mouvement beaucoup plus rapide dans l'apo-
« gée que dans le périgée de son orbite.

« Si le globe de fer est fixé sur un piédestal, à un
« pouce de la table, et que l'on place autour de lui
« un cercle de verre, ou une portion de cylindre de
« verre creux électrisé, le corps léger se mouvra
« comme dans les circonstances ci-dessus et avec les
« mêmes variétés. »

« Il dit, de plus, que le corps léger ferait les mêmes révolutions, mais seulement plus petites, autour du globe de fer placé sur la table nue, sans aucun corps électrique pour le soutenir ; mais il avoue qu'il n'a pas trouvé que l'expérience réussit, quand le fil était soutenu par autre chose que la main, quoiqu'il imagine qu'elle aurait réussi, s'il eût été soutenu par quelque substance animale vivante ou morte.

« M. Grey continua de faire part à M. Mortimer d'autres expériences encore plus erronées que je me dispenserai de citer par égard pour sa mémoire. Que les chimères de ce grand électricien apprennent à ceux qui le suivent dans la même carrière, qu'il faut être bien circonspect dans les conséquences que l'on tire. Il ne faut pourtant pas que l'exemple décourage personne d'essayer ce qui pourrait ne pas paraître probable ; mais il doit engager du moins à différer la publication des découvertes, jusqu'à ce qu'elles aient été bien confirmées, et que les expériences aient été faites en présence d'autres personnes. Dans des expériences délicates une imagination forte influera beaucoup même sur les sens extérieurs ; nous en verrons des exemples fréquents dans le cours de cette histoire.

« Le docteur Mortimer semble avoir été trompé lui-même par ces expériences de M. Grey ; il dit qu'en les essayant après sa mort, il trouva que le corps léger faisait des révolutions autour des corps de différentes figures et de différentes substances, aussi bien qu'autour du globe de fer, et qu'il avait récemment essayé l'expérience avec un globe de marbre noir, une écritoire d'argent, un petit copeau de bois et un gros bouchon de liège.

« Ces expériences de M. Grey furent essayées par M. Wehler et d'autres personnes, dans la maison où s'assemble la Société royale, et avec une grande variété de circonstances ; mais on ne put tirer aucune conséquence de ce qu'ils observèrent pour lors. M. Wehler, se donnant lui-même bien des peines pour les vérifier, eut des résultats différents ; et à la fin, il dit que son opinion était que, le désir de produire le mouvement d'occident en orient était la cause secrète qui avait déterminé le corps suspendu à se mouvoir dans cette direction, au moyen de quelque impression qui venait de la main de M. Grey, aussi bien que de la sienne, quoiqu'il ne se fût point aperçu lui-même qu'il donnât aucun mouvement à sa main. »

CHAPITRE III

TRAVAUX DE DUFAY. — PREMIÈRE ÉTINCELLE ÉLECTRIQUE TIRÉE DU CORPS DE L'HOMME. — EXPÉRIENCES DES PHYSICIENS ALLEMANDS. — PERFECTIONNEMENT ET FORMES DIVERSES DE LA MACHINE ÉLECTRIQUE : MACHINE DE BOZE, DE HAÜSEN, DE WINCKLER, DE WATSON, ETC. — MACHINE DE L'ABBÉ NOLLET EN FRANCE. — INFLAMMATION DES SUBSTANCES COMBUSTIBLES PAR L'ÉTINCELLE ÉLECTRIQUE.

L'Angleterre seule avait encore été le théâtre d'expériences importantes sur l'électricité. Les physiciens français entrèrent plus tardivement dans cette carrière ; mais leurs premiers essais furent marqués de ce caractère de généralisation et de méthode qui distingue l'esprit scientifique de notre nation.

Les faits observés jusque-là étaient nombreux, mais leur multiplicité même portait la confusion dans la science naissante. Un système général d'explications pour l'ensemble des phénomènes électriques, fut bientôt imaginé en France. Cette théorie remplissait si heureusement son objet, qu'elle a suffi jusqu'à notre époque, pour l'explication et la systématisation des phénomènes électriques.

C'est à Dufay, naturaliste et physicien, membre de l'Académie des sciences, intendant du jardin du Roi, et prédécesseur de Buffon dans cette charge, qu'appartient l'idée de cette théorie.

Depuis l'année 1733 jusqu'en 1735, Dufay publia une série de mémoires sur l'électricité. Il prouva que tous les corps, sans exception, peuvent s'électriser par le frottement, à la condition d'être tenus par un manche de verre ou de résine, c'est-à-dire *isolés*.

Ce résultat général effaçait la distinction que Grey avait établie entre les corps électrisables et les corps non électrisables par le frottement. Bien que mal fondée, cette distinction avait simplifié les faits et jeté sur les phénomènes déjà connus une clarté incontestable. Après avoir rendu un service réel et joué son rôle dans la science, cette théorie, devenue inutile, fut donc supprimée, comme il arrive si souvent dans toutes les branches de nos connaissances positives en voie de création ou de perfectionnement.

Dufay démontra encore, que la conductibilité des substances organiques tient à la présence de l'eau, qu'elles renferment toujours. Il fit voir, par exemple, que, dans la célèbre expérience de Grey et Wehler dont nous avons rapporté les détails, la conductibilité des substances organiques employées par ces expérimentateurs, c'est-à-dire des baguettes de bois, des roseaux et des cordes de chanvre, provenait d'une petite quantité d'humidité que retiennent toujours ces matières. En effet, en mouillant une corde de chanvre, il augmenta considérablement sa conductibilité. En répétant avec une corde mouillée, l'expérience de Grey et Wehler, il transmit les effets électriques jusqu'à une distance de douze cents pieds.

Le principal titre de gloire de Dufay fut la découverte d'un grand principe théorique qu'il posa pour expliquer l'ensemble des actions électriques. Ces règles importantes, le physicien français les dut moins à ses propres expériences qu'à la sagacité avec laquelle il sut généraliser les observations de ses prédécesseurs. La loi qu'il en fit sortir exerça la plus haute influence sur les progrès ultérieurs de la science.

Dufay expose lui-même en ces termes la théorie dont il proposa l'adoption.

« J'ai découvert, nous dit-il dans un de ses mémoires, un principe fort simple qui explique une grande partie des irrégularités, et, si je puis me servir du terme, des caprices qui semblent accompagner la plupart des expériences en électricité.

« Ce principe est que les corps électriques attirent tous ceux qui ne le sont pas, et les repoussent sitôt qu'ils sont devenus électriques par le voisinage ou par le contact de corps électriques. Ainsi la feuille d'or est d'abord attirée par le tube, acquiert de l'électricité en en approchant, et conséquemment en est aussitôt repoussée ; elle ne l'est point de nouveau tant qu'elle conserve sa qualité électrique ; mais si, tandis qu'elle est ainsi soutenue en l'air, il arrive qu'elle touche quelque autre corps, elle perd à l'instant son électricité, et conséquemment est attirée de nouveau par le tube, lequel, après lui avoir donné une nouvelle électricité, la repousse une seconde fois, et cette répulsion continue aussi longtemps que le tube conserve sa puissance. En appliquant ce principe aux différentes expériences d'électricité, on sera surpris du nombre de faits obscurs et embarrassants qu'il éclaircit (1). »

Un principe beaucoup plus général fut établi par Dufay. Nous voulons parler de la distinction des deux espèces d'électricités :

---

(1) Otto de Guericke avait déjà noté ce fait, mais on ne l'avait pas encore élevé à l'état de principe général.

l'électricité résineuse et l'électricité vitrée; ou, si l'on veut, positive et négative.

« Le hasard, continue Dufay, m'a présenté un autre principe plus universel et plus remarquable que le précédent, et qui jette un nouveau jour sur la matière de l'électricité.

« Ce principe est qu'il y a deux sortes d'électricités fort différentes l'une de l'autre : l'une que j'appelle *électricité vitrée*, et l'autre *électricité résineuse*. La première est celle du verre, du cristal de roche, des pierres précieuses, du poil des animaux, de la laine et de beaucoup d'autres corps. La seconde est celle de l'ambre, de la gomme copale, de la gomme laque, de la soie, du fil, du papier et d'un grand nombre d'autres substances.

« Le caractère de ces deux électricités est de se repousser elles-mêmes et de s'attirer l'une l'autre. Ainsi, un corps de l'électricité vitrée repousse tous les autres corps qui possèdent l'électricité vitrée, et au contraire il attire tous ceux de l'électricité résineuse. Les résineux pareillement repoussent les résineux et attirent les vitrés. On peut aisément déduire de ce principe l'explication d'un grand nombre d'autres phénomènes, et il est probable que cette vérité nous conduira à la découverte de beaucoup d'autres choses. »

Dans le passage que nous venons de citer, Dufay établit avec une grande lucidité, l'existence de deux espèces d'électricités : l'une, qu'il appelle *électricité vitrée*, appartient au verre, au cristal de roche, aux pierres précieuses, à la laine, aux poils des animaux, etc. ; l'autre, qu'il nomme *électricité résineuse*, est celle de l'ambre, de la soie, du fil, du papier, etc. Le caractère distinctif de ces deux électricités, c'est de se repousser elles-mêmes et de s'attirer l'une l'autre. Un corps qu'anime l'électricité vitrée, repousse tous les corps qui jouissent de la même électricité ; il attire, au contraire, ceux qui possèdent l'électricité résineuse.

Le principe posé par Dufay était d'un ordre tout à fait supérieur ; il ouvrait un champ immense aux progrès de la science électrique. A l'époque où il fut, pour la première fois, formulé par son auteur, il rendit un service inestimable en répandant la clarté sur le plus grand nombre des phénomènes observés jusque-là, et permettant de les grouper d'une manière systématique. C'est grâce à ce principe et aux lois de l'attraction électrique, découvertes plus tard par Coulomb, que l'on a pu concevoir une idée rigoureuse des phénomènes si complexes de l'électricité, et les soumettre au calcul. Enfin, la théorie de Dufay a permis, jusqu'à notre époque, d'expliquer commodément et avec simplicité tous les phénomènes électriques. La découverte du physicien français se recommande donc sous bien des aspects, à la reconnaissance des savants.

Fig. 228. — Dufay.

Le principe établi par Dufay n'eut pas seulement une importance théorique, il eut encore son utilité pratique : il donna le moyen de reconnaître facilement, par expérience, à laquelle des deux électricités appartient un corps quelconque, animé d'un état électrique inconnu. Il suffit, pour s'assurer immédiatement de l'espèce d'électricité que renferme ce corps, d'en approcher un fil de soie électrisé résineusement. Si le fil est repoussé, le corps et le fil ont la même électricité, c'est-à-dire la résineuse. Si le fil est attiré par le corps, celui-ci est doué de l'électricité vitrée. On aperçoit ici la première trace de l'*électromètre*, instrument précieux qui sert à la fois à dévoiler la présence de l'électricité, à en déterminer l'espèce et à en mesurer la force.

Mais ce qui contribua surtout à rendre le nom de Dufay célèbre parmi les physiciens et à le populariser dans le gros du public, ce fut l'expérience dans laquelle il montra pour la première fois, que l'on peut tirer des étincelles électriques du corps humain.

Grey, en Angleterre, avait déjà prouvé que le corps de l'homme peut devenir électrique. Comme nous l'avons dit, le physicien anglais avait suspendu sur des cordons de soie, un jeune garçon, et, le touchant avec un tube électrisé par le frottement, c'est-à-dire avec la machine électrique de cette époque, il avait constaté que le corps de la personne ainsi isolée, avait acquis la vertu électrique, car il attirait les corps légers. Il avait même cru reconnaître que les pieds n'agissaient pas, dans cette circonstance, avec autant d'intensité que la tête. Mais Grey, en raison de l'insuffisance de l'appareil électrique qu'il avait à sa disposition, n'était pas allé jusqu'à tirer une étincelle du corps humain. Dufay obtint ce dernier résultat, qui causa une vive impression sur l'esprit de ses contemporains.

Ayant attaché au plafond deux cordons de soie, destinés à produire l'isolement électrique, Dufay se coucha sur une petite plate-forme supportée en l'air par des cordons de soie, et il se fit électriser, par le contact d'un gros tube de verre frotté.

L'abbé Nollet, qui débutait alors dans la carrière des sciences, lui servait d'aide dans cette tentative intéressante. Lorsque Nollet vint à approcher son doigt à une petite distance de la jambe de Dufay, il en partit aussitôt une vive étincelle. C'était le fluide électrique, qui, pour la première fois, s'élançait entre les corps de deux philosophes !

Ce résultat causa aux expérimentateurs une douce surprise. Nollet nous dit, dans un de ses ouvrages, qu'il n'oubliera jamais l'étonnement qu'il éprouva en voyant la première étincelle électrique émanée du corps humain (1).

Cette étincelle occasionnait une impression de douleur très-légère, semblable à celle d'une piqûre d'épingle. Elle se faisait sentir à la main qui tirait l'étincelle, aussi bien qu'à la personne d'où s'élançait le fluide. Quand on opérait dans l'obscurité, le corps de l'individu électrisé répandait une émanation lumineuse, qui étonnait beaucoup les assistants.

Aussi cette expérience occasionna-t-elle une grande sensation dans le public. On s'empressait d'accourir dans le cabinet de Dufay, pour être témoin d'un phénomène qui ouvrait une carrière inépuisable aux discussions de la philosophie et de la physique de cette époque. On croyait, en effet, voir se manifester physiquement à l'extérieur, cette *matière subtile*, ces *petits corps*, ces *esprits animaux*, qui, depuis Descartes, défrayaient toutes les discussions scientifiques, et qui servaient à résoudre tous les problèmes relatifs aux êtres vivants ou aux êtres inanimés, les problèmes de la physique aussi bien que les questions de psychologie.

L'électricité servait déjà, comme elle l'a fait tant de fois depuis, et comme elle le fera toujours, à expliquer pour certains esprits ce qui est inexplicable.

Les travaux de Dufay venaient de jeter beaucoup d'éclat sur les savants français. Les physiciens de l'Allemagne, qui n'avaient pris encore qu'une très-faible part aux recherches concernant l'électricité, entrèrent alors dans cette voie. Ils reprirent la suite des importantes études dont leur compatriote, Otto de Guericke, avait donné le signal, en construisant la première machine électrique que la physique ait possédée.

L'intervention des expérimentateurs d'outre-Rhin ne fut pas inutile. Elle amena des

(1) *Leçons de physique expérimentale*, t. VI, p. 452.

Fig. 229. — Machine électrique de Haûsen.

perfectionnements importants dans la disposition et l'emploi de la machine électrique. C'est grâce aux modifications apportées par eux à la construction de cet instrument, que l'on parvint bientôt à donner aux phénomènes électriques une puissance, une intensité, jusque-là sans exemple.

Nous avons déjà dit que les machines électriques d'Otto de Guericke et de Hauksbee, c'est-à-dire celles qui se composaient d'un globe de verre ou de soufre, avaient été abandonnées, après Hauksbee, par les physiciens, qui s'étaient contentés d'un simple tube de verre, pour développer l'état électrique. C'est un physicien allemand, Boze, professeur à Wittemberg, qui eut, vers l'année 1733, l'idée d'en revenir au globe de verre, dont Hauksbee avait fait usage.

Boze forma sa machine électrique au moyen d'un globe de verre creux, c'est-à-dire d'une simple bouteille sphérique. Ce globe de verre, traversé de part en part d'une tige de fer, était mis en mouvement de rotation à l'aide d'une manivelle. La main de l'opérateur servait à frotter le globe, pour y développer l'état électrique.

Boze imagina en même temps, de munir sa machine d'un conducteur de fer-blanc, qui servait à conserver et à emmagasiner le fluide électrique, une fois produit par le globe.

L'expérimentateur allemand n'avait pas d'abord trouvé de moyen plus commode pour isoler ce conducteur métallique, que de le faire porter sur les mains d'un homme, placé lui-même sur un gâteau de résine, qui servait à l'isoler. On voit encore dans quelques ouvrages de cette époque, le dessin de cette singulière machine électrique, où le corps de l'homme entre comme élément de l'appareil. On eut pourtant bientôt l'idée, toute naturelle, de suspendre le conducteur de fer-blanc à des cordons de soie fixés au plafond. Ces conducteurs, qui constituaient un réservoir d'électricité, communiquaient avec la machine, par une tige métallique.

Par la construction de cette machine, le professeur de Wittemberg rendit à l'électricité un service dont on comprendra tout le prix, si l'on réfléchit que les sciences physiques ne peuvent se former et s'agrandir que par le perfectionnement des instruments qu'elles mettent en œuvre.

La machine de Boze se répandit très-promptement en Allemagne ; elle revêtit diverses formes entre les mains des physiciens. Wolfius fit construire à Leipzig, par le célèbre mécanicien Leupold, une machine qui ne différait seulement de l'appareil primitif de Hauksbee qu'en ce que le globe de verre tournait verticalement, au lieu d'être placé horizontalement.

Haüsen, professeur à Leipzig, construisit une machine peu différente de celle de Wolfius. Nous représentons (fig. 229, page 447) cette machine électrique d'après un ouvrage de cette époque, *Expériences et observations sur l'électricité*, de Guillaume Watson (1). Dans cette machine, que Watson appelle *machine à électricité dans le goût de celle de M. Hauskbee, à Londres et de M. Haüsen, à Leipzig*, on voit un jeune clerc, ou abbé, tourner la roue qui imprime à un globe de verre, un mouvement de rotation. Le frottement du verre contre la main développe, à la surface du globe, de l'électricité vitrée ; tandis que l'électricité résineuse passe, de la main, à travers le corps de la dame, et se perd dans la terre. Un personnage suspendu en l'air par des cordes de soie qui l'isolent, joue le rôle de conducteur, selon le système primitif de Boze. L'électricité développée à la surface du globe est recueillie par ses pieds, et, le traversant tout entier, passe par l'extrémité de sa main droite dans le corps de la jeune fille, qui est placée elle-même sur un bloc de résine faisant l'office de tabouret isolant. Celle-ci, tenant le jeune homme de la main gauche, attire avec sa main droite, des feuilles d'or légères, placées sur un guéridon isolant. On voit que l'électricité a passé à travers le jeune couple, comme à travers une chaîne conductrice, du globe de verre jusqu'aux feuilles d'or (1).

Watson donne encore la figure suivante, qu'il accompagne de cette légende :

Fig. 230. — Machine électrique à globe de verre.

« *Autre machine à électricité fort usitée en Hollande, et principalement à Amsterdam.* L'homme B tourne la roue ; le globe de verre C est frotté par la main de la personne D. EE est un tuyau de fer-blanc, une barre de fer ou un canon de fusil qui repose sur des cordons de soie, montés sur un guéridon ou support F. »

Dans les figures qui précèdent, c'est toujours la main qui sert, en frottant le globe, à dégager l'électricité. Winckler, professeur de langues grecque et latine à l'université de Leipzig, modifia ces machines, en substituant un coussin, à la main de l'expérimentateur. Il changea aussi le mécanisme destiné à imprimer la rotation au globe de verre, en adoptant pour cet usage, l'archet du tourneur en bois.

Winckler expose en ces termes comment il fut amené à perfectionner de cette manière la machine électrique de Boze et de Haüsen :

---

(1) Ces *Expériences et Observations* de Watson forment la seconde partie de la collection publiée à Paris, en 1748, sous ce titre : *Recueil de traités sur l'électricité, traduits de l'allemand et de l'anglais*. 1 vol. in-12.

(1) *Expériences et observations* de Watson, p. 138, pl. 2, fig. 1, dans le *Recueil de traités sur l'électricité, traduits de l'allemand et de l'anglais*.

Fig. 231. — La première étincelle électrique tirée du corps humain (1745), page 448.

« Cette machine, nous dit-il, ne laisse pas d'avoir ses imperfections, car : 1° l'effet ne réussit pas si la main qu'on applique au globe électrique n'est pas bien sèche ; 2° on ne peut pas donner assez de frottement au globe, faute de pouvoir le tourner aussi rapidement qu'il serait nécessaire ; 3° il est trop fatigant de tourner la roue, surtout lorsqu'il faut accélérer et augmenter l'effet, et le continuer pendant longtemps.

« Ces réflexions m'ont fait penser à un moyen de remédier à ces inconvénients. Je visai principalement à un expédient pour parvenir à une machine avec laquelle on puisse produire l'électricité aussi rapidement et avec aussi peu de peine qu'il soit possible. Je travaillai l'année passée à une machine pour la démonstration des forces centrales, et, comme j'avais remarqué dans mon tourneur un génie singulier pour la disposition des machines, je lui fis part de ce que je trouvais à redire à la machine de M. Haüsen. Il y avait pensé avant moi, et, après m'avoir dit qu'il connaissait une façon d'exciter une très-forte électricité sans peine et fort rapidement, il me mena devant son tour et me fit voir son art. Je pensai alors à l'œuf de *Colomb*, que personne de ceux qui regardaient la découverte du nouveau monde comme une chose très-aisée ne pouvait faire reposer sur sa pointe, car je voyais bien qu'il ne fallait pas beaucoup de science pour imiter une pareille machine à électricité (1). »

La machine employée par Winckler, et dont il donne la description, consistait en un globe de verre, que l'on faisait tourner au moyen d'un archet métallique très-élastique, et qui frottait contre un coussin de crin. Grâce à l'élasticité de l'archet, on pouvait imprimer au globe de verre une vitesse de rotation de 180 tours par minute.

La substitution, faite par Winckler, d'un coussin fixe, à la main de l'opérateur, pour opérer la friction du globe ne fut pas univer-

(1) *Essai sur la nature, les effets et les causes de l'électricité, avec une description de deux nouvelles machines à électricité*, traduit de l'allemand de M. Winckler, professeur dans l'université de Leipzig, formant la 1re partie du *Recueil de traités sur l'électricité, traduits de l'allemand et de l'anglais*, p. 8, 9.

sellement goûtée. On trouvait qu'en raison de sa fixité, le coussin ne se prêtait pas avec assez de souplesse aux inégalités de mouvement que présentait la rotation du globe de verre.

En France particulièrement, on crut devoir rejeter l'usage des coussins ; et la main, bien sèche, fut proclamée beaucoup plus efficace pour dégager l'électricité.

L'abbé Nollet se montra le plus ardent à repousser la disposition nouvelle, venue d'Allemagne. Il était doué d'une main large, nerveuse et sèche, que la nature semblait avoir faite tout exprès pour exercer des frictions électriques. Mais le même motif n'existait pas chez tous les expérimentateurs, qui eurent le tort de s'associer au préjugé du physicien du collége de Navarre (1).

Dans son *Essai sur l'électricité des corps*, ouvrage qui fut publié pour la première fois, en 1747, l'abbé Nollet donne les détails suivants sur la manière de construire une semblable machine. Ce passage du livre de Nollet donnera une idée exacte de l'état de la machine électrique, en France, à l'époque où nous sommes parvenus :

« Il y a environ quatorze ans que M. Boze, professeur de physique à Wittemberg, essaya de substituer au tube un globe de verre que l'on fait tourner sur son axe et que l'on frotte en y tenant seulement les mains appliquées. En généralisant ainsi cette façon d'électriser le verre, qu'on avait bornée jusqu'alors à quelques usages particuliers, cet habile physicien a trouvé, et pour lui et pour ceux qui l'ont imité depuis, un moyen sûr, non-seulement d'opérer avec facilité, mais encore de pousser les effets beaucoup au delà de ce qu'on avait pu faire avec le tube.....

« Quant aux dimensions des globes, ils sont d'une bonne grandeur quand ils ont environ un pied de diamètre ; il vaudrait mieux qu'ils eussent quelques pouces au-dessus que quelques pouces au-dessous de cette mesure ; mais je ne crois pas qu'il fût fort avantageux de les avoir beaucoup plus gros.

« Une chose qui est bien plus essentielle, c'est une certaine épaisseur, comme d'une ligne et demie au moins et autant uniforme qu'il est possible. Outre que cette condition met le vaisseau en état de résister davantage à la pression de celui qui le frotte, il n'est pas douteux (et je m'en suis assuré par des observations bien constantes) que l'électricité d'un verre épais est sensiblement plus forte et plus durable que celle d'un verre plus mince.

« La figure sphérique n'est point absolument nécessaire, elle n'est pas même préférable à une autre forme, sinon peut-être parce qu'on la fait aisément prendre au verre en le soufflant ; il est également bon que ce soit un sphéroïde allongé ou aplati, pourvu que la partie la plus élevée que l'on frotte soit assez régulièrement arrondie pour faciliter le frottement ; il est même d'usage dans presque toute l'Allemagne et dans l'Italie, où l'on fait présentement ces sortes d'expériences avec succès, d'employer des vaisseaux cylindriques.

« Le globe que l'on veut électriser doit tourner entre deux pointes de fer ou d'acier, comme les ouvrages qui se font au tour ; pour cet effet, il faut qu'à l'un de ses deux pôles il ait une poulie de bois dont la gorge puisse recevoir la corde d'une roue à peu près semblable à celle des cordiers ou à celle des couteliers, et qu'à l'autre pôle il soit garni d'un morceau de bois propre à recevoir la pointe du tour.....

« Ce globe, ainsi préparé, doit tourner rapidement sur son axe entre deux pointes ; il importe peu comment cela se fasse, pourvu que le mouvement de rotation soit assez fort pour vaincre le frottement des mains qui appuient sur la surface extérieure du verre et que les pointes tiennent à des piliers ou poupées assez solides pour ne pas laisser échapper le vaisseau tandis qu'on le fait tourner avec violence : ainsi, quiconque aura un tour et une roue de trois à quatre pieds de diamètre, comme on en a assez communément dans les laboratoires, n'a pas besoin de chercher autre chose.

« Au défaut de cet équipage, on pourra se servir d'une roue de coutelier, de celle d'un cordier ou même d'une vieille roue de carrosse, à laquelle on formera une gorge de bois rapporté, et l'on établira deux poupées à pointes sur un tréteau que l'on aura fixé à une muraille.

« Mais une chose qu'il ne faut point oublier, c'est que l'une des deux pointes soit une vis qui fera son écrou dans le bois même de la poupée, afin qu'on puisse serrer le globe sans frapper.

« Si l'on fait les frais d'une machine de rotation exprès pour ces sortes d'expériences, on peut lui donner telle forme et telle décoration qu'on jugera

---

(1) « Si quelque raison, dit l'abbé Nollet, a pu faire imaginer le coussinet, c'est la crainte que l'on a eue d'être blessé par des éclats de verre, si le globe venait à se casser lorsqu'il tourne. J'avoue que cette crainte est fondée, et l'on doit prendre des précautions pour éviter de pareils accidents ; mais celle du coussinet m'a toujours rendu l'électricité si lente, et ses effets si faibles, que l'impatience m'en a pris, et que je l'ai abandonnée pour toujours. » (*Essai sur l'électricité des corps*, p. 28.)

Fig. 232. — Machine électrique de l'abbé Nollet (1747).

convenable ; mais je trouve à propos qu'elle ait les qualités suivantes :

« 1° Qu'elle soit assez grande et assez forte pour servir à toutes sortes d'expériences de ce genre : ainsi, il serait bon que la roue eût au moins quatre pieds de diamètre, qu'elle fût portée sur un bâti bien solide, assez pesant, et qu'il y eût deux manivelles, afin qu'en employant deux hommes pour tourner en certains cas, on pût forcer les frottements du globe pour augmenter les effets. J'éprouve tous les jours qu'un seul homme ne suffit pas ;

« 2° Que l'axe de la roue soit à telle hauteur que l'homme qui est appliqué à la manivelle se trouve en force et dans une situation non gênée ; cette hauteur doit être d'environ trois pieds et demi au-dessus du plancher, sur lequel la machine et l'homme sont placés ;

« 3° Que la corde de la roue communique immédiatement et sans renvois avec la poulie du globe : premièrement, parce que les renvois, quels qu'ils puissent être, augmentent la résistance ; il y en a déjà assez de la part d'un globe de douze ou quatorze pouces de diamètre, dont on fait frotter l'équateur ; secondement, des poulies de renvoi font toujours beaucoup de bruit, et il y a des occasions où l'on a besoin de silence en faisant ces sortes d'épreuves ;

« 4° Que le globe soit le plus isolé qu'il sera possible, car on doit craindre que les corps voisins n'absorbent une partie de son électricité : ainsi, les poupées pour un globe d'un pied doivent avoir au moins dix pouces au-dessous des pointes ;

« 5° Que le globe soit à une hauteur convenable et se présente de manière que celui qui le doit frotter soit dans toute sa force ; il faut donc, pour bien faire, qu'il se trouve élevé de trois pieds ou environ au-dessus du plancher et qu'il tourne vis-à-vis de celui qui le frotte, en lui présentant son équateur, etc... (1). »

L'abbé Nollet donne ensuite la figure ci-dessus (fig. 232) représentant sa machine, et qui se comprend à la seule inspection.

Pour continuer cet exposé des diverses modifications qu'a reçues la machine électrique avant de prendre la forme qu'elle présente aujourd'hui, nous dirons que le révérend Père Gordon, professeur de philosophie à Erfurt, substitua le premier, au globe de verre, un cylindre de cette matière. Le cylindre qu'il employa avait huit pouces de longueur et quatre de diamètre ; on le faisait tourner au moyen d'un archet.

La machine de Gordon, très-simple et très-portative, se composait d'un cylindre de verre retenu entre deux calottes de bois à ses deux extrémités, et monté entre les deux poupées d'un petit tour, qu'on faisait mouvoir avec un archet. Le cylindre frottait contre un coussinet, à l'imitation des machines allemandes.

(1) *Essai sur l'électricité des corps*, p. 8, 17.

Cette machine produisait des effets électriques très-intenses, elle était d'un maniement facile, et suppléait très-avantageusement, par l'emploi d'un coussinet, à l'action de la main de l'opérateur. Aussi fut-elle adoptée en Angleterre de préférence à celle que l'abbé Nollet préconisait en France. Seulement, comme le mécanisme employé par le père Gordon n'imprimait pas au cylindre de verre un mouvement aussi rapide, on changea le système moteur. Au lieu d'une simple roue de bois faisant tourner une corde, on fit usage d'une roue dentée engrenant avec un pignon fixé sur l'axe du cylindre.

Musschenbroek, dans son *Cours élémentaire de physique*, donne la figure suivante (fig. 233) comme représentant une des machines électriques que construisait alors, à Londres, un fabricant d'instruments, nommé Adams. Il en donne la description en ces termes :

« On a imaginé depuis peu en Angleterre une machine électrique que je trouve fort simple et que je préfère, non-seulement à celles dont je me suis servi, mais encore à toutes celles qu'on a imaginées jusqu'à présent. C'est ce qui m'engage à en donner la description.

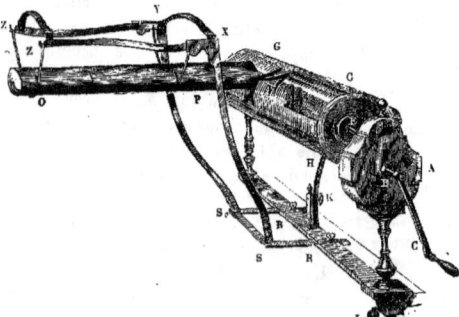

Fig. 233. — Machine électrique anglaise construite par Adams (1750).

« Dans une espèce de tambour creux A est placée une roue dentée, en arbrée sur l'axe E; cette roue est mise en mouvement par une vis sans fin à trois filets, dont l'axe est saillant en B; cet axe étant tourné circulairement par le levier BC, à l'aide d'une manivelle, communique un mouvement de rotation très-rapide au cylindre de verre.

« Toute la machine est solidement attachée sur une table à l'aide des vis L, M ; sur la base de cette machine est établi un ressort d'acier H, auquel est attaché un coussinet de cuir GG. Par le moyen de la vis K, on peut bander ou débander le ressort et par conséquent appuyer plus ou moins le coussinet contre le cylindre de verre qu'il doit frotter. Ce cylindre, étant mû circulairement et étant frotté par le coussinet GG, devient fortement électrique. Dans la base de cette machine glissent deux règles de cuivre SR, SR, qu'on fixe par des vis ; sur ces deux premières règles s'élèvent deux autres règles SX, SY, qui en portent deux autres XZ, YZ, à chaque extrémité desquelles pendent des fils de soie bleue qui suspendent un tube de cuivre OP. A la partie antérieure de ce conducteur est fixé un double fil de cuivre doré, aplati à ses extrémités N; ce fil, tout faible qu'il soit, est extrêmement élastique et reçoit toute l'électricité du cylindre qu'il touche (1). »

Tibère Cavallo, dans son *Traité complet d'électricité*, a donné le dessin d'une machine construite également par Adams, et qui différait de la précédente en ce qu'elle pouvait fournir à volonté de l'électricité négative ou positive, selon que l'on faisait communiquer avec le sol les coussins ou le cylindre de verre (2). Cette disposition fut plus tard imitée par Nairne et Van Marum, dans leurs belles et puissantes machines.

Ce n'est que vers l'année 1768 qu'un opticien anglais, nommé Ramsden, substitua au cylindre de verre de la machine électrique, un plateau circulaire de la même substance. Ce plateau tournait à frottement entre quatre coussins de peau, rembourrés de crin et pressant contre le verre au moyen d'un ressort.

Il paraît que ce qui détermina l'abandon du globe de verre pour y substituer, soit un

---

(1) *Cours de physique expérimentale et mathématique*, par Pierre Van Musschenbroek, traduit par M. Sigaud de Lafond, démonstrateur de physique expérimentale. In-4°. Paris, 1769, t. Ier, p. 353.
(2) *Traité complet de l'électricité*, par M. Tibère Cavallo, traduit de l'anglais. In-8, 1785, p. 126.

cylindre, soit un plateau, fut un accident assez étrange qui se présentait quelquefois avec les machines à globe : il arrivait que le globe de verre éclatait subitement entre les mains de l'expérimentateur.

Les détails de quelques-unes de ces singulières explosions nous ont été conservés. Le premier accident de ce genre arriva à Lyon, le 8 février 1750, au père Béraud. Cet expérimentateur, opérant en présence de plusieurs personnes, voulait électriser un petit vase de verre vide d'air et contenant du mercure, afin de rendre ce métal lumineux par l'électricité. Pour obtenir un spectacle plus brillant, le père Béraud fit éteindre les lumières. A peine commençait-on à frotter le globe, qu'on entendit comme une sorte de déchirement ; le globe éclata avec bruit et se dissipa en petits fragments qui furent lancés dans les endroits les plus éloignés. Deux personnes furent blessées au visage par les éclats de verre.

Le père Béraud, qui lut quelques jours après à l'Académie de Lyon un mémoire sur cet accident, crut devoir l'attribuer à une fêlure que présentait le globe de verre. Il pensait que « le frottement imprime dans les « plus petites fibres du verre un mouvement « de frémissement et d'oscillation, qui doit « nécessairement agiter la matière contenue « dans ses pores. » Le père Béraud partait de là pour donner de ce phénomène une explication dans le goût de la physique de son temps.

Malheureusement pour l'explication du père Béraud, les globes non fêlés étaient également sujets à cette rupture spontanée. Dans la première partie de ses *Lettres sur l'électricité*, l'abbé Nollet nous apprend qu'un globe de verre avait détoné entre les mains du professeur Boze, à Wittemberg ; un autre entre celles de M. Le Cat, à Rouen ; un troisième, à Rennes, sur la machine du président de Robin ; un quatrième, à Naples, appartenant à M. Sabatelli. Nollet ajoute qu'un globe d'Angleterre avait eu le même sort entre ses propres mains, à Paris.

Admettant que la rupture des globes pouvait être occasionnée par la dilatation que l'air contenu dans leur intérieur éprouve par suite de la chaleur développée par le frottement, on avait cru s'en garantir en perçant un trou dans le globe ; mais l'expérience démontra l'inutilité de cette précaution. Sigaud de Lafond rapporte dans son ouvrage, qu'en 1761, il éprouva un accident de ce genre :

« Je faisais tourner, dit-il, un globe bien condi-
« tionné, bien monté, percé vers un de ses pôles, et
« qui me servait depuis plusieurs années. A peine
« eut-il fait cinq ou six tours, qu'il éclata avec la
« plus grande violence et que les débris s'en répandi-
« rent à une très-grande distance dans ma salle (1). »

Ce genre d'accidents fut pour beaucoup dans la préférence que l'on accorda en France, à partir de l'année 1768, aux machines électriques dans lesquelles un plateau remplaçait le globe de verre ; car, si les glaces peuvent se fendre pendant qu'elles se chargent d'électricité, elles ne détonent point et l'on n'a pas à en redouter les éclats.

La première machine qui fut construite en Angleterre, par Ramsden, était faite d'un plan de glace, d'un pied seulement de diamètre, qui tournait entre quatre coussinets, à l'aide d'une manivelle appliquée à son axe. On augmenta beaucoup les effets de ces machines en employant des glaces d'un plus grand diamètre.

Sigaud de Lafond, dans l'ouvrage cité plus haut, donne la description d'une *machine de Ramsden* qui avait été construite en Angleterre pour le duc de Chaulnes, et dont la glace avait cinq pieds de diamètre. Cette machine fournissait des étincelles qui, au rapport du duc de Chaulnes, se portaient jusqu'à vingt-deux pouces de distance.

Sigaud de Lafond donne, dans le même ouvrage, la figure d'une autre machine électrique à plateau de glace, qu'il fit construire pour lui-même, à l'imitation de celle du duc de Chaulnes.

(1) *Précis historique et expérimental des phénomènes électriques*, p. 46.

Nous représentons ici (figure 234) cette dernière *machine de Ramsden*, d'après le dessin qu'en a donné Sigaud de Lafond, dans son *Précis des phénomènes électriques*.

BBD est le conducteur, isolé par les supports S, S. Au moyen de la manivelle M, on fait tourner le plateau de verre F entre les quatre coussins C.

Fig. 234. — Machine électrique de Ramsden (1768).

A partir de l'année 1770, les machines à plateau de glace devinrent d'un usage général. Elles remplacèrent les appareils variés, et souvent fort coûteux, dont on avait fait usage jusqu'à cette époque, en Angleterre et en Allemagne.

Une des machines électriques qui ont fait le plus de bruit est celle de Van Marum, physicien hollandais. Cette machine peut donner, à volonté, l'une ou l'autre des deux espèces d'électricité.

Elle se compose (fig. 235) d'un plateau circulaire de verre, dont l'axe de rotation est soutenu par une colonne isolante, et qui tourne entre quatre coussins, a, c, a', c' disposés aux extrémités de son diamètre horizontal, et isolés sur des pieds de verre. On peut, ou maintenir cet isolement, ou le supprimer, au moyen d'un arc métallique cc' qui est en communication avec le sol. Cet arc peut se placer verticalement ou horizontalement, ainsi que le montre la figure 235. De l'aut e côté du plateau se trouve une boule de cuivre A, également isolée, qui porte un arc BB′ pareil au premier. Cet arc conducteur peut, comme l'autre, être placé dans une position horizontale ou verticale. Les deux arcs sont terminés par des boutons cylindriques cc, bb parallèles au plateau de verre.

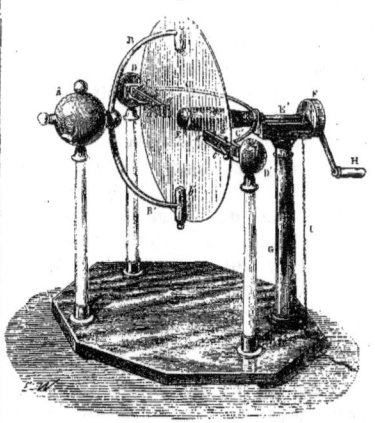

Fig. 235. — Machine électrique de Van Marum (1780).

Cette machine fonctionne de deux manières. Si d'abord l'arc CC′ est disposé verticalement, et l'arc BB′ horizontalement, ce dernier touche les coussins, qui s'électrisent négativement et cèdent leur fluide à la boule A, pendant que l'électricité positive du plateau rentre dans le sol, par l'intermédiaire de l'arc vertical CC′. Si, au contraire, l'arc CC′ est dans une position horizontale, dans laquelle il touche les coussins (ainsi que cela se voit dans la fig. 235) les coussins communiquent avec le sol et perdent toute leur électricité négative. En même temps, le conducteur BB′ placé verticalement, se charge de fluide positif, comme dans la machine ordinaire, parce que le plateau de verre agit sur lui par influence, et soutire son fluide négatif.

Van Marum, dont cette machine porte le nom, inventa aussi des coussins d'une composition particulière, qui donnent aux machines une tension très-grande.

La description de la machine de Van Marum, qui fut perfectionnée par d'autres physiciens, est contenue dans un ouvrage curieux, écrit mi-partie en français, mi-partie en hollandais, qui parut à Harlem, en 1785 (1).

C'est vers la même époque que le physicien anglais Nairne, imitant l'appareil déjà employé par Tibère Cavallo à Londres, construisit la machine électrique qui porte son nom, et qui donne à volonté du fluide électrique négatif ou positif, selon que l'on fait communiquer avec le sol l'un ou l'autre de ses deux conducteurs.

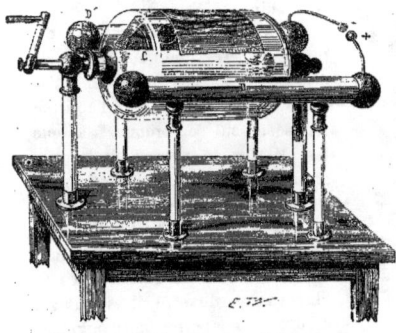

Fig. 236. — Machine électrique de Nairne (1782).

La *machine de Nairne*, ou *machine à deux fluides*, que l'on voit représentée ici (fig. 236) se compose d'un cylindre creux de verre C, de grande dimension, qui peut frotter contre un large coussin, fixé au conducteur D', et qui en occupe toute la longueur. Le conducteur D est armé de plusieurs pointes métalliques, dirigées contre le cylindre de verre, et perpendiculaires à sa surface. Quand on fait tourner le cylindre de verre, au moyen de la manivelle, le frottement de ce cylindre contre le coussin, provoque un dégagement d'électricité, c'est-à-dire la décomposition du fluide neutre du verre. L'électricité positive reste sur le cylindre de verre, et l'électricité négative passe sur le coussin et sur le conducteur isolé D', qui est fixé sur ce coussin. Le cylindre de verre chargé d'électricité positive, agit, par influence, sur le fluide neutre du conducteur D, attire l'électricité négative vers les pointes et repousse l'électricité positive sur la face opposée. L'électricité négative accumulée sur ces pointes vient, en traversant l'air interposé, neutraliser le fluide positif qui existe sur le cylindre de verre, et reconstitue ainsi du fluide neutre. Quant à l'électricité positive, elle reste confinée sur le conducteur D, qui constitue de cette manière un réservoir d'électricité positive.

Si l'on fait communiquer avec le sol, au moyen d'une chaîne métallique, le conducteur D' et le coussin, l'électricité négative s'écoule dans le sol et l'électricité positive reste accumulée sur le conducteur D : la machine fournit alors de l'électricité positive. Si l'on fait au contraire communiquer avec le sol le conducteur D, en maintenant isolés le coussin et le conducteur D', l'électricité positive s'écoule dans le sol et l'électricité négative reste accumulée sur le conducteur D', et la machine donne alors de l'électricité négative. La *machine de Nairne,* permet donc de conserver à volonté l'une des deux électricités développées par le frottement.

Le cylindre de verre est ordinairement recouvert, dans cette machine, d'une pièce de taffetas, qui enveloppe la moitié supérieure de ce cylindre, et a pour effet de le protéger

(1) *Description d'une très-grande machine électrique placée dans le Muséum de Teyler à Haarlem, et des expériments faits par le moyen de cette machine,* par Martinus Van Marum, directeur du cabinet d'histoire naturelle et bibliothécaire du Muséum de Teyler, in-4°, avec planches (*Beschrwing einer...* etc.).

contre l'action de l'air et d'empêcher ainsi, la déperdition trop prompte de l'électricité.

L'appareil que nous venons de décrire, fut proposé et construit pour la première fois, dans le but de servir à administrer l'électricité comme agent curatif dans le traitement des maladies (1). Il n'est devenu que plus tard, un appareil de démonstration pour les cours de physique.

La machine électrique dont on fait généralement usage aujourd'hui, n'est autre chose que la *machine de Ramsden*, à laquelle on n'a apporté qu'un petit nombre de changements.

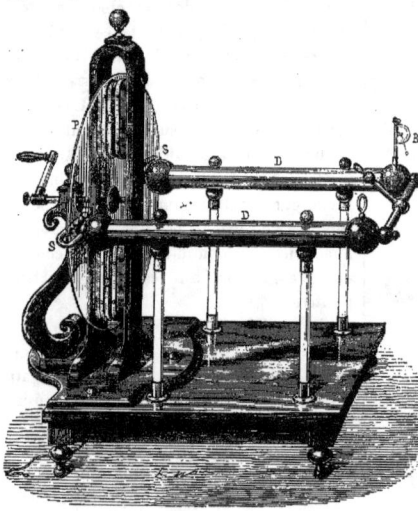

Fig. 237. — Machine électrique moderne.

La figure 237 représente la machine électrique actuelle, qui ne diffère, on le voit, de l'appareil primitif de l'opticien anglais, qu'en ce qu'elle se compose de deux conducteurs isolés, au lieu d'un seul.

Le plateau de verre P frotte entre les deux

(1) *The description and uses of Nairne's patent electrical machine, with the additions of some philosophical experiments and medical observations.* In-8, London, 1783.

coussins C, C'; et l'électricité positive du plateau de verre agit par influence sur le fluide naturel des deux conducteurs D, D'. Ce fluide naturel est décomposé, l'électricité négative est attirée vers les pointes dont est armée l'extrémité S, S', de ces conducteurs. S'écoulant par ces pointes sous forme de petites aigrettes lumineuses, cette électricité négative vient se combiner avec l'électricité positive du plateau et ramener celui-ci à l'état naturel. Comme le frottement du plateau contre les coussins continue à développer de l'électricité positive sur ce plateau, les mêmes décompositions continuent, et la charge de l'électricité positive à la surface des conducteurs D et D' augmente de plus en plus. R, est un *électroscope à cadran;* l'écartement du petit corps placé à l'extrémité de la tige de cet électroscope indique les variations d'intensité de la charge électrique de la machine.

Les appareils à plateau ou à cylindre de verre, que nous venons de décrire, n'ont été employés qu'après l'année 1770, lorsque l'opticien Ramsden eut le premier adopté les plateaux de verre dans la construction des machines à frottement. Bien avant que ces derniers appareils fussent construits, c'est-à-dire vers l'année 1740, les physiciens allemands s'étaient efforcés de donner aux machines à globe de verre, alors en usage, des dispositions permettant d'augmenter l'intensité des effets électriques. Watson, en 1740, avait employé dans ce but, une machine assez curieuse, en ce qu'elle était composée de quatre globes de verre tournant à la fois.

Avec ces machines électriques composées de simples globes de verre, les physiciens anglais et allemands avaient déjà obtenu de très-puissants effets. L'étincelle donnée par ces machines suffisait pour déterminer à l'ex-

Fig. 238. — Inflammation de l'esprit de vin par une étincelle électrique.

trémité du doigt, une ecchymose, ou une espèce de brûlure. Gordon augmenta la force de ces étincelles au point qu'un homme ressentait la commotion de la tête aux pieds, et que de petits oiseaux en furent tués.

Les physiciens allemands observèrent que l'eau coulant d'une fontaine électrisée, se disperse en gouttes lumineuses de manière à simuler une pluie de feu. Boze parvint à faire passer l'électricité, au moyen d'un jet d'eau, d'un homme à un autre, placés tous deux sur des gâteaux de résine, à soixante pas de distance.

Nous devons encore aux physiciens allemands le spectacle de ces étoiles brillantes que fait naître l'électricité dans un disque métallique animé d'un mouvement de rotation très-rapide, et muni de pointes également distantes du centre. Un instrument généralement connu sous le nom de *carillon électrique* est aussi de l'invention des expérimentateurs d'outre-Rhin.

Mais de tous les phénomènes qui furent découverts à cette époque, celui qui inspira le plus de curiosité et frappa le plus vivement l'attention, ce fut l'inflammation, par l'étincelle électrique, des matières combustibles.

Le premier physicien qui réussit dans une expérience de ce genre fut le docteur Ludolf de Berlin, qui alluma de l'éther avec les étincelles excitées par l'approche d'un tube de verre électrisé. Ludolf fit cette expérience en public, dans la séance de rentrée de l'Académie de Berlin, au commencement de l'année 1744.

Au mois de mai suivant, Winckler, à Leipzig, obtint le même résultat. En tirant avec le doigt, une étincelle, il alluma non-seulement de l'éther, mais encore de l'eau-de-vie, de l'esprit de corne de cerf, et quelques autres liqueurs spiritueuses, en ayant la précaution de les chauffer légèrement, pour en dégager des vapeurs, qu'il était plus facile d'enflammer.

Watson, en Angleterre, répéta et étendit ces expériences. Il alluma outre l'eau-de-vie, plus ou moins concentrée, divers liquides spiritueux contenant des huiles volatiles, tels que l'*esprit de lavande*, l'*esprit de nitre dulcifié* (éther nitreux), l'*eau de pivoine*, l'*élixir de Dafty*, le *styptique d'Helvétius*, et diverses huiles volatiles, telles que les essences de térébenthine, de citron, d'orange, de genièvre, de sassafras, etc. Il mit aussi le feu à des matières telles que le baume de copahu et la térébenthine, qui, chauffées, dégagent des vapeurs inflammables (1).

Fig. 239. — Machine électrique employée par Watson pour enflammer les substances spiritueuses.

Watson, dans son mémoire relatif à ces expériences, a donné le dessin de la machine qui lui servit à enflammer les liqueurs spiritueuses. Elle se composait de trois ou quatre globes de verre, que l'on frottait simultané-

(1) *Lettre à M. Martin Folckes, président de la Société royale*, dans le Recueil de traités sur l'électricité, traduits de l'allemand et de l'anglais, 2e partie, p. 15 et suivantes.

ment, au moyen de petits coussins fixes. Un amas de fil servait à communiquer l'électricité développée sur le verre, à un tube de fer-blanc, ou à une épée suspendue à des cordons de soie, qui servaient de conducteurs isolés.

On plaçait les liquides à enflammer dans un flacon qui était suspendu au conducteur de fer-blanc par un fil de fer. D'autres fois, pour étaler ces liquides sur une plus large surface au contact de l'air, on les plaçait dans une petite capsule métallique que l'on posait à la pointe de l'épée terminant le conducteur de la machine.

La machine électrique destinée à enflammer les produits peu combustibles était, comme nous venons de le dire, composée de trois ou quatre globes de verre. On la voit représentée ici (fig. 239). Les coussins sont les petites calottes appliquées contre le verre.

Quand on voulait enflammer des liquides plus combustibles, tels que l'éther ou l'esprit-de-vin très-rectifié, on se contentait d'une machine ordinaire à un seul globe. Watson, dans l'ouvrage cité plus haut, a représenté l'appareil dont il se servait pour cette expérience. On voit ce dessin reproduit dans la figure 238 (page 457).

L'un des personnages tourne la manivelle qui imprime au globe de verre un mouvement de rotation. Un autre personnage présente la main au globe pour déterminer, par le frottement, le dégagement de l'électricité. Le fluide électrique passe du globe de verre au canon de fusil ou à la barre de fer qui sert de conducteur, et qui est porté sur deux fils de soie tendus sur deux supports. Ce conducteur est saisi par un troisième opérateur, qui, placé sur un gâteau de résine servant à l'isoler, tient de la main droite une épée. Le fluide électrique arrive à l'extrémité de l'épée : à peine a-t-on approché de sa pointe une cuiller pleine d'esprit-de-vin, que l'étincelle jaillit, et met le feu au liquide.

C'est aussi à Watson qu'est due une expérience connue sous le nom de *danse des pantins*, qui devint célèbre plus tard lorsque

Volta l'eut prise comme point de comparaison dans l'explication théorique qu'il donna de la formation de la grêle.

Watson a donné dans le même mémoire la figure suivante (fig. 240), représentant la manière de produire ce phénomène.

Fig. 240. — Danse des pantins.

Une personne isolée au moyen d'un gâteau de résine, sur lequel elle est placée, saisit de la main gauche le conducteur de fer-blanc d'une machine électrique à globe de verre tournant. De la main droite, elle tient un plat ou une simple plaque métallique sur lequel on a placé des corps légers, tels que des fragments de verre pilé, de petites balles de sureau, du fil de fer très-mince, etc. Un second personnage, non isolé, approche peu à peu du plat métallique que tient le premier, un autre plat semblable. Lorsque les deux plats sont arrivés à une assez faible distance, les corps légers attirés s'élancent du plat inférieur vers le plat supérieur, avec émission d'étincelles. Une fois en contact avec le plat supérieur, ils perdent leur électricité, qui s'écoule dans le sol par le corps du personnage qui tient le plat. Dès lors, n'étant plus retenus sur ce plat supérieur, par l'attraction électrique, ils retombent sur le plat inférieur, où, recevant de nouveau de l'électricité par la machine, ils sont de nouveau attirés, de telle manière que cette succession de mouvements continue tant que la machine est en action (1).

Les expériences que nous venons de rapporter étaient sans doute attrayantes et curieuses, elles attiraient vivement l'attention du public et celle des physiciens de cette époque. Mais tous ces spectacles n'avaient guère qu'un intérêt de curiosité. La théorie pour l'explication des phénomènes électriques n'en recevait aucun éclaircissement, et si l'on en excepte le grand principe établi par Dufay, la science n'avait encore rencontré dans cette direction aucune acquisition importante. Quelques essais, pour la construction des machines électriques, quelques remarques sur les propriétés calorifiques et lumineuses de l'étincelle électrique, quelques observations sur les circonstances les plus favorables au développement de l'électricité, voilà tout ce que cette science avait acquis depuis son origine jusqu'à l'année 1746. Les physiciens ne se méprenaient point d'ailleurs sur cet état d'imperfection de la science encore à ses débuts. C'est ce que Watson exprimait à cette époque par ces belles paroles :

« Si l'on me demande quelle peut être l'utilité des effets électriques, je ne puis répondre autre chose, sinon que, jusqu'à présent, nous ne sommes pas encore avancés dans nos découvertes au point de pouvoir les rendre utiles au genre humain. Dans quelque partie que ce soit de la physique, on ne parvient à la perfection que par des gradations bien lentes. C'est à nous d'aller toujours en avant et de laisser le reste à cette Providence qui n'a rien créé en vain (2). »

Mais l'année 1746 approchait, et grâce à la découverte de la *bouteille de Leyde*, des horizons tout nouveaux devaient s'ouvrir pour la science électrique.

(1) Watson, *Expériences et observations sur l'électricité*, 2ᵉ partie du *Recueil de traités sur l'électricité*, traduits de l'allemand et de l'anglais.
(2) *Ibid.*, 2ᵉ partie, préface des *Expériences et observations de Watson*, p. 8.

CHAPITRE IV

EXPÉRIENCE DE MUSSCHENBROEK A LEYDE. — ALLAMAN. — WINCKLER. — NOLLET RÉPÈTE A PARIS L'EXPÉRIENCE DE LEYDE. — COMMOTION ÉLECTRIQUE DONNÉE A VERSAILLES, EN PRÉSENCE DU ROI, A UNE COMPAGNIE DES GARDES-FRANÇAISES. — RÉPÉTITION DE CETTE EXPÉRIENCE AU COUVENT DES CHARTREUX. — POPULARITÉ DE LA BOUTEILLE DE LEYDE. — LA BOUTEILLE D'INGENHOUSZ ET LA CANNE A SURPRISES. — LA BOUTEILLE DE LEYDE AU COLLÉGE D'HARCOURT.

Les physiciens du dernier siècle n'ont pas été unanimes pour attribuer à Musschenbroek le mérite d'avoir exécuté le premier l'*expérience de Leyde*. On a dit tour à tour que Cuneus, riche bourgeois de Leyde et amateur des sciences, Allaman, physicien de la même ville, Kleist, chanoine de la cathédrale de Commin, auraient exécuté les premiers cette

Fig. 241. — Musschenbroek.

expérience mémorable. On l'a encore revendiquée en faveur du père de Musschenbroek, médecin d'Amsterdam, qui l'aurait communiquée et dont il aurait bien voulu abandonner l'honneur à son fils, le professeur de Leyde.

Mais toutes ces divergences disparaissent devant le récit circonstancié donné de cette découverte par Priestley, contemporain de ces divers savants (1). Il résulte de son récit que, lorsque Musschenbroek observa, par l'effet du hasard, ce fait extraordinaire, il était entouré de diverses personnes qui prenaient part ou assistaient à ses expériences. Parmi elles se trouvaient sans doute Cuneus et Allaman, qui furent d'après cela simples spectateurs, et non les véritables auteurs de l'expérience.

Quoi qu'il en soit, voici par quelles circonstances on fut conduit à la découverte de la *bouteille de Leyde*. Considérant que les corps électrisés, quand ils sont exposés librement à l'air, y perdent promptement leur état électrique, par suite de la conductibilité de l'air, Musschenbroek pensa que si un corps électrisé était entouré de tous côtés par des corps non conducteurs, il pourrait recevoir une plus grande quantité d'électricité et la conserver plus longtemps. Le verre étant le corps non conducteur, et l'eau le corps électrique le plus convenable pour cet effet, Musschenbroek et ses amis essayèrent d'électriser de l'eau contenue dans un vase de verre. On n'observa d'abord rien de remarquable dans cette expérience; quand on jugea l'eau suffisamment électrisée, on se disposa à retirer le vase de verre qui communiquait avec le conducteur de la machine électrique au moyen d'un fil de fer plongeant dans l'eau. Mais au moment où l'un des opérateurs, tenant d'une main le vase de verre, vint à approcher l'autre main du conducteur, afin de le séparer de la machine, il se sentit aussitôt frappé d'un coup terrible à la poitrine et sur les bras (fig. 242).

Il est curieux de lire, dans les récits qui ont été donnés de cette expérience, la description des effets que produisit la commotion électrique sur les personnes qui furent les premières à l'éprouver. Sans nul doute, la surprise et l'émotion ajoutèrent beaucoup aux

(1) *Histoire de l'électricité*, traduite de l'anglais de Joseph Priestley. Paris, 1771, t. I, p. 150.

Fig. 242. — Expérience faite à Leyde, par Musschenbroek, le 20 avril 1746.

impressions ressenties dans cette circonstance par les premiers expérimentateurs, car les personnes qui se soumirent après eux à la même épreuve furent loin de ressentir les mêmes effets. Musschenbroek, qui fit le premier cette expérience avec un vase de verre de médiocre capacité, et qui n'avait pu accumuler par conséquent de grandes proportions de fluide, ressentit une si terrible impression, qu'il se crut mort; il déclara qu'il ne s'exposerait pas une seconde fois au même choc quand on lui offrirait la couronne de France.

Le physicien de Leyde a donné les détails de cette expérience célèbre, dans une lettre qu'il adressa à Réaumur, le 20 avril 1746, et dont voici le contenu, traduit du latin :

« Je veux vous communiquer, écrit Musschenbroek, une expérience nouvelle, mais terrible, que je vous conseille de ne point tenter vous-même.

« Je faisais quelques recherches sur la force de l'électricité. Pour cet effet, j'avais suspendu à deux fils de soie bleue un canon de fer qui recevait par communication l'électricité d'un globe de verre que l'on faisait tourner rapidement sur son axe pendant qu'on le frottait en y appliquant les mains ; à l'autre extrémité pendait librement un fil de laiton dont le bout était plongé dans un vase de verre rond, en partie plein d'eau, que je tenais dans ma main droite, et avec l'autre main j'essayais de tirer des étincelles du canon de fer électrisé. Tout d'un coup ma main droite fut frappée avec tant de violence, que j'eus tout le corps ébranlé comme d'un coup de foudre ; le vaisseau, quoique fait d'un verre mince, ne se casse point ordinairement, et la main n'est point déplacée par cette commotion ; mais le bras et tout le corps sont affectés d'une manière terrible que je ne puis exprimer, en un mot, je croyais que c'était fait de moi. Mais voici des choses bien singulières : quand on fait cette expérience avec un verre d'Angleterre, l'effet est nul ou presque nul ; il faut que le verre soit d'Allemagne, il ne suffirait pas même qu'il fût de Hollande ; il est égal qu'il soit arrondi en forme de sphère ou de toute autre figure; on peut employer un gobelet ordinaire, grand ou petit, épais ou mince, profond ou non ; mais ce qui est absolument nécessaire, c'est que ce soit du verre d'Allemagne ou de Bohême :

celui qui m'a pensé donner la mort était d'un verre blanc et mince, et de cinq pouces de diamètre. La personne qui fait l'expérience peut être placée simplement sur le plancher ; mais il faut que ce soit la même qui tienne d'une main le vase, et qui, de l'autre main, excite l'étincelle; l'effet est bien peu considérable si cela se fait par deux personnes séparées. Si l'on place le vase sur un support de métal porté sur une table de bois, en touchant ce métal seulement du bout du doigt et tirant l'étincelle avec l'autre main, on ressent un très-grand coup (1). »

Allaman, qui avait assisté à l'expérience de Musschenbroek, ayant voulu la répéter, ressentit une impression tout aussi forte, bien qu'il ne se fût servi que d'un verre à bière rempli d'eau, vase d'une capacité nécessairement médiocre. En communiquant ce résultat à l'abbé Nollet : « Vous ressentirez, lui dit-il, un coup
« prodigieux, qui frappera tout votre bras, et
« même tout votre corps : c'est un coup de
« foudre. La première fois que j'en fis l'é-
« preuve, j'en fus étourdi au point que je
« perdis pour quelques moments la respira-
« tion (2). »

Ces récits sont encore dépassés par celui que donna le professeur Winckler des sensations qu'il éprouva en répétant cette expérience. Winckler assure que, lorsqu'il se soumit pour la première fois à la commotion électrique, il fut pris de convulsions dans tout le corps. Il se sentait la tête aussi pesante que s'il eût porté une pierre dessus, et il eut le sang tellement agité, qu'il craignit d'être attaqué d'une fièvre chaude. Il ajoute qu'il se crut obligé, pour le prévenir, « d'avoir recours à des remèdes rafraîchissants. »

Il paraîtra surprenant sans doute, qu'après avoir été tant maltraité, notre électricien ait eu le courage de revenir à la charge, et de s'exposer de nouveau à une si rude secousse. Mais où n'entraîne pas l'insatiable curiosité du savant? Winckler répéta encore ce périlleux essai, qui lui occasionna deux fois une hémorrhagie nasale.

La femme du professeur, qui, sans doute, avait reçu tout à la fois en partage et la curiosité de son sexe et le courage du nôtre, voulut aussi s'exposer au choc électrique. Elle en fut si violemment frappée, qu'elle demeura huit jours ayant à peine la force de se mouvoir. Au bout de ce temps, la curiosité l'emportant sur la crainte, elle brava un deuxième choc, qui ne lui occasionna cette fois qu'un saignement de nez, touchante identité de symptômes avec ceux que venait d'éprouver son docte époux.

A peine les physiciens de Paris furent-ils instruits de l'étonnant phénomène qui venait de se révéler en Allemagne, qu'ils se mirent en devoir de le reproduire. L'abbé Nollet répéta le premier l'expérience de Leyde.

Une seule circonstance arrêtait l'impatience de ce physicien. Comme on l'a vu dans sa lettre rapportée plus haut, Musschenbroek, en décrivant son expérience, recommandait expressément d'employer une bouteille de verre d'Allemagne, et non d'ailleurs. Or, il n'était pas facile de se procurer à Paris, du jour au lendemain, du verre d'Allemagne. Celui de Hollande même, était proscrit par Musschenbroek. En désespoir de cause, Nollet se décida à essayer l'expérience avec du verre ordinaire de France, c'est-à-dire avec un simple flacon de son laboratoire. Toutefois, d'après l'assertion de Musschenbroek, il comptait peu sur le résultat, et il n'opérait que par manière d'acquit.

Le vase dont il faisait si peu de cas le servit, on peut le dire, fort au delà de ses désirs, si bien que notre expérimentateur eût peut-être souhaité que le verre de France fût un peu moins propre à l'expérience de Leyde. Il éprouva, en effet, un terrible choc.

« Je ressentis, nous dit-il, jusque dans la poitrine et dans les entrailles une commotion qui me fit involontairement plier le corps et ouvrir la bouche, comme il arrive dans les accidents où la respiration est coupée ; le doigt index de ma main droite, qui

(1) *Mémoires de mathématique et de physique de l'Académie des sciences de Paris, pour 1746*, p. 3.
(2) *Ibid.*

tirait l'étincelle, reçut un choc ou une piqûre très-violente; mon bras gauche fut secoué et repoussé de haut en bas, au point de me faire quitter le vase à demi plein d'eau que je tenais (1). »

D'où provenait donc l'erreur de Musschenbroek, sur la qualité de verre qui convenait à son expérience? Tout simplement de ce qu'il avait opéré avec un vase d'Allemagne bien sec, tandis que les vases de France dont il s'était servi pour reproduire l'expérience, étaient humides à l'extérieur. La présence de l'eau sur la paroi externe des vases de verre, était, comme on le reconnut plus tard, un obstacle à la réalisation du phénomène.

Quand le résultat de l'expérience de Nollet fut connu dans la capitale, il y excita un intérêt et une curiosité extraordinaires. On se rendit en foule chez le complaisant physicien du collège de Navarre. Des personnes de tout sexe et de tout rang imploraient la faveur d'être soumises à la commotion électrique. Les terreurs que les premiers électriciens avaient éprouvées au sujet de cette expérience, étaient alors singulièrement oubliées. On tournait en ridicule les frayeurs de Musschenbroek, et l'on opposait à la pusillanimité du physicien de Leyde, les nobles et courageux sentiments du professeur Boze, de Wittemberg, qui avait dit avec un héroïsme philosophique : « Je ne regretterais point de mourir « d'une commotion électrique, puisque le « récit de ma mort fournirait le sujet d'un ar- « ticle aux *Mémoires de l'Académie royale des* « *sciences de Paris.* »

Comme le nombre des personnes empressées de recevoir la commotion de la bouteille de Leyde, augmentait tous les jours, et qu'on ne pouvait suffire à satisfaire les désirs de tant d'amateurs empressés, l'abbé Nollet eut l'idée de faire ressentir le choc électrique à un grand nombre d'individus à la fois. Il disposa donc en une chaîne continue, un certain nombre de personnes, se tenant chacune par la main,

(1) *Mémoires de l'Académie royale des sciences pour* 1764, p. 4.

et pouvant, de cette manière, recevoir successivement la décharge de la bouteille électrisée.

Après avoir préludé par des essais convenables à cette singulière expérience, Nollet l'exécuta solennellement à Versailles, devant le roi et la cour.

Une compagnie des gardes-françaises, formée de deux cent quarante soldats, qui se tenaient par la main, fut rangée dans la cour du château : l'abbé Nollet se plaça à l'un des bouts de la chaîne : l'un des soldats, à l'autre bout, tenait à la main la bouteille pleine d'eau électrisée. Quand l'abbé vint à toucher de sa main le fil de fer plongeant dans la bouteille, et à établir de cette manière la communication entre les surfaces interne et externe du vase, aussitôt la commotion se fit sentir dans toute l'étendue de la chaîne. Toute la compagnie des gardes-françaises tressaillit et sauta en même temps.

Quelques jours après, l'abbé Nollet répéta l'expérience dans le couvent des Chartreux. Il fit ranger toute la communauté en une chaîne, qui occupait une étendue de 900 toises, car chacun des acteurs de cette nouvelle scène communiquait avec son voisin au moyen d'un fil de fer d'une certaine longueur tenu dans la main. Dès que le courant fut établi, la commotion électrique fut ressentie au même instant par tous les membres de la respectable congrégation, qui n'avaient peut-être pas l'habitude d'une telle unanimité d'impression.

Poursuivant ensuite les mêmes expériences *in animâ vili*, l'abbé Nollet frappa de la charge électrique des oiseaux et des poissons. Les poissons furent tués dans l'élément liquide. Un moineau et un bruant, les premiers oiseaux qui aient reçu la commotion électrique, furent étourdis au premier coup. A une seconde décharge, le moineau périt, le bruant résista. Quand on examina le corps du moineau, on crut remarquer que toutes les veines du petit cadavre étaient crevées. Le fait ne parut pas néanmoins établi d'une manière suffisante, et il s'éleva parmi les anatomistes et les physiciens de longues discussions sur ces veines de l'oiseau crevées ou intactes; on discuta toute une semaine sur ce grand sujet. Époque heureuse et naïve où la science préoccupait assez les esprits, pour faire disserter pendant huit jours sur l'état des veines d'un moineau (1) !

L'intérêt et la curiosité qu'excitait à Paris l'expérience de la commotion électrique, se propagèrent bientôt dans l'Europe entière. Ce divertissement d'un nouveau genre resta à la mode un grand nombre d'années. Pendant que les savants colportaient dans les salons la bouteille de Leyde, les bateleurs la promenaient dans les rues. Des physiciens improvisés allaient, de ville en ville, montrer le spectacle de ce singulier phénomène.

On avait simplifié, pour le rendre portatif, l'appareil qui servait à exécuter l'expérience. On vendait, sous le nom de *bouteille d'Ingenhousz*, un instrument qui réunissait tout à la fois la bouteille de Leyde et la machine électrique nécessaire pour la charger. Réduite à de petites dimensions, la bouteille se renfermait dans un étui. Quant à la machine électrique, elle se composait tout simplement d'un morceau de peau de lièvre et d'un ruban de soie, recouvert d'un vernis résineux. En frottant le ruban de taffetas verni, avec la peau de lièvre, on y développait de l'électricité. Promenant ensuite le bouton métallique sur la garniture intérieure de la bouteille, on chargeait cette dernière d'une quantité de fluide électrique suffisante pour exciter une commotion.

On vendait aussi sous le nom de *canne électrique*, un véritable instrument à surprises. C'était un tube de verre, rempli à l'intérieur d'une substance conductrice de l'électricité, et enveloppé presque jusqu'à son extrémité supérieure, d'un tube de fer-blanc. Le tout était peint, au dehors, d'une couleur de bois, de manière à simuler une canne ordinaire. Après avoir électrisé, au moyen du ruban et de la peau de lièvre, cette bouteille de Leyde dissimulée, on l'offrait à la personne à laquelle on voulait occasionner la surprise. Quand cette personne, sans défiance, saisissait la canne, par la pomme qu'on lui présentait, sa main, se trouvant à la fois en contact avec le tube de verre extérieur et la garniture métallique intérieure, réunissait les deux surfaces interne et externe de l'instrument, et elle recevait ainsi, à l'improviste, la commotion électrique. C'était une variante scientifique de la *manière de s'amuser en société sans se fâcher*.

Pendant cette diffusion banale des nouvelles découvertes de la physique, bien des accidents singuliers durent être observés, et il est à regretter que les mémoires du temps n'en aient pas retenu un plus ample souvenir.

Parmi les événements bizarres auxquels donnèrent lieu les expériences faites dans le public avec la bouteille de Leyde, on nous permettra de citer le suivant, bien que d'une époque un peu postérieure à l'année 1747, à laquelle se rapporte ce qui précède. C'est le physicien Sigaud de Lafond qui le raconte, dans son ouvrage sur l'électricité.

Sigaud de Lafond était professeur au collége d'Harcourt, à Paris, aujourd'hui lycée Saint-Louis. En répétant l'expérience de la chaîne électrique, sur les élèves de sa classe, composée de soixante jeunes gens, il remarqua que, bien que la bouteille fût assez fortement électrisée, la commotion ne se fit sentir que jusqu'à une demi-douzaine de personnes. Il rechargea la bouteille et répéta de nouveau l'expérience, mais le résultat fut encore le même : l'électricité s'arrêtait toujours à la sixième personne du côté de celui qui tirait l'étincelle. Tout le monde s'en prit alors au jeune homme placé à ce rang de la chaîne, et qui semblait mettre obstacle à la propagation du fluide. On l'accusa d'être la cause de l'in-

---

(1) *Abrégé des Transactions philosophiques*, vol. X, p. 336 (texte anglais). — *Mémoires de mathématique et de physique de l'Académie des sciences de Paris, pour* 1746, p. 22.

Fig. 243. — Expérience faite en 1746 par Lemonnier dans le couvent des Chartreux pour apprécier la vitesse de l'électricité.

succès de l'expérience. On soupçonnait ce jeune élève, nous dit Sigaud de Lafond, « de « n'être pas pourvu de tout ce qui constitue « le caractère distinctif de l'homme. » Il se fit à ce sujet un si grand tumulte, que force fut d'abandonner l'expérience et de renvoyer les jeunes gens dans leurs salles.

Quelques jours après, Sigaud de Lafond, dans le cours de physique qu'il faisait publiquement à Paris, se hasarda à mettre en avant cette hypothèse, que l'électricité n'a aucune action sur les personnes que la nature a maléficiées dans le sens du jeune homme dont il vient d'être question. Sigaud de Lafond, à ce qu'il nous assure, énonçait cette idée, non comme un fait réel, mais comme un simple soupçon à vérifier. Toutefois, ce bruit se répandit bientôt dans Paris, et la renommée, qui ne sait pas tenir compte des réserves des savants, publia partout la curieuse remarque de notre physicien. Il se trouva alors des gens bien informés, qui prétendirent, à l'appui de cette observation, que le même fait avait été constaté sur un célèbre chanteur italien, dont l'état n'était point équivoque, et que la nature dédommageait, par une voix ravissante, du triste état où l'art l'avait réduit.

Le duc de Chartres (depuis duc d'Orléans), informé de ces rumeurs, résolut de s'assurer du fait par lui-même. Il se rend aussitôt chez Sigaud de Lafond, et lui témoigne son désir de voir procéder sans retard, à une expérience décisive sous ce rapport. Le physicien essaya en vain de résister au vœu du prince. Il dut se rendre sur-le-champ, muni de ses appareils, au Palais-Royal, où il trouva plusieurs savants que l'on avait invités dès la veille à être témoins de l'expérience. Trois musiciens de la chapelle du roi, dont la situation physique était connue, devaient être les sujets de cette épreuve d'un nouveau genre.

On forma donc une chaîne, composée de vingt personnes : le duc de Chartres en tête d'un côté, et de l'autre le physicien. Mais les trois sujets n'interceptèrent aucunement le passage du fluide, ni la commotion électrique. Ils parurent même plus sensibles à son impression que les autres personnes qui l'éprouvèrent avec eux. Cet excès de sensibilité provenait sans doute de la surprise que dut occasionner à nos trois virtuoses une commotion qu'ils n'avaient jamais ressentie, car ils étaient restés jusque-là sans aucune idée de l'électricité.

Une expérience aussi concluante semblait devoir terminer cette singulière discussion. Mais il se trouva de grands raisonneurs qui prétendirent qu'il fallait poser une distinction entre les personnes mutilées par l'art, et celles envers lesquelles la nature seule s'était montrée marâtre ; de sorte que, les premières pouvant demeurer sensibles à l'électricité, il était bien possible que les secondes fussent impropres à éprouver son action. Comme il était difficile de se procurer un sujet qui se trouvât positivement dans le cas exigé, et qui voulût se prêter à l'expérience, la discussion reprit de plus belle sur ce thème engageant.

Ce ne fut qu'au bout de six mois que tout finit par s'expliquer. Sigaud de la Fond reconnut, un peu tard sans doute, mais enfin il reconnut, que, dans la partie de la cour du collége où l'expérience avait été faite, et à la place même qu'avait occupée le jeune homme suspecté, l'humidité du sol était considérable, et avait suffi pour détourner le courant électrique. En effet, la même expérience, répétée en cet endroit, échouait toujours, quelle que fût la personne occupant cette place ; la commotion se faisait au contraire parfaitement sentir quand on faisait monter les élèves sur les bancs.

Ainsi tout fut expliqué, justice fut rendue à l'élève incriminé, et en attendant qu'ils fussent proclamés égaux devant la loi, tous les hommes furent reconnus égaux devant l'électricité.

CHAPITRE V

EXPÉRIENCES POUR MONTRER LA VITESSE DE TRANSPORT DE L'ÉLECTRICITÉ ET DE LA COMMOTION ÉLECTRIQUE. — ESSAIS DE LEMONNIER EN FRANCE. — EXPÉRIENCES DES PHYSICIENS ANGLAIS MARTIN FOLCKES, CAVENDISH ET BEVIS. — MODIFICATIONS APPORTÉES A LA BOUTEILLE DE LEYDE. — EXPÉRIENCES DIVERSES DE L'ABBÉ NOLLET. — BEVIS CHANGE LA DISPOSITION DE CET APPAREIL ET LUI DONNE SA FORME ACTUELLE.

Reprenons la suite des expériences qui furent exécutées en France, en 1746, avec la bouteille de Leyde. L'instantanéité de la commotion, et par conséquent l'étonnante vitesse de l'électricité, était le phénomène qui avait frappé le plus vivement les esprits. Des expériences furent donc entreprises, à cette époque, pour essayer de mesurer la vitesse de transport de l'agent physique qui occasionne ces effets.

Lemonnier, de l'Académie des sciences, fut l'auteur des premières recherches entreprises dans ce but. Dirigées avec beaucoup de sagacité, elles mirent en évidence la prodigieuse vitesse avec laquelle l'électricité se transporte d'un point à un autre.

Lemonnier commença par répéter les expériences de l'abbé Nollet sur la transmission du choc électrique à travers une chaîne composée d'un grand nombre de personnes ; mais il les varia et les étendit singulièrement.

Dans ses premiers essais, Lemonnier forma un cercle de personnes qui, au lieu de se tenir immédiatement par la main, se joignaient par des chaînes de fer, longues de trois ou quatre toises. Quelques-unes de ces chaînes traînaient à terre, d'autres plongeaient dans l'eau d'un baquet, d'autres enfin étaient enroulées autour de quelques grosses pièces de fer. En appliquant les conducteurs de la bouteille aux deux extrémités de cette espèce de cercle, toutes les personnes ressentirent le choc électrique sans que le fluide parût aucunement détourné par le sol ni par l'eau.

Lemonnier répéta la même expérience en employant, au lieu de chaînes, un fil de fer long de près d'une lieue. Une partie de ce fil de fer traversait un pré, dont l'herbe était mouillée par la rosée; une autre était portée sur une palissade de charmille et s'enroulait autour de plusieurs arbres, enfin une partie assez considérable traînait dans une terre nouvellement labourée : malgré tous ces obstacles, l'électricité passa le long du fil de fer, et excita une commotion violente dans les bras d'une personne placée à l'extrémité de la chaîne.

« Voyant, dit Lemonnier, que l'électricité passait avec tant de liberté au travers des hommes et des métaux, lors même qu'ils n'étaient pas portés sur des corps électriques de leur nature, je crus qu'il serait fort possible d'électriser aussi une grande masse d'eau. J'en fis d'abord l'expérience dans un baquet, que je remplis entièrement; je pris de la main droite une bouteille bien électrisée, dont j'avais eu soin de recourber le fil de fer; je plongeai le doigt de la main gauche dans l'eau du baquet, et je plongeai ensuite l'extrémité recourbée du fil de fer précisément vis-à-vis de l'endroit où j'avais le doigt de la main gauche. Je pris garde à ce que ni mon doigt ni le fil de fer ne touchassent au bord du baquet; aussitôt je ressentis le coup dans les bras et dans la poitrine, comme dans l'expérience de Leyde.

« J'ai répété ensuite cette expérience sur le bassin du Jardin du Roi et sur celui des Tuileries. J'étendis par terre une chaîne de fer le long de la demi-circonférence de ces bassins, et je pris garde à ce que cette chaîne ne trempât pas dans l'eau. Proche d'une de ses extrémités, je fis flotter une broche de fer fixée verticalement à un large morceau de liège, de manière que cette broche, traversant le liège, s'enfonçait d'un pouce ou deux au-dessous de la superficie de l'eau; un observateur se plaça à l'autre extrémité de la chaîne, la prit dans sa main gauche et plongea la main droite dans l'eau; je pris aussi d'une main l'autre extrémité de la chaîne et une bouteille électrisée de l'autre; je l'approchai de la broche de fer qui flottait sur l'eau : aussitôt l'électricité passa au travers de l'eau du bassin, et nous ressentîmes chacun un coup dans les deux bras.

« Quoique cette expérience n'eût rien qui ne s'accordât à merveille avec la petite théorie de la ligne qui unit le fil de fer et le corps de la bouteille, j'avoue que j'eus de la peine à croire que cette masse d'eau fût réellement devenue électrique; je croyais plutôt que la commotion que nous avions ressentie venait de ce que notre électricité se perdait dans l'eau, comme celle d'un homme qui est porté sur des gâteaux de résine se perd lorsqu'on fait sortir des étincelles de son corps, sans que celui qui les tire devienne pour cela électrique; mais l'expérience suivante, que j'ai faite exprès pour m'en éclaircir, ne me permit pas de douter que l'eau du bassin n'eût réellement reçu et transmis l'électricité.

« Je pris deux baquets pleins d'eau, que j'éloignai l'un de l'autre d'environ quatre pieds ; je fis mettre entre eux une personne qui plongeait une main dans chacun des baquets. Je mis aussi un doigt dans l'un, et je présentai le fil d'une bouteille électrisée à un morceau de fer qui nageait sur un liège dans l'autre baquet; aussitôt il se fit une explosion, et la personne qui avait les deux mains plongées dans l'eau ressentit la commotion dans les coudes comme à l'ordinaire. Or, puisque cette personne a ressenti la commotion, il est évident que l'eau a réellement été électrisée, et partant que l'électricité a aussi passé, au travers de l'eau du bassin des Tuileries, dans l'expérience que j'ai rapportée tout à l'heure.

« Il est donc constant que la matière électrique qui s'élance de la bouteille passe très-librement au travers des corps non électriques, même sans qu'ils soient portés sur ceux qui ont cette propriété de leur nature, et qu'elle se manifeste dans ces corps d'une manière très-sensible (1). »

Lemonnier essaya ensuite d'estimer la vitesse de propagation du fluide électrique. A l'aide d'excellentes montres à secondes, il s'efforça de reconnaître si l'on pouvait saisir un intervalle de temps appréciable entre le moment de la décharge d'une bouteille de Leyde et celui de la commotion éprouvée par des personnes placées à une grande distance de l'appareil.

Ses premières expériences avec une montre à secondes, eurent lieu au Jardin des Plantes, au moyen de fils de fer d'une longueur de 200 et de 450 toises qui faisaient le tour des deux grandes allées du jardin. Mais Lemonnier ne put obtenir, en opérant ainsi, des résultats satisfaisants. Bien que l'électricité lui semblât avoir franchi la longueur

(1) *Mémoires de mathématiques et de physique de l'Académie royale des sciences de Paris pour 1746*, p. 450-452.

des fils dans l'intervalle d'une seconde, il hésitait, avec raison, à accorder confiance à ce chiffre, qu'il n'avait obtenu qu'un certain nombre de fois dans dix-sept expériences consécutives.

Il résolut donc de continuer les mêmes recherches, avec un fil de fer beaucoup plus long, et en suivant une méthode plus exacte que celle de l'emploi des montres.

Dans un vaste enclos qui appartenait au couvent des Chartreux, Lemonnier disposa deux fils de fer parallèles, longs chacun de 950 toises et distants entre eux de quelques pieds. Ces deux fils faisaient le tour de l'enclos et revenaient à leur point de départ; de telle sorte que leurs extrémités venaient aboutir à l'endroit même où se trouvait placée la bouteille de Leyde. Un observateur, placé en ce point, tenait dans chaque main une des extrémités de ce fil conducteur. Il établissait ainsi, à l'aide de son corps, une communication au moyen de laquelle pouvait se faire la décharge de la bouteille. Placé de cette manière, cet observateur pouvait apercevoir l'étincelle, qui partait de la bouteille au moment où un autre opérateur déchargeait cette bouteille en l'approchant du point de départ du double fil conducteur qui parcourait l'enclos. Il pouvait donc juger si le coup qu'il ressentait dans les bras, venait après l'explosion de l'étincelle, ou en même temps.

Tout étant préparé de cette manière, Lemonnier prit dans sa main droite, la bouteille, et de sa main gauche, il approcha peu à peu de l'extrémité de ce fil la bouteille de Leyde électrisée.

Quand l'étincelle partit, l'observateur placé à l'extrémité du conducteur, ressentit la commotion, au moment même où il voyait briller la lueur de cette étincelle (1).

Ayant répété l'expérience en tenant lui-même les deux fils, et faisant décharger la bouteille par son aide, Lemonnier obtint les mêmes résultats.

Il la fit répéter aussi par un grand nombre d'autres personnes, et chacun tomba d'accord que l'on ne pouvait saisir aucun intervalle appréciable entre la lumière et le coup, et que par conséquent l'électricité parcourait sans une succession reconnaissable un espace de 950 toises, c'est-à-dire près d'une demi-lieue.

« Il aurait été facile d'observer, dit Lemonnier, un « quart de seconde s'il y avait eu cet intervalle entre « la lumière et le coup; d'où il résulte que la vitesse « de la matière électrique, lorsqu'elle parcourt un « fil de fer, est au moins trente fois plus grande que « celle du son (1). »

En ne concluant rien au delà des résultats fournis par l'expérience, Lemonnier restait fidèle aux principes rigoureux qui doivent guider dans les sciences d'observation; mais il n'était pas difficile de prévoir que les mêmes essais, exécutés sur des distances plus considérables, donneraient une idée bien plus élevée encore de la vitesse de transport de l'électricité.

Les observations qui venaient d'être faites en France pour la première fois, concernant la rapidité de propagation du fluide électrique, furent continuées par les physiciens anglais, qui les poussèrent jusqu'à de très-grandes distances. Ces recherches eurent beaucoup d'éclat et même de majesté.

Plusieurs membres de la *Société royale de Londres*, entre autres Martin Folckes, qui en était alors président, Cavendish et Bevis, se réunirent pour procéder à ces expériences, dont la direction fut confiée à Watson.

Les premiers essais qui furent exécutés les 14 et 18 juillet 1747, eurent pour but de transporter le courant électrique à travers la Tamise, en employant l'eau de ce fleuve comme une partie de la chaîne conductrice. A cet effet, on plaça près de Westminster,

(1) *Mémoires de mathématiques et de physique de l'Académie royale des sciences de Paris* pour 1746, p. 456-457.

(1) *Mémoires de mathématiques et de physique de l'Académie royale des sciences de Paris* pour 1746, p. 457.

Fig. 244. — Expérience faite en 1747 sur la Tamise par Martin Folckes, Cavendish et Bevis près du pont de Londres pour apprécier la vitesse de l'électricité.

une bouteille de Leyde chargée. Un fil de fer communiquait avec la garniture intérieure de cette bouteille; l'extrémité libre de ce fil conducteur attachée à la bouteille, était tenue dans la main d'un observateur qui, placé au bord de la rivière, tenait, de l'autre main, une baguette de fer.

Cet observateur trempa sa baguette de fer dans la rivière, pendant qu'un autre, placé en regard de l'autre côté de l'eau, trempait pareillement sa baguette dans la rivière d'une main, et tenait de l'autre main un fil de fer dont l'extrémité pouvait être mise en contact avec le conducteur de la bouteille.

En établissant la communication entre les garnitures intérieure et extérieure de la bouteille de Leyde, et faisant ainsi partir la décharge, la commotion électrique se fit sentir au même instant aux deux observateurs séparés par la Tamise.

Ainsi, le fluide s'était transmis en franchissant successivement le corps du premier observateur, l'eau de la Tamise, le corps du second observateur placé de l'autre côté de l'eau, et le fil que ce dernier tenait dans la main.

On réussit, dans une de ces expériences, à enflammer des liqueurs spiritueuses à l'aide du courant électrique qui avait traversé la rivière.

Rien ne peut donner une idée de la surprise, mêlée d'incrédulité, qui accueillit l'annonce de ce fait. Personne ne pouvait croire à ce phénomène extraordinaire d'un feu qui allait allumer de l'esprit-de-vin, après avoir traversé la rivière.

Une seconde série d'expériences commença le 24 juillet 1747 à *Stock-Newington*, près de Londres. On établit un conducteur d'environ 2 mille anglais de longueur, qui était formé en partie par l'eau de la Tamise, en partie par un fil de fer. Cette expérience fut faite en deux points. Dans l'un, la longueur du fil de fer disposé sur la terre, était de 800 pieds, et l'on avait pris dans la Tamise une étendue de 2 milles anglais. Dans l'autre point, la distance par terre était de 2 milles, anglais et 800 pieds, et par eau, de 8 milles. L'électricité se transmit tout aussi bien que dans l'expérience faite près du pont de Londres.

Ensuite, au lieu d'enfoncer les baguettes de fer tenues par l'observateur, dans l'eau de la rivière, pour établir la communication, on les appliqua simplement en terre, à une distance de 20 pieds de l'eau. L'expérience eut le même succès ; et l'on reconnut ainsi que la terre humide, au moins jusqu'à une certaine distance, peut transmettre, aussi bien que l'eau, le fluide électrique.

Le 28 juillet, cette expérience fut répétée avec le même résultat, bien que les observateurs qui devaient enfoncer la baguette dans la terre se trouvassent chacun à 150 pieds de l'eau.

On essaya alors de reconnaître si le terrain sec laisserait passer aussi facilement le fluide électrique que la terre humide. L'expérience eut lieu, le 5 août 1747, à *Highbury-Barn*, au delà d'*Islington*. Bien que l'un des observateurs fût placé dans une sablonnière sèche, à cent pas de distance de la rivière, la commotion électrique fut ressentie comme auparavant.

On voulut reconnaître enfin, si le choc électrique pourrait se faire sentir dans un terrain sec, à une distance double de celle à laquelle on venait de le transmettre, et comparer en même temps, s'il était possible, les vitesses respectives de l'électricité et du son.

Le 14 août 1747, on s'établit, pour procéder à cette expérience, sur la montagne de *Shooter*. Le fil de fer communiquant avec la baguette tenue par l'observateur, était d'une longueur de près de 7 milles. Il était soutenu dans tout son trajet sur des bâtons bien secs qui faisaient l'office de corps isolants. Le conducteur qui communiquait avec la bouteille de Leyde, avait près de 4 milles de longueur et se trouvait également soutenu sur des bâtons préalablement séchés au four, afin de mieux assurer leur isolement : une distance de 2 milles séparait les deux observateurs. On tira un coup de fusil au moment de l'explosion de la bouteille, et les observateurs tenaient leurs montres à la main pour remarquer le moment où ils sentiraient le coup. Mais on ne put noter aucun intervalle appréciable entre la détonation et le choc électrique.

Une dernière expérience fut encore exécutée pour essayer de reconnaître avec plus d'exactitude la vitesse de l'électricité.

Le 5 août 1748, les expérimentateurs se réunirent une dernière fois sur la montagne de *Shooter*. On convint de former un circuit électrique de 2 milles de longueur, en faisant faire au fil conducteur différents détours dans la campagne ; le milieu de ce circuit se trouvait dans une maison où était placée la bouteille de Leyde, avec un observateur qui tenait à chaque main un des deux bouts, lesquels avaient de chaque côté 1 mille de longueur.

Dans cette disposition, qui reproduisait celle adoptée par Lemonnier, on pouvait observer avec exactitude l'intervalle entre le moment de la décharge de la bouteille de Leyde et celui de la commotion éprouvée.

« L'expérience prouva, dit Priestley, que la vitesse
« du passage de la matière électrique dans toute la
« longueur de ce fil, qui avait 12,276 pieds de lon-
« gueur, était instantanée (1). »

Ces curieuses expériences excitèrent, parmi les électriciens de l'Europe, beaucoup de surprise et d'admiration. Dans une lettre adressée à ce sujet à Watson, Musschenbroek lui écrivait, avec la magistrale emphase de quelques savants de cette époque : *Magnificentissimis tuis experimentis superasti conatus omnium !*

(1) *Histoire de l'électricité*, t. I, p. 203.

(*Par la magnificence de vos expériences vous avez surpassé les efforts de tous.*) »

De tels résultats redoublèrent l'ardeur des physiciens. On varia beaucoup la manière d'exécuter l'expérience de Leyde. Nollet, en France, y procédait de beaucoup de façons différentes. Il montra en 1747 que cette expérience peut se faire très-bien avec un vase de verre qui ne contienne ni eau ni métal, mais qui soit seulement vide d'air : l'espace vide d'air existant dans la bouteille lui servait de garniture intérieure (1).

Cette expérience, qui a été répétée plusieurs fois de nos jours, réussit parfaitement ; elle donne une décharge électrique d'une grande intensité. L'appareil nécessaire pour l'exécuter, existait encore, il y a peu d'années, dans le cabinet de physique de la Faculté de médecine de Paris. La bouteille fut brisée, pendant une leçon du cours de M. Gavarret, par la force de la décharge.

Nollet exécutait quelquefois la même expérience, en employant deux personnes au lieu d'une seule, pour exciter l'étincelle. Ces deux personnes étaient séparées par un tube de verre rempli d'eau, dont elles tenaient chacune une extrémité. Nollet voulait montrer ainsi, d'une manière plus frappante, le phénomène lumineux de l'étincelle.

« Lorsque l'explosion se fait, dit Nollet, et que les deux corps animés ressentent la secousse, le tube intermédiaire qui les unit brille d'un éclat de lumière aussi subit et d'aussi peu de durée que le coup qui saisit les deux personnes appliquées à cette épreuve ; n'est-il pas tout à fait possible qu'on verrait en nous la même chose si nous étions transparents comme le verre et l'eau (2)? »

Il aimait encore à montrer la même manifestation de la lumière électrique par une expérience assez bizarre.

« Au lieu du tube plein d'eau, si les deux personnes qui font l'expérience se présentent mutuellement un *œuf cru* l'une à l'autre à la distance de quelques lignes, au moment de la commotion, si c'est dans la nuit ou dans un lieu obscur, on voit étinceler l'extrémité de chacun des deux œufs, et tous les deux paraissent également remplis de lumière (1). »

Nollet montrait enfin que la forme de l'appareil est indifférente pour exécuter l'expérience de Leyde. Il obtenait la décharge électrique en se servant, au lieu de bouteille, d'une simple capsule de verre ou d'une jatte contenant de l'eau (2).

Ces diverses modifications apportées à l'expérience de Leyde commençaient, quoique bien lentement, à préparer l'explication théorique du phénomène singulier que personne n'était encore en état d'approfondir.

C'est ainsi que Musschenbroek reconnut que l'expérience de Leyde échouait toujours quand les parois extérieures de la bouteille étaient humides, fait qui explique, comme nous l'avons dit plus haut, l'erreur qu'il avait commise lui-même en déclarant que le verre d'Allemagne était le seul propre à exécuter sa célèbre expérience.

En Angleterre, Watson découvrit que la ténuité du verre augmentait le choc électrique et que l'intensité de la décharge était indépendante de la force de la machine électrique qui servait à la provoquer. En multipliant ses expériences, Watson reconnut encore que l'intensité de la décharge augmentait proportionnellement avec l'étendue de la surface du verre.

Un autre expérimentateur anglais, Bevis, modifia très-avantageusement les dispositions primitives de la bouteille de Musschenbroek, et lui donna la forme que nous lui connaissons aujourd'hui. Il avait reconnu, à force de varier l'expérience, que l'énergie de la décharge augmentait avec les dimensions de la bouteille, mais nullement en proportion de la quantité d'eau qu'elle renfermait. Il conjectura donc que, dans le phénomène, encore inexpliqué, de la bouteille de Leyde, l'eau

---

(1) *Mémoires de l'Académie des sciences pour* 1747, p. 24.
(2) *Leçons de physique expérimentale*, t. VI, p. 473.

(1) *Leçons de physique expérimentale*, t. VI, p. 474.
(2) *Ibidem*, p. 486, fig. 22.

ne remplissait d'autre rôle que celui de conducteur. Comme l'eau ne jouit qu'à un assez faible degré de la propriété de conduire le fluide électrique, et qu'elle le cède beaucoup sous ce rapport aux différents métaux, Bevis pensa que l'effet électrique serait augmenté si l'on remplaçait l'eau par un métal. Il plaça donc dans la bouteille, de la grenaille de plomb au lieu d'eau, et l'expérience fit voir que l'emploi d'un métal pour former la garniture intérieure de l'appareil augmentait considérablement l'effet électrique.

La grenaille de plomb employée par Bevis fut remplacée plus tard par des feuilles d'or, métal non oxydable et meilleur conducteur.

C'est encore le même physicien qui eut l'idée d'envelopper à l'extérieur la bouteille de Leyde d'une feuille métallique. Bevis avait compris que la main de l'opérateur qui tenait la bouteille, remplissait l'office d'un conducteur de l'électricité. En enveloppant la bouteille d'une feuille d'étain jusqu'à une certaine hauteur, on rendait la partie externe de l'appareil beaucoup plus conductrice. On pouvait alors placer la bouteille sur une table ou sur un support de bois, sans qu'il fût nécessaire de recourir à une personne pour la tenir.

Ces deux changements apportés par Bevis à la forme de la bouteille de Musschenbroek ajoutèrent beaucoup à l'intensité de ses effets, et cet instrument prit ainsi la forme définitive qu'il a conservée jusqu'à nos jours.

Chacun sait que la bouteille de Leyde consiste aujourd'hui, comme le montre la figure 245 en un vase de verre enveloppé à l'extérieur d'une feuille d'étain B, jusqu'à une certaine distance du goulot. Elle contient à l'intérieur des feuilles d'or, et se termine par un conducteur en laiton, T, recourbé en crochet à son extrémité libre. Ce crochet sert à la

Fig. 245.
Bouteille de Leyde.

mettre en communication avec la source d'électricité, c'est-à-dire avec la machine électrique, comme le montre la figure 246. Une chaîne de fer attachée, au moyen d'un crochet C, au dessous de la bouteille, sert à faire écouler dans le sol l'électricité de nom contraire à celle qui se condense à l'intérieur.

Bevis eut encore, le premier, l'idée de construire une *batterie électrique*. Il réunit trois bouteilles de Leyde, qu'il fit communiquer entre elles,

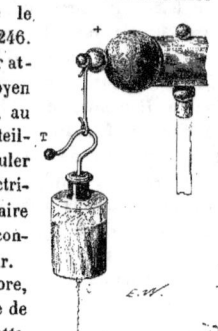

Fig. 246. — Bouteille de Leyde en communication avec la machine électrique.

à l'aide de fils de fer partant de l'intérieur de chacune d'elles. Il fit également communiquer les garnitures extérieures de ces bouteilles par une chaîne métallique qui traînait sur le sol.

Ainsi fut construite la première *batterie électrique* que Franklin, comme nous le verrons bientôt, imagina aussi de son côté, sans avoir eu, nous dit-il, connaissance de cet appareil de Bevis.

Fig. 247. — Carreau électrique.

Mettant à exécution l'idée de Bevis, Watson construisit ensuite de puissantes *batteries*

Fig. 248. — Franklin dans son laboratoire de physique à Philadelphie.

électriques, en employant de très-grandes bouteilles de verre mince, nommées *jarres*, qu'il remplissait de feuilles d'argent.

On obtint avec ces batteries, des effets électriques d'une grande puissance. La décharge d'une batterie composée de dix à douze jarres suffisait pour tuer des animaux d'une assez grande taille.

Tous ces résultats prouvaient avec évidence que les effets de la bouteille de Musschenbroek dépendaient, non de l'intensité de la source qui fournissait l'électricité, c'est-à-dire de la machine électrique, mais bien de l'étendue de la surface que présentait le verre ainsi maintenu entre deux surfaces métalliques. Bevis prouva expérimentalement ce fait important, en recouvrant les deux faces opposées d'un carreau de verre, de deux feuilles métalliques, jusqu'à une distance d'un pouce du bord du carreau. Faisant communiquer l'une de ces feuilles métalliques avec le conducteur d'une machine électrique, et l'autre avec le sol, il obtint une décharge, qui avait sensiblement la même intensité que celle qui était fournie par une bouteille de verre de même surface.

C'est ce que l'on désigne aujourd'hui sous le nom d'*expérience du carreau fulminant*.

Cette expérience est représentée page 472 (fig. 247), un carreau de verre fait d'un cadre de bois est garni sur ses deux faces d'une lame d'étain, dont l'une entourée au moyen d'un prolongement métallique *c*, est en communication avec le cercle de bois par un anneau et une chaîne métalliques A. Pour charger ce *condensateur*, on fait communiquer la lame d'étain de la face supérieure avec une machine électrique et l'anneau avec le sol, au moyen de la chaîne. La condensation de l'électricité s'effectue à travers la lame de verre. Quand on réunit au moyen d'un *excitateur* les deux lames métalliques, il en résulte une forte décharge.

Telle est l'expérience qui servit à Bevis à prouver que l'intensité de la décharge d'une bouteille de Leyde dépend de l'étendue de la surface sur laquelle est déposée l'électricité, et non de l'intensité de la source d'électricité.

Cependant, ces diverses remarques ne fournissaient encore que des lumières bien incertaines pour expliquer le phénomène de la bouteille de Leyde. Depuis un an, les expériences, les faits acquis, s'étaient multipliés singulièrement, mais la théorie n'avait pas fait un pas. On avait varié et perfectionné la construction de cet instrument sans pouvoir encore hasarder la moindre explication de ses effets. L'empirisme seul avait appris à donner aux pièces de la bouteille de Musschenbroek la place qu'on leur assignait. On savait bien qu'il fallait, pour exécuter l'expérience, placer un corps non conducteur de l'électricité entre deux surfaces conductrices ; mais quel rôle physique remplissait chacun des éléments de cet appareil, on l'ignorait encore d'une manière absolue. Il fallait que cet appareil traversât les mers, pour aller trouver au sein du Nouveau-Monde le philosophe ingénieux, le rigoureux observateur, qui devait éclairer d'une lumière subite et inattendue une matière dont tous les physiciens de l'Europe avaient été impuissants à dissiper l'obscurité.

CHAPITRE VI

TRAVAUX DE FRANKLIN. — THÉORIE DU FLUIDE UNIQUE. — ANALYSE PHYSIQUE DE LA BOUTEILLE DE LEYDE. — EXPÉRIENCES DIVERSES INVOQUÉES PAR FRANKLIN POUR ÉTABLIR LA THÉORIE PHYSIQUE DE LA BOUTEILLE DE MUSSCHENBROEK.

Ce fut dans l'été de l'année 1747 que le hasard amena l'illustre Franklin à s'occuper pour la première fois, des phénomènes électriques. Par son éducation, Franklin était loin d'avoir été préparé à la culture des sciences, mais la nature lui en avait donné le génie, et son exemple prouve suffisamment combien la flamme de l'inspiration scientifique peut se faire jour et briller au dehors en dépit du concours incessant des circonstances contraires. D'abord apprenti dans une fabrique de chandelles, ensuite ouvrier imprimeur, enfin directeur d'un journal économique, dépourvu de toute instruction première, à peine dégrossi par un voyage sans résultat entrepris en Europe, séparé par une distance de deux mille lieues des pays où florissaient les sciences, privé ainsi de tout conseil, de toute direction qu'auraient pu lui fournir des physiciens engagés dans les mêmes travaux, entièrement dépourvu d'instruments de recherches et d'ailleurs sans ressources pécuniaires pour en faire construire en Europe : tel était l'homme qui s'apprêtait à aborder l'étude des phénomènes électriques avec l'espoir de résoudre les problèmes difficiles qui s'offraient pour la première fois à son esprit investigateur. Franklin avait reçu de la nature l'originalité dans la conception et l'indépendance dans les vues. Son esprit, qui n'avait pas été embarrassé de bonne heure dans les replis des vicieux systèmes de la physique de son temps, s'ouvrait librement et sans entraves aux simples lumières de la vérité et de la raison. Cette virginité intellectuelle, attribut rare et précieux, fut la source des triomphes scientifiques du philosophe américain.

Franklin avait établi à Philadelphie, une petite société littéraire, où quelques jeunes esprits, amateurs des vérités physiques et morales, aimaient à s'exercer ensemble sur diverses matières de cet ordre. Au commencement de l'année 1747, un physicien, nommé Pierre Collinson, membre de la *Société royale de Londres*, adressa à la petite réunion présidée par Franklin, la description raisonnée des nouvelles expériences électriques qui occupaient alors toutes les académies de l'Europe. A sa lettre étaient joints quelques instruments pour exécuter les principales de ces expériences, et particulièrement un tube de verre avec son étui, instrument qui pouvait tenir lieu d'une machine électrique, car frotté avec une étoffe de laine, il donnait assez d'électricité pour produire les principaux phénomènes observés jusque-là. Peu de temps auparavant, en 1746, Franklin se trouvant à Boston, avait rencontré dans cette ville un amateur d'électricité, le docteur Spence, arrivant d'Écosse, qui l'avait rendu témoin de quelques expériences courantes sur l'électricité. Bien qu'imparfaitement exécutées par le bon docteur, « qui n'était pas très-expert, » nous dit Franklin, ces expériences lui avaient inspiré un vif intérêt, et l'avaient séduit par l'extrême nouveauté du sujet. Aussi le présent envoyé à la *Société de Philadelphie* par le complaisant physicien de la *Société royale de Londres* fut-il accueilli avec empressement par Franklin, qui entrevoyait sans doute la riche moisson de découvertes que cette matière, alors si nouvelle, réservait aux observateurs.

Franklin commença par répéter, avec les petits appareils envoyés par Collinson, les expériences qu'il avait vu faire à Boston par le docteur Spence. Il en rendit témoins ses amis, les jeunes membres de la *Société littéraire*. Sa maison se remplissait chaque jour, de curieux et d'amateurs qui venaient se fa-miliariser avec ces nouveaux prodiges. Afin d'activer le travail, il fit souffler dans la verrerie de Philadelphie, plusieurs tubes de verre, qu'il distribua à ses amis, pour les mettre en état de répéter eux-mêmes les phénomènes qu'il produisait devant eux. Il put de cette manière, disposer bientôt de plusieurs collaborateurs. Le principal d'entre eux fut Kinnersley, « ingénieux voisin, nous dit « Franklin, n'ayant rien à faire, que j'enga-
« geai à entreprendre de montrer les expé-
« riences pour de l'argent, et pour qui je ré-
« digeai deux discours dans lesquels les expé-
« riences étaient classées de telle manière, et
« accompagnées d'explications données d'a-
« près une telle méthode, que la précédente
« faisait comprendre celle qui suivait. Il se
« procura à ce sujet un élégant appareil, dans
« lequel toutes les petites machines que
« j'avais grossièrement faites pour moi furent
« proprement fabriquées par des faiseurs
« d'instruments. Ses séances furent bien sui-
« vies et donnèrent une grande satisfaction,
« et quelque temps après il parcourut les co-
« lonies, donnant des séances dans les villes
« capitales, et recueillit de l'argent. »

Les expériences de Franklin et les découvertes qui en furent la suite, sont consignées dans une série de lettres adressées par lui à Collinson et qui ont été réimprimées plusieurs fois. La première est du 28 juillet 1747.

Les lettres de Franklin ont besoin, pour être comprises, d'un commentaire explicatif. Elles sont loin, en effet, de procéder suivant les règles d'une exposition dogmatique. C'est un simple et bref récit d'expériences détachées, dont le lien échappe, et qui déconcertent toujours l'esprit à une première lecture. Ce commentaire indispensable, nous allons essayer de le fournir.

Dans l'exposé des découvertes de Franklin il importe de distinguer soigneusement entre les faits et les hypothèses. Il faut considérer séparément la théorie générale qu'il a proposée pour l'explication des phénomènes électriques, et les faits nouveaux qu'il observa et qui sont devenus dans la suite une source abondante de découvertes et d'applications. La théorie générale imaginée par Franklin a été précieuse pour la constitution de la science électrique ; les faits qu'il a découverts ont beaucoup éclairé cette partie de la physique : par ces deux ordres de travaux, Franklin a donc été doublement utile à la belle science qu'il réussit à approfondir.

Fig. 249 — Franklin

Nous avons vu, en parlant des travaux de Dufay, que ce physicien, pour expliquer les phénomènes généraux de l'électricité, avait admis l'existence de deux espèces de fluides : l'*électricité vitrée* ou *positive* et l'*électricité résineuse* ou *négative*. Selon Dufay, l'électricité existe dans tous les corps à l'état neutre ou naturel, et cette électricité naturelle est formée par la neutralisation réciproque des deux électricités, positive et négative, qui existent dans tous les corps. Par le frottement ou par la chaleur, on peut déterminer la décomposition de ce fluide naturel : dès lors les deux électricités, positive et négative, primitivement combinées, se désunissent ; l'une passe sur le corps frottant, l'autre sur le corps frotté, qui se trouve dès lors animé de la vertu électrique, soit positive soit négative.

L'existence de ces deux fluides opposés ne satisfaisait pas le philosophe américain. Il crut pouvoir expliquer les mêmes phénomènes par une hypothèse mieux en harmonie avec la simplicité de moyens que la nature met en jeu. Pour rendre compte des phénomènes électriques, Franklin n'admettait l'existence que d'un seul fluide ; avec cette donnée, il expliquait tous les phénomènes de la manière la plus simple.

Franklin suppose qu'il existe dans tous les corps un fluide très-délié, c'est le fluide électrique proprement dit. Homogène dans son essence, il est répandu dans tous les corps : *ses molécules se repoussent mutuellement, et il a lui-même de l'attraction pour la matière.* Tous les corps de la nature qui, à l'origine, ont été plongés dans ce fluide, s'en sont chargés selon leur degré d'attraction et de capacité pour cet agent physique, jusqu'à ce que ce fluide se soit mis en équilibre avec lui-même dans tous les corps de la nature. D'après cela, dans les conditions ordinaires, aucun corps ne semble contenir de fluide électrique et ne paraît électrisé, il est dans l'état naturel. Mais dès que le frottement, ou un moyen analogue, est venu déterminer dans ce corps la rupture de l'équilibre naturel, les attractions pour le fluide électrique du corps frottant et du corps frotté perdent leur rapport primitif d'égalité. L'un se charge d'une surabondance de fluide électrique, l'autre en perd une partie ; de telle sorte qu'après le frottement, le corps frottant, par exemple, renferme plus et le corps frotté renferme moins de cette électricité naturelle. C'est cet excès ou ce défaut de fluide qui les constitue dans deux états d'électricité différents, et qui leur donne la propriété de manifester des effets électriques opposés, c'est-à-dire de s'attirer mutuellement et de se reconstituer en équilibre, dès qu'on les met en contact l'un avec l'autre. Quand un corps renferme de l'électricité en excès, Franklin dit qu'il est électrisé *positivement;* si l'électricité s'y montre en défaut, il est électrisé *négativement.*

Telle est l'hypothèse de Franklin, préférable, sous le rapport de la simplicité, à celle de Dufay.

Nous ouvrirons ici une parenthèse pour expliquer pourquoi la théorie de Franklin n'a pas subsisté dans la science.

La théorie du fluide unique, proposée par Franklin, n'a pas été adoptée par les physiciens de notre époque, pour deux motifs : 1° Parce qu'on a pensé que l'hypothèse des deux fluides simplifiait l'exposé des phénomènes et présentait plus de facilité que celle de Franklin pour l'exposition dogmatique et pour l'enseignement ; 2° parce que le physicien OEpinus, l'ayant soumise au calcul, crut que cette hypothèse n'était pas confirmée par l'analyse mathématique. Il résulte en effet des calculs d'OEpinus, que la théorie de Franklin ne serait admissible qu'autant qu'il existerait, entre les particules de la matière, une répulsion à de grandes distances. Cette objection mathématique parut décisive contre la théorie de Franklin, car cette répulsion réciproque à de grandes distances ne s'aperçoit nulle part dans les mouvements des corps célestes, qui, au contraire, s'attirent les uns les autres. On faisait encore remarquer que, dans la théorie de Franklin, les corps conducteurs agissant par une attraction sur le fluide unique, il doit exister, dans cette sorte d'affinité de la matière pour l'électricité, des variations dépendantes de la nature des différents corps. Or, ce résultat n'est point conforme à l'expérience, car on sait que l'électricité se distribue aux corps conducteurs, non pas d'une manière différente suivant leur nature, mais uniformément, selon leur surface.

Enfin, disait-on encore, comment se fait-il que l'électricité négative, qui n'est, suivant le système de Franklin, qu'une privation, qu'une *absence d'électricité,* se produise uniquement à la surface des corps et s'établisse sur chaque point de cette surface, conformément aux lois rigoureuses de l'hydrostatique, absolument comme un *fluide réel.*

Telles sont les objections qui ont fait tomber l'hypothèse de Franklin. Mais nous allons essayer de montrer qu'elles avaient beaucoup moins de force qu'on ne leur en a prêté, et que la théorie du fluide unique satisfait, tout aussi bien que celle des deux fluides, à l'explication des phénomènes électriques. Sans doute, l'hypothèse des deux fluides se prête avec une merveilleuse facilité, à l'exposition des faits; de même que pour démontrer les lois de la lumière, il est plus commode d'avoir recours à la théorie de l'émission qu'à celle des ondulations. Mais cette considération ne suffit pas pour faire admettre l'hypothèse des deux fluides. Il faudrait, pour que l'on fût forcé de l'adopter, démontrer qu'aucune autre hypothèse ne peut se plier aussi facilement à l'intelligence des phénomènes fournis par l'observation.

Un jeune physicien, dont le nom est aujourd'hui presque inconnu et qu'une mort prématurée enleva aux sciences, Bigeon, est parvenu, par l'application de l'analyse mathématique, et en même temps par l'expérience, à renverser les objections d'OEpinus rapportées plus haut. Le mémoire de Bigeon, qui a passé presque inaperçu, est imprimé dans les *Annales de chimie et de physique* (1).

Bigeon commence par établir le principe suivant : « *Il n'existe qu'un seul fluide électrique dont l'égale distribution dans tous les corps de la nature constitue l'état naturel, et l'inégale distribution l'état électrique des corps.* »

Ce principe posé, Bigeon démontre par le calcul que deux corps électrisés et suspendus librement dans l'air, se repousseront quand

(1) 2ᵉ série, t. XXXVIII, p. 150.

leurs tensions électriques seront toutes deux supérieures ou inférieures à celle de l'atmosphère environnante, et s'attireront quand l'une de ces deux tensions sera plus forte et l'autre plus faible que celle du milieu environnant.

En étudiant les calculs de Poisson sur la distribution de l'électricité libre dans l'intérieur des corps conducteurs, Bigeon a vu qu'ils s'appliquaient très-naturellement à l'hypothèse du fluide unique. Il faut seulement, dans les calculs, ajouter au nombre des propriétés du fluide électrique admises par Poisson, une sorte d'incompressibilité ou une force élastique considérable, et admettre aussi que la quantité d'électricité qu'il est possible d'enlever ou d'ajouter aux corps électrisés, est infiniment petite par rapport à celle qu'ils renferment.

Se fondant sur les expériences de Davy, qui a démontré que les phénomènes électriques se manifestent dans le vide, Bigeon arriva à conclure que le vide contient du fluide électrique et qu'une partie de ce fluide est indépendante du milieu environnant, cette partie étant très-petite relativement à celle qui adhère aux molécules du corps électrisé.

Ainsi, dans l'air atmosphérique, chaque molécule est entourée d'une certaine quantité d'électricité qui ne s'en sépare que difficilement ; en ajoutant dès lors à un même espace une nouvelle quantité d'air, ou en enlevant une partie de celui qu'il renferme, ce qui revient à augmenter ou à diminuer sa densité par un moyen quelconque, on augmentera ou on diminuera en même temps sa tension électrique, et les corps placés dans son intérieur, précédemment en état d'équilibre électrique, se trouveront trop peu ou trop électrisés par rapport à lui, et devront dès lors manifester des propriétés électriques. C'est ce que Bigeon a observé en effet dans l'expérience suivante.

Si on suspend sous une cloche dans laquelle on peut faire le vide, et près d'une boule de moelle de sureau fixe et isolée, une autre boule, placée à l'extrémité d'un fil de gomme-laque horizontal, soutenue par un fil de cocon, on observe en faisant le vide sous cette cloche qu'une très-faible diminution dans la densité de l'air, produit toujours une répulsion qui disparaît en rendant l'air. Cette expérience contredit formellement la théorie des deux électricités ; car on ne peut, en ôtant du fluide naturel, laisser que du fluide naturel, et il n'y a pas de raison pour que l'électrisation des boules se produise et soit accusée par une répulsion, tandis que, dans l'hypothèse d'un seul fluide, diminuer la densité de l'air c'est diminuer la tension électrique du milieu environnant ; donc les tensions des deux boules électrisées sont toutes deux plus grandes que la tension du milieu ambiant, et il y a répulsion.

Bigeon est donc parvenu, par l'expérience et le raisonnement, à faire tomber l'objection d'Œpinus, et il n'est plus nécessaire, pour admettre l'existence d'un fluide unique, de supposer les molécules de la matière douées d'une force répulsive.

La seconde objection élevée contre le système de Franklin consiste à dire qu'une *absence d'électricité*, qui, dans cette théorie, représente l'état négatif des corps électrisés, ne pouvait obéir aux mêmes lois, se mouvoir de la même manière que le fluide positif. Mais il suffit pour réfuter cette objection de rappeler que Franklin a dit : Un corps est électrisé négativement quand on lui enlève une *partie*, mais non pas la *totalité* de son fluide naturel.

La troisième objection contre la théorie de Franklin consiste à dire que l'on ne saurait admettre une sorte d'affinité élective dans un fluide qui se distribue, d'après une même loi, à la surface de tous les corps indifféremment, et sans aucune différence déterminée par leur composition chimique. Cette troisième objection a été réfutée en ces termes par Edm. Robiquet, agrégé de physique à l'École de pharmacie de Paris, dans sa Thèse pour le doctorat ès sciences présentée en 1854, à la Faculté des sciences de Paris.

« Il me semble bien difficile, dit Robiquet, « pour ne pas dire impossible, de déterminer des « différences de conductibilité ou d'adhérence dans « un fluide dont la vitesse est si prodigieuse, et par « conséquent on n'a pas le droit de nier que ces dif- « férences existent. Qu'y a-t-il d'ailleurs de surpre- « nant à ce que l'électricité se propage et se distribue « de la même manière à la surface des corps con- « ducteurs présentant au point de vue physique des « propriétés générales semblables, de même que « tous les corps qu'on peut amener à l'état de pré- « cipités noirs pulvérulents, aussi semblables que « possible au noir de fumée, absorbent de la même « manière les rayons calorifiques, ainsi que M. Mas- « son l'a démontré par des expériences aussi précises « et aussi irréprochables que celles qu'il a l'habitude « de faire?

« L'illustre Faraday, en découvrant qu'un même « courant électrique traversant les dissolutions de « plusieurs métaux, en sépare des poids sensible- « ment proportionnels à leurs équivalents, autorise « lui-même à penser qu'il existe pour l'électricité « statique une sorte d'affinité élective, mais que les « nuances de cette affinité ont échappé jusqu'à pré- « sent à toutes les méthodes d'investigation. »

Dans la Thèse qui nous a fourni les passages précédents, Robiquet s'est proposé de compléter et de développer la pensée émise par Bigeon, dont le mémoire n'était qu'une simple note sur un sujet que la mort l'a empêché sans doute de traiter dans tout son développement. Robiquet explique donc, suivant l'une et l'autre théorie, les expériences fondamentales de l'électricité. Il expose ensuite, suivant l'une et l'autre hypothèse, la théorie de quelques instruments employés à la démonstration des phénomènes électriques, et il montre que le système de Franklin, c'est-à-dire l'hypothèse du fluide unique, rend compte de ces phénomènes d'une manière tout aussi simple que la théorie qui lui a été préférée jusqu'à nos jours.

Revenons pourtant à Franklin et à sa théorie.

Malgré ses avantages, malgré la clarté qu'elle introduisait dans l'interprétation des phénomènes, la théorie de Franklin ne fut pas acceptée dans la science. On continua d'admettre, avec les physiciens français, l'hypothèse des deux fluides à propriétés différentes, et cette théorie a été professée jusqu'à nos jours. Elle est plus commode, en effet, pour l'enseignement, pour l'exposition dogmatique, mais rien ne prouve qu'elle soit conforme à la réalité.

La théorie de Franklin, ouvrage d'un esprit net et profond, sera toujours citée avec respect et avec reconnaissance, car c'est en la prenant pour guide que son auteur fut conduit à l'une des plus belles découvertes dont la physique se soit enrichie, c'est-à-dire à l'analyse, à l'explication physique du mécanisme de la bouteille de Leyde. C'est par des expériences pleines de finesse, de pénétration et d'élégance que Franklin fut conduit à cette découverte admirable.

Voici comment, d'après les expériences de Franklin, on se rend compte aujourd'hui des phénomènes de la bouteille de Leyde.

Ses effets s'expliquent par la différence que présentent, sous le rapport de l'état électrique, ses surfaces interne et externe, que l'on désigne d'habitude sous le nom de *garniture extérieure* et de *garniture intérieure*. Avant que l'on ait fait jouer la machine électrique, la garniture intérieure, c'est-à-dire la partie interne du verre et les feuilles d'or que renferme la bouteille, sont à l'état neutre (pour employer les termes de la théorie de Dufay); c'est-à-dire que les deux fluides positif et négatif existent dans ce corps, mais neutralisés, paralysés par leur combinaison. Quand on fait agir la machine électrique qui développe par exemple du fluide positif, et que l'on met la bouteille de Leyde en communication avec le conducteur de cette machine, le fluide positif passe à l'intérieur ou dans la garniture intérieure de la bouteille. Parvenu là, ce fluide positif agit, à travers l'épaisseur du verre, sur les deux fluides qui existent à l'état neutre dans la garniture extérieure.

Sous cette influence, le fluide neutre de la garniture extérieure est décomposé; le fluide positif est repoussé et s'écoule dans le sol par le corps de l'opérateur qui tient à la main la bouteille. Le fluide négatif de la même garniture extérieure est attiré par le fluide de nom contraire qui existe à l'intérieur de la bouteille.

L'interposition d'une substance non conductrice, comme le verre, empêche ces deux électricités libres de se réunir pour recomposer du fluide neutre, comme elles le seraient si elles étaient séparées par une substance conductrice de l'électricité. Le verre de la bouteille remplit donc l'office d'une sorte de barrière qui sépare les deux fluides libres, les maintient à l'état d'activité, et permet d'accumuler ou de condenser ainsi entre les deux garnitures une masse d'électricité. Cette masse est d'autant plus considérable que la garniture extérieure étant toujours en communication avec le sol, c'est-à-dire avec le grand réservoir naturel de l'électricité neutre, emprunte au sol autant d'électricité que peut en accumuler la garniture intérieure de la bouteille.

Ainsi s'explique ce fait de la présence des deux électricités de nom contraire dans les garnitures interne et externe de la bouteille de Leyde.

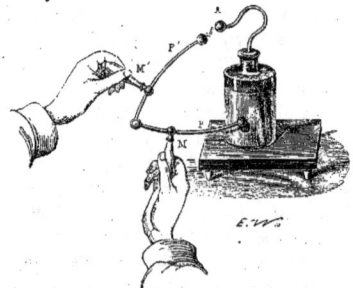

Fig. 250. — Décharge de la bouteille de Leyde.

Maintenant, si, à l'aide d'un arc métallique conducteur PP' (fig. 250) garni d'un manche isolant en verre MM', c'est-à-dire d'un *excitateur*, on vient à toucher à la fois les garnitures interne et externe de la bouteille, on présente un moyen de communication entre ces deux garnitures. Alors les deux électricités accumulées s'échappent à la fois par cet arc conducteur; elles s'élancent à la rencontre l'une de l'autre, et se recombinent en reformant du fluide neutre, et produisant entre le bouton A de la bouteille et le bouton de *l'excitateur*, une vive étincelle, ainsi qu'il arrive toutes les fois que l'on met en présence deux corps différemment et fortement électrisés.

Si, au lieu d'établir la communication entre les deux électricités au moyen d'un arc métallique isolé pour deux manches de verre, on établit cette communication avec les deux mains, la personne qui fait cette expérience reçoit une profonde secousse, parce que la recomposition des deux fluides, et l'ébranlement physique considérable qui en est la conséquence, se fait à l'intérieur de son corps et dans l'intimité de ses organes.

C'est précisément ce qui arriva à Musschenbroek lorsque, pour la première fois, il vint à toucher fortuitement, d'une main, le conducteur de la machine électrique en activité, pendant qu'il tenait, de l'autre main, la bouteille de verre pleine d'eau électrisée.

Telle est l'analyse, telle est l'explication que Franklin donna aux physiciens de son temps des effets de la bouteille de Leyde. Mais comment le philosophe américain parvint-il à démontrer la vérité de l'explication qui précède? C'est ce qu'il importe d'exposer avec soin.

Dans une première expérience, Franklin présente à une bouteille de Leyde chargée, une boule de liége attachée à l'extrémité d'un fil de soie, et il voit que la boule est attirée par l'enveloppe extérieure de la bouteille, tandis que le fil métallique communiquant avec l'intérieur, la repousse.

« Placez, dit Franklin, une bouteille de Leyde électrisée sur de la cire, matière isolante; tenez à

MACHINE ÉLECTRIQUE.

Fig. 251. — Découverte fortuite de la présence de l'électricité dans la vapeur d'eau (page 488).

la main un fil de soie bien sec auquel est suspendue une petite boule de liége ; approchez cette petite boule du fil de fer qui sort de l'intérieur de la bouteille, elle sera d'abord attirée et ensuite repoussée. Lorsqu'elle est dans cet état de répulsion, baissez la main de manière que la boule se trouve vis-à-vis du bas de la bouteille ; elle sera promptement et fortement attirée. Si le verre, à l'extérieur de la bouteille, avait été électrisé positivement, comme le fil de fer qui communique avec sa partie intérieure, le liége aurait été repoussé également par le fil de fer et par le bas de la bouteille (1). »

Donc, la partie externe et la partie interne de la bouteille se trouvaient à un état électrique opposé : l'une était électrisée positivement, l'autre négativement.

Pour établir le même fait par une autre expérience, Franklin suspend un fil de lin au voisinage de l'enveloppe d'une bouteille

(1) *Œuvres de Franklin*, traduites de l'anglais par M. Barbeu-Dubourg, t. II, p. 16, lettre 3.

T. I.

chargée, et il observe que, chaque fois qu'il présente son doigt au crochet de la bouteille, le fil de lin est attiré par l'enveloppe, de manière qu'à mesure qu'il soutire le fluide de la surface intérieure, l'enveloppe en reçoit la même quantité par le moyen du fil de lin.

« D'un fil de fer courbé et attaché sur une table, faites pendre un fil de lin à la distance d'un demi-pouce de la fiole électrisée ; touchez avec un doigt le fil d'archal de la fiole à plusieurs reprises, et à chaque attouchement vous verrez le fil de lin attiré dans l'instant par la bouteille (cette expérience réussira encore mieux avec un vinaigrier ou tel autre vase bombé qu'on voudra). Dès que vous tirez du feu de la partie supérieure, en touchant le fil d'archal, la partie inférieure de la bouteille en attire une égale quantité par le fil. »

Franklin montra d'une manière plus manifeste encore, que, dans la bouteille de Leyde, les surfaces interne et externe se trouvent à un état électrique opposé, au moyen de plu-

61

sieurs expériences très-ingénieuses, très-élégantes, et qui ont été conservées jusqu'à nos jours, sans modification. Elles avaient pour but de prouver que l'on peut parvenir à dépouiller peu à peu la bouteille de Leyde de toute son électricité, en présentant alternativement un même corps léger à la garniture intérieure et à la garniture extérieure. Ce corps étranger opère lentement et silencieusement sa décharge, parce qu'il soutire à chaque fois une petite quantité de fluide sur l'une des garnitures de la bouteille, et la neutralise aussitôt par une même quantité de fluide contraire empruntée à l'autre garniture.

« Faites tenir, dit Franklin, un fil de fer dans une feuille de plomb, dont le bas de la bouteille est garni, de sorte qu'en faisant un coude pour se relever perpendiculairement, l'anneau qui le termine se trouve de niveau avec le haut ou l'anneau du fil d'archal qui entre dans le liége, et qu'il en soit à trois ou quatre pouces de distance. Alors électrisez la bouteille, et posez-la sur de la cire. Si un morceau de liége suspendu par un fil de soie descend entre les deux fils d'archal, il jouera continuellement de l'un à l'autre jusqu'à ce que la bouteille ne soit plus électrisée : la raison en est qu'il tire et apporte le feu du haut en bas de la bouteille, jusqu'à ce que l'équilibre soit rétabli. »

C'est la même expérience que Franklin avait déjà faite avec son *araignée artificielle*, et qu'il décrit très-sommairement, en ces termes, dans une lettre précédente :

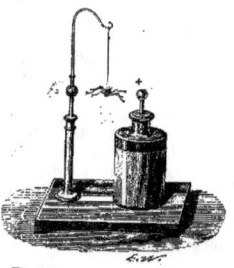

Fig. 252. — Araignée électrique.

« Nous suspendons par un fil de soie une araignée artificielle faite d'un petit morceau de liége brûlé avec les pattes de fil de lin, et lestée d'un ou deux grains de plomb pour lui donner plus de poids. Sur la table où elle est suspendue, nous attachons un fil d'archal perpendiculairement à la hauteur du fil d'archal de la fiole et à la distance de deux ou trois pouces de l'araignée; alors nous animons cette araignée en mettant la fiole à la même distance, mais de l'autre côté; elle vole aussitôt au fil d'archal de la fiole, bande ses pattes en le touchant, s'élance de là et revole au fil d'archal de la table, de là encore au fil d'archal de la fiole, jouant avec ses pattes contre l'un et l'autre d'une manière tout à fait amusante, et paraît parfaitement animée aux personnes qui ne sont pas instruites. Elle continue ce mouvement une heure et plus dans un temps sec. »

On ne manque jamais aujourd'hui, dans les cours de physique, de répéter cette curieuse expérience de l'*araignée de Franklin* (fig. 252).

Le *carillon électrique* est une autre expérience du physicien de Philadelphie, qui n'est qu'une variante de la précédente. En munissant de deux timbres métalliques très-sonores, C, A (fig. 253), le crochet extérieur de

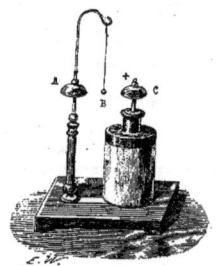

Fig. 253. — Carillon électrique.

la bouteille de Leyde et une tige métallique en communication avec sa garniture extérieure au moyen d'une bande d'étain, on obtient, par le choc répété d'une balle métallique légère B isolée par le fil de soie auquel elle est suspendue et qui est attirée successivement de l'un à l'autre timbre, une série continue de sons, ou un *carillon électrique*. Au bout de quelques heures, par ces décharges partielles et successives la bouteille a perdu toute son électricité.

Franklin montra ensuite qu'en mettant en contact les deux surfaces, interne et externe, de la bouteille de Leyde électrisée, les deux fluides se recomposent, et tout effet électrique disparaît.

« Placez, dit Franklin, une bouteille de Leyde électrisée sur de la cire pour l'isoler ; prenez un fil de fer qui ait la forme d'un c, de telle longueur qu'après lui avoir donné sa courbure on puisse faire toucher le fil d'archal de la bouteille par un de ses bouts et le bas de la bouteille par l'autre. Attachez-en la partie convexe à un bâton de cire d'Espagne qui lui servira comme de manche ; appliquez alors son bout d'en bas au fond de la bouteille, et approchez par degrés son bout d'en haut du fil d'archal qui est dans le liège : vous y verrez des étincelles se suivre de près jusqu'à ce que l'équilibre soit rétabli. Faites toucher d'abord le haut en approchant l'autre extrémité du fond, vous aurez un courant de feu continuel provenant du fil d'archal qui enfile la bouteille ; touchez le haut et le bas en même temps, et l'équilibre sera incontinent rétabli, le fil d'archal courbé formant la communication. »

Franklin mit le même résultat en évidence à l'aide d'une autre expérience assez élégante pour être rapportée ici. Elle avait pour résultat de montrer aux yeux le passage de l'étincelle électrique entre les deux surfaces différemment électrisées de la bouteille de Leyde mise en communication au moyen d'un mince filet d'or bordant la couverture d'un livre :

« Voici, dit Franklin, une jolie expérience qui rend extrêmement sensible le passage du feu électrique de la partie supérieure à la partie inférieure de la bouteille pour rétablir l'équilibre. Prenez un livre dont la couverture soit bordée de filets d'or ; courbez un fil d'archal de huit ou dix pouces de long dans la forme m, posez-le à l'extrémité de la couverture du livre sur le filet d'or, de façon que le coude de ce fil d'archal porte sur une extrémité du filet d'or et que l'anneau soit en haut, incliné vers l'extrémité du livre ; couchez le livre sur le verre sur de la cire, et posez la bouteille électrisée sur l'autre extrémité des filets d'or ; alors courbez la partie saillante du fil d'archal en la pressant avec un bâton de cire d'Espagne jusqu'à ce que son anneau soit proche de l'anneau du fil d'archal de la bouteille, et à l'instant vous apercevez une forte étincelle et un choc, et tout le filet d'or qui complète la communication entre le haut et le bas de la bouteille paraît une flamme vive comme un éclair très-brillant. L'expérience réussira d'autant mieux que le contact sera plus immédiat entre le coude du fil d'archal et l'or à une extrémité du filet, et entre le cul de la bouteille et l'or à l'autre extrémité. Il faut faire cette expérience dans une chambre obscure. Si vous voulez que tout le contour des filets d'or sur la couverture paraisse en feu tout à la fois, faites en sorte que la bouteille et le fil d'archal touchent l'or dans les coins diagonalement opposés. »

Toutes ces expériences, d'une frappante simplicité, suffisaient pour établir la justesse de l'explication donnée par Franklin de l'état physique de la bouteille de Musschenbroek ; mais le physicien de Philadelphie, ne trouvant pas sans doute ces moyens de démonstration assez complets, se livre à de nouvelles recherches pour vérifier sa conjecture. Il décharge sa bouteille à travers le corps d'un homme isolé, et l'homme ne conserve après la décharge aucune trace d'électricité. Il isole le frottoir après avoir suspendu une bouteille au conducteur, et il ne peut réussir à la charger, quoiqu'il la tienne constamment avec la main, tandis qu'il la charge facilement lorsqu'à l'aide d'un fil métallique il fait communiquer sa surface extérieure avec le frottoir isolé. Franklin charge la bouteille avec la même facilité, soit qu'il présente l'enveloppe, soit qu'il présente le crochet au conducteur.

Les électriciens de l'Europe avaient observé qu'on ne peut jamais réussir à charger une bouteille de Leyde quand on la place sur un support isolant. La théorie de Franklin explique parfaitement ce fait : pour que le fluide naturel de la bouteille soit détruit par l'électricité positive arrivant de la machine, il faut que le fluide négatif, repoussé, puisse s'écouler dans le sol ; si la bouteille que l'on électrise est isolée, la route étant fermée au fluide négatif, ce dernier ne peut s'écouler dans le sol, et par conséquent l'électrisation de la bouteille est impossible.

Mais une des expériences les plus élégantes par lesquelles Franklin confirma toute la vérité de sa théorie est celle que l'on désigne sous le nom de *charge par cascade*.

Si, comme l'admettait Franklin, il y a, par la garniture extérieure de la bouteille de Musschenbroek, un écoulement continuel d'électricité de nom contraire à celle qui arrive par la machine électrique, cette électricité doit pouvoir se manifester au dehors par ses effets. Franklin imagina de rendre sensible la présence de cette électricité par un moyen bien démonstratif au point de vue expérimental. Il fit servir l'électricité négative qui s'écoulait de la garniture extérieure d'une bouteille de Leyde, à charger de nouvelles bouteilles. Voici comment il faut s'y prendre pour répéter l'expérience de la *charge par cascade*, due à l'esprit ingénieux du physicien de Philadelphie.

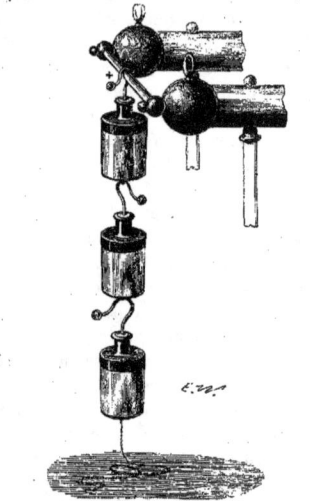

Fig. 254. — Charge de plusieurs bouteilles de Leyde par cascade.

La première bouteille de Leyde communique comme à l'ordinaire, par le crochet de sa garniture intérieure, avec le conducteur d'une machine électrique. Un crochet métallique, fixé à la garniture extérieure de cette première bouteille, sert à supporter une seconde bouteille de Leyde, qui communique ainsi, par sa garniture intérieure, avec la garniture extérieure de la première, et peut dès lors recevoir le fluide qui s'en écoule. On peut placer une troisième bouteille de Leyde au-dessous de la deuxième, en la suspendant de la même manière au crochet de la précédente.

Maintenant, si l'on met en action la machine électrique, en faisant tourner son plateau de verre, le fluide positif envoyé par le conducteur de cette machine s'accumulera dans la garniture intérieure de la première bouteille; les deux fluides, qui sont dans la garniture extérieure à l'état neutre, seront désunis, le fluide négatif sera attiré, le fluide positif repoussé. Ce fluide, positif repoussé passera, par les deux crochets entrelacés, de la garniture extérieure de la première bouteille dans la garniture intérieure de la seconde. Cette seconde bouteille sera donc, par rapport à la troisième, dans la même position que la première par rapport à la seconde. Il en sera de même de la troisième, etc. Toutes les garnitures intérieures posséderont le fluide positif, toutes les garnitures extérieures le fluide négatif, en un mot toutes les bouteilles seront chargées comme la première et aussi facilement qu'une seule. Cette manière de charger les bouteilles de Leyde est une preuve sans réplique de l'écoulement du fluide repoussé.

Franklin expliqua sans plus de difficulté, l'augmentation des effets électriques que l'on produit au moyen des *batteries*, nom que l'on donnait depuis Bevis et Watson, sans toutefois que l'on eût trouvé l'explication théorique. Cette explication était toute simple, d'après ce qui précède.

Une batterie électrique se compose de la réunion d'un certain nombre de bouteilles de Leyde, dont les garnitures intérieures communiquent toutes ensemble au moyen d'une tige métallique partant de l'intérieur de chacune d'elles pour aboutir à cette tige commune. Les garnitures extérieures communiquent également entre elles au moyen d'une lame d'étain qui revêt le fond de la boîte où tout cet ensemble est placé. Cette boîte communique elle-même avec le sol par une chaîne métallique qui pend au dehors jusqu'à terre, et met en communication avec le sol toutes les garnitures extérieures.

Fig. 255. — Batterie électrique.

Les premières batteries électriques employées par Franklin ne se composaient pas de bouteilles de Leyde proprement dites : elles consistaient dans la réunion d'un certain nombre de *carreaux fulminants*, c'est-à-dire de grands carreaux de vitre, munis de chaque côté d'une mince lame de plomb et supportés par des cordons de soie (1). Dans la suite de

(1) « D'après cela nous avons fait ce que nous appelons « une *batterie électrique*, consistant en onze grands car-« reaux de vitre armés de lames minces de plomb appli-« quées sur chaque côté, placés verticalement et soutenus « à deux pouces de distance sur des cordons de soie, avec « des crochets épais de fil de plomb, un de chaque côté, « placés tout droit, à une certaine distance ; avec des com-« munications convenables de fil d'archal et une chaîne « depuis le côté *donnant* d'un carreau, jusqu'au côté *rece-« vant* de l'autre ; de sorte que le tout puisse être chargé « ensemble et par la même opération, comme s'il n'y avait « qu'un seul carreau. Nous y avons ajouté encore une « autre machine pour amener, après la charge, les côtés « donnants en contact avec un long fil d'archal et les côtés « recevants avec un autre, afin que ces deux longs fils « d'archal puissent porter la force de tous les carreaux de « verre à la fois à travers le corps de quelque animal for-« mant le cercle avec eux. Les carreaux peuvent aussi

ses expériences, Franklin se servit d'une batterie électrique telle que la représente la figure 255, reproduction exacte de l'une des figures qui accompagnent son mémoire.

Ajoutons, pour terminer cet exposé des travaux de Franklin, que, dans le cours des recherches que nous venons d'analyser, il fit encore, avec le secours de Kinnersley, « son ingénieux voisin, » plusieurs expériences curieuses dont on ne manque pas de rendre témoins aujourd'hui les auditeurs des cours de physique. Entre autres expériences de ce genre, c'est-à-dire concernant les effets de l'électricité statique, nous citerons, comme ayant été exécutées pour la première fois par Franklin ou Kinnersley, celles du *Tube étincelant*, — de la *Bouteille de Leyde étincelante*, — du *Carreau magique*, et du *Carillon électrique*, dont il a été question plus haut, — du *Thermomètre de Kinnersley*, — du *Perce-carte*, — du *Perce-verre*, etc. Nous n'entrerons dans aucun détail au sujet de ces expériences, qui ne répondent qu'à une intention de curiosité, qui ne constituent que des spectacles et récréations physiques bien connus aujourd'hui et dont nous voulons seulement marquer ici l'origine historique.

On nous permettra toutefois, pour donner une idée exacte de ce genre de divertissements physiques qui plaisait à l'illustre physicien du Nouveau-Monde, de citer, comme le spécimen le plus original en ce genre, l'expérience du *Tableau magique du roi et des conjurés*.

« Voici de quelle manière, dit Franklin, se fait le *Tableau magique* dont M. Kinnersley est l'inventeur. Ayant un grand portrait gravé, avec un cadre et une glace, comme par exemple celui du roi (que Dieu bénisse !), ôtez-en l'estampe et coupez-en une bande à environ deux pouces du cadre tout autour ; quand la coupure prendrait sur le portrait, il n'y aurait pas

« être déchargés séparément, ou en tel nombre à la fois « que l'on voudra. Mais nous n'avons pas fait beaucoup « d'usage de cette machine, comme ne répondant pas par-« faitement à notre intention, relativement à la facilité de « la charge, par la raison donnée sect. 10. » (*Œuvres de Franklin*, traduites de l'anglais par M. Barbeu-Dubourg. In-4, 1773, t. I, p. 27-28.)

d'inconvénient. Avec de la colle légère ou de l'eau gommée, collez sur le revers de la glace la bande du portrait séparée du reste, en la serrant et l'unissant bien : alors remplissez l'espace vide en dorant la glace avec de l'or ou du cuivre en feuilles; dorez pareillement le bord intérieur du derrière du cadre tout autour, excepté le haut, et établissez une communication entre cette dorure et la dorure du derrière de la glace; remettez la bordure sur la glace, et ce côté sera fini. Retournez la glace, et dorez le devant précisément comme le derrière, et, lorsque la dorure sera sèche, couvrez-la en collant dessus le milieu de l'estampe dont on avait retranché la bande, observant de rapprocher les parties correspondantes de cette bande et du portrait; par ce moyen, le portrait paraîtra tout d'une pièce comme auparavant, quoiqu'il y en ait une partie derrière la glace et l'autre devant... Tenez le portrait horizontalement par le haut, et posez sur la tête du roi une petite couronne dorée et mobile. Maintenant, si le portrait est électrisé modérément et qu'une personne empoigne le cadre d'une main, de sorte que ses doigts touchent la dorure postérieure et que, de l'autre main, elle tâche d'enlever la couronne, elle recevra une commotion épouvantable et manquera son coup. Si le portrait était fortement chargé, la conséquence pourrait bien en être aussi fatale que celle du crime de *haute trahison*, car, lorsqu'on tire une étincelle à travers une main de papier couchée sur le portrait par le moyen d'un fil d'archal de communication, elle fait un trou à travers chaque feuillet, c'est-à-dire à travers quarante-huit feuilles (quoique l'on regarde une main de papier comme un bon plastron contre la pointe d'une épée ou même contre une balle de mousquet), et le craquement est excessivement fort. Le physicien qui, pour empêcher l'estampe de tomber, la tient par le haut, à l'endroit où l'intérieur du cadre n'est pas doré, ne sent rien du coup et peut toucher le visage du portrait sans aucun danger, ce qu'il donne comme un témoignage de sa fidélité au prince. Si plusieurs personnes en cercle reçoivent le choc, on appelle l'expérience, *les Conjurés*. »

Il ne faut pas confondre l'appareil que Franklin appelle *Tableau magique* avec celui que l'on voit dans les cabinets de physique actuels, et que nous représentons ici (fig. 256). Le *Tableau magique* de nos cabinets de physique, n'est qu'un des nombreux appareils qui servent à produire dans l'obscurité, des effets lumineux à l'aide de l'électricité.

Sur un carreau de verre on colle une bande d'étain très-étroite, qui se replie plusieurs fois parallèlement à elle-même, en laissant peu d'intervalle entre chaque bande, comme le montrent les lignes noires de la figure 256. Ensuite avec un instrument tranchant, on pratique, sur ces traits noirs, des solutions de continuité, figurant une fleur, une tête, un portique, etc.

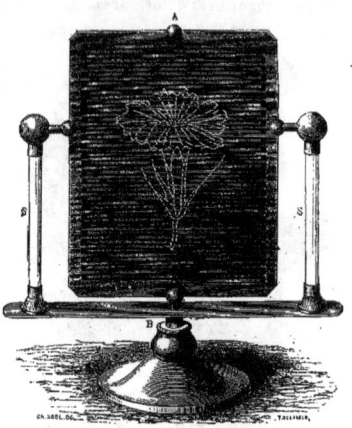

Fig. 256. — Tableau magique.

Cet appareil, étant isolé au moyen de deux colonnes de verre qui lui servent de support, si l'on met l'extrémité supérieure A de la bande d'étain, en communication avec une machine électrique en activité, et l'autre extrémité en communication avec le sol, grâce au bouton B et au support de bois, l'électricité jaillit à chaque solution de continuité de la bande d'étain, et figure en traits de feu l'objet qui a été découpé dans la continuité de la bande du métal.

La quatrième lettre de Franklin, où se trouve rapportée, avec plusieurs autres, l'expérience originale du *Tableau magique du roi et des conjurés* se termine comme il suit :

« Étant un peu mortifiés de n'avoir pu jusqu'ici rien produire par nos expériences pour l'utilité du genre humain et entrant dans la saison des grandes chaleurs pendant lesquelles les expériences électriques ne réussissent pas si bien, nous avons pris la résolution de les terminer pour cette saison un peu gaiement, par une partie de plaisir sur les bords du Skuylkill. Nous nous proposons d'allumer de l'esprit-de-vin des deux côtés en même temps, en envoyant une étincelle de l'un à l'autre rivage à travers la rivière, sans autre conducteur que l'eau, expérience que nous avons exécutée depuis peu au grand étonnement de plusieurs spectateurs. Nous tuerons un dindon pour notre dîner par le choc électrique, il sera rôti à la broche électrique devant un feu allumé avec la bouteille électrisée, et nous boirons aux santés de tous les fameux électriciens d'Angleterre, de Hollande, de France et d'Allemagne, dans des tasses électrisées, au bruit de l'artillerie d'une batterie électrique (1). »

C'est au milieu de ces sortes de récréations physiques, et avec leur secours, que Franklin accomplit son immortelle analyse de la bouteille de Leyde, dont nous venons de présenter l'exposé.

Pendant que le philosophe américain réalisait ses belles découvertes, les électriciens d'Europe continuaient de se livrer à une foule d'expériences et de tentatives isolées, qu'ils variaient sans cesse, sans en tirer le moindre fruit, et sans trouver une théorie satisfaisante pour expliquer les nombreux phénomènes que la science enregistrait chaque jour. Les physiciens les plus célèbres de la France, de l'Angleterre et de l'Allemagne, les membres les plus éminents des académies européennes, ne pouvaient que signaler confusément des faits observés d'une manière empirique, tandis qu'un nouveau venu, un homme sans notoriété dans les sciences, composait, à deux mille lieues de l'Europe, la théorie rationnelle des phénomènes électriques, et soumettait à une victorieuse analyse la bouteille de Musschenbroek.

Toutefois, ces grandes découvertes n'étaient elles-mêmes qu'un prélude. Elles ne marquaient que le premier pas vers un triomphe plus éclatant encore. Il restait au philosophe américain à étonner le monde par une de ces vues supérieures qui dévoilent toute la puissance et la portée de l'esprit humain. Il lui restait à démontrer l'identité de la foudre et de l'électricité, et à appliquer cette idée à la création du paratonnerre.

Avant de passer à l'histoire de cette grande découverte, et de reprendre l'historique des progrès de l'électricité depuis son origine jusqu'à nos jours, nous décrirons, pour en finir avec la *machine électrique* qui fait l'objet de cette Notice, les machines électriques construites et adoptées par les physiciens contemporains, et qui sont de date récente.

CHAPITRE VII

DÉCOUVERTES RÉCENTES RELATIVES A LA MACHINE ÉLECTRIQUE. — ÉLECTRICITÉ PRODUITE PAR LES JETS DE VAPEUR D'EAU BOUILLANTE. — MACHINE HYDRO-ÉLECTRIQUE DE M. ARMSTRONG. — MACHINE DE M. HOLTZ.

Les machines électriques que nous avons décrites, sont toutes basées sur le développement de l'électricité par le frottement du verre. Les plus puissantes sont à plateau. Nous citerons celle du musée Teyler, à Harlem, qui fut construite en 1785, par Cuthbertson, pour le physicien Van Marum. Les deux plateaux parallèles avaient $1^m,60$ de diamètre. Quatre hommes suffisaient à peine pour la mettre en rotation. Elle donnait des étincelles de 65 centimètres de longueur et d'une épaisseur de plus d'un demi-centimètre, qui éclataient avec une véritable détonation. Un pendule électrique était dévié à plus de 12 mètres de distance. Nous avons donné page 454 la figure de cet appareil célèbre.

Une autre machine à plateau, digne d'être mentionnée, est celle du Conservatoire des Arts et Métiers de Paris, dont le plateau a $1^m,85$ de diamètre, et qui donne des étincelles énormes.

Mais la plus grande machine électrique qui existe, est celle de l'*Institution polytechnique de Londres*. Son plateau a un diamètre de $2^m,27$. Sa rotation est produite par une machine à vapeur.

---

(1) *Œuvres de Franklin traduites de l'anglais*, par M. Barbeu-Dubourg, in-4, 1773, t. I, p. 35-37.

Les effets de ces puissants appareils sont dépassés par ceux d'une machine électrique basée sur un principe tout différent, et d'invention, relativement, récente. La découverte de cette nouvelle source d'électricité statique, est due à un phénomène révélé par le hasard, mais que l'on sut analyser et utiliser.

En 1840, un mécanicien anglais était occupé, dans un atelier aux environs de Newcastle, à réparer la chaudière d'une machine à vapeur où il s'était déclaré une fuite. Par un mouvement involontaire, il plongea une de ses mains dans le jet de vapeur, pendant que de l'autre main il touchait le levier de la soupape de sûreté. Aussitôt il éprouva une secousse, et il vit des étincelles jaillir au bout de ses doigts qui touchaient le levier. Il se trouvait, en ce moment, sur un massif de briques chaudes, peu conducteur, qui jouait le rôle de corps isolant, et sans nul doute il établissait la communication entre la chaudière, qui était électrisée négativement, et la vapeur, qui prenait, en s'échappant, une électricité positive (fig. 251, page 481).

Informé de ce phénomène inattendu, M. Armstrong le répéta sur d'autres machines. Il puisa la vapeur dans une chaudière, par l'intermédiaire d'un large tube de verre, terminé par un robinet isolé. Tant que la vapeur n'avait pas d'issue, il ne se manifestait pas d'action électrique, mais dès qu'on la laissait s'échapper, elle s'électrisait positivement, le robinet prenant l'électricité opposée. La chaudière elle-même restait à l'état naturel.

Ce résultat prouve que les deux fluides se séparent seulement à l'orifice d'échappement, et qu'ils sont engendrés par le frottement de la vapeur contre les parois du robinet.

M. Faraday a complété l'étude de ce phénomène en montrant que la vapeur surchauffée et sèche ne fournit point d'électricité. Si on la fait passer, au contraire, avant sa sortie, dans une boîte remplie d'étoupe humide, où elle se charge de gouttelettes d'eau, on obtient de l'électricité en abondance. C'est donc le frottement des gouttelettes liquides qui est la véritable cause du développement de l'électricité. M. Faraday a montré encore que la matière des becs qui servent à l'écoulement, a une grande influence sur la quantité d'électricité produite. Le bois de buis est la matière la plus avantageuse.

Fig. 257. — Machine électrique d'Armstrong.

En s'appuyant sur ces résultats, M. Armstrong construisit la machine que nous représentons ici (fig. 257). Elle se compose d'une chaudière cylindrique en tôle A, fermée par une porte B, à foyer intérieur, isolée sur quatre pieds de verre S, S. Le niveau de l'eau dans l'intérieur de la chaudière, est indiqué par un tube de cristal vertical N. Une soupape de sûreté C, fixée sur la chaudière, garantit la sécurité de l'obérateur. Quand la vapeur a acquis une tension suffisante, mesurée par un petit manomètre, on ouvre le robinet D, qui lui donne accès dans la boîte E, remplie de mèches de coton humectées. La vapeur sort de cette boîte par des ajutages d'une forme particulière, dont l'intérieur est de bois dur et contourné de façon à augmenter le frottement de la vapeur humide. Celle-ci se charge alors d'électricité positive pendant que la chaudière devient négative. Pour recueillir le fluide positif, on dirige le jet de vapeur sur un cadre G garni de pointes, et fixé sur un globe H isolé au moyen d'une tige de verre I, où s'accumule le fluide. La quantité d'électricité augmente avec la pression de la vapeur. On donne ordinairement à la vapeur une pression de 5 à 6 atmosphères.

Les machines Armstrong produisent des effets très-considérables. Avec une petite chaudière qui contient seulement 40 litres d'eau, on peut obtenir cinq étincelles de 15 centimètres, par seconde.

L'*Institution polytechnique* de Londres possède une machine hydro-électrique dont la chaudière a 2 mètres de long et qui porte quarante-six jets. Elle fournit environ quarante-six fois plus d'électricité que la grande machine à plateau du même établissement, et ses étincelles ont 60 centimètres de longueur.

Il existe dans le cabinet de physique de la Faculté des sciences de Paris, une machine Armstrong, pourvue de quatre-vingts becs. Elle fournit également de formidables étincelles, qui partent d'une manière à peu près continue.

Les machines Armstrong seraient beaucoup plus répandues, si elles ne présentaient pas plusieurs inconvénients. Les becs s'usent assez rapidement; la chaudière a besoin d'être lavée à l'eau de potasse, avant qu'on puisse en faire usage; la production de vapeur est gênante dans un laboratoire, et il faut toujours attendre un certain temps avant que la machine soit en tension; enfin, on obtient des effets beaucoup plus considérables au moyen des appareils d'induction dont il sera question dans une autre partie de cet ouvrage. Pour toutes ces raisons, les machines Armstrong ne figurent que dans les grands cabinets de physique.

Une autre machine électrique très-ingénieuse, a été imaginée en 1865, par M. Holtz, de Berlin. Elle a été construite à Paris, comme la machine d'Armstrong, par M. Ruhmkorff. Cette machine est une petite merveille de simplicité, au point de vue de la construction.

Fig. 258. — Machine électrique de Holtz.

Quant à l'explication de ses effets, c'est autre chose. On est loin encore d'être d'accord sur la véritable origine de l'électricité qu'elle produit : c'est un problème, une sorte de défi jeté aux théoriciens. On dit généralement, que cette machine est un électrophore à fonctionnement continu. M. Töpler, de Riga, qui a imaginé un appareil tout à fait analogue à celui de M. Holtz, sans connaître les expériences de ce dernier, a essayé d'en donner une théorie mathématique; mais elle ne rend pas compte de tous les phénomènes observés.

Voici d'abord la description de cette curieuse machine (fig. 258).

Son organe essentiel est un disque en verre A,

enduit d'un vernis de gomme-laque, qui doit empêcher l'humidité atmosphérique de se déposer sur le verre. Ce disque d'un diamètre de 35 à 45 centimètres, est percé de deux ouvertures, ou fenêtres, symétriques, de 10 centimètres de largeur. Aux bords de ces fenêtres sont collées quatre bandes de papier, qui jouent le rôle d'armatures, deux d'un côté et deux de l'autre côté du verre. De chaque armature, une pointe de papier s'avance jusque vers le milieu de la fenêtre. M. Holtz appelle un *élément* l'ensemble d'une fenêtre et d'une armature; on peut construire des disques à deux ou à quatre éléments. Ce disque est maintenu dans une position fixe par quatre anneaux *ab*, qui glissent sur deux barres horizontales en caoutchouc durci ou en verre.

En avant de ce disque immobile, est disposé un autre disque en verre B, également verni. Il est un peu plus petit que le premier disque, qui le dépasse de quelques centimètres et il n'est point percé de fenêtres. On lui imprime un mouvement de rotation plus ou moins rapide, au moyen de l'axe horizontal qui le porte et qui est relié par une courroie, à une poulie C et à une manivelle D. La distance laissée entre le disque tournant et le disque immobile est de 3 à 4 millimètres.

L'appareil se complète par deux peignes métalliques E, placés en avant et très-près du disque tournant, aux extrémités de deux tiges horizontales qui se terminent, à l'autre bout, par un fil conducteur, ou bien, comme le montre la figure, par des tiges transversales munies de boutons et de manches isolants F. C'est entre ces boutons que jaillit l'étincelle.

Il suffit maintenant d'approcher de l'une des armatures, une source quelconque d'électricité, par exemple une petite plaque de caoutchouc dur préalablement frottée avec une peau de chat, et de faire en même temps tourner la manivelle, pour que les armatures ou éléments se chargent immédiatement d'électricité *par influence*. L'une des deux armatures s'électrise toujours positivement, l'autre négativement; toutes deux jouent le rôle de conducteurs. Sans les armatures, on n'obtient pas d'étincelles, tandis qu'avec elles l'étincelle se produit facilement et peut avoir jusqu'à 10 centimètres de longueur.

La nouvelle machine fournit avec très-peu d'effort, une quantité extraordinaire d'électricité de tension, et on peut s'en servir pour la production d'une foule de phénomènes intéressants. Ainsi, le courant qu'elle fait naître dans un fil conducteur, suffit pour donner une commotion sensible sans qu'on ait besoin d'une bouteille de Leyde. Dirigé directement sur la peau, il cause une sensation qui ressemble à celle d'une piqûre ou d'une brûlure.

Ce qui fait l'originalité de la machine de M. Holtz, c'est qu'elle a besoin d'être *amorcée* par une faible source d'électricité, et qu'elle fonctionne sans frottement, à moins qu'on ne veuille admettre que c'est la couche d'air entre les deux disques qui agit comme frottoir.

Voilà tout ce qu'on peut dire de précis sur l'origine de l'électricité fournie par la nouvelle machine.

Dans la Notice qui va suivre, et qui est consacrée au *paratonnerre*, nous allons reprendre la suite des découvertes des physiciens du siècle dernier, relatives à l'électricité et à ses effets.

FIN DE LA MACHINE ÉLECTRIQUE.

LE PARATONNERRE

CHAPITRE PREMIER

IDÉES DES ANCIENS SUR LA FOUDRE ET LES ORAGES. — OPINIONS DES PHILOSOPHES ET DES PHYSICIENS, DANS LES XVIIe ET XVIIIe SIÈCLES, SUR LA CAUSE DU TONNERRE : THÉORIE DE DESCARTES, DE BOERHAAVE. — THÉORIE CLASSIQUE DU XVIIIe SIÈCLE SUR LA NATURE DE LA FOUDRE. — MOYENS EMPLOYÉS CHEZ LES ANCIENS POUR ÉCARTER LA FOUDRE. — TEMPS MYTHOLOGIQUES : PROMÉTHÉE, SALMONÉE, ZOROASTRE. — TEMPS HISTORIQUES : NUMA ET TULLUS HOSTILIUS. — SYLVIUS ALLADAS. — ARUNS. — LES MÉDAILLES DE M. LABOESSIÈRE. — LE TEMPLE DE JÉRUSALEM. — LES VIGNES BLANCHES ET LES PEAUX DE VEAU MARIN EMPLOYÉES CHEZ LES ROMAINS POUR ÉCARTER LA FOUDRE. — ÉPÉES PLANTÉES EN L'AIR PAR LES COMPAGNONS DE XÉNOPHON. — LES THRACES DÉCHARGENT DES FLÈCHES CONTRE LES NUAGES ORAGEUX. — PROCÉDÉ DE L'ALCHIMISTE ABRAHAM DE GOTHA. — LES PERCHES PLANTÉES EN TERRE, RECOMMANDÉES PAR GERBERT. — CONCLUSION.

L'imposant météore de la foudre a toujours fortement impressionné l'esprit des hommes. Les nuées qui s'entr'ouvrent, et font jaillir subitement une éblouissante clarté; le tonnerre qui retentit en roulements prolongés, et dont les échos répercutent au loin et redoublent les grondements sinistres; la foudre qui s'élance en traits de feu, et porte sur son passage la destruction et la mort; tout cet ensemble d'un phénomène effrayant et majestueux, a, de tout temps, exercé sur l'imagination une influence profonde (1). Dans l'enfance des peuples, avec les préjugés qui obscurcissaient l'esprit des sociétés primitives, on ne put s'empêcher d'attribuer à ce phénomène une source divine, d'y voir la manifestation du courroux des dieux. Ces signes effrayants qui brillaient au sein des airs, reproduisaient avec tant de fidélité tout ce qu'avaient évoqué l'imagination des poètes ou les menaces des prêtres, qu'il était presque impossible que l'on n'y trouvât point un témoignage du ciel armé contre la terre, ou l'indice de la présence des dieux irrités. Les anciens législateurs et les premiers rois, ne manquèrent pas de profiter largement d'un fait naturel qui prêtait tant de poids à leur autorité, qui retenait par la crainte les peuples dans le devoir, et qui était si propre à les maintenir dans une erreur favorable à leurs desseins politiques. Aussi voit-on cette idée de l'origine divine du tonnerre apparaître dès les premiers temps de l'humanité, se montrer uniformément au berceau de chaque nation, et persévérer chez les anciens peuples avec une constance invincible.

Les premiers philosophes de la Grèce tentèrent, par leurs poétiques fictions, de modifier cette notion primitive et universelle dans

(1) Les mots de *foudre* et de *tonnerre* ne sont pas synonymes. Pour la grammaire, comme pour la physique, le *tonnerre* est le bruit qui précède ou accompagne le trait de *foudre*.

un sens mieux en harmonie avec le caractère de la religion païenne. Pour les Grecs, le tonnerre et les éclairs provenaient des Cyclopes, occupés dans les cavernes de Lemnos à forger les foudres qui devaient servir aux vengeances de Jupiter. Mais le don de faire retentir le tonnerre était réservé à la plus puissante des divinités de l'Olympe, et c'est avec cet attribut symbolique, c'est-à-dire la foudre en main, que la religion païenne a toujours représenté le père des dieux.

Les Romains, aussi bien que tous les peuples de l'Asie, partagèrent cette croyance que le tonnerre était une manifestation spéciale et caractéristique de la Divinité. En vain Lucrèce avait-il essayé de réfuter, en vers admirables, cet antique préjugé (1) : le sentiment d'un poëte sceptique ne pouvait opposer qu'une barrière bien faible à une superstition populaire dérivée de la religion, et en apparence justifiée par les faits.

On continua donc, chez les Romains, à considérer la foudre et les orages comme une manifestation spéciale de la volonté des dieux. Cette opinion se transmit et se maintint après eux, chez presque tous les peuples de notre hémisphère.

On connaît l'impression que produisirent sur l'esprit des habitants du Nouveau-Monde les mousquets et les canons des Espagnols. Si tout fuyait à l'approche des soldats de Pizarre et de Cortès, c'est que ces hordes sauvages ne pouvaient que regarder comme des dieux vengeurs, des conquérants qui s'avançaient tenant dans leurs mains la foudre et les éclairs.

Lorsqu'au XVIe siècle les saines lumières de la philosophie vinrent dissiper les épaisses ténèbres où les esprits s'égaraient depuis si longtemps, les hommes, moins crédules et un peu plus observateurs, osèrent envisager de

(1) Postremo, cur sancta Deum delubra, suasque
Discutit infesto præclaras fulmine sedes,
Et bene facta Deum frangit simulacra, suisque
Demit imaginibus violento vulnere honorem ?
(Lib. VI, vers. 416.)

plus près ce redoutable météore. Il est assez remarquable que ce soit Descartes, l'immortel rénovateur de la philosophie dans les temps modernes, qui ait essayé le premier de découvrir la cause du tonnerre. La théorie mise en avant par Descartes était erronée sans doute, mais elle avait du moins l'avantage de poser la question de manière à préparer pour l'avenir la solution du problème.

Descartes pensait que le tonnerre se manifeste lorsque des nuages placés plus haut dans l'atmosphère tombent sur d'autres situés plus bas. L'air contenu entre les deux nuages, étant comprimé par cette chute soudaine, produit, selon Descartes, un grand dégagement de chaleur, d'où résultent l'apparition de l'éclair et le bruit qui caractérisent le tonnerre.

Meilleur physicien que Descartes, l'illustre Boerhaave a émis, après ce philosophe, une théorie du tonnerre plus fortement raisonnée, sans être pour cela plus vraie. Pour expliquer la chaleur qui provoque l'apparition des éclairs, Boerhaave admettait que de petites masses d'eau congelées au sein des nuages ont la propriété de concentrer les rayons solaires. Ces petits amas de glace peuvent agir, selon Boerhaave, comme autant de lentilles convergentes, pour condenser en un point unique une quantité considérable de rayons solaires, et déterminer, en ce point, une élévation extrême de température.

Dans ses Notes sur le *Cours de chimie de Lémery*, le chimiste Baron expose en ces termes la théorie de Boerhaave, qu'il adopte sans réserve :

« Cet excellent physicien (Boerhaave), nous dit Baron, prouve d'une manière très-satisfaisante, dans ses *Elementa chimica*, que les particules d'eau que l'action du soleil avait élevées en l'air, venant à se réunir plusieurs ensemble sous la forme de nuées, composent des masses de glace qui réfléchissent la lumière du soleil par celle de leurs surfaces qui regarde cet astre, tandis que leur surface opposée éprouve un froid glacial. S'il arrive donc, comme cela se peut rencontrer souvent, que plusieurs nuées soient disposées les unes à l'égard des autres de façon qu'elles fassent l'effet de plusieurs miroirs concaves dont les foyers ncourent dans un foyer commun, on comprend aisément que les rayons du soleil, ainsi réfléchis et rassemblés dans un même lieu, doivent produire une chaleur excessivement prodigieuse. Le premier effet de cette chaleur sera de dilater considérablement l'air environnant et de causer une espèce de vide dans l'espace renfermé entre les nuées; mais bientôt après, ces mêmes nuées venant à changer de situation et les foyers se trouvant détruits, l'eau, la neige, la grêle et généralement tout ce qui environne le vide dont nous avons parlé, mais surtout les grandes masses de glace qui forment les nuées mêmes, fondent avec une impétuosité sans pareille les unes vers les autres pour remplir ce vide. L'énorme vitesse du mouvement par lequel toutes ces matières sont emportées occasionne un frottement si violent de toutes les parties les unes contre les autres, qu'il s'ensuit non-seulement un bruit éclatant et quelquefois horrible, mais encore l'inflammation de toutes les exhalaisons sulfureuses, graisses et huileuses qui se trouvent dans le voisinage, et dont l'air est toujours chargé abondamment pendant les grandes chaleurs. Ainsi il n'est pas étonnant que le tonnerre soit presque toujours accompagné d'éclairs... »

Fig. 250. — Boerhaave.

L'idée de Boerhaave sur la concentration des rayons solaires par de petites masses d'eau congelée flottant au sein des nues ne fut pas acceptée, car on ne pouvait admettre que les rayons du soleil traversassent, sans les fondre, ces corpuscules de glace. Mais la seconde idée présentée par l'illustre physicien hollandais, resta universellement adoptée, car elle répondait à une opinion fort en faveur depuis l'antiquité. On admit donc, avec Boerhaave, que le phénomène des éclairs et de la foudre provenait de l'inflammation de toutes les exhalaisons sulfureuses, grasses, huileuses et essentiellement combustibles, qui, émanées de la terre, viennent se réunir et s'accumuler dans les airs.

Cette explication physique du tonnerre, fort plausible pour cette époque, devint la théorie dominante, l'opinion classique jusqu'au milieu du XVIIIe siècle; c'est contre ce système chimérique que dut lutter plus tard la théorie des électriciens.

Ainsi, dans l'opinion des physiciens de cette époque, on considérait la matière du tonnerre comme un mélange de toutes sortes d'exhalaisons terrestres, susceptibles de s'enflammer soit par l'effet d'une fermentation spéciale, soit par le choc et la pression des nuées, que les vents agitent et poussent violemment les unes contre les autres. Lorsqu'une portion considérable de ce mélange vient à prendre feu, disait-on, il se fait une explosion plus ou moins forte, suivant la quantité ou la nature des matières qui s'enflamment.

Comme cette théorie du tonnerre a joué un grand rôle dans l'histoire de la physique, nous croyons utile de la préciser exactement. Pour en donner une idée complète, nous citerons un passage de la *Météorologie* du père Cotte, dans lequel l'auteur développe et commente avec lucidité la théorie admise de son temps sur la cause du tonnerre:

« Si l'inflammation des exhalaisons terrestres se fait sur une médiocre quantité de matières, et au bord de la nuée, dit le père Cotte, cet effet se passe sans bruit, au moins à notre égard, il n'en résulte qu'un éclat de lumière, à peu près comme si nous apercevions de loin une certaine quantité de poudre qui s'enflammât librement et en plein air, sans être renfermée. Voilà l'éclair qui nous éblouit sans nous ien faire entendre, et qu'on appelle *éclair de chaleur*.

« Qu'une plus grande quantité de cette même matière vienne à fermenter dans le corps même de la nuée, aussitôt grande effervescence, bouillonnement, explosion ; et si cette première portion, éclatant ainsi, en rencontre une semblable qui n'ait point tout ce qu'il lui faut de mouvement pour éclater elle-même, elle l'anime de son action, et celle-ci une troisième ; de proche en proche il se fait une suite d'explosions d'autant plus violentes, que ces matières seront enveloppées de nuages plus épais. C'est ainsi, dit-on, que se font ces coups simples et redoublés qu'on entend quand il tonne, et dont les échos peuvent encore augmenter la durée. Voilà ce qu'on appelle *tonnerre* proprement dit.

« La nuée, entr'ouverte par les grandes explosions, laisse échapper une partie de ces feux qu'elle renferme ; autant de fois que cela arrive, c'est un éclair plus vif que les précédents, et qui annonce un coup, que nous n'entendons pourtant que quelques instants après, parce que le bruit ou le son ne se transmet pas avec autant de promptitude que la lumière. Suivant l'expérience de M..., de l'Académie des sciences, on doit compter cent soixante-treize toises pour chaque seconde de temps, ou chaque battement de pouls, qui s'écoule entre le moment où l'on voit l'éclair et celui où l'on entend le tonnerre. Si on ne l'entend par exemple, qu'après quatorze secondes, c'est une preuve que la nuée est éloignée d'une lieue commune de France, de deux mille quatre cent cinquante toises, au lieu que la lumière, n'employant que sept minutes à venir du soleil jusqu'à nous, parcourt en une seconde soixante dix-huit mille cent soixante-sept lieues, et en quatorze secondes un million quatre-vingt-quatorze mille trois cent trente-huit lieues ; il n'y a donc pas d'intervalle sensible entre le moment où l'éclair sort du nuage et celui où nous le voyons.

« Dans le moment où l'on entend le tonnerre, il sort une vapeur enflammée qu'on appelle *la foudre*, qui crève la nuée, tantôt par en haut, tantôt par en bas ou de côté, qui s'élance avec une vitesse proportionnée à son explosion, comme la poudre qui s'enflamme dans une bombe porte son action aux environs, quand elle a brisé le métal qui la retenait. La foudre part donc à chaque coup de tonnerre qui est précédé d'un éclair, mais elle ne frappe les objets terrestres que quand elle éclate dans une direction qui l'y conduise. »

Pour prêter de la force à cette théorie, les physiciens du dernier siècle invoquaient les observations et les découvertes de la chimie encore à sa naissance. On comparait à celui des chimistes le grand laboratoire de l'univers. La terre, disait-on, est une source continuelle de vapeurs et d'exhalaisons qui s'élèvent dans les airs. Les trois règnes de la nature sont soumis à cette loi. Les animaux perdent sans cesse, par la transpiration, une partie de leur substance ; de la surface extérieure des plantes, s'exhalent continuellement des matières vaporisées, qui sont quelquefois, grâce à leur odeur, appréciables à nos sens. Les diverses substances qui composent le règne minéral ne font pas exception à cette règle, et l'eau qui est répandue sur le globe en si grande abondance, se trouve aussi dans un état continuel d'évaporation. Ces vapeurs et ces exhalaisons différentes, qui sont composées, disait-on, de soufre, de bitume, de nitre ou de sel, en un mot de toutes les substances sulfureuses, grasses, inflammables et volatiles des animaux, végétaux et minéraux, s'élèvent dans l'atmosphère ; elles y flottent au gré des vents, et y subissent une infinité de combinaisons. On ajoutait que la chaleur du soleil, le mouvement dont tous les corps sont animés, les feux souterrains, etc., élèvent dans les airs des particules oléagineuses, salines, sulfurées et aqueuses. Mêlées et combinées par le souffle des vents, ces matières peuvent fermenter et s'enflammer. Cet effet se produit dans les moments d'orage. Les exhalaisons terrestres sont alors agitées et réunies ; leur mélange, leur choc et leur frottement les font fermenter toutes à la fois. Il résulte de cette fermentation générale, une inflammation de ces divers fluides, et une détonation qui constitue le tonnerre et la foudre.

Les vapeurs terrestres, disait-on, peuvent s'embraser dans l'air, comme le font, dans le laboratoire du chimiste, divers produits inflammables. On citait en exemple, la poudre à canon et les diverses compositions détonantes que l'on savait préparer à cette époque, telles que l'*or* et l'*argent fulminant*. Les nombreux *pyrophores* que les chimistes étudiaient alors avec tant de curiosité, le *pyrophore de Homberg* et celui de *Geoffroy*, le *volcan de Lémery* (sulfure de fer), le *phosphore de Brandt* et de *Kunckel*, c'est-à-dire notre phosphore actuel, n'étaient pas oubliés dans cette énumération des substances qui peuvent s'enflammer dans l'air, ou produire une détonation par le choc.

Nous ne nous arrêterons pas à combattre cette théorie, qui n'appartient plus qu'au domaine de l'histoire. Il nous a paru utile de l'exposer avec détails, afin de montrer qu'elle reposait sur des considérations très-spécieuses, et de faire comprendre les difficultés qu'elle opposa plus tard à la doctrine des électriciens.

Nous venons d'exposer l'opinion générale qui eut cours dans la science au sujet de la cause du tonnerre jusqu'à la découverte des phénomènes électriques. Avant de passer à l'histoire de la découverte du paratonnerre chez les modernes, il sera utile de rechercher si, avant cette époque, c'est-à-dire dans l'antiquité, on a connu les moyens de se garantir de la foudre. Nous espérons prouver que rien de semblable n'a existé dans l'antiquité, quoi qu'en aient dit une foule d'écrivains modernes, tels que Dutens (1), Eusèbe Salverte (2), La Boëssière (3), et plus récemment M. Boullet (4) et J. Ampère (5).

Servius parlant de l'art de conjurer la foudre nous transporte à l'époque la plus reculée de l'humanité. Cet écrivain latin, qui vivait sous Théodose le Jeune, est auteur de commentaires estimés sur les œuvres de Virgile. A propos du vers où ce poète dépeint Jupiter ratifiant, par le bruit du tonnerre, le pacte des nations troyenne et latine (6), Servius interprétant Hésiode et Eschyle, avec les idées superstitieuses de son temps, prétend que Prométhée découvrit et révéla aux hommes le moyen de faire descendre le feu du ciel : « Les premiers habitants de la terre, dit Ser-« vius, n'apportaient point de feu sur les au-« tels ; mais, par leurs prières, ils y faisaient « descendre (*eliciebant*) un feu divin. »

Selon le même auteur, c'est Prométhée qui leur avait révélé ce secret : « Prométhée, dit « Servius, découvrit et révéla aux hommes « l'art de faire descendre la foudre (*elicien-« dorum fulminum*)... Par le procédé qu'il « avait enseigné, ils faisaient descendre le feu « de la région supérieure [*supernus ignis « eliciebatur* (1)]. »

Mais, dit M. Th. H. Martin, « c'est là une « conjecture ridicule de ce grammairien latin « du v° siècle de notre ère, à propos d'une an-« tique fable grecque, dont il n'a pas pénétré « le sens. Il n'est pas de peuple sauvage qui « n'ait pour se procurer du feu, des moyens « plus faciles et moins périlleux que celui qui « est prêté si gratuitement par Servius à Pro-« méthée (2). »

Le mythe de Salmonée remonte au delà des temps historiques. Selon le récit des prêtres, Salmonée, roi d'Élide, eut l'audace de vouloir imiter la foudre. Pour cela, il lançait son char sur un pont d'airain, et il imitait ainsi le bruit et l'éclat du tonnerre. D'après les historiens, les dieux foudroyèrent Salmonée pour cette tentative audacieuse et impie.

Comment s'arrêter à cette opinion des anciens ? Comment le bruit d'un pont de bronze pouvait-il se faire entendre, comme le dit Virgile, « de tous les peuples de la Grèce (3) ? »

Eustathius, dans son commentaire sur l'*Odyssée*, met en avant des idées moins puériles. Il représente Salmonée comme un savant qui s'efforçait d'imiter le bruit et l'éclat du tonnerre et qui périt au milieu de ses dangereux essais (4).

---

(1) *Histoire des découvertes attribuées aux modernes.*
(2) *Des sciences occultes*, pages 398 et suivantes.
(3) *Mémoires de l'Académie du Gard.*
(4) *De l'état des connaissances des anciens sur l'électricité.*
(5) *Histoire romaine à Rome*, t. I, pages 487, 488.
(6) « Audiat hæc genitor qui fulmine fœdera sancit. »
(Virgil., *Æneid.*, lib. XII, vers. 200.)

(1) Deprehendit præterea rationem fulminum eliciendorum et hominibus indicavit ; unde cœlestem ignem dicitur esse furatus : nam quadam arte ab eodem monstrata supernus ignis eliciebatur, qui mortalibus profuit, donec eo bene usi sunt : nam postea malo hominum usu in perniciem eorum eversi sunt. — Servius, *in Virgil.*, eclog. VI, vers. 42.
(2) *La foudre, l'électricité et le magnétisme chez les anciens*, pages 323, 324.
(3) Virgil., *Æneid.*, lib. VI, vers. 585 et seq.
(4) Eustath., *in Odyss.*, lib. II, vers. 234.

Eusèbe Salverte qui, dans son ouvrage sur les *Sciences occultes*, a consacré un long chapitre à signaler les connaissances des anciens dans l'art de conjurer la foudre, n'est pas éloigné de croire que Salmonée possédait en effet quelque méthode qui permettait « de « soutirer des nuages la matière électrique, « et de l'amasser au point de déterminer « bientôt une effrayante explosion. » Il fait remarquer à l'appui de ses conjectures, qu'en Élide, théâtre des succès de Salmonée et de la catastrophe qui y mit un terme, on voyait, près du grand autel du temple d'Olympie, un autel (1) entouré d'une balustrade, et consacré à Jupiter *Catabatès* (qui descend) : « Or « ce surnom fut donné à Jupiter pour mar- « quer qu'il faisait sentir sa présence sur la « terre *par le bruit du tonnerre, par la foudre,* « *par les éclairs*, ou par de véritables appa- « ritions (2). »

L'explication que donne Eustathius au XIIe siècle de la fable de Salmonée, est toute gratuite, et ne repose sur aucun fondement. Quant à l'extension qu'Eusèbe Salverte a voulu donner à la même fable, en accordant à Salmonée toute la science des modernes, elle exagère encore, et sans plus de fondement historique, une explication de fantaisie.

Parmi les anciens peuples de l'Asie, on a signalé quelques traditions qui se rattachent, d'une manière plus ou moins claire, à l'art de conjurer la foudre. Elles se rapportent surtout à Zoroastre, le célèbre fondateur de la religion des Mages.

Khondémir rapporte que le démon apparaissait à Zoroastre *au milieu du feu*, et qu'il imprima sur son corps une marque lumineuse (3). Suivant Dion Chrysostome (4), lorsque Zoroastre quitta la montagne où il avait longtemps vécu dans la solitude, il parut tout brillant d'une flamme inextinguible, *qu'il*

---

(1) Pausanias, *Eliac.*, lib. I, cap. XIV.
(2) *Encyclop. méthod. Antiquités*, t. I, art. *Catabatès*.
(3) D'Herbelot, *Biblioth. orientale*, art. ZERDASCHT.
(4) Dion Chrysost., *Orat. Borysthen.*

avait fait descendre du ciel. L'auteur des *Récognitions*, attribuées à saint Clément d'Alexandrie (1), et Grégoire de Tours (2), affirment que, sous le nom de Zoroastre, les Perses révéraient un fils de Cham, qui, par un prestige magique, faisait *descendre le feu du ciel*, ou persuadait aux hommes qu'il avait ce miraculeux pouvoir.

Une tradition, répétée par plusieurs auteurs anciens, rapporte que Zoroastre, roi de la Bactriane, périt brûlé par le démon, qu'il importunait trop souvent pour répéter son brillant prodige. Ces expressions semblent désigner un physicien qui, répétant plusieurs fois une expérience dangereuse, négligea un jour de prendre les précautions nécessaires et tomba victime de cet oubli.

Suidas (3), Cédrénus et la *Chronique d'Alexandrie* disent que Zoroastre, assiégé dans sa capitale par Ninus, demanda aux dieux d'être frappé de la foudre, et qu'il vit son vœu s'accomplir, après qu'il eut recommandé à ses disciples de garder ses cendres comme un gage de la durée de leur puissance. Suivant une autre tradition qui diffère peu de la précédente, Zoroastre, décidé à mourir pour ne point tomber au pouvoir du vainqueur, dirigea la foudre contre lui-même ; par un dernier miracle de son art, il se donna une mort extraordinaire, bien digne de l'envoyé du ciel et du pontife ou de l'instituteur du culte du feu.

De quelques textes confus qui se rapportent au fondateur de la religion des Mages et à celles de ses opérations cabalistiques où il est question de la foudre, on a cru pouvoir induire que Zoroastre avait des notions sur l'électricité ; qu'il avait trouvé le moyen de faire descendre la foudre des cieux, qu'il s'en servit pour opérer les premiers miracles destinés à prouver sa mission prophétique, et surtout pour allumer le feu sacré qu'il offrit à

---

(1) *Recogn.*, lib. IV.
(2) Greg. Turon., *Hist. Franc.*, lib. I, cap. V.
(3) Suidas, verbo *Zoroastris.* — Glycas, *Annal.*, p. 12.

Fig. 260. — Le temple de Salomon à Jérusalem, restauré d'après les travaux modernes (page 501).

l'adoration de ses sectateurs. On a encore ajouté qu'entre les mains de Zoroastre et de ses disciples, le feu céleste devint un instrument destiné à éprouver le courage des initiés, à confirmer leur foi et à éblouir leurs yeux de cette splendeur immense, impossible à soutenir pour des regards mortels, qui est à la fois l'attribut et l'image de la Divinité.

Ces récits qui se contredisent, et qui ne se rapportent pas tous au vrai Zoroastre, c'est-à-dire au Mède *Zarathustra*, roi de la Bactriane, qui établit les principales doctrines de l'*Avista*, sont apocryphes, pour la plupart. Ce sont de pures traditions orientales qui prouvent seulement que, dans la religion des Mages, comme dans les autres religions, le feu du ciel était souvent invoqué.

En arrivant à des temps plus historiques, nous trouvons les faits, bien souvent cités, de Numa Pompilius, second roi de Rome, et de son successeur Tullus Hostilius.

Ovide nous a transmis dans ses *Fastes*, l'histoire légendaire de Numa, qu'il expose comme il suit.

A une époque où le tonnerre exerçait de continuels ravages en Italie, Numa chercha à *apaiser la foudre* (*fulmen piari*), c'est-à-dire, en quittant le style figuré, le moyen de rendre ce météore moins malfaisant. Dirigé par la nymphe Égérie, il obtint la révélation de ce secret, au moyen d'une surprise dont furent victimes Faunus et Martius Picus, dieux des forêts, ou prêtres des divinités étrusques. Trouvant sur leur route des coupes pleines de vin parfumé, que Numa y avait placées avec intention, ces dieux étourdis se laissent aller à fêter trop largement le délicieux breuvage. Quand ils sont privés de leurs sens par les fumées d'un vin généreux, Numa survient et les garrotte sans peine. Sortant de leur sommeil, Faunus et Picus essayent en vain de briser leurs chaînes. Alors le monarque romain se répand en compliments respectueux, il leur demande pardon de l'extrême liberté qu'il a prise, protestant qu'il ne veut leur faire aucun mal, et laissant entrevoir qu'il pourrait les délivrer à cette condition :

> Quoque modo possint fulmen monstrare piari,

c'est-à-dire de lui apprendre la manière d'apaiser, de conjurer la foudre.

Cette demande hardie n'est pas absolument rejetée par Faunus, qui répond :

> Di sumus agrestes, et qui dominemur in altis
> Montibus : arbitrium est in sua tela Jovi.
> Nunc tu non poteris per te deducere cœlo ;
> At poteris nostrâ forsitan usus ope.

« Nous sommes des dieux champêtres et qui habitons le sommet des montagnes. Nous pouvons disposer des foudres de Jupiter. Tu ne pourrais maintenant les obtenir toi-même du ciel, mais peut-être pourrais-tu y réussir avec notre secours. »

Martius Picus reconnaît qu'il possède l'*ars valida*, et qu'il est disposé à la transmettre. Le marché se conclut, le secret est révélé, et l'on prend jour pour le mettre à l'épreuve. Au jour fixé, Numa et les siens se rassemblent solennellement.

Le soleil se levait radieux aux courbes lointaines de l'horizon, lorsque Numa, la tête voilée de blanc, élève ses mains au ciel, et demande que la promesse des dieux soit remplie.

> Dum loquitur, totum jam sol emerserat orbem,
> Et gravis æthereo venit ab axe fragor.
> Ter tonuit sine nube Deus, tria fulgura misit.

« Tandis qu'il parle, le disque entier du soleil s'est montré ; un bruit éclatant retentit au plus haut des airs. Dans un ciel sans nuages, Jupiter a tonné trois fois, et trois éclairs ont resplendi. »

Alors la voûte d'azur s'ouvre dans les cieux, et le bouclier sacré tombe aux pieds du monarque.

C'est d'après ce récit mythologique d'Ovide que beaucoup de commentateurs ont cru pouvoir admettre que Numa apprit des prêtres étrusques le secret de conjurer la foudre et de la faire descendre, inoffensive, du sein des nuées.

S'il faut en croire les historiens de Rome, Numa Pompilius répéta plusieurs fois, avec succès, cette expérience religieuse. N'employant ce secret que pour le service des dieux, il put en user sans être puni. Mais il en fut autrement de son successeur Tullus Hostilius, qui, ayant voulu dénaturer l'emploi de l'arcane divin, fut frappé de mort.

Pline et Tite-Live ont raconté, sous la responsabilité de Lucius Pison et de ses *Annales anciennes*, comment le secret de Numa se transmit à Tullus Hostilius.

Pline nous dit que Tullus apprit dans les livres de Numa l'art d'attirer le tonnerre, mais que l'ayant pratiqué d'une façon inexacte (*parum rite*) il fut foudroyé (1). Il répète à peu près les mêmes paroles dans une autre partie de son ouvrage. Mais là, derechef, et toujours sur la foi des *Annales anciennes* de Pison (*gravis auctor*, nous dit-il), il affirme que la foudre pouvait être forcée à descendre du ciel par certains rites sacrés, ou par les prières ; et il cite Porsenna, roi des Volsques, qui l'avait évoquée aussi de la même manière. Pline ajoute que l'on eut recours à ce moyen pour délivrer la ville de *Volsinies*, dans l'Étrurie, d'un monstre qui la ravageait.

Ce monstre, pour le dire en passant, avait reçu le nom de *Volta*, rencontre bien originale, il faut l'avouer, si l'on se rappelle le nom de Volta, le célèbre physicien de Pavie qui s'est tant illustré par ses découvertes sur l'électricité (2).

Tite-Live raconte avec un peu plus de dé-

---

(1) L. Piso primo Annalium, auctor est Tullum Hostilium regem ex Numæ libris, eódem quo illum sacrificio Jovem cœlo devocare conatum, quoniam parum rite quædam fecisset, fulmine ictum. (Plinii *Hist. nat.* lib. XXVIII, cap. IV.)

(2) Exstat Annalium memoria, sacris quibusdam et precationibus, vel cogi fulmina, vel impetrari. Vetus fama Etruriæ est, impetratum Volsinios urbem, agris depopulatis subeunte monstro, quod vocavere Voltam. Evocatum est a Porsenna suo rege. (Plinii, *Hist. nat.*, lib. II, cap. LIV.)

veloppements les mêmes faits allégués par Pline :

« On rapporte, dit Tite-Live, que ce prince en feuilletant les Mémoires laissés par Numa, y trouva quelques renseignements sur les sacrifices secrets offerts à Jupiter *Elicius*. Il essaya de les répéter, mais dans les préparatifs ou dans la célébration il s'écarta du rite sacré... En butte au courroux de Jupiter évoqué par une cérémonie défectueuse (*sollicitati prava religione*), il fut frappé de la foudre et consumé ainsi que son palais (1). »

Ces diverses citations ne prouvent nullement que Numa et Tullus Hostilius aient connu l'art de conjurer la foudre.

Dans l'ouvrage que nous avons déjà cité, *La foudre, l'électricité et le magnétisme chez les anciens*, M. Th. H. Martin a soumis à un examen approfondi ces allégations prétendues historiques, et qui ne sont que des fables ou de fausses interprétations. Il montre avec évidence qu'il faut entendre le mot *évocation de la foudre*, que les commentateurs ont mis en avant par une simple *évocation de Jupiter*.

Sans reproduire la discussion à laquelle se livre M. H. Martin sur ce point, nous rapporterons la conclusion qu'il en tire :

« Que faut-il conclure, dit M. H. Martin, de la comparaison de tous ces textes ? C'est que, suivant la tradition et les vieux annalistes de Rome, Numa avait évoqué non pas la foudre, mais Jupiter, et que par cette évocation prétendue il avait prêté une autorité divine aux cérémonies expiatoires que le Dieu était supposé lui avoir révélées; c'est que, suivant les mêmes auteurs, la fin tragique de Tullus Hostilius, mort dans un incendie causé par la foudre, était la punition de la manière irrégulière dont il avait procédé dans une évocation de Jupiter, et non dans une expérience sur la foudre; c'est que L. Pison avait respecté ici la tradition primitive, suivie aussi par Valérius d'Antium, par Ovide et par Plutarque, mais que Pline et Servius, empruntant aux stoïciens grecs et romains les excès de l'interprétation allégorique de la mythologie, excès aussi éloignés de la vérité que ceux de l'interprétation prétendue historique d'Evhémère, ont cru faire preuve de sagacité en substituant dans cette fable antique, le nom de la foudre à celui de Jupiter. Nous avons vu que cette interprétation, incompatible avec le récit détaillé de Valérius et d'Ovide, avait tenté aussi Tite-Live, mais

(1) Tite-Live, liv. I, chap. XXXI.

qu'il l'avait abandonnée dans son récit de la mort de Tullus Hostilius.

« Appien, Valère Maxime (IX, 12) et Eutrope se bornent à dire que ce roi fut foudroyé et brûlé avec sa maison. Denys d'Halicarnasse dit d'abord que Tullus Hostilius périt dans un incendie avec sa famille; puis il ajoute que suivant quelques auteurs cet incendie avait été allumé par la foudre, parce que Tullus avait irrité Jupiter en négligeant quelques sacrifices usités à Rome et en introduisant au contraire des cérémonies étrangères, mais que suivant la plupart des auteurs il mourut victime d'un attentat attribué à son successeur Ancus Martius.

« En résumé, le rôle de Numa offre beaucoup d'analogie avec le rôle religieux du thaumaturge Épiménide chez les Grecs, et il n'en offre aucune avec le rôle scientifique de Franklin; quant à la fin tragique de Tullus Hostilius, que tant d'autres modernes, depuis Dutens jusqu'à M. J.-J. Ampère, ont comparée bien à tort à celle du physicien Richmann, elle fut probablement analogue à celle de Romulus que les sénateurs, las de lui sur la terre, envoyèrent au ciel; ces deux crimes furent dissimulés chacun sous une légende merveilleuse; mais Tullus Hostilius n'eut pas d'apothéose comme Romulus. Voilà ce qu'on peut entrevoir de plus probable sur la mort de ce roi, au milieu des ténèbres qui couvrent ces premiers temps de Rome (1). »

Suivant Ovide et Denys d'Halicarnasse, Romulus, onzième roi des Albains (Sylvius Alladas), aurait trouvé, même avant Numa et Tullus Hostilius, le moyen de contrefaire le tonnerre et les éclairs. Eusèbe prétend que ce moyen consistait en une simple manœuvre, par laquelle ses soldats frappaient tous à la fois leurs boucliers de leurs épées (2), manière assez ridicule, il nous semble, d'imiter la foudre. Les dieux cependant prirent à cœur cette usurpation, ou pour mieux dire cette contrefaçon de leurs armes ordinaires, et le roi d'Albe tomba sous leur tonnerre vengeur.

Fulmineo periit imitator fulminis ictu (3).

« En imitant la foudre il périt foudroyé. »

On trouve dans la *Pharsale* de Lucain un passage très-curieux, relatif au sujet qui

(1) H. Martin, *La foudre, l'électricité et le magnétisme chez les anciens*, in-18, pages 347-349.
(2) Euseb., *Chronic. Canon.*, lib. I, cap. XLV-XLVI.
(3) Ovid. *Metamorphos.*, lib. XIV, v. 617; *Fast.*, lib. IV, v. 90. — Dionys. Halic., lib. I, cap. XV.

nous occupe. Ce poëte prétend qu'un aruspice d'Étrurie, nommé Aruns, également versé dans la connaissance des mouvements du tonnerre et dans l'art divin d'interroger les entrailles des victimes et le vol des oiseaux,

Fulminis edoctus motus, venasque calentes
Fibrarum et monitus errantis in aera pennæ,

savait rassembler les feux de la foudre épars dans le ciel et les enfouir dans la terre (1).

M. H. Martin, dans une très-savante dissertation sur la prétendue science des prêtres étrusques, a dévoilé le charlatanisme de ces prêtres, qui n'avaient d'autre but que d'en imposer à la multitude, aux personnages et aux chefs d'État qui faisaient appel à leurs prédictions ou à leurs prodiges.

« Il est vrai, dit M. H. Martin, que les Étrusques prétendaient *enterrer la foudre*; mais il est constant que leur procédé consistait à enterrer avec certaines cérémonies, les débris des objets qu'elle avait frappés. Non-seulement aucun fait ne prouve qu'ils aient eu le pouvoir de la faire tomber ou de la diriger; mais, comme nous l'avons vu, il n'est pas même certain que les anciens Étrusques en aient eu la prétention, et les textes d'où on a voulu le conclure ne parlent que de sacrifices et de cérémonies superstitieuses. Quant à des procédés efficaces employés par les Étrusques pour écarter la foudre, il n'y en a pas de traces. M. Ideler admet que leurs *Livres rituels* pouvaient contenir pour cela quelques recettes. C'est possible, mais rien ne le prouve. Ce qu'il y a de certain, c'est que le contenu des *Livres rituels* et des autres ouvrages étrusques était parfaitement connu des Romains, qui ne connaissaient contre la foudre que des préservatifs absurdes, et que, par conséquent, ceux des Étrusques, s'ils en avaient, et dans

(1) Dumque illi effusam, longis anfractibus, urbem
Circumeunt, Aruns dispersos fulminis ignes
Colligit, et terræ, mœsto cum murmure, condit,
Datque locis numen.

« Pendant que cette procession (le cortége des aruspices et des autres prêtres convoqués pour une cérémonie religieuse, en vue de malheurs qui semblent menacer l'Étrurie) fait, avec de grands circuits, le tour de la ville, dont les habitants se pressent sur les pas du cortége, Aruns rassemble les feux dispersés de la foudre et les engouffre dans la terre avec un bruit sinistre. Les lieux sont ainsi consacrés. » (Lucani *Pharsala*, lib. I, vers. 606.)

quelque ouvrage qu'ils les eussent consignés, n'étaient pas meilleurs (1). »

Un érudit, membre de l'Académie du Gard, M. La Boëssière, a publié en 1822 un curieux mémoire qui traite des *Connaissances des anciens dans l'art d'évoquer et d'absorber la foudre* (2). M. La Boëssière rappelle dans ce mémoire, l'existence de plusieurs médailles qui paraissent se rapporter à son sujet. L'une, décrite par Duchoul, représente le temple de Junon, déesse de l'air : la toiture qui recouvre cet édifice est armée de tiges pointues. L'autre médaille, décrite et gravée par Pellerin, porte pour légende : *Jupiter Elicius;* le dieu y paraît la foudre en main ; en bas est un homme qui dirige un cerf-volant. Cette dernière médaille présenterait une coïncidence et un rapprochement fort singuliers avec le cerf-volant électrique de Franklin et de Romas. Mais hâtons-nous d'ajouter qu'elle a été reconnue non authentique.

Dans son ouvrage sur la *Religion des Romains*, Duchoul cite d'autres médailles qui présentent l'exergue : XV *Viri sacris faciundis* (3). On y voit un poisson hérissé de pointes, placé sur un globe ou sur une coupe. M. La Boëssière pense qu'un poisson ou un globe, ainsi armé de pointes, fut le conducteur employé par Numa pour soutirer des nuages le feu électrique, et rapprochant la figure de ce globe de celle d'une tête couverte de cheveux hérissés, il donne une explication ingénieuse du singulier dialogue de Numa avec Jupiter, dialogue rapporté par Valérius Antias, et tourné en ridicule par Arnobe (4), sans que probablement ni l'un ni l'autre le comprît.

(1) H. Martin : *La foudre, l'électricité et le magnétisme chez les anciens*, in-18, pp. 377, 378.
(2) *Notice sur les travaux de l'Académie du Gard de 1812 à 1821*. Nîmes, 1822, 1re partie, p. 304-319. Le Mémoire de M. La Boëssière, lu en 1811, à l'Académie du Gard, n'a été publié qu'en 1822.
(3) C'étaient les *quindecemvirs* ou les quinze prêtres préposés aux cérémonies.
(4) Arnob., lib. V.

Les Hébreux ont-ils eu connaissance de l'électricité?

Ben David avait avancé que Moïse possédait quelques notions de ses phénomènes. Un savant de Berlin, M. Hirt, a tenté d'appuyer cette conjecture d'arguments plausibles (1). Mais un autre érudit allemand, Michaëlis, est allé plus loin (2).

Dans une correspondance de Lichtenberg, sur l'*effet des flèches qui surmontaient le temple de Salomon*, Michaëlis fait observer que durant un laps de temps de mille années, le temple de Jérusalem paraît n'avoir jamais été atteint par le feu du ciel. Ce dernier fait n'est pas susceptible de preuves directes. La remarque de Michaëlis acquiert pourtant un certain degré d'importance, si l'on considère, avec Arago, que les anciens auteurs mentionnaient avec un soin remarquable les accidents de cet ordre arrivés à leurs monuments publics. Une forêt de flèches dorées, ou à pointes d'or très-aiguës, couvrait le toit d'une partie du vaste temple de Jérusalem, et au moyen des conduits métalliques établis pour l'écoulement des eaux, ce toit communiquait avec les citernes et les cavités de la montagne sur laquelle le temple était bâti. Comme les toits, les murs et les poutres, les planchers et les portes de chaque appartement étaient dorés, il résultait de l'ensemble de ces dispositions, un système de conducteurs parfaits pour l'écoulement du fluide électrique.

L'historien Josèphe, en décrivant l'extérieur du temple de Jérusalem, nous dit qu'il était partout revêtu de pesantes plaques d'or (3), et que pour empêcher les oiseaux de souiller le toit de leurs excréments, on l'avait hérissé de baguettes pointues en or ou revêtues d'or. Plus loin, décrivant le combat des prêtres contre les Romains après l'incendie du temple, Josèphe nous apprend que les prêtres juifs arrachè-

(1) *Magasin encyclop.*, année 1813, t. IV, p. 415.
(2) *De l'effet des pointes placées sur le temple de Salomon.* (*Magasin scientifique de Gœttingue*, 3ᵉ année, 5ᵉ cahier, 1788.)
(3) Πλαξὶ γὰρ χρυσοῦ στιβαραῖς κεκαλυμμένος πανтόθεν.

rent les *flèches* dont le temple était surmonté, ainsi que les masses de plomb dans lesquelles ces flèches étaient enchâssées, et qu'ils s'en servirent comme de projectiles de guerre. Roland, dans ses annotations sur ce passage, déclare qu'il faut entendre par là les pointes de fer, *obelos ferreos*, qui étaient placées sur le toit du temple pour éloigner les oiseaux.

Le temple de Salomon était un vaste édifice fermé de murailles, en partie couvert de toiture, en partie découvert. Il avait deux parvis extérieurs. Venaient ensuite le parvis des femmes, celui des Israélites, et celui des sacrificateurs où s'élevait l'autel des holocaustes, avec ce que l'on nommait la *mer d'airain*, et qui était un immense vase de métal, porté sur douze figures de bœufs. Au delà de l'autel des holocaustes, commençait le *temple* proprement dit. Précédé d'un large portique ouvert, il était couvert d'une *toiture plane* et décoré de *deux colonnes d'airain creuses*. Une galerie à trois étages régnait le long du temple.

La planche que l'on voit page 497 représente le *Temple de Salomon* restauré d'après les beaux travaux de M. de Rougé. Elle reproduit l'un des dessins qui ont été exécutés pour la belle publication de MM. Noblet et Baudry ayant pour titre le *Temple de Jérusalem*.

Il est vraiment curieux que pendant l'espace d'environ mille ans, le temple de Salomon n'ait jamais été frappé de la foudre, ni depuis sa fondation sous Salomon jusqu'à sa ruine sous Nabuchodonosor, ni après la captivité des Hébreux, jusqu'à Hérode, qui fit réparer le temple, jusqu'à sa ruine définitive par les Romains sous l'empereur Titus.

Il est manifeste que les masses d'or, de bronze, de métal doré, qui couvraient le temple, et les flèches qui s'élevaient sur une partie de la toiture, fonctionnaient comme de véritables paratonnerres, et en écartaient la foudre. Mais rien ne prouve qu'aucune intention scientifique eût présidé à l'érection de ces verges métalliques. L'historien Josèphe nous fait connaître leur destination, quand il dit qu'elles avaient pour objet d'empêcher les oiseaux de souiller le toit de leurs excréments. Nous ne voyons pas pourquoi on irait chercher en dehors de ce texte, une explication qui oblige à prêter aux Hébreux des connaissances scientifiques qu'on ne leur a jamais accordées.

La première indication positive d'une méthode destinée, chez les anciens, à protéger les maisons contre le feu du ciel, se trouve dans l'ouvrage de Columelle. Cet écrivain établit, en termes exprès, que Tarchon, disciple du magicien Tagès, et fondateur de la théurgie étrusque, abritait son habitation en l'entourant de vignes blanches.

<small>Utque Jovis magni prohiberet fulmina Tarchon
Sæpè suas sedes percinxit vitibus albis (1).</small>

On sait que le temple d'Apollon fut, dans le même but, environné de lauriers (2).

Une croyance semblable se retrouvait parmi les habitants de l'Hindoustan, qui employaient autrefois comme préservatifs contre la foudre, des plantes grasses dont ils entouraient leurs demeures.

Un tel moyen d'écarter la foudre n'avait rien que d'absurde. Aussi voyons-nous dans Pline lui-même, que presque toutes les tours élevées devant Terracine et le temple de Féronia, ayant été détruits par le feu du ciel, les habitants renoncèrent à ce singulier genre de retranchements.

Pline prétend encore que la foudre ne descend jamais dans le sol à plus de cinq pieds de profondeur, et que les personnes craintives couvrent leurs maisons de peaux de phoques, les seuls animaux marins que le feu du ciel n'atteigne jamais (3).

<small>(1) « Tarchon, afin de défendre sa maison contre les foudres du grand Jupiter, entourait sa maison de beaucoup de vignes blanches. » *De re rusticâ*, lib. X.
(2) Pline attribue au laurier cette propriété singulière : « Ex iis quæ terrâ gignuntur, lauri fruticem non icit. » (Plinii *Hist. nat.* lib. II, cap. LVI.) « De tous les fruits de la terre, le laurier seul est à l'abri de la foudre. »
(3) Ideo pavidi altiores specus tutissimos putant; aut tabernacula e pellibus belluarum quas vitulos appellant;</small>

On voit que les anciens avaient des idées fort étranges sur l'art d'écarter la foudre, et que les moyens qu'ils préconisaient dans ce but n'étaient pas marqués au coin de la raison.

Ctésias de Cnide, un des compagnons de Xénophon, raconte, dans un passage qui nous a été conservé par Photius, qu'il avait reçu deux épées, l'une des mains de Parisatis, mère d'Artaxercès, l'autre des mains du roi lui-même. Il ajoute :

« Si on les plante dans la terre, la pointe en haut, elles écartent les nuées, la grêle et les orages. Le roi en fit l'expérience devant moi à ses risques et périls (1). »

Ce qu'on peut objecter contre le moyen dont parle Ctésias, c'est son insuffisance pour écarter les orages, attendu qu'une simple tige pointue de quelques pieds de hauteur, comme une épée plantée dans le sol, n'a jamais joui d'un tel pouvoir. Comment d'ailleurs accorder le moindre crédit à l'assertion de cet historien, quand on voit Ctésias affirmer, dans le même chapitre, qu'il a connaissance d'une fontaine de seize coudées de circonférence, sur une *orgye* de profondeur, qui, tous les ans, se remplissait d'un or liquide, dont on pouvait charger cent cruches !

Le moyen dont parle Ctésias, par son inefficacité absolue, doit donc être placé sur la même ligne que celui signalé par Hérodote, qui prétend que les anciens Thraces désarmaient les nuages orageux en lançant leurs flèches contre le ciel

Les alchimistes du Moyen âge ont cité avec complaisance un procédé pour faire de l'or au moyen de la foudre mise en bouteille. Ce procédé est rapporté par un vieux cabaliste nommé Holfergen, comme ayant été découvert par Abraham de Gotha, adepte de l'art hermétique.

Abraham de Gotha, qui avait eu cette

<small>quoniam hoc solum animal ex marinis non percutiat. (Plin. *Hist.nat.* lib. I, cap. LVI.) Voir aussi Josèphe, *Antiq. Jud.*, lib. III, cap. VI, § 4.)
(1) Ctesias in *Indic.* apud *Photium* (*Bibl. cod.* LXXII.)</small>

belle idée se serait fait sans doute un nom célèbre dans l'histoire de l'alchimie, sans une circonstance fâcheuse. Il fut pendu à l'âge de trente-six ans, pour cause de sortilége.

Pour faire de l'or, le disciple d'Hermès conseillait de recueillir la foudre dans une fiole pleine d'eau. Après avoir fait évaporer lentement le liquide, en récitant certaines oraisons, cet heureux adepte retrouvait toujours au fond de sa cornue, une masse d'or d'un poids égal à celui de l'éclair qu'il avait su liquéfier.

Notre cabaliste ne paraît nullement douter du fait. Il prétend même que cette recette fut pratiquée bien avant Abraham de Gotha, par les Gaulois, du temps de César :

« Ces morceaux d'or, retrouvés dans les lacs des Gaules, nous dit-il, n'étaient que de la foudre concrétée. En temps d'orage, les Éduens et les Tolosains se couchaient près des fontaines, après avoir allumé une torche et planté à côté d'eux leur épée nue la pointe en haut. Il advenait que la foudre tombait souvent sur la pointe de l'épée, sans faire de mal au guerrier, et s'écoulait innocemment dans l'eau où, après s'être liquéfiée, elle finissait par se solidifier dans les temps de grande chaleur. »

S'il faut s'en rapporter aux *Lettres de Gerbert*, qui ont été publiées par M. Barse (d'Aurillac), Gerbert, ce savant illustre qui, au x⁰ siècle, ceignit la tiare pontificale, sous le nom de Sylvestre II, aurait inventé, dans les derniers temps de sa vie, le moyen d'écarter la foudre. Quand l'orage grondait, Gerbert faisait planter en terre de longs bâtons, terminés par un fer de lance très-aigu. Jalonnés de distance en distance, ces pieux empêchaient, disait-on, les effets désastreux des orages.

Mais le moyen préconisé par le pape Sylvestre II ne pouvait pas jouir de beaucoup plus d'efficacité pour écarter la foudre, que les épées plantées en terre par les soldats éduens, par cette raison qu'il ne suffit pas d'élever en l'air un corps pointu pour annuler les effets de l'électricité atmosphérique ; mais qu'il faut que ce corps, choisi parmi les meilleurs conducteurs de l'électricité, soit mis lui-même en communication permanente avec une partie humide, dans les profondeurs du sol, au moyen d'une tige ou d'une chaîne très-conductrice de l'électricité. Privées de conducteurs, ces tiges pointues ne peuvent qu'attirer la foudre, au lieu de la détourner.

Pour terminer cette revue des moyens dont les anciens auteurs ont parlé, comme propres à écarter la foudre, nous pouvons ajouter qu'au siècle de Charlemagne, on élevait dans les champs de longues perches, espérant prévenir ainsi la grêle et les orages. Mais hâtons-nous d'ajouter, pour réduire ce fait à sa valeur réelle, que ces perches étaient regardées comme inefficaces, si elles n'étaient pas munies, à leur extrémité, de morceaux de papier. Par un capitulaire de l'an 789, Charlemagne proscrivit cet usage, qu'il qualifiait de superstitieux.

On voit que ce dernier moyen d'écarter les orages était l'analogue de celui dont font usage aujourd'hui les soldats de la Chine, qui, pour repousser l'ennemi, plantent en terre des piques de bois, surmontées de morceaux de papier, couverts de caractères magiques.

Nous avons rapporté, la plupart de tous les textes et des faits cités par les auteurs qui prétendent retrouver dans l'antiquité des traces de l'art de maîtriser la foudre et de conjurer ses effets. Tous ces textes sont impuissants pour démontrer que l'on ait eu connaissance d'un tel secret dans les âges qui ont précédé le nôtre. Peut-être à la rigueur pourrait-on inférer de quelques-uns, que, dans quelques circonstances, et chez certains peuples, tels que les Hébreux, lors de la construction du temple de Salomon, le hasard put révéler une forme rudimentaire du paratonnerre, et la pratique en confirmer les effets utiles. Mais cette concession, que l'on pourrait faire aux partisans de l'antiquité, n'entraînerait nullement à accorder aux anciens des notions positives concernant les phénomènes électriques. Le hasard ou l'empirisme aurait pu enseigner, plus ou moins obscurément, à travers le cours des âges, quelques pratiques utiles sur l'art d'écarter la foudre, sans que, pour cela, les personnes en possession de ce moyen, aient pu se rendre compte de leur véritable action, sans qu'elles aient été dirigées par des principes scientifiques.

CHAPITRE II

FAITS NATURELS ET OBSERVATIONS QUI ONT PU CONDUIRE A LA DÉCOUVERTE DE L'IDENTITÉ DE LA FOUDRE ET DE L'ÉLECTRICITÉ. — FAITS RAPPORTÉS PAR LES HISTORIENS LATINS. — OBSERVATIONS CONSIGNÉES DANS L'HISTOIRE MODERNE. — LE CHATEAU DE DUINO, DANS LE FRIOUL. — LE FEU SAINT-ELME. — MANIFESTATIONS ÉLECTRIQUES EN MER. — SCINTILLATIONS ÉLECTRIQUES DANS LES ALPES. — DÉCOUVERTE DE L'ANALOGIE DE LA FOUDRE ET DE L'ÉLECTRICITÉ. — WALL. — GREY. — JEAN FREKE ET BENJAMIN MARTIN. — L'ABBÉ NOLLET. — QUESTION POSÉE PAR L'ACADÉMIE DE BORDEAUX. — MÉMOIRE DE BARBERET, DE DIJON, SUR LA RESSEMBLANCE DU TONNERRE ET DE L'ÉLECTRICITÉ. — MÉMOIRE DE ROMAS, DE NÉRAC.

L'électricité se trouve répandue dans la nature avec une telle abondance, que ses effets ont pu se manifester spontanément aux yeux des hommes, dans une foule de circonstances diverses. A toutes les époques, on a constaté des apparitions, des scintillations lumineuses, des attractions et des mouvements, qui avaient l'électricité pour cause. Mais avant que la science fût en possession de données exactes sur ces phénomènes météoriques, c'est-à-dire avant la connaissance et l'étude de l'électricité, il était impossible de rattacher entre eux par un lien commun les faits de ce genre que l'observation révélait de loin en loin. Il fallait avoir des notions positives sur l'électricité, pour comprendre que beaucoup d'accidents extérieurs et de phénomènes naturels, dépendaient d'une cause de ce genre et obéissaient à la même loi.

C'est ce qui explique que, depuis l'antiquité jusqu'à la fin du dernier siècle, les physiciens aient pu, dans un grand nombre de cas, être témoins de manifestations extérieures du fluide électrique, sans soupçonner la nature ni pouvoir fournir l'explication de ces phénomènes.

Une revue des principales observations de ce genre que l'histoire nous a conservées, prouvera suffisamment que beaucoup de faits naturels, qui ont été remarqués à différentes époques, avaient pour cause une action électrique, et auraient pu mettre les savants sur la voie d'une grande découverte, c'est-à-dire dévoiler l'identité de la foudre et de l'électricité, ou du moins faire constater l'existence de l'électricité libre dans l'atmosphère.

Le cheval que montait, à Rhodes, l'empereur Tibère, étincelait sous la main qui le frottait fortement. On citait un autre cheval doué de cette propriété. Le père de Théodoric, et quelques autres, avaient observé ce même phénomène sur leur propre corps (1).

Mais les Romains avaient une manière commode d'éviter l'explication embarrassante d'un phénomène physique. On mit ces faits au rang des prodiges, ce qui dispensa de tout examen.

Pendant la nuit qui précéda la victoire que Posthumius remporta sur les Sabins, les javelots des soldats romains jetaient autant de clarté que des flambeaux. Lorsque Gylippus allait à Syracuse, on vit une flamme sur sa lance (2).

Suivant Procope, le ciel favorisa Bélisaire du même prodige pendant la guerre contre les Vandales (3).

On lit dans Tite-Live que Lucius Atreus ayant acheté un javelot pour son fils, qui venait d'être enrôlé parmi les soldats, cette arme parut embrasée, et jeta des flammes pendant plus de deux heures, sans être consumée par ce même feu (4).

(1) Damascius in *Isidor. Vit. apud Phot. Biblioth.* d. 242.
(2) « Gylippo Syracusas petenti, visa est stella super ipsam lanceam constitisse. In Romanorum castris visa sunt ardere pila, ignibus scilicet in illa delapsis : qui sæpe, fulminum more, animalia ferire solent et arbusta. Sed si minores vi mittuntur, defluunt tantum et insident, non feriunt nec vulnerant. » (Senec., *Natur. Quæst.*, lib. I, cap. I.)
(3) Procop. *De Bell. Vandal.*, lib. II, cap. II.
(4) Tite-Live, liv. XLIII.

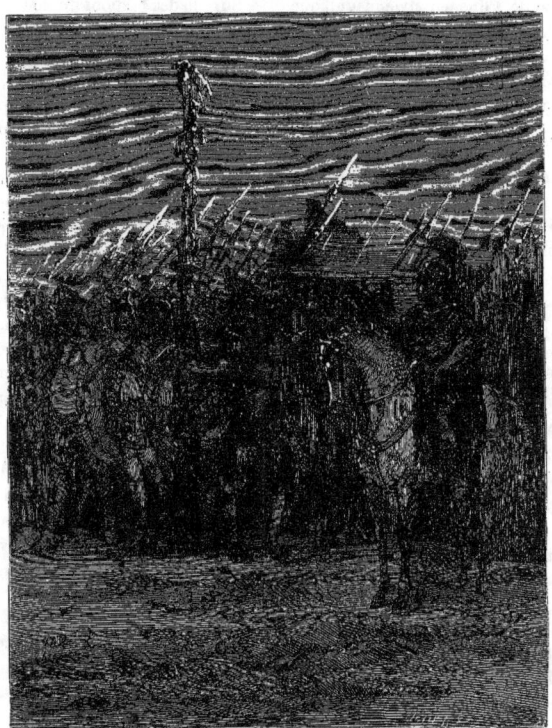

Fig. 261. — Les piques de l'armée de César étincellent à la suite d'un orage (page 504).

Plutarque, dans la *Vie de Lysandre*, fait mention de deux faits de cette nature :

« Les piques de quelques soldats en Sicile, et une canne que portait à sa main un cavalier, en Sardaigne, parurent en feu. Les côtes furent aussi lumineuses et brillèrent de feux fréquents. »

Pline a observé le même phénomène sur des soldats qui étaient en faction la nuit sur les remparts :

« Les étoiles paraissaient tant sur terre que sur mer. J'ai vu une lumière sous cette forme sur les piques des soldats qui étaient en faction la nuit sur les remparts. On en a vu aussi sur les vergues et autres parties des vaisseaux, qui rendaient un son intelligible et changeaient souvent de place. Deux de ces lumières prédisaient un bon temps et un heureux voyage, et en chassaient une autre qui paraissait seule et qui avait un aspect menaçant. Les marins appellent celle-ci *Hélène*; mais ils nomment les deux autres *Castor et Pollux*, et les invoquent comme des dieux. Ces lumières se posent quelquefois vers le soir sur la tête des hommes, et sont d'un bon et favorable présage (1). »

(1) « Existunt stellæ et in mari terrisque. Vidi nocturnis militum vigiliis inhærere pilis pro vallo fulgorem ea effigie : et antennis navigantium, aliisque navium partibus, cum vocali quodam sono insistunt, ut volucres, sedem ex sede mutantes. Geminæ autem salutares et prosperi

« Mais, ajoute Pline en style magnifique, ces choses sont encore cachées dans la majesté de la nature (*incerta ratione et in naturæ majestate abdita*).

César rapporte, dans ses *Commentaires*, que, pendant la guerre d'Afrique, après un orage affreux, qui jeta toute l'armée romaine dans le plus grand désordre, la pointe des dards d'un grand nombre de soldats brilla d'une lumière spontanée. De Courtivron (1), de l'ancienne Académie des sciences, a cru le premier pouvoir rapporter ce phénomène à l'électricité. Voici le passage de César :

« Vers ce temps-là parut dans l'armée de César un phénomène extraordinaire. Au mois de février, vers la seconde veille de la nuit, il s'éleva subitement un nuage épais suivi d'une grêle terrible ; et, la même nuit, les pointes des piques de la cinquième légion parurent s'enflammer (2). »

L'histoire moderne fournit un grand nombre d'exemples de ces apparitions de flammes à l'extrémité des corps pointus. Tant que l'on ignora la cause de ces phénomènes, on y fit peu d'attention ; mais on les a recueillis avec soin dès que l'on a reconnu leur corrélation avec l'électricité atmosphérique.

De tous ces faits appartenant aux temps modernes, le plus curieux est assurément le suivant, qui a été publié pour la première fois par un physicien d'Italie, et reproduit ensuite dans l'un des Mémoires de l'abbé Nollet à l'Académie des sciences (3).

cursûs prænuntiæ ; quarum adventu fugari diram illam ac minacem appellatamque Helenam ferunt. Et ob id Pollucí et Castori his nomen assignant, eosque in mari deos invocant. Hominum quoque capiti vespertinis horis magno præsagio circumfulgent. » (Plinii *Historia naturalis*, lib. II.)
(1) *Histoire de l'Académie des sciences de Paris*, pour 1752, p. 10.
(2) « Per id tempus fere Cæsaris exercitui res accidit incredibilis auditu ; nempe vigiliarum signo confecto, circiter vigilia secunda noctis, nimbus cum saxea grandine subito est coortus ingens ; eadem nocte, legionis quintæ cacumina sua sponte arserunt. » (Cæsaris *Comment. de Bello Africano*, cap. VI.)
(3) *Lettera di Gio. Fortunato Bianchini, dott. medic. intorno un nuovo fenomeno elettrico*, all. Acad. R. di Scienze di Parigi, 1758. — *Mémoires de l'Académie des sciences de Paris*, 1794, p. 445, dans une note placée à la fin d'un Mémoire de l'abbé Nollet *sur la cause et les effets du tonnerre*.

Sur un des bastions du château de Duino, situé dans le Frioul, au bord de la mer Adriatique, il y avait, de temps immémorial, une pique plantée verticalement, la pointe en haut. Dans l'été, lorsque le temps paraissait tourner à l'orage, le soldat qui montait la garde sur ce bastion, présentait de près, au fer de cette pique, le fer d'une hallebarde (*brandistoco*) qui était toujours placée là pour cette épreuve. Si le fer de la pique étincelait beaucoup à l'approche de celui de la hallebarde, et qu'il jetât, par sa pointe, une aigrette lumineuse, la sentinelle sonnait aussitôt une cloche, qui se trouvait là. Les gens de la campagne et les pêcheurs en mer se trouvaient ainsi avertis de l'approche du mauvais temps, et sur cet avis chacun pouvait rentrer chez soi. L'ancienneté de cette pratique est prouvée par la tradition du pays, et par une lettre du P. Imperati, bénédictin, datée de 1602, dans laquelle il est dit, en faisant allusion à cet usage des habitants de Duino : *Igne et hastâ utuntur, ad imbres, grandines procellasque præsagiendas, tempore præsertim æstivo.*

Rien de plus curieux, rien de plus remarquable assurément, que cette coutume, qui fut sans doute révélée par quelque hasard heureux, aux habitants de cette partie des rives de l'Adriatique.

On a de tout temps observé, pendant les orages, des apparences, des aigrettes, des scintillations lumineuses brillant à l'extrémité des corps pointus qui sont très-élevés dans l'air, comme les mâts des vaisseaux et les clochers des églises. Tous les navigateurs ont signalé ces apparitions de lumière à la pointe des mâts, des vergues ou des cordages des vaisseaux. Dans l'antiquité, ces étincelles ou ces flammes étaient regardées comme des présages. Une seule flamme, qui recevait alors le nom d'*Hélène*, était un signe menaçant pour la traversée. Deux flammes (*Castor et Pollux*) prédisaient au contraire, du beau temps et un voyage heureux.

Ce phénomène météorologique a reçu différents noms chez les modernes : en France, c'est le *feu Saint-Elme*, en Italie le *feu de Saint-Pierre*, *de Saint-Nicolas*, etc. Personne n'ignore que ces aigrettes lumineuses sont de véritables et fortes étincelles électriques, tirées des nuages orageux par la pointe des mâts.

Plutarque cite de nombreux exemples de ces apparitions lumineuses; nous ne rapporterons que la suivante :

« Au moment, dit Plutarque, où la flotte de Lysandre sortait du port de Lampsaque pour attaquer la flotte athénienne, les étoiles de Castor et de Pollux allèrent se placer des deux côtés de la galère de l'amiral lacédémonien. »

Les croyances, les mœurs, changent avec les siècles, mais les superstitions sont de tous les temps, et se transmettent, presque sans altération, d'âge en âge. Si l'on veut savoir comment les navigateurs au temps de Christophe Colomb envisageaient le phénomène dont nous parlons, il faut lire, dans l'ouvrage célèbre *Vie de l'amiral*, écrit par le fils de Christophe Colomb, ce curieux passage.

« Dans la nuit du samedi (octobre 1493, pendant le second voyage de Colomb), il tonnait et pleuvait très-fortement. Saint-Elme se montra alors sur le mât de perroquet avec sept cierges allumés, c'est-à-dire que l'on aperçut ces feux que les matelots croient être le corps du saint. Aussitôt, on entendit chanter sur le bâtiment force litanies et oraisons, car les gens de mer tiennent pour certain que le danger de la tempête est passé, dès que Saint-Elme paraît. »

Herrera nous apprend que les matelots de Magellan avaient la même superstition.

« Pendant les grandes tempêtes, dit-il, Saint-Elme se montrait au sommet du mât de perroquet, tantôt avec un cierge allumé, et tantôt avec deux. Ces apparitions étaient saluées par des acclamations et des larmes de joie. »

Le passage suivant emprunté aux *Mémoires de Forbin*, présente un autre exemple du même phénomène, avec des proportions extraordinaires :

« Pendant la nuit (en 1696, par le travers des Baléares), il se forma tout à coup un temps très-noir, accompagné d'éclairs et de tonnerres épouvantables. Dans la crainte d'une grande tourmente dont nous étions menacés, je fis serrer toutes les voiles. Nous vîmes sur le vaisseau plus de trente feux Saint-Elme. Il y en avait un, entre autres, sur le haut de la girouette du grand mât, qui avait plus d'un pied et demi (0^m,50) de hauteur. J'envoyai un matelot pour le descendre. Quand cet homme fut en haut, il cria que ce feu faisait un bruit semblable à celui de la poudre qu'on allume, après l'avoir mouillée. Je lui ordonnai d'enlever la girouette et de venir; mais à peine l'eut-il ôtée de place, que le feu la quitta et alla se poser sur le bout du mât, sans qu'il fût possible de l'en retirer. Il y resta assez longtemps, jusqu'à ce qu'il se consuma peu à peu. »

En parlant du feu Saint-Elme, dans sa *Notice sur le tonnerre*, Arago fait connaître sur ce sujet deux autres faits intéressants.

Fynes Moryson, secrétaire de lord Montjoy, rapporte, dit Arago, qu'au siége de Kingsale, le 23 décembre 1601, le ciel étant sillonné par des éclairs sans tonnerre, les cavaliers ou sentinelles virent des *lampes qui semblaient brûler* à la pointe de leurs lances et de leurs épées. Le 25 janvier 1822, M. de Thielaw, se rendant à Freiberg, pendant une averse de neige, remarqua sur la route que les extrémités des branches de tous les arbres étaient lumineuses.

En Allemagne, la tour de Naumbourg était citée comme présentant souvent des feux Saint-Elme à son sommet. Au mois d'août 1768, Lichtenberg aperçut une flamme pareille sur le clocher de la tour Saint-Jacques à Gœttingue. Le 22 janvier 1728, pendant un violent orage accompagné de pluie et de grêle, M. Mongez remarqua des aigrettes lumineuses sur plusieurs sommités les plus élevées de la ville de Rouen.

En 1783, Sauvan publia que le 22 juillet, par une nuit orageuse, il avait aperçu, pendant trois quarts d'heure, une couronne de lumière autour de la voûte du clocher des Grands-Augustins à Avignon (1).

Deux naturalistes célèbres du XVe siècle,

(1) Arago, *Notice sur le tonnerre. Notices scientifiques*, t. I, p. 152-154.

Aldrovande, de Bologne, et Hermolaus Barbarus, de Venise, disent avoir vu quelquefois, à des hauteurs considérables, des corbeaux dont le bec jetait une vive lumière par les temps d'orage. C'est peut-être, ajoute le naturaliste Guéneau (de Montbéliard), quelque observation de ce genre qui a valu à l'aigle le titre de ministre de la foudre.

M. Binon, curé de Plauzet, assurait que pendant vingt-sept ans qu'il résida dans cette paroisse, les trois pointes de la croix du clocher paraissaient environnées d'un corps de flamme dans les grandes tempêtes. Quand ce phénomène s'était montré, la tempête n'était plus à craindre, car le calme succédait aussitôt (1).

Pacard, secrétaire de la paroisse du prieuré de la montagne du Brevent, située en face du mont Blanc, faisait creuser les fondements d'un chalet qu'il voulait construire dans une prairie, lorsqu'un violent orage se déclara. Il se réfugia sous un rocher peu éloigné, et vit le feu électrique briller à plusieurs reprises sur la tête d'un grand levier de fer planté en terre, qu'il avait laissé en se retirant (2).

Si l'on monte sur la cime d'une montagne, on pourra être électrisé par une nuée orageuse, comme le sont les pointes des girouettes et des mâts.

C'est ce qu'éprouvèrent, en 1767, Pictet, de Saussure et Jallabert fils, sur la cime du Brevent. Le premier de ces savants, à mesure qu'il marquait sur son plan, la position de quelque montagne, en demandait le nom aux guides qu'on avait pris; et pour la leur désigner, il la montrait du doigt en élevant la main. « Il s'aperçut que chaque fois qu'il « faisait ce geste, il sentait au bout de son « doigt une espèce de frémissement ou « de picotement, semblable à celui qu'on « éprouve lorsque l'on s'approche d'un globe « de verre fortement électrisé. » L'électricité d'un nuage orageux, qui était vis-à-vis, fut la cause de cette sensation. L'effet fut le même sur les compagnons et les guides du voyage, et la force de l'électricité augmentant bientôt, la sensation produite par l'électricité devint à chaque instant plus vive; elle était même accompagnée d'une espèce de sifflement. Jallabert, qui avait un galon à son chapeau, entendait autour de sa tête un bourdonnement effrayant, que les autres personnes entendirent aussi quand elles le mirent à leur tour sur leur tête. On tirait des étincelles du bouton d'or de ce chapeau, de même que de la virole de métal d'un grand bâton.

L'orage pouvant devenir dangereux, on descendit à dix ou douze toises plus bas, où l'on ne sentit plus d'électricité. Bientôt après il survint une petite pluie, l'orage se dissipa, et l'on remonta au sommet, où l'on ne trouva plus aucun signe d'électricité (1).

Ainsi, à toutes les époques, on a vu se manifester des phénomènes météoriques qui avaient l'électricité pour cause; mais en l'absence de connaissances positives sur ce grand agent de la nature, ces phénomènes ne pouvaient être qu'un objet de curiosité. Un étonnement stérile était le seul sentiment que ce spectacle pût exciter, lorsqu'une idée superstitieuse ne venait pas couper court à toute tentative d'explication.

Bien que connus et depuis longtemps enregistrés dans les annales historiques, ces faits restèrent donc, pendant des siècles, isolés et inutiles pour la science. Cette mine précieuse, qui devait être un jour si féconde en découvertes, apparaissait par intervalles et se dévoilait aux yeux des hommes par quelque filon brillant, par quelque lumineuse échappée; mais cet appel à l'investigation scientifique demeurait sans résultat. Nul ne pouvait encore essayer de remonter jusqu'à la source où se cachaient tant

---

(1) *Transactions philosophiques*, t. XLVIII, part. I, p. 210.
(2) De Saussure, *Voyage dans les Alpes*, in-8°, t. II, p. 56.

(1) De Saussure, *Voyage dans les Alpes*, in-8°, t. II, p. 155. — *Histoire de l'Académie des sciences de Paris* pour 1767, p. 33.

Fig. 262. — Le feu Saint-Elme brillant à la pointe des mâts du navire de Christophe-Colomb (page 507).

de merveilles. Un travail de ce genre ne put être entrepris qu'après qu'une physique plus avancée eut soumis à ses études les phénomènes électriques. Alors, seulement, tous les accidents météorologiques qui constituent des manifestations de l'électricité naturelle, apparurent sous leur véritable jour et purent être rapportés à leur origine exacte.

L'analogie des effets de la foudre avec ceux de l'électricité est tellement saisissante, tellement naturelle, qu'elle fut aperçue par les physiciens, dès les premiers temps de la connaissance des phénomènes électriques. Ce que l'on observe en petit sur le conducteur d'une machine électrique, c'est-à-dire l'éclat et le bruit de l'étincelle, la lumière de l'éclair et la détonation de la foudre le reproduisent en grand.

Cette comparaison et ce rapprochement, sont si simples, si naturels, que l'idée en est venue à tous les physiciens, et cela, on peut le dire, dès le moment même où l'on a eu connaissance de l'étincelle électrique.

Le docteur Wall était un physicien anglais contemporain d'Otto de Guericke et qui, par conséquent, vivait vers 1650. Avant même que le célèbre consul de Magdebourg eût construit son globe de soufre, c'est-à-dire la première machine électrique que la science ait possédée, Wall, qui n'était pourtant qu'un observateur d'un mince mérite, apercevant pour la première fois, l'étincelle tirée d'un gros morceau d'ambre, exprima tout aussitôt l'idée de la ressemblance de cette étincelle avec l'éclair. Cette remarque de Wall est assez curieuse pour mériter d'être rapportée textuellement.

Comme nous l'avons vu dans l'histoire de la machine électrique, Otto de Guericke n'avait obtenu qu'une faible lueur en frottant son globe de soufre; Wall parvint à produire une lumière plus marquée en frictionnant doucement avec la main bien sèche, ou avec une étoffe de laine, un gros morceau d'ambre auquel il avait donné la forme d'un cône. En présentant le doigt à une petite distance de l'ambre ainsi frotté, Wall entendit un petit craquement suivi d'une forte étincelle. Il compara alors cette lumière à l'éclair, et le craquement au tonnerre.

« En frottant rapidement, dit Wall, le morceau d'ambre avec du drap, et en le serrant assez fortement avec ma main, on entendit un nombre prodigieux de petits craquements, et chacun d'eux produisit un petit éclat de lumière; mais lorsqu'on frotta l'ambre doucement et légèrement avec le drap, il produisit seulement de la lumière et point de craquement. Si quelqu'un présentait le doigt à une petite distance de l'ambre, on entendait un grand craquement, suivi d'un grand éclat de lumière. Ce qui me surprend beaucoup en cette éruption, c'est qu'elle frappe le doigt très-sensiblement et y cause une impression de vent, à quelque endroit qu'on le présente. Le craquement est aussi fort que celui d'un charbon sur le feu, et une seule friction produit cinq ou six craquements, ou plus, suivant la promptitude avec laquelle on place le doigt, dont chacun est toujours suivi de lumière. Maintenant je ne doute pas qu'en se servant d'un morceau d'ambre plus long et plus gros, les craquements et la lumière ne fussent l'un et l'autre beaucoup plus grands. *Cette lumière et ce craquement paraissent en quelque façon représenter le tonnerre et l'éclair* (1). »

Il est bien curieux et bien décisif de voir cette analogie entre l'électricité et le tonnerre, reconnue dès l'observation des premiers phénomènes électriques.

En 1735, le physicien Grey, dont les travaux appartiennent à l'enfance de la science électrique, exprimait la même analogie dans les termes les plus formels :

« Quoique ces effets jusqu'à présent n'aient été produits que très en petit, nous dit Grey, il est probable qu'on pourra, avec le temps, trouver une façon de rassembler une plus grande quantité de feu électrique, et par conséquent d'augmenter la force de ce feu qui, d'après plusieurs expériences (*silicet magnis componere parva*), semble être de la même nature que celle du tonnerre et de l'éclair (2). »

(1) Priestley, *Histoire de l'électricité*, t. I, pp. 18, 19.
(2) Lettre adressée par Grey, en 1735, à Cromwell Mor-

Jean Freke, membre de la *Société royale de Londres*, et Benjamin Martin, lecteur de physique, ont également dans leurs mémoires, signalé clairement la même analogie (1).

En France, l'abbé Nollet mit en avant cette pensée sous la forme d'une probabilité séduisante. Le passage, bien souvent cité, dans lequel ce physicien parle de l'analogie de l'électricité et de la foudre, se trouve au quatrième volume de ses *Leçons de physique expérimentale*, qui parut en 1748.

« Si quelqu'un, par exemple, dit l'abbé Nollet, entreprenait de prouver par une comparaison bien suivie de phénomènes, que le tonnerre est entre les mains de la nature, ce que l'électricité est entre les nôtres, que ces merveilles dont nous disposons maintenant à notre gré, sont de petites imitations de ces grands effets qui nous effraient, et que tout dépend du même mécanisme ; si l'on faisait voir qu'une nuée préparée par l'action des vents, par la chaleur, par le mélange des exhalaisons, etc., est, vis-à-vis d'un objet terrestre, ce qu'est le corps électrisé en présence et à une certaine proximité de celui qui ne l'est pas, j'avoue que cette idée, si elle était bien soutenue, me plairait beaucoup. Et pour la soutenir, combien de raisons spécieuses ne se présentent pas à un homme qui est au fait de l'électricité ? L'universalité de la matière électrique, la promptitude de son action, son inflammabilité et son activité à enflammer d'autres matières ; la propriété qu'elle a de frapper les corps extérieurement et intérieurement jusque dans leurs moindres parties ; l'exemple singulier que nous avons de cet effet dans l'expérience de Leyde, l'idée qu'on peut légitimement s'en faire, en supposant un plus grand degré de vertu électrique, etc. ; tous ces points d'analogie que je médite depuis quelque temps, commencent à me faire croire qu'on pourrait, en prenant l'électricité pour modèle, se former, touchant le tonnerre et les éclairs, des idées plus saines et plus vraisemblables que tout ce qu'on a imaginé jusqu'à présent (2). »

Le même soupçon de l'analogie des effets du tonnerre avec ceux de l'électricité a été

timer, secrétaire de la *Société royale de Londres*, et publiée, peu de temps après, dans les *Transactions philosophiques*.
(1) *Essai sur la nature de l'électricité*, traduit de l'anglais de M. Jean Freke, dans le Recueil de traités sur l'électricité, traduit de l'allemand et de l'anglais, 3ᵉ partie, page 24. — *Essai sur l'électricité*, traduit de l'anglais de M. Benj. Martin, lecteur de physique. Ibidem, 3ᵉ partie, p. 71-76.
(2) *Leçons de physique expérimentale*, t. IV, p. 314.

émis, après Nollet, par divers autres physiciens, parmi lesquels nous citerons Winckler en Allemagne, et Hales en Angleterre.

Déjà, en 1726, l'Académie des sciences de Bordeaux avait décerné son prix annuel à un mémoire du révérend Père Lozeran du Fech, natif de Perpignan, *sur la cause du tonnerre et des éclairs.* Dans ce mémoire, la cause du tonnerre était rapportée à l'embrasement des exhalaisons terrestres, selon la doctrine alors en vogue. Mais les phénomènes électriques qui furent signalés sur ces entrefaites, déterminèrent, en 1749, l'Académie de Bordeaux à remettre la même question au concours.

Le prix fut accordé en 1750, à un médecin de Dijon, nommé Barberet, qui admettait l'analogie de la foudre avec l'électricité, sans invoquer toutefois aucune expérience, et qui ne traitait la matière que par de simples considérations générales, dans le goût des dissertations académiques de cette époque.

Cette décision de l'Académie de Bordeaux couronnant de ses palmes la doctrine de l'analogie de la foudre avec l'électricité, montre bien, selon nous, à quel point cette opinion était alors le courant des idées générales. Les Académies ne sont pas novatrices. L'histoire et les exemples contemporains, montrent suffisamment qu'elles représentent, dans les sciences, l'esprit du passé et le maintien rigoureux des opinions reçues. S'attachant surtout à conserver le dogme scientifique le plus généralement accepté, elles ne peuvent représenter l'idée de l'avenir, ni celle du progrès. Or, puisque en France, une Académie prenait sous son patronage l'idée de l'origine électrique du tonnerre, on peut en conclure que c'était là une doctrine en parfaite harmonie avec les opinions scientifiques du temps.

La distinction accordée par l'Académie de Bordeaux au mémoire de Barberet, de Dijon, dans lequel on posait nettement le principe de l'analogie de la foudre avec l'électricité, imprima une impulsion nouvelle aux recherches déjà entreprises sur ce sujet. Parmi les physiciens qui embrassèrent cette idée avec le plus d'ardeur, il faut citer surtout de Romas, l'un des membres les plus actifs de l'Académie de Bordeaux.

Né dans la petite ville de Nérac, qui fut aussi le berceau des Montesquieu, appartenant à une famille noble de la province de Guyenne, de Romas n'était pas un savant de profession; il était lieutenant assesseur au présidial de Nérac, c'est-à-dire simple juge au tribunal civil de cette ville. Il était entré dans la carrière de la magistrature. Une fois en possession de la place modeste d'assesseur au présidial de sa ville natale, il put se livrer à la vocation bien décidée qui le portait vers l'étude des sciences. Il possédait en physique des connaissances solides et variées. Si l'on consulte ses nombreux écrits, et en particulier ses recherches sur le magnétisme des corps, on voit qu'il avait abordé les parties les plus élevées et les plus difficiles de la physique de son temps. Comme s'il eût trouvé trop étroit pour ses facultés le champ de cette dernière science, il s'occupait encore de mécanique, de géographie, de navigation, d'agriculture, d'élève des bestiaux, et sur ces divers sujets, il a laissé en manuscrits ou imprimés, trois gros volumes de mémoires.

Peu de jours après la publication du travail de Barberet, de Dijon, c'est-à-dire au mois d'août 1750, Romas présenta à l'Académie de Bordeaux un mémoire qui avait pour objet de signaler les ressemblances physiques entre la foudre et l'électricité. Cet écrit fut composé à l'occasion d'un coup de tonnerre qui, le 30 juillet 1750, avait frappé le château de Tampouy, situé près de Nérac dans la sénéchaussée de Marsan, diocèse d'Aire. Il a pour titre : *Observation qui prouve que la foudre a non-seulement deux barres de feu, de même que l'électricité a deux étincelles ; mais que, de même que l'électricité, elle a aussi deux attractions.* Romas cherche à prouver dans cet écrit :

Fig. 263. — Le physicien Wall, au XVIIe siècle, découvre l'analogie de l'étincelle électrique avec l'éclair et le tonnerre (page 510).

1° Que la foudre a, comme l'électricité, deux barres de feu, c'est-à-dire probablement deux pôles opposés; 2° que la foudre exerce, comme l'électricité, une attraction sur les corps environnants. « Ce qui étant bien constaté, dit « Romas, on en pourra inférer que la foudre « ressemblant aux phénomènes fondamen- « taux de l'électricité, *elle lui est analogue en* « *toutes les dernières particularités* (1). »

Romas donne, dans ce mémoire, une description minutieuse des effets produits par la chute de la foudre sur le château de Tampouy. Il paraît que deux lames de feu se croisèrent à plusieurs reprises, avec des sifflements très-intenses, et que des corps solides volumineux furent soulevés et transportés au loin. Romas vit dans ces particularités une ressemblance avec le phénomène d'attraction et de répulsion des corps légers par le fluide électrique,

(1) Ce mémoire n'a pas été imprimé, mais il se trouve avec les autres manuscrits de Romas, dans les archives de l'ancienne Académie de Bordeaux, qui sont déposées aujourd'hui dans la bibliothèque de cette ville.

comme avec la double étincelle qui, selon lui, part entre deux conducteurs au moment de la décharge électrique. Ces rapprochements étaient sans doute inexacts, mais ils frappèrent beaucoup l'imagination de l'observateur, qui termine son travail par les lignes suivantes :

« Je me réserve, si ce mémoire est bien reçu, de traiter un peu plus amplement, dans un autre que je me propose de donner sous la forme d'un ouvrage lié de toutes les parties qui me paraîtront les plus propres à faire connaître l'analogie de la foudre et de l'électricité (1). »

Le mémoire que nous venons de citer, prouve avec évidence, que, dès l'année 1750,

(1) A la suite du coup de foudre de Tampouy et des réflexions dont cet événement fut le point de départ, Romas conçut le projet d'un instrument destiné à détourner le tonnerre. Cet instrument, qu'il n'a décrit nulle part, mais auquel il fait quelque allusion dans sa *Lettre à M. Lutton*, dont il sera question plus loin, consistait, autant qu'on peut en juger sur de vagues indications, en un conducteur isolé, terminé par une boule, ce qui aurait composé un fort mauvais paratonnerre. M. de Vivens, qui eut connaissance du nouvel instrument, et lui donna le nom de *brontomètre*, comprit sans doute les dangers que son emploi aurait inévitablement entraînés, et il détourna Romas de publier sa description.

Fig. 264. — Le physicien Jallabert découvre le pouvoir des pointes (page 515)

le physicien de Nérac avait pénétré la nature du tonnerre, et qu'il avait poussé fort loin cette idée de l'identité de la foudre et de l'électricité qui commençait à prendre faveur chez les électriciens de l'Europe.

La question historique que nous venons de traiter concernant la découverte du grand fait de l'identité de l'électricité et de la foudre, met encore une fois en évidence une vérité que nous avons déjà essayé de faire ressortir dans cet ouvrage: c'est qu'il est impossible d'accorder à un seul homme l'honneur d'une grande invention scientifique, et que les découvertes importantes naissent toujours, non des efforts isolés d'un homme de génie, mais d'un concours lent et successif de travaux dirigés vers un but commun.

La science et le temps préparent les éléments divers des grandes découvertes ; il arrive dès lors un moment où la même idée se présente à la fois à un grand nombre d'esprits, parce qu'elle est la conséquence d'une foule de travaux entièrement accomplis. On a attribué, tantôt à Wall, tantôt à Franklin, tantôt à l'abbé Nollet, la gloire d'avoir démontré les premiers l'analogie physique de la foudre et de l'électricité. Ce n'est à aucun de ces savants en particulier que revient le mérite de cette pensée ; elle était l'expression et le résultat de l'ensemble des travaux des physiciens du dernier siècle. C'est à la science collective, à la réunion de tous les efforts, et non à l'unique inspiration d'un homme de génie, que l'humanité est redevable de la plupart des grandes conquêtes scientifiques qui font son bonheur ou sa gloire.

T. I.

CHAPITRE III

TRAVAUX DE FRANKLIN CONCERNANT L'ANALOGIE ENTRE L'ÉLECTRICITÉ ET LA FOUDRE. — HYPOTHÈSE QU'IL PROPOSE QUANT A L'ORIGINE DU TONNERRE. — DÉCOUVERTE DU POUVOIR DES POINTES.

Nous venons de voir la doctrine de l'identité de la foudre et de l'électricité, faire en Europe des progrès rapides; nous allons la voir s'avancer, en Amérique, d'un pas encore plus assuré, et prendre, entre les mains de Franklin, sa constitution définitive.

Comme tous les physiciens de son temps, Franklin avait été frappé de l'analogie que présentent l'étincelle électrique et le trait de la foudre. Pendant que l'Académie de Bordeaux couronnait solennellement, en séance publique, le mémoire de Barberet, de Dijon; pendant que Romas écrivait son mémoire *sur le coup de foudre de Tampouy*, Franklin exprimait, dans ses *Lettres*, des réflexions qui tendaient à établir l'étroite ressemblance du tonnerre et de l'électricité (1).

C'est dans la quatrième lettre et dans une partie de la suivante, que Franklin expose l'idée de l'analogie de l'électricité et du tonnerre. Mais hâtons-nous de dire, pour bien éclairer le récit qui va suivre, que Franklin ne présente cette pensée qu'à titre d'hypothèse. Il se borne à la soumettre aux physiciens, ajoutant que l'expérience prononcera plus tard sur ce point de théorie.

Les deux lettres de Franklin, en partie consacrées au sujet qui nous occupe, sont d'une confusion extrême : il faut en élaguer beaucoup de parties inutiles, pour saisir, dans sa simplicité, la théorie de l'identité de l'électricité et de la foudre. Nous allons en donner

(1) Le mémoire de Barberet fut couronné par l'Académie de Bordeaux au mois d'août 1750, et le mémoire de Romas *sur le coup de foudre de Tampouy* est du même mois (août 1750) ; enfin la lettre de Franklin *sur l'analogie du tonnerre et de l'électricité* porte la date du 29 juillet de la même année.

l'analyse, en retranchant tout ce qui se rapporte à des objets étrangers à ce sujet.

Voici donc comment Franklin, après beaucoup de considérations vulgaires et surannées sur les nuages, les vapeurs et la pluie, fait ressortir, dans sa *quatrième lettre*, les analogies du tonnerre et de l'électricité, pour conclure, dans la lettre suivante, que cette hypothèse est fort admissible, et finalement, donner le plan d'une expérience qu'il n'a pas faite lui-même, mais qu'il conseille aux physiciens d'exécuter, afin de vérifier la justesse de sa conjecture.

1° Franklin fait remarquer que les éclairs ont une forme ondoyante et crochue; or il en est de même, selon lui, de l'étincelle électrique, quand on la tire à quelque distance d'un corps irrégulier.

2° Le tonnerre frappe de préférence les objets élevés et pointus, tels que les hautes montagnes, les arbres, les tours, les clochers, les mâts de vaisseaux, les pointes de piques, etc. ; de même, selon lui, tous les conducteurs pointus sont plus accessibles à l'électricité que les surfaces plates.

3° Le tonnerre suit toujours le meilleur conducteur et le plus à sa portée ; l'électricité se conduit de même dans la décharge de la bouteille de Leyde. Selon Franklin, il serait plus sûr, durant l'orage, d'avoir ses habits humides que secs, parce que l'eau transmettrait en grande partie la matière du tonnerre jusqu'au sol, et garantirait ainsi le corps. Il assure qu'un rat mouillé ne peut pas être tué par l'explosion de la bouteille de Leyde, et qu'au contraire cet animal est tué par la même décharge quand il est sec.

4° Le tonnerre met le feu aux matières combustibles; ainsi se comporte l'électricité.

5° Le tonnerre fond quelquefois les métaux ; l'électricité produit le même effet.

6° Le tonnerre déchire certains corps ; l'électricité produit le même résultat. Franklin rappelle que l'étincelle électrique perce un cahier de papier.

7° On a vu souvent des personnes rendues aveugles par le tonnerre ; Franklin a vu un pigeon frappé de cécité par une commotion de la bouteille de Leyde.

8° Le tonnerre tue les animaux; on a tué aussi des animaux par la commotion électrique.

9° Le tonnerre détruit quelquefois la propriété des aimants naturels et renverse leurs pôles; Franklin a obtenu le même résultat avec de l'électricité. Souvent il a donné, au moyen de la décharge de la bouteille de Leyde, la direction polaire à des aiguilles de fer.

Mais Franklin ne se borna pas à signaler ces divers points de ressemblance entre les effets de l'électricité et ceux du tonnerre. Il alla plus loin ; car il mit en avant cette hypothèse, qu'une verge de fer pointue élevée dans les airs, et communiquant avec un conducteur métallique, en contact lui-même avec le sol, aurait peut-être le pouvoir de faire écouler silencieusement dans la terre, l'électricité des nuages, et donnerait ainsi un moyen de s'opposer à la production de la foudre.

Comment Franklin fut-il conduit à une idée si hardie et si nouvelle? C'est là un point important à éclaircir.

Franklin a, le premier, mis bien en évidence par des expériences positives, ce fait essentiel que les corps pointus ont le pouvoir de dissiper l'électricité, c'est-à-dire le principe que l'on désigne aujourd'hui en physique sous le nom de *pouvoir des pointes*. Il avait été amené sur la voie de cette découverte par une observation due à Jallabert, physicien suisse.

C'est à Genève, en 1748, que Jallabert observa pour la première fois ce phénomène.

Pendant un séjour qu'il fit bientôt après à Paris, il répéta son expérience devant l'abbé Nollet, qui la publia, la même année, avec le consentement de l'auteur. Dans ses *Recherches sur les causes particulières des phénomènes électriques,* Nollet rapporte, comme il suit, cette expérience de Jallabert.

« *Nouveau phénomène observé par M. Jallabert.* — On met en équilibre, sur un pivot (fig. 264, p. 513), une petite verge de bois, qui peut avoir quinze ou seize pouces de longueur, pointue par un bout et armée par l'autre d'une petite boule de bois, de un pouce de diamètre ou environ; on met cet instrument ainsi préparé à portée d'un homme qu'on électrise, et qui tient en sa main un morceau de bois tourné, gros et arrondi par un bout, comme une demi-boule de un pouce de diamètre, et pointu par l'autre extrémité. Si cet homme présente ce morceau de bois par le gros bout à la boule qui est à l'une des extrémités de l'aiguille, le plus souvent cette boule est repoussée; il l'attire au contraire presque toujours, s'il présente le morceau de bois par la pointe. On voit tout le contraire, si l'on fait l'expérience par l'autre côté de l'aiguille ; le morceau de bois électrisé et présenté par le gros bout l'attire, et si c'est la pointe du morceau de bois que l'on présente, il est fort ordinaire que la partie B soit repoussée. »

Il résultait de cette expérience, que les phénomènes électriques d'attraction et de répulsion étaient fort différents selon que l'on présentait à un corps un conducteur taillé en pointe, ou le même conducteur terminé en boule.

Il y avait là le germe de la découverte du pouvoir des pointes; mais il n'y avait pas autre chose, car telle qu'elle était exécutée par Jallabert ou l'abbé Nollet, cette expérience ne réussissait pas toujours.

Nollet essaya d'expliquer l'expérience de Jallabert par la théorie générale qu'il avait imaginée pour l'interprétation des phénomènes électriques, c'est-à-dire par son système des *affluences et influences simultanées*. Mais il ne faisait ainsi qu'ajouter une difficulté à une autre, car à une expérience confuse il appliquait une théorie inexacte. Aussi ne put-on parvenir à rien tirer de clair de cette expérience du physicien de Genève.

C'est à Franklin que revient le mérite d'avoir mis dans tout son jour le phénomène du *pouvoir des pointes*, c'est-à-dire l'action qu'exerce un corps conducteur effilé en pointe, pour faire disparaître, par sa seule approche, l'électricité existant à la surface d'un corps.

Les observations faites par Franklin sur cet important sujet, sont exposées dans sa *Deuxième lettre à Collinson*. Nous les citerons textuellement :

« Je vous ai appris dans ma dernière lettre, dit Franklin, qu'en continuant nos recherches électriques, nous avions observé quelques phénomènes singuliers, que nous avons regardés comme nouveaux : je me suis engagé à vous en rendre compte, quoique j'appréhende qu'ils n'aient pas pour vous le mérite de la nouveauté. Tant de personnes ont travaillé dans votre pays sur les expériences électriques, que quelqu'un se sera probablement rencontré avec nous sur les mêmes observations.

« Le premier phénomène est l'étonnant effet des corps pointus, tant pour *tirer* que pour *pousser* le feu électrique.

« Placez un boulet de fer de trois ou quatre pouces de diamètre sur l'orifice d'une bouteille de verre bien nette et bien sèche : par un fil de soie attaché au lambris précisément au-dessus de l'orifice de la bouteille, suspendez une petite boule de liége environ de la grosseur d'une balle de mousquet ; que le fil soit de longueur convenable pour que la boule de liége vienne s'arrêter à côté du boulet. Electrisez le boulet, et le liége sera repoussé à la distance de quatre ou cinq pouces, plus ou moins, suivant la quantité d'électricité... Dans cet état, si vous présentez au boulet la pointe d'un poinçon long et délié, à six ou huit pouces de distance, la répulsion sera détruite sur-le-champ, et le liége volera vers le boulet. Pour qu'un corps émoussé produise le même effet, il faut qu'il soit approché à un pouce de distance et qu'il tire une étincelle. Afin de prouver que le feu électrique est *tiré* par la pointe, si vous ôtez de son manche le côté aplati du poinçon et que vous le fixiez sur un bâton de à cacheter, vous présenterez en vain le poinçon à la même distance, ou l'approcherez encore de plus près, le même effet n'en résultera point. Mais glissez le doigt le long de la cire, jusqu'à ce que vous touchiez le côté aplati, le liége alors volera sur-le-champ vers le boulet... Si vous présentez cette pointe dans l'obscurité, vous y verrez quelquefois à un pied de distance et plus, une lumière brillante, semblable à un feu follet ou à un ver luisant. Moins la pointe est aiguë, plus il faut l'approcher pour apercevoir la lumière, et à quelque distance que vous voyiez la lumière, vous pouvez *tirer* le feu électrique et détruire la répulsion... Si une boule de liége ainsi suspendue est repoussée par le tube et que la pointe lui soit brusquement présentée, même à une distance considérable, vous serez étonné de voir avec quelle rapidité le liége revole vers le tube. Des pointes de bois feraient le même effet que celles de fer, pourvu que le bois ne fût pas sec ; car un bois parfaitement sec n'est pas meilleur conducteur d'électricité que la cire d'Espagne.

« Pour montrer que les pointes *poussent* aussi bien qu'elles *tirent* le feu électrique, couchez une longue aiguille pointue sur le boulet, et vous ne pourrez assez électriser le boulet pour lui faire repousser la boule de liége... ou bien, faites tenir à l'extrémité d'un canon de fusil suspendu, ou d'une verge de fer, une aiguille qui pointe en avant comme une espèce de petite baïonnette ; dans cet état, le canon de fusil ou la verge ne saurait, par l'application du tube à l'autre extrémité, être électrisé au point de donner une étincelle ; le feu, courant continuellement, s'échappe en silence à la pointe. Dans l'obscurité, vous pouvez lui voir produire le même effet que dans le cas dont nous venons de parler (1). »

Le physicien de Philadelphie se mit inutilement en frais de méditations pour découvrir la cause du *pouvoir des pointes*. Il hasarda, à ce sujet, une théorie ; mais il avoue ingénument qu'il en était médiocrement satisfait. Il essaya d'expliquer cet effet « en sup-
« posant que la base sur laquelle pesait le
« fluide électrique à la pointe d'un corps élec-
« trisé étant petite, l'attraction par laquelle
« le fluide était tiré vers le corps était légère ;
« et que, par la même raison, la résistance à
« l'entrée du fluide était à proportion plus
« faible en cet endroit que là où la surface
« était plate. »

Franklin n'avait pas tort de n'accorder qu'une faible confiance à son explication. Mais si cette théorie était mauvaise, l'application qu'il tira du fait était d'une tout autre portée. Après avoir constaté la propriété dont jouit un conducteur terminé en pointe, d'anéantir, par son approche, l'état électrique des corps, le physicien américain songea tout aussitôt à tirer parti de cette propriété, en se servant d'un corps conducteur pointu dressé en l'air pour enlever l'électricité aux nuages orageux, si toutefois la foudre était réellement un phénomène électrique.

Pour la netteté de cet exposé historique, il sera nécessaire de rapporter ici les termes

---

(1) *OEuvres de Franklin*, traduites par M. Barbeu-Dubourg, in-4°, t. Ier, p. 3-5.

Fig. 265. — La lecture des lettres de Franklin devant la *Société royale de Londres* est accueillie par des marques d'incrédulité et d'ironie (page 519).

dans lesquels Franklin, après avoir, par deux expériences faciles à répéter, démontré une fois de plus l'existence du phénomène du pouvoir des pointes, propose tout aussitôt de l'appliquer à la construction d'un paratonnerre.

« Le plus important pour nous, dit Franklin, n'est pas de savoir de quelle manière la nature exécute ses lois, il nous suffit de connaître les lois elles-mêmes. C'est un avantage réel de savoir qu'une porcelaine abandonnée en l'air sans être soutenue, tombera et se brisera immanquablement; mais de savoir *comment* elle tombe et *pourquoi* elle se brise, c'est une matière de pure spéculation : ces connaissances sont agréables à la vérité, mais sans elles, nous pouvons garantir notre porcelaine.

« Ainsi, dans le cas présent, il pourrait être de quelque usage pour le genre humain, de connaître le pouvoir des pointes, quoique nous ne fussions jamais en état d'en donner une explication précise. Les expériences suivantes, aussi bien que celles de mes premières lettres, montrent ce pouvoir. »

Franklin décrit ici deux expériences, qui prouvent manifestement la vertu des conducteurs terminés en pointe pour dissiper l'électricité des corps. Il s'agit, dans la première, d'un large conducteur formé d'un tube de carton doré, de dix pieds de longueur et d'un pied de diamètre. Quand ce conducteur isolé est électrisé au moyen d'une machine, il suffit d'en rapprocher, à un pied de distance, la pointe d'une aiguille, pour faire disparaître en un instant toute l'électricité qui réside à sa surface. Dans la seconde expérience, il est question d'une grande balance de cuivre dont les plateaux sont supportés par des cordes de soie, afin de les isoler. On électrise ces plateaux au moyen d'une machine électrique, suspendue au plafond, la balance peut osciller autour d'un poinçon planté sur une table ou sur le plancher. Or, si l'on place sur ce poinçon une aiguille, cette aiguille suffit pour dépouiller à une grande distance le plateau de la balance de toute son électricité.

Franklin continue alors en ces termes :

« Maintenant, si le feu de l'électricité et celui de la foudre est le même, comme j'ai tâché de le montrer au long dans un écrit précédent, ce tube de carton et ces bassins peuvent représenter les nuages électrisés. Si un tube long seulement de dix pieds frappe et décharge son feu sur le poinçon à deux ou trois pouces de distance, un nuage électrisé qui est peut-être de dix mille acres, peut frapper et décharger son feu sur la terre à une distance proportionnellement plus grande. Le mouvement horizontal des bassins sur le plancher peut représenter le mouvement des nuages sur la terre et le poinçon élevé les montagnes et les plus hauts édifices, et alors nous voyons comment les nuages électrisés, passant sur les montagnes et sur les bâtiments à une trop grande hauteur pour les frapper, peuvent être attirés en bas jusque dans la distance qui leur est nécessaire pour cet effet. Et enfin, si une aiguille est fixée sur un poinçon, la pointe en haut, ou même sur le plancher au-dessous du poinçon, elle tirera le feu du bassin en silence à une distance beaucoup plus grande que la distance requise pour frapper, et préviendra ainsi sa descente vers le poinçon ; ou si dans sa course le bassin était venu assez près pour frapper, il ne le pourrait, parce qu'il aurait été d'abord privé de son feu, et par là le poinçon est garanti du choc. Je demande, cette supposition admise, si la connaissance du pouvoir des pointes ne pourrait pas être de quelque avantage aux hommes, pour préserver les maisons, les églises, les vaisseaux, etc., des coups de la foudre, en nous engageant à fixer perpendiculairement sur les parties les plus élevées de ces édifices des verges de fer faites en forme d'aiguilles et dorées pour prévenir la rouille, et du pied de ces verges un fil d'archal abaissé vers l'extérieur du bâtiment dans la terre, ou autour d'un des haubans d'un vaisseau, ou sur le bord jusqu'à ce qu'il touche l'eau ? Ces verges de fer ne tireraient-elles pas probablement le feu électrique en silence hors du nuage, avant qu'il vint assez près pour frapper ? Et par ce moyen ne pourrions-nous pas être préservés de tant de désastres soudains et effroyables ?

« Pour décider cette question, savoir si les nuages qui contiennent la foudre sont électrisés ou non, j'ai imaginé de proposer une expérience à tenter en un lieu convenable à cet effet. Sur le sommet d'une haute tour ou d'un clocher, placez une espèce de guérite assez grande pour contenir un homme et un tabouret électrique ; du milieu du tabouret élevez une verge de fer, qui passe en se courbant hors de la porte, et de là se relève perpendiculairement à la hauteur de vingt ou trente pieds et qui se termine en une pointe fort aiguë. Si le tabouret électrique est propre et sec, un homme qui y sera placé, lorsque des nuages électrisés y passeront un peu bas, peut être électrisé et donner des étincelles, la verge de fer y attirant le feu du nuage. S'il y avait quelque danger à craindre pour l'homme (quoique je sois persuadé qu'il n'y en a aucun), qu'il se place sur le plancher de la guérite et que de temps en temps il approche de la verge le tenon d'un fil d'archal qui a une extrémité attachée aux plombs, le tenant par un manche de cire ; de cette sorte les étincelles, si la verge est électrisée, frapperont de la verge au fil d'archal et ne toucheront point l'homme (1). »

Nous avons cité textuellement ce passage de Franklin, afin de mettre dans son jour les véritables vues du physicien de Philadelphie, et de modifier une opinion depuis trop longtemps accréditée sur ce sujet. Franklin, on le voit, ne parle du paratonnerre que comme d'une expérience à exécuter, comme d'une hypothèse que l'observation doit vérifier plus tard. Le moyen qu'il propose est subordonné à la vérité de cette hypothèse, non démontrée encore, à savoir, que le tonnerre a une origine électrique.

Il résulte donc des citations qui précèdent, et nous insistons sur ce point, que lorsque

(1) Œuvres de Franklin, traduites par M. Barbeu-Dubourg, in-4°, t. Iᵉʳ, p. 61-63.

Franklin mit en avant l'idée de l'analogie de la foudre et de l'électricité, et quand il songea au paratonnerre, comme conséquence de cette idée, il n'avait fait encore aucune expérience pour vérifier l'existence de l'électricité au sein de l'atmosphère. Tout ce qu'il dit à ce sujet repose sur des considérations purement théoriques et sur la connaissance du pouvoir des pointes. Lorsqu'il parle, à la fin du passage qui précède, de placer sur une guérite une barre de fer pointue et fixée à un tabouret isolé, c'est une expérience qu'il propose aux physiciens d'exécuter, comme un moyen de vérifier la justesse de ses conjectures ; mais cette expérience, il ne l'a pas faite lui-même.

Nous allons voir, par la suite de ce récit, que l'expérience proposée par le physicien de Philadelphie, et qui devait confirmer ou renverser cette vue théorique, fut accomplie par d'autres mains que les siennes. La démonstration expérimentale du grand fait de l'existence de l'électricité dans l'air, fut donnée pour la première fois, non en Amérique, mais en Europe, et par les soins des physiciens français.

CHAPITRE IV

ACCUEIL FAIT A LONDRES AUX LETTRES DE FRANKLIN. — BUFFON LES FAIT TRADUIRE EN FRANÇAIS. — EXPÉRIENCES EXÉCUTÉES EN FRANCE SUR LA PRÉSENCE DE L'ÉLECTRICITÉ DANS L'ATMOSPHÈRE. — EXPÉRIENCES DE DALIBARD ET DE DELOR. — EXPÉRIENCE DE BUFFON A MONTBARD. — DÉCOUVERTE FAITE PAR LEMONNIER DE LA PRÉSENCE DE L'ÉLECTRICITÉ DANS L'ATMOSPHÈRE PAR UN TEMPS SEREIN. — RÉPÉTITION, PAR DIVERS PHYSICIENS FRANÇAIS, DES EXPÉRIENCES FAITES A PARIS. — LE PÈRE BERTHIER. — DE ROMAS. — CONTINUATION DES EXPÉRIENCES SUR L'ÉLECTRICITÉ DES BARRES MÉTALLIQUES ISOLÉES. — CANTON ET BEVIS EN ANGLETERRE. — MORT DE RICHMANN A SAINT-PÉTERSBOURG. — VERRAT. — TH. MARIN. — EXPÉRIENCES EN ALLEMAGNE ET EN ITALIE. — BOZE. — GORDON. — ZANOTTI. — BECCARIA.

Les *Lettres de Franklin à Pierre Collinson* obtinrent en Europe un prodigieux succès :

« On n'a jamais rien écrit sur l'électricité, dit Priestley, qui ait eu plus de lecteurs et d'admirateurs que ces lettres, dans toutes les parties de l'Europe. Il n'y a presque point de langue en Europe dans laquelle on ne les ait traduites, et comme si ce n'était pas encore assez pour les faire bien connaître, on en a fait depuis peu une traduction en latin. »

Priestley néglige ici de nous dire que le succès du livre de Franklin ne dut rien au concours ni aux suffrages des savants anglais. Lorsque Collinson, à qui ces lettres sont adressées, lut devant la *Société royale de Londres* le manuscrit de Franklin, les idées contenues dans cet écrit n'excitèrent, parmi les membres de la savante compagnie, d'autres sentiments que ceux de l'incrédulité et de l'ironie. L'hypothèse de Franklin concernant la possibilité d'écarter la foudre au moyen d'une simple barre de fer pointue élevée en l'air, parut surtout empreinte d'une parfaite absurdité. Le mémoire de Franklin ne fut pas jugé digne d'être mentionné parmi les communications adressées à la *Société royale* et on ne l'inséra point dans ses *Transactions philosophiques*. Les savants de Londres ne pouvaient admettre qu'une idée de quelque valeur pût leur arriver de cette barbare Amérique, qui n'excitait que des mépris en Angleterre, en attendant qu'elle y excitât des fureurs par le triomphe de ses armes.

Cependant, dans cette réunion de physiciens si bien inspirés, il se trouva un savant, le docteur Fothergill, qui jugea cette production américaine trop importante pour être étouffée. Il conseilla à Collinson de faire imprimer ces lettres, et ce dernier les remit, dans cette intention, à l'éditeur d'une Revue, nommé Cave, qui publiait le *Gentleman's Magazine*.

Cave préféra les publier en un volume qui parut à Londres, précédé d'une préface du docteur Fothergill. Le succès de cette publication fut considérable, car elle eut, en peu d'années, cinq éditions.

Sur le bruit de la considération qui fut

bientôt accordée par l'Europe entière au livre du physicien d'Amérique, la *Société royale de Londres* se décida à recevoir la communication d'un extrait de cet ouvrage, dont on donna lecture devant elle le 6 juin 1751.

Fig. 266. — Buffon.

Mais c'est une particularité digne d'être notée, que, dans cet extrait lu à la Société royale, on passa sous silence la partie du mémoire de Franklin qui concernait le paratonnerre. C'était là sans doute le passage qui avait excité les rires de la docte assemblée et l'on jugea convenable de le supprimer à cette seconde lecture, afin d'éviter le ridicule (1).

(1) C'est d'après le témoignage exprès d'un écrivain anglais que nous consignons ces faits qui font peu d'honneur à la sagacité des membres de la Société royale. Dans un ouvrage estimé, *A Manual of Electricity, Magnetism and Meteorology*, publié en 1844, le docteur Lardner écrit ce qui suit :

« When this and other papers by Franklin, illustrating « similar views, were sent to London, and read before the « Royal Society, they are said to have been considered so « wild and absurd that they were received with laughter, « and were not considered worthy of so much notice as to « be admitted to a place in the *Philosophical Transactions*.
« They were, however, shown to Dr. Fothergill, who « considered them of too much value to be thus stifled ;

Un accueil bien différent attendait, en France, l'œuvre du physicien de Philadelphie. Elle eut la fortune de rencontrer le plus haut et le plus efficace des patronages, celui du Pline moderne !

Buffon et Franklin, quels beaux noms réunis ! Le manuscrit d'une traduction des *Lettres de Franklin*, due à un simple amateur qui l'avait composée pour son usage, vint à tomber entre les mains de Buffon. Le grand naturaliste comprit immédiatement toute la valeur de ce livre, qui renfermait à la fois une théorie générale des phénomènes électriques, l'analyse des effets de la bouteille de Leyde, et une hypothèse sur la nature de la foudre avec la description de l'expérience à exécuter pour vérifier la justesse de cette dernière conjecture.

Buffon comptait parmi ses admirateurs et ses amis, un physicien d'un certain mérite, nommé Dalibard. Il le chargea de composer une traduction fidèle de l'ouvrage de Franklin, qu'il prit soin lui-même de revoir et de corriger. Cette traduction parut en 1752, en un volume in-12, sous ce titre : *Expériences et observations sur l'électricité, faites à Philadelphie en Amérique par M. Benjamin Franklin, et communiquées dans plusieurs lettres à M. P. Collinson de la Société royale de Londres ; traduites de l'anglais.* L'ouvrage est précédé d'un *avertissement* et d'un court historique de l'électricité, écrit en partie par Dalibard, et emprunté, pour le reste, à une petite dissertation faite en 1748, pour l'Académie de Bordeaux, par M. de Secondat, fils de Montesquieu. La publication de ce livre

« and he wrote a preface to them, and published them in « London.
« They subsequently went through five editions.
« After the publication of these remarkable letters, and « when public opinion in all parts of Europe had been « expressed upon them, an abridgment or abstract of them « was read to the Society on the 6th of June 1751.
« It is a remarkable circumstance that, in this notice, no « mention whatever occurs of Franklin's project of drawing « lightning from the clouds.
« Possibly this was the part which had before excited « laughter, and was omitted to avoid ridicule. »

Fig. 267. — Expérience faite le 10 mai 1752, par Dalibard à Marly. Première démonstration de la présence de l'électricité dans les nuages orageux (page 523).

répandit promptement en France les idées de Franklin sur l'électricité.

Mais Buffon ne se borna pas à servir, par ce premier moyen, les progrès de la physique. Il voulut exécuter lui-même l'expérience proposée par Franklin comme devant résoudre le problème de la présence de l'électricité dans l'atmosphère. En conséquence, il fit élever sur la tour de son château de Montbard, une longue tige de fer, pointue à son extrémité supérieure, et isolée, à sa partie inférieure, au moyen d'une épaisse couche de résine. Il comprit d'ailleurs qu'il importait de prendre les mêmes dispositions en d'autres lieux, afin d'être en mesure de profiter des orages qui pourraient se manifester sur différents points. Il engagea donc son ami Dalibard, à élever, de son côté, une pareille tige isolée dans le jardin de sa maison de campagne, située à Marly, près de Versailles.

Un physicien nommé Delor, possédait, place de l'Estrapade, un beau cabinet de machines, où l'on démontrait publiquement et à prix d'argent, les nouvelles expériences sur l'électricité. Sur l'invitation de Buffon et de Dalibard, ce physicien consentit à dresser une barre de fer isolée sur le faîte de sa maison.

L'appareil que Dalibard avait fait élever dans son jardin, à Marly, consistait en une verge de fer, d'un pouce environ de diamètre, de quarante pieds de longueur, et terminée en pointe à son extrémité supérieure. Elle était soutenue en l'air par trois grosses perches munies de cordons de soie. Pour l'isoler on avait divisé son extrémité inférieure en deux branches, qui étaient fixées dans un tabouret isolant à pieds de verre.

Dalibard décrit ainsi cet appareil, dans le mémoire qu'il lut à ce sujet à l'Académie des sciences.

« 1° J'ai fait faire, à Marly-la-Ville, située à six lieues de Paris, dans une belle plaine, dont le sol est fort élevé, une verge de fer ronde, d'environ un pouce de diamètre, longue de quarante pieds et fort pointue par son extrémité supérieure. Pour lui ménager une pointe plus fine, je l'ai fait armer d'acier trempé, ensuite brunir, au défaut de dorure, pour la préserver de la rouille. Outre cela, cette verge de fer était courbée, vers son extrémité inférieure, de deux coudes à angles aigus, quoique arrondis. Le premier coude était éloigné de deux pieds du bout inférieur, et le second en sens contraire, à trois pieds du premier.

« 2° J'ai fait planter dans un jardin trois grosses perches de vingt-huit à vingt-neuf pieds, disposées en triangle et éloignées les unes des autres à environ huit pieds ; deux de ces perches contre les murs, et la troisième au dedans du jardin. Pour les affermir toutes ensemble, on a élevé sur chacune des entretoises à vingt pieds de hauteur ; et comme le grand vent agitait encore cette espèce d'édifice, on a attaché au haut de chaque perche de longs cordages, qui tenaient lieu de haubans, répondant par le bas à de bons piquets enfoncés en terre à plus de vingt pieds des perches.

« 3° J'ai fait construire entre les deux perches voisines du mur, et adosser contre ce mur, une petite guérite de bois capable de contenir un homme et une table.

« 4° J'ai fait placer au milieu de la guérite une petite table d'environ un pied de hauteur, et sur cette table j'ai fait dresser et affermir un tabouret électrique. Ce tabouret n'est autre chose qu'une petite planche carrée, portée sur trois bouteilles à vin pour suppléer au défaut d'un gâteau de résine qui me manquait.

« 5° Tout étant ainsi préparé, j'ai fait élever perpendiculairement la verge de fer au milieu des trois perches, et je l'ai affermie en l'attachant à chacune de ces perches avec des cordons de soie, par deux endroits seulement. Le bout inférieur de cette verge était solidement appuyé sur le tabouret électrique, où j'ai fait creuser un trou propre à le recevoir.

« 6° Comme il était important de garantir de la pluie le tabouret et les cordons de soie, j'ai pris les précautions nécessaires à cet effet. J'ai mis mon tabouret sous la guérite, et j'ai fait couder ma verge de fer à angle aigu, afin que l'eau qui pourrait couler le long de cette verge ne pût arriver sur son tabouret. C'est aussi dans le même dessein que j'ai fait clouer vers le haut et au milieu de mes perches, à trois pouces au-dessus des cordons de soie, des espèces de boîtes formées de trois petites planches d'environ quinze pouces de long, qui couvrent par-dessus et par les côtés une pareille longueur de cordons de soie, sans les toucher. »

Tout se trouvant ainsi préparé, et les dispositions parfaitement prises pour être en mesure de constater la présence de l'électricité au sein de l'atmosphère, on attendit l'occasion favorable, c'est-à-dire un orage sur Montbard, sur Paris ou ses environs.

Ce fut l'appareil de Marly qui se trouva favorisé. A Marly fut reconnue, pour la première fois, la présence de l'électricité dans l'atmosphère, c'est-à-dire l'un des faits les plus considérables dont la physique se soit enrichie. Aussi la grande expérience que nous allons rapporter reçut-elle le nom d'*expérience de Marly*, de même que l'on avait désigné sous le nom d'*expérience de Leyde*, celle de la bouteille de Musschenbroek.

Le 10 mai 1752, un orage vint à éclater sur Marly. Dalibard était alors absent, il se trouvait à Paris ; mais il avait, au moment de son départ, confié le soin de surveiller la machine à un menuisier nommé Coiffier, ancien dragon, homme sur l'intelligence et l'intrépidité duquel on pouvait compter. Dalibard avait d'avance donné à ce gardien fidèle toutes les instructions et les avis nécessaires, tant pour faire les observations durant son absence, que pour se garantir, le cas échéant, des dangers de l'expérience. Il lui avait remis, pour tirer des étincelles de la barre, une tige de fer emmanchée dans une bouteille de verre, disposition que représentait le petit appareil que l'on désigne aujourd'hui sous le nom d'*excitateur*, au moyen duquel on tire des étincelles d'un corps électrisé, sans inconvénient pour l'opérateur. Il lui avait d'ailleurs expressément recommandé de s'entourer de quelques personnes, et surtout d'envoyer chercher le curé de Marly, M. Raulet, dès qu'il se présenterait quelque apparence d'orage.

Le moment désiré arriva enfin.

Le 10 mai, à deux heures de l'après-midi, Coiffier entend retentir un assez fort coup de tonnerre. Aussitôt il court à l'appareil, et prenant la petite tige de fer emmanchée dans la bouteille, il la présente à la barre métallique, et à une faible distance il en voit sortir une petite étincelle qui pétille avec bruit. Une seconde étincelle part bientôt, plus forte que la précédente. Coiffier se hâte alors d'appeler ses voisins et d'envoyer chercher le curé de Marly.

Dès qu'il est averti, le bon prieur, malgré une pluie battante mêlée de grêle, accourt de toute la vitesse de ses jambes. Témoins de l'empressement inusité et de l'émotion de leur pasteur, beaucoup d'habitants du village se hâtent de le suivre, s'imaginant d'abord que Coiffier a été tué d'un coup de tonnerre. Le jardin de Dalibard se remplit ainsi de spectateurs.

Au milieu de cette foule étonnée, le curé s'approche de la machine, et, voyant qu'il n'y a point de danger, il met lui-même la main à l'œuvre. Il prend l'*excitateur*, et tire de la barre plusieurs étincelles.

On n'entendit pas d'autre coup de tonnerre, mais la nuée orageuse resta pendant plus d'un quart d'heure au-dessus de la verge métallique, qui, pendant tout ce temps, fournit des étincelles d'une nature évidemment électrique. Elles partaient à un pouce et demi environ de la barre de fer, sous la forme d'une petite aigrette bleue, avec une odeur manifestement sulfureuse, et faisaient entendre un bruit semblable à celui qu'aurait produit une clef frappant sur la barre.

Le curé de Marly répéta l'expérience au moins six fois dans l'intervalle d'environ quatre minutes, et, dit-il, « chaque expérience dura l'espace d'un *Pater* et d'un *Ave*. » Mais bientôt l'intensité du feu électrique se ralentit. En approchant plus près, on ne tira plus que quelques étincelles ; enfin tout disparut.

Le bon prieur était si absorbé au moment de l'expérience, et si étonné du spectacle qui s'offrait à lui, qu'il avait été frappé, sans qu'il y fît grande attention, ou sans qu'il s'en plaignît alors, d'un coup violent au bras, par une étincelle partie de la barre électrisée. De retour chez lui, comme la douleur continuait, il découvrit son bras en présence de Coiffier, et l'on aperçut au-dessus du coude, une meurtrissure tournant autour du membre, comme celle qu'aurait pu occasionner un coup de fouet.

Les personnes qui entouraient le curé reconnurent qu'il répandait une odeur de soufre qui persistait encore quand il fut de retour chez lui. Un ecclésiastique sentant le soufre ! le fait était extraordinaire ; aussi fut-il remarqué.

Dès qu'il fut remis des émotions de l'événement, le prieur de Marly s'empressa d'écrire à Dalibard une lettre qui contenait les détails de cette expérience, et Coiffier partit pour la remettre à Paris. Le prieur annonçait, dans cette lettre, le succès de la belle expérience préparée par Buffon et Dalibard. Les détails qu'elle renfermait firent la matière d'un mémoire que Dalibard lut le 13 mai 1752 à l'Académie des sciences, où il produisit la plus vive sensation. On imagine sans peine, en effet, avec quel sentiment de joie fut reçue par les savants de la capitale cette démonstration éclatante de l'un des faits les plus importants de l'ordre naturel.

Huit jours après l'expérience de Marly, l'appareil élevé par le physicien Delor sur le toit de sa maison de la place de l'Estrapade, donna des signes manifestes d'électricité, bien qu'il n'y eût pas en ce moment d'orage proprement dit.

La barre de fer disposée par Delor, avait le double de la hauteur de celle de Marly. Elle était de quatre-vingt-dix-neuf pieds de haut, et reposait, à sa partie inférieure, sur un gâteau de résine de deux pieds carrés et de trois pouces d'épaisseur.

Le 18 mai, entre quatre et cinq heures du soir, une nuée orageuse se montra au-dessus de cet appareil, et mit environ une demi-heure à passer. Pendant ce temps, Delor tira de la barre des étincelles toutes semblables à celles des machines électriques : les plus fortes furent tirées à la distance de neuf lignes. Delor observa que la barre continuait encore à fournir des étincelles, lorsque le nuage orageux avait été poussé par le vent jusqu'au-dessus de la Seine, c'est-à-dire à deux heures environ du lieu de l'observation (1).

Comme la quantité d'électricité tirée du nuage dans cette première expérience n'avait pas été très-considérable, Delor ajouta à son appareil ce qu'il appela un *magasin d'électricité*, qui consistait en plusieurs tiges de fer isolées communiquant avec la barre principale. Avec cette adjonction, l'appareil de Delor donna des étincelles plus fortes.

Le lendemain de l'expérience faite à Paris par le physicien de la place de l'Estrapade, c'est-à-dire le 19 mai 1752, Buffon, qui se trouvait à Montbard, eut la satisfaction de voir son appareil s'électriser. Une nuée orageuse ayant passé au zénith de la verge de fer qu'il avait élevée sur la tour de son château, Buffon, armé d'un excitateur, tira de la verge métallique un grand nombre d'étincelles.

L'abbé Mazéas, à Paris, plaça en haut de sa maison un appareil fort simple pour répéter la même expérience. Il fit passer en dehors de sa fenêtre une longue perche de bois terminée par une baguette de fer pointue, de douze pieds de longueur. Il avait ajouté à cet appareil le *magasin d'électricité* imaginé par Delor, et il tira, en approchant le doigt, d'assez fortes étincelles de la tige de fer (1).

Les expériences que nous venons de rapporter ayant produit une grande impression dans la capitale, le roi voulut en être témoin. Sur ce désir, le duc d'Ayen offrit à Louis XV sa maison de campagne de Saint-Germain, et Delor fut chargé d'y répéter ces expériences (2). Ce n'était pas d'ailleurs la première fois que les courtisans chargés du soin de distraire sa royale personne avaient eu recours à l'électricité. En 1746, c'est devant Louis XV que Nollet, comme nous l'avons vu, avait fait passer la commotion de la bouteille de Leyde à travers une chaîne formée par deux cents gardes françaises.

Quand les physiciens du reste de la France eurent connaissance des expériences sur l'é-

---

(1) Lettre de Delor, imprimée dans les *Transactions philosophiques*, t. XLVIII, p. 370.

(1) *Histoire de l'électricité*, de Priestley, t. II, p. 164.
(2) *Lettre de l'abbé Mazéas au docteur Hales*, du 20 mai 1752.

lectricité atmosphérique faites dans la capitale, les mêmes tentatives furent reproduites partout, et partout couronnées du même succès.

C'est en répétant ces expériences à Saint-Germain que Lemonnier, dont nous avons déjà cité les belles recherches sur la vitesse de transport de l'électricité, fit l'importante découverte de la présence de l'électricité dans l'air, par un ciel serein. On avait pensé jusque-là que l'électricité atmosphérique exigeait nécessairement la présence d'un nuage orageux. Lemonnier reconnut, et ce fut là le plus important résultat de ses observations, qu'il existe de l'électricité dans l'atmosphère par les temps les plus calmes (1).

L'appareil dressé par Lemonnier à Saint-Germain consistait en une perche de trente-deux pieds de hauteur, plantée au milieu d'une pièce de gazon. A peu de distance de l'extrémité supérieure de cette perche, était fixé un gros tube de verre, qui supportait un tube de fer-blanc terminé en pointe très-aiguë. De ce tuyau de fer-blanc partait un fil de fer de cinquante toises de longueur qui venait aboutir dans un pavillon où se tenait l'expérimentateur pour y faire ses observations. L'électricité enlevée à l'atmosphère par la pointe métallique était transmise tout entière dans l'intérieur du pavillon, par ce long conducteur qui venait s'attacher à un cordon de soie tendu horizontalement et servant à l'isoler.

Les expériences de Lemonnier commencèrent le 7 juin 1752. Ce jour-là Lemonnier, ayant entendu un coup de tonnerre, qui sortit d'un gros nuage peu éloigné, tira aussitôt une étincelle très-vive du fil de fer, et ressentit une secousse semblable à celle que donne la bouteille de Leyde. Cette expérience fut répétée plusieurs fois avec le même succès, pendant cinq heures que dura l'orage, soit par notre académicien, soit par plusieurs

(1) *Mémoires de l'Académie des sciences* pour 1752, p. 233 et suiv.

autres personnes. On ne pouvait mettre en doute que la matière électrique dont le fil de fer s'était chargé ne fût de la même nature que celle que fournissent nos machines, « car, dit Lemonnier, ce fil attirait et repous-
« sait très-vivement les corps légers ; la ma-
« tière sortait en étincelant avec éclat ; elle
« excitait dans le bras de plusieurs personnes
« qui se tenaient par la main une commo-

Fig. 268. — Lemonnier.

« tion considérable ; elle sortait par les poin-
« tes, sous la forme d'une aigrette ; elle en-
« flammait l'esprit-de-vin et les liqueurs
« spiritueuses ; elle exhalait l'odeur particu-
« lière à la matière électrique ; en un mot,
« elle paraissait avoir tout le caractère de la
« matière électrique que nous excitons avec
« nos instruments, et qui la différencie de
« tous les autres fluides. »

Lemonnier fit plusieurs autres observations sur l'électricité atmosphérique. Nous ne les reproduirons point, car elles sont loin d'égaler en importance la découverte capitale qu'il fit dans cette occasion, c'est-à-dire la démonstration de l'électricité libre dans un ciel serein.

Les physiciens se refusèrent pendant quelque temps à admettre ce dernier fait, dont l'explication théorique offrait des difficultés. On avait cru jusqu'alors, que la présence des nuages dans le ciel, était indispensable pour communiquer l'électricité à l'atmosphère. Peu de temps auparavant, Cassini, à l'Observatoire de Paris, ayant reconnu des signes de l'électricité dans une tige de fer disposée comme la précédente, quoiqu'il n'existât alors aucun nuage orageux, avait cru devoir admettre que l'électricité provenait, dans ce cas, de quelque nuée très-voisine de l'horizon, et que l'on ne pouvait apercevoir (1). Les recherches de Lemonnier rectifièrent cette opinion ; il fut admis, dès ce moment, que l'électricité peut exister par tous les temps dans l'atmosphère.

Le père Berthier, religieux de l'Oratoire, répéta, à Montmorency, l'expérience de Dalibard. Il obtint un très-grand nombre d'étincelles électriques, et, s'étant sans doute imprudemment exposé, il reçut une commotion tellement forte, qu'il en fut renversé par terre.

De Romas, dont nous avons déjà rappelé les recherches, et qui, l'un des premiers, avait émis, en France, l'opinion, fondée sur l'observation, de l'origine électrique de la foudre, fut aussi l'un des premiers à répéter l'expérience de Marly (2). Il éleva à Nérac des barres de fer isolées, et reconnut leur état électrique. Il varia beaucoup ses moyens d'expérimentation ; il imagina des dispositions nouvelles pour isoler complètement les barres métalliques et les rendre plus propres à résister à l'effort du vent. Pour ne pas être assujetti à une observation continuelle, il

(1) *Histoire de l'Académie des sciences* pour 1752, p. 10.
(2) L'exposé des recherches de Romas sur les barres métalliques isolées est consigné dans six lettres adressées à l'Académie des sciences de Bordeaux, du 12 juillet 1752 au 14 juin 1753. Elles n'ont pas été imprimées, mais elles sont conservées, avec d'autres manuscrits de ce physicien, dans les archives de l'Académie de Bordeaux.

terminait le conducteur par un carillon électrique, dont les tintements répétés l'avertissaient en temps opportun. C'est ainsi qu'il put noter quelques faits importants d'électricité atmosphérique, tels que l'électrisation des barres en temps serein, leur électrisation par la pluie sans qu'il y eût d'orage, l'apparition des étincelles longtemps avant l'audition du bruit du tonnerre ; enfin, l'existence d'atmosphères électriques très-étendues autour des nuages orageux.

Dans la série de ses expériences, Romas voulut reconnaître si la barre de fer placée horizontalement attirerait aussi bien l'électricité atmosphérique que lorsqu'on la plaçait comme l'avait indiqué Franklin, c'est-à-dire dans la situation verticale. Il constata que la barre placée horizontalement s'électrisait à peine, même par les temps orageux. Pour faire cette expérience, Romas avait rendu mobile la barre de fer isolée. Au moyen d'une corde de soie, tenue dans sa main, il pouvait déranger cette barre mobile de sa position verticale, et l'incliner à volonté sur l'horizon, jusqu'à la rendre horizontale. Il reconnut, en opérant ainsi, que la tige perpendiculaire donnait de fortes étincelles, tandis que, disposée horizontalement, elle manifestait à peine des signes d'électricité. Ces dernières observations furent faites le 12 juillet 1752, et répétées plusieurs fois depuis cette époque.

Ce résultat conduisit Romas à soupçonner que l'intensité des phénomènes électriques pouvait croître en proportion de la hauteur des barres au-dessus du sol. Pour s'assurer de la justesse de cette conjecture, il dressa au-dessus du faîte de sa maison, et en les séparant par une distance de quinze pieds, deux barres, dont l'une était de dix pieds plus haute que l'autre. Il constata alors que, dans les mêmes conditions, c'était la première qui donnait toujours les plus fortes étincelles ; et, à partir de ce moment, il n'eut plus qu'une pensée, « celle de porter des

« conducteurs le plus haut possible dans la « région des nuages, afin d'augmenter le feu « du ciel. » Nous verrons bientôt à quel admirable résultat se trouva conduit par ce désir, le physicien de Nérac.

Tous les observateurs de l'Europe s'empressèrent de répéter les expériences qui venaient de jeter tant d'éclat sur la France. Canton, en Angleterre, fit élever des barres de fer isolées, qui lui servirent à constater l'état électrique des nuages. Voici comment le physicien anglais raconte son expérience dans une lettre adressée à Wilson, le 21 juillet 1752 :

« J'eus hier, sur les cinq heures du soir, dit Canton, l'occasion de tenter l'expérience de M. Franklin, pour tirer le feu électrique des nuages, et j'ai réussi au moyen d'un tube de fer-blanc de trois ou quatre pieds de long, attaché au haut d'un tube de verre d'environ dix-huit pouces. A l'extrémité supérieure du tube de fer-blanc, qui était moins élevé que la file des cheminées de la même maison, j'avais attaché trois aiguilles avec un peu de fil d'archal, et j'avais soudé à son extrémité inférieure un couvercle de fer-blanc, afin de garantir de la pluie le tube de verre qui était posé verticalement sur un billot de bois. Je courus à cet appareil, le plus vite que je pus, dès le commencement du tonnerre, mais je ne le trouvai électrisé qu'entre le troisième et le quatrième coup; alors appliquant la jointure de mon doigt au bord du cercle, je sentis et entendis une étincelle électrique; et en approchant une seconde fois, je reçus l'étincelle à la distance d'environ un demi-pouce, et je la vis bien distinctement. Je répétai la même chose quatre ou cinq fois dans l'espace d'une minute ; mais les étincelles devenaient de plus en plus faibles, et en moins de deux minutes le tube de fer-blanc ne donna plus aucun signe d'électricité. Il faisait une pluie continuelle pendant le tonnerre, mais elle était considérablement ralentie dans le temps que je fis l'expérience. »

Le 12 août suivant, le docteur Bevis observa à peu près les mêmes effets. Le même jour, Wilson répéta cette expérience dans le voisinage de Chelmsford, dans le comté d'Essex. Son appareil consistait simplement en une tringle de fer dont il introduisait un bout dans une bouteille de verre qu'il tenait à la main ; l'autre extrémité, terminée par trois aiguilles, étant en plein air. Avec un doigt de l'autre main il tira des étincelles, quoiqu'il ne fût point dans un endroit élevé, mais seulement dans un jardin (1).

C'est en voulant se livrer aux mêmes expériences que Richmann, membre de l'Académie impériale de Saint-Pétersbourg, et professeur de physique d'un grand renom, périt dans cette ville, frappé d'un véritable coup de foudre.

Richmann avait élevé, sur le faîte de sa maison, le même appareil qui était alors employé par tous les physiciens sur plusieurs points de l'Europe ; mais il avait porté un soin tout particulier à l'isolement de la barre de fer. La chambre dans laquelle il opérait n'avait d'autre plafond que le toit de la maison. Le trou qui fut pratiqué à ce plafond pour laisser passer la tige métallique fut garni d'un tube de verre pour l'isoler complétement dans ce point. La partie extérieure de la tige de fer, qui s'élevait de quelques pieds au-dessus du toit, était dorée pour la préserver de la rouille. La tige se terminait dans l'intérieur de la chambre ; elle était portée sur un tube de verre et soutenue par une masse de poix. Richmann pouvait ainsi observer tout à son aise les effets électriques (2). Il avait même disposé un carillon électrique, pour être averti à distance de la présence du fluide.

Richmann se proposait de procéder, dans un moment d'orage, à la mesure de l'intensité du fluide électrique soutiré de l'atmosphère extérieure ; il espérait obtenir ainsi quelques renseignements sur la force comparative de l'électricité dans les nuages orageux. Pour mesurer l'intensité de ces effets, il avait imaginé une sorte d'électromètre, qu'il désignait sous le nom de *gnomon électrique*, et qui, peu différent de notre électroscope actuel, consistait en un corps léger repoussé par l'action électrique, et dont l'angle

---

(1) *Transactions philosophiques*, t. XLVII, p. 568. — Priestley, *Histoire de l'électricité*, t. II, p. 168.
(2) *La Physique à la portée de tout le monde*, par le Père Paulian, t. II, p. 357.

d'écartement servait de mesure à l'intensité du fluide (1).

Le 6 août 1753, tandis que Richmann assistait à une réunion de l'Académie de Saint-Pétersbourg, un faible coup de tonnerre retentit dans le lointain. Aussitôt Richmann quitte sa place et se hâte de rentrer chez lui, pour observer sur son appareil les effets de l'orage qui s'approche. En même temps, il dépêche un employé de l'Académie chez le graveur Solokow, qui était chargé de dessiner et de graver une planche représentant son *gnomon électrique* destiné à accompagner le mémoire qu'il préparait sur ce sujet. Pour que le graveur fût mieux en état de bien représenter cet appareil, Richmann désirait le faire assister à ses expériences.

Lorsque Solokow se rendit dans la maison de Richmann, l'orage grondait avec violence sur Saint-Pétersbourg. En entrant dans le cabinet du physicien, il trouva ce dernier debout près du conducteur, son électromètre à la main, mais se tenant à une certaine distance, en raison de l'intensité de l'orage et de la force des étincelles qui partaient de la barre électrisée. Après l'entrée du graveur, Richmann fit, par mégarde, quelques pas en avant, et se trouva placé à un pied seulement du conducteur. Aussitôt un éclair, « sous la forme d'un globe de feu bleuâtre, gros comme le poing, » dit Solokow, s'élança du conducteur, et vint frapper au front l'infortuné Richmann, qui tomba roide mort. La chambre se remplit en même temps d'une vapeur sulfureuse ; Solokow lui-même fut renversé par la violence du coup de foudre, mais il ne tarda pas à reprendre ses sens, sans pouvoir toutefois se rappeler avoir entendu le bruit de l'explosion.

Le petit conducteur métallique qui servait à transmettre le fluide à l'électromètre fut brisé en mille pièces ; on en trouva les morceaux dispersés sur les habits de Solokow. Le vase de verre qui faisait partie de l'électromètre ne fut brisé qu'à moitié, et la limaille de cuivre dispersée dans tout l'appartement. La porte était brisée et jetée dans l'intérieur ; le chambranle de cette porte était fendu.

Quand la femme du professeur, accourant à cette détonation, entra dans le cabinet, elle vit le malheureux martyr de l'électricité renversé sur une caisse qui se trouvait là, et tenant encore à la main les débris de l'appareil avec lequel il avait cru pouvoir estimer la force du météore électrique.

Terrible et majestueuse ironie de la nature, qui frappait d'un coup mortel le savant qui s'était flatté de mesurer sa puissance !

Le cadavre ayant été examiné par les gens de l'art, on trouva au front les traces d'une profonde brûlure ; deux autres apparaissaient au côté droit de la poitrine. Plusieurs taches, rouges et bleues, se montraient au côté gauche, comme si la peau eût été grillée. L'un des souliers présentait un large trou, ce qui semblait indiquer que le coup de foudre, entré par la tête, était sorti par les pieds. Le cœur était en bon état ; mais la partie postérieure du poumon était noirâtre et gorgée de sang ; le duodenum, l'intestin grêle et le pancréas étaient également le siége d'une forte congestion sanguine. Quant à Solokow, il se remit promptement, et ne conserva pas de trace de cet accident terrible ; seulement on remarquait sur le dos de son habit de longues raies étroites, comme si des fils de

---

(1) Dans son *Précis historique et expérimental des phénomènes électriques*, Sigaud de Lafond, qui a donné, d'après la lettre du graveur Solokow, adressée à la *Société royale de Londres*, et le témoignage du comte de Strogonoff, la relation la plus exacte et la plus complète de la mort de Richmann, décrit ainsi l'espèce d'électromètre dont Richmann voulait faire usage :

« Ce gnomon était fait d'une baguette de métal, qui aboutissait à un petit vase de verre, dans lequel M. Richmann mettait, sans qu'on puisse en deviner la raison, un peu de limaille de cuivre. Au haut de cette baguette était attaché un fil qui pendait le long de la baguette quand elle n'était point électrisée ; mais dès qu'elle l'était, il s'en éloignait à une certaine distance, et formait conséquemment un angle à l'endroit où il était attaché. Pour mesurer cet angle, il avait un quart de cercle attaché au bout de la baguette de fer. » (P. 355.)

Fig. 269. — Le physicien Richmann foudroyé dans son cabinet de physique, à Saint-Pétersbourg, par l'électricité d'un nuage orageux, le 6 août 1753.

fer rouge en eussent grillé l'étoffe (1).

L'événement funeste dont Richmann fut victime, s'explique par les dispositions mêmes de son appareil. Ce physicien fut foudroyé, parce qu'au lieu d'établir une communication entre son conducteur et la terre, de manière à disséminer dans la masse du sol l'électricité tirée des nuages, il chercha, au contraire, à l'isoler avec tout le soin possible.

(1) *Histoire de l'Académie des sciences* pour 1753, p 78.

Dès lors la matière de la foudre, accumulée dans la partie du conducteur qu'il avait introduite dans son cabinet, ne trouvant aucune issue pour s'échapper, s'élança vers sa tête, qui ne se trouvait qu'à un pied de distance de l'appareil. Si, au contraire, il avait eu soin de ménager au conducteur une communication avec la terre, la matière de la foudre eût suivi inoffensivement cette route.

Il importe cependant de faire remarquer que l'appareil de Richmann n'était qu'une reproduction de celui que Dalibard avait employé à Marly, conformément aux indications de Franklin, et le même que tous les autres physiciens de l'Europe avaient fait construire pour recueillir l'électricité des nuages orageux. Il ne présentait d'autre différence que dans la manière plus efficace d'assurer l'isolement du conducteur. Il faut conclure de là que Franklin n'avait pas suffisamment raisonné l'expérience qu'il proposait aux physiciens, et qu'en construisant un appareil sur le plan qu'il avait donné, il exposait les expérimentateurs à de graves dangers.

La mort de Richmann, éclairant les observateurs sur les périls attachés à ces expériences, les rendit plus circonspects dans ces tentatives audacieuses où l'on osait braver le plus terrible des météores. Mais elle n'arrêta pas l'élan des physiciens, qui continuèrent de suivre avec ardeur cette voie intéressante de recherches, en s'entourant toutefois des mesures commandées par la prudence.

Boze et le père Gordon furent les premiers à répéter, en Allemagne, l'expérience de Marly. Lomonozow, en 1753, se livra, en Russie, aux mêmes essais (1).

Les physiciens de l'Italie se distinguèrent par leur ardeur à étudier l'électricité atmosphérique. Zanotti répéta le premier, dans ce pays, l'expérience de la barre isolée.

Verrat fit plusieurs recherches à l'observatoire de Bologne, avec une très-longue barre de fer, posée sur une masse de soufre. Il obtint des signes électriques par tous les temps (2).

Th. Marin, de la même ville, se livra à des expériences sur ce sujet, au moyen d'une barre élevée sur le toit de sa maison. Il essaya de rechercher des relations entre la pluie et l'électricité atmosphérique (3).

(1) *Transactions philosophiques*, t. XLVIII, part. 2, p. 272.
(2) *Cours de physique de Musschenbroek*, t. I, p. 397.
(3) *Ibidem*, t. I, p. 397.

A Florence, divers physiciens élevèrent, dans les derniers mois de l'année 1752, des barres de fer isolées, pour recueillir l'électricité aérienne. En tirant des étincelles d'une barre de fer électrisée par le tonnerre, on essuya des coups violents. L'un de ces physiciens, M. de la Garde, écrivait de Florence à l'abbé Nollet : qu'un jour voulant attacher une petite chaîne, garnie par un bout d'une boule de cuivre, à une grande chaîne qui communiquait avec une barre placée au haut d'un bâtiment afin d'en tirer des étincelles par le moyen des oscillations de cette boule, il s'y manifesta une traînée de feu qu'il n'aperçut pas, mais qui fit sur la chaîne un bruit semblable à celui d'un feu follet. « Dans cet instant, l'électricité se communiqua à la chaîne qui portait la boule de cuivre, et donna à l'observateur une commotion si violente, que la boule lui tomba des mains et qu'il fut repoussé de quatre ou cinq pas en arrière. Il n'avait jamais été frappé si fort par l'expérience de Leyde (1). »

Le père Beccaria surpassa tous les expérimentateurs de l'Italie dans ses recherches sur l'électricité atmosphérique. C'est grâce aux expériences de cet observateur éminent, que l'étude de l'électricité atmosphérique put s'élever plus tard, sur des bases solides, et former une branche importante de la physique. Un grand nombre d'observations faites de nos jours, et qui ont beaucoup servi pour les études de la météorologie actuelle, ne sont que la reproduction des faits observés antérieurement par le physicien de Turin.

CHAPITRE V

LES CERFS-VOLANTS ÉLECTRIQUES. — EXPÉRIENCES DE ROMAS A NÉRAC.

Les découvertes intéressantes qu'avait amenées l'emploi des barres de fer élevées dans

(1) *Journal des savants*, oct. 1753, p. 222. — Musschenbroek, t. I, p. 397.

l'espace, devaient engager les observateurs à tenter d'obtenir des résultats plus brillants encore. Mais on ne pouvait, avec des barres métalliques plantées dans le sol, recueillir l'électricité aérienne qu'à une faible élévation. C'est alors que se présenta l'idée d'aller puiser l'électricité au plus haut de l'air, au moyen d'un corps léger armé d'une pointe, et retenu de terre au moyen d'un fil, c'est-à-dire l'idée du *cerf-volant électrique*.

Nous allons nous écarter beaucoup de l'opinion commune, en essayant de prouver que la première idée du cerf-volant électrique n'appartient pas à Franklin, comme on l'a toujours admis depuis un siècle ; mais qu'elle est due à un physicien français, à Romas, de Nérac.

Dans les classes élevées de la société du dernier siècle, on trouvait quelques hommes d'élite qui, préparés par une éducation supérieure, distingués par l'élévation de l'esprit et du caractère, se sentaient instinctivement attirés vers tout ce que l'intelligence humaine peut produire dans les régions diverses où elle s'exerce. Beaux-arts, littérature, sciences, rien n'était étranger aux membres de cette société élégante et polie. On voyait, dans ces cercles distingués, le spectacle intéressant de l'aristocratie de la naissance accueillant et recherchant l'aristocratie du mérite. Les savants étaient toujours sûrs d'y rencontrer des protecteurs généreux, quelquefois même des émules.

C'est un cénacle de ce genre qui existait, au milieu du XVIIIe siècle, dans la province de Guyenne. Le fondateur, l'arbitre de cette petite société bordelaise, était le chevalier de Vivens.

Littérateur brillant, agronome de premier ordre, versé dans les différentes branches de nos connaissances, le chevalier de Vivens, l'un des esprits les plus distingués de son temps, était éminemment digne de présider et de diriger les hommes d'élite dont il aimait à s'entourer, et que son hospitalité généreuse rassemblait d'habitude dans son château de Clairac. Dans ces assemblées familières, qui se tenaient sous les frais ombrages de Clairac, on trouvait réunis : Montesquieu, qui aimait à se délasser de ses hautes spéculations sur l'histoire des lois et de la philosophie, par la culture de l'histoire naturelle et de la physique ; — le baron de Secondat, son fils, à qui l'Académie de Bordeaux dut plusieurs mémoires scientifiques estimés ; — le docteur Raulin, qui fut médecin par quartier de Louis XV ; — les frères Dutilh, qui habitaient un château des environs de Nérac, gentilshommes instruits et particulièrement habiles dans les expériences de physique ; — les abbés Guasco et Venuti ; — enfin, de Romas, que ses fonctions de juge au présidial avaient fixé à Nérac, sa ville natale.

Après le chevalier de Vivens, le chef scientifique de cette docte assemblée, l'inspirateur de ses travaux modestes, était Romas, savant d'un mérite réel, et qui ne resta étranger à aucune branche de la physique. C'est grâce à la sagacité de Romas, et au concours du petit cénacle de ses nobles et savants amis, que les expériences commencées à Paris sur l'électricité atmosphérique, trouvèrent à Nérac un complément et une suite qui forment une des pages les plus brillantes de l'histoire de la physique moderne.

Les frères Dutilh secondèrent plus particulièrement Romas dans toutes ses expériences sur l'électricité, ou pour mieux dire, Mathieu Dutilh fut son collaborateur constant en ces sortes de travaux.

Mathieu Dutilh, seigneur et baron de la Tuque, né à Nérac en 1715, était, à 25 ans, avocat au parlement de Bordeaux. Ses relations avec Romas commencèrent en 1740, et continuèrent, sans interruption, jusqu'à la mort de ce dernier. Ces deux personnages travaillèrent avec la même ardeur aux belles expériences de physique que nous avons à raconter. C'est au château de la Tuque, qui appartenait à Mathieu Dutilh, qu'eut lieu le 14 mai 1753, la première expérience sur l'électricité atmosphérique. Les frères Dutilh et Romas assistaient seuls à cette expérience, qui fut répétée publiquement, le 7 juin de la même année, sur les allées qui entourent la ville de Nérac.

En 1760, Mathieu Dutilh fut appelé au gouvernement du duché d'Albret et du comté de Bas-Armagnac, avec le titre d'intendant général et commissaire député de S. A. S. Godefroy de Bouillon, duc souverain de l'Albret. Il mourut aveugle en 1791. Ses travaux sur le droit coutumier des provinces du midi de la France, lui avaient acquis une grande célébrité. Aussi ses collègues du parlement de Bordeaux, le désignaient-ils sous ce titre : *l'aveugle clairvoyant* (1).

Mais arrivons au récit des expériences sur l'électricité atmosphérique faites par Romas, tant au château de la Tuque qu'à Nérac.

On a vu, dans le chapitre précédent, que Romas, depuis longtemps voué à l'étude expérimentale de l'électricité, s'empressa, dès qu'il en eut connaissance, de répéter à Nérac l'expérience de Marly. Nous avons dit que, dès le mois de juin 1752, c'est-à-dire un mois après l'expérience de Dalibard, Romas faisait des recherches sur l'électricité atmosphérique avec une barre de fer isolée, et qu'il obtenait des résultats intéressants au moyen de sa verge de fer mobile, qu'il rendait tantôt verticale et tantôt inclinée sur l'horizon.

C'est dans le cours de ces dernières expériences, qu'il vint à l'esprit de Romas, la pensée d'envoyer vers les nuages orageux, un cerf-volant armé d'une pointe métallique, afin d'amener l'électricité des cieux jusqu'à la terre, au moyen de la corde du cerf-volant. Au mois d'août 1752, il communiqua, sous le sceau du secret, le projet de cette expérience à ses amis, le chevalier de Vivens et les frères Dutilh.

Mathieu Dutilh fut chargé de s'occuper de la construction du cerf-volant. Il fut convenu qu'il serait lancé dans les prairies qui environnaient le château de la Tuque. Mais Mathieu Dutilh mit quelque négligence à s'occuper de ce soin, de telle sorte que l'automne de 1752 s'écoula sans qu'on pût mettre à exécution l'expérience projetée.

Romas faisait allusion au projet de ce cerf-volant électrique, dans une lettre qu'il adressa à l'Académie de Bordeaux, le 12 juillet 1752, pour faire connaître le résultat de ses observations sur la barre isolée. Il s'exprimait comme il suit, employant à dessein des termes détournés, pour ne pas ébruiter d'avance, le projet d'une expérience qu'il n'avait pu mettre encore à exécution.

« Je me réserve de mettre au jour la dernière, « *quoiqu'elle ne soit qu'un jeu d'enfant*, lorsque je me « serai assuré de sa réussite, par l'expérience que « je me propose d'en faire (1). »

Mais laissons notre physicien raconter lui-même comment lui vint, en 1752, l'idée du cerf-volant électrique, et par quelles circonstances l'expérience qu'il avait méditée dut être renvoyée à l'année suivante. On trouve ce récit dans un petit ouvrage de Romas, qui a pour titre : *Mémoire sur les moyens de se garantir de la foudre dans les maisons, suivi d'une lettre sur l'invention du cerf-volant électrique* (2). Après avoir rappelé les résultats qu'il avait communiqués le 12 juillet 1752, à l'Académie de Bordeaux, concernant ses expériences avec la barre de fer électrisée, Romas continue en ces termes :

« De cette observation je conclus que si je pouvais élever un corps non électrique et l'isoler commodément, j'obtiendrais de grandes lames de feu au lieu de petites étincelles.

« Pour vérifier cette conclusion, je pensai d'abord

---

(1) M. Dutilh, de Nérac, qui a fait partie de la chambre des députés sous Louis-Philippe, jusqu'à l'année 1848, était le petit-fils de Mathieu Dutilh.

(1) Par ce terme de *jeu d'enfant*, Romas entendait désigner le cerf-volant. C'est ce qu'il prouve dans sa *Lettre au rédacteur du Journal encyclopédique*, que nous citerons textuellement plus loin.
(2) In-18, Bordeaux, 1776.

Fig. 270. — Le cénacle scientifique du château de Clairac : Montesquieu et le baron de Secondat, son fils, le chevalier de Vivens, Romas et les frères Dutilh (page 531).

à substituer à la barre, qui avait sept à huit pieds de hauteur verticale au-dessus du toit de ma maison, un des plus longs mâts de navire que je pourrais trouver. Mais, ayant bientôt entrevu la nécessité d'une grande dépense, soit pour me procurer cette pièce, soit pour l'isoler, et plus encore dans la crainte de ne point obtenir des effets fort considérables, j'abandonnai cette idée presque dans le moment où je la conçus.

« Néanmoins, toujours plein du désir d'augmenter le volume du feu électrique, il fallut chercher le moyen qu'il y avait à trouver pour y parvenir ; en conséquence, je me plongeai dans de nouvelles méditations. Enfin une demi-heure après, tout au plus, le cerf-volant des enfants se présenta tout à coup à mon esprit, et comme j'y vis aussitôt, sinon les effets éclatants que cette machine a montrés depuis, du moins en partie, il me tardait de la mettre à l'épreuve.

« Par malheur je n'en avais pas le temps ; je devais rendre compte de mes observations sur la barre de M. Franklin à l'Académie de Bordeaux. C'est ce dont je m'acquittai, par une grande lettre que j'adressai à cette compagnie le 12 juillet 1752. Je ne me bornai pas à cela : je lui parlai aussi du procédé à la faveur duquel j'espérais de faire produire plus de feu électrique que je n'en avais vu sur la barre : je lui indiquai même suffisamment en quoi ce procédé consistait, puisque je le lui annonçai comme un simple jeu d'enfant.

« L'Académie reçut cette lettre avec un contentement des plus sensibles. Elle m'en donna une preuve, en me disant dans sa réponse, que le public, qui se plaît naturellement aux choses extraordinaires, serait bien aise, sans doute, de connaître mes observations sur le feu électrique du tonnerre, et l'utilité que je pensais pouvoir en retirer ; que cette considération l'avait déterminée à faire lire ma lettre dans l'assemblée publique du 25 août prochain ; mais que comme nous étions dans la saison des orages, et que peut-être il s'en élèverait quelqu'un avant le jour de cette séance, elle m'exhortait à continuer les expériences sur la barre, afin qu'elle eût quelque autre particularité à présenter au public sur la même matière.

« La façon d'électriser avec une barre, sans prendre d'autres soins que ceux de l'isoler, et de l'exposer à l'air, en temps d'orage, était trop piquante par elle-même, et la réponse de l'Académie m'était trop flatteuse, pour que je ne tinsse point compte de suivre sa recommandation. Animé par ce double motif, je renvoyai l'essai de mon cerf-volant à la première occasion qui se présenterait après le 25 août, et je continuai, sur la barre de M. Franklin, les expériences qui m'offrirent effectivement de nouveaux phénomènes dont je fis part à cette compagnie.

« Le mois d'août étant passé, il n'y eut presque plus d'orage, je ne pus même pas me procurer un cerf-volant avant l'hiver. Ainsi forcé d'attendre le printemps de l'année suivante, je ne lançai en l'air cette espèce de châssis, que le 14 du mois de mai 1753. »

C'est au mois de mai 1753, que Romas, secondé par les frères Dutilh, commença, au château de la Tuque, de procéder à ses expériences, qui furent poursuivies et variées avec une sagacité et un courage vraiment extraordinaires. Ces expériences méritent d'être rapportées avec détails.

Le premier cerf-volant qui fut préparé avait 18 pieds carrés de surface. Attaché à une simple corde de chanvre, il fut lancé une première fois, le 14 mai 1753, au château de la Tuque, par Romas et les frères Dutilh. Mais on ne put tirer de la corde aucune étincelle, bien qu'il tombât alors une pluie légère qui devait en augmenter la conductibilité, et que l'existence de l'électricité dans l'atmosphère fût rendue évidente par l'électrisation des barres de fer isolées que Romas avait élevées pour ses expériences antérieures.

L'issue de cette première tentative aurait découragé une volonté moins forte, un jugement moins sûr que celui du physicien de Nérac. Il ne se laissa pas déconcerter par cet échec, qu'il expliqua fort bien en remarquant que pendant son expérience, la pluie avait été faible, la corde de chanvre peu mouillée, et « qu'une corde de chanvre, qui n'est pas « mouillée, ne conduit jamais bien le feu « électrique que lorsque l'électricité est très- « forte (1). »

(1) *Mémoire où, après avoir donné un moyen aisé pour élever fort haut et à peu de frais un corps électrisable isolé, on rapporte des observations frappantes, qui prouvent que plus le corps isolé est élevé au-dessus de la terre, plus le feu de l'électricité est abondant*, par M. de Romas, assesseur au présidial de Nérac, publié dans les mémoires des

Sur cette réflexion, il chercha aussitôt le moyen de remédier au défaut de conductibilité de son appareil.

Ce moyen consista à huiler le papier du cerf-volant, et à garnir la corde de chanvre, sur toute sa longueur, d'un fil de cuivre continu, c'est-à-dire d'un excellent conducteur du fluide électrique.

Romas fut aidé, dans la longue opération qui consistait à enrouler le fil de cuivre autour de la corde, par Mathieu Dutilh, son collaborateur habituel dans ses expériences de physique.

Le 7 juin 1753, par une journée très-orageuse, le cerf-volant fut lancé, à différentes reprises, dans les allées qui servent de promenade extérieure à la ville de Nérac, par Romas, assisté des frères Dutilh. La corde dont il était muni avait une longueur de 260 mètres. L'absence du vent, pendant une partie du jour, empêcha le cerf-volant de se soutenir en l'air; mais à deux heures et demie, pendant qu'il tonnait du côté de l'ouest, le vent s'étant levé, on réussit mieux, bien qu'on eût lâché toute la corde qui, faisant alors avec l'horizon un angle d'à peu près 45 degrés, maintenait le cerf-volant à une hauteur d'au moins 183 mètres.

Le vent s'étant fortifié, il devint probable que le cerf-volant ne tomberait pas. Romas attacha donc à la partie inférieure de la corde du cerf-volant, un cordonnet de soie de 1 mètre 15 centimètres de longueur. Ce cordon venait se rattacher à une pierre très-lourde, qui fut placée sous l'auvent d'une maison. A la corde et avant le cordonnet de soie, on suspendit un cylindre de fer-blanc de 35 centimètres de longueur et de 3 centimètres de diamètre, qui, communiquant avec le fil de cuivre du cerf-volant, devait servir à tirer des étincelles en cas d'électrisation. Pour évi-

savants étrangers à l'Académie des sciences (*Mémoires de mathématiques et de physique présentés à l'Académie royale des sciences de Paris par divers savants, et lus dans les assemblées publiques*, 1755, t. II, p. 393).

ter tout accident, et préserver l'opérateur, Romas avait eu soin de préparer un véritable *excitateur*, qui consistait en un cylindre de fer-blanc d'un pied de longueur, fixé à un tube de verre.

Plus de deux cents personnes, sorties de la ville de Nérac, assistaient, avec une curiosité facile à comprendre, à la belle expérience qui se préparait.

Les premières étincelles que Romas tira avec l'*excitateur*, étaient faibles; elles provenaient seulement de quelques petites nuées détachées du gros de l'orage encore éloigné. La médiocre intensité de ces effets électriques l'encouragea à les tirer avec le doigt, sans se servir de l'excitateur; et, bientôt, à son exemple, tous les assistants s'approchèrent et se divertirent à faire partir des étincelles du tube de fer-blanc. Chacun s'avançait à tour de rôle, et s'amusait à faire jaillir le feu électrique. Les uns l'excitaient simplement avec le doigt, d'autres avec leur épée, avec une canne, un bâton ou une clef.

Ce petit exercice, qui dura vingt minutes, fut interrompu par un défaut d'électricité, dont la cause apparut manifestement aux yeux des spectateurs. Les petits nuages noirs qui avaient occasionné les premières étincelles, avaient disparu; on ne voyait à leur place, qu'un nuage blanc à travers lequel on apercevait distinctement le bleu du ciel.

Dix minutes après, l'électricité reparut, mais d'abord très-faible. Après avoir langui quelques instants, elle reprit avec une certaine force. Tous les spectateurs, se rapprochant alors, recommencèrent leurs amusements. On jouait gaiement avec le tonnerre; au milieu des rires et des propos animés, on s'émerveillait de voir étinceler sous ses doigts le feu descendu des nues.

Mais tout à coup, et sans que rien eût fait présager ce brusque retour offensif de l'électricité, Romas, en tirant une étincelle, fut frappé d'une commotion si violente qu'il en fut à demi renversé. A ses mouvements convulsifs, les assistants reconnurent bien qu'il avait été gravement frappé. Cependant, sept ou huit personnes ne craignirent pas de s'exposer au même coup. Elles se donnèrent la main comme dans l'expérience de Leyde, et la première toucha de son doigt le tube de fer-blanc; aussitôt une forte commotion fut ressentie jusqu'à la cinquième personne.

Romas, comprenant alors que l'heure des amusements est passée, éloigne la foule qui l'entoure, et demeure seul auprès de son appareil, tenant l'*excitateur* à la main.

L'orage s'animait de plus en plus. Quoiqu'il ne tombât encore aucune goutte de pluie, de gros nuages noirs s'élevaient à l'horizon, et d'autres, placés au-dessus du cerf-volant, faisaient craindre qu'une très-forte électricité n'apparût tout à coup, et n'occasionnât quelque accident tragique.

Armé de l'*excitateur*, Romas s'approche du tube de fer-blanc, et il en tire, à la distance de quatre pouces, des étincelles qui avaient plus d'un pouce de longueur et deux lignes de largeur. Il excita ensuite, à une plus grande distance, des étincelles de deux pouces de long et grosses à proportion. Bientôt elles firent place à de véritables lames de feu, qui partaient à la distance de plus d'un pied, et dont l'explosion se faisait entendre à plus de deux cents pas.

Pendant qu'il continuait ainsi, il sentit au visage, bien qu'il se trouvât éloigné de plus de trois pieds de la corde, comme une impression de toile d'araignée. C'était l'émanation électrique du fil du cerf-volant qui, disséminée dans tous les sens, produisait cet effet, que l'on remarque souvent quand on se tient près du conducteur d'une puissante machine électrique en activité. Romas cria de toute sa force aux assistants de se reculer au plus tôt. Il fit lui-même un pas en arrière; mais bientôt cette même sensation de toile d'araignée s'étant fait sentir une seconde fois, il s'écarta davantage encore.

Malgré le péril, croissant de minute en minute, Romas demeura seul à son poste d'observation, affrontant stoïquement la mort pour les intérêts de la science et de l'humanité. Dans cette situation émouvante et dramatique, il conserva assez de sang-froid et de calme fermeté pour observer tous les phénomènes qui s'offraient à ses yeux, comme s'il eût procédé, dans le laboratoire, à une expérience ordinaire.

On entendait un bruissement continu, comparable au bruit d'un soufflet de forge. Une forte odeur sulfureuse émanait du conducteur ; elle était analogue à celle des machines électriques. Malgré la lumière du jour, on distinguait autour de la corde du cerf-volant, un cylindre lumineux, de trois à quatre pouces de diamètre. Il est probable, d'après cela, que si l'on eût opéré pendant la nuit, on eût assisté au spectacle admirable et vraiment unique, d'une immense colonne de lumière partant de la terre pour se perdre dans les cieux.

Trois longues pailles, qui se trouvaient par hasard sur le sol, commencèrent une sorte de danse de pantins, qui réjouit beaucoup les spectateurs. Ces pailles, soulevées de terre, circulaient en sautillant, comme des marionnettes, au-dessous du tuyau de fer-blanc : ce spectacle dura un quart d'heure. Ensuite, quelques gouttes de pluie étant tombées, l'électricité redoubla d'énergie.

Romas cria de nouveau aux assistants de se reculer, et lui-même, se tenant plus à l'écart, jugea bon de ne plus tirer d'étincelles, même avec l'excitateur. Cet acte de prudence n'était que trop justifié. Ce ne fut pas, en effet, sans effroi qu'on entendit une explosion violente, qui provenait de l'électricité du conducteur se déchargeant sur la plus longue des pailles.

Le bruit de l'explosion, formée de trois craquements successifs, ne fut pas aussi fort que celui du tonnerre ; mais on l'entendit jusque dans le milieu de la ville. Quelques assistants le comparèrent au bruit que ferait une grosse cruche de terre que l'on jetterait avec violence sur le pavé. La lame de feu qui parut au moment de cette explosion, avait la forme d'un fuseau de quatre à cinq lignes de diamètre. La paille s'éleva le long de la corde du cerf-volant ; on la vit jusqu'à une distance de 100 mètres, tantôt attirée, tantôt repoussée, avec cette circonstance que chaque fois qu'elle était attirée par la corde, il en partait des lames de feu accompagnées d'explosions.

A cette décharge, qui était certainement un petit coup de tonnerre, en succédèrent bientôt deux autres, occasionnées sans doute par quelques menus corps qui se trouvaient sur la terre au-dessous du tuyau de fer-blanc.

Une dernière observation que fit Romas dans le cours de cette expérience, et certainement la plus importante de toutes, c'est qu'à partir du moment où les étincelles tirées du conducteur de fer-blanc furent un peu fortes, jusqu'à la fin de l'expérience, les nuages ne donnèrent plus ni éclairs ni pluie, et qu'à peine entendit-on le tonnerre dans le ciel. Les signes d'orage reprirent après la chute du cerf-volant.

Ce fait prouve bien que Romas, dans cette expérience extraordinaire, fit avorter un orage, et déchargea des nuages électrisés, c'est-à-dire les dépouilla de la plus grande quantité de leur fluide, qu'il fit descendre, inoffensif, jusqu'à la terre (1).

L'expérience se termina par la chute du cerf-volant. Le vent ayant tourné à l'est, la pluie devint plus abondante et il tomba un peu de grêle. Dès lors le cerf-volant ne put plus se soutenir en l'air.

Pendant qu'il tombait, la corde ayant tou-

(1) L'expérience de Romas fait concevoir la possibilité d'un projet qui a été mis en avant par Arago, et qui consisterait à transformer les nuages orageux en nuages ordinaires, à l'aide de cerfs-volants ou d'aérostats munis de conducteurs convenables. En empêchant les orages, ce moyen pourrait aussi probablement prévenir la formation de la grêle, qui semble liée à la présence, dans les nuages, d'une grande quantité de fluide électrique.

Fig. 271. — Expérience du cerf-volant électrique faite par Romas, le 7 juin 1753, dans les allées de la ville de Nérac.

ché à un toit, on crut pouvoir le manier sans danger. On en pelota environ 40 mètres; mais le cerf-volant s'étant par hasard un peu soulevé par l'effort du vent, le conducteur ne toucha plus au toit, et celui qui le tenait sentit dans les mains un craquement si fort, et dans le corps une commotion si violente, qu'il fut obligé de tout lâcher. La corde qu'il abandonna tomba sur le pied de l'un des assistants, qui éprouva une forte secousse.

Le mémoire dans lequel Romas décrit l'expérience admirable que nous venons de rapporter, se termine par des conseils aux personnes qui, selon son expression, « ayant un courage mâle, » voudraient faire la même tentative. Ces conseils donnés avec une précision rigoureuse, sont en harmonie avec les faits les mieux établis en électricité, et la science moderne ne trouverait aucun changement à y apporter. Les indications données par Romas pour se mettre à l'abri des dangers de l'électricité soutirée des nuages par le cerf-volant, sont applicables aux barres métalliques. Si elles avaient été connues plus tôt, l'infortuné Richmann, à Saint-Pétersbourg, ne serait pas mort foudroyé.

Le mémoire dans lequel Romas raconte les détails de l'expérience du cerf-volant, fut lu dans une séance publique de rentrée de l'Académie des sciences de Bordeaux. Il excita dans l'assemblée un véritable enthousiasme. L'Académie des sciences de Paris, sur le désir de l'abbé Nollet, ordonna l'insertion de ce travail dans les *Mémoires des savants étrangers* : il parut dans ce recueil en 1755 (1).

Romas continua pendant plusieurs années, ses expériences sur l'électricité atmosphérique, soit avec des barres, soit avec des cerfs-volants. Selon M. Mergey, professeur de physique au lycée de Bordeaux, auteur d'une excellente *Étude sur les travaux de Romas*, couronnée en 1853 par l'Académie de Bordeaux, et à laquelle nous avons emprunté divers renseignements, « Romas consigna les « nombreux résultats de ses observations dans « un journal d'expériences qui n'a pas été « conservé. Quelques extraits de ce journal, « relatifs à l'électricité de l'air en temps ordi« naire et en l'absence de tout nuage orageux, « lui fournirent la matière d'un Mémoire pré« senté à l'Académie de Bordeaux (avril 1753), « et qui existe encore en manuscrit. »

Romas crut avoir constaté le premier la présence de l'électricité dans l'atmosphère par un ciel serein ; mais sa mauvaise fortune voulut que Lemonnier, comme nous l'avons dit plus haut, eût fait avant lui la même découverte, dont il donna communication à l'Académie des sciences de Paris, en novembre 1752. Nous devons dire pourtant que les expériences de Nérac, si elles vinrent après celles de Paris, furent faites sur une bien plus large échelle, et que les conclusions en étaient plus nettement formulées.

(1) *Mémoires de mathématiques et de physique présentés à l'Académie royale des sciences par divers savants et lus dans les assemblées*, t. II, p. 393.

Aucun physicien n'a jamais déployé, dans un cas semblable, l'audace dont Romas donna les preuves dans toutes ses expériences avec le cerf-volant électrique. Les résultats qu'il obtint sont vraiment prodigieux et n'ont jamais été égalés. Le physicien Charles, qui, à l'exemple de Pilâtre de Rozier, exécuta plus tard des expériences avec le cerf-volant électrique, fut loin de reproduire l'intensité des phénomènes observés par Romas.

Plusieurs fois la vie du physicien de Nérac fut en danger. Le 21 juin 1756, il reçut une commotion si forte, qu'il fut jeté par terre. Les effets qu'il obtint en 1757 furent d'une intensité effrayante. Ce n'étaient plus des étincelles électriques qu'il excitait du fil du cerf-volant, mais des lames de feu de neuf à dix pieds de longueur, et d'un pouce de largeur, qui éclataient avec le bruit d'un coup de pistolet.

La description de ces derniers résultats est contenue dans une lettre écrite par Romas à l'abbé Nollet, le 26 août 1757, et qui a été reproduite dans les *Mémoires des savants étrangers à l'Académie de Paris* :

« Vous jugeâtes, Monsieur, écrit Romas à l'abbé Nollet, que ma première expérience électrique du cerf-volant, où j'eus le plaisir de voir des lames de feu de sept à huit pouces de longueur, méritait d'être connue du public, puisque vous m'avez fait l'honneur de l'insérer dans le second volume des mémoires fournis par les étrangers à votre académie ; mais les effets électriques du même cerf-volant ont été bien autre chose dans une expérience que je fis le 16 de ce mois, pendant un orage que j'ose dire n'avoir été que médiocre, puisqu'il ne tonna presque point et que la pluie fut fort menue. Imaginez-vous de voir, Monsieur, des lames de feu de neuf à dix pieds de longueur et d'un pouce de grosseur, qui faisaient autant ou plus de bruit que des coups de pistolet ; en moins d'une heure j'eus certainement trente lames de cette dimension, sans compter mille autres de sept pieds et au-dessous. Mais ce qui me donna le plus de satisfaction dans ce nouveau spectacle, c'est que les plus grandes lames furent spontanées, et que, malgré l'abondance du feu qui les formait, elles tombèrent constamment sur le corps non électrique le plus voisin. Cette constance me donna tant de sécurité, que je ne craignis pas d'exciter ce feu avec mon *excitateur*, dans le temps même que l'orage était assez animé, et il arriva que, lorsque le verre dont cet instrument est construit n'eut que deux pieds de long, je conduisis où je voulus, sans sentir à ma main la plus petite commotion, des lames de feu de six à sept pieds avec la même facilité que je conduisais des lames qui n'avaient que sept à huit pouces (1). »

On voit, d'après cela, que, dans cette expérience, Romas déchargeait un nuage orageux, et donnait l'exemple extraordinaire d'un homme osant, de ses propres mains, détourner et diriger la foudre. L'intensité des phénomènes électriques produits dans cette dernière circonstance tenait à l'excessive longueur de la corde du cerf-volant, qui n'avait pas moins de 320 mètres de longueur.

Pour manœuvrer plus commodément un cerf-volant muni d'une telle longueur de corde, Romas avait imaginé une petite machine portée sur un chariot mobile, à l'aide de laquelle il déroulait la corde, sans avoir besoin d'y toucher. Il remplaça aussi, à la même époque, l'*excitateur* à manche de verre par un instrument d'un nouveau genre, consistant en un fil métallique attaché à la corde du cerf-volant, et que l'on manœuvrait de loin à l'aide d'un cordon de soie ; mais il revint ensuite à la première disposition.

Ces expériences étonnantes sur l'électricité atmosphérique, Romas les exécutait presque toujours en présence des curieux et aux portes de la ville. La population de Nérac, qu'impressionnaient fortement ces effrayantes scènes, avait fini par éprouver une sorte de terreur superstitieuse en présence de l'homme qui osait jouer ainsi avec le plus terrible des météores, et grâce aux préjugés du temps, l'assesseur au présidial passait à Nérac pour un sorcier.

Ce fâcheux renom s'était étendu jusqu'à Bordeaux, et Romas faillit en être victime. En 1759, il s'était rendu dans cette ville, pour

(1) *Mémoires de mathématiques et de physique présentés à l'Académie royale des sciences par divers savants*, t. IV, p. 514.

répéter son expérience du cerf-volant électrique, en présence de M. de Tourny, le célèbre intendant de la province de Guyenne. Le jardin public fut choisi comme le lieu le plus convenable pour lancer le cerf-volant, qui fut déposé provisoirement, et en attendant un jour d'orage, chez un cafetier logé dans les bâtiments de la terrasse du jardin.

Par malheur, la foudre vint inopinément à tomber sur ces bâtiments. La clameur publique ne manqua pas dès lors, d'accuser le cerf-volant du physicien de Nérac d'avoir attiré le tonnerre. Le peuple se rassembla en tumulte devant le café, menaçant de tout saccager. Le maître de la maison, pour donner satisfaction aux mécontents, se hâta de jeter hors de chez lui l'innocente machine, que la multitude eut bientôt mise en pièces. L'expérience projetée ne put donc avoir lieu.

Depuis ce jour, lorsque Romas passait dans les rues de Bordeaux, on s'écartait à son approche, et on se montrait du doigt le magistrat audacieux qui tenait d'une puissance occulte le secret de faire tomber la foudre.

CHAPITRE VI

CERF-VOLANT ÉLECTRIQUE DE FRANKLIN AUX ÉTATS-UNIS. — PARALLÈLE DES EXPÉRIENCES DE FRANKLIN ET DE ROMAS.

Arrivons maintenant à l'expérience faite avec un cerf-volant électrique, par Franklin, à Philadelphie, expérience qui eut lieu antérieurement à celle de Romas, mais que l'ordre de notre récit nous a obligé de renvoyer ici.

C'est au mois de janvier 1753, que l'Académie des sciences de Paris fut informée, par une lettre du physicien Watson, de l'expérience du cerf-volant électrique, qui venait d'être exécutée par l'électricien des États-Unis. Voici le texte de la lettre de Watson, datée de Londres le 15 janvier 1753, et adressée à l'abbé Nollet :

« M. Franklin, écrit Watson, a remis à la *Société royale*, il y a quinze jours, une assez belle expérience électrique, pour tirer l'électricité des nuées. Sur deux petits bâtons de bois croisés, d'une longueur convenable, faites étendre à ses angles un mouchoir de soie, dressez-le avec une queue et une corde de chanvre, etc., et vous aurez un cerf-volant des enfants. A l'extrémité d'un de ces petits bâtons, à l'autre bout duquel on attache la queue, il faut mettre un fil de fer d'un pied de longueur; on se sert dans cette machine de soie, au lieu de papier, pour la garantir plus sûrement du vent et de la pluie. Quand on entend un orage de tonnerre (qui sont très-fréquents en Amérique), on fait monter, à l'ordinaire, ce cerf-volant moyennant du fil de chanvre, à l'extrémité duquel on attache un ruban de soie, que l'observateur empoigne, se retirant, pendant qu'il fait de la pluie, dans une maison, afin que ce ruban ne se mouille point. On devrait encore garder que le fil de chanvre ne touchât point les murs, ni les bois de la maison. Quand les nuées de tonnerre s'approchent de la machine, ce cerf-volant avec le fil de chanvre s'électrise, et les petits morceaux de chanvre s'étendent de tous côtés; et en mettant une petite clef sur ce fil, vous tirez les étincelles; mais lorsque la machine, le fil, etc., sont pleinement mouillés, l'électricité se conduit avec plus de facilité, et on peut voir les aigrettes de feu sortir abondamment de la clef, en approchant le doigt. De plus, de cette façon, on peut allumer l'eau-de-vie, et faire l'expérience de Leyde et tout autre expérience de l'électricité (1). »

Cette lettre est bien laconique, et les éclaircissements qu'elle fournit sur l'expérience sont fort incomplets. Pour obtenir une description plus précise, nous sommes obligé de recourir aux *Mémoires de Franklin*, ou plutôt à la suite de ses *Mémoires*, composés par son fils, Guillaume Franklin, qui fut gouverneur de New-Jersey :

« Ce ne fut que dans l'été de 1752, écrit cet auteur, que Franklin put démontrer efficacement sa grande découverte. La méthode qu'il avait d'abord proposée était de placer sur une haute tour, ou sur quelque autre édifice élevé, une guérite au-dessus de laquelle serait une pointe de fer isolée, c'est-à-dire plantée dans un gâteau de résine. Il pensait que les nuages électriques qui passeraient au-dessus de cette pointe lui communiqueraient une partie de leur électricité, ce qui deviendrait sensible par les étincelles qui en partiraient toutes les fois qu'on en approcherait une clef, la jointure du doigt ou quelque autre conducteur.

(1) Bertholon, *De l'électricité des météores*, p. 54.

« Philadelphie n'offrait alors aucun moyen de faire une pareille expérience; tandis que Franklin attendait impatiemment qu'on y élevât une pyramide, il lui vint dans l'idée qu'il pourrait avoir un accès bien plus prompt dans la région des nuages par le moyen d'un cerf-volant ordinaire que par une pyramide. Il en fit un en étendant sur deux bâtons croisés un morceau de soie, qui pouvait mieux résister à la pluie que du papier. Il garnit d'une pointe de fer le bâton qui était verticalement posé. La corde était de chanvre, comme à l'ordinaire, et Franklin en noua le bout à un cordon de soie qu'il tenait dans sa main. Il y avait une petite clef attachée à l'endroit où la corde de chanvre se terminait.

« Aux premières approches d'un orage, Franklin se rendit dans les prairies qui sont aux environs de Philadelphie. Il était avec son fils, à qui seul il avait fait part de son projet, parce qu'il craignait le ridicule qui, trop communément pour l'intérêt des sciences, accompagne les expériences qui ne réussissent pas. Il se mit sous un hangar, pour être à l'abri de la pluie. Son cerf-volant étant en l'air, un nuage orageux passa au-dessus; mais aucun signe d'électricité ne se manifestait encore. Franklin commençait à désespérer du succès de sa tentative, quand tout à coup il observa que quelques brins de la corde de chanvre s'écartaient l'un de l'autre et se roidissaient. Il présenta aussitôt son doigt fermé à la clef, et il en retira une forte étincelle. Quel dut être alors le plaisir qu'il ressentit ! De cette expérience dépendait le sort de sa théorie. Il savait que, s'il réussissait, son nom serait placé parmi les noms de ceux qui avaient agrandi le domaine des sciences; mais que, s'il échouait, il serait inévitablement exposé au ridicule, ou, ce qui est encore pire, à la pitié qu'on a pour un homme qui, quoique bien intentionné, n'est qu'un faible et inepte fabricateur de projets.

« On peut donc aisément concevoir avec quelle anxiété il attendait le résultat de sa tentative. Le doute, le désespoir, avaient commencé à s'emparer de lui, quand le fait lui fut si bien démontré, que les plus incrédules n'auraient pu résister à l'évidence. Plusieurs étincelles suivirent la première. La bouteille de Leyde fut chargée, le choc reçu, et toutes les expériences qu'on a coutume de faire avec l'électricité furent renouvelées. »

D'après ce récit authentique, on voit que l'expérience de Franklin est loin de répondre à l'idée élevée qu'on a l'habitude d'en concevoir, sur la foi des innombrables éloges qu'elle a reçus jusqu'à nos jours. Quand on examine de près cette expérience, tant célébrée en prose et en vers, on s'aperçoit qu'elle donne lieu à bien des remarques. On voit surtout combien, dans la même circonstance,

LE PARATONNERRE.

Fig. 272. — Expérience du cerf-volant électrique faite à Philadelphie, par Franklin, au mois de septembre 1752.

Romas, dont le nom a été à peine prononcé jusqu'à ce jour, fut supérieur au physicien de Philadelphie.

Sans porter atteinte au génie de Franklin, il est permis de dire que, dans les préparatifs et l'exécution de cette expérience, sa sagacité habituelle lui fit défaut ; que, préparée sans les prévisions suffisantes, elle fut conduite avec négligence, et ne dut qu'au hasard la cause de son succès. Franklin construit avec un mouchoir de soie étalé sur deux bâtons croisés, un cerf-volant, qui devait être lourd, difficile à enlever, et qui avait, en outre, le grand défaut d'être fait d'une matière qui ne conduit pas l'électricité. Une corde de chanvre est aussi, surtout quand elle est sèche, un assez mauvais conducteur du fluide électrique. Franklin ne se préoccupe pas de ces conditions défavorables, et si la pluie, qui survint fortuitement, n'eût rendu cette corde légèrement conductrice, l'expérience était manquée. Il laisse apparaître la même imprévoyance pour se mettre à l'abri des dangers auxquels pouvait l'exposer la présence, dans la corde du cerf-volant, d'une notable quantité d'électricité tirée des nuages.

Ne s'étant pas muni d'un *excitateur* ou d'un instrument analogue, il s'exposait aux plus graves périls en tirant simplement avec le doigt, des étincelles de la clef suspendue à la corde du cerf-volant.

En un mot, Franklin aurait infailliblement éprouvé un échec, si la pluie, qui n'entrait pas dans ses calculs, n'était arrivée pour faire réussir des dispositions, très-vicieuses en fait.

Combien l'expérience de Franklin pâlit quand on la compare à celle du physicien de Nérac! Quelle différence dans les préparatifs, dans l'exécution, dans les résultats! Romas prépare son expérience avec le soin, l'habileté, la prudence, d'un physicien consommé. Il a compris d'avance les dangers qui vont l'assaillir, et il a pris les plus sages mesures pour préserver sa vie et celle des personnes qui l'environnent. Confiant dans les mesures qu'il a calculées, au lieu de se cacher pour éviter le ridicule d'un échec, il opère en présence de tous ; il convie de nombreux assistants à venir admirer les merveilles qu'il a prédites.

Ainsi, le talent dans la disposition de l'expérience, la sagacité qui préside à son exécution, l'éclat admirable de ses résultats, tout est en faveur de notre compatriote, et, sous ce rapport, on peut le dire hardiment, l'expérience du physicien français est cent fois au-dessus de celle de Franklin.

Il nous reste à prouver que le physicien de Nérac n'avait nullement, comme on l'a dit constamment jusqu'à ce jour, emprunté à Franklin l'idée du cerf-volant électrique. Cette opinion, profondément inexacte, qui fait de Romas l'imitateur, le simple copiste de Franklin, dans l'expérience du cerf-volant, fut introduite dans l'histoire par Priestley, le partisan enthousiaste de Franklin, le défenseur, toujours partial, des travaux des physiciens qui appartiennent, de près ou de loin, à l'Angleterre. Les assertions contenues dans l'*Histoire de l'électricité* de Priestley, ont été reproduites, sans contrôle et sans critique, par tous les auteurs qui ont tracé, avec plus ou moins de soin, l'historique de l'électricité. Ainsi s'est établie et propagée l'erreur que nous combattons.

On admet généralement aujourd'hui, et l'on répète uniformément dans tous les ouvrages de physique et de météorologie, que, tandis que Dalibard expérimentait en France, Franklin, ignorant complétement ce qui venait de se passer en Europe, et fatigué d'attendre la construction du clocher de Philadelphie, imagina spontanément l'expérience du cerf-volant électrique. On fixe au 22 juin 1752 la date de son expérience du cerf-volant. On ajoute, sans autre explication, que la même expérience fut répétée en France, en 1753, par Romas, que l'on représente ainsi comme le simple imitateur de Franklin.

Écoutons, par exemple, M. Becquerel père, le physicien de nos jours le plus en crédit sur la matière qui nous occupe. Dans son *Traité expérimental de l'électricité et du magnétisme*, M. Becquerel, après avoir rappelé l'expérience de Dalibard à Marly, s'exprime en ces termes :

« Franklin ignorait qu'on eût fait cette expérience en France ; il attendait, pour la tenter, qu'un clocher qu'on élevait à Philadelphie fût terminé, afin d'y placer à une hauteur convenable la barre isolée qu'il se proposait d'employer ; mais il lui vint dans l'idée qu'un cerf-volant, qui dépasserait les édifices les plus élevés, remplirait bien mieux son but. En conséquence, il attacha, en juin 1732, les quatre coins d'un grand mouchoir de soie aux extrémités de deux baguettes de sapin placées en croix, auquel il ajusta les accessoires convenables, et en outre une pointe de métal. A l'approche d'un orage, il se rendit dans un champ, accompagné de son fils. Ayant lancé le cerf-volant, il attacha une clef à l'extrémité de la ficelle, puis un cordon de soie qu'il assujettit à un poteau, afin d'isoler l'appareil. Le premier signe d'électricité qu'il remarqua fut la divergence des filaments de chanvre qui avaient échappé à la torsion. Un nuage épais ayant passé au-dessus du cerf-volant, il tomba un peu de pluie, qui rendit la corde humide et donna écoulement à l'électricité. Ayant présenté le dos de la main à la clef, il en tira des étincelles brillantes et aiguës avec lesquelles il enflamma l'alcool et chargea des bouteilles de Leyde. C'est ainsi qu'une découverte importante que Franklin appelait modestement une hypothèse, fut mise au nombre des vérités scientifiques...

« Dalibard et Franklin ne furent pas les seuls qui cherchèrent à soutirer la foudre des nuages. En France, le 26 mars 1756, Romas obtint des résultats étonnants. Il avait construit un cerf-volant de sept pieds de haut, sur trois de large, qui fut élevé à la hauteur de cinq cent cinquante pieds avec une corde dans laquelle il avait entrelacé un fil de métal. Il s'établit entre la corde et la terre un courant d'électricité qui parut avoir trois ou quatre pouces de diamètre et dix pieds de long ; ce phénomène se passait pendant le jour ; M. de Romas ne douta pas que s'il eût eu lieu pendant la nuit, l'atmosphère électrique aurait eu quatre ou cinq pieds de diamètre. On sentit en même temps une odeur de soufre fort approchante de celle des écoulements électriques qui sortent d'une barre de métal électrisée. On découvrit un trou dans la terre, à l'endroit où la décharge avait eu lieu, d'un pouce de diamètre et d'un demi-pouce de largeur (1). »

Ainsi, M. Becquerel, qui commet d'ailleurs une erreur matérielle en fixant à l'année 1756 l'expérience de Romas, qui eut lieu en 1753, nous représente le physicien de Nérac comme ayant simplement reproduit et perfectionné l'expérience de Franklin.

On est allé plus loin encore dans cette appréciation inexacte de ce point important de l'histoire de l'électricité. Dans sa Notice sur Franklin, imprimée dans la *Biographie universelle de Michaud*, Biot va jusqu'à supprimer tous les travaux des physiciens français sur l'électricité atmosphérique. Il passe sous silence les expériences de Buffon, de Dalibard, de Delor, de l'abbé Mazéas, etc., pour faire honneur au seul Franklin de toutes les découvertes sur l'électricité.

« Franklin, nous dit Biot, reconnut aussi le pouvoir que possèdent les pointes de déterminer lentement et à distance l'écoulement de l'électricité ; *et tout de suite, comme son génie le portait aux applications*, il conçut le projet de faire descendre sur la terre l'électricité des nuages, si toutefois les éclairs et la foudre étaient des effets de l'électricité.

« Un simple jeu d'enfant lui servit à résoudre ce hardi problème. Il éleva un cerf-volant par un temps d'orage, suspendit une clef au bas de la corde, et essaya d'en tirer des étincelles. D'abord, ses tentatives furent inutiles ; enfin, une petite pluie étant survenue, mouilla la corde, lui donna ainsi un faible degré de conductibilité, et, à la grande joie de Franklin, le phénomène eut lieu comme il l'avait espéré. Si la corde avait été plus humide ou le nuage plus intense, il aurait été tué, et sa découverte périssait probablement avec lui. »

Ce récit de Biot contient beaucoup d'inexactitudes. Franklin ne demanda pas *tout de suite* à l'expérience, la confirmation de ses conjectures sur l'origine électrique de la foudre. Après avoir exposé cette idée théorique, il laissa à d'autres le soin de la vérifier expérimentalement. Après avoir mis en avant cette pensée, il demeura pendant près de trois années, indifférent, inactif, laissant aux physiciens de l'Europe le soin d'expérimenter à sa place, ne daignant pas même applaudir leurs tentatives ou les encourager, et plus tard, dans ses écrits, en parlant le moins possible. Ce n'est qu'après avoir reçu la nouvelle des belles expériences sur l'électricité atmosphérique faites par Dalibard à Marly, que Franklin se mit à l'œuvre, et qu'il entreprit l'expérience du cerf-volant, qu'il conduisit d'ailleurs assez maladroitement, comme nous l'avons déjà fait remarquer.

La même appréciation erronée se retrouve dans un ouvrage publié en 1866, par M. le docteur Sestier, assisté de M. le docteur Mehu, pharmacien de l'hôpital Necker, et intitulé : *De la foudre, de sa forme, de ses effets* (1). Dans le chapitre intitulé « *Les paratonnerres avant Franklin* » (2), l'auteur répète les anciens errements qui attribuent cette invention à Franklin. Cette question historique est traitée avec une négligence inexplicable dans l'ouvrage, d'ailleurs estimable, de M. Sestier. Ce savant médecin, qui a remué des montagnes de livres pour composer sa mono-

---

(1) *Traité expérimental de l'électricité et du magnétisme*, en 9 vol. in-8, 1834, t. I, p. 42-43.

(1) 2 vol. in-8, Paris, 1866.
(2) Page 445.

graphie de la foudre, et qui cite un très-grand nombre d'auteurs sur des faits très-secondaires, paraît avoir totalement ignoré ce que nous avions écrit sur cette question historique. Il se borne, en effet, à rapporter, en quelques lignes insignifiantes, l'ancienne opinion qui attribue à Franklin, l'idée du cerf-volant électrique, comme celle du paratonnerre.

« L'identité de l'électricité des machines et de la foudre venait d'être inventée ; ce fut alors que Franklin inventa le paratonnerre. Franklin est incontestablement l'inventeur des paratonnerres. »

L'auteur de cette récente monographie de la foudre, s'est donc borné, comme tous ses prédécesseurs, à répéter, concernant l'invention du cerf-volant électrique, des assertions dont l'inexactitude est maintenant démontrée.

Les écrivains des deux hémisphères qui, depuis un siècle, reproduisent uniformément cette assertion, ont eu tort d'affirmer que l'idée du cerf-volant électrique se présenta à l'esprit de Franklin, avant qu'il eût reçu communication des expériences faites par Dalibard, en France, sur l'électrisation des barres de fer isolées. Franklin a autorisé cette erreur en gardant toujours le silence sur cette question, ou en laissant parler ses partisans qui voulaient lui attribuer la gloire tout entière des découvertes relatives à l'électricité atmosphérique. Mais il n'en est pas moins certain que Franklin ne procéda à ses expériences sur l'électricité des nuages, et à l'essai du cerf-volant, qu'après avoir reçu la nouvelle de la réussite de Dalibard à Marly. Tout nous porte à croire, en effet, que l'expérience du cerf-volant électrique faite par Franklin, n'eut pas lieu, comme on l'admet généralement, en juin 1752, mais seulement dans le courant de septembre. La lettre par laquelle Franklin annonce à Collinson les résultats de l'expérience du cerf-volant, est écrite de Philadelphie à la date du 19 octobre 1752, et Franklin y parle constamment de cette expérience comme si elle était toute récente (1).

Nous avons établi que Romas avait eu dès l'année 1752 l'idée d'employer le cerf-volant pour soutirer l'électricité des nuages, et que, dans sa lettre du 12 juillet 1752, il communiqua son projet à l'Académie de Bordeaux en des termes un peu détournés, mais qui se rapportaient manifestement à cet objet ; — que le 9 juillet 1752, il faisait confidence de ce projet, sans périphrase et sans restriction, à son ami Mathieu Dutilh. Ajoutons que le 19 août de la même année, au château de Clairac, il renouvela cette confidence au chevalier de Vivens, et à M. Bégué, curé du village d'Asquets. On voit donc bien positivement que Romas n'avait emprunté à personne l'idée du cerf-volant électrique. C'est au mois de juillet 1752 qu'il en conçut le projet. S'il ne mit pas alors cette pensée à exécution, et s'il ne fit qu'au mois de juin 1753, l'admirable expérience dont nous avons rapporté les détails, et s'ils fut, par conséquent, devancé par Franklin qui lançait son cerf-volant électrique en septembre 1752, c'est-à-dire huit mois auparavant, il n'en est pas moins certain, — et c'est là le point historique que nous voulions établir, — que Romas ne fut le copiste ni l'imitateur de personne, et qu'*il n'emprunta pas à Franklin* l'idée de cette expérience immortelle.

L'opinion que nous nous efforçons ici de combattre, et qui enlève à Romas le mérite, l'initiative de son expérience du cerf-volant, existait, il faut le dire, du temps même de ce physicien : elle fit le tourment de ses derniers jours, et il mourut sans avoir la satis-

(1) Cette lettre de Franklin fut lue aux membres de la *Société royale de Londres* dans les premiers jours de janvier 1753 ; le 15 du même mois, Watson la traduisit et la fit parvenir à l'abbé Nollet, qui s'empressa d'en donner communication à l'Académie des sciences de Paris. Nous avons cité, au commencement de ce chapitre, le texte de cette lettre de Watson, d'après l'ouvrage de Bertholon, *l'Électricité des météores*.

Fig. 273. — De Romas.

Fig. 274. — Mathieu Dutilh.

faction d'avoir obtenu justice. Il n'avait pourtant rien négligé pour atteindre un but si légitime.

Pour bien établir ses droits de priorité dans l'expérience du cerf-volant électrique, Romas avait écrit en Amérique à Franklin lui-même, le 19 octobre 1753, en lui envoyant deux mémoires dans lesquels il exprimait très-nettement ses prétentions, et où l'expérience du cerf-volant racontée dans tous ses détails, était présentée comme lui appartenant en propre. A cette invitation directe de s'expliquer sur le sujet du débat, Franklin se contenta de répondre, le 29 juillet 1754, par une lettre évasive, dans laquelle il ne fait aucune allusion, pour la repousser ni pour l'admettre, à la prétention de Romas concernant la première idée de l'emploi du cerf-volant. Voici cette lettre de Franklin :

« Monsieur, la très-obligeante lettre dont vous m'avez favorisé le 19 octobre, et vos deux excellents mémoires sur le sujet de l'électricité, ne m'ont été rendus qu'hier par un vaisseau qui est sur le point de partir pour Londres. Je ne puis que vous en accuser la réception, et vous assurer que la correspondance que vous m'offrez d'une manière si polie me sera extrêmement agréable. Je suis obligé de différer une plus particulière réponse à la plus prochaine commodité. Je vous envoie en même temps un de mes nouveaux mémoires sur la foudre qui ne sera peut-être pas imprimé avant de parvenir jusqu'à vous.

« Je suis respectueusement, Monsieur,
« Votre très-humble et très-reconnaissant serviteur,
« B. Franklin. »

Mais la réponse promise n'arriva jamais, et Romas dut se contenter, en attendant mieux, de ces protestations de politesse banale.

« On dirait, dit à ce sujet M. Mergey, dans son *Étude sur les travaux de Romas*, que Franklin, auquel l'opinion publique, trop prévenue, attribuait si libéralement le double mérite d'avoir *conçu* et *réalisé* l'expérience qui démontre la présence de l'électricité dans les nuages orageux, ne persista dans son silence obstiné que pour entretenir une méprise, fort profitable sans doute à sa réputation, mais très-nuisible à la réputation de ses émules scientifiques. Il semble envier à ces derniers, expérimentateurs plus actifs et plus habiles, l'honneur de l'avoir devancé et surpassé dans leurs hardies expériences ; il lui en coûte d'avouer qu'il a eu des collaborateurs dans cette grande découverte qui a immortalisé son nom ; aussi, pour éviter cet aveu, pénible à son amour-propre, fait-il de la diplomatie, et s'il ne ment pas pour le triomphe égoïste de sa cause, du moins il ne défend pas à ses amis de mentir quand il y trouve son profit (1). »

Ajoutons que ce ne fut pas seulement envers Romas que Franklin se montra injuste. Il ne traita pas avec plus de générosité Dalibard, dont il n'a pas prononcé une seule fois le nom dans sa volumineuse correspondance scientifique. Ainsi, pendant que l'Europe entière donne à la belle expérience de Dalibard le nom d'*expérience de Marly*, Franklin seul l'appelle l'*expérience de Philadelphie* (lettre du 18 octobre 1752), et quand il résume, dans une lettre adressée à Collinson (septembre 1753), l'ordre historique de ses recherches sur l'électricité atmosphérique, après la description de quelques expériences infructueuses sur l'électrisation de l'air par le frottement, il ajoute, sans faire la plus légère allusion à Dalibard :

« En septembre 1752, j'élevai une verge de fer « pour tirer l'éclair dans ma maison, afin de faire « quelques expériences dessus, ayant disposé deux « timbres pour m'avertir quand la verge serait élec- « trisée. Cette pratique est familière à tout électri- « cien. »

Le nom de Dalibard, le premier auteur de cette expérience, n'est pas même prononcé.

Sans prétendre accuser Franklin d'avoir mis un calcul dans son silence, on doit pourtant faire remarquer que ce silence, avec lequel s'accordaient si bien les assertions de Priestley, donna le change à l'opinion publi-

(1) *Étude sur les travaux de Romas*, par M. Mergey, professeur de physique au lycée impérial de Bordeaux, imprimée dans le *Recueil des actes de l'Académie des sciences, belles-lettres et arts de Bordeaux*, 1853, 2e trimestre, p. 492.

que, et accrédita l'erreur que nous essayons de dissiper.

Mais Romas porta sa réclamation devant l'Académie des sciences de Paris, qui lui rendit pleinement justice. En 1764, notre Académie des sciences fut appelée à prononcer entre Franklin et lui. Les commissaires nommés par l'Académie, Duhamel et l'abbé Nollet, ouvrirent une sorte d'enquête, où furent appelées et entendues les personnes dont Romas invoquait le témoignage. Leurs souvenirs et les preuves irrécusables qui furent fournies, établirent, sans contestation possible, l'originalité des recherches du physicien de Nérac. C'est grâce à ces déclarations, et après un examen approfondi de la question, que Nollet et Duhamel arrivèrent, le 4 février 1764, à formuler comme il suit les conclusions de leur rapport.

« Ayant égard à toutes ces preuves, nous croyons « que M. de Romas n'a emprunté à personne l'idée « d'appliquer le cerf-volant aux expériences électri- « ques, et qu'on doit le regarder comme le premier « auteur de cette invention, jusqu'à ce que M. Fran- « klin ou quelque autre fasse connaître par des preu- « ves suffisantes qu'il y a pensé avant lui. »

Avec sa prudence ordinaire, Franklin se garda bien de réclamer contre cette décision de l'Académie des sciences de Paris. Il resta bouche close, comme s'il reconnaissait pour sa part l'équité de ce jugement.

« Mais, dit M. Mergey, cette résignation sournoise ne l'empêcha pas, trois ans après, en 1767, de laisser son ami Priestley parler de Romas en termes cavaliers. On peut alléguer, il est vrai, pour sa justification, qu'il ignorait la déclaration des commissaires de l'Académie, ce qui est très-possible, sans être aucunement probable (1). »

En 1768, le *Journal encyclopédique*, dans une analyse de l'ouvrage de Priestley qui venait de paraître à Londres, avait reproduit les assertions inexactes de l'écrivain anglais concernant Romas, et dit à propos de l'expérience

(1) *Étude sur les travaux de Romas*, p. 491.

du cerf-volant de Franklin : « M. de Romas, « voulant s'assurer par lui-même de ce qu'il « entendait raconter à ce sujet, la répéta en « France, mais avec beaucoup plus d'appa- « reil. » Pour rectifier cette affirmation erronée, Romas adressa au rédacteur du *Journal encyclopédique*, nommé Lutton, une longue lettre, dans laquelle l'histoire de cette question se trouvait soigneusement exposée. Mais, par la mauvaise volonté du journaliste, cette lettre ne parut point dans le recueil auquel elle était adressée.

N'ayant pu obtenir justice de ce côté, Romas, après une attente de plusieurs années, se résolut à faire, d'une autre manière, appel à la publicité. Il travaillait depuis longtemps à un *Mémoire sur les moyens de se garantir de la foudre dans les maisons*. Il livra ce mémoire à l'impression, et mit à la suite sa *Lettre à M. Lutton*, que le journaliste avait refusé d'accueillir, en l'accompagnant de pièces et certificats à l'appui des faits avancés.

Mais toujours poursuivi par la destinée, Romas ne devait point jouir de la satisfaction tardive qu'il espérait retirer de cette publication. Il mourut en 1776, pendant l'impression même de son ouvrage, à l'âge de 70 ans. Son livre, imprimé à Bordeaux, ne parut qu'après sa mort, et grâce au zèle pieux et aux soins de ses amis du château de Clairac (1).

Nous croyons qu'on lira ici, avec intérêt, une partie de cette lettre, qui constitue une pièce historique fondamentale dans la question. Voici donc les principaux passages de cet écrit :

Lettre de M. de Romas, lieutenant assesseur au présidial de Nérac, à l'auteur du Journal encyclopédique,

(1) *Mémoire sur les moyens de se garantir de la foudre dans les maisons; suivi d'une Lettre sur l'invention du cerf-volant électrique, avec les pièces justificatives de cette même lettre; par M. de Romas, lieutenant assesseur au présidial de Nérac, de l'Académie royale des sciences de Bordeaux, correspondant de celle de Paris.* 1 vol. in-12. A Bordeaux, chez Bergeret, et à Paris, chez Pissot, 1776.

au sujet de l'application du cerf-volant des enfants aux expériences de l'électricité à l'air.

Monsieur,

Depuis quelques semaines seulement je vois le *Journal encyclopédique*. C'est sans doute une perte réelle pour moi d'avoir été privé, pendant si longtemps, d'un ouvrage généralement estimé, et si digne de l'être; mais il y a apparence que je ne l'aurais pas connu sitôt, si une personne, qui paraît prendre intérêt à ce qui me touche, ne m'eût envoyé le tome du 15 janvier (1768), en m'avertissant qu'il était question de moi dans un second extrait que vous donnez d'un livre qui a pour titre : *l'Histoire de l'état actuel de l'électricité*, par M. Priestley, auteur anglais.

Ainsi prévenu, je m'empressai, comme vous l'imaginez bien, monsieur, à chercher cet extrait : je le trouvai, et j'ai vu qu'il ne s'y agissait presque que des progrès de l'électricité entre les mains de M. Franklin.

En effet, monsieur, après le détail de certaines découvertes, que vous paraissez croire avoir été faites par ce célèbre électricien (détail qu'il est inutile de rappeler ici en entier), vous annoncez, à peu près en ces termes, « que M. Franklin est le premier qui a soupçonné l'identité des éclairs et du fluide électrique; qu'il a indiqué d'avance le moyen de constater cette identité en proposant d'isoler à l'air libre, en temps d'orage, une aiguille électrisable par communication; que le premier spectacle électrique que cet instrument ait offert, a paru en France aux yeux de MM. Delor et Dalibard; que M. Franklin, animé par le succès de ces deux messieurs, éprouva lui-même son aiguille à Philadelphie, où il était alors; que ce physicien ayant eu aussi un heureux succès, pensa bientôt qu'au moyen d'un cerf-volant, il pourrait se procurer un accès plus sûr et plus facile à la région où s'engendre la foudre; que l'idée de ce second moyen se trouva juste par l'épreuve qu'il en fit au mois de juin de la même année 1752, dans la campagne de Philadelphie, où il jugea à propos d'opérer sans autre témoin que son fils, pour n'être pas exposé à la risée des sots; que MM. Delor et Dalibard firent également l'expérience du cerf-volant en Angleterre l'année suivante. »

Enfin, après tant de choses merveilleuses, attribuées à un seul homme, exclusivement à tous autres, M. Priestley insinue que je m'avisai à faire cette même expérience du cerf-volant, parce que j'en avais entendu parler, et le seul avantage dont il a cru devoir m'honorer consiste en ce que j'y ai mis beaucoup plus d'appareil. Du moins est-ce là, monsieur, si je ne m'abuse, tout le sens qu'on puisse donner à cette suite de phrase qui se trouve dans votre second extrait de l'histoire dont il s'agit : « Et M. Romas, voulant s'assurer par lui-même de ce qu'il entendait raconter à ce sujet, la répéta en France, mais avec beaucoup plus d'appareil. »

Comme il est vrai, monsieur, que, dans l'instant où votre journal du 13 janvier 1768 me fut remis, j'ignorais absolument si MM. Delor et Dalibard avaient fait l'expérience du cerf-volant en quelque lieu du monde que ce soit; que j'ignore même aujourd'hui, non-seulement le jour de leur opération, mais encore s'ils l'ont faite en secret, à l'imitation de M. Franklin, ou en présence de quelque assistant; que les hommes, ni Dieu même, qui sait tout, ne peuvent me reprocher d'avoir emprunté de personne la plus petite des pièces qui concernent cet instrument; qu'ainsi je me suis bonnement persuadé en être l'auteur, je projetai de me récrier, au premier jour de loisir, du tort que M. Priestley a tâché de me faire.

..... Intéressé à n'être pas jugé de la sorte et à arrêter s'il y a moyen les progrès des jugements semblables, qui peut-être ont été rendus jusqu'à ce moment, je me présente devant le tribunal du public; j'y cite M. Priestley; et pour combattre cet historien avec les armes que le droit naturel et celui des gens me permettent d'employer, j'ai l'honneur de vous adresser, monsieur, cette lettre, et comme je ne prétends pas en être cru sur ma parole, j'y joins plusieurs pièces qui justifieront pleinement les faits fondamentaux de mon droit à l'invention du cerf-volant.

J'entre en matière, et je dis d'abord, que, si je me plaisais à mortifier ceux qui cherchent à me faire de la peine, il me serait aisé de les confondre d'un seul coup.

Pour cet effet, il me suffirait de demander à M. Priestley d'avoir la complaisance de me montrer le titre où il a trouvé que, dans le temps auquel je fis ma première expérience avec un cerf-volant, j'avais entendu raconter le détail de celle qui, selon lui, a été faite par M. Franklin, à Philadelphie, en l'année 1752, et de celle qui fut faite, l'année suivante, en Angleterre, par MM. Delor et Dalibard. M. Priestley ne pourrait, sans doute, se refuser à me donner cette satisfaction, puisqu'il s'agit là d'un fait qui sert de base à ce qu'il a hasardé au sujet de mon expérience faite en France avec la même machine. Il sait ou doit savoir que tout fait doit être prouvé par celui qui l'a allégué, sans que sa sagacité, son mérite et son crédit puissent l'autoriser à s'écarter d'une telle obligation.

Quoique je fusse en droit, monsieur, de m'en tenir à cette seule formalité, dans laquelle je gagnerais un très-grand avantage, néanmoins, par égard pour M. Priestley, et par surabondance de raison pour moi, je le dispense de la remplir. Je dis par égard pour lui, parce que je suis persuadé que, quand il a avancé le fait contre lequel je réclame, il s'y est porté d'après l'assurance de quelqu'un, à qui il s'est trop facilement fié, et qu'ainsi il s'engagerait, de très-bonne foi, dans des recherches fort laborieuses; et comme je suis assuré qu'il ne trouverait jamais ses preuves, je suis bien aise de l'arrêter sur le premier pas, afin de lui épargner des peines inutiles, auxquelles succéderaient les réflexions les plus cruelles. J'ai ajouté, par surabondance de raison pour moi, parce que, après m'être montré pour l'auteur du cerf-volant, en ce que je l'ai appliqué aux expériences de l'électricité du tonnerre, ou, pour mieux dire, de l'air, il est de mon honneur d'établir cette prétention, non par des arguments négatifs, mais par des faits positifs. C'est de quoi je vais m'occuper : donnez-moi votre attention.

L'acte qui renferme ma première preuve, monsieur, est une lettre de l'Académie de Bordeaux, qui, quoique datée du 12 de juillet 1752, ne partit d'ici (Nérac) que le lendemain, treizième du même mois. On peut voir dans cette lettre, qu'après avoir rendu compte à cette compagnie des observations que j'avais faites trois jours auparavant avec la barre, ou, si vous l'aimez mieux, l'aiguille de M. Franklin, je dis en finissant : « C'est là, monsieur, ce qu'il y a de plus important, car j'aurais bien d'autres particularités à vous communiquer. Telles sont d'abord les pratiques que j'ai employées pour empêcher les corps électriques de se mouiller, et les barres d'être abattues par les ouragans qui surviennent ordinairement en temps d'orage; telles sont encore les vues que j'ai pour engager les moins curieux à faire des expériences par les facilités que j'ai à leur indiquer. Mais ma lettre, devenue d'une excessive longueur, m'avertit de finir. Ainsi, je remets à vous parler des deux premières choses concernant la barre, qui m'ont réussi, au temps où l'Académie me fera pressentir qu'elle sera bien aise que je l'en instruise; et je me réserve de mettre au jour la dernière (quoiqu'elle ne soit qu'un jeu d'enfant), lorsque je me serai assuré de la réussite par l'expérience que je me propose d'en faire, et que je ne négligerai certainement pas. J'ai l'honneur d'être, etc. »

Je n'emploierai pas, monsieur, de longs commentaires pour faire voir que, dès le 12 de juillet 1752, j'avais en vue le cerf-volant, en disant dans ma lettre, que je me persuadais d'engager les moins curieux à faire des expériences sur l'électricité du tonnerre, par les facilités que j'avais à leur indiquer. Cette façon de m'exprimer, jointe à ces derniers termes, mis en parenthèses, quoiqu'elle ne soit qu'un jeu d'enfant, doit déceler cette machine aux yeux de quiconque a été jeune. L'usage qu'on a fait de cette machine, peu de temps après, dans les opérations électriques, devait la déceler à tous ceux qui ne l'auraient pas connue, si on leur eût dit qu'en effet les enfants s'en servaient auparavant pour se divertir.

Si je m'abstiens de toute autre espèce de glose au sujet de cette finale de ma lettre, je crois important, pour éloigner ou étouffer des objections inutiles, de vous faire observer, monsieur :

1° Que la lettre dont je viens de vous donner un fragment n'est point sortie de l'Académie de Bordeaux, depuis le 15 de juillet 1752, jour auquel elle fut soumise à cette compagnie ;

2° Qu'elle fut lue dans la séance particulière du 17 du même mois ;

3° Qu'elle fut lue, une seconde fois, dans l'assemblée publique du 25 août suivant ;

4° Qu'en 1756, un journaliste m'ayant paru chercher le moyen de m'enlever, à petit bruit, l'invention du cerf-volant, je demandai à l'Académie, le 7 de mars de la même année, une expédition de la finale de cette lettre ;

5° Que je négligeai de me faire délivrer cette pièce, parce que personne ne se montra pour me disputer cet instrument ;

6° Qu'un particulier s'étant avisé, en 1760, de renouveler la querelle à l'occasion d'une lettre de M. Watson, je demandai de nouveau, au mois de mars 1761, l'expédition dont je viens de parler ;

7° Que cette expédition fut faite enfin le 10 de juillet, ainsi qu'il conste du certificat de M. de Lamontaigne, conseiller au parlement, et secrétaire perpétuel de notre Académie ; certificat dont je joins ici une copie écrite de ma main, pour qu'il vous plaise l'insérer dans votre journal, comme un des actes justificatifs de la présente lettre.

Si, selon ces observations préliminaires, on ne peut soupçonner que j'aie écrit après coup ma lettre du 12 juillet 1752 ; et si, à des yeux qui savent voir, ces termes, *quoiqu'elle ne soit qu'un jeu d'enfant*, dévoilent le mystère du cerf-volant électrique, que je me réservais de mettre au jour, lorsque je me serais assuré de sa réussite par l'expérience : peut-on dire, monsieur, que ce même jour, 12 de juillet, j'avais entendu raconter l'expérience que l'on suppose avoir été faite en Angleterre par MM. Delor et Dalibard en 1753, c'est-à-dire un an après ? On se gardera bien, apparemment, de soutenir aujourd'hui un anachronisme qui choquerait l'homme le moins sensé. Ainsi, il faudra se restreindre à soutenir que M. Franklin fit son expérience dans la campagne de Philadelphie au mois de juin 1752, et que j'en étais instruit dès le 12 de juillet suivant.

Sur ceci j'ai plusieurs réponses à fournir, sans m'écarter de la loi que je me suis imposée. Afin que j'eusse eu cette instruction si promptement, il faudrait supposer que j'eusse été connu de M. Franklin, qu'il eût pour moi une prédilection toute particulière ; qu'entraîné par le penchant de cette prédilection, il se fût hâté de dépêcher vers moi un vaisseau pour m'annoncer la nouvelle de son expérience ; que ce vaisseau n'eût éprouvé, dans son passage, aucun contre-temps ; que cet incomparable voilier, conduit exactement sur la droite route par des vents favorables, forts et constants, eût parcouru plus de douze cents lieues en moins de treize jours.

Oui, monsieur, il faut supposer ces choses ; parce que si l'expérience de M. Franklin a été faite à Philadelphie dans le mois de juin, elle n'a pu avoir lieu que dans les derniers jours de ce mois-là ; c'est ce dont vous serez pleinement convaincu, au moyen d'un fait que vous verrez dans la suite de cette lettre.

En attendant, je suis bien aise de vous observer, monsieur, qu'avant le mois de juin 1752, je n'avais nullement entendu parler de M. Franklin ; et je n'ai pas assez de vanité pour me flatter que dans ce même temps j'eusse l'honneur d'être connu de lui ; d'où il résulte qu'il n'y a nulle vraisemblance à la dépêche de ce vaisseau, qui, encore supposée réelle, serait une chose des plus extraordinaires.

Quoi qu'il en soit, monsieur, pour trancher d'un seul coup l'objection, je remarquerai que si, comme il n'est pas permis d'en douter, la première nouvelle de la prétendue expérience du cerf-volant de M. Franklin ne parvint à ses plus intimes correspondants de Londres que dans le mois de janvier 1753, et que cette nouvelle passa en France avec la lettre écrite le 15 du même mois par M. Watson à M. l'abbé Nollet (1), je laisse à penser s'il y a apparence que j'en fusse instruit le 12 de juillet 1752 : je présume que l'esprit le plus subtil qui soit au monde ne saurait se débarrasser de l'argument qui se tire naturellement de cette observation.

Mais, m'objectera-t-on peut-être, ces termes, *quoiqu'elle ne soit qu'un jeu d'enfant*, qu'on lit à la fin de la lettre du 12 de juillet 1752, ne désignent point la machine du cerf-volant d'une manière aussi claire que vous l'avez soutenu. Ainsi, il vous reste de produire des preuves plus certaines de votre prétention au sujet de cette machine.

Comme je n'ignore pas qu'il y a des yeux troubles ou louches, qui voient obscurément ou de travers les objets qui sont reconnus par d'autres très-distinctement, et tels qu'ils sont en effet, je ne dédaigne point de répondre à cette objection. Pour satisfaire tout le monde, je demande si le témoignage de trois personnes, dignes de foi, sera capable de terminer la contestation ? Si ce témoignage est trouvé suffisant, je prie quelqu'un de ceux qui se sont déclarés contre moi de vouloir prendre la peine d'interpeller MM. Dutilh, Bégué, curé d'Asquets, et le chevalier de Vivens, qui sont très-connu dans la république des sciences ; et l'on sera bientôt assuré que, par ces termes, *quoiqu'elle ne soit qu'un jeu d'enfant*, j'entendais parler du cerf-volant électrique.

M. Dutilh répondra, que dès le lendemain de ma première expérience qui fut faite le 9 juillet 1752 avec la barre de M. Franklin, ainsi qu'il paraît par ma lettre du 12, je lui confiai, sous le sceau du secret, l'idée que j'avais d'employer le cerf-volant aux expériences de l'électricité du tonnerre ; qu'il se chargea de construire tout de suite cette machine, afin de la mettre à l'épreuve avant que la saison des orages ne

---

(1) Voir p. 395, tome II des *Mémoires présentés à l'Académie royale des sciences de Paris par des savants étrangers*.

fût passée, et que si je ne l'éprouvai point avant l'hiver, ce fut parce qu'il ne trouva point les matériaux dont il avait besoin pour la construire.

M. Bégué dira que je lui confiai le même secret; qu'à la vérité il ne se ressouvient pas précisément du temps; mais il affirmera que ce fut cinq à six jours après la première expérience que j'avais faite avec la barre de M. Franklin; et il ajoutera que si l'on sait le jour de cette première opération, on saura le jour de la confidence (1).

M. le chevalier de Vivens déposera qu'il se rappelle très-bien que je me rendis à Clairac, à la prière de M. de Secondat et à la sienne, vers la mi-août 1752, pour leur faire voir, si l'occasion s'en présentait, l'électrisation de la barre de M. Franklin par le feu du tonnerre; que le 18 du même mois je dressai cette machine au-dessus du toit du château de Vivens; qu'elle fut éprouvée avec succès le lendemain; que l'expérience finie, étant entrés lui et moi dans son cabinet, il me loua beaucoup sur la simplicité que j'avais donnée à la suspension et à l'isolement de la barre; qu'ayant répondu, comme je le devais, à son compliment, je lui dis que j'avais l'idée d'une machine qui serait beaucoup plus simple, et de laquelle je comptais néanmoins tirer des effets mieux marqués; qu'enfin je lui parlai du cerf-volant des enfants, tel que je l'ai exécuté et perfectionné depuis.

Voilà, monsieur, à peu près les termes dans lesquels les dépositions de ces trois messieurs seraient conçues, si quelqu'un venait à les interpeller. Mais comme nos adversaires ne voudraient peut-être pas se donner le soin de rassembler ces dépositions, et que par bonheur elles sont consignées dans des lettres qui datent d'assez loin, j'offre de vous en confier les originaux, si vous jugez qu'il soit nécessaire de les faire connaître au public, ou même si vous les désirez, pour votre propre satisfaction.

Incertain de savoir si vous accepterez ces offres, je prends la liberté de vous faire passer, monsieur, des pièces qui y suppléeront. C'est, d'une part, une copie du rapport que MM. Duhamel et Nollet, commissaires nommés par l'Académie royale des sciences de Paris, firent de ces lettres à cette célèbre Compagnie, le 4 de février 1764. C'est, d'une autre part, une copie du jugement qui fut prononcé tout de suite.

..... Après que j'eus éprouvé mon cerf-volant, je ne restai point oisif; je méditai beaucoup sur les effets que cette machine avait produits : ces méditations furent les germes de plusieurs idées. Pour vérifier ces idées, je faisais voler le cerf-volant, quoiqu'il n'y eût pas d'orage. J'eus un tel succès, que je le vis électrisé presque en toute circonstance; c'est-à-dire,

(1) Cela est su, puisque ma première expérience avec la barre de M. Franklin est du 9 juillet 1752, comme il est prouvé par ma lettre du 12 juillet 1752 à l'Académie de Bordeaux.

soit que le temps fût chaud, froid, serein, nébuleux, pluvieux, ou même neigeux (1). Content, plus que je ne saurais l'exprimer, de ces différentes épreuves, qui répandent un grand jour sur une partie très-intéressante de la physique, et rempli de reconnaissance envers M. Franklin de ce que, par l'indication de sa barre, il m'avait mis sur la voie d'imaginer le cerf-volant, je lui adressai, le 19 d'octobre 1753, les deux mémoires dont il est fait mention dans le second tome des étrangers, accompagnés d'une de mes lettres. M. Franklin reçut le tout, et m'en accusa la réception par une des siennes, du 29 de juillet 1754.

Ce qui est digne d'être bien remarqué dans cette lettre, c'est que M. Franklin n'y revendique pas l'invention du cerf-volant. C'était pourtant alors le temps où il devait le faire : il dut apercevoir dans ma lettre, et mieux encore dans le premier mémoire, que je prétendais être l'auteur de cet instrument. En effet, j'y disais en ces termes : « J'avais une idée depuis l'année dernière (1752), qui me faisait espérer qu'il me serait aisé d'élever un corps au-dessus de la terre de plus de six cents pieds, sans qu'il m'en coûtât même six francs. J'en parlai fort mystérieusement (2) dans ma lettre à l'Académie de Bordeaux, du 12 juillet de l'année dernière; et après avoir promis à cette compagnie de lui dévoiler mon projet d'abord que je serais assuré qu'il était immanquable, je me contentai de dire en quoi il consistait à M. le chevalier de Vivens et à d'autres personnes qui me font l'honneur de me vouloir du bien (3). Je suis à présent en état de le produire au jour, ce projet; il m'a réussi pleinement : je puis même dire au delà de mon attente. Voici en quoi il consiste : ce n'est qu'un jeu d'enfant (4); il s'agit de faire un cerf-volant, c'est-à-dire un de ces châssis de papier que les enfants font voler; plus ce châssis sera grand, plus il pourra s'élever, parce qu'il sera en état de soutenir un plus grand poids de corde. »

En comparant ce trait de mon premier mémoire avec la lettre de M. Franklin, dans laquelle on ne saurait rien trouver d'où l'on puisse induire que ce physicien ait eu seulement la pensée de me disputer l'invention du cerf-volant électrique, la première idée est sans doute qu'il me reconnut alors pour l'auteur de cette machine. Mais si M. Franklin ne me conteste pas cet avantage, M. Priestley, qui a vu aussi ce

(1) J'ai rendu compte de ces expériences dans des mémoires particuliers, ainsi que je puis le prouver par différentes lettres que j'ai en main.

(2) Le mystère du cerf-volant était caché dans ma lettre du 12 juillet 1752, sous ces termes : *quoiqu'elle ne soit qu'un jeu d'enfant.*

(3) C'est ce que j'ai prouvé ci-dessus (pages 456 et 457), en parlant des lettres de MM. le chevalier de Vivens, de Bégué et Dutilh.

(4) Je jugeai à propos de répéter, dans le Mémoire, ces termes de ma lettre, parce que mon idée était, dans le principe, de les faire servir de mot de guet.

même mémoire, puisqu'il copie dans son histoire, presque mot pour mot, une partie de mes expériences, a-t-il bonne grâce de chercher à m'enlever cette invention, lorsqu'il dit : « Et M. Romas, voulant s'assurer par lui-même de ce qu'il entendait raconter à ce sujet, la répéta en France, mais avec beaucoup plus d'appareil? » Il me semble, monsieur, qu'un historien qui dissimule des choses qu'il a eues sous ses yeux, et qui porte la preuve de sa dissimulation, ne mérite pas que « les savants de Paris et de Londres confirment par leurs éloges le jugement que vous avez porté de son ouvrage, lorsque vous l'avez annoncé. »

Par toutes ces preuves, qui sont à la portée de tout le monde, il demeure donc solidement établi que je suis l'auteur du cerf-volant électrique : j'en avais eu l'idée dès le 12 de juillet 1752 ; et quand bien même il serait constaté (ce qui ne l'est pas) que M. Franklin en avait fait usage dans les derniers jours du mois de juin précédent, cette invention m'appartiendrait : il n'était pas possible que j'eusse entendu parler de son expérience, quicqu'il ait plu à M. Priestley de le dire, je ne sais guère sur quel fondement.

Ce n'est pourtant pas tout, monsieur ; au secours de ces preuves positives vient la possession publique, dans laquelle je n'ai pas cessé d'être de l'invention du cerf-volant, malgré les efforts de quelques contradicteurs.

Pour apercevoir cette possession, il suffit de jeter un regard sur les feuilles hebdomadaires de Paris pour les provinces, du 17 juin 1753, du 1er mai 1754, du 29 septembre 1756 ; sur celles de Toulouse du 12 novembre 1761 ; sur le journal de Trévoux du mois de décembre 1753 ; sur une lettre de M. l'abbé Nollet au père Beccaria ; sur une autre lettre que le même abbé m'a fait l'honneur de m'adresser aussi (1) ; sur la page 295 du tome VI des *Leçons de physique* de ce célèbre académicien ; en un mot, sur plusieurs autres ouvrages que je n'ai pas actuellement en ma disposition, qui supposent ou disent expressément que je suis l'auteur du cerf-volant électrique.

Quoi donc, monsieur ! serait-il possible que M. Priestley n'eût rien vu de tout cela (2)? C'est ce qu'il serait bien difficile de se persuader. M. Priestley a prétendu que M. Franklin a fait l'expérience du cerf-volant dans la campagne de Philadelphie, au mois de juin 1752.

A ce fait, qui est un des plus importants de la contestation, et qui mérite une attention particulière de ma part, je réponds que, si M. Priestley eût donné pour époque un temps plus reculé, par exemple, les trois ou quatre derniers mois de l'année 1752, je ne ferais nulle difficulté de l'en croire, sans autre

(1) On trouve ces deux lettres dans la seconde partie des *Lettres sur l'électricité*, pp. 188 et 228.

(2) On verra bientôt que si M. Priestley ne connaissait pas tous ces ouvrages, il en connaissait du moins une partie, ce qui découvre de plus en plus sa dissimulation.

preuve que celle de sa parole. Mais dès qu'il fixe cette époque au mois de juin, sans parler du jour, je ne sais trop pourquoi, je ne puis me rendre à sa simple allégation, pour deux raisons très-considérables : la première, parce que selon M. Priestley lui-même, quand M. Franklin fit son expérience du cerf-volant, il la fit en secret et sans autre témoin que son fils ; la seconde, parce que M. Franklin ne la fit que lorsqu'il eut été informé du succès que MM. Delor et Dalibard avaient eu en France sur l'aiguille.

La première raison est simple, et néanmoins très-forte. Si M. Franklin a fait l'épreuve de son cerf-volant en secret, et sans autre témoin que son fils, comment pourra-t-il constater son opération ? Des principes sûrs et incontestables nous enseignent que nul ne peut être témoin dans sa propre cause, et que le fils ne peut l'être dans celle de son père. Il n'en est pas ainsi de moi ; j'ai eu l'idée de mon cerf-volant tout au moins le 12 de juillet 1752. Cette date est consignée dans ma lettre à l'Académie de Bordeaux ; cette lettre est devenue authentique par la lecture qui en a été faite d'abord, dans une séance particulière de cette compagnie ; ensuite dans une séance publique ; et enfin, par le soin que cette même compagnie, établie par autorité du prince, a eu de conserver cette pièce dans ses archives. Ce sont là mes preuves : que les partisans de M. Franklin en montrent de semblables ; ou s'ils ne peuvent pas le faire, qu'ils conviennent de leur tort.

La seconde raison n'est pas moins victorieuse. Suivant l'aveu de M. Priestley, M. Franklin n'a éprouvé son cerf-volant qu'après qu'il a été instruit des succès que MM. Delor et Dalibard eurent en France sur l'aiguille, et qu'après qu'il eut eu le même succès à Philadelphie sur cet instrument. Au surplus, tout cela était fait avant la fin du mois de juin 1752 : cet aveu engage naturellement à supposer que M. Franklin eut le temps de recevoir ces instructions, et que tout de suite il trouva l'occasion d'opérer ; c'est dans ce temps et dans l'occasion que consiste une difficulté qui a échappé à la prévoyance de l'historien. La première épreuve de l'aiguille fut faite en France à Marly-la-Ville, le 10 mai 1752 : du 10 mai jusqu'au 30 juin inclusivement, il s'est écoulé un mois deux tiers, ou, si l'on veut, cinquante et un jours. De là il s'agit de savoir si cinquante et un jours laissent un temps assez long pour que la nouvelle, supposée partie le plus tôt qu'il était possible de France, parvînt dans l'Amérique septentrionale, et à Philadelphie, avant la fin du mois de juin suivant. Je pense avoir montré ci-dessus, en discutant un fait semblable à celui-ci, que cet espace de temps est très-court. Mais s'il a été suffisant (ce que les navigateurs décideront mieux que personne), il faudrait convenir que toutes choses s'étaient portées à favoriser M. Franklin, et qu'au contraire elles avaient toutes conspiré contre moi. Du moins est-il certain, monsieur, que quoique la ville où j'ai mon domicile, ne soit éloignée de Paris que de cent cinquante lieues moyennes, je ne fus instruit de l'expérience de Marly-la-Ville que par la *Gazette de France* du 27 mai, qui ne fut reçue à Nérac que dans les premiers jours de juin. Il est très-vrai encore que, quelle que fût ma diligence à dresser l'aiguille, je ne pus la mettre à l'épreuve avant le 9 du mois de juillet suivant, par le défaut d'orage.

Je serais en état de vous rapporter, monsieur, d'autres raisons de douter, qui dérivent naturellement de plusieurs faits avancés par M. Priestley, et qui serviraient à le faire soupçonner de n'avoir pas été bien exact dans son *Histoire de l'électricité*. Mais je me borne, quant à présent, aux observations que je viens de vous exposer, afin de terminer ma lettre par des déclarations qui me paraissent aussi nécessaires pour mes lecteurs que pour moi.

Tout bien considéré, de quoi s'agit-il entre nous deux? M. Franklin ne me conteste point l'invention du cerf-volant électrique; la lettre qu'il m'a fait l'honneur de m'écrire, et que j'ai en main, en fait foi. Il est seulement arrivé, au bout de quelque temps, que des personnes sans intérêt se sont fait une fête d'essayer de m'enlever cette machine pour la lui donner. Oh! sans doute, M. Franklin rejettera avec dédain un présent si honteux ; il est trop riche de son propre fonds pour vouloir l'augmenter en y joignant le bien d'autrui. S'il a cru ci-devant être le premier auteur du cerf-volant (ce que je suis encore à apprendre de sa part), il doit maintenant revenir de cette idée ; il doit voir que mes preuves sont aussi claires que le jour.

Ne croyez pourtant pas, monsieur, que par ces dernières paroles je prétende insinuer que M. Franklin n'a pas eu l'idée du cerf-volant, à peu près en même temps, ou même, si l'on veut, plus tôt que moi. Il se peut que cela soit, il se peut que cela ne soit pas ; je n'en sais rien. Toutefois j'augure que conduit par les mêmes principes qui me conduisaient, il était très-capable d'en tirer, en Amérique, les mêmes conséquences que j'en tirais en Europe.

Mais ce n'est pas le fond de la contestation ; il se réduit à ceci : on voudrait nous faire accroire que M. Franklin a fait usage du cerf-volant dans le mois de juin 1752. Non-seulement ce fait n'est pas constaté ; il y a plus, c'est qu'il est impossible de jamais y parvenir. Il est convenu par mes adversaires que ce physicien a opéré en secret, et sans autre assistant que son fils, crainte de devenir la risée des sots. Il n'en est pas de même de mon côté ; j'ai allégué que j'avais eu l'idée du cerf-volant dès le 12 de juillet de la même année 1752 ; j'ai établi cette prétention par ma lettre de la même date ; j'ai autorisé cette date par un certificat de l'Académie de Bordeaux, date conséquemment la plus authentiquement fixée.

Tel est de part et d'autre l'état de la question. Si à présent, de ce point de vue, on prend garde que les choses cachées ne sont pas du ressort des hommes, et qu'ainsi ils sont astreints à juger par les preuves mises sous leurs yeux, on ne peut s'empêcher de décider en ma faveur.

Après toutes ces explications, que me reste-t-il à vous dire, monsieur? Rien de plus, que de vous supplier encore, et pour la dernière fois, de vouloir bien insérer la présente lettre dans vos journaux ; d'y ajouter les pièces justificatives que j'y ai jointes, et de faire la publication de tout cela en une ou plusieurs parties, selon votre commodité, et de la manière qui vous plaira le plus.

Je suis avec respect, etc.

De Romas.

Cette lettre rétablit, avec l'accent incontestable de la vérité, les faits volontairement obscurcis par Priestley, pour donner à Franklin une gloire usurpée. Malheureusement comme nous l'avons dit, Romas mourut pendant l'impression de son livre, avant que les documents qu'il renferme eussent opéré dans l'esprit du public le revirement qu'ils devaient occasionner.

L'intrépide physicien de Nérac est donc mort, attristé, à ses derniers moments, par la pensée de l'injustice dont ses contemporains le rendaient victime ; mais il léguait à la postérité les pièces du procès. Grâce à elles, l'impartialité de la critique peut rendre, plus d'un siècle après lui, toute justice à sa mémoire. Ce n'est que par une suite de malentendus, volontaires ou non, que l'on a attribué à Franklin la part du lion dans les expériences sur l'électricité atmosphérique, et accordé à son seul génie la gloire d'avoir tout fait dans ce champ de découvertes, destinées à vivre d'un éternel souvenir. Nous avons rendu au physicien de Philadelphie tous les hommages qui lui reviennent pour sa découverte incontestable de l'analyse de la bouteille de Leyde, et pour celle du pouvoir des pointes. Mais nous avons dû apporter des restrictions à ce qui concerne ses recherches sur l'électricité atmosphérique.

Il importe d'autant plus de fixer équitablement ce point d'histoire, que pour ajouter à la part scientifique du physicien de Philadelphie, il faudrait dépouiller des sa-

LE PARATONNERRE.

Fig. 275. — Le premier paratonnerre établi par Franklin à Philadelphie, sur la maison de Benjamin West, est frappé par le feu du ciel (page 556).

vants de notre patrie, les Buffon, les Dalibard, les Lemonnier, les Romas, etc., de l'honneur qui leur revient dans les grandes découvertes que nous essayons de raconter.

CHAPITRE VII

SUITE DES RECHERCHES SUR L'ÉLECTRICITÉ ATMOSPHÉRIQUE. — EXPÉRIENCES FAITES EN EUROPE. — BECCARIA. — MUSSCHENBROEK, ETC. — EXPÉRIENCES DE FRANKLIN SUR LA NATURE DE L'ÉLECTRICITÉ DES NUAGES. — CONSTRUCTION DU PARATONNERRE.

Les résultats obtenus avec le cerf-volant électrique, offraient un vaste champ aux expériences des physiciens : la carrière ainsi ouverte, fut promptement remplie.

Parmi les savants qui s'occupèrent en Europe, d'étudier l'électricité atmosphérique à l'aide du cerf-volant, le père Beccaria, religieux des *écoles pies* à Turin, se distingua par le nombre et la variété de ses recherches. Dans un ouvrage publié en 1767, intitulé *Lettere dell' elettricismo*, on trouve résumés les nombreux travaux de ce physicien.

Beccaria fit un grand nombre d'observations sur l'électricité de l'atmosphère, dans les temps d'orage, et lorsque le ciel était serein, soit avec des barres de fer isolées, soit avec des cerfs-volants. En variant ces expériences de différentes manières, il fit plusieurs observations intéressantes. Les cordes de ses cerfs-volants étaient quelquefois garnies, et d'autres fois dépourvues, de fil de fer. Afin que ces cerfs-volants fussent constamment isolés, lorsqu'il leur donnait plus ou moins de corde, il roulait la corde, comme l'avait fait Romas, sur un dévidoir supporté par des pieds de verre (1).

Musschenbroek, en Hollande, étudia aussi l'électricité aérienne, au moyen du cerf-volant. Il observa que les étincelles électriques étaient très-faibles, lorsque l'appareil était près de la terre, et d'autant plus fortes que l'appareil était plus élevé dans les airs.

Le 16 septembre 1756, Musschenbroek se trouvant à Warmond, village près de Leyde, attacha aux deux extrémités d'un fil de fer de cent cinquante pieds de longueur, deux rubans de soie; et il disposa ce fil à la hauteur de quatre pieds et demi, parallèlement à l'horizon. Il ne découvrit ainsi aucun signe d'électricité. Il plaça ensuite le même fil de fer, toujours isolé par ses deux rubans, verticalement, le long d'une tour. Ce conducteur métallique ne donna encore aucun signe d'électricité. On en obtint, au contraire, par le moyen d'un cerf-volant qui fut porté très-haut dans l'air; ce qui prouvait qu'il existait du fluide électrique libre dans les régions élevées de l'air, tandis que la partie de l'atmosphère située plus près du sol, n'en renfermait point.

Quand le cerf-volant fut à sept cents pieds de hauteur environ, on tira d'une clef qu'on avait attachée à l'extrémité inférieure du fil de fer qui le retenait, des étincelles très-fortes, qui excitaient une commotion dans toute la longueur du bras. En approchant la main du fil de fer, on éprouvait comme la sensation d'une toile d'araignée.

(1) *Lettere dell' elettricismo*, p. 112.

Le 14 juillet 1757, Musschenbroek fit dans les faubourgs de Noordwick, avec le baron Van der Does, les mêmes observations. Le cerf-volant était attaché, non à une corde, mais à un fil de fer très-mince, qui se roulait, à l'aide d'une manivelle, sur un tambour de bois, de sorte qu'on pouvait l'allonger à volonté. L'extrémité inférieure de ce fil de fer était attachée à un ruban de soie. Ces savants se trouvaient sur le bord de la mer lorsqu'ils élevèrent leur cerf-volant; le ciel était un peu nébuleux, et le vent d'est soufflait légèrement. Aucun signe d'électricité n'apparut tant que l'appareil fut peu éloigné de la terre. Quand il se fut élevé à cent pieds, on commença à apercevoir une faible électricité et à tirer de petites étincelles.

Nos expérimentateurs résolurent alors de se transporter au sommet des plus hautes montagnes sablonneuses de Noordwick. Arrivés là, ils lancèrent de nouveau le cerf-volant, qui se chargea d'une grande quantité de matière électrique; de sorte qu'en très-peu de temps, on tira avec une clef, d'un tube de fer communiquant à la chaîne attachée au cordon de soie, que l'on tenait à la main, de très-fortes étincelles qui partaient avec bruit et qui répandaient autour d'elles une odeur sulfureuse (1).

« Le 20 juillet 1757, dit encore Musschenbroek, un violent orage s'étant élevé sur les sept heures du soir, je lançai en l'air un cerf-volant; le fil de fer donna alors des explosions très-promptes et très-fortes; quelquefois elles partirent avec l'éclair, mais elles cessaient lorsque le tonnerre grondait; ces étincelles se succédaient avec une très-grande rapidité, et produisaient des éclats qui pouvaient être entendus de très-loin. Ayant approché de la tête d'un chien, d'un bouc, d'un jeune taureau le fil de fer, ces animaux furent frappés si violemment, qu'ils prirent aussitôt la fuite, et qu'ils ne voulurent jamais souffrir qu'on les exposât à la même tentative. Nous fîmes une chaîne, en nous donnant la main;

(1) *Cours de physique expérimentale et mathématique*, par Pierre Van Musschenbroek, traduit par Sigaud de Lafond, t. I, p. 396, § 913.

un de ceux qui faisaient partie de la chaîne, ayant touché au fil de fer, nous fûmes tous aussitôt frappés (1). »

Il est inutile d'ajouter que l'on n'obtenait pas toujours des signes d'électricité, bien que le cerf-volant fût élevé jusqu'à six cents pieds. C'est ce qu'éprouva Musschenbroek, au mois d'août 1757, même par un vent du nord qui était modéré, et avec un ciel couvert de nuages.

Le prince de Gallitzin, secondé par le physicien Dentan, continua, à La Haye, les expériences de Musschenbrock au moyen du cerf-volant. Exécutées depuis l'année 1775 jusqu'à l'année 1778, elles furent communiquées par le prince de Gallitzin à l'Académie des sciences de Saint-Pétersbourg (2). Dans ces expériences, on obtint constamment de l'électricité à l'aide du cerf-volant. On parvint souvent à charger des batteries de bouteilles de Leyde avec l'électricité des nuages. Quant à la nature, positive ou négative, de l'électricité, on constata qu'elle variait sans cesse. Il sembla néanmoins que l'électricité se montrait positive dans les temps calmes, et négative au commencement des orages.

A Amsterdam, Van Swinden, professeur de physique, tira des étincelles électriques de son cerf-volant, non-seulement en temps d'orage, mais encore par un temps serein.

En France, l'abbé Bertholon, professeur de physique dans le Languedoc, fit plusieurs expériences du même genre. En 1776, il présenta à l'Académie des sciences de Paris un mémoire contenant le récit des expériences qu'il avait faites, de concert avec Baumé, Fontana et plusieurs autres membres de l'Académie, en faisant usage du cerf-volant électrique construit par le duc de Chaulnes, grand amateur d'électricité.

En Amérique, Kinnersley, le collaborateur de Franklin, éleva aussi des cerfs-volants électriques; mais ses expériences furent exécutées avec bien moins de soin que celles de Beccaria et de Musschenbroek (1).

Quant à Franklin, il ne se livra à aucune recherche sur l'électricité de l'air avec les cerfs-volants électriques, et l'on ne voit pas qu'après sa célèbre expérience il ait, à l'exemple des autres physiciens, poursuivi le moins du monde, cette carrière d'études. Pour constater la nature de l'électricité qui existe habituellement dans l'atmosphère, il se contenta, après son essai sur le cerf-volant, raconté plus haut, d'élever sur sa maison, une barre de fer pointue qu'il isolait à volonté, et qu'il avait munie d'un carillon électrique, afin d'être averti de la présence de l'électricité dans ce conducteur.

Franklin se proposait, comme tous les expérimentateurs de l'Europe, de reconnaître si l'électricité des nuages était positive ou négative, et si l'un de ces états était constant. Cette détermination avait pour lui un intérêt particulier, parce que, d'après sa théorie générale sur l'électrisation *en plus ou en moins*, dont nous avons déjà parlé, et qu'il opposait à la théorie de Dufay, si l'électricité des nuages orageux avait été négative, il aurait fallu en conclure que la foudre s'élançait de la terre vers les nuages et non du ciel sur la terre, c'est-à-dire que la foudre était toujours *ascendante*, au lieu d'être *descendante* ou *ascendante*, selon le cas.

Pour résoudre la question de la nature de l'électricité des nuages, Franklin prit deux bouteilles de Leyde ; il en chargea une avec une machine électrique donnant de l'électricité positive, de telle sorte que, sur la surface extérieure de la bouteille il existait, suivant l'effet bien connu qui se passe dans cet appareil, de l'électricité positive. A l'aide d'un conducteur, il fit ensuite communiquer la se-

---

(1) *Cours de physique expérimentale et mathématique*, par Pierre Van Musschenbroek, traduit par Sigaud de Lafond, t. I, p. 400, § 914.

(2) *Observations sur l'électricité naturelle par le moyen d'un cerf-volant*. Lettre de 6 pages in-4.

(1) *Deuxième lettre de M. Kinnersley à M. Benjamin Franklin*. — Œuvres de Franklin, traduites par Barbeu-Dubourg, t. I, p. 205, in-4.

conde bouteille de Leyde avec la barre de fer pointue qui se trouvait élevée sur le faîte de sa maison; de telle sorte que cette bouteille se chargeait spontanément de l'électricité dérobée aux nuages. Il plaça ensuite entre les deux bouteilles, et à trois ou quatre pouces de distance, une petite balle de liége suspendue par un fil de soie. Si l'électricité envoyée par les nuages était positive comme celle qui avait servi à charger l'une des bouteilles, la petite balle de liége devait être successivement attirée par la garniture extérieure de l'une des deux bouteilles et repoussée par l'autre. Si les électricités étaient différentes dans les deux bouteilles, la balle de liége devait être attirée successivement par chacune des bouteilles, et voyager ainsi continuellement de l'une à l'autre.

Cette expérience, et quelques autres que Franklin essaya dans la même vue, ne donnèrent jamais des résultats constants. L'électricité des nuages était tantôt positive, tantôt négative, et même négative le plus souvent, ce qui n'était pas conforme à sa théorie.

Franklin ne poursuivit pas longtemps ces tentatives sur l'électricité météorique, sujet obscur, d'une complication extrême, et qui n'est encore aujourd'hui qu'imparfaitement élucidé. La tournure positive de son esprit ne lui permettait pas de continuer des recherches dont il n'entrevoyait pas de conséquence utile. Aussi, renonçant à cette question, il donna tous ses soins à réaliser, pour la pratique, l'idée du paratonnerre, qui, mise en avant, par lui, en 1752, à titre de simple hypothèse, était devenue l'origine et le point de départ de toutes les découvertes des physiciens sur l'électricité météorique.

C'est en 1760 que Franklin fit construire le premier paratonnerre; cet instrument ne différait que fort peu de celui que nous employons aujourd'hui.

Le premier paratonnerre fut élevé par Franklin sur la maison d'un marchand de Philadelphie, nommé West. Il se composait d'une baguette de fer de neuf pieds et demi de long et de plus d'un demi-pouce de diamètre, et qui allait en s'amincissant vers sa partie supérieure. De l'extrémité inférieure de cette tige métallique partait une seconde tige de fer, plus mince, de dix pouces de long, et d'une épaisseur d'un quart de pouce, dont la partie inférieure était mise en rapport avec un long conducteur de fer descendant jusqu'au sol, où il pénétrait à une profondeur de quatre ou cinq pieds.

C'est une circonstance bien remarquable, qu'à peine installé, comme pour prouver la valeur de cet instrument, le paratonnerre fut atteint par le feu du ciel. Après le coup de foudre, M. West trouva fondue la pointe du paratonnerre; la tige de dix pouces qui le joignait au conducteur était réduite à sept pouces et demi de longueur.

A partir de ce moment, l'admirable invention du physicien d'Amérique était accomplie : le paratonnerre était créé. Il nous reste à dire comment cette découverte fut acceptée dans notre hémisphère.

CHAPITRE VIII

ACCUEIL FAIT EN EUROPE A L'INVENTION DU PARATONNERRE. — GEORGE III ET FRANKLIN : LES PARATONNERRES EN BOULE. — OPPOSITION DE L'ABBÉ NOLLET EN FRANCE. — LIVRE DE L'ABBÉ PONCELET. — RÉPUGNANCE DES FRANÇAIS A ADOPTER LE PARATONNERRE. — AFFAIRE DE SAINT-OMER, M. DE VISSERY. — ROBESPIERRE. — LE PARATONNERRE A GENÈVE. — ADOPTION DÉFINITIVE DU PARATONNERRE EN FRANCE, EN ANGLETERRE ET DANS LE RESTE DE L'EUROPE.

Un accueil assez singulier attendait, en Europe, l'invention du paratonnerre. L'admiration qu'elle y excita, chez quelques esprits éclairés, ne fut pas sans un mélange de résistances sérieuses, surtout à l'époque de son premier établissement. L'Angleterre et la France se signalèrent par une opposition marquée à la découverte du philosophe américain; mais les causes de cette opposition ne furent pas les mêmes chez les deux nations.

En Angleterre, ce fut une cause politique qui éleva des obstacles à la propagation des paratonnerres; en France, les motifs furent purement scientifiques.

A l'époque où l'établissement du paratonnerre fut proposé comme conséquence et application pratique des travaux de Franklin, une guerre acharnée existait entre l'Angleterre et ses colonies d'Amérique, qui combattaient avec gloire, pour conquérir leur indépendance, et briser le joug de la tyrannie britannique. Le roi d'Angleterre, George III, avait inutilement épuisé toutes les forces de ses États, et fait couler des torrents de sang, pour retenir un pouvoir qui échappait à ses mains. Ni les trésors du royaume prodigués pendant une longue suite d'années, ni des milliers de marins et de soldats sacrifiés à la défense d'une cause injuste, ne purent faire obstacle à l'accomplissement d'un acte arrêté dans les desseins de la Providence, et empêcher un peuple nouveau et plein de loyales ardeurs, de conquérir sa liberté sur les champs de bataille.

Quand tout espoir de réussite fut perdu à la cour d'Angleterre; quand il fallut se résoudre enfin à voir une nation s'élever, puissante et libre, loin des entraves de la métropole européenne, l'esprit haineux et vindicatif de George III passa des champs de bataille et des conseils diplomatiques dans le domaine des sciences, asile si étranger, par sa nature, aux contestations entre les peuples et les rois. Pendant la longue et mémorable lutte soutenue par les colonies insurgées, Franklin avait été l'agent utile, le représentant fidèle, le conseiller, toujours bien inspiré, du peuple américain. Il était impossible qu'une découverte scientifique due à un adversaire politique de l'Angleterre fût accueillie favorablement chez cette dernière nation.

Il était pourtant difficile, à moins de nier l'évidence, de contester l'utilité des paratonnerres pour défendre la vie des hommes, et préserver les édifices menacés par le feu du ciel. Ne pouvant s'en prendre au fond même de la matière, on s'attaqua à la forme. Selon Franklin, les paratonnerres devaient être terminés en pointe, et en une pointe très-aiguë. Sous l'inspiration de la cour d'Angleterre, Wilson, et avec lui, la plupart des savants de ce pays, décidèrent que Franklin avait tort, que les paratonnerres à tige pointue étaient les plus dangereux des appareils, et qu'au lieu de les terminer en pointe, il fallait les munir à leur extrémité, d'une boule ou d'un globe. Les *paratonnerres en boule* furent donc déclarés les seuls efficaces, et les recueils scientifiques anglais s'enrichirent de plusieurs mémoires où ce point était compendieusement établi.

Afin que personne n'en ignorât, le roi George avait même fait élever sur son propre palais, plusieurs paratonnerres en boule, et l'amour-propre national se trouva ainsi comme engagé à soutenir une thèse scientifique placée sous l'égide du roi.

La discussion entre les physiciens anglais et ceux du reste de l'Europe, au sujet des paratonnerres en boule, se prolongea longtemps. Il fallut, pour la terminer, que le physicien piémontais Beccaria fît sur ce point des expériences spéciales. Élevant, à peu de distance l'un de l'autre, deux paratonnerres, l'un en pointe et l'autre en boule, munis chacun de leur conducteur, Beccaria démontra que, sous l'influence de la même électricité aérienne, le conducteur du paratonnerre à tige pointue donnait des étincelles quand on pratiquait, d'une manière convenable, une légère solution dans sa continuité; tandis que, disposé de la même manière, le paratonnerre en boule ne donnait que de très-faibles manifestations électriques.

A partir de ce moment, il ne fut plus question des paratonnerres en boule.

Ainsi se termina ce singulier procès, dans lequel le roi George III avait pris, en haine de Franklin, une part active, et où les savants anglais avaient plaidé avec une ardeur digne d'une meilleure cause. Le souvenir de cette dispute ridicule et des productions scientifiques auxquelles elle a donné lieu, mérite d'être conservé, afin de rappeler tout ce que perd la science en considération et en honneur, quand elle s'abaisse à flatter les mesquines passions et les rancunes des princes.

L'opposition, toute scientifique, que le paratonnerre rencontra en France, partit de l'abbé Nollet. Ce physicien étant alors à Paris l'oracle de l'électricité, on dut accorder une grande attention à ses critiques, qui n'avaient pourtant d'autre mobile qu'une vanité d'auteur.

L'abbé Nollet fut pendant toute sa carrière le rival déclaré de Franklin, et ce n'est pas sans motifs qu'il avait pris cette attitude. S'étant occupé dans presque tout le cours de sa vie, à faire des expériences sur les phénomènes électriques, ou à répéter celles des autres physiciens, l'abbé Nollet n'avait réussi à attacher son nom à aucune découverte importante. Seulement, il avait conçu et exposé une théorie générale de l'électricité, qu'il croyait destinée à remplacer celle de Dufay : c'est la théorie des *affluences et effluences simultanées*, que l'on trouve invoquée à chaque instant dans ses nombreux écrits, et par laquelle il prétendait expliquer l'ensemble des phénomènes électriques plus simplement que par la théorie des deux fluides imaginée par Dufay.

Fille des systèmes cartésiens, issue des mêmes principes qui avaient donné à l'ancienne physique, la *matière subtile*, les *petits corps*, les *atomes* et les *pores invisibles*, cette théorie n'était qu'une tardive évocation du passé. Imaginée avant la découverte des phénomènes les plus importants de l'électricité, elle devait tomber en ruines en présence des faits nouveaux dont la science ne tarda pas à s'enrichir (1).

Tandis que l'abbé Nollet avait consumé toute sa carrière sans avoir produit une seule de ces découvertes qui perpétuent le nom d'un savant, Franklin, qui n'avait accordé à la physique que quelques années, dérobées à l'activité des affaires publiques, avait su s'attirer une réputation immense. Il avait donné l'analyse des effets de la bouteille de Leyde, que personne en Europe n'avait su expliquer avant lui, et provoqué par la publication de ses *Lettres*, la découverte de l'électricité atmosphérique. Il avait, en même temps, émis une théorie générale pour l'explication des phénomènes électriques, théorie d'une simplicité séduisante, et qui était le contre-pied de celle de l'abbé Nollet. Par toutes ces causes, et par un sentiment qu'explique la faiblesse humaine, notre physicien devait donc éprouver peu de sympathie pour la personne et pour les idées de l'électricien du Nouveau-Monde.

En exposant ici les motifs qui nous semblent devoir rendre compte de l'hostilité de l'abbé Nollet contre son rival d'Amérique, nous ne voudrions pas paraître injuste envers un savant, honorable à beaucoup d'égards, et qui a rendu à la science de l'électricité d'éminents services par sa constante ardeur à la propager. L'honnête professeur du collège de Navarre est digne de la sympathie et des respects de la postérité, comme il mérita, de son vivant, l'estime et la considération publiques.

Né à Pimprez, village des environs de Noyon, Antoine Nollet était le fils de pauvres

---

(1) Voici un exposé, en raccourci, de la théorie des *affluences et effluences simultanées* qui fut proposée par l'abbé Nollet, pour expliquer tous les phénomènes électriques. Nous prendrons comme exemple le fait simple de l'attraction et de la répulsion successives d'un corps, approché d'un autre corps préalablement électrisé.

Pour rendre raison de ce phénomène, Nollet admet deux courants de matière électrique, qui vont en sens contraire : l'un tend vers le corps électrisé et s'insinue dans ses pores, tandis que l'autre s'élance du sein de ce même corps. Le premier courant, qu'il désigne sous le nom de matière *affluente*, entraîne avec lui les substances légères qu'il rencontre et les amène au corps électrisé ; de là naissent les attractions. Le second courant, qui se nomme matière *effluente*, repousse ces mêmes substances, en sortant du corps électrisé et occasionne par là les répulsions. Ces deux courants de matière, en se rencontrant, produisent par le choc mutuel de leurs rayons, les étincelles électriques.

Cette théorie surannée a été défendue par Nollet jusqu'à la fin de sa vie.

paysans qui subvenaient, par le travail de leurs mains, aux besoins de la famille. Il avait manifesté de bonne heure, d'heureuses dispositions pour l'étude, et sa mère envisageait avec peine l'idée de le voir traîner, comme elle, une existence pénible dans les durs travaux de la campagne. Elle aspirait au bonheur de voir son fils embrasser une carrière libérale, et s'élever dans les voies de la religion, ou dans celles de la science.

Un soir, le curé de Pimprèz fut appelé au conseil de la famille ; et le départ du jeune Antoine fut résolu. Les bons paysans s'imposèrent les sacrifices nécessaires pour entretenir leur fils, dans leur province, au collège de Clermont, et plus tard à celui de Beauvais. Là, les dispositions naturelles du jeune homme se montrèrent dans tout leur jour, et souvent le directeur de la maison de Beauvais félicitait les pauvres laboureurs de Pimprèz des grandes qualités qu'il remarquait dans leur fils, et de la détermination qu'ils n'avaient pas craint d'adopter à son égard.

Au sortir des études classiques, le jeune Nollet fut envoyé à Paris. C'était là un grand effort pour de pauvres paysans, qui, tout en se condamnant aux privations les plus dures, pour maintenir leur fils dans la capitale, étaient loin encore de pouvoir suffire à une telle charge. Mais on comptait sur la Providence, qui vient en aide aux cœurs dévoués.

Elle ne fit pas défaut à tant de confiance. Un greffier de l'Hôtel-de-ville, nommé Taitbout, frappé de la régularité de mœurs et des connaissances variées du jeune Nollet, le prit pour précepteur de ses enfants. Dès lors tous ses désirs se trouvèrent satisfaits. Il put, grâce aux fruits de son travail, adoucir, pour ses vieux parents, les rigueurs de la vie, et reconnaître les sacrifices qu'ils s'étaient imposés pour lui. En même temps, dans l'intervalle que lui laissaient les soins de l'éducation des fils du greffier, il continuait ses propres études, et suivait, comme élève de philosophie, les leçons de la Faculté des arts.

Son goût pour la physique et la mécanique se développa alors librement.

A cette époque de sa vie, Nollet prit la résolution d'entrer dans les ordres. La simplicité de ses goûts, la sévérité de ses principes, son application au travail, parurent à ses protecteurs comme une marque de vocation pour l'état ecclésiastique. Nollet aborda donc une carrière qu'il devait abandonner bientôt. Il s'appliqua aux études sacrées, dans la Faculté de théologie, qu'il fréquentait en même temps que celle des arts. Il reçut le diaconat en 1728 ; mais il ne devait pas aller jusqu'à l'ordination.

En même temps qu'il recevait de l'Église le titre de diacre, il obtenait, de la Faculté des arts, celui de licencié, et c'est dans la carrière des sciences qu'une vocation décidée le tint fixé jusqu'à la fin de sa vie. Il conserva toujours le titre et le costume d'abbé, mais il n'exerça aucune fonction du sacerdoce.

A partir de ce moment, Nollet, entièrement voué à la culture des sciences, et promptement distingué par les physiciens de la capitale, s'attacha successivement à Réaumur et à Dufay. Avec Réaumur, il travailla aux études thermométriques qui ont immortalisé le nom de ce physicien. Il s'adonna, avec Dufay, aux expériences sur l'électricité, sujet alors tout nouveau, et qui, fixant définitivement ses goûts, l'occupa jusqu'à la fin de ses jours.

Sans entrer ici dans d'autres détails sur la carrière scientifique de Nollet, nous dirons qu'il ouvrit le premier en France, des cours publics de physique. Secondé par l'Université de Paris, qui commençait à comprendre l'intérêt que devaient trouver le public et la génération nouvelle à la diffusion des sciences, il obtint de Louis XV l'autorisation d'organiser un cours de physique expérimentale, dont la chaire lui fut accordée. Ce cours public de physique, le premier qui ait eu lieu dans la capitale, fut inauguré, en 1735, au collège de Navarre. Ce collège, qui appartenait à l'Université de Paris, avait été établi en 1304.

par Jeanne de Navarre, femme de Philippe le Bel, pour recevoir gratuitement de pauvres écoliers. Les princes et les grands seigneurs y mirent plus tard leurs enfants. Il était situé rue de la Montagne Sainte-Geneviève.

Fig. 276 — L'abbé Nollet.

Le programme des leçons de l'abbé Nollet, qui fut bientôt publié par lui, servit de modèle à divers enseignements analogues qui furent établis ensuite dans les principales villes de la France.

L'affluence était si grande au cours de l'abbé Nollet, que, dès les premières leçons, l'évêque de Laon, supérieur du collège de Navarre, dut demander au roi l'autorisation de faire préparer un local nouveau, pour suffire au nombre, toujours croissant, d'auditeurs. Bientôt un magnifique amphithéâtre fut construit. On y ménagea une tribune pour le roi, les princes et les personnages de distinction, attirés à ce cours par la renommée du professeur (1).

(1) « Le 6 juillet 1794, plusieurs évêques étaient réunis au collège de Navarre. L'évêque de Laon voulut leur pro-

En 1739, Nollet entra à l'Académie des sciences, comme membre adjoint. Buffon, que ses collègues jugeaient « digne de s'as-« seoir dans l'Académie, à toutes les places, » avait quitté celle de membre adjoint mécanicien pour celle d'adjoint botaniste. Nollet fut choisi pour lui succéder. Trois ans après, la mort de l'abbé de Molières laissa vacante une place d'associé, qui fut donnée à Nollet. Enfin, il remplaça plus tard, en qualité de pensionnaire, Réaumur, son maître et son ami.

Sur la renommée de ses leçons publiques du collège de Navarre, Nollet fut appelé par le roi en 1744, pour faire un cours de physique expérimentale, en présence du Dauphin (père de Louis XVI). Ce prince en fut tellement satisfait que, l'année suivante, il demanda à l'abbé Nollet un second cours, qui fut professé devant la Dauphine, infante d'Espagne.

Plusieurs années auparavant, Nollet avait été appelé, dans le même but, par le duc de Savoie. Il consacra six mois à répéter, à Turin, son cours de physique du collège de Navarre, en présence du roi de Sardaigne, qui, nous dit-il, « lui adressa les remerci-« ments les plus flatteurs, et fit placer à l'U-« niversité tous les instruments qu'il avait « emportés avec lui, afin que les professeurs « pussent essayer de s'en servir dans la suite, « comme il l'avait fait, et enseigner avec leur « secours la physique, par voie d'expérience. »

Le bon Nollet conserva dans la cour des souverains, les mêmes qualités de droiture, de sérénité et de douceur qui lui avaient concilié tous les cœurs dans le cercle de ses relations ordinaires.

curer le plaisir d'entendre la leçon de physique expérimentale. On les conduisit à la grande tribune. L'abbé Nollet résuma ce qui avait été dit dans les deux leçons précédentes; il continua ensuite son explication et il fit des expériences. Les prélats témoignèrent beaucoup de satisfaction et donnèrent de justes applaudissements à un établissement qui fait honneur à la nation, et en particulier à l'Université de Paris. Ils parurent frappés de la beauté de l'amphithéâtre qu'on a construit pour cette école. (*Journal historique sur les matières du temps*, août 1754, p. 154.)

Fig. 277. — Cours de physique de l'abbé Nollet au collège de Navarre, en 1754.

Il savait pourtant maintenir dans l'occasion les prérogatives et la dignité des sciences. Le Dauphin l'avait engagé à faire sa cour à un homme en place, dont la protection pouvait lui être utile. Nollet fait une visite au grand seigneur et lui présente ses œuvres imprimées. Mais ce protecteur l'accueille très-froidement, et en recevant les livres du physicien :

« Je ne lis jamais, lui dit-il, ces sortes d'ouvrages. »

Nollet releva la tête :

« Permettez-moi, monsieur, dit-il, de laisser ces livres dans votre antichambre. Il s'y trouvera peut-être des gens d'esprit qui, en attendant l'honneur de vous parler, les liront avec profit. »

Nous sommes entré dans ces détails au sujet de l'abbé Nollet, pour faire comprendre quelle légitime autorité il exerçait en France, et de quel poids devait être son opinion auprès des savants. Le public français fut naturellement porté à juger avec défaveur les travaux de Franklin, en présence de l'opposition qui leur était faite par Nollet, que l'on s'était accoutumé, depuis vingt ans, à regarder, pour employer une expression devenue vulgaire, comme le prince de l'électricité. Mais ici, l'abbé Nollet était fâcheusement égaré par ses préventions contre un rival, qui n'avait eu que le tort de réussir là où tant d'autres avaient échoué.

Lorsque parut la traduction des *Lettres* de Franklin, qui contenaient l'exposé des découvertes du physicien de Philadelphie et sa théorie du fluide unique, Nollet se refusa d'abord à croire qu'une telle production arrivât d'Amérique. Il prétendait que cette théorie avait été fabriquée à Paris même, par ses ennemis, pour être opposée à son système. Ayant ensuite acquis la certitude qu'il existait bien réellement à Philadelphie, une personne du nom de Benjamin Franklin, et que les expériences décrites n'avaient pas été imaginées à plaisir, il se mit en devoir de les réfuter.

C'est principalement dans ses *Lettres sur l'électricité* que Nollet a attaqué les idées de son rival (1). C'est là qu'il nie formellement l'utilité du paratonnerre.

L'opposition de Nollet est d'autant plus difficile à expliquer, que ce physicien, comme nous avons eu soin de le faire remarquer, avait, l'un des premiers en France, soupçonné l'origine électrique du tonnerre, et exposé cette analogie sous la forme d'une probabilité séduisante, dans un passage que nous avons rapporté en son lieu (2). Il est bien surprenant, d'après cela, que Nollet élève des objections contre un résultat qui ne fait que confirmer ses propres vues, qu'il n'ait que des paroles de blâme pour les principes du physicien de Philadelphie, et qu'au lieu d'applaudir à la découverte du paratonnerre, il appelle cette invention admirable « le petit écart de M. Franklin ».

La septième des *Lettres de l'abbé Nollet sur l'électricité*, adressée à Franklin, a pour sujet *l'analogie du tonnerre avec l'électricité*. Nous en citerons quelques passages qui feront bien connaître les sentiments de cet écrivain sur le sujet dont nous parlons.

Nollet entre en matière en rappelant doucereusement que Franklin n'est point l'auteur des expériences où l'on a constaté pour la première fois la présence de l'électricité dans l'air : ces expériences, que Franklin s'est borné à proposer, ont été exécutées, non par lui, mais « par de courageux prosélytes ».

« Si le commerce de nouvelles que vous entretenez entre Philadelphie et Londres, par les feuilles périodiques dont on dit que vous êtes auteur, vous a

(1) Ces *Lettres* sont en deux volumes. Le premier parut en 1754, l'autre six ans après.
(2) Page 510.

mis à portée d'entendre parler des découvertes physiques qui ont été publiées par les gazettes, et nommément par celle de France du 27 mai 1752, vous aurez été sans doute bien satisfait d'y trouver le succès d'une expérience à laquelle vous avez la gloire d'avoir pensé le premier, mais dont l'exécution était réservée à MM. Dalibard et Delor, tous deux zélés partisans de votre doctrine. Plus touchés du merveilleux pouvoir que vous attribuez aux pointes, que des raisons qui pouvaient s'opposer à l'application importante que vous proposiez d'en faire, ces courageux prosélytes ont eu, heureusement pour la physique, assez de confiance pour tenter cette épreuve, que vous n'aviez fait qu'indiquer. Je dis heureusement pour la physique, car quoiqu'on ne tire pas de cette belle expérience l'avantage dont on s'était flatté un la faisant dans vos vues, il en résulte toujours, soit immédiatement, soit par occasion, des connaissances d'un grand prix, et selon moi, le fait de *Marly-la-Ville*, comme celui de Leyde, doit faire époque dans l'histoire de l'électricité (1). »

Nollet rappelle ensuite que l'idée de l'analogie de l'électricité et du tonnerre avait été exposée par lui en termes assez formels, dès l'année 1748, dans ses *Leçons de physique expérimentale*. Il continue en ces termes :

« Je suis extrêmement flatté, Monsieur, de pouvoir vous prouver par ce passage que je viens de citer, le parfait accord qui se trouve entre vos pensées et les miennes, sur l'identité de la matière électrique avec celle du tonnerre. J'espère que quand cette conformité d'opinions sera connue, comme elle l'est en France, vous n'approuverez pas que votre éditeur français ait affecté de vous en faire honneur, sans faire mention des physiciens de son pays qui peuvent y avoir part ; et sans me prévaloir en aucune façon de mon antériorité de date, je serai très-content de pouvoir seulement partager avec vous et avec les auteurs qui ont pensé comme nous, l'honneur que l'expérience vient de faire à nos conjectures, en les faisant passer au rang des vérités prouvées.

« Oui, je ne crains pas de le dire, les pointes de fer électrisées en plein air dans les temps d'orage, et toutes les épreuves de ce genre qui ont été faites depuis, et qui se font encore tous les jours, nous montrent incontestablement que le tonnerre est un phénomène électrique ; que la matière de ce météore est la même que nous voyons briller autour de nos tubes, de nos globes, de nos barres de fer ; et que tous ces jeux philosophiques dont nous nous occupons, nous, depuis tant d'années dans nos cabinets, sont de petites imitations ou plutôt des portions de

(1) *Lettres sur l'électricité, dans lesquelles on examine les découvertes qui ont été faites sur cette matière depuis l'année* 1752. 1re partie, lettre 7e.

ces feux redoutables qui enflamment l'atmosphère et des foudres qui menacent nos têtes. »

Il semble, d'après cela, que Nollet, heureux de cette découverte qui dévoile, en effet, l'une des lois les plus importantes de la nature, va se rallier à l'opinion de Franklin, et reconnaître, avec lui, qu'une pointe élevée vers les nuages orageux, donnant à la masse d'électricité contenue dans le sol un écoulement facile et constant, permet d'aller neutraliser, au sein du nuage, le fluide électrique. Loin de là! Nollet admet la présence de l'électricité dans les nuées orageuses, et la nature électrique de la foudre ; mais il nie, d'une manière absolue, que le paratonnerre ait la puissance d'agir sur ces masses électrisées. Il reproduit ici le sentiment, et presque les paroles du vulgaire, qui ne peut comprendre que de simples pointes élevées en l'air, aient la vertu de conjurer les orages. Il voit une trop grande disproportion entre l'effet et la cause, et, tout physicien qu'il est, il raisonne comme les ignorants, en répondant que, si les paratonnerres sont utiles, les clochers, les arbres, et tout corps pointu qui est dressé en l'air, doivent exercer une action analogue :

« L'expérience de Marly-la-Ville, dit-il, apprend donc à notre siècle, et à ceux qui le suivront, que le tonnerre et l'électricité sont deux effets qui procèdent du même principe, puisque le fer isolé et exposé en plein air, lorsqu'il tonne, devient par là en état de représenter tous les phénomènes qu'il a coutume de faire voir, lorsque nous l'électrisons par le moyen des verres frottés. Mais croyez-vous, Monsieur, que ce fait mémorable signifie autre chose? Êtes-vous bien sérieusement persuadé que *le tonnerre soit maintenant au pouvoir des hommes,* comme on nous l'assure, que *nous puissions le dissiper à volonté,* et qu'une verge de fer pointue, telle que vous nous l'avez indiquée, telle qu'on l'a employée, *suffise pour décharger entièrement de tout son feu* la nuée orageuse vis-à-vis de laquelle on la dresse ? Pour moi, je vous l'avoue sans façon, je n'en crois rien : premièrement parce que je vois une trop grande disproportion entre l'effet et la cause ; secondement parce que le principe sur lequel on s'appuie pour nous le faire croire, ne me paraît pas solidement établi.

« En effet, quelle apparence y a-t-il que la matière fulminante, contenue dans un nuage capable de couvrir une grande ville, se filtre dans l'espace de quelques minutes, par une aiguille grosse comme le doigt, ou par un fil de métal qui servirait à la prolonger ! A quiconque aurait assez de crédulité pour se prêter à une pareille idée, ne pourrait-on pas proposer aussi d'ajuster de petits tubes le long des torrents pour prévenir les désordres de l'inondation? S'il ne fallait que des corps pointus et éminents pour nous garantir des coups de tonnerre, les flèches des clochers ne suffiraient-elles pas pour nous procurer cet avantage? Car, outre que la plupart ont une croix dont les bras sont presque toujours terminés en pointe, ce que l'on met au bout est si peu de chose, par rapport à la grandeur des objets, que ces édifices sont plus pointus vis-à-vis d'un nuage, qu'une aiguille à coudre ne peut l'être à l'égard d'une barre de fer électrisée. Cependant on sait de tout temps que la foudre ne les respecte guère, non plus que la cime la plus aiguë des montagnes, *feriunt... summos fulmina montes.* »

Cette objection de Nollet est sans aucun fondement. Les clochers, les arbres et les toits pointus, ne peuvent fonctionner comme paratonnerres, parce qu'ils ne sont pas pourvus de conducteurs métalliques, pouvant donner passage à l'électricité empruntée au sol. Ils ne peuvent agir, au contraire, qu'en attirant la foudre, et l'expérience prouve bien, en effet, que le tonnerre frappe de préférence les corps pointus dressés en l'air.

Nollet commence alors à discuter l'action protectrice du paratonnerre. Il prétend qu'il est indifférent de le munir ou non d'une pointe; qu'une barre de fer coupée carrément agirait de la même manière, et qu'on peut, à volonté, lui assigner une position horizontale ou verticale.

« Mais si, dit-il, malgré ces raisons, la pointe électrisée le 10 mai à Marly-la-Ville, a pu autoriser et confirmer en quelque façon les esprits prévenus, dans l'espérance trop flatteuse qu'ils avaient conçue de soutirer le feu du tonnerre jusqu'à l'épuiser, ce qui se passa peu de jours après à Saint-Germain-en-Laye et en quantité d'autres endroits depuis, n'aurait-il pas dû les désabuser, et leur montrer que le pouvoir des pointes a bien peu de part à ces effets? Quand il plaira aux physiciens qui se sont trouvés à portée de revoir le fait, de l'examiner dans ses différentes circonstances, et d'en peser la juste valeur; quand il leur plaira, dis-je, de publier leurs découvertes, et d'exposer en détail ce qu'ils n'ont pu faire encore que sommairement, pour empêcher les progrès de l'illusion, vous verrez que la grandeur, la figure, la situation du fer, ne sont point des choses essentielles, et dont dépende absolument le succès de ces expériences ; vous verrez qu'une verge, une barre de fer pointue ou coupée carrément par les bouts, posée verticalement ou dans un plan horizontal, reçoit également l'électricité qui règne dans l'air lorsqu'il tonne, et même souvent lorsqu'il ne tonne pas ; vous verrez que ce n'est point un privilége attaché au fer ; que l'eau, le bois, les animaux, et généralement tous les corps électrisables, acquièrent pareillement cette vertu, et qu'il n'est pas nécessaire pour cela de les porter au plus haut des édifices, quoiqu'on réussisse mieux dans les endroits élevés et isolés. Toutes ces vérités sont aujourd'hui de notoriété publique. »

Ces dernières assertions que Nollet appelle « des vérités de notoriété publique », ne résultaient que de faits mal observés.

Nous ne pousserons pas plus loin ces citations qui mettent suffisamment en évidence les sentiments de l'abbé Nollet sur le paratonnerre. Disons seulement que, dès sa première lettre, il expose plus sommairement la même opinion. Il déplore l'erreur commise à ce sujet par Franklin. En considération des services incontestables rendus à l'électricité par le physicien de Philadelphie, il voudrait « que l'on pût oublier à jamais que M. Franklin a pu donner dans ce petit écart (1). »

La postérité, nous le croyons, verra dans cette opinion, dans « ce petit écart de M. Franklin, » le *grand écart de M. l'abbé Nollet*.

C'est sur la foi de Nollet que plusieurs physiciens, après l'année 1754, date de la publication de ses premières *Lettres*, se sont élevés, en France, contre la vertu des paratonnerres. Nous ne citerons qu'un seul de ces opposants, mais qui est bien digne de cette mention spéciale, puisque, dans son ardeur à proscrire l'appareil de Franklin, il allait jusqu'à demander qu'un règlement de police empêchât à l'avenir de terminer les édifices par une forme pointue, mais prescrivît, au contraire, de leur donner toujours des surfaces convexes. Dans son zèle antifrankliniste, il voulait même qu'il fût défendu de planter des arbres de haute tige aux environs des habitations. Cet ennemi des jardins était l'abbé Poncelet, auteur d'un traité spécial intitulé : *La nature dans la formation du tonnerre*. Voici comment il s'exprime à ce sujet :

« Quand on annonça, il y a quelques années, dit l'abbé Poncelet, la propriété des pointes, je me souviens qu'on vit alors quantité de gens qui s'imaginaient que c'était là le grand, le vrai, l'unique moyen d'éviter les accidents fâcheux, qui suivent ou accompagnent quelquefois le tonnerre. J'entendis même en ce temps-là plusieurs personnes qui, se croyant fort instruites, soutenaient opiniâtrément que, si l'on avait essuyé très-peu d'orages en 1751 et 1752, on en était redevable à trois ou quatre barres métalliques, élevées dans autant de quartiers de Paris. Hélas ! en raisonnant de la sorte, que l'on était éloigné de compte ! Les pointes, il est vrai, attirent le phlogistique de la nuée, elles le dissipent même en partie ; mais quelle proportion peut-il y avoir entre une masse quelquefois d'une demi-lieue et plus de long, d'autant de large, et peut-être de cent toises de profondeur, avec une petite barre de fer de six pieds de long, sur six lignes d'épaisseur ? C'est comme si je voyais un charlatan muni d'un vase contenant environ une pinte, entreprendre de vider l'immense bassin de l'Océan, pour passer à pied sec en Angleterre. Je vais plus loin, et je prétends qu'en multipliant les barres, on court risque de produire un effet tout contraire à celui que l'on se propose. Car enfin, en cherchant ainsi à attirer le phlogistique, il peut tomber en si grande quantité, dans les lieux où seront posées ces barres, qu'il résultera de cette chute les orages les plus étranges et les plus inévitables. Et n'est-ce pas ce que l'on a vu environ cent et cent fois aux clochers terminés en flèche ? Bien loin donc d'avoir recours à cette sorte de moyen pour éviter le tonnerre, je voudrais au contraire, que l'on fît un règlement de police par lequel il serait défendu de faire désormais des constructions de cette espèce. Conséquemment tous les édifices un peu élevés seraient terminés par des formes convexes ou approchantes, ou tout au moins présenteraient de très-larges surfaces. Par la même raison, je voudrais qu'il fût défendu de planter des arbres de haute tige aux environs et à la proximité des habitations. J'en atteste encore sur cela l'expérience, qui nous apprend que les arbres fort élevés font la fonction de pointes, et attirent fréquemment le tonnerre (1). »

---

(1) *Lettres sur l'électricité, dans lesquelles on examine les découvertes qui ont été faites sur cette matière depuis l'année 1752*. 1re partie, lettre 1re.

(1) *La nature dans la formation du tonnerre, et la reproduction des êtres vivants, pour servir d'introduction aux vrais principes de l'agriculture*, 1766, pages 116-118.

Fig. 278. — Une émeute à Saint-Omer, à propos de l'établissement d'un paratonnerre sur la maison de Visseri de Boisvallé.

On reconnaît dans cette argumentation, et exprimées presque dans les mêmes termes, les préventions et les erreurs de Nollet. Les corps terrestres élevés en l'air et terminés en pointe, tels que les arbres et les clochers, qui n'ont qu'une conductibilité très-imparfaite, et qui dès lors peuvent être frappés de la foudre, sont toujours confondus avec les tiges métalliques pointues et qui, communiquant par un excellent conducteur avec le sol, peuvent donner un libre passage à l'électricité, et permettre de neutraliser ainsi le fluide libre des nuages.

Ce qui fait comprendre, en partie, cette opposition contre le paratonnerre, soutenue avec obstination par des savants aussi distingués que Nollet en France, et Wilson en Angleterre, c'est que Franklin qui, nous devons le dire, a toujours mal interprété physiquement le mécanisme du pouvoir des pointes, s'imaginait que les pointes *soutiraient* par elles seules le fluide électrique des nuages. Ce mot *soutirer* effraya longtemps les imaginations, il continua à entretenir les craintes et les préjugés contre le paratonnerre.

La tige d'un paratonnerre n'agit pas en

soutirant l'électricité des nuages, comme le pensait Franklin : c'est tout le contraire qui a lieu. Tout le monde sait aujourd'hui que le mécanisme physique du paratonnerre repose sur l'*électrisation par influence*. Quand un nuage orageux, électrisé positivement, par exemple, existe au sein de l'atmosphère, il agit *par influence*, c'est-à-dire à distance, sur tous les corps qui se trouvent placés sur la terre, dans le rayon de son activité. Il repousse au loin le fluide positif, et attire le fluide négatif, lequel s'accumule sur les corps situés à la surface du sol, et avec d'autant plus d'abondance que ces corps sont placés à une plus grande hauteur. Les corps élevés le plus haut dans l'atmosphère, sont dès lors les plus fortement électrisés et les plus exposés à recevoir la décharge électrique. Mais si, dans ces hautes régions on a élevé des paratonnerres, c'est-à-dire des tiges métalliques pointues en communication avec le sol, le fluide négatif attiré du sol par l'influence du nuage, s'écoule dans l'atmosphère et va neutraliser le fluide positif, au sein même de ce nuage.

Il peut arriver pourtant que la masse d'électricité contenue dans la nuée orageuse soit si considérable, que le conducteur du paratonnerre reste insuffisant pour emprunter au sol la quantité de fluide opposé, nécessaire pour neutraliser le fluide libre du nuage. La foudre éclate alors ; mais comme l'électricité suit toujours le meilleur conducteur, c'est le paratonnerre qui reçoit la décharge, en raison de sa parfaite conductibilité, et l'édifice est préservé.

Malgré les efforts de quelques physiciens intelligents, parmi lesquels il faut citer Charles et Leroy, de l'Académie des sciences, on repoussa donc, en France, jusqu'à l'année 1782, les paratonnerres, que l'Amérique avait adoptés dès l'année 1760, sur les recommandations et grâce au crédit politique de Franklin.

Les physiciens qui partageaient les idées de Nollet, ne se contentaient pas de déclamer contre cet appareil, comme inutile et ridicule: ils le dénonçaient comme dangereux pour la sécurité publique, ce qui eut pour effet d'amener des émeutes populaires.

En 1783, un gentilhomme de la ville de Saint-Omer, M. Visseri de Boisvallé, avait fait élever sur sa maison, un paratonnerre, qu'il avait surmonté d'une sorte de globe, terminé par une épée qui menaçait le ciel. A la vue de cet appareil, toute la ville fut en rumeur. La foule se rassembla, menaçante, et toute prête à faire un mauvais parti au téméraire novateur (1).

Partageant les préjugés populaires, la municipalité de Saint-Omer, au lieu de soutenir M. Visseri, rendit un arrêté qui lui intimait l'ordre d'abattre l'appareil suspect. Ce dernier résista à une prétention qui excédait les pouvoirs de l'autorité municipale, et saisit de la question le tribunal d'Arras.

Un avocat, alors très-obscur, fut chargé de la défense de M. Visseri de Boisvallé : sa plaidoirie et la cause à laquelle elle se rapportait eurent un grand retentissement. Toute la France s'occupa de l'affaire de Saint-Omer, et en suivit les phases avec sollicitude.

Le jugement du tribunal d'Arras, du 31 mai 1783, qui cassait l'arrêté de la municipalité de Saint-Omer, fut accueilli dans le royaume, avec des applaudissements unanimes, et on lut avec empressement la plaidoirie du jeune avocat, qui, au dire du *Journal des savants*, avait traité son sujet « avec beaucoup d'esprit et d'érudition ».

Le jeune avocat du tribunal d'Arras s'appelait M. de Robespierre, et cette affaire commença la réputation du terrible conventionnel.

En 1771, Th. de Saussure, à Genève, avait fait dresser un paratonnerre, pour garantir sa maison et son quartier. Toute la ville s'émut, et, pour tranquilliser les esprits, Th. de Saussure dut faire imprimer un petit ouvrage sur

(1) *La physique à la portée de tout le monde*, par le Père Paulian, in-8°, t. II, p. 389.

l'*utilité des conducteurs électriques*, dont on distribuait des exemplaires gratis à toute personne qui se présentait à un *bureau d'avis* (1).

Le jugement du tribunal d'Arras eut pour effet d'attirer l'attention des corps savants sur les paratonnerres. L'Académie de Dijon s'occupa la première de cette question : un rapport sur ces appareils fut rédigé par Guyton de Morveau et Maret, qui établirent toute l'utilité de cet appareil et posèrent quelques règles pour sa construction.

C'est dans les provinces du Midi, et non dans la capitale de la France, que les premiers paratonnerres furent établis. L'abbé Bertholon, professeur de physique, en avait élevé beaucoup à Lyon et dans diverses villes du Languedoc. C'est d'après l'efficacité qui fut bientôt reconnue aux appareils construits par l'abbé Bertholon, que ce physicien, en 1782, fut appelé à en établir de semblables dans la capitale (2).

(1) *La physique à la portée de tout le monde*, par le Père Paulian, t. II, p. 389.

(2) C'est ce que constate le *Mercure de France*. « On ne fera plus, dit ce journal, à la capitale de la France le reproche de ne pas adopter la découverte des paratonnerres, dont l'utilité est si bien démontrée. Plusieurs villes de France s'étaient déjà distinguées par leur empressement pour en élever; et la ville de Paris, le séjour des sciences et des arts, ne pouvait différer plus longtemps de suivre l'exemple que le nouveau monde a donné à l'ancien. Madame la duchesse d'Ancenis en a fait élever un sur son hôtel, où la foudre est tombée précédemment ; et les religieuses Augustines Anglaises en ont fait établir un sur leur couvent. M. l'abbé Bertholon, professeur de physique expérimentale des États généraux de la province de Languedoc, déjà connu dans la république des lettres par plusieurs ouvrages qui ont eu du succès et par les superbes paratonnerres de Lyon, a été choisi pour présider à la construction de ces nouveaux instruments, qu'il a fait exécuter d'une manière à ne rien laisser à désirer. Celui de l'hôtel de Charost, de madame la duchesse d'Ancenis, a quatre-vingt-cinq pieds de longueur ; l'extrémité inférieure qui entre dans la terre et plonge au-dessous de l'eau est de quatre-vingt-dix pieds. Le paratonnerre des religieuses Anglaises est de cent quatre-vingt-huit pieds de longueur, et la partie qui est dans la terre et qui aboutit à l'eau est de quatre-vingt-dix pieds de profondeur. On a observé la plus grande précision dans les jonctions qui sont faites à vis ; des communications métalliques ont été savamment ménagées, les pointes sont dorées à or moulu ; des verticelles ont été placées aux endroits convenables ; en un mot, on y voit toutes les perfections que M. l'abbé Bertholon a décrites et observées dans

L'adoption des paratonnerres ne commença en Angleterre qu'en 1788. Le chapitre de Saint-Paul, à Londres, après avoir pris l'avis de la *Société royale*, décida que l'église métropolitaine serait munie d'un de ces instruments. Un second s'éleva quelque temps après, sur Buckingham-House, et bientôt les principaux édifices publics de Londres et les magasins à poudre mêmes en furent munis.

Le grand-duc de Toscane et l'empereur d'Autriche firent adopter, vers cette époque, la même mesure dans leurs États.

Avant que l'on élevât des paratonnerres sur les édifices, on avait déjà songé à préserver, par le même moyen, les navires en mer. C'est la république de Venise qui donna la première le signal de cette mesure. Par un décret du 30 juillet 1778, la république avait ordonné que ce nouveau système fût appliqué à tous ses navires et aux magasins à poudre.

C'est d'après cet exemple, qu'en 1784, le physicien Leroy visitait nos ports, pour faire installer le paratonnerre sur tous les navires et sur les constructions maritimes. Les conducteurs métalliques adoptés par Leroy, pour l'usage des navires, étaient des chaînes de cuivre fixées aux mâts. Les vaisseaux *l'Étoile*, *l'Astrolabe*, *la Résolution*, *l'Expérience* et *la Boussole*, furent munis les premiers de cet appareil.

Les avantages manifestes qui résultaient de l'emploi des paratonnerres, firent bientôt justice de préventions mal fondées. La question fut envisagée sous son jour véritable, et l'on finit par reconnaître les avantages immenses de ce simple et ingénieux instrument. Dès lors, le physicien de Philadelphie ne compta plus que des partisans.

« M. l'abbé Nollet, nous dit Franklin dans ses *Mémoires*, vécut assez pour se voir le dernier de son parti, excepté M. B..., de Paris, son disciple immédiat. »

divers appareils de ce genre, qu'il a construits en plusieurs endroits, et qu'il fera connaître en détail dans un de ses ouvrages. » (*Mercure de France*. 1782, n° 52, p. 188.)

C'est Turgot qui est l'auteur d'un vers à la louange de Franklin, qui est devenu bien célèbre. Le texte primitif de ce vers, destiné à être placé au bas d'un portrait du philosophe américain, est très-peu connu. Le voici, d'après Vicq d'Azyr :

Eripuit cœlo fulmen, mox sceptra tyrannis (1).

Après le triomphe définitif des armées américaines, ce vers fut modifié. Par un changement doublement heureux, et pour l'harmonie, et pour l'exactitude historique, il devint celui que tant de bouches ont répété :

Eripuit cœlo fulmen sceptrumque tyrannis.

La conversion aux idées de Franklin devint bientôt si complète, en France, que l'on en vint jusqu'à déclarer qu'une personne menacée, en rase campagne, par le feu du ciel, n'avait, pour s'en garantir, qu'à tirer l'épée, et à la tenir, dressée verticalement contre les nuées orageuses, dans la position d'Ajax menaçant les dieux. Les gens d'Église, à qui leur condition interdisait de porter l'épée, se plaignirent de cette rigueur du sort, et l'on songea à demander pour eux, au moins pour les temps d'orage, une infraction à la coutume qui leur interdisait de porter une arme. On répondit à cette réclamation des gens d'Église, en leur montrant, dans le livre de Franklin, qui était l'Évangile du jour, « qu'on peut suppléer au pouvoir des pointes en laissant bien mouiller ses habits. » C'est chose facile pendant un orage. Ils n'insistèrent plus sur leur requête.

Les dames de Paris portèrent quelque temps, un chapeau garni, autour de la ganse, d'un fil métallique, communiquant avec une petite chaîne d'argent qui tombait, par derrière, jusque sur les talons (fig. 279). C'était le moyen, imaginé par la mode, pour défendre du feu du ciel les précieuses têtes des jolies femmes.

Entre les partisans enthousiastes de Franklin et ses détracteurs, entre les physiciens qui propagèrent avec ardeur sa doctrine et ceux qui l'ont attaquée par leurs discours ou leurs écrits, il faut ranger les indifférents ou les douteurs, qui flottaient insoucieusement entre les deux opinions. De ce nombre fut le roi de Prusse, Frédéric II, qui, après examen de la question par des savants commissionnés à cet effet, accorda l'autorisation d'établir des paratonnerres dans toute l'étendue du royaume de Prusse, mais défendit expressément d'en placer aucun sur son palais de Sans-Souci.

CHAPITRE IX

UTILITÉ DES PARATONNERRES. — FAITS A L'APPUI.

Les paratonnerres sont-ils utiles ? La théorie le fait prévoir. Mais les personnes étrangères aux sciences, comparant la grandeur du phénomène de la foudre et les désastres qu'il occasione, avec la faiblesse et l'insignifiance apparente du moyen qu'on lui oppose, ont toujours conçu des doutes à ce sujet. Dans cette conjoncture, il n'y a d'autres preuves à admettre que celles qui résultent des faits observés. Il faut que des événements multipliés aient prouvé avec surabondance que l'instrument de Franklin rend, en effet, les édifices invulnérables. Or, cette démonstration a été fournie d'une manière si complète, que nous n'avons que l'embarras du choix parmi les faits innombrables qui la confirment. L'énumération qui va suivre ne laissera subsister aucun doute à cet égard.

En 1782, il existait déjà à Philadelphie, un nombre considérable de paratonnerres. Sur 4,800 maisons dont se composait la ville, on comptait au moins 400 paratonnerres. Tous les édifices publics en avaient été munis. Un seul faisait exception : c'était l'hôtel de l'Am-

---

(1) *Éloge de Franklin*, par Vicq d'Azyr, dans la *Revue rétrospective* (avril-juin 1835, p. 390 du volume). Cet éloge de Franklin ne figure pas dans la collection in-8° des *Éloges historiques* par Vicq d'Azyr, qui a été publiée en 1805 par Moreau (de la Sarthe). Il n'a été imprimé qu'en 1835 dans la *Revue rétrospective*.

Fig. 279. — Le chapeau-paratonnerre des dames de Paris, en 1778.

bassade de France. Le 27 mars 1782, un orage éclata sur la ville, et tomba précisément sur cet hôtel. Il y occasionna divers ravages, et frappa un officier français, qui mourut au bout de quelques jours. On ne manqua pas, après cet événement, de placer un paratonnerre sur l'hôtel, qui depuis fut épargné par la foudre.

Le 12 juillet 1770, à Philadelphie, la foudre tomba tout à la fois sur un petit navire dépourvu de paratonnerre, sur deux maisons qui étaient dans le même cas, et sur une troisième maison défendue par un de ces appareils. Le navire et les deux premières maisons furent gravement endommagés. Quant à la maison armée d'un paratonnerre, et qui avait été également atteinte par la foudre, elle n'offrit aucun dégât : seulement, la tige du paratonnerre avait été fondue sur une assez grande longueur.

En 1787, toujours à Philadelphie, la maison de Franklin fut frappée par le feu du ciel, qui n'y occasionna pourtant aucun dommage. Comme dans le cas précédent, la pointe du paratonnerre avait été fondue, « de « sorte, dit Franklin dans une lettre à M. Lan-

« driani, qu'avec le temps l'invention a été de
« quelque utilité pour l'inventeur (1). »

La belle tour de la cathédrale de la ville de Sienne, l'un des clochers les plus beaux et les plus élevés de l'Italie, était souvent foudroyée, et chaque fois endommagée gravement. On se décida, en 1776, à la mettre sous la sauvegarde d'un paratonnerre.

Les habitants de Sienne ne virent pas sans horreur et sans effroi se dresser sur la tour de leur cathédrale ce qu'ils appelaient la *baguette hérétique*. Mais le 18 avril 1777, la foudre se chargea de réconcilier ces bons catholiques avec la découverte de la science profane. Elle vint frapper la même tour qui avait été si souvent endommagée par le feu du ciel; mais elle descendit, inoffensive, le long du conducteur, sans causer le moindre dégât. Sans même altérer les ornements dorés près desquels elle passait, elle se perdit dans le conduit souterrain qui la faisait aboutir à un canal rempli d'eau.

Le clocher de Saint-Marc, à Venise, avait été foudroyé un grand nombre de fois, et les dégâts occasionnés à ce haut édifice avaient entraîné à beaucoup de dépenses la république vénitienne. Ce clocher était exposé plus que tout autre aux coups de foudre, à cause de sa grande élévation, de sa situation isolée et de la grande quantité de fer qui entrait dans sa construction. Aussi dans un intervalle de quatre siècles avait-il éprouvé neuf coups de tonnerre, dont les effets avaient été plus ou moins désastreux. Le premier et le second furent si terribles, que le feu du ciel renversa en partie le clocher; par le même coup, le clocher des Frères Mineurs conventuels fut frappé au même instant, et sept cloches furent fondues. Dans le septième coup de foudre, le 23 avril 1745, il y eut sur le clocher de Saint-Marc, trente-sept fractures, qui menaçaient la tour d'une ruine entière (fig. 280, page 573). Les réparations coûtèrent plus de huit mille ducats.

Rien n'était plus nécessaire, on le voit, que d'élever un paratonnerre sur la tour de Saint-Marc. C'est ce que l'on fit au mois de mai 1776. Depuis cette époque, il n'a plus été atteint par le feu du ciel.

Le clocher des Cordeliers de *San-Francisco della Vigna*, l'un des plus beaux de Venise, et qui, s'élevant en pyramide à une grande hauteur, servait autrefois de signal aux vaisseaux prêts à entrer dans le port, fut frappé, et presque entièrement renversé par la foudre, en 1777. On le rebâtit bientôt, et le sénat de Venise ordonna qu'il fût armé d'un paratonnerre.

A la fin du mois de mai 1780, comme on travaillait encore à la construction de cet appareil, la foudre tomba de nouveau sur le clocher, qui n'était pas encore muni de sa tige préservatrice. Mais dès que la matière fulminante fut parvenue à l'extrémité supérieure de ce conducteur partiel, elle fut transmise, sans occasionner le moindre dommage, et se perdit ensuite tranquillement dans le sol.

En 1781, ce même clocher fut encore atteint par la foudre; mais cette fois son paratonnerre était complétement installé. Aussi ne reçut-il aucun dommage. Une légère marque à la croix, quelques empreintes noires que l'on trouva sur la chaîne du paratonnerre, at-

---

(1) « J'ai reçu, écrit Franklin à M. Landriani, l'excellente dissertation sur l'*Utilité des conducteurs électriques*, que vous avez eu la bonté de m'envoyer, et je l'ai lue avec beaucoup de plaisir. Recevez-en mes sincères remercîments.

« Je trouve, à mon retour en ce pays, que le nombre des conducteurs y est fort augmenté, l'utilité en ayant été démontrée par plusieurs épreuves de leur efficacité à préserver les bâtiments de la foudre. Entre autres exemples, ma maison fut, un jour, frappée d'un violent coup de tonnerre; les voisins, s'en étant aperçus, accoururent sur-le-champ, pour y porter du secours, au cas que le feu y eût pris; mais il n'y avait eu aucun dommage, et ils trouvèrent seulement la famille fort effrayée de la violence de l'explosion.

« En faisant, l'année dernière, quelque augmentation au bâtiment, on fut obligé d'enlever le conducteur; j'ai trouvé, en l'examinant, que la pointe de cuivre qui avait, quand on l'a placée, neuf pouces de long et environ un tiers de pouce de diamètre dans sa partie la plus épaisse, avait été presque entièrement fondue et qu'il en était resté fort peu attaché à la verge de fer : de sorte qu'avec le temps *l'invention a été de quelque utilité à l'inventeur*, et a ajouté cet avantage au plaisir d'avoir été utile aux autres. »

testèrent la transmission inoffensive du fluide fulminant.

D'après un mémoire de M. Harris, savant anglais, qui s'est occupé avec infiniment de soin de la construction des paratonnerres des navires, il y a dans le Devonshire, six églises à clochers très-élevés, dont cinq ne sont pas munis de paratonnerres. Dans un intervalle de quelques années, les six églises ont été frappées de la foudre, et la seule qui n'ait subi aucun dommage de l'action du météore, était la seule qui fût armée d'un paratonnerre.

Lichtenberg, d'après les observations et sous la garantie d'Ingenhousz, a raconté un cas fort curieux de l'efficacité du paratonnerre.

En Carinthie, dans les domaines du comte Orsini de Rosenberg, chambellan de l'empereur, il existait, sur une montagne, une église, qui avait été, à plusieurs reprises, frappée du tonnerre. Cet accident, fréquemment renouvelé, avait amené tant de désastres que, durant l'été, on s'abstenait d'y célébrer le service divin. En 1730, cette église fut, selon l'expression d'Ingenhousz, « tout anéantie par la foudre. » On la rebâtit à neuf, mais elle subissait trois ou quatre fois par an, comme par le passé, les périlleuses visites de l'électricité météorique. Dans le cours d'un seul orage, le tonnerre tomba jusqu'à dix fois sur le clocher ; et en 1778 il fut foudroyé à cinq reprises différentes : la cinquième fois l'atteinte fut si violente, que, craignant pour la solidité de l'édifice, le comte Orsini se décida à le faire démolir.

On le releva de nouveau, mais cette fois, en le munissant d'un paratonnerre. Depuis cette époque jusqu'en 1783, date des observations de Lichtenberg, aucun accident ne vint compromettre la solidité de ce bâtiment. Une seule fois le tonnerre vint le frapper ; mais l'électricité s'écoula le long de la route qu'on lui avait tracée, et ne fondit pas même la pointe du conducteur (1).

(1) Bertholon, *De l'électricité des météores*, t. I, p. 201.

L'abbé Toaldo est le premier qui, en 1782, établit des paratonnerres en Autriche et en Bavière. A peine les conducteurs étaient-ils placés sur le château de Nymphenbourg, appartenant à l'Électeur de Bavière, que ce prince y observa le premier, dans un orage, des feux sur les pointes de deux de ces instruments. Il fit aussitôt appeler pour témoin toute la cour, dans laquelle il y avait, comme les appelait l'Électeur, des hérétiques en électricité, lesquels furent convertis à la seule inspection de ce phénomène.

Un autre fait curieux fut observé à Nymphenbourg. Pendant un orage, on vit s'avancer vers le château des nuées orageuses qui lançaient de terribles éclairs. Mais dès que ces nuées avaient passé au-dessus des paratonnerres, elles devenaient toutes « comme « des charbons éteints ; aucune n'éclairait « plus, ayant fait passer tout leur feu dans « les pointes. » Beaucoup de personnes furent témoins de ce fait, ainsi que l'abbé Toaldo qui l'a rapporté (1).

Dans le mémoire de l'abbé Bertholon intitulé : *Nouvelles Preuves de l'efficacité des paratonnerres*, on lit que, durant une tempête terrible, les paratonnerres de Londres, et principalement les pointes de ceux qui se trouvaient sur le palais de la reine, se montrèrent lumineux. « On voyait, dit Bertholon, « le fluide électrique se jouer et voltiger de « la plus belle manière. » Le fluide fut si bien transmis, qu'il n'y eut en ce moment, malgré la violence de l'orage, aucune maison de Londres qui en souffrît le moindre dégât (2).

Un autre exemple de l'utilité des paratonnerres fut constaté à Glogau, dans la Silésie, en 1782. Le 8 mai, vers huit heures du soir, un orage venu de l'ouest vint fondre non loin du magasin à poudre établi dans *Galinaburg*. Un éclair éblouissant parcourut le ciel, accompagné d'un effroyable éclat de tonnerre,

(1) Bertholon, *De l'électricité des météores*, t. I, p 198.
(2) *Nouvelles Preuves de l'efficacité des paratonnerres*, in-4, avec figures, pp. 18 et 19.

le tout avec tant de violence, que la sentinelle, frappée de stupeur, perdit pour quelques moments l'usage de ses sens. Quelques ouvriers employés aux travaux de la forteresse, à deux cent cinquante pas des magasins, virent la foudre sortir du nuage, et frapper la pointe du conducteur, sans lequel évidemment tous les bâtiments auraient sauté (1).

« La grande colonne de Londres *le Monument*, dit Arago dans sa *Notice sur le tonnerre*, fut élevée dans l'année 1677, par Christophe Wren, en commémoration du grand incendie de cette capitale. Elle a environ soixante-deux mètres de hauteur, à compter du pavé de Fish-street. Sa partie supérieure se termine par un large bassin de métal, rempli d'un grand nombre de bandes également métalliques, plus ou moins contournées, dirigées dans divers sens, et qui, étant destinées à figurer des flammes, sont toutes terminées en pointes très-aiguës. Du bassin jusqu'à la galerie descendent verticalement quatre fortes barres de fer, qui servent d'appui aux marches de l'escalier de même métal, aboutissant au bassin. Une des quatre barres (elle n'a pas moins, à sa base, de treize centimètres de largeur sur vingt-cinq millimètres d'épaisseur) est en communication avec les mains courantes en fer de l'escalier, lesquelles descendent jusqu'au sol. Tout le monde retrouvera ainsi les pointes multiples de certains paratonnerres et le conducteur. Je n'ai pas appris que, dans les cent soixante années qui se sont écoulées depuis 1677, un seul coup de foudre ait frappé le *Monument*.

« Les dégâts faits par la foudre dans la tour de Strasbourg étaient, chaque année, l'occasion d'une dépense considérable. Depuis l'époque assez récente où la flèche a été armée d'un paratonnerre, les dégâts sont nuls, et la dépense a disparu du budget municipal (2). »

Le 5 septembre 1779, un violent orage ayant éclaté à Manheim, la foudre tomba sur

(1) C'est ce qui était arrivé pour une énorme quantité de poudre appartenant à la république de Venise, et qui se trouvait déposée sous les voûtes de l'église de Saint-Nazaire, à Brescia. Au mois d'août 1767, la tour principale de cette église fut frappée de la foudre ; le fluide électrique descendit dans les souterrains, et deux cent sept mille six cents livres de poudre firent explosion. Un sixième de la belle cité de Brescia fut détruit par cette catastrophe, qui entraîna la mort d'environ trois mille personnes.
Un événement de même nature, amené par l'absence de précautions, fit sauter, à Sumatra (1782), les bâtiments d'un entrepôt où étaient enfermés quatre cents barils de poudre.
Enfin, à Luxembourg, en 1807, l'explosion d'un magasin où la foudre mit le feu à douze tonneaux de munitions d'artillerie, fit écrouler toute la partie inférieure de la ville.
(2) *Notices scientifiques*, t. I, p. 386.

une cheminée de la Comédie allemande, et la mit en pièces. Elle frappa en même temps, une maison située à peu de distance : c'était celle du comte de Riaucour, ambassadeur de Saxe à Paris. Cette dernière maison était munie depuis deux ans d'un paratonnerre, qui la préserva de tout dégât, car la foudre suivit parfaitement la chaîne conductrice. Plusieurs officiers et autres personnes virent la flamme électrique tomber sur le paratonnerre, et de là sur le sol, où elle souleva un tourbillon de sable, qui couvrit le conducteur à son entrée en terre. Ce paratonnerre avait été élevé par l'abbé Hemmer de l'Académie de Manheim, garde et démonstrateur de physique du cabinet de l'Électeur.

« Informé de ce fait, écrit l'abbé Hemmer, je me rendis le 16 du même mois, avec une bonne lunette, devant la maison de M. le comte de Riaucour, où, ayant bien examiné les pointes des conducteurs (chacun en a cinq), j'en ai découvert une qui était fort endommagée, et c'était précisément sur le conducteur sur lequel on assurait avoir vu tomber la foudre. J'ai fait monter un couvreur pour dévisser cette pointe, qui était la perpendiculaire, les quatre autres étant horizontales ; cet homme me l'ayant apportée en présence de plusieurs personnes, nous l'avons trouvée fendue vers le haut, et très-fortement courbée et tortillée à la longueur de deux pouces et demi. A l'endroit où cette courbure finit, elle a deux lignes et demie de diamètre. J'en ai fait visser une autre à sa place, et je conserve la première dans le cabinet de physique de S. A. S. E. (1). »

Le paratonnerre que l'abbé Bertholon avait élevé sur l'église de Saint-Just à Lyon, donna une preuve de l'efficacité de ces instruments, même quand ils sont privés de leur pointe. Le désir de voir la foudre tomber sur ce paratonnerre, afin de montrer à tous les yeux la manifestation de l'utilité de cet appareil, avait engagé Bertholon à différer assez longtemps de le compléter, en l'armant de sa pointe. Il espérait que dans cet état la foudre, qui l'avait auparavant assez souvent visité, pourrait y revenir. Le 3 septembre 1780,

(1) Sigaud de Lafond, *Précis historique et expérimental sur l'électricité*, p. 259.

Fig. 280. — La tour Saint-Marc, à Venise, frappée et endommagée par le feu du ciel, le 23 avril 1745 (page 570).

après un orage accompagné de vent, de pluie et de fréquents tonnerres, un grand nombre de personnes virent un trait de feu serpentant venir frapper l'extrémité du paratonnerre désarmé de sa pointe, l'instrument le conduisit en silence jusque dans la terre, sans qu'il occasionnât le moindre dommage à l'édifice.

Ainsi la physique fit dans ce cas l'épreuve que tous les gouvernements prescrivent pour s'assurer d'avance de la résistance des bouches à feu et de celle des machines à vapeur. La pointe fut placée ensuite sur la tige du paratonnerre, pour compléter l'instrument (1).

Le château royal de Turin, la *Valentina*, qui avait souvent été frappé du tonnerre, s'en trouva entièrement à l'abri dès qu'il fut armé d'un paratonnerre par Beccaria.

En 1783, la foudre fit beaucoup de ravages dans toute l'Italie; mais à Gênes, où l'on avait élevé un grand nombre de paratonnerres, elle ne fit presque aucun mal, et, selon la remarque de Landriani, elle ne frappa que deux ou trois maisons assez éloignées de ces conducteurs.

Arnolsini a remarqué que la foudre ne tomba point dans l'été de 1783, à Lucques, où il avait introduit, le premier, l'usage des paratonnerres, bien qu'elle fît de grands ravages, pendant le même temps, dans toute l'Italie.

Aux environs de Bologne, elle tomba très-souvent et tua quatre personnes. Néanmoins elle respecta le palais de Saint-Marin et deux édifices de Lucques armés de conducteurs, qui, avant cette époque, avaient souvent été foudroyés.

Schinttz, secrétaire de l'Académie de Zurich, ville dans laquelle on avait élevé un grand nombre de paratonnerres, a également

---

(1) Bertholon, *De l'électricité des météores*, in-8°, t. I, p. 206.

observé que, malgré la très-grande quantité d'orages qui éclatèrent en Suisse, en 1783, aucune maison n'en souffrit le plus petit accident.

La maison de campagne du comte de Mniszeck, à Demblin, avait été ravagée par la foudre pendant plusieurs années, ce qui détermina à y élever un appareil préservateur. Dès lors la foudre put y tomber cinq fois sans occasionner aucun effet fâcheux.

L'abbé Hemmer écrivait en 1783, à Landriani, que l'église luthérienne de Bornheim et celle de Nierstein, qui avaient été très-souvent fort endommagées par le feu du ciel, en furent entièrement préservées, même dans les orages les plus terribles, dès qu'on les eut munies de paratonnerres.

D'après M. Greppi (1), les maisons de Hambourg n'éprouvèrent plus aucun dégât de la foudre depuis que ces appareils y furent établis (2).

(1) *Dissertation de M. Landriani*, 1784, p. 283 et suiv.
(2) On se fait difficilement l'idée de la quantité de fluide électrique qu'un paratonnerre peut neutraliser. Pour donner un résultat précis sur ce point et montrer par une évaluation positive l'efficacité de l'appareil de Franklin, nous citerons un curieux passage de la *Notice* d'Arago *sur le tonnerre*, où cette question est traitée avec précision.

« La matière fulminante que les paratonnerres en pointe soutirent aux nuées est-elle considérable? dit Arago. Peut-il résulter de cette action un affaiblissement sensible des orages? Là où il y aura beaucoup de paratonnerres, les coups de foudre seront-ils moins à redouter? Des expériences de Beccaria m'ont fourni les éléments nécessaires pour éclaircir, je crois, tous ces doutes.

« Cet habile physicien avait dressé à Turin, sur deux points du palais de Valentino fort éloignés l'un de l'autre, deux gros fils métalliques rigides, maintenus en place à l'aide de corps de certaines natures que les physiciens appellent corps isolants. Chacun de ces fils était peu éloigné d'un autre fil métallique; mais celui-ci, au lieu d'être isolé, descendait le long du mur du bâtiment jusqu'au sol, où il s'enfonçait assez profondément. Le premier fil, comme on voit, était le paratonnerre; le second, le conducteur. Eh bien, en temps d'orage, de vives étincelles, je pourrais dire des éclairs de la première espèce, jaillissaient sans cesse entre les fils isolés supérieurs et les fils inférieurs non isolés. L'œil et l'oreille suffisaient à peine à saisir les intermittences : l'œil n'apercevait aucune interruption dans la lumière, l'oreille entendait un bruit à peu près continu.

« Aucun physicien ne me démentira, quand je dirai que chaque étincelle prise isolément eût été douloureuse; que la réunion de dix aurait suffi pour engourdir le bras; que cent eussent peut-être constitué un coup foudroyant. Cent étincelles se manifestaient en moins de dix secondes; ainsi, chaque dix secondes, il passait d'un fil au fil correspondant une quantité de matière fulminante capable de tuer un homme; en une minute six fois autant; en une heure soixante fois plus qu'en une minute. Par heure, chaque tige métallique du palais de Valentino arrachait donc aux nuées, en temps d'orage, une quantité de matière fulminante capable de tuer 360 hommes. Il y avait deux de ces tiges : le chiffre 360 doit donc être doublé ; nous voilà déjà au nombre 720. Mais le Valentino se composait de sept toits pyramidaux, recouverts de feuilles de métal communiquant avec des gouttières également métalliques qui s'enfonçaient dans la terre. Les sommets de ces pyramides étaient pointus ; ils s'élevaient plus dans les airs que les extrémités des deux lignes sur lesquelles Beccaria opérait. Tout autorise donc à supposer que chaque pyramide soutirait aux nuages autant de matière au moins que les minces tiges en question. 7, multiplié par 360, donne 2520; et si l'on ajoute les 720 des deux tiges, en trouve 3240. En cavant tout au plus bas, en supposant que le Valentino agissait par ses pointes, que le reste du bâtiment était absolument sans action, nous n'en trouverons pas moins, pour ce seul édifice, que la quantité de matière enlevée à l'orage dans le court espace d'une heure eût suffi pour tuer plus de trois mille hommes. »

(Arago, *Notices scientifiques*, t. I, p. 338-340.)

Dans tous les faits qui précèdent, il n'a été question que d'édifices et de maisons préservés du feu du ciel par l'appareil de Franklin. Donnons maintenant les preuves que les navires en mer peuvent être mis, par le même moyen, à l'abri de ce redoutable météore.

En 1780, le physicien Delor montrait à Paris, comme objet de curiosité, une portion du conducteur du paratonnerre d'un vaisseau anglais, formé d'une pointe de fer doré qui communiquait avec une chaîne de tringles de fer descendant jusque dans la mer. Dans la réunion de ces tringles, il existait, par hasard, une petite interruption de trois à quatre lignes. Ce vaisseau ayant été surpris, dans sa route, par un orage considérable, tout l'équipage put observer pendant trois heures, l'écoulement du feu électrique dans la portion interrompue du conducteur.

Le naturaliste Forster, dans son voyage autour du monde, eut l'occasion de reconnaître l'efficacité des paratonnerres sur les navires. Les îles de la mer du Sud sont exposées à de violents orages qui éclatent en toute saison. Pendant que Forster naviguait dans ces parages, il faisait souvent attacher les chaînes du conducteur du paratonnerre, pour prévenir les effets de la foudre. Le bâtiment se trouvant un jour dans l'île d'Otahiti, on envoya un matelot attacher cette chaîne au grand mât. Cet homme eut à peine rempli son office, qu'un autre matelot, qui nettoyait la chaîne avant de la fixer près des haubans, reçut une secousse électrique, et l'on vit le feu du ciel descendre le long de ce conducteur, sans occasionner le moindre accident.

Voilà sans nul doute un témoignage décisif de l'efficacité des paratonnerres sur les navires. La foudre est transmise par la chaîne conductrice ; on la voit descendre du ciel dans la mer : elle avertit de sa présence, par une secousse électrique, le matelot qui allait fixer le conducteur, et aucun accident n'arrive ; si la chaîne n'eût pas été placée à temps le long du mât, le vaisseau eût été foudroyé.

Le capitaine Cook a rapporté une autre observation, qui est tout aussi décisive sous ce rapport :

« Nous éprouvâmes, sur les neuf heures, dit le célèbre navigateur dans le récit de l'un de ses voyages autour du monde, une horrible tempête, accompagnée d'éclairs et de pluie, pendant laquelle un navire hollandais, dit l'*Indien occidental*, eut son grand mât brisé et emporté de dessus le tillac ; le grand perroquet et le grand hunier furent mis en pièces (fig. 284). Il y avait une espèce de dard en fuseau de fer au sommet du grand perroquet, qui dirigea probablement le coup ; ce vaisseau n'était éloigné des nôtres que de la portée de deux câbles, et il y a toute apparence que nous aurions subi le même sort, sans une chaîne électrique que nous avions attachée au haut de nos vaisseaux, et qui conduisit la foudre sur les côtés. Mais quoique nous ayons échappé au ravage de la foudre, nous éprouvâmes une explosion semblable à un tremblement de terre, et la chaîne parut en même temps comme une traînée de feu. La sentinelle, occupée à la charger, éprouva une secousse qui lui fit tomber son mousquet d'entre les mains, et brisa même la baguette. Je ne peux donc trop recommander de pareilles chaînes pour chaque vaisseau ; quelle que soit sa destination, j'espère que le malheureux destin du Hollandais servira, à ceux qui liront cette relation, d'avertissement pour ces pointes de fer qu'on fixe au haut du mât. »

On a fait remarquer judicieusement, à propos de ce récit du capitaine Cook, que le conducteur de son navire n'ayant qu'un sixième de pouce de diamètre, était trop mince pour cet objet ; il aurait dû, pour jouir de toute son efficacité, présenter au moins un pouce d'épaisseur. Il paraît aussi que la pointe qui appartenait originairement à la chaîne conductrice, avait été volée, et que celle qui fut atteinte par la foudre, était d'un travail inférieur et moins aiguë. Sans ce double défaut : une pointe obtuse et une chaîne trop mince, le coup de foudre aurait été entièrement prévenu.

Au mois de juin 1813, dans le port de la Jamaïque, le vaisseau *le Norge* et un navire marchand furent atteints par la foudre et gravement endommagés ; ils n'étaient munis ni l'un ni l'autre de paratonnerres. Les autres bâtiments, en très-grand nombre, qui remplissaient le port, furent respectés ; ils étaient tous munis de leurs paratonnerres.

En janvier 1814, la foudre tomba dans le port de Plymouth. Le vaisseau *Milleford* fut le seul frappé et endommagé. Il était aussi le seul qui, dans ce moment, ne se trouvât point muni de son paratonnerre.

Trois coups de foudre frappèrent, en janvier 1830, dans le canal de Corfou, le paratonnerre du vaisseau anglais *l'Etna*, sans lui causer le moindre dommage. Le *Madagascar* et le *Mosqueto*, vaisseaux sans paratonnerres, placés non loin de *l'Etna*, furent atteints et fort maltraités par ce météore.

Après des faits si nombreux, et dont on pourrait étendre presque indéfiniment la liste, le lecteur demeurera suffisamment convaincu de l'efficacité des paratonnerres, et trouvera sans doute bien justifié l'hommage que la poésie a rendu à cette belle découverte scientifique, quand elle a dit, par l'organe de l'auteur des *Mois*, en parlant de la tige électrique :

Et par elle, à nos pieds, conduit sans violence,
Le tonnerre captif vient mourir en silence.

CHAPITRE X

PRINCIPES ET RÈGLES POUR LA CONSTRUCTION DES PARA-TONNERRES. — INSTRUCTION DE GAY-LUSSAC ADOPTÉE ET PUBLIÉE PAR L'ACADÉMIE DES SCIENCES DE PARIS EN 1823. — NOUVELLES INSTRUCTIONS PUBLIÉES EN 1825.

L'abbé Bertholon avait préludé, dans le Midi de la France, à l'établissement d'un grand nombre de paratonnerres ; et il avait été conduit par l'observation, à un certain nombre de règles empiriques qui servaient de guide dans cette circonstance.

Guyton de Morveau et Maret, dans un rapport fait à l'Académie des sciences de Dijon, en 1784, avaient essayé de formuler quelques principes relatifs à la construction des paratonnerres. Les physiciens Charles et Leroy donnèrent, au commencement de notre siècle, plus de précision à ces règles.

En 1823, la foudre avait occasionné de grands ravages en France. A cette occasion, le ministre de l'intérieur demanda à l'Académie des sciences de Paris, de rédiger une *Instruction pratique*, qui pût servir de guide aux constructeurs et ouvriers, pour l'établissement des paratonnerres que l'on se disposait à élever dans la plupart des communes. Chargé de ce travail, Gay-Lussac rédigea un travail qui peut être considéré comme un modèle, par la netteté des vues théoriques et la simplicité des indications pratiques.

Le rapport de Gay-Lussac fut distribué avec une profusion extrême, et largement répandu, grâce à notre gouvernement, par tous les moyens de publicité. L'étranger profita, aussi bien que la France, de ce document, qui devint une sorte de manuel populaire, où, pendant trente ans, on a puisé les notions simples et précises dont on avait besoin pour construire et installer cet appareil protecteur.

Cependant un travail scientifique, qui remontait à l'année 1823, avait besoin d'être soumis, de nos jours, à une révision attentive. Sans doute, tout ce qu'a écrit Gay-Lussac en 1823, sur la manière d'établir un paratonnerre, demeure encore aujourd'hui exact et vrai. Mais les modifications qui ont été apportées depuis ce temps, au système et surtout aux matériaux des constructions, ont placé les édifices dans des conditions toutes nouvelles par rapport à l'électricité atmosphérique. Dans les édifices d'autrefois, l'emploi des métaux, particulièrement du fer et du zinc, était restreint presque exclusivement au faîtage, aux gouttières, aux tirants de consolidation. Dans les constructions modernes, au contraire, le métal prédomine de plus en plus. Dans les bâtiments d'aujourd'hui, on trouve partout du fer, de la fonte ou du zinc, que l'on emploie en grandes masses et sur de grandes superficies : couvertures de métal, charpentes de métal, poutres de métal, croisées de métal, colonnes de métal, quelquefois même murailles de métal.

Sur des édifices ainsi composés, la foudre a nécessairement plus de prise que sur les anciennes maisons qui n'admettaient que de la pierre et du bois. Les nuages orageux peuvent décomposer, par influence, des quantités d'électricité décuples ou centuples de celles qu'ils auraient décomposées avec des corps moins bons conducteurs, comme l'ardoise ou la brique, le bois, la pierre, le plâtre, le mortier et tous les anciens matériaux des édifices. Ce nouveau système de construction réalise donc, sur une échelle immense, ce que l'on reprochait aux paratonnerres à la fin du dernier siècle : il attire la foudre.

Le palais de l'Industrie, qui fut bâti aux Champs-Élysées en 1854, pour recevoir les produits de l'Exposition universelle, était, comme tous les édifices modernes, abondamment pourvu de pièces de construction métalliques. Sur l'étendue de trois hectares qu'il occupait, on avait élevé un édifice de 40 mètres de hauteur, où il entrait, depuis la base jusqu'au sommet, des masses énormes de fer, de fonte et de zinc. La compagnie qui avait entrepris d'élever ce vaste monument,

Fig. 281. — Le navire du capitaine Cook épargné, grâce a son paratonnerre, près d'un navire hollandais frappé par la foudre (page 575).

consulta l'Académie des sciences sur les meilleures dispositions à donner aux paratonnerres qui seraient destinés à le protéger. La section de physique de l'Académie fut alors chargée de reviser l'instruction de Gay-Lussac, pour la mettre en harmonie avec les besoins nouveaux.

Rapporteur de cette section, M. Pouillet a composé un *Supplément à l'instruction de Gay-Lussac*, qui renferme quelques vues originales et assez importantes à connaître. L'Académie des sciences a revêtu ce travail de son approbation, comme elle avait approuvé celui de Gay-Lussac. C'est en prenant ces deux documents pour base, que nous allons exposer les principes et les règles qui doivent présider à la construction du paratonnerre, quand on veut donner à cet instrument toute son efficacité.

Un paratonnerre se compose d'une tige métallique pointue élevée dans l'air, et d'un conducteur métallique. Ce dernier descend de l'extrémité inférieure de la tige, pour aboutir dans une partie du sol occupée par une masse d'eau courante, ou communiquant avec une rivière ou un fort ruisseau.

Les conditions nécessaires pour que les paratonnerres produisent tout leur effet sont :

1° Que la pointe de la tige soit suffisamment aiguë, et cependant assez résistante pour n'être pas fondue par un coup de foudre ;

2° Que le conducteur communique parfaitement avec le sol ;

3° Que, depuis la pointe jusqu'à l'extrémité inférieure du conducteur, il n'existe aucune solution de continuité ;

4° Que toutes les parties de l'appareil aient des dimensions convenables.

Si ces conditions ne sont pas exactement remplies, le paratonnerre, au lieu de préserver un édifice, pourrait y occasionner des accidents graves.

Si sa pointe était trop émoussée, ou s'il existait dans la longueur du conducteur, une solution de continuité, l'électricité s'accumulerait dans la tige du paratonnerre, par l'influence des nuages orageux, et l'appareil se trouverait ainsi transformé en un corps conducteur chargé d'une grande masse d'électricité et isolé seulement en partie. Il constituerait donc un véritable réservoir d'une quantité considérable d'électricité, laquelle, se déchargeant presque inévitablement sur les corps voisins, produirait tous les effets d'une forte décharge électrique.

Un paratonnerre qui présente ce double défaut, dans la continuité du conducteur et dans sa communication avec le sol, est extrêmement dangereux, même dans le cas où il n'est pas frappé par la foudre. L'influence de l'électricité atmosphérique suffit, en effet, pour y concentrer une grande quantité de fluide, qui tend à se décharger latéralement sur tous les corps voisins. L'étincelle électrique, qui part alors de la tige métallique, imparfaitement isolée, peut frapper ces corps ou les enflammer. C'est par un effet de ce genre que périt, ainsi que nous l'avons raconté, le professeur Richmann à Saint-Pétersbourg en 1753.

Voyons maintenant à quelles règles de construction il faut se conformer pour qu'un paratonnerre remplisse les conditions énumérées plus haut, pour qu'il jouisse de toute son efficacité protectrice.

La tige d'un bon paratonnerre a 9 mètres de longueur. Elle se compose, habituellement, de trois pièces ajoutées bout à bout, savoir : une barre de fer de $8^m,60$; — une baguette de laiton de $0^m,60$; — une aiguille de platine de $0^m,05$.

L'emploi du platine dans cette aiguille terminale, a pour but d'éviter l'oxydation, si l'on faisait simplement usage, pour former cette pointe, d'une tige de fer amincie, l'oxydation s'en emparerait promptement, et comme les oxydes métalliques sont de très-mauvais conducteurs de l'électricité, la conductibilité de la tige serait détruite en ce point, et par conséquent tout l'effet du paratonnerre serait manqué.

L'ensemble de ces trois tiges, liées entre elles, forme un cône, ou une pyramide, qui s'amincit régulièrement jusqu'au sommet, et dont la base a 5 centimètres de diamètre.

L'aiguille de platine est fixée à la baguette de laiton avec de la soudure d'argent, et l'on entoure le point de la jonction, d'un petit manchon de cuivre.

Le conducteur de paratonnerre est une barre de fer, à section carrée, de 15 à 20 millimètres de côté, formée par la réunion, bout à bout, d'un nombre suffisant de ces barres de fer. Il faut apporter le plus grand soin dans le raccord de ces différentes barres métalliques, et éviter toute solution de continuité entre elles. S'il existait, en effet, une seule solution de continuité dans la longueur du conducteur, l'édifice serait exposé, comme nous l'avons indiqué plus haut, à recevoir une décharge atmosphérique.

L'instruction de Gay-Lussac, en 1823, prescrivait de raccorder les différentes parties du conducteur au moyen de boulons à vis. Dans l'instruction supplémentaire de 1855, on a prescrit, avec raison, pour mieux assurer la continuité métallique, d'entourer chaque point de jonction d'un bourrelet de soudure à l'étain. Les parties métalliques en contact sont, de cette manière, soustraites à l'action oxydante de l'air, et les solutions de continuité deviennent moins à craindre.

Pour maintenir le conducteur en place, tant sur les toits que le long des murs, on se sert de supports de fer, terminés par deux dents en forme de fourchette, entre lesquelles la tige du conducteur est fixée à l'aide d'une clavette.

Pour que la dissémination de l'électricité atmosphérique dans la masse du sol soit prompte et facile, il faut, avons-nous dit, que la partie inférieure du conducteur soit mise en communication avec un cours d'eau souterrain, d'une certaine importance. Le but de cette disposition n'est pas, comme le pense le vulgaire, de conduire le feu du ciel dans une masse d'eau, pour l'y éteindre, ainsi qu'on éteint le feu d'un incendie. La tige, d'un paratonnerre doit être mise en communication constante avec une masse d'eau, non pas stagnante comme celle d'une citerne, mais ayant un cours libre, comme celle d'une rivière ou d'un puits, afin que par sa communication facile avec la source d'où elle provient, ou le courant vers lequel elle se dirige, cette eau puisse porter et disséminer promptement dans la masse du sol l'électricité enlevée à l'atmosphère.

Pour amener le conducteur, de la base inférieure du mur de l'édifice jusqu'à la rivière ou au puits auquel il doit aboutir, on le fait passer au milieu d'une espèce de canal, à section carrée, construit en briques et rempli de braise de boulanger. Ce charbon interposé défend le conducteur du contact oxydant de l'air. En même temps, comme la braise de boulanger, c'est-à-dire le charbon très-longtemps calciné, est un des meilleurs conducteurs électriques que l'on connaisse, l'écoulement du fluide est beaucoup facilité.

Au lieu de faire plonger simplement l'extrémité du conducteur dans l'eau du puits, il est avantageux de le terminer par une large plaque de cuivre, qui, présentant plus de surface, donne un plus large écoulement au fluide électrique.

S'il n'existe pas de nappe d'eau dans les couches inférieures du sol, si l'on n'est à portée ni d'un puits ni d'une rivière, il faut prolonger la tranchée d'écoulement jusque dans un terrain humide. Enfin, si cette dernière condition elle-même ne se rencontre pas, il faut ramifier le conducteur principal. Pour cela, on soude à droite et à gauche, des branches de fer additionnelles, et l'on place chaque nouvelle branche dans une tranchée séparée, construite comme la tranchée du milieu. Les conducteurs latéraux font, en quelque sorte, l'office de veines que l'artère centrale doit alimenter.

En raison de la rigidité des barres de fer, il est souvent difficile de faire suivre au conducteur tous les contours des bâtiments. Pour échapper à cette difficulté, on a eu l'idée de remplacer les barres de fer par de véritables cordes métalliques. Dans ce cas, le mieux est de diviser la corde en torons indépendants, formés chacun par la réunion de quinze à vingt fils de cuivre. On goudronne chaque toron séparément, puis on les réunit tous ensemble pour en former une corde unique. Lorsqu'on emploie des cordes métalliques de préférence aux barreaux de fer, on ne saurait donner trop d'attention à l'attache des torons sur la base du paratonnerre. C'est ici qu'outre les boulons, l'emploi des bourrelets de soudure est indispensable. En effet, si un ou deux torons venaient à se séparer de la tige, l'électricité, ne trouvant plus dans les autres une suffisante issue, briserait le conducteur en mille morceaux, et l'intérieur de l'édifice pourrait bien être foudroyé.

Le rapport composé par Gay-Lussac en 1823, ou l'*Instruction sur les paratonnerres* publiée par l'Académie, est loin d'avoir vieilli. La nature des constructions a changé depuis cette époque, et il y a, sous ce rapport, un élément nouveau dont il faut tenir compte. Mais, à cette circonstance près, dont nous ferons la part plus loin, l'*Instruction de* 1823, outre qu'elle constitue une pièce historique de la plus grande importance, est et sera toujours consultée par les constructeurs, les architectes, les physiciens et les ouvriers chargés d'établir des paratonnerres.

C'est ce qui nous engage à reproduire ici, la *partie pratique* de ce document remarquable. Nous allons donc laisser parler ici Gay-

Lussac, l'illustre auteur de l'*Instruction sur les paratonnerres*.

DÉTAILS RELATIFS A LA CONSTRUCTION DES PARATONNERRES.

Un paratonnerre est une barre métallique ABCDEF (*fig.* 282), s'élevant au-dessus d'un édifice, et descendant, sans aucune solution de continuité, jusque dans l'eau d'un puits ou dans un sol humide. On donne le nom de *tige* à la partie verticale BA, qui se projette dans l'air au-dessus du toit, et celui de *conducteur* à la portion de la barre, BCDEF, qui descend depuis le pied B de la tige jusque dans le sol.

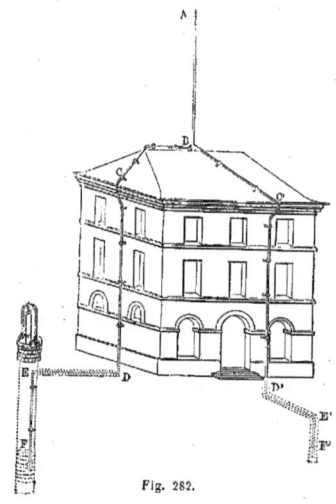

Fig. 282.

De la tige.

La tige est une barre de fer carrée BA, amincie de sa base à son sommet, en forme de pyramide. Pour une hauteur de 7 à 9 mètres (21 à 27 pieds), qui est la hauteur moyenne des tiges qu'on place sur les grands édifices, on lui donne à sa base de 54 à 60 millimètres de côté (24 à 26 lignes) : on lui donnerait 63 millimètres (28 lignes) si elle devait s'élever à 10 mètres (30 pieds) (1).

(1) La manière la plus avantageuse de faire une barre pyramidale est de souder bout à bout des morceaux de fer, chacun d'environ 80 centimètres (2 ½ pieds) de longueur, et d'un calibre décroissant.

Le fer étant très-exposé à se rouiller par l'action de l'eau et de l'air, la pointe de la tige serait bientôt émoussée; pour obvier à cet inconvénient, on retranche de l'extrémité de la tige une longueur d'environ 55 centimètres, et on la remplace par une tige conique de cuivre jaune, dorée à son extrémité ou terminée par une petite aiguille de platine de 5 centimètres (2 pouces) de longueur (1). L'aiguille de platine est soudée, à la soudure d'argent, avec la tige de cuivre ; et pour qu'elle ne puisse point s'en séparer, ce qui arriverait quelquefois malgré la soudure, on renforce l'ajustage par un petit manchon de cuivre. La tige de cuivre se réunit à la tige de fer au moyen d'un goujon qui entre à vis dans toutes deux; il est d'abord fixé dans la tige de cuivre par deux goupilles à angle droit, et on le visse ensuite dans la tige de fer, dans laquelle il est aussi retenu par une goupille. On peut, sans aucune espèce d'inconvénient, ne point employer de platine et se contenter de la tige conique de cuivre, et même ne pas la dorer si l'on n'en a pas la facilité sur les lieux. Le cuivre ne s'altère pas profondément à l'air, et en supposant que sa pointe s'émoussât légèrement, le paratonnerre ne perdrait pas pour cela son efficacité.

Une tige de paratonnerre, de la dimension supposée, étant d'un transport difficile, on la coupe en deux parties, au tiers ou aux deux cinquièmes environ de sa longueur, à partir de sa base. La partie supérieure s'emboîte exactement, par un tenon pyramidal de 19 à 20 centimètres (7 à 8 pouces), dans la partie inférieure et une goupille l'empêche de s'en séparer. On doit cependant, autant qu'on le pourra, ne faire la tige que d'une seule pièce, parce qu'elle en aura plus de solidité.

Au bas de la tige, à 8 centimètres (3 pouces) du toit, est une embase soudée au corps même de la tige; elle est destinée à rejeter l'eau de pluie qui coulerait le long de la tige, et à l'empêcher de s'infiltrer dans l'intérieur du bâtiment et de pourrir les bois de la toiture (2).

Immédiatement au-dessous de l'embase, la tige est arrondie sur une étendue d'environ 5 centimètres (2 pouces), pour recevoir un collier brisé à charnière, portant deux oreilles, entre lesquelles on serre l'extrémité du conducteur du paratonnerre, au moyen d'un boulon. Au lieu du collier, on peut faire un étrier carré qui embrasse étroitement la tige; on en voit la projection verticale en Q, et le plan en R (*fig.* 283, 284), ainsi que la manière dont il se réunit avec le conducteur. Enfin on peut encore, pour dimi-

(1) On peut remplacer l'aiguille de platine par une aiguille faite avec l'alliage des monnaies d'argent, qui est composé de 9 parties d'argent et 1 de cuivre.
(2) Pour faire l'embase, on soude un anneau de fer sur la tige, et on l'étire circulairement sur l'enclume en inclinant ses bords de manière à obtenir un cône tronqué très-aplati.

LE PARATONNERRE.

nuer le travail, souder un tenon T (*fig.* 283), à la place du collier ; mais il faut avoir soin de ne pas affaiblir la tige en cet endroit, qui est celui où elle doit opposer le plus de résistance, et le collier ou l'étrier sont préférables.

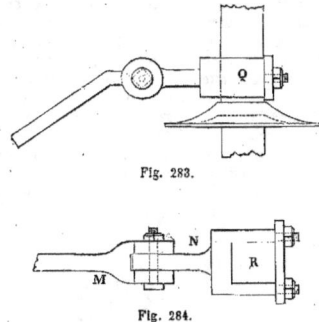

Fig. 283.

Fig. 284.

La tige du paratonnerre se fixe sur le toit des bâtiments, selon les localités. Si elle doit être posée au-dessus d'une ferme B (*fig.* 285 et 286), on perce le faîtage d'un trou dans lequel on fait passer le pied de la tige, et on l'assujettit contre le poinçon au moyen de plusieurs brides, comme on le voit dans la figure. Cette disposition est très-solide, et doit être préférée lorsque les localités le permettent.

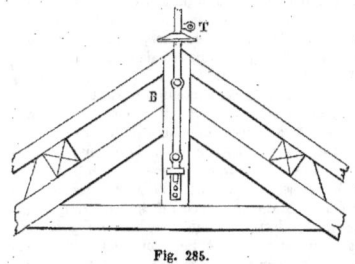

Fig. 285.

Lorsqu'on doit fixer la tige sur le faîtage en A (*fig.* 286), on le perce d'un trou carré de mêmes dimensions que le pied de la tige, et par-dessus et en dessous on fixe, avec quatre boulons ou deux étriers boulonnés qui embrassent et serrent le faîtage, deux plaques de fer de 2 centimètres (9 lignes) d'épaisseur, portant chacune un trou correspondant à celui fait dans le bois. La tige s'appuie par un petit collet sur la plaque supérieure, contre laquelle on la presse fortement au moyen d'un écrou se vissant sur l'extré- mité de la tige contre la plaque inférieure ; la figure 287 montre le plan de l'une de ces plaques. Mais si l'on pouvait s'appuyer sur le lien CD (*fig.* 286), on souderait à la tige deux oreilles qui embrasseraient les faces supérieures et latérales du faîtage, et descendraient jusqu'au lien, sur lequel on les fixerait au moyen d'un boulon E.

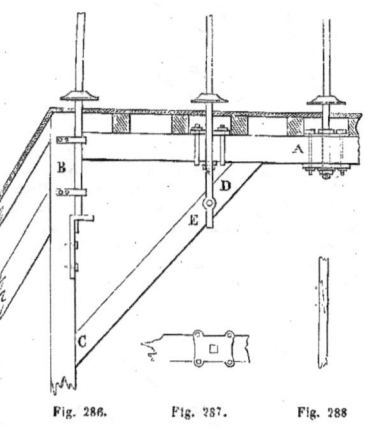

Fig. 286.   Fig. 287.   Fig. 288.

Enfin, si le paratonnerre devait être placé sur une voûte, on le terminerait par trois ou quatre empatements ou par des contre-forts qu'on scellerait dans la pierre, comme d'ordinaire, avec du plomb.

Du conducteur du paratonnerre.

Le conducteur du paratonnerre est, comme on l'a dit, une barre de fer, BCDEF ou BC'D'EF' (*fig.* 282), partant du pied de la tige et se rendant dans le sol. On donne à cette barre de 15 à 20 millimètres (7 à 8 lignes) en carré ; mais 15 millimètres (7 lignes) sont réellement suffisants. On la réunit solidement à la tige en la pressant entre les deux oreilles du collier, au moyen d'un boulon, ou bien on la termine par une fourchette M (*fig.* 284), qui embrasse la queue N de l'étrier, et l'on boulonne les deux pièces ensemble.

Le conducteur ne pouvant être d'une seule pièce, pour le former on réunit plusieurs barres bout à bout. La meilleure manière est celle représentée par la figure 288. Il est soutenu à 12 ou 15 centimètres (5 ou 6 pouces) parallèlement au toit, par des crampons à fourche, auxquels, pour empêcher l'infiltration de l'eau par leur pied dans le bâtiment, on donne la forme suivante.

Au lieu de se terminer en pointe, ils ont une patte (*fig.* 289 et 290) formée par une plaque mince de 25 centimètres de long sur 4 de large, à l'extrémité de laquelle s'élève la tige du crampon, en faisant avec la plaque ou un angle droit (*fig.* 289), ou un angle égal à celui que forme le toit avec la verticale (*fig.* 290).

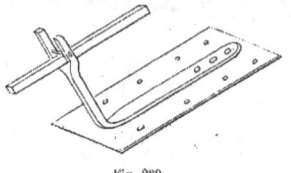

Fig. 289.

La patte se glisse entre les ardoises ; mais pour plus de solidité, on remplace par une lame de plomb l'ardoise sur laquelle elle reposerait, et l'on cloue ensemble au-dessus d'un chevron, cette lame et la patte du crampon. Le conducteur est retenu dans chaque fourchette par une goupille rivée, et les crampons sont placés à environ 5 mètres les uns des autres.

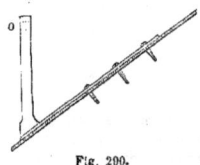

Fig. 290.

Le conducteur, après s'être replié sur la corniche du bâtiment (*fig.* 282) sans le toucher, s'applique contre le mur le long duquel il doit descendre dans le sol, et se fixe au moyen de crampons que l'on fiche ou que l'on scelle dans la pierre. Arrivé en D ou en D' dans le sol, à 50 ou 55 centimètres (18 ou 20 pouces) au-dessous de sa surface, il se recourbe perpendiculairement au mur suivant DE ou D'E', se prolonge dans cette nouvelle direction l'espace de 4 à 5 mètres (12 à 15 pieds), et s'enfonce ensuite dans un puits EF, ou dans un trou E'F' fait dans la terre, de la profondeur de 4 à 5 mètres (12 à 15 pieds), si l'on ne rencontre pas l'eau, mais de moins si on la rencontre plus tôt.

Le fer enfoncé dans le sol, en contact immédiat avec la terre et l'humidité, se couvre d'une rouille qui gagne peu à peu son centre et finit par le détruire. On évite cette altération en faisant courir le conducteur dans un auget rempli de charbon DE ou D'E', qu'on a représenté plus en grand dans la figure 291. On construit l'auget de la manière suivante :

Après avoir fait dans le sol, une tranchée de 55 à 60 centimètres (20 à 22 pouces) de profondeur, on y pose un rang de briques à plat, sur le bord desquelles on en place d'autres de champ ; on met une couche de *braise de boulanger* de l'épaisseur de 3 à 4 centimètres (1 à 1 ½ pouce) sur les briques du fond ; on pose le conducteur DE par-dessus ; on achève de remplir l'auget de braise, et on le ferme par un rang de briques. La tuile, la pierre ou le bois peuvent également être employés pour former l'auget. On a l'expérience que le fer, ainsi enveloppé de charbon, n'éprouve aucune altération dans l'espace de trente années. Mais le charbon n'a pas seulement l'avantage d'empêcher le fer de se rouiller dans la terre ; comme il conduit très-bien la matière électrique quand il a été rougi (et c'est pour cela que nous avons recommandé d'employer la braise de boulanger), il facilite l'écoulement de la foudre dans le sol.

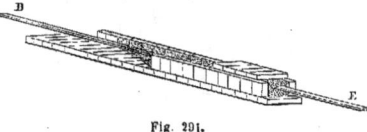

Fig. 291.

Le conducteur, sortant de l'auget dont on vient de parler, perce le mur du puits dans lequel il doit descendre et s'immerge dans l'eau de manière à y rester plongé de 65 centimètres (2 pieds) au moins dans les plus basses eaux. Son extrémité se termine ordinairement par deux ou trois racines, pour faciliter l'écoulement de la matière électrique du conducteur dans l'eau. Si le puits est placé dans l'intérieur du bâtiment, on percera le mur de ce dernier au-dessous du sol, et l'on dirigera par l'ouverture qu'on aura faite le conducteur dans le puits.

Lorsqu'on n'a pas de puits à sa disposition pour y faire descendre le conducteur du paratonnerre, on fait dans le sol, avec une tarière de 13 à 16 centimètres (5 à 6 pouces) de diamètre, un trou de 3 à 5 mètres (9 à 15 pieds) de profondeur ; on y fait descendre le conducteur en le tenant à égale distance de ses parois, et l'on remplit l'espace intermédiaire avec de la braise que l'on comprime autant que possible. Mais, lorsqu'on voudra ne rien épargner pour établir un paratonnerre, nous conseillons de creuser un trou beaucoup plus large E'F' (*fig.* 282), au moins de 5 mètres de profondeur, à moins qu'on ne rencontre l'eau plus tôt, de terminer l'extrémité du conducteur par plusieurs racines, de les envelopper de charbon si elles ne plongent pas dans l'eau et d'entourer de même le conducteur au moyen d'un auget de bois que l'on emplira.

Dans un terrain sec, comme, par exemple, dans un roc, on donnera à la tranchée qui doit recevoir le conducteur une longueur au moins double de celle qui a été indiquée pour un terrain ordinaire, et même davantage, s'il était possible d'arriver jusque dans un endroit humide. Si les localités ne mettent pas d'étendre la tranchée en longueur, on en fera d'autres transversales, comme on le voit en A (*fig*. 292 et 293), dans lesquelles on placera de petites barres de fer entourées de braise, que l'on fera communiquer avec le conducteur. Dans tous les cas, l'extrémité de ce dernier doit s'enfoncer dans un large trou, s'y diviser en plusieurs racines et être recouvert de braise ou de charbon qui aura été rougi.

du sol, on la réunit à une barre de fer de 15 à 25 millimètres (6 à 9 lignes) en carré qui termine le conducteur, comme on le voit en C (*fig*. 295); car dans le sol, la corde serait promptement détruite.

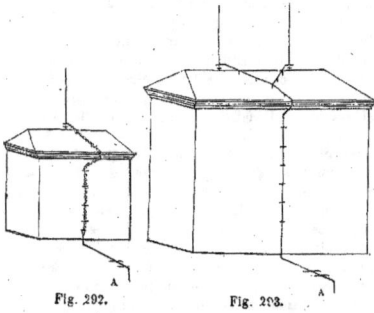

Fig. 292.   Fig. 293.

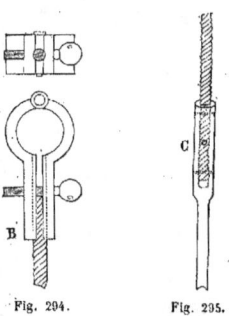

Fig. 294.   Fig. 295.

En général, on doit faire les tranchées pour le conducteur dans l'endroit le plus humide autour du bâtiment, les placer par conséquent dans les lieux les plus bas, et diriger au-dessus les eaux pluviales, afin de les tenir dans un état plus constant d'humidité. On ne saurait trop prendre de précautions pour procurer à la foudre un prompt écoulement dans le sol, car c'est principalement de cette circonstance que dépend l'efficacité des paratonnerres.

Les barres de fer qui forment le conducteur présentant, en raison de leur rigidité, quelque difficulté pour leur faire suivre les contours d'un bâtiment, on a imaginé de les remplacer par des cordes métalliques qui, indépendamment de leur flexibilité, ont encore l'avantage d'éviter les raccords et de diminuer les chances de solution de continuité. On réunit quinze fils de fer pour faire un toron, et quatre de ces torons forment la corde, qui alors a 16 ou 18 millimètres (7 à 8 lignes) de diamètre. Pour prévenir sa destruction par l'air et l'humidité, chaque toron est goudronné séparément, et la corde l'est ensuite avec beaucoup de soin. On l'attache à la tige du paratonnerre de la même manière que le conducteur fait avec des barres de fer, c'est-à-dire qu'on la pince fortement au moyen d'un boulon entre les deux oreilles du collier B (*fig*. 294), qui sont un peu concaves et hérissées de quelques pointes pour mieux embrasser et retenir la corde. Les crampons qui la supportent sur le toit, au lieu d'être terminés en fourche, le sont par un anneau O (*fig*. 290), dans lequel passe la corde. Parvenue à 2 mètres (6 pieds)

On assure que des cordes ainsi employées n'ont pas éprouvé d'altération sensible dans l'espace de trente années. Néanmoins, comme il est incontestable que les barres de fer bien assemblées sont beaucoup moins destructibles, nous conseillerons de leur donner la préférence autant qu'on le pourra. Si les localités obligeaient à employer des cordes, on pourrait les faire en fil de cuivre ou de laiton, qui est beaucoup moins destructible et qui, étant aussi meilleur conducteur, permettrait de ne donner aux cordes que 16 millimètres (0 lignes) de diamètre. C'est surtout pour les clochers que les cordes métalliques peuvent être d'une grande utilité, à cause de la facilité de leur pose.

Si le bâtiment que l'on arme d'un paratonnerre renferme des pièces métalliques un peu considérables, comme des lames de plomb qui recouvrent le faîtage et les arêtes du toit, des gouttières de métal, de longues barres de fer pour assurer la solidité de quelque partie du bâtiment, il sera nécessaire de les faire toutes communiquer avec le conducteur du paratonnerre ; mais il suffira d'employer pour cet objet des barres de 8 millimètres (3 lignes) de côté ou du fil de fer d'un égal diamètre. Si cette réunion n'avait pas lieu et que le conducteur renfermât quelque solution de continuité, ou qu'il ne communiquât pas très-librement avec le sol, il serait possible que la foudre se portât avec fracas du paratonnerre sur quelqu'une des parties métalliques. Plusieurs accidents ont eu lieu par cette cause ; nous en avons cité deux exemples au commencement de cette Instruction (1).

(1) Nous devons plusieurs des détails de construction que nous venons de donner, à M. Mérot, habile constructeur de paratonnerres, qui, à notre demande, nous a communiqué avec empressement les résultats de sa pratique.

Paratonnerres pour les églises.

Le paratonnerre dont on vient de donner les détails de construction, et que l'on a pris pour type, est applicable à toute espèce de bâtiments, aux tours, aux dômes, aux clochers et aux églises, avec de très-légères modifications.

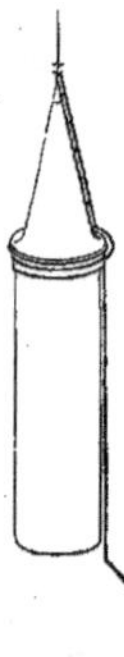

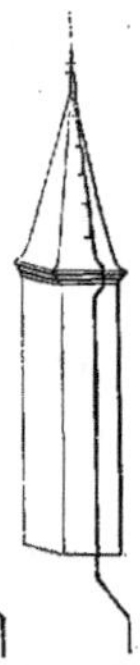

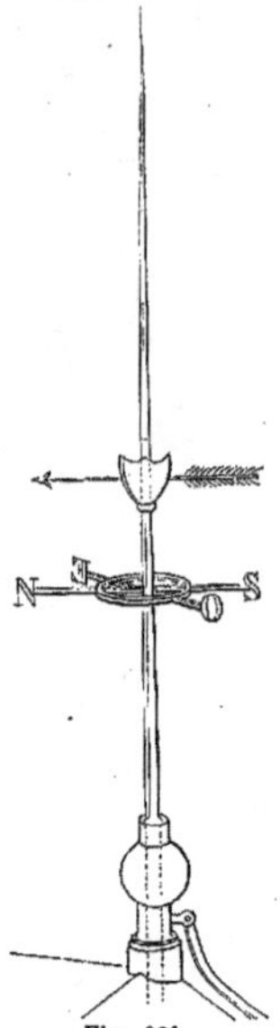

Sur une tour, la tige du paratonnerre doit s'élever de 5 à 8 mètres (15 à 24 pieds), suivant l'étendue de sa plate-forme; 5 mètres suffiront pour les plus petites et 8 pour les plus grandes.

Les dômes et les clochers, dominant ordinairement de beaucoup les objets circonvoisins, un paratonnerre placé à leur sommet en tire un très-grand avantage pour étendre son influence au loin, et n'a pas besoin, pour les protéger, de s'élever à la même hauteur que sur les édifices terminés par un toit très-étendu. D'un autre côté, l'impossibilité d'établir solidement des tiges de 7 à 8 mètres (21 à 24 pieds) sur les dômes et les clochers, sans des dépenses considérables, doit faire renoncer à en employer dans ces dimensions. Nous conseillons donc, pour ces édifices, et surtout pour ceux dont le sommet est d'un accès difficile, de n'employer que des tiges minces, s'élevant de 1 à 2 mètres (3 à 6 pieds) au-dessus des croix qui les terminent. Ces tiges étant alors très-légères, il sera facile de les fixer solidement à la tête des croix, sans que la forme de ces dernières paraisse altérée de loin et sans que le mouvement des girouettes qu'elles portent ordinairement en soit gêné.

Nous pensons même que pour peu qu'on éprouve des difficultés à placer ces tiges sur un dôme ou sur un clocher, on peut les supprimer entièrement. Il suffira, pour défendre ces édifices des atteintes de la foudre, d'établir comme pour le cas où ils sont armés de tiges, une communication très-intime entre le pied de chaque croix et le sol. Cette disposition, qui est très-peu dispendieuse et qui offre également une très-grande sûreté, sera surtout avantageuse pour les clochers des petites communes rurales. La figure 296, représente un clocher sans tige de paratonnerre,

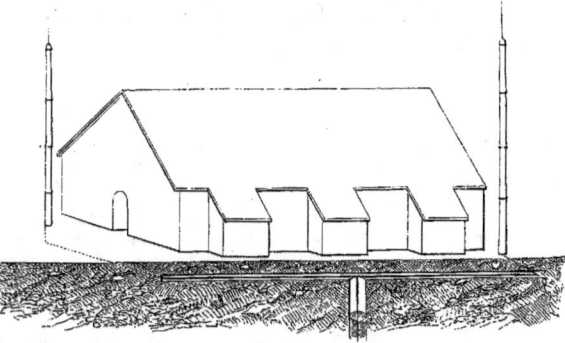

Fig. 296.   Fig. 297.   Fig. 298.

Fig. 299.

dont la croix est en communication avec le sol, ou un conducteur partant de son pied, et la figure 297 offre un clocher surmonté d'une tige attachée à sa croix.

LE PARATONNERRE.

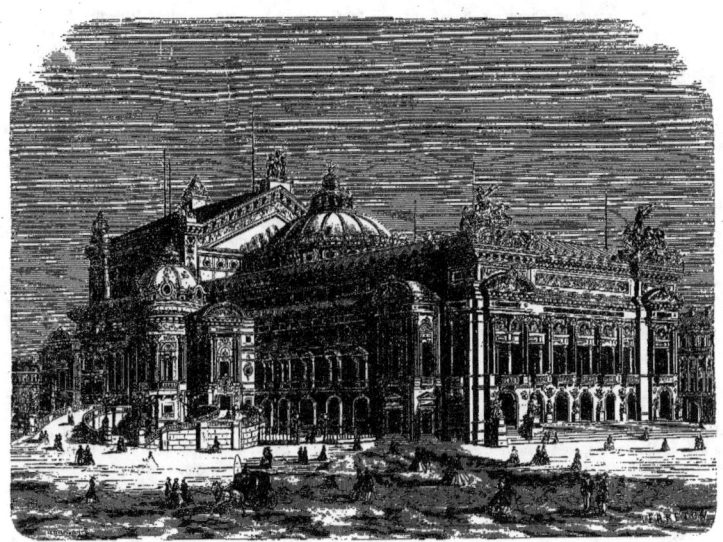

Fig. 300. — Le nouvel Opéra de Paris et ses paratonnerres.

Quant aux églises, lorsqu'elles ne seront pas protégées par le paratonnerre de leur clocher, il sera nécessaire de les armer avec les tiges de 5 à 8 mètres (15 à 24 pieds) de haut, semblables à celle qui a été décrite pour un édifice aplati (1).

Paratonnerre pour les magasins à poudre et les poudrières.

La construction des paratonnerres pour les magasins à poudre et les poudrières ne diffère pas essentiellement de celle qui a été décrite comme type pour toute espèce de bâtiment; on doit seulement redoubler d'attention pour éviter la plus légère solution de continuité et ne rien épargner pour établir entre la tige du paratonnerre et le sol la communication la plus intime. Toute solution de continuité donnant lieu, en effet, à une étincelle, le pulvérin

(1) La figure 298 représente la tige d'un paratonnerre fait avec luxe, comme on en place sur quelques bâtiments : elle porte une girouette en forme de flèche, mobile sur des galets, pour rendre son mouvement plus doux, qui fait connaître la direction du vent au moyen de lignes fixes orientées N.-S.-O.-E.; à sa base est un socle de cuivre mince dont la forme est arbitraire.

qui voltige et se dépose partout dans l'intérieur et même à l'extérieur de ces bâtiments, serait enflammé et pourrait propager son inflammation jus-

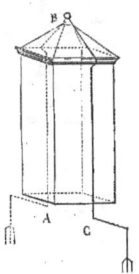

Fig. 301.

qu'à la poudre. C'est par ce motif qu'il serait très-prudent de ne point placer les tiges sur les bâtiments mêmes, mais bien sur des mâts qui en seraient éloignés de 2 à 3 mètres (*fig.* 299). Il sera suffisant de donner aux tiges 2 mètres de longueur; mais on donnera aux mâts une hauteur telle, qu'avec leurs tiges ils dominent les bâtiments au moins de 4 à 5 mètres. On fera aussi très-bien de multiplier les paratonnerres plus qu'on ne le ferait partout ailleurs, car ici les accidents sont des plus funestes. Si le magasin était très-élevé, comme, par exemple, une tour, les mâts seraient d'une construction difficile et dispendieuse pour leur donner la solidité : on se contenterait, dans ce cas, d'armer le bâtiment d'un double conducteur ABC (fig. 301), sans tige de paratonnerre, qu'on pourrait faire en cuivre. Ce conducteur, n'étendant pas son influence au delà du bâtiment, ne pourrait attirer la foudre de loin, et il aurait cependant l'avantage de garantir le bâtiment de ses atteintes s'il en était frappé; de sorte que ceux-là mêmes qui rejettent les paratonnerres, parce qu'ils croient qu'ils déterminent la foudre à tomber sur un bâtiment qu'elle eût épargné sans eux, ne pourraient faire aucune objection fondée contre la disposition qui vient d'être indiquée. On pourrait armer d'une manière semblable un magasin ordinaire ou tout autre bâtiment (fig. 302). A défaut de paratonnerres, des arbres élevés, disposés autour des bâtiments à 5 ou 6 mètres de leurs faces, les défendent efficacement de la chute de la foudre.

Paratonnerres pour les bâtiments de mer.

Pour un vaisseau la tige du paratonnerre se réduit à la partie de cuivre qui a été décrite pour le paratonnerre type. Cette tige est vissée sur une verge de fer ronde CB (fig. 303), qui entre dans l'extrémité I de la flèche du mât de perroquet, et qui porte une girouette. Une barre de fer MQ, liée au pied de la verge, descend le long de la flèche et se termine par un crochet ou anneau Q, auquel s'attache le conducteur du paratonnerre, qui est ici une corde métallique; celle-ci est maintenue de distance en distance à un cordage, et, après avoir passé dans un anneau fixé au porte-hauban, elle se réunit à une barre ou plaque de métal qui communique avec le doublage de cuivre du vaisseau. Sur les bâtiments de peu de longueur, on n'établit ordinairement qu'un paratonnerre au grand mât; sur les autres, on en met un second au mât de misaine.

Disposition générale des paratonnerres sur un édifice.

On admet, d'après l'expérience, qu'une tige de paratonnerre protége efficacement contre la foudre autour d'elle un espace circulaire d'un rayon double de sa hauteur. Ainsi, d'après cette règle, un bâtiment de 20 mètres (60 pieds) en longueur ou en carré n'aurait besoin, pour être défendu, que d'une seule tige de 5 à 6 mètres (15 à 18 pieds) de hauteur, élevée sur le milieu de son toit (fig. 292 et 304). Dans la figure 292, le conducteur est une corde métallique.

Un bâtiment de 40 mètres (120 pieds), d'après la même règle, serait défendu par une tige de 10 mètres (30 pieds), et l'on en place effectivement de semblables; mais il serait préférable, au lieu d'une seule tige, d'en élever deux de 5 à 6 mètres (15 à 18 pieds de hauteur), et de les disposer de manière que l'espace autour d'elles fût également protégé de toutes parts, ce à quoi l'on parviendrait en les plaçant chacune à 10 mètres (30 pieds) de l'extrémité du bâtiment, et par conséquent à 20 mètres (60 pieds) l'une de l'autre (fig. 293). Pour trois ou un plus grand nombre de paratonnerres, on suivrait la même règle.

Les paratonnerres des tours et des clochers, en raison de leur grande élévation, doivent certainement étendre leur sphère d'action plus loin que s'ils étaient moins élevés; mais cette action s'étend-elle, comme on l'a supposé pour des tiges de 5 à 10

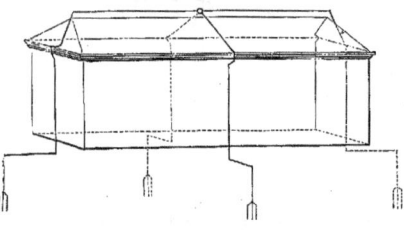

Fig. 302.

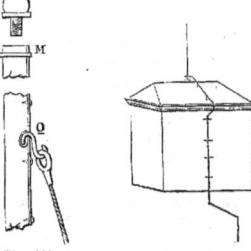

Fig. 303.   Fig. 304.

mètres, à une distance double de la hauteur de leur pointe au-dessus des objets qu'ils dominent ? Il est

LE PARATONNERRE.

possible qu'elle s'étende même plus loin; mais l'expérience ne nous ayant encore rien appris à cet égard, il sera prudent d'armer les églises de para-

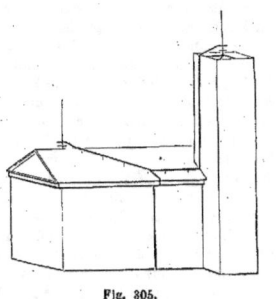

Fig. 305.

tonnerres, en admettant que ceux des clochers ne protégent efficacement autour d'eux qu'un espace d'un rayon égal à leur hauteur au-dessus du faîtage

de leur toit. Ainsi le paratonnerre d'un clocher, s'élevant de 30 mètres au-dessus du toit d'une église, ne

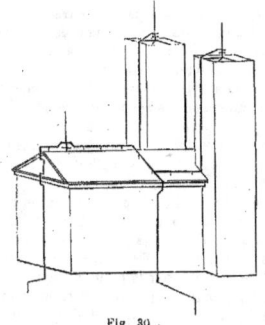

Fig. 30 .

le défendrait plus à 30 mètres de l'axe du clocher, et si le toit s'étendait au delà, il serait nécessaire d'y

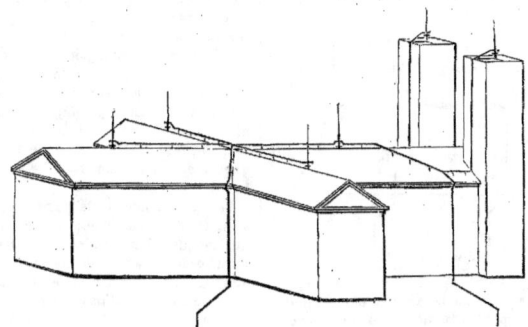

Fig. 307.

placer les paratonnerres, d'après la règle que nous avons prescrite pour les édifices peu élevés (*fig.* 305 et 306).

Disposition générale des conducteurs des paratonnerres.

Quoique nous ayons déjà beaucoup insisté sur la condition d'établir une communication très-intime entre la tige des paratonnerres et le sol, son importance nous détermine à la rappeler encore.

Elle est telle que, si elle n'était pas remplie, nonseulement les paratonnerres perdraient beaucoup de leur efficacité, mais que même ils pourraient devenir dangereux, en appelant la foudre sur eux, quoique dans l'impuissance de la conduire dans le sol.

Les autres conditions dont il nous reste à parler sont sans doute moins essentielles que cette dernière, mais elles n'en méritent pas moins qu'on y ait égard.

On doit toujours faire parvenir la foudre, depuis la tige du paratonnerre jusque dans le sol, par la voie la plus courte.

Conformément à ce principe, lorsqu'on placera deux paratonnerres sur un édifice, et qu'on leur donnera un conducteur commun, ce qui est, en effet, suffisant, on fera concourir en un point sur le toit, à égale distance de chaque tige, les portions des conducteurs qui ne peuvent être communes, et, à partir de ce point, une barre de fer, de la même dimension que pour un seul paratonnerre, servira de conducteur aux deux (*fig*. 293 et 305).

Lorsqu'on aura trois paratonnerres sur un édifice, il sera prudent de leur donner deux conducteurs (*fig*. 306). En général, chaque paire de paratonnerres exige un conducteur particulier.

Quel que soit le nombre des paratonnerres placés sur un édifice, on les rendra tous solidaires, en établissant une communication intime entre les pieds de toutes leurs tiges, au moyen de barres de fer de mêmes dimensions que celles des conducteurs (*fig*. 306, 307, 308).

Lorsque les localités le permettront, on placera les conducteurs sur les murs des bâtiments qui font face au côté d'où viennent le plus fréquemment les orages dans chaque lieu. En effet, ces murs étant exposés à être mouillés par la pluie, deviennent des conducteurs, quoique imparfaits, en raison de la mince nappe d'eau qui les couvre; et si le conducteur du paratonnerre n'était pas en communication intime avec le sol, il serait possible que la foudre l'abandonnât pour se précipiter sur la face mouillée. Un autre motif encore, c'est que la direction de la foudre peut

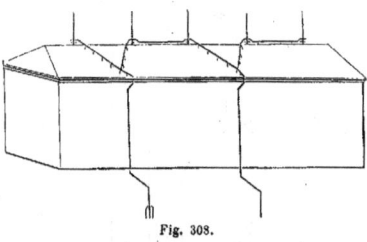

Fig. 308.

être déterminée par celle de la pluie, et qu'en outre la face mouillée peut, comme conducteur, appeler la foudre de préférence au paratonnerre. C'est surtout pour les clochers que cette observation est importante, et qu'il est nécessaire d'y avoir égard.

Observations sur l'efficacité des paratonnerres.

Une expérience de cinquante années sur l'efficacité les paratonnerres démontre que, lorsqu'ils ont été construits avec les soins convenables, ils garantissent de la foudre les édifices sur lesquels ils sont placés. Dans les États-Unis d'Amérique, où les orages sont beaucoup plus fréquents et plus redoutables qu'en Europe, leur usage est devenu populaire; un très-grand nombre de bâtiments ont été foudroyés, et l'on en cite à peine deux qu'ils n'aient pas mis entièrement à l'abri des atteintes de la foudre. Tout le monde sait que les parties métalliques, sur un édifice, sont frappées de préférence par la foudre, et ce fait seul démontre l'efficacité des paratonnerres, qui ne sont que des barres métalliques disposées de la manière la plus avantageuse, d'après les connaissances acquises sur la matière électrique par la théorie et l'expérience. La crainte d'une chute plus fréquente de la foudre sur les édifices armés de paratonnerres n'est pas fondée, car leur influence s'étend à une trop petite distance pour qu'on puisse croire qu'ils déterminent la foudre d'un nuage à se précipiter dans le lieu où ils sont établis. Il paraît au contraire certain, d'après l'observation, que les édifices armés de paratonnerres ne sont pas foudroyés plus fréquemment qu'avant qu'ils le fussent. D'ailleurs la propriété d'un paratonnerre d'attirer plus fréquemment la foudre supposerait aussi celle de la transmettre librement dans le sol, et dès lors il ne pourrait en résulter aucun inconvénient pour la sûreté des édifices.

Nous avons recommandé l'usage des pointes aiguës pour les paratonnerres, parce qu'elles ont l'avantage, sur les barres arrondies à leur extrémité, de verser continuellement dans l'air, sous l'influence du nuage orageux, un torrent de matière électrique de nature contraire à la sienne, qui doit très-probablement se diriger vers celle du nuage, et en partie la neutraliser. Cet avantage n'est point du tout à négliger; car il suffit de connaître le pouvoir des pointes, et les expériences de Charles et de Romas avec un cerf-volant sous un nuage orageux, pour rester convaincu que les paratonnerres en pointe, s'ils étaient plus multipliés et placés sur des lieux élevés, diminueraient réellement la matière électrique des nuages et la fréquence de la chute de la foudre sur la surface de la terre.

Cependant, lorsque la pointe d'un paratonnerre aura été émoussée par la foudre ou par une cause quelconque, il ne faudra pas croire, parce qu'elle aura perdu l'avantage dont on vient de parler, qu'elle ait aussi perdu son efficacité pour protéger le bâtiment qu'elle est destinée à défendre. Le docteur Ritenhouse rapporte qu'ayant souvent examiné et passé en revue, avec un excellent télescope de réflexion, les pointes des paratonnerres de Philadelphie, où ils sont en grand nombre, il en a vu beaucoup dont les pointes étaient fondues; mais qu'il n'a jamais appris que les maisons où ces paratonnerres étaient établis eussent été frappées de la foudre depuis la fusion de leurs pointes. Or cela n'aurait pas manqué d'arriver à quelques-unes, au moins au bout d'un certain temps, si leurs paratonnerres n'avaient pas continué de bien faire leurs fonctions; car on sait, par nombre d'observations, que, lorsque le tonnerre est tombé en quelque endroit, il n'est pas rare de l'y voir retomber encore.

Pour que le fruit que l'on doit retirer de l'établissement des paratonnerres soit aussi grand que possible, et que l'on puisse profiter de l'expérience acquise sur une localité, pour la faire tourner à l'avantage général, nous formons le vœu que Son Excellence le Ministre de l'Intérieur, après avoir ordonné l'exécution d'une mesure réclamée depuis longtemps, et dont elle sent toute l'utilité, invite les autorités locales à lui transmettre fidèlement tous les renseignements relatifs à la chute de la foudre sur un édifice armé de paratonnerre. Ces renseignements seraient la source d'améliorations importantes, et contribueraient, en faisant connaître les avantages d'un préservatif aussi simple et aussi sûr, à en rendre l'adoption plus générale.

Telle est l'instruction de 1823. Nous résumerons maintenant les modifications qui ont été apportées aux préceptes qu'elle trace, ou plutôt les additions qui y ont été faites en 1854, et qui ont été développées dans un rapport présenté par M. Pouillet et adopté par l'Académie des sciences de Paris, dans la séance du 18 décembre 1854.

Les modifications les plus dignes d'être notées que l'instruction de M. Pouillet a apportées à celle de Gay-Lussac, se réduisent à quatre points principaux : 1° la manière d'établir la conductibilité métallique ; 2° la dimension en largeur à donner aux conducteurs ; 3° les dimensions de la pointe ; 4° la substitution du cuivre au platine pour former la pointe du paratonnerre.

En ce qui concerne la continuité métallique du conducteur, M. Pouillet n'admet de continuité assurée que celle qui existe entre des métaux soudés. Il est en outre important, selon lui, de ne pas multiplier inutilement les soudures. M. Pouillet a donc posé les deux règles suivantes :

Diminuer le plus possible le nombre des joints sur la longueur entière du paratonnerre, depuis la pointe jusqu'au sol ;

Souder à l'étain tous ceux de ces joints que la forme des pièces oblige à faire sur place Ces soudures à l'étain, qui devront toujours occuper des surfaces d'au moins 10 centimètres carrés, seront en outre consolidées par des vis, des boulons ou des manchons.

Une troisième règle à laquelle M. Pouillet attache aussi de l'importance, est de ne pas effiler autant qu'on le fait en général le sommet de la tige du paratonnerre. Voici la raison de ce changement. Un paratonnerre est destiné à agir de deux manières différentes. Le plus souvent, le nuage qui porte la foudre s'avance progressivement, des actions électriques se produisent peu à peu, et en vertu du pouvoir des pointes la neutralisation s'opère lentement et en silence. Mais aussi il peut arriver que le nuage se trouve presque instantanément en présence du paratonnerre, et alors il est nécessaire qu'il soit muni d'une pointe plus solide et capable de résister à la fusion qu'un afflux considérable du fluide électrique ne manquerait pas d'opérer. C'est pour éviter cet accident, qui n'est pas sans exemple, que M. Pouillet conseille de renforcer l'extrémité terminale du paratonnerre en augmentant l'angle d'ouverture du cône qui forme sa pointe.

Fig. 309. — M. Pouillet.

Mais nous devons faire observer que tous les physiciens n'ont pas goûté cette dernière idée et que l'on recommande généralement de faire des pointes fort effilées.

En proposant de substituer le cuivre au platine pour former la pointe du paratonnerre, M Pouillet se fonde sur la meilleure conductibilité du cuivre pour l'électricité et la chaleur. Le cuivre est rangé, avec l'or et l'argent, parmi les meilleurs conducteurs de la chaleur et de l'électricité. Une pointe de cuivre, sous l'influence d'un courant électrique ou d'un coup de foudre, s'échauffera donc beaucoup moins qu'une pointe de platine, et ne pourra, presque dans aucun cas, entrer en fusion. La dépense moindre, la facilité de construire en tous lieux et par les ouvriers ordinaires de toutes les localités cette partie de l'appareil, a paru à M. Pouillet une autre raison de préférer le cuivre au platine.

Examinons maintenant un point dont nous n'avons rien dit encore : c'est le nombre des paratonnerres à établir sur un édifice de dimensions données, en d'autres termes, la question de savoir quelle est la surface de toit que peut protéger une seule tige de paratonnerre.

On admettait, à la fin du dernier siècle, que le cercle de protection d'un paratonnerre avait pour rayon, le double de la hauteur de sa tige, c'est-à-dire qu'un paratonnerre de 10 mètres de hauteur, par exemple, étendait son influence sur un cercle dont le rayon a 20 mètres, et par conséquent la circonférence environ 125 mètres. Cette règle avait été posée par le physicien Charles, parce qu'il avait eu plus d'une fois l'occasion de remarquer que la foudre avait frappé des points situés à une distance du paratonnerre double de la longueur de sa tige. L'instruction de Gay-Lussac, en 1823, lui donna une consécration officielle. Elle est pourtant loin d'être certaine, et il ne faudrait pas lui accorder plus de confiance qu'elle n'en mérite.

L'étendue de la surface protégée par un paratonnerre dépend d'une foule de circonstances, qu'il n'est pas toujours facile d'apprécier. Elle dépend d'abord de la hauteur de l'édifice par rapport aux constructions environnantes. Elle varie encore selon la nature des matériaux qui entrent dans la construction de l'édifice. Il n'est pas douteux, par exemple, que la surface protégée par un paratonnerre ne soit moindre, quand l'édifice a une couverture de zinc, que lorsque son toit est formé de tuiles ou d'ardoises. Sur un bâtiment à couverture de métal, il faudrait donc rapprocher davantage les paratonnerres. Au palais de l'Industrie, à Paris, il existait une distance d'environ 40 mètres entre ceux qui correspondaient à la galerie centrale et ceux de la galerie rectangulaire. Les tiges de ces instruments ayant 7 mètres de hauteur, on voit que l'on ne s'était pas conformé, dans cette circonstance, à la règle posée par le physicien Charles ; pour s'y astreindre, il aurait fallu placer une tige de paratonnerre à la distance de 28 mètres. On voit donc que la règle dont nous parlons, posée d'une manière assez arbitraire, peut être restreinte ou étendue selon les circonstances, et qu'il faut surtout considérer ici la nature des matériaux de l'édifice et son élévation au-dessus des constructions environnantes.

Après ces indications générales relatives à l'établissement des paratonnerres, passons aux précautions que leur construction exige dans chaque cas particulier.

ÉGLISES. — Sur le clocher d'une église, la tige du paratonnerre doit s'élever de 5 à 8 mètres, selon l'étendue de la plate-forme du clocher ; une hauteur de 8 mètres suffit pour les plus larges tours, et de 2 mètres pour les plus petites. Si l'église est couronnée par un dôme, ou si elle est surmontée d'une tour, d'un clocher, c'est au sommet de ces parties de l'édifice, qu'il faut placer la tige de l'instrument. Comme il est souvent difficile d'élever à la pointe d'un clocher une tige de fer de 5 à 8 mètres, on a coutume d'employer des tiges plus courtes. Quelquefois même, si le clocher se termine par une croix de fer, on supprime la tige, en plaçant l'aiguille de platine sur la branche verticale de la croix, et l'on fait communiquer le conducteur avec le pied de cette croix. Cette croix fait alors l'office de tige, ce qui n'a point d'inconvénient, en raison de la grande hauteur de l'édifice par rapport aux constructions qui l'environnent.

Magasins a poudre. — On a jugé qu'il serait imprudent de faire passer le conducteur dans l'intérieur d'un bâtiment servant à emmagasiner la poudre. Une solution de continuité dans ce conducteur, accident dont on ne peut toujours répondre, suffit pour donner des étincelles électriques entre les bouts disjoints du conducteur; et une étincelle, si faible qu'elle soit, pourrait enflammer le pulvérin qui flotte souvent dans l'intérieur d'un magasin à poudre. C'est donc à l'extérieur de ces bâtiments que l'on place les paratonnerres, au-dessus d'un mât, qui en est éloigné de 1 à 2 mètres.

Il est bon, dans ce cas particulier, d'aller au delà des précautions habituelles et de multiplier le nombre des paratonnerres.

Monuments dans la construction desquels il entre de grandes masses de métal. — Lorsque de grandes quantités de pièces métalliques sont entrées dans la construction d'un édifice, quand le fer, le zinc ou la fonte ont été largement employés pour les toitures, les charpentes, le tablier des plafonds, les tirants de consolidation, etc., il faut mettre toutes ces masses en communication avec le conducteur du paratonnerre. Pour établir ces communications, des barres de fer de 8 millimètres de section suffisent amplement.

Si le monument occupe une grande étendue, et qu'on doive le munir de plusieurs paratonnerres, il faut, de plus, faire communiquer tous les paratonnerres entre eux. En un mot, il faut rendre toutes les parties métalliques de l'édifice, solidaires les unes des autres. Il est bon, enfin, d'employer des conducteurs d'une très-large section, afin que l'électricité trouve toujours et partout un écoulement prompt et facile.

Vaisseaux. — Le cuivre rouge a une grande supériorité sur le fer et le laiton, dont on fait trop souvent usage pour composer le câble formant le conducteur du paratonnerre, le cuivre est moins altérable sous l'influence des agents atmosphériques, et surtout comme il

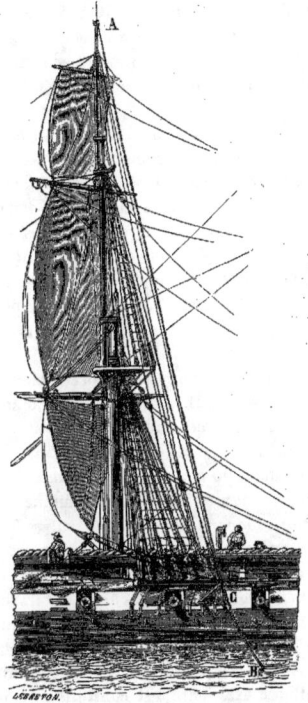

Fig. 310. — Un paratonnerre de navire français.

conduit trois fois plus facilement l'électricité que le fer, il peut être employé avec une section trois fois plus petite qu'un conducteur de fer. Dans le rapport de M. Pouillet, on conseille donc l'emploi exclusif des câbles de cuivre rouge, pour former les chaînes conductrices des paratonnerres de navires. Ces câbles devront avoir 1 centimètre carré de section métallique. Les fils qui composent les torons, auront de 1 millimètre à 1^{mm},5.

La tige du paratonnerre peut n'avoir que quelques décimètres de longueur, y compris la pointe. L'important, c'est que la jonction avec le câble soit faite, dans l'atelier, à la soudure d'étain. A son extrémité inférieure, le câble sera ajusté, d'une manière analogue, dans une pièce de cuivre, qui sera en communication permanente avec le doublage du navire.

A bord des navires on a l'habitude de n'établir la continuité du conducteur, c'est-à-dire de jeter la chaîne à la mer, seulement à l'approche d'un orage. Cette habitude est dangereuse : 1° en ce qu'on peut oublier de le faire ; 2° en ce que le plus souvent il ne suffit pas que la chaîne communique à l'eau de la mer, par une surface de 2 à 3 décimètres, pour que l'électricité s'écoule avec toute la rapidité nécessaire.

En Angleterre, on suit un procédé bien supérieur. On incruste, une fois pour toutes, dans des rigoles, ou rainures, creusées suivant la longueur et dans l'épaisseur des mâts, de fortes bandes de cuivre. La partie inférieure de ces bandes, qui forment le conducteur, vient se souder à une plaque de cuivre fixée sur la carlingue. De là, le conducteur est en communication avec l'eau de la mer, au moyen de trois boulons de cuivre qui traversent la quille. De cette manière, les conducteurs font corps avec les mâts ; le navire entier, depuis la pointe jusqu'à la doublure métallique extérieure, est constitué dans un état parfait de conductibilité, comme si toute sa masse était de métal, et indépendamment de toute intervention de l'équipage.

Dans l'instruction de M. Pouillet, on n'a pas cru devoir mentionner l'ensemble de ces dispositions, ni les recommander pour l'usage de la marine française. Une longue expérience a pourtant établi l'efficacité de ce système sur les vaisseaux anglais.

Quelques détails sur le genre des paratonnerres employés aujourd'hui par toute la marine britannique, ne seront pas ici hors de propos.

C'est lord William Napier qui attira le premier, en 1813, l'attention de l'amirauté britannique sur l'imperfection des paratonnerres employés à cette époque, par la marine des deux mondes. Il avait été déjà témoin, en plusieurs occasions, d'accidents arrivés en mer à ces conducteurs électriques, lorsque, au mois de juillet 1811, il en eut sur son vaisseau un nouvel et terrible exemple. Il venait de quitter Toulon à bord du *Kent*, navire de 74 canons, lorsque son grand mât et son mât d'artimon furent littéralement déchirés par la foudre, depuis leurs pommes de girouettes jusque sur le pont. Le fluide tua un matelot et en blessa trois ou quatre autres qui se trouvaient sur une vergue. Dans une autre circonstance, à Port-Mahon, il vit quinze de ses matelots tués par un coup de foudre.

C'est en raison de ces malheurs que lord Napier, trouvant vicieux le système qui consistait à placer un seul paratonnerre sur chaque navire, demandait que chaque mât fût pourvu de cet instrument.

« Cet appareil, disait en 1813 le célèbre amiral, en parlant du conducteur de chaîne, est ordinairement attaché à la cime du grand perroquet, comme étant le plus élevé du navire ; mais il ne s'ensuit pas que la foudre doive précisément frapper là, et j'ai vu, souvenir déplorable, quinze matelots excellents, épars sur le beaupré, tués ou brûlés en un clin d'œil. Quelques-uns furent précipités dans l'eau ; d'autres, couchés morts en travers des antennes, demeurèrent dans la posture qu'ils avaient avant l'accident. Ceci eut lieu à Port-Mahon, sur un navire de soixante-quatorze, tandis que l'équipage ferlant les voiles était dispersé sur toutes les vergues. On ne saurait dire si le conducteur était alors en place ou non ; mais en supposant que l'on puisse compter, à quelques égards, sur une pareille machine, il me paraît très-probable qu'une seule ne suffit pas pour un navire.

« Un conducteur placé selon l'usage, savoir, à la cime du grand perroquet, peut être envisagé comme un agent plus puissant que le mât lui-même ; mais il n'est jamais calculé positivement de manière à pouvoir absorber toute la portion de fluide électrique

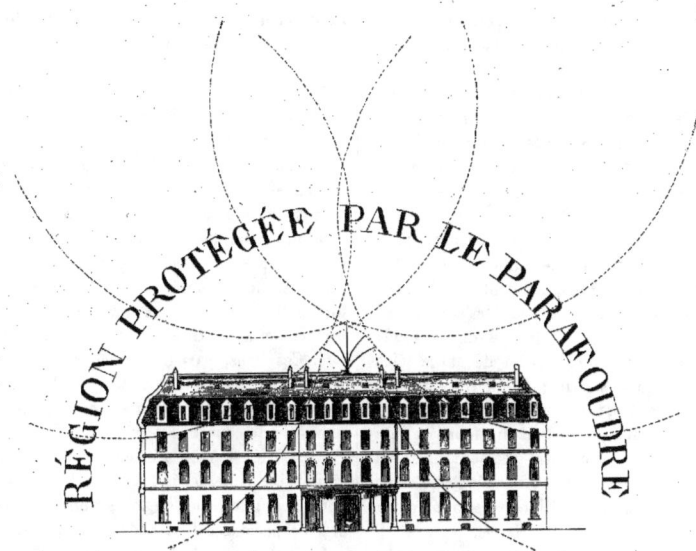

Fig. 311. — Parafoudre de M. Perrot.

qui se trouve en contact avec d'autres pointes rivales, et bien que les mâts soient presque toujours les premiers à recevoir la décharge, je sais des cas où plusieurs hommes, occupés à retirer leur linge mis à sécher sur la grande manœuvre, furent tués et brûlés par le fluide électrique. »

Un physicien anglais, M. Singer, exposait les mêmes vues dans un livre publié en 1814 (1). L'auteur affirme, d'après le témoignage de différents capitaines, que les conducteurs mobiles faits de fil de cuivre, sont généralement regardés comme de peu d'utilité.

« On les laisse, dit-il, empaquetés dans un coin du navire ; durant les voyages les plus longs et les plus hasardeux ; ils s'attachent aisément, il est vrai, mais ils se détachent de même. Pour cette raison et pour bien d'autres, il vaudrait mieux employer des conducteurs fixes ; on pourrait les accrocher au mât, et pour qu'ils gênassent moins les manœuvres, on pratiquerait, dans le milieu de leur tige inflexible, une séparation qui pourrait au besoin donner place à une partie souple composée de fils de fer en spirale.

Un autre physicien anglais, M. Harris, satisfit plus complétement à ces conditions, en imaginant un système nouveau qui est aujourd'hui universellement adopté dans la Grande-Bretagne.

La méthode de M. Harris consiste à faire des mâts eux-mêmes autant de paratonnerres, en y fixant une double couche de plaques de cuivre, qui produisent une surface continue de métal. Comme il est dit plus haut, ces plaques sont réunies entre elles par des bandes de cuivre passant sous les poutres du tillac, et avec les larges boulons de la quille, c'est-à-dire avec les principales masses métalliques qui entrent dans la coque du navire.

En 1830, trente navires de la marine bri-

---

(1) *Elements of Electricity* by G. J. Singer, ch. I, p. 226. Thilaye, conservateur à la Faculté de médecine de Paris, a donné une traduction de cet ouvrage, augmentée de notes : *Éléments d'électricité et de galvanisme*, par Singer. Paris, 1817.

tannique furent armés des paratonnerres de M. Harris, c'est-à-dire de mâts rendus conducteurs de l'électricité par un revêtement métallique. On les avait choisis parmi ceux qui stationnaient dans les climats les plus divers, sur la Méditerranée, au cap de Bonne-Espérance, dans les Indes orientales, dans les deux Amériques, etc. Ils furent, pendant plusieurs années, exposés aux plus terribles tempêtes, et, quoique frappés à plusieurs reprises par le tonnerre, ils ne subirent, de 1830 à 1842, aucun dommage notable. L'un d'eux, la frégate *Dryad*, en quittant les côtes d'Afrique, vers 1830, fut frappé de la foudre pendant un ouragan. La décharge électrique tomba sur le mât de misaine et le mât de maître, avec un sifflement terrible, et le navire parut un instant enveloppé de flammes. Mais aucun autre accident ne suivit. Dans plusieurs autres cas semblables, l'explosion électrique fut dirigée vers la mer, par les conducteurs de M. Harris.

Durant la même période où ces trente navires étaient ainsi préservés, quarante environ, qui n'avaient point adopté le nouveau mode de protection, furent frappés et endommagés gravement.

En 1842, l'amirauté britannique adopta définitivement, et après des expériences longuement poursuivies, le système de ces mâts conducteurs, qui est aujourd'hui le seul employé en Angleterre. Les pièces dont il se compose se fabriquent rapidement et à peu de frais dans les ateliers de l'État, et depuis son adoption générale, il n'existe peut-être pas d'exemple d'un navire anglais ayant sérieusement souffert d'un coup de foudre en mer.

Ce système est bien préférable à celui qui est adopté dans la marine française, et qui consiste simplement dans l'emploi d'une chaîne conductrice que l'on attache le long du mât au moment de l'approche d'un orage. Nous croyons que l'adoption du système anglais, à bord de nos vaisseaux, présenterait les plus grands avantages. Aussi, est-il regrettable que, dans le rapport de M. Pouillet on n'ait pas songé à en faire mention.

Nous reviendrons, en terminant, aux paratonnerres établis sur les édifices, c'est-à-dire au cas le plus général.

Des observations et des expériences faites en 1862 et en 1864, ont prouvé qu'il serait avantageux de remplacer la pointe unique qui termine les paratonnerres actuels, par des tiges multiples, c'est-à-dire par dix ou douze branches de plusieurs mètres de longueur, fort effilées chacune, et qui donnent ainsi un écoulement libre et facile à l'électricité. Ces tiges, partant du même point, du sommet de l'édifice, s'écartent les unes des autres, sous des angles variables, en formant une sorte de couronne de pointes.

C'est à M. Perrot, l'inventeur de la machine à imprimer les indiennes qui porte son nom (*perrotine*), que l'on doit les observations et les expériences dont nous allons parler.

Les paratonnerres tels qu'ils sont établis, et avec le système actuel des constructions, où le fer joue un rôle de plus en plus prédominant, ne sont pas aussi efficaces qu'on l'avait espéré jusqu'à ce jour. La confiance que nous donnait l'invention de Franklin a pu être ébranlée par l'accident grave arrivé à Paris, le 2 août 1862, à la caserne du prince Eugène. La foudre frappant sur l'un des paratonnerres qui surmontent cet édifice, suivit le conduit à gaz, et occasionna une explosion, dont les effets auraient été terribles, si, au lieu de tomber dans le corps de garde, la foudre eût éclaté dans l'un des trois magasins à poudre et à cartouches, qui font partie de cette caserne.

A propos de ce fait, nos physiciens se mirent à l'œuvre pour trouver le moyen d'augmenter l'efficacité des paratonnerres sur les édifices contenant des matériaux métalliques. M. Perrot fit, à cette occasion, plusieurs expériences dont les résultats paraissent concluants.

D'après M. Perrot, au moment où le paratonnerre reçoit le coup de foudre, le voisinage des grandes masses métalliques d'un bâtiment est plus dangereux, quand ces masses communiquent au paratonnerre, que lorsqu'elles sont isolées de ce conducteur, ce qui est contraire à l'une des règles admises dans le rapport de M. Pouillet.

Pour le prouver, M. Perrot place un disque maintenu électrisé et faisant fonction de nuage, au-dessus d'une tige métallique représentant un paratonnerre, et mise en contact avec un autre disque, disposé parallèlement au nuage, et qui simule la masse métallique du bâtiment à préserver. A chaque coup foudroyant lancé au paratonnerre, la main approchée de la masse métallique reçoit, dit M. Perrot, une commotion, accompagnée d'une étincelle, égale au quart environ de l'étincelle foudroyante. Si la communication entre la masse métallique et le paratonnerre, est interrompue, la commotion et l'étincelle deviennent presque insensibles; mais quelques faibles étincelles se manifestent pendant l'intervalle de temps qui sépare deux coups successifs.

Ces résultats sont une preuve des dangers qui accompagnent la foudre, quand elle frappe des paratonnerres établis dans le voisinage de grandes masses métalliques, et de la nécessité de les mettre à l'abri de tout coup foudroyant.

Fig. 312. — Parafoudre de Perrot.

M. Perrot repousse donc le précepte qui consiste à mettre les masses métalliques d'un édifice en communication avec le paratonnerre, précepte que nous avons dû rapporter plus haut, sans réflexion, nous réservant d'y revenir ici.

Pour mettre à l'abri de la foudre un édifice qui contient de grandes masses métalliques, M. Perrot propose de modifier la forme de la partie terminale du paratonnerre.

Voici les observations qui, d'après M. Perrot, conduisent à la solution du problème :

1° Les tiges des paratonnerres exercent une action neutralisante d'autant plus considérable que leur pointe terminale est plus aiguë.

2° Qu'une bouteille de Leyde, chargée d'électricité, soit placée à une distance telle d'une pointe communiquant avec le sol, qu'elle se décharge sur cette pointe, avec une *étincelle foudroyante*, il suffira d'armer l'extrémité de la tige d'une couronne de pointes, pour que la décharge de la bouteille soit *instantanée et silencieuse*.

Cette observation établit d'une manière incontestable qu'il suffit de multiplier les pointes terminales d'une tige métallique pour augmenter considérablement son action neutralisante.

Fig. 313. — Le parafoudre Perrot adapté à un ancien paratonnerre.

3° Si une tige métallique terminée en pointe et communiquant au sol est soumise à l'action d'un disque métallique électrisé, simulant un nuage, cette tige attire les corps avoisinants, et un flocon de coton, par exemple, viendra se décharger sur cette tige par une étincelle. Donc, l'action neutralisante de la tige ne s'exerce qu'au-dessus du plan horizontal passant par cette pointe. Mais si la tige est armée latéralement d'une pointe dirigée vers le flocon, il y a écoulement silencieux d'électricité par cette pointe, et il n'y a plus d'étincelle foudroyante.

Les moyens proposés par M. Perrot pour rendre les paratonnerres parfaitement efficaces, malgré le voisinage de masses métalliques, consistent donc à armer leur extrémité supérieure d'une couronne de pointes et à disposer latéralement sur la tige, un certain nombre de pointes convenablement disposées et espacées de la base au sommet (1).

Les figures 312 et 313 représentent la disposition qu'il faut donner à la partie terminale du paratonnerre pour réaliser le perfectionnement recommandé par M. Perrot.

La multiplicité des pointes du paratonnerre, ou du *parafoudre*, comme l'appelle M. Perrot, a pour effet d'augmenter sensiblement le *cercle de protection* de l'appareil.

La construction géométrique qui accompagne la figure 311 (page 593), c'est-à-dire les cercles tracés à l'extrémité de chaque pointe du parafoudre, mettent en évidence aux yeux, l'extension que reçoit par cette disposition nouvelle, le cercle de protection du paratonnerre.

Dans les édifices nouvellement construits à Paris, les dispositions recommandées par M. Perrot devraient être, il nous semble, adoptées, ne fût-ce que pour en constater les avantages. Rien, d'ailleurs, n'empêche d'adapter cette disposition particulière aux paratonnerres actuellement existants.

PARATONNERRES PORTATIFS. — Nous pouvons ajouter, pour terminer le sujet qui vient de nous occuper, qu'il a été question, au siècle dernier, de *paratonnerres portatifs* à l'usage des individus. C'est un des traducteurs de Franklin, Barbeu-Dubourg, qui en fit la proposition. Voici la description abrégée de ce *paratonnerre individuel*, qui ne différait guère d'un simple parasol que par divers accessoires qu'on y ajoutait :

« Le corps du parasol, dit Barbeu-Dubourg, se compose : 1° d'une surface de soie bombée, mais ayant une de ses coutures recouverte en dehors d'une petite tresse d'argent ; 2° d'un manche de bois léger et long d'environ deux pieds ; 3° d'une tringle de fer d'un demi-pouce de diamètre, et de huit à dix pouces de long, placée en dessus vis-à-vis du manche, et terminée supérieurement par un écrou ; 4° d'un anneau, de baguettes et d'un ressort particulièrement situés en dessous : cet anneau, glissant sur la tringle, sert à plier et à déplier les baleines ; 5° de

(1) *Comptes rendus de l'Académie des sciences*, t. LIV, septembre 1862, et t. LVIII. p. 115 (1864).

neuf ou dix baleines, chacune de deux pièces, arc-boutées à l'ordinaire, mais placées en dessus du taffetas ; l'une de ces baleines, attenante à la tresse d'argent, est armée d'un bout de cuivre terminé par un écrou. Les accessoires sont : 1° une verge de cuivre mince, longue d'un pied, terminée supérieurement par une pointe fine, et inférieurement par une vis qui s'adapte aisément, quand on veut, à l'écrou de tringle ; 2° un gros fil de laiton, d'un pied et demi de largeur, finissant par une petite vis qui au besoin se met dans l'écrou du bout de cuivre dont nous avons parlé ; 3° un cordonnet d'argent pendant au bout inférieur de ce fil de laiton, et terminé par une petite houppe de frange qui traîne à terre. »

Telle est la description donnée par Barbeu-Dubourg de son *paratonnerre portatif*.

Le Père Paulian, dans son ouvrage imprimé à Nîmes en 1790, *la Physique à la portée de tout le monde*, donne la description d'un autre paratonnerre portatif, en forme de parasol, et peu différent de celui de Barbeu-Dubourg.

Mais nous devons dire qu'il n'existe point, dans un sens absolu, de corps non conducteur de l'électricité, et que la foudre frappe, traverse, réduit en poussière, les corps réputés les plus mauvais conducteurs du fluide électrique, tels que le verre, les résines, le soufre, etc. Il est donc certain que ces appareils seraient restés sans efficacité pour préserver un homme de la foudre. Malgré son insuccès, cette tentative devait être signalée dans la notice que nous venons de tracer sur

Fig. 314. — Le paratonnerre portatif, ou le parapluie-paratonnerre de Barbeu-Dubourg.

l'histoire du paratonnerre et les dispositions diverses de ce merveilleux et puissant appareil.

FIN DU PARATONNERRE.

LA PILE DE VOLTA

Nous sommes dans la ville de Cosme, en Milanais, pendant les premiers jours de l'année 1800, tout à fait à l'aurore du grand siècle des sciences physiques. Si nous entrons dans le cabinet d'un physicien retiré dans cette ville, à la fin d'une longue carrière d'enseignement, nous y apercevrons un homme déjà âgé, qu'entoure tout un étrange attirail. Des pièces d'argent monnayé, des rondelles ou palets de zinc et de cuivre, sont épars autour de lui. Sur sa table, se dressent trois baguettes de bois, entre lesquelles il vient de superposer avec le plus grand soin, et toujours dans le même ordre, un palet de cuivre, un palet de zinc, une rondelle de drap mouillé; puis encore, et toujours dans le même ordre, un palet de cuivre, un palet de zinc, une rondelle de drap mouillé.

Tout cet ensemble forme un entassement, une *pile*, composée d'une série de disques de cuivre et de zinc, chacun de ces couples se trouvant constamment et uniformément séparé de l'autre, par un disque de drap humecté. L'œil fixé sur ce singulier assemblage, notre savant paraît en proie aux plus vives préoccupations. On dirait qu'il entrevoit par la pensée, tout un monde de vérités ignorées et sublimes. Près de lui est un écrit qu'il s'apprête à relire, c'est une longue lettre portant pour suscription : *A sir Joseph Banks, président de la Société royale de Londres*.

Que signifie cet arrangement singulier, cet instrument bizarre dont rien ne peut encore nous faire comprendre le but? Le vieux savant est-il tombé en enfance ou en manie? Mais suspendons toute interprétation injurieuse. Cet homme est Alexandre Volta. Cet appareil, c'est la *pile*, nom que l'inventeur lui donne, pour ne rien préjuger de ses effets et rappeler seulement l'ordre qui préside à sa disposition. Ce nom, provisoirement et arbitrairement adopté, restera désormais, (et malheureusement, car il n'est pas de nom plus impropre), attaché à cet appareil.

Rien ne peut faire prévoir encore l'importance de cet instrument nouveau. Mais attendez quelque temps, trois mois à peine, et lorsqu'une étude rapide aura permis d'entrevoir ses principaux effets, vous ne tarderez pas à vous convaincre qu'il constitue le plus puissant, le plus merveilleux des appareils qu'ait enfantés la science des hommes.

Un rapide coup d'œil jeté, par avance, sur les principaux effets de la pile de Volta, va nous montrer que rien n'est comparable à la puissance, à la variété, à l'universalité de ses effets.

Réunissez, au moyen d'un fil métallique, les deux extrémités qui terminent cette *pile* de disques accumulés, et voici les effets variés, autant qu'extraordinaires, que vous obtiendrez à volonté.

Entre ces deux fils rapprochés à une faible distance, on voit jaillir une flamme, qui, lorsqu'elle est produite dans des conditions spéciales, efface, par sa prodigieuse intensité, toute lumière artificielle, et qui n'est comparable qu'à l'éclat même du soleil.

Si l'on réunit par un mince fil conducteur, les deux pôles de cet instrument, de telle sorte que le fil interposé serve seul à l'écoulement du fluide électrique, on aura entre les mains le plus énergique foyer de chaleur dont les hommes puissent disposer. Par la masse de calorique accumulée en ce point, on met en un instant en fusion, et l'on réduit même à l'état de vapeurs, les métaux les plus réfractaires. Le fer, infusible dans nos feux de forge ; le platine, le plus réfractaire des métaux ; les corps non métalliques, tels que la silice ou l'alumine, composés absolument infusibles ; le diamant même ; en un mot, presque toutes les substances sans exception appartenant au règne minéral, sont amenées en un instant à l'état de fusion, par ce foyer sans rival.

Quand il circule silencieusement et sans aucune manifestation extérieure, dans un conducteur non interrompu, le courant électrique engendré par cet instrument jouit de la vertu, mystérieuse autant qu'étonnante, de développer une force motrice considérable. On peut, à son gré, accroître l'énergie de cette force mécanique, l'employer à soulever de lourds fardeaux, à animer des machines. Différent en cela de tous les moteurs connus, cet agent mécanique se transporte à toutes les distances, avec une vitesse incalculable. Il peut agir, sans perdre considérablement de son intensité, à mille lieues de son point de départ. Serviteur obéissant et docile, cette force est toujours prête. Rien ne lui fait obstacle pour surmonter les distances. Elle franchit les mers, gravit les montagnes, descend les vallées, traverse les cités, et se retrouve, à son point d'arrivée, avec la plus grande partie de son énergie primitive. On peut en un clin d'œil, à la volonté et au commandement de la main, suspendre son action, et dans les intermittences de travail, dans les instants de repos, elle ne dépense, elle ne consomme rien.

Si l'on plonge dans de l'eau, deux fils d'or ou de platine, attachés aux deux pôles de cet instrument, et que l'on rapproche ces deux fils à une certaine distance, on voit aussitôt l'eau se décomposer et se réduire en ses deux éléments : l'oxygène et l'hydrogène gazeux. L'oxygène se dégage autour du fil aboutissant au pôle zinc, l'hydrogène autour du fil partant du pôle cuivre.

Cette décomposition que l'eau subit sous l'influence du courant voltaïque, tous les autres composés naturels sont susceptibles de l'éprouver également ; car la pile de Volta est le moyen le plus puissant d'analyse que possède la chimie. Sous son influence, les oxydes métalliques sont réduits en leurs éléments ; l'oxygène se dégage au pôle zinc ; le métal se dépose à l'autre pôle. Les composés salins se détruisent aussi par l'incompréhensible action de la même force : l'acide qui entre dans leur composition se porte au pôle zinc ; la base, ou l'oxyde métallique, se rend au pôle cuivre.

C'est grâce à la pile voltaïque que les chimistes ont pu être fixés, après des siècles d'infructueux efforts, sur la nature d'une foule de composés. On soumet un jour la potasse à l'action de la pile, et cet alcali est décomposé. Bientôt, tous les oxydes terreux se dédoublent à leur tour, en oxygène et en un métal particulier ; la véritable nature des bases alcalines et terreuses est ainsi tout à coup dévoilée. Toutes les autres substances chimiques étant soumises successivement à ce puissant moyen d'analyse, des métaux inconnus sont découverts, la liste des corps simples anciennement admise est rectifiée, et le système général de la chimie s'éclaire d'un jour inattendu.

Moyen puissant et sans égal d'analyse chimique, la pile voltaïque peut aussi, délicatement employée, produire l'effet inverse, et par une sorte de contradiction physique dont le sens nous échappe, servir à la synthèse ou à la recomposition des corps. Si l'électricité de la pile peut décomposer l'eau en ses éléments, à l'inverse, une étincelle électrique, qui peut être fournie par la pile, provoque la combinaison de l'hydrogène et de l'oxygène gazeux, et détermine la formation de l'eau, par l'union chimique de ces deux gaz. Enfin, grâce à l'emploi de courants électriques faibles et continus, on parvient à reproduire, avec le secours du temps, certaines espèces minérales qui existent dans la nature.

La pile de Volta, qui produit de si remarquables effets physiques et chimiques, provoque encore d'importants phénomènes physiologiques. En circulant au sein de nos organes, l'électricité issue de la pile, reproduit ces intimes ébranlements que l'innervation a le privilége d'y exciter. Elle réveille nos fonctions endormies, met en action les appareils organiques; elle *galvanise*, suivant l'expression consacrée, le cadavre des animaux récemment tués, et simule les phénomènes qui sont propres à la vie.

Si, avec les deux mains humectées d'eau, on touche à la fois, les deux fils conducteurs d'une pile en activité, on éprouve aussitôt une vive commotion. On ressent dans les articulations des doigts et de la main, une secousse, pareille à celle que l'on éprouve quand on touche à la fois les deux garnitures d'une bouteille de Leyde. Seulement, la bouteille de Leyde ne donne qu'une seule commotion; pour en obtenir une autre, il faut recharger la bouteille. Ici, au contraire, la secousse se renouvelle continuellement; la pile de Volta joue le rôle d'une bouteille de Leyde qui se rechargerait sans cesse et d'elle-même, qui après avoir produit un effet électrique se rechargerait d'électricité et subitement et spontanément.

Placez sur le bout de la langue le pôle zinc de cet instrument, et sur un autre point du même organe le pôle cuivre, vous percevrez l'impression d'une saveur acide. Changez les deux fils de place, la saveur perçue sera alcaline.

Le sens de la vue peut être excité, comme celui du goût, par le courant de la pile ; et, résultat singulier, la sensation lumineuse peut être provoquée sans que le fil conducteur touche l'organe de la vue. Si l'on applique sur la joue, sur les lèvres, ou sur une partie quelconque du visage, préalablement humectée d'eau, le fil conducteur de l'un des pôles, à l'instant où l'on saisit avec la main l'autre extrémité, on aperçoit un faible éclair en tenant les yeux fermés.

Si l'on place les deux fils de la pile sur les oreilles humectées d'eau, ou bien entre une oreille et quelque autre partie humectée du visage, on entend aussitôt des sons ou des bruits successifs et répétés.

Ce n'est pas seulement sur les organes vivants que la pile voltaïque exerce son influence. Elle réveille sur le cadavre des animaux les actions organiques qui viennent de s'éteindre par la mort. En faisant, par des moyens convenables, circuler le courant électrique dans les muscles pectoraux d'un animal récemment tué, on voit renaître sur le cadavre, l'acte mécanique de la respiration. Soumis au même genre d'expérimentation, on a vu des hommes suppliciés exécuter les phénomènes de la vie organique, leurs mains s'agiter et soulever des poids, le tronc se relever à demi, et les muscles de la face en proie à de si effrayantes contorsions, que les témoins de cette étrange scène s'enfuyaient épouvantés.

Source de lumière et de chaleur, agent de force motrice, moyen puissant d'action chimique, instrument de phénomènes physiologiques variés, la pile voltaïque réalise donc cet idéal Protée conçu pour un autre ordre d'idées par la poétique imagination des anciens. Produire de la chaleur et de la lumière, créer des forces motrices, ramener les corps à leurs éléments primitifs, combiner entre eux ces éléments, réveiller au sein des

Fig. 315. — Galvani, professeur à Bologne, découvre, en 1780, l'irritabilité des muscles de la grenouille par l'électricité (page 603)

êtres organisés les mouvements particuliers à l'action vitale, à cela se réduit à peu près la sphère de notre activité scientifique et industrielle. Ce cercle immense autant que varié, la pile voltaïque le remplit à elle seule, et presque toujours avec une intensité et une facilité surprenantes.

De toutes les inventions modernes, la pile voltaïque est donc la plus originale, la plus féconde, en raison du caractère frappant d'universalité qui la distingue. Les plus belles créations de la science ou de l'industrie, la machine à vapeur et nos puissants instruments mécaniques, la boussole, les lunettes d'approche et les instruments d'optique perfectionnés, toutes les autres inventions dont nous pourrions rappeler la longue et glorieuse liste, n'accomplissent en général qu'une fonction unique et spéciale. L'instrument que nous devons à Volta est, au contraire, essentiellement universel dans ses applications. Grâce à cet appareil admirable, on enferme et l'on condense en un même point une source continuelle d'électricité, c'est-à-dire d'un agent physique égal au calorique par le nombre et l'importance de ses attributs, et l'on peut mettre tour à tour à profit ses effets variés. Lumière, chaleur, action mécanique, effets physiologiques, nous avons sous la main, avec la pile électrique, toutes les ressources, tous les moyens d'action à la fois. Nous pouvons, à volonté, mettre en jeu l'un de ces effets à l'exclusion des autres, et tous, isolés ou simultanés, obéissent aveuglément à nos ordres. Ils partent, s'élancent ou s'arrêtent, modèrent, graduent ou exaltent leur intensité, selon nos besoins ou nos désirs. Grâce à la pile de Volta, l'électricité devient tour à tour le messager rapide qui porte nos dépêches, — la machine puissante qui accom-

T. I.

plit nos travaux mécaniques, — l'agent mystérieux qui, dans nos laboratoires industriels, façonne et superpose les métaux précieux ou communs, — le moyen thérapeutique que la médecine tente de mettre en œuvre, et la lampe sidérale, qui brille comme un soleil nouveau dans la nuit de nos cités.

Il faudrait des volumes pour raconter avec tous les détails qu'elle exigerait, l'histoire de la pile de Volta, pour tracer le tableau des innombrables applications qu'elle a reçues, et fournir des renseignements exacts et circonstanciés sur tous les points qui se rattachent à ce grand sujet. Pour ne pas étendre cette notice hors de toute limite, nous ne considérerons ici que l'histoire de la pile de Volta prise en elle-même, sans entrer dans l'exposé de la longue série des applications qu'elle a trouvées de nos jours. Nous pourrons ainsi renfermer dans un petit nombre de pages le récit historique de tout ce qui se rapporte à cet admirable appareil. Après cette partie historique, nous aborderons la description de cet instrument, les formes infiniment variées qu'il a reçues. Nous terminerons cette étude par un coup d'œil sur la difficile question de la *théorie de la pile*.

CHAPITRE PREMIER

PREMIÈRES OBSERVATIONS DE GALVANI SUR L'ÉLECTRICITÉ ANIMALE. — LE CHOC EN RETOUR CHEZ LA GRENOUILLE. — RECHERCHES EXPÉRIMENTALES DE GALVANI TOUCHANT L'INFLUENCE DE L'ÉLECTRICITÉ DES MACHINES SUR LES CONTRACTIONS MUSCULAIRES DES ANIMAUX A SANG FROID ET A SANG CHAUD. — DÉCOUVERTE FONDAMENTALE, FAITE PAR GALVANI, DES CONTRACTIONS MÉTALLIQUES PROVOQUÉES CHEZ LA GRENOUILLE PAR L'EMPLOI D'UN ARC MÉTALLIQUE. — GALVANI PUBLIE SON SYSTÈME SUR L'ÉLECTRICITÉ ANIMALE.

Professeur d'anatomie à l'université de Bologne, Aloysius Galvani était l'un des hommes les plus distingués d'une époque féconde en éminents esprits. Bien que l'on se soit plu à rabaisser son mérite scientifique en ne voulant le considérer que comme un anatomiste habile, il s'était pourtant occupé avec succès de beaucoup d'études expérimentales d'un ordre varié. Sans négliger pour cela ses travaux de physiologie, il s'était occupé de chimie organique et de physique appliquée. Préoccupé depuis longtemps de l'étude des fonctions du système nerveux, séduit par la pensée, alors si en faveur, de l'intervention de l'électricité dans les phénomènes de la vie, il s'adonnait d'une manière particulière, à l'examen de l'action du fluide électrique sur les corps vivants : il cherchait à déterminer son influence sur les organes des animaux. L'expérimentateur de Bologne était donc parfaitement préparé aux découvertes de physique et de physiologie qu'il devait réaliser plus tard.

C'est à Galvani qu'était réservée la gloire d'ouvrir le premier la route dans l'immense champ de recherches scientifiques qui devait si profondément remuer son époque.

Pour mettre sur le compte du hasard l'observation du fait primordial qui donna le signal de ses recherches, on a accrédité une anecdote, souvent reproduite et singulièrement fertile en variantes (1). Bien que répétée par Arago, dans son *Éloge historique de Volta*, cette anecdote ridicule, dans laquelle il est question d'un bouillon aux grenouilles préparé par la cuisinière de Galvani, est tout à fait controuvée. Le hasard joua sans doute un rôle dans ce fait ; mais le génie de Galvani tira, comme on va le voir, un merveilleux parti d'un accident qui serait demeuré stérile entre les mains de tout autre observateur.

Un soir de l'année 1780 (2), Galvani se trou-

(1) En étudiant la physique, comme élève de philosophie, au lycée de ma ville natale, je m'étais amusé à relever dans nos principaux auteurs de Traités de physique, les différentes manières dont cette anecdote était racontée. J'avais recueilli vingt et une de ces variantes, dont je conserve encore le texte. Je me flatte que celle que j'ai adoptée ici est la bonne, car elle est empruntée au mémoire latin de Galvani, qui sera cité plus loin.
(2) Et non de l'année 1790, comme le dit Arago dans son *Éloge de Volta*, par une erreur que nous signalons aux

vait dans son laboratoire, occupé, avec quelques élèves, à répéter ses expériences sur l'irritabilité nerveuse des animaux à sang froid, et en particulier des grenouilles. Pour procéder à ces expériences, on avait fait subir à la grenouille une préparation anatomique qui consistait : 1° à dépouiller rapidement de sa peau l'animal vivant; 2° à séparer d'un coup de ciseau, les membres inférieurs de la partie supérieure du corps, en conservant seulement les deux nerfs de la cuisse (les nerfs cruraux, qui sont très-développés chez ce batracien). Ces nerfs, étant respectés, servaient à maintenir, appendus par ce seul lien, les membres inférieurs de l'animal.

Dans le même laboratoire où Galvani se livrait en ce moment, à ses recherches sur l'irritabilité nerveuse des grenouilles, un autre observateur de ses amis était occupé à faire, de son côté, quelques expériences de physique, au moyen d'une machine électrique ordinaire. Cette coïncidence, assez singulière, fut le véritable hasard dont on a tant parlé à ce propos.

Ayant fait subir à sa grenouille la préparation anatomique que nous venons de décrire, Galvani la posa, sans intention particulière, sur la tablette de bois qui servait de support à la machine électrique; puis il sortit du laboratoire, pour se rendre dans une autre partie de la maison.

Or, il arriva que l'un des aides de Galvani, sans doute pour achever la dissection et la séparation des nerfs cruraux de la grenouille, vint à toucher ces nerfs de la pointe de son scalpel. Tout aussitôt, les membres inférieurs de l'animal entrèrent en contraction, comme s'ils étaient pris d'une convulsion tétanique.

On comprend aisément la surprise qu'occasionna ce phénomène insolite aux personnes qui se trouvaient en ce moment dans le laboratoire.

Parmi elles étaient la femme du professeur, Lucia Galvani, compagne constante et dévouée, qui exerça une grande influence sur la destinée et les travaux du célèbre anatomiste. Pendant que l'on s'empressait à reproduire, en se plaçant dans les mêmes conditions, le curieux phénomène qui avait si fort étonné les assistants, Lucia Galvani crut reconnaître que les contractions de la grenouille n'étaient jamais excitées qu'au moment précis où l'on tirait une étincelle de la machine électrique voisine. En effet, l'expérience répétée avec cette circonstance particulière, réussissait toujours. Quand on tirait une étincelle de la machine, et qu'en même temps, une autre personne touchait de la pointe d'un scalpel, les nerfs cruraux de la grenouille, placée pourtant à une certaine distance de l'appareil électrique, les contractions lombaires ne manquaient jamais de se manifester. Elles n'apparaissaient pas, au contraire, quand on laissait en repos la machine.

Émerveillée de ce fait, Lucia Galvani courut aussitôt en faire part à son mari, retenu en ce moment hors du laboratoire.

Ce dernier s'empressa de vérifier le phénomène annoncé, et il ne put qu'en constater la réalité. En plaçant la grenouille sur la tablette de la machine électrique comme le représente la figure de la page 601, puis approchant la pointe d'un scalpel de l'un ou de l'autre des nerfs cruraux de la grenouille, tandis qu'une autre personne tirait l'étincelle de la machine, le phénomène se produisit exactement de la même manière. Les membres inférieurs de l'animal furent pris de contractions violentes, comme par l'effet d'un mouvement tétanique.

Voici le passage du mémoire latin de Galvani où le fait qui précède est raconté avec détail :

« La chose se passa pour la première fois comme je vais le raconter. Je disséquais une grenouille et je la préparais comme l'indique la figure 2 de ce mémoire. Ensuite, me proposant toute autre chose, je la plaçai

---

éditeurs de ses *Œuvres complètes*, où elle se trouve reproduite. (*Notices biographiques*. Tome 1ᵉʳ, page 212), in-8°. Paris, 1854.

sur une table sur laquelle se trouvait une machine électrique. La grenouille n'était aucunement en contact avec le conducteur de la machine; elle en était même distante d'un assez long intervalle. Un de mes aides vint à approcher par hasard la pointe d'un scalpel des nerfs cruraux internes de cette grenouille et les toucha légèrement, et tout aussitôt tous les muscles des membres inférieurs se contractèrent, comme s'ils avaient été subitement pris de convulsions tétaniques violentes. Cependant une personne qui était là présente pendant que nous faisions des expériences avec la machine électrique, crut remarquer que le phénomène ne se produisait que lorsque l'on tirait une étincelle du conducteur. Émerveillée de la nouveauté du fait, elle vint aussitôt m'en faire part. J'étais alors préoccupé de toute autre chose ; mais pour de semblables recherches mon zèle est sans bornes, et je voulus aussitôt répéter par moi-même l'expérience et mettre au jour ce qu'elle pouvait présenter d'obscur. J'approchai donc moi-même la pointe de mon scalpel tantôt de l'un, tantôt de l'autre des nerfs cruraux, tandis que l'une des personnes présentes tirait des étincelles de la machine. Le phénomène se produisit exactement de la même manière : au moment même où l'étincelle jaillissait, des contractions violentes se manifestaient dans chacun des muscles de la jambe, absolument comme si ma grenouille préparée avait été prise de tétanos (1). »

Il résulte bien évidemment de ce récit de Galvani, que ce n'était pas pour la première

(1) « Res autem ab hujus modi profecta initio est. Ranam dissecui atque præparavi ut in fig. 2, eamque in tabulâ, omniâ mihi alia proponens, in quâ erat machina electrica, collocavi, ab ejus conductore penitus sejunctam atque haud brevi intervallo dissitam. Dum scalpelli cuspidem unus ex iis qui mihi operam dabant cruralibus hujus ranæ internis nervis casu vel leviter admoverit, continuo omnes artuum musculi ita contrahi visi sunt, ut in vehementiores incidisse tonicas convulsiones viderentur. Eorum vero alter, qui nobis electricitatem tentantibus præsto erat, animadvertere sibi visus est rem contingere, dum ex conductore machinæ scintilla extorqueretur, Rei novitatem ille admiratus, de eâdem statim me, alia omninò molientem ac mecum ipso cogitantem, admonuit. Hic ego incredibili sum studio et cupiditate incensus sum idem experiendi, et quod occultum in re esset in lucem proferendi. Admovi propterea et ipse scalpelli cuspidem uni vel alteri crurali nervo, quo tempore unus ex iis qui aderant scintillam eliceret. Phænomenon eâdem omninò ratione contigit : vehementes contractiones in singulos artuum musculos, perinde ac si tetano præparatum animal esset correptum, eodem ipso temporis momento inducebantur quo educebantur scintillæ. »
(ALOYSII GALVANI *De viribus electricitatis in motu musculari Commentarius*. — *De Bononiensis scientiarum et artium Instituto et Academiâ Commentarii*, 1790, t. VII, p. 363.)

fois qu'il se livrait à des recherches physiologiques sur les grenouilles. Il existe d'ailleurs une preuve irrécusable qui fixe l'époque exacte à laquelle Galvani commença ses expériences sur les grenouilles. On trouve dans un registre signé par Canterzani, secrétaire de l'Académie de Bologne, la note suivante relative aux dates des mémoires que Galvani avait communiqués à cette Académie :

« 9 avril 1772, *Sur l'irritabilité hallérienne*.
« 22 avril 1773, *Sur les mouvements musculaires des grenouilles*.
« 20 janvier 1774, *Sur l'action de l'opium sur les nerfs des grenouilles.* »

Ainsi, lorsque Galvani fit l'observation rapportée plus haut, de l'action de l'étincelle électrique sur les nerfs cruraux de la grenouille, il faisait usage depuis sept ans, de grenouilles préparées de cette manière. On a retrouvé parmi ses manuscrits, le cahier qui contient ses premières expériences faites en 1780 sur les contractions des grenouilles excitées par l'électricité. En décrivant la première expérience que nous venons de rapporter, Galvani écrit : *La grenouille était préparée comme à l'ordinaire* (*alla solita maniera*). Ce n'était donc point par hasard, ni pour la première fois, qu'il fit, en 1780, l'observation capitale dont il s'agit.

L'anecdote du bouillon aux grenouilles préparé par la cuisinière de madame Galvani pour un rhume de son mari, qui a été répétée par une foule d'écrivains, parmi lesquels figurent les plus sérieux et les plus recommandables de nos auteurs, tels qu'Alibert dans son *Éloge historique de Galvani*, et Arago dans son *Éloge historique de Volta*, n'est donc qu'une fable.

Le phénomène qui avait si fort émerveillé Galvani et ses amis, bien qu'il n'eût jamais été observé jusque-là, était assez simple en lui-même. C'était un résultat de ce que l'on désigne en physique, sous le nom de *choc électrique en retour*, et dont les effets s'observent en grand, pendant la décharge électrique d'un nuage orageux.

Le *choc en retour* est une commotion électrique que peuvent ressentir l'homme et les animaux, à une distance assez éloignée du lieu où la foudre a éclaté. Occupant une vaste étendue de l'atmosphère, un nuage chargé d'électricité agit *par influence* sur tous les corps placés dans sa sphère d'action. Tous les corps, toute la surface du sol, qui sont compris dans le cercle d'activité du nuage orageux, sont électrisés par son influence, et se trouvent chargés d'une quantité plus ou moins considérable d'électricité contraire à celle du nuage. Quand la foudre vient à éclater en un point quelconque, le nuage se trouve subitement déchargé de son électricité libre; il cesse donc, tout aussitôt, d'agir électriquement sur les corps placés au-dessous de lui. Dès lors, ces corps repassent subitement de l'état électrique à l'état neutre, par la recomposition instantanée des deux fluides. Ce brusque retour à l'état naturel, cette subite recomposition du fluide, quand elle s'exerce à travers les corps des hommes ou des animaux, provoque une secousse, une commotion violente et quelquefois mortelle : c'est le *choc en retour*.

C'est un phénomène de ce genre qui se produisait dans l'expérience de Galvani rapportée ci-dessus. Placé dans le voisinage d'une machine électrique en activité, et se trouvant ainsi dans sa sphère d'attraction, le corps de la grenouille s'électrisait par influence, et persistait dans cet état électrique tant que le conducteur de la machine se trouvait chargé de fluide. Mais quand on venait, en tirant l'étincelle, à dépouiller subitement le conducteur de la machine de toute son électricité libre, la recomposition du fluide se faisait au même instant dans le corps de l'animal. Ce rapide mouvement de l'électricité déterminait une commotion dans les membres de la grenouille, parce que le corps d'une grenouille récemment tuée éprouve toujours ces mouvements de contractilité musculaire sous l'influence de l'électricité en mouvement. Une grenouille récemment tuée est, en effet, un excellent *électroscope* : elle accuse la présence des plus faibles traces d'électricité à l'état libre. Beaucoup de physiciens se sont servis du corps d'une grenouille préparée pour affirmer la présence de l'électricité en mouvement.

On a dit et répété bien des fois, que Galvani ne sut point reconnaître la nature du phénomène qui se manifesta pour la première fois entre ses mains. On a prétendu qu'excellent anatomiste, mais physicien ignorant, il n'avait pas compris que les contractions de sa grenouille provenaient simplement d'un *choc en retour*, et qu'il fut amené ainsi à s'engager dans une foule de recherches qu'il se serait évité la peine d'entreprendre s'il eût été bon physicien.

Accuser Galvani d'avoir ignoré les faits élémentaires de l'électricité statique, c'est commettre une véritable injustice. L'anatomiste de Bologne connaissait le phénomène du choc en retour, car il en parle dans ses ouvrages. Il avait fait d'ailleurs de nombreuses expériences sur l'électricité produite dans le vide, sur la bouteille de Leyde soumise à l'influence de la machine électrique. De pareilles études suffisent pour prouver que Galvani possédait sur l'électricité statique de solides connaissances, et qu'il ne pouvait ignorer le phénomène du choc en retour.

C'est le reproche qu'a adressé à Galvani Arago, dont l'opinion a été ensuite reproduite par presque tous nos auteurs :

« Ce phénomène était très-simple, dit Arago, s'il se fût offert à quelque physicien habile, familiarisé avec les propriétés du fluide électrique, il eût à peine excité son attention. L'extrême sensibilité de la grenouille, considérée comme électroscope, aurait été l'objet de remarques plus ou moins étendues; mais sans aucun doute, on se serait arrêté là. Heureusement, et par une bien rare exception, le défaut de lumières devint profitable. Galvani, très-savant anatomiste, était peu au fait de l'électricité. Les mouvements musculaires qu'il avait observés lui paraissant inexplicables, il se crut transporté dans un nouveau monde (1). »

Nous invoquerons à l'encontre de cette dernière assertion, le témoignage du savant physicien italien, M. Matteucci, si compétent en un tel sujet (2). M. Matteucci dit, à propos des connaissances de Galvani dans l'électricité :

« Du reste, dans un mémoire latin qui est très-peu répandu, et dans lequel il s'occupe de la lumière électrique dans l'air plus ou moins raréfié, on peut voir que Galvani était bien au courant de toutes les découvertes et de toutes les théories de l'électricité. Dans son mémoire *sur l'usage et l'activité de l'arc conducteur*, Galvani dit que la contraction de la grenouille peut très-bien s'expliquer, dans le cas dont nous avons parlé, par le *coup de retour*. On voit bien qu'il expliquait le phénomène comme nous le faisons encore. »

Ainsi Galvani songea à expliquer par le phénomène du choc en retour, le mouvement convulsif de la grenouille, mais il ne crut pas devoir s'arrêter à cette explication. Préoccupé depuis longtemps, de la pensée que le fluide nerveux n'est autre chose que l'électricité libre circulant dans l'économie animale, il se refusa à admettre que le phénomène qu'il venait d'observer, fût le résultat d'un simple choc en retour. Il considéra ces contractions musculaires comme le premier anneau d'une chaîne de découvertes qui devaient le conduire à la vérification expérimentale d'une théorie séduisante. Il espéra arriver à déterminer les lois et la nature de cet influx nerveux qu'il avait tant étudié.

L'événement prouva d'ailleurs que dans cette circonstance, l'anatomiste eut raison de ne pas s'en tenir exclusivement aux préoccupations du physicien.

Quoi qu'il en soit, Galvani, justement frappé de l'importance du fait nouveau qui venait de se révéler entre ses mains, résolut d'en poursuivre l'étude d'une manière approfondie. Il entreprit une longue série de recherches, avec toutes sortes d'animaux, sur la manière dont la décharge de la machine électrique provoque les contractions musculaires. Cette catégorie d'expériences ne dura pas moins de six années.

Dans ces longues recherches, Galvani étudia avec le plus grand soin l'influence qu'exerce l'électricité des machines pour provoquer à distance les contractions musculaires des animaux à sang froid et à sang chaud, soit peu d'instants après leur mort, soit pendant la vie. Il procéda à cette étude avec une méthode, une sagacité, une rectitude de jugement qui peuvent être citées comme un exemple à suivre dans l'observation d'un phénomène obscur par son côté physique, et compliqué par l'élément, si épineux, de l'intervention de la vie.

Dans le problème offert à sa curiosité philosophique, il y avait trois termes principaux, dont il fallait déterminer les conditions et l'influence : l'électricité comme agent du phénomène ; — les nerfs qui produisaient, par leur intermédiaire, le mouvement contractile observé ; — le corps étranger, qui, mis en contact avec les nerfs, provoquait les contractions.

Les premières expériences de Galvani portèrent sur ce corps étranger qui, par son contact avec les nerfs, excitait les mouvements de la grenouille. Dans l'expérience telle qu'elle avait été faite pour la première fois, on s'était servi d'un scalpel à manche métallique, c'est-à-dire d'un corps très-bon conducteur de l'électricité. Galvani répéta l'expérience avec tous les corps bons, médiocres, ou mauvais conducteurs du fluide électrique, et il reconnut que les substances conductrices avaient seules la propriété de provoquer les convulsions musculaires. Il étudia aussi

---

(1) *Éloge historique de Volta.* — *Œuvres de François Arago : Notices biographiques*, t. I, p. 212.
(2) *Traité des phénomènes électro-physiologiques des animaux*, 1re partie, p. 7.

l'influence de la forme, de la longueur, de l'orientation des conducteurs propres à exciter la contraction tétanique, et il constata que dans ces diverses conditions, le phénomène se produisait toujours identiquement le même, pourvu que l'extrémité de l'instrument excitateur fût en contact avec les nerfs cruraux, et que l'on opérât dans le voisinage, mais non au contact, du conducteur d'une machine électrique en activité.

Bien que très-remarquables par la précision expérimentale, ces premières recherches n'apportèrent pas grand bénéfice à la science, car elles ne constituent, en réalité, qu'une étude minutieuse, et d'ailleurs fort exacte, des effets du *choc en retour* excité dans le corps des animaux.

Galvani expérimenta ensuite, dans la même vue, les différentes sources d'électricité que l'on connaissait alors : l'électricité positive ou négative dégagée par la machine électrique; l'électricité fournie par la bouteille de Leyde, par les jarres électriques, et par l'électrophore. Les résultats furent constamment les mêmes : les contractions survenaient toujours dans les membres inférieurs de la grenouille, au moment même où le fluide naturel se recombinait subitement dans le corps de l'animal par la décharge, à distance, de l'appareil électrique.

Ayant ainsi épuisé, à ce point de vue, l'étude des sources d'électricité artificielle, Galvani voulut connaître l'influence qu'exercerait sur le même phénomène l'électricité naturelle, c'est-à-dire celle qui est accumulée dans la masse des nuages orageux. Le choc en retour se manifeste avec une imposante grandeur pendant la décharge électrique d'un nuage annoncée par un coup de foudre. Mais il se produit aussi, seulement avec moins d'intensité, au moment de l'apparition d'un éclair non accompagné de tonnerre. On trouvait donc, dans ce dernier phénomène, le moyen d'étudier sur une grande échelle l'influence, sur les mouvements convulsifs de la grenouille, du choc en retour provoqué par l'électricité naturelle.

Sans se laisser arrêter par les dangers d'une tentative où l'infortuné Richmann avait trouvé une fin tragique, Galvani n'hésita pas à exposer sa vie pour enrichir la science de quelques résultats nouveaux. Au sommet de sa maison, il fit élever une tige de fer pointue dressée verticalement. Un fil métallique, partant de cette tige, conduisait dans son laboratoire l'électricité empruntée à l'atmosphère. L'extrémité de ce fil, recourbée en crochet, passait dans la masse des muscles et des nerfs lombaires d'une grenouille préparée, qui s'y trouvait suspendue.

Fig. 316. — Galvani provoque les contractions de la grenouille au moyen de l'électricité d'un nuage orageux.

On constata ainsi, plus d'une fois, qu'au moment où l'éclair apparaissait, de violentes contractions saisissaient les muscles de l'animal. Souvent même elles apparaissaient sans que l'éclair brillât aux nues, et par un ciel sombre et nuageux; seulement les *éclairs de chaleur* n'agissaient jamais sur ce nouvel et curieux électroscope.

On ne peut lire, sans frémir de crainte pour le courageux physicien, les détails d'une expérience faite le 7 avril 1786, et consignée dans ses cahiers manuscrits : Galvani serrait entre ses mains la tige du conducteur atmosphérique isolé, au moment même où la foudre éclatait dans le ciel.

Ayant de cette manière, soumis à ses expériences l'électricité d'une atmosphère orageuse, Galvani fut pris du désir d'éprouver aussi la puissance électrique de l'air pendant un jour serein.

Fig. 317. — Galvani.

C'est en exécutant cette série d'expériences, dernier anneau d'une chaîne d'études qui l'occupaient depuis six ans, et grâce à sa louable persévérance dans l'étude d'un même phénomène, que le physicien de Bologne vit couronner ses efforts du plus merveilleux succès. C'est ainsi, en effet, qu'il fut conduit à l'observation qui constitue réellement sa découverte fondamentale, celle qui a servi d'origine et de point de départ à la création de la pile de Volta. Preuve brillante et nouvelle que le génie ne consiste souvent que dans la poursuite attentive et intelligente de la même pensée !

Le 20 septembre 1786, Galvani, pour étudier l'influence de l'électricité atmosphérique sur les mouvements de la grenouille par un temps calme, prépara, comme à l'ordinaire, un de ces animaux, et, après lui avoir passé un crochet de cuivre à travers la moelle épinière, il le suspendit à la balustrade de fer qui bordait la terrasse du palais Zamboni, qu'il habitait.

Il avait déjà tenté plusieurs fois sans aucun résultat la même expérience. De temps en temps il montait sur la terrasse, afin de noter, heure par heure, ce qui pouvait se passer. Vers la fin de la journée, fatigué de la longueur et de l'inutilité de ses observations, il saisit le crochet de cuivre implanté dans la moelle épinière de la grenouille, l'appliqua contre la balustrade, qu'il frotta vivement, au moyen de ce crochet, comme pour rendre le contact plus intime entre les deux métaux. Aussitôt les membres inférieurs de l'animal entrèrent en contraction, et ces mouvements musculaires se reproduisaient à chaque nouveau contact du crochet de cuivre et de la balustrade de fer. Cependant le temps était serein ; rien n'indiquait la présence de l'électricité libre dans l'atmosphère (1).

(1) « Quâ de causâ cùm interdum vidissem præparatas ranas in ferreis cancellis, qui hortum quemdam pensilem nostræ domûs circumdabant, collocatas, uncis quoque æreis in spinali medullâ instructis, in consuetas contractiones incidisse, non solum fulgurante cœlo, sed interdum etiam quiescente ac sereno, putavi eas contractiones mutationibus, quæ interdum ex atmosphericâ electricitate contingunt, ortum ducere. Hinc non sine spe cœpi harum mutationum effectus in muscularibus hisce motibus diligenter perquirere et aliis atque aliis rationibus experiri. Quapropter, diversis horis atque id per multos dies, animalia eadem apposité accommodata inspiciebam : at vix ullus in eorum musculis motus. Vanâ tandem exspectatione defatigatus, cœpi æreos uncos, quibus spinales medullæ infigebantur, adversus ferreos cancellos urgere et comprimere, visurus an hoc artificii genere contractiones musculares excitarentur, et pro vario atmosphæræ et electricitatis statu, an quidquam varietatis et mutationis præ se ferrent : contractiones quidem haud raro observavi ; sed nullâ ad varium atmosphæræ atque electricitatis statum ratione habitâ. » (ALOYSII GALVANI *De viribus electricitatis in motu musculari Commentarius.*)

Le fait observé sur la terrasse du palais Zamboni était le plus important, le plus fécond de tous ceux que Galvani avait découverts depuis l'origine de ses travaux : c'était l'éclair qui venait de briller dans la nuit des phénomènes obscurs dont il cherchait depuis six ans à dissiper les ténèbres. Ici, en effet, les contractions organiques avaient été obtenues sans le secours d'aucun appareil électrique placé dans le voisinage. L'atmosphère était calme, les instruments qui servent à déceler la présence du fluide électrique dans l'air, constataient l'absence de toute électricité extérieure. Le phénomène observé sur la grenouille était donc bien une *contraction propre*, indépendante de toute cause externe; il provenait, sans nul doute, d'une force particulière à la grenouille. Ainsi, cette *électricité animale*, que Galvani avait toujours soupçonnée, existait réellement, et les vues théoriques qui l'avaient engagé dans une si longue carrière de recherches, jusque-là infructueuses, étaient sur le point de recevoir une confirmation éclatante.

Dans la vérification d'un fait qui flattait si largement ses désirs, Galvani procéda avec sa méthode et sa prudence accoutumées. Il craignit d'abord que l'effet qu'il avait observé ne provînt de ce que les barreaux de fer de la terrasse, exposés depuis longues années aux vicissitudes de l'air, eussent pris un état électrique permanent, ainsi qu'il arrive aux pièces de fer de nos constructions, qui, depuis longtemps placées dans une situation fixe et dans un certain plan du méridien du globe, finissent par acquérir un état persistant de magnétisme et, partant, d'électricité. Pour lever ses doutes à cet égard, il répéta de point en point la même expérience dans son laboratoire, en substituant seulement au fer rouillé des barreaux de la terrasse, une lame de fer polie, à surface nette et brillante. Il suspendit donc à une tige de fer une grenouille fraîchement préparée, et passa un petit crochet de cuivre à travers la masse des muscles lombaires et des faisceaux de la moelle épinière. Dès que le crochet de cuivre vint à toucher la lame de fer, les contractions se reproduisirent, telles qu'il les avait observées sur la terrasse.

Fig. 318. — Galvani provoque les contractions de la grenouille au moyen d'un arc métallique.

Cette observation était capitale. C'est par cette expérience que Galvani pénétra dans un ordre de faits entièrement nouveau. Il ne pouvait mettre en doute, après toutes ses recherches antérieures, que les contractions de la grenouille ne fussent provoquées par un mouvement du fluide électrique. Mais jusque-là il avait cherché la cause de ces contractions dans une influence électrique extérieure. Ici la source étrangère d'électricité n'existait plus, et le fait se trouvait réduit à ces deux termes simples : un arc métallique en contact par l'une de ses extrémités avec les nerfs de la grenouille, et par l'autre extrémité avec son système musculaire.

Animé, par ce brillant succès, d'une ardeur toute nouvelle, soutenu par l'espoir d'arriver enfin à l'entière démonstration de la grande idée théorique qui avait présidé aux travaux de presque toute sa carrière, Galvani se disposa à examiner avec la plus grande rigueur les nouveaux phénomènes qui s'offraient à ses méditations. Au début de ses recherches, à travers l'obscurité des phénomènes complexes dont il avait le premier interrogé les mystères, il avait dévié de la bonne route et employé six années en investigations infructueuses.

« Maintenant que le succès lui paraît assuré, dit
« M. le professeur Gavarret, dans un discours pro-
« noncé, en 1848, à la Faculté de médecine de Paris,
« sur les travaux de Galvani, il va redoubler de ri-
« gueur dans le choix de ses expériences et dans la
« manière de les instituer ; il va s'entourer de nou-
« velles précautions pour se mettre en garde contre
« l'entraînement ; car, dit-il, *facile est in experiundo*
« *decipi, et quod videre et invenire optamus id vidisse et*
« *invenisse arbitrari.* »

Galvani employa successivement une foule de substances solides et liquides, et même des parties animales à l'état frais, pour former l'arc destiné à exciter les contractions de la grenouille. Il démontra, par cette série d'expériences, que toute substance peut servir à composer un arc excitateur de ce genre, pourvu qu'elle conduise facilement l'électricité. Il signala les métaux comme les corps qui provoquent le mieux les contractions musculaires, et l'on peut noter qu'il rangea sous ce rapport les métaux dans l'ordre même qui leur a été assigné depuis par les physiciens qui ont le mieux étudié la conductibilité électrique. Quand il opérait avec un arc composé, en tout ou en partie, d'une matière non conductrice, la contraction n'apparaissait point.

Galvani trouva que, pour donner toute l'amplitude possible au phénomène de la contraction animale, il fallait entourer les nerfs lombaires de la grenouille d'une feuille d'étain, les muscles de la jambe d'une feuille d'argent, et établir, au moyen d'un fil de cuivre, la communication entre ces deux armatures métalliques.

L'expérience ainsi disposée prenait un développement qui démontre bien l'extraordinaire sensibilité du corps d'une grenouille récemment tuée pour accuser la présence du fluide électrique. Lorsque Galvani touchait avec un fil de cuivre l'armature d'étain, qu'une autre personne touchait avec un fil de cuivre l'armature d'argent, et que les deux opérateurs joignaient leurs mains libres, les contractions survenaient aussitôt. Après avoir parcouru tout cet énorme circuit, l'électricité était donc encore accusée par le corps de la grenouille, qui nous apparaît ainsi comme l'électroscope le plus sensible dont les physiciens puissent faire usage.

Appuyé sur ces faits, et sur plusieurs autres que nous négligerons ici, Galvani crut avoir mis hors de doute la certitude de la théorie qui avait servi de point de départ à ses recherches, c'est-à-dire l'existence d'une électricité propre à l'organisme vivant. Il formula définitivement cette pensée, et lui donna pour ainsi dire une expression physique, en posant en principe que *le corps des animaux est une bouteille de Leyde organique*.

Mais, pour vérifier cette hypothèse hardie, pour démontrer la justesse de cette assimilation, il fallait prouver que dans le corps des animaux il y a, comme dans une bouteille de Leyde, deux électricités contraires, et confinées chacune en un lieu séparé ; ce qui les empêche de se recombiner, et ne permet cette recomposition que dans certaines conditions physiques.

Pour démontrer la présence, dans le corps des animaux, de deux électricités contraires et localisées séparément, Galvani multiplia vainement ses tentatives. Il jugea néanmoins pouvoir passer outre, et, abandonnant cette fois la route expérimentale pour se livrer aux seules inspirations de son génie, il formula ainsi définitivement sa pensée :

1° Le muscle est une bouteille de Leyde.

2° Le nerf joue le rôle d'un simple conducteur.

3° L'électricité positive circule de l'intérieur du muscle au nerf, et du nerf au muscle à travers l'arc excitateur.

De nombreux physiciens se sont occupés, à notre époque, de l'étude des phénomènes électriques qui se manifestent dans le corps des animaux. MM. Matteucci, de La Rive, Du Boys-Raymond, ont mis hors de doute l'existence d'un courant propre dans les divers animaux, et la loi énoncée par Galvani, quant à la circulation de l'électricité positive de l'intérieur du muscle au nerf et du nerf au muscle, à travers l'arc excitateur, a reçu une confirmation complète.

« Galvani, dit M. Gavarret, dans le discours que nous avons déjà cité, sentait tout ce qu'il y avait d'extraordinaire et d'audacieux dans cette assimilation d'un muscle à une bouteille de Leyde. Il s'arrête longtemps sur cette proposition, il y revient, avec une sorte de complaisance, dans plusieurs passages de ses ouvrages; il ne veut pas qu'on puisse la considérer comme une hypothèse dénuée de fondement. Il rappelle le phénomène bien connu de la distribution de l'électricité à la surface de la tourmaline; il fait remarquer que ce minéral est composé de deux substances, l'une fortement colorée et transparente, l'autre opaque, plus pâle et disposée en stries. Il fait dépendre sa polarité électrique de cette texture particulière, et dès lors il ne trouve plus de difficulté à admettre qu'un muscle puisse, lui aussi, contenir les deux électricités séparées. Assemblage de nerfs, de faisceaux cellulaires, de fibres propres, et de vaisseaux sanguins entrelacés dans toutes les directions, le muscle lui paraît bien mieux disposé que la tourmaline pour accumuler l'électricité positive à l'intérieur et la négative à l'extérieur. En l'absence d'expériences directes, il était difficile de se montrer plus ingénieux dans ses rapprochements et plus pressant dans l'argumentation.

« D'ailleurs, ajoute-t-il, de quelque manière que cela se passe, il y a une telle identité apparente de causes entre la décharge de la bouteille de Leyde et nos contractions musculaires, que je ne puis détourner mon esprit de cette hypothèse et de cette comparaison, ni m'empêcher d'assigner une même cause à ces deux ordres de phénomènes. »

Jusqu'à 1791 Galvani, occupé depuis onze années à des expériences exécutées sans relâche, n'avait encore donné au monde savant aucun exposé de ses travaux. Ce n'est qu'après ce long intervalle qu'il se décida à livrer ses idées au public. Il consigna l'ensemble de ses découvertes dans un travail admirable de clarté, de précision, de méthode et de style, qui fut inséré dans les *Mémoires de l'Académie de Bologne* (1).

Le travail de Galvani, *De viribus electricitatis in motu musculari*, est divisé en deux parties : la première contient l'exposé descriptif des phénomènes que sa merveilleuse sagacité lui avait permis d'observer; la seconde renferme les conclusions générales qu'il déduit de ses expériences, avec l'hypothèse qu'il propose, tant pour expliquer les faits déjà acquis, que pour ouvrir la voie à des découvertes nouvelles : « *Novis capiendis experimentis viam sternamus aliquam*. »

Ce mémoire de l'illustre anatomiste de Bologne est une des œuvres capitales du XVIIIe siècle. L'*électricité statique*, c'est-à-dire l'électricité en repos, celle qui est fournie par les machines à frottement, était la seule que les physiciens eussent connue jusqu'à cette époque. C'est grâce aux recherches de Galvani que l'*électricité dynamique*, c'est-à-dire l'électricité en mouvement, s'est révélée pour la première fois à l'observation des hommes qu'elle devait enrichir de tant de conquêtes et de bienfaits inespérés. On a donc eu grand tort, dans notre siècle, de rabaisser le génie de Galvani devant celui de Volta. Sans la sagacité merveilleuse avec laquelle Galvani poursuivit pendant onze années consécutives l'un des problèmes les plus compliqués que la science ait jamais abordés, nous ne connaîtrions pas encore la plus générale, la plus puissante peut-être de toutes les forces physiques, c'est-à-dire l'électricité en mouvement.

(1) ALOYSII GALVANI *De viribus electricitatis in motu musculari Commentarius* (*De Bononiensi Scientiarum et Artium Instituto et Academia Commentarii*, t. VII, p. 363, 1791, in-folio).

En 1844, l'Institut de Bologne a fait paraître, en un beau volume in-4°, la collection des mémoires de Galvani, avec une analyse de ses manuscrits faite avec beaucoup de soin et d'intelligence par M. Gherardi. C'est grâce à cette publication que notre époque a pu connaître exactement le célèbre physicien de Bologne et apprécier son génie.

CHAPITRE II

LUTTE ENTRE GALVANI ET VOLTA. — THÉORIE DE VOLTA SUR L'ÉLECTRICITÉ MÉTALLIQUE ET LE DÉVELOPPEMENT DE L'ÉLECTRICITÉ PAR LE CONTACT DES MÉTAUX. — EXPÉRIENCES DE GALVANI OPPOSÉES A CELLES DE VOLTA. — THÉORIE CHIMIQUE DE FABRONI. — TRAVAUX DES ITALIENS ET DES ALLEMANDS SUR LE GALVANISME. — RÉPÉTITION DES EXPÉRIENCES DE GALVANI ET DE HUMBOLDT A PARIS. — INCERTITUDE DES SAVANTS ENTRE CES THÉORIES OPPOSÉES. — CONSTRUCTION DE LA PILE ÉLECTRIQUE PAR VOLTA.

La publication du travail de Galvani produisit dans l'Europe savante une sensation profonde. Les phénomènes annoncés par l'expérimentateur de Bologne, les déductions qu'il en tirait, l'hypothèse qu'il avait admise, tant pour les coordonner que pour ouvrir la voie à de nouvelles recherches, furent le sujet de longues et vives discussions. Les physiologistes et les physiciens mirent un grand empressement à vérifier ces faits inattendus, et l'on en vit bientôt sortir d'importantes conséquences.

Les physiologistes entrèrent les premiers dans cette voie. Presque tous admirent la théorie de Galvani, qui donnait le moyen de résoudre ce grand problème de la sensibilité vitale que les siècles avaient laissé en suspens.

Jean Aldini, professeur de physique à Bologne, et Georges Aldini, qui devint plus tard conseiller d'État du royaume d'Italie, tous les deux neveux de Galvani, appuyèrent les premiers, par des observations fondamentales, les opinions de leur oncle. Un autre physicien, Eusèbe Valli, de Pise, qui expérimentait de concert avec Muscati, se joignit bientôt à ces premiers défenseurs de la doctrine bolonaise. L'ingénieux Fontana, professeur à Pise, enfin Giulio et Rossi, à Turin, continuèrent ces études par des expériences purement physiologiques, qui tendaient à prouver l'existence de l'électricité animale et à justifier l'assimilation de l'action nerveuse aux effets de la bouteille de Leyde.

La découverte de Galvani fut annoncée en Allemagne par la *Gazette médico-chirurgicale* du professeur Jacob Ackermann, de Mayence (1). Er (2), Smuck (3), et bientôt après, Gren, professeur à Halle, répétèrent les expériences de Galvani, en employant l'argent et le zinc comme armature des nerfs et des muscles de la grenouille (4).

L'anatomiste Sœmmering, Wilhelm Behrends, de Francfort, et Kielmayer, professeur à Stuttgard, continuèrent les expériences commencées en Italie par Fontana, Giulio et Rossi.

Le but de ces divers expérimentateurs était d'appliquer à la médecine les données nouvelles résultant des travaux de Galvani, qui avait le premier donné le signal de ce genre d'application dans le traitement des paralysies. Le professeur Gaspard Crève, de Mayence, et d'autres expérimentateurs, tels que Klein, Alexandre Monro, Fowler, George Hunter, Berlinghieri et Pignotti, poursuivirent les mêmes tentatives.

Mais les adversaires des idées de Galvani ne tardèrent pas à se produire. Reil, en Allemagne, fut le premier qui se prononça contre la théorie de l'anatomiste de Bologne (5). Il attribua les contractions musculaires de la grenouille aux métaux employés, mais en accordant toutefois une certaine part à la sensibilité organique. Pfaff, professeur à Stuttgard, observateur d'un vrai mérite, fut un adversaire plus sérieux pour Galvani (6).

L'opposition que rencontraient les idées de Galvani, et les expériences qu'on lui opposa pendant les quatre années qui suivirent la

---

(1) *Medicinisch-chirurgische Zeitung*, von Jacob Fidelius Ackermann, 1791.
(2) *Physiologische Darstellung der Lebenskräfte*. Mayence, 1800.
(3) *Beiträge zur weiteren Kenntniss der thierischen Elektrisität*. Munich, 1792.
(4) *Gren Journal*, VI, 402; VII, 323; VIII, 65.
(5) Id., *ibid*, VI, 411.
(6) *Dissertatio inauguralis medica de electricitate sic dicta animali*, auctore C. H. Pfaff. Stuttgardiæ, 1795. — *Ueber thierische Electricität und Reizbarkeit*. Leipzig, 1795.

publication de son ouvrage, ne sortaient pas, en général, du domaine de la physiologie. C'est dans le camp des physiciens qu'il allait trouver ses plus redoutables contradicteurs.

Adoptée avec enthousiasme en Italie à la fois par les physiologistes et les physiciens, acceptée avec faveur par les naturalistes allemands, qui y trouvaient un prétexte d'accorder avec la physiologie leurs vagues spéculations métaphysiques, timidement combattue en France et en Angleterre, la théorie de Galvani faisait son chemin dans l'arène scientifique, lorsqu'un physicien d'Italie, Alexandre Volta, déjà connu par la découverte de l'électrophore, de l'eudiomètre et du condensateur, osa s'emparer des diverses objections précédemment élevées contre l'hypothèse de l'électricité animale, et les réduire en propositions simples. Dans les premiers travaux qu'il avait publiés sur l'électricité, Volta avait adopté sans réserve les opinions de son célèbre compatriote; mais bientôt, changeant de rôle, il s'en fit l'adversaire déclaré (1).

Galvani avait fort bien reconnu, et il le dit très-nettement dans son livre, que l'on pouvait expliquer les contractions musculaires de la grenouille, provoquées par un arc métallique, au moyen de deux théories différentes; que l'électricité développée dans ce cas pouvait avoir son origine dans le corps de l'animal, ou provenir du métal même (2). Mais, à la suite de ses recherches, il avait rejeté, comme inadmissible, la pensée qui aurait fait attribuer au métal la cause productrice de l'électricité. L'opinion que Galvani avait cru devoir abandonner, fut précisément celle dont Volta s'empara, et dont il se fit une arme pour battre en brèche l'édifice laborieusement élevé par l'anatomiste de Bologne.

Fig. 319. — Volta.

Partant de ce fait, annoncé et bien des fois vérifié par Galvani, que l'arc métallique excitateur provoque beaucoup plus facilement les contractions lorsque cet arc est formé de deux métaux différents que quand il se compose d'un métal unique, Volta fit jouer un rôle capital, pour l'explication du phénomène, à cette hétérogénéité du conducteur. D'après ses vues, d'abord vaguement énoncées, mais bientôt appuyées de preuves qui parurent alors sans réplique, Volta formula ainsi sa théorie physique du phénomène de la contraction musculaire de la grenouille, pour l'opposer à la théorie physiologique de son adversaire :

Lorsque deux métaux différents sont en contact l'un avec l'autre, par suite de ce contact, par l'effet de cette hétérogénéité de nature, il y a développement d'électricité.

Pour bien établir dans les mots la différence d'interprétation qu'il voulait porter dans les choses, Volta appela toujours *électri-*

---

(1) Volta a exposé ses idées dans le *Giornale physico-medicale*, de Brugnatelli, t. XIV, 1797; dans le *Journal de Leipzig*, t. XXXIV; dans sa *Lettre à sir Joseph Banks*, président de la Société royale de Londres, insérée dans les *Transactions philosophiques* pour l'année 1800, 2ᵉ partie; enfin, dans un Mémoire lu à l'Institut national de France au mois de brumaire an IX.

(2) Il est bien curieux de lire sur le cahier manuscrit où se trouve enregistrée sa première expérience sur la contraction de la grenouille par l'arc métallique, ces mots, écrits de la main de Galvani : *Expérience sur l'électricité des métaux*, avec la date du 20 septembre 1786.

cité métallique ce que Galvani avait désigné dans ses mémoires sous le nom d'*électricité animale*.

Quand on se trouvait disposé à admettre, sans autre examen, cet étrange principe, que le simple contact de deux métaux différents est une cause de production d'électricité, l'explication des phénomènes découverts par Galvani devenait chose simple. Lorsque l'arc métallique qui unissait les muscles lombaires aux nerfs cruraux, était formé de deux métaux, ces deux métaux, selon Volta, dégageant de l'électricité par leur simple contact, le fluide électrique, ainsi développé, passait dans les organes de la grenouille, et y provoquait ces contractions tétaniques qu'il a le privilége d'y exciter. Si, au contraire, l'arc excitateur était formé d'un seul métal, c'était alors la différence des humeurs imbibant les muscles et les nerfs, qui engendrait cette même force électro-motrice.

Ainsi, Volta prenait le contre-pied de la théorie de Galvani. Pour l'anatomiste de Bologne, la source de l'électricité, c'était le muscle ; l'arc métallique provoquant les contractions ne remplissait d'autre rôle que celui de conducteur, et la cause réelle et directe des mouvements convulsifs de l'animal, c'était le courant électrique qui s'élançait du muscle au nerf et du nerf au muscle, à travers l'arc métallique. Pour le physicien de Pavie, au contraire, la cause productrice de l'électricité résidait dans le contact des parties hétérogènes, et la contraction musculaire provenait de l'irritation des nerfs par le passage du courant électrique engendré par ce contact.

Galvani défendit pendant six années, sa théorie de l'électricité animale contre les objections incessantes de son adversaire. La mémorable lutte scientifique qui s'établit entre ces deux grands esprits, vivra à jamais dans l'histoire de la science, tant pour l'importance des questions discutées, que pour la convenance et la dignité des formes qui furent observées par les deux adversaires pendant cette longue controverse.

Les réponses de Galvani aux objections de Volta sont contenues dans une *Lettre à Carminati*, qui parut en 1792 ; dans un mémoire anonyme de Galvani, d'une très-grande importance, publié en 1794, *sur l'usage et l'activité de l'arc conducteur dans les contractions musculaires*; enfin, dans cinq mémoires adressés par lui, en 1797, à l'illustre Spallanzani. Ses neveux, les deux Aldini, prirent aussi une certaine part à cette mémorable polémique.

Comme on vient de le voir, Volta plaçait la source de l'électricité dans le contact des substances hétérogènes ; Galvani mit tous ses efforts à prouver que cette hétérogénéité n'était nullement nécessaire pour provoquer les contractions. Les expériences par lesquelles Galvani chercha à établir cette vérité furent nombreuses et sans réplique. Ce sont encore les preuves les plus frappantes que l'on puisse invoquer aujourd'hui pour démontrer l'existence de l'électricité animale.

Galvani fit d'abord remarquer que, si l'hétérogénéité de l'arc ajoute, il est vrai, à l'intensité de la contraction organique, cette condition est loin d'être indispensable, car on obtient ces mêmes mouvements avec un arc composé d'un seul métal, tel qu'une lame d'or parfaitement pur et homogène. Il prouva ensuite qu'on peut se passer complétement de métaux pour composer un arc excitateur. Il démontra ce fait décisif en exécutant le premier la curieuse expérience qui a été depuis si souvent répétée dans les cours de physique médicale et qui consiste à produire des contractions musculaires chez les grenouilles sans l'emploi d'aucun métal.

On place une grenouille de manière que ses pattes et ses nerfs plongent séparément dans deux capsules de verre (matière isolante) remplies d'eau. On complète le circuit avec une carte à jouer mouillée, avec un morceau de peau ou de substance musculaire fraîche, en un mot, avec un conducteur quelconque non métallique, et toujours la contraction musculaire apparaît au moment où l'on complète le circuit.

Cette expérience mettait évidemment hors de cause l'hétérogénéité métallique comme source de l'électricité observée, puisque des contractions étaient obtenues dans les muscles de la grenouille sans que l'on fît usage d'un métal.

A une expérience si concluante, Volta fit une réponse qui parut plausible, bien qu'elle ne constituât qu'une véritable argutie. Il prétendit qu'au point de contact de l'animal et de l'arc, de quelque nature que fût ce dernier, il y avait hétérogénéité de matière, et que cette cause devait suffire pour provoquer les faibles effets électriques qui se manifestent dans ce cas.

Galvani fit à cette objection la plus belle réponse. Il prépara une grenouille à la manière ordinaire, isola le nerf, le sépara de la moelle épinière, et ramena la partie libre de ce nerf sur les muscles de la cuisse. Ainsi, c'était bien le nerf qui établissait la communication entre la partie interne et la surface externe du muscle, sans l'emploi d'aucun corps conducteur étranger, et l'homogénéité était complète entre tous les éléments de l'arc. La contraction musculaire se manifesta pourtant dès que le circuit fut établi au moyen du nerf posé sur la cuisse.

Enfin, pour lever tous les doutes à cet égard, et obtenir un arc excitateur formé de parties absolument homogènes, Galvani fit la dernière expérience que voici et que les physiologistes de nos jours ont beaucoup variée.

Une cuisse de grenouille munie de son nerf recourbé en demi-cercle, fut placée sur un plateau isolant. Dans le voisinage et sans communication avec la première, il disposa une seconde cuisse dont il laissa tomber le nerf recourbé sur le nerf de la première grenouille. De cette manière, aux deux points de contact, il n'y avait que de la substance nerveuse. Tout était donc homogène. Cependant, au moment où les deux circuits furent ainsi formés, les deux cuisses se contractèrent énergiquement.

Il était impossible, après de tels résultats, de mettre en doute l'existence d'une électricité animale. Les travaux des physiologistes qui, de nos jours, ont si minutieusement étudié, sous toutes ses faces, le phénomène du *courant électrique propre* de la grenouille, ont démontré toute l'exactitude des faits découverts par Galvani.

L'anatomiste de Bologne sortit donc victorieux de sa lutte avec le physicien de Pavie, bien qu'un grand nombre de savants aient voulu de son temps, et même beaucoup plus tard, contester sa victoire.

Après l'opposition des physiciens, Galvani eut à essuyer celle des chimistes. En 1792, Fabroni, chimiste florentin, doué d'une sagacité profonde, éleva contre la théorie de Galvani des objections qui la frappaient au cœur, et qui, si elles eussent été poursuivies avec persévérance, auraient donné la clef de ces phénomènes tant discutés. Dans le mémoire présenté par Fabroni, en 1792, à l'Académie de Florence, on trouve le germe de la théorie chimique de la pile, à laquelle se sont ralliés presque tous les physiciens modernes, et qui explique en même temps le phénomène de la contraction musculaire des grenouilles (1).

Fabroni entrevit fort bien, malgré l'état encore si peu avancé de la chimie à son époque, que la véritable source de l'électricité dans les expériences de Galvani, était l'action chimique exercée par l'oxygène de l'air sur les métaux en contact, quand l'arc excitateur est formé de deux métaux différents, ou l'action

---

(1) Fabroni exposa ses idées pour la première fois dans une dissertation adressée à l'Académie de Florence en 1792, et que Brugnatelli analysa dans le *Giornale physico-medicale*. Plus tard, Fabroni lui-même en fit à Paris une analyse *de mémoire*, et la publia sous ce titre : *Sur l'action chimique des différents métaux entre eux, à la température commune de l'atmosphère, et sur l'explication de quelques phénomènes galvaniques*, dans le *Journal de physique*. 9ᵉ série, t. VI, cahier de brumaire an VIII (1799).

chimique des liquides du corps de l'animal sur le métal de l'arc excitateur, quand le conducteur est unique.

Observateur d'un rare mérite, Fabroni avait été frappé de plusieurs phénomènes qui lui servirent à se rendre compte chimiquement des effets du galvanisme. Il avait remarqué que les métaux purs sont généralement à l'abri de l'action de l'oxygène de l'air; tandis que les métaux impurs, déjà un peu oxydés ou engagés dans des alliages, s'oxydent avec la plus grande rapidité. Il avait vu, dans le Musée de Cortone, des inscriptions étrusques gravées sur le plomb pur qui avaient résisté à l'action des siècles, tandis que les médailles des papes, conservées dans la galerie de Florence, et qui sont formées d'un alliage de plomb, d'antimoine et d'arsenic, étaient tombées en poussière. Il avait observé que des feuilles de cuivre, attachées entre elles au moyen de clous de fer, finissaient, au bout de quelque temps, par être tellement rongées au contact de ce dernier métal, que la tête du clou ne retenait plus la feuille. Il savait que le mercure chimiquement pur, malgré une très-longue exposition à l'air, conserve tout son éclat, tandis que le même métal, allié avec la plus faible quantité d'étain, se recouvre promptement à l'air d'un voile d'oxyde. Il avait observé que l'étain pur, exposé à l'air, y demeure brillant pendant des années, tandis que des alliages d'étain qu'il avait employés dans un but industriel s'oxydaient au bout de quelques jours. Il savait, enfin, que l'alliage de plomb et d'étain, qui porte le nom de *soudure des plombiers*, est infiniment plus oxydable à une température élevée que le plomb et l'étain pris isolément. De l'ensemble de ces faits, Fabroni avait déduit les deux corollaires suivants :

Les métaux, même les plus oxydables, pris à l'état de pureté parfaite, ne se combinent que très-difficilement avec l'oxygène de l'air ou de l'eau. Mais, au contraire, lorsque deux métaux inégalement oxydables sont alliés entre eux, ou seulement placés en contact l'un avec l'autre, le métal le plus oxydable se combine rapidement avec l'oxygène de l'air ou de l'eau.

Pour expliquer ce fait général, résultat positif et incontesté de l'observation, Fabroni posait en principe que le contact des corps de nature différente provoque entre eux une action chimique réciproque. Par suite de la tendance mutuelle à se combiner que présentent les deux corps mis en présence, la cohésion, force inverse et opposée à celle de l'affinité, est amoindrie en proportion de l'intensité de l'attraction chimique qui s'exerce entre ces deux corps. Ainsi le contact de deux substances, de deux métaux par exemple, a pour résultat de favoriser l'action chimique, absolument comme le fait le calorique, c'est-à-dire en diminuant la cohésion. Fabroni expliquait de cette manière le fait de l'oxydabilité des alliages qui est plus grande que celle des métaux pris isolément, la corrosion rapide des clous de fer qui servent à rattacher les feuilles de cuivre des navires, etc. Il pensa donc que, dans les expériences de Galvani, les liquides contenus dans le corps des animaux oxydaient l'arc métallique excitateur simple ou composé, et que cette action chimique avait pour résultat de produire les effets électriques observés (1).

Ainsi, dès l'année 1792, le chimiste florentin avait mis le doigt sur la véritable cause des phénomènes du galvanisme. Il réfutait à la fois Volta et Galvani, et donnait dès cette époque l'explication rationnelle des effets chimiques du galvanisme, qui n'a été admise que cinquante ans après lui. Mais, soit que

---

(1) « Il me parut donc, dit Fabroni, qu'une action chimique avait lieu d'une manière évidente, et qu'il ne fallait pas chercher ailleurs la nature du nouveau stimulus que, dans l'expérience de Sultzer, on appelait *galvanisme*. C'était manifestement une combustion, une *oxydation du métal*: le principe stimulant pouvait donc être, ou le calorique qui se dégage, ou l'oxygène qui passe à des combinaisons nouvelles, ou enfin le nouveau sel métallique. C'est ce que je n'ai pu bien vérifier.

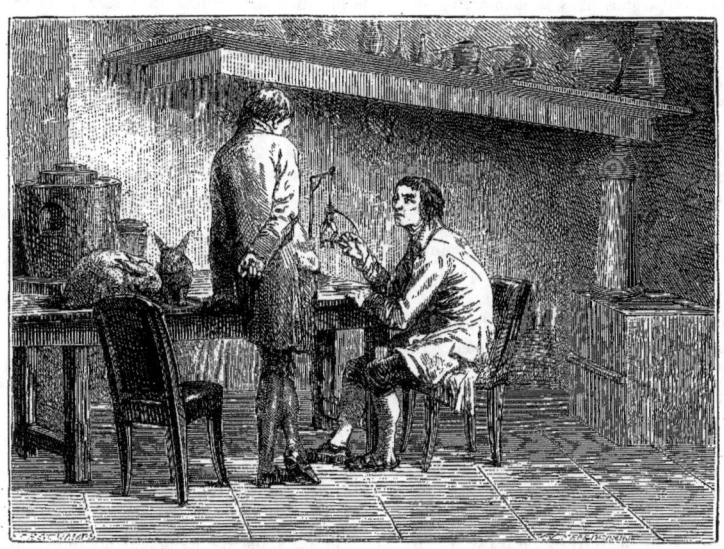

Fig. 320. — Hallé et de Humboldt répétant les expériences de Galvani et de Volta (page 618).

les opinions de Fabroni fussent trop avancées pour son temps, soit qu'il les eût embarrassées d'explications oiseuses, elles n'excitèrent aucune attention. La lutte était si vivement engagée entre les Voltaïstes et les Galvanistes, qu'il fallait, pour être écouté, se ranger sous l'un des deux drapeaux. Fabroni, qui attaquait à la fois les idées de Galvani et celles de Volta, avait peu de chances d'être compris. Aussi ses travaux ne furent-ils accueillis partout, même en Italie, qu'avec un froid dédain.

Il s'était formé, en 1793, dans l'Université de Bologne, sous la direction d'Aldini, une Société scientifique, dont tous les travaux étaient dirigés contre ceux de Volta. Fontana, Bassiano, Carminati et Carvadori, professeurs de Pavie, en avaient fondé une autre, dans cette dernière Université, contre les Galvanistes. Sous l'inspiration de Cavallo, de pareilles associations s'établirent en Angleterre en faveur de Volta [1]. Pendant cinq ans, en un mot, l'Europe scientifique se rangea sous l'une ou l'autre de ces bannières opposées. Mais les résultats qui, dans cette période, furent acquis à la science, ne répondirent pas à l'ardeur doctrinale qui les avait inspirés, et avancèrent peu la question, au moins sous le rapport théorique.

Parmi les physiciens dont les travaux

« Mais on voit bien clairement, par les résultats que j'ai obtenus du simple contact de deux métaux, c'est-à-dire par l'oxyde et les cristaux salins, qu'il s'agit d'une opération chimique, et que c'est à elle que l'on doit attribuer les sensations que l'on éprouve sur la langue et sur l'œil. *Il me paraît donc probable que c'est à ces nouveaux composés ou à leurs éléments que l'on doit ce stimulus mystérieux qui opère les mouvements convulsifs de la fibre animale dans une grande partie au moins des phénomènes du galvanisme.*

[1] *Experiments on animal Electricity, with their applications to Physiology*, 1793.

furent remarqués dans la mémorable lutte engagée entre Galvani et Volta, il faut distinguer surtout Alexandre de Humboldt. L'ouvrage de ce savant, *Expériences sur le galvanisme*, traduit en français en 1799, avait paru en Allemagne bien avant cette époque ; il contient une foule d'observations intéressantes (1). Personne, avant de Humboldt, n'avait appliqué l'arc de Galvani sur un grand nombre d'animaux différents, et sur les diverses parties du corps de ces animaux. De Humboldt découvrit l'action que le courant électrique exerce, chez les animaux vivants, sur les mouvements contractiles des intestins et sur les pulsations du cœur. Dans son zèle pour la science, ce courageux expérimentateur n'hésita pas à se faire enlever l'épiderme par des vésicatoires, afin d'appliquer l'arc métallique sur des parties plus internes du corps mises à nu. Il obtint des résultats curieux relativement à l'influence exercée par le courant électrique sur les sécrétions des plates-formées par les vésicatoires.

De Humboldt étudia avec le plus grand soin le fait, découvert par Galvani, de la contraction musculaire de la grenouille obtenue en repliant ses jambes, de manière à les mettre en contact avec ses nerfs lombaires. Il découvrit aussi ce fait remarquable, que l'on peut obtenir les contractions de la grenouille, en touchant son nerf lombaire, sur deux points différents, avec un morceau de substance musculaire pris sur le même animal vivant.

Les *Lettres sur l'électricité animale*, adressées en 1792 à Desgenettes et de La Métherie par Valli, de Pise, contiennent des expériences qui méritent encore d'être signalées parmi les travaux de cette époque.

L'*Essai théorique et expérimental sur le galvanisme*, par Jean Aldini, sur lequel nous aurons à revenir plus tard, renferme encore beaucoup d'observations intéressantes, et en particulier, ce fait curieux, que l'on peut exciter des contractions dans une grenouille préparée et tenue à la main, quand on plonge ses nerfs dans l'intérieur d'une blessure faite dans les muscles d'un autre animal vivant.

Dans l'ouvrage de Fowler *sur le galvanisme*, on trouve beaucoup d'observations pleines d'intérêt sur les sensations provoquées par le passage du courant électrique dans les animaux ; sur l'influence du froid et de la chaleur ; sur l'irritabilité musculaire excitée par l'électricité ; sur la reproduction de la substance nerveuse : sur l'action de certains poisons dans le phénomène de la contraction musculaire, etc. (1).

Un long mémoire lu à l'Institut le 26 frimaire an IX, par un physiologiste français, Lehot, contient aussi des résultats très-importants concernant les effets du galvanisme sur le système nerveux.

En 1798, malgré les orages politiques du temps, l'Académie des sciences de Paris voulut connaître et apprécier par elle-même les expériences de l'école bolonaise. Un comité de ce corps savant, composé de Guyton-Morveau, Fourcroy, Hallé, Coulomb, Vauquelin, Sabatier, Pelletan et Charles, fut chargé de répéter ces expériences et de faire un rapport détaillé sur les nouvelles découvertes du galvanisme. Hallé s'occupa particulièrement de cette vérification. Il répéta toutes les expériences d'Alexandre de Humboldt, de concert avec ce savant lui-même, qui s'était rendu à Paris dans ce but. La commission de l'Académie, qui envisagea ce sujet presque exclusivement sous le rapport physiologique, donna de grands éloges aux découvertes de Galvani et aux expériences d'Alexandre de Humboldt. Les mêmes expériences furent répétées en Allemagne par un grand nombre de physiologistes ; Pfaff, qui

---

(1) *Expériences sur le galvanisme, et en général sur l'excitation des fibres musculaires et nerveuses*, par Frédéric-Alexandre de Humboldt, traduction de l'allemand, par Jadelot, médecin. Paris, 1799.

(1) Un extrait de l'ouvrage de Fowler se trouve dans la *Bibliothèque Britannique*, mai 1796.

s'en occupa particulièrement, combattit quelques assertions d'Alexandre de Humboldt.

Fig 321. — Alexandre de Humboldt.

Le galvanisme trouvait pourtant beaucoup de partisans enthousiastes en Allemagne, où l'on n'hésitait pas à le considérer comme une nouvelle branche de la philosophie naturelle. Dans deux mémoires publiés de 1797 à 1798, le docteur J. L. Reinhold avait admis qu'un fluide particulier, analogue, mais non identique à l'électricité, circule dans les nerfs des animaux, et provoque les contractions musculaires. Le chimiste J. W. Ritter, bien connu par ses admirables recherches sur les précipitations métalliques, s'occupa du même sujet, dans un ouvrage publié à Weimar, en 1798, où il s'efforça d'établir l'universalité du galvanisme, en s'appuyant sur un ensemble d'idées philosophiques particulières, d'un ordre entièrement métaphysique, et dont ses compatriotes eux-mêmes ne purent réussir à démêler le sens. A Brême, le professeur G. R. Treviranus publia des expériences relatives à l'action du galvanisme sur les plantes, et au phénomène de la contraction musculaire chez les animaux. En un mot, toute l'Allemagne savante s'occupait alors avec ardeur d'études expérimentales sur ce sujet. Un grand nombre d'opinions contradictoires se faisaient jour pour l'explication des faits secondaires, et bien que la théorie de Galvani, quant à l'existence d'un fluide électro-nerveux chez les animaux, fût généralement admise, on peut dire qu'il y avait alors en Allemagne, autant d'opinions que d'expérimentateurs.

Ainsi, jusqu'à la fin de l'année 1799, ni la théorie de Galvani, ni celle de Volta n'avait réussi à fixer la victoire de son côté. Quant aux idées de Fabroni, on ne daignait pas même les discuter. Elles étaient pourtant autrement précises, autrement concluantes que celles de Volta, fondées, comme nous l'avons déjà dit, sur un principe inintelligible et sur des expériences inexactes; elles étaient bien plus positives que celles de Galvani, qui s'appuyaient sur la donnée, éternellement insaisissable, de la vie.

Telle était la situation des esprits, et l'irrésolution générale des doctrines, lorsque Volta, par un véritable coup de maître, parvint à remporter l'un des triomphes les plus éclatants dont l'histoire des sciences conserve le souvenir. C'est alors qu'il imagina l'appareil admirable qui porte son nom. Cette découverte brillante coupa court à toute discussion, à toute controverse. Elle fixa avec tant d'autorité les idées et la faveur du monde savant, que tout ce qui se rapportait aux opinions de Galvani, perdit immédiatement son prestige ; si bien que, jusqu'à cinquante ans après cette époque, personne parmi les physiciens ne se hasarda plus à prononcer le nom d'électricité animale.

Comment Volta parvint-il à cette découverte si justement admirée, et par quelles observations y fut-il conduit?

Après avoir renoncé à sa chaire de Pavie, Volta s'était retiré à Côme, sa ville natale, pour se consacrer tout entier à ses travaux de recherches. Dans une expérience, bien célèbre et pourtant inexacte, il avait constaté que deux disques de zinc et d'argent isolés par une tige de verre et mis en contact, puis séparés aussitôt, se chargeaient d'une certaine quantité d'électricité, appréciable par le condensateur et l'électroscope à feuilles d'or. Mais la quantité d'électricité développée par ce simple contact de deux métaux était si faible, qu'il importait d'en augmenter la tension en réunissant plusieurs couples de ces disques métalliques ainsi électrisés par le contact. C'est en rassemblant plusieurs de ces couples, dans le but d'augmenter l'intensité des effets électriques dus au contact, que Volta construisit la première pile qu'un physicien ait possédée. Il nous dit lui-même que telle fut l'origine de sa découverte :

« La preuve la plus frappante, dit Volta, du développement de l'électricité par le simple contact de deux métaux, c'est que, dans une de mes expériences où je me servais de plusieurs couples métalliques, j'obtins une tension électrique deux, trois ou quatre fois plus grande, selon que j'employais deux, trois ou quatre couples de zinc ou d'argent. C'est ce grand résultat qui, à la fin de l'année 1799, m'amena à la construction du nouvel appareil que je nommai *électro-moteur*, et que mes anciennes expériences ne m'avaient pas encore permis de découvrir. »

C'est donc en voulant démontrer et confirmer le principe du développement de l'électricité par le contact, que Volta fut amené à construire l'instrument qui porte son nom.

Après avoir exposé les diverses péripéties à travers lesquelles les expérimentateurs ont passé pour arriver à la découverte de la pile de Volta, terminons en essayant de tirer, comme le chœur dans les tragédies antiques, la *moralité* qui découle de ce récit.

Citiùs emergit veritas ex errore quàm ex confusione (1), a dit Bacon. Jamais peut-être, dans les sciences, la vérité de cet axiome de l'auteur du *Novum Organum* n'a été mieux démontrée que par la découverte de la pile

(1) La vérité sort plutôt de l'erreur que de la confusion des faits.

de Volta. Il est rigoureusement exact de dire que cette découverte a été le résultat d'une suite de hasards heureux du côté de Galvani, et d'erreurs de la part de Volta. Pour que Galvani fût mis sur la voie de l'existence de l'électricité animale, il a fallu que l'un de ses amis se trouvât occupé à des expériences électriques, pendant le temps et dans le laboratoire même où l'anatomiste de Bologne poursuivait de son côté, des expériences physiologiques. Il a fallu que les recherches anatomiques de Galvani portassent précisément sur les nerfs lombaires et les muscles cruraux de la grenouille, c'est-à-dire sur l'électroscope le plus sensible qui existe, et dont la propriété, sous ce rapport, était alors ignorée. Les préparations anatomiques de l'un des expérimentateurs s'étant trouvées, par la plus singulière des coïncidences, en présence des appareils électriques de l'autre, il a fallu encore que Galvani n'ait pas voulu se contenter, comme l'aurait fait à sa place tout autre physicien, de l'explication de ce phénomène par le *choc en retour*, qui en était pourtant la cause véritable. Enfin, comme si toutes ces rencontres bizarres, ces coïncidences étranges, ne suffisaient point, Galvani, poursuivant pendant six années la solution d'un problème déjà tout résolu pour ainsi dire, fut conduit par un hasard nouveau, à la découverte du fait fondamental qui devait donner naissance à l'électricité dynamique, c'est-à-dire les contractions propres de la grenouille, dont il fut inopinément le témoin sur la terrasse du palais Zamboni.

Après la part du hasard, du côté de Galvani, est venue, dans la découverte de la pile, la part des erreurs du côté de Volta. C'est par un enchaînement d'observations inexactes et de mauvaises interprétations des faits (on le verra plus clairement par la suite de ce récit), que Volta fut amené à construire son appareil. Il est bien extraordinaire qu'un physicien, partant d'une observation erronée, discutant cette observation avec de continuelles

Fig. 322. — Volta construit en décembre 1799 l'électro-moteur ou pile électrique (page 619).

pétitions de principe, et appliquant, comme confirmation de ses idées, les mêmes raisonnements à la construction d'un instrument, ait fini par découvrir, en dépit de tout, le plus merveilleux appareil que la physique possède, par réaliser la plus étonnante conquête faite jusqu'à nos jours sur les forces naturelles qui régissent l'univers.

Mais remarquons-le, si Volta commit une erreur théorique qui n'a été bien reconnue qu'à notre époque, il ne tomba dans aucune confusion dans le classement et l'interprétation générale des phénomènes compliqués dont il embrassait l'étude. Il fut toujours logique et conséquent avec lui-même. Malgré les vices de son interprétation théorique, il eut le grand mérite de conserver intact l'ensemble synthétique des faits qu'il étudiait ; en un mot, il ne commit jamais de confusion expérimentale. Au contraire, Galvani et Fabroni étaient tombés dans la confusion : Galvani, en réunissant dans la même explication la contractilité organique des animaux et la source des effets électriques, deux phénomènes essentiellement différents et qui exigeaient chacun une étude spéciale et appropriée ; Fabroni, en voulant, à l'inverse, tout rapporter à l'action chimique, sans tenir aucun compte de l'électricité naturelle qui circule dans les corps des animaux, et en affirmant avec insistance que les convulsions musculaires de la grenouille pouvaient parfaitement s'expliquer par la seule action chimique entre les liquides animaux et l'arc excitateur. De quelque côté qu'elle vînt, cette confusion, si elle eût prévalu, aurait arrêté à jamais les progrès de la science. Volta, au contraire, sut éviter ce genre d'écueil, et il vit ses efforts couronnés d'un succès immortel.

CHAPITRE III

LETTRE D'ALEXANDRE VOLTA A SIR JOSEPH BANKS SUR LA CONSTRUCTION ET LES EFFETS DE LA PILE, OU ÉLECTRO-MOTEUR. — PREMIÈRES EXPÉRIENCES FAITES A LONDRES AU MOYEN DE LA PILE DE VOLTA. — DÉCOMPOSITION DE L'EAU PAR NICHOLSON ET CARLISLE. — EXPÉRIENCES DE CRUIKSHANK, A WOOLWICH, SUR LA DÉCOMPOSITION DES SELS. — TRAVAUX DES PHYSICIENS ALLEMANDS, DE RITTER, SIMON, ETC. — PREMIÈRES RECHERCHES DE DAVY SUR LA PILE. — OBJECTIONS FAITES A VOLTA CONCERNANT LA THÉORIE DE L'ÉLECTRO-MOTEUR.

A sir Joseph Banks, président de la Société royale de Londres (1).

Côme en Milanais, ce 20 mars 1800.

« Après un long silence dont je ne chercherai pas à m'excuser, j'ai le plaisir de vous communiquer, Monsieur, et par votre moyen à la *Société royale*, quelques résultats frappants auxquels je suis arrivé en poursuivant mes recherches sur l'électricité excitée par le simple contact mutuel des métaux de différente espèce, et même par celui des autres conducteurs aussi différents entre eux, soit liquides, soit contenant quelque humeur à laquelle ils doivent proprement leur pouvoir conducteur.

« Le principal de ces résultats, et qui comprend à peu près tous les autres, est la construction d'un appareil qui ressemble pour les effets (c'est-à-dire pour les commotions qu'il est capable de faire éprouver dans les bras, etc.) aux bouteilles de Leyde, et mieux

(1) Alex. Volta, *On the Electricity excited by the mere contact of conducting substances of different kinds. In a Letter to the Right Hon. sir Joseph Banks, P. R. S.* (Read June 26, 1800, *Philos. Transact. for* 1800, part. II, p. 408.)

encore, aux batteries électriques faiblement chargées, qui agiraient cependant sans cesse, et dont la charge, après chaque explosion, se rétablirait d'elle-même ; qui jouiraient en un mot d'une charge indéfectible, d'une action sur le fluide électrique, ou impulsion, perpétuelle ; mais qui d'ailleurs en diffère essentiellement, et par cette action continuelle qui lui est propre, et parce que, au lieu de consister, comme les bouteilles et les batteries électriques ordinaires, en une ou plusieurs lames isolantes, en couches minces de ces corps censés être les seuls *électriques*, armés de conducteurs ou corps dits *non électriques*, ce nouvel appareil est formé uniquement de plusieurs de ces derniers corps, choisis même entre les meilleurs conducteurs, et par là les plus éloignés, suivant ce que l'on a toujours cru, de la nature électrique. Oui, l'appareil dont je vous parle, et qui vous étonnera sans doute, n'est qu'un assemblage de bons conducteurs de différentes espèces, arrangés d'une certaine manière. Vingt, quarante, soixante pièces de cuivre, ou mieux, d'argent, appliquées chacune à une pièce d'étain, ou, ce qui est beaucoup mieux, de zinc et un nombre égal de couches d'eau, ou de quelque autre humeur qui soit meilleur conducteur que l'eau simple, comme l'eau salée, la lessive, etc. ; ou des morceaux de carton, de peau, etc., bien imbibés de ces humeurs : de telles couches interposées à chaque couple ou combinaison des deux métaux différents ; une telle suite alternative, et toujours dans le même ordre, de ces trois espèces de conducteurs : voilà tout ce qui constitue mon nouvel instrument, qui imite, comme je l'ai dit, les effets des bouteilles de Leyde ou des batteries électriques, en donnant les mêmes commotions que celles-ci ; qui, à la vérité, reste beaucoup au-dessous de l'activité desdites batteries chargées à un haut point, quant à la force et au bruit de l'explosion, à l'étincelle, à la distance à laquelle peut s'opérer la décharge, etc. ; égalant seulement les effets d'une batterie chargée à un degré très-faible, d'une batterie pourtant ayant une capacité immense ; mais qui d'ailleurs surpasse infiniment la vertu et le pouvoir de ces mêmes batteries, en ce qu'il n'a pas besoin comme elles d'être chargé d'avance au moyen d'une électricité étrangère et en ce qu'il est capable de donner la commotion toutes les fois qu'on le touche convenablement, quelque fréquents que soient ces attouchements.

« Cet appareil, semblable dans le fond, comme je le ferai voir, et même tel que je viens de le construire pour la forme, à l'*organe électrique naturel* de la torpille, de l'anguille tremblante, etc., bien plus qu'à la bouteille de Leyde et aux batteries électriques connues, je voudrais l'appeler *organe électrique artificiel*. Et, au vrai, n'est-il pas comme celui-là, composé uniquement de corps conducteurs ? N'est-il pas, au surplus, actif par lui-même, sans aucune charge précédente, sans le secours d'une électricité quelconque excitée par aucun des moyens connus jusqu'ici ; agissant sans cesse et sans relâche, capable enfin de donner à tous moments des commotions plus ou moins fortes, selon les circonstances, des commotions qui redoublent à chaque attouchement, et qui, répétées ainsi avec fréquence ou continuées pendant un certain temps, produisent ce même engourdissement des membres que fait éprouver la torpille, etc. ?

« Je vais donner ici une description plus détaillée de cet appareil et de quelques autres analogues, aussi bien que des expériences y relatives les plus remarquables.

« Je me fournis de quelques douzaines de petites plaques rondes ou disques de cuivre, de laiton, ou mieux d'argent, d'un pouce de diamètre, plus ou moins (par exemple des monnaies), et d'un nombre égal de plaques d'étain, ou, ce qui est beaucoup mieux, de zinc de la même figure et grandeur, à peu près : — je dis à peu près, parce que la précision n'est pas requise, et en général la grandeur aussi bien que la figure des pièces métalliques est arbitraire ; on doit avoir égard seulement qu'on puisse les arranger commodément les unes sur les unes sur les autres en forme de colonne. Je prépare, en outre, un nombre assez grand de rouelles de carton, de peau ou de quelque autre matière spongieuse, capable d'imbiber et de retenir beaucoup d'eau ou de l'humeur dont il faudra pour le succès des expériences qu'elles soient bien trempées. Ces tranches ou rouelles, que j'appellerai disques mouillés, je les fais un peu plus petits que les disques ou plateaux métalliques, afin qu'interposés à ceux-ci de la manière que je dirai bientôt, ils n'en débordent pas.

« Ayant sous ma main toutes ces pièces en bon état, c'est-à-dire les disques métalliques bien propres et secs, et les autres non métalliques bien imbibés d'eau simple, ou, ce qui est beaucoup mieux, d'eau salée, et essuyés ensuite légèrement pour que l'humeur n'en dégoutte pas, je n'ai plus qu'à les arranger comme il convient, et cet arrangement est simple et facile.

« Je pose donc horizontalement sur une table ou base quelconque, un des plateaux métalliques, par exemple un d'argent, et sur ce premier j'en adapte un de zinc ; sur ce second je couche un des disques mouillés, puis un autre plateau d'argent, suivi immédiatement d'un autre de zinc, auquel je fais succéder encore un disque mouillé. Je continue ainsi de la même façon, accouplant un plateau d'argent avec un de zinc, et toujours dans le même sens, c'est-à-dire toujours l'argent dessous et le zinc dessus, ou vice versâ selon que j'ai commencé, et interposant à chacun de ces couples un disque mouillé : je continue, dis-je, à former de ces étages une colonne aussi haute qu'elle peut se soutenir sans s'écrouler.

« Or, si elle parvient à contenir environ vingt de ces étages ou couples de métaux, elle sera déjà capable, non-seulement de faire donner des signes à l'électromètre de Cavallo, aidé du condensateur au delà de dix ou quinze degrés, de charger ce condensateur au point de lui faire donner une étincelle, etc., mais aussi de frapper les doigts avec lesquels on vient toucher ses deux extrémités (la tête et le pied d'une telle colonne), d'un ou plusieurs petits coups, et plus ou moins fréquents, selon qu'on réitère ces contacts; chacun desquels corps ressemble parfaitement à cette légère commotion que fait éprouver une bouteille de Leyde faiblement chargée, ou une batterie chargée plus faiblement encore, ou enfin une torpille extrêmement languissante, qui imite encore mieux les effets de mon appareil par la suite des coups répétés qu'elle peut donner sans cesse. »

La dernière partie de cette lettre de Volta au président de la *Société royale de Londres* contient la description d'une nouvelle disposition de la pile, celle qui a reçu le nom d'*appareil à couronne de tasses*, avec quelques détails sur les sensations produites par cet appareil dans les organes du toucher, de la vue, de l'ouïe et du goût. Volta indiquait en même temps les précautions minutieuses qu'il fallait prendre pour communiquer à une chaîne formée de deux ou plusieurs personnes, la commotion électrique ; car l'inventeur considérait surtout cet instrument comme propre à remplacer, dans ce dernier but, les batteries formées de bouteilles de Leyde.

« Tous les faits que j'ai rapportés dans ce long écrit, touchant l'action que le fluide électrique, incité et mû par mon appareil, exerce sur les différentes parties du corps que son courant envahit et traverse.... tous ces faits, déjà assez nombreux et d'autres qu'on pourra encore découvrir, en multipliant et variant les expériences de ce genre, vont ouvrir un champ assez vaste de réflexions, et des vues non-seulement curieuses, mais intéressant particulièrement la médecine. Il y en aura pour occuper l'anatomiste, le physiologiste et le praticien (1). »

Les réflexions se pressent en foule à la lecture de cette lettre de l'inventeur de la pile ; et, n'hésitons pas à le dire, elles ne sont pas toutes en faveur du génie de Volta.

(1) Alex. Volta, *Letter to sir J. Banks*, loc. cit., p. 429.

Dans les nombreux essais auxquels il avait soumis pendant plusieurs mois, l'appareil qui devait être bientôt une mine inépuisable de découvertes, le physicien de Côme n'avait reconnu, on peut le dire, que ce qui pouvait frapper les yeux d'un expérimentateur vulgaire. Pour lui, la pile électrique n'est qu'un instrument propre à exciter des commotions dans nos organes, c'est une bouteille de Leyde qui jouit de la propriété de se recharger d'elle-même après chaque émission de fluide.

On a beau tourner et retourner l'important mémoire dont nous venons de citer le texte, on n'y trouve mentionnés que les résultats produits sur les corps vivants par ce nouvel appareil, que l'inventeur voudrait appeler, par cette considération, *organe électrique artificiel*. Aussi éprouve-t-on, en parcourant ce document, trop peu connu, un singulier mécompte. Ce qui étonne, en effet, ce ne sont pas les observations qu'on y trouve, mais bien celles qu'on n'y rencontre pas, et que Volta aurait dû, à ce qu'il semble, faire nécessairement en maniant cet appareil pour la première fois.

Égaré par sa pensée dominante du développement de l'électricité par le simple contact, Volta rapporte à cette cause les effets de son appareil. Il repousse formellement toute intervention de l'action chimique, qui constituait pourtant la véritable source de ses effets :

« L'action qui met le fluide électrique en mouvement, écrit-il, ne s'exerce pas, comme on l'a cru faussement, au contact de la substance humide avec le métal, ou bien il ne s'en exerce là qu'une très-petite qu'on peut négliger, en comparaison de celle qui s'exerce au contact entre des métaux différents. Par conséquent, le véritable élément de mes appareils à pile est le simple couple métallique formé de deux métaux différents, et non pas une substance humide appliquée à une substance métallique ou comprise entre deux métaux différents. Les *couches humides* dans les appareils composés (1) *ne sont donc*

(1) C'est la pile que Volta désigne sous ce nom.

là que pour faire communiquer l'un à l'autre tous les couples métalliques rangés de manière à pousser le fluide électrique dans une direction, de façon qu'il n'y ait pas d'action en sens contraire. »

Volta, décrivant les effets de la pile, reconnaît qu'ils prennent plus d'intensité en substituant à l'eau pure des liquides acides ou salins ; mais il attribue ce fait à ce que ces liquides sont de meilleurs conducteurs que l'eau.

« On peut déjà obtenir des commotions, écrit-il, avec un appareil de trente et même de vingt couples, pourvu que les métaux soient suffisamment nets et propres, et surtout que les couches humides interposées ne soient pas de l'eau simple et pure, mais une solution saline assez chargée. Ce n'est pourtant pas que ces humeurs salines augmentent proprement la force électrique ; *elles facilitent seulement le passage et laissent un plus libre cours au fluide électrique, étant beaucoup meilleurs conducteurs que l'eau simple, comme plusieurs expériences le démontrent.* »

Ainsi, le principe erroné qui avait conduit Volta à la découverte de la pile, c'est-à-dire le développement de l'électricité par le contact, survivait, dans l'esprit de l'inventeur, à l'expérience même de cet appareil. Dans le jeu de la pile, il prétendait encore trouver la démonstration de la vérité de ce principe, qui revient pourtant, comme nous le verrons plus tard, à admettre l'existence du mouvement perpétuel.

On se demande aujourd'hui avec surprise comment Volta, pendant les diverses expériences qu'il avait faites avec son appareil, et dont il expose les résultats dans sa *Lettre à Joseph Banks*, n'avait observé aucun des faits nombreux qui renversaient sa théorie.

Volta n'a pas remarqué (il n'en parle pas du moins) la diminution rapide qui survient dans l'intensité des effets de la pile, après les premières minutes d'une action énergique. Ce décroissement, qui est une suite naturelle de la diminution d'intensité des effets chimiques s'exerçant entre les métaux et les liqueurs acides qui composent la pile, ne s'accordait pas avec la constance et le mouvement continu perpétuel, qui est propre à la force

Fig. 323. — Joseph Banks lit devant la *Société royale* de Londres la lettre de Volta annonçant la découverte de la pile électrique (avril 1800).

électro-motrice, dans les idées de Volta. La seule diminution qu'il veuille reconnaître dans l'intensité des effets de cet instrument, maintenu quelque temps en activité, est celle qui est déterminée par la dessiccation des rondelles de drap mouillé. Encore assure-t-il avoir porté remède à cette cause d'affaiblissement, en encaissant la colonne de disques dans une couche de résine, de manière à empêcher l'évaporation du liquide qui imbibe les rondelles de drap.

Mais dans sa *Lettre à Joseph Banks*, Volta nous fait aussi connaître l'*appareil à couronne de tasses*. Or, avec cette disposition de l'instrument, la diminution graduelle de l'intensité électrique se manifeste tout aussi bien que dans l'*appareil à colonne*, et ici l'évaporation du liquide ne peut être invoquée. Comment donc Volta ne fut-il pas frappé de cet affaiblissement de la pile que l'on observe après un certain temps d'activité; et comment ne fut-il pas conduit à chercher la cause de cette décroissance?

Volta n'avait rien dit de l'altération profonde que subit l'un des métaux du couple. Il n'avait pas remarqué les efflorescences salines qui se forment autour des disques métalliques, et qui consistent en sulfate de zinc, provenant de la dissolution du métal par l'eau acidulée. Dans une pile qui a servi quelque temps, toutes les plaques de zinc sont usées et ont perdu de leur masse, par suite de la dissolution d'une partie de ce métal dans l'eau acidulée; les plaques de cuivre restent, au contraire, inattaquées et conservent leur masse primitive. Comment Volta ne fut-il pas frappé de ce fait, qui se présentait de lui-même, pour ainsi dire, à l'observateur?

Volta nous dit dans sa *Lettre à Joseph Banks*, qu'il a déterminé, au moyen du condensateur et de l'électromètre de Cavallo, la nature de deux électricités existant à chacun des pôles de sa pile : il trouva que le pôle zinc donnait l'électricité positive et le pôle argent l'électricité négative. Or, il ne remarqua point qu'en renversant les pôles de l'instrument, c'est-à-dire en supprimant le disque d'argent à la base, et le disque de zinc au sommet de la colonne, le pôle argent devenait positif, et le pôle zinc négatif ; ce qui détruisait ses observations et sa théorie.

Volta n'a pas constaté non plus, pour nous renfermer dans le domaine de la plus simple expérimentation, le fait, qu'il était presque impossible de ne pas observer, des décompositions chimiques, avec production de gaz, qui s'observent pendant le travail des piles un peu énergiques. Il avait répété un grand nombre de fois l'expérience du circuit interrompu, avec des appareils de cent vingt couples, les communications étant établies au moyen de lames de cuivre décapé plongeant dans une solution de sel marin, et il n'avait remarqué ni la formation de bulles de gaz sur la lame en contact avec le pôle négatif, ni l'oxydation de la lame au pôle positif. Il y a plus : Volta forma un appareil *à couronnes de tasses* de quatre-vingts couples ; il laissa les éléments en place pendant un temps fort long, tantôt ouvrant et tantôt fermant le circuit ; et il n'observa point le dégagement de l'hydrogène qui s'opère pendant la marche de la pile.

Il nous paraît bien difficile que tant de faits, qu'un expérimentateur ne saurait méconnaître, eussent échappé à l'attention de Volta. Nous sommes convaincu qu'il aima mieux passer ces phénomènes sous silence, que d'appeler la discussion sur des effets secondaires en désaccord avec sa théorie, et qui auraient altéré l'unité de sa doctrine.

Toutes ces observations que Volta n'avait point faites, détourné de cette voie par ses opinions théoriques, ou par la crainte de fournir des armes à ses adversaires, étaient pourtant si simples, que les premiers expérimentateurs qui eurent entre les mains le nouvel appareil, les firent presque aussitôt, et eurent ainsi la gloire de parcourir la vaste carrière ouverte par le physicien de Côme et à peine soupçonnée par lui. En voulant mettre la chimie hors de cause dans les effets de la pile, comme il avait déjà voulu écarter la physiologie dans les effets de l'arc de Galvani, Volta s'était ainsi interdit à lui-même le magnifique champ de découvertes que parcoururent ses successeurs.

Comme nous l'avons dit plus haut, Volta avait surtout présenté son *appareil électromoteur*, son *organe électrique artificiel*, comme spécialement propre aux expériences physiologiques. Conséquemment, ce fut un physiologiste, le chirurgien Anthony Carlisle, qui songea le premier, à Londres, à étudier les applications de la pile électrique.

A peine eut-il cet instrument entre les mains, que Carlisle découvrit le grand fait de la décomposition de l'eau par la pile.

Ainsi Volta laissa à un chirurgien l'honneur de cette importante découverte. On voit suffisamment, par ce seul fait, combien sont fondées les critiques que nous avons cru pouvoir élever contre le physicien de Côme et contre la manière dont furent dirigés ses premiers travaux.

Voici d'ailleurs comment Carlisle fut amené à cette découverte fondamentale.

Datée du 20 mars 1800, la lettre de Volta à sir Joseph Banks, ne parvint à Londres que dans les premiers jours du mois d'avril, et elle n'arriva pas en entier : on n'en reçut à Londres que les premiers feuillets, c'est-à-dire la partie que nous avons reproduite textuellement. Le reste de la lettre ne parvint à Londres que vers le milieu du mois de juin. Ce fut alors seulement que Joseph Banks put en donner communication dans une séance de la *Société royale*. Mais, dès les premiers jours du mois d'avril, il avait fait connaître officieusement à divers membres de cette compagnie, le fragment qu'il avait reçu.

C'est donc par l'intermédiaire de Joseph Banks que divers expérimentateurs, en Angleterre, et particulièrement le chirurgien Anthony Carlisle, Cruikshank et Humphry Davy, eurent connaissance de l'*électro-moteur* de Volta. Toutefois il avait été expressément stipulé, par Joseph Banks, que les expériences qui pourraient être faites, grâce à ces renseignements particuliers, ne seraient rendues publiques que lorsque la lettre du physicien de Côme à la *Société royale*, aurait été publiée en entier, afin de maintenir ses droits à la priorité de cette découverte.

On s'explique, d'après cela, que le numéro de juillet 1800 du *Journal philosophique de Nicholson* renferme tout à la fois la lettre de Volta à sir Joseph Banks et le récit d'une multitude d'expériences qui furent exécutées tout aussitôt, par les divers savants qui avaient reçu la description du nouvel appareil.

C'est de cette manière que, dès le 30 avril, le chirurgien Anthony Carlisle put s'empresser de construire lui-même, d'après la description donnée par Volta, cet *organe électrique artificiel* que l'inventeur recommandait d'une manière toute spéciale, comme devant ouvrir à la médecine et à la physiologie une carrière d'observations nouvelles. Il se proposait seulement d'examiner l'action de cet instrument nouveau sur l'organisme animal.

Carlisle se servit de *demi-couronnes*, monnaie de la valeur de trois francs, pour former les disques d'argent de son appareil. Des disques de zinc, et des rondelles de carton imprégnées d'eau salée, servirent à le compléter. Avec dix-sept seulement de ces couples, Carlisle éleva une colonne ayant un disque d'argent à la base, et au sommet, un disque de zinc.

C'est au moyen de cet instrument, d'une simplicité élémentaire et d'une bien médiocre puissance, que Carlisle décomposa l'eau, c'est-à-dire accomplit la plus féconde des découvertes qui aient été faites avec la pile de Volta, car elle dévoila aussitôt à la physique et à la chimie un horizon sans bornes.

Les circonstances particulières qui accompagnèrent une découverte si importante, ne doivent pas être passées sous silence.

Ayant, comme nous l'avons dit, construit à la hâte, une pile composée de demi-couronnes et de disques de zinc, Carlisle jugea à propos de demander le secours d'un physicien, pour les expériences qu'il se proposait de faire concernant l'action de l'électro-moteur sur l'économie animale. Il s'adressa, pour cet objet, à Nicholson, son ami.

Nicholson et Carlisle pensèrent, avec raison, qu'avant toute chose, le premier soin devait consister à reconnaître l'espèce d'électricité (positive ou négative) qui existait à l'extrémité de la colonne. Ils firent donc communiquer, à l'aide d'un fil de fer, chacune des extrémités de la pile avec le plateau d'un condensateur. L'expérience n'ayant pas donné de résultat satisfaisant, Nicholson soupçonna que ce manque de succès pouvait tenir à ce que le contact entre les fils de fer et les disques de la pile n'était point parfait. Il crut y porter remède en plaçant quelques gouttelettes d'eau sur le disque de zinc, et y plongeant l'extrémité du fil qui servait à réunir les deux pôles.

Mais à peine eut-on ainsi fermé le circuit voltaïque, que l'on vit apparaître dans l'intérieur de cette goutte d'eau, et près de l'extrémité du fil de fer, des bulles excessivement fines de gaz. En même temps, on crut sentir l'odeur de l'hydrogène.

Nicholson et Carlisle devinèrent aussitôt que l'eau avait été décomposée par le courant électrique, et ils résolurent de s'en assurer « en « interrompant le circuit par l'introduction « d'un tube plein d'eau entre les extrémités « libres des deux fils. »

C'est le 2 mai de l'année 1800 que fut exécutée cette expérience capitale, point de départ de toutes les découvertes modernes sur les décompositions électro-chimiques des corps.

Nicholson et Carlisle prirent un tube de verre de 3 décim. de longueur et de 15 millim. de diamètre intérieur, qui fut rempli d'eau de source, et fermé par des bouchons de liége à ses deux extrémités (fig. 324). On fit passer à travers chacun de ces bouchons, un fil de cuivre rouge. Le tube ayant été placé dans une position verticale, le fil de cuivre inférieur fut mis en contact avec le disque d'argent qui formait la base inférieure de la pile à colonne, et le fil supérieur avec le disque de zinc du sommet. Ce petit appareil, très-convenable pour observer le phénomène de la décomposition de l'eau, étant ainsi disposé, on approcha peu à peu l'une de l'autre, les pointes des deux fils de cuivre, placés en regard au milieu du tube plein d'eau. Lorsque ces deux pointes ne furent plus distantes que d'environ 5 centimètres, « une longue « traînée de bulles excessivement fines, dit « Nicholson, s'éleva de la pointe du fil infé- « rieur de cuivre qui communiquait avec le « disque d'argent; tandis que la pointe du « fil de cuivre opposé devenait terne, puis « jaune orangé, puis noire. » Si l'on amenait au contact les deux pointes de métal, le phénomène s'arrêtait aussitôt, pour recommencer dès qu'on les séparait de nouveau : le dégagement de gaz était d'autant moins abondant que les pointes étaient plus éloignées ; et à une certaine distance, le dégagement cessait tout à fait.

L'expérience fut prolongée pendant deux heures et demie : il se rassembla au sommet du tube environ un demi-centimètre cube de gaz. Mélangé avec parties égales d'air atmosphérique, ce gaz détona à l'approche d'une bougie : c'était donc du gaz hydrogène. L'eau qui avait servi à cet essai, était devenue trouble, par la présence de filaments blanchâtres qui, se détachant de l'extrémité du fil supérieur, tombaient au fond du tube, et y formaient un précipité d'un gris verdâtre.

C'est ainsi que Nicholson et Carlisle furent amenés à découvrir que l'eau avait été décomposée par le courant de la pile : le gaz hydrogène s'était dégagé au contact de l'un des fils avec l'eau, tandis que l'oxygène, se combinant avec l'autre fil, avait formé de l'oxyde de cuivre.

Comme l'oxydabilité du cuivre avait été, sans nul doute, la cause de la formation, autour du fil conducteur, de ces nuages verdâtres qui consistaient en oxyde de cuivre hydraté, il était important de reconnaître ce qui se passerait si l'on employait, comme conducteur de l'eau, un métal inoxydable.

Continuant seul cette nouvelle série d'expériences, Nicholson substitua aux fils de cuivre deux fils de platine, introduits, comme dans l'expérience précédente, à travers les deux bouchons et en regard l'un de l'autre, au milieu de l'eau. Le fil de platine, attaché au disque d'argent qui terminait en haut la pile à colonne, donna aussitôt un courant très-abondant de bulles de gaz extrêmement fines. Le fil de platine communiquant à l'extrémité zinc, produisit aussi une traînée de bulles gazeuses, mais moins abondantes. L'expérience, prolongée pendant quatre heures, ne provoqua dans l'eau aucun dépôt de matières étrangères ; les fils de platine n'étaient aucunement altérés par les gaz qui prenaient naissance.

On obtint des résultats en tout semblables en substituant au fil de platine, un fil d'or.

Ainsi, quand on faisait usage d'un conducteur formé d'un métal non oxydable, l'oxygène, ne pouvant entrer en combinaison avec ce métal, se dégageait, à l'état de liberté, en même temps que l'hydrogène. L'emploi du platine ou de l'or, comme conducteur de la pile, permettait donc d'effectuer l'analyse de l'eau, en recueillant à part les deux gaz qui entrent dans sa composition.

Fig. 324. — Nicholson et Carlisle, à Londres, décomposent l'eau par la pile de Volta, le 2 mai 1800.

Nicholson n'eut aucune peine à reconnaître que le gaz dégagé au pôle positif était de l'oxygène pur, tandis que le gaz recueilli sur le fil négatif était de l'hydrogène. On obtenait, dans la même expérience, un volume de gaz hydrogène supérieur à celui de l'oxygène, parce que l'eau résulte de la combinaison de 2 volumes du premier de ces gaz, pour 1 volume du second.

Nicholson fit cette dernière et belle expérience, en réunissant deux piles à colonne, dont l'une contenait 36 couples et l'autre 32 couples de zinc et d'argent, c'est-à-dire 68 couples en tout. Dès que la communication fut établie entre cette pile et les conducteurs de platine, la décomposition de l'eau commença. La pile fut maintenue en action pendant treize heures, et produisit un volume de gaz hydrogène et oxygène d'environ un pouce un quart cube. Au bout de ce temps, on transvasa chacun des gaz dans deux petits tubes, et l'on mesura la quantité des gaz produits, en pesant les deux tubes alternativement pleins d'eau et pleins de gaz.

Par ce moyen d'appréciation, bien imparfait pourtant, on trouva que le gaz oxygène avait déplacé dans la cloche 72 grains d'eau et l'hydrogène 142 grains du même liquide. « Ces deux volumes, ajoute Nicholson, sont « à peu près dans le rapport des parties ali-« quotes constituantes de l'eau. Ce rapport est, « en effet, d'*une partie en volume* d'oxygène « et de *deux parties en volume* d'hydrogène. »

Il n'y avait dans cette analyse qu'une erreur de 2 grains, sur 144.

C'est en modifiant d'une manière fort simple l'appareil imaginé par Nicholson pour l'analyse électro-chimique de l'eau, que l'on fait aujourd'hui, dans les cours publics et dans les laboratoires, l'expérience élégante par laquelle on démontre la véritable nature de ce liquide.

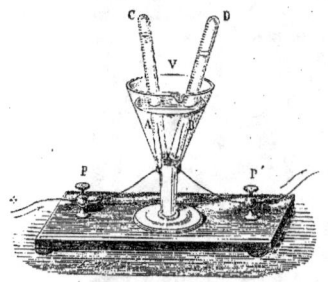

Fig. 325. — Appareil pour la décomposition de l'eau.

Dans un verre à pied V contenant de l'eau (fig. 325), et dont le fond renferme une masse de cire, qui est traversée par deux fils de platine en rapport avec les pôles d'une pile en activité, on dispose deux cloches de verre AC, BD, remplies d'eau, et dans lesquelles s'engage l'extrémité des deux fils conducteurs. Les deux cloches sont *graduées*, c'est-à-dire divisées en parties d'un égal volume. L'eau étant décomposée par le courant de la pile, l'hydrogène et l'oxygène se rendent, chacun de son côté, dans la petite cloche disposée pour les recevoir. Il est facile de reconnaître, après l'expérience, et à la seule inspection des deux petites cloches graduées,

que l'on a recueilli 2 volumes de gaz hydrogène pour 1 volume d'oxygène.

Un autre expérimentateur, William Cruikshank, à Woolwich, ayant reçu de Nicholson la communication d'une partie de ses expériences, se livra, de son côté, à des recherches du même genre, et obtint aussi d'importants résultats.

Après avoir vérifié le fait de la décomposition de l'eau découvert par Nicholson et Carlisle, Cruikshank reconnut que toujours, et quel que fût le conducteur employé, il se formait un acide libre autour de l'extrémité du pôle positif, et qu'en même temps un principe alcalin apparaissait au pôle négatif. Cruikshank saisit avec beaucoup de sagacité la cause de ce phénomène complexe. Il pensa que l'hydrogène mis en liberté par la décomposition de l'eau, et qui se portait au pôle négatif, se combinait avec l'azote de l'air, qui se trouve toujours en dissolution dans l'eau, ce qui donnait naissance à de l'ammoniaque, composé auquel était due l'alcalinité manifestée à ce pôle; et qu'en même temps l'oxygène provenant de la décomposition de l'eau, et qui se portait au pôle positif, s'y combinait avec l'azote de l'air et formait de l'acide azotique, ce qui rendait compte de la formation d'un acide à ce pôle de la pile (1).

Cette première observation de Cruikshank n'était que le prélude de la découverte d'un fait important qui devait bientôt ouvrir une intéressante carrière d'expériences : nous voulons parler du transport des métaux par le courant électrique, au pôle négatif de la pile.

Déjà Nicholson avait fait une observation de ce genre. En employant pour la décomposition de l'eau par la pile, deux conducteurs de cuivre, et en opérant sur de l'eau acidulée par l'acide chlorhydrique, il avait observé « un dépôt de cuivre à l'état métallique au-« tour du fil provenant de l'extrémité argent.

---

(1) W. Cruikshank, *Some experiments and observations on Galvanic Electricity.* July 1800. — *Additional remarks on Galvanic Electricity.* September. — Nicholson's *Phil. Journ.*, vol. IV, p. 187-254.

« Ce dépôt, ajoute-t-il, formait, au bout de
« quatre heures, une sorte de végétation mé-
« tallique ramifiée, dont le volume surpassait
« de neuf à dix fois celui du fil autour duquel
« elle était agglomérée. »

En exécutant une expérience semblable, Cruikshank en tira une conséquence inattendue. Ayant ajouté une petite quantité d'acide acétique à de l'eau pure, dans laquelle plongeaient deux fils d'argent qui servaient de conducteur à la pile voltaïque, il remarqua que l'argent entrait en partie en dissolution, mais qu'il reparaissait bientôt après à l'état métallique, sur le fil négatif, sous la forme de paillettes brillantes, parfaitement semblables à celles que l'on obtient quand on précipite, au moyen d'une lame de cuivre, une dissolution étendue d'azotate d'argent.

Ce phénomène, qui ne devait être bien compris que plus tard, fut soumis par Cruikshank à diverses expériences, dans les détails desquelles nous ne saurions entrer ici. Elles mirent en évidence ce fait, que le même courant voltaïque qui décompose l'eau, emportant son hydrogène au pôle négatif, peut décomposer en même temps, les oxydes métalliques tenus en dissolution dans cette eau ; — que cette réduction est due à l'hydrogène naissant provenant de la décomposition de l'eau ; — et que, dans ce cas, en même temps que l'hydrogène naissant se dégage au pôle négatif, le métal du sel qui fait partie de cette dissolution, apparaît avec ce gaz, au pôle négatif, et peut s'y déposer sous forme cristalline.

Les expériences qui venaient d'être faites en Angleterre, concernant la décomposition électro-chimique de l'eau, furent bientôt répétées partout. En France et en Allemagne, l'appareil de Volta, soumis de toutes parts à l'expérience, donnait au même moment, les mêmes résultats entre toutes les mains.

Les expériences de Nicholson, dès que la nouvelle en parvint en Allemagne, y furent aussitôt reproduites dans tous les laboratoires. Le chimiste Ritter, de Berlin, fut le premier à s'en occuper (1), et son exemple fut suivi par une foule d'autres. A Berlin, le professeur Hermbstadt ; Unger et Müller, à Brieg ; enfin le professeur Gilbert et le conseiller Hofrath Voigt, à Berlin, se livrèrent aux mêmes essais.

Gruner et Bockmann s'efforcèrent de mesurer le volume d'hydrogène et d'oxygène obtenu pendant la décomposition électro-chimique de l'eau ; mais ce dernier arriva à des chiffres erronés sur le rapport de ces deux gaz formés pendant cette analyse. Pfaff construisit un appareil très-commode pour la décomposition de l'eau. Cet appareil fut modifié avantageusement par Gahn, assesseur à Fahlun. Enfin, le professeur L. Simon donna à la *Société philomatique* de Berlin, d'utiles préceptes sur les instruments employés dans les divers cas de décompositions électro-chimiques.

Ces nombreux essais faits en Allemagne touchant les décompositions électro-chimiques des corps, étaient le prélude et comme la préparation aux discussions théoriques qui devaient bientôt vivement agiter la science sur les particularités que l'on observe pendant la décomposition électro-chimique de l'eau.

C'est à cette époque, c'est-à-dire vers la fin de l'année 1800, qu'un chimiste anglais, qui devait conquérir dans l'étude de l'électricité une gloire immortelle, entrait pour la première fois dans cette voie d'expériences : « Un
« immense champ de recherches paraît ouvert par cette découverte, écrivait, au mois
« de juillet 1800, Humphry Davy, alors âgé
« de vingt-deux ans et attaché à l'*institution*
« *pneumatique* du docteur Beddoès, à Bristol : puisse-t-il être parcouru de manière à
« nous faire connaître quelques-unes des lois
« de la vie ! »

Les premiers pas du jeune Davy dans l'é-

---

(1) Voigt's *Magazin*, II, 356. — *Annales* de Gilbert, VI, 410.

tude expérimentale de la pile, eurent pour résultat d'ébranler, ou du moins de mettre en question la doctrine de Volta, c'est-à-dire le principe du développement de l'électricité par le contact. Le 26 octobre 1800, Humphry Davy exposait ainsi le résultat de ses premiers essais :

« J'ai trouvé, par de nombreuses expériences, que le galvanisme est un procédé purement chimique, et dépend entièrement de l'oxydation de surfaces métalliques qui ont des degrés différents de conductibilité électrique. Le zinc ne décompose pas l'eau *pure*, et si les plaques de zinc sont humectées avec de *l'eau* pure, la pile n'agit pas. Mais le zinc peut s'oxyder, étant en contact avec de l'eau qui tient en solution de l'oxygène de l'air atmosphérique ou des acides; la pile agit alors, et son intensité est en proportion de la vitesse avec laquelle le zinc s'oxyde.

« La pile n'agit que pendant quelques minutes, quand on l'introduit dans du gaz hydrogène, dans de l'azote ou dans de l'hydrogène carboné; elle n'agit alors que le temps tout juste pendant lequel l'eau qui sépare ses couples tient de l'oxygène en dissolution.... Elle agit très-vivement dans le gaz oxygène. Quand les couples sont humectés d'acide chlorhydrique, l'action de la pile est très-puissante ; mais elle l'est infiniment plus quand on emploie l'acide nitrique. Cinq couples avec de l'acide nitrique donnent des étincelles égales à celles de la pile ordinaire ; avec vingt couples la secousse était insupportable. »

Dans sa première communication à la *Société royale*, en date du 18 juin 1801, Davy, entre autres faits nouveaux, avait montré qu'on pouvait construire une pile avec un seul métal placé entre deux liquides différents, pourvu toutefois que l'oxydation n'eût lieu que sur une seule surface de ce métal.

A la séance suivante, Wollaston présenta un travail très-important sur lequel nous aurons à revenir, et qui tendait à prouver que l'oxydation du métal était la cause première des phénomènes voltaïques.

Wollaston confirma, du reste, les rapprochements établis par Volta entre l'électricité statique et l'électricité dynamique. Il réussit à reproduire en petit, par l'électricité ordinaire, les effets chimiques de l'électricité voltaïque, tels que la décomposition de l'eau et de certains oxydes. Il fit voir qu'il suffisait pour cela de diminuer excessivement les dimensions du fil plongé dans le liquide, de manière à concentrer en un seul point l'action trop peu prolongée de la machine électrique ordinaire (1).

Wollaston alla même jusqu'à rapporter à un fait chimique, c'est-à-dire à l'oxydation, la production de l'électricité dans les machines électriques ordinaires. Appelant l'attention sur l'*enduit métallique*, dont on a reconnu la nécessité pour les frottoirs, il annonçait que ces machines d'électricité ne se chargent pas dans le gaz hydrogène, ni dans les divers gaz qui n'exercent sur l'enduit des coussins aucune action chimique.

Ainsi, dès les premiers temps où la pile fut soumise à l'expérience, dès que les chimistes furent à même d'en observer les effets, la théorie de Volta soulevait des objections ou de graves répugnances. A peine née et précisée, cette théorie était déjà attaquée, soit dans sa base même, soit dans ses détails. Les mêmes difficultés que Davy et Wollaston élevaient en Angleterre contre le principe de la force électro-motrice étaient exposées en France par Gautherot, et en Russie par Parrott.

Volta sentit le besoin de se porter à la défense de sa théorie menacée. Pour faire connaître exactement à l'Europe savante sa découverte et ses idées, il prit la résolution de se rendre à Paris, qui était alors le foyer brillant et privilégié d'où rayonnaient sur le monde entier les vérités nouvelles acquises à la science.

(1) Wollaston décomposa l'eau en la soumettant dans un tube, à l'action de deux fils métalliques *d'un centième de pouce* de diamètre, espacés entre eux d'un huitième de pouce, et pouvant être mis au dehors en communication avec les deux garnitures d'une petite bouteille de Leyde. A chaque décharge de la bouteille, quand l'étincelle jaillissait entre ces fils, l'oxygène et l'hydrogène de l'eau étaient mis en liberté et se dégageaient à l'état de gaz.

Fig. 326. — Alexandre Volta lit devant l'Académie des sciences, son mémoire sur la pile, en présence du premier consul Bonaparte (18 novembre 1800).

CHAPITRE IV

VOLTA A PARIS. — LECTURE DE SON MÉMOIRE A L'INSTITUT. — PROPOSITION DU PREMIER CONSUL BONAPARTE. — RAPPORT DE BIOT SUR LE MÉMOIRE DE VOLTA. — MÉDAILLE D'OR DÉCERNÉE A VOLTA PAR L'INSTITUT DE FRANCE. — PRIX ANNUELS FONDÉS PAR L'EMPEREUR NAPOLÉON POUR LES TRAVAUX RELATIFS AU GALVANISME. — SUITE DES RECHERCHES DES PHYSICIENS SUR LA PILE. — MODIFICATIONS DE LA PILE A COLONNE. — LA PILE A AUGE. — EFFETS PHYSIQUES OBTENUS AVEC LA PILE A AUGE, PAR TROMSDORF, HUMPHRY DAVY ET PEPYS.

Dans les derniers mois de l'année 1800, Volta et son collègue, le professeur Brugnatelli, obtinrent du gouvernement cisalpin l'autorisation de se rendre en France, pour conférer avec les physiciens de la capitale sur divers points scientifiques, et en particulier sur les phénomènes de la pile. En passant à Genève, Volta fit fonctionner son appareil devant le nombreux auditoire qui se pressait alors aux leçons de Pictet. Arrivé à Paris, il fut reçu avec la plus grande faveur par le premier consul Bonaparte, qui avait conçu la plus haute estime pour ses talents.

Le physicien d'Italie lut devant l'Institut national de France, un mémoire très-développé qui contenait l'exposé de l'ensemble de ses découvertes, et qui occupa trois séances consécutives : le 16 brumaire an IX (novembre 1800), le 18 et le 20 du même mois. Après chaque séance de lecture, Volta exécutait devant les membres de l'Institut, les expériences décrites dans son mémoire (1).

Le premier consul assistait à la deuxième

(1) On trouve une analyse de ce travail de Volta dans le tome II, p. 267, de l'ouvrage de P. Sue, improprement nommé par l'auteur *Histoire du galvanisme*, car il ne se compose que de l'analyse des mémoires publiés sur ce sujet jusqu'à l'année 1805.

de ces séances et aux expériences qui la suivirent. Volta répéta devant lui son expérience fondamentale, qui consiste à obtenir sur l'électroscope à feuilles d'or, à l'aide du condensateur, des signes d'électricité avec deux métaux différents isolés, mis en contact, puis séparés aussitôt. Au moyen d'une pile à colonne de quatre-vingt-huit disques, zinc et argent, Volta produisit ensuite de très-fortes commotions. Il obtint des étincelles avec le secours du condensateur, et fit brûler un fil de fer. Par une étincelle tirée d'un conducteur de la pile, il fit partir un pistolet à gaz hydrogène. Il termina en exécutant la décomposition électro-chimique de l'eau.

Cette dernière expérience frappa d'admiration le premier consul, qui signala même certaines recherches à faire à ce sujet.

Bonaparte aurait désiré, par exemple, qu'à des températures très-opposées, on fît comparativement la même expérience sur l'action de la pile, afin de s'assurer si le calorique accélère ou retarde le passage de l'électricité à travers les métaux et les conducteurs humides. Il aurait voulu que l'on recherchât si la propriété conductrice des métaux varie selon leur état physique, et que l'on portât une attention particulière, à ce point de vue, sur le fer, qui affecte des états physiques très-variés. Un fil de fer, cassant ou ductile, un fil d'acier, employés comme conducteurs d'une même pile, auraient pu fournir peut-être quelques résultats propres à éclairer la théorie de l'électricité.

Le physicien Robertson, dont nous aurons à parler dans une des Notices de cet ouvrage (1), eut une part à ces expériences faites devant l'Institut. Nous citerons ce qu'il dit à cet égard, dans ses *Mémoires*, parce que son récit présente quelques particularités intéressantes :

« M. de Volta, écrit Robertson, me pria de l'accompagner à cette séance ; retenu par mes expé-

(1) *Les Aérostats*.

riences publiques, je ne pouvais être libre que fort tard. M. Biot vint me chercher et me dit que l'Institut désirait que je répétasse en sa présence quelques-unes de mes expériences : je n'avais pas encore fini avec mes auditeurs, il eut l'obligeance d'attendre assez longtemps, et nous partîmes. Arrivés sous la porte du Louvre, on empêcha notre voiture d'entrer. Les avenues du palais, où l'Institut siégeait alors, étaient gardées par un grand nombre de militaires ; il fallut l'ordre d'un officier supérieur pour nous laisser monter. Je ne savais trop à quoi attribuer cet appareil de forces ; aussi, en entrant dans la salle des séances, lançai-je un regard rapide sur toute l'assemblée. Les membres de l'Institut, debout et découverts, étaient rangés autour d'une grande table ronde, et M. de Volta expliquait sa théorie : on apportait à l'écouter une vive attention. Lorsqu'il cita comme preuve de l'identité de l'électricité et du galvanisme l'inflammation du gaz hydrogène par l'étincelle galvanique, il eut l'obligeante précaution de dire que j'avais fait le premier cette expérience, et il m'engagea à vouloir bien la répéter devant l'Institut. On se procura aussitôt du gaz hydrogène dans le cabinet de M. Charles, situé à côté de la salle des séances.

« La détonation du pistolet de Volta sembla réveiller un membre placé à l'autre extrémité de la salle, inattentif en apparence, dont l'imagination planait peut-être en cet instant sur le monde entier et à cent lieues du galvanisme, tandis que la sagacité de son esprit s'occupait à démêler la nature des effets de ce fluide. Il parut sortir subitement d'une profonde préoccupation, et me fixa particulièrement, sans doute à cause du bruit que l'arme électrique venait de produire par mes mains ; puis, se tournant vers un membre placé assez près de lui :

« Fourcroy, lui dit-il, voici des phénomènes qui « appartiennent plus à la chimie qu'à la physique, « et dont vous devez vous emparer. »

« Distinction très-juste, et qu'une foule d'applications ont rendue évidente par la suite. C'est ainsi que je vis pour la première fois le premier consul Bonaparte : quelles destinées extraordinaires étaient encore dans le néant pour cet homme déjà environné à cette époque d'un destin si brillant (1) ! »

Lorsque Volta eut terminé ses expériences, Bonaparte proposa, comme membre de l'Institut, de lui décerner une médaille d'or, qui servirait de monument et constaterait l'époque de sa découverte. Il demanda aussi qu'une commission fût nommée, pour répéter en grand toutes les expériences relatives au galvanisme.

(1) *Mémoires récréatifs, scientifiques et anecdotiques du physicien-aéronaute Robertson*. Paris, 1840, t. Ier, p. 256.

S'il faut en croire Robertson, les physiciens de Paris étaient demeurés jusqu'à ce moment, assez étrangers à la connaissance des phénomènes du galvanisme. C'est ce que semblerait prouver la singulière réception qui avait été faite à Volta, par le physicien Charles, et que Robertson raconte d'une manière assez piquante :

« Un jour, dit Robertson, c'était le 9 vendémiaire an IX, pendant mes expériences publiques sur le galvanisme, j'exprimais mes doutes à cet égard, et j'énumérais les différences que j'apercevais encore entre le fluide électrique et le fluide galvanique, lorsqu'un de mes auditeurs se leva et me dit que *M. de Volta, ici présent, aurait beaucoup de plaisir à dissiper les doutes qui me restaient.* L'interlocuteur était le docteur Brugnatelli ; il avait accompagné le célèbre Volta dans un voyage qu'ils avaient obtenu du gouvernement cisalpin la permission de faire à Paris, pour conférer avec les savants de France sur divers objets scientifiques, et principalement sur les découvertes de la pile galvanique. J'acceptai avec empressement l'offre honorable de M. de Volta.

« Le lendemain matin, il se présenta de bonne heure chez moi, portant dans sa poche de petits appareils galvaniques et une grenouille vivante. Nous passâmes la matinée entière à faire des expériences dont aucune ne réussit. Volta accusait l'humidité de l'air de ces mauvais résultats ; pour moi, je les imputai, avec plus de raison, à l'imperfection de ses conducteurs métalliques. Mais il m'exposa sa théorie d'une manière si lumineuse, développa ses aperçus, ses observations et leurs conséquences avec tant de clarté, que ma conviction n'attendit pas des expériences plus favorables, et je devins un partisan d'autant plus sincère de son système que lui ayant été plus opposé d'abord, j'avais cédé à la seule démonstration de la vérité ; je contribuai même, par quelques résultats nouveaux, à la rendre encore plus palpable.

« M. de Volta ne s'en tint pas à cette première visite, et des liaisons de bienveillance de sa part, que je puis même dire réciproquement amicales, s'établirent entre nous. Mon cabinet lui offrit d'utiles ressources sous le rapport des appareils.

« M. de Volta me pria de lui servir de guide à Paris, et je m'empressai de le conduire dans les établissements où la découverte du galvanisme devait avoir pénétré, à l'École de médecine, à l'École polytechnique, dans le cabinet de M. Charles. Mais quel fut son étonnement de voir que je fusse le seul dans Paris à m'occuper de cette belle découverte ! L'Institut même paraissait n'avoir fait ou encouragé aucun essai sur ce sujet. M. Charles nous fit une réception très-singulière ; il ne s'attendait nullement à notre visite. Je lui nommai et lui présentai M. de Volta, qui était jaloux de s'entretenir de ses travaux avec un physicien aussi distingué. M. Charles laissa paraître aussitôt beaucoup d'embarras et même de la confusion : il était, nous dit-il, on ne peut plus désolé d'être pressé de sortir et de ne pouvoir profiter d'une occasion aussi avantageuse ; mais on l'attendait et il se trouvait en retard. Il ajouta d'ailleurs que nous étions maîtres absolus dans son cabinet, et qu'il en mettait tous les objets à notre disposition. Après ce peu de mots, auxquels il semblait ne pas demander de réponse, il nous salua et sortit. Restés seuls dans ce cabinet, nous nous regardâmes l'un l'autre avec des yeux ébahis. « Que « ferons-nous ici ? me dit Volta. Voici un très-beau « cabinet, mais le but de notre démarche n'était « point d'admirer des instruments de physique. Il n'y « a point dans cette atmosphère, continua-t-il en riant, « d'odeur de galvanisme. »

« Il devinait juste. M. Charles ne l'avait pas plus étudié alors que les autres physiciens de France. Ce qui confirma nos conjectures, c'est qu'étant montés en fiacre, nous aperçûmes, en nous retournant, M. Charles qui épiait notre départ d'une boutique de librairie de la rue du Coq, et reprit le chemin de son cabinet dès que notre voiture se fut un peu éloignée (1). »

La commission qui avait été désignée par l'Académie des sciences, pour reproduire les expériences de Volta et statuer sur le projet d'une médaille d'or à décerner à l'inventeur de la pile, était composée de Laplace, Coulomb, Hallé, Monge, Fourcroy, Vauquelin, Pelletan, Charles, Brisson, Sabatier, Guyton et Biot. Après avoir répété les principales expériences de Volta, la commission choisit pour son rapporteur Biot, qui s'acquitta de ce devoir dans la séance du 11 frimaire an IX (décembre 1800), dans un rapport qui reproduisait tous les traits du mémoire de Volta, avec une concision et une clarté parfaites.

Si nous ne sommes entré dans aucun détail sur le mémoire lu à l'Institut par Volta, nous ne saurions passer sous silence le rapport de Biot, document important à conserver, parce que l'on y trouve pour la première fois, exactement définie, la théorie de la force électro-motrice (2).

(1) *Mémoires de Robertson*, t. Ier, p. 250-253.
(2) *Rapport du citoyen Biot sur les expériences de Volta*,

Le fait principal sur lequel repose la théorie de Volta, est le suivant : Si l'on met en contact deux métaux différents, isolés au moyen d'une tige de verre, on trouve, en les retirant aussitôt, qu'ils se sont chargés chacun d'une électricité différente. Dans le contact du cuivre et du zinc, le cuivre se charge d'électricité négative et le zinc devient positif. Ce fait prouve donc que le développement de l'électricité est indépendant de l'action de tout conducteur humide (1).

Fig. 327. — J. B. Biot.

Biot expose ensuite comment on se rend compte de ce fait, dans la théorie de Volta, et il donne une analyse complète de la pile,

imprimé dans les *Mémoires de l'Institut national de France*, t. V, et reproduit en entier dans les *Annales de chimie*, t. XLI, p. 3.

(1) On verra plus loin, à l'article de la théorie de la pile, que ce fait qui sert de base à la théorie de Volta est inexact. Wollaston, et plus tard MM. de La Rive et Faraday, ont prouvé que l'électricité qui se manifeste dans le contact des métaux, en présence de l'air, provient de l'oxydation de l'un des métaux par l'oxygène atmosphérique. Quand on exécute, en effet, cette expérience dans le vide, ou dans un gaz autre que l'oxygène, le contact des deux métaux ne produit plus aucun effet électrique.

et de la loi qui paraît présider à la tension électrique de cet instrument, selon le nombre des couples, leur conductibilité et la conductibilité propre aux corps humides.

« Tel est à peu près, dit Biot, le précis de la théorie du citoyen Volta sur l'électricité que l'on a nommée *galvanique*. Son but a été de réduire tous les phénomènes à un seul, dont l'existence est maintenant bien constatée : c'est le développement de l'électricité métallique par le contact mutuel des métaux. Il paraît prouvé, par ces expériences, que le fluide particulier auquel on attribua, pendant quelque temps, les contractions musculaires et les phénomènes de la pile, n'est autre chose que le fluide électrique ordinaire, mis en mouvement par une cause dont nous ignorons la nature, mais dont nous voyons les effets.

« Après avoir reconnu et évalué, pour ainsi dire, par approximation l'action mutuelle des éléments métalliques, il reste à la déterminer d'une manière rigoureuse, à chercher si elle est constante pour les mêmes métaux, ou si elle varie avec les qualités d'électricité qu'ils contiennent, et avec leur température. Il faut évaluer, avec la même précision, l'action propre que les liquides exercent les uns sur les autres, et sur les métaux. C'est alors que l'on pourra établir le calcul sur des données exactes, s'élever ainsi à la véritable loi que suivent, dans l'appareil du citoyen Volta, la distribution et le mouvement de l'électricité, et compléter l'explication de tous les phénomènes que cet appareil présente. Mais ces recherches délicates exigent l'emploi des instruments les plus précis qu'aient inventés les physiciens pour mesurer la force du fluide. Enfin, il reste à examiner les effets chimiques de ce courant électrique, son action sur l'économie animale, et ses rapports avec l'électricité des minéraux et des poissons ; recherches qui, d'après les faits déjà connus, ne peuvent être que très-importantes. »

Dans l'une des trois notes qui suivent ce rapport, Biot essaye de soumettre au calcul la pile voltaïque, d'après la théorie du contact. Mais il ajoute, ce qui ne surprendra personne, que les résultats calculés ne purent jamais s'accorder très-bien avec les observations. Biot se tirait de cette difficulté en ajoutant que ce désaccord tenait sans doute à l'imparfaite conductibilité des liquides employés dans la pile, élément dont il est impossible de tenir compte.

Biot terminait son rapport en proposant

d'offrir à Volta une médaille d'or, conformément à la demande du premier consul :

« D'après la demande qui a été faite par un de vos membres (le premier consul), et que vous avez renvoyée à la commission, nous vous proposons d'offrir au citoyen Volta la médaille de l'Institut, en or, comme un témoignage de la satisfaction de la classe, pour les belles découvertes dont il vient d'enrichir la théorie de l'électricité, et comme une preuve de sa reconnaissance pour les lui avoir communiquées. »

Cette médaille portait pour inscription : A VOLTA, SÉANCE DU 11 FRIMAIRE AN IX.

Le même jour, Volta reçut du premier consul une somme de 6,000 francs pour ses frais de route.

« Le professeur de Pavie, nous dit Arago, dans son *Éloge de Volta*, était devenu pour Napoléon le type du génie. Aussi le vit-on, coup sur coup, décoré des croix de la Légion d'honneur et de la Couronne de fer ; nommé membre de la consulte italienne ; élevé à la dignité de comte et à celle de sénateur du royaume lombard. Quand l'Institut italien se présentait au palais, si Volta, par hasard, ne se trouvait pas sur les premiers rangs, les brusques questions : « Où « est Volta ? serait-il malade ? pourquoi n'est-il pas « venu ? » montraient avec trop d'évidence, peut-être, qu'aux yeux du souverain les autres membres, malgré tout leur savoir, n'étaient que de simples satellites de l'inventeur de la pile. « Je ne saurais « consentir, disait Napoléon en 1804, à la retraite de « Volta. Si ses fonctions de professeur le fatiguent, il « faut les réduire. Qu'il n'ait, si l'on veut, qu'une « leçon à faire par an ; mais l'université de Pavie « serait frappée au cœur le jour où je permettrais « qu'un nom aussi illustre disparût de la liste de « ses membres ; d'ailleurs, ajoutait-il, un bon géné-« ral doit mourir au champ d'honneur (1). »

Le départ de Volta n'avait rien enlevé de l'enthousiasme du premier consul pour les effets de la pile. Il était convaincu que l'on ferait un jour les applications les plus brillantes du galvanisme pour l'explication des faits les plus importants de la nature, et qu'il servirait même à dévoiler la cause des phénomènes de la vie. La surprise et l'admiration que Bonaparte avait éprouvées quand le savant italien l'avait rendu témoin, pour la première fois, des effets de la pile, s'accrurent encore lorsqu'on répéta devant lui les expériences de décompositions chimiques qui venaient d'être faites en Angleterre par Cruikshank. Il fut frappé d'étonnement en voyant le transport des éléments des sels à leurs pôles respectifs. Après un instant de silence, se tournant vers Corvisart, son médecin :

« Docteur, dit-il, voilà l'image de la vie : la colonne vertébrale est la pile ; le foie, le pôle négatif ; la vessie, le pôle positif (1). »

Le désir qu'éprouvait Bonaparte d'encourager les travaux relatifs au galvanisme, se traduisit, bientôt après, par la fondation d'un prix annuel en faveur du physicien qui aurait réalisé la découverte la plus importante dans cette nouvelle partie de la physique. Le 26 prairial an X (juin 1801), peu de temps après la bataille de Marengo, Napoléon écrivit d'Italie à Chaptal, alors ministre de l'intérieur, la lettre suivante, qui fut transmise par ce dernier à la classe des sciences mathématiques et physiques de l'Institut :

« J'ai intention, citoyen ministre, de fonder un prix consistant en une médaille de trois mille francs, pour la meilleure expérience qui sera faite dans le cours de chaque année sur le fluide galvanique ; à cet effet les mémoires qui détailleront lesdites expériences seront envoyés, avant le 1er fructidor, à la première classe de l'Institut national, qui devra, dans les jours complémentaires, adjuger le prix à l'auteur de l'expérience qui aura été la plus utile à la marche de la science.

« Je désire donner en encouragement une somme de soixante mille francs à celui qui, par ses expériences et ses découvertes, fera faire à l'électricité et au galvanisme un pas comparable à celui qu'ont fait faire à ces sciences *Franklin* et *Volta*, et ce, au jugement de la classe.

« Les étrangers de toutes les nations seront également admis au concours.

« Faites, je vous prie, connaître ces dispositions au président de la première classe de l'Institut national, pour qu'elle donne à ces idées les développements qui lui paraîtront convenables ; mon but

---

(1) Arago, *Notices biographiques*, t. I, p. 234.

(1) Becquerel, *Traité expérimental de l'électricité et du magnétisme*, 1834, t. I, p. 108 : « Je tiens ces détails, ajoute « M. Becquerel, de Chaptal, témoin oculaire. Quoique « cette comparaison ne soit pas exacte, on ne peut s'em-« pêcher de soupçonner que quelque effet semblable peut « se produire dans la nature organique. »

spécial étant d'encourager et de fixer l'attention des physiciens sur cette partie de la physique, qui est, à mon sens, le chemin de grandes découvertes.

« BONAPARTE. »

Aux termes de cette lettre, la classe des sciences mathématiques et physiques de l'Institut nomma une commission, composée de Laplace, Hallé, Coulomb et Biot, pour tracer le programme du concours proposé par le premier consul. Le 11 messidor suivant (1ᵉʳ juillet 1801), Biot fit un rapport dans lequel il était proposé, au nom de la commission : 1° que le concours général demandé par le premier consul fût ouvert par l'Institut national ; 2° que tous les savants de l'Europe, les membres mêmes et les associés de l'Institut fussent admis à concourir. L'Institut n'exigeait pas que les mémoires lui fussent directement adressés. Il annonçait devoir couronner chaque année l'auteur des expériences les plus remarquables qui seraient venues à sa connaissance, et qui auraient contribué aux progrès de l'électricité. On ajoutait enfin, en ce qui concerne le prix extraordinaire de soixante mille francs : « Le grand prix sera décerné « à celui dont les découvertes formeront, « dans l'histoire de l'électricité et du galva- « nisme, une époque mémorable. »

Ce rapport fut adopté à l'unanimité, dans la séance publique de l'Institut du 17 messidor, et rendu public par un programme imprimé qui contenait les mêmes dispositions.

Ce prix extraordinaire de soixante mille francs, si solennellement proposé, n'a jamais été décerné. A la fin de l'an IX, une commission de l'Institut examina les mémoires publiés récemment sur l'électricité ; mais, n'ayant remarqué aucun travail qui lui parût digne de cette distinction, elle proposa de remettre le prix à l'année suivante, en doublant la somme, afin d'engager les expérimentateurs à donner à leurs recherches toute l'étendue et toute la perfection désirables.

Le prix ne fut pas décerné davantage l'année suivante. Dans la discussion qui eut lieu sur ce sujet, quelques voix demandèrent qu'il fût partagé. On finit cependant par décider que les travaux des concurrents ne renfermaient pas de découvertes assez nouvelles, et le prix ne fut point adjugé.

Comme nous le verrons bientôt, le prix ordinaire de trois mille francs fut seul décerné quelques années après. Il servit à couronner les travaux de Davy.

En 1801, les physiciens, entrant avec ardeur dans l'étude expérimentale des effets de la pile, obtinrent des résultats fort curieux quant à ses effets physiques.

Tromsdorff, en Allemagne, en faisant usage d'une pile de cent quatre-vingts couples, détermina de très-beaux phénomènes de combustion. En interposant entre les deux pôles de la pile des feuilles d'or, d'argent et de cuivre, il enflamma ces divers métaux.

Le physicien hollandais Van Marum avait fait construire, comme nous l'avons dit dans la notice sur la *machine électrique*, une machine électrique à frottement de dimensions gigantesques, et qui lui servit à faire sur l'électricité statique les expériences les plus remarquables que l'on possède dans cette partie de la physique (1). En faisant usage d'une partie de la grande machine du musée de Teyler à Haarlem, Van Marum et Pfaff comparèrent l'électricité fournie par la colonne de Volta avec celle que produisent les machines électriques à frottement. Ils mirent hors de doute l'identité de l'électricité fournie par la pile voltaïque avec celle que donnent les machines ordinaires à frottement.

(1) Ces expériences sont rapportées dans l'ouvrage de Van Marum, dont nous avons déjà parlé : *Description d'une très-grande machine électrique placée dans le Musée de Teyler à Haarlem, et des expériments faits par le moyen de cette machine*, par Martinus Van Marum, directeur du musée de Teyler, traduit en français, avec le texte hollandais en regard. 1 vol. in-4°, avec planches. Haarlem, 1785.

Ce sont les expériences de Van Marum et de Pfaff, faites en novembre 1801, qui amenèrent les physiciens à abandonner l'usage de la pile à colonne, et à substituer à l'appareil primitif de Volta des dispositions plus commodes. Van Marum et Pfaff avaient construit pour leurs expériences des piles à colonne d'une grande puissance, qui contenaient jusqu'à soixante-dix couples superposés. Mais ils ne tardèrent pas à reconnaître qu'il était impossible d'obtenir, avec des colonnes d'une plus grande hauteur, même avec les plus larges couples, des effets proportionnés au nombre de ces couples. Quand on faisait usage, pour composer une pile à colonne, d'un nombre considérable d'éléments, les rondelles de drap ou de carton mouillé ne s'accommodaient pas de ce surcroît de poids. Les disques supérieurs comprimaient les rondelles de drap de la partie inférieure de la colonne, et en exprimaient tout le liquide, qui coulait le long de l'appareil et contrariait son action, parce qu'il mettait en communication tous les couples.

Van Marum imagina alors de diviser la colonne en plusieurs plus petites, reliées entre elles par un conducteur commun, ainsi que l'avait déjà fait d'ailleurs Nicholson en Angleterre, dans son expérience de la décomposition de l'eau. Mais quand on vint à augmenter les dimensions des plaques métalliques, on reconnut que cette division de l'appareil ne présentait pas de grands avantages. Quand on voulait prolonger la durée de l'expérience, les rondelles de carton perdaient presque tout leur liquide par le poids des disques supérieurs ; cette disposition n'avait donc remédié qu'en partie à l'inconvénient qu'il s'agissait d'éviter.

Cruikshank résolut parfaitement le problème, en rendant horizontale la pile verticale de Volta. Au lieu de superposer les couples métalliques, comme on l'avait fait jusque-là, il les disposa horizontalement, dans une longue boîte de bois, enduite à l'intérieur d'un mastic isolant (fig. 329, page 641). Les couples circulaires furent remplacés par des plaques rectangulaires de cuivre et de zinc, scellées au moyen d'un mastic, dans des rainures pratiquées aux parois de la boîte. Espacés de quelques lignes, les couples formèrent chacun la cloison d'une petite case ou d'une auge, où l'on plaça, au lieu de rondelles humectées, le liquide même dont on avait précédemment imprégné les rondelles. Cet appareil de Cruikshank, si commode dans la pratique, reçut le nom de *pile à auges*.

Cette nouvelle disposition de l'appareil électro-moteur, permit d'obtenir des effets beaucoup plus énergiques que ceux précédemment fournis par l'instrument de Volta. On ne trouva plus dès lors aucun obstacle pour augmenter le nombre et les dimensions des couples de la pile, et avec plusieurs plaques métalliques d'un ou de plusieurs pieds carrés de surface, on put obtenir des effets physiques vraiment extraordinaires.

Pepys, expérimentateur anglais, construisit, au mois de février 1802, la pile la plus puissante que l'on eût encore vue fonctionner. Elle se composait de soixante paires de plaques carrées, zinc et cuivre, de six pouces de côté, qui étaient contenues dans deux grandes auges, remplies de trente-deux livres d'eau, à laquelle on avait ajouté deux livres d'acide azotique. Un témoin oculaire des expériences de Pepys, en décrit ainsi les résultats :

« On brûla des fils de fer depuis un deux-centième jusqu'à un dixième de pouce de diamètre. La lumière dégagée de cette combustion était extrêmement vive. L'effet était très-agréable quand on brûlait plusieurs petits fils de fer tordus autour d'un plus gros.

« Du charbon fait avec du bois de buis, non-seulement s'allumait à l'endroit du contact, mais demeurait rouge d'une manière permanente, sur une longueur de près de deux pouces.

« Du plomb en feuilles brûlait avec beaucoup de vivacité après avoir rougi. Il formait un petit volcan d'étincelles rouges mêlées à la flamme.

« L'argent en feuilles brûlait avec une lumière verdâtre très-intense. On ne voyait pas d'étincelles, mais beaucoup de fumée. L'or en feuilles brûlait avec une lumière blanche et brillante, et avec fumée.

« Du fil de platine, d'un trente-deuxième de pouce de diamètre, rougissait à blanc et fondait en globules à l'endroit du contact.... L'action galvanique était encore capable d'allumer le charbon après avoir parcouru un circuit de seize personnes qui se tenaient par la main, préalablement humectée.

« Cet appareil entretenait les déflagrations et la combustion sans aucun intervalle, sans aucune suspension dans l'effet. »

Fig. 328. — Humphry Davy.

En 1802, Humphry Davy, élevé, à l'âge de 24 ans, à la chaire de chimie de l'*Institution royale de Londres*, se préparait à ses grands travaux sur l'électricité voltaïque en faisant construire une pile de dimensions imposantes dont il décrivait ainsi les effets :

« J'ai fait récemment construire, pour le laboratoire de l'*Institution*, une batterie d'une immense grandeur. Elle se compose de quatre cents paires de cinq pouces carrés, et de quarante paires d'un pied carré. Au moyen de cette batterie, j'ai pu enflammer le coton, le soufre, la résine, l'huile et l'éther ; elle fond un fil de platine, rougit et brûle plusieurs pouces d'un fil de fer d'un trois-centième de pouce en diamètre ; elle fait bouillir facilement les liquides, tels que l'huile et l'eau ; elle les décompose et les transforme en gaz. »

Pendant que les physiciens s'occupaient, grâce à la nouvelle disposition de la pile imaginée par Cruikshank, d'étudier les effets physiques produits par l'électricité en mouvement, les physiologistes, de leur côté, s'employaient avec ardeur à rechercher la connexion qui pouvait exister entre les effets du galvanisme et les phénomènes vitaux. Dans ce but, ils observaient sans cesse l'action du courant de la pile sur l'économie animale.

Les espérances que l'on avait conçues de faire servir l'électricité dynamique à l'explication des phénomènes de la vie, étaient, en effet, loin d'être abandonnées. Depuis les travaux de Galvani, cette pensée était toujours présente à l'esprit des savants. Volta, en faisant connaître pour la première fois, l'instrument qu'il avait découvert, ne l'avait guère présenté que comme devant servir, mieux que la bouteille de Leyde, à provoquer les contractions musculaires des animaux. C'est encore la même idée qui avait surtout frappé le premier consul, et avec lui, l'Institut tout entier.

Si l'on concevait quelques doutes sur ce dernier point, il nous suffirait de rappeler ici les termes du programme publié par l'Institut à propos du grand prix proposé en 1801 pour les progrès du galvanisme. Les observations suivantes, qui terminent ce programme, contiennent le véritable complément de la pensée du premier consul :

« C'est surtout dans leur application à l'économie animale, est-il dit dans ce rapport, qu'il importe de considérer les appareils galvaniques. On sait déjà que les métaux ne sont pas les seules substances dont le contact détermine le développement de l'électricité ; cette propriété leur est commune avec quelques autres corps, et il est probable qu'elle s'étend avec des modifications à tous les corps de la nature. Les phénomènes qu'offrent la torpille et les autres poissons électriques ne dépendent-ils pas d'une action analogue qui s'exercerait entre les diverses parties de leur organisation, et cette action n'existe-t-elle pas avec un degré d'intensité moins sensible, mais non moins réel, dans un nombre d'animaux beaucoup plus considérable qu'on ne l'a cru jusqu'à présent ? L'analyse exacte de ces effets, l'explication complète du mécanisme qui les détermine, et leur

Fig. 329. — Cruikshank construit la pile à auges (page 639).

rapprochement de ceux que présente la colonne de Volta, donneraient peut-être la clef des secrets les plus importants de la physique animale. En considérant ainsi l'ensemble de ces phénomènes, on pressent la sensibilité d'une grande découverte qui, en dévoilant une nouvelle loi de la nature, les ramènerait à une même cause et les lierait à ceux que nous a offerts, dans les minéraux, le mouvement de l'électricité. »

Bien que présentée sous la forme dubitative, la pensée qui domine dans ce programme de l'Institut, c'est bien d'assimiler les phénomènes de la vie aux effets du galvanisme.

Rappeler la présence normale de l'électricité naturelle dans le corps de certains animaux; avancer que par le rapprochement des phénomènes électriques qui se passent dans l'organisme vivant, avec ceux que présente la colonne de Volta, « on aurait peut-être « la clef des secrets les plus importants de « la physique animale ; » pressentir « la pos- « sibilité d'une grande découverte qui, en « dévoilant de nouvelles lois de la nature, les « ramènerait à une même cause ; » c'était poser la question aussi catégoriquement que possible, et formuler l'appel le plus hardi qu'un gouvernement ou une compagnie savante ait jamais fait à la pensée publique. Ce rapprochement entre les effets du galvanisme et les phénomènes vitaux était, en effet, dans les opinions du siècle, comme il est peut-être dans la nature des choses. Quoi qu'il en soit, nous allons voir comment fut parcourue la route que les maîtres de la science désignaient du doigt aux expérimentateurs.

CHAPITRE V

ACTION DE L'ÉLECTRICITÉ DYNAMIQUE SUR L'ÉCONOMIE ANIMALE. — EXPÉRIENCE DE SULTZER. — OBSERVATION DE COTUGNO. — FAIT DE SWAMMERDAM. — IMPULSION DONNÉE PAR LES DÉCOUVERTES DE GALVANI A L'ÉTUDE DES EFFETS DE L'ÉLECTRICITÉ SUR LES MOUVEMENTS ORGANIQUES. — EXPÉRIENCES DE LARREY ET DE J.-J. SUE SUR LES CONTRACTIONS PROVOQUÉES PAR L'ARC DE GALVANI SUR DES MEMBRES AMPUTÉS. — RECHERCHES DE BICHAT. — ESSAIS FAITS A TURIN PAR VASSALI-ENDI, GIULIO ET ROSSI SUR LE CORPS DES SUPPLICIÉS. — EXPÉRIENCES DE NYSTEN A PARIS. — LA SOCIÉTÉ GALVANIQUE. — EXPÉRIENCES FAITES A LONDRES PAR ALDINI SUR LE CADAVRE D'UN PENDU. — RÉSULTATS OBTENUS PAR ALDINI A L'ÉCOLE VÉTÉRINAIRE D'ALFORT. — GALVANISATION DU CADAVRE DE CARNEY. — EXPÉRIENCES DES MÉDECINS DE MAYENCE SUR LES CORPS DES SUPPLICIÉS DE LA BANDE DE SCHINDERHANNES. — RÉSULTATS EXTRAORDINAIRES OBTENUS A LONDRES PAR LE DOCTEUR URE SUR LE CORPS DE L'ASSASSIN CLYDESDALE. — CONCLUSION.

On avait observé, avant Galvani, quelques faits de peu d'importance, relativement à l'action qu'exercent sur l'économie animale les métaux placés dans certaines conditions. Mais ces phénomènes n'avaient aucunement attiré l'attention, parce qu'ils ne répondaient alors à rien de connu. D'ailleurs, ces manifestations fortuites de l'électricité animale, étaient bien faibles.

En 1760, Sultzer, professeur à l'Académie de Berlin, découvrit que deux disques de plomb et d'argent, mis en contact, développent une impression particulière, appréciable à l'organe du goût. Sultzer consigna ce fait dans un écrit qui n'avait aucun rapport avec les sciences physiques, et qui parut dans les *Mémoires à l'Académie de Berlin*, sous le titre de *Théorie générale du plaisir* (1).

« Si l'on joint, dit Sultzer, deux pièces de métal, une de plomb et l'autre d'argent, de manière que les deux bords forment un même plan, et qu'on les approche sur la langue, on sentira quelque goût assez approchant au goût de vitriol de fer; au lieu que chaque pièce à part ne donne aucune trace de ce goût. Il n'est pas probable que, par cette conjonction des deux métaux, il arrive quelque solution de l'un ou de l'autre, et que les particules dissoutes s'insinuent dans la langue. Il faut donc conclure que la jonction de ces métaux opère dans l'un ou l'autre, ou dans tous les deux, une vibration de leurs particules, et que cette vibration, qui doit nécessairement affecter les nerfs de la langue, y produit le plaisir mentionné. »

En rapportant cette expérience, Sultzer n'avait en vue que d'expliquer, suivant les idées philosophiques de son temps, les mouvements agréables qui résultent de nos différentes sensations. Il voulait démontrer ce principe, que l'âme ne peut avoir de sensation sans un mouvement matériel excité dans les nerfs. Le fait rapporté par Sultzer n'avait donc qu'un rapport très-éloigné avec une expérience de physique, et c'est bien à tort qu'on a voulu trouver dans cette observation l'origine des découvertes de Galvani (2).

Disons en passant que l'idée inexacte de rapporter à Sultzer les premières observations relatives au galvanisme, a été émise pour la première fois dans le *Journal des Débats*, alors à son aurore : « On a prouvé « aux physiciens, « est-il dit dans ce journal, que la découverte « du galvanisme se trouve dans un ouvrage « qui a paru à Bouillon, en 1769, intitulé : *Le Temple du bonheur*. »

D'après le *Journal encyclopédique de Bologne* (3), Cotugno professeur à Naples, dissé-

(1) Ce mémoire de Sultzer se trouve reproduit au t. III, p. 124, d'une collection qui parut en 1769, à Bouillon, dans les Pays-Bas, intitulée : *Le Temple du bonheur*, et qui n'est qu'un recueil des meilleurs traités de morale et de philosophie sur le bonheur.
(2) *Journal des Débats*, des 4e et 5e jours complémentaires an IX, et du 7 vendémiaire an X.
(3) 1786, n° 8 du journal.

quant une souris vivante qu'il tenait d'une main dans une position fixe, éprouva, en touchant avec son scalpel, le nerf intercostal de l'animal, une petite commotion, semblable à celle que produit l'électricité. Ce fait était si exceptionnel ; il était, et il est encore pour nous si étrange, qu'il ne pouvait fixer l'attention d'aucun expérimentateur, ni engager personne à faire des recherches pour l'expliquer.

Nous devons ajouter, pour rendre complète cette revue des antécédents de la découverte de Galvani, un fait rapporté par Swammerdam, dans un ouvrage publié à la fin du XVIIᵉ siècle, intitulé *Biblia naturæ* (1), et sur lequel Duméril a, le premier, attiré l'attention.

« Voici, dit Duméril, la description de l'appareil et de l'expérience que Swammerdam fit devant le grand-duc de Toscane en 1678. Soit un tube de verre cylindrique dans l'intérieur duquel est placé un muscle, don sort un nerf qu'on a enveloppé dans les contours d'un petit fil d'argent, de manière à pouvoir le soulever sans trop le serrer ou le blesser. On a fait passer ce premier fil à travers un anneau pratiqué à l'extrémité d'un petit support de cuivre soudé sur une sorte de piston ou de cloison ; mais le petit fil d'argent est disposé de manière qu'en passant entre le verre et le piston, le nerf puisse être attiré par la main et toucher ainsi le cuivre. On voit aussitôt le muscle se contracter. »

Cette expérience ressemble beaucoup à celle de Galvani ; mais la manière dont le physicien de Bologne fit sa découverte prouve suffisamment qu'il n'avait pas eu connaissance du fait rapporté par Swammerdam.

Les admirables travaux de Galvani, qui n'avaient eu, comme on le voit, aucun précédent sérieux, vinrent subitement dévoiler toute une série de phénomènes encore ignorés dans l'ordre des fonctions animales. Une foule d'expérimentateurs entrèrent dès lors dans cette voie séduisante.

Après Galvani, qui exécuta les expériences si variées que nous avons signalées plus haut, concernant l'action de l'arc métallique sur les contractions musculaires des animaux, c'est un chirurgien français, le célèbre Larrey, qu'il faut citer comme s'étant occupé le premier de ce genre d'expériences sur l'homme.

En 1793, Larrey communiquait à la *Société philomatique* le résultat d'une expérience très-intéressante sous ce rapport. Ayant pratiqué l'amputation de la cuisse à un homme dont la jambe avait été écrasée par une roue de voiture, il voulut répéter sur ce membre amputé, les expériences de Galvani et de Valli. En conséquence, il disséqua avec soin le nerf poplité et toutes ses ramifications. Il enveloppa ensuite d'une lame de plomb, le tronc de ce nerf, et mit à découvert les muscles gastrocnémiens. Lorsqu'il vint à toucher à la fois avec une lame d'argent ces muscles et l'armature de plomb qui enveloppait le nerf poplité (figure 331, page 645), il provoqua de très-forts mouvements convulsifs dans la jambe et même dans le pied du membre amputé (1).

Le docteur Stark répéta avec le même succès cette expérience de Larrey. Richerand, Dupuytren et Dumas l'exécutèrent aussi (2).

Dans l'hôpital militaire établi alors à Courbevoie, la même expérience fut répétée par le chirurgien J.-J. Sue, qu'il ne faut pas confondre avec P. Sue, bibliothécaire de l'École de médecine de Paris, et auteur de l'*Histoire du galvanisme*. Ayant amputé la cuisse d'un soldat âgé de vingt-six ans, ce chirurgien enveloppa le nerf poplité d'une armature de plomb, et touchant avec une lame d'argent les muscles gastrocnémiens et l'armature du nerf poplité, il provoqua des mouvements très-prononcés dans tous les muscles de la jambe.

Plusieurs autres expériences semblables faites par Gentilli, Crève et Stark, sur des bras et des jambes amputés, ont été recueillies dans un ouvrage de Pfaff publié à Kiel à propos des expériences d'Alexandre de Hum-

(1) Tome II, page 849.

(1) *Bulletin de la Société philomatique*, mai et juin 1793 nᵒˢ 23 et 24.
(2) Dumas, *Principes de physiologie*, t. II, p. 312.

boldt, et dont on trouve une analyse dans l'*Histoire du Galvanisme* de P. Sue. (1)

Un grand nombre de physiologistes s'empressèrent, en France et en Italie, de répéter ces expériences. Comme la pile de Volta n'était pas encore connue, on opérait simplement avec l'arc métallique, tel que Galvani l'avait employé. Mais en raison de la faible tension de l'électricité produite par cet appareil élémentaire, les résultats se montrèrent fort variables entre les mains des expérimentateurs. Volta, Mezzini, Valli, Klein, Pfaff, crurent observer et publièrent, que le cœur et tous les organes qui sont hors du domaine de la volonté, sont insensibles au galvanisme ; tandis que Humboldt et Fowler assuraient avoir fait contracter par le galvanisme le cœur de plusieurs animaux, et que Grapengiesser, de Berlin, disait avoir déterminé, à l'aide du même agent, les mouvements péristaltiques des intestins.

Bichat a consigné dans ses *Recherches sur la vie et la mort* les résultats des nombreuses expériences auxquelles il se livra en 1798, pour provoquer, avec des armatures métalliques, des contractions dans les muscles d'animaux récemment tués. Dans le chapitre où ce grand anatomiste traite de l'influence de la mort du cerveau sur celle du cœur, après avoir avancé que ce n'est point immédiatement par l'interruption de l'action cérébrale que le cœur cesse d'agir, il cherche à confirmer ce fait en s'appuyant sur le galvanisme, afin d'établir par tous les moyens possibles que le cœur est toujours indépendant du cerveau.

Bichat fut le premier qui soumit à l'action du galvanisme le corps des suppliciés.

Dans l'hiver de l'an VII (1798), il obtint l'autorisation de faire différents essais sur les cadavres de guillotinés, qu'on lui livrait trente ou quarante minutes après l'exécution. Mais comme il n'opérait qu'avec le simple

(1) Tome II, p. 98.

arc métallique de Galvani, Bichat ne pouvait mettre en jeu qu'une très-minime force électrique. Cette circonstance explique la variabilité et le peu d'intensité des effets qu'il observa.

Fig. 330. — Xavier Bichat.

Sur quelques cadavres, il ne put parvenir à provoquer aucune contraction musculaire. Il en excita sur un certain nombre, surtout quand il agissait sur les muscles soumis à la volonté. Mais le cœur et les organes musculaires soustraits à l'empire de la volonté, restèrent toujours insensibles à cette action.

Les expériences de Bichat, qui firent alors beaucoup d'impression dans le monde savant, avaient pourtant peu de valeur en elles-mêmes, en raison de l'insuffisance de la source d'électricité qui fut employée.

Cependant, Volta ayant découvert la pile, les physiologistes eurent, dès ce moment, entre les mains un agent puissant et certain pour la production de l'électricité dynamique. Les expérimentateurs reprirent donc à son aide, et avec une ardeur nouvelle, l'étude de l'électricité animale.

Fig. 331. — Larrey provoque, par le galvanisme, des contractions musculaires, sur un membre récemment amputé. (page 643)

Peu d'années auparavant, Alexandre de Humboldt avait réussi à ranimer quelques instants une linotte expirante, par l'application de deux simples lames de zinc et d'argent. Pour essayer de ramener à la vie, au moyen d'une action galvanique, des animaux près de mourir, de Humboldt, qui débutait alors dans la carrière des sciences, prit une linotte à demi morte. L'oiseau était déjà renversé et avait les yeux fermés; il était insensible à la piqûre d'une épingle, lorsque le jeune expérimentateur lui plaça dans le bec une petite lame de zinc, et dans le rectum un petit tuyau d'argent. Ensuite, il établit la communication entre les deux métaux au moyen d'un fil de fer conjonctif. « Quel fut mon étonnement, dit de « Humboldt, lorsque, au moment du contact, « l'oiseau ouvrit les yeux et se releva sur ses « pattes en battant des ailes. » La linotte respira pendant six ou huit minutes, et cessa de donner aucun signe de vie.

Ce fait fut accueilli partout avec un grand intérêt. Quelle espérance ne pouvait-on pas concevoir pour l'électricité animale, de l'emploi de l'instrument merveilleux découvert par Volta! Puisque le contact de deux pièces de métal avait suffi pour produire des contractions musculaires très-vives dans les membres mutilés des petits animaux, et principalement d'animaux à sang froid, tels que les grenouilles, puisqu'un petit couple galvanique pouvait ramener à la vie un oiseau près d'expirer, la pile de Volta devait reproduire le même genre de phénomènes avec une bien plus grande intensité et sur les animaux de toutes les classes.

Aussi le physicien de Pavie avait-il à peine publié la description de son *appareil électromoteur*, qu'Aldini et divers autres expérimentateurs italiens s'empressaient d'exécuter avec la pile, les expériences de l'électricité animale que l'on n'avait tentées jusque-là qu'avec l'arc de Galvani.

Vassali-Endi, Giulio et Rossi, physiciens piémontais, furent les auteurs des premières expériences faites en Italie, au moyen de la pile de Volta, sur le corps des suppliciés.

Trois individus ayant été décapités à Turin Vassali-Endi, Giulio et Rossi soumirent à des expériences galvaniques le corps de ces malheureux.

Ils commencèrent par enfoncer dans le canal des vertèbres cervicales, une lame de plomb, destinée à armer la moelle épinière. Ils touchèrent ensuite à la fois avec un arc d'argent, l'armature de plomb, la moelle épinière et le cœur, c'est-à-dire qu'ils opérèrent, dans cette première expérience, avec l'arc de Galvani, comme on l'avait fait jusque-là. Mais on obtint des contractions musculaires beaucoup plus prononcées en faisant usage de la pile. On reconnut ainsi que le cœur se contractait par l'action du courant électrique, mais qu'il perdait sa contractilité quarante minutes après la mort, et lorsque le même excitant déterminait encore de fortes contractions dans le système musculaire des membres.

Pour éclaircir plusieurs points demeurés irrésolus dans les observations des physiologistes de Turin, Nysten, savant médecin de la Faculté de Paris, auteur du *Dictionnaire de Médecine* que tant de générations d'élèves ont feuilleté, entreprit un grand nombre d'expériences dans le détail desquelles nous n'entrerons pas, et qui furent répétées, sous les yeux de Hallé, dans les cabinets d'anatomie de l'École de médecine (1).

(1) *Nouvelles Expériences galvaniques faites sur les organes musculaires de l'homme et des animaux à sang rouge, par lesquelles, en classant ces divers organes sous le rapport de la durée de leur excitabilité galvanique, on prouve que le cœur est celui qui conserve le plus longtemps cette propriété*, par P.-H. Nysten, médecin de la Société des observateurs de l'homme et de celle de l'École de médecine, in-8°, an IX.

Il se forma à cette époque, à Paris une *Société galvanique* pour se livrer exclusivement à l'étude de l'électricité animale. Le docteur Nauche était le président de cette société, qui exécuta un grand nombre d'expériences, passablement confuses, tant sur l'homme que sur les animaux inférieurs. Les principaux membres de cette société étaient Bonnet, Nysten, Pajot-Laforest, Dudoyon, Petit-Radel, Alizeau, Lamartillière et le fameux Guillotin.

La *Société galvanique* avait obtenu l'autorisation de soumettre à ses études le corps des suppliciés. Les résultats obtenus dans ces expériences produisirent beaucoup d'impression sur l'esprit des physiologistes, et les poussèrent à s'engager de plus en plus dans l'examen de ces étranges phénomènes.

On ne lira pas sans émotion les détails suivants donnés par Nysten, des circonstances qui accompagnèrent l'une de ses expériences faite le 14 brumaire an XI sur le corps d'un supplicié. Nous citerons textuellement ce dramatique récit, pour donner une idée de l'espèce de fièvre expérimentale qui agitait les médecins de cette époque :

« Qu'il me soit permis, dit Nysten, de faire un récit succinct des peines que je me suis données et des dangers que j'ai courus ce jour-là pour satisfaire mon zèle.

« Je sors à dix heures du matin de chez moi, l'appareil vertical de Volta à la main, pour me rendre à un des pavillons de l'École de médecine et y continuer mes expériences. En entrant dans la rue de l'Observance, j'entends annoncer par un colporteur la condamnation d'un criminel à la peine de mort. J'achète le jugement et je vois qu'il doit être mis à exécution le même jour, 14 brumaire. Je me rends chez le citoyen Thouret, directeur de l'École. Je lui témoigne le désir que j'ai de tenter sur le cœur de l'homme les expériences que j'ai faites sur le cœur de plusieurs animaux. J'ajoute qu'on va supplicier un criminel et que si je suis secondé, j'ai résolu de faire toutes les démarches nécessaires pour ne pas laisser échapper une semblable occasion. Le citoyen Thouret s'empresse d'écrire à ce sujet au préfet de police. Je me transporte à la préfecture. J'obtiens une autorisation en vertu de laquelle le corps de celui qu'on allait faire mourir est mis à ma disposition après sa décapitation, c'est-à-dire dès qu'il serait conduit au cimetière Sainte-Catherine. Muni de l'autorisation de la police, j'arrive bientôt sur la place de Grève, et là, en attendant le malheureux que la justice devait frapper de son glaive, je réfléchis que le chemin qui conduit de ce lieu au cimetière est fort éloigné, qu'une charrette ne va ordinairement qu'au pas du cheval qui la conduit, et par conséquent avec beaucoup de lenteur, enfin, qu'il est possible qu'une circonstance imprévue retarde quelque temps son départ après l'exécution. Ces difficultés pouvant s'opposer à la réussite de mon expérience, je crois devoir courir au Palais de justice dans l'intention de les lever, si j'en trouve les moyens. Je franchis les barrières que m'opposent les sentinelles postées à la grille du palais; j'engage le conducteur de la charrette à faire aller son cheval le plus promptement possible de la place de Grève jusqu'au cimetière, et je lui promets de lui en témoigner ma reconnaissance. Dans le même but, je vais trouver le brigadier des gendarmes qui devait escorter le triste convoi, je fais plus, je parle à l'exécuteur. Il ne me reste que le temps nécessaire pour retourner au lieu de l'exécution. A peine y suis-je arrivé que je vois tomber le coup fatal. Un spectacle si affreux me fait frémir d'horreur. Cependant je me recueille et cours au cimetière. Je présente au concierge mon autorisation et lui demande un local. Il me répond qu'il n'en a pas et m'objecte que je ne puis me livrer à un travail anatomique dans un endroit public où il arrive à chaque instant des convois. J'aperçois au milieu du cimetière une large fosse récemment creusée et de la profondeur de 50 à 60 pieds. Je prie le concierge de m'en accorder un petit coin. Après plusieurs objections, il se rend à mes instances. Une portion de cette fosse n'était encore creusée qu'à quinze pieds du sol. C'est à cette espèce d'étage que je donne la préférence; il me procurait l'avantage de profiter encore pour quelque temps de la lumière du jour et d'obtenir plus promptement ce dont je pouvais avoir besoin dans le cours de mon travail. J'y fais placer le cadavre et j'y descends moi-même. A peine suis-je arrivé au bas de l'échelle qu'une odeur sépulcrale vient frapper mon odorat et l'atmosphère humide de ce séjour des morts, arrêtant tout d'un coup la sueur qui ruisselait de tous les points de la surface de mon corps, me fait éprouver une sensation semblable à celle d'un bain de glace. Qu'on juge par là du danger auquel ma santé était exposée! Mais ce n'est pas tout : mon laboratoire considérablement rétréci par un énorme monceau de pierres, avait tout au plus six pieds de long sur quatre de large, et le sens de sa longueur était dans la direction du fond de la fosse, de manière que lorsque je voulais passer d'un côté du cadavre à l'autre, je me trouvais au bord d'un précipice affreux où j'ai été sur le point de tomber plusieurs fois pendant le cours de mes expériences. Je passe sous silence les incommodités relatives à l'expérience elle-même, telles que la situation du cadavre sur la terre, mon bureau composé de trois ou quatre pierres posées les unes sur les autres, le siège vacillant de mon appareil galvanique, et la terre que des ouvriers travaillant au-dessus de la fosse faisaient à chaque instant tomber sur ma tête (1). »

Le physicien Jean Aldini, neveu de Galvani et son auxiliaire pendant la longue lutte soutenue contre Volta, s'était occupé le premier, comme nous l'avons déjà dit, de provoquer des contractions organiques sur les cadavres des animaux, au moyen de la pile de Volta. En 1801, il eut l'occasion de répéter, à Bologne, les expériences faites par les trois physiologistes de Turin, Vassali-Endi, Giulio et Rossi : il galvanisa le corps de deux suppliciés.

« De toutes les expériences exposées dans la section précédente, dit Aldini dans son grand ouvrage : *Essai sur le galvanisme*, on pouvait conjecturer, par analogie, l'effet de l'action du galvanisme sur un sujet plus noble, sur l'homme, unique but de mes recherches; mais pour juger sûrement de ce que peut réellement sur lui cette cause merveilleuse, il fallait s'en tenir à de certaines conditions, et l'appliquer après la mort. Les cadavres d'hommes qui avaient succombé à une maladie étaient peu propres à mon objet, parce qu'il est à présumer que le développement du principe qui conduit à la mort détruit tous les ressorts de la fibre ; d'où il résulte même que les humeurs sont viciées et dénaturées. Il fallait donc saisir le cadavre humain dans le plus haut degré de la conservation des forces vitales après la mort ; et pour cela je devais, pour ainsi dire, me placer à côté d'un échafaud, et sous la hache de la loi, pour recevoir de la main d'un bourreau des corps ensanglantés, sujets seuls vraiment propres à mes expériences. Je profitai donc de l'occasion de deux criminels décapités à Bologne, que le gouvernement accorda à ma curiosité physique. La jeunesse de ces suppliciés, leur tempérament robuste, la plus grande fraîcheur des parties animales, tout cela m'inspira l'espoir de recueillir des résultats utiles des expériences que je m'étais auparavant proposées. Quoique accoutumé à un genre pacifique d'expériences dans mon cabinet de physique, quoique éloigné de l'habitude de faire des dissections anatomiques, l'amour de la vérité et le désir de répandre quelques lumières sur le sys-

(1) *Expériences faites sur le cœur et les autres parties d'un homme décapité le* 14 *brumaire an XI*. Brochure in-8°, an XI, chez Levrault.

tême du galvanisme l'emportèrent sur toutes mes répugnances, et je passai aux expériences suivantes (1). »

Aldini décrit ensuite les résultats qu'il obtint avec le secours des médecins et des physiologistes qui l'assistèrent dans ses observations.

Mais de toutes les expériences faites par Jean Aldini, celle qui fit le plus de bruit eut lieu à Londres, le 17 janvier 1803, pendant le voyage qu'il avait entrepris pour faire connaître ces curieux phénomènes.

Forster, pendu comme meurtrier, fut le sujet de cette expérience. Il était âgé de vingt-six ans et d'une constitution robuste. Après l'exécution, son corps fut exposé pendant une heure sur la place de Newgate par un temps très-froid. Le cadavre fut remis à M. Koate, président du Collége des chirurgiens de Londres, qui procéda, de concert avec Aldini, aux essais de galvanisation du cadavre au moyen d'une pile à colonne de cent vingt couples, zinc et cuivre.

Deux fils métalliques conducteurs communiquant avec les deux pôles opposés de la pile, ayant été appliqués, l'un à la bouche et l'autre à une oreille du cadavre, préalablement humectées d'une dissolution de sel marin, les joues et les muscles de la face se contractèrent horriblement, et l'œil gauche s'ouvrit de toute sa grandeur. On observa, en graduant l'intensité de l'agent électrique, que la violence des contractions musculaires était en proportion du nombre des couples métalliques mis en action.

Les arcs conducteurs de la pile étant mis en contact avec les deux oreilles, tous les muscles de la tête furent agités de frémissements. L'action convulsive se propageant à la face, les traits du cadavre furent en proie à des contractions désordonnées ; les paupières ne cessaient de clignoter et les coins de la bouche d'être tiraillés hideusement.

En appliquant les conducteurs de la pile

(1) *Essai théorique et expérimental sur le galvanisme*, p. 69.

à une des oreilles et au rectum, les muscles du tronc, même les plus éloignés des points de contact des deux conducteurs, furent agités de mouvements si vifs, que le cadavre semblait reprendre la vie.

L'intensité des contractions organiques fut encore exaltée, lorsque Aldini vint à associer des stimulants chimiques à l'action du galvanisme. En versant de l'ammoniaque dans les narines et dans la bouche du cadavre, tandis que le courant électrique traversait les muscles de la face, les convulsions se propageaient jusqu'aux muscles de la tête et du cou, et même jusqu'au *deltoïde*, c'est-à-dire à l'extrémité supérieure du bras. Les contractions étaient si violentes, si analogues aux mouvements naturels, « qu'il semblait, dit Aldini, « que, par impossible, la vie allait être réta-« blie. »

Aldini conclut de ces expériences, que le galvanisme pourrait peut-être agir efficacement pour rappeler à la vie les asphyxiés et les noyés, c'est-à-dire les individus chez lesquels la vie n'est pas encore absolument éteinte, et ce moyen a été depuis assez souvent mis en pratique.

Des expériences semblables furent faites à Londres par Aldini, dans l'amphithéâtre de l'hôpital de Guy et Saint-Thomas, en agissant sur des animaux décapités.

C'est dans l'*Essai théorique et expérimental sur le galvanisme*, publié à Paris en 1804, et dédié au premier consul Bonaparte, qu'il faut chercher les détails des étonnants résultats obtenus par l'expérimentateur italien, en faisant agir le galvanisme sur les animaux récemment tués (1). On peut voir dans ce curieux ouvrage, comment, avec une pile à colonne composée d'une centaine de couples, tous les mouvements de la vie furent repro-

(1) *Essai théorique et expérimental sur le galvanisme*, avec une série d'expériences faites en présence des commissaires de l'Institut national de France et en divers amphithéâtres anatomiques de Londres, par Jean Aldini, professeur de l'Université de Bologne. 1 vol. in-4°, avec planches. Paris, an XII (1804).

Fig. 332. — Expériences faites par les médecins de l'*Association de Mayence*, le 21 novembre 1803 (page 650).

duits avec une effrayante énergie, soit sur des chevaux, des bœufs, des veaux, récemment abattus, soit sur les cadavres d'hommes qui avaient succombé à une mort naturelle.

Sur des têtes séparées du tronc, surtout quand les sujets étaient des chevaux, animaux qui se prêtent le plus facilement à ce genre d'expériences, on vit les lèvres remuer, les paupières se rouvrir, les yeux rouler dans leur orbite. Avec des cadavres humains, on vit le tronc, agité de mouvements violents, se soulever à moitié, comme si l'individu allait marcher; les bras fléchir et s'étendre alternativement le long du corps, l'avant-bras se lever, tenant à la main un poids de quelques livres, les poings se fermer et battre violemment la table qui supportait le cadavre. Les mouvements naturels de la respiration furent artificiellement rétablis, et par le rapprochement subit des côtes, une bougie placée devant la bouche fut éteinte à plusieurs reprises.

En reconnaissance du zèle que Jean Aldini avait apporté à ces expériences, les chirurgiens et les élèves de l'*hôpital de Guy* lui firent hommage d'une médaille d'or qui portait d'un côté les armoiries de l'établissement, et de l'autre, une légende. entourée d'une guirlande de chêne (1).

Aldini fit, en France, des expériences semblables, mais en opérant seulement sur de grands animaux. Les plus importantes eurent lieu à l'École vétérinaire d'Alfort. On soumit à un courant électrique la tête d'un bœuf détachée du tronc et placée sur une table. On vit cette tête ouvrir les yeux et les rouler avec furie, enfler ses naseaux, secouer les oreilles, comme si l'animal eût été vivant. Les ruades du cadavre d'un autre cheval faillirent blesser plusieurs assistants, et brisèrent les appareils disposés sur la table.

On trouve la description très-détaillée de ces expériences dans l'ouvrage d'Aldini, auquel nous renvoyons les personnes qui veulent se faire une idée exacte des étonnants effets qu'exerce l'électricité sur le corps des animaux.

Pendant plusieurs années, on s'attacha, dans diverses parties de l'Europe, à reproduire les phénomènes mis en évidence par l'habileté de Jean Aldini dans ces sortes d'expériences.

En Angleterre, l'anatomiste Carpne obtint de très-curieux résultats sur le cadavre de l'assassin Michel Carney (2). Comme ces phénomènes ne présentèrent rien de plus remarquable que ceux qu'Aldini avait obtenus sur le corps de Forster, nous les passerons sous silence pour arriver aux essais du même genre, qui furent faits peu de temps après par une réunion de médecins de Mayence.

Le 21 novembre 1803, le fameux chef de brigands Schinderhannes, fut exécuté, avec dix-neuf de ses complices, sur la place publique de Mayence, alors ville française.

(1) Voici cette légende :

Johanni Aldino
præclaro physico
digno Galvani nepoti
recens experimentis commonstratis
professores et scholares
Nosocom. S. Thomæ et Guy
libenter persolvunt
mdccciii. Londini.

(2) *Bibliothèque britannique*, nos 207, 208, p. 373 (*Sciences et Arts*). — Sue, *Histoire du galvanisme*, t. III, p. 248.

Grâce à la protection des autorités, plusieurs médecins de cette ville prirent les mesures nécessaires pour faire profiter la science de cette rare et triste occasion de recherches physiologiques.

Le but des médecins mayençais était de déterminer quels sont les degrés d'action et d'énergie de l'agent galvanique sur les divers organes du corps humain, et de rechercher en même temps, si l'électricité statique, développée par les machines à frottement, produit, dans ces circonstances, le même effet que l'électricité dynamique fournie par la pile de Volta.

A cent cinquante pas de l'échafaud, on disposa une cabane destinée à recevoir les décapités. Elle était pourvue de tous les instruments nécessaires pour soumettre les corps, que l'on devait y apporter successivement, à l'action de l'électricité statique et de l'électricité dynamique.

Le jour de l'exécution, l'atmosphère était humide et nébuleuse, la température de la cabane était de 15 degrés centigrades.

Le premier cadavre fut apporté quatre minutes après la décollation. Il était jeune, robuste et encore très-chaud. Les muscles se contractaient spontanément. Les artères du cou battaient visiblement, et le sang jaillissait encore à chaque pulsation.

Le second cadavre ne fut apporté que vingt-deux minutes après l'exécution. Il conservait encore un reste de chaleur.

Le troisième n'arriva que plus tard. Il était vieux et froid et avait perdu presque toute irritabilité.

Le quatrième ne fut apporté que deux heures après l'exécution ; il était par conséquent plus froid que les précédents. C'est sans doute en raison de cette circonstance que les expérimentateurs se contentèrent d'opérer sur ces quatre corps et abandonnèrent le reste des individus suppliciés.

Comme les moyens opératoires employés par les physiologistes mayençais, ne différèrent point de ceux que nous avons précédemment décrits, nous nous contenterons de rapporter, sous forme de conclusions, les résultats obtenus, et qui peuvent se formuler comme il suit :

1° Les contractions musculaires que l'on provoque, avec la pile de Volta, sur le corps des individus récemment décapités, sont semblables à celles qui se produisent pendant la vie.

2° La pile de Volta agit d'une manière beaucoup plus prononcée sur les muscles soumis à l'empire de la volonté que sur ceux qui sont soustraits à cette influence. Les contractions les plus fortes furent produites dans les muscles de la face, de la poitrine, des membres et dans le diaphragme ; c'est là ce qui explique le peu de sensibilité à l'influence électrique de la tunique musculaire des intestins et des parois du cœur.

3° La pile de Volta exerce une action d'autant plus marquée que l'on applique les conducteurs plus exactement suivant la direction des nerfs.

4° L'électricité statique produit, mais à un plus faible degré, les mêmes effets que l'électricité dynamique.

Les expériences faites par les médecins de Mayence, sur les criminels décapités, furent ensuite répétées identiquement sur des animaux à sang chaud, et donnèrent les mêmes résultats (1).

Au tableau qui précède nous ajouterons un dernier trait, qui peint bien l'époque où furent accomplies ces étranges recherches.

On avait beaucoup agité en France, peu de temps auparavant, à l'instigation et d'après les assertions expérimentales de Sue, la question de savoir si des individus décapités souffrent quelques minutes après la décollation, et si les organes des sens qui résident dans la tête, sont encore accessibles, pendant quelque temps, aux impressions externes.

Pour décider si le sentiment du *moi* persiste quelque temps après la décapitation, deux jeunes médecins, de l'*association de Mayence*, s'étaient placés sous l'échafaud, et recevaient successivement les têtes, à mesure qu'elles

(1) Ces diverses observations sont rapportées dans une dissertation allemande : *Expériences galvaniques et électriques faites sur des hommes et des animaux, par une société de médecins établis à Mayence, département du Bas-Rhin* (*Galvanische und electrische Versuche an Menschen-und ter-Körpern*, etc., in-4°, Franklin am Mein, 1804).

tombaient sous le couteau fatal. L'un prit entre ses mains la première tête, et tous deux, l'ayant considérée attentivement pendant quelques instants, ils n'y aperçurent aucun mouvement, aucune contraction sensible. Les yeux étaient à demi fermés. Alors, l'un des expérimentateurs cria, tantôt dans l'une, tantôt dans l'autre des deux oreilles, ces mots : *M'entends-tu ?* pendant que son compagnon, qui tenait la tête, observait attentivement l'effet que ces cris auraient pu produire. Mais aucun mouvement ne fut observé dans toute l'étendue de la face.

Une seconde tête fut soumise à la même épreuve. Seulement les expérimentateurs changèrent de rôle : celui qui avait tenu la tête, dans l'essai précédent, fut chargé de crier, l'autre, au contraire, d'observer. Mais il ne se manifesta pas plus de sensibilité dans ce cas que dans le précédent.

Cinq têtes subirent successivement cette triste épreuve. Les résultats furent constamment les mêmes : les yeux de toutes les têtes abattues ne firent jamais le moindre mouvement. Ils demeurèrent fixes, immobiles et ouverts.

Ainsi le sentiment des impressions externes ne persiste pas un seul instant après la décapitation.

Détournons les yeux de cet affreux tableau dont aucun désir de curiosité philosophique ou scientifique ne peut voiler l'horreur !

C'est dans les années 1803 et 1804 que s'étaient accomplies les étranges expériences que nous venons de rappeler. Pour terminer ce sujet, nous rapporterons une dernière observation du même genre, qui eut lieu en Angleterre, plusieurs années après, et dans laquelle les effets qui nous occupent prirent une effroyable énergie.

Il s'agit des expériences galvaniques qui furent faites le 4 novembre 1818, à Glasgow, sur le corps de l'assassin Clydsdale, par le docteur Andrew Ure et quelques autres physiologistes anglais, qui avaient acheté du criminel condamné à mort son propre cadavre, afin de le soumettre aux épreuves de la pile de Volta.

L'individu qui fut le sujet de cette expérience, était un homme d'environ trente ans, de moyenne taille et de formes athlétiques. Il demeura pendant près d'une heure, attaché au gibet, sans faire aucun mouvement. On le porta à l'amphithéâtre anatomique de l'Université, dix minutes environ après qu'on l'eut détaché de l'instrument du supplice. La face avait un aspect naturel et le cou n'offrait aucune dislocation.

La pile voltaïque, préparée par le docteur Ure, pour cette expérience, était une pile à auges contenant deux cent soixante-dix couples, cuivre et zinc, de quatre pouces. Chaque fil conducteur communiquant avec les deux pôles se terminait par une pointe métallique enveloppée, près de son extrémité, d'une petite poignée isolante, pour le manier plus commodément.

Les officiers de police ayant apporté le cadavre, la pile fut aussitôt chargée avec un mélange d'acides sulfurique et azotique, convenablement étendus. M. Marshall exécuta les dissections.

On commença par pratiquer au-dessous de l'occiput, une grande incision, afin de découvrir la vertèbre *atlas*, dont on enleva la moitié postérieure, de manière à mettre la moelle épinière à nu. On fit, en même temps, une grande incision à la hanche gauche, pour découvrir le nerf sciatique. La tige métallique qui communiquait avec l'un des pôles de la pile, fut alors mise en contact avec la moelle épinière; tandis que celle qui communiquait avec l'autre pôle était appliquée sur le nerf sciatique. A l'instant tous les muscles du corps furent agités de violents mouvements convulsifs, qui ressemblaient à un frisson universel. Quand on rétablissait et interrompait alternativement le courant électrique, tout le côté gauche du corps éprouvait de vives convulsions.

On fit alors une petite incision au talon, de manière à mettre à nu le tendon d'Achille. L'un des conducteurs de la pile était maintenu, comme précédemment, en contact avec la moelle épinière; l'autre fut appliqué sur la petite incision faite au talon du supplicié, dont on avait préalablement plié les genoux. Dès que la communication électrique fut établie, la jambe, qui se trouvait fléchie sur la cuisse, se détendit subitement. Elle fut lancée avec tant de violence, qu'elle faillit renverser un des aides qui essayait en vain de la retenir.

On se mit ensuite en devoir de rétablir par l'agent électrique, les mouvements de la respiration. A cet effet, on mit à nu le nerf diaphragmatique gauche, vers le bord externe du muscle sterno-thyroïdien, à trois ou quatre pouces au-dessous de la clavicule. On fit ensuite une petite incision sur le cartilage de la cinquième côte, et l'un des conducteurs de la pile fut mis, par cette ouverture, en contact avec le diaphragme, tandis que l'autre était appliqué, dans la région du cou, sur le nerf diaphragmatique.

Le résultat fut prodigieux. A l'instant, on vit se rétablir sur le cadavre les phénomènes mécaniques d'une forte et laborieuse respiration. La poitrine s'élevait et s'abaissait; le ventre était poussé en avant, et s'affaissait ensuite; le diaphragme se dilatait et se contractait, comme dans la respiration naturelle. Ces divers mouvements se manifestèrent sans interruption, aussi longtemps que le courant électrique fut maintenu. « Au jugement de plusieurs savants qui « étaient témoins de la scène, dit le docteur « Ure, cette expérience respiratoire fut peut-« être la plus frappante qu'on eût jamais faite « avec un appareil scientifique. »

Le docteur Ure ajoute qu'il est permis de supposer que la circulation se serait établie, et que l'on aurait vu battre le cœur et les artères, si le sujet n'eût été épuisé de sang, stimulant essentiel de cet organe.

Après avoir artificiellement rétabli les phénomènes mécaniques de la respiration, on

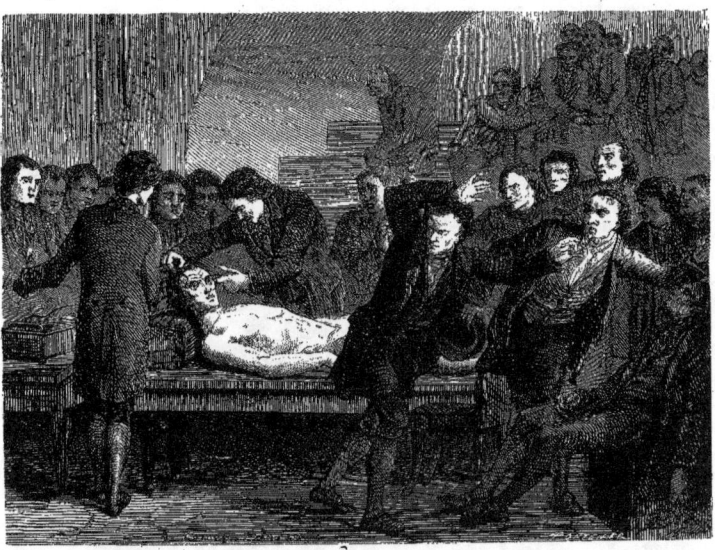

Fig. 333. — Le docteur Ure galvanisant le corps de l'assassin Clydsdale.

mit en jeu les muscles de la face, qui sont si impressionnables par l'électricité. Pour cela, au moyen d'une légère incision faite au-dessus du sourcil, on découvrit le nerf sus-orbital, sur lequel fut appliqué l'un des conducteurs de la pile ; l'autre fut mis en rapport avec la plaie du talon. Le docteur Ure excita alors des commotions électriques en promenant la plaque métallique, qui formait l'un des pôles de la pile, le long des bords de cet appareil, depuis la deux-cent-vingtième jusqu'à la deux-cent-vingt-septième plaque. De cette manière, cinquante commotions électriques qui se succédaient avec la plus grande rapidité, et dont l'intensité s'accroissait successivement, furent produites en deux secondes. Rien ne peut rendre ce qui se passa alors sur le visage du cadavre. Tous les muscles de la face furent mis en action à la fois d'une manière effroyable, exprimant tour à tour des sentiments opposés. La rage, l'angoisse, le désespoir, enfin des sourires affreux, se peignirent successivement sur les traits de l'assassin. Plusieurs personnes, qui assistaient à ce spectacle hideux, en éprouvèrent un tel saisissement qu'elles furent forcées de quitter l'amphithéâtre ; un *gentleman* tomba évanoui et dut être emporté au dehors : à la suite de l'émotion qu'il avait éprouvée, il demeura pendant plusieurs jours frappé d'une véritable obsession morale.

On termina ces terribles scènes en mettant en action, par le fluide électrique, les articulations des doigts de la main. En faisant passer le courant de la moelle épinière au nerf cubital, on vit les doigts se mouvoir avec autant d'agilité que ceux d'un joueur de violon. Un des assistants essaya de maintenir fermé le poing du cadavre ; mais la main s'ouvrait en dépit de ses efforts. Ensuite, après avoir préalablement fermé le poing du sujet, on appliqua le conducteur de la pile, sur une légère incision faite au bout du doigt indicateur. Le doigt s'étendit aussitôt, et le bras tout entier fut pris de mouvements convulsifs.

Le cadavre semblait ainsi montrer du doigt les différents spectateurs, dont quelques-uns, terrifiés, le croyaient revenu à la vie.

Le docteur Ure n'était pas éloigné d'admettre que le sujet de ces expériences extraordinaires eût pu être ramené à l'existence, si, dans les premières opérations, la moelle épinière n'eût été entamée et dilacérée. Il pensait qu'on aurait pu le ramener à la vie, si l'on eût commencé, comme il l'avait demandé, par rétablir les mouvements respiratoires.

« En réfléchissant, dit-il, sur les phénomènes galvaniques que nous venons de rapporter, nous sommes porté à penser que si, sans entamer et sans blesser la moelle épinière, ainsi que les vaisseaux sanguins du cou, on eût mis en jeu d'abord les organes pulmonaires, comme je le proposais, il y a quelques probabilités qu'on aurait pu restaurer la vie. Cet événement, sans doute peu désirable dans le cas d'un assassin, et peut être contraire à la loi, aurait été cependant bien pardonnable dans une circonstance où il aurait été infiniment honorable et utile à la science (1). »

Il paraît même que, parmi les personnes qui assistaient à la galvanisation du cadavre de Clydsdale, ou qui avaient demandé qu'on y procédât, il s'en trouvait plusieurs qui n'a-

(1) *Exposé des expériences faites sur le corps d'un criminel immédiatement après l'exécution, avec des observations physiologiques et philosophiques*, par Andrew Ure, docteur-médecin, membre de la Société géologique. (Lu à la Société littéraire de Glasgow, le 10 décembre 1818, et imprimé dans le *Journal of Sciences and Arts*, n° 12, traduit de l'anglais par M. Billy). — *Annales de chimie et de physique*, t. XIV, p. 350.

vaient agi que dans l'espoir secret de voir revenir à la vie le supplicié ; on se proposait ensuite de le moraliser, de le ramener à la vertu, et de le marier.

M. le docteur Duchenne (de Boulogne), a fait, de nos jours, une application aussi nouvelle qu'intéressante des effets physiologiques du courant de la pile à l'étude du mécanisme de la physionomie humaine.

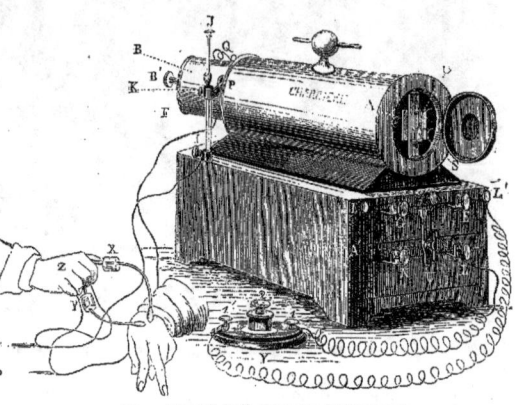

Fig. 334. — Appareil de M. Duchenne (de Boulogne).

Nous mettons sous les yeux du lecteur l'appareil dont fait usage M. Duchenne (de Boulogne) pour provoquer les contractions musculaires de la face. C'est l'appareil que ce physiologiste désigne sous le nom d'*appareil volta-faradique*. Nous n'en donnerons pas pour le moment la théorie, qui exige la connaissance des phénomènes de l'électricité d'induction, phénomènes qui ne seront exposés par nous, que dans la notice suivante. Pour le moment la vue de l'appareil électrique destiné à provoquer la contraction, suffira à l'intelligence de ce qui va suivre.

M. Duchenne (de Boulogne) a trouvé que les muscles de la face ont exceptionnellement la propriété de pouvoir se contracter isolément, parce qu'ils ont des points d'appui fixes. Les contractions simultanées ou associées de plusieurs muscles, ont pour but de modifier, d'augmenter, de diminuer ou d'altérer l'expression produite par un seul des muscles. En les étudiant tantôt isolément, tantôt deux à deux, trois à trois, suivant qu'ils se contractent seuls, ou qu'ils s'associent, pour peindre sur le visage un état particulier de l'âme, M. Duchenne (de Boulogne) est arrivé à établir leur classification psychologique. Le muscle *orbiculaire des paupières*, par exemple, n'est plus considéré comme le muscle du clignement, protecteur de l'organe de la vision, mais comme traduisant tour à tour la méditation, la bienveillance, le mépris. Le *masséter* n'est plus ici un muscle masticateur, mais un organe qui exprime la colère, la fureur, etc.

Pour bien élucider le jeu des contractions faciales, M. Duchenne (de Boulogne) a étudié d'abord les contractions isolées, et il a démontré, en fixant ces mouvements par la photographie, qu'il existe des muscles qui jouissent du privilége d'exprimer à eux seuls un sentiment, ou un état psychologique particulier. Mais d'autres muscles ne font qu'ébaucher une expression; elle est complétée par le jeu des muscles qui, seuls, n'exprimeraient rien. Faisant ensuite jouer à la fois plusieurs muscles différents, M. Duchenne (de Boulogne) a obtenu, tantôt des combinaisons expressives, tantôt des combinaisons inexpressives ou expressives discordantes. Les combinaisons inexpressives constituent la grimace, celles que nous appelons expressives discordantes, traduisent des sentiments complexes, tels que la compassion, qui est figurée par la combinaison du sourcil avec la contraction qui indique une légère souffrance.

Armé de ses rhéophores et opérant sur un sujet à intelligence obtuse et à physionomie insignifiante, M. Duchenne a pu produire artificiellement, et pour ainsi dire à froid, trente-trois expressions, qui représentent les principaux états de l'âme, le tout sans que le sujet en ait eu la moindre conscience. Il a pu fixer par la photograhie, ces marques exprimant les passions les plus violentes, pendant que la respiration restait tranquille, le pouls calme, et le cerveau tranquille. Cette collection de types vrais sera précieuse pour les arts physiques. Leur comparaison avec quelques chefs-d'œuvre de l'antiquité, a même révélé dans ceux-ci certains détails que l'on doit considérer, selon l'expression de l'auteur, comme des *fautes d'orthographe faciale*, c'est-à-dire comme des contradictions expressives, physiologiquement impossibles dans la nature, mais qu'il est facile de corriger.

Fig. 335. — Duchenne (de Boulogne).

Nous venons de dire que les études de M. Duchenne (de Boulogne) ne s'appliquent pas seulement à l'anatomie et à la physiologie. Elles trouvent dans les arts plastiques, et surtout dans la sculpture des applications pleines d'intérêt. Un écrivain compétent, un critique autorisé en ces matières, M. Ernest Chesneau à propos de l'ouvrage de M. Duchenne (de Boulogne) sur le *Mécanisme de la physionomie humaine*, a présenté, dans le journal *le Constitutionnel*, un exposé méthodique des travaux de l'auteur, dans leur application au perfectionnement des arts du dessin et de la sculpture. Pour faire connaître les travaux de M. Duchenne (de Boulogne), nous ne saurions mieux faire que de rapporter ici la savante appréciation de M. Chesneau.

« L'expression réside principalement, dit M. Chesneau, dans le jeu des muscles de la face ; elle se complète accessoirement par l'attitude et le geste. Partant de ce principe, M. Duchenne s'est jusqu'à présent plus spécialement occupé de l'action musculaire du visage, où il a cru trouver la raison d'être des lignes, des rides et des plis de la face en mouvement, de ces divers signes qui, par leurs combinaisons variées, servent à l'expression de la physionomie. Pour connaître et juger le degré d'influence exercée sur l'expression par les muscles de la face, M. Duchenne, armé de rhéophores, a provoqué la contraction de ces muscles à l'aide de courants électriques au moment où la physionomie était au repos et annonçait le calme intérieur. Il a d'abord mis chacun des muscles partiellement en action, tantôt d'un seul côté, tantôt des deux côtés à la fois ; puis, allant du simple au composé, il a essayé de combiner ces contractions musculaires partielles en les variant autant que possible, c'est-à-dire en faisant contracter les muscles de noms différents, deux par deux et trois par trois.

Ces expériences ont produit des faits généraux que j'exposerai très-sommairement, mais qu'il est indispensable d'indiquer. Nous les rangeons sous deux grandes divisions : les contractions partielles et les contractions combinées.

Les contractions partielles, résultant de l'action de l'électricité sur un muscle ou sur un seul faisceau de muscles, peuvent être :

1° *Complètement expressives.* — Contrairement à l'opinion scientifique qui avait prévalu jusqu'aux travaux du docteur Duchenne, il existe donc des muscles qui auraient le privilége exclusif de peindre complétement, par leur action isolée, une expression qui leur est propre. Je reviendrai tout à l'heure sur ce premier point éclairé par M. Duchenne d'une lumière tout à fait inattendue.

2° *Incomplètement expressives.* — Ainsi des muscles éminemment expressifs au premier aspect, lorsqu'ils sont contractés artificiellement par le rhéophore, laissent bientôt reconnaître à l'observateur une lacune que la contraction naturelle n'eût pas permise. L'expression alors a une apparence factice ; et lui manque quelque chose ; un trait lui fait défaut, et sans ce trait, elle n'est pas complète. De là résulte la nécessité d'une contraction musculaire complémentaire. L'expérimentation a souvent appris au docteur Duchenne quels muscles devaient alors entrer synergiquement (simultanément) en contraction pour compléter cette expression. Ces contractions forment la troisième classe, elles sont :

3° *Expressives complémentaires.* — Il est remarquable que les muscles de cette série qui s'ajoutent à ceux de la seconde pour produire, étant contractés, une expression complète, peuvent être contractés isolément, absolument inexpressifs, et n'amener qu'une simple et inexpressive déformation des traits. Utilisés par combinaison au contraire, ils viennent en aide à certaines expressions, pour les compléter ou les modifier en leur imprimant un nouveau caractère. Tous les muscles inexpressifs par eux-mêmes n'ont pas cette propriété complémentaire. Il en est dont les contractions demeurent :

4° *Complètement inexpressives.* — Ces muscles sont d'ailleurs en bien petit nombre. Leur contraction amène un mouvement très-appréciable, mais ne produit aucune ligne expressive apparente au point de vue physionomique.

Arrivons maintenant aux faits de la seconde division, aux contractions combinées.

Ces combinaisons musculaires s'obtiennent en excitant simultanément plusieurs muscles de noms différents, d'un côté ou des deux côtés à la fois. Ces contractions combinées sont expressives, inexpressives ou expressives discordantes.

1° *Expressives.* — Le plus grand nombre des expressions physionomiques s'obtient par les contractions partielles de la première division. Il en est d'autres cependant qui exigent la synergie ou contraction simultanée de plusieurs muscles. Ces expressions sont le plus souvent elles-mêmes des expressions complexes extrêmement délicates à saisir. Par exemple, M. Duchenne fera contracter simultanément les muscles de la surprise et de la joie et il obtiendra une expression physionomique complexe, telle que l'état d'âme où nous met une heureuse nouvelle, un bonheur inattendu. Si, à ces deux expressions primordiales, il joint celle de la lubricité, cette indication sensuelle désignera le caractère spécial de la surprise ou de l'attention attirée par une cause qui flatte cette dernière passion ; on peindrait ainsi un motif souvent reproduit par les maîtres de toutes les écoles : les vieillards contemplant la chaste Suzanne. On conçoit bien que toutes les expressions primordiales ne se prêtent pas également à des combinaisons expressives et que fréquemment des contractions combinées restent :

2° *Inexpressives.* — On n'obtient dans ce cas qu'une grimace dépourvue de signification. Ce fait se produit surtout lorsqu'on essaye de combiner, dans toute leur énergie propre, des expressions opposées, comme la douleur et la joie. Cependant ces combinaisons réalisées dans un mouvement modéré peuvent amener des expressions très-naturelles et très-harmonieuses. Nous pénétrons ainsi dans les nuances

LA PILE DE VOLTA.

Fig. 336. — État normal.
Fig. 337. — Joie.
Fig. 338. — Extase.
Fig. 339. — Haine.

Expressions diverses de la physionomie humaine résultant de l'application du courant électrique sur le trajet des muscles de la face.

les plus fugitives de l'expression par les contractions combinées de la troisième série, dites :

3° *Expressions discordantes*. — Est-ce donc une expression discordante que la touchante expression de la compassion qui s'obtient par la synergie modérée du muscle du sourire et de celui de la souffrance ? Sans doute l'action simultanée de ces muscles poussée à son maximum d'expression serait discordante ; mais dans la mesure où l'âme l'excite sous l'empire des sentiments de compassion, le résultat est trop admirable, trop harmonieux pour qu'on ne proteste point contre cette qualification d'expression discordante. Toutefois, je crois que, pour la clarté de son exposition, l'auteur a bien fait de ranger ces contractions, composées par des expressions contraires, dans une classe spéciale, au lieu de les ranger purement et simplement, comme à la rigueur il eût pu le faire, dans la première classe des contractions combinées expressives. Peut-être encore aurait-il atteint le même but en divisant cette première classe en deux séries : l'une réservée aux combinaisons que j'appellerais sympathiques, l'autre aux combinaisons antipathiques ou contradictoires conciliées.

Maintenant, pour y insister et pour montrer le grand parti que l'artiste aurait à tirer de l'ouvrage de M. le docteur Duchenne, je reviens sur cette classe si intéressante des contractions partielles complétement expressives. Avant les expériences électro-musculaires du savant physiologiste, on professait que toute expression exige le concours, la synergie de plusieurs muscles. L'assertion de M. Duchenne vient détruire cette illusion. Est-ce une assertion gratuite ? Le doute même serait presque injurieux. Cependant, la suite d'expériences par laquelle M. Duchenne est arrivé à cette conviction est si instructive en matière d'observation, elle nous montre d'une manière si impitoyable à quel point nos organes sont sujets à nous tromper, que je veux citer tout entière la page où l'auteur raconte comment il a découvert l'erreur de l'opinion classique qui affirmait que la synergie des muscles est nécessaire à toute expression, fût-ce la plus simple :

« J'ai partagé, je l'avoue, dit M. Duchenne, cette opinion, que j'ai crue même un instant confirmée par l'expérimentation électro-physiologique. Dès le début de mes recherches, en effet, j'avais remarqué que le mouvement partiel de l'un des muscles moteurs du sourcil produisait toujours une expression complète sur la face humaine. Il est, par exemple, un muscle qui représente la souffrance. Eh bien ! sitôt que j'en provoquais la contraction électrique, non-seulement le sourcil prenait la forme qui caractérise cette expression de souffrance, mais les autres parties ou traits du visage, principalement la bouche et la ligne naso-labiale, semblaient également subir une modification profonde, pour s'harmonier avec le sourcil, et peindre, comme lui, cet état pénible de l'âme. Dans cette expérience, la région sourcilière seule avait été le siége d'une contraction très-évidente, et je n'avais pu constater le plus léger mouvement sur les autres points de la face. Cependant j'étais forcé de convenir que cette modification générale des traits que l'on observait alors, paraissait être produite par la contraction synergique d'un plus ou moins grand nombre de muscles, quoique je n'en eusse excité qu'un seul. C'était aussi l'avis des personnes devant lesquelles je répétais mes expériences.

« Quel était donc le mécanisme de ce mouvement général apparent de la face ? Était-il dû à une action réflexe ? Quelle que fût l'explication de ce phénomène, il semblait en ressortir, pour tout le monde, que la localisation de l'électrisation musculaire n'était pas réalisable à la face. Je n'attendais plus rien de ces expériences électro-physiologiques, lorsqu'un hasard heureux vint me révéler que j'avais été le jouet d'une illusion.

« Un jour que j'excitais le muscle de la souffrance, et au moment où tous les traits paraissaient s'être contractés douloureusement, le sourcil et le front furent tout à coup masqués accidentellement (le voile de la personne sur laquelle je faisais cette expérience s'était abaissé sur ses yeux). Quelle fut alors ma surprise en voyant que la partie inférieure du visage n'éprouvait plus la moindre apparence de contraction ! Je renouvelai plusieurs fois cette expérience, couvrant et découvrant alternativement le front et le sourcil ; je la répétai sur d'autres sujets, et même sur le cadavre encore irritable, et toujours elle donna des résultats identiques, c'est-à-dire que je remarquai sur la partie du visage placée au-dessous du sourcil la même immobilité complète des traits ; mais à l'instant où le sourcil et le front étaient découverts, de manière à laisser voir l'ensemble de la physionomie, les lignes expressives de la partie inférieure de la face semblaient s'animer douloureusement. Ce fut un trait de lumière ; car il était de toute évidence que cette contraction apparente et générale de la face n'était qu'une illusion produite par l'influence des lignes du sourcil sur les autres traits du visage. Il est certainement impossible de ne pas se laisser tromper par cette illusion, qui est, comme je l'ai dit précédemment, une espèce de mirage exercé par les mouvements partiels du sourcil, si l'expérimentation directe ne vient pas la dissiper. »

Quel exemple prouverait d'une manière plus éclatante l'importance et la nécessité du secours que la science doit apporter à l'observation de l'artiste ? Je l'ai choisi entre bien d'autres du même genre, tant il me paraît péremptoire et de poids, et parce qu'il nous faudra, comme conclusion tout indiquée à cet article, entrer dans l'examen d'une question toujours pendante, dans cette vieille querelle qui divise les artistes, d'une part, et d'autre part les anatomistes et les physiologistes.

Avant de continuer cet exposé des travaux de M. Duchenne (de Boulogne), il importe de prévenir quelques critiques qui, si elles étaient fondées, diminueraient et annuleraient même la valeur de ses expériences. Les objections qu'on a faites à son mode d'expérimentation sont trop sérieuses et d'autre part ne sont pas assez spécialement scientifiques pour qu'il soit ici déplacé de les exposer et de montrer de quelle manière l'auteur les réfute.

On a dit avec une apparence de raison que la sensation du rhéophore s'exerçant sur la sensibilité extrême de la face peut occasionner des mouvements involontaires et faire entrer en contraction d'autres muscles que les muscles soumis à l'action directe de l'électricité. Comment distinguer alors ces derniers mouvements de ceux qui appartiennent à l'action propre du muscle excité? — D'après M. Duchenne, ces mouvements involontaires n'auraient lieu qu'à la première application du rhéophore et ne se reproduiraient plus chez les individus habitués à la sensation électrique. Mais, dans le but de dissiper les doutes que pourrait faire naître cette objection, l'auteur a choisi pour sujet principal de ses expériences un homme chez lequel la sensibilité faciale était pathologiquement anéantie; en outre, ces mêmes expériences répétées sur le cadavre encore irritable ont donné des résultats identiques.

On s'est demandé ensuite si la contraction partielle d'un muscle qui préside à une expression ne pourrait pas réagir sur l'âme et produire sympathiquement une impression intérieure qui provoquerait d'autres contractions involontaires. M. Duchenne oppose à cet argument spécieux de nombreuses expériences faites sur des sujets morts récemment et chez lesquels la contraction des muscles de la face a produit des mouvements expressifs absolument semblables à ceux qu'il avait obtenus sur le sujet vivant.

On a même été jusqu'à admettre la possibilité de contractions dites réflexes, provoquées par toute excitation périphérique; on a craint qu'alors l'électrisation musculaire localisée ne fût qu'une illusion, que l'excitation électrique d'un muscle quelconque ne fût le résultat d'un ensemble de contractions réflexes et non le produit d'une contraction musculaire partielle. M. Duchenne a consacré un grand travail spécial à démontrer que le phénomène réflexe qui se développe dans certaines conditions pathologiques ne pouvait se produire à l'état normal. De plus il a fait contracter isolément des muscles humains mis à nu sur des membres nouvellement amputés, et il a prouvé que les mouvements étaient absolument les mêmes que lorsqu'il excitait les muscles homologues sur des membres non séparés du corps. Il a renouvelé ces expériences sur des animaux dont il excitait les muscles de la face, et les mouvements étaient toujours identiques, que la tête fût ou non attachée au tronc. Il ressort donc de ces expériences que lorsqu'elles sont faites sur des sujets sains, l'électrisation musculaire localisée ne provoque pas de contractions réflexes qui viennent compliquer l'action musculaire partielle.

Il ne m'appartient point de juger les conséquences que peut avoir le beau travail de M. Duchenne (de Boulogne) aux divers points de vue anatomique, physiologique et même psychologique, ce dernier point de discussion revient de droit aux philosophes; mais nous aurons à examiner quelle est l'utilité de ces recherches au point de vue esthétique et quelles applications on peut en faire à l'étude et à la pratique des arts du dessin.

La grande utilité du travail de M. le docteur Duchenne découle de ce fait qu'il est impossible d'étudier les mouvements expressifs de la face de la même manière que les mouvements volontaires des membres. En effet, ceux-ci sont essentiellement soumis à l'influence de la volonté; le modèle peut les poser. Il n'en est pas de même des premiers que l'âme seule a la faculté de produire fidèlement. C'est ce qui résulte des expériences de M. Duchenne, que chacun peut contrôler à l'aide des nombreuses images photographiques ajoutées au texte de son livre. C'est ce qui lui fait contredire l'opinion émise par Descartes dans son *Traité des Passions*. « Généralement, dit Descartes, toutes les actions tant du visage que des yeux peuvent être changées par l'âme, lorsque, voulant cacher sa passion, elle en imagine fortement une contraire, en sorte qu'on s'en peut aussi bien servir à dissimuler ses passions qu'à les exprimer. » Il est très-vrai, répond M. Duchenne, que certaines personnes, les comédiens notamment, ont l'art de feindre merveilleusement des passions qu'ils n'éprouvent point et qui n'existent réellement que sur leur physionomie ou sur leurs lèvres. Cependant, il n'est pas donné à l'homme de simuler certaines émotions, et l'observateur attentif pourra toujours, par exemple, découvrir et confondre un sourire menteur.

Les mouvements expressifs de la face ne pouvant se produire par la seule influence de la volonté et exigeant la coopération de l'âme, sont essentiellement fugaces. Les artistes le savent bien quand ils essayent de faire prendre une expression déterminée à leur modèle. Mais ils accusent trop souvent l'inintelligence du modèle lorsque c'est de son impuissance, commune à tous les hommes, qu'ils devraient se plaindre. On comprend donc quels services est appelé à rendre un ouvrage qui leur donne avec toute la précision scientifique les règles des lignes expressives de la face en mouvement, ce que l'auteur appelle « l'orthographe de la physionomie ».

Assurément l'art n'a pas attendu les découvertes de la science pour exprimer les passions au moyen de la peinture ou de la statuaire. Bien des peintres ont même essayé de réunir, pour l'enseignement, des suites de figures d'expression, Le Brun entre autres. Mais, n'ayant pas de méthode certaine et qui reposât sur des principes sûrs ; forcés, par conséquent, de s'en rapporter à leur observation qui n'était pas toujours assez subtile pour saisir le détail des lignes caractéristiques de telle ou telle passion, de tel ou tel sentiment, il devait leur arriver en bien des cas de donner des expressions incomplètes, ou, ce qui est plus grave, d'ajouter d'inspiration aux lignes expressives bien observées des lignes imaginaires et contradictoires. Il est donc assez rare de trouver une œuvre d'art — fût-elle signée de l'un des plus grands noms — qui, au point de vue qui nous occupe, ne présente pas quelque faute d'orthographe. M. Duchenne en a cité bien des exemples dans son travail. Il fait remarquer, par exemple, qu'il n'existe qu'une nuance très-légère entre les expressions d'extase de l'amour divin et de l'amour terrestre, nuance que les artistes n'ont pas toujours bien saisie. Dans le *Ravissement de sainte Thérèse* du Bernin, la physionomie de la sainte « respire la béatitude la plus voluptueuse, » grâce à une légère contraction du muscle transverse du nez, contraction qui joue un rôle expressif bien connu et poussé à l'extrême dans les masques de faunes et de satyres antiques. M. Duchenne relève des erreurs d'expression non moins graves dans un tableau de Poussin exposé au Louvre : la *Résurrection d'une jeune fille japonaise*; dans un tableau presque contemporain, l'*Assassinat du président Duranti*, par Paul Delaroche. L'expression de la douleur a presque toujours été mal traduite par les artistes. Faute d'avoir connu le rôle expressif du sourcil, loin de peindre comme ils le voulaient l'image de la douleur morale ou physique, ils se sont égarés au point d'écrire sur la physionomie de leurs personnages tous les signes du bonheur extatique. Ce qui prouve bien qu'ils manquaient d'une méthode sûre en pareil cas, c'est que l'esquisse faite du premier jet donne souvent une expression juste, faussée ou profondément altérée, et de la manière la plus étrange, dans l'exécution définitive de l'œuvre. Ainsi, l'esquisse de la Cléopâtre du Guide, conservée au Musée du Capitole à Rome, est à ce point de vue infiniment supérieure au tableau définitif du Musée de Florence. Dans l'*Ecce Homo* du même peintre, conservé dans la galerie Colonna à Rome, chacune des deux moitiés de la figure porte une expression différente : de profonde douleur à droite, d'extase à gauche. Peut-on admettre que de telles contradictions soient calculées et volontaires chez l'artiste? Assurément non.

M. Duchenne a été plus hardi encore. Avec une mesure parfaite, mais aussi avec la ferme et légitime assurance du savant, il a examiné quelques antiques célèbres et n'a pas craint d'en signaler les fautes d'expression incontestables. Il a même été plus loin : il a osé porter une main respectueuse sur l'Arrotino, sur le Laocoon, et corriger les erreurs qu'il y avait observées. Ce n'est pas nous qui blâmerons la courageuse tentative de l'auteur. Nous ne voyons pas quel profit il y aurait pour l'art à admirer les maîtres jusque dans leurs erreurs. Il me paraît bien certain, au contraire, que les maîtres eux-mêmes eussent été très-reconnaissants envers l'homme qui les eût avertis de leur méprise avec la légitime autorité qu'apporte en ces matières le docteur Duchenne.

Il remarque donc que, dans la tête de l'Arrotino, les lignes transversales qui s'étendent sur toute la largeur du front ne peuvent coexister ni avec l'obliquité ni avec la sinuosité du sourcil, parce qu'il y a antagonisme entre le muscle frontal qui produit les lignes transversales, et le muscle sourcilier qui produit le mouvement oblique et sinueux du sourcil. Cet antagonisme donne de l'incertitude à l'expression de l'Arrotino. On ne peut mettre en concordance le front et le sourcil de cette figure sans en modifier profondément la physionomie. Encore faut-il choisir. Redresse-t-on le sourcil pour le mettre d'accord avec le mouvement du front : le masque de l'Arrotino exprime l'attention, la curiosité, et se rapporte à la version qui désigne l'Arrotino sous le nom de l'Espion. Le sourcil reste-t-il oblique, au contraire, et rétablit-on alors les rapports naturels entre ce sourcil et le front en modifiant le mouvement de ce dernier : l'œil prend l'expression de la douleur, et l'image peut être, conformément à une autre version, celle du Scythe chargé par Apollon d'écorcher Marsyas.

Le lecteur peut voir maintenant que je n'avais pas exagéré l'importance au point de vue esthétique du travail de M. Duchenne (1). »

Après cet exposé des travaux de M. Duchenne (de Boulogne), nous n'avons plus qu'à donner l'explication des quatre dessins qui accompagnent ces pages, et qui sont destinés à former un *spécimen* des effets physiologiques obtenus par cet expérimentateur, en faisant jouer à volonté les muscles de la face qui traduisent les expressions de l'âme.

La première figure représente une femme dans l'état normal de sa physionomie.

La seconde, la même femme, sur laquelle l'expérimentateur, armé de ses rhéophores, excite un des muscles faciaux, dont le jeu exprime, selon lui, la *joie* à droite et le *sourire* mêlé de larmes à gauche.

La troisième, la même femme, sur laquelle l'action, convenablement appliquée, du cou-

(1) Le *Constitutionnel*, des 9 et 16 octobre 1866.

rant électrique traduit expressivement la *douleur* à gauche et l'*extase* à droite.

La quatrième enfin, l'expression de la *méchanceté* ou de la *haine*.

Ces quatre figures sont l'exacte reproduction des photographies prises par M. Duchenne (de Boulogne) pendant les expériences auxquelles la même femme a été successivement soumise.

Si nous avons décrit avec d'assez longs détails les expériences dans lesquelles on a mis en jeu, par l'action du galvanisme, les muscles des hommes et des animaux, si nous avons insisté sur les expériences d'Aldini et du docteur Ure qui ont provoqué, par l'usage de la pile, des mouvements violents de l'action musculaire sur les cadavres, à peine refroidis, d'hommes ou d'animaux, ce n'est pas dans le vain désir d'exciter par des ressorts grossiers l'intérêt ou la curiosité du lecteur. Selon nous, on a trop vite prononcé sur le peu de valeur scientifique de ces phénomènes. On a trop vite coupé court aux difficultés qu'ils soulèvent, en déclarant que l'électricité n'agit dans ce cas que comme un stimulant ordinaire, et qu'elle provoque les mouvements musculaires sur les animaux récemment mis à mort comme pourrait le faire à sa place tout autre excitant. En portant ce jugement, si généralement accepté aujourd'hui, on n'a pas tenu assez compte des faits nombreux et extraordinaires qui ont été observés. Il nous semble difficile d'admettre que l'électricité agisse, dans les cas de ce genre, comme un autre stimulant. Il n'est point de stimulant chimique capable de réveiller la sensibilité et la contractilité musculaires avec un tel degré de puissance, et d'une manière si en harmonie avec les mouvements qui s'accomplissent pendant la vie. La meilleure réponse à faire à cette explication, c'est que, lorsque Jean Aldini se livrait aux expériences dont nous avons rapporté les résultats, il attendait toujours, pour commencer ses opérations, que les organes de l'animal fussent devenus insensibles à l'action des excitants ordinaires; il n'administrait le galvanisme que lorsque toute sensibilité par les irritants mécaniques ou chimiques, tels que l'ammoniaque, les acides, etc., avait entièrement disparu. L'électricité n'agit donc point, comme on l'a dit tant de fois, à la manière d'un stimulant ordinaire, puisque son action s'exerce sur nos organes lorsque tout autre moyen de stimulation n'éveille plus aucune impression.

Si l'on réfléchit maintenant qu'avec le courant électrique on a réveillé sur le cadavre les sécrétions organiques, — qu'Aldini a provoqué sur le corps d'animaux décapités la sécrétion salivaire en faisant agir l'électricité sur les glandes parotides (1), — que le docteur Wilson Philip a rétabli par le même moyen, sur des lapins vivants, les fonctions suspendues de la respiration et de la digestion (2); — si l'on se rappelle que des appareils spéciaux pour la production de l'électricité existent dans quelques animaux, entre autres chez le gymnote, la torpille, le silure et la raie; — que les travaux des physiologistes de nos jours ont mis hors de doute l'existence d'un courant propre dans les muscles et les nerfs des animaux; — que M. Du Bois Raymond, de Berlin, qui s'est tant occupé, à notre époque, de ce genre de phénomènes, montre très-facilement par l'expérience, à l'aide du galvanomètre, la production d'un courant électrique pendant la contraction des muscles, chez l'homme; — on demeurera convaincu que cet ensemble de faits, qui se rattachent aux questions les plus élevées de la physiologie générale, mérite un examen très-approfondi. Nous ne voulons pas discuter ici la grande question de l'identité ou de l'analogie du fluide électrique avec l'influx nerveux qui anime le corps des animaux, et nous ne ferons à cet égard qu'une réflexion générale.

(1) *Essai théorique et expérimental sur le galvanisme*, p. 147.
(2) *Annales de chimie et de physique*, t. XIV, p. 342.

L'étude de l'électricité animale, la doctrine de l'identité ou de l'analogie de l'électricité avec le fluide nerveux, a été, il y a cinquante ans, l'objet de l'enthousiasme presque unanime du monde savant. Ces idées sont tombées, de nos jours, dans un complet discrédit. Il appartient à notre époque, également exempte de l'entraînement de l'enthousiasme qui accueillit les premiers temps de cette découverte, et de tout dédain systématique pour une théorie quelconque, d'approfondir cette question. Aussi espérons-nous que la science, de nos jours, tentera de soumettre au contrôle attentif de l'expérience et de l'induction des phénomènes qui offrent un intérêt égal aux méditations de la philosophie, aux recherches expérimentales de la physique, et aux bienfaisantes applications de l'art de guérir.

CHAPITRE VI

APPLICATIONS CHIMIQUES DE LA PILE. — BERZÉLIUS ET HISSINGER. — RECHERCHES ET DÉCOUVERTES ÉLECTRO-CHIMIQUES DE DAVY. — ÉTUDE DES PHÉNOMÈNES QUI ACCOMPAGNENT LA DÉCOMPOSITION DE L'EAU PAR LA PILE. — NOUVELLE THÉORIE DES AFFINITÉS CHIMIQUES PAR DAVY. — DÉCOMPOSITION DES ALCALIS ET DES TERRES AU MOYEN DE LA PILE DE VOLTA. — LA GRANDE PILE VOLTAÏQUE DE L'INSTITUTION DE LONDRES. — DÉCOUVERTE DU POTASSIUM, DU SODIUM, DU BARYUM ET DU STRONTIUM. — L'INSTITUT DE FRANCE DÉCERNE A DAVY LE PRIX FONDÉ PAR LE PREMIER CONSUL. — RECHERCHES PHYSICO-CHIMIQUES DE GAY-LUSSAC ET THÉNARD, AVEC LA PILE DONNÉE PAR NAPOLÉON A L'ÉCOLE POLYTECHNIQUE. — DÉCOUVERTE DE NOUVEAUX EFFETS DE LA PILE. — LA GRANDE PILE DE WOLLASTON ET LA PETITE PILE DE CHILDREN. — LES PILES SÈCHES. — DERNIER PROGRÈS DE LA SCIENCE ÉLECTRIQUE JUSQU'A LA DÉCOUVERTE DE L'ÉLECTRO-MAGNÉTISME PAR ŒRSTED, EN 1820. — LA PILE THERMO-ÉLECTRIQUE DE POUILLET, DE NOBILI ET DE MARCUS.

Bien que résultant des travaux des physiciens, la pile voltaïque ne devait pas tarder à s'introduire dans la chimie, son domaine naturel. Elle était appelée à produire dans cette science, une véritable révolution, en l'enrichissant de faits inattendus, en perfectionnant ses méthodes d'expérience, et en lui fournissant une nouvelle théorie de l'affinité.

Les travaux de Nicholson et de Carlisle sur la décomposition de l'eau, et ceux de Cruikshank sur la décomposition des sels, avaient donné le signal de l'emploi de la pile comme moyen d'analyse chimique. Ces recherches furent continuées par Berzélius et Hissinger, qui, s'occupant particulièrement de la décomposition électro-chimique des sels, observèrent le grand fait du transport des éléments des corps composés à chacun des deux pôles de la pile, à travers le liquide soumis à l'action de l'électricité.

Fig. 340. — Berzélius.

Berzélius débutait alors dans la carrière des sciences, et ce travail fut l'un des premiers qui révélèrent ce que la chimie devait recevoir de son génie patient et de son infatigable ardeur.

A cette époque, tous les savants des divers pays marchaient du même pas dans cette nouvelle carrière ; de telle sorte que la même découverte était faite quelquefois simultanément par divers chimistes très-éloignés les uns des autres ; la même observation se faisait presque à pareille heure à Stockholm, à Copenhague, à Berlin, à Iéna, à Gênes, à Londres et à Paris.

Cependant beaucoup de faits, restés indécis, avaient besoin d'être discutés sévèrement pour être réduits à leurs résultats certains. Les découvertes acquises à la science, par un si grand nombre d'observations éparses et multipliées, avaient besoin d'être rassemblées en un faisceau commun. Il fallait réunir les rayons divergents de ces lumières nouvelles pour les concentrer en un même point, et en composer un puissant flambeau propre à éclairer la route de l'avenir.

C'est à Humphry Davy qu'appartenait cette tâche magnifique. C'est ce savant illustre qui, embrassant dans leur ensemble toutes les découvertes faites jusqu'à cette époque concernant l'action chimique de la pile, sut les rattacher par un lien commun, les éclairer d'un jour nouveau, et, par leur application à la chimie, changer la face de cette science.

Le 29 décembre 1806 marque la date d'une grande époque dans l'histoire de l'électricité. C'est ce jour-là, en effet, que Davy, dans la *Lecture Bakérienne* de cette année, donna communication au monde savant de son admirable mémoire sur le *mode d'action chimique de l'électricité* (1).

Voici les divisions principales du mémoire de Davy :

I. Sur les changements produits dans l'eau par l'électricité. — II. Sur l'action de l'électricité dans la décomposition de divers corps composés. — III. Sur le transport de certaines parties constituantes des corps, par l'action de l'électricité. — IV. Sur le passage des acides, des alcalis et autres substances à travers divers menstrues chimiques, au moyen de l'électricité. — V. Observations générales sur tous ces phénomènes et sur le mode de décomposition et de transport. — VI. Sur les principes généraux des changements chimiques produits par l'électricité. — VII. Sur les relations qui existent entre les actions électriques des corps et leurs affinités chimiques. — VIII. Sur le mode d'action de la pile de Volta, avec les éclaircissements que donne l'expérience. — IX. Généralisation et application des faits et des principes précédents (1).

Le mémoire de Davy débutait par l'étude de la décomposition électro-chimique de l'eau. Depuis plusieurs années, en effet, ce phénomène était devenu l'objet d'une foule d'observations contradictoires, qui avaient jeté une grande confusion sur ce sujet. Lavoisier avait établi, par ses expériences purement chimiques, la véritable composition de l'eau. Soumettant ce liquide à l'action d'un courant électrique, Nicholson et Carlisle avaient confirmé cette grande découverte de Lavoisier ; ils avaient vu l'hydrogène se rendre au pôle négatif et l'oxygène au pôle positif. Les mêmes expérimentateurs avaient constaté aussi les rapports simples qui existent entre les volumes des deux gaz obtenus. Mais les personnes qui voient aujourd'hui la décomposition de l'eau s'exécuter dans nos laboratoires, d'une manière si simple et si facile, auraient peut-être beaucoup de peine à comprendre les défiances, les oppositions de toutes sortes qui, à l'origine, accueillirent ce fait capital. Le phénomène était loin de se présenter alors avec la netteté que nous lui voyons maintenant. En même temps, en effet, que l'oxygène et l'hydrogène apparaissaient, on voyait se produire au pôle positif un acide, et une base au pôle négatif. La nature de cette base et de cet acide variaient d'ailleurs suivant l'espèce des vases employés. De là une confusion inexplicable. La composition de l'eau n'était pas encore universellement admise ; il restait quelques esprits aveugles qui s'obstinaient à nier la découverte de Lavoisier. Ces bases et ces acides, qui formaient l'escorte obligée des deux gaz, compliquaient encore cette première difficulté, et jetaient les esprits dans un trouble extraordinaire. On trouvait dans ce fait matière aux opinions les plus étranges, et à

(1) Baker, savant anglais, mort en 1774, fonda une rente annuelle de cent livres sterling pour un discours qui serait prononcé par un des membres de la Société royale sur un sujet important de philosophie naturelle. Davy fut chargé cinq ans de suite, de 1806 à 1810, de la *Lecture Bakérienne*.

(1) *Philosophical Transactions*, 1807. — *Annales de chimie*, t. LXIII, p. 172.

des hypothèses si bizarres que l'on a quelque peine à s'en rendre compte aujourd'hui. On confondit ces deux phénomènes, savoir : la formation de l'hydrogène et de l'oxygène, et la production d'un acide et d'un alcali. Cruikshank regardait l'acide formé pendant la décomposition électro-chimique de l'eau comme de l'acide azotique, et la base comme de l'ammoniaque. Désormes opinait pour l'acide chlorhydrique et l'ammoniaque. Mais, d'un autre côté, certains chimistes affirmaient que, sous l'influence de l'électricité, l'eau peut se convertir en une base et un acide ; d'autres regardaient l'oxygène et l'hydrogène comme de l'eau en combinaison avec l'électricité. Brugnatelli allait jusqu'à prétendre que le fluide électrique pouvait lui-même se changer en un corps matériel ; il admettait la formation d'un *acide électrique*. D'autres enfin, Monge, par exemple, pour expliquer l'apparition des deux gaz sur deux points du liquide éloignés l'un de l'autre, admettaient la formation d'une eau hydrogénée à un pôle, et d'une eau oxygénée à l'autre (1). Et nous omettons encore bien des suppositions telles que leur sens précis ne saurait être clairement formulé.

C'est en cet état que Davy trouva la question ; elle était, comme on le voit, bien embrouillée et bien obscure. Cependant il n'hésita pas à aborder de front toutes ces difficultés.

Rien n'est plus intéressant que de suivre la série de tâtonnements successifs par lesquels Davy eut à passer dans l'exécution de son travail ; de montrer comment il réussit d'abord à dégager le grand fait de la décomposition de l'eau des phénomènes accessoires qui l'offusquaient ; comment il constata que les bases et les acides, dont l'apparition était constante, n'étaient pas, ainsi qu'on l'avait pensé, formés de toutes pièces durant l'opération, mais provenaient simplement de la décomposition de certains sels disséminés dans les vases dont on faisait usage ; comment il dut abandonner l'emploi des vases de verre pour ceux d'agate, puis ces derniers pour des vases d'or, qui ne pouvaient rien céder au courant voltaïque.

Une circonstance particulière s'était toujours présentée, comme nous venons de le dire, dans la décomposition de l'eau par la pile. On voyait constamment apparaître une base au pôle négatif, ce qui donnait lieu aux interprétations les plus diverses. Cette formation spontanée d'un acide et d'un alcali pendant la décomposition électro-chimique de l'eau fut le premier problème dont Davy se proposa la solution. Les piles dont il fit usage étaient composées, l'une de cent cinquante couples cuivre-zinc de $0^m,12$ de côté, l'autre de cent couples cuivre-zinc de $0^m,16$ de côté ; le liquide excitateur était une solution saturée de sulfate d'alumine. La disposition de l'expérience consistait à faire arriver le courant par un fil d'or ou de platine dans une capsule remplie d'eau distillée, et communiquant, au moyen d'une mèche d'amiante, avec une deuxième capsule également pleine d'eau, et dans laquelle plongeait le fil d'or ou de platine en contact avec le pôle négatif de l'*électro-moteur* (pile).

La solution que Davy donna du problème fut complète. Il démontra que l'eau distillée, qui était sensiblement pure pour les réactifs chimiques ordinaires, contenait pourtant des sels, et particulièrement de l'hydrochlorate de soude (sel marin), dont la base était transportée par le courant au pôle négatif, et l'acide au pôle positif de la pile. Il constata que la capsule, dans laquelle plongeait le fil positif, était elle-même rongée par l'action du courant, bien qu'elle fût composée des substances les moins solubles, c'est-à-dire de cristal, d'agate, de marbre, de sulfate de chaux, de sulfate de strontiane ou de baryte, etc. ; et que les sels contenus dans la substance de ces divers récipients étaient décomposés par la

---

(1) Dumas, *Leçons sur la philosophie chimique professées au collège de France*. Paris, 1837, in-8, onzième leçon, pages 396-400.

Fig. 341. — Davy décompose les alcalis par la pile voltaïque (1807).

pile, et leurs éléments transportés à leurs pôles respectifs. Voici comment Davy parvint à se convaincre de la réalité de ce fait.

Dès ses premières expériences, il avait reconnu que l'acide qu'il obtenait constamment n'était autre chose que de l'acide chlorhydrique, et la base toujours de la soude. S'apercevant alors que le verre se trouvait légèrement corrodé au point de contact des fils conducteurs, il n'hésita pas à attribuer l'origine de l'acide chlorhydrique et celle de la soude à la présence d'une petite quantité de sel marin qui devait se trouver contenue dans le verre, et l'expérience directe vint bientôt justifier cette conjecture.

Davy employa alors pour récipients, des vases d'agate. Mais il obtint encore une petite quantité de soude et d'acide chlorhydrique. Toutefois, ces corps diminuaient à mesure que l'on faisait de nouvelles expériences dans les mêmes vases. Aux vases d'agate il substitua enfin de petites capsules d'or, qui ne pouvaient rien céder au courant voltaïque.

L'emploi de ces capsules d'or, réunies par des filaments d'amiante, ne donna pas tout de suite des résultats satisfaisants, car on obtenait encore de la soude et de l'acide azotique. Davy soupçonna dès lors la pureté de l'eau distillée elle-même. Ce soupçon était juste, car un litre de cette eau, évaporée à siccité, lui fournit une petite quantité d'azotate de soude.

Distillée de nouveau avec de grandes précautions, et placée dans les vases d'or, cette eau ne donna plus aucune trace d'alcali fixe.

Cependant le papier de tournesol rougi se trouvait encore légèrement influencé par la liqueur, qui, portée à l'ébullition, perdait ses propriétés alcalines. D'un autre côté, au pôle positif de la pile, on recueillait encore de l'acide azotique, et alors même que l'ammoniaque ne continuait pas à se produire, la quantité d'acide devenait à ce pôle de plus en plus considérable. Davy comprit dès lors que les éléments de l'eau et ceux de l'air atmosphérique prenaient à la fois part à la réaction, et il expliqua la formation continue d'acide azotique, même quand l'ammoniaque ne se montrait plus, au moyen de ce fait découvert par Priestley, que dans l'eau aérée, un courant de gaz hydrogène chasse l'azote de sa dissolution dans l'eau, en y laissant coexister l'oxygène.

Il ne restait donc plus qu'une expérience à faire pour démêler les phénomènes accidentels de la décomposition de l'eau : il fallait opérer à l'abri de l'air. Plongeant les fils d'or de sa pile dans de petites capsules d'or pur; remplissant ces capsules d'eau, qu'il avait lui-même distillée dans des vases d'argent et purgée par l'ébullition, de toute trace d'air; établissant la communication entre les deux capsules au moyen d'une mèche d'amiante; plaçant enfin les capsules d'or sous le récipient de la machine pneumatique, pour opérer hors du contact de l'air, Davy reconnut qu'il ne se dégageait au pôle positif que de l'oxygène, au pôle négatif que de l'hydrogène, et qu'il n'y avait formation d'aucune trace de substance acide ou alcaline.

La conversion de l'eau, sous l'influence de la pile voltaïque, en oxygène et hydrogène, sans autre produit, se trouva ainsi définitivement démontrée.

Après cette admirable analyse du phénomène de la décomposition électro-chimique de l'eau, Davy abordait, dans son mémoire, l'action qu'exerce la pile sur les composés salins. Il avait soumis à ses expériences, d'une part, les sels solubles dans l'eau, d'autre part, les sels insolubles dans ce liquide. Parmi les sels solubles dans l'eau, les sulfates de potasse, de soude, d'ammoniaque, l'alun, l'azotate de baryte, le phosphate de soude, les succinate, oxalate et benzoate d'ammoniaque; et parmi les sels insolubles, les sulfates de chaux, de baryte et de strontiane, le fluorure de calcium, l'azéolithe, la lépidolithe et le verre ordinaire, furent soumis par Davy à l'action décomposante de la pile, et tous se comportèrent dans cette circonstance de la même manière.

Après avoir isolé dans toute sa simplicité, le phénomène de la décomposition électro-chimique de l'eau, et dégagé ce fait essentiel des accidents qui l'avaient troublé dans les expériences de ses prédécesseurs; après avoir rapporté les résultats de l'action du courant électrique sur un certain nombre de sels, le profond chimiste montrait, dans la sixième partie de son mémoire, que ce n'étaient là que des exemples particuliers d'une loi des plus générales. Il faisait voir que, sous l'influence de la pile, tous les autres composés peuvent, aussi bien que l'eau, se réduire en leurs éléments; — que dans les décompositions de ce genre, le corps acide se porte constamment au pôle positif, et le corps basique au pôle négatif; — enfin, que les corps simples affectent aussi des rapports d'élection galvanique invariables.

Mais en voyant tous les composés chimiques se défaire sous l'influence de l'électricité, Davy avait été conduit à admettre que la cause de la combinaison des corps réside aussi dans une véritable attraction électrique, et par une série d'inductions et d'expériences qu'il serait trop long de rapporter, il proclamait ce fait, que *l'affinité chimique n'est autre chose que l'électricité*, ou, en d'autres termes, que la force qui détermine l'union des corps et qui maintient les combinaisons une fois formées, est identique avec la force électrique.

Telle est l'origine de la théorie électro-chimique, si brillamment défendue par Berzélius, et qui a exercé sur l'esprit de la chimie une si profonde et si durable influence, que depuis trente années seulement on a commencé à en secouer l'autorité.

Nous renonçons avec peine à pousser plus

loin l'analyse de cet admirable travail de Davy, à suivre l'auteur dans les considérations générales auxquelles il s'élève, lorsque, cherchant à apprécier le rôle que joue l'électricité dans l'ensemble des phénomènes chimiques qui se passent sur notre globe, il semble lire, d'un regard assuré, dans l'avenir de la science. Nous avons hâte d'arriver à la magnifique application qu'il fit lui-même de ses idées, en se servant de la pile voltaïque pour réduire en leurs éléments les alcalis et les terres.

C'est en 1807, c'est-à-dire un an après la lecture du grand mémoire dont nous venons d'exposer les résultats, que Davy fit connaître sa découverte de la décomposition électrochimique des alcalis et des terres.

Depuis longtemps on avait remarqué la ressemblance chimique des *terres*, c'est-à-dire de la chaux, de la baryte, de la magnésie, etc., avec les oxydes métalliques, et celle des oxydes métalliques avec les alcalis, c'est-à-dire la potasse, la soude et l'ammoniaque. Lavoisier, dès les premiers temps de la chimie, avait pressenti cette grande vérité (1). Mais, depuis cette époque, Berthollet avait découvert la composition de l'ammoniaque, et prouvé que cet alcali est formé d'hydrogène et d'azote. Ce fait avait rompu la ligne entrevue des analogies. Si, d'un côté, on persistait à regarder, avec Lavoisier, les terres comme des oxydes métalliques, d'autre part, l'analogie des alcalis fixes avec l'ammoniaque, amenait à prêter à ceux-ci une constitution analogue à celle de l'ammoniaque. Davy, par exemple, s'imaginait, avant ses recherches, que les alcalis fixes étaient formés de phosphore et d'azote. Cependant, armé d'un agent de décomposition aussi puissant que la pile, il n'hésita pas à aborder ce grand problème d'analyse.

Il essaya d'abord de soumettre à l'action de la pile une dissolution aqueuse de potasse. Mais l'eau se décomposait seule. Il plaça alors dans le cercle de la batterie voltaïque un morceau de potasse maintenue en fusion par la chaleur. Mais ce corps, privé d'eau, ne livrait point passage à l'électricité. Il essaya enfin d'abandonner l'alcali pendant quelques minutes à l'air, pour lui laisser attirer un peu d'humidité ; rendu ainsi suffisamment conducteur, il le plaça entre les pôles de la pile, et dès lors, l'expérience eut un plein succès. La potasse entra en fusion, par la chaleur de la décharge électrique, et bientôt on put observer au pôle positif, un bouillonnement gazeux produit par le dégagement de l'oxygène ; tandis qu'au pôle négatif apparaissaient de petits globules semblables au mercure par la couleur et par l'éclat, mais tellement combustibles et oxydables, que, dès leur formation, ils se recouvraient d'une croûte blanche en reproduisant de la potasse. Jetés sur l'eau, ces globules y brûlaient avec une flamme éclatante.

Davy venait de décomposer la potasse en oxygène et en un métal nouveau qui a reçu le nom de *potassium*.

Cette découverte, l'une des plus brillantes des temps modernes, honore particulièrement l'esprit et le labeur humains, en ce qu'elle est le fruit unique de l'induction expérimentale, en ce que ni le hasard ni les secours étrangers n'y prirent aucune part.

Ce qui faisait son extrême importance, c'est qu'elle donnait le signal d'une série d'autres découvertes semblables. En effet, la potasse une fois analysée, la composition de la soude et de toutes les bases terreuses était par cela même connue. Après avoir réduit la potasse,

---

(1) Voici ce qu'écrivait à ce sujet Lavoisier en 1789, dans son *Traité élémentaire de chimie* : « Il serait possible que toutes les substances auxquelles nous donnons le nom de *terres* ne fussent que des *oxydes métalliques*, irréductibles par les moyens que nous employons... *Il est à présumer*, ajoutait-il plus loin, que *les terres cesseront bientôt d'être comptées au nombre des substances simples ;* elles sont les seuls corps de toute cette classe qui n'aient point de tendance à s'unir à l'oxygène, et je suis bien porté à croire que cette indifférence pour l'oxygène, s'il m'est permis de me servir de cette expression, tient à ce qu'elles en sont déjà saturées. Les terres, dans cette manière de voir, seraient des *substances simples*, peut-être des substances métalliques, *oxygénées.* »

Davy, dès le lendemain, décomposa la soude. Il dut, toutefois, employer une pile plus puissante.

Disons, en passant, que les piles voltaïques, employées par Davy dans ces expériences mémorables, n'avaient rien de bien inusité pour l'énergie. Celle qui servit à décomposer la potasse était formée de 250 plaques de 6 et de 24 pouces. On réussit même avec 100 plaques seulement de 6 pouces. Les personnes qui ont attribué le succès des recherches du chimiste anglais à l'emploi de batteries énormes, étaient donc fort injustes envers lui.

Les travaux de Davy furent interrompus à cette époque par une grave maladie. Pendant sa convalescence, et grâce à une souscription de ses concitoyens, une pile de 600 couples de 4 pouces, fut construite et mise à sa disposition. Il dirigea cette artillerie contre les terres ; mais elles furent plus difficiles à réduire que la potasse et la soude. Il réussit pourtant à décomposer la baryte, la strontiane et la chaux, et put isoler les métaux contenus dans ces oxydes. En soumettant à l'action de la pile des fragments de strontiane et de baryte, il vit une flamme apparaître à la pointe du fil négatif. Comme le défaut de conductibilité électrique des terres était l'obstacle qui l'arrêtait, il augmenta cette conductibilité électrique en chauffant avec un peu d'acide borique les oxydes qu'il soumettait à l'action du courant. Grâce à cet artifice, la matière inflammable se montra plus facilement.

Mais Davy reconnut qu'il n'y avait qu'un moyen de recueillir le corps combustible dégagé : c'était de former un alliage de ce corps avec des métaux, et pour cela, de soumettre à l'action de la pile, les terres mélangées avec un oxyde de plomb, de mercure ou d'argent.

Voici donc le procédé dont le chimiste anglais fit usage pour obtenir quelques parcelles de métaux terreux. Il réduisait en poudre de la baryte, de la strontiane, de la magnésie ou de la chaux, ajoutait à ces terres un tiers de leur poids d'oxyde de mercure, et plaçait ce mélange dans une lame de platine façonnée en godet, dans lequel il introduisait un peu de mercure recouvert d'huile de naphte. Il se servit pour ces dernières expériences d'une pile de 500 paires. Il obtint ainsi des amalgames qui, distillés dans des tubes de verre pleins de vapeur de naphte, donnèrent pour résidus des corps blancs qui, à l'air, se transformaient en augmentant de poids, en baryte, strontiane, chaux et magnésie.

Davy en était là de ses recherches, lorsqu'il reçut de Berzélius une lettre contenant la description d'un très-ingénieux procédé qui avait permis à l'illustre chimiste de Stockholm, aidé du docteur Pontin, de décomposer la baryte et la chaux assez facilement et sans grand appareil.

Berzélius et Pontin avaient eu l'heureuse idée de placer, au pôle négatif de la pile, du mercure métallique contenu dans une petite cavité creusée sur un fragment de baryte ou de chaux. Le mercure facilitait la réduction de l'oxyde en s'amalgamant au fur et à mesure avec le métal rendu libre (1).

---

(1) Le mémoire de Davy, qui renferme l'histoire de ses tentatives pour la décomposition de la baryte, de la strontiane, de la chaux, et qui a pour titre : *Recherches électro-chimiques sur la décomposition des terres*, fut lu le 30 juin 1808 à la *Société royale de Londres*. Voici comment Davy raconte l'expérience de Berzélius, répétée par lui-même au laboratoire de l'*Institution royale* :

« Un globule de mercure, formant le circuit d'une batterie composée de cinq cents couples de six pouces carrés, faiblement chargée, fut posé sur de la *baryte* légèrement humectée, placée sur une lame de platine. Le mercure perdit peu à peu de sa fluidité, et quelques minutes après il se couvrit d'une pellicule blanche de baryte. Lorsqu'on jeta l'amalgame dans l'eau, il se dégagea de l'hydrogène, le mercure revint à son état primitif, et l'eau fut reconnue être une solution de baryte.

« Avec la *chaux*, les résultats furent exactement les mêmes.

« Il n'y avait point à douter que cette méthode ne réussît également avec la *strontiane* et la *magnésie*, et je me hâtai de tenter l'expérience. La strontiane me donna un résultat immédiat ; mais je ne pus d'abord me procurer d'amalgame avec la magnésie. Cependant, en prolongeant l'opération et entretenant cette terre continuellement humide, j'obtins enfin une combinaison de sa base avec le mercure, laquelle reproduisit lentement de la magnésie en absorbant l'oxygène de l'air ou celui de l'eau. »

Fig. 342. — La grande pile de l'École polytechnique construite en 1813, par l'ordre de Napoléon Ier (page 670).

Davy essaya de soumettre à l'action de la pile, la silice, l'alumine et la glucine, selon le procédé imaginé par Berzélius et Pontin. Mais il échoua dans cette tentative d'analyse électrique, car ces oxydes ne donnèrent point d'amalgame avec le mercure. En traitant par le potassium la silice, la magnésie, l'yttria et la glucine, de manière à déplacer l'oxygène de ces bases, il reconnut bien que ces substances étaient des oxydes, mais il ne put isoler assez bien leur radical pour s'assurer s'il était métallique. La solution de cette question était réservée à Berzélius et à MM. Woehler et Bussy.

Le magnifique ensemble de découvertes contenu dans la longue série des recherches de Davy, que nous venons d'exposer, remplissait glorieusement toutes les conditions du programme de prix publié en 1801 par l'Institut national de France. En 1808, la France honora dignement le génie du physicien anglais, en lui décernant le prix fondé par le premier Consul « pour ses découvertes annoncées dans les *Transactions philosophiques* de 1807. »

Faisons bien remarquer pourtant que ce ne fut pas, comme on l'a toujours dit jusqu'ici, le prix extraordinaire de 60,000 francs, mais seulement une somme de 3,000 francs qui fut accordée à Davy. La rémunération était faible sans doute, comparée à la grandeur, à l'importance des découvertes du savant anglais. Mais si l'on se rappelle la guerre acharnée qui divisait alors l'Angleterre et la France, on sentira toute la valeur de ces trois mille francs envoyés, à une pareille époque, de Paris à Londres, au nom de Napoléon. En cela, la France obéissait à ces traditions généreuses qui lui font chercher, découvrir, proclamer le mérite étranger, et décerner la palme du génie scientifique, sans regarder au drapeau d'une nation ennemie (1).

Les travaux de Davy avaient excité chez les savants de tous les pays une émulation extraordinaire. C'est en France que se manifestèrent les plus importants résultats de cette noble rivalité. Dans l'ouvrage de Gay-Lussac et Thénard, *Recherches physico-chimiques*, qui fut publié en 1811, on trouve l'exposé d'un grand nombre d'observations remarquables sur les effets physiques et chimiques de la pile.

Ces recherches de Gay-Lussac et Thénard furent commencées à l'occasion de la grande pile que Napoléon avait donnée à l'École polytechnique. Comme Berthollet lui parlait un jour des grands travaux de Davy sur l'électricité, l'Empereur demanda, avec son impétuosité ordinaire, pourquoi ces découvertes n'avaient pas été faites en France.

— Sire, répondit Berthollet, c'est que jusqu'à ce jour nous n'avons pas possédé de pile voltaïque assez puissante.

— Eh bien! qu'on en construise sur-le-champ une suffisante, et qu'on n'épargne ni soin ni dépense.

C'est ainsi que fut construite aux frais de l'État la magnifique pile voltaïque de l'École polytechnique.

Cette pile était composée de 600 couples de cuivre et de zinc de 9 décimètres carrés pour chaque plaque; toute la batterie avait 54 mètres carrés de surface. Cet appareil n'existe plus; mais il nous a été possible de le reconstituer au moyen des débris qui en sont conservés dans le cabinet de l'École polytechnique. On le voit représenté figure 342, page 669.

Fig. 343. — Gay-Lussac.

Gay-Lussac et Thénard reconnurent et apprécièrent avec beaucoup d'exactitude l'influence du nombre des couples de la pile sur l'intensité de ses effets, et celle de l'acidité

(1) Après la récompense solennelle accordée aux travaux de Davy, aucun autre prix n'a été décerné par notre Académie des sciences pour encourager les progrès de l'électricité. Il a été question, sur une demande de la famille OErsted, d'accorder une récompense à ce physicien, pour sa découverte, faite en 1820, de l'action de la pile sur l'aiguille aimantée, qui a eu pour résultat la création de l'électromagnétisme, et toutes les applications de ce fait immense réalisées aujourd'hui au grand bénéfice des nations. Mais ce projet n'eut point de suite, les ministres de la Restauration ayant refusé de mettre à la disposition de l'Académie la somme promise par le gouvernement consulaire.

L'importance extrême du rôle que l'électricité est appelée à remplir dans la science et l'industrie n'ont pas manqué de frapper l'attention de l'Empereur Napoléon III. Un des premiers actes de son pouvoir a été l'institution, faite le 28 février 1852, d'un prix de 50,000 francs à décerner en 1857, pour récompenser les applications pratiques de la pile de Volta. Ce prix n'a pas été décerné encore.

plus ou moins grande du liquide dont elle est chargée. Ils analysèrent aussi avec beaucoup de soin plusieurs autres circonstances physiques ou chimiques, qui influent sur la manifestation des phénomènes chimiques de la pile, et confirmèrent les résultats obtenus par Davy sur la décomposition des alcalis et des terres, en employant des procédés d'une nature différente.

Fig. 344. — Thénard.

C'est à Gay-Lussac et à Thénard que l'on doit la découverte du procédé de préparation du potassium et du sodium par l'action du charbon sur le carbonate de potasse ou de soude, méthode qui permit d'obtenir pour la première fois, en proportions notables, ces curieux métaux qu'on n'avait pu se procurer jusque-là qu'en très-petite quantité par l'action de la pile.

Pendant que l'on construisait à Paris, par l'ordre de Napoléon, la grande batterie de l'École polytechnique, les directeurs de l'*Institution royale de Londres*, dans un noble but de rivalité scientifique, profitèrent de cette circonstance pour stimuler le zèle de leurs concitoyens. La pile qui avait servi à Davy à exécuter ses nombreuses expériences s'était complétement usée entre ses mains par l'action prolongée des acides, et se trouvait hors de service. On ouvrit une souscription pour la remplacer : « Les recherches électro-chi-
« miques, écrivaient les directeurs de l'Insti-
« tution royale, ont pris naissance dans notre
« pays ; ce serait un déshonneur pour une
« nation si puissante et si riche que, faute
« d'assistance pécuniaire, elles allassent se
« compléter ailleurs. » La liste de souscription fut promptement remplie, et Davy se vit bientôt en possession de la plus belle batterie que l'on eût encore vue. C'était une pile de Wollaston.

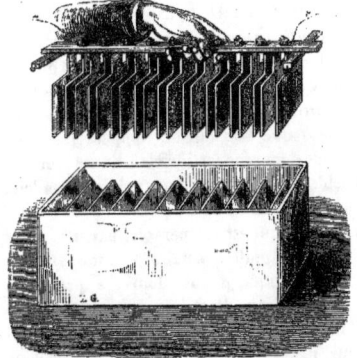

Fig. 345. — L'un des 200 groupes composant la pile de Wollaston construite pour Davy, à l'*Institution royale de Londres*.

« La plus puissante combinaison qui existe, disait-il en 1812 dans ses *Éléments de philosophie chimique*, dans laquelle le nombre des couples est combiné avec l'étendue de surface, est celle qui fut donnée au laboratoire de l'*Institution royale* par un petit nombre de zélés patrons de la science. Elle se compose de deux cents groupes joints ensemble dans un ordre régulier, composés chacun de dix doubles plaques placées dans des auges de porcelaine, chaque plaque contenant trente-deux pouces carrés ; ainsi le nombre total des couples métalliques est de deux mille, et la totalité de la surface est de cent vingt-huit mille pouces carrés. »

Le liquide qui servait à mettre en action cette puissante pile de Wollaston, consistait, comme celui qui avait été employé précédemment dans la plupart des expériences de Davy, en une dissolution d'alun, aiguisée d'acide sulfurique. Le gaz hydrogène qui se dégageait, par suite de l'action de l'acide sulfurique sur le zinc était si considérable, quand les deux mille plaques étaient mises en action, que l'on n'aurait pu manier sans danger un tel instrument. Aussi l'appareil était-il établi dans une cave, d'où partaient des fils conducteurs, pour aboutir dans la salle supérieure où les expériences s'exécutaient. La figure 346 (page 673), représente cet appareil, véritablement historique.

C'est avec cette remarquable batterie, qui fut installée en 1813, dans le laboratoire de l'*Institution royale*, que Davy put étudier et développer dans toute leur beauté, les phénomènes physiques et chimiques de la pile, et produire la lumière et la chaleur les plus intenses que l'on eût développées jusque-là par des moyens artificiels. En se servant d'acide azotique étendu pour charger les deux mille couples, Davy découvrit l'*arc lumineux de la pile*, qui est comparable, par son intensité, à la lumière solaire, et dont l'emploi, rendu pratique de nos jours, a permis de créer l'éclairage électrique.

Davy observa que, lorsqu'on termine les deux fils conducteurs de la pile, par deux pointes de charbon, et que l'on approche ces deux charbons l'un de l'autre, à environ un trentième de pouce de distance, on vit jaillir aussitôt entre les deux conducteurs, une étincelle d'un éclat incomparable. En éloignant peu à peu les charbons l'un de l'autre, le jet de lumière s'étendait et formait, à travers l'air, une courbe étincelante, de trois à quatre pouces de longueur. Toute matière introduite dans ce foyer sans pareil, y disparaissait aussitôt, par fusion ou volatilisation. Le platine, le cristal de roche, le saphir, la magnésie, la chaux, et toutes les substances les plus réfractaires, y semblaient vaporisées. Ces divers phénomènes se reproduisaient dans le vide, ce qui montrait bien que cet effet n'était pas dû à l'oxygène atmosphérique, mais était bien le résultat propre du calorique développé par le courant. Il est inutile d'ajouter que toutes les décompositions chimiques observées jusque-là furent reproduites par cette nouvelle batterie avec une intensité prodigieuse.

La grande batterie de Davy trouva pourtant sa rivale. A la même époque, un riche amateur de sciences, nommé Children, venait de faire construire une pile composée dans le système dit *couronne de tasses*, et modifiée par Wollaston. Sous le rapport de la dimension des plaques, c'est la plus grande pile qui ait jamais été construite. Chacun de ses éléments présentait une surface de trente-deux pieds carrés, et elle contenait vingt et un de ces éléments. Par le courant de cette pile, de gros fils de platine, dont quelques-uns avaient jusqu'à cinq pieds et demi de long et deux lignes de diamètre, étaient rougis, dans une portion plus ou moins grande de leur longueur, et même en partie fondus. Les oxydes, les métaux infusibles dans les foyers ordinaires, et en particulier l'iridium, furent mis en fusion de cette manière. On réussit à fondre complétement une tige carrée de platine, de deux lignes de diamètre sur deux pouces trois lignes de long. De la poussière de diamant étant placée dans une fente pratiquée à la scie, en travers d'un fil de fer, le diamant fut liquéfié et le fer qui le touchait se transforma en acier. C'est en 1813 et en 1815 que Children exécuta ces curieuses expériences.

Le génie particulier du physicien Wollaston le portait à produire de grands résultats avec de petits moyens. Dès qu'il eut connaissance des effets de la pile de Children, il voulut, pour ainsi dire, retourner l'expérience, et produire tous ces puissants phénomènes à l'aide de l'appareil voltaïque le plus petit que l'on eût employé jusque-là.

LA PILE DE VOLTA.

Fig. 346. — La grande pile de Wollaston, construite pour Davy, en 1807, à l'*Institution royale* de Londres (page 671).

On raconte que Wollaston ayant rencontré un soir, dans une rue de Londres, un de ses amis, tira de sa poche un dé à coudre, en cuivre, et s'en servit pour construire une pile microscopique reproduisant les effets de la gigantesque batterie de Children. Pour cela, il enleva le fond du dé, l'aplatit avec une pierre, de manière à rapprocher les deux surfaces internes à deux lignes environ l'une de l'autre, ensuite il plaça entre les deux surfaces de cuivre une petite lame de zinc qui n'était en contact ni avec l'une ni avec l'autre des parois de cuivre, grâce à l'interposition d'un peu de cire à cacheter. Il plaça ce petit couple ainsi préparé dans un godet de verre, préalablement rempli avec le contenu d'une petite fiole d'eau, acidulée avec de l'acide sulfurique. Réunissant extérieurement la lame de zinc et son enveloppe de cuivre au moyen d'un fil de platine, il fit rougir aussitôt ce fil par l'électricité développée dans cette petite pile. Les dimensions de ce fil de platine étaient excessivement petites; il avait seulement un trente-millième de pouce de diamètre et un trentième de pouce de longueur (1).

En raison de ses dimensions exiguës, ce fil de platine pouvait être non-seulement rougi, mais fondu par cette petite batterie. Aussi l'ami de Wollaston, témoin de cette expérience, put-il allumer sur-le-champ de l'amadou à ce fil rougi.

Dans cette petite batterie de Wollaston, le cuivre enveloppait de toutes parts la lame de zinc, c'est-à-dire que l'élément négatif était

(1) C'est à Wollaston que l'on doit l'ingénieux procédé qui sert à obtenir des fils d'or et de platine d'une microscopique ténuité.

bien supérieur en surface au métal positif. Cette expérience fit penser à Wollaston, que dans toutes les piles en général, il fallait, pour obtenir les plus grands effets calorifiques, donner le plus d'étendue possible à l'élément positif. C'est depuis cette époque, et d'après les indications de Wollaston, que l'on a construit presque toutes les piles, en entourant chaque plaque de zinc d'une enveloppe de cuivre mise en communication avec la plaque de zinc suivante. Cette modification a rendu ces appareils beaucoup plus puissants, principalement pour la production des phénomènes de chaleur et de lumière.

C'est en appliquant cette même idée que le physicien américain Robert Hare construisit bientôt après les *piles en hélice*, qui permettent de donner au couple métallique une surface énorme, dans le plus petit espace possible, et de diminuer ainsi la dépense du liquide acide, qui est très-grande dans les piles à auges.

Les piles en hélice, dont nous donnerons, dans le chapitre qui va suivre, une description plus complète, se composent essentiellement de longues bandes de zinc et de cuivre laminées, attachées chacune par un bout, et séparées de distance en distance par de petits morceaux de bois. On forme ainsi un couple dont les deux éléments, isolés l'un de l'autre, ont chacun cinquante ou soixante pieds de surface. Chaque élément plonge dans un seau de bois, contenant le liquide acide.

C'est aussi à la même époque qu'appartient la construction définitive des *piles sèches*, que Zamboni, professeur à Vérone, étudia avec soin, en 1810.

On nomme assez improprement *piles sèches* celles dans lesquelles le liquide acide est remplacé par un corps solide, légèrement humide. Cependant Zamboni n'est point, comme on l'a dit, le véritable inventeur des piles sèches ; c'est à un physicien de Genève, Deluc, qu'appartient cette découverte. En 1809, Deluc avait présenté à la *Société royale de Londres* une pile à colonne, composée de trois cents disques de zinc et de trois cents disques de papier doré d'un seul côté, entassés les uns au-dessus des autres dans un tube de verre. En 1812, Zamboni fit connaître la manière de construire les piles sèches, qui est généralement adoptée aujourd'hui, et qui consiste à entasser et à presser fortement l'un contre l'autre des milliers de disques de papier un peu fort, dont une surface est étamée et l'autre recouverte d'une couche très-mince d'oxyde de manganèse en poudre, mêlée avec de la farine et du lait (1). Mais cette disposition de l'instrument n'était qu'une modification très-simple de la méthode de Deluc, qui doit être considéré comme le véritable inventeur des piles sèches (2).

On s'occupa beaucoup, à la suite des mémoires publiés sur ce sujet par Zamboni, des piles sèches et de leurs effets. Les piles sèches manifestent à leurs pôles, une tension assez grande; mais elles ne produisent qu'un courant insignifiant. En les construisant avec de grandes feuilles de papier, Delezenne a pu, de nos jours, notablement augmenter leur intensité. Mais il a constaté, en même temps, que ces piles ne fonctionnent que lorsque le papier conserve un peu d'humidité empruntée à l'atmosphère, et qu'elles deviennent inactives au bout de quelques années,

(1) *Note historique sur les piles sèches* (*Annales de chimie et de physique*, t. XI, p. 190).

(2) Déjà, en 1803, Hachette et Desormes avaient fait connaître un appareil du même genre, dans la vue de simplifier la construction de la pile à colonne, ou plutôt pour essayer de confirmer le principe du développement de l'électricité par le simple contact et sans l'emploi d'aucun conducteur humide. Ils avaient remplacé dans la colonne de Volta, le liquide interposé entre les couples, par des couches de colle d'amidon; mais cette combinaison était trop influencée par l'humidité pour pouvoir être regardée comme une pile sèche. Deluc est donc le véritable inventeur des *piles sèches*.

par suite de l'altération des surfaces des rondelles.

La force électro-motrice est développée dans ces piles, par l'action chimique entre l'étain qui s'oxyde, et le bioxyde de manganèse qui se réduit. Le papier joue le rôle d'un conducteur humide. On comprend que ces piles cessent de fonctionner quand l'étain est rouillé.

Dans les premiers temps, on s'imagina que les piles sèches réaliseraient le mouvement perpétuel.

Voici comment on construit une pile sèche. On dispose verticalement deux piles, formées de 1,500 à 2,000 couples chacune. On arme leurs extrémités de disques de cuivre, et on maintient les paquets comprimés, par des cordonnets de soie. Pour les préserver de l'action de l'air, on les enduit d'une couche de soufre ou de gomme laque fondus. Les deux piles étant réunies à leur base, présentent à leurs sommets, deux pôles de nom contraire, au-dessus desquels passent les extrémités d'une aiguille de gomme laque, terminée à chaque bout, par une lame de clinquant. L'aiguille tourne, et à chaque révolution, elle effleure deux fois les pôles ; ceux-ci l'attirent d'abord pour la repousser ensuite, ce qui produit un mouvement de rotation qui peut durer plusieurs années.

La figure 347 représente un joujou basé sur ce principe.

La pile sèche est contenue dans le socle S de l'appareil. Ses pôles sont terminés par les petites colonnes C, C' ; elle est composée de 10,000 couples de zinc et de papier doré d'un seul côté. F, est une feuille d'or, qui est successivement attirée et repoussée par les pôles contraires C et C' de la pile sèche. Le mouvement de rotation sur son axe que subit la corde tendue entre les deux petits poteaux donne à la figurine qui représente un danseur, un mouvement cadencé, qui n'est pas perpétuel, mais qui dure des années entières.

Au lieu d'une rotation, on peut aussi produire les oscillations d'un pendule, en disposant entre les deux boutons d'une pile double de ce genre, la balle isolée d'un petit pendule, que les deux pôles se renvoient alors par un mouvement de va-et-vient.

On a fait à Munich et à Vérone de petites horloges dans lesquelles le mouvement du pendule ainsi provoqué, se transmettait à des rouages ; mais leur marche est toujours très-irrégulière, parce qu'elle dépend de l'humidité de l'air.

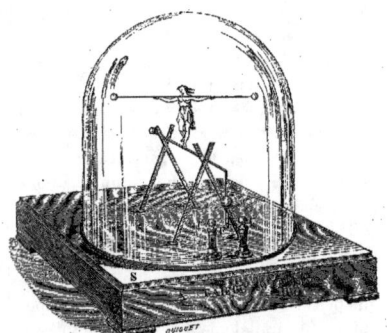

Fig. 347. — Pile sèche de Zamboni.

Les piles sèches ne sont donc d'aucune utilité sérieuse, au point de vue scientifique ; ce sont de simples objets de curiosité dans le cabinet de physique. Aussi les a-t-on abandonnées depuis longtemps.

Dans l'intervalle qui s'étend de 1815 à 1820, l'étude de la pile ne s'enrichit d'aucune découverte particulièrement digne d'être signalée. On continua de perfectionner l'appareil producteur de l'électricité dynamique, et de poursuivre l'observation de ses effets physiques et chimiques. Mais l'année 1820 vit s'accomplir la plus remarquable de toutes les découvertes faites au moyen de la pile, depuis les travaux de Volta et de Davy. C'est alors que le physicien OErsted constata l'action qu'un courant électrique fermé exerce, à distance, sur l'aiguille aimantée.

Cette observation fondamentale eut pour résultat presque immédiat la création d'une nouvelle branche de l'étude de l'électricité, c'est-à-dire l'*électro-magnétisme* ; et les phénomènes électro-magnétiques trouvèrent bientôt une vaste série d'applications, parmi lesquelles figure au premier rang la télégraphie électrique.

C'est au mois d'août 1820 qu'OErsted, professeur de physique à Copenhague, fit connaître le grand fait qui constitue son impérissable découverte. Bien des efforts avaient été tentés jusque-là pour saisir le rapport qui devait exister entre l'agent des phénomènes électriques et la cause inconnue de l'attraction et de la répulsion magnétiques, lorsque le physicien danois parvint à trouver la seule marche expérimentale propre à donner la clef de ce grand mystère de la nature.

Réunissant par un fil métallique, les deux pôles d'une pile en activité, OErsted approcha ce fil conducteur d'une aiguille aimantée qui pouvait tourner sur son pivot. En disposant ce fil parallèlement à l'aiguille, soit au-dessus, soit au-dessous, il remarqua que cette aiguille était fortement déviée de sa direction vers le nord. L'aiguille magnétique était d'autant plus écartée de sa direction primitive qu'elle était plus rapprochée du fil conducteur de la pile; l'angle de cette déviation était aussi d'autant plus grand que la pile dont on faisait usage présentait plus d'énergie. Le sens de cette déviation dépendait de deux circonstances : 1° de la direction suivant laquelle les fluides positif et négatif de la pile marchaient dans le fil conducteur par rapport aux deux pôles de l'aiguille aimantée; 2° de la position du fil conducteur de la pile au-dessus ou au-dessous de l'aiguille aimantée.

Ainsi fut mis en évidence, pour la première fois, le grand fait de l'action exercée par l'électricité en mouvement sur les corps magnétiques, phénomène qui devait amener la science à des conséquences incalculables.

Enfin la découverte de l'électricité d'*induction* vint terminer cette belle série d'expériences.

Nous étudierons, dans la notice qui fait suite à celle-ci, l'*électro-magnétisme*, l'*électricité d'induction*, et les applications qui ont été faites dans notre siècle, de ces grandes découvertes.

Pour terminer l'esquisse que nous nous sommes proposé de tracer de l'histoire de la pile, il nous reste à parler de la découverte importante qui a été faite en 1821, par le physicien Seebeck, de Berlin, et qui a donné naissance aux piles *thermo-électriques*.

Seebeck avait composé un circuit fermé, avec un barreau de bismuth et une lame de cuivre, soudés bout à bout. Il fit chauffer l'une des deux soudures, et il constata aussitôt que le circuit était parcouru par un courant électrique, allant de la soudure chaude à la soudure froide.

L'expérience se fait sans difficulté avec l'appareil représenté par la figure 348 et

Fig. 348. — Expérience de Seebeck.

dont l'élément essentiel est une aiguille aimantée, mobile sur un pivot, placée entre une lame de cuivre, CC', et une lame de bismuth, BB', soudées par leurs extrémités. Lorsqu'on chauffe, par la flamme d'une lampe à alcool, l'une des deux soudures, l'aiguille est aussitôt déviée, ce qui indique la présence d'un courant dans le circuit métallique. Si l'on chauffe la soudure opposée, le courant change de direction et l'aiguille se dévie en sens contraire. Le même dérangement se produit si, au lieu de chauffer la première soudure, on la refroidit.

OErsted a proposé de donner le nom de courants *thermo-électriques* à ces courants produits par la chaleur, et d'appeler courant *hydro-électrique*, celui de la pile ordinaire, à un ou plusieurs liquides. La première de ces dénominations a été adoptée.

On ne tarda pas à constater que tous les métaux, et même beaucoup d'autres corps, donnent naissance à des courants thermo-électriques plus ou moins intenses, lorsqu'on les réunit en circuits fermés que l'on chauffe en un point convenable. On obtient même des courants de cette espèce dans un circuit fermé avec une seule substance, lorsque celle-ci présente des défauts d'homogénéité qui modifient la propagation régulière de la chaleur. M. Becquerel, qui, un des premiers, a étudié et analysé les phénomènes thermo-électriques dans les circuits métalliques simples ou composés, a exécuté l'expérience suivante. On fait un nœud dans un fil de platine qui constitue un circuit fermé ; on chauffe à droite ou à gauche de ce nœud, et l'on voit se produire aussitôt un courant allant de la partie chaude à la partie froide. Les effets sont encore les mêmes en coupant le fil en deux, superposant les deux bouts l'un sur l'autre et chauffant d'un côté ou de l'autre.

De ces phénomènes M. Becquerel a conclu que, lorsque la chaleur se propage dans une barre de métal, il s'opère une suite de décompositions et de recompositions du fluide neutre, qui accompagnent la propagation de la chaleur ; celle-ci rencontre-t-elle un obstacle, il y a aussitôt séparation des deux électricités au point où cet obstacle existe.

La cause électro-motrice la plus efficace est une solution de continuité, telle, par exemple, qu'une soudure de deux métaux différents. Le sens du courant dépend des métaux employés. Ainsi, dans un circuit de bismuth et de cuivre, le courant marche en sens contraire de celui qu'on obtient dans un circuit d'antimoine et de cuivre. Dans la liste suivante, chaque métal reçoit près de la soudure chaude, le fluide positif avec ceux qui le suivent, et le fluide négatif avec ceux qui le précèdent : *Antimoine, Fer, Zinc, Argent, Or, Cuivre, Étain, Plomb, Platine, Bismuth.* L'antimoine et le bismuth occupent, comme on le voit, les deux extrémités de l'échelle ; leur association produit des courants relativement énergiques.

Les expériences de M. Becquerel ont montré, en outre, que l'intensité des courants thermo-électriques est proportionnelle à la température des soudures, jusqu'à 50 ou 100 degrés.

L'effet est d'ailleurs le même, que les métaux soient soudés bout à bout et en contact immédiat, ou bien séparés par un conducteur.

La connaissance de ces curieux effets a permis de construire des *piles thermo-électriques*, dont le pouvoir électro-moteur est dû uniquement à la chaleur. Fourier et OErsted sont les premiers qui aient eu l'idée, en 1823, de composer des piles avec des barreaux de métaux différents. Ils formèrent d'abord un circuit polygonal, au moyen de trois barreaux de bismuth alternant avec trois barreaux d'antimoine, qu'ils disposèrent horizontalement. Ayant chauffé une ou plusieurs soudures, mais jamais deux soudures consécutives, ils reconnurent que le courant offrait une intensité d'autant plus grande qu'il y avait un plus grand nombre de soudures chauffées.

La figure 349 représente la disposition de la *pile thermo-électrique* imaginée par M. Pouillet. Chaque couple est formé d'une lame de cuivre C, et d'un barreau de bismuth B, en forme de fer à cheval. Les deux soudures plongent dans des vases V, qui sont remplis alternativement, l'un d'eau chaude et l'autre de glace pilée.

On forme encore des piles thermo-électriques avec des tiges de fer et de cuivre soudées bout à bout en forme de W, de manière que les soudures d'ordre pair soient d'un côté et les soudures d'ordre impair de l'autre côté. On courbe ce système de barres de façon que les deux séries de soudures puissent plonger, l'une dans une auge remplie d'eau chaude, l'autre dans une auge à glace.

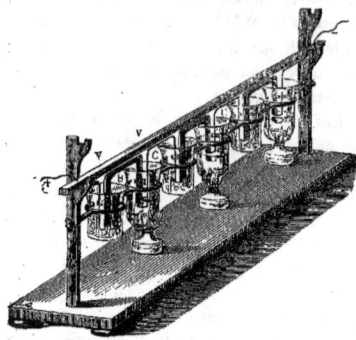

Fig. 349. — Pile thermo-électrique de M. Pouillet.

Jusque dans ces derniers temps, les effets des piles thermo-électriques étaient tellement inférieurs à ceux des piles hydro-électriques, qu'il était impossible de songer à en tirer parti comme source d'électricité. On ne s'en servait que pour constater des différences de température, à l'aide des courants que ces températures provoquent dans un circuit thermo-électrique.

C'est sur ce principe qu'est basée la *pile de Nobili*, que l'on met en activité en chauffant légèrement l'une de ses faces, contenant les soudures de plusieurs rangées parallèles de couples de même ordre. Cette pile accuse la moindre variation de température.

Fig. 350. — Un élément de la pile thermo-électrique de Nobili.

La pile de Nobili se compose de la réunion de plusieurs barres, composées de bismuth A et d'antimoine B. La figure 350 fait voir la forme et la disposition de l'une de ces barres qui engendrent le courant par l'inégal échauffement des deux métaux.

La figure 351 montre la pile résultant de l'assemblage de ces barres, montée et contenue dans une enveloppe métallique. P est une pièce d'ivoire, matière isolante, qui sépare la barre M de l'enveloppe métallique de la pile.

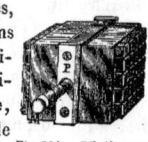

Fig. 351. — Pile thermo-électrique de Nobili.

La figure 352 donne la vue générale de la pile *thermo-électrique de Nobili*. La pile est placée en A. Elle est portée sur un pied arti-

Fig. 352. — Pile thermo-électrique de Nobili pourvue d'un réflecteur.

culé, qui lui permet de prendre différentes positions. Un tuyau réflecteur de forme conique, B, est adapté à la pile. Ce réflecteur sert à concentrer les rayons calorifiques sur la surface de la pile.

Combinée avec le galvanomètre, la pile de Nobili, sous le nom de *thermo-multiplicateur*, est devenue, entre les mains de Melloni, l'appareil thermométrique le plus sensible que l'on connaisse.

Nous disions plus haut que l'on n'avait pu jusqu'à ces derniers temps tirer parti des piles thermo-électriques, comme source d'électricité; cependant, on est parvenu, en 1865, à ce point de vue à réhabiliter la pile thermo-électrique. M. Bunsen a découvert que la *pyrite de cuivre* se place, dans l'échelle des substances thermo-électriques, bien au-dessus du bismuth. Si donc on associe une lame de pyrite avec un alliage de deux parties d'antimoine et une partie d'étain, ou bien, avec du cuivre simplement, on obtient des courants électriques d'une intensité très-remarquable.

M. E. Becquerel a montré, de son côté, que le *sulfure de bismuth* est beaucoup plus fortement négatif que le bismuth lui-même, et que le *protosulfure de cuivre* est fortement positif.

D'après les indications de M. Becquerel, M. Ruhmkorff a construit une pile thermo-électrique de dix éléments, formés chacun, d'un cylindre de sulfure de cuivre fondu de $0^m,10$ de longueur sur $0^m,01$ d'épaisseur, portant un fil de cuivre rouge enroulé à chaque extrémité. Cette petite pile a donné, par une élévation de température de 300 à 400°, une force électro-motrice égale à celle d'un couple de Daniell à sulfate de cuivre, tel qu'il va être décrit plus loin.

Enfin, M. Marcus, ingénieur à Vienne, a construit en 1865, des piles thermo-électriques très-puissantes, avec des barreaux de différents alliages dont le prix est peu élevé, tels que l'*argentan*, certains alliages de cuivre et de zinc, de zinc et d'antimoine, etc. On chauffe ces piles au moyen d'un petit fourneau. Vingt éléments représentent la puissance d'un élément de Daniell.

L'Académie des sciences de Vienne s'est empressée d'accorder à M. Marcus une somme de 2,500 florins (6,000 francs) pour l'engager à abandonner sa découverte au domaine public, et elle a publié dans ses *Comptes-rendus* la description détaillée de la nouvelle pile (1).

Si l'on arrive, en suivant cette voie, à des résultats plus favorables encore, les piles thermo-électriques remplaceront peut-être, dans quelques-unes de leurs applications, les piles ordinaires, sur lesquelles elles ont l'avantage d'une simplicité et d'une propreté qui ne laissent rien à désirer. La chaleur d'un fourneau deviendrait ainsi une source d'électricité, qui, à son tour, se transformerait en chaleur et en lumière.

La découverte de l'électro-magnétisme et celle de l'électricité d'induction ont ouvert à la science de l'électricité une période nouvelle, qui s'étend jusqu'à notre époque et se continuera après nous. Avant d'arriver à l'étude de ce dernier et grand sujet, il nous reste à donner la description des formes diverses que la pile voltaïque a reçues jusqu'à ce jour, et à traiter la question de la théorie de cet appareil.

CHAPITRE VII

FORMES DIVERSES DE LA PILE. — PILES A UN SEUL LIQUIDE : PILE A COLONNE, PILE A COURONNE DE TASSES, PILE A AUGES, PILE DE WOLLASTON ET PILE EN HÉLICE. — PILES A DEUX LIQUIDES : PILE DE DANIELL, PILE DE GROVE ET DE BUNSEN.

Nous ferons d'abord connaître les formes diverses qu'a reçues la pile voltaïque et celles qui sont actuellement en usage.

(1) *Sitzungsberichte der Akademie der Wissenschaften*, Wien, Marz 1865, in-8°, s. 280.

PILE A COLONNE. — Nous avons décrit, dans le chapitre précédent, la *pile à colonne,* première forme qu'ait reçue l'instrument électro-moteur découvert par Volta.

La figure 353 représente cet appareil, tel qu'il a été employé après Volta, par les physiciens qui en ont étudié les effets, et tel qu'on le construit aujourd'hui.

Trois tiges verticales de verre sont portées sur un socle de bois verni, M. Entre ces trois tiges s'élève la colonne qui résulte de l'entassement, dans le même ordre, d'un certain nombre de couples, qui sont formés chacun : 1° d'une lame de zinc; 2° d'une lame de cuivre; 3° d'un disque de drap mouillé. Les couples sont placés de telle manière qu'ils se trouvent en contact par leurs métaux hétérogènes.

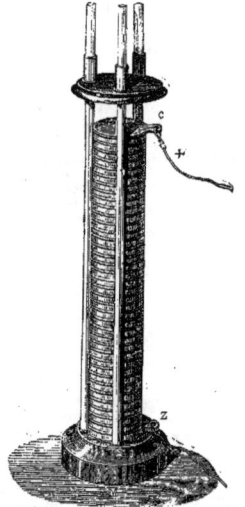

Fig. 353. — Pile à colonne.

L'appareil est terminé à la partie inférieure, par un disque de zinc, Z, qui représente le pôle négatif, et à la partie supérieure, par un disque de cuivre, C, qui représente le pôle positif (1).

Volta, avons-nous dit, avait aussi imaginé et fait adopter une autre forme de cet instrument qu'il désignait sous le nom de *pile à couronne de tasses,* et dont la figure 354 représente la disposition.

Cet appareil consiste en une série de vases de verre, V, qui renferment de l'acide sulfurique étendu de trente fois son poids d'eau. On dispose en cercle ces tasses à demi pleines d'eau acidulée, en nombre égal à celui des couples métalliques, de telle sorte que la première tasse reçoive le zinc du premier couple, la seconde tasse le cuivre du second couple et le zinc du troisième, et ainsi de suite, la dernière tasse recevant le cuivre de l'avant-dernier couple et le zinc du dernier. L'extrémité cuivre représente le pôle positif, l'extrémité zinc le pôle négatif de cet appareil électromoteur. Chacun de ces vases de verre qui contient une lame de cuivre et une lame de

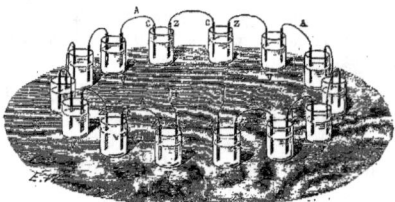

Fig. 354. — Pile à couronne.

zinc, non en contact, mais séparées par le liquide acide où elles plongent, représente un couple complet; les arcs métalliques A, A, A, sont de simples moyens de communication établis pour remplacer le contact de

(1) Cette disposition des couples diffère de celle dont Volta faisait usage, en ce que l'on a supprimé deux disques métalliques qui n'étaient d'aucune utilité; savoir: le disque de cuivre de l'extrémité inférieure et le disque de zinc de l'extrémité supérieure. En d'autres termes, la pile à colonne représentée ci-dessus se termine par deux *demi-couples,* tandis que celle dont Volta faisait usage se terminait par deux *couples entiers.*

deux couples contigus dans la pile à colonne. Un fil métallique, fixé à chacune des plaques qui terminent l'appareil, sert à établir le courant voltaïque.

Pile a auges. — La pile à auges, qui fut imaginée par Cruikshank, en 1802, comme une très-utile modification de la pile à colonne, se compose d'une caisse rectangulaire de bois, enduite à l'intérieur d'un mastic résineux isolateur (fig. 355). Cette caisse est partagée intérieurement en petites cases, ou auges, par des cloisons verticales et parallèles, formées chacune de deux plaques métalliques de zinc et de cuivre soudées entre elles et placées uniformément dans le même ordre, de telle sorte que la paroi droite de l'une des auges soit formée par une lame de zinc, par exemple, et la paroi gauche par une lame de cuivre. Pour mettre en action cet instrument, on verse dans la caisse de l'eau acidulée par l'acide sulfurique, de manière à en remplir tous les compartiments, sans que toutefois le liquide déborde par-dessus les cloisons. La case extrême, qui a pour paroi métallique le dernier zinc, représente le pôle négatif; l'autre case extrême, terminée par le dernier cuivre, est le pôle positif. Les deux pôles communiquent entre eux au moyen de fils métalliques fixés à deux plaques de cuivre E, E', qui plongent dans les deux dernières cellules, et représentent les pôles de l'appareil.

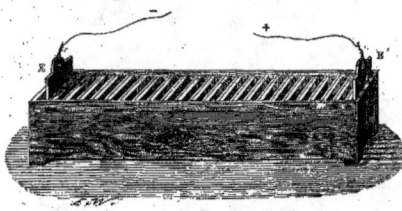

Fig. 355. — Pile à auges.

La pile à auges n'est autre chose, comme on le voit, que la pile à colonne couchée horizontalement, et dans laquelle le liquide acide remplace les rondelles de drap mouillé. Chaque cellule de la pile à auges constitue un couple métallique complet, puisque ses deux parois opposées sont formées par des lames métalliques hétérogènes séparées par un liquide acide.

Ce genre de pile est d'un usage très-commode dans la pratique, par la rapidité avec laquelle on la met en activité; mais, comme la pile à colonne, elle présente cet inconvénient, que le contact du zinc avec l'acide sulfurique ne se fait que sur une des faces du zinc, ce qui diminue la quantité d'électricité que cet instrument pourrait fournir.

Pile de Wollaston. — C'est pour remédier à l'inconvénient qui vient d'être signalé, c'est-à-dire dans le but de faire agir le liquide acide sur les deux faces de l'élément zinc, que Wollaston donna à l'élément électro-moteur la disposition suivante. Il plia chacune des lames de cuivre de manière à lui faire envelopper, sans le toucher, le zinc de l'élément suivant. Pour établir la communication métallique, il rattacha le cuivre au zinc au moyen d'un arc métallique servant à réunir les deux plaques. Tout le système de ces couples est fixé, à sa partie supérieure, à une traverse de

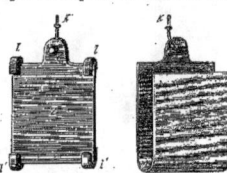

Fig. 356. — Un couple de la pile de Wollaston.

bois soutenue par deux montants verticaux, entre lesquels elle peut monter ou descendre. Quand on veut arrêter l'action de cet appareil et préserver, pendant cette interruption, les métaux de l'action corrosive des acides, on n'a qu'à relever la traverse et sortir ainsi les couples de leurs bocaux.

La figure 356 représente un couple, ou un élément, de la pile de Wollaston.

C, est la lame de cuivre pliée de manière à pouvoir envelopper, sans la toucher, la lame de zinc ; elle porte, à sa partie supérieure, une tige de cuivre *k* destinée à établir la communication avec le couple suivant. Z est surmontée d'une petite colonne de cuivre *k'*, et munie d'un manche isolant qui passe par l'ouverture *o*.

Pour former, avec deux lames de cuivre et de zinc ainsi préparées, un couple de la pile de Wollaston, on introduit la plaque de zinc entre les deux feuilles de la plaque de cuivre ; ces deux lames métalliques sont assujetties l'une à l'autre, et en même temps séparées entre elles au moyen de petits arcs de bois *l, l'*, qui s'opposent à leur contact direct. Au moyen du manche isolant M, on sai-

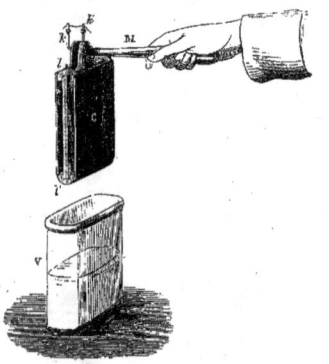

Fig. 357. — Mise en action d'un couple de la pile de Wollaston.

sit le système de ces deux plaques, et on le plonge dans le vase de verre V, rempli d'eau acidulée par l'acide sulfurique. Le couple est alors complet. Le pôle positif est représenté par la colonne K, soudée à la lame de cuivre, le pôle négatif par la colonne K' fixée sur la lame de zinc (fig. 357).

La réunion d'un certain nombre de ces couples constitue la pile de Wollaston, que l'on voit représentée dans la figure 358.

La traverse de bois T, soutenue par deux montants M, M', supporte un certain nombre de ces couples. A l'aide de la vis fixée à la traverse T, on peut élever ou abaisser à volonté les couples de manière à les faire descendre dans l'intérieur des bocaux, ou à les en retirer. Les lames métalliques sont disposées de telle façon que chaque couple intermédiaire communique, par son élément cuivre, avec le zinc du couple précédent, et par son élément zinc, avec le cuivre du couple suivant. Au-dessous de chaque groupe de lames métalliques, est placé un vase de verre rempli d'acide sulfurique étendu d'eau. Le dernier cuivre communique avec un petit godet métallique K, plein de mercure, pour mieux assurer la conductibilité et la continuité métallique. Ce godet représente le pôle positif. Le dernier zinc communique avec un godet pareil K', qui représente le pôle

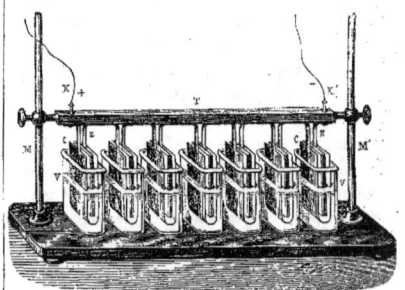

Fig. 358. — Pile de Wollaston en action.

négatif. Deux fils métalliques partant de ces godets servent à établir le circuit voltaïque. Lorsque, par le jeu de la traverse de bois T, on fait descendre les couples métalliques dans l'intérieur des vases de verre à demi pleins d'acide sulfurique, la pile entre aussitôt en activité ; on suspend son action en relevant les couples hors des vases de verre.

M. Muncke, de Strasbourg, a donné à la pile de Wollaston une disposition plus simple, représentée par la figure 359. Au lieu d'isoler les couples dans des bocaux différents, il les plonge tous ensemble dans une auge remplie de liquide. Cela n'a aucun inconvénient lorsqu'il ne s'agit que de produire des courants électriques dans des courants métalliques, car les métaux sont incomparablement plus conducteurs que les liquides de la pile.

Fig. 359. — Pile de Muncke.

L'appareil de Muncke est composé d'une série de lames recourbées en U, et formées d'une feuille de zinc et d'une feuille de cuivre soudées ensemble par leurs extrémités. Ces lames sont enchevêtrées de façon à figurer une série d'U droits (U,U,U,), et une série d'U renversés (∩ ∩ ∩), dont les branches s'insèrent deux à deux dans les plis des lames de la première série, ce qui produit des alternatives régulières de zinc et de cuivre. On sépare les lames voisines par des cales de liége; et on les fixe sur une planche, au moyen de règles en bois, sillonnées de traits de scie, dans lesquels s'engagent les couples. Cette planche est munie de deux poignées qui servent à la soulever.

La pile de Muncke donne des effets énergiques, mais qui sont peu constants.

PILE EN HÉLICE. — Comme nous l'avons déjà fait remarquer, la pile en hélice, qui fut construite pour la première fois par M. Hare, aux États-Unis, n'est qu'une disposition particulière du couple de Wollaston, qui permet de donner aux deux lames métalliques formant le couple une surface extrêmement étendue. Chaque couple de la pile en hélice se construit de la manière suivante :

On prend un cylindre vertical de bois, B (fig. 360), autour duquel on enroule une large lame de zinc Z, et une large lame de cuivre C. Ces lames sont garnies de lisières de drap l,l',l,l',l,l', réunies les unes aux autres par des ficelles, et destinées à s'opposer à tout contact direct de ces deux éléments métalliques. Dans chaque couple, le pôle positif est représenté par l'extrémité de la lame de cuivre, et le pôle négatif par la lame de zinc.

Fig. 360. — Un couple de la pile en hélice.

L'acide sulfurique étendu d'eau, qui doit agir sur l'assemblage de ces deux métaux, est contenu dans un seau de bois V, enduit à l'intérieur d'un mastic isolant, comme le représente la figure 361. Pour faire plonger un de ces couples dans l'acide que renferme le seau de bois, il suffit de le détacher du montant à charnière qui lui sert de support.

La *pile en hélice* se compose donc d'une série de couples semblables au précédent; on réunit ces couples en établissant une communication métallique entre les deux métaux hétérogènes. Cet appareil est remarquable par la puissance extraordinaire de ses effets. Si, par accident, une personne venait à établir la communication entre ses deux pôles, en touchant à la fois ses deux extrémités, elle serait infailliblement tuée comme par un coup de foudre. Des tiges de platine, longues de plus d'un mètre, et de 5 ou 6 millimètres de section, employées pour réunir les deux pôles de cette redoutable batterie, sont rougies et

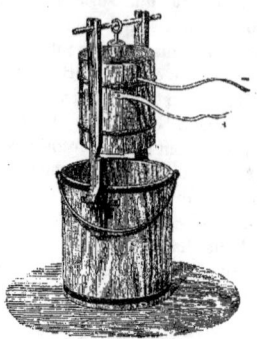

Fig. 361. — Pile en hélice.

presque fondues ; les autres métaux subissent une fusion et une combustion plus ou moins rapide, selon leur fusibilité ou leur oxydabilité et leur pouvoir conducteur. Aucun composé chimique, conducteur de l'électricité, ne résiste à l'action décomposante de cette batterie.

PILES A DEUX LIQUIDES. — Les trois dispositions générales des appareils électro-moteurs que nous venons de décrire, c'est-à-dire la pile à colonne, la pile à auges et celle de Wollaston avec ses diverses modifications, sont les seules que l'on ait employées depuis Volta jusqu'à l'année 1836, tant pour les recherches des physiciens et des chimistes, que pour produire des effets physiques d'une grande puissance. Mais ces diverses piles, composées d'un seul liquide acide agissant sur deux métaux réunis, ont le grave inconvénient de ne donner qu'un courant électrique dont l'intensité décroît avec rapidité. Cet affaiblissement du courant tient à plusieurs causes. En premier lieu, les acides, à mesure qu'ils se combinent avec l'oxyde de zinc formé pendant la réaction, s'affaiblissent nécessairement par suite de leur neutralisation, ce qui amène une diminution graduelle dans l'intensité des effets électriques. Comme le sulfate de zinc est un corps qui conduit fort mal l'électricité comparativement à l'acide sulfurique, la diminution de conductibilité du liquide est une autre cause d'affaiblissement de l'intensité de l'appareil. En second lieu, il s'établit, dans les piles à un seul liquide, des *tensions électriques secondaires*, c'est-à-dire en sens contraire de celles qui engendrent le courant principal. Ces tensions secondaires proviennent surtout de la formation d'une couche d'hydrogène naissant à la surface du cuivre ou de l'élément négatif. Cette dernière circonstance est la cause principale du rapide affaiblissement qui se remarque dans les piles à un seul liquide. Pour rendre constante l'intensité du courant de la pile, il fallait donc empêcher qu'aucun dépôt de matière hétérogène ne vînt se former à la surface du métal négatif. C'est là le résultat important qui a été atteint par la découverte des *piles à deux liquides*. Il est important de faire connaître comment on est arrivé à la découverte de ce nouveau genre d'appareils électro-moteurs, et quels sont les physiciens à qui la science doit cette importante acquisition.

En 1829, M. Becquerel avait construit des appareils électro-moteurs d'une faible intensité, mais d'une action constante, en employant deux systèmes différents de *pile à deux liquides*, composés chacun de deux lames métalliques, plongeant dans une dissolution saline, séparées par un corps poreux (1). Mais la très-faible intensité du courant ainsi obtenu, et les dispositions incommodes des appareils employés par M. Becquerel, les avaient empêchés de se répandre. C'est le chimiste anglais Daniell qui, en 1836, par une heureuse application des principes de l'électro-chimie, parvint à doter la science de la première *pile à courant constant*, appareil qui avait l'avantage de réunir à cette continuité d'effets une

(1) *Ann. de chim. et de phys.*, 2ᵉ série, 1829, t. XLI, p. 5.

puissance supérieure à celle des couples électro-moteurs employés jusque-là (1). La pile de Grove, venue plus tard, a fourni des

Fig. 362. — A. C. Becquerel.

effets plus intenses, mais moins constants, que ceux de la pile de Daniell.

Pile de Daniell. — M. Daniell fut amené à créer la pile qui porte son nom, en cherchant à empêcher la précipitation du zinc révivifié sur l'élément négatif des piles voltaïques, ou du moins à remplacer cette précipitation nuisible par une précipitation utile, c'est-à-dire par la précipitation sur le cuivre d'un métal autre que le zinc, c'est-à-dire électro-positif. Après de nombreux essais, M. Daniell trouva que la dissolution de sulfate de cuivre pouvait réaliser l'effet voulu, mais que pour cela il fallait que cette dissolution fût séparée de l'eau acidulée dans laquelle plongeait le zinc. Il divisa donc la cuve dans laquelle le couple voltaïque était immergé, en deux compartiments, au moyen d'une cloison poreuse : il plaça dans l'un de ces compartiments le métal électro-négatif et son liquide acidulé, et dans l'autre

(1) *Bibliothèque universelle de Genève*, 1836, t. II, p. 167.

le métal électro-positif et la dissolution de sulfate de cuivre.

Voici comment s'expliquent les effets de la pile de Daniell, et d'une manière générale, comment, au moyen de deux liquides susceptibles de réagir chimiquement l'un sur l'autre, on a construit les nouveaux appareils producteurs d'électricité qui ont fait disparaître les inconvénients de la pile à un seul liquide.

Les deux liquides, susceptibles de réagir l'un sur l'autre en se décomposant mutuellement, sont séparés l'un de l'autre, par un diaphragme poreux, ou une cloison, qui laisse passer facilement le courant électrique à travers sa substance et empêche néanmoins les deux liquides de se mélanger, du moins avant un certain intervalle de temps. L'un des éléments du couple voltaïque plonge dans l'un de ces liquides ; le second élément plonge dans l'autre liquide.

Les deux conditions auxquelles doit satisfaire la construction d'une pile de ce genre sont : 1° Que l'un des éléments étant seul actif, c'est-à-dire attaquable par le liquide, l'autre élément n'éprouve aucune action chimique de la part du liquide dans lequel il est immergé, et joue simplement le rôle de conducteur (le platine et le charbon, longtemps calcinés, plongés dans les acides, le cuivre métallique placé dans une dissolution de sulfate de cuivre, peuvent remplir ce dernier rôle de simples conducteurs inattaquables par le liquide de la pile) ; 2° que les deux liquides soient choisis de manière que le courant qui résulte de leur action mutuelle à travers le diaphragme ; soit de même sens que celui auquel donne naissance l'action de l'acide sur le métal attaqué.

Ces conditions générales sont remplies, comme on va le voir, dans le couple de Daniell, dont nous allons donner la description.

Un cylindre D (fig. 363), formé d'une terre poreuse et perméable aux gaz, parce qu'elle n'a été cuite qu'en partie, est placé dans un vase de verre V ; ce cylindre est fermé à sa partie inférieure de manière à pouvoir contenir un liquide. L'assemblage de ces deux vases D et V est partagé de cette manière en deux ca-

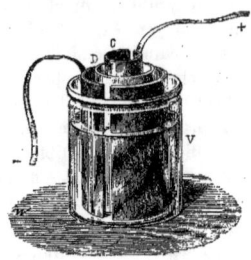

Fig. 363. — Un couple de la pile de Daniell.

pacités qui ne peuvent communiquer entre elles qu'à travers les parois poreuses et perméables du cylindre D. Dans ce vase intérieur D, on place *une dissolution saturée de sulfate de cuivre*, et l'on y introduit une lame de cuivre C, enroulée cylindriquement. Dans le vase extérieur V, on verse de l'acide sulfurique étendu d'eau, et l'on plonge dans ce liquide un cylindre creux de zinc Z, préalablement amalgamé (1).

Dans la pile ainsi disposée, aucun dégagement d'électricité ne se manifeste, en raison

(1) L'emploi dans les piles à deux liquides, du *zinc amalgamé*, c'est-à-dire frotté avec du mercure, qui forme à sa surface extérieure une légère couche d'amalgame, permet de laisser séjourner le zinc dans l'acide sulfurique étendu sans qu'une action chimique, et par conséquent le courant électrique, commence à s'établir : le courant ne se forme et la pile ne se met en activité que quand on fait communiquer les deux conducteurs. Cette propriété du zinc amalgamé a été découverte par M. Kemp, physicien anglais, aujourd'hui peu connu (1). L'amalgamation du zinc offre ce grand avantage pratique que, tant que le circuit voltaïque n'est pas établi, c'est-à-dire tant que les deux pôles, opposés ne sont pas mis en communication, le zinc n'est pas attaqué ; il ne l'est que dès le moment où l'on complète le circuit. On peut dire que c'est là l'une des acquisitions les plus importantes dont la pile voltaïque se soit enrichie depuis sa création. On a observé, d'ailleurs, qu'avec le zinc amalgamé le courant est plus régulier et en même temps plus intense pour une même quantité de métal dissous.

Un fait du même genre a été signalé en 1830 par M. de La Rive. Ce physicien a découvert que le zinc pur est à

(1) *Jameson's Edinburgh Journal*, October 1828.

de l'amalgamation du zinc ; mais dès que la communication est établie entre les deux conducteurs, l'action chimique commence ; l'eau est décomposée, son oxygène se porte sur le zinc, et son hydrogène, réagissant sur la dissolution du sulfate de cuivre, se combine avec l'oxygène du cuivre pour former de l'eau, tandis que le cuivre réduit vient former sur les parois du cylindre de cuivre C un dépôt métallique pulvérulent et sans adhérence. Le cylindre de zinc Z est le pôle négatif, et le cylindre de cuivre C le pôle positif.

Pour que le courant électrique de la pile de Daniell demeure constant, il faut que les éléments qui réagissent chimiquement les uns sur les autres restent au même état de saturation. C'est ce qui n'arriverait pas avec l'appareil disposé comme nous venons de l'indiquer, si l'on n'avait recours à certaines précautions. En effet, la dissolution de sulfate de cuivre placée dans l'intérieur du vase D s'appauvrit graduellement par la réduction d'une partie de l'oxyde du sulfate de cuivre qu'il renferme à l'état de dissolution aqueuse. D'autre part, l'acide sulfurique étendu, contenu dans l'intérieur du vase V, perd progressivement de son acidité, par suite de la formation du sulfate de zinc aux dépens de la lame de zinc immergée dans cet acide. Lorsque le couple de Daniell doit rester longtemps en action, il faut donc s'arranger pour conserver aux liquides leur composition normale. Pour cela, on place des cristaux de sulfate de cuivre contenus dans un petit sac perméable, à la partie supérieure du vase D, en

peine attaqué par l'acide sulfurique, mais qu'il est attaqué immédiatement avec une grande énergie si l'on vient à le toucher avec une lame de platine, de cuivre, de plomb, d'étain, de fer, ou même avec une substance non métallique, mais conductrice de l'électricité, comme le charbon calciné. C'est là, on le voit, un phénomène tout semblable à celui qui s'observe dans les piles voltaïques où l'on fait usage de zinc amalgamé. Le zinc amalgamé a la propriété du zinc pur, c'est-à-dire n'est pas attaquable par l'acide sulfurique ; mais il est immédiatement attaqué dès qu'il se trouve en contact avec un fil de cuivre ou de platine plongeant aussi dans la dissolution, c'est-à-dire dès qu'il fait partie d'un couple en activité.

le faisant plonger dans la dissolution de sulfate de cuivre qui le remplit ; la dissolution de sulfate de cuivre demeure ainsi au même état de saturation, c'est-à-dire saturée à froid pendant toute la durée de l'opération. Pour se débarrasser du sulfate de zinc contenu dans le vase extérieur V, voici le moyen que l'on peut employer. Comme la dissolution de sulfate de zinc, en raison de son poids spécifique, se précipite au fond du vase à mesure qu'elle se forme, on introduit dans ce vase un siphon, dont la plus courte branche est placée à une petite distance du fond de ce vase, de manière à faire écouler au dehors la dissolution de sulfate de zinc qui vient s'accumuler en cet endroit. On remplace le liquide soutiré de cette manière par de l'eau acidulée, que l'on fait tomber goutte à goutte dans ce vase, au moyen d'un flacon muni d'un tube effilé disposé par-dessous. Par l'effet de ces dispositions, les liquides réagissants sont maintenus au même degré de concentration ou d'activité chimique, et le courant peut demeurer constant pendant plusieurs jours.

La réunion d'un certain nombre de couples semblables à celui qui vient d'être décrit, compose la *pile de Daniell*.

Les deux couples communiquent entre eux par leurs métaux hétérogènes. Une lame de cuivre C, qui termine l'appareil d'un côté, constitue le pôle positif ; la lame de zinc qui le termine à l'autre extrémité est le pôle négatif.

M. Vérité, de Beauvais, a réussi à éviter plusieurs des inconvénients de la pile de Daniell, par une modification heureuse, qui consiste à placer le zinc et l'eau acidulée à l'extérieur du vase poreux, et à mettre dans l'intérieur de ce vase, le cuivre et la dissolution de sulfate de cuivre. Les cristaux de sulfate de cuivre sont contenus dans un ballon, dont le goulot plonge dans la dissolution, comme le montre la figure 364. Le goulot est fermé en partie, par un bouchon, dans lequel on a pratiqué une entaille. Quand le niveau de la dissolution baisse jusqu'au-dessous du

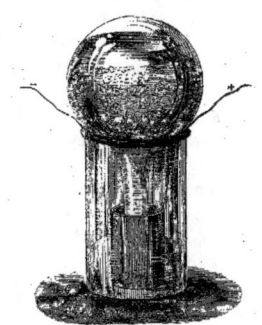

Fig. 364. — Pile de M. Vérité, de Beauvais.

goulot, une bulle d'air entre dans le ballon ; une certaine quantité de liquide saturé s'en écoule et reproduit le niveau primitif.

Cette pile marche avec une grande régularité, sans exiger une surveillance constante.

La *pile de M. Callaud*, de Nantes, est une pile de Daniell, sans diaphragme poreux. Les vases poreux ont l'inconvénient de s'incruster de particules de cuivre, qui obstruent leurs pores, et finissent, au bout d'un certain temps, par les fendre et les mettre hors de service. De plus, l'évaporation s'opérant facilement, le sulfate de zinc se cristallise, en grimpant sur le vase poreux ; ce qui établit une conductibilité par-dessus la cloison qui sépare les liquides. M. Callaud a donc songé à supprimer les diaphragmes en mettant à contribution la différence de densité des deux liquides de la pile de Daniell, différence qui leur permet de se superposer sans mélange. La dissolution de sulfate de cuivre occupe le fond du vase et l'eau surnage. On suspend par trois crochets sur le bord du vase le cylindre de zinc, qui plonge dans l'eau acidulée, et l'on fait pénétrer au fond, dans la dissolution de sulfate de cuivre, une tige, formée d'un gros fil de cuivre recouvert de gutta-percha et terminée par une lame de cuivre enroulée en spirale sur elle-même.

Telle est la pile de M. Callaud, qui est employée aujourd'hui avec succès dans plusieurs services télégraphiques, parmi lesquels nous citerons celui du chemin de fer d'Orléans.

Dans la pile de M. Minotto, de Turin, les diaphragmes sont également supprimés. Cette pile se compose d'un cylindre de cuivre, rempli de sulfate en poudre, et d'un manchon cylindrique de zinc. Le fond du bocal et les interstices entre le zinc et le cuivre d'une part, et la paroi du bocal et le zinc de l'autre, sont occupés par du sable. On amorce la pile en versant de l'eau sur le sable et sur le sulfate.

Pile de Grove. — La pile de Grove est celle où l'on fait usage de deux liquides acides. La dissolution de sulfate de cuivre que renferme la cellule intérieure, dans la pile de Daniell, est remplacée ici par de l'acide azotique. C'est cet appareil qui, avec une modification sans importance, est aujourd'hui universellement employé dans les laboratoires et dans l'industrie sous le nom de *pile de Bunsen*. Voici comment l'inventeur fut amené à construire ce puissant et commode appareil électro-moteur.

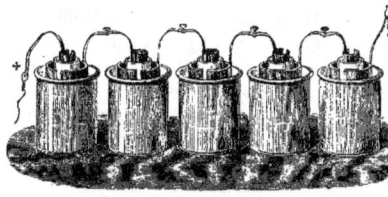

Fig. 365. — Pile de Grove.

En 1839, M. Grove, chimiste anglais alors à ses débuts dans la science, cherchait à perfectionner la pile de Wollaston, en utilisant, au profit du dégagement électrique, toute la puissance d'oxydation dont le zinc était susceptible, tout en empêchant la précipitation du cuivre sur l'élément positif, c'est-à-dire sur le zinc, ce qui détermine, comme nous l'avons dit plus haut, ce *courant secondaire*, cause principale de l'affaiblissement rapide des piles à un seul liquide. Une expérience des plus curieuses, et que nous allons rapporter, mit bientôt M. Grove à même de réaliser ses espérances.

Au moyen d'un peu de cire à cacheter, M. Grove mastiqua, au fond d'un petit vase de terre, la tête d'une pipe à fumer. Il versa dans l'intérieur de cette tête de pipe un peu d'acide azotique, et il introduisit de l'acide chlorhydrique dans le vase de verre extérieur. Deux feuilles d'or furent alors plongées dans l'acide chlorhydrique : elles y demeurèrent sans la moindre altération, et conservaient, au bout d'une heure, tout leur brillant métallique. Alors un fil d'or fut placé de manière qu'il touchât en même temps l'acide azotique et l'extrémité d'une des feuilles d'or. La feuille touchée fut immédiatement dissoute, tandis que l'autre ne fut pas attaquée, et le fil lui-même, qui était plongé dans l'acide azotique, n'avait subi aucune altération ; enfin, un galvanomètre, interposé entre deux lames plongeant dans les deux acides, dénota immédiatement la présence d'un courant excessivement énergique, dans lequel la lame dissoute représentait l'élément négatif, et la lame inattaquée l'élément positif.

Les conclusions que M. Grove déduisit de cette expérience furent :

1° Que de la réaction des deux acides l'un sur l'autre naissait un courant électrique qui, étant convenablement établi, pouvait opérer la décomposition chimique de cet acide ;

2° Que de cette décomposition résultait une combinaison d'hydrogène et d'oxygène ayant pour résultat de désoxyder l'acide nitrique, et de laisser libre le chlore de l'acide chlorhydrique, lequel chlore, en se portant sur la lame négative, en opérait la dissolution ;

3° Que l'eau acidulée avec de l'acide sulfurique, pouvant abandonner son hydrogène aussi facilement que l'acide chlorhydrique, pouvait être substituée à ce dernier acide dans l'expérience précédente, à la condition que la lame d'or négative fût remplacée par un métal facilement oxydable ;

4° Que le zinc étant le métal le plus électro-négatif qu'il y eût, son emploi comme élément négatif avec l'eau acidulée devait provoquer une réaction électrique beaucoup plus énergique ;

5° Que la lame d'or, plongée dans l'acide azotique, ne devant pas être attaquée et prenant la polarité de cet acide, pouvait être remplacée avec avantage par un corps conducteur inattaquable aux acides, tel que le platine et le charbon.

Ces conclusions furent le point de départ de la pile à deux acides, que M. Grove ne tarda pas à perfectionner, en y introduisant les vases poreux de terre demi-cuite, qu'il substitua, avec infiniment d'avantages, aux diaphragmes d'argile ou aux membranes de baudruche que l'on avait employés jusqu'à cette époque dans les piles à deux liquides.

M. Grove chercha ensuite à combiner de diverses manières les éléments de sa pile. Il avait, dans l'origine, placé les zincs dans le vase poreux, et le platine roulé en cylindre dans le vase extérieur où se trouvait l'acide nitrique ; mais il ne tarda pas à se convaincre que l'oxydation serait plus grande, et par conséquent, la quantité d'électricité dégagée plus considérable, en renversant cette disposition, et il plaça, depuis lors, les zincs en dehors des vases poreux et les lames de platine en dedans, en changeant bien entendu, de place les acides.

Voici maintenant la description de la pile de Grove. Ses dispositions, comme on va le voir, sont à peu près les mêmes que celles de la pile de Daniell.

Un couple de Grove se compose d'un vase extérieur V de verre ou de faïence, rempli aux trois quarts d'eau acidulée par de l'acide sulfurique, dans lequel plonge un cylindre de zinc Z, ouvert à ses deux bouts et fendu dans toute sa longueur, et d'un vase poreux D de terre perméable, qui contient de l'acide azotique ordinaire et dans lequel plonge une lame de platine P. Une tige métallique, fixée sur la lame de platine, porte un fil de cuivre qui représente le conducteur ou le pôle positif ; un autre fil métallique, fixé au zinc, représente le pôle négatif. Dans le couple de Grove, l'électricité marche du zinc au platine à travers les liquides et la cloison poreuse.

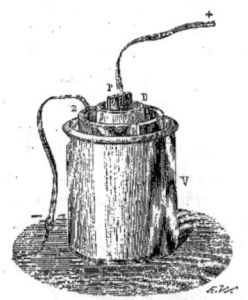

Fig. 366. — Couple de la pile de Grove.

Voici les réactions chimiques qui sont la cause productrice de l'électricité. Dès que les fils conducteurs représentant les pôles d'un couple de ce genre, sont mis en communication, l'eau se décompose dans le vase extérieur V (fig. 366). L'oxygène provenant de cette décomposition attaque le zinc et forme, grâce à l'acide sulfurique qui remplit ce vase, du sulfate de zinc. L'hydrogène, traversant la cloison poreuse D, vient réagir sur l'acide azotique dans ce vase D, et formant de l'eau avec une partie de l'oxygène de cet acide, il le ramène à l'état d'acide hypoazotique ou de bi-oxyde d'azote. Les deux courants électriques qui proviennent de cette double action chimique, et qui résultent, l'un de la décomposition de l'eau, l'autre de la décomposition de l'acide azotique, marchent dans le même sens, et par conséquent, loin de s'annuler réciproquement, ajoutent à leurs effets. Considérés dans le fil conducteur qui sert à réunir les deux pôles, ces deux courants marchent du charbon au zinc, c'est-à-dire que le pôle positif correspond au charbon et le pôle négatif au zinc. Comme, dans ces diverses réactions, il ne se forme aucun dépôt capable d'altérer les surfaces métalliques ou de produire un courant secondaire opposé, le courant électrique conserve une intensité constante.

Le prix élevé du platine employé pour former le conducteur positif, est la seule cause qui ait empêché la pile de Grove de devenir d'un emploi très-général. Mais dès le jour où l'on eut l'idée de remplacer ce conducteur de platine par un petit bloc, convenablement taillé, de charbon provenant des cornues où se fait la distillation de la houille, pour la préparation du gaz, charbon qui constitue un conducteur excellent et très-économique, cet appareil est devenu d'un usage universel. Il a reçu dès lors le nom de *pile de Bunsen*, d'après l'opinion qui en a fait attribuer la découverte à M. Bunsen.

Pile de Bunsen. — Selon M. Du Moncel, qui s'est occupé d'éclaircir ce point intéressant de l'histoire des piles à deux acides, M. Grove avait songé, pendant les nombreux essais qu'il fit pour la construction de sa pile, à employer, au lieu du platine, le charbon de bois calciné et même le charbon des cornues de gaz, comme conducteur négatif de sa pile.

« Mais, dit M. Du Moncel, M. Grove, pensant que dans le monde scientifique on n'apprécierait, comme étant véritablement en harmonie avec la science, que les électrodes de platine, ne parla jamais dans ses mémoires des électrodes de charbon. Quoi qu'il en soit, six mois après la découverte de M. Grove, c'est-à-dire vers la fin de 1839, on vendait, chez un opticien de Charing-Cross, à Londres, des piles à acides avec du charbon de cornue en guise d'électrode de platine, et ces piles n'étaient en aucun point différentes de ce qu'elles sont aujourd'hui. M. Coo-

per, en Angleterre, publia même en ce temps-là un long mémoire (qui est transcrit dans les *Transactions philosophiques* de la *Société royale de Londres*) pour démontrer l'importance des *piles à charbon*.

« Ce n'est qu'en 1843 que M. Bunsen, chimiste à Heidelberg, ignorant sans doute les travaux de MM. Grove et Cooper, proposa, comme *amélioration économique* des piles à acides, le charbon en guise d'électrode positive; et comme il en était resté à la première disposition des piles de M. Grove, il s'efforça de composer un charbon susceptible d'être moulé en cylindre. C'est ainsi qu'ont été construites jusqu'en 1849 toutes les piles à acides employées en France et en Allemagne. A cette époque, M. Archereau, habile expérimentateur, en changea la disposition, et sans s'en douter, mit en vogue les piles de Grove, telles qu'elles avaient été combinées dix ans auparavant à Londres (1). »

Ce point historique étant vidé, donnons la description du couple de Bunsen.

Le *couple de Bunsen*, ou *couple à charbon*, n'est autre chose que celui de Grove, dans lequel on a remplacé le conducteur de platine par un cylindre plein, taillé dans une masse de charbon de cornue de gaz, ou préparé directement en soumettant à la calcination, dans un moule de tôle, un mélange intime de coke ou de houille grasse, bien pulvérisé et fortement tassé.

Chaque couple de la pile de Bunsen (fig. 367)

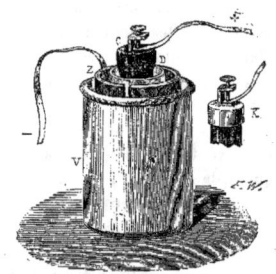

Fig. 367. — Couple de la pile de Bunsen.

se compose de quatre pièces rentrant les unes dans les autres : 1° un vase de faïence V

(1) Du Moncel, *Exposé des applications de l'électricité*, 2ᵉ édition, t. 1ᵉʳ, p. 57.

contenant de l'eau étendue de dix fois son poids d'acide sulfurique du commerce ; 2° une lame de zinc Z, enroulée cylindriquement et terminée par une tige de cuivre aplati, destinée à servir de conducteur négatif ; 3° un vase D de terre dégourdie, perméable aux gaz, et contenant de l'acide azotique ordinaire du commerce; 4° un cylindre C formé de charbon calciné. Ce cylindre de charbon est enveloppé, à sa partie supérieure, d'un anneau de cuivre sur lequel est soudée une tige aplatie, du même métal, destinée à servir de conducteur positif, ainsi que le montre la fig. 367.

Tous les agents chimiques employés dans la pile de Bunsen, n'étant autre chose que ceux qui servent dans la pile de Grove, l'explication chimique de ses effets est nécessairement la même.

Le couple est inactif quand la communication n'est pas établie entre les deux conducteurs ; mais, dès que le zinc et le charbon communiquent par un conducteur interpolaire, l'action chimique s'établit. L'eau, dans laquelle la lame de zinc est immergée, est décomposée par ce métal; il y a formation de sulfate de zinc et dégagement d'hydrogène. Ce gaz, traversant le vase poreux, vient réagir sur l'acide azotique contenu dans ce vase, et le décompose en produisant de l'acide hypo-azotique ou du bi-oxyde d'azote, lequel se transforme au contact de l'air en acide hypo-azotique. Les deux courants électriques, provenant de ces deux réactions vont dans le même sens, c'est-à-dire marchent du charbon au zinc à travers les liquides et la cloison poreuse. Le charbon C représente le pôle positif, et le zinc Z le pôle négatif de ce couple.

La *pile de Bunsen* se compose de la réunion d'un certain nombre de couples semblables au précédent. On établit la communication entre deux couples contigus, en faisant communiquer, au moyen de la petite vis de pression que porte le charbon, la lame métallique fixée au cylindre de zinc avec celle du cylindre de charbon, comme le représente la figure 368.

Fig. 368. — Pile de Bunsen.

Le pôle positif de cet appareil se trouve au dernier cylindre de charbon C, et le pôle négatif au dernier cylindre de zinc Z.

La pile de Bunsen donne un courant d'une grande intensité; sa puissance est supérieure à celle de la pile de Daniell. C'est ce qui la fait employer de préférence quand on veut obtenir des effets électriques d'une grande énergie. Mais comme il est impossible de maintenir les liquides à une composition normale, surtout dans la cellule intérieure qui contient l'acide azotique, le courant ne présente pas une intensité constante. Quand la pile commence à être en activité, le courant prend une marche ascensionnelle; ensuite il s'affaiblit graduellement. Cette pile, comme celle de Grove, a en outre l'inconvénient de répandre dans l'air des vapeurs d'acide hypo-azotique qui sont désagréables ou dangereuses pour l'opérateur, quand elle est composée d'un assez grand nombre de couples. La pile de Daniell doit donc être préférée à celle de Bunsen, pour les expériences de physique où l'on a besoin d'un courant électrique d'une intensité uniforme.

Nous dirons pourtant que la pile de Bunsen est aujourd'hui employée presque exclusivement dans les ateliers industriels pour la dorure, l'argenture ou le cuivrage des métaux, parce que l'on tient plus, dans ces opérations manufacturières, à l'énergie du courant voltaïque qu'à sa parfaite régularité.

Fig. 369. — C. J. de Bunsen.

La pile de Bunsen a été modifiée de différentes manières, en vue d'obtenir un appareil d'un emploi commode et d'un fonctionnement régulier. M. Archereau met le zinc en dehors et le charbon en dedans ; il emploie des poussières de charbon de cornue. Ces couples à charbon intérieur, sont plus puissants que les couples à charbon extérieur.

M. Marié-Davy a remplacé l'eau acidulée par de l'eau pure, et l'acide azotique par une pâte de sulfate de mercure, qui absorbe l'hydrogène, en mettant le mercure en liberté.

La *pile au sulfate de mercure* est très-commode, parce qu'il n'y a qu'à remplacer l'eau qui s'évapore. Des expériences qui ont été faites sur plusieurs lignes télégraphiques, ont prouvé que 38 couples de la pile Marié-Davy remplaçaient avantageusement 60 couples de la pile Daniell. Aussi cette pile est-elle très-fréquemment employée aujourd'hui. On en fait usage particulièrement pour les *sonnettes électriques* des appartements.

M. Duchemin remplace l'acide azotique par une solution aqueuse de perchlorure de fer, et l'acide sulfurique par le chlorure de sodium (sel marin) ou par le sulfate de fer, à l'état de dissolution dans l'eau.

La figure 370 représente la pile à *sel marin* de M. Duchemin.

A, est une vis en plomb fixée au charbon F, et qui par conséquent, représente le pôle positif ; B, une autre vis en plomb, fixée au zinc G et qui termine le pôle négatif, *d, d* est un support en *gutta-percha*. E, est une virole de plomb, qui sert à fixer le charbon sur le support. F, est le cylindre de charbon contenant le tout.

Fig. 370. — Pile à eau salée de M. Duchemin.

Cette *pile à eau salée* a une grande constance, ce qui la rend très-propre au service des lignes télégraphiques. Elle offre, de plus, l'avantage d'être exempte d'odeur. Les lignes télégraphiques de la Suisse ont adopté cette nouvelle pile.

M. Duchemin a fait de sa découverte une application fort intéressante. Il a montré qu'on peut prendre pour liquide de la pile, la mer. Il suffit de jeter à la mer de petites piles, formées d'un cylindre de charbon et d'une plaque de zinc fixés sur un flotteur de liége, et qui dès lors forment de véritables *bouées*, pour obtenir un courant très-sensible.

Si l'on réunit la bouée, par deux fils métalliques, à un carillon placé sur le rivage, le carillon commence immédiatement à tinter.

M. Duchemin fit cette expérience à Fécamp, au grand ébahissement des baigneurs.

Avec un petit nombre de ces éléments jetés à la mer, on pourrait donc envoyer des télégrammes le long des côtes.

Au mois d'août 1866, des expériences ont été faites à Cherbourg, par ordre du ministre de la marine, avec la *bouée électrique* de M. Duchemin. Il s'agissait de faire servir le courant de la pile au nettoiement, ou à la préservation des coques de navires en fer et des blindages des frégates cuirassées. Ces expériences ont prouvé que l'on pouvait très-efficacement et très-économiquement appliquer la bouée électrique à cet emploi particulier.

Ce n'est là, d'ailleurs, qu'une première application, qui en présage beaucoup d'autres, de la belle idée qu'a eue M. Duchemin, de prendre un liquide aussi chimiquement actif que l'eau de la mer, pour l'agent excitateur de la pile. Il est évident que cet appareil, petit de forme, est gros d'avenir.

CHAPITRE VIII

THÉORIE DE LA PILE. — THÉORIE DE VOLTA SUR LE DÉVELOPPEMENT DE L'ÉLECTRICITÉ PAR LE CONTACT ET LA FORCE ÉLECTROMOTRICE. — OBJECTIONS A CETTE THÉORIE. — RÉFLEXIONS CRITIQUES DE GAUTHEROT. — WOLLASTON, RITTER, ETC. — THÉORIE CHIMIQUE DE LA PILE, POSÉE ET DÉVELOPPÉE PAR PARROT. — DÉFENSEURS DE LA THÉORIE DU CONTACT : PFAFF, MARIANINI, OHM, FECHNER, ETC. — EXPÉRIENCES DE M. DE LA RIVE EN FAVEUR DE LA THÉORIE ÉLECTRO-CHIMIQUE. — TRAVAUX DE FARADAY ET CONSTITUTION DÉFINITIVE DE LA THÉORIE CHIMIQUE DE LA PILE.

Quand on considère le nombre et l'immense variété de faits qui sont aujourd'hui acquis à la physique, touchant la pile de Volta, on s'étonne de l'impuissance dans laquelle on est si longtemps resté pour expliquer les effets de cet appareil. La pile voltaïque est connue et maniée depuis plus de soixante ans, et c'est depuis vingt ans à peine que l'on a pu en donner une théorie rigoureuse. Encore faut-il se hâter de dire que l'explication aujourd'hui généralement adoptée, donne prise à plusieurs objections de détail, néglige certains faits ; de telle sorte qu'il est peu probable qu'elle se maintienne intégralement dans l'avenir telle qu'on la formule aujourd'hui. C'est le tableau des opinions diverses qui ont été successivement émises, depuis Volta jusqu'à nos jours, pour expliquer théoriquement les effets de l'appareil électromoteur, qu'il nous reste à tracer pour terminer cette Notice.

Nous commencerons par exposer la théorie de Volta, telle qu'elle a été conçue par son auteur, et surtout par les divers physiciens qui l'ont adoptée et défendue après lui.

Le développement d'électricité qui s'observe dans un assemblage de corps conducteurs métalliques mis en présence d'un conducteur liquide, a pour cause unique, selon Volta, le *contact des substances hétérogènes*. Toutes les fois que deux substances de nature différente sont mises en contact, il se développe une force particulière à laquelle le créateur de la pile donna le nom de *force électromotrice*. Sous l'influence de cette force, l'un de ces corps se charge d'électricité positive, l'autre d'électricité négative.

La force électromotrice qui a provoqué la formation des deux électricités sur le couple métallique a encore la propriété d'empêcher les deux électricités rendues libres de se recombiner à la surface des métaux en contact, pour constituer le fluide naturel.

L'action de cette force s'exerce d'une manière instantanée, mais son intensité et le sens dans lequel elle agit dépendent de la nature des corps mis en présence. La quantité d'électricité produite par la force électromotrice sur un métal donné peut donc varier selon la nature du métal qu'on lui associe.

Selon Volta, les métaux ne sont pas les seuls corps qui puissent devenir le siége d'une force électromotrice. Tous les corps conducteurs de l'électricité sont dans le même cas ; il suffit de mettre en contact deux substances de nature hétérogène pour que la force électromotrice se développe à leur surface de séparation, et qu'elles se chargent chacune d'une électricité opposée (1).

D'après cela, si l'on prend une lame métallique formée d'un morceau de zinc et d'un morceau de cuivre soudés, qu'on la courbe sous forme d'arc, et que l'on plonge ses deux extrémités dans de l'eau acidulée par de l'acide sulfurique, voici ce qui doit se passer selon les principes de Volta.

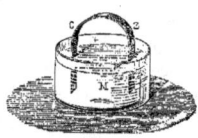

Fig. 371. — Arc métallique de Volta (cuivre et zinc).

L'arc métallique plongé dans le liquide acide étant formé de deux métaux réunis, la force électromotrice prend naissance à leur surface de séparation. La lame de zinc reçoit l'électricité positive, la lame de cuivre l'électricité négative. Mais les extrémités de la lame métallique hétérogène plongent dans un liquide *conducteur et imparfait électromoteur*. En raison de sa conductibilité, ce liquide établit une communication entre les deux extrémités de l'arc métallique ; par conséquent, l'électricité positive du zinc et l'électricité négative du cuivre se recombinent à travers le liquide et forment du fluide naturel. A mesure que les deux électricités opposées se combinent au sein du liquide, la force électromotrice, continuant de s'exercer au contact des métaux, en reproduit sans cesse de nouvelles quantités, de telle sorte qu'il existe dans ce couple métallique un courant continuel d'électricité, dirigé du cuivre au zinc dans la lame métallique, et du zinc au cuivre à travers le liquide.

Ainsi, dans la théorie de Volta, le couple électrique se réduisait à l'assemblage de deux métaux mis en contact. Le liquide dans lequel l'arc métallique était plongé ne remplissait d'autre office que celui de conducteur ; c'était seulement un moyen d'établir la communication entre les deux éléments du couple métallique, et de permettre la circulation, sous forme de courant, de l'électricité engendrée par la force électromotrice.

Mais le courant d'électricité émané d'un couple métallique avait nécessairement peu d'intensité. En réunissant une série de couples semblables séparés par un conducteur humide, c'est-à-dire en composant l'assemblage de couples métalliques et de corps conducteurs qui composent la pile à colonne, Volta augmentait l'intensité électrique proportionnellement au nombre des couples employés.

Pour démontrer le fait du développement de l'électricité par le simple contact de deux corps, Volta faisait cette expérience fondamentale, dont nous avons déjà parlé bien des fois et qu'il importe de décrire ici avec plus de détail.

Il prenait une tige métallique CZ, composée de deux morceaux de cuivre et de zinc, soudés, et la tenant entre les doigts par l'extrémité zinc, il appliquait l'extrémité cuivre sur le plateau supérieur d'un électroscope condensateur à feuilles d'or E, dont les deux plateaux étaient de cuivre. En même temps,

---

(1) Volta avait divisé en deux grandes classes tous les corps conducteurs, sous le rapport de l'intensité des effets que peut y développer la force électromotrice. La première classe, *corps conducteurs parfaits électromoteurs*, comprenait tous les métaux et le charbon calciné. La deuxième classe, *corps conducteurs imparfaits électromoteurs*, comprenait les liquides tels que l'eau pure, les dissolutions acides, alcalines, salines, etc. D'après Volta, la force électromotrice développée à la surface de contact de deux corps de la seconde classe, ou d'un corps de la seconde classe et d'un métal, est extrêmement faible. Cette force est négligeable par rapport à celle qui prend naissance au contact de deux corps appartenant à la première classe.

comme on le fait quand on veut, à l'aide de cet instrument, constater la présence de l'électricité dans un corps isolé, il faisait communiquer le plateau inférieur avec le sol, en le touchant avec le doigt de l'autre main. Après ce très-court contact, il soulevait le plateau supérieur par son manche isolant, et l'on voyait aussitôt les feuilles d'or de l'électroscope diverger par suite de la présence de l'électricité qui leur était communiquée par le plateau inférieur.

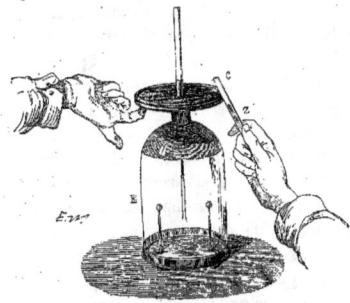

Fig. 372. — Expérience fondamentale de Volta.

Telle est l'expérience capitale, et si souvent reproduite dans les cours de physique, qui sert à démontrer le fait de la présence et du développement de l'électricité dans toute lame formée de deux métaux hétérogènes.

La théorie du contact, que nous venons de formuler, soulève des objections telles, qu'il est impossible de l'admettre.

Établir l'existence d'une force qui prend naissance par le simple contact de deux corps, et qui se renouvelle sans cesse, revient à admettre le mouvement perpétuel. En effet, d'après le principe de Volta, un même couple métallique et un même liquide conducteur donnent incessamment naissance à un courant électrique invariable et continu. Une fois établi, ce phénomène doit persister sans aucune interruption, puisque tout demeure constant dans ses conditions productrices, savoir : la force électromotrice, qui est constante et immuable, et la conductibilité du liquide, qui est toujours la même. Un couple voltaïque nous montrerait donc en action le mouvement perpétuel.

La théorie du contact ne tient aucun compte des phénomènes chimiques qui se passent pendant la marche de la pile : la dissolution du zinc dans l'acide employé, la formation du sulfate de zinc, quand on fait usage d'acide sulfurique, et le dégagement d'hydrogène par suite de la décomposition de l'eau, etc.

Elle ne tient nul compte de la proportionnalité, facile à constater par l'expérience, qui existe entre l'intensité des effets électriques de la pile et le degré d'énergie chimique ou de concentration de l'acide employé à mettre cet instrument en action.

Quant à l'expérience fondamentale de Volta, que nous avons rapportée, il suffit, pour en détruire toute la valeur, de montrer que le dégagement d'électricité que l'électroscope accuse, dans cette circonstance, provient uniquement de l'action chimique qui s'exerce entre le doigt de l'observateur, toujours imprégné d'un liquide ou d'une sueur acide, et le zinc, métal si oxydable. En effet, le véritable moyen d'assurer le succès de cette expérience, c'est d'opérer avec le doigt préalablement mouillé. Si au lieu de tenir la tige métallique avec le doigt, on la tient à l'aide d'une pince de bois sec; si au lieu de saisir la lame hétérogène par l'extrémité zinc, on la tient par le côté cuivre, métal moins oxydable que le zinc ; enfin, si au lieu d'opérer en présence de l'air, on fait cette expérience dans le vide, ou dans un gaz autre que l'oxygène, tel que l'acide carbonique ou l'azote : dans ces divers cas l'électroscope n'accuse plus la présence de l'électricité. Ainsi cette expérience de Volta n'était en réalité qu'un fait mal observé. Exécutée dans des conditions rigoureuses, elle prouve le fait contraire, c'est-à-dire l'absence de toute électricité dans une lame formée de deux métaux hétérogènes.

Ces objections contre la théorie du développement de l'électricité par le contact, sont si justes, si naturelles, qu'elles furent formulées dès les premiers temps où Volta donna connaissance de son hypothèse. C'est le 16 brumaire an IX, que Volta lisait à l'Institut le mémoire consacré à l'exposé de sa théorie. Déjà le 12 du même mois, Gautherot, savant bien oublié aujourd'hui et dont la génération scientifique actuelle ignore jusqu'au nom, avait présenté à la *Société philotechnique* de Paris une réfutation de cette théorie, qui fut publiée dans un recueil scientifique de cette époque (1). Nous allons donner une idée des critiques que Gautherot opposa alors aux idées du physicien d'Italie.

Nous avons vu, en parlant des premiers travaux relatifs au galvanisme, que dès l'apparition des expériences de Galvani relatives à l'arc métallique excitateur, il s'était rencontré un observateur de génie, le Florentin Fabroni, qui, par une vue vraiment supérieure, avait rapporté à l'action chimique la cause de ces phénomènes. L'explication théorique des effets de la pile était à peine formulée par Volta, qu'un autre observateur, Gautherot, se présentait, en France, pour donner de ces nouveaux faits une interprétation semblable.

Gautherot, pour expliquer les phénomènes chimiques de la pile de Volta, partait des mêmes considérations qui avaient guidé Fabroni dans son explication chimique des effets provoqués par l'arc de Galvani, et il suivait le même ordre de succession dans la série de ses considérations théoriques. Il admettait, à l'instar de Fabroni, que deux métaux hétérogènes, mis en contact, avaient une tendance naturelle à se combiner, en raison de leur affinité réciproque; — que cette tendance à une combinaison chimique avait pour résultat de diminuer la force de cohésion; — que cet affaiblissement dans l'intensité de la cohésion permettait au métal le plus oxydable du couple de se combiner plus aisément avec l'oxygène de l'air ou de l'eau; — que de là résultait l'oxydation du métal par l'oxygène atmosphérique, si l'on opérait dans l'air; ou bien, comme c'était le cas le plus général, si l'on opérait dans de l'eau acidulée, il y avait décomposition de l'eau, dégagement de gaz hydrogène et oxydation du métal qui entrait en dissolution dans l'acide. Jusque-là, comme on le voit, il y avait identité entre la théorie de Fabroni et celle de Gautherot; mais ce dernier la complétait victorieusement par l'addition d'un terme des plus importants que Fabroni avait négligé, ou pour parler plus exactement, qu'il avait nié d'une manière formelle, et qui avait frappé de stérilité sa belle conception. Gautherot admettait donc que, par suite des changements de forme physique survenus parmi les corps réagissants, il y avait production d'électricité; que le fluide électrique *prenait la forme d'un courant et devenait une force* (1).

Voici à peu près le résumé de son travail, lu à la *Société philotechnique* :

« L'état actuel de nos connaissances, dans les phénomènes de la pile de Volta, ne nous permet pas encore, disait Gautherot, de distinguer le phénomène principal, qui explique et subordonne les autres, de ceux de l'électricité, qui ne paraissent ici que comme secondaires. *L'électricité y est excitée et mise en jeu; mais elle y est subordonnée.* L'oxydation des métaux se présente au contraire comme un phénomène de premier ordre. Leur attouchement semble augmenter leur affinité pour l'oxygène; et l'eau, dont la présence est indispensable dans ce cas pour rendre sensibles les phénomènes du galvanisme, semble prouver, par sa prompte décomposition, cette affinité plus grande de l'oxygène pour les substances métalliques que pour l'hydrogène. »

Tandis qu'en France la théorie du contact était de cette manière, attaquée dans ses bases

---

(1) *Mémoires des sociétés savantes et littéraires de la république française*, t. I, p. 471.

(1) Gautherot, *Recherches sur les causes qui développent l'électricité dans les appareils galvaniques* (*Journal de physique*, t. LVI, p. 429).

mêmes, elle était combattue, en Angleterre, par Wollaston. Dans un mémoire qui fut publié en 1801, mais qui ne fut connu sur le continent que quelques années après, ce grand physicien tentait de substituer la théorie chimique à celle du contact. Seulement, Wollaston allait trop loin en avançant qu'une manifestation quelconque d'électricité a toujours une origine chimique, et que le développement de l'électricité par le frottement ne reconnaît point d'autre cause.

Fig. 373. — Hyde Wollaston.

Wollaston fondait son opinion sur divers résultats d'expériences. Il avait répété l'expérience fondamentale de Volta, qui consiste à montrer le dégagement de l'électricité par le simple contact de deux métaux isolés, au moyen du condensateur. Or, en opérant avec les doigts bien secs, et mieux, avec une tige conductrice de bois ou d'une autre matière, tenue dans la main et servant à toucher le plateau du condensateur, Wollaston avait constaté l'absence de tout dégagement d'électricité (1). Aussi déclarait-il que la théorie

(1) Hyde Wollaston, *Experiments on the chemical production and agency of Electricity* (Nicholson's Philosophical Journal, t. V, p. 333, 1801, décembre).

du contact était inadmissible à tous égards.

Le physicien Haldanne partagea les opinions de Gautherot et de Wollaston.

Parmi les adversaires que la théorie chimique de la pile trouva en Angleterre, nous pouvons citer Priestley, dont l'opinion est assez curieuse à connaître.

Priestley rapportait au phlogistique les effets de la pile. Selon lui, le zinc du couple voltaïque perdait son phlogistique, tandis que l'argent ou l'élément négatif le conservait. Cette explication n'était rien autre chose, comme on le voit, que la théorie de l'oxydation exposée dans les idées et avec le langage du temps.

Le docteur Bostock, de Londres, présentait, à peu près à la même époque, des idées semblables, dans une *Histoire du galvanisme*, qui ne se compose que de courtes citations d'ouvrages publiés sur ce sujet.

Un autre physicien anglais, Wilkinson, défendit également la théorie chimique de la pile.

En Allemagne, Ritter fut le premier à embrasser la théorie de l'oxydation. Louis d'Arnim chercha à confirmer par l'expérience les idées de Ritter. Il voulait rattacher l'action de la pile à celle de la machine électrique, et conformément aux idées de Wollaston, il essaya de prouver que, pendant le frottement du plateau de verre de la machine électrique contre les coussins, revêtus d'un amalgame d'étain, il se produit un phénomène d'oxydation.

Bucholz, savant pharmacien d'Erfurth, pour prouver que la production de l'électricité dans la pile, provenait de l'oxydation de l'un des métaux du couple, chercha à comparer la somme d'électricité produite, aux quantités d'oxygène qui entraient en combinaison avec l'un des métaux. L'appareil connu sous le nom de *chaîne de Bucholz*, et dans lequel la dissolution d'un sel métallique sert de conducteur à la pile, fut imaginé à propos de ces discussions.

Ajoutons enfin, pour terminer la liste des

physiciens allemands qui professaient alors les théories chimiques, que le docteur Heimand, de Vienne, chercha aussi à prouver, par l'expérience, que l'oxydation était la seule source d'électricité dans l'appareil électromoteur de Volta.

Mais de tous les savants de l'Europe, celui qui développa la théorie chimique de la pile avec le plus de puissance et de talent, ce fut Parrot, physicien russe, professeur à Dorpat. Parrot exposa la théorie chimique de la pile avec une telle supériorité et une si grande force de raisonnement, qu'il mérite d'être considéré comme le fondateur de cette théorie. C'est en 1801 qu'il commença à faire connaître ses idées sur cette matière; il les développa ensuite dans divers mémoires publiés en Allemagne, et plus tard dans son ouvrage: *Abrégé de physique théorique* (1). Parrot s'était proposé, suivant ses propres expressions, « d'instruire de toutes pièces le procès du physicien de Pavie; » et l'on va voir qu'il était difficile de composer un plus redoutable réquisitoire.

Il commence par s'attaquer à l'expérience fondamentale de Volta, qui consiste, comme nous l'avons dit plusieurs fois, à montrer que deux métaux isolés, mis en contact, étant brusquement séparés, et l'un d'eux étant porté sur le plateau du condensateur, cet instrument accuse une manifestation d'électricité, appréciable par l'écartement des feuilles d'or. En rapprochant toutes les obser-

(1) Le travail de Parrot sur la théorie de la pile est un mémoire de concours qui fut couronné en 1801 par la *Société batave des sciences de Haarlem*. Il reproduisit à diverses reprises ses idées dans les mémoires suivants, insérés dans les *Annales de physique de Gilbert* (en allemand). Voyez:
Esquisse d'une nouvelle théorie de l'électricité galvanique, et sur la décomposition de l'eau opérée par l'électricité, t. XII, p. 49 (1802).
Sur les moyens de mesurer l'électricité, t. LXI, p. 253.
Sur les déviations dans l'électromètre, t. LXI, p. 267.
Sur les effets du condensateur, t. LXI, p. 280.
Sur la théorie de Volta relative à l'électricité galvanique, t. LXI.
Enfin, il les a rappelées de nouveau dans une « *Lettre adressée à MM. les rédacteurs des Annal. de chim. et de phys., sur les phénomènes voltaïques.* » (*Annal. de chim. et de phys.*, t. XLII, p. 45.)

vations publiées à propos de ces expériences, et invoquant surtout celles de Wollaston, rapportées plus haut, Parrot faisait voir que les résultats avaient toujours été absolument nuls toutes les fois que l'on avait su éviter les véritables causes électromotrices, c'est-à-dire l'action chimique que développe le doigt mouillé ou sec, venant à toucher un métal aussi oxydable que le zinc; comme aussi la pression, la friction, l'élévation de température, que détermine dans cette circonstance le contact du doigt avec le plateau condensateur.

Généralisant ensuite le fait, le physicien russe prouvait que le contact des métaux hétérogènes, loin d'être une cause de production d'électricité, retardait, au contraire, le mouvement du fluide électrique, de telle sorte que l'on pouvait *isoler* ou *immobiliser* de petites quantités de ce fluide, en lui faisant traverser un certain nombre de couples métalliques hétérogènes.

Pour prouver que l'hétérogénéité était bien une cause de diminution et non d'exaltation du pouvoir conducteur, Parrot démontrait par l'expérience, que la même quantité de fluide électrique, qui ne pouvait se transporter à travers un conducteur formé d'un certain nombre de métaux hétérogènes, se transmettait parfaitement à travers un conducteur formé du même nombre de fragments d'un même métal.

Après avoir détruit, de cette manière, les fondements de la théorie du contact, Parrot l'attaquait dans ses applications. Selon Volta, la surface des couples de la pile n'exerce aucune influence sur la quantité d'électricité produite, qui n'est proportionnelle qu'au nombre des couples de l'appareil. Parrot établissait, au contraire, ce fait bien vulgaire aujourd'hui, que l'intensité des effets de la pile augmente avec la surface, et non avec le nombre des couples.

Volta avait posé en principe, que la puissance de son électromoteur devait s'accroître indéfiniment selon le nombre des couples métalliques, parce que chaque couple ajouté fournissait une nouvelle quantité d'électricité, qui venait se joindre à la somme déjà produite. Parrot, au contraire, prouvait que l'interposition d'un couple produit une déperdition énorme de force électrique, et que la quantité de fluide qui prend naissance dans cet appareil, est indépendante du nombre des couples employés.

Enfin, Volta qui s'obstinait à ne voir, dans le liquide acide employé pour mettre son appareil en action, qu'un conducteur pur et simple, regardait comme une nécessité fâcheuse l'obligation de faire usage d'un liquide acide. Il avait toujours appelé de tous ses vœux la découverte d'un conducteur solide, qui n'exerçât aucune influence chimique ni sur l'un ni sur l'autre des deux conducteurs parfaits, et qui pût servir dès lors comme un agent plus commode et plus efficace de transmission du fluide entre les couples de sa pile. Malgré tous ses efforts, Volta n'avait jamais pu combler ce *desideratum* de sa théorie. Les piles sèches qui furent entrevues, en 1803, par Hachette et Desormes, et construites en 1809, par Deluc, paraissaient pourtant satisfaire à ce besoin ou à cette confirmation de l'hypothèse de Volta, puisqu'elles se composent uniquement d'un assemblage de corps solides. Elles n'avaient même été imaginées que pour fortifier sur ce point la théorie de Volta. Mais Parrot répondit : « qu'une pile séchée au poêle ou à l'étuve, pouvait être sèche, au dire d'une blanchisseuse, mais non au sens d'un physicien. »

Ensuite, procédant à des expériences directes, il plaça une pile de Zamboni sous une cloche de verre. Il desséscha l'air renfermé au moyen de la chaux, et trouva que lorsque l'hygromètre à fil de soie marquait 22°, la pile de Zamboni ne communiquait aucune électricité au plateau de l'électromètre à feuilles d'or, bien que le contact fût prolongé pendant plusieurs minutes ; — que l'effet électrique devenait de plus en plus sensible, à mesure que l'air se chargeait davantage de vapeur d'eau, et qu'il atteignait son maximum dans une atmosphère saturée d'humidité. Enfin, il évalua approximativement la quantité d'électricité fournie pendant un temps donné par une pile de Zamboni et une pile à colonne, et il trouva que cette quantité était proportionnelle à la quantité d'oxygène que chaque couple enlève, dans un temps donné, à l'air ou à l'eau.

On s'explique avec peine comment des idées aussi frappantes, aussi nettement formulées, qui s'appuyaient presque toutes sur l'expérience, produisirent si peu d'impression sur l'esprit des physiciens. Il est certain pourtant que les travaux de Parrot ne furent pris qu'en médiocre considération. Les grandes vérités qu'il mettait en lumière, parurent presque aussitôt obscurcies par les résultats qu'invoquèrent à cette époque, les nombreux partisans que la théorie de Volta avait trouvés en Allemagne et en France.

Le défenseur le plus actif et le plus habile de la doctrine du physicien de Pavie fut le chimiste Pfaff, professeur à Kiel, qui, par des publications répétées, sut maintenir la faveur du monde savant aux idées de Volta.

En France, Biot, dans un travail présenté en 1803 à l'Institut national, avait essayé de confirmer la valeur des mêmes idées. Il s'était efforcé d'expliquer les anomalies physiques de l'électromoteur de Volta par des différences de conductibilité dans les métaux du couple ; aussi affirmait-il que la quantité d'électricité due à l'action chimique était assez faible pour être négligée en présence des effets électriques dus au contact des métaux.

J. B. Behrends, Hildebrant et le professeur Gilbert, de Leipzig, appuyèrent ensuite, par des expériences très-originales, la doctrine de la force électromotrice.

Déjà puissamment étayée en Allemagne par les recherches des physiciens, la théorie de Volta reçut bientôt une confirmation, qui parut éclatante, dans les travaux de Ohm ; en 1820, cet illustre géomètre donna à la science de l'électricité une base mathématique assise sur la théorie de Volta. Les déterminations numériques de Ohm, déduites d'expériences électro-magnétiques, établirent les lois de l'action de la pile d'une manière si rigoureuse et si complète, que l'on dut penser dès lors que la théorie de la force électromotrice ne devait plus rencontrer aucun argument sérieux.

Voici les lois générales posées par Ohm et qui résument tous ses travaux. Il importe d'en consigner ici le texte, car elles embrassent dans leur généralité tous les phénomènes de la pile.

1° *Dans un couple voltaïque quelconque, les forces électromotrices sont proportionnelles aux tensions électro-statiques.*

2° *La force électromotrice de couples mis en série est proportionnelle au nombre des couples et indépendante de leur étendue. L'intensité, au contraire, est indépendante du nombre des couples mis en série, mais elle croît en raison directe de leur étendue.*

3° *L'intensité d'un couple ou d'une pile quelconque est proportionnelle aux forces électromotrices, et en* RAISON INVERSE DES RÉSISTANCES DU CIRCUIT.

Ces lois résument en peu de termes, tous les rapports qui existent entre la force de la pile et l'intensité de ses effets, selon que l'on fait varier les conditions extérieures, c'est-à-dire la longueur du conducteur, son diamètre, sa conductibilité, l'interposition de substances diverses dans le trajet du circuit, etc., etc. Ne pouvant entrer dans l'examen détaillé de ces phénomènes qui reviennent spécialement aux traités de physique, nous nous bornons à rappeler le nom du physicien qui a posé ces règles importantes et la date de ses travaux sur ce sujet.

Après cette confirmation mathématique, les belles recherches du physicien allemand Fechner sur la résistance qu'opposent les conducteurs, solides ou liquides, au passage du courant de la pile, donnèrent une dernière sanction à la théorie du contact, qui parut désormais appuyée sur des fondements inébranlables.

Entre les partisans absolus de la théorie du contact et les défenseurs de la théorie chimique, il importe de signaler les opinions intermédiaires des physiciens qui ont tenté de concilier ces deux systèmes opposés. Le nombre de ces derniers a été considérable. Nous nous contenterons de les signaler en peu de mots ; car, pour les faire connaître très-exactement, il faudrait entrer dans de nombreux détails et se livrer à des considérations nouvelles dont l'exposé nous entraînerait trop loin. Dans l'intervalle qui s'étend entre les années 1820 et 1840, plus de deux mille mémoires ont été publiés, par divers savants, pour le développement des théories particulières de la pile, s'appuyant à la fois sur le principe de la force électromotrice et sur l'action chimique.

Humphry Davy est un de ceux qui se sont occupés avec le plus de persistance, à faire triompher une théorie de la pile intermédiaire entre l'hypothèse du contact et la considération des effets chimiques. Nous avons vu que, dans ses premiers travaux sur l'électricité, Davy s'était prononcé très-nettement en faveur de l'interprétation chimique. Mais plus tard il devint partisan des théories de distribution qui avaient pris un très-grand empire. Peut-être aussi était-il dirigé dans cette voie, par son désir de faire admettre en même temps, ses vues sur l'identité de l'affinité chimique et de l'électricité, qui avaient pour base le fait du développement de l'électricité par le simple contact des corps.

Quoi qu'il en soit, Davy admettait que la cause primordiale de la production de l'électricité dans les piles voltaïques, c'était le contact des métaux hétérogènes. L'action chimique s'exerçant sur l'un des métaux du couple, tendait ensuite à rétablir l'équilibre dans les mouvements électriques développés par le contact, de sorte qu'en définitive, selon Davy, les phénomènes produits par l'électromoteur de Volta provenaient de l'action réunie de ces deux causes. Dans une pile formée, comme celle qu'il avait étudiée, de couples zinc et cuivre plongés dans une dissolution de sel marin, les deux métaux se constituaient par le contact dans un état électrique opposé. Lorsque les couples étaient en petit nombre, et que par conséquent l'électricité produite avait peu d'intensité, la dissolution de sel marin n'agissait que comme simple conducteur, et l'électricité se distribuait sur chaque couple, en augmentant de tension avec le nombre des plaques, et de quantité en raison de la surface métallique. Mais dans une pile composée d'un grand nombre d'éléments, et qui dès lors agissait comme un agent de décomposition chimique, l'eau et le chlorure de sodium étaient décomposés à la fois par le courant voltaïque : l'oxygène et l'acide chlorhydrique provenant de cette décomposition se portaient sur le zinc, tandis que l'hydrogène et la soude se portaient sur le cuivre. De là résultait, pour un instant, l'équilibre des forces mises en jeu. Une partie du zinc se dissolvait dans le liquide de la pile, tandis que l'hydrogène se dégageait à l'état de gaz ; ensuite le contact des deux métaux, venant à développer une nouvelle quantité de fluide électrique, donnait au zinc de l'électricité positive, au cuivre de l'électricité négative. Mais l'oxygène et l'acide chlorhydrique qui se trouvaient en présence du zinc, par suite de la décomposition chimique, et qui sont électrisés négativement, neutralisaient l'état électro-positif du zinc ; et une destruction du même genre s'opérait au pôle opposé de la pile. Ces alternatives de formation et d'anéantissement de l'électricité, provenant à la fois du contact et de l'action chimique, continuaient nécessairement jusqu'au moment où le chlorure de sodium, décomposé presque en entier, ne pouvait plus servir à produire de l'électricité par sa décomposition chimique.

Telle est la théorie mixte adoptée par Davy, et qu'il chercha à faire prévaloir jusqu'à la fin de sa carrière scientifique, c'est-à-dire jusqu'à l'année 1826.

Cette théorie de l'équilibre électrique fut adoptée par Gay-Lussac et Thénard, qui, dans leurs essais pour mesurer l'intensité des effets de la pile, admirent que cette intensité était proportionnelle à l'énergie chimique de l'acide employé pour mettre l'appareil en action.

Fig. 374. — Auguste de La Rive.

Jæger, physicien du Wurtemberg et professeur à Stuttgard, qui, dans l'origine, s'était montré, comme Davy, partisan de la théorie de l'oxydation, finit aussi par admettre la théorie de l'équilibre de la distribution, qu'il confirma par le contrôle de l'analyse mathématique.

Berzélius approuvait pleinement les idées de Jæger, et il dit, dans son ouvrage, que l'on doit à ce physicien la théorie la plus claire et la plus complète de la pile de Volta. Il chercha lui-même à préciser et à étendre les idées du professeur de Stuttgard. On peut en dire autant de Scholz et de

Reinhold, physiciens allemands, qui s'appliquèrent à développer les idées de Jæger.

Le professeur Ermann de Berlin, dans la théorie particulière qu'il formula, inclinait, plus que les précédents, vers la théorie du contact. Mais la théorie la plus satisfaisante de la distribution et de l'équilibre de l'électricité dans la pile de Volta a été donnée par le professeur Joseph Prechtl de Vienne.

C'est vers l'année 1835 qu'une période toute nouvelle s'ouvrit pour l'explication théorique des effets de la pile de Volta. Malgré les beaux travaux de Ohm et de Fechner, qui, en donnant à la théorie du contact une base mathématique, semblaient avoir décidé dans ce dernier sens cette question tant discutée, il se rencontra, à cette époque, d'habiles et profonds observateurs, qui, reprenant à de nouveaux points de vue la théorie chimique, assirent cette théorie sur des bases désormais inébranlables. M. Auguste de La Rive, qui, pendant vingt années consécutives, n'a cessé de s'occuper de cette grande question, est le premier fondateur de la théorie chimique actuellement adoptée pour l'explication des effets de la pile de Volta. Ne pouvant entrer dans les détails des expériences si nombreuses et si variées qui ont été exécutées par cet habile physicien, depuis l'année 1835 jusqu'à notre époque, nous nous contenterons de dire que, par l'ensemble de ses recherches, le savant physicien de Genève a donné le premier l'explication rationnelle des phénomènes de la pile en les interprétant par la seule considération des effets chimiques.

Après M. de La Rive, M. Faraday, de Londres, a été le véritable créateur de la théorie chimique de la pile, professée aujourd'hui par tous les physiciens presque sans exception. Grâce à une très-longue série de travaux, aussi remarquables par la précision et la méthode expérimentale que par la force du raisonnement, M. Faraday a complétement réfuté la théorie du contact métallique, et donné en même temps une démonstration définitive de la théorie chimique. Les divers travaux de M. Faraday sur cette question sont renfermés dans un nombre considérable de mémoires, ou plutôt de notes de peu d'étendue, dans lesquels ce physicien a consigné la description et le résultat de ses expériences au fur et à mesure qu'il les exécutait. Mais on trouve un exposé de l'ensemble de ses recherches sur cette question dans un grand mémoire sur l'*origine du pouvoir de la pile voltaïque*, publié par lui en 1841, dans les *Archives de l'électricité*, recueil qui a paru à Genève pendant plusieurs années sous la direction de M. de La Rive (1).

M. Faraday démontre dans ce travail les propositions suivantes :

1° L'action chimique dégage de l'électricité.

2° Le courant s'établit au moment où l'action chimique commence, et dure aussi longtemps qu'elle.

3° Le courant s'affaiblit toutes les fois que l'intensité de l'action chimique diminue ; il s'arrête au moment où l'action chimique est suspendue.

4° Le sens du courant change en même temps que le sens de l'action chimique.

5° Toute variation survenue dans l'intensité, ou le sens de l'action chimique, s'accompagne nécessairement d'une variation correspondante dans l'intensité, ou le sens du courant.

6° En l'absence d'action chimique, le couple voltaïque ne fournit pas de courant.

7° Le seul contact des métaux ne peut développer de phénomènes électriques.

Nous allons faire connaître les principales expériences sur lesquelles M. Faraday s'appuie pour démontrer la vérité des propositions fondamentales que nous venons d'énoncer, et qui établissent d'une manière irréfutable que le contact des métaux hétérogènes n'est pour rien dans les phénomènes de la pile voltaïque, et que toute l'électricité qui

(1) Tome I, pages 93 et 342.

prend naissance dans ces appareils provient de l'action chimique exercée par les acides sur les métaux qui les composent.

M. Faraday a employé pour ses expériences des appareils fort simples, qui permettent de séparer nettement l'action du contact des métaux de l'effet produit par les réactions chimiques, et par conséquent de reconnaître à laquelle de ces deux influences est due la production du courant électrique.

Il examine d'abord comment se comporte un couple voltaïque en présence d'un liquide qui n'agit point chimiquement sur les métaux de ce couple. La dissolution concentrée et limpide de sulfure de potassium, jouit de la propriété de conduire très-bien l'électricité dynamique, et de se laisser traverser par des courants très-faibles. La même dissolution n'exerce aucune action chimique sur le platine et sur le fer. Elle permet donc d'étudier séparément l'influence du contact des métaux et celle de l'action chimique dans la production d'un courant électrique. Voici la disposition employée par M. Faraday pour observer les phénomènes qui se produisent dans ce cas.

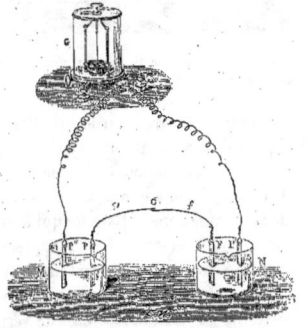

Fig. 375. — Expérience de M. Faraday démontrant que le contact de deux métaux ne développe point de courant électrique.

Si dans un vase N (fig. 375) contenant de la dissolution de sulfure de potassium, on place une lame de platine P' et une lame de fer F;

que dans un second vase M rempli de la même dissolution, on plonge deux lames de platine P, P″, que l'on fixe les lames P‴, P′ aux extrémités du fil d'un galvanomètre C, et que l'on fasse communiquer les lames F, P au moyen d'un fil de fer f et d'un fil de platine p, on obtient une disposition dans laquelle on réalise le contact de deux métaux hétérogènes, c'est-à-dire le fer et le platine qui se touchent au point C. En même temps les métaux employés plongent dans un liquide qui ne peut exercer sur eux aucune action chimique, puisque la dissolution de sulfure de potassium n'attaque ni le platine ni le fer. Or, bien qu'il existe au point C un contact de deux métaux hétérogènes, l'aiguille du galvanomètre reste immobile, aucun courant ne traverse le circuit.

Ainsi le seul contact de deux métaux est impuissant à faire naître un courant voltaïque. Si l'on sépare les fils p et f au point C, et que l'on place entre eux un autre métal quelconque, tel que du zinc, par exemple, bien qu'il y ait *contact*, d'une part entre le zinc et le platine, et d'autre part entre le zinc et le fer, il n'y a pas encore de courant produit. Donc le contact seul ne développe point d'électricité.

Maintenant, si l'on vient à placer au point C, c'est-à-dire entre les deux fils conducteurs de platine et de fer, un morceau de papier imbibé d'acide sulfurique, le fer est attaqué par l'acide. Aussitôt l'aiguille du galvanomètre est déviée; le circuit est traversé par un courant électrique qui passe à travers le papier, du fer au platine. Le fer joue le rôle de métal positif, comme l'indique la théorie chimique.

Tandis que le contact de deux métaux hétérogènes ne développe aucune trace d'électricité, au contraire, dans les mêmes conditions, l'action chimique détermine l'établissement d'un courant voltaïque. Il n'y a pas de courant toutes les fois que l'action chimique manque, bien que le contact existe :

il y a au contraire production d'un courant voltaïque, toutes les fois qu'un liquide agit chimiquement sur un métal.

On peut remplacer la dissolution de sulfure de potassium par une dissolution concentrée de potasse, la lame de fer F par une lame d'argent, et le fil de fer *f* par un fil d'argent, la potasse caustique n'exerçant aucune action chimique ni sur l'argent ni sur le platine. L'expérience étant ainsi disposée, au point C (fig. 375), il y a contact de deux métaux hétérogènes, et pourtant le galvanomètre n'accuse la production d'aucun courant. Mais, si à ce point C on place, entre l'argent et le platine, un morceau de papier imbibé d'acide azotique, l'argent est attaqué tout aussitôt, et en même temps le galvanomètre signale la production d'un courant électrique.

M. Faraday a employé, dans le même appareil, d'autres liquides, tels que l'acide hypoazotique liquide et l'acide azotique. Toutes les fois que la combinaison voltaïque était formée de métaux sur lesquels ces liquides étaient sans action, il a constaté que le contact seul ne développait aucun courant électrique.

Cet expérimentateur est arrivé aux mêmes résultats, en plaçant dans le même appareil des liquides qui peuvent agir chimiquement sur l'un des métaux du couple pour former un sulfure. La dissolution de sulfure de potassium attaque avec énergie l'étain, le plomb, le bismuth, le cuivre, l'antimoine et l'argent. Si donc, dans le même appareil dont il a été question, on place un couple voltaïque formé de deux lames de platine et d'étain, de platine et de plomb, de platine et de bismuth, etc., on constate, à l'aide du galvanomètre, la production d'un courant électrique. Si l'action chimique s'arrête, le courant voltaïque s'arrête aussi en même temps. Tel est le cas des couples formés avec le platine et le plomb, le platine et le bismuth. Comme le sulfure de plomb ou le sulfure de bismuth provenant de la réaction sont insolubles dans le sulfure de potassium qui forme le liquide actif, et qu'ils se déposent sur la lame de plomb ou de bismuth, en couche continue et impénétrable, de telle manière que le métal est mis à l'abri de l'action du liquide, l'effet chimique s'arrête, et le courant électrique est suspendu au même instant. Si, au contraire, et tel est le cas du cuivre, de l'antimoine et de l'argent, le sulfure métallique formé, soluble dans le sulfure de potassium, ne se dépose point sur le métal négatif, mais se dissout dans la liqueur à mesure qu'il se forme, et laisse la surface du métal toujours nette et brillante, exposée à l'action chimique du sulfure de potassium, le courant électrique est continu et ne subit aucune interruption.

Tous ces faits démontrent avec évidence que l'action chimique est la seule source de l'électricité dans la pile de Volta; que le courant électrique commence au moment où l'affinité s'exerce entre les métaux du couple, et qu'elle s'arrête quand cette affinité est suspendue.

Fig. 376. — Expérience de M. Faraday prouvant qu'un métal unique peut fournir un courant électrique.

M. Faraday montre ensuite que l'on peut développer des courants électriques avec un métal unique, et sans contact avec un autre métal. Ce physicien a donné une très-longue liste des combinaisons voltaïques qui fournissent un courant électrique très-appréciable sans aucune espèce de contact métallique. Nous nous contenterons de citer les deux exemples suivants : 1° Dans deux vases de verre M et N (fig. 376) si l'on place une lame de platine P, et une lame de fer F plongeant, par leurs extrémités, dans ces vases de verre; si l'on verse dans le vase M de l'acide azotique étendu, et dans le vase N une dissolution de sulfure de potassium, cette combinaison voltaïque ne présentera aucun contact métallique. Cependant, par le fait de l'action chimique de l'acide azotique sur le fer, ce métal devient positif par rapport au platine ; le système entier est traversé par un courant électrique, dirigé de la lame F à la lame P dans le liquide actif du vase M, et assez puissant pour décomposer le sulfure de potassium dans le vase N.

Si dans le même appareil on remplace la lame de fer F par une lame de zinc, et le sulfure de potassium du vase N par une dissolution d'iodure de potassium, cette seconde combinaison ne donne pas non plus de contact métallique auquel on puisse rapporter le développement de la force électromotrice. Cependant, sous l'influence de l'acide azotique, le zinc devient positif par rapport au platine, il s'établit un courant voltaïque traversant les deux métaux, et ce courant est assez intense pour décomposer l'iodure de potassium contenu dans le vase N.

M. Faraday rapporte diverses expériences qui prouvent que le courant voltaïque change en même temps que le sens de l'action chimique, et que toute variation survenue dans le sens d'un courant voltaïque s'accompagne d'une variation correspondante dans le sens de l'action chimique. Il a pu, dans un grand nombre de cas, renverser le sens du courant voltaïque en conservant les mêmes métaux composant le couple, et changeant le liquide qui agit chimiquement sur ces métaux. Nous nous contenterons de citer quelques cas de ce genre.

Dans l'acide azotique étendu, le plomb est positif par rapport à l'étain ; dans l'acide sulfurique étendu, l'étain est positif par rapport au plomb. Or, l'expérience démontre que l'acide azotique attaque plus fortement le plomb que l'étain, tandis que l'affinité de l'acide sulfurique est plus forte pour l'étain que pour le plomb. Dans l'acide sulfurique étendu, l'antimoine est positif par rapport au cuivre ; dans l'acide chlorhydrique, le cuivre est positif par rapport à l'antimoine. Dans ce cas encore, le renversement du courant produit n'est que la traduction du changement survenu dans l'affinité des liquides pour chacun des métaux employés.

Fig. 377. — Michel Faraday.

Il résulte de tous les faits que nous venons de citer :

1° Que le contact seul de deux substances hétérogènes ne provoque aucun dégagement d'électricité ;

2° Que l'action chimique s'exerçant entre deux corps produit toujours un courant voltaïque ;

3° Que le courant électrique commence avec l'action chimique, s'accroît avec elle, s'arrête si l'action chimique est suspendue, et reprend si l'action chimique recommence ;

4° Que le sens du courant change quand l'action chimique vient à varier dans un couple voltaïque.

Toutes ces propositions, qui ne sont que des déductions rigoureuses des expériences de M. Faraday, prouvent par leur ensemble que le contact des substances hétérogènes n'est pour rien dans la production des phénomènes de la pile, et que l'action chimique qui s'exerce entre l'acide et l'un des métaux du couple est la seule origine de l'électricité qui prend naissance dans cet appareil.

Cette théorie a été étendue et confirmée par les travaux de M. Joule, en Angleterre, et de MM. Favre et Silbermann, en France. Ces expérimentateurs ont mesuré la chaleur développée dans les conducteurs, quand ils sont traversés par des courants continus, et le travail mécanique équivalent à ce développement de chaleur. Ils ont constaté ainsi que la chaleur dégagée correspond exactement à celle qui est produite directement par les combinaisons chimiques, mises en jeu dans la pile, lorsque ces combinaisons s'effectuent indépendamment de la pile.

Les calculs de ces physiciens conduisent à des conséquences importantes qui paraissent destinées à jeter un jour tout nouveau sur la production des courants. L'une de ces conséquences est la suivante. La force électromotrice est proportionnelle à la quantité de chaleur dégagée par la dissolution d'un équivalent de zinc dans un couple donné. Ce principe permet de prévoir exactement les effets que les différentes piles pourront produire. La chaleur ayant, d'ailleurs, son équivalent mécanique, on peut la transformer en travail, en faisant traverser par le circuit voltaïque un moteur approprié. M. Favre a fait quelques expériences dans cette direction, et il a trouvé 444 *kilogrammètres* pour la valeur numérique de l'équivalent mécanique de la chaleur dans le cas où l'intermédiaire de la transformation est l'électricité. Ce chiffre coïncide avec celui que l'on connaissait déjà par les expériences directes de M. Joule sur le frottement des liquides, et c'est là une des preuves les plus concluantes en faveur de la théorie chimique de la pile voltaïque.

Ces résultats font apercevoir en outre, entre l'électricité, la chaleur, les actions chimiques et le travail mécanique, ou le mouvement, une connexité étroite et des relations d'équivalence manifestes. Il n'est pas douteux qu'il n'y ait là le germe d'une doctrine nouvelle sur la nature de la pile, doctrine qui embrassera dans une même théorie ces phénomènes si divers et en apparence si complexes. Alors la force, Protée indestructible, sera maîtrisée et pliée à nos usages. Elle subira à notre gré mille transformations. L'homme sera le maître de la nature dont il aura mis à découvert les plus secrets ressorts.

FIN DE LA PILE DE VOLTA.

L'ÉLECTRO-MAGNÉTISME

ET LES

MACHINES A COURANT D'INDUCTION

La découverte de l'*électricité d'induction*, due au physicien anglais Faraday, découverte capitale, et dont chaque jour révèle davantage la portée extraordinaire, ne date que d'environ trente ans. Fille de la théorie pure, elle avait été préparée et prévue par le physicien Ampère. La théorie des aimants de l'illustre physicien français, contenait en germe, les découvertes relatives aux phénomènes d'induction, et devait tôt ou tard conduire à les réaliser.

« Les époques, écrivait Ampère en 1824, où l'on a ramené à un principe unique des phénomènes considérés auparavant comme dus à des causes différentes, ont été presque toujours accompagnées de la découverte d'un très-grand nombre de faits nouveaux, parce qu'une nouvelle manière de concevoir les causes suggère une multitude d'expériences à tenter, d'explications à vérifier. »

Ces paroles ont été justifiées de la manière la plus brillante, en ce qui concerne les travaux d'Ampère et sa féconde initiative.

Cependant les travaux de ce physicien qui amenèrent la découverte de l'*électricité d'induction*, avaient eu, à leur tour, un point de départ. C'était la découverte de l'électro-magnétisme faite par le Danois OErsted. Nous aurons donc à étudier successivement dans cette notice : 1° la découverte de l'électro-magnétisme ; 2° celle de l'électricité d'induction ; 3° enfin les machines qui ont été construites comme application de ces deux découvertes, machines qui jouent maintenant un certain rôle dans l'industrie et les arts.

CHAPITRE PREMIER

OBSERVATIONS ET ÉTUDES QUI ONT PRÉCÉDÉ LA DÉCOUVERTE D'ŒRSTED. — IDÉES DES PHYSICIENS DU XVIII° SIÈCLE SUR L'IDENTITÉ DES FORCES ÉLECTRIQUES ET MAGNÉTIQUES. — LIVRE DE MARAT. — IDÉES DE VAN SWINDEN. — OPINION DE RITTER APRÈS LA DÉCOUVERTE DE LA PILE. — TRAVAUX DE MUNCKE ET DE GRUNER. — EXPÉRIENCES DE ROMAGNOSI, DE PLAISANCE. — CE QU'IL FAUT EN PENSER. — DÉCOUVERTE D'ŒRSTED. — PHÉNOMÈNES GÉNÉRAUX DE L'ÉLECTRO-MAGNÉTISME. — DÉCOUVERTE DE L'AIMANTATION TEMPORAIRE DU FER PAR LE COURANT ÉLECTRIQUE. — EXPÉRIENCE D'ARAGO. — EXPÉRIENCES D'ARAGO ET AMPÈRE.

Les travaux d'OErsted reposent sur ce fait, établi par l'expérience, qu'une aiguille aimantée est déviée de sa direction, quand on la place dans le voisinage d'un courant électrique fermé. Il est facile de comprendre que l'observation d'un fait aussi important, qu faisait entrevoir nettement, pour la première fois, une connexité étroite entre l'électricité et le magnétisme, ne soit pas venue tout d'un coup à l'esprit des observateurs, mais qu'elle ait été amenée par une série de recherches antérieures, et de tâtonnements de l'expérience et de l'esprit.

Ce sont ces préliminaires de la découverte de l'électro-magnétisme que nous allons d'abord mettre en lumière.

L'idée d'une relation intime entre le magnétisme et l'électricité, avait préoccupé les esprits longtemps avant OErsted. Rien pourtant, jusqu'à cette époque, n'avait pu justifier nettement cette idée. Ses partisans en étaient donc réduits à s'appuyer sur des analogies forcées, qui soulevaient des difficultés insurmontables, et qui étaient sans cesse contredites par l'observation des faits.

L'idée de l'identité de l'électricité et du magnétisme, avait trouvé son origine dans la doctrine des philosophes du xviii° siècle, pour lesquels tous les phénomènes du monde physique ne sont que le résultat de quelques forces primordiales. Conformément au système de Descartes, la lumière, la chaleur, l'électricité, le magnétisme, n'étaient envisagés, au siècle dernier, que comme des manifestations variées d'un même agent, répandu dans l'univers. C'étaient des états différents, ou, pour ainsi dire, des *incarnations* différentes d'un même principe matériel.

Cette doctrine, issue de la philosophie de Descartes, ressemble beaucoup à celle vers laquelle nous conduisent les progrès les plus récents et l'esprit général de la science actuelle. Tout, en effet, nous amène à chercher dans le *mouvement* la véritable source des forces naturelles, que nos devanciers avaient, à tort, séparées, en les symbolisant par l'hypothèse de divers fluides impondérables, à savoir : les fluides électrique, magnétique, calorifique et lumineux. Les vibrations des molécules matérielles d'un invisible éther répandu dans tout l'espace, et les mouvements, infiniment petits, des corps visibles et tangibles, nous expliqueront peut-être un jour tous les effets attribués à ces forces, qui, évidemment, se transforment tous les jours, sous nos yeux, l'un dans l'autre.

Quelle que soit pourtant la ressemblance entre la théorie qui représente, en ce moment, le dernier mot de la science, et la doctrine, déjà ancienne, de l'identité des forces physiques, cette ressemblance est tout extérieure. Les grossières et vagues notions qui faisaient le fond du système des philosophes unitaires au xviii° siècle, n'étaient basées sur aucune démonstration expérimentale, et se réduisaient à des assimilations très-hasardées. Les physiciens du temps de Nollet considéraient l'électricité, comme étant le *feu primitif.* L'aimant était, dans ce système, une *pyrite martiale, saturée de fluide électrique,* en d'autres termes, un minerai de fer chargé d'électricité.

Cette opinion fut soutenue, à la fin du dernier siècle, par un homme dont le nom surprendra à bon droit nos lecteurs, par Marat.

Avant de jouer dans la révolution française le rôle sanglant et terrible qu'il devait y remplir, Marat était médecin. Il était médecin des gardes du corps du comte d'Artois. Les applications de l'électricité, comme moyen curatif des maladies, étaient alors fort en vogue, et beaucoup de médecins s'étaient trouvés ainsi conduits à s'occuper d'électricité. C'est ainsi que Marat songea à étudier les phénomènes électriques, et qu'il écrivit un livre de *Recherches sur l'électricité* (1) qui faisait suite à un traité du même genre sur le *feu.*

Ces *Recherches sur l'électricité* ne renferment guère que des élucubrations sans aucune base ; mais elles valent tout autant que beaucoup d'autres productions de la même époque relatives à l'électricité.

Dans cet ouvrage, en même temps qu'il veut prouver que l'aimant est un minerai de

(1) *Recherches physiques sur l'électricité,* par M. Marat, docteur en médecine et médecin des gardes du corps de M. le comte d'Artois. Paris, 1782, in-8, avec figures.

fer saturé d'électricité, le *docteur Marat* cherche, dès le premier chapitre de son ouvrage, à établir cette proposition que « le fluide électrique et le fluide magnétique diffèrent essentiellement. » On éprouve quelque satisfaction à voir le féroce terroriste faire ainsi de la science à contre-sens et de la physique à rebrousse-poil !

Les hommes éclairés ne pouvaient se dissimuler le peu de valeur de ces spéculations philosophiques. En effet, l'analogie qui existe entre l'action magnétique et celle que les substances électrisées exercent sur les corps légers, restait toujours, malgré toutes les dissertations contraires des rhéteurs et des physiciens de la force de Marat, comme un indice de l'existence de rapports très-intimes entre ces deux classes de phénomènes.

Le Père Cotte, après avoir énuméré, dans son *Traité de météorologie*, une série de points de ressemblance qu'il découvre entre les corps électrisés et l'aimant, s'exprime comme il suit :

« Ces différents traits d'analogie entre les matières électriques et magnétiques, me font soupçonner que ces deux matières n'en font qu'une, diversement modifiée et susceptible de différents effets, dont on commence à apercevoir l'unité de cause et de principe. Ce n'est donc qu'une conjecture, que l'expérience et l'observation convertiront peut-être un jour en certitude. »

Lacépède et le physicien italien Cigna, admettaient également une étroite ressemblance entre la force électrique et la force magnétique, sans vouloir pourtant les identifier.

Lacépède fait remarquer le rapport intime qui semble exister entre les causes des phénomènes électriques et celles des phénomènes magnétiques ; mais il se hâte d'établir une distinction, qui ne laisse pas que d'être assez amusante. L'élément du feu, lorsqu'il se combine avec l'air, produit la lumière ; combiné avec l'eau, il donne naissance au fluide électrique ; combiné avec la terre, il produit le fluide magnétique (1).

Ainsi, l'électricité pour Lacépède n'est autre chose que du *feu humide !* Je ne sais si le lecteur se rend compte de ce que peut être un *feu humide*. Pour moi, je ne saurais m'en faire l'idée.

Ces théories, ou plutôt ces spéculations, furent combattues avec beaucoup de sagacité, par un savant hollandais, Van Swinden, dans une série de mémoires qu'il fit paraître en 1785 (2). Dépassant le but, Van Swinden va jusqu'à nier toute analogie entre l'électricité et le magnétisme. Il s'efforce de réfuter les arguments qu'on a émis en faveur de cette analogie, et notamment celui qui repose sur l'influence que les aurores boréales et la foudre exercent sur l'aiguille aimantée. C'était là pourtant un argument d'une valeur très-réelle, le meilleur peut-être qu'on pût trouver à cette époque.

Tel était l'état de la science au commencement du siècle actuel, quand Volta découvrit l'instrument admirable qui porte son nom. Les physiciens ne pouvaient tarder à reconnaître la grande analogie qui existe entre les phénomènes du courant voltaïque et les effets des aimants. Les deux électricités contraires accumulées aux deux bouts des conducteurs de la pile, offraient, en quelque sorte, le simulacre des pôles d'un aimant.

Aussi le physicien allemand J. W. Ritter ne craignit-il pas d'émettre cette opinion, que la pile est un véritable aimant ; pourvu d'un pôle positif et d'un pôle négatif. Mais, cette assimilation forcée, vu l'absence totale de démonstrations à l'appui, était en contradiction flagrante avec l'expérience, comme le prouvèrent bientôt plusieurs observateurs.

Il faut dire, d'ailleurs, que l'identité des causes n'entraîne pas l'identité des effets, et

---

(1) *Essais sur l'électricité*, vol. II, p. 37.
(2) *Analogie de l'électricité et du magnétisme.* (Recueil de mémoires couronnés par l'Académie de Bavière.) La Haye, 1785, 2 vol. in-8.

que la pile ne saurait être considérée comme un corps aimanté.

Un programme du cours d'Ampère, imprimé en 1802, porte encore la mention suivante : « Le professeur *démontrera* que les phénomènes électriques et magnétiques sont dus à *deux fluides différents*, et qui agissent indépendamment l'un de l'autre (1). » Quelle était donc cette preuve établissant la différence de ces deux fluides, et qui était présentée par Ampère, c'est-à-dire par le physicien même qui, plus tard, devait démontrer l'identité de ces deux forces, par la théorie mathématique ?

Muncke et Gruner s'efforcèrent de produire des effets comparables à ceux de la pile, à l'aide de puissantes batteries magnétiques. Mais leurs tentatives échouèrent.

Ils cherchèrent ensuite à reconnaître si des piles voltaïques très-petites et très-mobiles seraient déviées, comme un aimant, par la décharge de grandes batteries magnétiques. Mais ici encore leurs efforts furent inutiles. Une pile, même de très-petites dimensions, flottant sur l'eau, ne bougeait pas, quand on déchargeait dans le voisinage de ses pôles, toute une batterie électrique.

Ces deux physiciens auraient réussi dans leur expérience s'ils avaient retourné le problème. Il fallait, comme le fit plus tard, OErsted, opérer avec des piles puissantes, qu'on aurait rapprochées d'aimants mobiles, de petites dimensions, c'est-à-dire d'une aiguille aimantée. Mais cette idée ne se présenta pas à nos deux physiciens.

Malgré l'insuccès des expériences de Muncke et de Gruner, les idées de Ritter concernant l'identité de l'électricité et du magnétisme, s'enracinèrent chaque jour davantage dans les esprits. Ritter savait les présenter avec une faconde persuasive, qui faisait oublier les difficultés très-réelles, et les objections que soulevait sa théorie.

(1) Arago, *Notice biographique sur Ampère*, OEuvres, vol. II. p. 50.

Tout le monde alors voulait travailler à la solution du grand problème.

« Le galvanisme, écrivait un anonyme au *Monthly Magazine* en avril 1802, est, pour le moment, la grande occupation de tous les chimistes et physiciens allemands. A Vienne, on a annoncé une découverte importante : un aimant artificiel, employé à la place de la pile voltaïque, décomposerait l'eau aussi bien que celle-ci ou que la machine électrique. On en conclut que les fluides électrique, galvanique et magnétique sont les mêmes. »

Que signifie cette annonce mystérieuse ? Faut-il y voir la preuve d'une découverte aussitôt oubliée que produite ? N'est-ce que l'invention d'un chroniqueur, qui réalise prématurément et de sa propre autorité, les secrètes espérances d'une foule de chercheurs ? Il est impossible aujourd'hui de décider cette question ; mais les lignes qui précèdent n'en sont pas moins intéressantes pour l'histoire de l'électro-magnétisme.

Il nous reste à mentionner un dernier fait, précurseur de l'immortelle découverte d'OErsted. C'est l'observation curieuse qu'un physicien italien, Jean-Dominique Romagnosi, fit en 1802. Joseph Izarn a rapporté cette observation dans un ouvrage publié en 1804 (1).

« D'après les observations de Romagnosi, dit cet auteur, l'aiguille déjà aimantée, et que l'on soumet ainsi au courant électrique, éprouve une déclinaison ; et d'après celles de Mojon, savant chimiste de Gênes, les aiguilles non aimantées acquièrent par ce moyen une sorte de polarité magnétique. »

De son côté, Aldini, dans son ouvrage sur *le galvanisme* (2), fait mention de ces mêmes expériences, dans les termes suivants :

« Mojon, dit-il, a magnétisé des aiguilles à coudre, de la longueur de deux pouces, par un appareil à tasses de cent verres. Cette nouvelle propriété du galvanisme a été constatée par d'autres observateurs, et dernièrement, par M. Romagnosi, qui a reconnu que le galvanisme faisait décliner l'aiguille aimantée. »

(1) Izarn, *Manuel du galvanisme*, Paris, 1804, p. 120.
(2) Jean Aldini, *Essai théorique et pratique sur le galvanisme, avec une série d'expériences faites en présence des commissaires de l'Institut national de France*. Paris, 1804, t. I, p. 340.

Il est très-surprenant que ces mentions si expresses aient été complétement oubliées seize ans plus tard, quand OErsted publia sa découverte ; car elles contiennent cette découverte, non pas seulement en germe, mais tout entière.

Nous dirons pourtant que, lorsqu'on examine de plus près les titres de Romagnosi à la découverte de l'électro-magnétisme, et quand on consulte le texte dont il s'agit, ces titres paraissent beaucoup moins solidement établis qu'on ne l'a déclaré. Voici, en effet, le document original sur lequel s'appuient les réclamations des compatriotes de Romagnosi. C'est un article qui parut le 3 août 1802, dans un journal politique de Trente, le *Ristretto dei Foglietti universali*. Il a été reproduit récemment par l'abbé Zantedeschi, à l'occasion de l'inauguration d'un monument qu'on avait élevé à Romagnosi, à Plaisance, sa ville natale (1). On va voir que ce document ne justifie pas les prétentions de ceux qui ont essayé de revendiquer pour le célèbre Plaisantin, une des plus grandes découvertes de notre siècle.

« M. le conseiller Gian-Domenico Romagnosi, est-il dit dans ce *fait divers* du journal italien, demeurant ici et connu de la république des lettres par d'autres profondes productions, s'empresse de faire connaître aux physiciens de l'Europe, une expérience relative au fluide galvanique, appliqué au magnétisme. Ayant préparé la pile de M. Volta avec des disques de cuivre et de zinc, séparés par des rondelles imprégnées d'une solution ammoniacale, l'auteur fixe à cette pile un fil d'argent, brisé en plusieurs points comme une chaîne. La dernière articulation de cette chaîne passait par un tube de verre, et se terminait à un bouton d'argent qui sortait du tube. Ensuite, il prit une aiguille aimantée ordinaire, disposée à la manière d'une boussole marine, et fixée dans une chape prismatique de bois ; puis, ayant enlevé le couvercle de verre, il plaça l'aiguille sur un isolateur en verre, à peu de distance de la pile. Ceci fait, il saisit la chaîne par le tube de verre, et en appliqua le bouton terminal à l'aiguille aimantée. Après un contact de quelques secondes, l'aiguille se détourna de plusieurs degrés de sa position polaire.

(1) *Corrispondenza scientifica in Roma*, n. 42, 9 avril 1859.

La chaîne ayant été soulevée, l'aiguille conserva cette déviation. Quand on appliqua la chaîne de nouveau, l'aiguille s'écarta encore un peu, et garda ensuite sa nouvelle position, comme si sa polarité avait été détruite. Voici comment M. Romagnosi a rétabli cette polarité. Il a pressé des deux mains, entre le pouce et l'index, les bords de la boîte en bois isolée, et il a vu, au bout de quelques instants, l'aiguille revenir lentement à sa position polaire, non pas tout d'un coup, mais par pulsations, comme une aiguille des secondes. Cette expérience a été faite au mois de mai, elle a été répétée en présence de plusieurs personnes. »

Il est question ensuite, dans le même article, d'une autre expérience de Romagnosi, qui aurait obtenu des phénomènes d'attraction électrique, en approchant la rondelle d'argent d'un fil de chanvre mouillé d'eau ammoniacale, et suspendu à un bâton de verre.

Toutes ces expériences devaient être exposées dans un mémoire que Romagnosi se proposait de publier sur l'électricité et le galvanisme, mais qui ne vit point le jour. Elles sont, il faut en convenir, incompréhensibles ; car rien ne fait supposer, qu'il s'agisse ici d'un circuit voltaïque fermé. L'auteur met le conducteur même de la pile en contact avec l'aiguille aimantée, ce qui ne revient nullement à fermer le courant, et ne peut produire le phénomène électro-magnétique qu'il était réservé à OErsted de réaliser le premier. L'abbé Zantedeschi s'efforce de démontrer que Romagnosi devait avoir touché la pile de manière à établir une communication entre les deux pôles ; mais cette interprétation tardive est en contradiction avec le texte.

En fin de compte, la prétendue découverte de Romagnosi n'exerça aucune espèce d'influence sur le progrès de la science électrique; tandis que celle d'OErsted, qui n'apparut que dix-huit ans plus tard, révolutionna le monde scientifique.

Il n'est pas rare de rencontrer, dans l'histoire des sciences, des faits de tout point analogues à celui qui vient de nous occuper. Les grandes découvertes sont quelque temps, pour ainsi dire, dans l'air, avant qu'un homme se rencontre qui en comprenne la portée, et qui rende fécond le germe depuis longtemps créé. Quoique Mojon et Romagnosi eussent observé, selon toute apparence, des phénomènes d'électro-magnétisme, aucun physicien, pas même eux, ne se doutait de l'existence d'un phénomène de ce genre à l'époque où OErsted publia l'immortelle expérience qui vint montrer à tous les yeux, l'influence du courant électrique fermé sur les aimants.

Fig. 378. — Christian OErsted.

OErsted avait partagé jusqu'en 1820 les opinions généralement répandues sur l'identité absolue de l'électricité et du magnétisme. Dans ses *Réflexions sur les lois de la chimie*, publiées en 1812, il s'efforce encore de démontrer par des faits, l'identité de la pile et d'un aimant. Dans ses cours publics, il faisait des expériences destinées à mettre cette identité en lumière ; mais ces expériences ne réussissaient pas. La pile ne pouvait être assimilée à un aimant ; en d'autres termes, elle n'avait deux pôles contraires que lorsque ses pôles étaient libres et le courant interrompu, c'est-à-dire ouvert. Or, c'est justement dans ce cas qu'elle est sans influence sur les aimants. C'était donc à tort que OErsted et des physiciens de son temps voulaient établir cette assimilation.

Dans les idées qui régnaient alors, un courant électrique fermé ne pouvait être doué d'une polarité quelconque. Aussi ne se préoccupait-on nullement du courant fermé.

Mais si le circuit fermé était considéré comme dépourvu de toute action, comment donc, va dire le lecteur, OErsted put-il être conduit à faire cette expérience du circuit fermé, qui fit subitement jaillir des ténèbres la lumière tant cherchée ? Cette expérience fut tout simplement le fait du hasard. Le hasard, qui avait déjà provoqué la découverte du galvanisme, fut aussi la bénissable fée, qui présida à la naissance de l'électro-magnétisme.

Pendant l'hiver de 1819 à 1820, OErsted faisait son cours de physique à l'Université de Copenhague. Il était occupé à montrer à son auditoire, la puissance calorifique de la pile de Volta, en portant à l'incandescence un fil de platine tendu entre les deux pôles. Une aiguille aimantée se trouvait par hasard, placée sur la table, à quelque distance de la pile. Or, au moment où la pile fut mise en action, cette aiguille aimantée se mit à osciller d'une façon singulière. Ce phénomène inattendu éveilla l'attention des assistants. On ne comprenait pas que le fil qui joint les deux pôles de la pile et forme le courant voltaïque, pût exercer une influence quelconque sur une aiguille aimantée, car, en réunissant les deux pôles, il semblait que, par cela même, on anéantissait le courant. Mais il fallut se rendre à l'évidence et reconnaître qu'un courant électrique fermé jouit d'une action propre et très-manifeste (1).

(1) On a dit qu'à l'une de ses leçons, OErsted, saisissant vivement les deux fils qui, par leur contact, fermaient le courant électrique, s'écria, dans une sorte de mouvement oratoire : « Je ne puis croire que cet appareil soit sans action sur les aimants ! » et que, par ce geste involontaire, il approcha le circuit fermé de l'aiguille aimantée, qui fut aussitôt déviée de sa position d'équilibre. Mais cette version théâtrale manque de preuves.

Fig. 379. — OErsted découvre la déviation de l'aiguille aimantée par le courant électrique fermé (1820).

La leçon terminée, et quand tous les assistants se furent retirés, OErsted s'empressa de répéter l'expérience qui s'était faite, pour ainsi dire toute seule, sous les yeux du public et des élèves. Il plaça une aiguille aimantée mobile, près de la même pile qu'il remit en action, et il vit l'aiguille dévier avec la plus grande énergie, quand on l'approchait du fil conjonctif qui reliait les deux pôles de la pile. L'électro-magnétisme était découvert!

Il est probable, pourtant, que l'immense portée de ce fait nouveau, ne fut pas, tout d'abord, appréciée par l'auteur de cette découverte, quoiqu'il se soit efforcé plus tard, de prouver que ce sont ses recherches théoriques sur les effets de la réunion des deux électricités dans les courants fermés, qui l'ont conduit à la découverte de l'électromagnétisme.

OErsted publia sa découverte au mois de juillet 1820, dans un mémoire de quatre pages, écrit en latin, et intitulé : *Experimenta circum effectum conflictûs electrici in* arcum magneticum (*Expériences relatives à l'effet du conflit électrique sur l'aiguille aimantée*), qui ne tarda pas à être traduit en allemand et en français (1).

Le lundi, 11 septembre 1820, M. de La Rive, qui arrivait de Genève, répéta l'expérience d'OErsted, à Paris, devant l'Académie des sciences.

Le lundi suivant, Ampère donnait déjà communication d'un autre fait, qui complétait le premier et constituait définitivement l'électro-magnétisme.

C'est depuis ce jour, que la science électrique a fait des pas de géant.

Hans-Christian OErsted était né le 14 août 1777, à Rud Kjerbig, dans l'île danoise de Langeland, où son père exerçait la pharmacie. Après avoir fait ses études à Copenhague, il obtint, en 1800, le grade d'agrégé de la Faculté de médecine, et prit, en même temps, la direction d'une pharmacie. L'année suivante, le jeune OErsted eut la bonne fortune d'obtenir le *stipendium cappelianum*, espèce de bourse qui lui donnait les moyens de voyager pendant cinq ans en Europe pour son instruction. C'est le *prix de Rome* des jeunes savants danois, institution excellente, et qui manque à la France, comme hélas ! tant d'autres institutions concernant les sciences. OErsted profita largement de cette occasion d'étendre le cercle de ses connaissances.

De retour à Copenhague, il fut nommé professeur de physique à l'Université de cette ville. Quelque temps après, il fut, en outre, chargé d'un cours de sciences naturelles à l'École militaire.

En 1822, il entreprit un nouveau voyage, qui le conduisit à Berlin, à Munich, à Paris, à Londres et à Édimbourg, et qui lui valut partout des ovations enthousiastes. Sa découverte, qui avait dévoilé le lien secret qui existe entre le magnétisme et l'électricité, et ouvert à la science des horizons nouveaux, avait fait tout à coup un homme célèbre du modeste professeur de Copenhague. Les sociétés savantes, les gouvernements et les particuliers, rivalisaient à qui lui donnerait des témoignages éclatants de considération. La *Société royale de Londres* lui décerna sa grande médaille d'or, la distinction suprême dont elle dispose. Le roi de Danemark le nomma chevalier de l'ordre du Danebrog, et cet exemple fut imité par d'autres gouvernements.

Vingt ans plus tard, en 1842, l'Académie des sciences de Paris élut OErsted comme un de ses associés étrangers.

A peine de retour à Copenhague, OErsted y fonda la *Société danoise pour la propagation des sciences naturelles*. En 1828, il fut créé conseiller d'État par le roi de Danemark. L'École polytechnique de Copenhague ayant été fondée en 1829, il fut nommé directeur de cette école. Il a conservé ce poste jusqu'à la fin de ses jours.

OErsted est mort, le 9 mars 1851, à l'âge de 74 ans.

Le physicien de Copenhague a laissé sur différentes branches de la physique, un grand nombre de mémoires, qui sont disséminés dans les recueils spéciaux, et dans les *Comptes rendus de la Société royale des sciences de Copenhague*, dont il fut le secrétaire perpétuel depuis 1815. On lui doit l'invention du *piézomètre*, instrument qui sert à mesurer la compressibilité des liquides. Il ne s'était pas seulement adonné à la physique. Chimiste distingué, il a fait des analyses très-délicates. On lui doit encore des mémoires très-estimés sur l'histoire et la philosophie de la chimie. Les nombreux ouvrages qu'il a laissés, et dont plusieurs ont été traduits en allemand et en français, nous montrent OErsted comme un excellent écrivain, en même temps qu'un savant hors ligne. Tous ses écrits se distinguent par une tendance philosophique, et par un langage à la fois poétique et populaire,

---

(1) *Annales de chimie et de physique*, vol. XIV, 1820.

qui explique leur succès immense. Son *Esprit de la nature* a été récemment traduit en français par M. Martin.

Revenons à l'expérience fondamentale d'OErsted, qui a été le point de départ de la science de l'électro-magnétisme. Essayons de la préciser.

On sait que le fil métallique qui réunit les deux pôles d'une pile de Volta, est traversé sans cesse par un courant électrique, c'est-à-dire par les deux fluides contraires, qui se combinent aussitôt qu'ils prennent naissance à chacun des pôles. C'est grâce à ce mouvement de l'électricité, que le fil conjonctif acquiert des propriétés nouvelles. Si l'on dispose au-dessus d'une boussole, et parallèlement à la direction de son aiguille, c'est-à-dire dans le sens du méridien magnétique, un fil de cuivre ou de platine, isolé, sa présence n'a aucun effet sur l'aiguille aimantée. Mais si l'on fait communiquer ce fil par ses deux extrémités, avec les deux pôles d'une pile, on voit aussitôt l'aiguille aimantée changer de direction, et se dévier de sa position d'équilibre, d'une quantité d'autant plus grande, que la pile est plus énergique et le fil plus rapproché de l'aiguille (fig. 380). Si le courant est très-intense et très-près de la boussole, la déviation

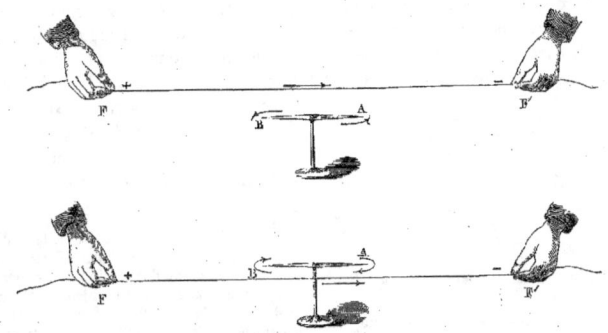

Fig. 380 et 381. — Courant magnétique.

peut aller jusqu'à 90 degrés, c'est-à-dire que l'aiguille se place perpendiculairement au méridien magnétique. Mais dès que le courant cesse de traverser le fil, l'aiguille revient à sa position primitive, et n'obéit plus qu'à l'action directrice de la terre.

Nous avons supposé que le fil conjonctif est placé *au-dessus* de l'aiguille aimantée. Si on le place *au-dessous*, sans rien changer à la disposition de l'expérience, la déviation sera la même en quantité, mais elle aura lieu en sens contraire. Si le fil supérieur dévie le pôle nord de l'aiguille vers l'ouest, le fil inférieur le transportera vers l'est. Le sens de la déviation sera encore renversé lorsqu'on changera le sens du courant dans le fil conjonctif.

On est convenu de dire que le courant va du pôle positif au pôle négatif. On le renverse en mettant le pôle positif en communication avec l'extrémité du fil conjonctif qui d'abord aboutissait au pôle négatif, et le pôle négatif avec l'extrémité qui était fixée au pôle positif.

Supposons maintenant que le courant se dirige dans le fil F, F', tendu dans le méridien magnétique, du sud vers le nord (*fig.* 380).

Le fil est disposé au-dessus d'une aiguille

mobile AB, dont le pôle austral A regarde le nord, et le pôle boréal B, le sud. (On est convenu d'appeler *pôle boréal* celui des deux pôles d'un aimant qui, saturé de fluide boréal, est attiré par le pôle sud ou pôle austral de la terre, et se dirige vers le sud ; et de même, *pôle austral*, celui qui se dirige vers le nord de la terre.) La déviation aura lieu, ainsi que le montre la figure, du nord vers l'ouest, et du sud vers l'est. Si le fil est en bas, la déviation se fera en sens contraire (*fig.* 381).

Pour faciliter l'énoncé de ces résultats, Ampère eut l'idée étrange, mais singulièrement ingénieuse, de personnifier, pour ainsi dire, le courant.

On suppose que le courant traverse un observateur, en entrant par les pieds et en sortant par la tête ; ou bien que l'observateur descend au fil du courant. Puis, identifiant

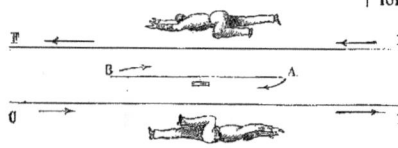

Fig. 382. — Courant électrique personnifié.

ce courant avec l'observateur lui-même, on dit que le courant a une face, un dos, une droite et une gauche ; c'est la face, le dos, la droite ou la gauche de l'observateur imaginaire. Il suffit alors de se figurer l'observateur, comme le représente la figure 382, et de le tourner de manière qu'il regarde toujours l'aiguille aimantée AB, pour comprendre tous les phénomènes de déviation dans un énoncé très-simple : *le pôle austral* (pôle nord) *de l'aiguille se dirige toujours vers la gauche du courant.*

Ce singulier énoncé d'Ampère s'accorde avec l'expérience, que le fil soit vertical ou horizontal, qu'il soit au-dessus ou au-dessous de l'aiguille. Il contient en germe la théorie de l'électro-magnétisme, telle qu'elle a été développée par Ampère. Il fournit enfin le moyen de reconnaître immédiatement l'existence et la direction d'un courant galvanique par la déviation qu'il imprime à l'aiguille d'un galvanomètre. En outre, la grandeur de cette déviation mesure l'intensité du courant.

Ces propriétés de déviation des courants doivent, au premier abord, paraître bien singulières. Tout le monde sait qu'un levier qui peut tourner autour d'un pivot fixe, ne se déplacerait pas si on le tirait dans le sens de sa longueur ; pour le faire marcher, il faut le pousser transversalement. Or c'est, en apparence du moins, le contraire de ce qui arrive pour les courants mis en présence de l'aiguille d'une boussole. Quand le fil conjonctif que traverse un courant, est placé suivant l'axe longitudinal de l'aiguille, la force déviatrice est à son maximum ; quand le courant se présente à l'aiguille dans une direction perpendiculaire au méridien, l'effet est insensible, l'aiguille reste en repos.

« Telle est l'étrangeté de ces faits, dit Arago, que, pour les expliquer, divers physiciens eurent recours à un flux continu de matière électrique circulant autour du fil conjonctif, et produisant la déviation de l'aiguille par voie d'impulsion. Ce n'était rien moins, en petit, que les fameux tourbillons qu'avait imaginés Descartes, pour rendre compte du mouvement général des planètes autour du soleil. Ainsi, la découverte d'OErsted semblait devoir faire reculer les théories physiques de plus de deux siècles (1). »

C'est OErsted lui-même qui émit cette hypothèse étrange des tourbillons électriques circulant autour du fil conjonctif, en deux hélices, de directions contraires pour les deux fluides.

Cette théorie a été aussi vite abandonnée que conçue, parce qu'elle donne lieu à trop d'objections. Mais il faut ajouter que jusqu'à ce jour, elle n'a été remplacée par aucune autre qui explique la nature intime des cou-

(1) Arago, *Notice biographique sur Ampère*, vol. II des OEuvres.

rants électriques. Nous connaissons les lois de l'action des courants, mais nous ne savons pas encore ce que c'est que l'électricité.

La découverte d'OErsted, bien qu'immédiatement appréciée par les physiciens, resta quelque temps encore, avant de faire son chemin dans le monde savant. C'est qu'on croyait d'abord que la déviation des aiguilles ne pouvait s'observer qu'avec une pile très-puissante; tandis qu'il suffit, pour cela, d'une force électromotrice insignifiante. Mais dès que l'expérience fut présentée dans son véritable jour; dès que l'on reconnut que tout observateur peut, avec les moyens d'expérience les plus simples, se livrer à l'étude de ce nouveau genre de phénomènes, on vit des hommes de toutes les classes, médecins, naturalistes, amateurs de toute sorte, s'emparer avec une ardeur incroyable, des phénomènes de l'électro-magnétisme. De cette émulation universelle, sont sorties les plus belles et les plus importantes découvertes de notre siècle dans l'électricité.

André-Marie Ampère fonda la science de l'électricité dynamique, en étudiant l'action des courants sur les aimants et celle des courants sur les courants. Il fut le législateur de cette branche de la physique ; et, comme l'a dit M. Babinet, « si OErsted avait été le Christophe Colomb du magnétisme, Ampère en fut le Pizarre et le Fernand Cortez. »

Pour étudier l'action de la pile sur l'aiguille aimantée sans être gêné par le magnétisme terrestre, Ampère imagina sa boussole *astatique*, dont l'aiguille est mobile dans un plan perpendiculaire à la direction de la force magnétique de la terre, direction donnée par les observations de l'inclinaison. On comprend que l'aiguille ainsi disposée ne peut pas céder à l'action directrice de la terre, puisque cette action, s'exerçant perpendiculairement au plan de rotation de l'aiguille, est détruite par la résistance du support. Dès lors, cette dernière obéit librement à l'influence des courants que l'on fait naître dans son voisinage.

Mais Ampère ne se contenta pas de chercher les lois de cette action des courants sur les aimants. Il conçut une généralisation merveilleuse de ce genre de phénomènes : l'influence des courants sur les courants.

Fig. 383. — A.-M. Ampère.

Cette idée avait à peine traversé son esprit fécond en ressources, qu'il imagina des dispo-

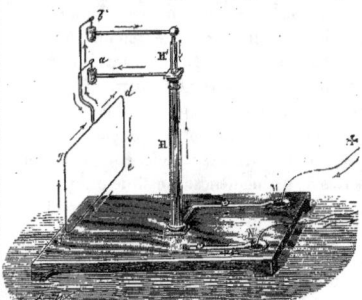

Fig. 384. — Boussole astatique.

sitions extrêmement ingénieuses pour rendre mobile une certaine étendue d'un fil conjonctif, sans que ses extrémités eussent à se détacher des pôles de la pile. Ainsi, par exemple, il suspendit verticalement aux colonnes métalliques H, H', un rectangle de fil de cuivre *defg* (*fig*. 384), dont les extrémités redressées et terminées en crochets *a*, *b*, plongeaient dans de petits godets pleins de mercure. Ce rectangle pouvait donc tourner librement autour d'un axe vertical, sans que le courant fût interrompu dans le circuit dont le rectangle faisait partie.

Cet appareil permit à Ampère de constater l'action mutuelle de deux courants, phénomène qu'il avait deviné *à priori*, et le 18 septembre 1820, c'est-à-dire une semaine après l'annonce de la découverte d'OErsted à l'Académie des sciences, Ampère faisait déjà connaître la sienne. « Je ne sais, dit Arago, si le vaste champ de la physique offrit jamais une si belle découverte, conçue, faite et complétée avec tant de rapidité. »

Ampère avait trouvé que deux courants parallèles s'attirent quand ils sont de même sens, et se repoussent lorsqu'ils vont en sens contraire. Ce fait inattendu forme la base de l'électro-dynamique. On voit qu'il est en opposition avec les faits connus jusqu'alors en électricité. En effet, tandis que les corps chargés d'électricité ou de magnétisme de même nom, se repoussent, les courants semblables, loin de se repousser, comme les corps électrisés, s'attirent. Les courants inverses se repoussent, tandis que les électricités contraires ou les pôles opposés de deux aimants, s'attirent, comme tout le monde le sait. Cette différence essentielle entre les deux sortes de phénomènes, constitue un des côtés les plus nouveaux de l'électricité dynamique.

Quelques savants, jaloux de la gloire naissante d'Ampère, prétendirent que l'action mutuelle des courants aurait pu se prévoir d'après le principe de l'action et de la réaction, puisque chacun des fils, pris séparément, agit sur l'aiguille aimantée. Ces détracteurs furent réduits au silence par l'argument suivant, dû à Arago :

« Voilà, leur dit-il, deux clefs en fer doux. Chacune d'elles attire cette boussole : si vous ne me prouvez pas que, mises en présence l'une de l'autre, ces clefs s'attirent ou se repoussent, le point de départ de vos objections est faux. »

A cet argument, il n'y avait rien à répliquer.

Ampère se mit alors à chercher la théorie mathématique de ces phénomènes compliqués. Il la trouva en étudiant divers états d'équilibre entre des fils conjonctifs de certaines formes, placés l'un devant l'autre. Il démontra par ces observations, que l'action réciproque des éléments de deux courants s'exerce suivant la ligne qui unit leurs centres ; qu'elle dépend de leur inclinaison mutuelle, et qu'elle varie d'intensité dans le rapport inverse des carrés des distances.

Armé de cette loi fondamentale, Ampère aborda le problème général des actions électrodynamiques, et il ne tarda pas à déduire de ses formules ce résultat remarquable : Qu'une suite de courants circulaires mobiles, mis en présence d'un courant rectiligne, tendraient à se placer parallèlement à ce dernier, — et que si ces mêmes courants circulaires étaient enfilés sur un axe horizontal mobile, ils l'entraîneraient et le forceraient à se placer en croix par rapport au courant rectiligne.

Ce résultat donne la clef des phénomènes électro-magnétiques. Il explique la direction en croix de l'aiguille aimantée par rapport à un courant rectiligne, en supposant que chaque aimant soit un système de courants circulaires.

Ampère s'empressa de soumettre à l'épreuve de l'expérience cette conception ingénieuse. Il imita un système de courants circulaires fermés, en faisant traverser par un courant un fil enveloppé de soie et plié en hélice à spires très-resserrées CD (*fig*. 385).

Deux physiciens allemands, MM. Schweigger et Poggendorff, avaient découvert qu'il est facile d'*isoler* le courant, dans un fil métallique, en le recouvrant de soie ou d'un vernis résineux, sans que cet isolement empêchât les effets magnétiques de se manifester à distance. Ampère mit à profit cette observation pour former ces systèmes de courants circulaires dont nous venons de parler, et auxquels il donna le nom de *solénoïdes*.

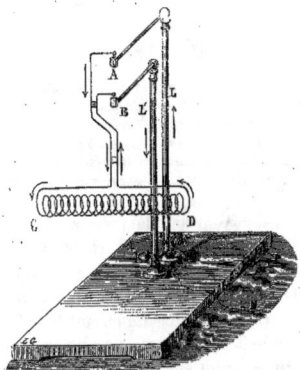

Fig. 385. — Hélice magnétique ou *solénoïde*.

La ressemblance entre les effets des solénoïdes et ceux d'un aimant fut si grande, que l'idée d'une identité complète entre les uns et les autres, jeta des racines profondes dans l'esprit de l'illustre géomètre. Ampère fit voir qu'il est permis d'assimiler les aimants à des systèmes de courants circulaires, de même sens, circulant autour des molécules du fer ou de l'acier. L'ensemble de ces courants préexiste dans ces substances ; mais ils sont dirigés en tous sens et se contrarient les uns les autres, jusqu'à ce qu'une action magnétisante vienne les orienter tous dans le même sens et provoquer la polarité propre aux solénoïdes. Aimanter le fer, c'est donc ramener au parallélisme, les petits tourbillons électriques qui circulent autour des molécules : ici comme ailleurs, l'union fait leur force.

Cette nouvelle théorie, aussi simple qu'ingénieuse, rend compte de tous les faits de la science magnétique ; elle ramène à une cause unique le magnétisme et l'électricité dynamique. Si son exactitude n'est pas entièrement démontrée, elle est pourtant infiniment préférable à l'hypothèse des deux fluides matériels accumulés dans les aimants. Elle explique même l'action directrice de la terre sur les aiguilles aimantées, en supposant que la terre est entourée de courants circulaires. Enfin, elle fit prévoir à Ampère que les courants mobiles seraient dirigés par la seule action de la terre, tout comme les aiguilles aimantées. L'expérience a confirmé cette prévision.

Nous arrivons à la grande découverte qui a permis de réaliser la télégraphie électrique, et toutes les applications du même genre. Nous voulons parler de l'*aimantation temporaire du fer* par le courant électrique, découverte due au célèbre physicien français Arago. Cette seconde découverte eut encore pour point de départ l'expérience d'OErsted.

Arago avait vu répéter l'expérience du physicien danois, à Genève, dans le laboratoire de M. de La Rive. En la vérifiant à son tour, il remarqua que le fil conjonctif de la pile se charge de limaille de fer, comme ferait un aimant ; mais qu'il n'attire point la limaille de cuivre ou de laiton. Le courant fait donc naître dans le fer doux, la vertu magnétique, et cette vertu disparaît dès que le courant est interrompu.

En employant une aiguille à coudre, c'est-à-dire un petit barreau d'acier, Arago parvint à aimanter le métal d'une manière durable par le courant électrique.

Cette grande découverte fut consignée le 20 septembre 1820 (1), dans les procès-verbaux des séances du bureau des Longitudes.

Le 25 septembre, c'est-à-dire moins d'une semaine après la première communication d'Ampère, Arago fit connaître sa découverte à l'Académie des sciences.

Ampère lui conseilla aussitôt d'employer un fil roulé en hélice, au centre de laquelle l'aiguille d'acier serait placée. « D'après ma

(1) Arago, *Note sur l'électro-magnétisme*. Œuvres complètes, vol. IV, p. 409.

théorie, disait Ampère, on doit obtenir ainsi le maximum d'action. »

Cette conjecture ayant été aussitôt soumise à l'expérience par nos deux physiciens réunis, ils virent une aiguille d'acier placée au centre d'une bobine de fil de cuivre, s'aimanter fortement. La position des pôles se trouva conforme au résultat qu'Ampère avait déduit, à l'avance, de la direction des éléments de l'hélice. C'était là une preuve nouvelle de la vérité de sa théorie.

Fig. 386. — François Arago

Ces expériences apprirent donc qu'il est possible de former un aimant artificiel par la seule intervention de l'électricité en mouvement. On trouva, en même temps, que l'action des courants qui circulent en spirale autour d'un morceau de fer ou d'acier, est analogue à celle des aimants ordinaires, en ce qu'elle ne communique au fer doux qu'une aimantation temporaire, tandis que l'acier garde la vertu magnétique une fois acquise.

C'est sur cette aimantation temporaire du fer doux par l'action du courant voltaïque, que repose le mode d'action des télégraphes électriques, des moteurs électro-magnétiques, de l'horlogerie électrique, etc., ainsi que nous l'expliquerons avec tous les détails nécessaires, dans d'autres parties de cet ouvrage.

CHAPITRE II

LE PHYSICIEN ANGLAIS FARADAY DÉCOUVRE L'ÉLECTRICITÉ D'INDUCTION PRODUITE PAR LES AIMANTS. — MACHINES D'INDUCTION BASÉES SUR L'EMPLOI DES AIMANTS. — MACHINE CONSTRUITE PAR PIXII EN 1832. — MACHINE DE CLARKE. — MACHINE MAGNÉTO-ÉLECTRIQUE DE LA COMPAGNIE L'ALLIANCE. — MACHINE DE WILDE.

En s'appuyant sur la théorie d'Ampère, et retournant en quelque sorte les faits observés par Ampère et Arago, on aurait pu prédire *à priori*, qu'en introduisant un aimant permanent dans un circuit fermé disposé en hélice, on déterminerait dans ce circuit, un courant électrique. Cette question ne fut cependant résolue expérimentalement que vers 1830, par l'illustre physicien anglais Faraday.

Ce savant constata par de nombreuses expériences, que si l'on introduit un barreau aimanté dans une bobine de fil métallique isolé, c'est-à-dire recouvert d'une couche isolante, on y détermine un courant galvanique. Seulement ce courant ne dure qu'un instant. De même, lorsqu'on retire l'aimant de la bobine, il se manifeste un autre courant, tout aussi éphémère. Ce dernier est dirigé en sens inverse du premier. On nomme le premier *courant commençant ou inverse*, parce que sa direction est contraire à celle des courants magnétiques par lesquels se représente, dans la théorie d'Ampère, l'action de l'aimant. Le deuxième courant s'appelle *courant finissant ou direct*.

Ces courants instantanés qu'on obtient en approchant ou en éloignant d'un circuit enroulé en hélice, un barreau aimanté, sont désignés tous les deux, sous le nom de *courants d'induction* ou de *courants induits*. Nous verrons bientôt qu'on les obtient également en remplaçant le barreau aimanté par un courant voltaïque, qui prend alors le nom de *courant inducteur*.

Dès que M. Faraday eut fait connaître qu'il était possible de produire des courants galvaniques au moyen d'un aimant, plusieurs constructeurs essayèrent d'obtenir une manifestation électrique continue, par une combinaison mécanique des divers éléments qui produisent des courants induits. On appelle *machines magnéto-électriques* les appareils qui réalisent ce problème.

La première machine de ce genre, fut construite en 1832 par Pixii (fig. 387).

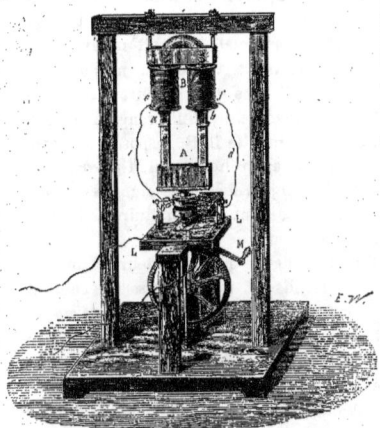

Fig. 387. — Machine magnéto-électrique de Pixii.

Deux colonnes de bois supportent un électro-aimant fixe B, c'est-à-dire un morceau de fer, en forme de fer à cheval, entouré d'un fil métallique d'une longueur suffisante recouvert de soie et enroulé en hélice. Au-dessous peut tourner, sur un axe vertical, un fort aimant naturel rectangulaire A, dont les deux pôles a, b rasent tour à tour le fer doux de la bobine B, et l'aimantent par influence. Le mouvement de rotation est produit par deux roues d'engrenage et une manivelle M. Le fer doux A se trouve, à chaque demi-tour, une fois aimanté et une fois désaimanté, et il fait naître dans la bobine B un courant inverse et un courant direct, qui se propagent dans les fils conducteurs ce, fd parallèles aux colonnes du support.

Mais ces deux courants successifs ont des directions contraires. Ils se détruiraient, si on les laissait se propager librement dans le circuit. Pour obvier à cet inconvénient, on fait communiquer les fils avec un *commutateur* LL, placé sur l'axe de rotation. Grâce à cette disposition, le courant direct est toujours renversé dans les fils conjonctifs, et les deux courants les traversent toujours dans le même sens. On obtient ainsi un courant d'induction continu, qui reproduit tous les effets des courants voltaïques ordinaires.

Fig. 388. — Machine de Clarke.

L'*appareil de Clarke* (fig. 388) est une modification du précédent. Ici c'est l'aimant naturel qui est fixe, et c'est l'électro-aimant qui tourne. Cette disposition présente, entre autres avantages, celui de faire arriver l'électro-aimant plus près des pôles de l'aimant naturel ou *persistant*, et de diminuer la masse du corps mobile.

Le faisceau aimanté B, recourbé en fer à cheval, est fixé sur une planchette de bois verticale P. En avant de ce faisceau, sont deux bobines E, que l'on fait tourner autour d'un axe horizontal A, au moyen d'une poulie, que commande une roue à manivelle R. Les bobines E sont enroulées sur deux cylindres de fer doux, réunis entre eux par une pièce de même métal, et dont les deux extrémités passent, à chaque demi-révolution, en face et tout près des deux pôles de l'aimant. La plaque S porte un *commutateur xy*, destiné à ramener toujours au même sens les courants successifs qui traversent les lames x, y, pour se rendre aux deux lames m, n, et gagner les fils conducteurs f.

Dans la figure que le lecteur a sous les yeux, les deux fils aboutissent sous deux petites cloches V, V, pleines d'eau, pour produire la décomposition de ce liquide, et montrer que l'on obtient avec la machine *magnéto-électrique*, les mêmes effets qu'avec la pile.

Les courants de la *machine de Clarke* ont été utilisés, en effet, pour produire tous les résultats des courants de la pile, et l'on a pu exalter ces résultats d'une manière extraordinaire, en recourant à un moteur d'une grande puissance, tel que la vapeur.

Le principe de l'appareil de Clarke a été utilisé de nos jours dans les *machines magnéto-électriques* construites par M. Nollet, professeur de physique à l'École militaire de Bruxelles, un des descendants du célèbre abbé Nollet, dont le nom restera à jamais attaché à l'histoire de l'électricité.

M. Nollet s'était proposé d'appliquer les courants électriques obtenus par sa machine, à la décomposition de l'eau, et d'utiliser ensuite l'hydrogène ainsi obtenu, pour l'éclairage public.

Le succès ne répondit pas cependant aux efforts de M. Nollet, qui mourut à la peine.

M. Nollet laissa sa machine aux mains d'un homme intelligent, M. Joseph Van Malderen, qui la perfectionna et l'appliqua à l'éclairage électrique. C'est la machine que l'on désigne aujourd'hui sous le nom de *Machine de la Compagnie l'Alliance*, et qui a été singulièrement perfectionnée et améliorée par les efforts constants et éclairés de M. Berlioz, directeur de cette compagnie.

La *machine magnéto-électrique de la Compagnie l'Alliance* a été adoptée récemment pour l'éclairage de nos phares, après avoir fait ses preuves pendant deux ans, au phare du cap de la Hève, près du Havre.

Dans cette machine, quatre rouleaux de bronze C, armés chacun, à leur circonférence, de seize bobines, sont établis sur un arbre horizontal, que fait mouvoir une petite machine à vapeur au moyen d'une courroie DD. Les quatre couronnes de bobines tournent entre huit rangées de cinq faisceaux aimantés B, B, disposés en rayon autour de l'arbre horizontal. Un *commutateur gh* change, à chaque passage des aimants, le sens du courant, pour produire l'effet d'induction.

Dans la figure que le lecteur a sous les yeux, les fils f, f, qui conduisent le courant, viennent aboutir à une *lampe électrique* L, l'emploi essentiel de la *machine de la Compagnie l'Alliance* étant de servir à l'éclairage électrique.

A chaque rotation, les aimants font naître des courants dans les bobines, et tous ces courants, rectifiés par le *commutateur* dans un sens convenable et réunis dans un seul conducteur, produisent un effet très-considérable.

Une machine magnéto-électrique, de dimensions moyennes, n'exige, pour marcher, qu'une machine à vapeur de 1 à 2 chevaux; un *moteur Lenoir* est plus que suffisant pour cela. L'éclairage qu'elle fournit équivaut à 900 bougies stéariques, et la dépense ne

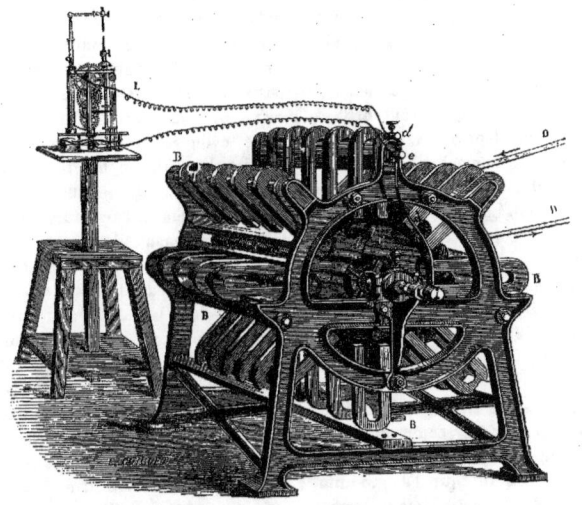

Fig. 389. — Machine magnéto-électrique de la C¹ᵉ l'Alliance.

s'élève, par heure, qu'à 60 centimes. Avec le gaz vendu au prix de la ville de Paris, la même quantité de lumière coûterait 3 francs, avec l'huile de colza, 7 fr. 50.

Cependant l'électricité n'avait pas encore dit ici son dernier mot.

Un physicien anglais, M. H. Wilde, a perfectionné la machine magnéto-électrique, au moyen d'une disposition qui semble, au premier abord, bouleverser toutes les notions acquises sur la production de la force et sur les limites de puissance des machines en général.

M. H. Wilde a résolu ce problème, en apparence aussi paradoxal et aussi absurde que celui du mouvement perpétuel ou de la quadrature du cercle : Engendrer, grâce à l'électricité d'induction, une quantité indéfinie de magnétisme ou d'électricité, au moyen d'une quantité infiniment petite de magnétisme ou d'électricité dynamique, et *vice versâ*, une quantité indéfinie d'électri-

cité, au moyen d'une quantité infiniment petite d'électricité dynamique ou de magnétisme. La force se multiplie donc à l'infini, comme dans la presse hydraulique, où un effort insensible suffit pour produire les effets les plus considérables, grâce à l'invisible jeu des puissances moléculaires, qui dorment dans l'eau, et qu'on réveille en détruisant leur équilibre en un point quelconque de la masse liquide.

Le principe découvert par M. Wilde a permis à ce physicien de créer un nouveau générateur d'électricité dont la puissance surpasse tout ce qu'on a exécuté jusqu'à présent, et qui paraît appelé à produire une véritable révolution dans les applications de la force électrique.

La machine de M. Wilde occupe très-peu de place. Elle est légère et portative comme un meuble de salon. On peut, toutefois, dans ce petit volume, accumuler une provision incroyable de force, et obtenir des torrents de lumière d'un éclat insupportable, et une chaleur qui fait fondre, en un clin d'œil, les métaux les plus réfractaires.

La *machine Wilde* fond des tiges de fer de l'épaisseur du petit doigt, qui sont brûlées, volatilisées. Si l'on dépose ces tiges de fer sur le plateau de la machine, on les voit rougir à blanc et couler en gouttelettes, qui retombent sur le sol. Le platine, l'or, l'argent, fondent à ce foyer chimique comme la neige fond au soleil.

Voici le principe sur lequel repose sa construction.

Nous avons déjà vu qu'il suffit de faire tourner une bobine vis-à-vis d'un aimant, pour engendrer dans cette bobine, des courants voltaïques, et qu'un courant circulant autour d'un morceau de fer, communique au fer une aimantation temporaire qui dure autant que le courant qui l'a produite. Prenez maintenant un petit aimant permanent, et faites-lui engendrer un courant dans une bobine de dimensions correspondantes ; lancez ce courant dans l'hélice d'un gros électro-aimant, et vous produirez un aimant d'une puissance beaucoup plus grande que celle de l'aimant permanent. Ce même électro-aimant peut servir, à son tour, à produire un courant dans une seconde bobine mobile. Ce troisième courant, beaucoup plus fort que le courant primitif, pourra être employé à exciter un électro-aimant encore plus gros, et ainsi de suite.

On voit qu'au moyen de ces additions successives, on multiplie presque indéfiniment la force magnétique ou la quantité d'électricité dynamique qui a servi de point de départ.

Il ne sera pas inutile de donner quelques détails sur les expériences par lesquelles M. Wilde a été conduit à ce nouveau principe, expériences qu'il a communiquées à la *Société royale de Londres* au mois d'avril 1866.

M. Wilde a pris un cylindre creux composé de deux pièces en fer, qui sont séparées par deux pièces de bronze. Ce cylindre est fixé horizontalement entre les pôles d'un certain nombre d'aimants permanents disposés verticalement. Dans le creux de l'*aimant-cylindre* tourne, sans le toucher, un autre cylindre appelé l'*armature*, autour duquel s'enroule un fil gros et court, dont les deux extrémités aboutissent à un commutateur. Quand l'armature tourne dans le cylindre-aimant, il se produit dans le fil conducteur une succession de courants induits qui sont recueillis par le commutateur et lancés dans la bobine d'un gros électro-aimant. En fixant sur le cylindre-aimant quatre aimants permanents pesant chacun un demi-kilogramme et pouvant porter chacun 5 kilogrammes, M. Wilde a obtenu un électro-aimant capable de porter 500 kilogrammes, c'est-à-dire 25 fois le poids que pouvaient porter collectivement les quatre aimants permanents. Cette grande différence entre le pouvoir des aimants excitateurs et le pouvoir de l'électro-aimant obtenu, peut s'accroître indéfiniment par un choix convenable des dimensions relatives.

M. Wilde découvrit, dans le cours de ses expériences, que l'électricité s'accumulait dans les gros électro-aimant, comme dans une bouteille de Leyde. Quand il avait été en rapport, pendant un temps très-court, avec la machine magnéto-électrique et qu'on venait à rompre la communication, il conservait encore pendant vingt-cinq secondes le pouvoir de produire une brillante étincelle. Il était donc chargé d'électricité, et c'est dans ce pouvoir de condensation que possède le noyau de fer doux qu'il faut, selon toute probabilité, chercher l'explication des effets surprenants que produit la nouvelle machine.

Après avoir établi ce fait, qu'une quantité très-grande de magnétisme peut être développée dans un électro-aimant, par un aimant permanent, de puissance relativement faible, M. Wilde chercha naturellement si l'électro-aimant obtenu par ce procédé ne donnerait pas à son tour des courants électriques beaucoup plus forts que ceux qui sont engendrés par l'aimant permanent. Cette prévision fut confirmée. Une seconde machine magnéto-électrique, dans laquelle l'électro-aimant excité par la première, joue le rôle des aimants permanents, fournit des courants d'une puissance extraordinaire.

L'appareil entier, que l'on voit représenté dans la figure 390, se compose ainsi de deux étages superposés, dont le premier est, pour ainsi dire, la miniature du second.

Le premier, placé en dessus, est formé d'un cylindre-aimant A d'un calibre de 6 centimètres, sur lequel se placent à cheval seize aimants permanents, A, qui peuvent porter chacun 10 kilogrammes. L'étage inférieur est formé d'un cylindre-aimant C, d'un calibre de 18 centimètres, qui est excité par les courants de la machine supérieure. Cet électro-aimant se compose de deux plaques parallèles de fer laminé, autour desquelles s'enroulent 1,000 mètres de fil; il porterait environ 5,000 kilogrammes, tandis que les seize aimants permanents ne porteraient ensemble que 160 kilogrammes. L'armature du cylindre-aimant de 18 centimètres tourne avec une vitesse de 1,700 tours par minute; elle est mise en mouvement au moyen de la courroie DD par une petite machine à vapeur de la force de 3 chevaux.

Le courant qui est engendré dans le fil du cylindre-aimant inférieur, est assez puissant pour brûler des bâtons de charbon de 2 centimètres de côté.

Sans discuter la question de savoir si la nouvelle machine électro-magnétique doit remplacer purement et simplement la *machine de la Cie l'Alliance*, on peut dire, dès aujourd'hui, qu'elle remplira une foule d'usages nouveaux. Portatif et d'un faible volume, l'appareil Wilde pourra s'installer sur quatre roues avec une locomobile, et rendre ainsi de grands services en temps de guerre, pour la transmission des dépêches télégraphiques, pour l'éclairage, pour l'inflammation des mines, etc. On a déjà essayé de l'employer à bord des navires de guerre et sur nos paquebots, pour alimenter un petit phare électrique susceptible d'éclairer

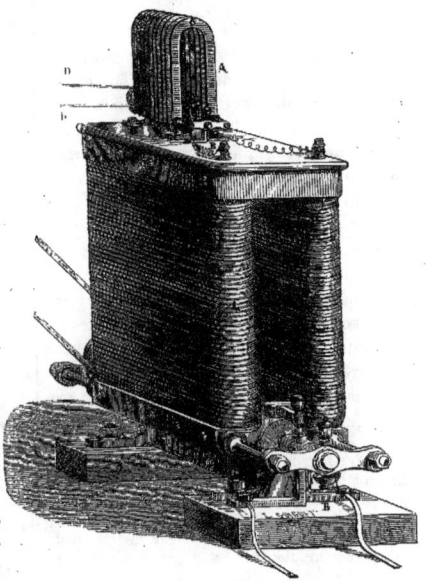

Fig. 390. — Machine électro-magnétique de Wilde.

la route du vaisseau à deux ou trois cents mètres de distance. Chaque navire pourra, de cette façon, avoir sa lanterne électrique, comme nos fiacres ont leurs lanternes à verres de couleur.

Dans les travaux publics, la machine Wilde permettra de généraliser l'emploi de l'électricité au moyen d'appareils portatifs qui se loueront à l'heure, comme on loue les locomobiles. Enfin, le nouveau système permettra de construire des machines magnéto-électriques de très-petite dimension et d'un prix accessible à toutes les bourses. On pourra donc les utiliser pour les cabinets de physique, peut-être même pour les usages domestiques. Les photographes s'en servent déjà avec succès pour remplacer le soleil. Quelques tours de manivelle, et vous obtenez une lumière éblouissante, qui jaillit d'une pointe de charbon.

Reprenons l'exposé des découvertes nombreuses auxquelles a donné lieu l'étude persévérante des phénomènes d'induction.

Nous avons déjà dit que les phénomènes d'induction électrique peuvent être déterminés aussi bien par les courants électriques ordinaires, que par les aimants. Les premières expériences relatives à ce sujet, sont encore dues à Ampère. Elles datent de 1822 (1).

Ampère suspendit une lame de cuivre, pliée en cercle, au milieu d'une ceinture de courants électriques, et il la vit s'aimanter temporairement. Voici en quels termes Ampère constate lui-même ses observations sur ce phénomène.

« Il s'établit, dit-il, dans un conducteur mobile formant une circonférence complétement fermée, un courant électrique par l'influence de celui qu'on produit dans un conducteur fixe circulaire, redoublé, placé très-près du conducteur mobile, mais sans communication avec lui. »

Ce passage, emprunté à un mémoire qu'Ampère présenta à l'Académie des sciences, le 4 septembre 1822, prouve qu'il avait, dès cette époque, reconnu la production de courants électriques par influence, c'est-à-dire, comme on les appelle aujourd'hui, par *induction*. Mais il ne paraît pas qu'il ait cherché à approfondir le fait isolé qu'il avait observé.

(1) Ampère, *Recueil d'observations électro-dynamiques*, pp. 285 et 331.

C'est M. Faraday qui, en 1830, détermina les circonstances dans lesquelles l'électricité en mouvement produit, à distance, des courants dans les corps conducteurs. Les résultats obtenus à Londres par M. Faraday furent communiqués à l'Académie des sciences de Paris en décembre 1831, par Hachette, professeur de physique à l'École polytechnique. L'auteur les publia dans les *Transactions philosophiques de Londres* pour 1832 et 1833.

Pour mettre en évidence le phénomène de l'induction par les courants, M. Faraday en-

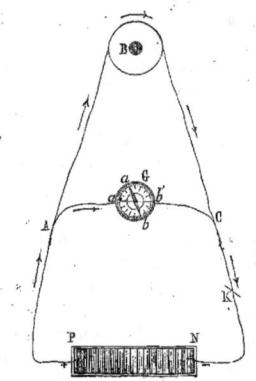

Fig. 391 — Appareil d'induction de Faraday

roule en hélice (fig. 391) sur un cylindre de bois B, deux fils de cuivre A recouverts de soie. Si l'un est en communication avec la pile PN, l'autre avec un galvanomètre G, l'aiguille du galvanomètre *ab* indique l'existence d'un courant instantané dans le second fil, aux moments de la fermeture et de l'ouverture du courant qui traverse le premier fil. Cette aiguille, sous l'influence du courant, dévie de sa position primitive et prend la direction *a'b'*.

Les courants d'induction, ou *courants induits*, n'ayant qu'une existence presque instantanée, participent plutôt de la nature du courant que produit la décharge d'une bouteille de Leyde, que de celle des courants de la pile voltaïque.

Voici les lois de l'induction qui ont été déterminées par M. Faraday :

1° *Un courant qui commence, ou un courant qui s'approche d'un circuit conducteur, fait naître par celui-ci un courant de sens contraire.*

2° *Un courant qui finit ou un courant qui s'éloigne, donne lieu dans le circuit voisin, à un courant de même sens.*

Le courant qui produit le courant induit, se nomme courant *inducteur*.

Nous venons de dire que les courants induits se rapprochent de ceux qui sont produits par les décharges électriques. Il s'ensuit qu'ils seront employés avec avantage à produire des commotions et des étincelles, tandis que les décompositions chimiques et autres effets propres à la pile, sont obtenus moins aisément par cette sorte de courants.

On a construit, pour utiliser ces courants, des *machines d'induction*, mises en action par les courants électriques. Nous avons décrit dans ce chapitre, les appareils basés sur l'induction par les aimants. Il nous reste à décrire ceux qui ont pour principe l'induction électrique provoquée par les courants.

CHAPITRE III

MACHINES D'INDUCTION MISES EN ACTION PAR LES COURANTS. — EXPÉRIENCE DE MASSON. — EXPÉRIENCE DE BRÉGUET. — MACHINE DE RUHMKORFF. — FORME DE L'ÉTINCELLE D'INDUCTION FOURNIE PAR LA MACHINE DE RUHMKORFF. — EFFETS LUMINEUX DE CETTE ÉTINCELLE DANS LE VIDE ET DANS LES GAZ. — TUBES DE GEISSLER. — APPLICATIONS DE LEUR EFFET LUMINEUX. — APPLICATIONS DIVERSES DE LA MACHINE DE RUHMKORFF.

Le physicien français Masson pensa le premier, en 1836, à tirer parti des effets continus du courant d'induction, en produisant des interruptions très-fréquentes dans le courant inducteur. Une roue dentée, sur laquelle frottait une lame de ressort, était mise en communication avec le fil du circuit inducteur, lequel correspondait avec l'un des pôles de la pile ; tandis que le ressort était en rapport avec l'autre pôle. Les fermetures et les interruptions du courant voltaïque, se succédaient alors à des intervalles très-rapprochés, et les courants induits avaient une tension considérable, qui les rendait très-propres à produire des effets physiologiques.

Vers 1848, MM. Masson et Bréguet construisirent une machine d'induction basée sur ce principe. Cet appareil réalisait déjà quelques-uns des effets des machines électriques. Il permit, par exemple, de charger un condensateur. Mais ce n'est qu'en 1851 que l'appareil d'induction par le courant électrique, reçut une forme vraiment pratique, entre les mains d'un habile constructeur, M. Ruhmkorff, dont la machine d'induction par les courants électriques porte aujourd'hui le nom.

Né en Allemagne, vers le commencement de notre siècle, M. Ruhmkorff vint à Paris, pour y apprendre la construction des instruments de précision. Après avoir travaillé chez l'opticien Charles Chevalier et chez quelques autres de nos meilleurs constructeurs, il s'établit comme ouvrier en chambre. Il devint, plus tard, chef d'une maison de construction d'appareils d'électricité

M. Ruhmkorff est loin d'être un savant.

« Son éducation, dit M. Dumas, dans un rapport sur lequel nous aurons à revenir, s'est faite peu à peu, par l'étude de quelques livres, sans cesse médités, par les leçons de quelques professeurs, entendues comme à la dérobée, aux heures bien rares du loisir. Modeste dans sa vie, d'une persévérance que rien ne distrait, d'une abnégation qui lui a mérité les plus illustres témoignages d'estime, M. Ruhmkorff restera comme un type, digne de servir de modèle à ces nombreux et intelligents ouvriers qui peuplent les ateliers de précision de la capitale. »

M. Ruhmkorff mit à profit les recherches de MM. Masson et Bréguet. Il multiplia d'une manière prodigieuse les spires de l'hélice, en faisant usage d'un fil très-fin et très-long, pour recevoir les courants induits. (La longueur de ce fil développé atteint, dans les

Fig. 392. — Ruhmkorff.

grands appareils d'induction, jusqu'à 30 kilomètres.) Il s'appliqua ensuite à obtenir un isolement aussi parfait que possible, des fils de la bobine, en les noyant, pour ainsi dire, dans la gomme laque. Enfin, il accrut encore la puissance du courant inducteur, par un faisceau de fils de fer, qu'il enfonça à l'intérieur de l'hélice inductrice. Ces fils s'aimantent sous l'influence du courant inducteur, et leurs courants magnétiques individuels, en s'ajoutant, réagissent énergiquement sur le circuit destiné à recevoir les courants induits.

Voici la description de la machine de Ruhmkorff.

Le corps de la bobine, S, est en carton mince, et les rebords en bois verni de gomme laque. Sur le cylindre de carton, se trouvent enroulées deux hélices de fils de cuivre, parfaitement isolées. Une de ces hélices est composée de gros fil (d'environ 2 millimètres) ; l'autre, de fil très-fin. Les bouts de ces quatre fils sortent des rebords de la bobine par quatre trous, a, b, c, d. Les extrémités du fil fin se rendent aux boutons A, B, montés sur des colonnes de verre. Les extrémités du gros fil viennent aboutir à deux petites bornes métalliques, qui communiquent avec les deux pôles de la pile.

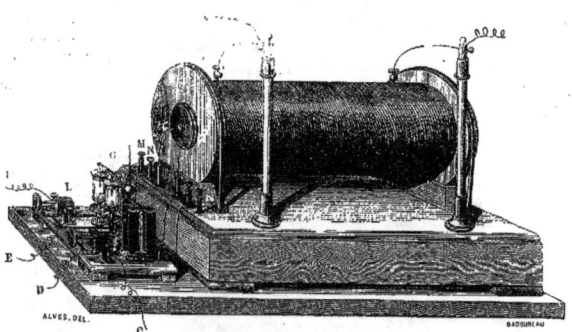

Fig. 393. — Machine de Ruhmkorff.

Cette communication s'établit ainsi. Les boutons d'attache E, F, du circuit de la pile sont en rapport avec deux ressorts, qui appuient sur le cylindre d'ivoire L, garni

L'ÉLECTRO-MAGNÉTISME.

Fig. 394. — Destruction du fort de Peï-ho, en Chine, par une mine enflammée par la machine de Ruhmkorff.

d'un système de plaques métalliques par lesquelles le courant est forcé de prendre son chemin à travers le gros fil de la bobine.

Le cylindre d'ivoire L, porte le nom de *commutateur*. Cet organe assez compliqué, sert à *renverser* le courant, et à l'intercepter au besoin.

Un autre organe essentiel, est l'*interrupteur* ou *rhéotome*, G, qui a été construit par M. Léon Foucault. Les fils C, D, qui se rendent à cet *interrupteur*, viennent d'une petite pile auxiliaire qui entretient le jeu de cet instrument.

Pour plus de clarté, nous représentons à part l'interrupteur de M. Foucault, dans la figure 395, d'après un modèle légèrement différent de celui qui se voit dans la figure 393.

L'interrupteur représenté dans la figure 395 se compose d'un levier AB, soutenu par une lame élastique B. En C, le levier porte une pointe de platine qui plonge dans le mercure d'un petit vase communiquant avec l'un des pôles d'une pile spéciale. Quand le courant passe dans ce système, le noyau de fer doux E s'aimante et attire le levier, dont la pointe C sort alors du mercure. Le courant EBC se trouve ainsi interrompu, le fer doux se désaimante, le levier revient à sa première position, la pointe replonge, et ainsi de suite. Pour rendre les interruptions plus nettes, on couvre le mercure d'une couche d'alcool. On le remplace aussi par un amalgame de platine.

Une seconde pointe de platine, C', plonge dans un petit vase semblable au premier. Elle suit les oscillations du levier, et produit les interruptions périodiques du courant induit, qui traverse également le levier AB.

Fig. 395. — Interrupteur de Foucault.

Tels sont les organes essentiels de la machine d'induction. M. Fizeau a trouvé que ses effets sont notablement augmentés par l'interposition d'un condensateur, formé de deux feuilles d'étain, que l'on colle sur les deux faces d'une bande de taffetas gommé de 4 mètres de longueur, et qu'on replie ensuite entre deux autres bandes de taffetas, de façon à pouvoir les introduire dans l'intérieur de la planche qui supporte la bobine. Les armatures de ce condensateur sont en rapport avec les boutons M, et N de la figure 393.

Cet appareil remplit parfaitement son but; mais les physiciens sont loin d'être d'accord sur son véritable rôle et sur la cause de ses effets. Nous nous dispenserons d'énumérer ici, les différentes explications qui ont été données à ce propos par MM. Fizeau, Faraday, Gaugain, du Moncel, Hearder, etc.

Grâce aux perfectionnements réalisés par M. Ruhmkorff, la machine d'induction a acquis aujourd'hui une puissance extraordinaire. Les commotions qu'elle fournit, sont extrêmement violentes. Un jour, M. Quet, physicien belge, faisant des expériences dans un appartement obscur et s'étant approché trop près de la bobine, fut renversé sur le coup, et il aurait pu être foudroyé, sans l'arrivée de M. Ruhmkorff. Il garda le lit pendant plusieurs jours. Pourtant, sa pile ne se composait que de six éléments.

Avec un ou deux couples de Bunsen, la bobine de Ruhmkorff donne des commotions foudroyantes. Si l'on touche seulement du doigt, le fil induit, on reçoit une secousse terrible, même quand ce fil est recouvert de soie au point touché. Il ne faut donc jamais en approcher sans les plus grandes précautions.

Nous ne décrirons pas les modifications nombreuses que différents physiciens ont voulu faire subir à la machine de Ruhmkorff. Nous nous bornerons à en faire connaître les effets et les applications les plus importantes.

« L'appareil de Ruhmkorff, dit M. Dumas, lie l'une à l'autre, ces deux formes de l'électricité, qui étaient séparées comme par un abîme : l'électricité des anciennes machines, caractérisée par la faculté de produire des étincelles et par une forte tension, et l'électricité de la pile, caractérisée par une très-faible tension, et par l'impuissance à fournir des étincelles véritables. »

En effet, nos machines électriques donnent une quantité d'électricité très-faible, mais douée d'une grande tension; la pile de Volta donne une quantité très-grande d'électricité, mais sa tension est très-faible. La machine d'induction transforme ces deux électricités l'une dans l'autre, de la façon la plus simple et la plus pratique. Elle permet d'obtenir avec la pile, les effets de fulguration des machines à frottement, tout en fournissant des quantités énormes de fluide électrique sous forme de courant continu.

La bobine d'induction se charge presque

instantanément. En ajoutant aux deux bouts du fil induit, de gros fils de cuivre dont on rapproche les extrémités, on obtient un jet presque continu d'étincelles d'un blanc éclatant, qui forment un faisceau de trois ou quatre traits de feu sinueux et sans cesse agités. On peut obtenir des étincelles qui ont 35 centimètres de longueur.

M. Foucault a eu l'idée de former une batterie de plusieurs machines d'induction réunies. On obtient ainsi des effets extraordinaires. Les torrents d'électricité fournis par ces machines, chargent, dans l'espace d'une minute, une forte batterie de bouteilles de Leyde, qu'on essaierait en vain de charger avec la machine à frottement, et auprès de laquelle cette dernière jouerait le rôle d'un petit ruisseau qui devrait remplir un lac.

Avec l'étincelle de sa batterie d'induction, M. Ruhmkorff perce facilement des blocs de verre d'un décimètre d'épaisseur. Les détonations produisent un bruit aussi fort que des coups de pistolet. L'étincelle de cette batterie enflamme les corps combustibles, fond les métaux et les terres les plus réfractaires. Elle produit en un mot, tous les effets de la foudre dans une miniature déjà très-respectable.

Les effets chimiques de l'étincelle d'induction ne sont pas moins intéressants. Avec la machine électrique à plateau de verre, on n'arrivait pas à opérer avec succès sur des composés gazeux. Avec la bobine d'induction, au contraire, M. Perrot a pu décomposer les vapeurs d'eau, d'alcool, d'éther, d'acide acétique. Il a pu décomposer le gaz ammoniac, et même le gaz acide carbonique, qu'aucune action chimique, si ce n'est la lumière dans les plantes, n'avait encore décomposé.

MM. Frémy et Ed. Becquerel ayant fait passer un courant d'étincelles de la machine de Ruhmkorff dans un tube rempli d'air, l'ont vu se remplir de vapeurs rutilantes d'acide hypo-azotique, provenant de la combinaison de l'azote et de l'oxygène de l'air.

Considérée sous le point de vue physique, l'étincelle d'induction diffère de l'étincelle électrique ordinaire. Tandis que celle-ci est formée d'un simple trait lumineux, l'étincelle fournie par la machine de Ruhmkorff se compose de deux parties distinctes : un trait de feu instantané et une *auréole* ovoïde, dont la durée est mesurable. Cette auréole, toujours agitée, présente une couleur rouge orangé, avec teinte verdâtre du côté du pôle positif; elle est indépendante du trait brillant. L'attraction de l'aimant la dévie. Un souffle ou un corps en mouvement, l'entraînent; et elle forme alors une large nappe de feu, de couleur violette et sillonnée d'éclairs; elle ressemble à une flamme poussée par le vent.

M. du Moncel, qui a fait beaucoup d'expériences sur l'étincelle de la machine d'induction, a fait entre autres la suivante.

Il applique sur les faces extérieures de deux lames de verre séparées par une couche d'air de 2 millimètres, des plaques d'étain, en rapport avec le fil induit de la machine de Ruhmkorff. On voit alors, dans l'obscurité, une pluie lumineuse, de teinte bleue, entre les deux lames de verre. Si l'une des plaques est plus petite que l'autre, elle se détache en noir sur une belle auréole de lumière bleue.

Quand on fait partir l'étincelle d'induction au milieu d'un espace vide ou rempli d'un gaz, elle produit des apparences vraiment magiques à l'œil.

Si l'on fait le vide dans le petit ballon de verre qui est désigné par les physiciens sous le nom d'*œuf électrique*, et qui n'est qu'un vase de verre de forme ovoïde, on voit se produire deux lumières différentes; l'une, violette, enveloppe la boule et la tige par laquelle arrive l'électricité négative; l'autre, d'un rouge de feu, semble adhérer à la boule positive et forme une sorte de corps ovale qui s'étend vers l'autre boule (fig. 396). Si l'on fait communiquer une seule des boules avec le fil induit, on peut dévier cette gerbe de feu en approchant du vase un corps conducteur.

La lumière prend diverses teintes dans les divers gaz ou vapeurs. M. Grove et M. Quet l'ont vue se diviser en couches parallèles, séparées par des espaces obscurs (fig. 397); c'est ce qu'on appelle la *stratification* de la lumière électrique.

le circuit de la machine de Ruhmkorff. Il se produit alors dans l'intérieur de ces tubes, une lumière assez vive. Nous représentons (fig. 398) un de ces tubes.

On a proposé de faire usage de ces tubes lumineux pour l'éclairage des mines et des travaux sous-marins. Les constructeurs d'appareils de chirurgie ont essayé d'employer

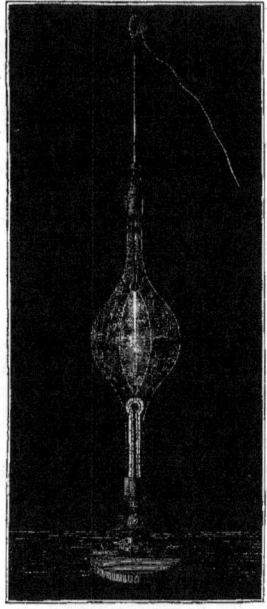

Fig. 396. — Étincelle électrique.

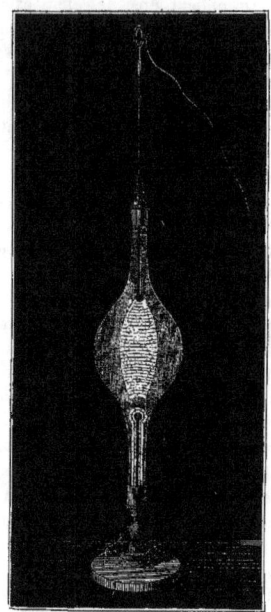

Fig. 397. — Lumière électrique stratifiée.

Ces colonnes lumineuses obéissent à l'action de l'aimant, qui leur imprime à volonté des mouvements de translation ou de rotation, semblables à ceux des aurores boréales.

M. Geissler, mécanicien de Bonn, a construit des tubes de verre remplis de gaz raréfiés, et garnis, à leurs extrémités, de fils de platine, que l'on met en rapport avec

le *tube de Geissler* pour porter, dans l'arrière-bouche et dans les organes profonds, un appareil éclairant qui n'y développe aucune sensation de chaleur gênante.

De toutes ces applications, celle qui a donné jusqu'ici le meilleur résultat pratique, est celle qui concerne l'éclairage des mines et des lieux souterrains.

Nous représentons (fig. 399) la disposition que donne à ces lampes un habile constructeur d'instruments de physique de Paris, M. Gaiffe. La légende qui accompagne cette figure en fera comprendre les dispositions.

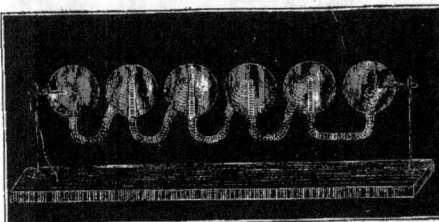

Fig. 398. — Tubes de Geissler.

La figure 400 représente l'installation de ces tubes au fond d'une mine pour éclairer l'ouvrier et remplacer, par conséquent, la

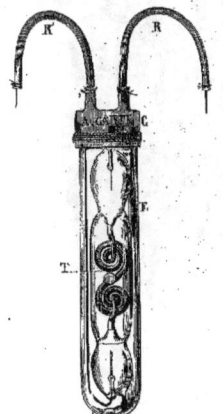

Fig. 399. — Lanterne électrique des mineurs.

T Tube de Geissler dans lequel le vide est fait sur l'azote pur. La partie du tube contournée en spirale est un verre d'urane. La lumière de l'azote est rose, celle du verre d'urane est verte, l'ensemble éclaire les objets en blanc légèrement verdâtre.
E Éprouvette en verre très-épais destinée à protéger le tube lumineux des chocs.
C Calotte en caoutchouc qui forme l'éprouvette.
R, R' Rhéophores amenant le courant de la machine de Ruhmkorff.

lampe de Davy, source de dangers pour l'ouvrier imprudent ou maladroit.

Une des applications les plus importantes de la bobine de Ruhmkorff, c'est son emploi pour l'inflammation des combustibles. Dans les *moteurs Lenoir*, c'est l'étincelle fournie par une machine de Ruhmkorff qui met périodiquement, le feu au mélange gazeux, qui fournit la force de ces machines.

L'exploitation des carrières, le percement des tunnels, l'explosion des mines à grande distance, sont singulièrement facilités par la machine Ruhmkorff. La sûreté de son jeu et les grandes distances auxquelles elle porte l'étincelle, permettent d'effectuer sans péril l'explosion des mines, qui remuent et entraînent sans aucun danger pour l'opérateur, des masses considérables de terre et de roches.

La machine de Ruhmkorff donne l'avantage de pouvoir enflammer, d'un seul jet, huit ou dix fourneaux de mine à la fois.

Dès 1858, la bobine d'induction fut appliquée pour dégager les abords de Venise, où les Autrichiens avaient établi un grand nombre de barrages dans les lagunes.

Dans l'expédition de Chine, en 1860, on s'en servit pour faire sauter le fort principal du Peï-ho, au moyen de huit fourneaux enflammés simultanément (fig. 394, p. 729).

M. Auguste Trève, lieutenant de vaisseau, eut recours à l'étincelle d'induction fournie par la machine de Ruhmkorff pour enflammer les mines dirigées contre les forts chinois. Les études faites précédemment pour appliquer l'électricité à l'inflammation des mines à distance, et dont M. du Moncel avait fait de belles applications pour les travaux du port de Cherbourg, furent ici mises en usage avec un avantage marqué, pour les travaux de la guerre.

M. Trève écrivait des bords du Peï-ho, le 9 octobre 1860, une lettre contenant les lignes suivantes :

« Les Chinois avaient construit à l'embouchure même du Peï-ho des forts véritablement puissants et dont nous occupions la moitié ; il a fallu détruire par la mine les deux autres grands forts, et c'est là que l'appareil de Ruhmkorff a reçu sa première consécration en Chine. J'ai fait cette affaire de concert avec un de mes camarades, capitaine du génie ; lui, a disposé les grands fourneaux, moi, les engins électriques. L'explosion simultanée a été réussie autant qu'elle peut mathématiquement l'être ; la destruction est complète. Le tableau, au dire des spectateurs, a représenté une grande vague de terrain qui s'est affaissée en se déversant de tous côtés, avec très-peu de projections verticales. Les Anglais, qui n'avaient pas nos moyens d'explosion, ont eu beaucoup plus de peine. Le commandant supérieur, M. Bourgeois, est enchanté et a fait un rapport à l'amiral. Le peu de longueur de mes fils nous a obligés, le capitaine et moi, à nous construire, à cinquante mètres de là, un petit abri où nous avons éprouvé tous les deux un véritable tremblement de terre.

J'ai été obligé aussi de ne me servir que d'un seul fil, pour chaque fusée, et par conséquent du manipulateur à un seul contact. Succès complet ! »

Le même marin, M. Trève, a encore mis à profit la bobine d'induction pour allumer les fanaux qui servent de signaux de nuit sur les côtes (1).

Les effets de la machine de Ruhmkorff sont populaires, depuis qu'elle a figuré sur les différentes scènes de nos théâtres et dans un nombre infini de soirées scientifiques. Elle a répandu le nom de Ruhmkorff, dans toutes les parties du monde.

Le grand prix de 50,000 francs institué pour les applications de la pile de Volta a été décerné, en 1864, à ce constructeur émérite.

Fig. 400. — Lampe de mineur, Ouvriers mineurs au travail.

Ce prix avait été fondé par l'empereur Napoléon III. Le décret du 23 février 1852, fixait à cinq ans le terme de ce concours, qui devait être jugé pour la première fois en 1857. La commission, présidée par M. Dumas, fit son rapport au commencement de 1858. Elle déclara qu'il n'y avait pas lieu de décerner le prix, et demanda une prorogation du concours jusqu'en 1863 ; mais elle signala, comme dignes d'éloges, les efforts de MM. Ruhmkorff, Froment, Duchenne (de Boulogne) et Middeldorpff. En 1864, le grand prix fut enfin décerné, et c'est, comme nous venons de le dire, M. Ruhmkorff qui l'obtint.

Dans un rapport très-remarquable, M. Dumas déclara que l'appareil de Ruhmkorff réunit des conditions très-rares, qui en font un instrument fécond en découvertes de

(1) Voir notre ouvrage *Année scientifique et industrielle*, 2ᵉ année, pp. 183-193.

tout genre, ouvrant à l'électricité une voie nouvelle et inattendue, et marquant déjà par d'incontestables services sa place dans les travaux journaliers de l'industrie ou de l'art militaire.

Les notions que nous venons de présenter dans cette notice sur l'*électro-magnétisme* et l'*électricité d'induction*, auront paru peut-être à nos lecteurs, un peu théoriques, un peu abstraites. Elles auront exigé quelque attention de leur part. Cette attention ne sera point perdue. Il est nécessaire de bien comprendre cette partie de la physique, pour lire avec fruit les notices qui vont suivre. En effet, la *télégraphie électrique*, les *moteurs électriques*, l'*horlogerie électrique*, l'*éclairage électrique*, etc., que nous allons aborder, dans le volume suivant, ne sont que de simples applications des principes de l'*électro-magnétisme* et de l'*électricité d'induction*, qui viennent d'être exposées dans ces dernières pages.

FIN DE L'ÉLECTRO-MAGNÉTISME ET DU PREMIER VOLUME.

TABLE DES MATIÈRES

Préface 1-2

LA MACHINE A VAPEUR

CHAPITRE PREMIER

Notions concernant la vapeur dans l'antiquité et le moyen âge................................. 3

CHAPITRE II

Création de la méthode scientifique. — Bacon, Descartes et Galilée. — Salomon de Caus, sa vie et ses écrits, sa prétendue découverte de la machine à vapeur....................... 9

CHAPITRE III

Le Père Leurechon. — Branca. — L'évêque Wilkins. — Le Père Kircher. — Le marquis de Worcester............................. 22

CHAPITRE IV

Naissance de la physique moderne. — Découvertes de Torricelli et de Pascal. — Expérience de Périer sur le Puy-de-Dôme. — Invention de la machine pneumatique. — Application de ces découvertes à la création d'un moteur universel..................... 29

CHAPITRE V

Denis Papin. — Sa vie et ses travaux........ 42

CHAPITRE VI

Machine de Savery. — Newcomen et Cawley. — Machine à vapeur atmosphérique de Newcomen.................................... 63

CHAPITRE VII

Perfectionnements apportés à la machine de Newcomen. — Progrès de la physique touchant la théorie de la chaleur. — Découverte du thermomètre. — Travaux de Black sur la chaleur latente et la vaporisation......... 73

CHAPITRE VIII

James Watt. — Ses découvertes concernant la machine à vapeur. — Ses expériences théoriques. — Découverte du condenseur isolé. — Machine à simple effet. — James Watt et le docteur Roebuck. — Association de Boulton et de Watt. — Nouvelles découvertes de Watt pour l'application de la machine à vapeur aux usages généraux de l'industrie. — Machine à double effet. — Parallélogramme articulé. — Application de la manivelle à la transformation du mouvement. — Régulateur à force centrifuge. — Découverte de la détente de la vapeur......................... 81

CHAPITRE IX

Dernières années de James Watt............. 98

CHAPITRE X

Perfectionnement et progrès de la machine à vapeur depuis Watt jusqu'à nos jours. — Machine de Wolf. — Machines à haute pression. — Leupold. — Olivier Évans. — Machine du Cornouailles, ou perfectionnement de la machine à simple effet. — Vulgarisation de la machine à vapeur. — Ses progrès en France...................................... 104

CHAPITRE XI

Description des principaux organes des machines à vapeur en général. — Les chaudières. — Les soupapes de sûreté. — Les manomètres. — Le flotteur d'alarme, etc. 114

CHAPITRE XII

Classification des machines à vapeur. — Machine à condenseur et machine sans condenseur. — Machines à simple effet et machines à double effet. — Machines fixes, machines de navigation, locomotives et locomobiles. — *Types, ou principaux systèmes* : machine de Watt. — Machine de Wolf. — Machines à cylindre horizontal. — Machines oscillantes. — Machines rotatives. — *Principes nouveaux sur l'emploi de la vapeur comme force motrice*... 125

CHAPITRE XIII

Systèmes récents ayant pour but de modifier l'emploi de la vapeur comme force motrice. — *Machine à vapeurs combinées* ou *machine à éther*. — *Machine à air chaud* ou machine Éricsson. — *Machine à vapeur régénérée*. — *Machine à vapeur surchauffée*. — Théorie mécanique de la chaleur................................ 138

BATEAUX A VAPEUR.

CHAPITRE PREMIER

Essais de navigation par la vapeur exécutés en France, par le marquis de Jouffroy. — Tentatives antérieures. — Blasco de Garay. — Papin. — Savery. — J. Dickens. — Bernouilli. — Le chanoine Gauthier de Nancy. — Premières études théoriques et pratiques faites en France, par d'Auxiron et Follenai, pour appliquer la pompe à feu à la navigation sur les rivières. — Le marquis de Jouffroy reprend les essais de d'Auxiron et de Follenai. — Expérience faite sur le Doubs, par le marquis de Jouffroy, avec l'appareil palmipède. — Les bateaux à roues. — Les roues appliquées autrefois à la navigation. — Leur emploi proposé de nouveau, au xviiie siècle. — Expérience faite à Lyon, avec le bateau à roues du marquis de Jouffroy.............. 149

CHAPITRE II

Essais de navigation au moyen de la vapeur faits en Écosse, en 1789, par Patrick Miller, James Taylor et William Symington........ 169

CHAPITRE III

Les précurseurs de Fulton en Amérique. — John Fitch et James Rumsey............... 174

CHAPITRE IV

Premier bateau à vapeur construit par Fulton en Amérique. — Premier voyage du *Clermont*. — Progrès de la marine à vapeur aux États-Unis. — Mort de Fulton..................... 198

CHAPITRE V

La navigation par la vapeur transportée en Europe. — Son établissement en Angleterre. — La *Comète* de Henri Bell, en Écosse. — Service régulier de bateaux à vapeur établi en Angleterre. — Les bateaux à vapeur appliqués aux transports sur mer. — Premiers essais de navigation à vapeur en France. — Le *Charles-Philippe* lancé à Bercy, par le marquis de Jouffroy. — Le premier bateau à vapeur venu à Paris, à travers la Manche. — Le premier navire à vapeur en Afrique, récits de M. Léon Gozlan..................... 204

CHAPITRE VI

La navigation transatlantique. — Premières tentatives : voyage du *Savannah* en 1819, et de l'*Entreprise* en 1825. — Voyage transatlantique du *Great-Western* et du *Sirius* en 1838. — Derniers progrès de la navigation à vapeur jusqu'à notre époque...................... 218

CHAPITRE VII

Description des machines à vapeur employées à bord des bateaux et des navires. — *Moyens divers de propulsion.* — Les roues à aubes. — L'hélice. — Histoire des perfectionnements successifs de l'hélice appliquée à la propulsion des navires. — Paucton. — Delisle. — Bushnell. — Charles Dallery. — H. Smith. — Ressel. — Frédéric Sauvage. — Éricsson. — Adoption générale de l'hélice............. 231

CHAPITRE VIII

Principaux types de machines à vapeur employées dans la navigation. — Machine des bateaux à roues. — Machine des bateaux à hélice. — Les chaudières des bateaux à vapeur... 256

TABLE DES MATIÈRES.

LOCOMOTIVE ET CHEMINS DE FER.

CHAPITRE PREMIER

Premières idées concernant la locomotion par la vapeur. — James Watt. — Voiture à vapeur de l'ingénieur français Cugnot. — Construction des premières machines à haute pression par Olivier Évans. — Application de ces machines à la locomotion sur les routes ordinaires. — Voiture à vapeur d'Olivier Évans. — Diligence à vapeur de Trevithick et Vivian.................................... 262

CHAPITRE II

Origine des chemins à rails. — Chemins à rails de bois des mines de Newcastle. — Chemins à rails de fer. — Emploi de la locomotive de Trevithick et Vivian sur le chemin de fer de Merthyr-Tydvil. — Erreur théorique sur la progression des locomotives. — Systèmes de MM. Blenkinsop, Chapman et Brunton. — Expériences de M. Blackett. — Progrès dans la construction des locomotives. — Découverte de la chaudière tubulaire par M. Séguin aîné. Le *Tuyau soufflant* des locomotives. — Histoire de la découverte de ce moyen puissant de tirage des cheminées des machines à vapeur. — Création des locomotives actuelles............................... 269

CHAPITRE III

Origine du chemin de fer de Liverpool à Manchester. — Adoption des machines locomotives pour le service de ce chemin. — Concours des locomotives à Liverpool. — La *Fusée* de Robert Stephenson. —Établissement définitif des chemins de fer en Angleterre..... 283

CHAPITRE IV

Création et développement des chemins de fer en Europe et aux États-Unis d'Amérique... 291

CHAPITRE V

Description de la machine locomotive........ 313

CHAPITRE VI

Matériel roulant. — Wagons et voitures....... 327

CHAPITRE VII

Tracé de la voie.......................... 331

CHAPITRE VIII

Terrassements. — Tranchées. — Souterrains. — Tunnels. — Ponts. — Viaducs. — Gares.... 335

CHAPITRE IX

Disposition des voies de fer................. 348

CHAPITRE X

Les accidents sur les chemins de fer. — Leurs causes principales. — Rareté des accidents. — La sonnette d'alarme. — Résultat de la statistique des accidents arrivés sur les chemins de fer..................................... 359

CHAPITRE XI

Inconvénients des chemins de fer. — Systèmes nouveaux proposés pour remplacer les chemins de fer actuels. — Le système Jouffroy. — Le système du rail central. — Chemin d'essai du rail central établi sur les pentes du mont Cenis. — Le matériel articulé de M. Arnoux. — Le système de l'air comprimé, de M. Pecqueur. — Le système éolique de M. Andraud. — Le système hydraulique de M. Girard.. 367

CHAPITRE XII

Le chemin de fer atmosphérique. — Origine de sa découverte. — Emploi du vide pour le transport des lettres. — Système de M. Medhurst. — M. Vallance. — Travaux de MM. Clegg et Samuda. — Établissement du chemin de fer atmosphérique de Kingstown en Irlande. — Chemin de fer atmosphérique de Paris à Saint-Germain. — Son insuccès. — Le nouveau chemin de fer pneumatique de Londres à Sydenham...................... 381

CHAPITRE XIII

Les chemins de fer dans l'intérieur des villes. 394

MACHINE ÉLECTRIQUE.

CHAPITRE PREMIER

L'électricité dans l'antiquité et le moyen âge. — L'électricité pendant le xvii° siècle. — Travaux de Gilbert et d'Otto de Guericke. — Première machine électrique, construite par Otto de Guericke. — Machine électrique de Hauksbée................................ 429

CHAPITRE II

Découverte du transport de l'électricité à distance. — Expériences de Grey et Wehler. — Découverte de la conductibilité des corps pour l'électricité et distinction des corps en électriques et non électriques............. 437

CHAPITRE III

Travaux de Dufay. — Première étincelle électrique tirée du corps de l'homme. — Expériences des physiciens allemands. — Perfectionnement et formes diverses de la machine électrique : machine de Boze, de Hausen, de Winckler, de Watson, etc. — Machine de l'abbé Nollet en France. — Inflammation des substances combustibles par l'étincelle électrique................................... 443

CHAPITRE IV

Expérience de Musschenbroek à Leyde. — Allaman. — Winckler. — Nollet répète à Paris l'expérience de Leyde. — Commotion électrique donnée à Versailles, en présence du roi, à une compagnie des gardes-françaises. — Répétition de cette expérience au couvent des Chartreux. — Popularité de la bouteille de Leyde. — La bouteille d'Ingenhousz et la *canne à surprises*. — La bouteille de Leyde au collége d'Harcourt............ 460

CHAPITRE V

Expériences pour montrer la vitesse de transport de l'électricité et de la commotion électrique. — Essais de Lemonnier en France. — Expériences des physiciens anglais Martin Folckes, Cavendish et Bevis. — Modifications apportées à la bouteille de Leyde. — Expériences diverses de l'abbé Nollet. — Bevis change la disposition de cet appareil et lui donne sa forme actuelle.................. 466

CHAPITRE VI

Travaux de Franklin. — Théorie du fluide unique. — Analyse physique de la bouteille de Leyde. — Expériences diverses invoquées par Franklin pour établir la théorie physique de la bouteille de Musschenbroek.......... 474

CHAPITRE VII

Découvertes récentes relatives à la machine électrique. — Électricité produite par les jets de vapeur d'eau bouillante. — Machine hydro-électrique de M. Armstrong. — Machine de M. Holtz...................... 487

LE PARATONNERRE.

CHAPITRE PREMIER

Idées des anciens sur la foudre et les orages. — Opinions des philosophes et des physiciens, dans les xvii° et xviii° siècles, sur la cause du tonnerre : théorie de Descartes, de Boerhaave. — Théorie classique du xviii° siècle sur la nature de la foudre. — Moyens employés chez les anciens pour écarter la foudre. — Temps mythologiques : Prométhée, Salmonée, Zoroastre. — Temps historiques : Numa et Tullus Hostilius. — Sylvius Alladas. — Aruns. — Les médailles de M. Laboessière. — Le temple de Jérusalem. — Les vignes blanches et les peaux de veau marin employées chez les Romains pour écarter la foudre. — Épées plantées en l'air par les compagnons de Xénophon. — Les Thraces déchargent des flèches contre les nuages orageux. — Procédé de l'alchimiste Abraham de Gotha. — Les perches plantées en terre, recommandées par Gerbert. — Conclusion................ 491

TABLE DES MATIÈRES. 741

CHAPITRE II

Faits naturels et observations qui ont pu conduire à la découverte de l'identité de la foudre et de l'électricité. — Faits rapportés par les historiens latins. — Observations consignées dans l'histoire moderne. — Le château de Duino, dans le Frioul. — Le feu Saint-Elme. — Manifestations électriques en mer. — Scintillations électriques dans les Alpes. — Découverte de l'analogie de la foudre et de l'électricité. — Wall. — Grey. — Jean Freke et Benjamin Martin. — L'abbé Nollet. — Question posée par l'Académie de Bordeaux. — Mémoire de Barberet, de Dijon, sur la ressemblance du tonnerre et de l'électricité. — Mémoire de Romas, de Nérac..... 504

CHAPITRE III

Travaux de Franklin concernant l'analogie avec l'électricité et la foudre. — Hypothèse qu'il propose quant à l'origine du tonnerre. — Découverte du pouvoir des pointes......... 514

CHAPITRE IV

Accueil fait à Londres aux lettres de Franklin. — Buffon les fait traduire en français. — Expériences exécutées en France sur la présence de l'électricité dans l'atmosphère. — Expériences de Dalibard et de Delor. — Expérience de Buffon à Montbard. — Découverte faite par Lemonnier de la présence de l'électricité dans l'atmosphère par un temps serein. — Répétition, par divers physiciens français, des expériences faites à Paris. — Le Père Berthier. — De Romas. — Continuation des expériences sur l'électricité des barres métalliques isolées. — Canton et Bevis en Angleterre. — Mort de Richmann à Saint-Pétersbourg. — Verrat. — Th. Marin. — Expériences en Allemagne et en Italie. — Boze. — Gordon. — Zanotti. — Beccaria.............. 519

CHAPITRE V

Les cerfs-volants électriques. — Expériences de Romas à Nérac......................... 530

CHAPITRE VI

Cerf-volant électrique de Franklin aux États-Unis. — Parallèle des expériences de Franklin et de Romas............................. 539

CHAPITRE VII

Suite des recherches sur l'électricité atmosphérique. — Expériences faites en Europe. — Beccaria. — Musschenbroek, etc. — Expériences de Franklin sur la nature de l'électricité des nuages. — Construction du paratonnerre............................. 553

CHAPITRE VIII

Accueil fait en Europe à l'invention du paratonnerre. — George III et Franklin : les paratonnerres en boule. — Opposition de l'abbé Nollet en France. — Livre de l'abbé Poncelet. — Répugnance des Français à adopter le paratonnerre. — Affaire de Saint-Omer, M. de Vissery. — Robespierre. — Le paratonnerre à Genève. — Adoption définitive du paratonnerre en France, en Angleterre et dans le reste de l'Europe..................... 556

CHAPITRE IX

Utilité des paratonnerres. — Faits à l'appui... 568

CHAPITRE X

Principes et règles pour la construction des paratonnerres. — Instruction de Gay-Lussac adoptée et publiée par l'Académie des sciences de Paris en 1823. — Nouvelles instructions publiées en 1825................ 576

LA PILE DE VOLTA.

CHAPITRE PREMIER

Premières observations de Galvani sur l'électricité animale. — Le choc en retour chez la grenouille. — Recherches expérimentales de Galvani touchant l'influence de l'électricité des machines sur les contractions musculaires des animaux à sang froid et à sang chaud. — Découverte fondamentale, faite par Galvani, des contractions métalliques provoquées chez la grenouille par l'emploi d'un arc métallique. — Galvani publie son système sur l'électricité animale................ 602

CHAPITRE II

Lutte entre Galvani et Volta. — Théorie de Volta sur l'électricité métallique et le développement de l'électricité par le contact des métaux. — Expériences de Galvani opposées à celles de Volta. — Théorie chimique de Fabroni. — Travaux des Italiens et des Allemands sur le galvanisme. — Répétition des expériences de Galvani et de Humboldt à Paris. — Incertitude des savants entre ces théories opposées. — Construction de la pile électrique par Volta.................. 612

CHAPITRE III

Lettre d'Alexandre Volta à sir Joseph Banks sur la construction et les effets de la pile, ou *Électromoteur*. — Premières expériences faites à Londres au moyen de la pile de Volta. — Décomposition de l'eau par Nicholson et Carlisle. — Expériences de Cruikshank, à Woolwich, sur la décomposition des sels. — Travaux des physiciens allemands, de Ritter, Simon, etc. — Premières recherches de Davy sur la pile. — Objections faites à Volta concernant la théorie de l'*Électromoteur*........ 622

CHAPITRE IV

Volta à Paris. — Lecture de son mémoire à l'Institut. — Proposition du premier consul Bonaparte. — Rapport de Biot sur le mémoire de Volta. — Médaille d'or décernée à Volta par l'Institut de France. — Prix annuels fondés par l'Empereur Napoléon pour les travaux relatifs au galvanisme. — Suite des recherches des physiciens sur la pile. — Modifications de la pile à colonne. — La pile à auges. — Effets physiques obtenus avec la pile à auges, par Tromsdorff, Humphry Davy et Pepys.................. 633

CHAPITRE V

Action de l'électricité dynamique sur l'économie animale. — Expérience de Sultzer. — Observation de Cotugno. — Fait de Swammerdam. — Impulsion donnée par les découvertes de Galvani à l'étude des effets de l'électricité sur les mouvements organiques. — Expériences de Larrey et de J.-J. Sue sur les contractions provoquées par l'arc de Galvani sur des membres amputés. — Recherches de Bichat. — Essais faits à Turin par Vassaliendi, Giulio et Rossi sur le corps des suppliciés. — Expériences de Nysten à Paris. — La *Société galvanique*. — Expériences faites à Londres par Aldini sur le cadavre d'un pendu. — Résultats obtenus par Aldini à l'École vétérinaire d'Alfort. — Galvanisation du cadavre de Carney. — Expériences des médecins de Mayence sur les corps des suppliciés de la bande de Schinderhannes. — Résultats extraordinaires obtenus à Londres par le docteur Ure sur le corps de l'assassin Clydsdale. — Conclusion.................. 642

CHAPITRE VI

Applications chimiques de la pile. — Berzélius et Hissinger. — Recherches et découvertes électro-chimiques de Davy. — Étude des phénomènes qui accompagnent la décomposition de l'eau par la pile. — Nouvelle théorie des affinités chimiques par Davy. — Décomposition des alcalis et des terres au moyen de la pile de Volta. — La grande pile voltaïque de l'*Institution* de Londres. — Découverte du sodium, du potassium, du baryum et du strontium. — L'Institut de France décerne à Davy le prix fondé par le premier consul. — Recherches physico-chimiques de Gay-Lussac et Thénard, avec la pile donnée par Napoléon à l'École polytechnique. — Découverte de nouveaux effets de la pile. — La grande pile de Wollaston et la petite pile de Children. — Les piles sèches. — Derniers progrès de la science électrique jusqu'à la découverte de l'électro-magnétisme par Œrsted, en 1820. La pile thermo-électrique de Pouillet, de Nobili et de Marcus.................. 662

CHAPITRE VII

Formes diverses de la pile. — Pile à un seul liquide : pile à colonne, pile à couronne de tasses, pile à auges, pile de Wollaston et pile en hélice. — Piles à deux liquides : pile de Daniell, pile de Grove et de Bunsen........ 679

CHAPITRE VIII

Théorie de la pile. — Théorie de Volta sur le développement de l'électricité par le contact et la force électromotrice. — Objection à cette théorie. — Réflexions critiques de Gautherot. — Wollaston, Ritter, etc. — Théorie chimique de la pile, posée et développée par Parrot. — Défenseurs de la théorie du contact : Pfaff, Marianini, Ohm, Fechner, etc. — Expériences de M. de La Rive en faveur de la théorie électro-chimique. — Travaux de Faraday et constitution définitive de la théorie chimique de la pile.................. 693

L'ÉLECTRO-MAGNÉTISME.

CHAPITRE PREMIER

Observations et études qui ont précédé la découverte d'OErsted. — Idées des physiciens du xviiie siècle sur l'identité des forces électriques et magnétiques. — Livre de Marat. — Idées de Van Swinden. — Opinion de Ritter après la découverte de la pile. — Travaux de Muncke et de Gruner. — Expériences de Romagnesi, de Plaisance. — Ce qu'il faut en penser. — Découverte d'OErsted. — Phénomènes généraux de l'électro-magnétisme. — Découverte de l'aimantation temporaire du fer par le courant électrique. — Expérience d'Arago. — Expériences d'Arago et Ampère. 707

CHAPITRE II

Le physicien anglais Faraday découvre l'électricité d'induction produite par les aimants. — Machines d'induction basées sur l'emploi des aimants. — Machine construite par Pixii en 1832. — Machine de Clarke. — Machine magnéto-électrique de la compagnie *l'Alliance*. — Machine de Wilde.............. 720

CHAPITRE III

Machines d'induction mises en action par les courants. — Expérience de Masson. — Expérience de Bréguet. — Machine de Ruhmkorff. — Forme de l'étincelle d'induction fournie par la machine de Ruhmkorff. — Effets lumineux de cette étincelle dans le vide et dans les gaz. — Tubes de Geissler. — Applications de cet effet lumineux. — Applications diverses de la machine de Ruhmkorff.............. 727

FIN DE LA TABLE DES MATIÈRES DU PREMIER VOLUME.

www.ingramcontent.com/pod-product-compliance
Lightning Source LLC
Chambersburg PA
CBHW060904300426
44112CB00011B/1339